알차게 배우는

회로이론

ELECTRIC CIRCUITS

공학박사 임헌찬 저

동일출판사

머 리 말

회로이론은 전기자기학과 더불어 전기・전자・정보통신・전파공학 등의 공학 분야를 지망하는 학생들에게 가장 기본이 되는 필수 과목이다. 특히 전기자기학은 3차원의 공간벡터를 수학적 기반으로 하는 교과목인 반면에 회로이론은 2차원의 평면벡터인 복소수를 수학적 기반으로 하는 교과목이므로 회로이론을 쉽게 접근하려면 벡터의 일종인 복소수의 이해가 필수적이다.

본 교재의 구성은 전반부에 회로의 전반적인 기초 개념과 직류의 회로해석을 위한 여러 가지 정리 및 법칙 등을 소개하였고, 중반부에는 복소수의 개념, 선형소자의 특성, 교류회로의 해석을 위한 페이저 해석법, 공진 특성과 유도결합회로에 대해 기술하였으며, 후반부에는 3상 교류회로, 비정현파의 정의와 회로해석, 과도현상 및 라플라스 변환 등을 기술하였다.

본 교재는 기존 교재의 기계적인 회로해석과 복잡한 수학적인 전개를 벗어나서 전기의 물리적 현상과 개념을 활용하는 데 중점을 두어 전기・전자 공학의 입문에 초석이 되도록 하였다.

본 교재는 전기전자의 기초부터 응용 분야까지 폭넓게 다루어 회로이론을 기초로 하는 많은 전공과목에 대한 이해의 폭을 쉽게 넓힐 수 있도록 체계적으로 내용을 구성하였으며, 그 특징은 다음과 같다.

(1) 회로해석에서 수학적인 전개보다는 최소한의 수학적 이론을 적용하여 전기의 물리적 현상에 대한 개념과 의미를 쉽고 정확하게 파악하는 데 중점을 두었다.
(2) 각 장마다 중요한 이론 및 공식 등을 별도로 **참고**, **정리** 및 **TIP** 등으로 구분하고 요약하여 본문의 내용을 쉽게 파악할 수 있도록 하였다.
(3) 각 장에서 학습한 여러 가지 회로해석을 학생들이 쉽게 이해할 수 있도록 다양한 그림들과 예제들을 제공하였다.
(4) 각 장마다 예제 및 연습문제를 많이 수록하여 문제 해결 능력의 향상과 이해도 및 응용력을 한층 높일 수 있도록 하였다.
(5) 기술직 공무원 및 대기업 시험, 산업기사 및 기사, 기술사의 수험서로도 부족함이 없도록 수년간 조사・분석하여 정석 및 별해를 통한 다양한 해법을 제시하여 수록하였다.

본 교재는 전기 · 전자 공학을 전공하는 학생뿐만 아니라 이 분야를 필요로 하는 독자들에게 도움이 될 수 있도록 내용을 충실히 하기 위해 최선을 다 하였으나 부족한 부분이 적지 않을 것으로 사료되며, 추후 독자들의 충고와 격려로써 수정 보완해 나가려 하니 아낌없는 의견과 지도편달을 바란다.

본 교재를 통해 각종 국가기술 자격시험(산업기사, 기사, 기술사), 기술직 공무원 및 승진시험의 수험자에게 도움이 된다면 저자로서는 그 이상의 영광이 없다고 생각한다.

본 교재를 발간하는 데 항상 옆에서 힘을 북돋아 준 가족에게 감사한다. 특히 KAIST 전기전자공학과를 졸업하고 업무로 바쁜 와중에도 본 교재의 작성에 다방면으로 도움을 준 임현수 변호사에게 감사하며 모든 지식을 사회에 기여하고 환원하는 사회인이 되기를 기원하는 바이다.

끝으로 본 교재의 출판에 도움을 주신 동일출판사의 정창희 사장과 이영수 팀장에게 감사를 드린다.

저자 씀

차 례

제 1 장 회로의 기초

제 2 장 간단한 저항회로

제 3 장 복잡한 회로 해석법

제 4 장 인덕터와 커패시터

제 5 장 교류회로의 기초

제 6 장 복소수와 페이저

제 7 장 교류회로의 페이저 해석법

제 8 장 교류전력

제 9 장 공진 회로와 페이저 궤적

제 10 장 유도결합회로

제 11 장 3상 교류회로

제 12 장 비정현파 해석

제 13 장 2단자 회로망

제 14 장 4단자 회로망

제 15장 과도현상

제 16장 라플라스 변환

부록

Chapter 1

회로의 기초

전기공학은 전기적 에너지와 신호의 발생, 변환, 전송 및 응용 등을 다루는 학문으로 정의될 수 있다. 이들의 각 과정에 대해 이해를 하려면 전기공학의 각 부문별로 특수한 지식이 필요하게 된다. 회로이론은 전기자기학과 더불어 전문지식을 이해하기 위한 기초 이론을 제공하는 기본서이다.

본 장에서는 회로이론을 입문하기 위한 전기의 본질, 회로이론에서 취급하는 기본적인 양과 법칙, 기본 개념 등에 대해 기술하기로 한다.

1.1 전기의 본질

모든 물질은 분자로 이루어져 있고, 이 분자는 원자들의 집합체로 구성되어 있다.

원자는 **그림 1.1**과 같이 중심에 양성자(proton)와 중성자(neutron)로 구성된 **원자핵**(atomic nucleus)과 그 주위 궤도를 회전운동하고 있는 한 개 또는 여러 개의 **전자**(electron)의 소립자로 구성되어 있다. 마치 태양계에서 행성이 태양을 중심으로 일정한 궤도를 공전(회전)하는 것과 같다.

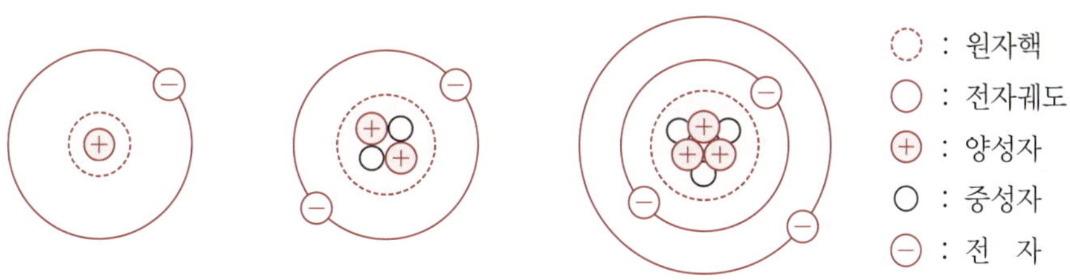

(a) 수소 원자(H) (원자번호 : 1)　(b) 헬륨 원자(He) (원자번호 : 2)　(c) 리튬 원자(Li) (원자번호 : 3)

그림 1.1 ▶ 원자의 구조

원자핵 속에 들어있는 **양성자**는 양(+)의 전기를 띤 입자이고, **중성자**는 전기를 띠지 않는 중성이지만 질량은 양성자와 거의 같다. 또 양성자 수는 중성자 수와 일치하지만 **그림 1.1**(a)의 수소원자와 같이 원자핵 속에 양성자만 한 개 있고 중성자가 없는 원자도 있다. **전자**는 음(−)의 전기를 띤 입자이고 전기량은 양성자와 서로 같으며, 전자의 질량은 양성자나 중성자의 약 1/1,840 이므로 원자의 질량에서 전자의 질량은 무시할 수 있다.

표 1.1은 원자를 구성하는 입자들에 대한 전하량과 고유질량을 나타낸 것이다.

표 1.1 ▸ 원자의 구성입자

원자의 입자		전하량(전기량) Q	질 량 m	질량비
원자핵	양성자	$+1.602\times10^{-19}$[C]	1.673×10^{-27}[kg]	1,840 배
	중성자	0[C]	1.673×10^{-27}[kg]	1,840 배
전 자		-1.602×10^{-19}[C]	9.107×10^{-31}[kg]	1 (기준)

양성자나 전자와 같이 전기적 성질을 가지고 있는 입자를 **전하**(electric charge)라 하고, 양(+)의 전기를 갖는 양성자를 **양전하**, 음(−)의 전기를 갖는 전자를 **음전하**라고 한다. 따라서 전기의 근원은 원자 내에 있는 양성자와 전자가 된다.

전하가 가지고 있는 전기의 양을 **전기량** 또는 **전하량**이라 하고, **전하량의 단위**는 MKS 단위계의 **쿨롱**(coulomb, [C])을 사용한다.

정상 상태의 원자는 원자 속에 있는 양성자 수와 전자의 수는 같고, 양성자와 전자의 전하량도 같기 때문에 전기적인 성질을 나타내지 않는 중성이다.

원자의 구성입자 중에서 양성자는 원자핵의 강한 핵력에 의해 결합되어 있기 때문에 외부로 이동할 수 없고 고정되어 있지만, 전자는 원자핵과 비교적 약하게 결합(구속)되어 있기 때문에 외부로부터 열, 빛, 마찰 등의 자극(에너지)을 받으면 원자핵과 가장 멀리 떨어진 **최외곽 전자**들이 쉽게 궤도를 이탈하여 자유로이 이동할 수 있다. 이러한 전자를 **자유전자**(free electron)라고 한다. 자유전자는 양성자와는 다르게 가볍고 쉽게 이동하는 성질을 가지기 때문에 전기의 발생 또는 여러 가지 전기의 현상에 매우 밀접한 관계가 있다.

그림 1.2는 중성 원자가 **전자의 이동에 의한 과잉과 부족**으로 인해 전기가 발생하는 모형을 나타낸 것이다. **그림 1.2**(a)에서 중성 원자는 전자를 잃게 되어 상대적으로 양성자가 많아지므로 원자는 양전기를 띤 **양이온**이 되고, **그림 1.2**(b)에서 중성 원자는 전자를 얻게 되어 상대적으로 전자가 많아지므로 원자는 음전기를 띤 **음이온**이 된다.

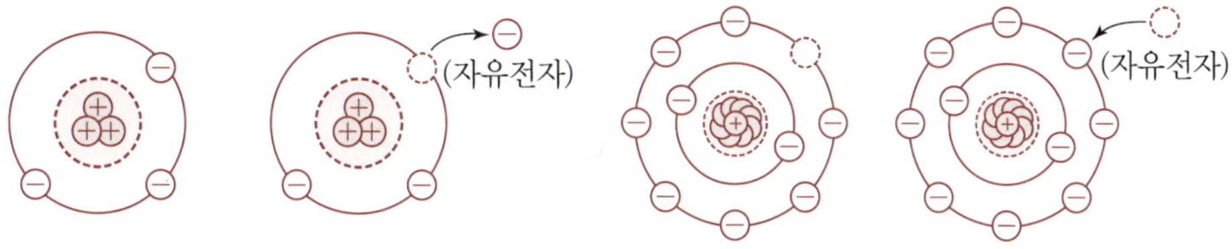

그림 1.2 ▶ 전자의 과부족에 따른 전기의 발생(원자의 이온화에 의한 전기 발생 모형)

또 서로 다른 중성의 물체를 마찰하면 전자는 한 물체에서 다른 물체로 이동하게 되고, 이때 전자를 잃은 물체는 양(+), 전자를 얻은 물체는 음(-)의 전기적 성질을 갖는 대전체가 된다. 이와 같이 **마찰전기**에 의한 대전 현상도 **자유전자**의 역할이 매우 중요하다.

전하량의 최소 기본 단위는 전자 한 개가 갖는 전하량 1.602×10^{-19} [C] 이므로 총 전하량은 불연속적인 양이 된다. 즉 총 전하량 Q는 다음의 식으로 나타낸다.

$$Q = n \cdot e\,[\mathrm{C}] \begin{cases} n: \text{전자의 개수} \\ e: \text{전자 한 개의 전하량}(1.602 \times 10^{-19}[\mathrm{C}]) \end{cases} \tag{1.1}$$

예제 1.1

1 [C] **의 전하를 만들기 위하여 필요한 전자의 개수를 구하라.**

풀이 식 (1.1)에서 총 전하량 $Q = n \cdot e$ [C]이므로 전자의 개수 n은

$$n = \frac{Q}{e} = \frac{1}{1.602 \times 10^{-19}} = 6.24 \times 10^{18}\ [\text{개}]$$

1.2 전류

도체의 전기 현상은 원자 또는 양성자의 이동에 의한 것이 아니라 이온화 과정에서 생성된 자유전자의 이동에 의한 것이다. 정상 상태의 도체 내에서 자유전자는 무질서하게 운동하고 있지만 평균적인 운동은 0이 되어 전기적인 현상이 나타나지 않는다.

그러나 도체 양단에 전압 등의 전기에너지를 가하면 전자는 일정한 방향으로 이동하게 되고, 이러한 전자의 이동, 즉 전하의 이동을 **전류**(current)라고 한다.

그림 1.3과 같은 전기회로에서 자유전자는 전기에너지 공급원인 전지의 (−)극에서 외부 도선을 거쳐 (+)극으로 이동한다. 그러므로 전류의 방향도 전자의 방향과 같을 것으로 생각되지만 전자의 존재를 알지 못하던 과학자들은 전류의 방향을 양전하가 이동하는 방향과 같이 전지의 (+)극에서 외부 도선을 따라 (−)극으로 흐른다고 약속하였다. 그 후 전류는 전자의 흐름으로 밝혀졌지만, 현재도 **전류의 방향**은 관례적으로 전자의 이동 방향과 반대인 **양전하가 이동하는 방향**을 양(+)방향으로 기준 방향을 정하여 사용하고 있다.

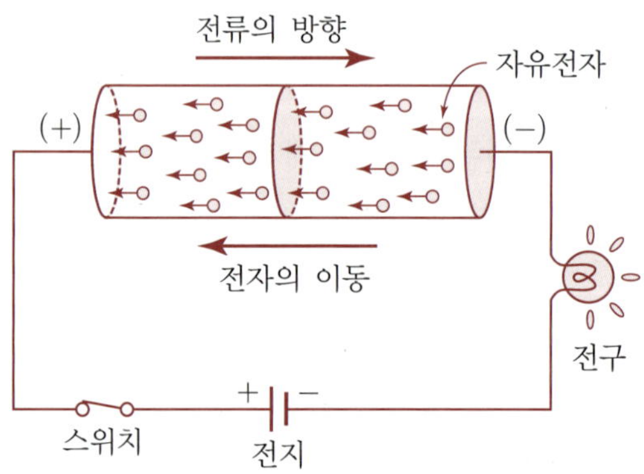

그림 1.3 ▶ 전류의 방향과 정의(도선의 확대도)

전류의 세기(electric intensity), 즉 **전류**는 도체의 수직 단면을 **단위 시간, 즉 1초 동안에 통과하는 전하량**으로 정의한다. 따라서 어떤 도체의 수직 단면을 시간 t[s] 동안에 Q[C]의 전하가 일정하게 이동하는 경우의 전류 I는

$$I = \frac{Q}{t}\ [\mathrm{A}] \quad \text{또는} \quad Q = It\ [\mathrm{C}] \tag{1.2}$$

의 관계가 성립한다. 또 도체 단면을 통과하는 전하량이 시간적으로 변화하는 경우에 전류는 미소시간 dt 동안에 그 수직 단면을 통과한 전하량 dq의 비율로써 정의한다. 즉,

$$i = \frac{dq}{dt}\ [\mathrm{A}] \quad \left(\therefore\ q = \int i\,dt\ [\mathrm{C}]\right) \tag{1.3}$$

이다. 전류의 단위는 **암페어**(Ampere, [A])를 사용한다.

그림 1.4(a)는 단자 A에서 단자 B의 화살표 방향으로 3[A]의 전류가 흐르고, **그림 1.4**(b)는 단자 B에서 단자 A의 화살표 방향으로 -3[A]의 전류가 흐르는 것을 나타낸 것이다. 특히 **그림 1.4**(b)에서 음(−)의 부호를 갖는 전류는 양(+)의 전류가 화살표 방향과 반대로 흐르는 것을 의미하므로 실제로 단자 A에서 단자 B로 3[A]의 전류가 흐른다는 것을 나타낸다. 즉 **그림 1.4**(a)와 **그림 1.4**(b)는 동일한 전류 표현법이 된다.

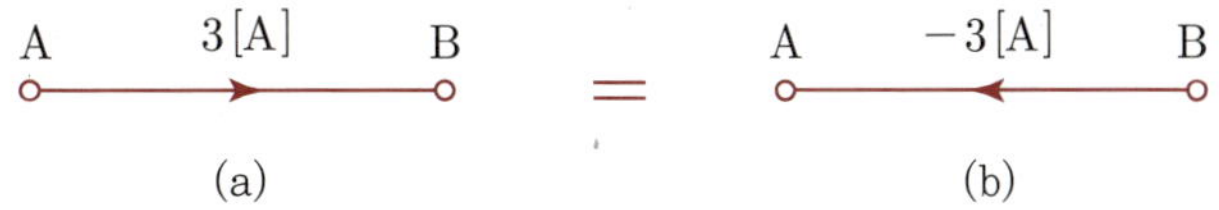

그림 1.4 ▶ 전류의 방향 표시(동일한 표현법)

그림 1.5와 같이 시간에 대해 크기와 방향이 변하지 않고 일정한 전류를 **직류**(direct current, DC), 시간에 대해 크기와 방향이 변하는 전류를 **교류**(alternating current, AC)로 구분하며, 전류의 대표적인 작용에는 발열작용, 자기작용 및 화학작용이 있다.

직류(DC)와 교류(AC)는 전류라는 의미를 기본적으로 내포하고 있지만, 전압의 의미도 있기 때문에 직류 전류, 직류 전압, 교류 전류, 교류 전압으로 표현하여 사용하기도 한다.

전기적인 양의 영문 표기는 일반적으로 시간에 대해 항상 일정한 양은 I, V, Q와 같이 **대문자**로, 시간에 대해 변하는 양은 i, v, q와 같이 **소문자**로 구분하여 나타낸다.

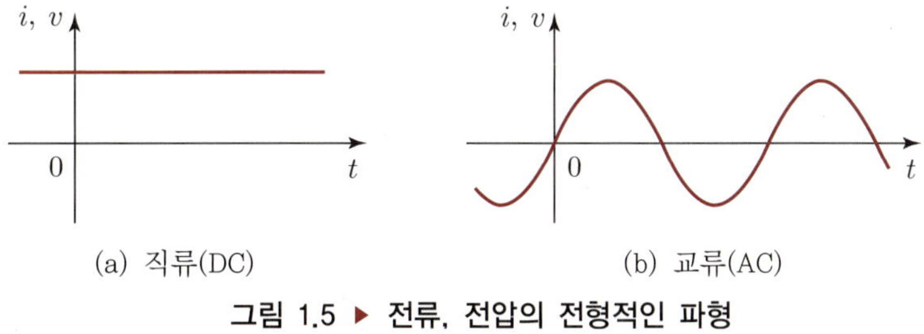

그림 1.5 ▶ 전류, 전압의 전형적인 파형

예제 1.2

단면적이 5[cm^2]인 도체가 있다. 이 단면을 3 초 동안 30[C]의 전하가 이동하였을 때 흐르는 전류[A]를 구하라.

풀이 $I = \dfrac{Q}{t} = \dfrac{30}{3} = 10\,[\mathrm{A}]$

1.3 전압, 전위, 전위차

1.3.1 전압, 전위, 전위차

도체 내에서 전류가 흐르는 것은 물리적으로 전하가 이동하는 것이기 때문에 전하를 이동시켜 전류를 흐르게 하려면 외부에서 일 또는 에너지를 가해야 한다. 이때 전하가 이동하면 에너지의 발생과 소비를 수반하게 된다. 이 에너지의 발생과 소비는 자연계(역학계)의 위치에너지(potential energy)의 변화와 마찬가지로 전기적 위치에너지(electric potential energy)의 변화로 대응시켜 해석하면 쉽게 이해할 수 있다.

전류가 흐르는 전기계를 물이 순환하는 역학계와 비교, 대응시키기 위하여 먼저 **그림 1.6**(a)와 같은 물의 순환계를 나타낸 일부에서 밸브가 닫혀 있는 상태를 생각한다.

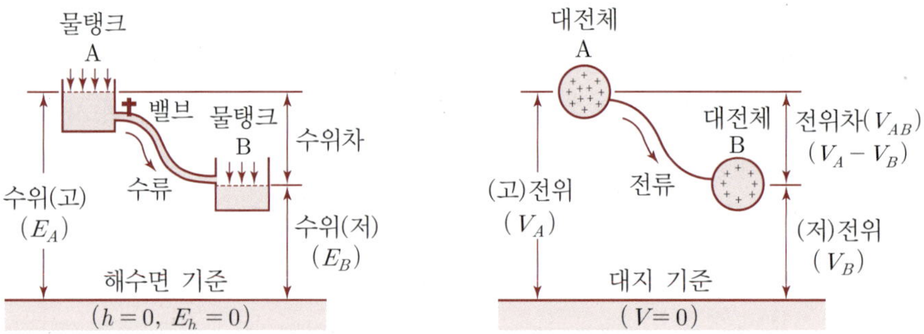

(a) 역학계 (b) 전기계

그림 1.6 ▸ 역학계와 전기계의 비교

물탱크 A와 B는 위치에너지가 0인 해수면($h=0$, $E_h=0$) 기준에 대해 서로 다른 위치에너지 E_A, E_B를 갖고, 위치에너지는 높이에 비례($E \propto h$)하므로 탱크 A가 B보다 크다는 것($E_A > E_B$)을 알 수 있다. 두 탱크 안의 물은 각각 해수면에 대하여 위치에너지에 해당하는 물의 압력, 즉 **수압**이 작용하게 된다. 이와 같이 위치에너지가 0인 해수면 기준에 대한 위치에너지를 **수위**라고 한다.

밸브를 열면 수압은 물탱크 A와 B의 위치에너지 차 $\Delta E = E_A - E_B$에 해당하는 값만큼 작용하게 되고, 물은 고수위의 물탱크 A에서 저수위의 물탱크 B로 흐르게 된다. 이와 같이 두 지점 사이의 위치에너지의 차, 즉 **수위차**에 해당하는 만큼 물이 흐르게 된다.

전기계의 **그림 1.6**(b)에서 도선을 연결하지 않은 상태에서 전하량이 다른 두 대전체

A와 B는 내부에서 양전하를 서로 반발하여 밀어내고자 하는 **전**기적인 **압**력, 즉 **전압**(electric voltage pressure 또는 voltage)이 각각 작용하고, 이 전압의 크기는 전기적인 위치에너지가 0인 대지를 기준으로 결정되는 전기적인 위치에너지에 해당한다.

이와 같이 전기장에서 **대지를 기준**으로 하는 단위 전하 +1[C]이 갖는 **전**기적인 **위**치에너지를 **전위**(electric potential)라고 하고, 두 대전체 A와 B의 전위는 각각 V_A, V_B로 표시한다. 여기서 전위의 기준이 되는 전기적 위치에너지가 0을 의미하는 영전위(0[V])는 이론상으로 무한원점이지만, 지구는 매우 큰 정전용량을 가지고 있는 커패시터이기 때문에 **등전위**가 되어 실용상으로 대지(접지)를 **영전위**로 취급한다.

두 대전체 사이를 도선으로 연결하면 전기적인 압력(전압)은 A와 B 사이의 **전**기적 **위**치에너지 **차**, 즉 **전위차**(electric potential difference) $\Delta V = V_{AB} = V_A - V_B$에 해당하는 만큼 작용하므로 양전하는 전위가 높은 대전체 A에서 전위가 낮은 대전체 B로 이동하게 된다. 이 현상은 전압이 같아질 때까지 계속 진행되며, 전하의 이동을 의미하는 전류가 흐르기 위해서는 전위차(또는 전압)가 형성되어 있어야 함을 알 수 있다.

또 전기회로에서 전류가 흐르면 전하는 이동하면서 전원장치에서 에너지를 얻고, 저항 등의 소자에서 에너지를 잃게(소비) 된다.

전위차는 단위 전하 1[C]이 두 점 사이를 이동할 때 얻거나 잃는 에너지(또는 필요로 하는 일이거나 스스로 한 일)로 정의하며, 전위, 전위차 및 전압의 기호는 V로 표시한다. 이들의 단위는 MKS 단위계에서 **볼트**(Volt, [V])를 사용한다.

따라서 Q[C]의 전하가 전위차 또는 전압 V인 두 점 사이를 이동하였을 때 한 **일**(또는 소비되는 에너지) W는 다음과 같이 나타낼 수 있다.

$$W = QV\,[\mathrm{J}] \qquad \therefore \quad V = \frac{W}{Q}\,[\mathrm{V}] \tag{1.4}$$

예제 1.3

어떤 두 점 사이를 5[C]의 전하가 이동하여 300[J]의 일을 했을 때, 이 두 점 사이의 전위차[V]를 구하라.

풀이 식 (1.4)의 일과 전위차 관계식 $W = QV$로부터

$$V = \frac{W}{Q} = \frac{300}{5} = 60\,[\mathrm{V}]$$

1.3.2 전압의 극성 표시

전위는 전위의 기준인 영전위(0[V])에 대한 한 점의 전압이고, 문자 V의 아래 첨자로 **한 문자**를 붙여서 표시한다. 즉 한 점 A의 전위는 V_A로 표현하고, 전위 V_A는 영전위인 접지(ground)와 한 점 A 사이의 전위차 V_{AG}라고 생각해도 된다.

전위차는 상대적인 값을 나타내는 두 점 사이의 전위의 차이고, 문자 V의 아래 첨자로 **두 문자**를 붙여서 표시한다. 두 문자 중에 고전위(+)를 앞의 문자, 저전위(−)를 뒤의 문자 B로 하여 $V_{AB}(>0)$로 표기한다. V_{AB}는 점 B(기준)에 대한 점 A의 전압(전위차) 또는 두 점 A와 B사이의 전압(전위차)을 의미한다.

전위차 V_{AB}와 점 A의 전위 V_A, 점 B의 전위 V_B라고 할 때, 전위차와 전위의 관계는 다음과 같은 식이 성립한다.

$$V_{AB} = V_A - V_B \tag{1.5}$$

전위차 V_{AB}와 V_{BA}의 관계는 아래의 식 (1.6)과 같이 아래 첨자에서 두 문자의 전후 위치를 바꾸고 (−)의 부호를 붙이면 동일한 문자 표기법이 된다.

$$\begin{aligned} V_{AB} &= V_A - V_B = -(V_B - V_A) = -V_{BA} \\ \therefore\ V_{AB} &= -V_{BA} \quad (V_{BA} = -V_{AB}) \end{aligned} \tag{1.6}$$

이제 전압의 극성 표시와 표현법에 대해 설명하기로 한다. 전위차 $V_{AB} = V_0(>0)$이면 전위는 단자 A가 단자 B보다 V_0만큼 높으므로 **그림 1.7**(a)와 같이 고전위에 (+), 저전위에 (−)를 붙여서 전압의 극성을 표시하고, 전압의 값 V_0를 표기한다.

$V_{BA} = -V_0$이면 **그림 1.7**(b)와 같이 단자 B가 단자 A보다 $-V_0$만큼 높으므로 고전위에 (+), 저전위에 (−)를 붙여서 전압의 극성을 표시하고, 전압의 값 $-V_0$를 표기한다. 그러나 식 (1.6)에 의해 $V_{BA} = -V_{AB} = -V_0$이므로 $V_{AB} = V_0$와 같은 의미가

(a) $V_{AB} = V_0$ (b) $V_{BA} = -V_0$

그림 1.7 ▸ 전압의 표현법(동일한 표현법)

된다. 이로부터 전압이 음(-)으로 표기된 $V_{BA} = -V_0$ 는 아래첨자의 전후 위치를 바꾸고 전압의 부호를 양(+)으로 취하면 동일한 전압 $V_{AB} = V_0$로 나타낼 수 있다. 그러므로 실제의 전위는 단자 A가 단자 B보다 V_0 만큼 높은 것을 의미한다.

전압은 전위, 전위차, 기전력, 전압상승 및 전압강하를 통칭하여 사용할 수 있는 폭넓은 의미를 가진 용어이다. 그러나 통칭하여 사용된 전압이 여러 가지 용어 중에서 어떤 의미로 사용되었는가를 파악하는 것은 회로 해석 및 전기공학의 이해에 매우 유용할 것이다.

1.3.3 접지와 전압의 기준

회로소자의 단자전압은 두 단자 사이의 상대적인 전위차를 나타내고, 회로의 일부에서 한 점의 전압, 즉 전위는 전압이 0[V](영전위)인 기준점에 대한 전위차가 된다.

이와 같은 **전위의 기준점**은 **접지**(ground)라고 하고, 회로 각 지점의 전위는 접지에 대한 상대적인 전위차로 주어지기 때문에 영전위인 접지가 설정되면 각 점의 전위를 알 수 있다.

그림 1.8은 접지의 기호이고 접지의 전위는 0[V]이며, 일반적으로 회로에서 전원의 (-)극을 대지(대지 접지)나 전자제품의 금속 케이스에 접지(샤시 접지)하여 회로를 구성한다.

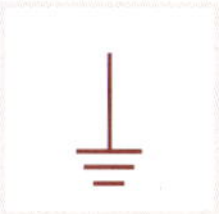

그림 1.8 ▶ 접지 기호

그림 1.9에서 전위가 가장 높은 점은 점 A이고 전위가 가장 낮은 점은 점 C이다. 또 소자의 단자전압, 즉 전위차는 모두 $V_{AB} = 6$[V], $V_{BC} = 3$[V]이다. 이로부터 단자 A와 C 사이의 전위차는 V_{AB}와 V_{BC}의 합이므로 $V_{AC} = 9$[V]로 모두 같은 경우이다.

그림 1.9(a)는 전기회로에서 **그림 1.7**과 같이 일반적인 전압 표현법을 나타낸 것이다.

그림 1.9(b)에서 점 C에 접지를 하면, 전위의 기준점인 점 C의 전압은 $V_C = 0$[V]가 된다. 이때 점 B의 전위 V_B는 점 B와 접지 C 사이의 전위차와 같으므로

$$V_B = V_{BC} = 3\,[\mathrm{V}] \tag{1.7}$$

이고, 점 A의 전위 V_A도 접지와 점 A 사이의 전위차이므로 다음과 같다.

$$V_A = V_{AC} = V_{AB} + V_{BC} = 6 + 3 = 9\,[\mathrm{V}] \tag{1.8}$$

그림 1.9(c)에서 점 B에 접지를 하면 점 B가 전위의 기준점인 $V_B = 0$[V]가 된다. 이때 점 A의 전위 V_A는 점 A와 접지 B와 사이의 전위차 V_{AB}이므로

$$V_A = V_{AB} = 6 \text{ [V]} \tag{1.9}$$

이고, 점 C의 전위 V_C는 $V_{BC} = 3$ [V]이므로

$$V_C (= V_{CG}) = V_{CB} = -V_{BC} = -3 \text{ [V]} \tag{1.10}$$

가 된다. 이와 같이 접지의 위치 선정에 따라 전위는 다른 값을 가질 수 있다.

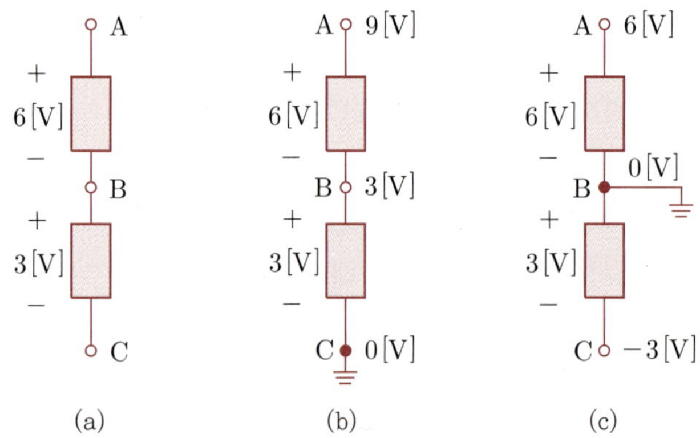

그림 1.9 ▶ 전압의 기준(접지)

예제 1.4

그림 1.10에서 소자에 걸리는 전압이 각각 3[V]일 때 점 A, B, C, D의 전위를 각각 구하라.

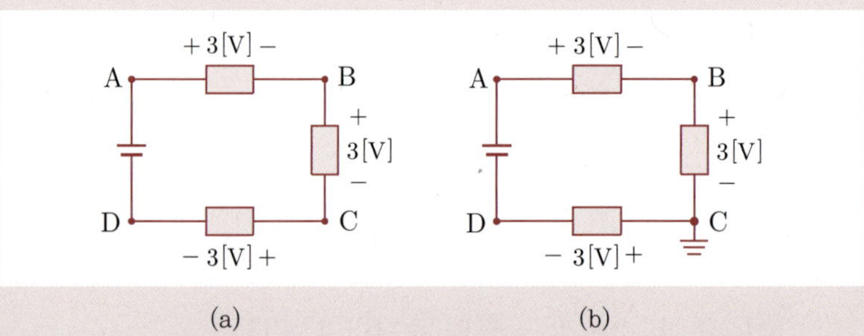

그림 1.10

풀이 각 소자에 걸리는 단자 전압(전위차)은 $V_{AB} = V_{BC} = V_{CD} = 3\,[\mathrm{V}]$이다. 주어진 두 회로에서 각 점의 전위 V_A, V_B, V_C, V_D는 다음과 같이 구한다.

TIP **전위의 기준점**(영전위, $0\,[\mathrm{V}]$)은 **전원 음극** 또는 **접지**가 된다. 전원 음극과 접지가 동시에 존재하면 **접지**가 된다.

(a) 회로에 접지가 없으므로 **전원 음극**이 **전위의 기준점**이 된다. 각 점의 전위

① $V_D = 0\,[\mathrm{V}]$(전원 음극 : 전위의 기준점)

② $V_C = V_{CD} = 3\,[\mathrm{V}]$ ③ $V_B = V_{BC} + V_{CD} = 6\,[\mathrm{V}]$

④ $V_A = V_{AB} + V_{BC} + V_{CD} = 9\,[\mathrm{V}]$

(b) 회로에 접지가 있으므로 **접지**가 **전위의 기준점**이 된다. 각 점의 전위

① $V_C = 0\,[\mathrm{V}]$(접지 : 전위의 기준점)

② $V_B = V_{BC} = 3\,[\mathrm{V}]$ ③ $V_A = V_{AB} + V_{BC} = 6\,[\mathrm{V}]$

④ $V_D = V_{DC} = -V_{CD} = -3\,[\mathrm{V}]$ $\therefore\ V_D = -3\,[\mathrm{V}]$

예제 1.5

그림 1.11에서 점 A와 점 B에서 전위가 높은 점을 나타내고, 또 두 점 사이의 전압(전위차) V_{AB}를 구하라.

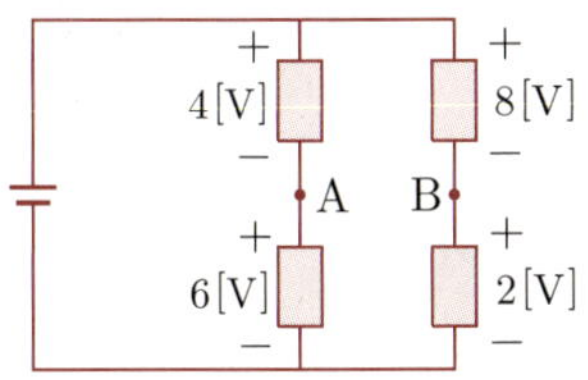

그림 1.11

풀이 **전위의 기준점**(영전위)은 접지가 없으므로 **전원 음극**이 된다. 이때 점 A와 점 B의 전위 V_A, V_B는 전원 음극에 대한 전위차이므로 각각 다음과 같다.

$$V_A = 6\,[\mathrm{V}],\ V_B = 2\,[\mathrm{V}]\quad (V_A > V_B)$$

따라서 점 A는 고전위(+)이고 점 B는 저전위(−)가 된다. 이로부터 두 점 사이의 전위차(전압) V_{AB}는 다음과 같이 구해진다.

$$V_{AB} = V_A - V_B = 4\,[\mathrm{V}]$$

1.3.4 전원과 부하

그림 1.6에서 두 물탱크의 수위 또는 두 대전체의 전위가 같아지면 물과 전류는 더 이상 흐르지 않게 된다. 물을 계속 순환시키려면 펌프가 필요하듯이 전류를 지속적으로 흐르게 하려면 전지 등에 의해 전위차(전압)를 항상 유지시켜야 한다. 이와 같이 전위차를 계속 유지시킬 수 있는 힘 또는 능력을 **기전력**(electromotive force, emf)이라 한다. 기전력의 기호 및 단위는 전위차 또는 전압과 같이 V[V]를 사용하지만 이들과 구분하기 위하여 E[V]를 사용하기도 한다.

그림 1.12와 같이 발전기, 축전지 및 건전지 등과 같이 기전력을 가지고 회로에 전기에너지를 공급하는 장치를 **전원**(source)이라 한다. 반면에 전동기, 전구 및 전열기 등과 같이 전원에 연결되어 전류가 흐르면서 외부로 일을 하는 장치, 즉 전기에너지를 소비하여 다른 에너지로 소비하거나 변환하는 장치를 **부하**(electric load)라고 한다. 부하는 일반적으로 저항을 가지며 전기회로에서 R로 나타낸다.

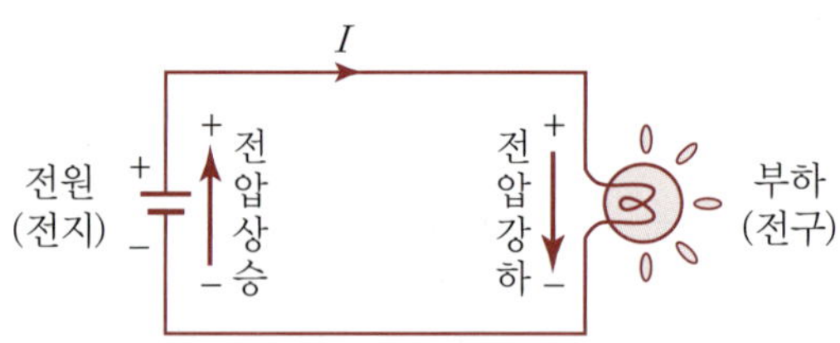

그림 1.12 ▶ 전압상승과 전압강하

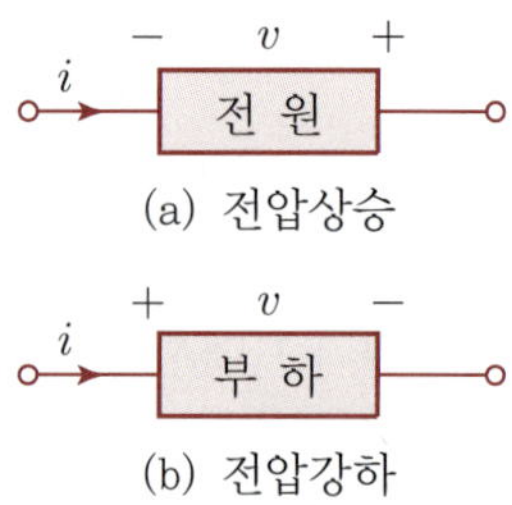

그림 1.13 ▶ 극성 표시

1.3.5 전압상승과 전압강하

그림 1.12와 같이 전원(전지)과 부하(전구)로 구성된 기본적인 전기회로에서 전원은 화학적, 기계적인 비전기적 에너지가 전기에너지로 변환하면서 양전하를 저전위(−)에서 고전위(+)로 이동시켜 전하에게 에너지를 공급한다. 즉, 전원과 같은 두 전극 사이에서 전하가 이동할 때 에너지를 얻는 것을 **전압상승**(voltage rise)이 일어난다고 한다.

또 전하가 부하 사이의 고전위(+)에서 저전위(−)로 이동하면 부하에 대해 일을 하면서 전하 자신은 에너지를 잃게 된다. 즉 전하가 부하의 양단 사이를 이동할 때 에너지를 잃는 것을 **전압강하**(voltage drop)가 일어난다고 한다. 전압강하는 전압상승과 반대로 부하에서 전류의 유입 단자가 고전위(+), 전류의 유출 단자가 저전위(−)의 극성으로 표시한다.

그림 1.13은 전압상승과 전압강하의 극성 표시를 나타낸 것이다. **전압상승의 극성**은 **전류의 방향과 반대**(− → +)이고, **전압강하의 극성**은 **전류의 방향과 같다**.(+ → −)

1.4 회로소자의 기준 방향

회로소자(element)는 회로에 전기에너지를 공급하는 역할을 하는 전원인 **능동소자**(active element)와 전원으로부터 공급받은 전기에너지를 소비하는 **수동소자**(passive element)로 구분한다.

능동소자는 전원을 나타내는 발전기, 건전지, 축전지 등이 있고, 수동소자는 저항 R, 인덕터(코일) L, 커패시터 C 등이 대표적으로 해당된다. 특히 수동소자에서 저항은 에너지를 소비한다. 그러나 이상적인 인덕터와 커패시터는 에너지를 소비하지 않고 축적하는 소자이지만 실제 소자는 저항도 포함하므로 소비가 일어나 수동소자로 분류한 것이다.

회로소자에서 전류와 전압의 **기준 방향**(reference direction)은 **전류의 방향**과 **전압의 극성 표시**의 설정으로 정의한다. 기준 방향의 설정은 전기회로 해석의 기본이 되는 사항으로 매우 중요하다. 이미 전류의 방향과 전압의 극성 표시, 또 전압상승과 전압강하의 극성 표시에 관하여 앞 절에서 배웠지만 다시 정리하는 의미에서 공부하기로 한다.

(1) 수동소자의 기준 방향

수동소자에 전류가 흐르면 소자 전후에서 전류와 같은 방향으로 **전압강하**가 일어난다. 따라서 **그림 1.14**와 같이 전류 i가 유입하는 단자에 고전위 (+), 유출하는 단자에 저전위 (−)로 전압 v의 극성을 표시하는 것으로 **수동소자의 기준 방향(정방향, +)**을 정의한다. 만약 수동소자에서 전압상승이 되어 전압의 극성이 기준 방향을 만족하지 않으면 전압의 부호는 음(−)으로 취급한다.

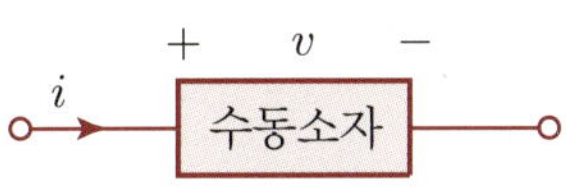

그림 1.14 ▶ 수동소자의 기준 방향

전기회로에서 대표적으로 사용되는 수동소자인 저항 R, 인덕터 L, 커패시터 C에 대한 전류와 전압의 기준 방향은 **그림 1.15**와 같이 표시된다.

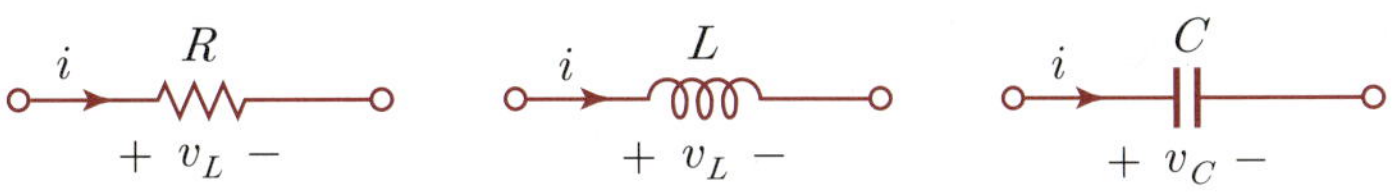

(a) 저항 (b) 인덕터 (c) 커패시터

그림 1.15 ▶ 소자의 기준 방향

회로 해석에서 전류의 방향과 전압의 극성은 임의로 정할 수 있지만, 일단 기준 방향이 정해지면 기준 방향과 만족하도록 모든 방정식을 표현해야 한다. 또 방정식에서 구한 전류 또는 전압이 음(−)의 값으로 얻어지면 전류의 방향이나 전압의 극성이 기준 방향과 반대가 됨을 의미하는 것이다.

(2) 능동소자의 기준 방향

능동소자인 전원은 **전압원**과 **전류원**으로 구분하고, 전원은 에너지를 발생하여 부하에 공급하는 역할을 하기 때문에 소자 전후에서 **전압상승**이 일어난다. 따라서 **그림 1.16**과 같이 전류 i가 유입하는 단자에 저전위 (−), 유출하는 단자에 고전위 (+)로 전압 v의 극성을 표시하는 것으로 **능동소자의 기준 방향(정방향, +)**을 정의한다.

만약 능동소자에서 전류의 방향에 대해 전압강하로 표시되어 있으면 전압의 부호는 음(−)으로 취급한다.

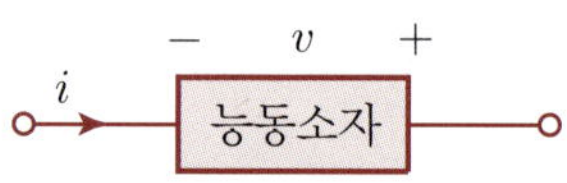

그림 1.16 ▸ 능동소자의 기준 방향

전압원은 **그림 1.17**(a), (b)와 같이 전압상승이 일어나는 방향으로 전원의 (−)극에서 (+)극으로 전류의 기준 방향을 정하고, **전류원**은 **그림 1.17**(c)와 같이 전류원의 전후의 단자에서 전압상승이 일어나는 방향으로 전압의 극성을 기준 방향으로 정한다.

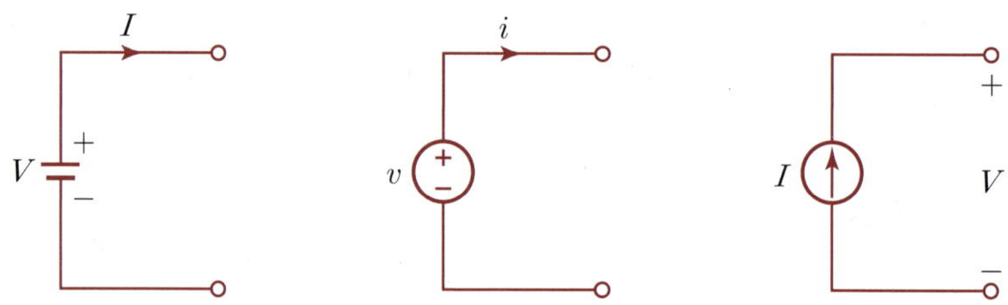

(a) 전압원(시불변) (b) 전압원(시변) (c) 전류원

그림 1.17 ▸ 능동소자의 기준 방향

특히 교류회로와 같이 전류 또는 전압의 크기와 방향이 시간에 따라 변화하는 시변 회로에서 전류와 전압의 기준 방향은 어느 특정한 순간을 가정하여 정하면 직류회로와 동일한 방법으로 교류회로에 그대로 적용할 수 있다.

1.5 저항과 옴의 법칙

1.5.1 전기적 성질에 의한 물질의 분류

물질의 전기적인 성질에 의한 분류는 전기를 전도하는 정도, 즉 물질 내에서 전하가 이동하는 정도에 따라 도체, 부도체 및 반도체의 세 종류로 나눌 수 있다.

도체(conductor)는 원자핵에 의한 전자의 구속력이 비교적 적어서 물질 내를 자유로이 이동할 수 있는 **자유전자**(free electron)를 많이 가지고 있다. 따라서 도체는 자유전자의 이동을 자유로이 허용하기 때문에 전류를 잘 통하는 물질이고, 전도도의 크기 순서에 따른 은, 구리, 금, 알루미늄 등의 금속과 탄소, 전해액 등이 대표적 물질이다.

부도체(nonconductor)는 원자핵에 대한 전자의 구속력이 강하여 전자는 물질 내를 이동할 수 없고 외부의 전기력에 의해 전자와 원자핵의 변위만 일으킨다. 따라서 이 전자를 **구속전자** 또는 **속박전자**(bounded electron)라고 한다. 이와 같이 부도체는 전하의 이동을 허용하지 않기 때문에 전류를 잘 통하지 않는 물질로써 공기, 고무, 유리, 기름, 플라스틱, 순수한 물(증류수) 등이 대표적이며, 사용 목적에 따라 **절연체**(insulator) 또는 **유전체**(dielectric)라고도 한다.

반도체(semiconductor)는 **정공**(hole, 양전하) 또는 **자유전자**(음전하)를 극히 일부 가지고 있기 때문에 도체와 부도체의 중간 성질의 전기 전도성을 갖는 물질로써 실리콘(Si), 게르마늄(Ge), 셀렌(Se) 등이 있다.

1.5.2 저항

수동소자 중의 하나인 저항은 전원으로부터 공급받은 전기에너지를 열로 소비하는 소자로써 회로전압을 제어하거나 전류를 제한하는 역할을 한다. 이와 같은 전기적 성질을 **저항**(resistance, R)이라 하고, 저항의 성질을 가진 소자를 저항기 또는 간단히 **저항**(resistor)이라 한다. 저항은 R로 표기하고, 단위는 **옴**(ohm, [Ω])이다.

공간적으로 부피를 갖는 **도체 저항** R은 길이 l에 비례하고 단면적 A에 반비례한다. 이때의 비례상수를 ρ라 하면 다음의 관계식이 성립한다.

$$R \propto \frac{l}{A} \qquad \therefore \ R = \rho \frac{l}{A} \tag{1.11}$$

여기서 비례상수 ρ는 **저항률**이라 하고, 단위는 MKS 단위계로 [Ω · m]이다.

1.5.3 옴의 법칙

저항이 일정한 소자 양단에 전압을 변화시키면서 흐르는 전류는 **그림 1.18**(a)와 같이 전압과 전류가 서로 비례($V \propto I$)하는 직선 관계가 성립한다. 즉,

$$V = RI \tag{1.12}$$

로 나타낼 수 있다. 여기서 비례상수 R은 **저항**이고 **직선의 기울기**가 된다. 식 (1.12)와 같은 전압 V, 전류 I, 저항 R의 관계를 수학적으로 표현한 식을 **옴의 법칙**(Ohm's law)이라 한다. 식 (1.12)를 변형하여 옴의 법칙을 다시 나타내면 다음과 같다.

$$V = RI, \quad I = \frac{V}{R}, \quad R = \frac{V}{I} \tag{1.13}$$

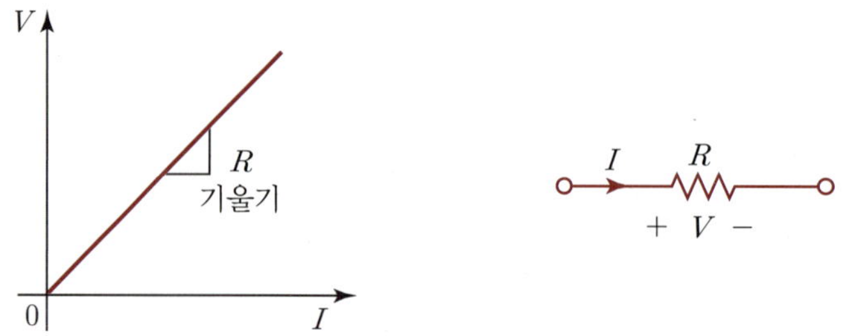

(a) 저항의 전압-전류 관계(선형성) (b) 전압강하

그림 1.18 ▶ 옴의 법칙

저항 R의 역수를 **컨덕턴스**(conductance, G)라 하고, 식 (1.12)의 옴의 법칙은

$$I = \frac{V}{R}\left(G = \frac{1}{R}\right) \qquad \therefore \ I = GV \tag{1.14}$$

로 나타낼 수 있다. 컨덕턴스 G의 단위는 **모**(mho, [℧]) 또는 **지멘스**(siemens, [S])이다.

옴의 법칙에서 식 (1.12)의 $V = RI$는 회로의 **직렬회로**에서, 식 (1.14)의 $I = GV$는 회로의 **병렬회로**에서 주로 적용되는 중요한 식이다.

저항에 전류가 흐르면 전압강하가 일어나기 때문에 회로 해석을 하는 경우에 가정한 전류의 방향에 대해 저항에 걸리는 전압의 극성은 **그림 1.18**(b)와 같이 수동소자의 기본 방향이 되도록 표시해야 한다.

참고 선형 소자와 비선형 소자

(1) **선형 소자** : 저항과 같이 전압과 전류는 서로 비례하고 직선 관계를 나타낸다. 이와 같이 전기적인 두 요소(양)가 비례하는 선형성을 갖는 소자를 **선형 소자**라 한다. (저항, 공심 인덕터[코일], 커패시터[콘덴서])

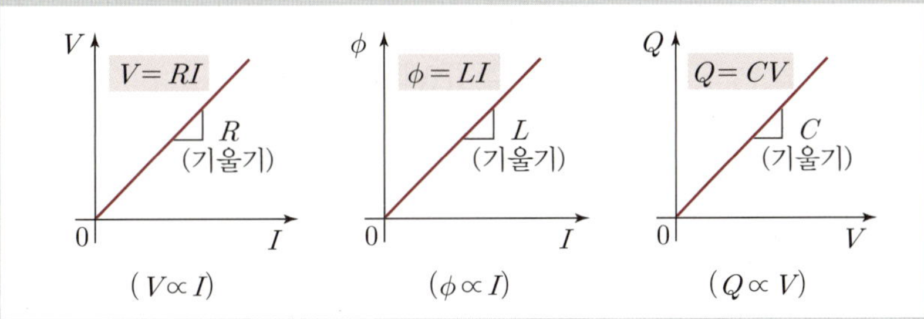

(a) 저항 (b) 인덕터 (c) 커패시터(콘덴서)

그림 1.19 ▸ 선형 소자

(2) **비선형 소자** : 전기적인 두 요소(양)가 일정하거나 포화하는 성질로 비례 관계가 없는 비선형성을 갖는 소자를 **비선형 소자**라 한다.(반도체[다이오드], 철심 인덕터)

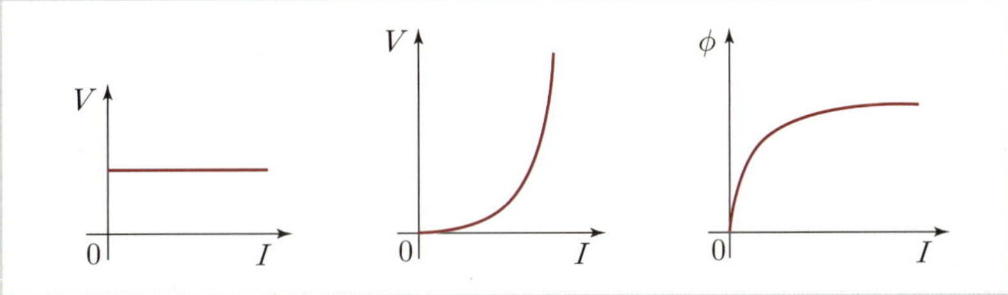

그림 1.20 ▸ 비선형 소자

1.6 전력과 전력량

능동소자인 전원과 수동소자인 부하로 구성된 기본적인 전기회로는 전류와 전압이 존재하고, 이 전류와 전압은 부하에 작용하여 전력(electric power)으로 소비된다.

(1) 전력

부하에 걸리는 전압 V, 부하에 흐르는 전류 I라 할 때 **전력** P는 전압과 전류의 단순한 곱으로 다음과 같이 나타낼 수 있다.

$$P = VI \tag{1.15}$$

전력 P는 전압 V의 식 (1.4)와 전류 I의 식 (1.2)를 대입하면

$$P = VI = \frac{W}{Q} \times \frac{Q}{t} = \frac{W}{t} \ ([\mathrm{W}] = [\mathrm{J/s}]) \tag{1.16}$$

가 된다. **전력**은 **전하가 단위시간에 한 일** 또는 **전하가 단위시간에 소비되는 에너지**로 정의하고, 전력의 단위는 **와트**(Watt, [W])이다.

저항에서 소비되는 전력 P는 식 (1.15)에서 식 (1.13)의 옴의 법칙을 각각 대입하면 다음과 같은 관계식으로 나타낼 수 있다.

$$P = VI = I^2R = \frac{V^2}{R} \tag{1.17}$$

전력은 물리적으로 **일률**에 해당되고, 단위는 $1\,[\mathrm{W}] = 1\,[\mathrm{J/s}]$의 관계가 있다. 전력의 실용 단위는 **킬로와트**[kW] 또는 **마력**[HP]을 많이 사용하며 다음의 관계가 성립한다.

$$1\,[\mathrm{kW}] = 1000\,[\mathrm{W}], \quad 1\,[\mathrm{HP}] = 746\,[\mathrm{W}]$$

(2) 전력량

전력량 W는 식 (1.16)과 식 (1.17)에 의해 **전하가** $t\,[\mathrm{s}]$ **동안 한 일** 또는 **전하가** $t\,[\mathrm{s}]$ **동안 소비되는 에너지**로 정의하고, 다음의 식으로 나타낸다.

$$W = Pt = VIt = I^2Rt = \frac{V^2}{R}t \ ([\mathrm{J}] = [\mathrm{W \cdot s}]) \tag{1.18}$$

에너지 w가 시간적으로 변화하는 경우의 순간전력 p는

$$p = \frac{dw}{dt} = vi\,[\mathrm{W}] \tag{1.19}$$

이고, 순간전력 p로부터 $t\,[\mathrm{s}]$ 동안 소비 또는 변환되는 에너지, 즉 식 (1.19)에 의해 전력량 w는 다음과 같이 표현된다.

$$w = \int_0^t p\,dt = \int_0^t vi\,dt\,[\mathrm{J}] \tag{1.20}$$

전력량은 물리적으로 **일** 또는 **에너지**에 해당되고, 일과 전력량은 $1[\mathrm{J}] = 1[\mathrm{W \cdot s}]$의 단위 관계가 있다. 전력량의 실용 단위는 [kWh]를 주로 사용하며, 전력량과 열량의 단위 관계도 다음과 같다.

$1[\mathrm{Wh}] = 3600([\mathrm{W \cdot s}] = [\mathrm{J}]),\quad 1[\mathrm{J}] = 0.24[\mathrm{cal}]$

$1[\mathrm{kWh}] = 1000[\mathrm{Wh}],\quad 1[\mathrm{kWh}] = 860[\mathrm{kcal}]$

전류와 전압의 기준 방향과 전력의 관계를 알아보기로 한다. **그림 1.14**와 같은 소자에서 전류가 흐르는 방향으로 전압강하가 일어난다면 수동소자의 기준 방향과 일치하므로 이 소자는 **부하**와 같은 역할을 하기 때문에 **전력의 소비 또는 흡수**를 한다.

그러나 **그림 1.16**과 같은 소자에서 전류가 흐르는 방향으로 전압상승이 일어난다면 능동소자의 기준 방향과 일치하므로 이 소자는 **전원**과 같은 역할을 하기 때문에 **전력의 발생 또는 공급을 한다.**

예제 1.6

그림 1.21과 같은 소자에서 전류의 방향과 소자에 걸리는 전압의 극성이 주어졌을 때 전력을 각각 구하라.($i_1 = 2[\mathrm{A}]$, $v_1 = 3[\mathrm{V}]$, $i_2 = 4[\mathrm{A}]$, $v_2 = 5[\mathrm{V}]$)

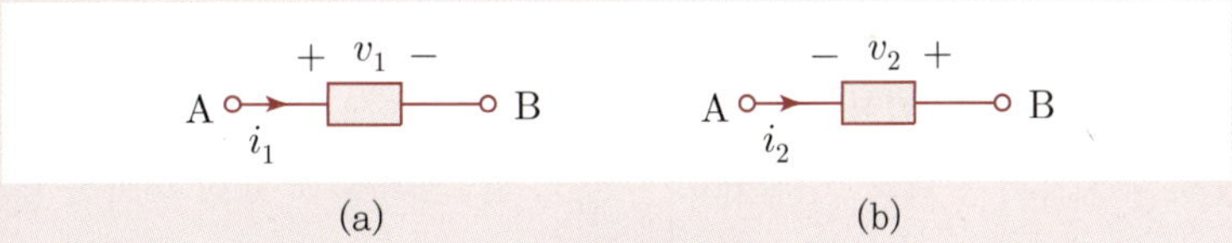

그림 1.21

풀이 (a) 소자에서 전압강하가 일어나고, 수동소자의 기준 방향과 일치하므로 전력을 소비 또는 흡수한다. 즉, 수동소자의 소비전력 p는

전력의 소비 또는 흡수 : $p = v_1 i_1 = 6\,[\mathrm{W}]$

(b) 소자에서 전압상승이 일어나고, 능동소자의 기준 방향과 일치하므로 전력을 공급 또는 발생한다. 즉, 능동소자의 공급전력 p는

전력의 공급 또는 발생 : $p = v_2 i_2 = 20\,[\mathrm{W}]$

예제 1.7

저항 R에 $5[\mathrm{A}]$의 전류가 흐를 때 소비전력이 $500[\mathrm{W}]$이었다. 이때 저항 $R[\Omega]$을 구하라.

풀이 식 (1.17)의 전력 $P = I^2R$에서 식변형에 의해 저항 R은 다음과 같이 구해진다.

$$R = \frac{P}{I^2} = \frac{500}{5^2} = 20\,[\Omega]$$

정리 전력, 전력량, 줄의 법칙(열량)

(1) 전력(P) : 전하가 단위시간(1초)당 한 일 또는 소비되는 전기에너지(소비전력)

$$P = \frac{W}{t} = VI = I^2R = \frac{V^2}{R} \quad ([\mathrm{J/s}] = [\mathrm{W}])$$

(2) 전력량(W) : 전하가 t[s] 동안 한 일 또는 소비되는 전기에너지

$$W = P \cdot t = VIt = I^2Rt = \frac{V^2}{R}t \quad ([\mathrm{J}] = [\mathrm{W \cdot s}])$$

(3) 줄의 법칙(열량) : 전력량(W)과 열량(Q)의 변환 관계($1[\mathrm{J}] = 0.24[\mathrm{cal}]$)

$$Q = 0.24W = 0.24P \cdot t = 0.24VIt = 0.24I^2Rt = 0.24\frac{V^2}{R}t\ [\mathrm{cal}]$$

참고 줄(Joule)의 법칙

도체에 전류가 흐르면 전하(자유 전자)가 이동하면서 도체의 원자와 충돌을 일으키기 때문에 열이 발생하고, 이 충돌 현상은 전류의 흐름을 방해하는 저항으로 작용하게 된다. 따라서 저항에 전류가 흐르면 필연적으로 열을 수반하게 된다. 이와 같이 **도체 저항에서 전류가 흘러 발생하는 열**을 **줄열**이라 한다.

부하인 전기 히터나 전기다리미와 같이 전류가 흐르는 부하 저항에서 소비되는 전력량 W는 열에너지 Q로 변환된다. 열역학에서 일과 열량의 관계는 $1[\mathrm{J}] = 0.24[\mathrm{cal}]$이므로 식 (1.18)의 전력량 $W[\mathrm{J}]$를 열량 $Q[\mathrm{cal}]$로 환산하면

$$Q = 0.24W = 0.24P \cdot t = 0.24VIt = 0.24I^2Rt = 0.24\frac{V^2}{R}t\ [\mathrm{cal}]$$

이다. 이와 같이 **전력량과 열량의 변환 관계**를 나타낸 위의 관계식을 **줄의 법칙**(Joule's law)이라 하며, 전류의 열작용에 관한 대표적인 법칙이다.

1.7 키르히호프의 법칙

간단한 전기 회로의 해석은 옴의 법칙만으로 해결할 수 있다. 그러나 여러 개의 저항과 전원을 포함하는 복잡한 전기 회로는 옴의 법칙만으로 해결되지 않기 때문에 보다 쉽게 해석하려면 **키르히호프의 법칙**(Kirchhoff's law)을 적용해야 한다.

키르히호프의 법칙에는 **전류법칙**과 **전압법칙**이 있다.

1.7.1 키르히호프의 전류법칙(KCL)

[정의 1] "회로의 임의의 접속점에서 유입하는 전류의 합과 유출하는 전류의 합은 같다."

유입 전류의 합 = 유출 전류의 합

이것은 **전하보존의 법칙**에 따른 **키르히호프의 전류법칙**(KCL)이라 한다. **그림 1.22**의 접속점 O에서 유입 전류는 I_1, I_2이고, 유출 전류는 I_3, I_4, I_5이므로 다음과 같은 관계가 성립한다.

$$I_1 + I_2 = I_3 + I_4 + I_5 \begin{cases} \text{유입 전류} : I_1 + I_2 \\ \text{유출 전류} : I_3 + I_4 + I_5 \end{cases} \tag{1.21}$$

키르히호프의 전류법칙(KCL)은 위와 같은 표현을 다음과 같이 설명할 수도 있다.

[정의 2] "회로의 임의의 접속점에서 유입 전류의 대수합은 0이다."

'대수합'은 부호(방향)를 고려한 합을 의미하므로 회로의 접속점에서 유입 전류를 (+)로 하고, 유출 전류를 (−)로 취한 합이다. 이 관계에 대한 수학적 표현은 다음과 같다.

$$I_1 + I_2 - I_3 - I_4 - I_5 = 0 \tag{1.22}$$

$$\therefore \sum_{k=1}^{n} I_k = 0 \tag{1.23}$$

정의 2를 '유출 전류의 대수합'으로 바꾸어 표현하면 유출 전류를 (+), 유입 전류를 (−)로 취한 합으로 나타내도 동일한 결과가 나온다.

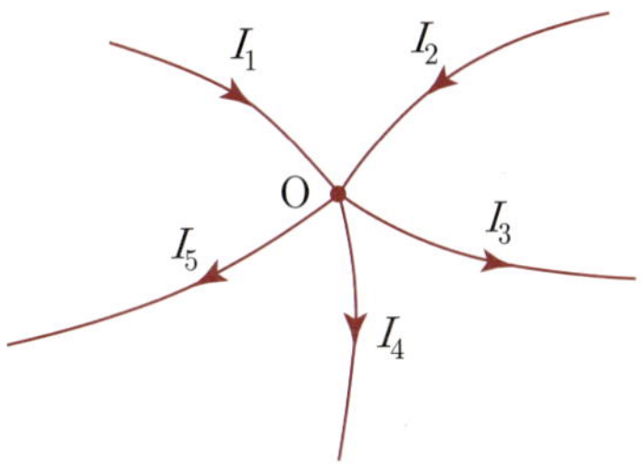

그림 1.22 ▶ 키르히호프의 전류법칙

1.7.2 키르히호프의 전압법칙(KVL)

[정의 1] "임의의 폐회로에서 한 방향으로 전류를 일주하면서 취한 전압상승의 합과 전압강하의 합은 같다."

전압상승의 합 = 전압강하의 합

이 법칙을 **키르히호프의 전압법칙**(KVL)이라고 한다.

그림 1.23의 폐회로에서 시계 방향으로 일주하는 방향을 설정하였을 때 전압상승은 V_1, V_4이고, 전압강하는 V_2, V_3이므로 다음과 같은 관계가 성립한다.

$$V_1 + V_4 = V_2 + V_3 \begin{cases} \text{전압상승} : V_1 + V_4 \\ \text{전압강하} : V_2 + V_3 \end{cases} \tag{1.24}$$

키르히호프의 전압법칙(KVL)은 위와 같은 표현을 다음과 같이 설명할 수도 있다.

[정의 2] "임의의 폐회로에서 전류를 한 방향으로 일주한 전압상승의 대수합은 0이다."

폐회로에서 전류의 일주 방향에 대해 **방향(극성)을 고려한 전압상승의 대수합**은 전압상승을 (+), 전압강하를 (−)로 취한 합을 의미한다. 이들의 수학적 표현은 다음과 같다.

$$V_1 - V_2 - V_3 + V_4 = 0 \tag{1.25}$$

$$\therefore \sum_{k=1}^{n} V_k = 0 \tag{1.26}$$

KVL에서 전류의 일주 방향은 시계 방향이나 반시계 방향으로 설정해도 같은 결과가 나온다. 일주 방향에 따른 결과는 **예제 1.10**을 통하여 확인해 보기로 한다.

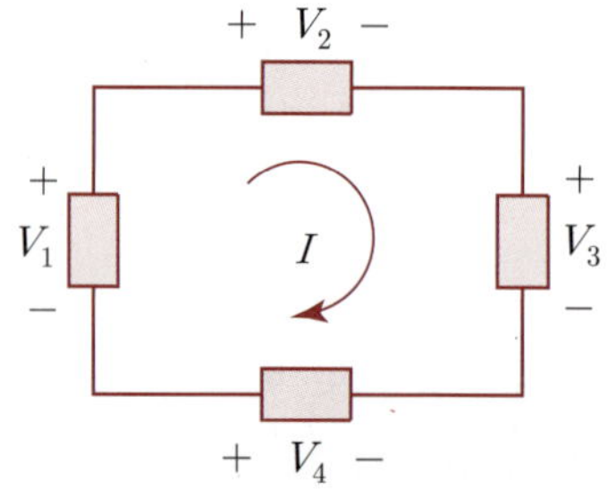

그림 1.23 ▸ 키르히호프의 전압법칙

그림 1.24(a)의 전기회로에서 전류 I_1을 구하기 위하여 키르히호프의 전압법칙(KVL)에 관한 적용 방법과 순서를 **그림 1.24**(b)에 나타내면서 알아보기로 한다.

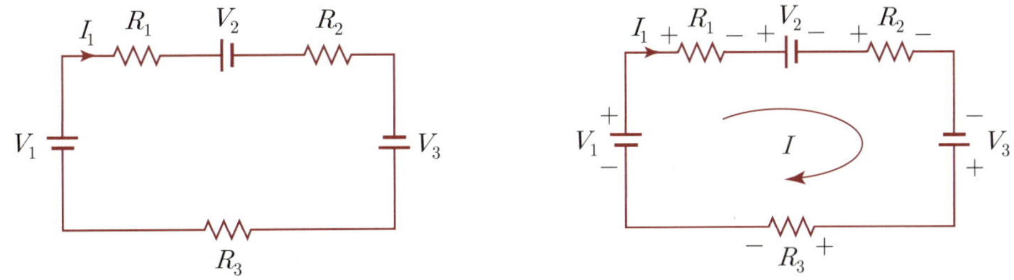

(a) 전기회로 (b) 전류 방향에 따른 극성 표시

그림 1.24 ▶ 전기회로에서 키르히호프의 전압법칙

(1) 폐회로에서 시계 방향으로 일주하도록 전류 I의 방향을 설정한다.

(2) 전원의 두 전극에 (+), (−)의 전압 극성을 표시하고, 저항의 양단은 전류의 일주 방향에 대해 전압강하가 일어나도록 수동소자 기준 방향과 같은 극성을 표시한다.

(3) 전압상승은 V_1, V_3이므로 $V_1 + V_3$이고, 전압강하는 V_2와 옴의 법칙에 의해 저항의 소자에 걸리는 전압 R_1I, R_2I, R_3I이므로 $V_2 + R_1I + R_2I + R_3I$가 된다.

(4) "전압상승의 합 = 전압강하의 합"을 적용하여 방정식을 세운다.

$$V_1 + V_3 = V_2 + R_1I + R_2I + R_3I \quad (1.27)$$

TIP | 키르히호프의 전압법칙(KVL)에 대한 [정의 1]의 변형

KVL : **기전력의 대수합 = 전압강하(저항)의 합**

① 좌변은 전압원의 기전력만을 선정하여 전압상승 (+), 전압강하 (−)로 취급하여 대수합을 나타낸다.(능동소자의 기준방향을 만족 (+), 불만족이면 (−)로 취급)

② 우변은 저항에서 전류의 일주 방향(시계 또는 반시계 방향)에 관계없이 항상 전압강하가 일어나므로 (+)의 합으로 취급할 수 있다.(수동소자의 기준방향 만족)

③ 좌변 : 기전력의 대수합(전압상승[+]) $= V_1 - V_2 + V_3$

우변 : 저항의 전압강하의 합 $= R_1I + R_2I + R_3I$

∴ KVL : $V_1 - V_2 + V_3 = R_1I + R_2I + R_3I$

④ 실전 문제의 적용에서 좌변은 전압원, 우변은 저항을 구분하여 방정식을 세우기 때문에 혼동할 우려가 적고, 이항하는 식 변형을 생략할 수 있는 장점이 있다.

(5) 이 방정식을 풀어서 설정한 전류 I를 구한다. 만약 여기서 구한 전류 I의 부호가 음(−)이라면 구하려는 전류 I_1은 전류 I와 반대 방향으로 흐른다는 것을 의미한다.

예제 1.8

그림 1.25에서 전류 I[A]를 구하라.

풀이 키르히호프의 전류법칙(KCL) : (유입 전류의 합) = (유출 전류의 합)

$$I_1 + I_3 = I_2 + I, \quad 3 + 5 = 1 + I \qquad \therefore \ I = 7\,[\mathrm{A}]$$

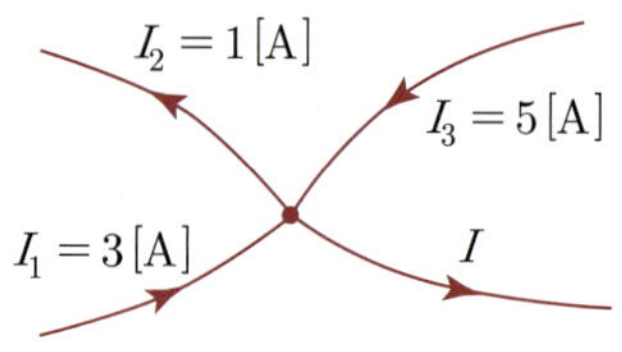

그림 1.25

예제 1.9

그림 1.26(a)에서 키르히호프의 법칙을 사용하여 전류 I_1[A]를 구하라.

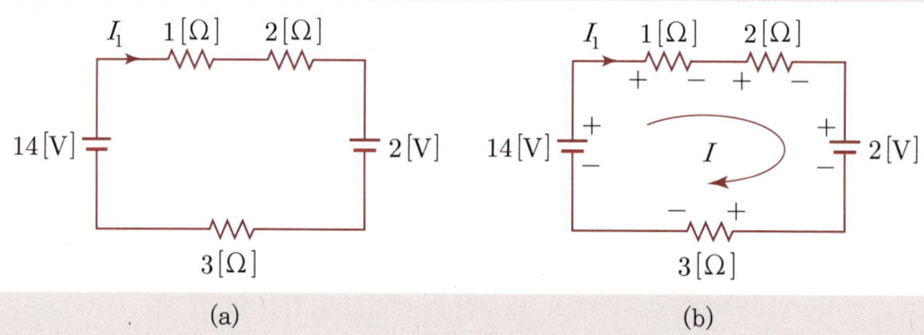

그림 1.26

풀이 키르히호프의 전압법칙(KVL) : (전압상승의 합) = (전압강하의 합)

① 폐회로에 전류 I를 시계 방향으로 설정하고 극성 표시를 한다. [**그림 1.26**(b)]

② 전류 I에 대한 전압상승의 합과 전압강하의 합을 각각 구한다.

전압상승 : 14, 전압강하 : $2 + I + 2I + 3I$

$$14 = 2 + I + 2I + 3I, \quad 14 - 2 = 6I, \quad I = 2\,[\mathrm{A}] \qquad \therefore \ I_1 = 2\,[\mathrm{A}]$$

별해 (KVL) : 기전력의 대수합 = 전압강하(저항)의 합

(좌변) $14 - 2$, (우변) $I + 2I + 3I$

(KVL에 의한 방정식) $14 - 2 = I + 2I + 3I, \quad I = 2\,[\mathrm{A}] \qquad \therefore \ I_1 = 2\,[\mathrm{A}]$

예제 1.10

그림 1.27(a)에서 키르히호프의 법칙을 사용하여 전류 I[A]와 저항 $2[\Omega]$과 $3[\Omega]$에 걸리는 전압을 각각 구하라.

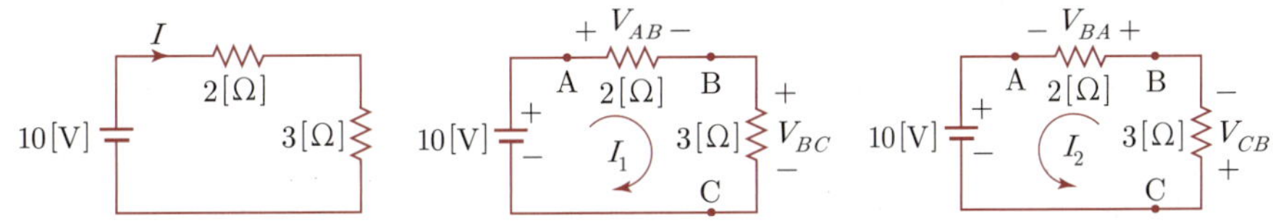

(a) (b) (c)

그림 1.27

풀이 (KVL) : 전압원의 전압상승의 합 = 저항의 전압강하의 합

(1) 전류의 일주 방향을 시계 방향으로 설정한 경우[**그림 1.27**(b)]

① 단일 폐회로에 전류 I_1을 시계 방향으로 설정한다.

② 전압원과 전류 I_1에 대한 저항 양단에 극성 표시를 한다. 특히 저항은 전류의 일주 방향에 대해 항상 전압강하가 일어나는 방향이다.

③ 키르히호프의 전압법칙을 적용한다.

좌변 : 10, 우변 : $2I_1 + 3I_1$

$10 = 2I_1 + 3I_1, \quad 10 = 5I_1, \quad I_1 = 2\,[\mathrm{A}] \qquad \therefore\ I = 2\,[\mathrm{A}]$

④ 옴의 법칙 $V = RI$에 의해 각 저항에 걸리는 전압을 구한다.

$2[\Omega]$의 전압 : $V_2 = V_{AB} = 2 \times 2 = 4\,[\mathrm{V}]$

$3[\Omega]$의 전압 : $V_3 = V_{BC} = 3 \times 2 = 6\,[\mathrm{V}]$

(2) 전류의 일주 방향을 반시계 방향으로 설정한 경우[**그림 1.27**(c)]

① 단일 폐회로에 전류 I_2를 반시계 방향으로 설정한다.

② 전압원과 전류 I_2에 대한 저항 양단에 극성 표시를 한다. 특히 저항은 전류의 일주 방향에 대해 항상 전압강하가 일어나는 방향이다.

③ 키르히호프의 전압법칙을 적용한다.

좌변 : -10, 우변 : $2I_2 + 3I_2$

$-10 = 2I_2 + 3I_2, \quad -10 = 5I_2 \qquad \therefore\ I_2 = -2\,[\mathrm{A}]$

I_2가 음(−)이므로 주어진 회로에서 반대 방향인 $I = 2\,[\mathrm{A}]$라는 것을 의미한다.

④ 옴의 법칙 $V = RI$에 의해 각 저항에 걸리는 전압은 다음과 같이 음(−)이므로 실제의 각 저항에 걸리는 전압은 반대 극성이 되어 각각 다음과 같다.

$2[\Omega]$의 전압 : $V_2 = V_{BA} = 2 \times (-2) = -4\,[\mathrm{V}] \qquad \therefore\ V_{AB} = 4\,[\mathrm{V}]$

$3[\Omega]$의 전압 : $V_3 = V_{CB} = 3 \times (-2) = -6\,[\mathrm{V}] \qquad \therefore\ V_{BC} = 6\,[\mathrm{V}]$

1.8 전압원과 전류원

전원은 전기에너지 또는 전력을 공급하는 대표적인 능동소자이다. 전원은 전기에너지를 공급하는 방법에 따라 독립 전원과 종속 전원으로 구분하고, 전기에너지를 공급하는 종류에 따라 독립 및 종속 전압원과 전류원이 있다.

독립 전원은 회로 구성에 무관하게 독립적으로 전력을 공급하는 능동소자이고, 종속 전원은 회로 내의 다른 소자에 종속되어 전력을 공급하는 능동소자이다.

1.8.1 전압원과 전류원

전압원은 부하에 흐르는 전류에 관계없이 항상 일정한 전압을 회로에 공급하는 전원이고, **전류원**은 부하에 걸리는 전압에 관계없이 항상 일정한 전류를 회로에 공급하는 전원이다. 이상적인 전압원과 전류원의 기호와 전압-전류 특성을 **그림 1.28**에 나타낸다.

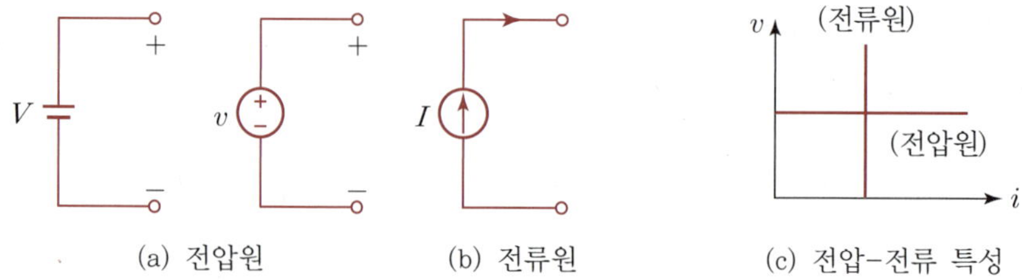

그림 1.28 ▸ 이상 전압원과 전류원

실제의 전원은 내부에 저항 성분을 가지고 있기 때문에 이상적인 전원의 성능을 부하에 공급하지 못한다. 예를 들면 전지 또는 발전기와 같은 **실제 전압원**은 **그림 1.29**(a)와 같이 내부에 **전압원과 직렬로 접속된 내부저항**이 있기 때문에 부하를 접속하면 내부저항에 의한 전압강하가 일어나서 **그림 1.29**(c)와 같이 전압원의 기전력보다 단자전압이 낮아지게 된다. **실제 전류원**도 **그림 1.29**(b)와 같이 내부에 **전류원과 병렬로 접속된 내부저항**이 있기 때문에 전류의 일부가 이 저항을 통하여 분류되기 때문에 부하에 공급되는 전류는 전류원에 의한 본래의 전류보다 작아지는 특성이 있다. 실제 전압원과 전류원의 기호와 전압-전류 특성은 **그림 1.29**에 나타낸다.

만약 실제 전압원에서 직렬 접속된 내부저항은 무시할 수 있을 정도로 작아서 $r=0$ (단락)이라면 **이상 전압원**으로 등가 대체할 수 있고, 실제 전류원에서 병렬 접속된 내부저항은 매우 커서 $r=\infty$ (개방)라면 **이상 전류원**으로 등가 대체할 수 있다.

회로해석에서 전원의 내부저항에 의한 전압 및 전류의 변동성을 피하기 위해 이상적인 전압원 및 전류원으로 취급할 것이다. 특히 전류원 자체는 물리적으로 존재하지 않는 전원이며 전압원을 수학적인 등가회로로 만들어 병렬회로의 해석에 적용하기 위한 모델이다.

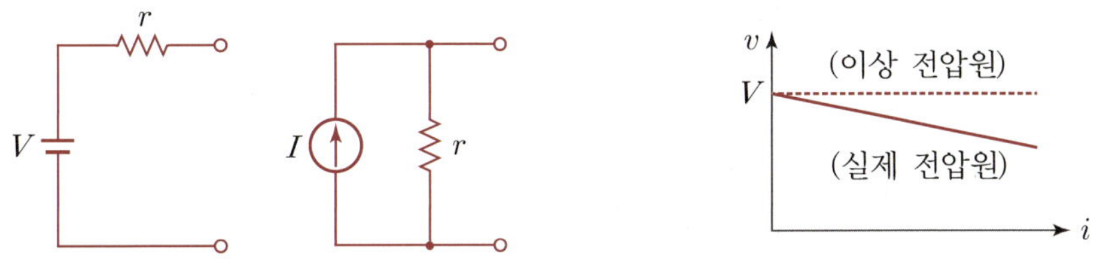

(a) 실제 전압원 (b) 실제 전류원 (c) 전압-전류 특성(전압원)

그림 1.29 ▶ 실제 전압원과 전류원

1.8.2 전원의 직·병렬 접속

회로해석에서 여러 개의 전원이 직렬 또는 병렬로 접속되어 있는 경우에 한 개의 전원으로 합성을 하여 등가 전원으로 나타내면 간편해지는 경우가 많다. 특히 회로해석에서 **전압원의 직렬접속**과 **전류원의 병렬접속**은 매우 유효해서 반드시 알아두어야 하지만, 전압원의 병렬접속과 전류원의 직렬접속은 존재하지 않는 것으로 생각해도 된다.

(1) 전압원의 직렬접속

그림 1.30과 같이 **전압원의 직렬접속은 각 전압원들의 극성을 고려한 대수적인 합으로 하나의 등가 전압원**이 된다. 여기서 대수적인 합은 부호(극성)를 고려한 합을 의미하므로 동일한 극성의 전압원은 (+), 반대 방향의 전압원은 (-)를 취하여 등가 합성전압을 구하며, 등가 전압원의 극성은 합성전압이 큰 극성 방향으로 결정한다.

$$V_0 = V_1 + V_2 - V_3 \tag{1.28}$$

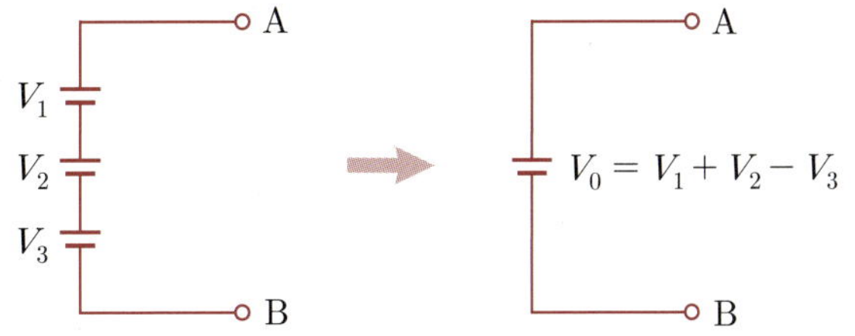

(a) 전압원의 직렬 (b) 등가 전압원

그림 1.30 ▶ 전압원의 직렬접속($V_1 + V_2 > V_3$)

(2) 전압원의 병렬접속

그림 1.31과 같이 **전압원의 병렬접속은 동일한 전압원에서만 등가 전압원**으로 변환할 수 있다. 전압원으로 구성된 **그림 1.31**(a)의 폐회로에서 KVL에 의해 $V_1 = V_2$이므로 등가 전압원 V_0는 한 개에 해당하는 전압원과 같게 되어 다음의 관계가 성립한다.

$$V_0 = V_1 = V_2 \tag{1.29}$$

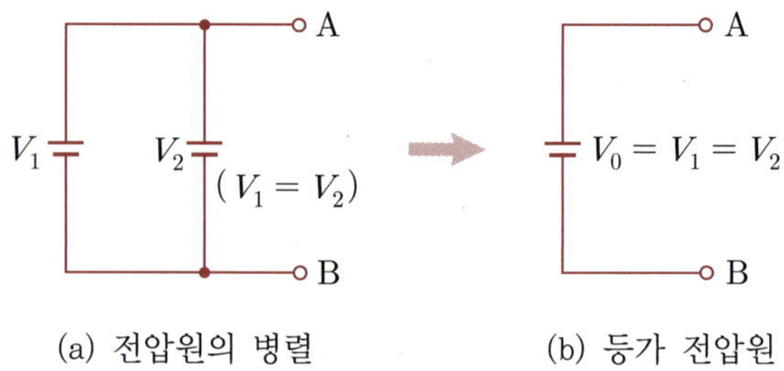

그림 1.31 ▶ 전압원의 병렬접속

서로 다른 전압원의 병렬접속은 두 단자 사이에 단일 전압으로만 정의되기 때문에 성립할 수 없는 접속법이 된다. 또한 전압이 서로 다른 전압원을 병렬접속하면 **그림 1.32**와 같이 전원 사이에 전위차가 발생하므로 내부적으로 순환전류가 흐르게 된다. 이때 각 전압원의 기전력이 자체적으로 소모되어 전원의 기능을 상실하기 때문이다.

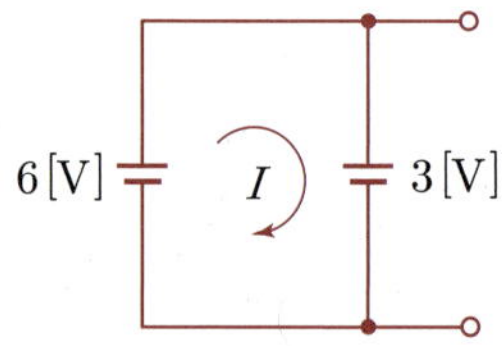

그림 1.32 ▶ 순환전류

(3) 전류원의 직렬접속

그림 1.33과 같이 **전류원의 직렬접속은 동일한 전류원에서만 등가 전류원**으로 변환할 수 있다. 이때 등가 전류원 I_0는 한 개에 해당하는 전류원의 크기와 같으므로 다음의 관계가 성립한다.

$$I_0 = I_1 = I_2 \tag{1.30}$$

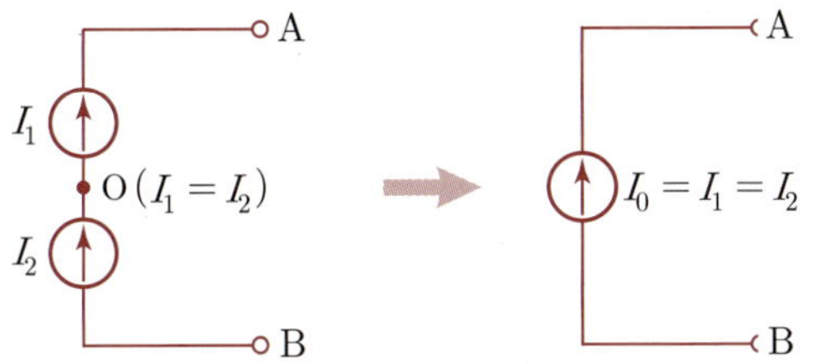

(a) 전류원의 직렬 (b) 등가 전류원

그림 1.33 ▸ 전류원의 직렬 접속

서로 다른 전류원의 직렬접속은 키르히호프의 전류법칙(KCL)에 의해 한 점 O에서 유입전류와 유출전류는 같아야 하지만, $I_1 \neq I_2$이면 모순이 되므로 성립될 수 없는 접속이다.

따라서 전류원의 직렬접속은 동일한 전류원에서만 성립하는 접속법이므로 회로해석에서 전류원의 직렬접속은 존재하지 않는 회로로 생각해도 된다.

(4) 전류원의 병렬접속

그림 1.34(a)와 같이 **전류원의 병렬접속은 각 전류원들의 방향을 고려한 대수적인 합으로 하나의 등가 전류원**이 된다. 여기서 대수적인 합은 부호(전류 방향)를 고려한 합을 의미하므로 동일한 방향의 전류원은 (+), 반대 방향의 전류원은 (-)를 취하여 등가 합성전류를 구하며, 등가 전류원의 방향은 합성전류의 큰 방향으로 결정한다.

점 O에서 키르히호프의 전류법칙(KCL)이 성립해야 하므로 유입 전류 $I_1 + I_2$와 유출전류 $I_0 + I_3$는 서로 같아야 한다. 따라서 등가 전류원 I_0는 다음의 관계식이 성립한다.

$$I_0 = I_1 + I_2 - I_3 \tag{1.31}$$

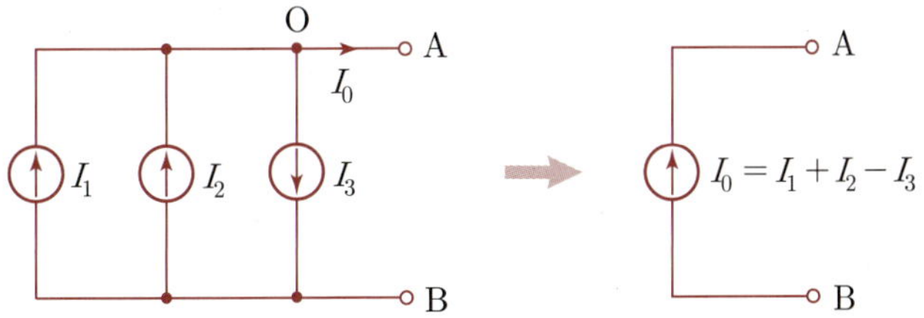

(a) 전류원의 병렬 (b) 등가 전류원

그림 1.34 ▸ 전류원의 병렬 접속($I_1 + I_2 > I_3$)

1.8.3 종속전원

종속전원은 회로 내에서 다른 소자의 전류 또는 전압에 의해 값이 제어되는 소자이다. 물리적으로 존재하지 않는 전원이지만, 트랜지스터나 연산 증폭기(OP 앰프)를 해석할 때 종속전원을 이용한 등가회로로 표현하여 수행한다.

종속전원의 기호는 **그림 1.35**와 같이 마름모 기호로 나타내며, 종속전원에 대한 회로 해석은 전자회로에서 배우기로 한다.

(a) 종속 전압원 (b) 종속 전류원

그림 1.35 ▸ 종속 전원

1.9 단락 회로와 개방 회로

그림 1.36(a)와 같이 두 단자 사이를 도선으로 연결하여 저항 $R=0$인 상태를 **단락 회로**(short circuit)라고 한다. 단락 회로에 전류 I가 흘러도 옴의 법칙에 의해 양 단자에 걸리는 전압은 $V=RI=(0)I=0$이므로 전압강하가 발생하지 않는다.

그림 1.36(b)와 같이 두 단자 사이의 도선을 끊어서 저항 $R=\infty$인 상태를 **개방 회로**(open circuit)라고 한다. 개방 회로의 두 단자 사이에 전압 V가 있어도 옴의 법칙에 의해 양 단자에 흐르는 전류는 $I=\dfrac{V}{R}=\dfrac{V}{\infty}=0$이 되므로 전류가 흐르지 않는다.

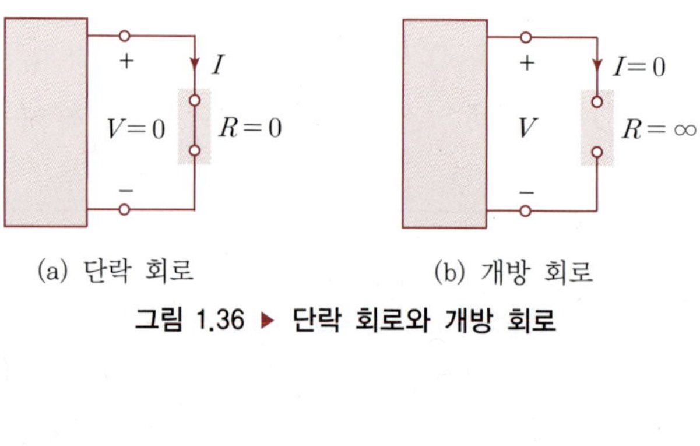

(a) 단락 회로 (b) 개방 회로

그림 1.36 ▸ 단락 회로와 개방 회로

연습문제

01 다음의 물음에 답하라.

(1) 원자의 구성입자는 세 종류로 분류된다. 구성입자의 세 종류는 무엇인가?

(2) 원자 속에서 전자는 원자핵 주위의 궤도를 움직이고 있다. 전자가 움직이는 가장 바깥에 있는 궤도를 무엇이라고 하는가? 또 가장 바깥 궤도에 있는 전자를 무엇이라고 하는가?

(3) 중성 원자가 전자를 잃거나 얻게 되어 전기를 띠는 현상을 무엇이라고 하는가?

(4) 중성 원자가 전자를 잃으면 어떤 이온이 되는가?

(5) 전류가 나타나는 현상은 다음의 소립자인 양성자, 중성자, 자유전자, 양이온, 음이온 중에서 가장 관계가 깊은 것은?

(6) 음이온과 전자의 차이점은 무엇인가?

(7) 전자 한 개의 전하량[C]은?

(8) 전기회로에서 영전위 0[V]인 전위의 기준점은 무엇인가?

(9) 전력과 전력량에 해당되는 물리량은 무엇인지 각각 나타내라.

(10) 실제 전압원과 전류원에서 내부저항의 접속 상태를 각각 나타내라.

(11) 이상 전압원과 등가가 되기 위한 실제 전압원의 내부저항은 얼마인가? 또 이상 전류원과 등가가 되기 위한 실제 전류원의 내부저항은 얼마인가?

(12) 단락 회로와 개방 회로는 두 단자의 저항값이 각각 얼마인 상태를 의미하는가?

02 어떤 도선에 3[A]의 전류가 20분 동안 흘렀을 때, 이동한 전하량[C]을 구하라.

03 $i = 2t^2 + 8t$[A]로 표시되는 전류가 도선에 3[s] 동안 흘렀을 때, 통과한 전하량[C]을 구하라.

04 전압 10[V]로 50[C]의 전기량이 이동할 때 한 일[J]을 구하라.

05 능동소자 또는 수동소자에 전류가 흐르면 소자 양단에 전압강하 또는 전압상승이 다르게 나타난다. 두 종류의 소자에 나타나는 전압을 각각 구분하여 나타내라.

능동소자 : (   )

수동소자 : (   )

06 전류와 전압에 대한 수동소자의 기준 방향과 능동소자의 기준 방향을 그림으로 각각 표시하라.

07 100[V]의 전압으로 5[A]의 전류가 2분 동안 흘렀을 때 이 때 전기가 행한 일[J]을 구하라.

08 어떤 저항에 5[A]의 전류를 흘렸을 때 전력이 10[kW]이었다. 이 저항에 10[A]의 전류를 흘렸을 때 전력[kW]을 구하라.

힌트 저항이 일정하고 P와 I의 관계식 $P=I^2R$에서 $P \propto I^2$ $\therefore$ $10 : P = 5^2 : 10^2$

09 **그림 1.37**(a)의 접지가 없는 회로에서 점 C의 전위 V_C와 **그림 1.37**(b)의 접지가 있는 회로에서 점 B의 전위를 각각 구하라.

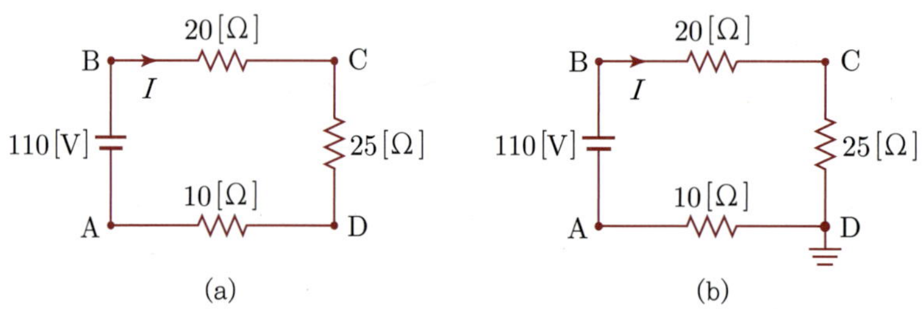

그림 1.37

10 그림 1.38(a)에서 각 저항의 양단에 극성 표시를 하고, 그림 1.38에서 V_1, V_2, V_3, I_1, V_4, R_1의 미지값을 구하라.

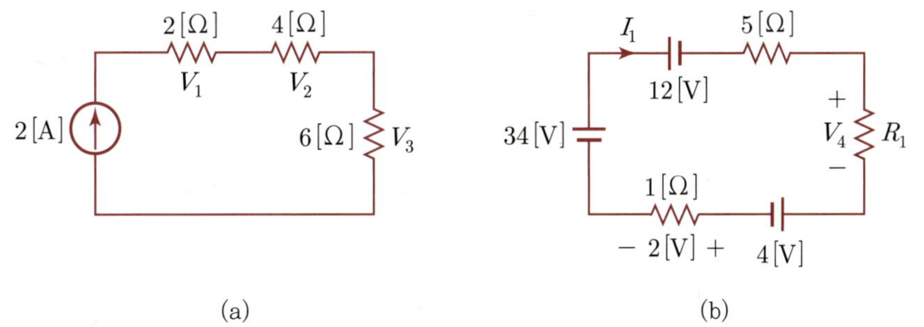

그림 1.38

11 그림 1.39에서 V_1, I_1, R_1, I_2, R_2, V_3, V_2의 미지값을 구하라.

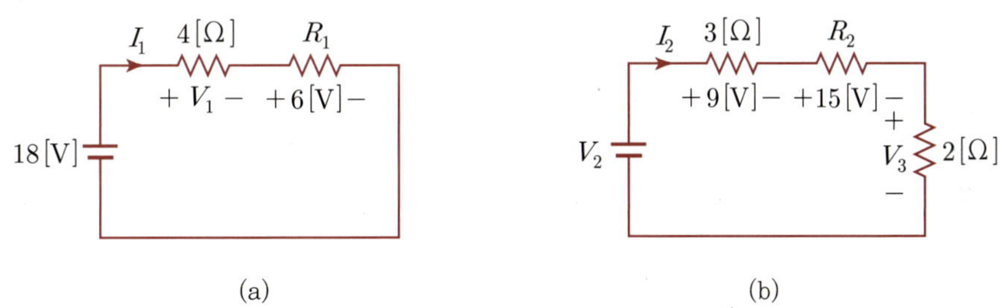

그림 1.39

12 그림 1.40과 같이 직렬 접속된 전압원에 대한 등가 전압원 V_s를 구하라.

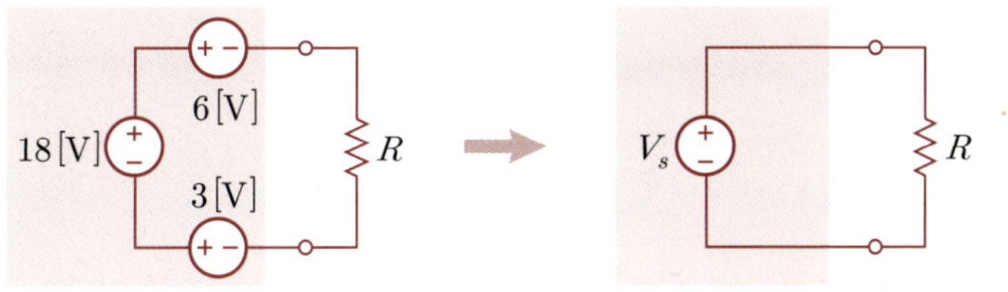

그림 1.40

13 그림 1.41과 같이 병렬 접속된 전류원에 대한 등가 전류원 I_s를 구하라.

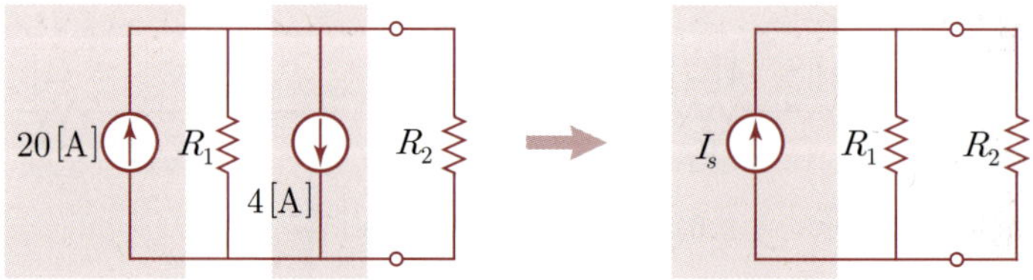

그림 1.41

TIP 전하 보존의 법칙

전하 보존의 법칙

전하는 새로이 생성되거나 소멸하지 않고 항상 처음의 전하량을 항상 유지하는 것을 **전하 보존의 법칙**이라고 한다.

전기회로에서 전하 보존의 법칙을 적용하면 회로의 한 접속점에서 유입하는 전하량은 유출하는 전하량과 같게 된다. 따라서 전하의 이동을 의미하는 전류도 접속점에서 유입하는 전류는 유출하는 전류와 같게 된다는 것을 알 수 있다. 이로부터 **키르히호프의 전류법칙**은 **전하 보존의 법칙의 원리**를 적용한 것이다.

Chapter 2

간단한 저항회로

저항의 직렬과 병렬회로에서 전류와 전압을 구하고, 최종적으로 전력을 구하는 직류의 저항회로 해석은 교류회로 및 비정현파 회로까지 확장하여 거의 유사한 해석 방법으로 진행되기 때문에 저항회로의 해석을 확실하게 공부해 두어야 한다.

본 장에서는 복잡한 회로를 체계적으로 해석하기 위한 회로 용어를 학습하고, 저항만으로 직렬 또는 병렬로 접속된 비교적 간단한 저항회로에 대해 저항의 합성법, 전압 및 전류 분배 법칙, 배율기와 분류기, 전지의 접속 등에 관한 회로해석 기법을 학습하여 회로해석의 기초를 다지기로 한다.

2.1 회로 용어

(1) 회로 용어

회로소자가 회로의 형태를 이루면서 상호 연결되었을 때, 회로의 형태는 **마디**(node), **가지**(branch), **폐로**(loop), **메쉬**(mesh)라는 회로 용어로 기술된다.

마디(node, **절점**)는 두 개 이상의 소자가 연결된 점이고, 도선으로만 연결된 점은 하나의 마디로 취급한다. **그림 2.1**(a)는 일반적인 회로 형태이고, **그림 2.1**(b)는 마디를 정확히 구분하기 위해 변형된 회로이다. **그림 2.1**의 회로에서 마디의 수는 A, B(C), E(D, F)의 3개이다. 여기서 두 점선안의 B, C와 F, E, D는 도선만으로 연결되었으므로 각각 하나의 마디로 취급하기 때문이다.

가지(branch, **지로**)는 두 마디를 연결하여 회로소자 하나를 포함한 경로, 즉 마디 – 회로소자 – 마디의 경로이고, 회로에서 가지의 수는 소자의 수와 같다. **그림 2.1**의 회로에서 가지의 수는 V_s, R_1, R_2, I_s의 4개이다.

폐로(loop, **루프**)는 출발한 마디와 끝나는 마디가 같은 폐회로를 의미한다. **그림 2.1**에서 폐로의 수는 l_1, l_2, l_3의 3개이고, 폐로 l_3는 다른 폐로 l_1, l_2를 포함하고 있지만, 폐로 l_1, l_2는 다른 폐로를 포함하지 않는다. 이와 같이 다른 폐로를 포함하지 않는 **최소 단위의 폐로** l_1, l_2를 **메쉬**(mesh, **망**)라고 한다. 단일 폐로인 메쉬는 회로해석에서 매우 중요한 역할을 한다. 본 교재는 최소 단위의 폐로인 메쉬와 같은 의미로 메쉬 대신에 폐로라는 용어를 사용하기로 한다. 위의 회로 용어에 관한 정의를 정리하여 **표 2.1**에 나타낸다.

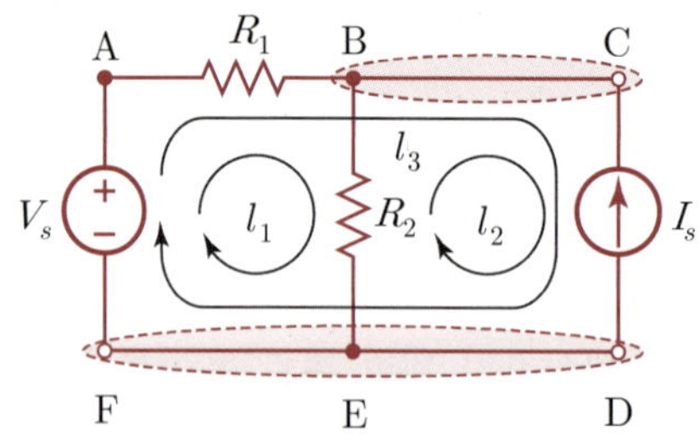

(a) 일반적인 회로

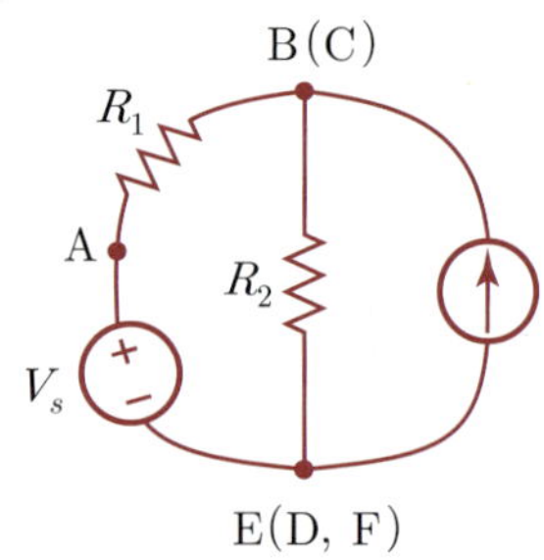

(b) 변형 회로

그림 2.1 ▶ 회로의 형태(마디, 가지, 폐로, 메쉬)

표 2.1 ▶ 회로망의 회로 용어

명 칭	정 의
마디(node, 절점)	두 개 이상의 소자가 연결된 점
가지(branch, 지로)	두 마디(마디 – 소자 – 마디)를 연결한 경로(가지의 수 = 소자의 수)
폐로(loop, 루프)	출발 마디와 끝나는 마디가 같은 경로
메쉬(mesh, 망)	다른 폐로(루프)를 포함하지 않은 최소 단위의 폐로

(2) 직렬접속과 병렬접속

직렬접속은 **그림 2.2**(a)와 같이 한 마디에 두 개의 소자만을 연결한 형태이고, 키르히호프의 전류법칙(KCL)에 의해 **직렬접속된 소자에는 동일한 전류**가 흐르는 특징이 있다. **그림 2.2**(a)에서 마디는 점선안의 공통 마디 1개를 포함하여 4개, 가지의 수는 회로소자의 수와 같으므로 전원 1개, 저항 3개로 모두 4개이다. 폐로(메쉬)는 1개이다.

병렬접속은 **그림 2.2**(b)와 같이 소자들이 마디 한 쌍을 공유하는 형태이고, 키르히호프의 전압법칙(KVL)에 의해 **병렬접속된 소자에는 동일한 전압**이 걸리는 특징이 있다.

그림 2.2(b)에서 마디는 소자 4개를 공유한 점선 안의 공통 마디 2개, 가지의 수는 회로소자의 수와 같으므로 전원 1개, 저항 3개로 모두 4개이고, 폐로(메쉬)는 3개이다.

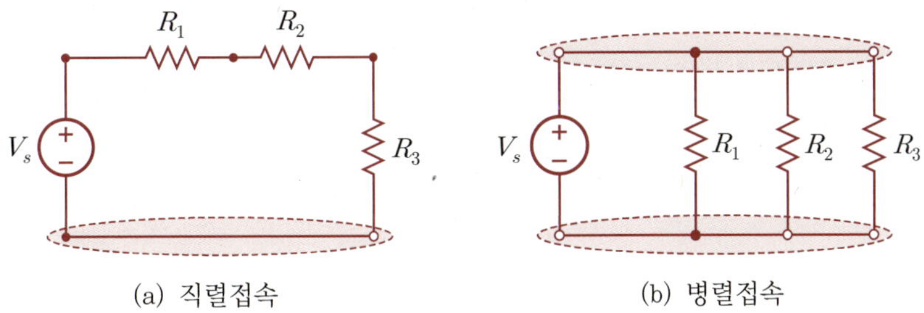

그림 2.2 ▶ 직렬접속과 병렬접속

2.2 저항의 접속

(1) 직렬접속

그림 2.3(a)는 저항 R_1, R_2, R_3를 직렬로 접속하고 전원전압 V로 인가된 회로이다. 전류 I는 전원전압(기전력)에서 전압상승이 일어나는 시계 방향으로 일주하도록 설정한다. 이 회로에 KCL을 적용하면 전류는 회로의 어떤 점에서나 같기 때문에 각 저항에 흐르는 전류는 일정하다. 저항에서 전압의 극성은 **그림 2.3**(a)와 같이 전류가 흐르는 방향에 대해 전압강하가 일어나도록 표시한다.

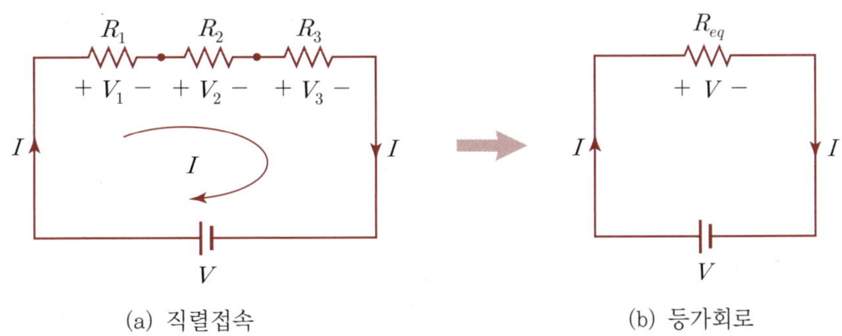

그림 2.3 ▶ 저항의 직렬접속

저항에 걸리는 전압, 즉 저항의 전압강하를 각각 V_1, V_2, V_3라 하면 옴의 법칙의 식 (1.12)에 의해

$$V_1 = R_1 I, \quad V_2 = R_2 I, \quad V_3 = R_3 I \tag{2.1}$$

이다. 또 **그림 2.3**(a)의 회로에 KVL을 적용하면 전원전압(전압상승) V는 각 저항의 전압강하 V_1, V_2, V_3의 합과 같게 되어

$$V = V_1 + V_2 + V_3 = (R_1 + R_2 + R_3)I = R_{eq}I \qquad (2.2)$$

가 된다. 그러므로 전원에서 본 직렬회로의 등가 합성저항 R_{eq}는 다음과 같이 구해지고, 이 결과로부터 직렬 접속된 n개의 저항에 대한 일반식도 다음과 같이 성립한다.

$$R_{eq} = R_1 + R_2 + R_3 \quad \left(R_{eq} = \sum R_i \, [\text{저항 } n\text{개}]\right) \qquad (2.3)$$

즉, 직렬 저항회로의 합성저항은 각 저항의 총합과 같다.

예제 2.1

그림 2.4의 직렬회로에서 등가 전압원, 합성저항, 전체 전류, 각 저항의 단자전압을 구하고, 등가 전압원과 등가 저항으로 구성된 등가 회로를 나타내라.

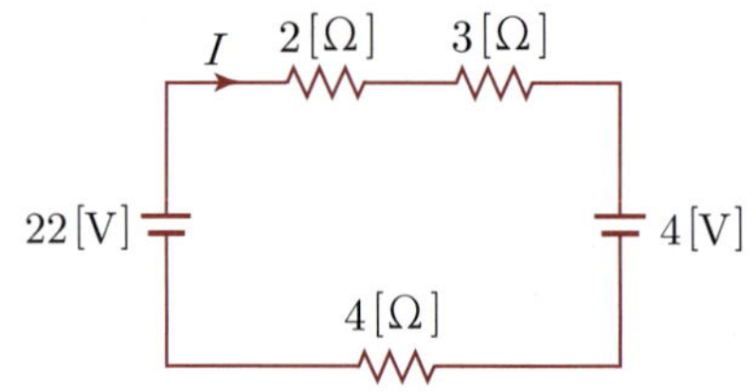

그림 2.4

풀이 등가 전압원 : $V_{eq} = 22 - 4 = 18\,[\mathrm{V}]$

합성저항 : $R_{eq} = 2 + 3 + 4 = 9\,[\Omega]$

전체 전류 : $I = \dfrac{V_{eq}}{R_{eq}} = \dfrac{18}{9} = 2\,[\mathrm{A}]$

저항의 단자전압(전압강하)

$2[\Omega]$의 전압강하 : $V_1 = R_1 I = 2 \times 2 = 4\,[\mathrm{V}]$

$3[\Omega]$의 전압강하 : $V_2 = R_2 I = 3 \times 2 = 6\,[\mathrm{V}]$

$4[\Omega]$의 전압강하 : $V_3 = R_3 I = 4 \times 2 = 8\,[\mathrm{V}]$

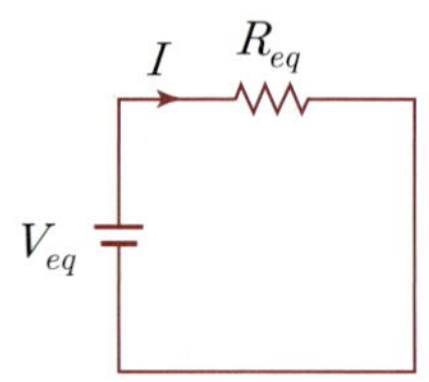

그림 2.5 ▶ 등가회로

(2) 병렬접속

그림 2.6(a)는 저항 R_1, R_2, R_3를 병렬로 접속하고 전원전압 V가 인가된 회로이다. 전류의 방향은 전원전압의 기전력 V의 극성에 의해 시계 방향으로 설정하고, 저항에서 전압의 극성은 설정한 전류의 방향에 대해 전압강하 V_1, V_2, V_3가 일어나도록 표시한다.

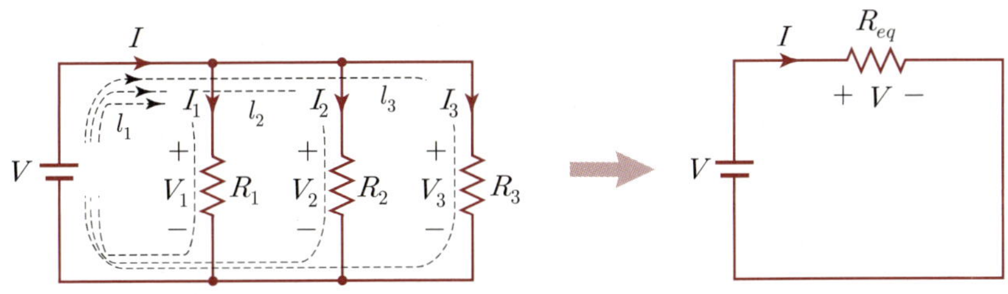

(a) 병렬접속 (b) 등가회로

그림 2.6 ▸ 저항의 병렬접속

폐로 l_1, l_2, l_3에 대해 각각 KVL을 적용하면 다음의 관계식에 의해

$$V = V_1(\text{폐로 } l_1),\quad V = V_2(\text{폐로 } l_2),\quad V = V_3(\text{폐로 } l_3)$$

$$\therefore\ V = V_1 = V_2 = V_3 \tag{2.4}$$

가 된다. 즉, 병렬회로에서 전원전압은 저항에 걸리는 전압과 같다.

각 저항에 흐르는 전류 I_1, I_2, I_3라 할 때 전류는 옴의 법칙에 의하여

$$I_1 = \frac{V}{R_1},\quad I_2 = \frac{V}{R_2},\quad I_3 = \frac{V}{R_3} \tag{2.5}$$

이고, 전체 전류 I는 KCL에 의해 각 저항에 분류되어 흐르는 전류의 합과 같으므로

$$I = I_1 + I_2 + I_3 = \left(\frac{1}{R_1} + \frac{1}{R_2} + \frac{1}{R_3}\right)V = \frac{1}{R_{eq}}V \tag{2.6}$$

가 된다. 따라서 전원에서 본 병렬회로의 등가 합성저항 R_{eq}와 이 결과로부터 병렬 접속된 n개의 저항에 대한 일반식도 다음과 같이 성립한다.

$$\frac{1}{R_{eq}}=\frac{1}{R_1}+\frac{1}{R_2}+\frac{1}{R_3} \tag{2.7}$$

$$\therefore\ R_{eq}=\frac{1}{\frac{1}{R_1}+\frac{1}{R_2}+\frac{1}{R_3}}\ \left(R_{eq}=\frac{1}{\sum\frac{1}{R_i}}\,[\text{저항 } n\text{개}]\right) \tag{2.8}$$

즉, 병렬 저항회로의 합성저항은 각 저항의 역수를 합한 값의 역수가 된다.

특히 **두 개의 저항이 병렬 접속된 회로**의 합성저항은 회로해석에서 가장 많이 사용하게 되므로 철저히 기억하기로 한다.

두 개의 병렬 저항 R_1, R_2의 합성저항 $R_1 /\!/ R_2$는 식 (2.8)에 의해

$$R_{eq}=R_1 /\!/ R_2=\frac{1}{\frac{1}{R_1}+\frac{1}{R_2}}=\frac{1}{\frac{R_1+R_2}{R_1R_2}}=\frac{R_1R_2}{R_1+R_2} \tag{2.9}$$

$$\therefore\ R_{eq}=\frac{R_1R_2\,(\text{두 개 곱})}{R_1+R_2\,(\text{두 개 합})} \tag{2.10}$$

가 구해진다. 식 (2.10)의 결과 식은 여러 개의 저항이 병렬 접속된 회로에도 적용할 수 있다. **그림 2.6**(a)의 병렬회로에서 전원으로부터 가장 먼 가지에 있는 두 병렬 저항을 합성($R_2 /\!/ R_3$)하고, 다시 이 결과와 R_1의 합성저항 $R_{eq}=R_1 /\!/ (R_2 /\!/ R_3)$를 구하면 식 (2.8)과 동일한 결과가 된다.

두 개의 동일한 병렬 저항($R_1=R_2=R$)의 합성저항 $R_{eq}=R /\!/ R$는 식 (2.10)으로부터 저항 R의 반(1/2)이 된다. 즉, 100[Ω]인 두 개의 저항을 병렬접속하면 합성저항은 50[Ω]이다. 또 저항 R인 n개의 병렬 합성은 식 (2.8)에 의해 R/n이 된다.

$$R_{eq}=\frac{R}{2}(2\text{개 병렬})\ \left(R_{eq}=\frac{R}{n}[n\text{개 병렬}]\right) \tag{2.11}$$

정리 저항의 직렬과 병렬회로의 특성

(1) 직렬회로

① 회로에 흐르는 전류는 일정하다.(전류 I : 일정)

② 기전력(전압원)은 저항에 걸리는 단자전압의 합과 같다.($V=V_1+V_2+V_3$)

③ 저항의 단자전압은 저항에 비례($V \propto R$)하므로 큰 저항에 전압이 크게 걸린다.
④ 합성저항은 각 저항의 합이다.($R_{eq} = R_1 + R_2 + R_3$)
⑤ 직렬 합성저항은 가장 큰 저항보다도 큰 값이다.

(2) 병렬회로

① 저항의 단자전압은 일정하다.(전압 V : 일정)
② 전체 전류는 각 저항에 흐르는 전류의 합과 같다.($I = I_1 + I_2 + I_3$)
③ 저항에 흐르는 전류는 저항에 반비례($V \propto 1/R$)하므로 큰 저항에 적게 흐른다.
④ **두 개가 같은 병렬 합성저항은 원래 저항의 반**(1/2)이다.
⑤ **병렬 합성저항은 제일 작은 저항보다도 작은 값**이다.
⑥ **두 개 저항의 병렬 합성저항**

$$R_{eq} = \frac{R_1 R_2}{R_1 + R_2} \left(\frac{\text{두 개 곱}}{\text{두 개 합}} \right)$$ (**암기요령** : 두 개합분의 두 개곱)

예제 2.2

그림 2.7(a)와 같이 3개의 같은 저항을 접속하고 전압 12[V]를 인가할 때 전류 3[A]가 흘렀다. 이때 저항 $R[\Omega]$을 구하라.

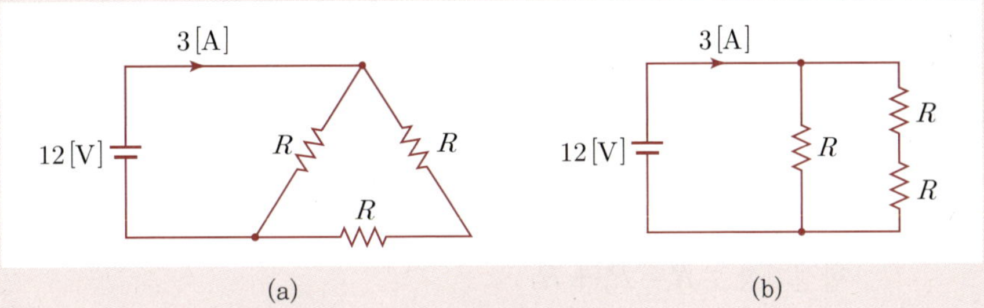

그림 2.7

풀이 **그림 2.7**(b)는 **그림 2.7**(a)를 변형한 등가회로이다. 전원에서 본 합성저항 R_{eq}는 R과 $2R$의 병렬 합성이므로 식 (2.10)에 의하여

$$R_{eq} = R \,/\!/\, 2R = \frac{R \times 2R}{R + 2R} = \frac{2}{3} R\,[\Omega]$$

이 구해진다. 또 합성저항 R_{eq}는 옴의 법칙에 의해 V/I로부터도 구해진다. 따라서 두 결과를 등식으로 놓으면 다음과 같이 저항 R이 구해진다.

$$R_{eq} = \frac{V}{I} = \frac{12}{3} = 4\,[\Omega], \quad \frac{2}{3} R = 4 \qquad \therefore\ R = 6\,[\Omega]$$

2.3 전압 분배 법칙과 전류 분배 법칙

회로해석에서 두 개의 저항이 직렬 또는 병렬로 연결되어 있는 회로를 자주 접하게 된다. 이와 같은 회로를 쉽게 해석하기 위하여 **그림 2.8**의 회로로부터 전압 분배 법칙과 전류 분배 법칙에 관한 결과가 각자 익숙해지도록 학습한다.

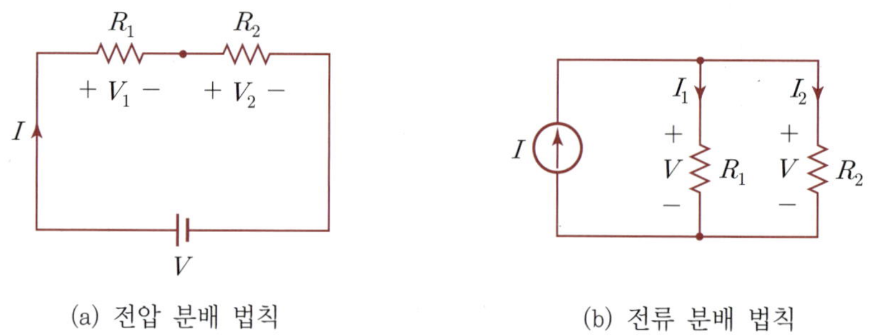

그림 2.8 ▶ 전압과 전류의 분배 법칙

(1) 전압 분배 법칙

그림 2.8(a)와 같은 두 개의 저항이 직렬로 접속된 회로에서 전체 전압 V일 때, 각 저항에 걸리는 단자전압(전압 강하)를 구하려면 먼저 합성저항 R과 전체 전류 I를 구해야 한다. 직렬의 합성저항 R과 전류 I는 식 (2.3)과 옴의 법칙의 식 (1.12)에 의하여

$$\begin{aligned} &\text{합성저항 : } R = R_1 + R_2 \\ &\text{전체 전류 : } I = \frac{V}{R} = \frac{V}{R_1 + R_2} \end{aligned} \tag{2.12}$$

가 된다. 각 저항 R_1, R_2에 걸리는 전압(전압강하) V_1, V_2는 $V_1 = R_1 I$, $V_2 = R_2 I$이고, V_1, V_2에 식 (2.12)의 전류 I를 각각 대입하면

$$V_1 = \frac{R_1}{R_1 + R_2} V, \qquad V_2 = \frac{R_2}{R_1 + R_2} V \tag{2.13}$$

가 구해진다. 이 관계식을 저항의 **전압 분배 법칙**이라고 한다.

저항의 직렬접속에서 전류가 일정하므로 옴의 법칙인 $V = RI$에 의해 전압은 저항에 비례($V \propto R$)한다. 따라서 전압 분배 법칙은 비례식의 성질을 이용하면 식 (2.13)과 같은 저항 두 개를 직렬 접속과 마찬가지로 세 개 이상을 직렬 접속한 경우에도 간단히 구할 수 있다. **그림 2.3**(a)와 같이 저항 세 개가 직렬 접속된 회로에서 저항 양단에 분배되는 전압의 비는

$$V_1 : V_2 : V_3 = R_1 : R_2 : R_3 \ (\because \ V \propto R) \tag{2.14}$$

의 비례 관계가 성립한다. 이로부터 저항값이 클수록 저항에 분배되는 전압은 커진다는 것을 알 수 있다.

식 (2.14)의 비례식을 이용하면 직렬로 접속된 저항의 수에 관계없이 각 저항에 걸리는 전압을 곧바로 구할 수 있으며, 이 관계식도 전압 분배 법칙이 된다.

$$\begin{cases} V_1 = \dfrac{R_1}{R_1 + R_2 + R_3} V \\[2ex] V_2 = \dfrac{R_2}{R_1 + R_2 + R_3} V \\[2ex] V_3 = \dfrac{R_3}{R_1 + R_2 + R_3} V \end{cases} \tag{2.15}$$

(2) 전류 분배 법칙

그림 2.8(b)와 같은 두 개의 저항이 병렬로 접속된 회로에서 전체 전류가 I일 때, 각 저항에 흐르는 분류 전류를 구하려면 먼저 합성저항 R과 각 저항에 동일하게 걸리는 단자전압 V를 구해야 한다.

병렬의 합성저항 R과 단자전압 V는 식 (2.10)과 옴의 법칙의 식 (1.12)에 의하여 각각 다음과 같이 구해진다.

$$\begin{aligned} &\text{합성저항} : R = \frac{1}{\dfrac{1}{R_1} + \dfrac{1}{R_2}} = \frac{R_1 R_2}{R_1 + R_2} \\ &\text{단자전압} : V = R_1 I_1 = R_2 I_2 = RI \end{aligned} \tag{2.16}$$

따라서 각 저항에 흐르는 분류 전류 I_1, I_2는 각각

$$I_1 = \frac{V}{R_1} = \frac{RI}{R_1} = \frac{R_1 R_2}{R_1(R_1 + R_2)} I$$
$$I_2 = \frac{V}{R_2} = \frac{RI}{R_2} = \frac{R_1 R_2}{R_2(R_1 + R_2)} I \qquad (2.17)$$

$$\therefore \quad I_1 = \frac{R_2}{R_1 + R_2} I, \qquad I_2 = \frac{R_1}{R_1 + R_2} I \qquad (2.18)$$

가 구해진다. 이 관계식을 저항의 **전류 분배(분류) 법칙**이라고 한다.

저항의 병렬접속에서 전압이 일정하므로 옴의 법칙인 $I = V/R$에 의해 전류는 저항에 반비례($I \propto 1/R$)한다. 따라서 **그림 2.6**(a)와 같이 저항 세 개가 병렬 접속된 회로에서 저항에 유입되어 분류되는 전류의 비는

$$I_1 : I_2 : I_3 = \frac{1}{R_1} : \frac{1}{R_2} : \frac{1}{R_3} \left(\because \; I \propto \frac{1}{R} \right) \qquad (2.19)$$

의 반비례 관계가 성립한다. 이로부터 저항값이 작을수록 저항에 분류되는 전류는 커진다는 것을 알 수 있다.

식 (2.19)의 비례식을 이용하면 병렬로 접속된 저항의 수에 관계없이 각 저항에 흐르는 전류를 곧바로 구할 수 있으며, 이 관계식도 전류 분배(분류) 법칙이 된다.

$$\begin{cases} I_1 = \dfrac{\dfrac{1}{R_1}}{\dfrac{1}{R_1} + \dfrac{1}{R_2} + \dfrac{1}{R_3}} I \\[2ex] I_2 = \dfrac{\dfrac{1}{R_2}}{\dfrac{1}{R_1} + \dfrac{1}{R_2} + \dfrac{1}{R_3}} I \\[2ex] I_3 = \dfrac{\dfrac{1}{R_3}}{\dfrac{1}{R_1} + \dfrac{1}{R_2} + \dfrac{1}{R_3}} I \end{cases} \qquad (2.20)$$

정리 **전압 분배 법칙과 전류 분배 법칙에 관한 학습요령(암기요령)**

(1) 전압 분배 법칙

두 개의 저항이 직렬일 때, 각 저항에 걸리는 전압은 저항에 **비례**($V \propto R$)하므로 **분자에 자기저항이 포함**된다.(자기저항: 아래첨자 동일) 즉, **전압 분배 법칙**은

$$V_1 = \frac{R_1}{R_1 + R_2} V, \quad V_2 = \frac{R_2}{R_1 + R_2} V \quad : \text{암기요령} \left(\frac{\text{자기} \cdot \text{전체}}{\text{두 개 합}} \right)$$

(2) 전류 분배 법칙

두 개의 저항이 병렬일 때, 각 저항에 분류되는 전류는 저항에 **반비례**($V \propto 1/R$)하므로 **분자에 상대저항이 포함**된다.(상대저항: 아래첨자 다름) 즉, **전류 분배(분류) 법칙**은

$$I_1 = \frac{R_2}{R_1 + R_2} I, \quad I_2 = \frac{R_1}{R_1 + R_2} I \quad : \text{암기요령} \left(\frac{\text{상대} \cdot \text{전체}}{\text{두 개 합}} \right)$$

예제 2.3

그림 2.9(a)의 회로에서 점 a와 b의 양단전압(전위차) V_{ab}를 구하라.

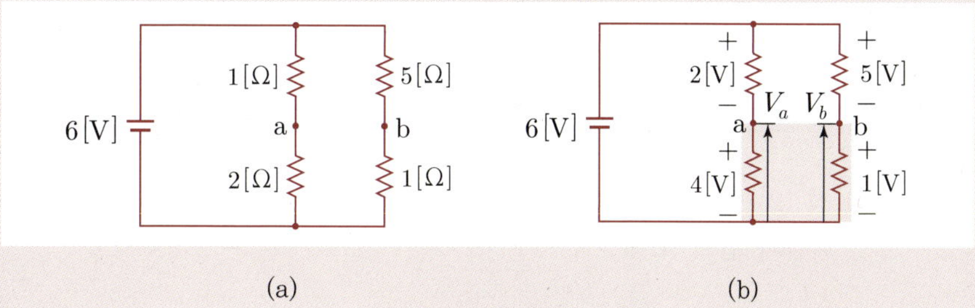

그림 2.9

풀이 **전위의 기준점**(영전위)은 **전원 음극**이므로 점 a와 b의 전위 V_a, V_b는 **그림 2.9**(b)와 같이 전원의 음극에 대한 2[Ω]과 1[Ω]의 전위차가 된다. 즉, 전압 분배 법칙에 의해

$$V_a = \frac{2}{1+2} \times 6 = 4\,[\text{V}], \quad V_b = \frac{1}{5+1} \times 6 = 1\,[\text{V}]$$

이고, 점 a는 고전위(+), 점 b는 저전위(−)가 된다.($V_a > V_b$)

이로부터 두 점 사이의 전위차(전압) V_{ab}는 다음과 같이 구해진다.

$$V_{ab} = V_a - V_b = 4 - 1 = 3\,[\text{V}]$$

예제 2.4

그림 2.10의 회로에서 저항의 단자전압과 분류 전류를 구하라.

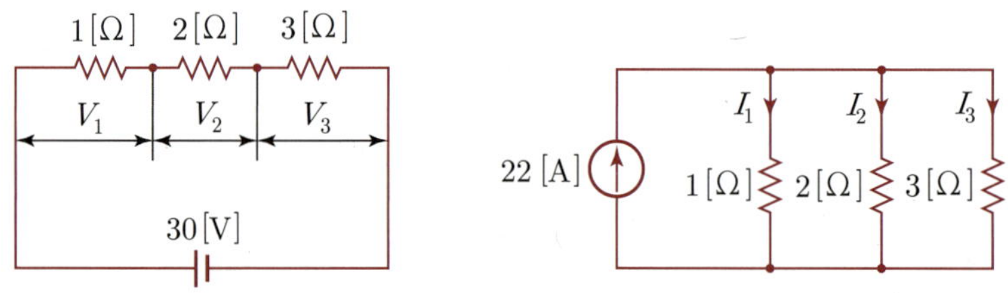

(a) (b)

그림 2.10

풀이 (a) 식 (2.15)의 전압 분배 법칙에 의하여 각 저항에 걸리는 단자전압($V \propto R$)은 다음과 같이 구해진다.

$$V_1 = \frac{R_1}{R_1 + R_2 + R_3} V = \frac{1}{1+2+3} \times 30 = 5\,[\mathrm{V}]$$

$$V_2 = \frac{R_2}{R_1 + R_2 + R_3} V = \frac{2}{1+2+3} \times 30 = 10\,[\mathrm{V}]$$

$$V_3 = \frac{R_3}{R_1 + R_2 + R_3} V = \frac{3}{1+2+3} \times 30 = 15\,[\mathrm{V}]$$

(b) 식 (2.20)의 전류 분배 법칙에 의하여 각 저항에 흐르는 전류($V \propto 1/R$)는 다음과 같이 구해진다.

$$I_1 = \frac{\frac{1}{R_1}}{\frac{1}{R_1} + \frac{1}{R_2} + \frac{1}{R_3}} I = \frac{\frac{1}{1}}{\frac{1}{1} + \frac{1}{2} + \frac{1}{3}} \times 22 = 12\,[\mathrm{A}]$$

$$I_2 = \frac{\frac{1}{R_2}}{\frac{1}{R_1} + \frac{1}{R_2} + \frac{1}{R_3}} I = \frac{\frac{1}{2}}{\frac{1}{1} + \frac{1}{2} + \frac{1}{3}} \times 22 = 6\,[\mathrm{A}]$$

$$I_3 = \frac{\frac{1}{R_3}}{\frac{1}{R_1} + \frac{1}{R_2} + \frac{1}{R_3}} I = \frac{\frac{1}{3}}{\frac{1}{1} + \frac{1}{2} + \frac{1}{3}} \times 22 = 4\,[\mathrm{A}]$$

예제 2.5

그림 2.11과 같은 회로에서 다음을 각각 구하라.

(1) 저항 3[Ω]에 흐르는 전류 I_1

(2) 저항의 단자전압 V_1, V_2

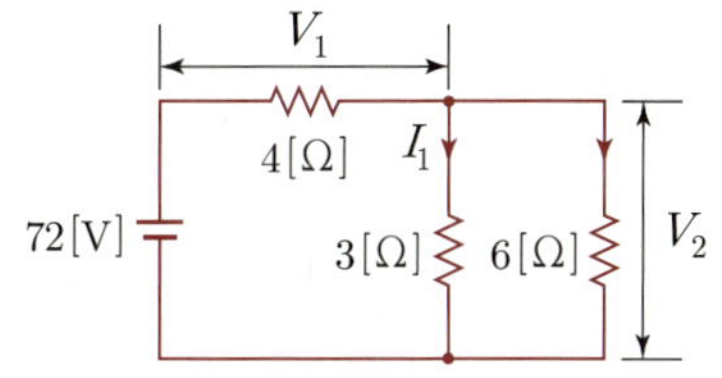

그림 2.11

풀이 (1) 합성저항은 전원에서 가장 먼 가지에 있는 저항부터 직병렬 접속을 판단하고 계산을 한다. 즉 전체 합성저항 R과 전체 전류 I는 각각 다음과 같이 구한다.

$$R = 4 + (3 /\!\!/ 6) = 4 + \frac{3 \times 6}{3+6} = 6\ [\Omega]$$

$$I = \frac{V}{R} = \frac{72}{6} = 12\ [\mathrm{A}]$$

전류 I_1은 전류 분배 법칙의 식 (2.18)에 의해 다음과 같이 구해진다.

$$\therefore\ I_1 = \frac{R_2}{R_1 + R_2} I = \frac{6}{3+6} \times 12 = 8\ [\mathrm{A}]$$

(2) 저항의 단자전압은 옴의 법칙 $V = RI$로부터 각각 다음과 같이 구해진다.

$$V_1 = 4I = 4 \times 12 = 48\ [\mathrm{V}]$$

$$V_2 = 3I_1 = 3 \times 8 = 24\ [\mathrm{V}]$$

별해 저항의 단자전압은 전압 분배 법칙을 적용하여 구할 수 있다. 회로에서 병렬 저항 3[Ω]과 6[Ω]의 합성저항은

$$R = 3 /\!\!/ 6 = \frac{3 \times 6}{3+6} = 2\ [\Omega]$$

이다. 따라서 **그림 2.11**의 회로는 4[Ω]과 2[Ω]이 직렬로 접속된 등가회로가 되므로 전압 분배 법칙의 식 (2.13)에 의해 다음과 같이 구해진다.

$$V_1 = \frac{4}{4+2} \times 72 = 48\ [\mathrm{V}]$$

$$V_2 = \frac{2}{4+2} \times 72 = 24\ [\mathrm{V}]$$

2.4 컨덕턴스의 접속

컨덕턴스(conductance), G는 저항 R의 역수이고, 단위는 **모**(mho, [℧]) 또는 **지멘스**(siemens, [S])라는 것을 제 1 장에서 배웠다. 이제 컨덕턴스의 직렬접속과 병렬접속에 대해 알아보기로 한다.

컨덕턴스와 저항은 서로 역수 관계로 정의되기 때문에 **컨덕턴스에 관한 회로해석**도 **저항에 관한 회로해석과 역대응**의 관계가 이루어지고 있다. 즉 컨덕턴스의 직렬접속은 저항의 병렬접속, 컨덕턴스의 병렬접속은 저항의 직렬접속의 관계와 대부분 대응되므로 독자들은 저항의 회로해석의 결과에 대한 역대응 관계를 잘 적용하면 이해하기 쉽다.

(1) 직렬접속

그림 2.12(a)는 컨덕턴스 G_1, G_2, G_3를 직렬로 접속하고 전원전압 V가 인가된 회로이다.

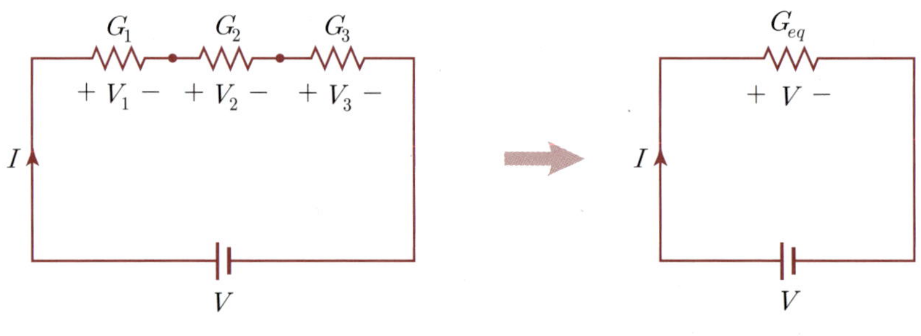

(a) 직렬접속 (b) 등가회로

그림 2.12 ▶ 컨덕턴스의 직렬접속

그림 2.12(a)는 직렬접속이므로 각 컨덕턴스에 흐르는 전류 I는 일정하고, $I = GV$의 관계로부터

$$I = G_1 V_1 = G_2 V_2 = G_3 V_3 \tag{2.21}$$

이다. 또 전원전압 V는 각 컨덕턴스의 전압강하 V_1, V_2, V_3의 합이 되므로 이 관계식에 식 (2.21)에서 구한 전압강하를 대입하면

$$V = V_1 + V_2 + V_3 = \left(\frac{1}{G_1} + \frac{1}{G_2} + \frac{1}{G_3}\right)I = \frac{I}{G_{eq}} \tag{2.22}$$

가 된다. 이로부터 직렬회로의 등가 합성 컨덕턴스 G_{eq}는

$$\frac{1}{G_{eq}} = \frac{1}{G_1} + \frac{1}{G_2} + \frac{1}{G_3} \tag{2.23}$$

$$\therefore \quad G_{eq} = \frac{1}{\dfrac{1}{G_1} + \dfrac{1}{G_2} + \dfrac{1}{G_3}} \tag{2.24}$$

이 성립한다. 즉, 직렬회로에서 등가 합성 컨덕턴스는 각 컨덕턴스의 역수를 합한 값의 역수가 된다. 직렬 컨덕턴스 회로의 합성 컨덕턴스는 병렬 저항 회로의 합성 저항과 잘 일치(대응)하고 있다.

(2) 병렬접속

그림 2.13(a)는 컨덕턴스 G_1, G_2, G_3를 병렬로 접속하고 전원전압 V로 인가된 회로이다.

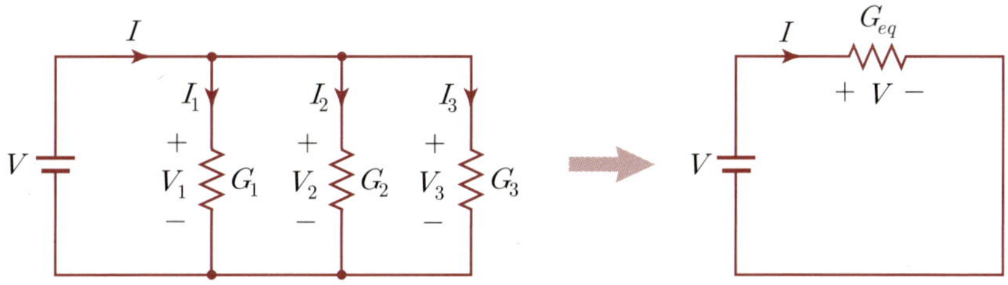

(a) 직렬접속 (b) 등가회로

그림 2.13 ▸ 컨덕턴스의 병렬접속

그림 2.13(a)는 병렬접속이므로 전원전압은 각 컨덕턴스의 전압강하와 같고, 전체 전류 I는 각 저항에 흐르는 전류 I_1, I_2, I_3의 합이 된다. $I = GV$의 관계로부터

$$I = G_1V + G_2V + G_3V = (G_1 + G_2 + G_3)V = G_{eq}V \tag{2.25}$$

가 된다. 이로부터 병렬회로의 등가 합성 컨덕턴스 G_{eq}는

$$G_{eq} = G_1 + G_2 + G_3 \tag{2.26}$$

의 관계가 성립한다.

즉, 병렬회로에서 합성 컨덕턴스는 각 컨덕턴스의 총합과 같다. 병렬 컨덕턴스 회로의 합성 컨덕턴스는 직렬 저항 회로의 합성 저항과 잘 일치(대응)하고 있다.

(3) 전압 분배 법칙과 전류 분배 법칙

그림 2.14(a)와 같은 컨덕턴스의 직렬접속에서 전류가 일정하므로 $I = GV$에 의해 전압은 컨덕턴스에 반비례($V \propto 1/G$)한다. 컨덕턴스 양단에 분배되는 전압의 비는

$$V_1 : V_2 = \frac{1}{G_1} : \frac{1}{G_2} \left(\because \quad V \propto \frac{1}{G} \right) \tag{2.27}$$

의 관계가 성립한다. 이로부터 컨덕턴스 값이 작을수록 컨덕턴스에 분배되는 전압은 커진다는 것을 알 수 있다. 식 (2.27)의 비례식 관계로부터 각 컨덕턴스의 단자전압은 각각

$$V_1 = \frac{G_2}{G_1 + G_2} V, \qquad V_2 = \frac{G_1}{G_1 + G_2} V \tag{2.28}$$

가 성립한다. 이 관계식을 **컨덕턴스의 전압 분배 법칙**이라고 한다.

그림 2.14(b)와 같은 컨덕턴스의 병렬접속에서 전압이 일정하고, $I = GV$에 의해 전류는 컨덕턴스에 비례($I \propto G$)한다. 컨덕턴스에 분류되어 흐르는 전류의 비는

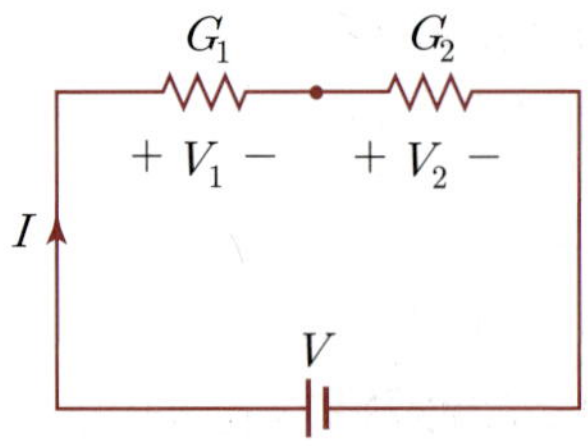

(a) 전압 분배 법칙

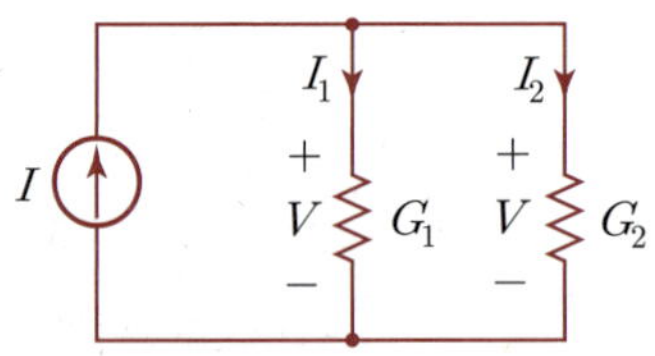

(b) 전류 분배 법칙

그림 2.14 ▸ 전압과 전류의 분배 법칙

$$I_1 : I_2 = G_1 : G_2 \ (\because \ I \propto G) \tag{2.29}$$

의 관계가 성립한다. 이로부터 컨덕턴스 값이 클수록 컨덕턴스에 분류되는 전류는 커진다는 것을 알 수 있다. 식 (2.29)의 비례식 관계로부터 각 컨덕턴스에 흐르는 전류는 각각

$$I_1 = \frac{G_1}{G_1 + G_2} I, \qquad I_2 = \frac{G_2}{G_1 + G_2} I \tag{2.30}$$

가 성립한다. 이 관계식을 **컨덕턴스의 전류 분배(분류) 법칙**이라고 한다.

저항 또는 수동 소자(예 : 인덕터 또는 커패시터 등)와 같은 직렬 또는 병렬로 된 회로에서 전압 분배 법칙 및 전류 분배 법칙은 전기 및 전자공학의 회로해석에 자주 등장하는 공식이다.

전압 및 전류 분배 법칙은 전기적 파라미터의 두 요소에 관한 **수학적 관계식이 비례 관계**이면 **분자에 자기 · 전체**이고, **반비례 관계**이면 **상대 · 전체**를 적용하여 기억하면 된다. 물론 **분모는 공통적으로 두 개합**으로 암기하면 이에 관련된 해석을 간단히 해결할 수 있다.(제 2.3 절의 **정리** 참고)

저항 회로와 컨덕턴스 회로에 대한 등가 합성 값과 전압 분배 법칙, 전류 분배 법칙의 역대응 관계를 정확히 비교하면서 공부할 수 있도록 **표 2.2**에 나타내었다.

표 2.2 ▶ 저항과 컨덕턴스 회로의 역대응 관계

구 분	저항 회로	컨덕턴스 회로
직렬 회로	$R_{eq} = R_1 + R_2 + R_3$	$G_{eq} = \dfrac{1}{\dfrac{1}{G_1} + \dfrac{1}{G_2} + \dfrac{1}{G_3}}$
병렬 회로	$R_{eq} = \dfrac{1}{\dfrac{1}{R_1} + \dfrac{1}{R_2} + \dfrac{1}{R_3}}$	$G_{eq} = G_1 + G_2 + G_3$
전압 분배 법칙	$V_1 = \dfrac{R_1}{R_1 + R_2} V, \quad V_2 = \dfrac{R_2}{R_1 + R_2} V$ $(V \propto R)$: 비례	$V_1 = \dfrac{G_2}{G_1 + G_2} V, \quad V_2 = \dfrac{G_1}{G_1 + G_2} V$ $(V \propto 1/G)$: 반비례
전류 분배 법칙	$I_1 = \dfrac{R_2}{R_1 + R_2} I, \quad I_2 = \dfrac{R_1}{R_1 + R_2} I$ $(I \propto 1/R)$: 반비례	$I_1 = \dfrac{G_1}{G_1 + G_2} I, \quad I_2 = \dfrac{G_2}{G_1 + G_2} I$ $(I \propto G)$: 비례

예제 2.6

그림 2.15와 같은 회로에서 합성 컨덕턴스 G_{ab} [m℧]를 구하라.

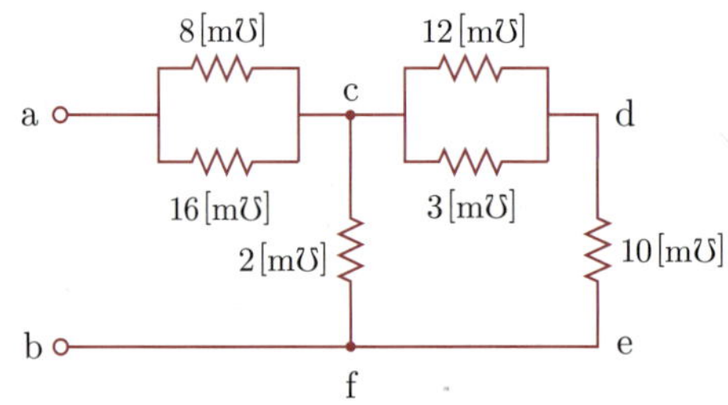

그림 2.15

풀이 단자 a, b에서 가장 먼 가지에 있는 소자부터 합성 컨덕턴스를 계산한다. 다음의 순서와 같이 컨덕턴스 G_{ab}를 구한다.

① $G_{cd} = 12 + 3 = 15$ [m℧] (12 [m℧]와 3 [m℧]의 병렬)

② $G_{ce} = \dfrac{15 \times 10}{15 + 10} = 6$ [m℧] ($G_{cd} = 15$ [m℧]와 $G_{de} = 10$ [m℧]의 직렬)

③ $G_{cf} = 6 + 2 = 8$ [m℧] ($G_{ce} = 6$ [m℧]와 $G_{cf} = 2$ [m℧]의 병렬)

④ $G_{ac} = 8 + 16 = 24$ [m℧] (8 [m℧]와 16 [m℧]의 병렬)

⑤ $G_{ab} = \dfrac{24 \times 8}{24 + 8} = 6$ [m℧] ($G_{ac} = 24$ [m℧]와 $G_{cf} = 8$ [m℧]의 직렬)

2.5 배율기와 분류기

전압계(voltmeter)는 내부저항이 매우 큰 계측기이며, 전압을 측정하기 위하여 회로소자와 **병렬로 접속**한다. **전류계**(amperemeter)는 내부저항이 매우 작은 계측기이며, 전류를 측정하기 위하여 회로소자와 **직렬로 접속**한다. **그림 2.16**과 같은 회로에서 전압과 전류를 측정하기 위한 전압계와 전류계의 접속법을 나타내었다.

전압계와 전류계의 측정 범위가 최대 눈금을 초과하여 판독이 불가한 경우에 **배율기**(multiplier)나 **분류기**(shunt)를 사용하여 전압과 전류를 측정할 수 있다.

본 절에서는 배율기와 분류기에 관한 측정 원리를 알아본다.

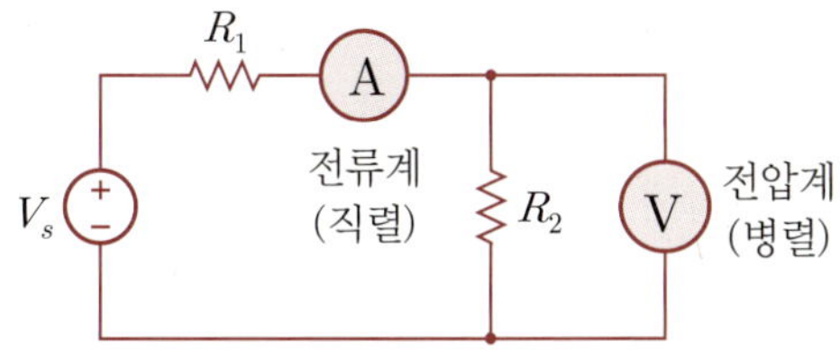

그림 2.16 ▸ 전압계와 전류계의 접속법

2.5.1 배율기

회로소자에 걸리는 실제전압이 전압계의 최대 눈금을 초과하여 판독할 수 없는 경우에 저항을 전압계와 직렬로 접속하여 전압을 분배시켜서 전압계의 바늘이 눈금 범위에 지시하도록 한다. 이와 같이 **전압계의 측정 범위를 확장**하기 위해 **직렬로 접속한 저항**을 **배율기**(multiplier)라고 한다.

배율기는 전압계의 내부저항을 알고 있는 상태에서 **전압계(내부저항)와 배율기의 저항을 직렬로 접속**하여 전압의 분배 법칙을 이용한 장치이다.

그림 2.17과 같이 전압계의 내부저항 R_v, 배율기의 저항 R_m, 회로소자의 실제전압 V, 전압계의 지시전압 E로 하면, 지시전압 E는 식 (2.13)의 전압 분배 법칙에 의하여 다음과 같이 된다.

$$E = \frac{R_v}{R_v + R_m} V \tag{2.31}$$

회로소자의 실제전압 V는 식 (2.31)로부터

$$V = \frac{R_v + R_m}{R_v} E = \left(1 + \frac{R_m}{R_v}\right) E = mE \quad \left(\therefore\ m = \frac{V}{E}\right) \tag{2.32}$$

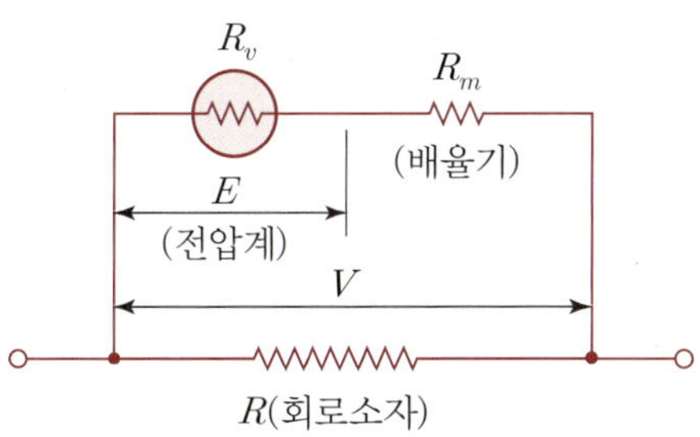

그림 2.17 ▸ 배율기

가 된다. 여기서 $m(=V/E)$은 전압계의 지시전압에 대한 회로소자의 실제전압의 비로써 실제전압 V는 지시전압 E의 m배가 된다. 따라서 m을 **배율기의 배율**이라 하고, **배율** m은 식 (2.32)에 의해

$$m=1+\frac{R_m}{R_v} \quad \left(\text{배율}[m]=\frac{\text{실제전압(회로소자)}}{\text{지시전압(전압계)}}\right) \tag{2.33}$$

이 된다. 식 (2.33)의 식 변형에 의해 전압계를 배율 m배로 측정 범위를 확대하기 위한 **배율기의 저항** R_m은 다음과 같이 구해진다.

$$R_m=(m-1)R_v \tag{2.34}$$

배율기 저항 R_m은 배율을 2배로 하려면 전압계 내부저항 R_v와 같게 하고, 배율을 3배로 하려면 전압계 내부저항의 2배가 되는 저항값을 선정하면 된다.

$$\begin{cases} m=2(\text{배}) \ : \ R_m=R_v \\ m=3(\text{배}) \ : \ R_m=2R_v \end{cases} \tag{2.35}$$

배율기는 전압계의 내부저항보다 큰 것을 직렬 접속해야 기능을 발휘할 수 있다.

2.5.2 분류기

회로소자에 흐르는 실제전류가 전류계의 최대 눈금을 초과하여 판독할 수 없는 경우에 저항을 전류계와 병렬로 접속하여 전류를 분류시켜서 전류계의 바늘이 눈금 범위에 지시하도록 한다. 이와 같이 **전류계의 측정 범위를 확장**하기 위해 **병렬로 접속한 저항**을 **분류기**(shunt)라고 한다.

분류기는 전류계의 내부저항을 알고 있는 상태에서 **전류계(내부저항)와 분류기의 저항을 병렬로 접속**하여 전류의 분배(분류) 법칙을 이용한 장치이다.

그림 2.18과 같이 전류계의 내부저항 R_a, 분류기의 저항 R_s, 회로소자의 실제전류 I, 전류계의 지시전류 I_a로 하면, 지시전류 I_a는 식 (2.18)의 전류 분배(분류) 법칙에 의하여 다음과 같이 된다.

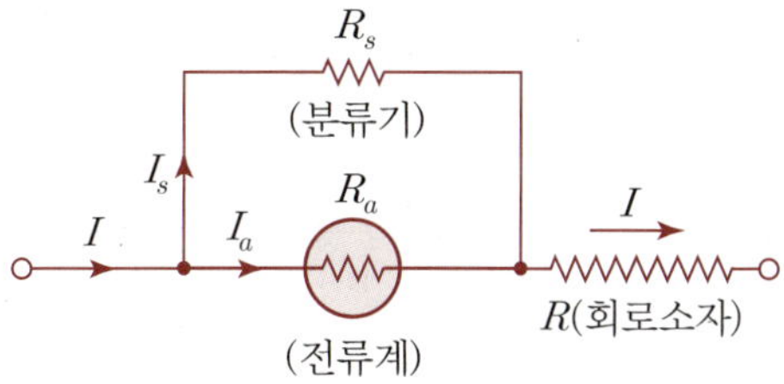

그림 2.18 ▸ 분류기

$$I_a = \frac{R_s}{R_s + R_a} I \tag{2.36}$$

회로소자의 실제전류 I는 식 (2.36)에 의해

$$I = \frac{R_s + R_a}{R_s} I_a = \left(1 + \frac{R_a}{R_s}\right) I_a = m I_a \quad \left(\therefore\ m = \frac{I}{I_a}\right) \tag{2.37}$$

가 된다. 여기서 $m(=I/I_a)$은 전류계의 지시전류에 대한 회로소자에 흐르는 실제전류의 비로써 실제전류 I는 지시전류 I_a의 m배이므로 m을 **분류기의 배율**이라 하고, **배율** m은 식 (2.37)에 의해

$$m = 1 + \frac{R_a}{R_s} \quad \left(\text{배율}[m] = \frac{\text{실제전류(회로소자)}}{\text{지시전류(전류계)}}\right) \tag{2.38}$$

가 된다. 식 (2.38)의 식 변형에 의해 전류계를 배율 m으로 측정 범위를 확대하기 위한 **분류기의 저항** R_s는 다음과 같이 구해진다.

$$R_s = \frac{R_a}{m-1} \tag{2.39}$$

분류기 저항 R_s는 배율을 2배로 하려면 전류계 내부저항 R_a와 같게 하고, 배율을 3배로 하려면 전류계 내부저항의 1/2배가 되는 저항값을 선정하면 된다.

$$\begin{cases} m = 2(\text{배}) : R_s = R_a \\ m = 3(\text{배}) : R_s = \dfrac{1}{2} R_a \end{cases} \tag{2.40}$$

분류기는 전류계의 내부저항보다 작은 것을 병렬 접속해야 기능을 발휘할 수 있다.

참고 배율기와 분류기의 학습요령

◈ 배율기와 분류기는 배율 m 과 배율기(분류기)의 저항 $R_m(R_s)$을 구하는 문제가 주류를 이루고 있다. 이 단원의 학습요령은 다음과 같이 정리할 수 있다.

(1) 배율기

① 배율기와 분류기의 배율 m 에 관한 의미를 정확히 이해한다.

$$\text{배율기}[m] = \frac{\text{실제전압(회로소자)}}{\text{지시전압(전압계)}}$$

$$\text{분류기}[m] = \frac{\text{실제전류(회로소자)}}{\text{지시전류(전류계)}}$$

② **배율기의 배율** m 의 공식을 **정확히 암기**한다. **배율기 저항** R_m 의 공식은 암기하지 말고 배율 m 으로부터 **식 변형**에 의해 구한다.

$$m = 1 + \frac{R_m}{R_v}(\text{식 변형}) \rightarrow R_m = (m-1)R_v$$

(2) 분류기

① **분류기의 배율** m 은 확실히 암기한 **배율기의 배율** 공식으로부터 우변 2항을 **역수**로 취하는 것으로 암기한다.

$$m = 1 + \frac{R_m}{R_v}(\text{역수}) \rightarrow m = 1 + \frac{R_v}{R_m}$$

② 분자에서 전압계(voltmeter)와 전류계(amperemeter)를 의미하는 아래첨자 v 대신에 a로 바꾸어 전압계 내부저항 R_v를 전류계 내부저항 R_a로 대체한다. 분모에서 배율기 저항 R_m은 자동적으로 분류기 저항 R_s가 되는 것으로 생각하면 된다.

$$m = 1 + \frac{R_a}{R_m}(\text{분자: } v \rightarrow a) \rightarrow m = 1 + \frac{R_a}{R_s}$$

③ 분류기 저항 R_s의 공식은 위의 분류기의 배율 공식에서 **식 변형**에 의해 구한다.

$$R_s = \frac{R_a}{m-1}$$

◈ 학습요령과 같이 배율기의 배율 m 의 공식만으로 배율기와 분류기 관련 문제를 모두 해결할 수 있도록 다음의 예제를 통하여 숙달되도록 한다.

예제 2.7

(1) 전압계의 측정 범위를 5배로 하려고 할 때, 배율기 저항은 전압계 내부저항의 몇 배로 해야 하는지 결정하라.

(2) 배율기의 저항 45[kΩ], 전압계의 내부저항 25[kΩ]으로 전압계는 200[V]를 지시하였다. 측정한 전압[V]을 구하라.

풀이 주어진 문제의 해결은 우선 용어를 문자화해야 하고 관련 공식을 도출해야 한다. **참고**의 학습요령에서 설명한 방법을 활용하여 해결해 보도록 한다.

TIP "몇 배(?) 문제" 유형의 수학적 표현

전기전자관련 문제에 자주 출제되는 유형으로 초딩 수준으로 해결해 보자!

① "몇 배(?) 문제" 유형의 수학적 표현 : 는(은)(=), 의(×), 몇 배(x)

$$\bigcirc\text{는(은)}\ \square\text{의 몇 배(?)} : \bigcirc = \square \times x \quad \therefore\ x = \frac{\bigcirc}{\square}$$

② 배율기 저항 R_m은 전압계 내부저항 R_v의 몇 배(?)

$$R_m = R_v \times x \quad \therefore\ x = \frac{R_m}{R_v}$$

③ 주어진 문제의 수학적 표현은 구하고자 하는 문제의 핵심을 파악하기 쉽다.

(1) 배율기의 배율 $m = 5$, 배율기의 저항 R_m, 전압계의 내부저항 R_v로 문자화한다. 위의 **TIP**을 활용하여 "몇 배(?) 문제" 유형을 수학적으로 표현하면

$$R_m = R_v \times x \quad \therefore\ x = \frac{R_m}{R_v}$$

이 된다. 배율기의 배율 m으로부터 x는 다음과 같이 구해진다.

$$m = 1 + \frac{R_m}{R_v}\text{에서} \quad \therefore\ x = \frac{R_m}{R_v} = m - 1 = 4\ [\text{배}]$$

(2) 배율기의 저항 $R_m = 45$[kΩ], 전압계의 내부저항 $R_v = 25$[kΩ], 전압계의 지시 전압 $E = 200$[V]이고, 배율기의 배율 m은 식 (2.39)에 의하여

$$m = 1 + \frac{R_m}{R_v} = 1 + \frac{45}{25} = 2.8\ [\text{배}]$$

이다. 따라서 측정한 실제전압 V는 다음과 같이 구해진다.

$$\therefore\ V = mE = 2.8 \times 200 = 560\ [\text{V}]$$

예제 2.8

(1) 전류계의 측정 범위를 10 배로 확대하려고 할 때, 분류기 저항은 전류계 내부 저항의 몇 배로 해야 하는지 결정하라.

(2) 내부저항 0.5[Ω], 최대 측정범위 10[A]의 전류계에 0.5[Ω]의 분류기를 연결하였을 때 측정할 수 있는 최대 전류[A]를 구하라.

풀이 (1) 분류기의 배율 $m=10$, 분류기의 저항 R_s, 전류계의 내부저항 R_a 라 할 때 “몇 배(?) 문제” 유형을 수학적으로 표현하면 다음과 같다.

$$R_s = R_a \times x \qquad \therefore \; x = \frac{R_s}{R_a}$$

분류기의 배율 m 은 배율기의 배율 m 의 공식(①)의 우변 2항을 역수(②)로 취하고, 전압계 내부저항 R_v 대신에 전류계 내부저항 R_a 로 대체하여 유도한다.(③)

$$① \; m = 1 + \frac{R_m}{R_v}(\text{역수}) \rightarrow ② \; m = 1 + \frac{R_v}{R_m}(\text{분자: } v \rightarrow a) \rightarrow ③ \; m = 1 + \frac{R_a}{R_s}$$

분류기의 배율 m 의 공식으로부터 x 는 다음과 같이 구해진다.

$$m = 1 + \frac{R_a}{R_s}, \qquad \frac{R_a}{R_s} = m - 1$$

$$\therefore \; x = \frac{R_s}{R_a} = \frac{1}{m-1} = \frac{1}{10-1} = \frac{1}{9}\,[\text{배}]$$

(2) 전류계의 내부저항 $R_a = 0.5[\Omega]$, 분류기의 저항 $R_s = 0.5[\Omega]$, 전류계의 최대 지시전압 $I_a = 10[\text{A}]$이고, 이 때 분류기의 배율 m 은 식 (2.44)에 의하여

$$m = 1 + \frac{R_a}{R_s} = 1 + \frac{0.5}{0.5} = 2\,[\text{배}]$$

이다. 따라서 측정 가능한 최대 전류 I 는 다음과 같이 구해진다.

$$\therefore \; I = m\,I_a = 2 \times 10 = 20\,[\text{A}]$$

2.6 전지의 접속

전지는 제 1.8 절의 **그림 1.29**(a)와 같이 전압원과 내부저항이 직렬로 접속된 대표적인 실제 전압원이고, 전지의 전압-전류 특성도 실제 전압원의 **그림 1.29**(c)와 같이 전류가 증가함에 따라 단자전압은 감소하는 특성을 나타낸다.

(1) 전지의 기전력과 단자전압

그림 2.19와 같이 전원이 전지인 회로에서 부하저항 R을 접속하지 않은 경우와 접속한 경우의 두 단자 a, b 사이의 단자전압은 다르게 나타난다.

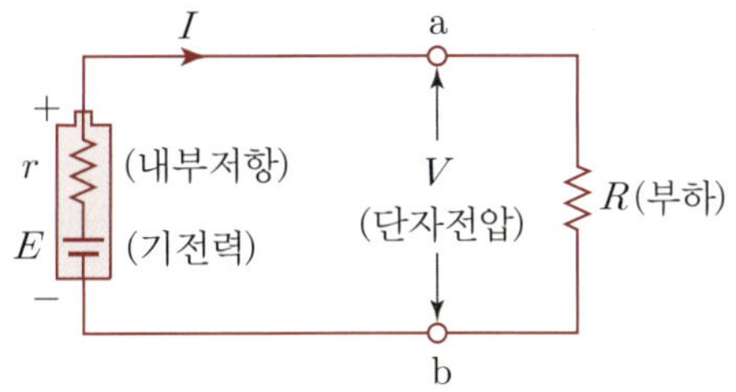

그림 2.19 ▶ 전지의 기전력과 단자전압

두 단자 a, b에 부하 R을 접속하면 전류는 전지의 (+)극 → 부하 R → (-)극으로 흐르지만, 전지 내부에서는 (-)극 → 전해질 → (+)극을 향하여 흐른다. 이 때 전지 내부에서 전류의 흐름을 방해하는 전지 자체의 저항이 발생한다. 이 전지 내부의 자체 저항을 **내부저항** r 이라 한다.

첫째, 부하저항 R을 접속하지 않은 개방 상태($r = \infty$, 무부하)에서는 전류가 흐르지 않으므로 단자 a, b 사이의 단자전압 V는 전지의 기전력 E가 그대로 나타난다. 즉, 부하를 연결하지 않은 **개방 상태(무부하)의 단자전압은 기전력과 같다는 것을 의미**한다.

둘째, **그림 2.19**의 회로에서 기전력 E, 내부저항 r 인 전지에 부하저항 R을 연결하여 회로에 흐르는 전류가 I일 때 키르히호프의 전압법칙(KVL)에 의해

$$E = (R + r)I, \qquad E = RI + rI \tag{2.41}$$

의 관계식이 성립한다. 저항 R에 의한 전압강하 RI는 두 단자 a, b 사이의 단자전압 V가 되므로 $V = RI$를 식 (2.41)에 대입하면 다음과 같이 단자전압 V와 전류 I에 관한

1차함수가 된다.

$$V = E - rI \tag{2.42}$$

이로부터 전지의 단자전압은 **그림 2.20**(b)와 같이 식 (2.42)로 표현되는 기울기가 $-r$인 1차 직선함수($V = -rI + E$)이고, 이 함수가 전지의 전압-전류 특성 곡선이 된다.

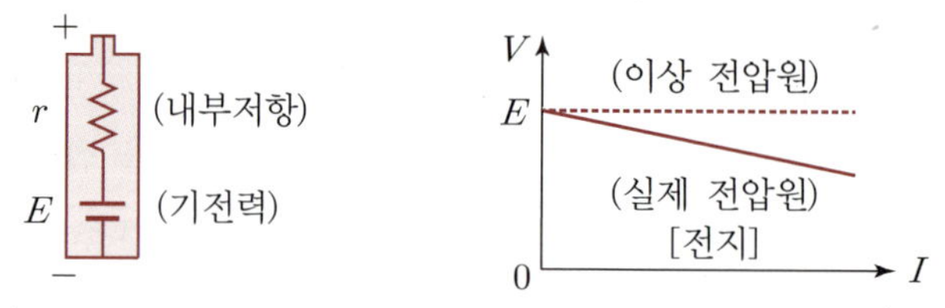

(a) 전지의 등가회로 (b) 전압-전류 특성

그림 2.20 ▶ 전지의 등가회로와 전압-전류 특성

결론적으로 단자전압은 전류가 흐르지 않는 개방 상태에서 기전력과 같지만($V = E$), 전류가 증가함에 따라 전지의 내부저항에 의한 전압강하 rI도 커지기 때문에 단자전압은 감소하게 된다.($V < E$)

예제 2.9

기전력이 1.5[V]이고, 내부저항이 0.5[Ω]인 전지를 2.5[Ω]의 저항에 연결하였다. 전지 양단의 단자전압[V]을 구하라.

풀이 **전지관련 문제 해법의 핵심**은 문제에서 제시한 회로를 **그림 2.21**과 같이 직접 작성한다. 특히 **전원의 전지**는 반드시 **그림 2.20**(a)와 같은 **전압원 E와 내부저항 r을 직렬 접속한 전지의 등가회로**(특히 내부저항을 반드시 직렬로 표현할 것)로 나타내고 나서 회로해석을 해야 간단히 해결할 수 있다.

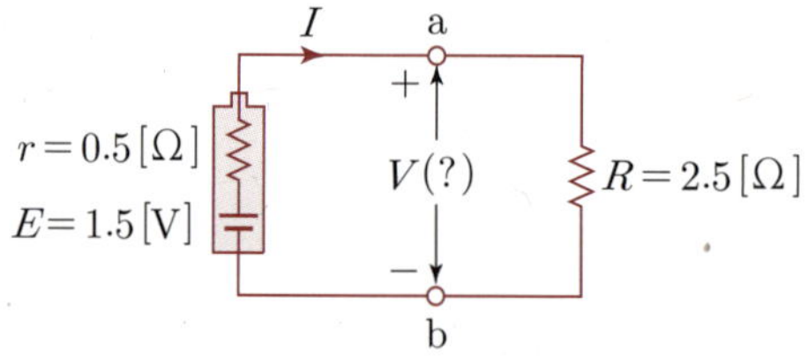

그림 2.21

그림 2.21에서 KVL에 의해 $E = rI + RI$의 방정식이 얻어지고, 이 식을 다음과 같이 정리하면 전류 I는

$$E = (r+R)I \qquad \therefore \ I = \frac{E}{r+R} = \frac{1.5}{0.5+2.5} = 0.5 \text{ [A]}$$

가 구해진다. 그러므로 전지 양단의 단자전압 V는 저항 R의 전압강하와 같으므로 옴의 법칙에 의해 $V = RI$가 된다. 즉,

$$\therefore \ V = RI = 2.5 \times 0.5 = 1.25 \text{ [V]}$$

별해 전지의 단자전압(전압 분배 법칙) : $V = \dfrac{2.5}{0.5+2.5} \times 1.5 = 1.25 \text{ [V]}$

(2) 직렬접속

그림 2.22와 같이 전지의 직렬접속은 한 개 전지의 (+)극에 다음 전지의 (−)극을 차례로 연결하는 방법이다. 즉, 동일한 전지 n개를 직렬 접속하면

전지의 총 기전력 : $E_0 = nE$
전지의 합성 내부저항 : $r_0 = nr$ (2.43)
회로의 전체 합성저항 : $R_0 = R + nr$

이 된다. 전지를 직렬로 접속하면 기전력과 내부저항은 n배가 되고, 회로에 흐르는 전류 I는 다음과 같이 구해진다.

$$I = \frac{E_0}{R_0} = \frac{nE}{R+nr} \tag{2.44}$$

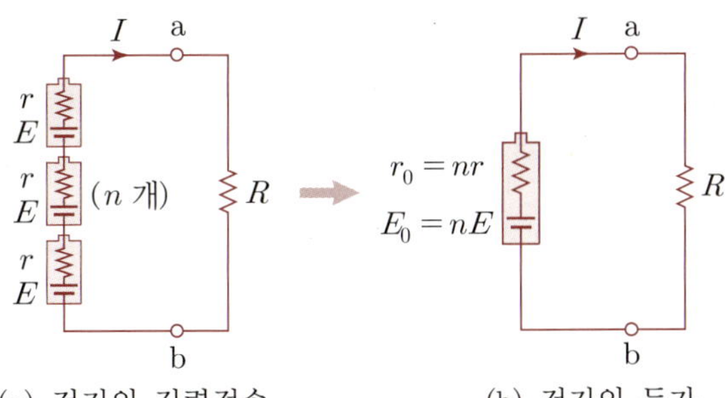

(a) 전지의 직렬접속 (b) 전지의 등가

그림 2.22 ▸ 전지의 직렬접속

(3) 병렬접속

그림 2.23과 같이 전지의 병렬접속은 전지의 (+)극은 (+)극끼리, (−)극은 (−)극끼리 차례로 연결하는 방법이다. 즉, 동일한 전지 n개를 병렬 접속하면

$$\begin{aligned} &\text{전지의 총 기전력 : } E_0 = E(\text{불변}) \\ &\text{전지의 합성 내부저항 : } r_0 = \frac{r}{n}(\text{식 (2.11) 참고}) \\ &\text{회로의 전체 합성저항 : } R_0 = R + \frac{r}{n} \end{aligned} \tag{2.45}$$

이 된다. 전지를 병렬로 접속하면 기전력은 같고 내부저항은 r/n로 감소한다. 이때 회로에 흐르는 전류 I는 다음과 같이 구해진다.

$$I = \frac{E_0}{R_0} = \frac{E}{R + \dfrac{r}{n}} \tag{2.46}$$

식 (2.45)의 결과는 제 3 장의 전원의 변환과 밀만의 정리를 적용하면 간단히 유도된다.

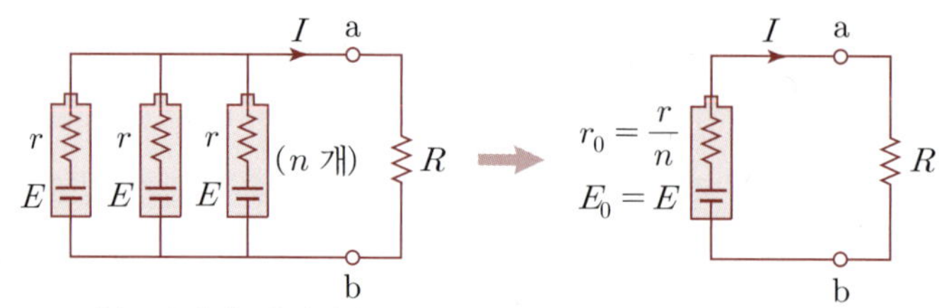

(a) 전지의 병렬접속 (b) 전지의 등가

그림 2.23 ▸ 전지의 병렬접속

예제 2.10

기전력 1.5[V], 내부저항 0.1[Ω]인 전지 10개를 직렬로 연결하고 2[Ω]의 저항을 가진 전구에 연결할 때 전구에 흐르는 전류[A]를 구하라.

풀이 $E = 1.5[\text{V}]$, $r = 0.1[\Omega]$, $n = 10[\text{개}]$, $R = 2[\Omega]$이므로

전지의 총 기전력 : $E_0 = nE = 10 \times 1.5 = 15\ [\text{V}]$

전지의 합성 내부저항 : $r_0 = nr = 10 \times 0.1 = 1\ [\Omega]$

회로 전체 합성저항 : $R_0 = R + nr = 2 + 1 = 3\ [\Omega]$

이다. 따라서 전구에 흐르는 전류 I는 다음과 같이 구해진다.

$$\therefore\ I = \frac{nE}{R+nr} = \frac{E_0}{R_0} = \frac{15}{3} = 5\,[\mathrm{A}]$$

2.7 직류 전력 계산

제 1.5 절에서 전력의 정의에 대해 설명하였고, 본 절에서는 직류의 저항회로에서 전력을 계산하는 방법에 대하여 배울 것이다. 본 장의 서두에서 이미 설명하였지만 회로의 해석은 회로소자의 합성법, 전류 및 전압, 마지막으로 전력 계산으로 마무리된다. 교류회로에서도 마찬가지로 학습되지만, 안타깝게도 학생들이 교류전력 계산을 매우 어려워하고 있다. 이것은 직류 저항회로에서 전력의 계산 방법을 정확히 이해하지 못한 결과이다.

전력은 식 (1.20)과 같이 $P = VI = I^2R = V^2/R$의 세 가지 공식으로 계산한다는 것은 모두 알고 있을 것이다. 그러나 개별 저항의 전력을 계산할 때 P 공식의 전압 V 또는 전류 I에 반드시 해당 저항에 걸리는 전압 또는 해당 저항에 흐르는 전류를 대입하여 구해야 하지만, 무조건 전체 전압이나 전체 전류를 대입하는 오류를 범하고 있다.

직・병렬회로 특성을 고려한 **전력 계산**은 다음을 적용하면 간편하게 구할 수 있다.

(1) 회로 내의 **개별 저항소자에 대한 전력**은 **저항소자 자체에 걸린 전압** V 또는 **저항소자 자체에 흐르는 전류** I를 전력의 공식에 적용해야 한다.

(2) **직렬회로**는 각 소자에 흐르는 전류가 공통이기 때문에 $P = I^2R$을 적용한다.

(3) **병렬회로**는 각 소자에 걸리는 전압이 공통이기 때문에 $P = V^2/R$을 적용한다.

그림 2.24와 같은 여러 가지 저항회로의 형태에 대해 세 가지의 전력 공식 중에서 가장 간편한 공식을 선정하여 계산하는 방법을 설명한다.

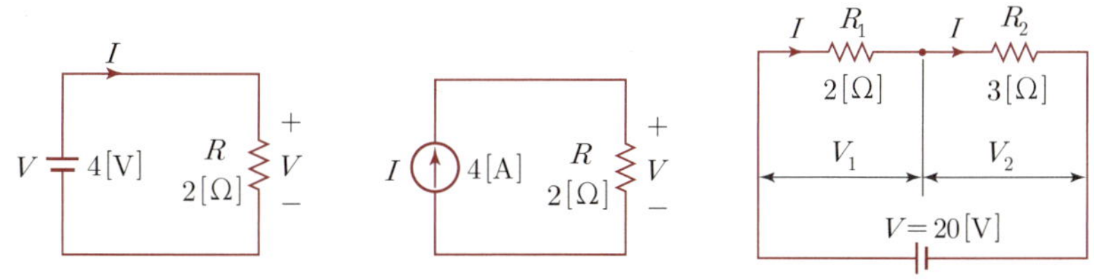

(a) 저항회로(전압원) (b) 저항회로(전류원) (c) 직렬 회로

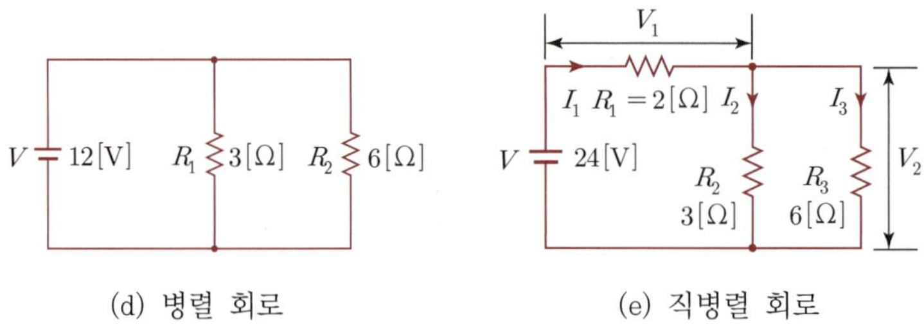

그림 2.24 ▸ 여러 가지 회로 형태(최적의 공식 활용)

그림 2.24(a)의 회로에서 저항 2[Ω]에 걸린 전압은 전원전압과 같으므로 $V=4$[V]를 적용하여 다음의 식으로 전력 P를 구할 수 있다.

$$P=\frac{V^2}{R}=\frac{4^2}{2}=8\ [\mathrm{W}]$$

그림 2.24(b)의 회로에서 저항 2[Ω]에 흐르는 전류는 전체 전류와 같으므로 $I=4$[A]를 적용하여 다음의 식으로 전력 P를 구할 수 있다.

$$P=I^2R=4^2\times 2=32\ [\mathrm{W}]$$

그림 2.24(c)의 **직렬회로**에서 전류는 공통이므로 전체 전류 I만 구하면, 각 저항소자에 흐르는 전류는 전체 전류 I와 같다. 따라서 저항 R_1, R_2의 소비전력은 $P_1=I^2R_1$, $P_2=I^2R_2$에 대입하여 간단히 구할 수 있다.

$$I=\frac{V}{R}=\frac{20}{2+3}=4\ [\mathrm{A}]\ :\ \text{전체 전류(저항 전류)}$$

$$P_1=I^2R_1=4^2\times 2=32\ [\mathrm{W}]\ :\ \text{저항 }2[\Omega]\text{의 전력}$$

$$P_2=I^2R_2=4^2\times 3=48\ [\mathrm{W}]\ :\ \text{저항 }3[\Omega]\text{의 전력}$$

$$P=P_1+P_2=32+48=80\ [\mathrm{W}]\ :\ \text{회로 전체 전력}$$

이 회로에서 전원 전압 V는 각 저항에 걸리는 전압 V_1, V_2와 다르기 때문에 전원 전압 V를 $P=V^2/R$에 대입하여 구할 수 없다. 즉, $P=V^2/R$을 이용하려면 전압 분배 법칙에 의해 각 저항에 걸리는 전압 V_1, V_2를 각각 구한 후 $P=V^2/R$에 대입해야 한다. 따라서 전체 전류 I만 구하여 대입하는 위의 방법보다는 다소 복잡한 과정이 된다.

그림 2.24(d)의 **병렬회로**에서 각 저항소자에 걸리는 전압은 전원 전압 V이 되고 소자의 공통 전압이 된다. 따라서 저항 R_1, R_2의 소비전력은 $P_1 = V^2/R_1$, $P_2 = V^2/R_2$에 대입하여 간단히 구할 수 있다.

$$P_1 = \frac{V^2}{R_1} = \frac{12^2}{3} = 48\,[\mathrm{W}] \text{ : 저항 } 3[\Omega]\text{의 전력}$$

$$P_2 = \frac{V^2}{R_2} = \frac{12^2}{6} = 24\,[\mathrm{W}] \text{ : 저항 } 6[\Omega]\text{의 전력}$$

$$P = P_1 + P_2 = 48 + 24 = 72\,[\mathrm{W}] \text{ : 회로 전체 전력}$$

이 회로에서 각 저항의 가지전류 I_1, I_2를 구하여 $P = I^2R\,(P_1 = {I_1}^2R_1,\ P_2 = {I_2}^2R_2)$ 또는 $P = VI\,(P_1 = VI_1,\ P_2 = VI_2)$에 대입하여 구할 수도 있다. 그러나 저항에 걸리는 전압(전원전압) V를 그대로 대입하여 구하는 위의 방법보다 복잡한 과정을 거치게 된다.

그림 2.24(e)의 직·병렬회로에서 $R_2 /\!/ R_3 = 2[\Omega]$이므로 이 결과와 $R_1 = 2[\Omega]$에서 전압 분배 법칙에 의해 $V_1 = V_2 = 12[\mathrm{V}]$이다. 따라서 각 저항의 전력은 다음과 같다.

$$P_1 = \frac{{V_1}^2}{R_1} = \frac{12^2}{2} = 72\,[\mathrm{W}] \text{ : 저항 } 2[\Omega]\text{의 전력}$$

$$P_2 = \frac{{V_2}^2}{R_2} = \frac{12^2}{3} = 48\,[\mathrm{W}] \text{ : 저항 } 3[\Omega]\text{의 전력}$$

$$P_3 = \frac{{V_3}^2}{R_3} = \frac{12^2}{6} = 24\,[\mathrm{W}] \text{ : 저항 } 6[\Omega]\text{의 전력}$$

$$P = P_1 + P_2 + P_3 = 72 + 48 + 24 = 144\,[\mathrm{W}] \text{ : 회로 전체 전력}$$

정리 **전력 $P = VI = I^2R = V^2/R$의 활용법**

(1) 회로 내의 개별 저항소자의 전력은 저항 자체에 걸린 전압 V 또는 저항 자체에 흐르는 전류 I를 전력 공식에 각각 적용해야 한다.

(2) 직렬 회로(전류 일정) : $P = I^2R$ 적용(각 소자의 공통 전류인 경우)

(3) 병렬 회로(전압 일정) : $P = \frac{V^2}{R}$ 적용(각 소자의 공통 전압인 경우)

(4) 위의 전력 활용법은 교류의 단상회로와 3상회로의 전력 계산에 매우 탁월한 해법 수단이 된다.

연습문제

01 그림 2.25의 회로에서 단자 a, b에서 본 합성저항 R_{eq}를 구하라.

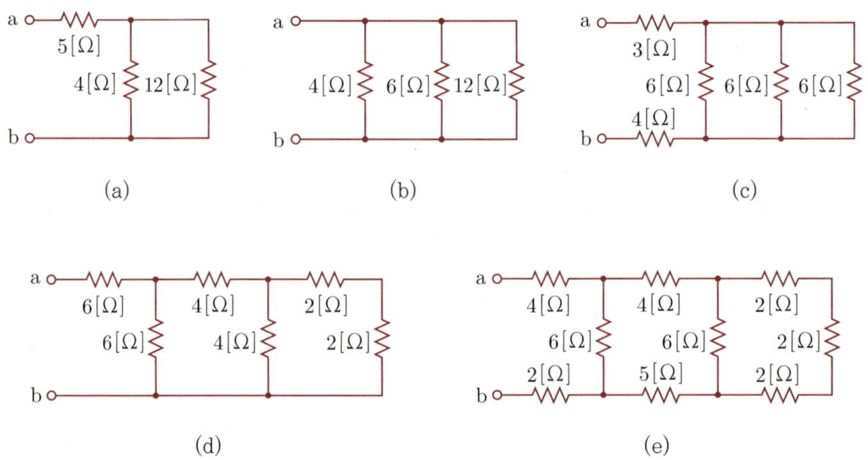

그림 2.25

힌트 동일한 n개 병렬 합성저항 : $R_{eq} = \dfrac{R}{n}\left(2\text{개} : \dfrac{R}{2},\ 3\text{개} : \dfrac{R}{3}\right)$

02 그림 2.26의 회로에서 전류 I와 각 저항에 걸리는 전압 V_1, V_2, V_3를 각각 구하라.

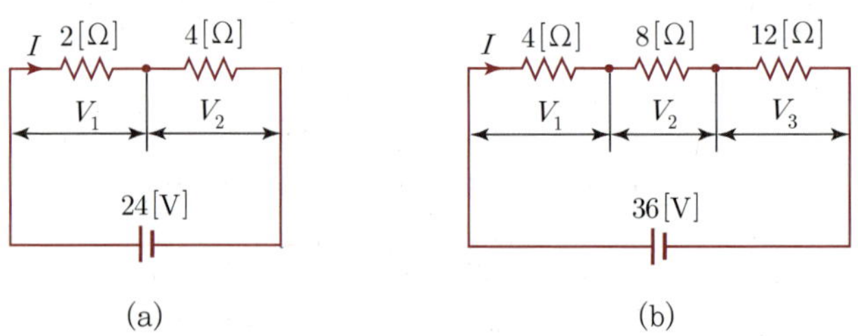

그림 2.26

03 **그림 2.27**의 회로에서 저항의 단자전압 V와 각 저항에 흐르는 전류 I_1, I_2, I_3를 각각 구하라.

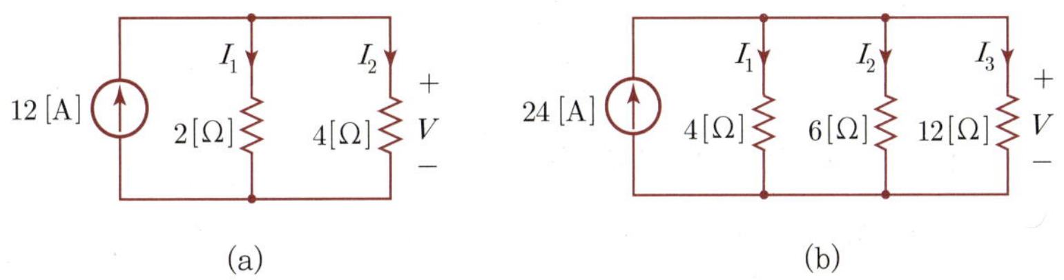

그림 2.27

04 **그림 2.28**의 회로에서 단자 a, b 사이의 전위차 V_{ab}를 구하라.

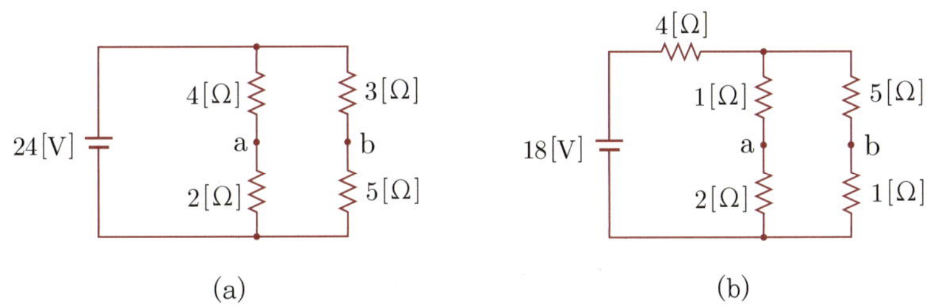

그림 2.28

05 **그림 2.29**(a), (b)의 회로에서 전류 I_1, I_2, V_2를 구하라. 또 **그림 2.29**(a)의 저항 3 [Ω]과 **그림 2.29**(b)의 저항 1 [Ω]에서 소비하는 전력을 구하라.

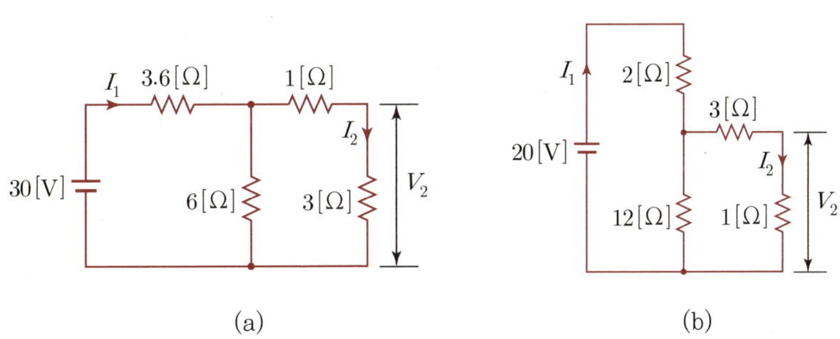

그림 2.29

06 최대 눈금이 50[V]인 직류 전압계가 있다. 이 전압계를 사용하여 150[V]의 전압을 측정하려고 한다. 이때 사용해야 할 배율기의 저항[Ω]을 구하라. 단, 전압계의 내부 저항은 5000[Ω]이다.

07 어떤 전압계의 측정 범위를 20배로 하려고 한다. 이때 배율기의 저항 R_m은 전압계의 내부저항 R_v의 몇 배로 해야 하는지 구하라.

08 전류계의 내부저항 0.12[Ω], 분류기의 저항이 0.04[Ω]일 때 배율을 구하라.

09 기전력 2[V], 내부저항 0.5[Ω]의 전지 9개가 있다. 이것을 3개씩 직렬로 하여 3조 병렬 접속한 것에 부하저항 1.5[Ω]을 접속할 때 흐르는 부하전류[A]를 구하라.

10 어떤 전지의 외부회로에 저항은 5[Ω]이고 전류는 8[A]가 흐른다. 외부회로에 5[Ω] 대신에 15[Ω]의 저항을 접속하면 전류는 4[A]로 떨어진다. 전지의 기전력[V]을 구하라.

힌트 전지관련 문제는 **기전력과 내부저항이 직렬 접속된 전지의 등가회로**를 포함한 회로를 작성하여 해석

Chapter 3

복잡한 회로 해석법

제 2 장에서는 단일 폐로나 단순한 직병렬 회로에서 옴의 법칙 또는 키르히호프의 전류 및 전압 법칙을 적용한 기본적인 회로해석법에 대해 학습하였다. 그러나 회로는 실제로 매우 복잡한 형태를 가지고 있기 때문에 기본적인 회로 해석법의 적용만으로는 쉽게 해결되지 않는다.

본 장에서는 복잡한 형태의 회로(circuit)인 회로망(network)에 대해 체계적으로 회로해석할 수 있는 키르히호프의 전압법칙(KVL)을 기반으로 하는 **폐로 해석법**과 키르히호프의 전류법칙(KCL)을 기반으로 하는 **마디 해석법**에 대해 학습하기로 한다. 또 이 장에서 배울 **회로망 정리**를 이용한 복잡한 회로를 등가회로로 변환하여 단순화시키면 회로해석이 간단해진다.

본 장에서 배우는 폐로 해석법, 마디 해석법과 회로망 정리는 직류회로뿐만 아니라 앞으로 배울 교류회로에서도 회로해석의 강력한 기법이므로 확실히 학습해 둔다.

3.1 폐로 해석법

단일 폐로의 회로해석은 옴의 법칙과 키르히호프의 법칙에 의해 간단히 해결하였다. 그러나 **그림 3.1**과 같이 전원이 두 개이고, 최소 단위의 폐로(메시)가 두 개 이상의 복잡한 회로에서 가지 전압과 가지 전류를 구하려면 전압과 전류에 관한 회로방정식이 폐로의 수만큼 요구되기 때문에 그다지 쉬운 일이 아니다.

복잡한 회로망을 체계적으로 해석할 수 있는 KVL에 기반을 둔 **폐로 해석법**(loop analysis) 또는 **메시 해석법**(mesh analysis)에 대해 설명하기로 한다. 본 교재에서는 폐로 해석법의 용어로 통일하여 사용하기로 한다.

폐로 해석법은 회로망의 각 폐로마다 **폐로 전류**(loop current)를 정의한 후, KVL을

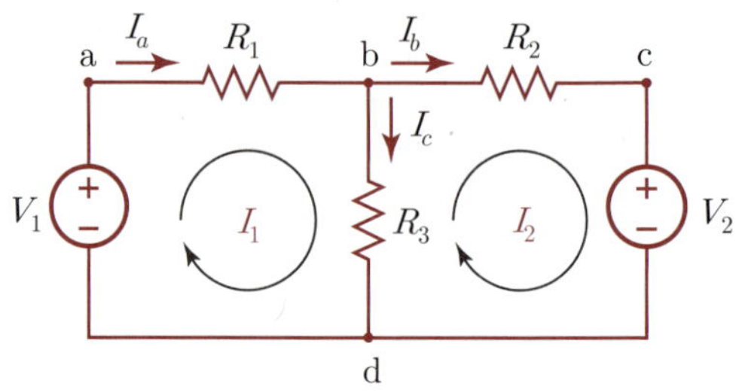

그림 3.1 ▸ 폐로 해석법

적용하여 폐로의 수만큼 전압방정식을 세워서 방정식의 해인 폐로 전류를 결정하여 회로를 해석하는 것이다.

그림 3.1의 회로에서 폐로(메시)는 abda와 bcdb의 두 개가 있다. 각 폐로에 KVL에 의한 전압방정식을 세우는 폐로 해석법을 적용하여 미지의 폐로 전류 I_1, I_2를 통해 가지 전류 I_a, I_b, I_c를 구하게 된다. 이와 같은 **폐로 해석법의 해법 순서**는 다음과 같다.

(1) 각 폐로에 순환하는 미지의 폐로 전류 I_1, I_2의 기준 방향(+)을 설정한다.
폐로 전류의 기준 방향은 임의로 설정할 수 있지만 관습적으로 시계 방향을 취하는 것이 일반적이다.

(2) 두 폐로에 대해 폐로 전류 I_1, I_2를 사용한 KVL을 적용하여 전압방정식을 세운다. KVL은 제 1.7.2 절의 TIP을 활용**(기전력의 대수합 = 저항의 전압강하의 합)**하고, 폐로마다 KVL을 적용하여 폐로 수만큼 전압방정식을 유도한다.

① 폐로 1의 KVL 적용 : 폐로 전류 I_1을 기준 방향으로 설정하고 I_1에 대한 전압강하의 합을 구한다. 이때 두 폐로를 공유하는 저항 R_3에 흐르는 전류는 I_1에 대해 I_2가 반대 방향이므로 $I_1 - I_2$이고, 공유 저항 R_3의 전압강하는 $R_3(I_1 - I_2)$를 적용한다. 만약 I_1의 기준에 대해 I_2가 같은 방향이라면 $I_1 + I_2$를 적용한다. 또 기전력은 I_1의 기준 방향에 대해 전압상승이 일어나므로 V_1의 부호는 (+)가 된다.

② 폐로 2의 KVL 적용 : 폐로 전류 I_2를 기준 방향으로 설정하고 I_2에 대한 전압강하의 합을 구한다. 이때 두 폐로를 공유하는 저항 R_3에 흐르는 전류는 I_2에 대해 I_1이 반대 방향이므로 $I_2 - I_1$이고, 공유 저항 R_3의 전압강하는 $R_3(I_2 - I_1)$을 적용한다. 또 기전력은 I_2의 기준에 대해 전압강하가 일어나므로 $-V_2$가 된다.

두 결과로부터 폐로에서의 KVL에 의한 전압방정식은 식 (3.1)과 같이 각각 유도되고, 이를 **폐로 방정식**이라고 한다.

$$\begin{aligned} &\text{폐로 1 : } V_1 = R_1 I_1 + R_3(I_1 - I_2) \ (\text{폐로 } I_1 \text{ 기준}) \\ &\text{폐로 2 : } -V_2 = R_2 I_2 + R_3(I_2 - I_1) \ (\text{폐로 } I_2 \text{ 기준}) \end{aligned} \tag{3.1}$$

(3) 식 (3.1)의 기전력을 우변으로 바꾸어 놓고, I_1, I_2에 대해 정리한다.

$$\begin{aligned} &(R_1 + R_3)I_1 - R_3 I_2 = V_1 \\ &-R_3 I_1 + (R_2 + R_3)I_2 = -V_2 \end{aligned} \tag{3.2}$$

(4) 단계 (3)의 폐로 방정식을 행렬식으로 변환하여 연립방정식의 해를 구하는 **크래머의 공식**(Cramer's rule)을 적용하여 미지의 각 폐로 전류 I_1, I_2를 구한다.

(5) 폐로 전류 I_1, I_2로부터 가지 전류 I_a, I_b, I_c를 구한다. 이때 가지 전류의 부호는 폐로 전류와 같은 방향이면 (+), 반대 방향이면 (−)를 취한다.

$$I_a = I_1, \quad I_b = I_2, \quad I_c = I_1 - I_2 \tag{3.3}$$

정리 **폐로 해석법의 해법 순서**

(1) 각 폐로에 미지의 폐로 전류를 시계 방향으로 설정한다.
(2) 각 폐로에 대해 폐로 전류를 사용한 KVL을 적용하여 폐로 방정식(전압방정식)을 세운다.
(3) 폐로 방정식을 행렬로 변환하고, 크래머의 공식을 적용하여 폐로 전류를 구한다.
(4) 폐로 전류의 가감에 의해 회로의 각 부분에 대한 가지 전류를 구한다.

이제 복잡한 회로에서 식 (3.1)의 과정을 거치지 않으면서 식 (3.2)의 규칙성에 의해 **폐로 방정식의 결과를 직접 유도할 수 있는 쉽고 기계적인 표현법**에 대해 **그림 3.1**의 회로에서 설명한다.

(1) 폐로 1 : 기준 폐로 I_1의 경로에 있는 저항의 총합에 I_1을 곱한 값 $(R_1 + R_3)I_1$과 다른 폐로 I_2와 공유 저항 R_3에 다른 폐로 전류의 방향을 고려하여 곱한 값의 두 합을 방정식의 좌변에 기록한다. 이때 공유 저항에서 기준 폐로 I_1과 다른 폐로 I_2가 같은 방향이면 (+), 반대 방향이면 (−)를 붙인다. 여기서 반대 방향이므로 $-R_3 I_2$가 된다. 기전력은 기준 폐로 I_1의 방향에 대해 전압상승(+)이 일어나므로 V_1을 방정식의 우변에 기록한다. 즉 폐로 1의 폐로 방정식은 $(R_1 + R_3)I_1 - R_3 I_2 = V_1$이 된다.

(2) 폐로 2 : 기준 폐로 I_2의 경로에 있는 저항의 총합에 I_2을 곱한 값 $(R_2+R_3)I_2$와 또 공유 저항 R_3에서 I_1은 기준 폐로 I_2와 반대 방향이므로 부호 (−)를 붙여 곱한 값인 $-R_3I_1$의 두 합을 방정식의 좌변에 기록한다. 기전력은 기준 폐로 I_2의 방향에 대해 전압강하가 일어나므로 V_2에 부호 (−)를 붙인 $-V_2$를 방정식의 우변에 기록한다. 즉 폐로 2의 폐로 방정식은 $-R_3I_1+(R_2+R_3)I_2=-V_2$가 된다.

앞으로 회로 방정식을 세울 경우에 복잡한 회로에서도 간편하고 기계적으로 유도할 수 있는 **폐로 방정식의 기계적 표현법**을 활용하기 바란다.

폐로가 3개 있는 **그림 3.2**와 같은 회로에서 폐로 해석법에 의한 폐로 방정식을 기계적 표현법으로 유도해 본다.

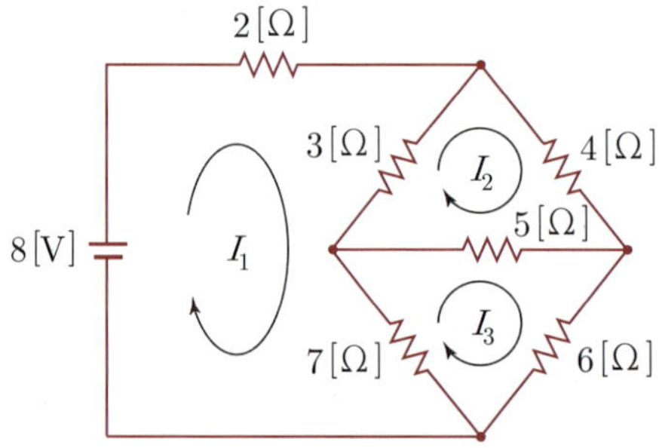

그림 3.2 ▶ 폐로 해석법(기계적 표현법)

(1) 폐로 3개에 일주하는 각각의 폐로 전류 I_1, I_2, I_3를 시계 방향으로 설정한다.

(2) 폐로 방정식 : 기계적 표현법

(폐로 1)

① 기준 전류 I_1의 경로에 있는 저항의 총합과 I_1의 곱 : $(2+3+7)I_1$

② 공유 저항(3[Ω], 7[Ω])과 다른 폐로 전류(I_2, I_3)와의 곱

(기준 폐로 I_1과 I_2, I_3는 반대 방향이므로 (−)부호 붙임) : $-3I_2$, $-7I_3$

③ 기전력은 I_1에 대해 전압상승이므로 부호 (+)를 붙임 : 8

④ 방정식의 좌변 : 저항의 전압강하의 합(①+②)

방정식의 우변 : 기전력의 대수합(8)

$$(2+3+7)I_1-3I_2-7I_3=8 \qquad \therefore\ 12I_1-3I_2-7I_3=8$$

(폐로 2)

① 기준 폐로 I_2의 경로에 있는 저항의 총합과 I_2의 곱 : $(3+4+5)I_2$

② 공유 저항(3[Ω], 5[Ω])과 다른 폐로 전류(I_1, I_3)와의 곱

(기준 폐로 I_2와 I_1, I_3는 반대 방향이므로 (−)부호 붙임) : $-3I_1$, $-5I_3$

③ 기전력은 존재하지 않음 : 0

④ 방정식의 좌변 : ①+②, 방정식의 우변 : 0

$$-3I_1+(3+4+5)I_2-5I_3=0 \qquad \therefore\ -3I_1+12I_2-5I_3=0$$

(폐로 3)

① 기준 폐로 I_3의 경로에 있는 저항의 총합과 I_3의 곱 : $(5+6+7)I_3$

② 공유 저항(7[Ω], 5[Ω])과 다른 폐로 전류(I_1, I_2)와의 곱

(기준 폐로 I_3와 I_1, I_2는 반대 방향이므로 (−)부호 붙임) : $-7I_1$, $-5I_2$

③ 기전력은 존재하지 않음 : 0

④ 방정식의 좌변 : ①+②, 방정식의 우변 : 0

$$-7I_1-5I_2+(5+6+7)I_3=0 \qquad \therefore\ -7I_1-5I_2+18I_3=0$$

(3) 폐로 방정식은 다음과 같이 정리하고, 행렬로 변환한다.

$$\begin{aligned}12I_1-3I_2-7I_3&=8\\-3I_1+12I_2-5I_3&=0\\-7I_1-5I_2+18I_3&=0\end{aligned} \quad\rightarrow\quad \begin{pmatrix}12&-3&-7\\-3&12&-5\\-7&-5&18\end{pmatrix}\begin{pmatrix}I_1\\I_2\\I_3\end{pmatrix}=\begin{pmatrix}8\\0\\0\end{pmatrix}$$

(4) 폐로 방정식을 크래머의 공식을 적용하여 미지의 폐로 전류 I_1, I_2, I_3를 구한다.

정리 **폐로 해석법(기계적 표현법)**

(1) 각 폐로에 미지의 폐로 전류를 시계 방향으로 설정한다.

(2) 폐로 방정식(전압방정식)의 좌변(저항의 전압강하의 합)

① 방정식을 유도하는 기준 폐로의 경로에 있는 저항의 총합에 기준 폐로 전류의 곱

② 공유 저항과 다른 폐로 전류의 곱에 부호 (±)를 붙인 값

(기준 폐로와 다른 폐로의 두 전류가 동일 방향이면 (+), 반대 방향이면 (−))

(3) 폐로 방정식의 우변(기전력의 대수합) : 전압상승이면 (+), 전압강하이면 (−) 부호

회로망 해석에서 폐로 방정식의 해를 구하려면 행렬의 수학적 요소가 요구된다. 특히 연립방정식의 해는 정형화된 **크래머의 공식**(Cramer's rule)을 이용하면 간편하게 구할 수 있으며, **행렬식의 전개법**과 **크래머의 공식**을 활용할 수 있도록 **참고**에 수록하였다.

행렬과 행렬식, 행렬식의 전개법 및 크래머의 공식에 관한 상세한 내용은 다음의 참고문헌을 참고하기 바란다.[임헌찬 저, ≪대학 공업수학≫, pp. 137~146, 동일출판사]

참고 행렬식의 전개법과 크래머의 공식

1. 행렬식의 전개법

(1) 행렬식의 전개 순서

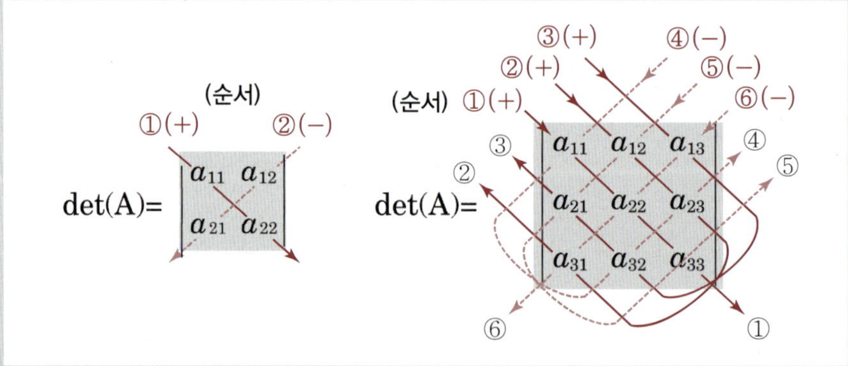

(a) 2차 행렬식의 전개 순서 (b) 3차 행렬식의 전개 순서

그림 3.3 ▶ 행렬식의 전개법

(2) 행렬식의 전개 결과

2차 행렬식 : $\det(\mathrm{A}) = \begin{vmatrix} a_{11} & a_{12} \\ a_{21} & a_{22} \end{vmatrix} = a_{11}a_{22} - a_{12}a_{21}$

3차 행렬식 : $\det(\mathrm{A}) = \begin{vmatrix} a_{11} & a_{12} & a_{13} \\ a_{21} & a_{22} & a_{23} \\ a_{31} & a_{32} & a_{33} \end{vmatrix} = a_{11}a_{22}a_{33} + a_{12}a_{23}a_{31} + a_{13}a_{32}a_{21}$
$- a_{11}a_{32}a_{23} - a_{12}a_{21}a_{33} - a_{13}a_{22}a_{31}$

2. 크래머의 공식

(1) 2원 1차 연립방정식의 크래머 공식에 의한 해법

① 2원 1차 연립방정식의 행렬 변환

$$\begin{cases} a_{11}I_1 + a_{12}I_2 = V_1 \\ a_{21}I_1 + a_{22}I_2 = V_2 \end{cases} \Rightarrow \begin{pmatrix} a_{11} & a_{12} \\ a_{21} & a_{22} \end{pmatrix}\begin{pmatrix} I_1 \\ I_2 \end{pmatrix} = \begin{pmatrix} V_1 \\ V_2 \end{pmatrix}$$

(연립방정식) (행렬)

② 행렬식 D, D_1, D_2의 정의(행렬식의 전개법을 적용하여 계산)

$$D=\begin{vmatrix} a_{11} & a_{12} \\ a_{21} & a_{22} \end{vmatrix},\quad D_1=\begin{vmatrix} V_1 & a_{12} \\ V_2 & a_{22} \end{vmatrix},\quad D_2=\begin{vmatrix} a_{11} & V_1 \\ a_{21} & V_2 \end{vmatrix}$$

③ 미지수 I_1, I_2의 해

$$I_1=\frac{D_1}{D}=\frac{\begin{vmatrix} V_1 & a_{12} \\ V_2 & a_{22} \end{vmatrix}}{\begin{vmatrix} a_{11} & a_{12} \\ a_{21} & a_{22} \end{vmatrix}}=\frac{V_1a_{22}-a_{12}V_2}{a_{11}a_{22}-a_{12}a_{21}}$$

$$I_2=\frac{D_2}{D}=\frac{\begin{vmatrix} a_{11} & V_1 \\ a_{21} & V_2 \end{vmatrix}}{\begin{vmatrix} a_{11} & a_{12} \\ a_{21} & a_{22} \end{vmatrix}}=\frac{a_{11}V_2-V_1a_{21}}{a_{11}a_{22}-a_{12}a_{21}}$$

(2) 3원 1차 연립방정식의 크래머 공식에 의한 해법

① 3원 1차 연립방정식의 행렬 변환

$$\begin{cases} a_{11}I_1+a_{12}I_2+a_{13}I_3=V_1 \\ a_{21}I_1+a_{22}I_2+a_{23}I_3=V_2 \\ a_{31}I_1+a_{32}I_2+a_{33}I_3=V_3 \end{cases} \Rightarrow \begin{pmatrix} a_{11} & a_{12} & a_{13} \\ a_{21} & a_{22} & a_{23} \\ a_{31} & a_{32} & a_{33} \end{pmatrix}\begin{pmatrix} I_1 \\ I_2 \\ I_3 \end{pmatrix}=\begin{pmatrix} V_1 \\ V_2 \\ V_3 \end{pmatrix}$$

(연립방정식) (행렬)

② 행렬식 D, D_1, D_2, D_3의 정의(행렬식의 전개법을 적용하여 계산)

$$D=\begin{vmatrix} a_{11} & a_{12} & a_{13} \\ a_{21} & a_{22} & a_{23} \\ a_{31} & a_{32} & a_{33} \end{vmatrix},\quad D_1=\begin{vmatrix} V_1 & a_{12} & a_{13} \\ V_2 & a_{22} & a_{23} \\ V_3 & a_{32} & a_{33} \end{vmatrix}$$

$$D_2=\begin{vmatrix} a_{11} & V_1 & a_{13} \\ a_{21} & V_2 & a_{23} \\ a_{31} & V_3 & a_{33} \end{vmatrix},\quad D_3=\begin{vmatrix} a_{11} & a_{12} & V_1 \\ a_{21} & a_{22} & V_2 \\ a_{31} & a_{32} & V_3 \end{vmatrix}$$

③ 미지수 I_1, I_2, I_3의 해

$$I_1=\frac{D_1}{D},\quad I_2=\frac{D_2}{D},\quad I_3=\frac{D_3}{D}$$

예제 3.1

그림 3.4의 회로에서 폐로 해석법을 이용하여 가지 전류 I_a, I_b, I_c를 구하라.

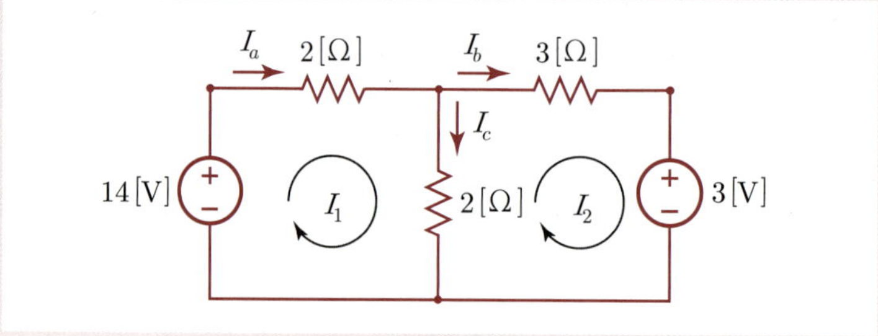

그림 3.4

풀이 (1) 두 폐로에서 미지의 폐로 전류 I_1, I_2를 시계 방향으로 설정한다.

(2) 폐로 방정식을 기계적 표현법에 의해 유도하면 다음과 같이 간단히 구해진다.

폐로 1(기준 폐로 I_1) : $(2+2)I_1 - 2I_2 = 14$

폐로 2(기준 폐로 I_2) : $-2I_1 + (3+2)I_2 = -3$

위의 폐로 방정식을 정리하면 다음과 같이 구해진다.

$$4I_1 - 2I_2 = 14, \quad -2I_1 + 5I_2 = -3$$

(3) 폐로 방정식을 행렬로 변환하고 크래머 공식(Cramer's rule)에 의해 미지의 각 폐로 전류 I_1, I_2를 구한다.

$$\begin{aligned} 4I_1 - 2I_2 &= 14 \\ -2I_1 + 5I_2 &= -3 \end{aligned} \quad \rightarrow \quad \begin{bmatrix} 4 & -2 \\ -2 & 5 \end{bmatrix} \begin{bmatrix} I_1 \\ I_2 \end{bmatrix} = \begin{bmatrix} 14 \\ -3 \end{bmatrix}$$

$$I_1 = \frac{\begin{vmatrix} 14 & -2 \\ -3 & 5 \end{vmatrix}}{\begin{vmatrix} 4 & -2 \\ -2 & 5 \end{vmatrix}} = \frac{14\times 5 - (-2)(-3)}{4\times 5 - (-2)(-2)} = \frac{64}{16} = 4\,[\mathrm{A}]$$

$$I_2 = \frac{\begin{vmatrix} 4 & 14 \\ -2 & -3 \end{vmatrix}}{\begin{vmatrix} 4 & -2 \\ -2 & 5 \end{vmatrix}} = \frac{4\times(-3) - 14\times(-2)}{4\times 5 - (-2)(-2)} = \frac{16}{16} = 1\,[\mathrm{A}]$$

(4) 폐로 전류 I_1, I_2로부터 가지 전류 I_a, I_b, I_c를 구한다.

$$I_a = I_1 = 4\,[\mathrm{A}], \quad I_b = I_2 = 1\,[\mathrm{A}], \quad I_c = I_1 - I_2 = 4 - 1 = 3\,[\mathrm{A}]$$

3.2 마디 해석법

이제까지 복잡한 회로의 강력한 해석법인 키르히호프의 전압법칙(KVL)에 기반을 둔 폐로 해석법에 대해 배웠고, 본 절에서는 이에 버금가는 강력한 다른 회로 해석법인 키르히호프의 전류법칙(KCL)에 기반을 둔 **마디 해석법** 또는 **절점 해석법**(node analysis)에 대해 설명하기로 한다. 본 교재에서는 마디 해석법의 용어로 통일하여 사용하기로 한다.

폐로 해석법은 폐로(메시)에 대해 설정한 폐로 전류를 미지수로 하여 KVL을 적용한 전압방정식을 세워서 폐로 전류를 구하여 해석하였다.

마디 해석법은 영전위인 **기준 마디**(reference node)를 정의하고, 기준 마디에 대한 각 마디의 전위(전압)를 미지수로 하여 KCL을 적용한 전류방정식을 세워서 **마디 전압**(node voltage)을 결정하여 해석하는 것이다.

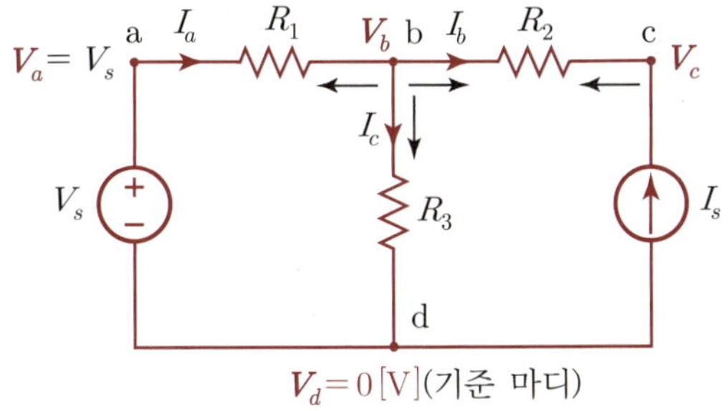

그림 3.5 ▸ **마디 해석법**

그림 3.5의 회로에서 마디는 a, b, c, d의 4개가 있고, 기준 마디는 마디 중에서 가지를 가장 많이 가지는 마디 d를 선정하는 것이 편리하다. 기준 마디는 회로의 모든 마디 전압의 기준이 되는 영전위인 점이다. 따라서 기준 전위 V_d에 대한 전위차를 나타내는 점 a의 전위 V_a는 전압원의 전압 V_s가 된다. 이와 같이 가지가 가장 많은 마디를 기준 마디로 선정하면 마디 전압을 구하는 수가 줄어들기 때문이다. 만일 회로에 접지가 존재한다면 접지점을 기준 전위로 하는 기준 마디로 선정한다.

기준 마디에 대한 다른 마디 전압 V_a, V_b, V_c를 표시하고, 각 마디에서 KCL에 의한 전류방정식을 세우고 풀어서 미지의 마디 전압 V_a, V_b, V_c를 구한다. 이 마디 전압을 이용하여 옴의 법칙에 의해 가지 전류 I_a, I_b, I_c를 구하게 된다.

이와 같은 **마디 해석법의 해법 순서**는 다음과 같다.

(1) 기준 마디를 선정하고 각 마디에 미지의 마디 전압(마디 전위)을 표시한다.
마디 d의 전위를 영전위로 하는 기준 마디를 선정하고, 기준 마디 d에 대한 각 마디 a, b, c의 전위인 마디 전압 V_a, V_b, V_c를 설정하여 표시한다. 단, 마디 a의 전위 V_a는 전압원의 전압 V_s와 같다. 여기서 마디 전압은 기준 전위(영전위)에 대한 전위차를 의미하므로 엄밀히 말하면 마디 전위가 된다.

(2) 기준 마디와 전위를 알고 있는 마디를 제외한 나머지 마디에 대해 전류가 항상 유출하는 방향으로 설정하고 KCL(**유출전류의 합= 유입전류의 합**)을 적용하여 전류방정식을 세운다. 이 전류방정식을 **마디 방정식**이라 한다.
마디 b와 c에서 흑색 화살표와 같이 전류가 항상 유출하는 것으로 설정하여 KCL을 적용하면 마디 방정식(전류방정식)은 각각 다음과 같다.

$$\text{마디 b : } \frac{V_b - V_s}{R_1} + \frac{V_b - V_c}{R_2} + \frac{V_b - 0}{R_3} = 0$$

$$\text{마디 c : } \frac{V_c - V_b}{R_2} = I_s \qquad (3.4)$$

(3) 식 (3.4)의 연립방정식을 정리하고 풀어서 미지의 마디 전압 V_b, V_c를 구한다.

(4) 단계 (3)에서 구한 마디 전압 V_b, V_c와 V_s로부터 옴의 법칙을 적용하여 가지 전류 I_a, I_b, I_c를 구한다.

$$I_a = \frac{V_a - V_b}{R_1} = \frac{V_s - V_b}{R_1}, \quad I_b = \frac{V_b - V_c}{R_2}, \quad I_c = \frac{V_b}{R_3} \qquad (3.5)$$

정리 **마디 해석법의 해법 순서**

(1) 기준 마디를 선정하고 각 마디에 미지의 마디 전압(마디 전위)을 표시한다.
(2) 마디에서 전류가 항상 유출하는 방향으로 설정하고 KCL(유출전류의 합 =유입전류의 합)을 적용하여 마디 방정식(전류방정식)을 세운다.
(3) 마디 방정식의 연립방정식을 풀어서 미지의 마디 전압을 구한다.
(4) 마디 전압으로부터 옴의 법칙을 적용하여 각 가지에 흐르는 가지 전류를 구한다.

예제 3.2

그림 3.6의 회로에서 마디 해석법을 이용하여 가지 전류 I_a, I_b, I_c를 구하라.

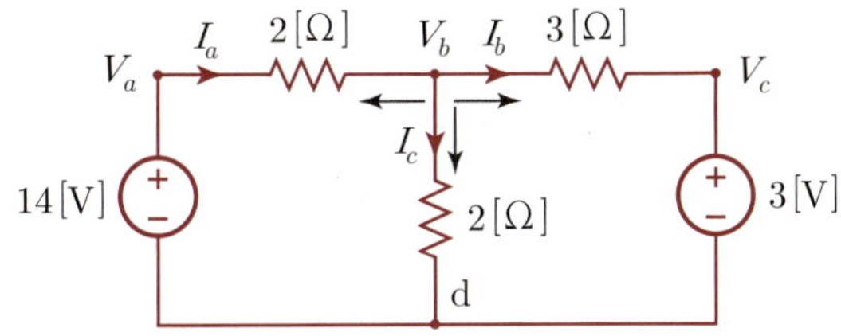

그림 3.6

풀이 (1) 기준 마디 d를 선정(기준 전위 $V_d = 0$)하고, 미지의 마디 전압 V_a, V_b, V_c를 표시한다.

(2) $V_a = 14\,[\mathrm{V}]$, $V_c = 3\,[\mathrm{V}]$이고, 마디 전압 V_b만 구하면 된다.

즉, 마디 b에서 흑색 화살표와 같이 전류가 유출하는 것으로 설정하여 KCL (유출전류의 합 = 유입전류의 합)을 적용할 때 마디 방정식(전류방정식)은 다음과 같다.

$$\text{마디 b} : \frac{V_b - V_a}{2} + \frac{V_b - V_c}{3} + \frac{V_b - V_d}{2} = 0$$

$V_a = 14\,[\mathrm{V}]$, $V_c = 3\,[\mathrm{V}]$, $V_d = 0$을 윗 식에 대입하면 다음과 같이 마디 방정식과 이로부터 마디 전압 V_b가 구해진다.

$$\text{마디 b} : \frac{V_b - 14}{2} + \frac{V_b - 3}{3} + \frac{V_b}{2} = 0 \qquad \therefore\ V_b = 6\,[\mathrm{V}]$$

(3) 가지 전류 I_a, I_b, I_c는 마디 전압 V_a, V_b, V_c로부터 옴의 법칙에 의해 다음과 같이 구한다.

$$I_a = \frac{V_a - V_b}{2} = \frac{14 - 6}{2} = 4\,[\mathrm{A}]$$

$$I_b = \frac{V_b - V_c}{3} = \frac{6 - 3}{3} = 1\,[\mathrm{A}]$$

$$I_c = \frac{V_b}{2} = \frac{6}{2} = 3\,[\mathrm{A}]$$

예제 3.1의 폐로 해석법을 이용한 결과와 동일한 가지 전류가 구해짐을 알 수 있다.

예제 3.3

그림 3.7의 회로에서 마디 해석법을 이용하여 가지 전류 I_a, I_b, I_c를 구하라.

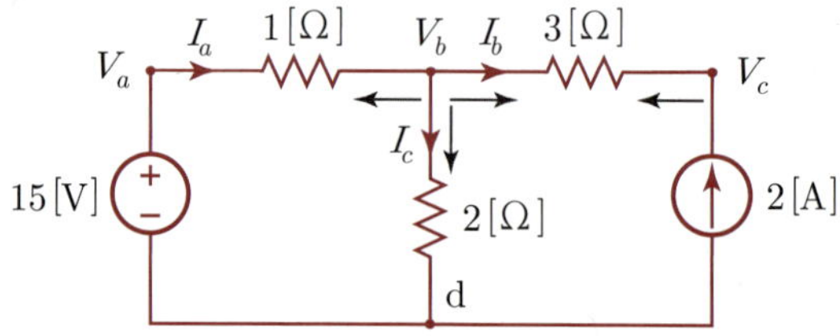

그림 3.7

풀이 (1) 기준 마디 d를 선정(기준 전위 $V_d = 0$)하고, 미지의 마디 전압 V_a, V_b, V_c를 표시한다.

(2) $V_a = 15\,[\mathrm{V}]$이고, 마디 전압 V_b, V_c를 구해야 한다. 즉, 마디 b와 c에서 흑색 화살표와 같이 전류가 유출하는 것으로 설정하여 KCL(유출전류의 합 = 유입전류의 합)을 적용할 때 마디 방정식(전류방정식)은 다음과 같다.

$$\text{마디 b} : \frac{V_b - 15}{1} + \frac{V_b - V_c}{3} + \frac{V_b}{2} = 0$$

$$\text{마디 c} : \frac{V_c - V_b}{3} = 2$$

(3) 두 방정식을 정리하고, 연립방정식을 풀면 마디 전압 V_b, V_c는 다음과 같이 구해진다.

$$\text{마디 b} : 11V_b - 2V_c = 90 \qquad \therefore\ V_b = \frac{34}{3}\,[\mathrm{V}],\quad V_c = \frac{52}{3}\,[\mathrm{V}]$$
$$\text{마디 c} : V_b - V_c = -6$$

(4) 가지 전류 I_a, I_b, I_c는 마디 전압 V_a, V_b, V_c로부터 옴의 법칙에 의해 다음과 같이 구한다.

$$I_a = \frac{V_a - V_b}{1} = \frac{15 - 34/3}{1} = \frac{11}{3}\,[\mathrm{A}]$$

$$I_b = \frac{V_b - V_c}{3} = \frac{34/3 - 52/3}{3} = -2\,[\mathrm{A}]$$

$$I_c = \frac{V_b}{2} = \frac{34/3}{2} = \frac{17}{3}\,[\mathrm{A}]$$

전류 I_b의 부호는 (−)이므로 실제 전류는 그림의 전류 방향과 반대임을 알 수 있다.

3.3 전원의 등가 변환

전압원과 전류원이 동시에 접속된 회로가 주어지는 경우에 전압원은 전류원 또는 전류원은 전압원으로 등가 변환하면 회로해석이 간편해지는 경우가 많아진다.

그림 3.8(a)와 같은 **전압원과 직렬 저항이 접속된 회로**는 **그림 3.8**(b)와 같은 **전류원과 병렬 저항이 접속된 회로**로 등가 대체할 수 있다. 이때 등가 전류원의 전류 I는 전압원 회로에서 두 단자 a, b를 단락한 경우에 흐르는 단락전류 V/R가 되고, 전류원의 등가 저항은 전압원 회로와 동일한 저항을 전류원과 병렬로 접속하면 된다. 등가 전류원의 방향은 전압원에서 전압상승이 일어나는 방향으로 한다.

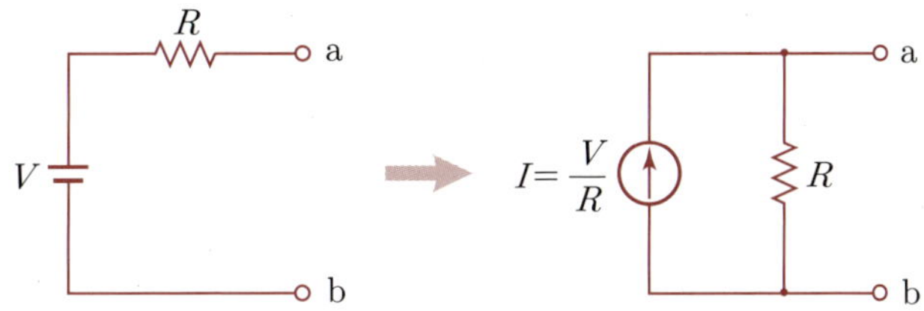

(a) 전압원 (b) 전류원

그림 3.8 ▸ 전압원의 등가 전류원 변환 회로

그림 3.9(a)와 같은 **전류원과 병렬 저항이 접속된 회로**는 **그림 3.9**(b)와 같은 **전압원과 직렬 저항이 접속된 회로**로 등가 대체할 수 있다. 이때 등가 전압원의 전압 V는 전류원 회로에서 단자 a, b 사이의 개방전압 RI가 되고, 전압원의 등가 저항은 전류원 회로와 동일한 저항을 전압원에 직렬로 접속하면 된다. 등가 전압원의 극성은 전류원의 방향인 (−)에서 (+)로 표시하면 한다.

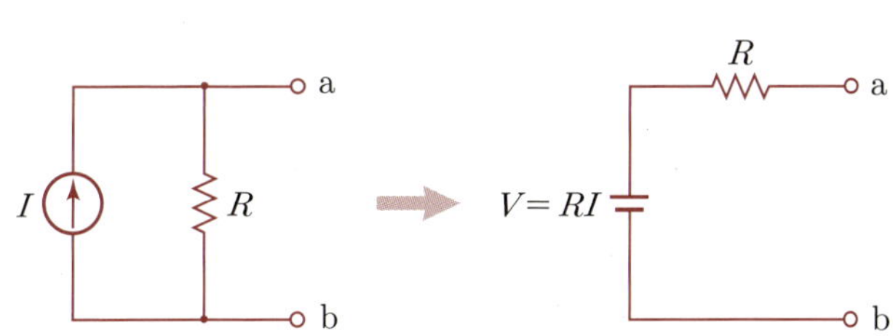

(a) 전류원 (b) 전압원

그림 3.9 ▸ 전류원의 등가 전압원 변환 회로

그림 3.8의 전압원과 전류원의 상호 등가 변환 회로에서 단자 a, b에 동일한 부하저항 R_L을 접속하여 부하저항에 관계없이 두 등가회로에서 흐르는 단자 전류가 같아지는 조건으로부터 등가 변환을 증명할 수 있다. 이에 대한 증명은 독자 각자에게 맡기도록 한다.

예제 3.4

그림 3.10과 같은 전압원과 전류원의 회로가 있다. 이 회로들을 각각 전류원과 전압원의 등가회로로 변환하여 나타내라.

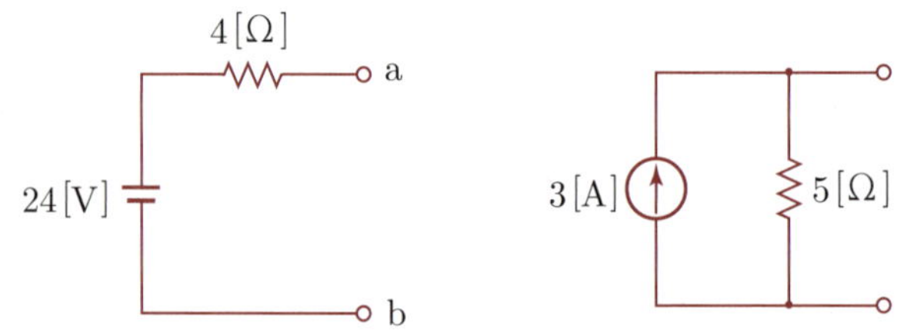

(a) 전압원 (b) 전류원

그림 3.10

풀이 (a) 전류원의 전류 I 및 병렬 저항 R은

$$I = \frac{V}{R} = \frac{24}{4} = 6\,[\text{A}], \quad R = 4\,[\Omega]$$

이고, 전류원의 등가회로는 **그림 3.11**(a)과 같다.

(b) 전압원의 전압 V 및 직렬 저항 R은

$$V = RI = 5 \times 3 = 15\,[\text{V}], \quad R = 5\,[\Omega]$$

이고, 전압원의 등가회로는 **그림 3.11**(b)와 같다.

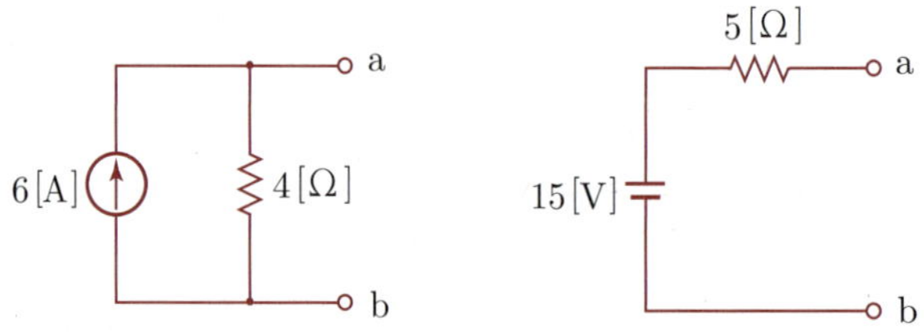

(a) 등가 전류원 (b) 등가 전압원

그림 3.11 ▸ 그림 3.10의 등가 변환회로

예제 3.5

그림 3.12의 회로에서 $6\,[\Omega]$에 흐르는 전류 I를 전원의 등가 변환에 의해 구하라.

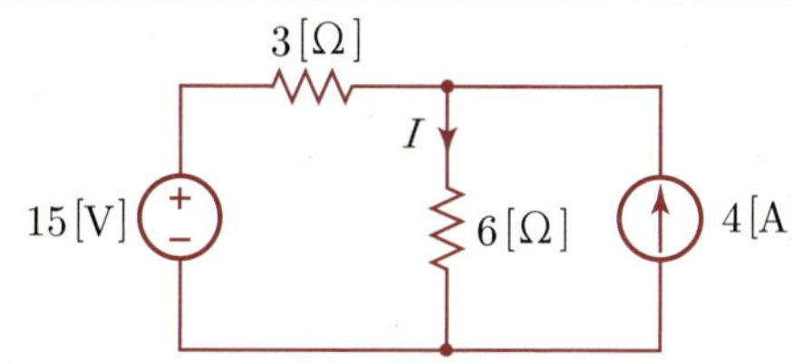

그림 3.12

풀이 **그림 3.12**의 전압원을 전류원으로 등가 변환하면 **그림 3.13**(a)와 같다. 또 **그림 3.13**(a)에서 전류원을 식 (1.31)과 같이 병렬 합성하면 **그림 3.13**(b)가 된다.

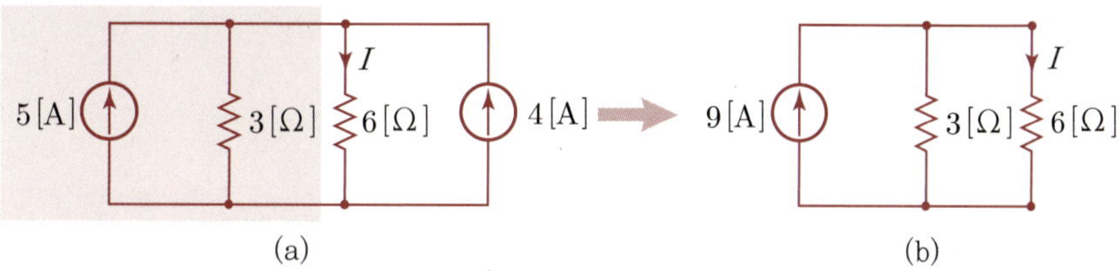

그림 3.13

그림 3.13(b)에서 전류 분배 법칙에 의해 전류 I는 다음과 같이 구해진다.

$$I = \frac{3}{3+6} \times 9 = 3\,[\mathrm{A}]$$

3.4 브리지 회로

그림 3.14에서 단자 c, d 사이에 검류계 G가 없다면 간단한 병렬회로가 되지만, 내부 저항 r_g 인 검류계 G가 연결되어 있기 때문에 직렬도 병렬도 아닌 복잡한 회로가 된다. 이와 같이 단자 c, d 사이에 저항이 접속된 형태의 회로를 **브리지 회로**(bridge circuit)라고 한다. 브리지 회로는 각 저항 값을 적당히 조정하여 점 c와 d의 전위를 같게 하면 검류계 G에는 전류가 흐르지 않는다. 이와 같은 상태를 **브리지의 평형**이라 한다.

그림 3.14의 브리지 회로가 평형이 되려면 단자 a, c와 a, d 사이의 전위차는 같고, 또 단자 c, b와 d, b 사이의 전위차도 같아야 한다. 즉,

$$R_1 I_1 = R_2 I_2 \left(\frac{I_2}{I_1} = \frac{R_1}{R_2} \right), \quad R_3 I_1 = R_4 I_2 \left(\frac{I_2}{I_1} = \frac{R_3}{R_4} \right) \tag{3.6}$$

의 관계가 된다. 즉 **브리지 회로의 평형 조건**은 다음과 같이 구해진다.

$$\frac{R_1}{R_2} = \frac{R_3}{R_4} \qquad \therefore\ R_1 R_4 = R_2 R_3 \tag{3.7}$$

브리지 회로를 기본 회로로 하는 계측기를 **휘스톤 브리지**(Wheatstone bridge)라고 하고, 직류에서는 미지저항의 측정, 교류에서는 미지의 L, C의 값 및 주파수를 측정하는데 사용한다.

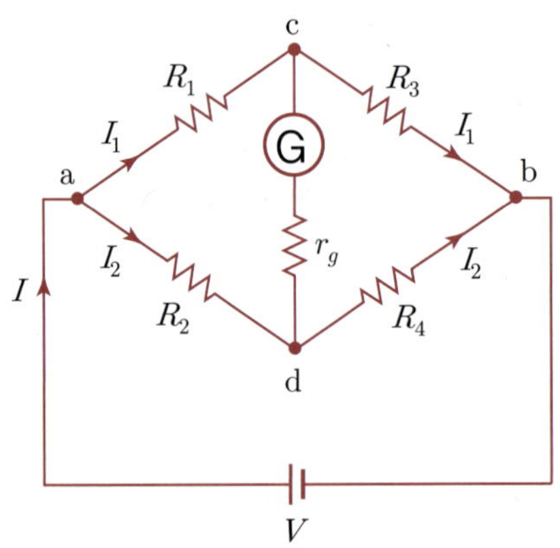

평형 조건 : $R_1 R_4 = R_2 R_3$
(대각 저항의 곱은 서로 같다.)

그림 3.14 ▶ 브리지 회로

예제 3.6

그림 3.15의 두 회로는 브리지 회로이다.

(1) 단자 a−b와 단자 c−d의 전위차와 단자 사이에 흐르는 전류를 구하라.

(2) 두 회로의 합성저항 R과 전류 I를 각각 구하라.

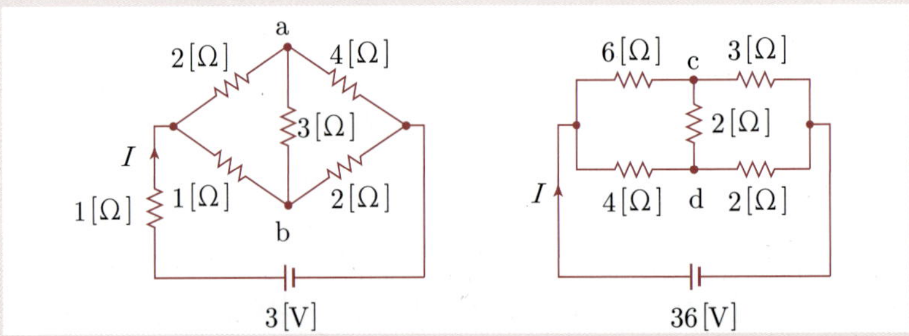

(a) 전형적인 브리지 회로 (b) 변형된 브리지 회로

그림 3.15 브리지 회로

풀이 (1) 두 회로는 브리지 회로이다. 대각 저항의 곱은 아래와 같이 서로 같으므로 평형 조건을 만족한다.

그림 3.15(a) : $2\times2=4\times1(4)$, **그림 3.15**(b) : $6\times2=3\times4(12)$

두 회로는 평형 조건을 만족하므로 단자 a−b와 c−d 사이의 가지 저항의 전압(전위차)는 0 이고, 가지 저항의 전류도 흐르지 않는다.

(2) 브리지 회로에서 평형 조건을 만족하면 가지 저항에 전류가 흐르지 않기 때문에 **그림 3.16**과 같이 단자 a−b와 c−d 사이의 가지 저항을 제거하여 등가로 대체하여 회로해석할 수 있다. 즉, 합성저항과 전체 전류는 각각 다음과 같이 구해진다.

그림 3.16(a) : $R=1+\dfrac{(2+4)\times(1+2)}{(2+4)+(1+2)}=1+\dfrac{6\times3}{6+3}=3\,[\Omega]$

$$I=\frac{V}{R}=\frac{3}{3}=1\,[\mathrm{A}]$$

그림 3.16(b) : $R=\dfrac{(6+3)\times(4+2)}{(6+3)+(4+2)}=\dfrac{9\times6}{9+6}=\dfrac{54}{15}=3.6\,[\Omega]$

$$I=\frac{V}{R}=\frac{36}{3.6}=10\,[\mathrm{A}]$$

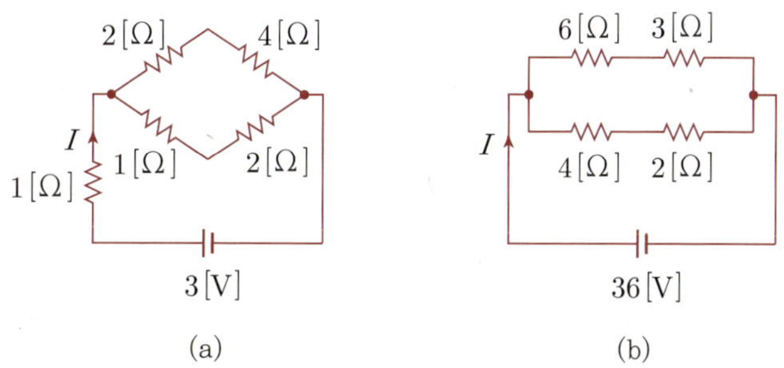

그림 3.16

3.5 $\Delta-Y$ 등가 변환

회로는 아무리 복잡해도 직렬 또는 병렬 접속된 하나의 등가 저항과 하나의 등가 전원으로 구성된 기본회로의 간단한 형태로 표현할 수 있다. 그러나 저항의 접속이 직렬 또는 병렬로 구분할 수 없는 특수한 회로의 형태인 **그림 3.17**과 같은 Δ(delta)결선과 Y(wye)

결선이 있다. Δ 결선과 Y 결선은 서로 상호 등가 변환이 가능하며 이 결선들이 복잡한 회로의 일부분을 구성하고 있을 때 등가 변환에 의하여 직렬 또는 병렬 회로로 변형하여 간단하게 회로해석을 할 수 있게 한다.

특히 Δ 결선과 Y 결선의 등가 변환은 **그림 3.14**와 같은 평형 조건을 만족하지 않아서 단자 c, d 사이에 전류가 흐르는 상태의 브리지 회로나 3상 회로 등에서 매우 유용하게 활용된다. 이들의 등가 변환은 **복잡한 폐로 형태인 Δ 결선을 개방 형태인 Y결선으로 등가 변환하는 것이 일반적**이고, 회로 해석을 간편하게 할 수 있는 장점이 있다.

본 절에서는 Δ 결선과 Y결선 회로의 상호 등가 변환에 관하여 배우기로 한다.

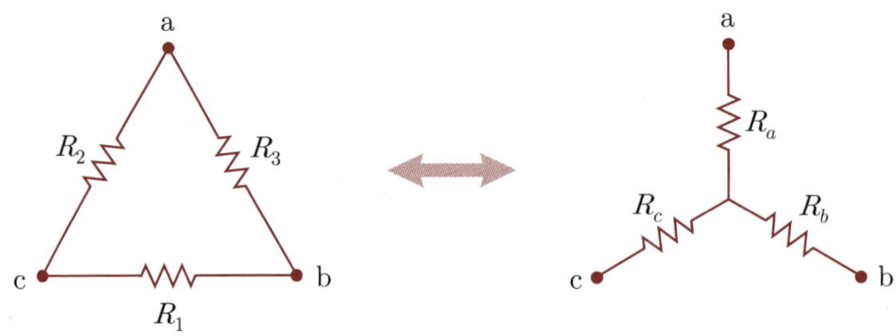

(a) Δ 결선 (b) Y 결선

그림 3.17 ▸ Δ–Y 등가 변환

그림 3.17의 Δ 와 Y 결선이 서로 등가라고 생각한다면, 외측의 세 단자 a, b, c에 대해 두 단자(ab, bc, ca) 사이에서 본 저항의 크기는 서로 같아야 한다.

따라서 단자 a, b에서 본 등가 저항 R_{ab}는 Δ 결선에서 R_3와 R_1+R_2의 병렬 합성 $R_3 /\!/ (R_1+R_2)$이고, Y 결선에서 R_a와 R_b의 직렬 합성 R_a+R_b가 된다.

Δ 결선과 Y 결선의 등가 저항 R_{ab}는 서로 같은 조건에 의해 식 (3.8)(1)과 같으며, 나머지 단자에서 본 등가 저항 R_{bc}, R_{ca}도 다음과 같은 조건을 만족해야 한다.

$$R_{ab} = R_a + R_b = \frac{R_3(R_1+R_2)}{R_3+(R_1+R_2)} \qquad (1)$$

$$R_{bc} = R_b + R_c = \frac{R_1(R_2+R_3)}{R_1+(R_2+R_3)} \qquad (2) \qquad (3.8)$$

$$R_{ca} = R_c + R_a = \frac{R_2(R_3+R_1)}{R_2+(R_3+R_1)} \qquad (3)$$

(1) $\Delta \rightarrow \mathrm{Y}$ 변환

식 (3.8)에 대한 연립방정식을 풀면 R_a, R_b, R_c는 다음과 같이 구해지고, 이 결과는 $\Delta \rightarrow \mathrm{Y}$ 결선의 등가 변환 공식으로 **회로해석에서 자주 이용**된다.

$$R_a = \frac{R_2 R_3}{R_1 + R_2 + R_3} \qquad R_b = \frac{R_3 R_1}{R_1 + R_2 + R_3} \qquad R_c = \frac{R_1 R_2}{R_1 + R_2 + R_3} \tag{3.9}$$

(2) $\mathrm{Y} \rightarrow \Delta$ 변환

식 (3.8)을 R_1, R_2, R_3에 대해 풀면 다음의 결과가 얻어지고, 이 결과는 $\mathrm{Y} \rightarrow \Delta$ 결선의 등가 변환 공식이다.

$$R_1 = \frac{R_a R_b + R_b R_c + R_c R_a}{R_a} \qquad R_2 = \frac{R_a R_b + R_b R_c + R_c R_a}{R_b} \qquad R_3 = \frac{R_a R_b + R_b R_c + R_c R_a}{R_c} \tag{3.10}$$

특히 **세 개의 동일한 저항 R인 경우에도 자주 사용되는 변환 공식**이다. 식 (3.11)과 같이 $\Delta \rightarrow \mathrm{Y}$ 변환한 등가 저항 R_Y는 식 (3.9)에 의해 R_Δ의 1/3로 감소하고, 역으로 $\mathrm{Y} \rightarrow \Delta$ 변환한 등가 저항 R_Δ는 식 (3.10)에 의해 R_Y의 3배로 증가한다.

$$\begin{aligned} &\Delta \rightarrow \mathrm{Y} \text{ 등가 변환 : } R_Y = \frac{1}{3} R_\Delta \ \left(\frac{1}{3}\text{ 배}\right) \\ &\mathrm{Y} \rightarrow \Delta \text{ 등가 변환 : } R_\Delta = 3R_Y \ (3\text{ 배}) \end{aligned} \tag{3.11}$$

$\Delta - \mathrm{Y}$의 등가 변환은 수학적인 유도과정보다 도출된 등가 변환 공식인 식 (3.9)와 식 (3.10)을 직접 기억하여 회로해석에 곧바로 적용하는 것이 일반적이다.

그러나 등가 변환 공식은 문자의 복잡성으로 문자 자체를 암기하는 것은 어렵기 때문에

참고의 **그림 3.18**과 **그림 3.19**에 의해 학습(기억) 요령을 설명한다.

참고 $\Delta \leftrightarrow \mathrm{Y}$ **상호 변환 학습 요령(기억법)**

(1) $\Delta \rightarrow \mathrm{Y}$ 변환

① Δ 결선 내부에 변환하려는 Y 결선을 그려 넣고, Y 결선의 구하려는 저항에서 적색의 화살표를 바깥으로 빼내어 그린다.(공식 적용하여 변환 저항의 작성 준비)

② 분모는 주어진 Δ 결선의 저항 세 개의 합 $(R_1+R_2+R_3)$이 된다. 이 분모는 구하려는 Y 결선 세 저항의 공통 값이다.

③ 분자는 구하려는 Y 결선의 저항과 Δ 결선의 인접하는 저항 두 개의 곱이 된다.

④ 공식 $\left(\frac{\text{두 개 곱(인접 저항)}}{\text{세 개 합[공통]}}\right)$으로 구한다. 나머지 저항값도 동일한 방법으로 구한다.

⑤ 기존의 Δ 결선을 삭제한다.

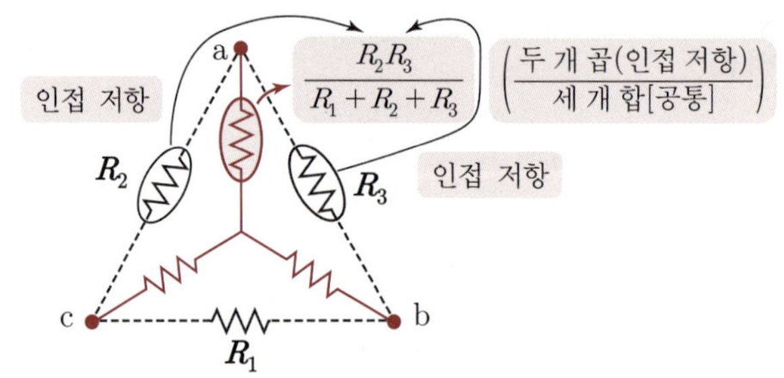

그림 3.18 ▸ $\Delta \rightarrow \mathrm{Y}$ **변환**

(2) $\mathrm{Y} \rightarrow \Delta$ 변환

① Y 결선 외부에 변환하려는 Δ 결선을 그려 넣고, Δ 결선의 구하려는 저항에서 적색의 화살표를 바깥으로 빼내어 그린다.(공식 적용하여 변환 저항의 작성 준비)

② 분모는 구하려는 Δ 결선의 저항에 대한 Y 결선의 맞변(대변) 저항이 된다.

③ 분자는 주어진 Y 결선의 세 저항을 순환하는 두 개의 곱의 합 $(R_aR_b+R_bR_c+R_cR_a)$이 된다. 이 분자는 구하려는 Δ 결선 세 저항의 공통 값이다.

④ 공식 $\left(\frac{\text{순환 두 개 곱의 합[공통]}}{\text{맞변}}\right)$으로 구한다. 나머지 저항값도 동일한 방법으로 구한다.

⑤ 기존의 Y 결선을 삭제한다.

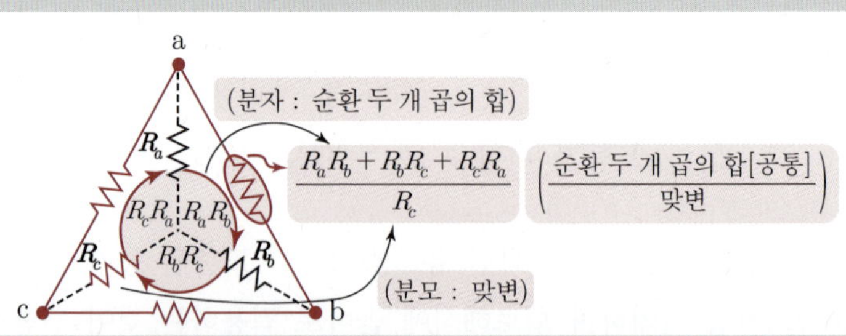

그림 3.19 ▸ $\mathrm{Y} \rightarrow \Delta$ **변환**

예제 3.7

그림 3.20의 브리지 회로에서 합성 저항[Ω]과 전체 전류[A]를 구하라.

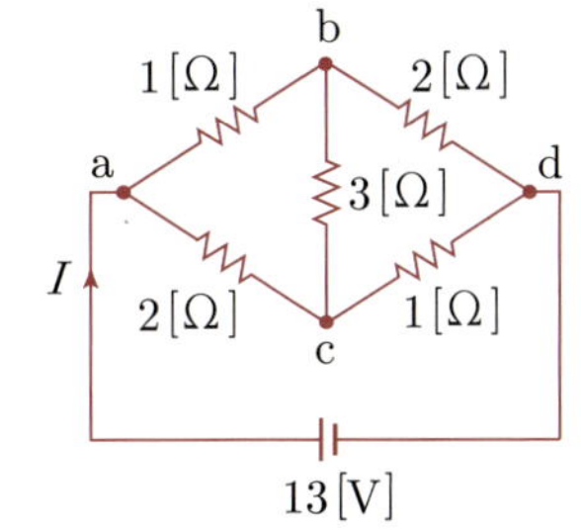

그림 3.20

풀이 브리지 회로는 평형 조건($4 \neq 1$)을 만족하지 않으므로 왼쪽 또는 오른쪽 Δ결선의 하나를 Y결선으로 등가 변환하면 쉽게 구해진다. **그림 3.21**과 같이 Δ결선의 왼쪽을 선정하여 내부에 Y결선을 그린 후, Y의 등가 저항을 구하고 Δ결선을 제거한다. 최종적으로 직병렬 회로의 간략화 과정을 거치면서 회로해석을 한다.

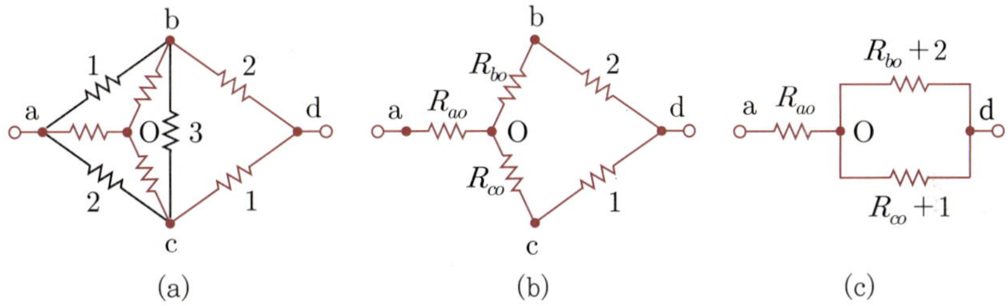

그림 3.21 ▸ 등가회로

그림 3.21(a)에서 Δ_{abc}를 Y_{abc}로 등가 변환하면 **그림 3.21**(b)의 등가 저항 R_{ao}, R_{bo}, R_{co}는 **분모를 세 개 합**$(1+2+3)$의 공통으로 하고, **분자를 인접 저항의 두 개 곱**을 적용하여 각각 다음과 같이 구한다.

$$R_{ao} = \frac{2\times 1}{1+2+3} = \frac{2}{6} = \frac{1}{3}\ [\Omega], \quad R_{bo} = \frac{1\times 3}{1+2+3} = \frac{3}{6} = \frac{1}{2}\ [\Omega]$$

$$R_{co} = \frac{3\times 2}{1+2+3} = \frac{6}{6} = 1\ [\Omega]$$

그림 3.21(c)의 단자 a, d 사이의 전체 합성 저항 R_{ad}와 회로의 전체 전류 I는

$$R_{ad} = R_{ao} + (R_{bo}+2) /\!/ (R_{co}+1) = \frac{1}{3} + \left(\frac{5}{2} /\!/ 2\right)$$

$$\therefore\ R_{ad} = \frac{1}{3} + \frac{10}{9} = \frac{13}{9}\ [\Omega] \qquad \therefore\ I = \frac{V}{R_{ad}} = \frac{13}{13/9} = 9\ [\mathrm{A}]$$

예제 3.8

그림 3.22와 같은 3개의 동일한 저항을 접속하고 전압 $12[\mathrm{V}]$를 인가할 때 전류 $3[\mathrm{A}]$가 흘렀다. 이때 저항 $R[\Omega]$을 $\Delta-\mathrm{Y}$ 등가 변환을 이용하여 구하라.

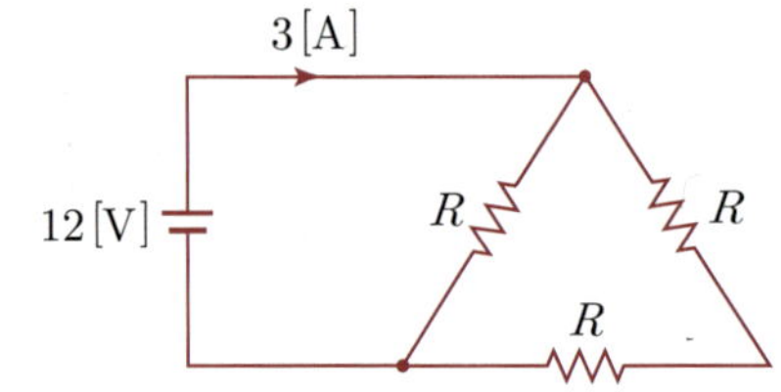

그림 3.22

풀이 일반적으로 위의 회로는 저항의 병렬회로 해석에 의하여 저항 R을 구한다.(**예제 2.2** 참고) 여기서는 새로운 해법인 Δ를 Y결선으로 변환한 등가 저항을 이용하여 구해본다.

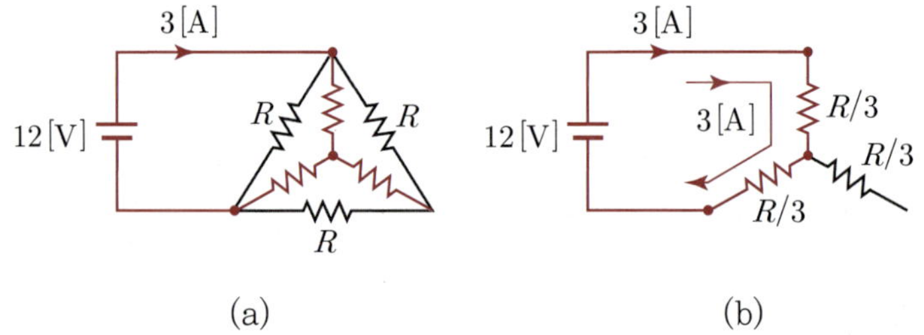

그림 3.23 ▸ 등가 회로

그림 3.23(a)와 같이 Δ 결선 내부에 Y결선을 그린 후, Δ 결선의 세 저항 R은 모두 같으므로 식 (3.11)에 의해 Y결선의 등가 저항은 $R/3$이 된다. 따라서 **그림 3.23**(b)에서 $R/3$인 두 저항의 직렬회로가 되므로 회로의 전체 저항 R_{eq}는 다음과 같이 구해지고, 또 옴의 법칙인 V/I에 의해서도 구해진다.

$$R_{eq}=\frac{R}{3}+\frac{R}{3}=\frac{2}{3}R\,[\Omega],\quad R_{eq}=\frac{V}{I}=\frac{12}{3}=4\,[\Omega]$$

여기서 구한 두 합성 저항 R_{eq}는 서로 같으므로 두 관계를 등식으로 놓으면 저항 R은 다음과 같이 구해진다.

$$\frac{2}{3}R=4 \qquad \therefore\ R=6\,[\Omega]$$

예제 3.9

그림 3.24(a)와 같은 브리지 회로에서 다음을 각각 구하라.

(1) 단자 a−b 사이의 전위차 V_{ab} **(2) 전원에서 본 합성 저항 R_{eq}**

(3) 전류 I_6

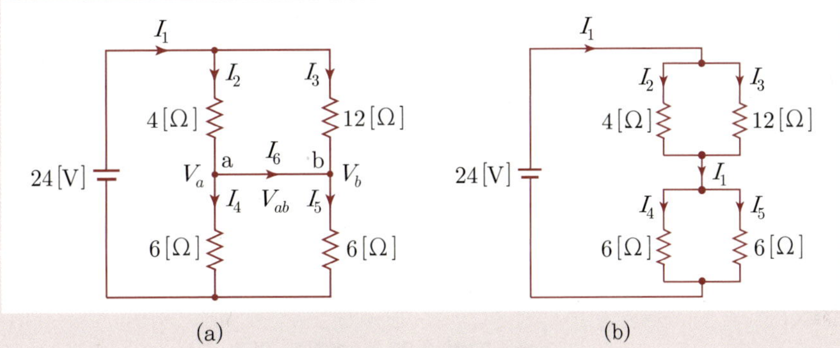

그림 3.24 ▶ 브리지 회로

풀이 그림 3.24(a)는 브리지 회로이고, 먼저 대각 저항의 곱을 확인하여 평형 조건 $(4\times 6 \neq 12\times 6)$을 확인한다. 이 회로에서 평형 조건을 만족하지 않고 단자 a−b 사이에 저항이 없으므로 전위차는 없지만 전류는 흐른다는 정보를 알 수 있다. 즉 **예제 3.6**의 **그림 3.15**와 같이 도선을 제거하여 회로해석을 할 수 없다.

(1) 단자 a−b 사이는 도선으로 연결(단락, $R=0$)되어 있으므로 전위차 V_{ab}는 0이다.

$$V_{ab} = RI_6 = 0\times I_6 = 0$$

(2) 단자 a−b 사이에 도선으로 연결된 브리지 회로는 평형 조건을 만족하지 않으면, 전위차는 0이고 전류는 흐르게 된다. 이때 **그림 3.24**(b)는 **그림 3.24**(a)에 대한 등가 직병렬 회로이다. 전원에서 본 합성 저항 R_{eq}는 다음과 같이 구해진다.

$$R_{eq} = (4 /\!\!/ 12) + (6 /\!\!/ 6) = \frac{4\times 12}{4+12} + 3 = 6\ [\Omega]$$

(3) **그림 3.24**(b)에서 전체 전류 I_1은 옴의 법칙, 가지 전류 I_2, I_3, I_4, I_5는 전류 분류 법칙에 의해 다음과 같이 구해진다.

$$I_1 = \frac{V}{R_{eq}} = \frac{24}{6} = 4\ [\mathrm{A}],\quad I_2 = \frac{12}{4+12}\times 4 = \frac{3}{4}\times 4 = 3\ [\mathrm{A}]$$

$$I_3 = \frac{4}{4+12}\times 4 = 1\ [\mathrm{A}],\quad I_4 = I_5 = \frac{6}{6+6}\times 4 = 2\ [\mathrm{A}]$$

그림 3.24(a)의 마디 a에서 KCL을 적용하면 $I_2 = I_4 + I_6$이고, I_6는 다음과 같다.

$$\therefore\ I_6 = I_2 - I_4 = 3 - 2 = 1\ [\mathrm{A}]$$

예제 3.10

그림 3.25와 같은 브리지 회로에서 다음을 각각 구하라.

(1) 전원에서 본 합성 저항 R_{eq} **(2) 가지 전류 I_1, I_2, I_3**

(3) 단자 b−c 사이의 전위차 V_{bc} **(4) 전류 I_4**

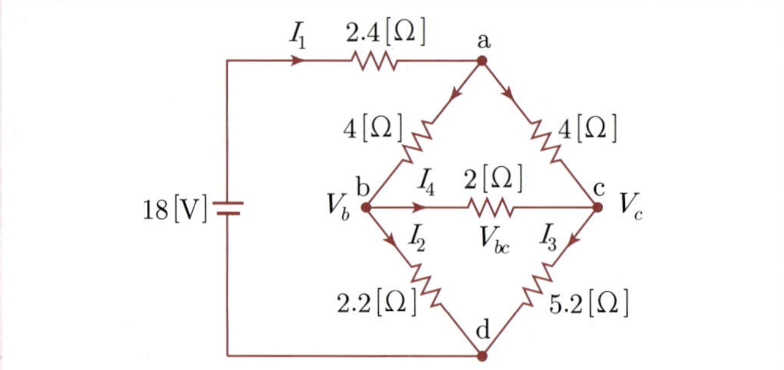

그림 3.25 ▸ 브리지 회로

풀이 **그림 3.25**는 브리지 회로이므로 먼저 평형 조건$(4\times5.2\neq4\times2.2)$을 확인한다. 이 회로와 같이 평형 조건을 만족하지 않으면 단자 b−c 사이에 가지 저항이 있으므로 전위차와 전류가 존재하고 있다는 정보를 알 수 있다. 즉 **그림 3.26**과 같이 Δ를 Y결선으로 변환하여 회로해석을 한다.

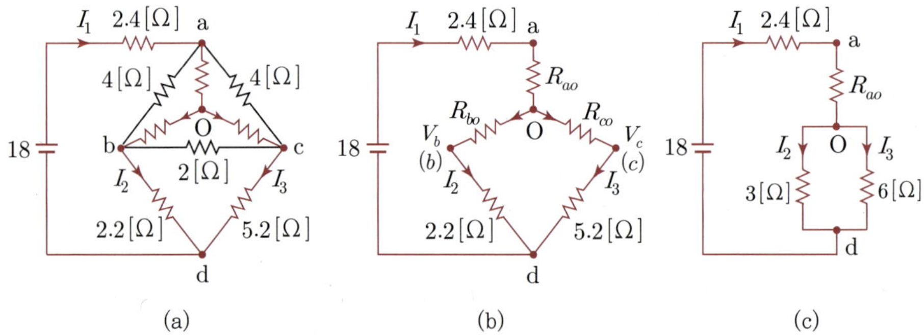

그림 3.26 ▸ 등가 회로

(1) **그림 3.26**(a)에서 Δ_{abc}를 Y_{abc}로 등가 변환하면 **그림 3.26**(b)의 등가 저항 R_{ao}, R_{bo}, R_{co}는 분모를 세 개 합의 공통으로 하고, 분자를 인접 저항의 두 개 곱으로 적용하여 각각 다음과 같이 구해진다.

$$R_{ao}=\frac{4\times4}{4+4+2}=\frac{16}{10}=1.6\,[\Omega],\quad R_{bo}=\frac{4\times2}{4+4+2}=\frac{8}{10}=0.8\,[\Omega]$$

$$R_{co}=\frac{2\times4}{4+4+2}=\frac{8}{10}=0.8\,[\Omega]$$

그림 3.26(c)의 단자 a, d 사이의 합성 저항 R_{ad}는

$$R_{ad} = R_{ao} + (R_{bo} + 2.2) /\!\!/ (R_{co} + 5.2) = 1.6 + (3 /\!\!/ 6) = 3.6\ [\Omega]$$

전원에서 본 합성 저항 R_{eq}는

$$R_{eq} = 2.4 + R_{ad} = 2.4 + 3.6 = 6\ [\Omega]$$

(2) **그림 3.26**(b)와 (c)에서 전체 전류 I_1은 옴의 법칙, 가지 전류 I_2, I_3는 전류 분류 법칙에 의해 다음과 같이 구해진다.

$$I_1 = \frac{V}{R_{eq}} = \frac{18}{6} = 3\ [\mathrm{A}]$$

$$I_2 = \frac{6}{3+6} \times 3 = 2\ [\mathrm{A}], \qquad I_3 = \frac{3}{3+6} \times 3 = 1\ [\mathrm{A}]$$

(3) **그림 3.26**(b)에서 마디 b, c의 전압(전위) V_b, V_c와 이 전위로부터 전위차 V_{bc}는 다음과 같이 구해진다. 전위차가 음(−)의 값은 마디 c가 b보다 고전위를 의미한다.

$$V_b = 2.2 I_2 = 2.2 \times 2 = 4.4\ [\mathrm{V}], \qquad V_c = 5.2 I_3 = 5.2 \times 1 = 5.2\ [\mathrm{V}]$$

$$\therefore\ V_{bc} = V_b - V_c = 4.4 - 5.2 = -0.8\ [\mathrm{V}]$$

(4) 2 [Ω]에 흐르는 가지 전류 I_4는 다음과 같이 구해진다. 전류가 음(−)의 값은 I_4의 방향과 반대 방향인 마디 c에서 b 방향으로 흐른다는 것을 의미한다.

$$I_4 = \frac{V_{bc}}{R} = \frac{-0.8}{2} = -0.4\ [\mathrm{A}]$$

참고 **브리지 회로 해석을 위한 예비지식**

◈ 브리지 회로를 해석할 때, 다음의 조건에 의해 가지 저항에서 전위차 및 전류의 존재 유무를 먼저 확인하면 문제 해결 방법을 쉽게 결정할 수 있다.

① 브리지 회로를 확인하고, 평형 조건을 확인한다.(대각 저항의 곱은 서로 같다.)

② 평형 조건 만족하는 회로(**그림 3.14**의 단자 c, d)
가지에 도선 또는 저항 접속에 관계없이 전위차는 0이고 전류도 흐르지 않는다.
(가지를 제거하여 일반적인 직병렬의 등가회로로 해석)

③ 평형 조건을 만족하지 않는 회로
가지에 도선만 접속 : 전위차는 0이지만 전류는 흐른다.
가지에 저항의 접속 : 전위차도 있고, 전류도 흐른다.

④ 전위차 또는 전류의 존재 유무를 파악한 후 주어진 예제의 해법을 이용하여 구한다.

3.6 중첩의 정리

회로망에서 여러 부분의 가지전류(지로전류)나 각 소자의 양단 전압을 동시에 구할 경우에는 폐로 해석법 또는 마디 해석법을 적용하는 것이 간편한 것을 확인하였다. 그러나 회로망 내의 어느 한 부분의 가지전류나 일부 소자의 양단 전압을 구할 경우에는 **중첩의 정리**(theorem of superposition)가 매우 유용하게 사용된다.

중첩의 정리는 여러 개의 전원, 즉 전압원과 전류원이 동시에 존재하는 선형 회로망에서 임의의 한 가지(지로)에 흐르는 전류(또는 한 소자의 단자전압)는 각각의 전원이 단독으로 존재할 때 그 가지에 흐르는 전류(또는 소자의 단자전압)를 합한 것과 같다.

전원이 단독으로 존재한다는 것은 한 전원을 남겨놓고 나머지 전원은 0으로 제거하는 것을 가정한 것이다. **전원 제거**의 정확한 의미는 **전원을 비활성화**한다는 의미이고 회로의 다른 부분에 아무런 영향도 미치지 않고 단지 전원 기능만을 없애는 것이다. 따라서 **전압원은 제거한 후 단락**(short), **전류원은 제거한 후 개방**(open)하는 것을 의미한다.

중첩의 정리에 의해 선형성($V \propto I$)의 전압이나 전류는 구할 수 있지만, 비선형성($P \propto V^2$ 또는 $P \propto I^2$)의 전력은 적용할 수 없다는 것에 유의해야 한다.

따라서 중첩의 정리는 **선형 회로망**에 적용되는 대표적인 정리이다.

중첩의 정리를 적용하여 가지 전류를 구하는 순서는 다음과 같다.

(1) 여러 개의 전원 중에서 한 개의 전원을 선정하고 나머지 전원은 제거한다.
(전원 제거 방법으로 전압원은 단락, 전류원은 개방)

(2) 단계 (1)의 회로를 다시 그리고, 선정한 단독의 전원에 의해 가지에 흐르는 전류를 구한다.

(3) 다른 전원도 차례로 선정하여 단계 (1)과 (2)를 반복한다.

(4) 한 소자의 가지전류는 단계 (3)에서 각각의 전원에 의해 구한 전류의 대수적인 합으로 구한다. 전류 방향은 (+)와 (−)의 값을 비교하여 큰 값으로 결정된다.

중첩의 정리를 적용하여 가지 전류를 구하는 방법에 대해 예제를 통하여 확실히 익히도록 한다.

중첩의 정리(전원 제거 방법)
(1) 전압원 : 단락　　(2) 전류원 : 개방

예제 3.11

그림 3.27의 두 회로에서 단자전압 V_{ab}와 전류 I를 각각 구하라.

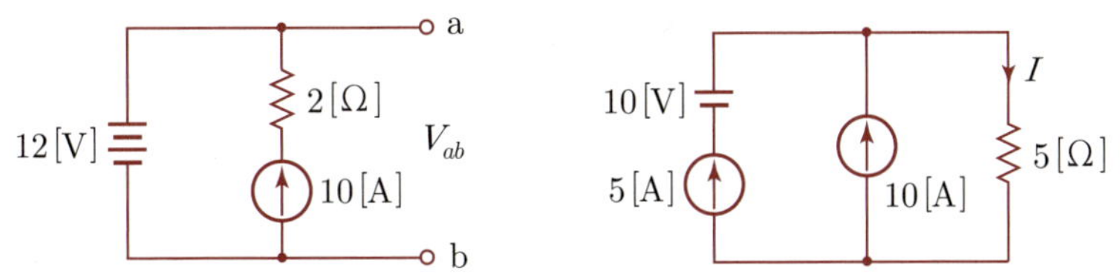

(a) (b)

그림 3.27

풀이 전원이 두 개 이상의 회로이면 일반적으로 중첩의 정리를 적용하여 구한다.

(a) **그림 3.27**(a)의 단자전압 V_{ab}

① 전압원 12[V]에 의한 전압 V_1 : **그림 3.28**(a) 작성

전류원 개방한 상태에서 단자 a, b의 전압 $V_1 = 12$[V]

② 전류원 10[A]에 의한 전압 V_2 : **그림 3.28**(b) 작성

전압원 단락한 상태에서 단자 a, b의 전압 $V_2 = 0$

그러므로 단자 a, b의 전압 V_{ab}는 다음과 같이 구해진다.

$$\therefore \ V_{ab} = V_1 + V_2 = 12 + 0 = 12 \text{ [V]}$$

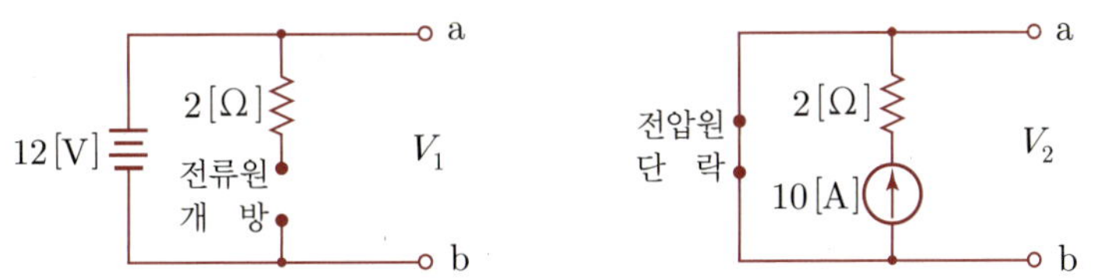

(a) 전압원 12[V]에 의한 V_1 (b) 전류원 10[A]에 의한 V_2

그림 3.28

(b) **그림 3.27**(b)의 5[Ω]에 흐르는 전류 I

① 전압원 10[V]에 의한 전류 I_1 : **그림 3.29**(a) 작성

두 전류원의 개방 상태에 의한 전류 $I_1 = 0$

② 전류원 5[A]에 의한 전류 I_2 : **그림 3.29**(b) 작성

전압원 단락, 전류원 10[A] 개방 상태에 의한 전류 $I_2 = 5$[A]

③ 전류원 10[A]에 의한 전류 I_3 : **그림 3.29**(c) 작성

전압원 단락, 전류원 5[A] 개방 상태에 의한 전류 $I_3 = 10\,[\mathrm{A}]$

그러므로 5[Ω]에 흐르는 전류 I는 다음과 같이 구해진다.

$$\therefore\ I = I_1 + I_2 + I_3 = 0 + 5 + 10 = 15\ [\mathrm{A}]$$

(a) 전압원 10[V]에 의한 I_1 (b) 전류원 5[A]에 의한 I_2 (c) 전류원 10[A]에 의한 I_3

그림 3.29

3.7 테브난의 정리와 노튼의 정리

3.7.1 테브난의 정리

회로망 내의 어느 한 부분에 흐르는 **가지 전류**를 구하는 경우와 같은 부분 해석은 중첩의 정리 외에 **테브난의 정리**(Thévenin's theorem)가 유용하게 자주 사용된다.

그림 3.30(a)와 같이 두 단자 a, b의 왼쪽 회로에 전원과 저항으로 이루어진 능동 회로망은 **그림 3.30**(b)의 전원 전압 V_{ab}와 저항 R_{th}가 직렬로 접속된 등가회로로 변환할 수 있다. 이와 같이 간단한 등가회로로 변환하여 회로 해석하는 것을 **테브난의 정리**라고 한다.

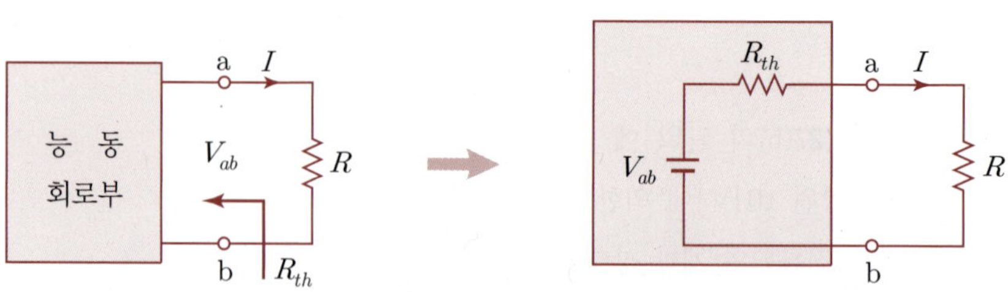

(a) 능동 회로망 (b) 테브난의 등가회로

그림 3.30 ▶ 테브난의 정리

그림 3.30(b)의 회로에서 V_{ab}는 **테브난 등가 전압**, R_{th}는 **테브난 등가 저항**, V_{ab}와 R_{th}를 직렬로 접속하여 변환한 회로를 **테브난 등가회로**라고 한다.

테브난의 **등가 전압** V_{ab}는 단자 a, b사이의 저항 R을 분리한 경우의 **개방 전압**을 의미한다. 테브난의 등가 저항 R_{th}는 능동회로부 내의 전원을 모두 제거한 후 단자 a, b에서 왼쪽을 본 합성 저항에 해당된다. 전원의 제거는 중첩의 정리에서 배운 전원 제거법과 마찬가지로 전압원은 단락하고, 전류원은 개방한다.

V_{ab}와 R_{th}가 결정되면 최종적으로 **그림 3.30**(b)와 같이 테브난의 등가 회로를 그린 후, 분리했던 저항 R을 단자 a, b에 직렬로 접속하여 단일 폐로로 구성된 회로에서 저항에 흐르는 전류 I를 옴의 법칙에 의하여 구한다. 이와 같은 해석법을 **테브난의 정리**라고 한다.

테브난의 정리를 적용하는 방법과 **테브난 등가회로를 만드는 방법**에 대해 체계적으로 익히기 위하여 **그림 3.31**의 회로를 이용하여 단계적으로 설명하기로 한다.

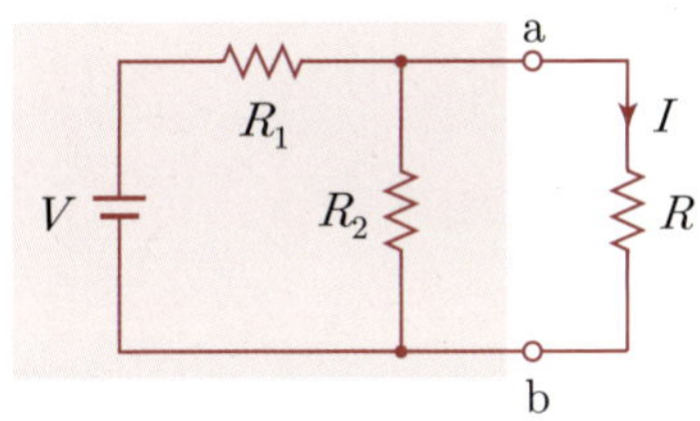

그림 3.31 ▸ 테브난의 정리 적용

(1) **그림 3.32**와 같이 전류를 구하려는 저항 R을 완전 분리시키고 단자 a, b를 설정한 후, 단자 사이의 **테브난 등가 전압(개방 전압)** V_{ab}를 구한다.

$$V_{ab} = \frac{R_2}{R_1 + R_2} \times V \text{ (전압 분배 법칙)} \tag{3.12}$$

(2) 단자 a, b에서 전원측을 본 합성 저항인 **테브난 등가 저항** R_{th}를 구한다.

합성 저항은 전원이 있으면 구할 수 없으므로 전원의 제거법(전압원은 단락, 전류원은 개방)을 적용하여 구한다. 즉, **그림 3.33**과 같이 전압원을 단락한 상태에서 등가 저항 R_{th}는 다음과 같다.

$$R_{th} = \frac{R_1 R_2}{R_1 + R_2} \tag{3.13}$$

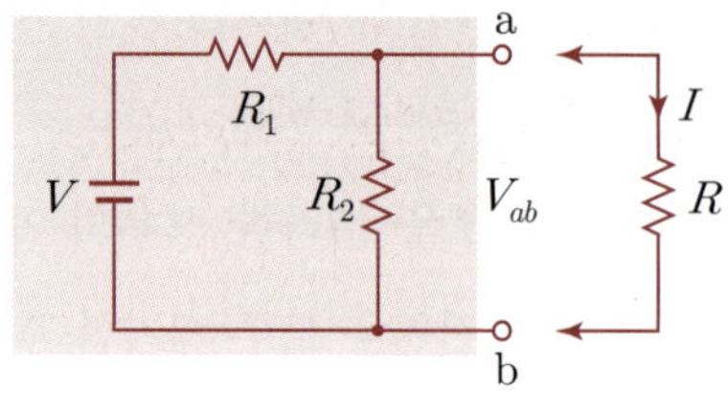

그림 3.32 ▶ 테브난 등가 전압 V_{ab}

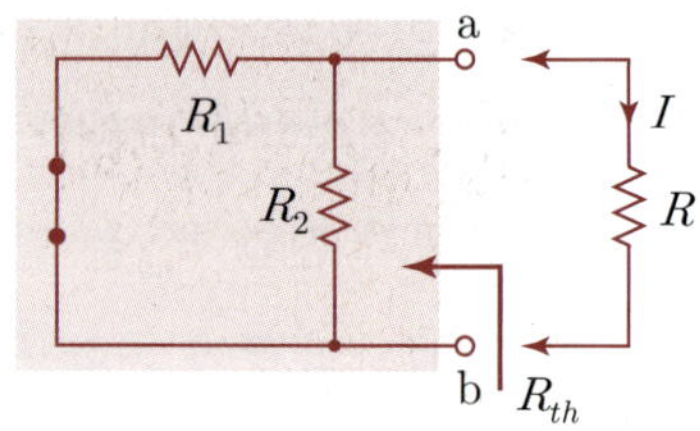

그림 3.33 ▶ 테브난 등가 저항 R_{th}

(3) 단계 (1), (2)에서 구한 개방 전압 V_{ab}와 테브난의 등가 저항 R_{th}를 직렬로 접속하여 **그림 3.34**와 같이 **테브난 등가회로**를 작성한다.

(4) 단계 (1)에서 분리한 저항 R을 테브난의 등가회로의 단자 a, b에 접속하여 전압원과 직렬로 구성된 간단한 회로로부터 가지 저항 R에 흐르는 전류 I를 옴의 법칙에 의해 구한다.

$$I = \frac{V_{ab}}{R_{th} + R} \tag{3.14}$$

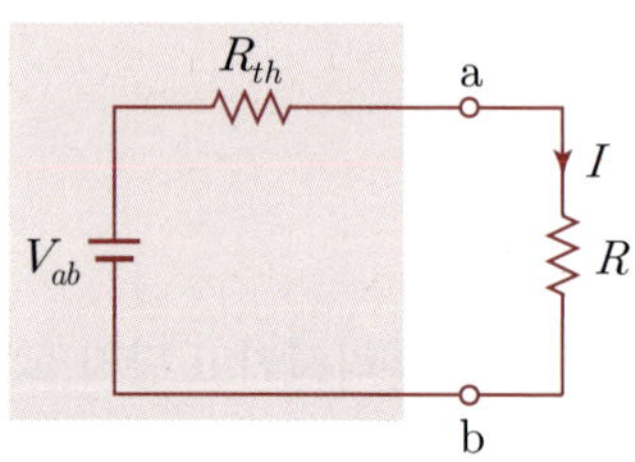

그림 3.34 ▶ 테브난의 등가회로

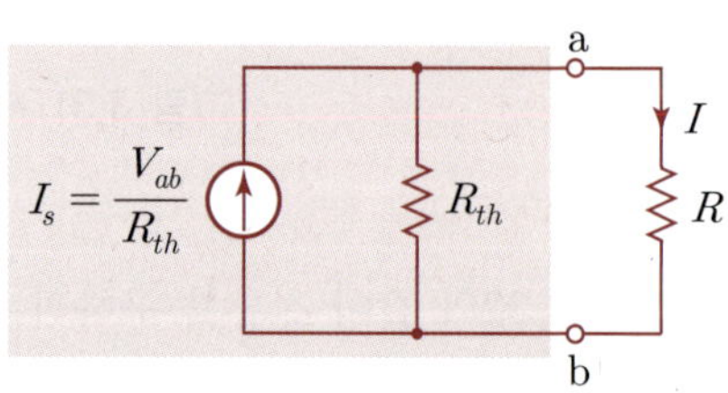

그림 3.35 ▶ 노튼의 등가회로

정리 테브난의 정리의 적용 순서

(1) 전류를 구하려는 저항을 완전 분리한다.
(2) 테브난 등가 전압(개방 전압) V_{ab}를 구한다.
(3) 테브난 등가 저항 R_{th}를 구한다.(전원 제거 : 전압원은 단락, 전류원은 개방 상태)
(4) 테브난 등가회로를 그린다.(개방 전압 V_{ab}와 등가 저항 R_{th}의 직렬접속)
(5) 단계 (1)에서 분리한 저항을 테브난 등가회로에 직렬 접속하여 옴의 법칙에 의해 가지 전류를 구한다.

3.7.2 노튼의 정리

노튼의 정리(Norton's theorem)는 전압원과 직렬 저항으로 구성된 테브난의 등가회로를 전원의 등가 변환에 의해 **전류원과 병렬 저항**으로 변환하는 정리라고 생각하면 된다.

그림 3.34의 테브난 등가회로의 전압원을 **그림 3.35**와 같은 전류원으로 등가 변환한 회로를 **노튼의 등가회로**라고 한다. 전류원 I_s는 단자 a, b사이를 단락하여 흐르는 단락 전류를 의미한다. 따라서

$$I_s = \frac{V_{ab}}{R_{th}} \tag{3.15}$$

회로망에서 노튼의 등가회로는 일반적으로 테브난의 등가회로를 구한 후, 전압원을 전류원으로 등가 변환하는 과정을 거쳐서 간접적으로 구하게 된다.

예제 3.12

그림 3.36의 두 회로에서 테브난의 정리에 의해 1[Ω]에 흐르는 전류 I를 구하라.

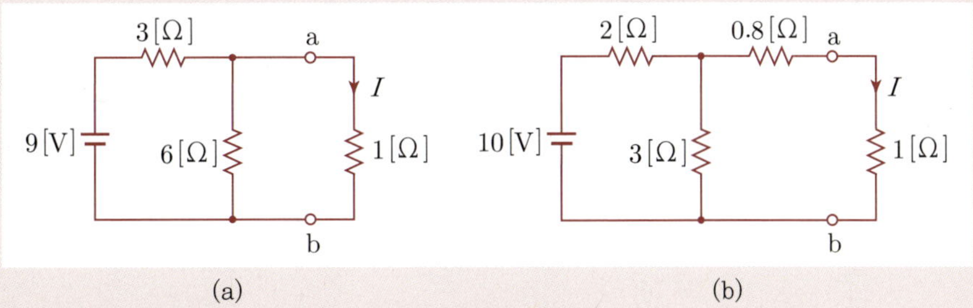

그림 3.36

풀이 (a) ① 저항 1[Ω]을 분리한 후, 단자 a, b에서 개방 전압 V_{ab}는 6[Ω]에 걸리는 전압과 같다. 즉 개방 전압 V_{ab}는 전압 분배 법칙에 의해

$$V_{ab} = \frac{6}{3+6} \times 9 = 6\ [\text{V}]$$

② 전압원을 제거(단락)한 후, 단자 a, b에서 회로(왼쪽)를 본 등가 저항 R_{th}

$$R_{th} = \frac{3 \times 6}{3+6} = 2\ [\Omega]$$

③ 개방 전압 V_{ab}과 등가 저항 R_{th}를 직렬 접속한 테브난 등가회로(**그림 3.37**)를 그리고, 분리한 저항 1[Ω]을 접속하여 이 저항에 흐르는 전류 I는 다음과 같이 구해진다.

$$I = \frac{V_{ab}}{R_{th} + R} = \frac{6}{2+1} = 2\,[\mathrm{A}]$$

(b) ① 등가 전압(개방 전압) V_{ab} ② 등가 저항 R_{th}

$$V_{ab} = \frac{3}{2+3} \times 10 = 6\,[\mathrm{V}] \qquad R_{th} = 0.8 + \frac{2 \times 3}{2+3} = 2\,[\Omega]$$

③ 테브난 등가회로(**그림 3.37**)를 그리고, 분리한 저항 $1\,[\Omega]$을 접속하여 이 저항에 흐르는 전류 I는 다음과 같이 구해진다.

$$I = \frac{V_{ab}}{R_{th} + R} = \frac{6}{2+1} = 2\,[\mathrm{A}]$$

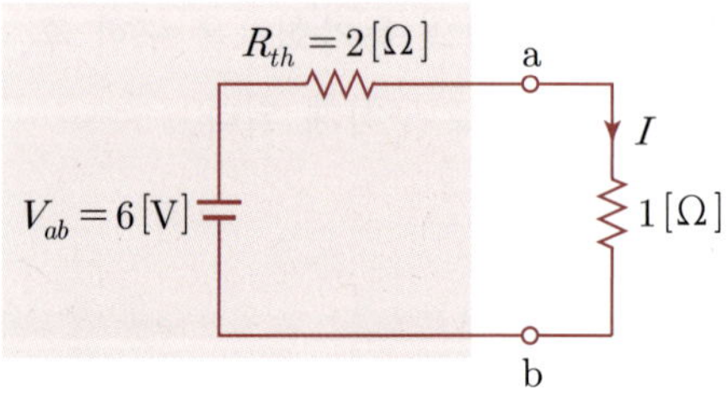

그림 3.37 ▶ 테브난의 등가회로

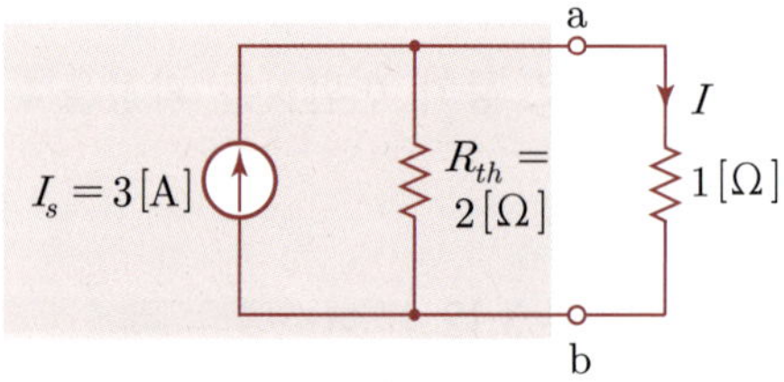

그림 3.38 ▶ 노튼의 등가회로

노튼 등가회로는 **그림 3.37**은 테브난 등가 회로에서 전압원을 전류원으로 등가 변환하여 나타낸 **그림 3.38**이 된다. 노튼 등가회로에서 전류원의 전류 I_s는 단자 a, b 사이를 단락했을 때 흐르는 단락전류가 된다.

예제 3.13

그림 3.39의 브리지 회로에서 테브난의 정리를 이용하여 저항 $0.2\,[\Omega]$에 흐르는 전류 I를 구하라.

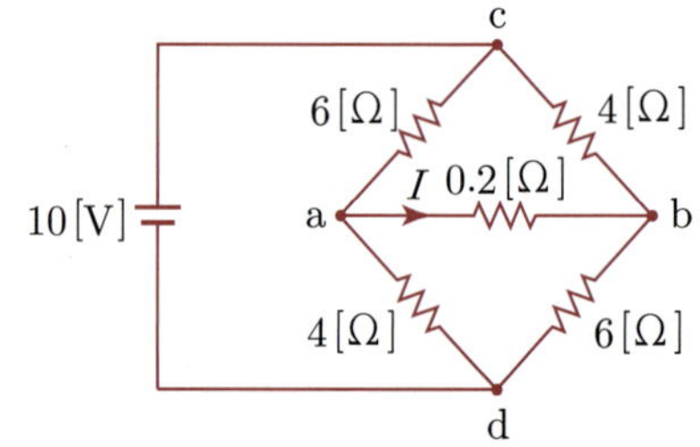

그림 3.39 ▶ 브리지 회로

풀이 브리지 회로에서 먼저 평형 조건을 확인하면, 평형 조건($6\times 6 \neq 4\times 4$)을 만족하지 않으므로 단자 a, b의 가지 저항은 전압과 전류가 존재하고 있다는 정보를 주고 있다. 테브난의 정리를 적용하여 순서에 의해 전류를 구해본다.

(1) 등가 전압(개방 전압) V_{ab} : **그림 3.40**(a)

단자 a, b의 저항을 분리시키고, 각 단자의 전위를 V_a, V_b라 할 때 개방 전압(전위차) V_{ab}는

$$V_a = \frac{4}{6+4}\times 10 = 4\,[\text{V}],\qquad V_b = \frac{6}{4+6}\times 10 = 6\,[\text{V}]$$

$$\therefore\ V_{ab} = V_a - V_b = -2\,[\text{V}]$$

(2) 등가 저항 R_{th} : **그림 3.40**(b), (c), (d)

전압원을 단락하고 단자 a, b에서 회로를 본 합성 저항은 **그림 3.40**(b)의 회로가 된다. 또 이 회로에서 단자 c, d 사이의 전원 단락부를 가는 실 도선이라 생각하고 단자 a, b를 지면에서 수평으로 들어올리면 실 도선은 아래로 늘어뜨려지면서 위에서 투영도를 그리면 **그림 3.40**(c)와 같은 등가회로가 된다. 또 **그림 3.40**(c)를 변형시키면 **그림 3.40**(d)가 된다. 따라서 등가 저항 R_{th}는 다음과 같다.

$$R_{th} = (6 /\!/ 4) + (4 /\!/ 6) = \frac{6\times 4}{6+4}\times 2 = \frac{24}{5} = 4.8\,[\Omega]$$

(3) 테브난 등가회로 : **그림 3.40**(e)

개방 전압 V_{ab}과 등가 저항 R_{th}를 직렬 접속한 테브난 등가회로를 그리고, 분리한 저항 $0.2\,[\Omega]$을 접속하여 이 저항에 흐르는 전류 I는 다음과 같이 구해진다.

$$I = \frac{V_{ab}}{R_{th}+R} = \frac{-2}{4.8+0.2} = -0.4\,[\text{A}]$$

전류는 음(−)의 값이므로 실제 전류는 주어진 방향과 반대 방향인 마디 b에서 a 방향으로 흐른다는 것을 의미한다.(점 b가 고전위, 점 a가 저전위)

본 브리지 회로는 **예제 3.10**과 같이 위쪽 Δ 결선의 Y결선 등가 변환에 의한 회로해석 또는 **그림 3.2**와 같은 폐로 해석법으로도 구할 수 있다.

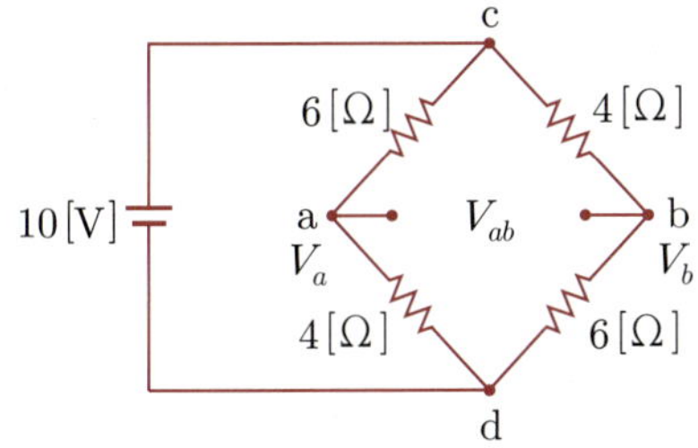

(a) 등가전압(개방전압) V_{ab}

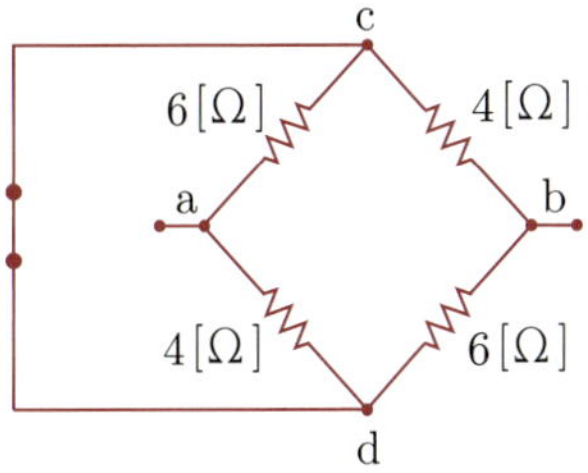

(b) 등가저항(1) R_{th}

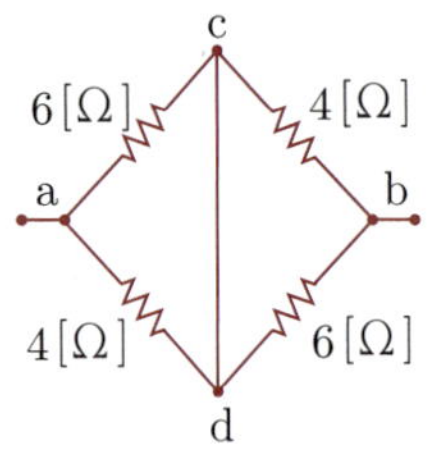

(c) 등가 저항(2) R_{th}

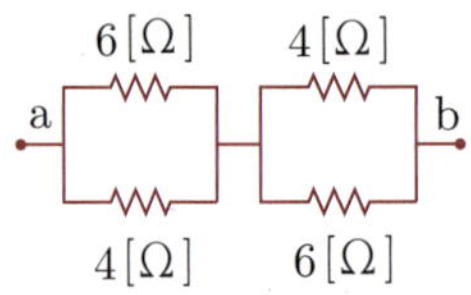

(d) 등가 저항(3) R_{th}

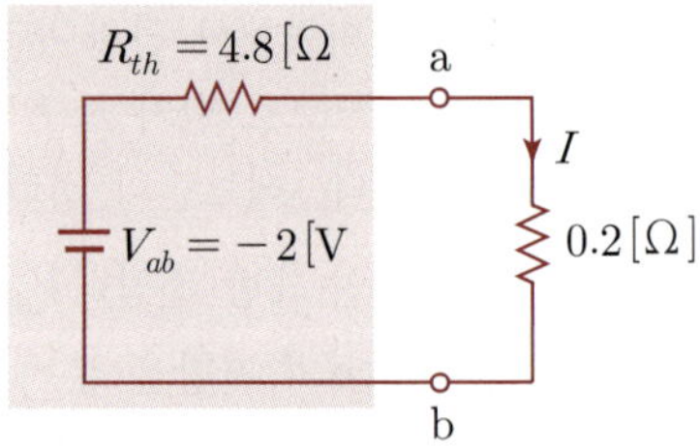

(e) 테브난 등가회로

그림 3.40 ▸ 테브난의 정리에 의한 회로해석

3.8 밀만의 정리

밀만의 정리(Millman's theorem)는 전압원과 직렬 접속된 저항의 한 조가 여러 개의 병렬로 접속된 경우에 전체의 **단자 전압**, 즉 **개방 전압**을 구하는 정리이다. 밀만의 정리는 전압원을 전류원으로 등가 변환하여 쉽게 증명할 수 있다.

그림 3.41(a)와 같이 두 개의 전압원이 병렬로 접속되어 있는 회로에 대하여 단자 a, b 사이의 개방 전압 V_{ab}를 구해본다.

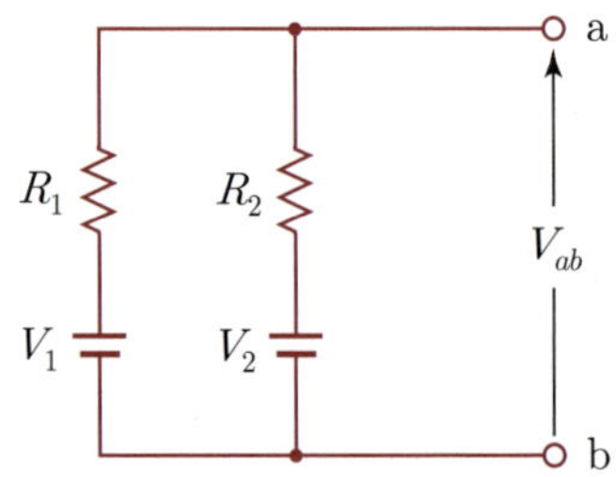

(a) 전압원 병렬접속 회로

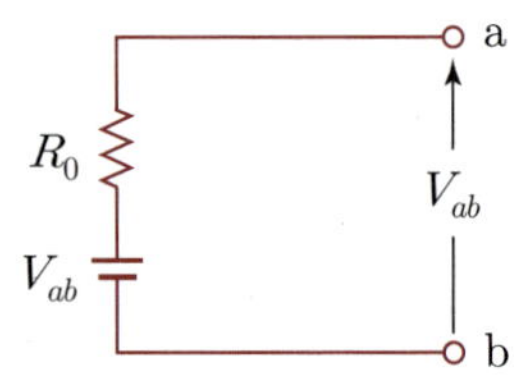

(b) 등가회로

그림 3.41 ▸ 밀만의 정리

그림 3.41(a)에서 전압원을 전류원으로 변환한 등가회로는 **그림 3.42**(a)와 같이 전류원이 병렬로 접속된 형태가 된다. 이때 각 전류원의 전류는

$$I_1 = \frac{V_1}{R_1}, \quad I_2 = \frac{V_2}{R_2} \tag{3.16}$$

이고, **그림 3.8**과 같이 병렬 접속된 저항은 전압원의 직렬저항과 동일한 값이 된다.

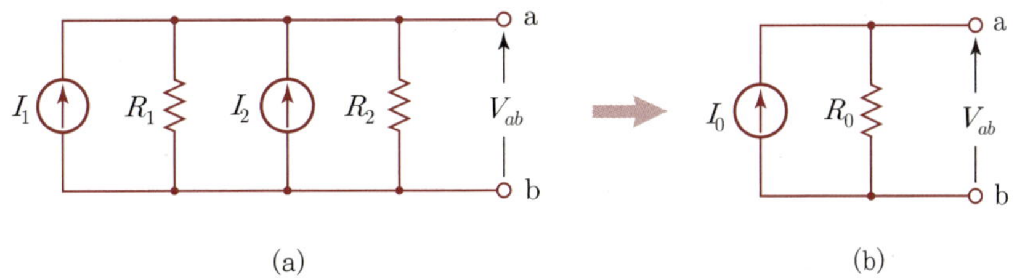

그림 3.42 ▸ 전류원의 등가 변환

그림 3.42(a)의 회로로부터 등가 합성 전류 I_0와 합성 저항 R_0는 각각 다음과 같다.

$$I_0 = I_1 + I_2 = \frac{V_1}{R_1} + \frac{V_2}{R_2}, \qquad R_0 = \frac{1}{\dfrac{1}{R_1} + \dfrac{1}{R_2}} \tag{3.17}$$

이 결과로부터 **그림 3.42**(b)와 같이 한 개의 등가 전류원으로 단순화시킬 수 있다. 전류원 등가회로를 다시 전압원의 등가회로로 변환하면 **그림 3.41**(b)와 같이 된다. 따라서 두 단자 사이의 단자전압, 즉 **개방 전압** V_{ab}는 다음과 같이 구해진다.

$$V_{ab} = R_0 I_0 = \frac{\dfrac{V_1}{R_1} + \dfrac{V_2}{R_2}}{\dfrac{1}{R_1} + \dfrac{1}{R_2}} = \frac{G_1 V_1 + G_2 V_2}{G_1 + G_2} \tag{3.18}$$

그림 3.41(a)를 확장하여 전압원 n개가 병렬 접속된 회로의 개방 전압 V_{ab}는 식 (3.18)로부터 다음과 같이 표현할 수 있다.

$$V_{ab} = \frac{\displaystyle\sum_{i=1}^{n} \frac{V_i}{R_i}}{\displaystyle\sum_{i=1}^{n} \frac{1}{R_i}} = \frac{\displaystyle\sum_{i=1}^{n} G_i V_i}{\displaystyle\sum_{i=1}^{n} G_i} \tag{3.19}$$

밀만의 정리는 교류 3상 회로에서 불평형 부하가 접속된 경우에 중성점 간의 전위차를 구할 수 있는 매우 유용한 정리이다.

예제 3.14

그림 3.43의 회로에서 단자 a, b의 개방 전압 V_{ab}를 각각 구하라.

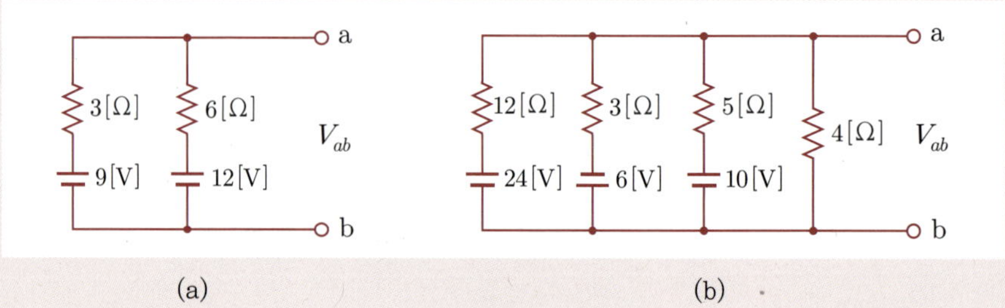

그림 3.43

풀이 전압원이 병렬 접속되어 있으므로 밀만의 정리를 이용하여 개방 전압을 구한다.

$$\text{(a)}\quad V_{ab}=\frac{\frac{9}{3}+\frac{12}{6}}{\frac{1}{3}+\frac{1}{6}}=10\ [\text{V}]$$

$$\text{(b)}\quad V_{ab}=\frac{\frac{24}{12}-\frac{6}{3}+\frac{10}{5}+\frac{0}{4}}{\frac{1}{12}+\frac{1}{3}+\frac{1}{5}+\frac{1}{4}}=\frac{\frac{24}{12}-\frac{6}{3}+\frac{10}{5}}{\frac{1}{12}+\frac{1}{3}+\frac{1}{5}+\frac{1}{4}}=\frac{30}{13}\ [\text{V}]$$

3.9 저항회로의 최대전력 전달

회로를 설계할 때 전원으로부터 부하에 최대전력을 공급하는 것은 중요하다. 따라서 본 절에서는 임의의 회로에서 부하에 최대전력을 전달할 수 있는 조건에 대해 알아본다.

그림 3.44의 회로에서 부하저항 R_L에서의 소비전력 P_L은

$$P_L=I^2R_L=\left(\frac{V_s}{R_s+R_L}\right)^2R_L=\frac{{V_s}^2R_L}{(R_s+R_L)^2} \tag{3.20}$$

이 얻어진다. 식 (3.20)에서 P_L이 최대가 되는 조건을 구하기 위해 $dP_L/dR_L=0$을

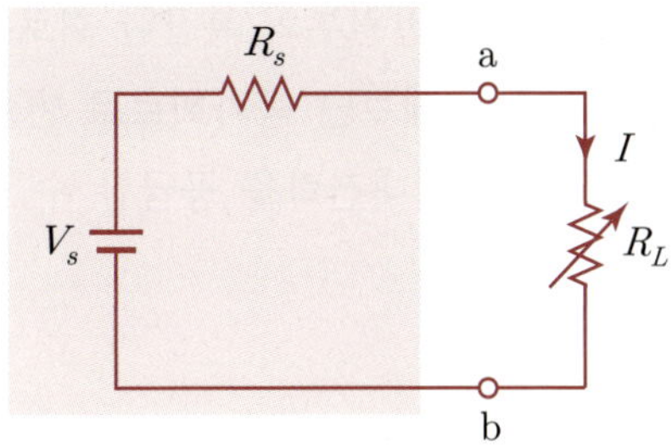

그림 3.44 ▶ 최대전력 전달

만족하는 R_L을 구하면 된다.

$$\frac{dP_L}{dR_L}=\frac{d}{dR_L}\left(\frac{V_s^{\,2}R_L}{(R_s+R_L)^2}\right)=\frac{(R_s-R_L)V_s^{\,2}}{(R_s+R_L)^3}=0 \tag{3.21}$$

$$\therefore \quad R_L=R_s \tag{3.22}$$

부하저항과 전원부의 저항이 같은 조건일 때, 부하는 전원으로부터 최대전력을 공급받고, 이때 부하에서 공급받는 최대 전력 $P_{\max}$는 식 (3.20)에 $R_L=R_s$를 대입하면

$$P_{\max}=\frac{V_s^{\,2}}{4R_s}=\frac{V_s^{\,2}}{4R_L} \tag{3.23}$$

이 구해진다. 부하에서 최대전력을 공급받아 소비하게 되면 전원 자체의 내부저항에서의 소비전력도 마찬가지가 되어 최대전력 전달시의 전송 효율은 50[%]가 된다.

부하저항 R_L의 변화에 따른 부하의 소비전력 P_L의 변화를 **그림 3.45**에 나타낸다.

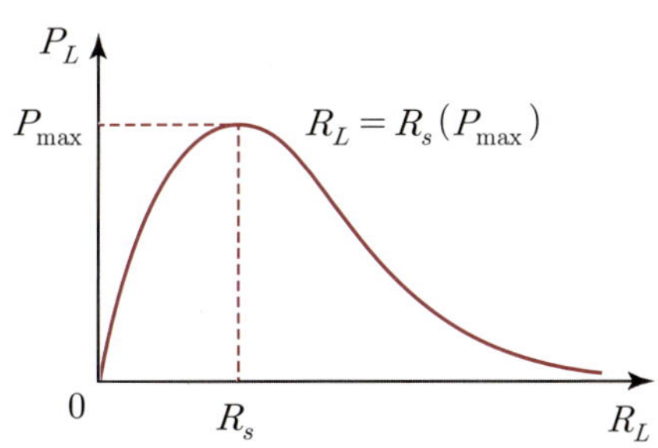

그림 3.45 ▶ 부하저항에 따른 전력의 변화

일반적으로 부하저항이 연결된 전원부의 복잡한 회로는 **그림 3.44**와 같이 등가 전압원과 등가 저항이 직렬로 접속된 **테브난 등가회로로 변환**하여 **부하저항을 테브난 등가 저항과 같도록 조정**하면 부하에 최대전력을 공급할 수 있다.

$$R_L = R_{th} \tag{3.24}$$

부하저항을 전원부의 저항과 일치하게 하여 부하에 최대전력을 공급하도록 하는 것을 **정합**(matching)이라고 한다.

교류회로의 임피던스 정합과 동일한 개념으로 사용되며, 저전력을 취급하는 전자 및 통신 회로에 많이 이용된다.

최대전력 전달은 **그림 3.44**와 같이 전압원과 저항이 직렬 접속된 전원부의 회로 단자에 부하저항이 접속된 단일 폐로에서 $R_L = R_s$ 를 만족해야 한다. 또 전원부가 복잡한 회로는 테브난 등가회로로 변환한 단일 폐로에서 $R_L = R_{th}$ 를 만족해야 최대전력 전달이 된다는 것을 동시에 알고 있어야 쉽게 기억할 수 있고 실전 문제에 대처할 수 있다.

정리 **최대전력 전달 해석**

(1) 부하저항을 제외한 전원회로를 테브난 등가회로로 변환하여 단일 폐로로 만든다.
(2) 부하 저항 R_L과 테브난 등가 저항 R_{th}가 동일한 조건($R_L = R_{th}$)을 만족해야 한다.

예제 3.15

그림 3.46의 회로에서 최대전력 전달 조건을 만족하는 부하저항 R_L과 이때 소비되는 최대전력 P_{max} 를 각각 구하라.

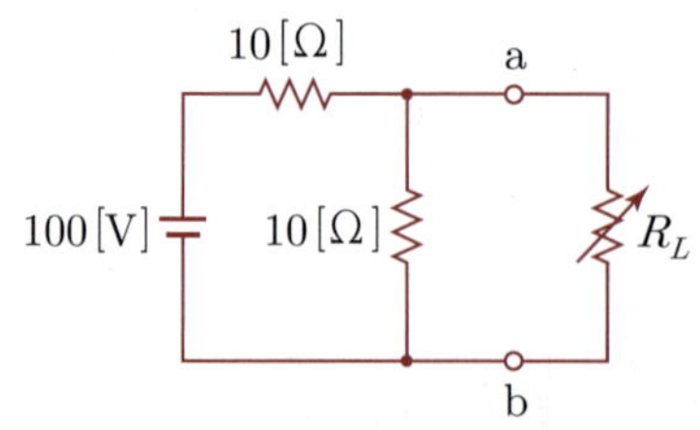

그림 3.46

풀이 단자 a, b에서 전원 회로가 단일 폐로인 직렬회로가 아니므로 테브난의 정리를 적용하여 테브난 등가회로로 변환한 후, $R_L = R_{th}$에서 최대전력 전달 조건을 만족하도록 한다.

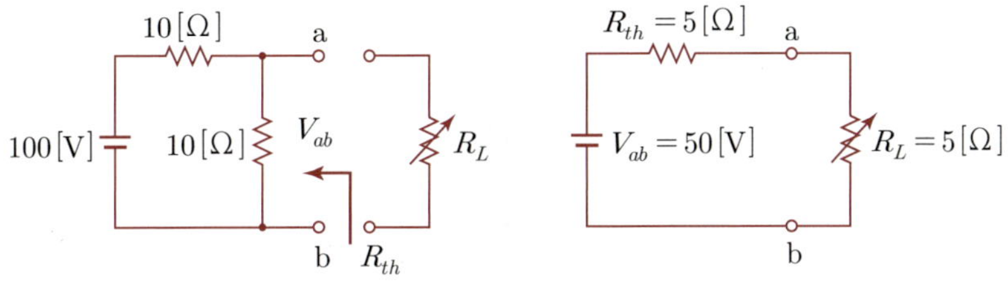

(a) 테브난 등가전압과 등가저항 (b) 테브난 등가회로

그림 3.47 ▶ 최대전력 전달

그림 3.47(a)에서 테브난 등가전압(개방전압) V_{ab}와 등가저항 R_{th}(전압원 단락)는

$$V_{ab} = \frac{10}{10+10} \times 100 = 50\ [\mathrm{V}], \quad R_{th} = 10 /\!/ 10 = \frac{10}{2} = 5\,[\Omega]$$

이 구해진다. 등가 전압 V_{ab}와 등가 저항 R_{th}에 의해 **그림 3.47**(b)와 같이 테브난 등가회로가 구해지므로 이로부터 최대전력 전달 조건의 부하저항은

$$R_L = R_{th} = 5\,[\Omega]$$

이다. 부하저항에서 소비되는 최대전력 $P_{\max}$는 다음과 같이 구해진다.

$$P_{\max} = \frac{{V_{ab}}^2}{4R_L} = \frac{50^2}{4 \times 5} = 125\ [\mathrm{W}]$$

연습문제

01 **그림 3.48**의 회로에서 다음의 해석법을 이용하여 가지 전류 I_a, I_b, I_c를 구하라.

(1) 폐로 해석법　　　　(2) 마디 해석법

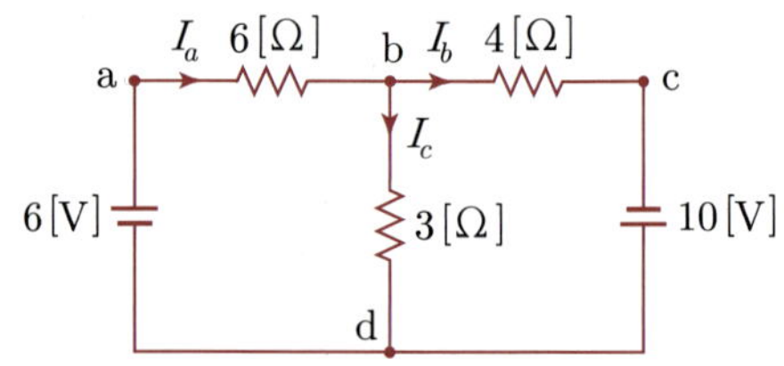

그림 3.48

02 **그림 3.49**의 회로에서 마디 해석법을 이용하여 가지 전류 I_1, I_2를 구하라.

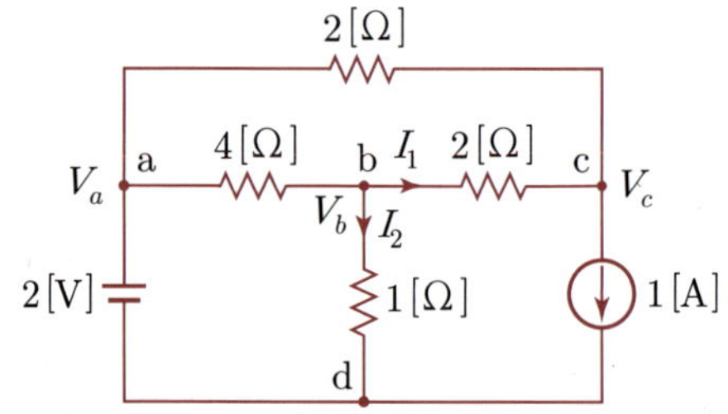

그림 3.49

03 **그림 3.50**에서 마디 해석법을 이용하여 전위차 V_{ab}와 전류 I_1, I_2, I_3, I_4를 구하라.

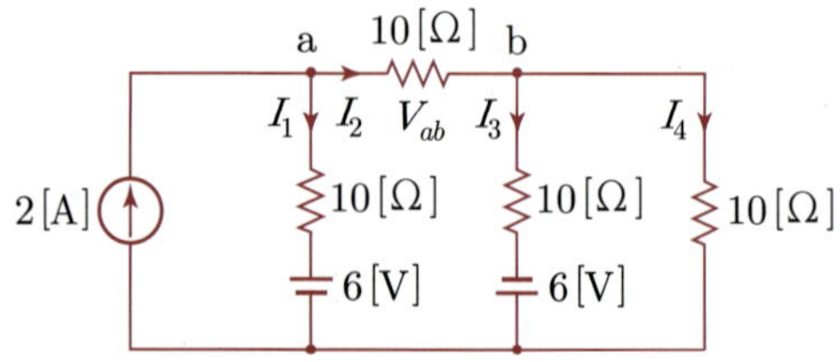

그림 3.50

04 **그림 3.51**의 브리지 회로가 평형 상태일 때 미지저항 $R[\Omega]$을 구하라.

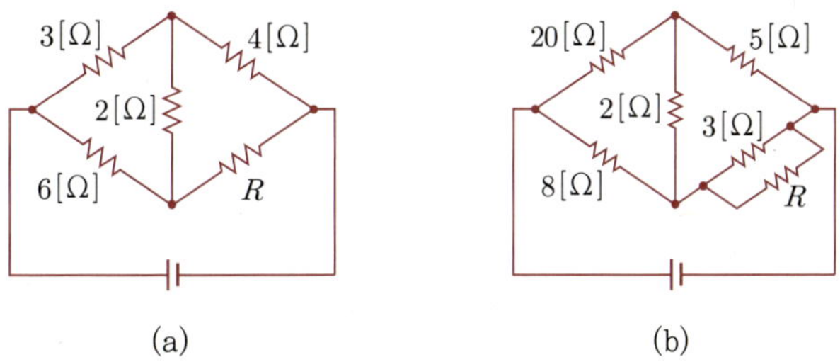

그림 3.51

05 **그림 3.52**에서 Δ 결선은 Y 결선으로, Y 결선은 Δ 결선으로 각각 변환하라.

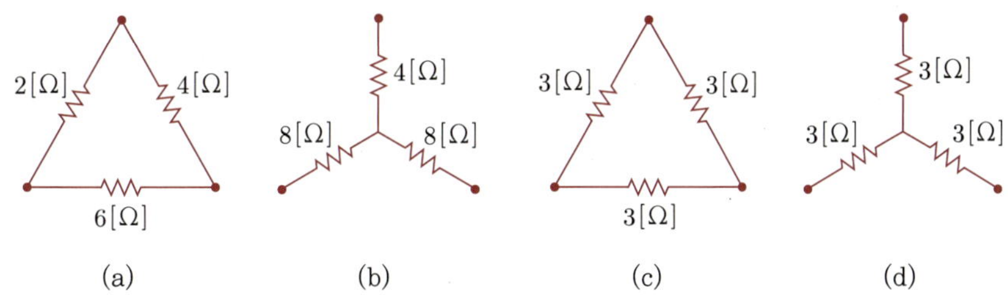

그림 3.52

힌트 Δ 결선 내부에 Y 결선 그린 후 공식 대입, Y 결선 내부에 Δ 결선 그린 후 공식 대입

동일저항인 경우 $\Delta \rightarrow$ Y 변환 : $\dfrac{R}{3}$, Y $\rightarrow \Delta$ 변환 : $3R$

06 **그림 3.53**의 회로에서 전원에서 본 합성 저항 R_{eq}와 전체 전류 I를 구하라.

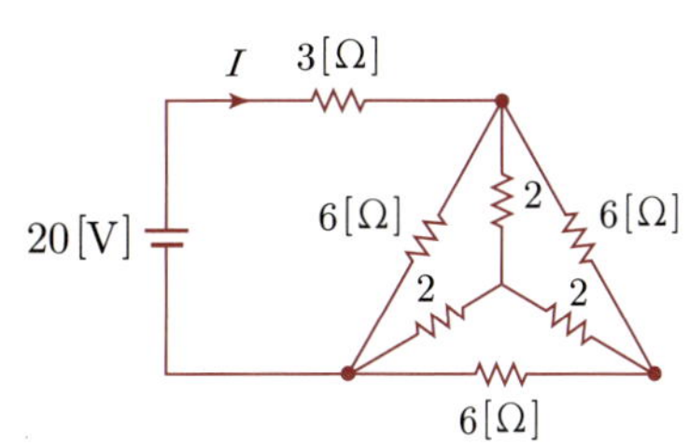

그림 3.53

힌트 Δ 결선을 Y 결선으로 변환

07 **그림 3.54**의 회로에서 전원에서 본 합성 저항 R_{eq}, 단자 a, b사이의 전압 V_{ab}, 가지 전류 I_1, I_2를 구하라.

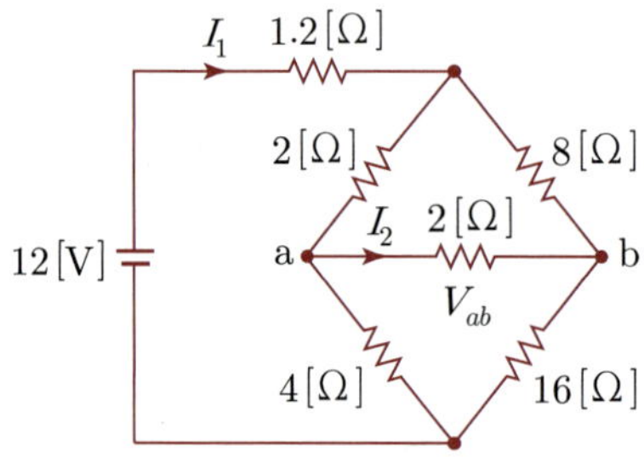

그림 3.54

08 **그림 3.55**의 회로에서 단자 a, b사이의 전압 V_{ab}, 전원에서 본 합성 저항 R_{eq}, 가지 전류 I_1, I_2, I_3, I_4를 구하라.

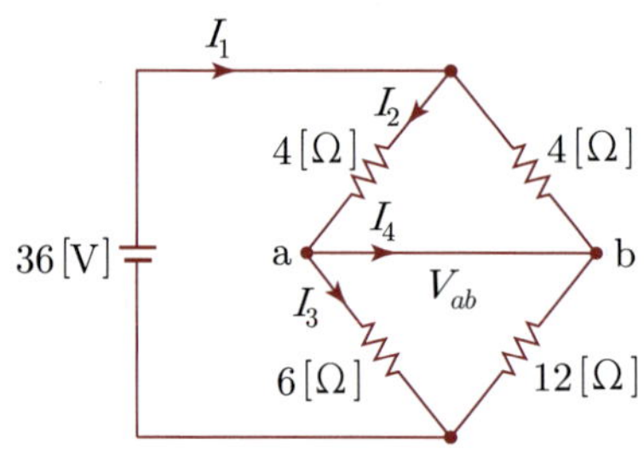

그림 3.55

09 **그림 3.56**의 회로에서 전원에서 본 합성 저항 R_{eq}, 가지 전류 I_1, I_2, I_3, I_4, 단자 b, c 사이의 전압 V_{cb}를 구하라.

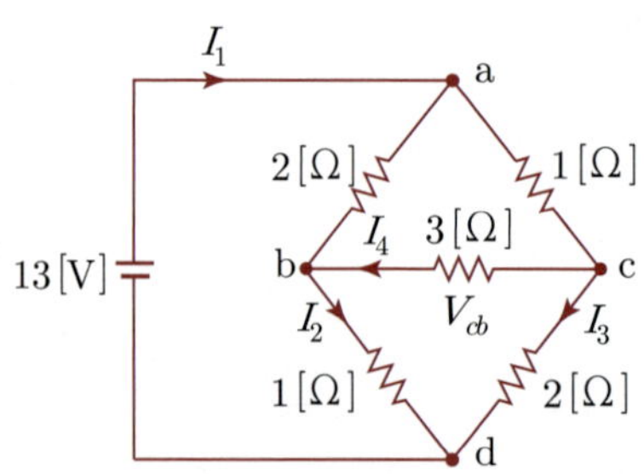

그림 3.56

10 **그림 3.57**의 회로에서 단자 a, b 사이의 합성 저항 R_{eq}를 각각 구하라.

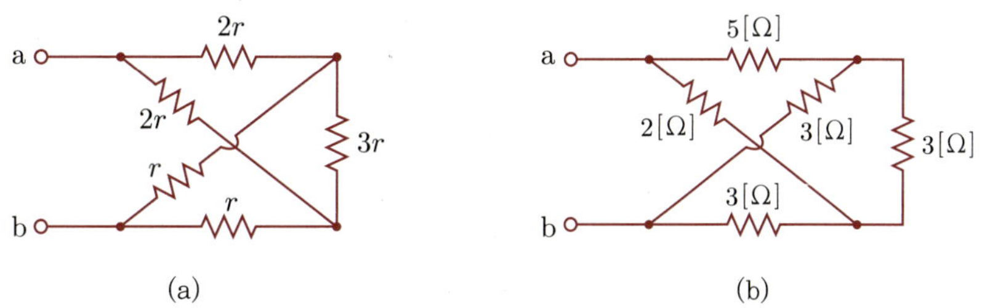

그림 3.57

11 **그림 3.58**의 회로에서 중첩의 정리를 이용하여 단자 a, b 사이의 단자전압 V_{ab}와 전류 I를 각각 구하라.

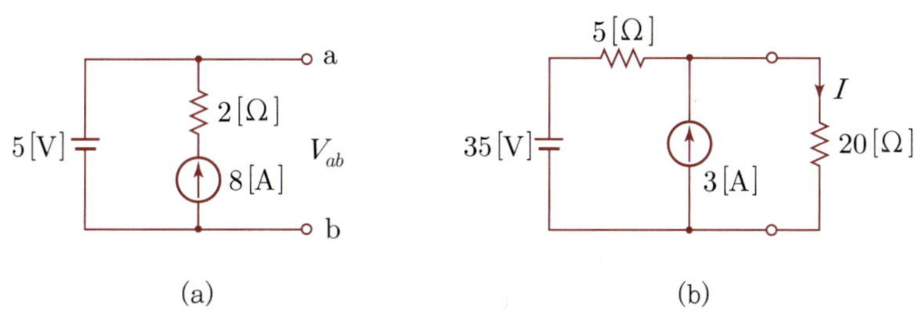

그림 3.58

12 **그림 3.59**의 회로에서 중첩의 정리를 이용하여 단자 a, b 사이에 흐르는 전류 I를 구하라.

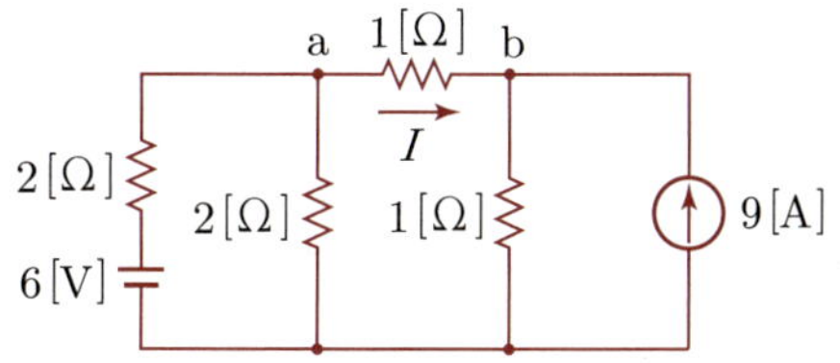

그림 3.59

13 **그림 3.60**의 회로에서 테브난의 등가회로를 나타내고, 이로부터 노튼의 등가회로로 변환하여 나타내라.

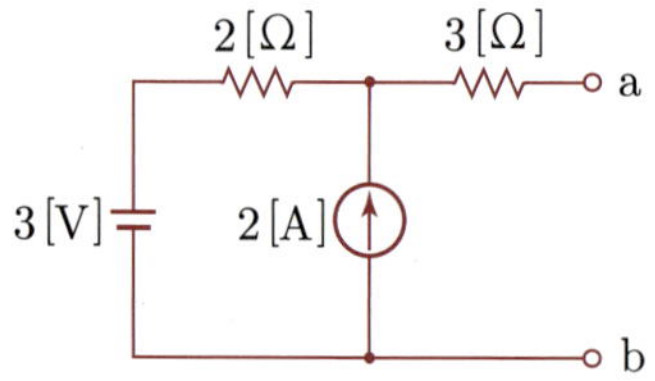

그림 3.60

힌트 테브난 등가 전압(개방 전압)은 두 개의 전원이 있으므로 중첩의 정리를 이용하여 구한다.

14 **그림 3.61**의 회로에서 단자 a, b 사이의 개방 전압 V_{ab}를 각각 구하라.

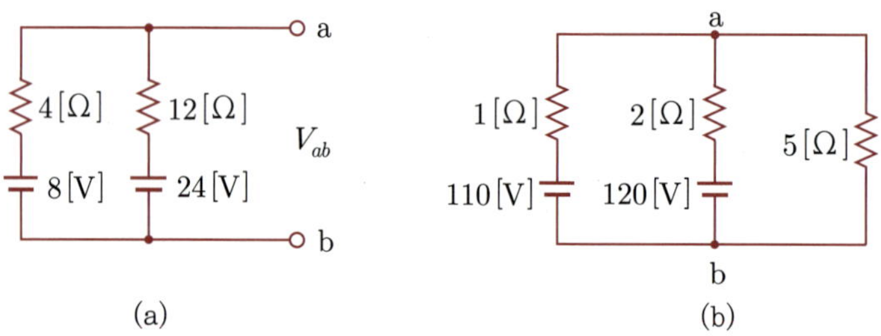

그림 3.61

15 **그림 3.62**의 회로에서 테브난의 정리에 의해 테브난 등가회로를 나타내고, 저항 3.4[Ω]에 흐르는 전류 I를 구하라.

16 **그림 3.62**의 회로에서 페로 해석법에 의해 저항 3.4[Ω]에 흐르는 전류 I를 구하라.

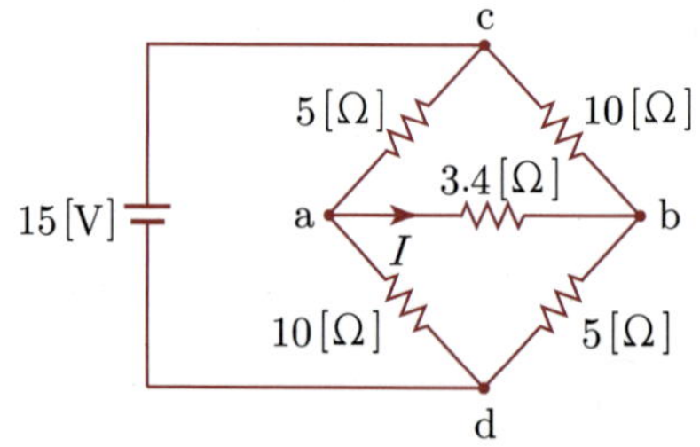

그림 3.62

17 **그림 3.63**의 각각의 회로에서 부하에 최대전력 전달이 되도록 저항 R_L을 구하라.

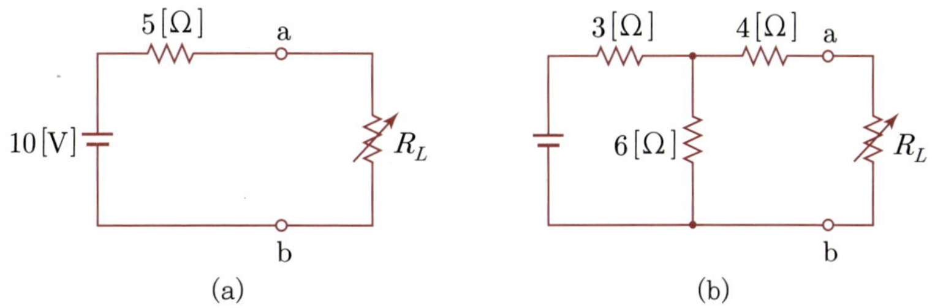

그림 3.63

18 **그림 3.64**의 회로에서 전원으로부터 저항 R_L에 최대전력이 전달될 수 있도록 R_L을 구하라.

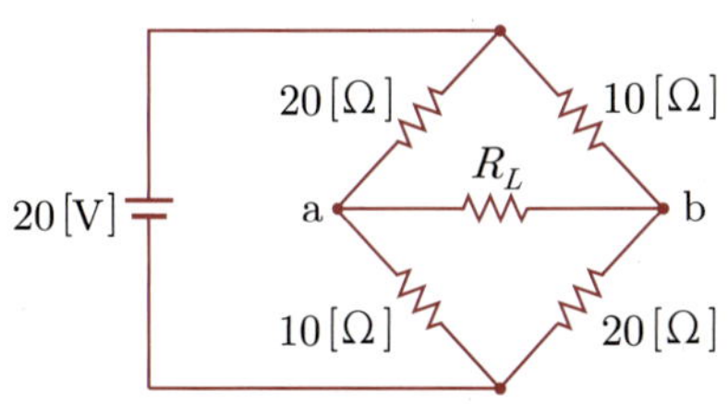

그림 3.64

19 **그림 3.65**와 같이 9[Ω]과 3[Ω]의 저항 3개를 연결한 회로이다. 이때 단자 a, b 사이의 합성 저항 R_{ab}[Ω]을 구하라.

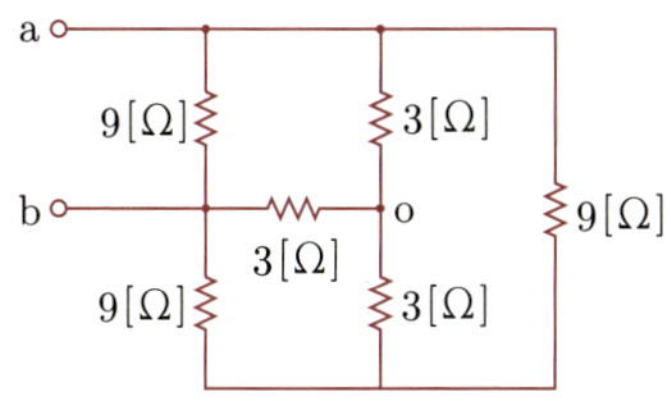

그림 3.65

힌트 (1) **그림 3.65**의 점 o 의 위와 아래에 있는 저항 3[Ω]의 상, 하의 단자를 우측 저항 9[Ω]의 양단으로 이동시킨다. 마찬가지로 좌측의 저항 9[Ω]의 상, 하 양단도 우측 저항 9[Ω]의 양단으로 이동시키면 **그림 3.66**(a)가 된다.

(2) **그림 3.66**(a)에서 저항 9[Ω]의 Δ결선을 Y결선으로 변환하면 **그림 3.66**(b)와 같이 병렬접속이 된다. (회로해석은 기본적으로 Δ결선을 Y결선으로 변환하는 것이 일반적이다.)

(3) 동일한 두 저항 3[Ω]의 병렬합성은 $3/2 = 1.5$[Ω]이므로 **그림 3.66**(c)와 같이 직렬회로가 된다.

(4) 단자 a, b에서 본 합성 저항 $R_{ab} = 1.5 + 1.5 = 3$[Ω]이 된다.

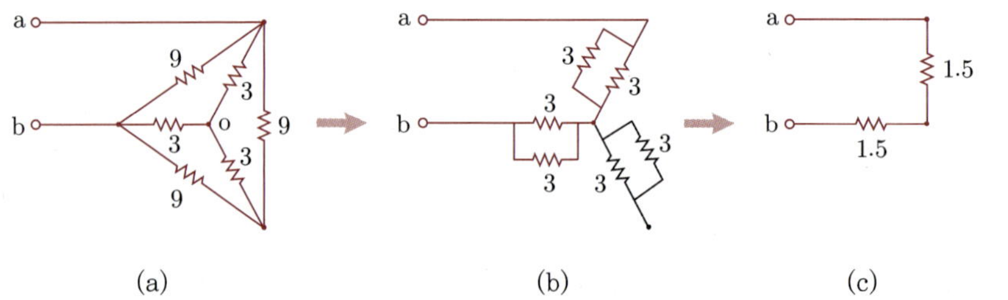

그림 3.66

Chapter 4

인덕터와 커패시터

제 1.4 절에서 수동소자는 전기에너지를 소비 또는 변환하는 소자이며 대표적으로 저항(resistor), 인덕터(inductor) 및 커패시터(capacitor)가 있다는 것을 배웠다. 특히 저항은 에너지를 소비하지만 이상적인 인덕터와 커패시터는 에너지를 소비하지 않으면서 자기장이나 전기장의 형태로 저장(축적)하거나 이를 다시 전원으로 반환하는 소자이다.

저항회로에서는 회로방정식이 간단한 대수방정식으로 표현되지만, 에너지를 축적하는 소자를 포함한 회로에서는 미적분 방정식으로 표현되는 특징이 있다.

지금까지 에너지를 소비하는 저항소자로 이루어진 회로에 대한 회로 해석법과 이와 관련된 정리 등에 대해 설명하였다. 본 장에서는 에너지 축적 소자인 이상적인 인덕터와 커패시터의 전기적인 특성을 설명하기로 한다.

인덕터와 커패시터의 전기적인 특성의 배경이 되는 물리적 현상은 회로이론의 범위를 벗어나므로 간단히 소개하기로 하고, 이에 관한 상세한 내용은 다음의 참고문헌을 참고하기 바란다.[임헌찬 저, ≪전기자기학≫, pp. 107~136, pp. 289~312, 동일출판사]

4.1 인덕터

4.1.1 인덕턴스

그림 4.1(a)와 같이 도선을 철심과 같은 자성체에 코일 형태로 감은 회로소자를 **인덕터**(inductor) 또는 **코일**(coil)이라 한다. 철심에 감은 코일을 **철심 인덕터**, 원통형의 종이나 플라스틱에 감아 비어있는 코일을 **공심 인덕터**라고 한다. 인덕터는 전류의 변화에 의해 유도기전력을 발생시키는 소자의 의미에서 **유도성 소자**(inductive element)라고도 한다. 인덕터의 기호와 전압 v, 전류 i 의 기준방향은 수동소자와 같이 **그림 4.1**(b)에 나타낸다.

코일에 전류를 흘리면 암페어의 오른손 법칙에 의해 오른 손가락을 코일의 전류 방향으로 향하도록 감싸 쥘 때 폐회로인 코일 내부를 관통하는 자속은 엄지 방향으로 발생한다. 이때 전류 i에 의해 코일에서 발생하는 자속을 ϕ라 하면, 권선 수 N회인 코일에 관통하는 **쇄교 자속수** Φ는 $N\phi(\Phi = N\phi)$가 된다. 쇄교 자속(linkage magnetic flux)은 전류에 의해 코일에서 누설되는 자속을 제외한 코일 내부를 관통하는 자속을 의미한다.

코일 내부에 쇄교 자속을 많도록 하기 위하여 실용적으로 코일을 치밀하게 감거나 공심보다는 투자율이 큰 재질인 철심 등의 강자성체를 사용한다.

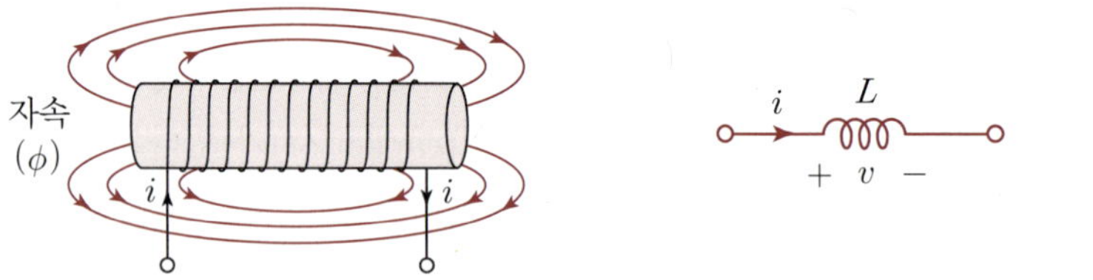

(a) 인덕터의 구조와 자속의 발생　　(b) 인덕터의 기호와 기준방향

그림 4.1 ▶ 인덕터(코일)와 기호

자속 ϕ는 전류 i에 비례하므로 쇄교 자속수 Φ도 전류 i에 비례하여 발생한다. 이것을 수식으로 표현하면 다음과 같다.

$$\Phi \propto i, \quad \Phi = Li \quad (N\phi = Li) \tag{4.1}$$

여기서 비례상수 L을 **자기 인덕턴스**(self inductance, 자기유도계수) 또는 간단히 **인덕턴스**라고 한다. 인덕턴스 L은 식 (4.1)로부터 $L = \Phi/i$이므로 단위전류 1[A]에 대한 쇄교 자속수로 정의하고, 코일의 형상 및 주위의 매질 등에 따라 결정되는 고유의 회로정수로써 단위는 **헨리**(Henry, [H])이다.

식 (4.1)을 그래프로 표현하면 **그림 4.2**와 같이 기울기가 L인 $i-\Phi$ 직선 그래프가 된다. 따라서 인덕터는 저항과 마찬가지로 대표적인 **선형소자**이다.

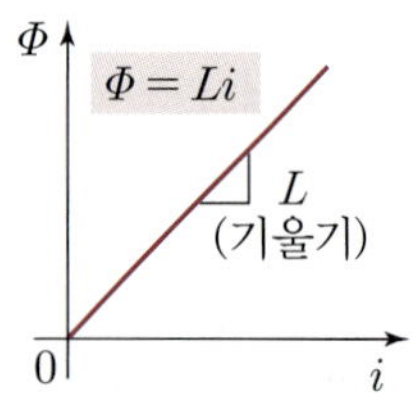

그림 4.2 ▶ 인덕터의 선형성

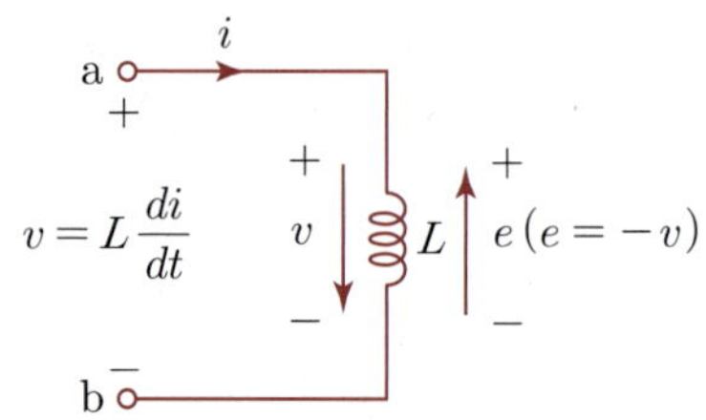

그림 4.3 ▶ 유도기전력과 전압강하

코일에 전류가 흐르면 자속이 발생하고, 전류가 변화하면 코일 내부에 관통하는 쇄교 자속도 변하게 된다. 이때 코일 자체에서 쇄교 자속의 시간적 변화에 의해 **유도기전력**이 발생하게 되고, 이러한 현상을 **자기유도**(self induction)**작용**이라 한다.

유도기전력의 크기는 패러데이의 법칙에 의해 코일에서 쇄교 자속의 시간적 변화율 ($d\Phi/dt$)만큼 발생하고, 렌츠의 법칙에 의해 자속 변화를 방해하는 방향('$-$'부호)으로 유도기전력의 방향이 결정된다. 즉 **패러데이 법칙**은 **유도기전력의 크기**를, **렌츠의 법칙**은 **유도기전력의 방향**을 결정짓는 법칙으로 이해하면 된다.

두 법칙의 결합으로 코일에서 발생하는 유도기전력 e는 $-(d\Phi/dt)$가 된다. 여기에 식 (4.1)의 $\Phi = Li$를 대입하면 유도기전력 e는 전류 i에 대한 관계식인

$$e = -\frac{d\Phi}{dt} = -\frac{d(Li)}{dt} \qquad \therefore \; e = -L\frac{di}{dt} \tag{4.2}$$

로 표현된다. 식 (4.2)에서 ($-$)부호로 인하여 유도기전력을 **역기전력**이라고도 한다.

그림 4.3과 같이 유입전류 i(증가)에 대해 전압상승의 유도기전력 e는 역기전력으로 작용하고, 전류가 코일을 지나는 동안 코일 양단에 **유도기전력에 상당하는(같은) 크기**이면서 **전류와 같은 방향**으로 **전압강하** v가 발생하게 된다. 전압강하 v는 코일 자체의 유도전압에 의해 발생된 것이므로 **자기유도전압**이라고도 한다.

따라서 전압강하와 유도기전력은 크기가 같고 부호가 반대인 $v = -e$의 관계가 되고, 인덕터 양단의 전압강하 v는 유도기전력 e의 부호를 바꾼 것으로 생각할 수 있다. 즉 인덕터의 전압강하 v는 식 (4.2)의 e로부터 다음과 같이 미분식으로 표현할 수 있다.

$$v = \frac{d\Phi}{dt} = \frac{d(Li)}{dt} \qquad \therefore \; v = L\frac{di}{dt} \tag{4.3}$$

식 (4.3)의 양변을 t에 대해 적분하여 전압에 의한 전류의 관계식으로 표현하면 전류 i는 다음의 적분식으로 나타낼 수 있다.

$$i = \frac{1}{L}\int v\,dt \tag{4.4}$$

수동소자인 인덕터의 단자전압 v와 전류 i의 기준방향은 제1.4절에서 배운 수동소자의 기준방향과 마찬가지로 유입전류에 대해 전압강하가 일어나는 방향이 된다. 따라서 단자전압 v는 단자전류 i에 대해 **그림 4.1**(b) 또는 **그림 4.3**과 같이 극성 표시를 한다.

인덕터의 전압에 관한 정의를 나타내는 식 (4.3)의 미분식으로부터 **인덕터의 전기적 성질**은 다음과 같다.

(1) 인덕터에 직류(DC) 전류가 공급되면 전류의 시간적 변화율 $di/dt=0$ 이므로 인덕터에 걸리는 전압 $v=L(di/dt)$는 0 이 된다. 따라서 인덕터는 **직류**에서 **단락 회로**로 동작하고 도선의 역할만 할 뿐이다.

(2) **인덕터는 전류가 불연속적으로 급변할 수 없다.** 전류가 순간적으로 급변하면 di/dt는 무한대(∞)가 되고, 이것은 코일에 무한대의 전원을 필요로 하거나 무한대의 전압이 걸리는 것이기 때문에 불가능한 현상이다. 따라서 인덕터에서 전류는 연속적으로만 변할 수 있다. 실제 인덕터 회로에서 스위치를 열면 초기에 전류는 스위치의 접점을 가로질러 공기 중으로 계속 흐르려는 현상이 나타난다. 이러한 방전 현상은 스위치를 열 때 접점에서 불꽃(spark)을 동반하는 현상으로부터 확인할 수 있다. 즉 스위치를 개방함과 동시에 저항회로에서 전류는 즉시 0 이 되지만, 인덕터 회로에서는 짧은 시간이지만 전류를 지속적으로 흐르게 하려는 성질이 있다.

인덕터에 직류전류를 흘리면 단락 회로로 동작하여 도선의 역할만을 하지만, 직류나 교류에서 모두 자기장이 형성되기 때문에 어떤 전류에서도 인덕터의 내부에 **전류에 의한 자기장의 형태**로 에너지가 저장된다. 따라서 인덕터에 저장되는 에너지를 **자기에너지** 또는 **자계에너지** W라 하며, 다음과 같이 나타낸다.

$$W=\frac{1}{2}Li^2\ [\mathrm{J}] \tag{4.5}$$

일반적으로 회로이론에서는 인덕터 회로에서 유도기전력의 크기는 전압강하와 같기 때문에 유도기전력과 전압강하를 동일하게 취급하여 회로해석을 한다. 이것은 전압강하의 물리적 배경인 유도기전력의 방향을 고려하지 않기 때문이다. 그러나 물리적 개념을 취급하는 전기자기학에서는 정확히 구분하여 사용하기 때문에 혼동하지 않기 바란다.

특히 회로이론 관련 실전문제에서 당연히 전압강하를 묻는 문제가 거의 대다수를 차지하지만 간혹 유도기전력을 묻는 문제에서 크기는 갖고 부호가 다른 선다형이 출제되는 경우에 식 (4.2)를 적용한다는 것을 명심하고 예제를 통하여 확실하게 구분하도록 한다.

미분(도함수) di/dt는 수학적인 정의에서 함수 i를 시간 t로 미분하여 구하는 것이고, 물리적으로는 **변화율** 또는 **직선의 기울기**를 의미한다.

따라서 공학에서는 미분의 해를 수학적인 정의로 구하는 것보다 물리적인 개념으로 구하는 것이 편리한 경우가 많기 때문에 다음의 **참고**를 반드시 익혀두어 활용하기 바란다.

참고 미분식 $\frac{di}{dt}$의 정의

1. 함수의 미분 : 변화율, 직선의 기울기

① 변화량[$\Delta i(di)$] : 나중값−처음값

전류의 변화량 : $\Delta i(di) = i_2 - i_1$

시간의 변화량 : $\Delta t(dt) = t_2 - t_1$

② 변화율[di/dt] : 시간의 변화량에 대한 전류의 변화량의 비율(극한값)

$$\frac{di}{dt} = \frac{\text{전류 변화량}}{\text{시간 변화량}} = \frac{i_2 - i_1}{t_2 - t_1}$$

2. 직선의 기울기(변화율) : 직선의 기울어짐의 정도를 수로 표현

$$(\text{기울기}) = \frac{di}{dt} = \frac{\text{전류 변화량}}{\text{시간 변화량}} = \frac{i_2 - i_1}{t_2 - t_1}$$

예제 4.1

(1) 인덕턴스 $30\,[\mathrm{mH}]$인 코일에 흐르는 전류를 $20\,[\mathrm{mA/ms}]$의 비율로 증가시킬 때 코일 양단에 나타나는 전압$[\mathrm{V}]$을 구하라.

(2) 인덕턴스 $20\,[\mathrm{H}]$인 코일에 흐르는 전류가 1초 동안에 $4\,[\mathrm{A}]$에서 $6\,[\mathrm{A}]$로 변화하였을 때, 코일에 유도되는 기전력$[\mathrm{V}]$과 전압강하$[\mathrm{V}]$를 구하라.

(3) 어떤 코일에 흐르는 전류가 0.01초 동안에 $1\,[\mathrm{A}]$ 변화하여 $60\,[\mathrm{V}]$의 기전력이 유기되었다. 이 코일의 자기 인덕턴스$[\mathrm{H}]$를 구하라.

풀이 (1) $L = 30\,[\mathrm{mH}] = 30 \times 10^{-3}\,[\mathrm{H}]$, $\frac{di}{dt} = 20\,[\mathrm{mA/ms}] = 20\,[\mathrm{A/s}]$이므로

$$v = L\frac{di}{dt} = 30 \times 10^{-3} \times 20 = 0.6\,[\mathrm{V}]$$

(2) 유도기전력 e와 전압강하 v는

$$e = -L\frac{di}{dt} = -L\frac{i_2 - i_1}{dt} = -20 \times \frac{6-4}{1} = -40\,[\mathrm{V}]$$

$$v = -e = 40\,[\mathrm{V}]$$

(3) 유도기전력의 크기 $|e| = L\frac{di}{dt}$에서 $dt = 0.01\,[\mathrm{s}]$, $di = 1\,[\mathrm{A}]$이므로

$$L = \frac{e}{di/dt} = \frac{60}{1/0.01} = 0.6\,[\mathrm{H}]$$

예제 4.2

인덕턴스 $2\,[\mathrm{H}]$인 인덕터 회로에 그림 4.4와 같은 파형의 전류 i가 흐를 때 인덕터 양단에 생기는 전압강하 v와 유도기전력 e를 구하고 파형도 각각 나타내라.

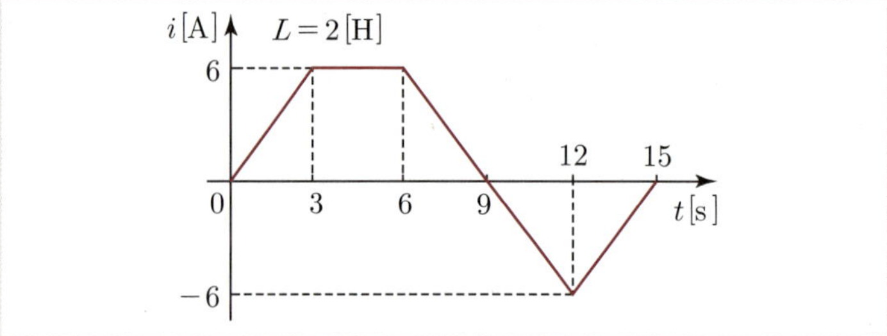

그림 4.4

풀이 **그림 4.4**의 파형에서 각 시간영역별로 전류 i의 직선함수를 구하여 전압강하 $v = L\dfrac{di}{dt}$에 대입하여 미분으로 구해야 한다. 그러나 **미분식**은 물리적 개념으로 **변화율** 또는 **직선의 기울기**이므로 파형에서 기울기를 구하면 간단히 구할 수 있다.

(1) 전압강하 $v = L\dfrac{di}{dt} \;\rightarrow\; v = 2\times\dfrac{di}{dt} = 2\times\dfrac{i_2 - i_1}{t_2 - t_1}$

먼저 전류 파형에서 기울기가 다른 네 구간의 시간영역을 분류하고, 각 시간영역에 대한 기울기에 의해 각 영역별 전압강하 v는 다음과 같이 구해진다. 또 유도기전력은 전압강하와의 관계식 $e = -v$(부호 반대)로부터 얻어진다.

$$0 < t < 3\,[\mathrm{s}]:\; v = 2\times\frac{di}{dt} = 2\times\frac{6-0}{3-0} = 4\,[\mathrm{V}] \quad (e = -4\,[\mathrm{V}])$$

$$3 < t < 6\,[\mathrm{s}]:\; v = 2\times\frac{di}{dt} = 2\times\frac{6-6}{6-3} = 0\,[\mathrm{V}] \quad (e = 0\,[\mathrm{V}])$$

$$6 < t < 12\,[\mathrm{s}]:\; v = 2\times\frac{di}{dt} = 2\times\frac{-6-6}{12-6} = -4\,[\mathrm{V}] \quad (e = 4\,[\mathrm{V}])$$

$$12 < t < 15\,[\mathrm{s}]:\; v = 2\times\frac{di}{dt} = 2\times\frac{0-(-6)}{15-12} = 4\,[\mathrm{V}] \quad (e = -4\,[\mathrm{V}])$$

(2) 전압강하 v와 유도기전력 e의 파형

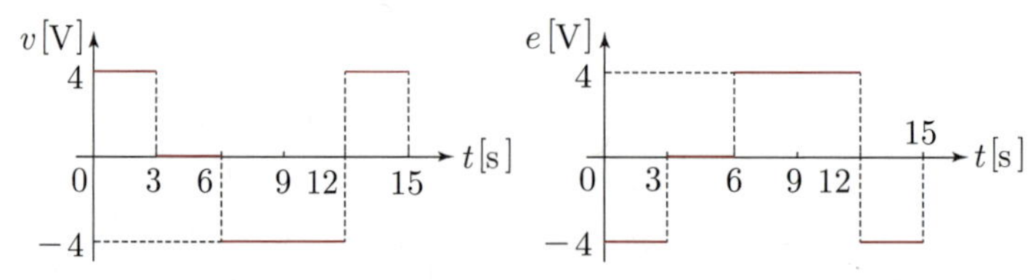

그림 4.5

4.1.2 인덕터의 접속

(1) 직렬접속

그림 4.6과 같이 인덕턴스 L_1, L_2, L_3 인 인덕터를 직렬로 접속하고 회로에 전류 i 를 흘렸을 때, 직렬회로에서 전류 i 는 같으므로 인덕터의 양단에 생기는 전압강하 v_1, v_2, v_3 는 각각 다음과 같다.

$$v_1 = L_1 \frac{di}{dt}, \quad v_2 = L_2 \frac{di}{dt}, \quad v_3 = L_3 \frac{di}{dt} \tag{4.6}$$

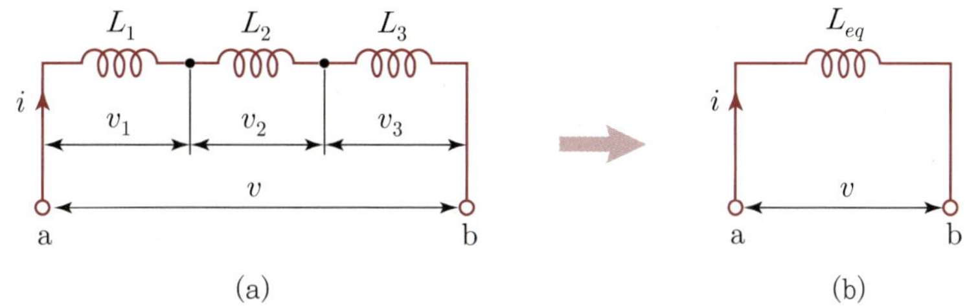

그림 4.6 ▸ 인덕터의 직렬접속

KVL에 의해 전체 전압 v 는 인덕터의 전압강하 v_1, v_2, v_3 의 합과 같고, 합성 인덕턴스를 L_{eq} 라 할 때 다음의 관계식이 유도된다.

$$v = v_1 + v_2 + v_3 = (L_1 + L_2 + L_3)\frac{di}{dt} = L_{eq}\frac{di}{dt} \tag{4.7}$$

그러므로 인덕터의 **직렬 합성 인덕턴스** L_{eq} 는

$$L_{eq} = L_1 + L_2 + L_3 \tag{4.8}$$

와 같이 구해진다. 즉 인덕턴스의 직렬 합성은 저항의 직렬 합성법과 동일하다.

(2) 병렬접속

그림 4.7과 같이 인덕턴스 L_1, L_2, L_3 인 인덕터를 병렬로 접속하고 회로에 전류 i 를 흘렸을 때, 병렬회로에서 전압 v 는 같으므로 인덕터에 분류된 전류 i_1, i_2, i_3 는 식 (4.4)에 의해 각각 다음과 같다.

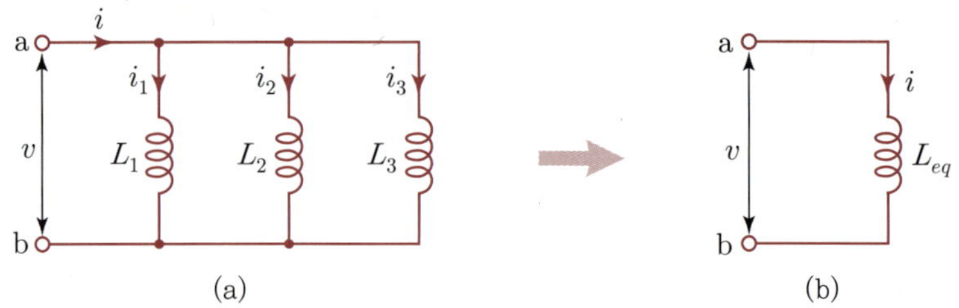

그림 4.7 ▶ 인덕터의 병렬접속

$$i_1 = \frac{1}{L_1}\int v\,dt, \quad i_2 = \frac{1}{L_2}\int v\,dt, \quad i_3 = \frac{1}{L_3}\int v\,dt \tag{4.9}$$

KCL에 의해 전체 전류 i는 분류전류 i_1, i_2, i_3의 합과 같고, 합성 인덕턴스를 L_{eq}라 할 때 다음의 관계식이 유도된다.

$$\begin{aligned} i = i_1 + i_2 + i_3 &= \frac{1}{L_1}\int v\,dt + \frac{1}{L_2}\int v\,dt + \frac{1}{L_3}\int v\,dt \\ &= \left(\frac{1}{L_1} + \frac{1}{L_2} + \frac{1}{L_3}\right)\int v\,dt = \frac{1}{L_{eq}}\int v\,dt \end{aligned} \tag{4.10}$$

그러므로 인덕터의 **병렬 합성 인덕턴스** L_{eq}는

$$\frac{1}{L_{eq}} = \frac{1}{L_1} + \frac{1}{L_2} + \frac{1}{L_3} \tag{4.11}$$

$$\therefore \quad L_{eq} = \frac{1}{\frac{1}{L_1} + \frac{1}{L_2} + \frac{1}{L_3}} \tag{4.12}$$

과 같이 구해진다. 즉 인덕턴스의 병렬 합성은 저항의 병렬 합성법과 동일하다.

특히 두 개가 병렬 접속된 인덕턴스 L_1, L_2의 합성 인덕턴스 L_{eq}와 두 개의 동일한 인덕턴스가 병렬 접속된 경우($L_1 = L_2 = L$)의 합성 인덕턴스 L_0는 각각 다음과 같다.

$$\begin{aligned} L_{eq} &= \frac{L_1 \cdot L_2}{L_1 + L_2} \quad (L_1 /\!/ L_2) \\ L_0 &= \frac{1}{2}L \quad (L_1 = L_2 = L) \end{aligned} \tag{4.13}$$

4.2 커패시터

4.2.1 커패시턴스

그림 4.8(a)와 같이 두 개의 금속판을 전극으로 하고 그 사이에 절연재료인 유전체를 삽입한 간단한 구조를 가진 회로소자를 **커패시터**(capacitor) 또는 **콘덴서**(condenser)라고 한다. 커패시터는 전하를 축적할 수 있는 능력을 가지는 소자라는 의미로 **용량성 소자**라고도 한다. 커패시터의 기호와 전압 v, 전류 i의 기준방향은 **그림 4.8**(b)에 나타낸다.

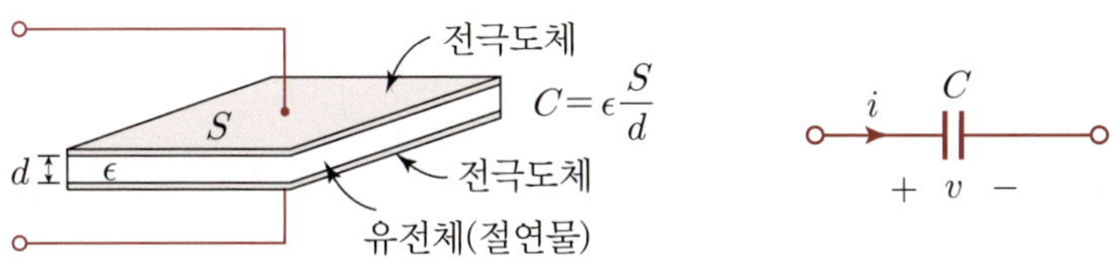

(a) 커패시터의 구조　　(b) 커패시터의 기호와 기준방향

그림 4.8 ▸ 커패시터와 기호

커패시터의 두 전극에 전압을 인가하면 전원의 양극에 접속된 전극은 양전하 $+q$, 음극에 접속된 전극은 음전하 $-q$로 대전되고, 이때 커패시터에는 전하량 q가 축적되었다고 한다. 이와 같이 커패시터는 두 전극도체에 전하를 축적할 수 있는 소자이다.

커패시터에 축적되는 전하량 q는 전극 사이의 전위차 v에 비례하므로 다음의 관계가 성립한다.

$$q = Cv \tag{4.14}$$

여기서 비례상수 C는 **커패시턴스**(capacitance) 또는 **정전용량**이라 하며, 커패시터의 전하를 축적하는 능력의 정도를 표시한다.

커패시턴스의 단위는 식 (4.14)에서 $C=q/v$에 의해 [C/V]이지만, 일반적으로 **패럿**(farad, [F])을 사용한다. 그러나 패럿은 실용단위로는 너무 크기 때문에 10^{-6}[F]을 1[μF], 10^{-12}[F]을 1[pF]으로 사용한다.

커패시턴스를 크게 하려면 전극 면적을 크게 하거나 전극 간의 간격을 충분히 작게 한다. 또 전극도체 사이에 삽입하는 유전체의 유전율이 큰 절연물질을 사용하면 된다.

식 (4.14)를 그래프로 표현하면 **그림 4.9**와 같이 기울기가 C인 $q-v$ 직선 그래프가 된다. 따라서 커패시터는 저항, 인덕터와 마찬가지로 대표적인 **선형소자**이다.

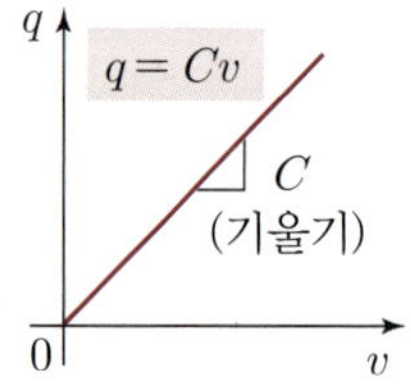

그림 4.9 ▶ 커패시터의 선형성

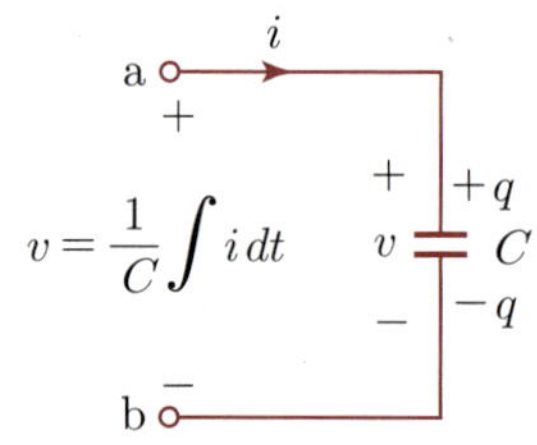

그림 4.10 ▶ 전압강하

커패시터에 흐르는 전류 $i=\dfrac{dq}{dt}$ 일 때 이 식에 식 (4.14)의 $q=Cv$를 대입하면 커패시터 양단의 $v-i$ 관계에서 전류 i는 다음과 같이 미분식으로 유도된다.

$$i=\frac{dq}{dt}=\frac{d}{dt}(Cv)$$

$$\therefore \quad i=C\frac{dv}{dt} \tag{4.15}$$

식 (4.15)의 양변을 t에 대해 적분하여 전류에 의한 전압의 관계식으로 표현하면 전압 v는 다음의 적분식으로 나타낼 수 있다.

$$v=\frac{1}{C}\int i\,dt \tag{4.16}$$

수동소자인 커패시터의 단자전압 v와 전류 i의 기준방향은 저항 및 인덕터와 마찬가지로 제 1.4 절에서 배운 수동소자의 기준방향과 같다. 따라서 유입전류에 대해 전압강하가 일어나는 방향이 되므로 커패시터의 단자전압 v는 전류 i에 대해 **그림 4.8**(b) 또는 **그림 4.10**과 같이 극성 표시를 한다. 커패시터의 전류에 관한 정의를 나타내는 식 (4.15)의 미분식으로부터 **커패시터의 전기적 성질**은 다음과 같다.

(1) 커패시터에 직류(DC)가 공급되면 전압과 전류는 일정하여 전압의 시간적 변화율 $dv/dt=0$ 이므로 커패시터에 흐르는 전류 $i=C(dv/dt)$는 0이 된다. 따라서 커패시터는 **직류**에서 **개방 회로**로 동작한다. 이것은 커패시터에 충전이 완료되면 전하의 이동을 할 수 없기 때문에 전류가 흐르지 않게 되는 것으로도 해석할 수 있다.

(2) **커패시터는 전압이 불연속적으로 급변할 수 없다.** 전압이 순간적으로 급변하면 dv/dt는 무한대(∞)가 되고, 이것은 무한대의 단자전류를 필요로 하기 때문에 불가능한 현상이다. 따라서 커패시터에서 전압은 연속적으로만 변할 수 있다.

인덕터와 마찬가지로 커패시터도 에너지가 축적되는 소자이다. **인덕터**는 코일 내부에서 **전류에 의한 자기장의 형태**로 **자계에너지**가 축적되는 반면에, **커패시터**는 두 전극 도체 사이에 **전압에 의한 전기장의 형태**로 에너지가 축적된다. 이와 같이 커패시터에 축적되는 에너지를 **정전에너지** W라고 하며, 다음과 같이 나타낸다.

$$W = \frac{1}{2}Cv^2 \left(= \frac{1}{2}\frac{q^2}{C} = \frac{1}{2}qv \right) \text{[J]} \qquad (4.17)$$

예제 4.3

(1) 커패시턴스 $2[\mu\text{F}]$의 커패시터에 $10^{-4}[\text{C}]$의 전하가 충전되었을 때 커패시터의 단자전압 $[\text{V}]$을 구하라.

(2) 커패시턴스 $3[\mu\text{F}]$인 커패시터의 양단전압이 $300[\text{V}]$일 때 축적되는 정전에너지 $[\text{J}]$를 구하라.

풀이 (1) $v = \frac{q}{C} = \frac{10^{-4}}{2 \times 10^{-6}} = 50\ [\text{V}]$

(2) $W = \frac{1}{2}Cv^2 = \frac{1}{2} \times 3 \times 10^{-6} \times 300^2 = 0.135\ [\text{J}]$

예제 4.4

커패시턴스 $2[\text{F}]$인 커패시터 회로에 그림 4.11(a)와 같은 파형의 전압 v가 인가될 때 흐르는 전류 i를 구하고 파형으로 나타내라.

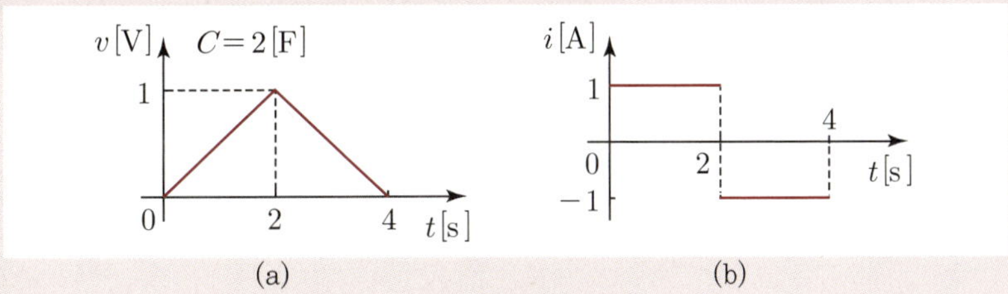

그림 4.11

풀이 (1) 커패시터의 전류 $i = C\dfrac{dv}{dt} \ \rightarrow \ i = 2\times\dfrac{dv}{dt} = 2\times\dfrac{v_2 - v_1}{t_2 - t_1}$

그림 4.11(a)의 전압 파형에서 기울기가 다른 두 구간의 시간영역으로 분류하고, 각 영역에 대한 기울기에 의해 커패시터의 전류 i를 구한다.

$$0 < t < 2\,[\mathrm{s}]\ :\ i = 2\times\frac{dv}{dt} = 2\times\frac{1-0}{2-0} = 1\,[\mathrm{A}]$$

$$2 < t < 4\,[\mathrm{s}]\ :\ i = 2\times\frac{dv}{dt} = 2\times\frac{0-1}{4-2} = -1\,[\mathrm{V}]$$

(2) 전류 i의 파형은 **그림 4.11**(b)에 나타낸다.

4.2.2 커패시터의 접속

(1) 직렬접속

커패시턴스 C_1, C_2, C_3의 커패시터를 **그림 4.12**와 같이 직렬로 접속한 회로에서 단자 a, b 사이에 전압 v를 인가한 경우를 고려한다.

커패시터의 두 전극에 동일한 양·음전하 $+q$, $-q$가 나타나면서 각 커패시터에는 전하량 q가 축적되고 회로의 전체 전하량도 q가 되어 식 (4.18)과 같이 일정하다. 또 커패시터에 걸리는 전압 v_1, v_2, v_3는 식 (4.14)의 $q = Cv$에 의하여 다음과 같다.

$$q = q_1 = q_2 = q_3 \tag{4.18}$$

$$v_1 = \frac{q}{C_1},\quad v_2 = \frac{q}{C_2},\quad v_3 = \frac{q}{C_3} \tag{4.19}$$

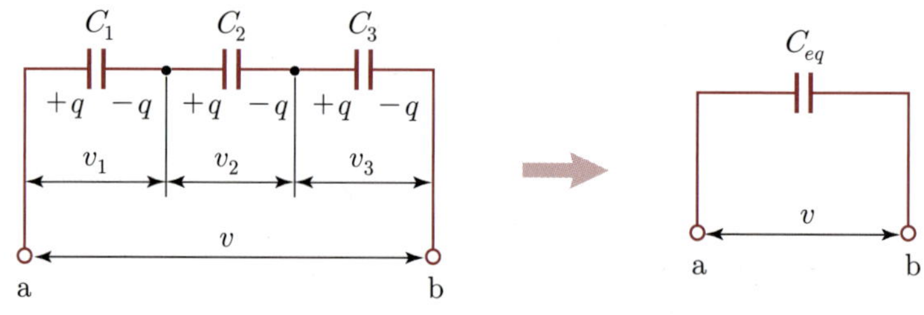

(a) (b)

그림 4.12 ▶ 커패시터의 직렬접속

전체 전압 v는 KVL에 의해 커패시터에 걸리는 전압 v_1, v_2, v_3의 합과 같고, 이로부터 합성 커패시턴스를 C_{eq}라 할 때 다음의 관계식이 유도된다.

$$v = v_1 + v_2 + v_3 = \left(\frac{1}{C_1} + \frac{1}{C_2} + \frac{1}{C_3}\right) q = \frac{1}{C_{eq}} q \tag{4.20}$$

그러므로 커패시터의 **직렬 합성 커패시턴스** C_{eq}는

$$\frac{1}{C_{eq}} = \frac{1}{C_1} + \frac{1}{C_2} + \frac{1}{C_3} \tag{4.21}$$

$$\therefore \ C_{eq} = \frac{1}{\dfrac{1}{C_1} + \dfrac{1}{C_2} + \dfrac{1}{C_3}} \tag{4.22}$$

과 같이 구해진다. 즉 커패시턴스의 직렬 합성은 저항의 병렬 합성법과 동일하다.

직렬 합성 커패시턴스는 각각의 커패시턴스보다 작아지고, 가장 작은 커패시턴스보다도 작아지는 성질이 있다.

(2) 병렬접속

커패시턴스 C_1, C_2, C_3의 커패시터를 **그림 4.13**과 같이 병렬로 접속한 회로에서 단자 a, b 사이에 전압 v를 인가한 경우를 고려한다.

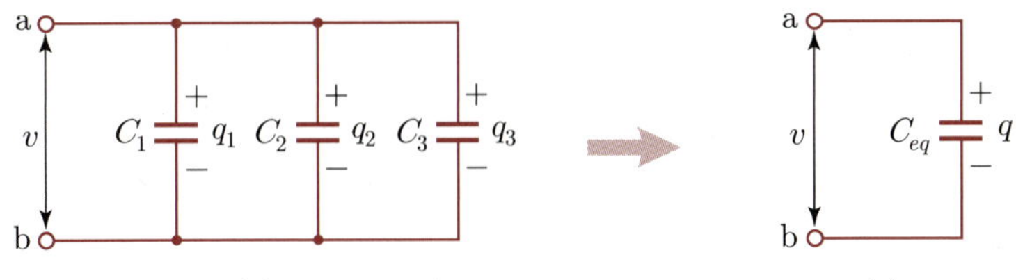

그림 4.13 ▶ 커패시터의 병렬접속

커패시터는 각각의 단자에 걸리는 전압은 전원 전압과 같고, 축적되는 전하량 q_1, q_2, q_3는 식 (4.14)에 의하여 다음과 같다.

$$v = v_1 = v_2 = v_3 \tag{4.23}$$

$$q_1 = C_1 v, \quad q_2 = C_2 v, \quad q_3 = C_3 v \tag{4.24}$$

병렬 접속된 커패시터의 전체 전하량 q는 각 커패시터에 축적된 전하량 q_1, q_2, q_3의 합과 같으며, 이로부터 합성 커패시턴스를 C_{eq}라 할 때 다음의 관계식이 유도된다.

$$q = q_1 + q_2 + q_3 = (C_1 + C_2 + C_3)v = C_{eq} v \tag{4.25}$$

그러므로 커패시터의 **병렬 합성 커패시턴스** C_{eq}는 다음과 같이 구해진다.

$$C = C_1 + C_2 + C_3 \tag{4.26}$$

병렬 합성 커패시턴스는 각 커패시턴스의 합과 같고, 저항의 직렬 합성법과 동일하다. 또 커패시턴스의 병렬 합성은 가장 큰 커패시턴스보다도 큰 성질이 있으며, 극판의 면적이 커지는 효과가 나타나기 때문이다.

참고 커패시터의 직·병렬접속의 성질

(1) 직렬 접속

① 전체 전압은 각 커패시터의 전압의 합과 같다.($v = v_1 + v_2 + v_3$)

② 각 커패시터의 전하량은 총 전하량과 같다.($q_1 = q_2 = q_3 = q$)

③ 커패시턴스가 작은 커패시터에 전압이 크게 걸린다.($v \propto 1/C$)

(2) 병렬 접속

① 각 커패시터의 전압은 전체 전압과 같다.($v = v_1 = v_2 = v_3$)

② 총 전하량은 각 커패시터에 축적된 전하량의 합과 같다.($q = q_1 + q_2 + q_3$)

③ 커패시턴스가 큰 커패시터에 축적되는 전하량이 많다.($C \propto q$)

TIP **직렬의 커패시터에서 총 전하량이 각 커패시터의 전하량과 같은 이유**

그림 4.14(a)의 박스 내 극판에서 정전 유도에 의해 발생한 전하량의 합은 0 이기 때문에 **그림 4.14**(b)의 직렬 등가회로가 된다. 따라서 총 전하량도 q가 됨을 알 수 있다.

커패시터의 직렬접속은 충전되는 두 극판 사이의 간격이 커진 효과가 나타나기 때문에 $C \propto 1/d$ 관계에서 합성 커패시턴스 C는 작아지게 된다.

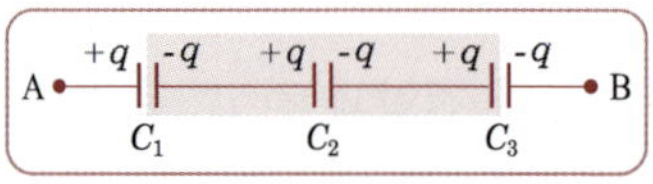

(a) 전하량(q일정)

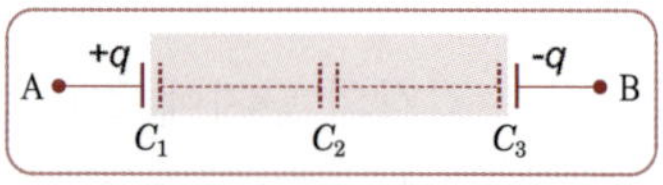

(b) 직렬 등가회로

그림 4.14 ▶ 커패시터의 직렬접속과 등가회로

예제 4.5

그림 4.15의 커패시터 직렬회로에서 각 커패시터의 단자전압[V]을 구하고, 각 커패시터의 전하량[C]과 회로의 총 전하량[C]도 구하여 비교하라.

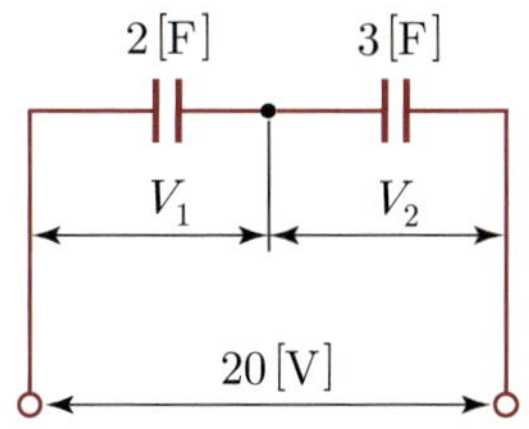

그림 4.15

풀이 (1) 각 커패시터의 단자전압 : 전압 분배 법칙($Q = CV \rightarrow V \propto 1/C$)

$$V_1 = \frac{C_2}{C_1 + C_2} V = \frac{3}{2+3} \times 20 = 12\ [\mathrm{V}]$$

$$V_2 = \frac{C_1}{C_1 + C_2} V = \frac{2}{2+3} \times 20 = 8\ [\mathrm{V}]$$

(2) 각 커패시터의 전하량 Q_1, Q_2

$$Q_1 = C_1 V_1 = 2 \times 12 = 24\ [\mathrm{C}],\ Q_2 = C_2 V_2 = 3 \times 8 = 24\ [\mathrm{C}]$$

총 전하량 Q, $Q = CV = \dfrac{C_1 C_2}{C_1 + C_2} \times V = \dfrac{2 \times 3}{2+3} \times 20 = 24\ [\mathrm{C}]$

$\therefore\ Q = Q_1 = Q_2$(일정)

정리 수동소자 R, L, C의 특성

수동소자	R(저항)	L(인덕터)	C(커패시터)
선형소자	$v = Ri$	$\Phi = Li$	$q = Cv$
단자전압(v)	$v = Ri$	$v = L\dfrac{di}{dt}$	$v = \dfrac{1}{C}\int i\,dt$
단자전류(i)	$i = \dfrac{v}{R}$	$i = \dfrac{1}{L}\int v\,dt$	$i = C\dfrac{dv}{dt}$

연습문제

01 인덕터와 커패시터의 전기적 특성으로 인덕터는 (　　　　)를 급격히 변화할 수 없고, 커패시터는 (　　　　)을 급격히 변화할 수 없다.

02 인덕터와 커패시터에 직류 전원을 인가한 소자의 직류 특성으로 인덕터는 (　　　　)회로로 동작하고, 커패시터는 (　　　　)회로로 동작한다.

힌트 직류는 전압과 전류가 일정하므로 두 소자와 관련한 전압 또는 전류의 미분식은 0이다.

03 R, L, C의 단자전압 v_R, v_L, v_C의 공식을 각각 나타내라.

04 **그림 4.16**(a)의 회로에서 직류 전압 18[V]를 인가하였을 때 전체 전류 I를 구하라.

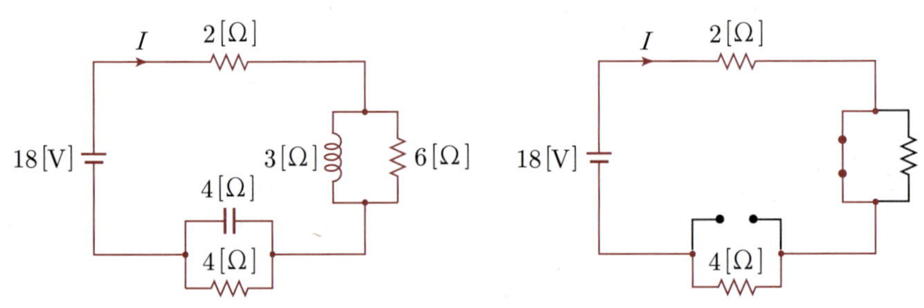

그림 4.16

힌트 L과 C의 직류 특성(L : 단락회로, C : 개방회로)을 회로에 적용하면 **그림 4.16**(b)가 된다. 도선과 저항의 병렬회로 : 도선의 저항은 0[Ω]이므로 합성저항도 0 // 6 = 0[Ω]이 된다. 따라서 **그림 4.16**(b)의 도선과 저항의 병렬접속에서 색선을 따라 전류는 도선으로만 흐른다고 생각하면 회로 전체의 합성저항을 간단히 구할 수 있다.

05 L[H]인 인덕터에 다음의 전류가 흐르는 경우에 인덕터에 걸리는 단자전압 $v(t)$를 구하라.

(1) $i(t)=3$ [A]

(2) $i(t)=I_m \sin\omega t$ [A]

(3) $i(t)=2e^{-At}$ [A]

(4) $i(t)=I_m \cos\omega t$ [A]

06 2[F]인 커패시터에 다음의 전압을 인가하였을 때 흐르는 전류 $i(t)$를 구하라.

(1) $v(t)=-5$ [V]

(2) $v(t)=V_m \sin(120\pi t+30°)$ [V]

(3) $v(t)=20e^{-2t}$ [V]

(4) $v(t)=V_m \cos(10t-60°)$ [V]

07 인덕턴스가 50[mH]의 코일에 0.01[s] 동안에 전류가 5[A]에서 3[A]로 감소하였다. 이 코일에 유도된 기전력의 크기[V]를 구하라.

08 인덕터에 흐르는 전류가 0.01[s] 사이에 일정하게 50[A]에서 10[A]로 변하였다. 이 때 인덕턴스의 단자전압은 20[V]라고 할 때 자기 인덕턴스[mH]를 구하라.

09 100[μF]인 커패시터의 양단 전압을 30[V/ms]의 비율로 증가시킬 때 커패시터에 흐르는 전류[A]를 구하라.

10 어떤 커패시터에 300[V]로 충전하는데 9[J]의 에너지가 필요하였다. 이 커패시터의 커패시턴스 C[μF]을 구하라.

11 인덕턴스 $2[\mathrm{H}]$인 인덕터 회로에서 **그림 4.17**의 파형과 같은 전류 i가 흐를 때 인덕터 양단의 단자전압 v를 구하고 파형도 나타내라.

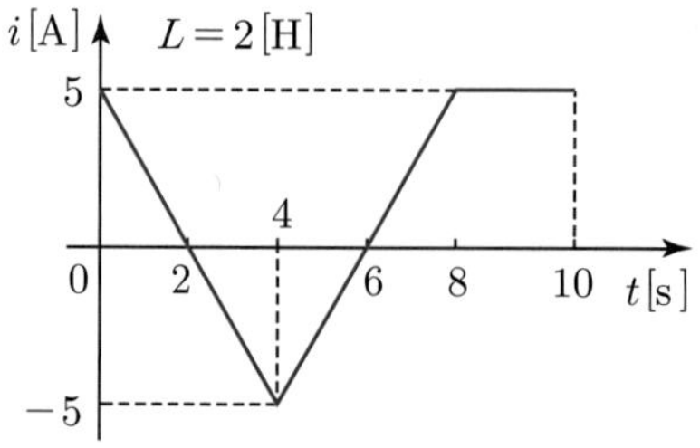

그림 4.17

Chapter

5 교류회로의 기초

가정에 공급되는 전기는 발전기에 의해 교류가 공급되고, 교류는 사인함수로 표현되는 정현파의 형태가 된다. 본 장에서는 교류회로의 해석을 입문하기 위해 정현파 교류의 표현법과 제반 용어, 평균값과 실효값의 정의, 각종 파형에 대한 평균값과 실효값을 구하는 방법 및 파형의 일그러짐의 정도를 나타내는 파고율과 파형률에 대해 학습하기로 한다.

5.1 호도법과 정현파의 표현

5.1.1 전압, 전류의 파형

제 1.2 절에서 설명하였듯이 전압과 전류는 전형적으로 **그림 5.1**(a)와 같이 시간에 대하여 크기와 방향이 변하지 않고 일정한 **직류**(direct current, DC)와 **그림 5.1**(b)와 같이 크기와 방향이 주기적으로 변하는 **교류**(alternating current, AC)로 구분을 한다.

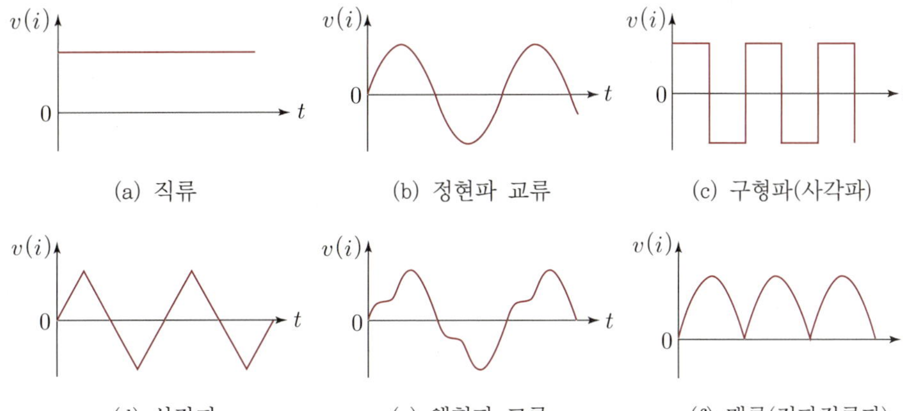

그림 5.1 ▶ 여러 가지 전압과 전류의 파형

여러 가지 전압과 전류의 파형을 나타낸 **그림 5.1** 중에서 **그림 5.1**(a)는 직류, **그림 5.1**(b), (c), (d), (e)는 교류에 해당한다.

특히 교류 중에서 **그림 5.1**(b)와 같이 사인(sine) 곡선의 파형을 **정현파**라고 하고, 가정 및 공장 등의 전원으로 사용하고 있다. **그림 5.1**(c), (d), (e)의 파형은 구형파, 삼각파, 왜형파라고 하며, 이들의 파형은 교류의 일종이지만 정현파가 아니기 때문에 **비정현파**(nonsinusoidal wave) 또는 **왜형파**(distorted wave)라고 한다. 그러나 일반적으로 교류라고 지칭하는 것은 **그림 5.1**(b)의 정현파를 의미한다.

그림 5.1(f)는 정현파 교류가 정류되어 발생하는 단상 전파정류파이다. 전파정류파와 같이 시간에 대해 방향은 변하지 않으면서 크기만 변하는 파형을 **맥류**(pulsating current)라고 하며 직류의 일종이다.

5.1.2 호도법과 각의 표시

(1) 호도법

평면의 각도, 즉 평면각을 표현하는 방법은 60분법과 호도법이 있다.

60분법은 실용적인 평면의 각도 표시에 사용하고, 원을 360등분한 1등분의 각도를 1°(1도), 1°의 1/60을 1′(1분), 1′의 1/60을 1″(1초)라 한다. 도, 분, 초의 각각의 단위를 1/60로 정의한 것이므로 60분법이라고 한다.

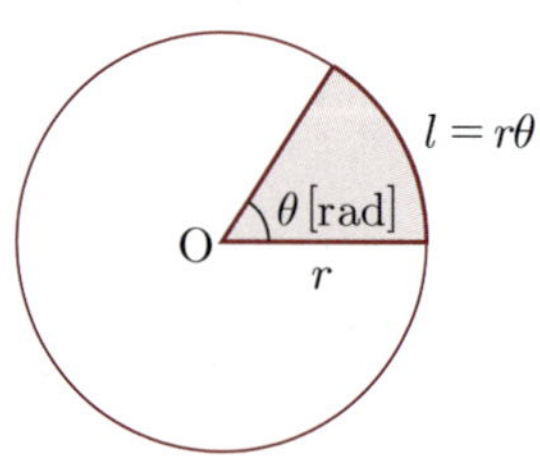

그림 5.2 ▸ 호도법

호도법은 **그림 5.2**에서 반지름 r과 원호 l의 비율로 각도 θ를 정의한다. 따라서 호도법에 의한 각도 θ는 식 (5.1)과 같이 표현할 수 있다. 호도법의 단위는 무차원의 각도이지만 **호도** 또는 **라디안**(radian, [rad])을 사용한다.

$$\theta = \frac{l}{r} \text{ [rad]} \tag{5.1}$$

호도법은 원운동하는 회전체의 각도 표현에 주로 사용한다. 회전체의 1회전은 360°이고, 이때 원둘레의 길이 $l=2\pi r$ 이므로 호도법에 의한 1회전은 식 (5.1)에 의해 2π[rad]이 된다. 따라서 도[°]와 라디안[rad]의 단위 관계는 다음과 같다. 즉,

$$360° = 2\pi\,[\text{rad}], \qquad 180° = \pi\,[\text{rad}] \tag{5.2}$$

이다. 1라디안[rad]은 식 (5.1)에 의해 원주 위를 반지름 $r\,(l=r)$ 만큼 진행한 각도를 나타내고, 식 (5.2)에 의해 다음과 같이 정의할 수 있다.

$$1\,[\text{rad}] = \frac{180°}{\pi} \fallingdotseq 57° \tag{5.3}$$

도[°] 단위인 60분법과 라디안[rad] 단위인 호도법의 상호 변환 관계는 식 (5.2)에 의한 비례식을 이용하면 다음과 같이 정리할 수 있다.

$$\begin{aligned} &[\text{rad}] \rightarrow [°]\ \text{변환}:\ \frac{180°}{\pi}\times\theta\,[\text{rad}] && (1) \\ &[°] \rightarrow [\text{rad}]\ \text{변환}:\ \frac{\pi}{180°}\times\theta\,[°] && (2) \end{aligned} \tag{5.4}$$

60분법과 호도법의 상호 변환 공식인 식 (5.4)를 기억하지 않고도 π[rad] = 180°에 의한 비례 관계를 이용하면 쉽게 변환할 수 있다.

특수각에 대한 60분법과 호도법의 관계를 **표 5.1**에 나타낸다.

표 5.1 ▶ 60분법과 호도법의 관계

60분법	0°	30°	45°	60°	90°	120°	135°	150°	180°	270°	360°
호도법	0	$\frac{\pi}{6}$	$\frac{\pi}{4}$	$\frac{\pi}{3}$	$\frac{\pi}{2}$	$\frac{2\pi}{3}$	$\frac{3\pi}{4}$	$\frac{5\pi}{6}$	π	$\frac{3\pi}{2}$	2π

(2) 각의 표시

그림 5.3(a)에서 OA를 기선, OB를 ∠AOB의 동경이라 할 때, 동경 OB는 원점을 중심으로 기선 OA를 출발하여 회전한 양을 **각의 크기**라 한다.

동경 OB는 기선 OA로부터 **반시계 방향**으로 회전하는 각을 **양의 각**이라 하고, **시계 방향**으로 회전하는 각을 **음의 각**이라고 한다.

하나의 동경 OB의 각은 양의 각 또는 음의 각의 두 개의 각도로 표시할 수 있다. 동경의 양의 각이 120°라면 음의 각 $-240°(\theta - 360°)$도 동일한 위치의 동경을 나타낸다.

각도는 $-180° < \theta < 180°$의 범위로 표시하는 것이 일반적이다. **그림 5.3**(b)와 같이 동경이 **제 1, 2 사분면**에 존재하면 $0° < \theta < 180°$ 범위의 **양의 각**으로 표시하고, **제 3, 4 사분면**에 존재하면 $-180° < \theta < 0°$ 범위의 **음의 각**으로 표시한다.

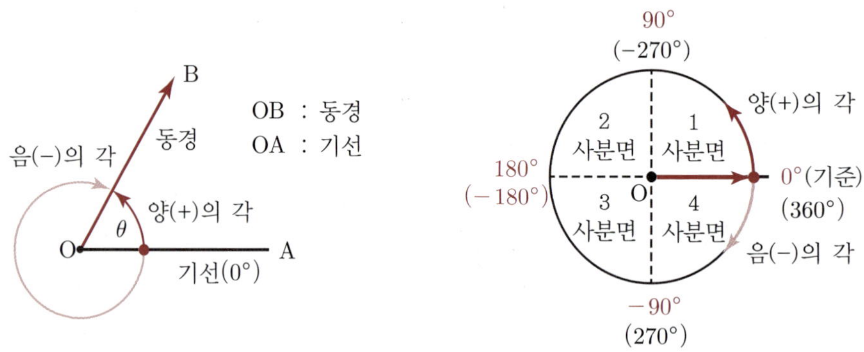

(a) 양의 각과 음의 각 (b) 각도 표시

그림 5.3 ▶ 각도 표시법

예제 5.1

다음에서 호도법은 60분법으로, 60분법은 호도법으로 나타내라.

(1) $\frac{3}{4}\pi$[rad] (2) $\frac{5}{12}\pi$[rad] (3) 2.639[rad]

(4) 15° (5) 50° (6) 210°

풀이 식 (5.4)의 60분법과 호도법의 상호 변환 공식에 대입하여 각자 구해본다. 여기서는 위의 공식을 암기하지 않고도 구할 수 있는 방법에 대해 소개하기로 한다.

(1) π[rad] = 180°의 관계를 이용한 비례식으로 상호 변환의 각을 구한다.

(2) [rad] 단위의 호도법에 π가 포함된 경우 π 대신에 180°를 대입하여 [°] 단위의 60분법으로 직접 변환한다.

(1) $\theta[°] = \frac{3}{4} \times 180°$ 또는 $\pi : 180° = \frac{3}{4}\pi : \theta[°]$ $\quad \therefore\ \theta[°] = 135°$

(2) $\theta[°] = \frac{5}{12} \times 180°$ 또는 $\pi : 180° = \frac{5}{12}\pi : \theta[°]$ $\quad \therefore\ \theta[°] = 75°$

(3) $\pi : 180° = 2.639 : \theta[°]$ $\quad \therefore\ \theta[°] = 2.639 \times \frac{180°}{\pi} = 151.2°$

(4) $\pi : 180° = \theta\,[\text{rad}] : 15°$ $\quad\therefore\ \theta\,[\text{rad}] = \dfrac{\pi}{180°} \times 15° = \dfrac{\pi}{12} = 0.262\ [\text{rad}]$

(5) $\pi : 180° = \theta\,[\text{rad}] : 50°$ $\quad\therefore\ \theta\,[\text{rad}] = \dfrac{\pi}{180°} \times 50° = \dfrac{5}{18}\pi = 0.873\ [\text{rad}]$

(6) $\pi : 180° = \theta\,[\text{rad}] : 210°$ $\quad\therefore\ \theta\,[\text{rad}] = \dfrac{\pi}{180°} \times 210° = \dfrac{7}{6}\pi = 3.665\ [\text{rad}]$

5.1.3 정현파의 표현

선풍기 날개의 회전, 지구를 중심으로 하는 달의 공전, 특히 교류 발전기의 내부에서 회전자 권선(도체)의 회전 등은 원둘레 위를 항상 일정한 속도로 원운동을 한다. 이와 같이 등속 원운동을 하는 물체는 정현적(sinusoidal)으로 변하는 파형으로 나타낼 수 있고 이를 **정현파**(sinusoidal waveform)라고 한다.

등속 직선운동하는 물체는 단위 시간(1초)당 이동거리 l로 **선속도** v를 $v = l/t$로 정의하는 것과 마찬가지로 등속 원운동하는 회전체는 단위 시간당 회전하는 각도 θ를 **각속도** ω로 정의한다. 즉 회전체의 각속도 ω는 다음과 같다.

$$\omega = \frac{\theta}{t}\ [\text{rad/s}], \qquad \theta = \omega t\ [\text{rad}] \tag{5.5}$$

그림 5.4(a)와 같이 반지름(크기) V_m으로 가정한 기선 OX의 물체가 기점(출발점) 0°에서 반시계 방향으로 출발하여 각속도 ω의 반복적인 원운동에 의해 나타나는 물리적 현상을 정현파로 표현하는 방법에 대해 설명하기로 한다.

기점 0°에서 출발한 물체가 스크린 상에 비치는 그림자를 가로축에 위상($\theta = \omega t$)을

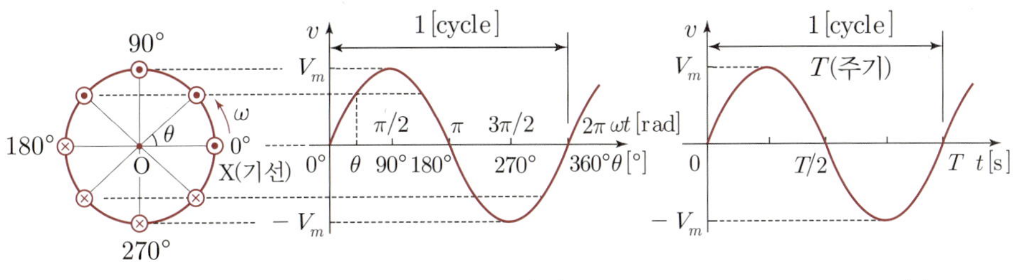

(a) 도체 원운동 (b) 정현파 표시(ωt) (c) 정현파 표시(t)

그림 5.4 ▸ 원운동에 의한 정현파 표현

변수로 하여 나타내면 **그림 5.4**(b)가 되고, 시간(t)을 변수로 하여 나타내면 **그림 5.4**(c)와 같은 사인함수가 된다. 이와 같이 물체의 원운동은 기선의 반지름 V_m과 $-V_m$의 범위 내에서 반복적으로 나타나는 주기파가 되고, 이 주기파를 **정현파**(sinusoidal waveform)라고 한다.

정현파는 사인함수나 코사인함수로 모두 표현할 수 있지만, 본 교재에서는 **그림 5.4**의 파형과 같은 사인함수를 사용하기로 한다. 따라서 가로축의 변수를 위상 ωt[rad]로 나타낸 **그림 5.4**(b)의 정현파는 다음과 같이 사인함수로 표현할 수 있다.

$$v(t) = V_m \sin\omega t \tag{5.6}$$

여기서 V_m은 정현파의 **최대값** 또는 **진폭**이라 하고, ωt는 회전 도체의 위상을 나타내며 ωt의 단위는 **라디안**[rad]을 사용한다. 결과적으로 교류발전기의 내부에서 회전자 권선(도체)의 원운동에 의해 발생하는 교류전압과 교류전류도 정현파로 나타나는 것이다.

5.2 주파수와 주기

정현파에 관련된 용어는 등속 원운동을 하는 물체의 물리적 현상과 결부지어서 생각하면 쉽게 이해할 수 있다.

그림 5.4(b), (c)와 같이 정현파가 양과 음으로 변화하면서 처음의 상태로 되돌아오는 것을 **1사이클**(cycle)이라 하고, **그림 5.4**(a)에서 물체가 1회전하는 원운동에 해당한다.

또 단위 시간(1초)당 사이클 수를 **주파수**(frequency) f라 하며, 1초 동안의 회전수에 해당된다. 주파수의 단위는 **헤르츠**(Hertz, [Hz])를 사용한다. 우리나라에서 사용하는 정현파의 상용주파수 60[Hz]는 발전기의 회전자 권선(도체)이 1초 동안에 60 회전을 하거나 1초 동안에 60 사이클이 반복된다고 생각하면 된다.

주파수는 국가에 따라 다르며 우리나라와 미국은 60[Hz], 유럽은 50[Hz], 일본의 경우에는 50[Hz]와 60[Hz]를 혼용하여 채택하고 있다.

각속도 또는 **각주파수** ω는 1초 동안의 회전각으로 정의하므로 1초 동안의 회전수(사이클 수)인 주파수 f에 1회전(1사이클)의 각 2π[rad]의 곱으로 나타낼 수 있다. 즉

$$\omega = 2\pi f \text{ [rad/s]} \tag{5.7}$$

주기(period) T는 1사이클이 진행하는 시간이고, 원운동을 하는 물체가 1회전하는데 걸리는 시간에 해당된다. 주기의 단위는 **초**[s]를 사용하며, 주파수 f와 역수 관계가 성립한다. 즉 식 (5.7)에서 주파수 f로부터 주기 T는 다음과 같다.

$$f = \frac{\omega}{2\pi}\,[\mathrm{Hz}] \qquad \therefore \quad T = \frac{1}{f} = \frac{2\pi}{\omega}\,[\mathrm{s}] \tag{5.8}$$

따라서 가로축의 변수를 시간 t로 나타낸 **그림 5.4**(c)는 식 (5.6)을 변형하여 다음의 사인함수 식으로 표현할 수 있다.

$$v(t) = V_m \sin\frac{2\pi}{T}t \left(\because \quad \omega = \frac{2\pi}{T}\right) \tag{5.9}$$

결론적으로 **정현파 교류의 표현식**은

$$v(t) = V_m \sin\omega t = V_m \sin 2\pi f t = V_m \sin\frac{2\pi}{T}t\,[\mathrm{V}] \tag{5.10}$$

등의 여러 가지로 표현할 수 있다.

5.3 순시값과 위상차

식 (5.6)의 식 $v = V_m \sin\omega t$와 같이 시간 t의 정현함수로 표현된 전압 v는 $t=0$에서 크기가 0이고, 매 순간에 다른 전압의 값이 무수히 나타난다. 이와 같이 변수가 시간 t의 함수로 이루어진 $v = V_m \sin\omega t$에서 임의의 순간 t에서의 v의 값을 **순시값**이라고 한다. 정현파 교류의 순시값은 여러 개의 값을 가지기 때문에 일반적으로 v, i 등과 같은 소문자로 표시한다.

그림 5.5(a)에서 기선 OX의 물체가 기점 0°에서 출발하여 $t=0$에서 반시계 방향으로 원운동을 하는 물리적 현상은 **그림 5.5**(b)와 같이 정현파로 나타나면서 $v = V_m \sin\omega t$의 사인함수가 된다는 것을 배웠다. 그러나 원운동을 하는 물체의 기점은 항상 0°에서부터 회전하지 않고 임의의 각도에서 회전한다는 것은 당연할 것이다.

그림 5.5(a)에서 기선보다 θ_1 만큼 앞선 위치를 기점으로 하는 물체와 기선보다 θ_2 만큼

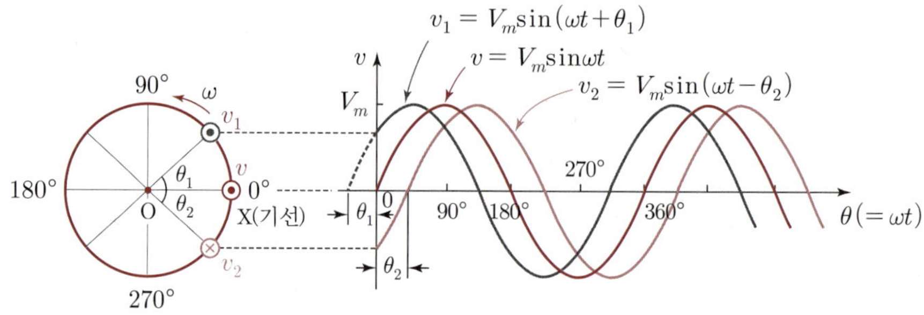

(a) 기점이 다른 원운동 (b) 정현파의 위상과 위상차

그림 5.5 ▸ 정현파의 위상과 위상차의 관계

뒤진 위치를 기점으로 하는 물체를 스크린 위에 투영시키면 **그림 5.5**(b)의 v_1과 v_2와 같이 v의 파형을 왼쪽 또는 오른쪽으로 이동시킨 정현파로 나타난다.

그림 5.5(b)의 정현파 v_1은 함수 $v = V_m \sin\omega t$를 음(−)의 방향으로 θ_1만큼 평행 이동한 곡선이므로 ωt 대신에 $\omega t + \theta_1$을 대입한 함수로 표현할 수 있고, v_2는 v를 양(+)의 방향으로 θ_2 만큼 평행 이동한 곡선이므로 ωt 대신에 $\omega t - \theta_2$를 대입한 함수로 표현할 수 있다. 즉, v_1과 v_2를 정현함수로 나타낸 순시값의 표현식은 각각 다음과 같다.

$$\begin{aligned} v_1 &= V_m \sin(\omega t + \theta_1) \\ v_2 &= V_m \sin(\omega t - \theta_2) \end{aligned} \tag{5.11}$$

여기서 θ_1과 θ_2는 시각 $t = 0$에서 기점(출발점)의 각도 또는 상(phase)을 의미하므로 **초기위상** 또는 간단히 **위상**(phase)이라고 한다.

식 (5.11)로부터 **정현파의 순시값에 대한 일반식**은

$$v = V_m \sin(\omega t + \theta) \tag{5.12}$$

와 같이 표시된다. V_m은 최대값, ω는 각주파수, θ는 위상이다.

식 (5.12)의 순시값에서 ωt와 θ는 합(+)의 연산이므로 단위는 통일시켜서 v의 값을 계산해야 한다. 그러나 ωt는 라디안[rad] 단위를 사용하지만 위상 θ는 편의상 도[°] 단위를 주로 사용하고 있다. 따라서 임의의 시간에서 순시값 v를 계산하는 경우에 ωt의 라디안[rad] 단위를 도[°] 단위로 변환하여 구하는 것이 일반적이다. **예제 5.2 (6)**번과 **예제 5.3**에서 확인하기 바란다.

그림 5.5(b)에서 정현파 전압 v, v_1, v_2의 순시값의 표현식을 다시 정리하면

$$v = V_m \sin\omega t,\quad v_1 = V_m \sin(\omega t + \theta_1),\quad v_2 = V_m \sin(\omega t - \theta_2) \qquad (5.13)$$

이고, 정현파 v, v_1, v_2의 위상은 각각 0, θ_1, $-\theta_2$이다.

두 파형 간의 **위상차** θ는 큰 위상에서 작은 위상의 차로 구하고, 반드시 각주파수 ω가 동일한 파형에서만 적용할 수 있다.

(1) v와 v_1의 위상차 : $\theta = \theta_1 - 0 = \theta_1$

(2) v와 v_2의 위상차 : $\theta = 0 - (-\theta_2) = \theta_2$

(3) v_1과 v_2의 위상차 : $\theta = \theta_1 - (-\theta_2) = \theta_1 + \theta_2$

그림 5.5(b)의 세 파형 중에서 시간축 위의 영점 또는 최대점이 왼쪽에 있는 파형이 앞선 파형이다. 세 파형 중에서 시간축에 대한 최대점의 위치를 비교해 보면 가장 왼쪽에 있는 v_1의 위상이 가장 앞선 파형이고, v_2의 위상이 가장 뒤진 파형이다. 따라서 **그림 5.5**(a)에서 반시계 방향으로 위쪽에 있는 기점의 위상이 앞선 것을 의미한다. 이들로부터 세 파형의 위상 관계는 다음과 같이 표현한다.

(1) v_1은 v보다 θ_1만큼 위상이 앞선다. 또는 v는 v_1보다 θ_1 만큼 위상이 뒤진다.

(2) v는 v_2보다 θ_2만큼 위상이 앞선다. 또는 v_2는 v보다 θ_2 만큼 위상이 뒤진다.

(3) v_1은 v_2보다 $\theta_1 + \theta_2$만큼 위상이 앞선다. 또는 v_2는 v_1보다 $\theta_1 + \theta_2$만큼 위상이 뒤진다.

만약 v_1의 위상이 $30°$, v_2의 위상이 $-20°$라면, 위상차 θ는 $30° - (-20°) = 50°$이므로 v_1은 v_2보다 $50°$ 만큼 위상이 앞선다. 또는 v_2는 v_1보다 $50°$ 만큼 위상이 뒤진다고 하면 된다. 위상차는 $180°$보다 작은 값으로 표현해야 하며, 실제 교류회로에서 전압과 전류의 위상차는 $90°$ 이하의 범위에서만 나타난다.

특히 두 파형의 위상이 같은 경우에는 위상차가 $0°$이므로 **동위상**, 간단히 **동상**이라고 한다. 서로의 위상이 반대인 위상차가 $180°$인 경우에는 어느 파형이 앞서거나 뒤진다고 구별할 수가 없으므로 이러한 파형의 위상 관계는 **역위상**이라고 한다.

두 파형의 위상 관계를 비교하려면 다음의 조건을 만족해야 한다.

(1) 양(+)의 정현함수로 표현된 파형에서 비교해야 한다.

(2) 사인함수나 코사인함수로 통일하여 비교해야 한다.

(3) 동일한 주파수나 각주파수를 가지는 파형에서만 비교할 수 있다.

참고 두 파형의 위상 비교 조건

(1) 파형의 위상 비교 만족 조건

① 양(+)의 정현함수로 표현된 파형에서 비교해야 한다.
② 사인함수나 코사인함수로 통일하여 비교해야 한다.
③ 동일한 주파수나 각주파수를 가지는 파형에서만 비교할 수 있다.

(2) 음(−)을 양(+)의 정현함수로 변환

1과 −1은 역위상 관계이고, 1의 기준(위상 0°)에서 −1의 위상은 ±180°이다.

$$v = -\sin\omega t = (-1)\sin\omega t = \sin(\omega t \pm 180°)$$

(3) 코사인함수를 사인함수로 변형

코사인함수는 사인함수보다 위상이 90° 앞선 파형(두 곡선 비교)이므로 코사인함수의 독립변수 ωt로부터 90°를 더하여 사인함수로 변형시킬 수 있다.

$$\cos\omega t = \sin(\omega t + 90°)$$

본 교재는 사인함수를 사용하기로 약속하였으므로 코사인함수를 사인함수로만 변형하도록 한다.

예제 5.2

$v = 220\sin(120\pi t + 30°)$ [V]로 표시되는 정현파 전압이 있다. 다음을 각각 구하라.

(1) 최대값 V_m (2) 각주파수 ω (3) 주파수 f
(4) 주기 T (5) 위상 θ (6) $t = 1.4$ [ms]에서의 전압 v

풀이 전압에 대한 순시값의 일반식 $v = V_m\sin(\omega t + \theta)$에 의하여

(1) 최대값 : $V_m = 220$ [V]

(2) 각속도(각주파수) : $\omega = 120\pi$ [rad/s]

(3) 주파수 : $\omega = 2\pi f$ $\quad \therefore\ f = \dfrac{\omega}{2\pi} = \dfrac{120\pi}{2\pi} = 60$ [Hz]

(4) 주기 : $T = \dfrac{1}{f} = \dfrac{1}{60} = 0.01667$ [s] $= 16.67$ [ms]

(5) 위상 : $\theta = 30°$

(6) $v = 220\sin(120 \times 180° \times 1.4 \times 10^{-3} + 30°)$ $\quad (\because\ \pi\,[\text{rad}] = 180°)$

$\therefore\ v = 220\sin 60.24° = 190.98$ [V]

예제 5.3

$t = 3\,[\text{ms}]$에서 최대값 $5\,[\text{V}]$에 도달하는 $60\,[\text{Hz}]$의 정현파 전압 $v(t)$를 시간함수로 표시하라.(위상 θ는 도[°] 단위로 표시한다.)

풀이 전압에 대한 순시값의 꼴인 $v(t) = V_m \sin(\omega t + \theta)$에서 $V_m = 5\,[\text{V}]$, $\omega = 2\pi f = 120\pi\,[\text{rad/s}]$를 대입하면 다음과 같다.

$$v(t) = 5\sin(120\pi t + \theta)$$

$t = 3\,[\text{ms}]$에서 $v(3 \times 10^{-3}) = 5\,[\text{V}]$, ωt는 라디안[rad] 단위이므로 π 대신에 180°, 즉 $\pi\,[\text{rad}] = 180°$를 대입하여 도[°] 단위로 변환하면 위상 θ가 구해진다.

$$5\sin(120 \times 180° \times 3 \times 10^{-3} + \theta) = 5, \quad \sin(64.8° + \theta) = 1$$
$$64.8° + \theta = \sin^{-1} 1 = 90° \qquad \therefore\ \theta = 25.2°$$

위상 θ를 전압 순시값의 일반식에 대입하면 다음과 같이 구해진다.

$$v(t) = 5\sin(120\pi t + 25.2°)\ [\text{V}]$$

예제 5.4

$v_1 = 10\sqrt{2}\sin(\omega t - 30°)\,[\text{V}]$, $v_2 = 20\sqrt{2}\cos(\omega t - 30°)\,[\text{V}]$인 두 교류전압의 위상차를 구하고, 두 전압의 위상 관계를 설명하라.

풀이 두 정현파의 위상 관계로부터 위상차를 구하려면 동일한 정현(sine)함수이어야 한다. 따라서 v_2의 코사인함수를 사인함수로 변형하면

$$v_2 = 20\sqrt{2}\cos(\omega t - 30°) = 20\sqrt{2}\sin(\omega t - 30° + 90°)$$
$$= 20\sqrt{2}\sin(\omega t + 60°)\ [\text{V}]$$

가 된다. v_1과 v_2의 위상은 각각 $\theta_1 = -30°$, $\theta_2 = 60°$이므로 위상차 θ는

$$\therefore\ \theta = \theta_2 - \theta_1 = 60° - (-30°) = 90°$$

가 구해진다. 두 파형의 위상 관계는 v_2가 v_1보다 위상이 90° 앞선다.(v_1은 v_2보다 위상이 90° 뒤진다.)

5.4 평균값과 실효값

순시값은 매 순간의 변화하는 교류의 크기를 알고자 하는 경우에는 적합하지만 교류의 크기를 대표하는 값으로 사용할 수 없다. 따라서 전압, 전류 및 전력 등의 교류의 양을 계산하거나 교류의 크기를 대표하는 값으로써 평균값과 실효값이 주로 사용된다.

5.4.1 평균값

일반적으로 N개의 특정값이 있는 경우의 평균값은 다음과 같이 산술평균에 의해 구한다.

$$v_{av} = \frac{v_1 + v_2 + \cdots + v_N}{N} = \frac{\sum_{i=1}^{N} v_i}{N} \tag{5.14}$$

그림 5.6(a)와 같은 **연속함수**인 **주기파의 평균값**(average or mean value)은 **1주기에 대한 순시함수의 평균값**으로 정의하고, 1주기의 적분구간에서 순시함수 v를 적분하여 주기 T로 나누어 나타낸다. 즉 주기파의 평균값 V_{av}는 다음과 같이 정의한다.

$$V_{av} = \frac{1}{T}\int_0^T v\,dt \tag{5.15}$$

그러나 **그림 5.6**(b)와 같은 정현파는 (+)부분의 면적과 (−)부분의 면적이 같기 때문에 1주기에 대한 평균값은 0이 되어 평균값의 의미가 없어진다. 따라서 정현파와 같은 양의 파형과 음의 파형이 같은 **대칭파의 평균값**은 **(+)의 반주기에 대한 평균값으로 1주기 전체에 대한 평균값**을 대신한다. 대칭파의 평균값은 식 (5.15)에서 반주기를 적용하면 다음과 같다.

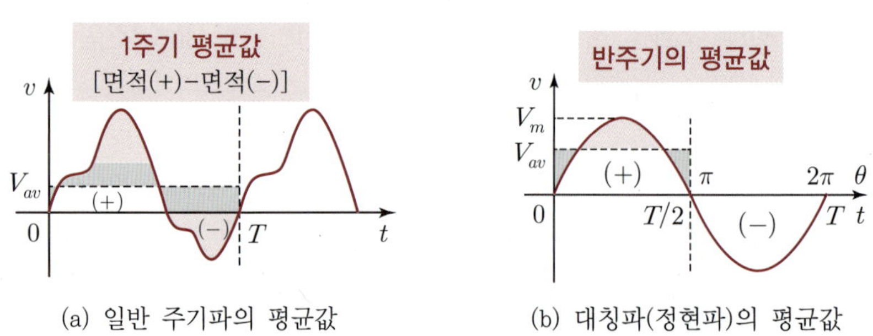

그림 5.6 ▶ 평균값

$$V_{av} = \frac{1}{T/2}\int_0^{T/2} v\,dt = \frac{2}{T}\int_0^{T/2} v\,dt \tag{5.16}$$

정현파 $v = V_m \sin\omega t$의 평균값 V_{av}를 구하기 위하여 식 (5.16)에서 주기 T의 위상값 2π[rad]를 대입하면, 정현파의 평균값 V_{av}는

$$V_{av} = \frac{1}{\pi}\int_0^{\pi} V_m \sin\omega t\, d(\omega t) = \frac{V_m}{\pi}[-\cos\omega t]_0^{\pi} = \frac{2}{\pi}V_m$$

$$\therefore \quad V_{av} = \frac{2}{\pi}V_m \fallingdotseq 0.637\,V_m \tag{5.17}$$

이 얻어진다. 이들로부터 **정현파 전압 및 전류의 평균값**은 각각 다음과 같다.

$$\begin{cases} V_{av} = \dfrac{2}{\pi}V_m \fallingdotseq 0.637\,V_m \\ I_{av} = \dfrac{2}{\pi}I_m \fallingdotseq 0.637 I_m \end{cases} \tag{5.18}$$

가동코일형 계측기인 직류전압계와 직류전류계는 평균값을 지시하고, 전력은 평균값으로 정의하는 대표적인 값의 의미에서 전력은 일반적으로 평균전력이라고 한다.

TIP | 적분의 개념과 평균값

(1) 적분 개념 : 피적분함수 v와 가로축의 적분구간 $[0,\ T]$에서 이루는 도형의 면적
(2) 피적분함수가 상수 또는 1차함수이면 적분계산 대신에 기하학적으로 면적을 계산하여 평균값을 구한다.
(3) 대칭파의 1주기에 대한 평균값은 0이므로 반주기의 평균값으로 대신한다.
(4) 주기함수에 포함된 실제 직류분은 1주기의 평균값을 의미하므로 대칭파에서 0이다. 직류계측기는 주기적인 비대칭파에서 1주기의 평균값인 실제 직류분을 지시하지만, 대칭파에서는 반주기의 평균값을 지시하는 값이므로 실제 직류분이 아니다.

5.4.2 실효값

대칭파의 정현파 전압과 전류의 평균값은 반주기의 값이므로 1주기의 교류로 대표하는 값으로 사용할 수 없다. 따라서 에너지를 기여하는 정도의 실질적인 효과를 나타내는 의미에서 **실효값**(effective value)을 사용한다. 실효값은 대칭파를 포함한 일반 주기파

에서 전력 측면으로 저항에 대한 열 효과의 대소로 알 수 있는 값이다.

저항 R에 전류가 흐르면 열(줄열)이 발생한다. **그림 5.7**과 같이 동일한 저항 R에 동일 시간 동안 직류전류 I와 교류전류 i를 각각 흘렸을 때 발생하는 열량, 즉 전력량이 동일한 경우, 이때의 직류값을 정현파 교류의 **실효값**(effective value)으로 정의한 것이다. 직류와 교류에 대한 열량의 관계를 전력 측면으로 고려해본다.

저항 R에 직류전류 I가 흐를 때 직류전력 P_{dc}는

$$P_{dc} = I^2 R \tag{5.19}$$

저항 R에 교류전류 i가 흐를 때 교류전력 P_{ac}는 1주기 동안의 평균전력을 의미하므로 식 (5.15)의 평균값의 정의를 적용하고, 이때 순시전력은 $p = i^2 R$이므로

$$P_{ac} = \frac{1}{T}\int_0^T p\,dt = \frac{1}{T}\int_0^T i^2 R\,dt \tag{5.20}$$

가 된다. 직류전력 P_{dc}와 교류전력 P_{ac}가 서로 같다면($P_{dc} = P_{ac}$), 다음과 같은 식

$$I^2 R = \frac{1}{T}\int_0^T i^2 R\,dt \qquad \therefore\ I^2 = \frac{1}{T}\int_0^T i^2\,dt \tag{5.21}$$

가 유도된다. 따라서 전류 I는 다음과 같은 관계식이 구해지고, 일정한 전류 I의 값을 **주기파 교류전류 i의 실효값**이라고 한다.

$$I = \sqrt{\frac{1}{T}\int_0^T i^2\,dt} \tag{5.22}$$

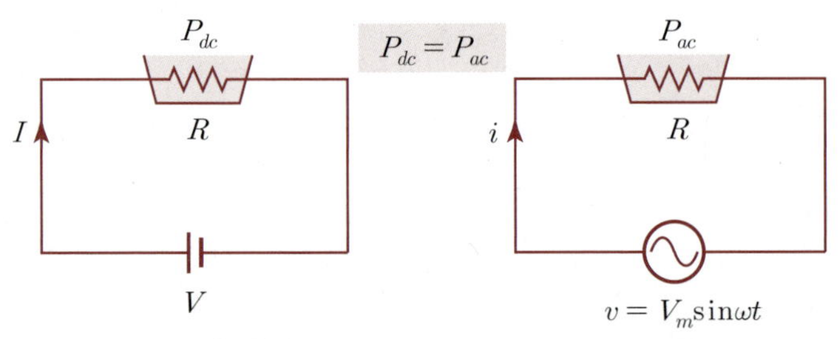

(a) 직류전류의 전력 (b) 교류전류의 전력

그림 5.7 ▸ 직류전력 및 교류전력의 비교

이들로부터 **교류전압과 교류전류의 실효값**은 각각 다음과 같이 나타낼 수 있다.

$$\begin{cases} I = \sqrt{\dfrac{1}{T}\displaystyle\int_0^T i^2\,dt} & \left[I = \sqrt{(i^2\text{의 1주기간의 평균값})}\right] \\ V = \sqrt{\dfrac{1}{T}\displaystyle\int_0^T v^2\,dt} & \left[V = \sqrt{(v^2\text{의 1주기간의 평균값})}\right] \end{cases} \tag{5.23}$$

교류의 **실효값**은 식 (5.23)에서 순시값 v 또는 i의 **제곱**(square)에 대한 **평균값**(mean)의 **제곱근**(root)을 의미하므로 **rms값**(root mean square)이라고도 한다.

실효값은 V_{rms}, I_{rms}라고 표시하기도 하지만, 일반적으로 V, I와 같이 대문자를 사용하여 순시값인 v, i 및 최대값인 V_m, I_m과 구분하여 사용한다.

교류의 전압 또는 전류의 크기는 특별한 설명이 없는 경우에는 언제나 실효값을 의미한다. 따라서 가정이나 공장에서 사용하는 220[V], 380[V] 등의 전압은 실효값이 된다.

이제 정현파의 순시함수 $v = V_m \sin\omega t$로부터 식 (5.23)에 의해 교류의 실효값 V를 구해본다. 교류전압의 실효값 V는

$$V = \sqrt{\frac{1}{2\pi}\int_0^{2\pi}(V_m \sin\omega t)^2\, d(\omega t)} = \sqrt{\frac{{V_m}^2}{2\pi}\int_0^{2\pi}\sin^2\omega t\, d(\omega t)} \tag{5.24}$$

이고, 1주기간의 $\sin^2\omega t$의 적분은 다음의 결과로부터 π가 된다.

$$\int_0^{2\pi}\sin^2\omega t\, d(\omega t) = \int_0^{2\pi}\frac{1-\cos 2\omega t}{2}\, d(\omega t) = \frac{1}{2}\left[\omega t - \frac{1}{2}\sin 2\omega t\right]_0^{2\pi} = \pi$$

$$\therefore \int_0^{2\pi}\sin^2\omega t\, d(\omega t) = \pi \tag{5.25}$$

식 (5.24)에 식 (5.25)의 결과를 대입한 결과로부터 **정현파 교류전압(전류)의 실효값**은

$$\begin{cases} V = \dfrac{V_m}{\sqrt{2}} \fallingdotseq 0.707\,V_m & \left(V_m = \sqrt{2}\,V\right) \\ I = \dfrac{I_m}{\sqrt{2}} \fallingdotseq 0.707\,I_m & \left(I_m = \sqrt{2}\,I\right) \end{cases} \tag{5.26}$$

가 구해진다. 가동코일형인 직류 계측기는 평균값을 지시하지만, 교류 계측기는 실효값을 지시한다.

정현파 교류에 대한 식 (5.18)의 평균값과 식 (5.26)의 실효값으로부터 크기의 관계는 다음과 같다.

최대값(V_m) > **실효값**(V) > **평균값**(V_{av})

표 5.2는 여러 가지 교류 파형의 최대값에 따른 실효값과 평균값을 나타낸 것이다.

국가기술자격시험을 준비하는 수험생은 주어진 파형에 대해 일일이 계산하지 않고 대응할 수 있도록 암기해야 하며, 이것은 제 5.5 절의 파고율과 파형률을 간단히 구할 수 있을 뿐만 아니라 제 12 장 비정현파의 해석(푸리에 급수)에서 실제 직류분을 의미하는 상수항 a_0의 값에도 직접 적용할 수 있다.

표 5.2 ▸ 각종 주기파의 실효값과 평균값

(V_m : 파형의 최대값)

파 형	실효값 V	평균값 V_{av}	파형의 모양	적분 구간
정현파 전파 정류파	$\frac{V_m}{\sqrt{2}}$	$\frac{2V_m}{\pi}$		정현파(반주기) 전파 정류파(1주기)
반파 정류파	$\frac{V_m}{2}$	$\frac{V_m}{\pi}$	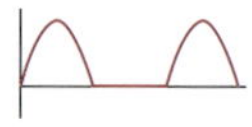	1주기 (실제 직류분)
구형파	V_m	V_m	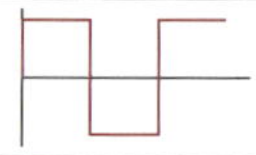	반주기(대칭파) (실제 직류분 0)
반파 구형파	$\frac{V_m}{\sqrt{2}}$	$\frac{V_m}{2}$	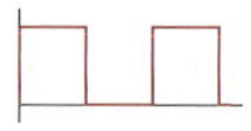	1주기 (실제 직류분)
삼각파 톱니파	$\frac{V_m}{\sqrt{3}}$	$\frac{V_m}{2}$	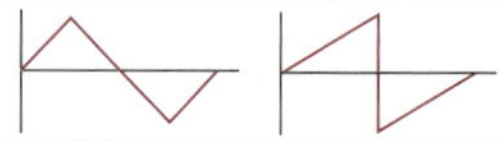	반주기(대칭파) (실제 직류분 0)

예제 5.5

그림 5.8과 같은 주기적인 비정현파에서 평균값과 실효값을 구하라. 단, 주기는 30초이다.

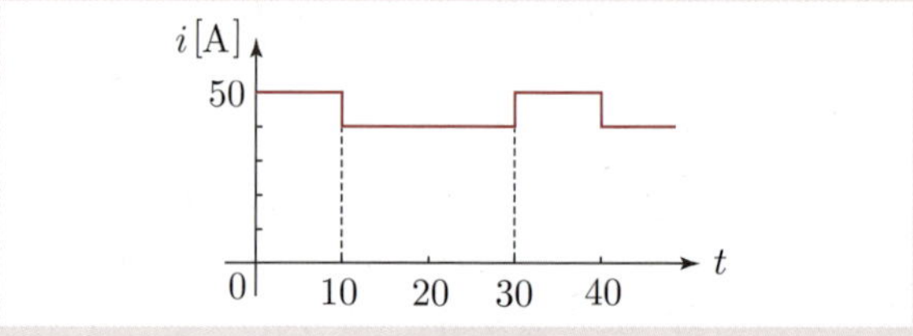

그림 5.8

풀이 **그림 5.8**과 같은 주기파의 평균값과 실효값은 피적분함수 i 및 i^2이 상수이므로 적분계산보다는 기하학적으로 면적을 구하여 계산하는 것이 간단하다.

(1) 평균값의 식 (5.15)에서 i의 적분 구간은 1주기간의 면적과 같으므로 면적을 구하여 평균값을 계산한다.

$$I_{av} = \frac{1}{T}\int_0^T i\,dt = \frac{1}{30}(50\times 10 + 40\times 20) \fallingdotseq 43.33\,[\mathrm{A}]$$

(2) 실효값의 식 (5.23)에서 i^2의 적분 구간은 1주기간의 면적과 같으므로 면적을 구하여 실효값을 계산한다.

$$I = \sqrt{\frac{1}{T}\int_0^T i^2\,dt} = \sqrt{\frac{1}{30}(50^2\times 10 + 40^2\times 20)} \fallingdotseq 43.59\,[\mathrm{A}]$$

예제 5.6

$v = V_m \sin\omega t\,[\mathrm{V}]$인 정현파 교류의 전파 정류파와 반파 정류파의 평균값과 실효값을 구하라.

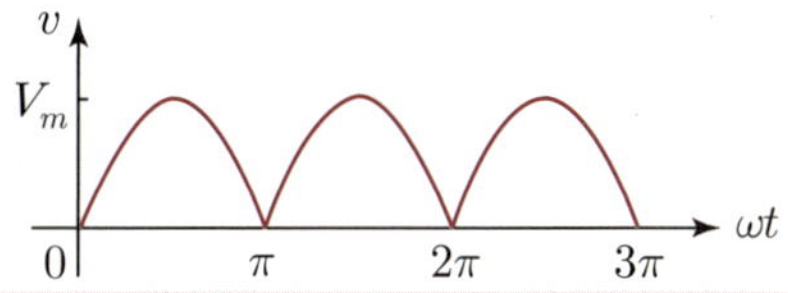

(a) 전파 정류파

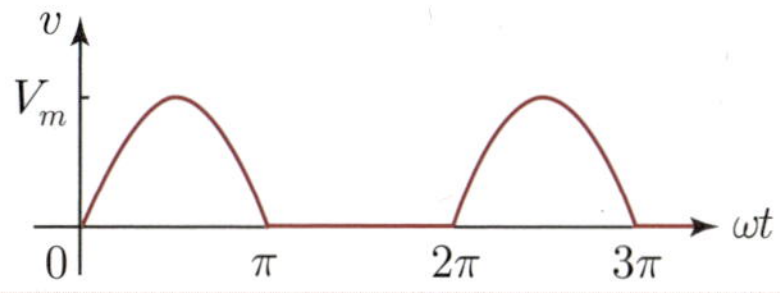

(b) 반파 정류파

그림 5.9 ▸ 정류파

풀이 (1) 전파 정류파 : 대칭파인 정현파의 평균값은 **그림 5.6**(b)와 같이 반주기의 평균값 및 실효값으로 대신하므로 전파 정류파의 평균값과 실효값은 정현파와 동일한 값이 된다.(**표 5.2** 참고)

$$V_{av} = \frac{2}{\pi}V_m, \quad V = \frac{V_m}{\sqrt{2}}$$

(2) 반파 정류파 : 평균값은 식 (5.15)에 대입하여 구한다. 실효값은 1주기에서 $\sin^2\omega t$의 적분은 식 (5.25)에서 π이므로 반주기의 $\sin^2\omega t$의 적분은 $\pi/2$를 적용한다.

$$V_{av} = \frac{1}{2\pi}\int_0^{\pi} V_m \sin\omega t\, d(\omega t) = \frac{V_m}{2\pi}[-\cos\omega t]_0^{\pi} = \frac{1}{\pi}V_m$$

$$V = \sqrt{\frac{1}{2\pi}\int_0^{\pi}(V_m \sin\omega t)^2 d(\omega t)} = \sqrt{\frac{V_m^{\ 2}}{2\pi}\int_0^{\pi}\sin^2\omega t\, d(\omega t)}$$

$$= \sqrt{\frac{V_m^{\ 2}}{2\pi}\times\frac{\pi}{2}} = \sqrt{\frac{V_m^{\ 2}}{4}} = \frac{V_m}{2}$$

예제 5.7

그림 5.10과 같은 구형파와 반파 구형파의 평균값과 실효값을 구하라.

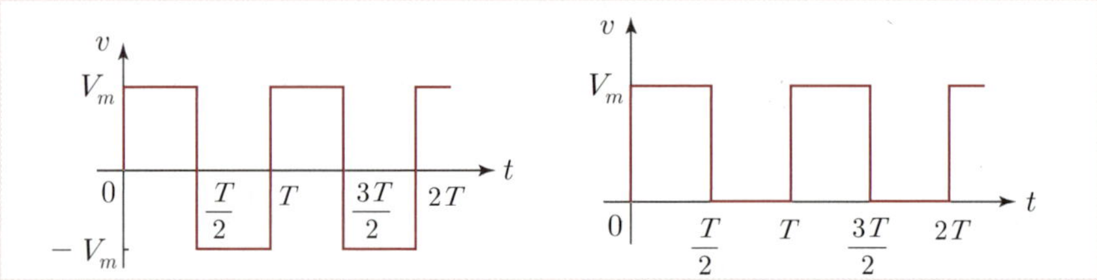

(a) 구형파(대칭파) (b) 반파 구형파

그림 5.10 ▸ 구형파

풀이 구형파는 (+)파형과 (−)파형이 같은 대칭파이므로 반주기간의 평균값과 실효값을 구한다. 반면에 반파 구형파는 대칭파가 아니므로 1주기간의 값으로 구한다.

(1) 구형파 : ① 평균값의 적분은 반주기간의 면적으로 구한다.

$$V_{av} = \frac{1}{T/2}\int_0^{T/2} v\,dt = \frac{2}{T}\left(V_m \times \frac{T}{2}\right) = V_m$$

② 실효값의 적분은 반주기간에서 v^2과 가로축이 이루는 도형의 면적으로 구한다.

$$V = \sqrt{\frac{1}{T/2}\int_0^{T/2} v^2\,dt} = \sqrt{\frac{2}{T}\left(V_m^{\ 2} \times \frac{T}{2}\right)} = V_m$$

(2) 반파 구형파

$$V_{av} = \frac{1}{T}\int_0^{T} v\,dt = \frac{1}{T}\left(V_m \times \frac{T}{2}\right) = \frac{V_m}{2}$$

$$V = \sqrt{\frac{1}{T}\int_0^{T} v^2\,dt} = \sqrt{\frac{1}{T}\left(V_m^{\ 2} \times \frac{T}{2}\right)} = \sqrt{\frac{V_m^{\ 2}}{2}} = \frac{V_m}{\sqrt{2}}$$

예제 5.8

그림 5.11의 파형에서 $I_m = 5\,[\mathrm{A}]$일 때, 평균값과 실효값을 표 5.2를 이용하여 구하라.

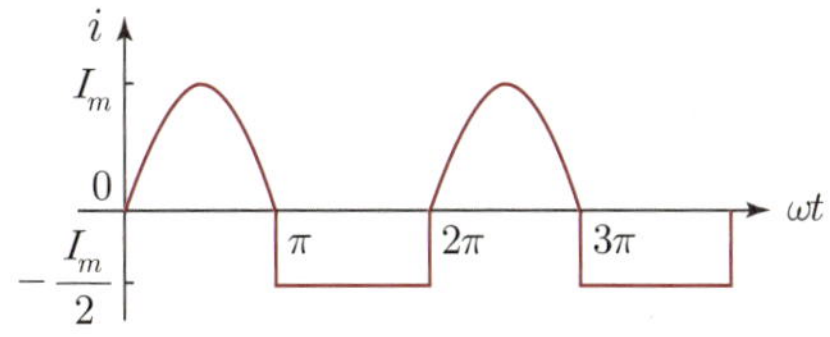

$$i(t) = \begin{cases} I_m \sin\omega t, & (0 < \omega t < \pi) \\ -I_m/2, & (\pi < \omega t < 2\pi) \end{cases}$$

그림 5.11 ▸ 주기파

풀이 **그림 5.11**은 최대값 I_m의 반파 정류파와 음의 최대값(최소값) $-I_m/2$의 반파 구형파의 합성으로 이루어진 **그림 5.6**(a)와 같은 일반 주기파이다.

(1) 평균값 : 각 파형에 대한 평균값 I_{av1}, I_{av2}의 대수합 $I_{av} = I_{av1} + I_{av2}$

(2) 실효값 : 각 파형의 실효값 I_1, I_2의 제곱의 합에 대한 제곱근

$$I = \sqrt{I_1^{\,2} + I_2^{\,2}}$$

(1) 평균값 : **표 5.2**에 의한 반파 정류파의 평균값 $\frac{I_m}{\pi}$, 반파 구형파의 평균값 $-\frac{I_m}{4}$

$$I_{av} = \frac{I_m}{\pi} - \frac{I_m}{4} = \frac{4-\pi}{4\pi} I_m$$

$$\therefore\ I_{av} = \frac{4-\pi}{4\pi} \times 5 = 0.342\,[\mathrm{A}]$$

(2) 실효값 : **표 5.2**에 의한 반파 정류파의 실효값 $\frac{I_m}{2}$, 반파 구형파의 실효값 $\frac{I_m}{2\sqrt{2}}$

$$I = \sqrt{\left(\frac{I_m}{2}\right)^2 + \left(\frac{I_m}{2\sqrt{2}}\right)^2} = \sqrt{\frac{3}{8}}\, I_m = \frac{\sqrt{6}}{4} I_m$$

$$\therefore\ I = \frac{\sqrt{6}}{4} \times 5 = 3.062\,[\mathrm{A}]$$

5.5 파고율과 파형률

일반적으로 교류는 실효값을 대표값으로 나타내지만, 실효값으로는 파형(모양)을 알 수 없기 때문에 개략적인 파형을 파악하기 위하여 구형파(사각파)에 대한 일그러짐의 정도를 나타내는 계수로써 **파고율**(crest factor)과 **파형률**(form factor)을 사용한다.

파고율과 파형률은 각각 다음과 같이 정의한다.

$$\begin{cases} \text{파고율} = \dfrac{\text{최대값}}{\text{실효값}} \left(= \dfrac{V_m}{V} \right) \\ \text{파형률} = \dfrac{\text{실효값}}{\text{평균값}} \left(= \dfrac{V}{V_{av}} \right) \end{cases} \tag{5.27}$$

정현파 교류에 대한 파고율과 파형률은 **표 5.2**의 최대값 V_m, 실효값 V와 평균값 V_{av}로부터 다음과 같이 얻어진다.

$$\begin{aligned} \text{파고율} &= \frac{V_m}{V} = \frac{V_m}{V_m/\sqrt{2}} = \sqrt{2} \fallingdotseq 1.414 \\ \text{파형률} &= \frac{V}{V_{av}} = \frac{V_m/\sqrt{2}}{2V_m/\pi} = \frac{\pi}{2\sqrt{2}} \fallingdotseq 1.11 \end{aligned} \tag{5.28}$$

다른 비정현파의 파고율과 파형률도 정현파 교류에서 구하는 방법과 동일하며, **표 5.3**에 나타낸다.

표 5.3 ▶ 각종 주기파의 실효값, 평균값, 파고율, 파형률

(V_m : 파형의 최대값)

파 형	실효값 V	평균값 V_{av}	파고율	파형률
정현파 전파 정류파	$\frac{V_m}{\sqrt{2}}$	$\frac{2V_m}{\pi}$	$\sqrt{2}=1.414$	$\frac{\pi}{2\sqrt{2}}=1.11$
반파 정류파	$\frac{V_m}{2}$	$\frac{V_m}{\pi}$	2	$\frac{\pi}{2}=1.571$
구형파	V_m	V_m	1	1
반파 구형파	$\frac{V_m}{\sqrt{2}}$	$\frac{V_m}{2}$	$\sqrt{2}=1.414$	$\sqrt{2}=1.414$
삼각파 톱니파	$\frac{V_m}{\sqrt{3}}$	$\frac{V_m}{2}$	$\sqrt{3}=1.732$	$\frac{2}{\sqrt{3}}=1.155$

참고 파고율과 파형률의 학습법과 기억법

(1) 공식 암기

① 교류의 크기를 나타내는 값의 크기 순서(최대값 > 실효값 > 평균값)대로 위에서 아래로 작성한다.

② 교류의 크기 순서로 작성한 세 값의 각 중간에 '높을 고'가 포함되어 있는 파고율을 위, 파형률을 아래라고 생각하면서 왼쪽에 작성한다.

③ 교류의 크기를 두 개씩 묶으면 파고율과 파형률의 공식이 유도된다.

$$\text{파고율} = \frac{\text{최대값}}{\text{실효값}}$$

$$\text{파형률} = \frac{\text{실효값}}{\text{평균값}}$$

(2) 파고율과 파형률의 계산법

① 파고율 : **표 5.3**의 실효값 V에서 **계수의 역수**가 파형의 파고율

② 파형률 : **표 5.3**에서 **실효값/평균값**(V/V_{av})으로 계산하여 구함

(3) 구형파의 파고율과 파형률은 1 이다.(파고율과 파형률의 기준 파형이 구형파이기 때문)

예제 5.9

반파 구형파의 파고율과 파형률을 구하라.

풀이 **표 5.3**에서 반파 구형파의 실효값과 평균값은

$$V = \frac{V_m}{\sqrt{2}}, \quad V_{av} = \frac{1}{2} V_m$$

이다. 따라서 파고율과 파형률은 각각 다음과 같이 구해진다.

$$\text{파고율} = \frac{V_m}{V} = \sqrt{2} \fallingdotseq 1.414 (\text{실효값에서 계수의 역수})$$

$$\text{파형률} = \frac{V}{V_{av}} = \frac{(1/\sqrt{2})V_m}{(1/2)V_m} = \sqrt{2} \fallingdotseq 1.414$$

참고 정현파 교류 기전력의 발생 원리

정현파 교류의 기전력을 발생하는 장치는 구조가 가장 간단한 2극 발전기이며 **그림 5.12**(a)에 나타낸다. 균일한 자속밀도 내에 사각형의 코일을 넣고 반시계 방향으로 회전시키면 코일 면을 관통하는 자속 수가 시간에 따라 주기적으로 변하고, 이때 패러데이 법칙에 의해 코일에는 시간에 따라 주기적으로 방향이 바뀌는 사인함수의 유도기전력이 발생한다. 이 유도기전력을 **교류 기전력**이라 한다. 교류 기전력이 발생하는 코일의 두 단자에 회로를 연결하면 역시 사인함수로 변화하는 전류가 흐르고, 이 전류를 **교류전류**(AC)라고 한다. 이와 같은 원리로 교류의 전압과 전류를 얻는 장치를 **교류 발전기**라고 한다.

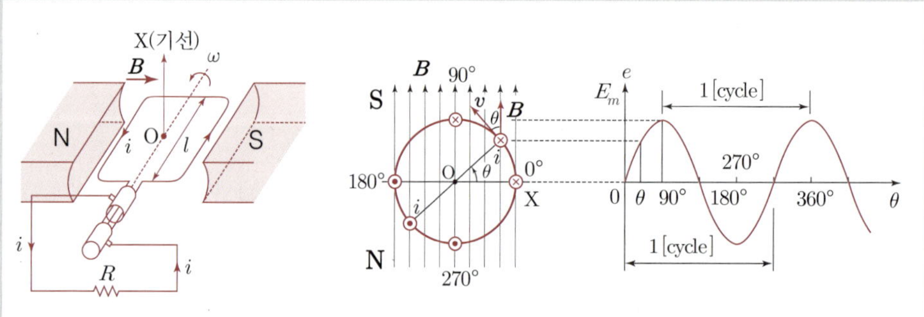

(a) 교류 발전기 (b) 유도기전력의 발생 (c) 정현파 교류

그림 5.12 ▶ 정현파 교류 기전력의 발생 원리

그림 5.12(b)와 같이 균일한 자속밀도 B 내에 B와 직각으로 놓여진 길이 l의 도체가 각속도 ω와 선속도 v로 원운동을 하는 경우, 도체는 0° 순간에 자속과 평행이 되어 자속을 자르지 못하므로 발생하는 기전력은 0이다. 도체가 θ인 점에서 플레밍 오른손법칙에 의해 운동도체의 속도 v와 자속밀도 B의 관계에서 발생하는 유도기전력 e는 $Blv\sin\theta$[V]이고, 90°인 점에서 자속을 최대로 자르므로 유도기전력은 최대인 Blv[V]가 된다.

플레밍 오른손법칙을 수학적으로 표현하면 운동도체의 속도 $\boldsymbol{v}$와 자속밀도 $\boldsymbol{B}$의 벡터적의 관계로부터 $\boldsymbol{e} = (\boldsymbol{v} \times \boldsymbol{B})l$에 의해 폐회로(사각코일)를 이루는 두 도체에서 발생하는 유도기전력의 크기 e는 다음과 같다.

$$e = 2Blv\sin\theta = 2Blv\sin\omega t \text{ [V]} (\theta = \omega t)$$

유도기전력의 진폭 또는 최대값 $2Blv$를 E_m이라 하면 E_m은 최대값이고, 유도기전력 e는 다시

$$e = E_m \sin\omega t \text{ [V]}$$

로 간단히 표현할 수 있다. 시간함수 t로 표현한 위의 식을 **순시값**(instantaneous value)이라 한다. 위의 함수를 그래프로 나타내면 교류는 **그림 5.12**(c)와 같이 **정현파**가 된다.

5.6 수동소자의 정현파 교류회로

정현파 교류가 인가된 수동소자 R, L, C의 조합에 의한 직렬회로의 전압과 전류의 관계에 대해 삼각함수를 이용하여 구하는 방법을 소개한다. 이 방법은 제 6, 7 장에서 페이저에 의한 교류회로 해석법을 배우게 되면 **삼각함수의 복잡한 계산과정을 포함하기 때문에 비효율적**이라는 것을 알게 될 것이다. 따라서 결과에 대한 유도과정에 너무 집착하지 않기를 바란다. 그러나 본 단원에서는 정현파에 의한 각 회로소자에 대한 전압과 전류의 특성, 위상관계, 교류회로 저항인 임피던스 등에 관한 교류회로의 기본적인 특성을 이해하는데 많은 도움이 되므로 이를 중심으로 학습하기 바란다.

(1) 순 저항회로(순 R 회로)

그림 5.13(a)와 같은 순 저항회로에 교류전류 $i = I_m \sin\omega t$가 흐를 때, 저항 R의 양단에 생기는 전압강하 v는 옴의 법칙에 의해

$$v = Ri = RI_m \sin\omega t = V_m \sin\omega t \tag{5.29}$$

가 된다. 식 (5.29)에 의한 최대값과 $V_m = \sqrt{2}\,V$, $I_m = \sqrt{2}\,I$로부터 실효값은 각각

$$\text{최대값 : } V_m = RI_m, \quad \text{실효값 : } V = RI \tag{5.30}$$

의 관계가 성립한다. 순 저항회로는 직류회로의 옴의 법칙과 동일한 결과를 나타낸다.

순 R 회로의 전압과 전류의 관계는 **그림 5.13**(b)와 같고, 순 R 회로의 **교류 특성**은 다음과 같이 요약할 수 있다.

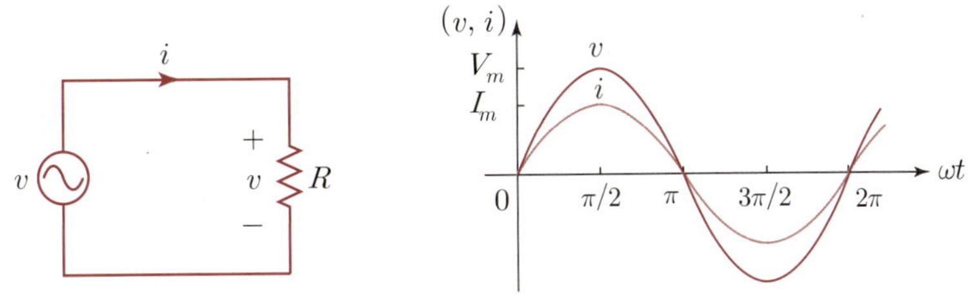

(a) 저항 회로 (b) 전압과 전류의 위상 관계

그림 5.13 ▸ 순 R 회로

① 전압의 주파수와 전류의 주파수는 같다.
② 전압과 전류는 동상이다.
③ 실효값 $V = RI$이다.

(2) 순 인덕턴스 회로(순 L 회로)

그림 5.14(a)와 같은 순 L 회로에 교류전류 $i = I_m \sin\omega t$가 흐를 때, 인덕턴스 L의 양단에 생기는 전압강하 v는 식 (4.3)에 의하여

$$v = L\frac{di}{dt} = L\frac{d}{dt}(I_m \sin\omega t) = \omega L I_m \cos\omega t$$
$$= \omega L I_m \sin\left(\omega t + \frac{\pi}{2}\right) = \omega L I_m \sin(\omega t + 90°) \tag{5.31}$$

가 된다. 식 (5.31)에서 최대값과 실효값은 각각

$$V_m = \omega L I_m, \quad V = \omega L I \text{ 또는 } I = \frac{V}{\omega L} \tag{5.32}$$

의 관계가 성립한다. 순 L 회로의 식 (5.32)에서 ωL은 순 R 회로의 식 (5.30)과 비교하면 저항 R과 같은 역할을 한다. 이로부터 L 소자에 교류를 인가하면 저항소자와 마찬가지로 전류의 흐름을 방해하는 교류 저항 성분이 있다. L 소자의 교류 저항 성분을 **유도 리액턴스**(inductive reactance)라 하며, X_L로 표기한다. 단위는 저항과 동일한 **옴**[Ω]을 사용한다. 즉,

$$X_L = \omega L = 2\pi f L\ [\Omega] \tag{5.33}$$

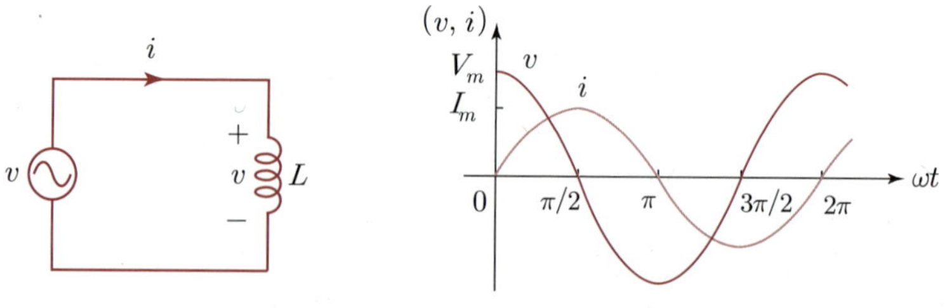

(a) 인덕터 회로 (b) 전압과 전류의 위상 관계

그림 5.14 ▸ 순 L 회로

따라서 식 (5.32)는 다음과 같이 다시 표현할 수 있다.

$$\text{최대값 } V_m = \omega L I_m = X_L I_m$$
$$\text{실효값 } V = \omega L I = X_L I \quad \text{또는} \quad I = \frac{V}{\omega L} = \frac{V}{X_L} \tag{5.34}$$

순 L 회로의 전압과 전류의 관계는 **그림 5.14**(b)와 같고, 순 L 회로의 **교류 특성**은 다음과 같이 요약할 수 있다.

① 전압의 주파수와 전류의 주파수는 같다.
② 전류가 전압보다 90° 뒤진 지상전류가 흐른다.
③ 유도성 리액턴스 $X_L = \omega L\,[\Omega]$이다.

예제 5.10

인덕턴스가 0.5[H]인 코일의 리액턴스가 753.6[Ω]일 때 주파수[Hz]를 구하라.

풀이 인덕턴스 $L = 0.5\,[\text{H}]$, 리액턴스 $X_L = 753.6\,[\Omega]$이므로 식 (5.33)에 의하여

$$X_L = \omega L = 2\pi f L \qquad \therefore\ f = \frac{X_L}{2\pi L} = \frac{753.6}{2\pi \times 0.5} = 240\,[\text{Hz}]$$

예제 5.11

$L = 20\,[\text{mH}]$의 인덕터에 110[V], 60[Hz]의 전압을 인가하였을 때 흐르는 전류의 순시값 i를 구하라.

풀이 (교류회로 해석의 기본)

① 전압과 전류의 위상관계를 파악할 수 있도록 **회로의 종류를 판정**한다.
② L소자의 단위가 [Ω]인지를 확인한다. L[H]이면 X_L[Ω]으로 변환한다.

(1) 순 L 회로이고, 전압의 위상 정보가 없으므로 전압의 위상 0°를 기준으로 취하면, 순 L 회로에서 전류의 위상 θ는 전압보다 90° 뒤진 전류(지상전류)의 특성이 있으므로 −90°가 된다.

(2) $L = 20\,[\text{mH}]$이므로 유도 리액턴스 $X_L[\Omega]$을 구한다.

$$X_L = \omega L = 2\pi f L = 2\pi \times 60 \times 20 \times 10^{-3} = 7.54\,[\Omega]$$

(3) 전류 I를 구한다.

$$I = \frac{V}{X_L} = \frac{110}{7.54} = 14.59\ [\mathrm{A}]$$

(4) 전류의 순시값의 일반식에서 위의 단계에서 구한 값들을 대입한다.

$$i = \sqrt{2}\, I \sin(\omega t + \theta) = 14.59\sqrt{2}\sin(120\pi t - 90°)\ [\mathrm{A}]$$

(3) 순 커패시턴스 회로(순 C 회로)

그림 5.15(a)와 같은 순 C 회로에 교류전류 $i = I_m \sin\omega t$가 흐를 때, 커패시턴스 C의 양단에 생기는 전압강하 v는 식 (4.16)에 의하여

$$\begin{aligned} v &= \frac{1}{C}\int i\,dt = \frac{1}{C}\int (I_m \sin\omega t)dt = -\frac{1}{\omega C} I_m \cos\omega t \\ &= \frac{1}{\omega C} I_m \sin\left(\omega t - \frac{\pi}{2}\right) = \frac{1}{\omega C} I_m \sin(\omega t - 90°) \end{aligned} \tag{5.35}$$

가 된다. 식 (5.35)에서 최대값과 실효값은 각각

$$\begin{aligned} &\text{최대값}\ \ V_m = \frac{1}{\omega C} I_m \\ &\text{실효값}\ \ V = \frac{1}{\omega C} I \quad \text{또는} \quad I = \omega C V \end{aligned} \tag{5.36}$$

의 관계가 성립한다.

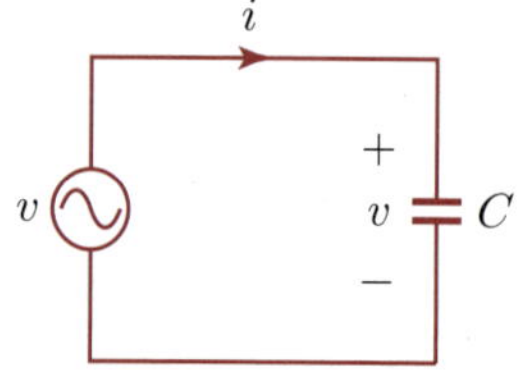

(a) 커패시터 회로

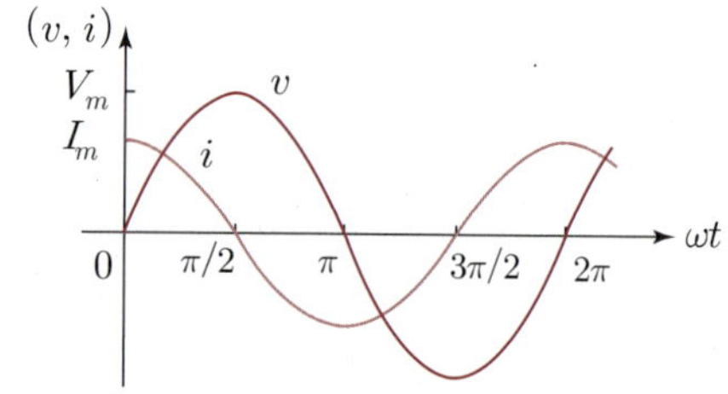

(b) 전압과 전류의 위상 관계

그림 5.15 ▶ 순 C 회로

순 C 회로의 식 (5.36)에서 $1/\omega C$은 순 R 회로의 식 (5.30)과 비교하면 저항 R과 같은 역할을 한다. 이로부터 C소자에 교류를 인가하면 저항소자와 마찬가지로 전류의 흐름을 방해하는 교류 저항 성분이 있다. C소자의 교류 저항 성분을 **용량 리액턴스**(capacitive reactance)라고 하며, X_C로 표기한다. 단위는 저항과 동일한 **옴**$[\Omega]$을 사용한다. 즉,

$$X_C = \frac{1}{\omega C} = \frac{1}{2\pi f C}\ [\Omega] \tag{5.37}$$

따라서 식 (5.36)은 다음과 같이 다시 표현할 수 있다.

$$\begin{aligned} &\text{최대값}\ \ V_m = \frac{1}{\omega C} I_m = X_C I_m \\ &\text{실효값}\ \ V = \frac{1}{\omega C} I = X_C I \quad \text{또는}\ \ I = \omega C V = \frac{V}{X_C} \end{aligned} \tag{5.38}$$

순 C 회로의 전압과 전류의 관계는 **그림 5.15**(b)와 같고, 순 C 회로의 **교류 특성**은 다음과 같이 요약할 수 있다.

① 전압의 주파수와 전류의 주파수는 같다.
② 전류가 전압보다 90° 앞선 진상전류가 흐른다.
③ 용량성 리액턴스 $X_C = 1/\omega C\,[\Omega]$이다.

이상의 결과로부터 순 R 회로에서 저항 $R[\Omega]$에 해당하는 순 L 회로와 순 C 회로에도 **교류 저항 성분**이 있다. 이를 **리액턴스** $X[\Omega]$라고 하며 **유도 리액턴스** $X_L[\Omega]$과 **용량 리액턴스** $X_C[\Omega]$로 구분한다. 리액턴스는 식 (5.33)과 식 (5.37)과 같이 L과 C소자에서 주파수에 따라 변하는 교류 저항 성분이다.

교류회로에서 **위상차**는 전압과 전류의 위상 관계이다. 순 L 회로에서는 전압의 위상이 전류보다 90° 앞서고, 또는 전류의 위상이 전압보다 90° 뒤진다. 이러한 전압과 전류의 위상 관계를 간단히 **지상전류**라고 하며, 전압을 기준으로 뒤진 전류를 의미한다.

순 C 회로에서는 전압의 위상이 전류보다 90° 뒤지고, 또는 전류의 위상이 전압보다 90° 앞선다. 이러한 전압과 전류의 위상 관계를 **진상전류**라고 하며, 전압을 기준으로 앞선 전류를 의미한다. 이와 같이 전압을 기준으로 **전류의 위상이 뒤지는 지상전류**와 **전류**

의 위상이 앞서는 진상전류는 전기전자 용어집에 있을 뿐만 아니라 현장에서 전기기술자들이 통상적으로 사용하는 용어이다. 반면에 지상전압과 진상전압이라는 용어는 사용하지 않는다.

리액턴스 X는 L, C소자의 회로특성에서 지상 또는 진상전류를 구분하고 역위상 관계가 있기 때문에 X_L은 양(+), X_C는 음(−)으로 취급하지만, 본 교재는 리액턴스 X_L, X_C 모두 양으로 취급하기로 한다.

표 5.4는 각 소자에 대한 교류 저항 성분과 특징을 요약한 것이고, 위상차는 전압을 기준으로 한다.

표 5.4 ▸ R, L, C의 교류회로에 따른 특성

수동소자	교류 저항 성분		소자 전압	위상 관계(v, i)
저항 $R[\Omega]$	$R[\Omega]$		$V_R = RI[\mathrm{V}]$	동상[0°]
인덕턴스 $L[\mathrm{H}]$	리액턴스 X	$X_L[\Omega]$(유도성) $X_L = \omega L = 2\pi f L[\Omega]$	$V_L = X_L I = \omega LI$	지상전류 [90°]
커패시턴스 $C[\mathrm{F}]$	리액턴스 X	$X_C[\Omega]$(용량성) $X_C = \frac{1}{\omega C} = \frac{1}{2\pi f C}[\Omega]$	$V_C = X_C I = \frac{1}{\omega C} I$	진상전류 [90°]

※ 리액턴스 X는 L과 C 소자에서 주파수에 따라 변하는 교류 저항 성분

예제 5.12

커패시턴스가 $5[\mu\mathrm{F}]$인 콘덴서를 $50[\mathrm{Hz}]$의 전원에 사용할 때 용량 리액턴스$[\Omega]$를 구하라.

풀이 커패시턴스 $C = 5[\mu\mathrm{F}]$, 주파수 $f = 50[\mathrm{Hz}]$로부터 식 (5.37)에 의하여

$$X_C = \frac{1}{\omega C} = \frac{1}{2\pi f C} = \frac{1}{2\pi \times 50 \times 5 \times 10^{-6}} = 637\ [\Omega]$$

예제 5.13

커패시턴스가 $50[\mu\mathrm{F}]$인 커패시터에 $v = 100\sqrt{2}\sin 377t[\mathrm{V}]$의 교류전압을 인가하였을 때, 이 회로에 흐르는 전류의 실효값 I와 순시값 i를 구하라.

풀이 (교류회로 해석의 기본)

① 회로의 종류를 판정한다.(전압과 전류의 위상관계 파악)

② C 소자의 단위가 $[\Omega]$인지를 확인한다. C[F]이면 $X_C[\Omega]$로 변환한다.

(1) 순 C 회로 : 위상차 90°의 진상전류

(2) $C = 50\,[\mu\text{F}]$이므로 용량 리액턴스 $X_C[\Omega]$를 구한다.($\omega = 377\,[\text{rad/s}]$)

$$X_C = \frac{1}{\omega C} = \frac{1}{377 \times 50 \times 10^{-6}} = 53\,[\Omega]$$

(3) 전류(실효값) I를 구한다.

$$I = \frac{V}{X_C} = \frac{100}{53} = 1.89\,[\text{A}]$$

(4) 전류 순시값의 일반식에서 위의 단계에서 구한 값들을 대입한다.

$$i = \sqrt{2}\,I\sin(\omega t + \theta) = 1.89\sqrt{2}\,\sin(377t + 90°)\,[\text{A}]$$

(4) RL 직렬회로

그림 5.16과 같은 RL 직렬회로에서 $v-i$ 관계를 구하기 위해 각 소자에 전류가 동일한 교류전류 $i = I_m \sin\omega t$가 흐르는 것을 가정하고 단자전압 v를 구해본다.

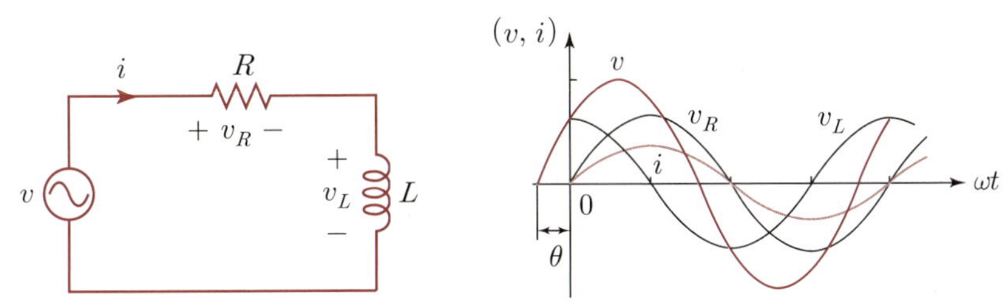

(a) RL 회로 (b) 전압과 전류의 위상 관계

그림 5.16 ▶ RL 직렬회로

전류 i가 유입하는 방향으로 생기는 각 소자에서의 전압강하 v_R, v_L이라 할 때, 전체의 전압강하를 v라고 하면 KVL에 의해

$$v = v_R + v_L, \quad v = Ri + L\frac{di}{dt} \tag{5.39}$$

이다. 식 (5.29)의 v_R과 식 (5.31)의 v_L을 각각 식 (5.39)에 대입하면

$$v = RI_m \sin\omega t + \omega L I_m \cos\omega t = I_m (R\sin\omega t + \omega L \cos\omega t)$$

$$\therefore \quad v = I_m (R\sin\omega t + X_L \cos\omega t) \tag{5.40}$$

가 된다. 식 (5.40)은 **참고**의 삼각함수의 합성법에 의해 다음의 식으로 유도된다.

$$v = I_m \sqrt{R^2 + X_L{}^2} \sin(\omega t + \theta) \text{ 단, 위상차 } \theta = \tan^{-1}\frac{X_L}{R}$$
$$v = V_m \sin(\omega t + \theta) \tag{5.41}$$

v의 최대값 V_m과 실효값 V는 다음과 같은 관계가 성립한다.

$$V_m = \sqrt{R^2 + X_L{}^2}\, I_m, \quad V = \sqrt{R^2 + X_L{}^2}\, I \tag{5.42}$$

식 (5.41)의 위상차 θ로부터 **그림 5.17**과 같이 R과 X_L을 두 변으로 하는 임피던스 삼각도로 나타낼 수 있다.

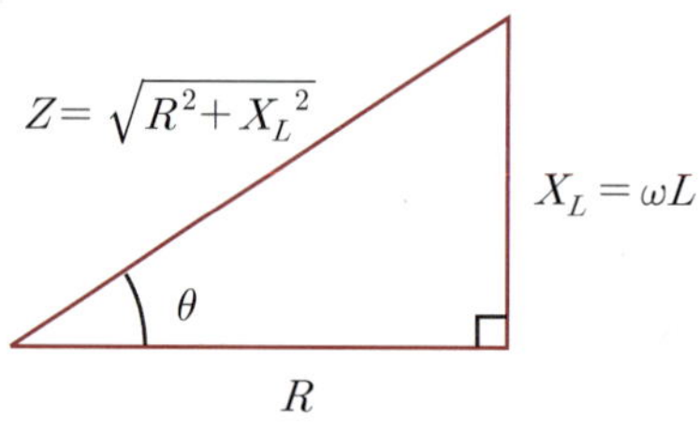

그림 5.17 ▶ 임피던스 삼각도(RL 회로)

여기서 $\sqrt{R^2 + X_L{}^2}$은 저항 R과 리액턴스 X_L의 **합성 교류 저항 성분**이고, 이것을 **임피던스**(impedance)라고 하며, $\boldsymbol{Z}$로 표기한다. 단위는 저항 및 리액턴스와 동일한 **옴** [Ω]을 사용한다. 즉,

$$Z = \frac{V}{I} = \sqrt{R^2 + X_L{}^2} = \sqrt{R^2 + (\omega L)^2} \ [\Omega] \tag{5.43}$$

그림 5.16의 임피던스 삼각도는 성분이 다른 두 소자의 합성 저항의 크기와 위상을 나타내는 회로해석에 매우 유용하게 사용된다.

RL 직렬회로의 전압과 전류의 관계의 **교류 특성**은 다음과 같이 요약할 수 있다.

① 전압의 주파수와 전류의 주파수는 같다.

② 전류가 전압보다 $\theta\,(0° < \theta < 90°)$만큼 뒤진 지상전류가 흐른다.

③ 합성 임피던스는 $Z = \sqrt{R^2 + (\omega L)^2}\,[\Omega]$이다.

참고 삼각함수의 합성법

$a\sin x + b\cos x$ **의 합성**

$$a\sin x + b\cos x = \sqrt{a^2+b^2}\left(\sin x \cdot \frac{a}{\sqrt{a^2+b^2}} + \cos x \cdot \frac{b}{\sqrt{a^2+b^2}}\right)$$

$$= \sqrt{a^2+b^2}\,(\sin x\cos\theta + \cos x\sin\theta)$$

$$\therefore\ a\sin x + b\cos x = \sqrt{a^2+b^2}\,\sin(x+\theta) \quad 단,\ \theta = \tan^{-1}\frac{b}{a}$$

예제 5.14

저항 $20\,[\Omega]$, 인덕턴스 $56\,[\mathrm{mH}]$의 직렬회로에 $60\,[\mathrm{Hz}]$, 실효값 $100\,[\mathrm{V}]$의 전압을 인가할 때 회로전류의 순시값을 구하라.

풀이

$$X_L = \omega L = 2\pi f L = 2\pi \times 60 \times 56 \times 10^{-3} = 21.1\,[\Omega]$$

$$Z = \sqrt{R^2 + {X_L}^2} = \sqrt{20^2 + 21.1^2} = 29.1\,[\Omega]$$

$$\theta = \tan^{-1}\frac{X_L}{R} = \tan^{-1}\frac{21.1}{20} = 46.5°\ (v,\ i\ 의\ 위상차)$$

(유도성의 RL 회로이므로 지상전류 : 전류의 위상 $\theta = -46.5°$)

$$I = \frac{V}{Z} = \frac{100}{29.1} = 3.44\,[\mathrm{A}] \qquad \therefore\ i = 3.44\sqrt{2}\,\sin(120\pi t - 46.5°)\,[\mathrm{A}]$$

(5) RC 직렬회로

그림 5.18(a)와 같은 RC 직렬회로에서 $v-i$ 관계를 구하기 위해 각 소자에 전류가 동일한 교류전류 $i = I_m \sin\omega t$가 흐르는 것을 가정하고 단자전압 v를 구해본다.

전류 i가 유입하는 방향으로 생기는 각 소자에서의 전압강하 v_R, v_C라 할 때, 전체의 전압강하를 v라고 하면 KVL에 의해

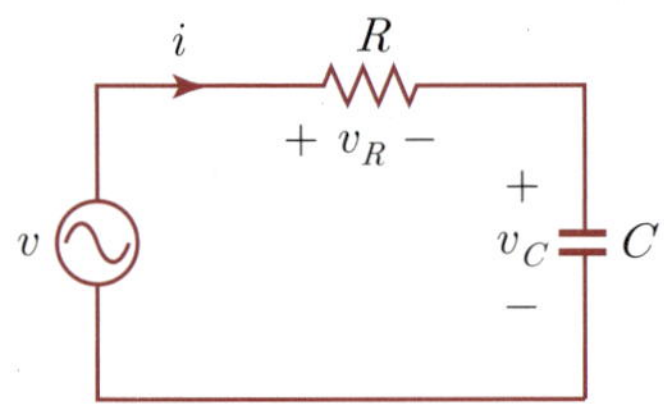

(a) RC 회로

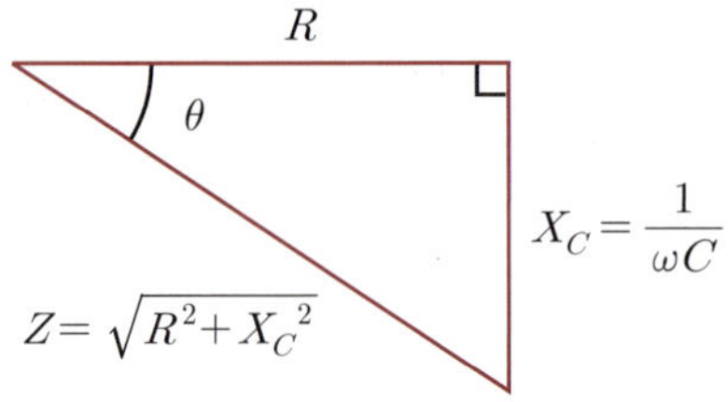

(b) 임피던스 삼각도(RC 회로)

그림 5.18 ▸ RC 직렬회로

$$v = v_R + v_C, \quad v = Ri + \frac{1}{C}\int i\,dt \tag{5.44}$$

이다. 식 (5.29)의 v_R과 식 (5.35)의 v_C를 각각 식 (5.44)에 대입하면

$$v = RI_m \sin\omega t - \frac{1}{\omega C} I_m \cos\omega t = I_m (R\sin\omega t - X_C \cos\omega t) \tag{5.45}$$

가 된다. 식 (5.45)는 **참고**의 삼각함수의 합성법에 의해 다음의 식으로 유도된다.

$$\begin{aligned} v &= I_m \sqrt{R^2 + X_C^{\ 2}} \sin(\omega t + \theta) \quad \text{단, 위상차 } \theta = \tan^{-1}\frac{X_C}{R} \\ v &= V_m \sin(\omega t + \theta) \end{aligned} \tag{5.46}$$

v의 최대값 V_m과 실효값 V는 다음과 같은 관계가 성립한다.

$$V_m = \sqrt{R^2 + X_C^{\ 2}}\, I_m, \quad V = \sqrt{R^2 + X_C^{\ 2}}\, I \tag{5.47}$$

식 (5.46)의 위상차 θ로부터 **그림 5.18**(b)와 같이 R과 X_C를 두 변으로 하는 임피던스 삼각도로 나타낼 수 있다. 이로부터 회로 전체의 합성 임피던스 Z는

$$Z = \frac{V}{I} = \sqrt{R^2 + X_C^{\ 2}} = \sqrt{R^2 + \left(\frac{1}{\omega C}\right)^2} \ [\Omega] \tag{5.48}$$

RC 직렬회로의 전압과 전류의 관계의 **교류 특성**은 다음과 같이 요약할 수 있다.

① 전압의 주파수와 전류의 주파수는 같다.
② 전류가 전압보다 $\theta\,(0° < \theta < 90°)$만큼 앞선 진상전류가 흐른다.
③ 합성 임피던스는 $Z = \sqrt{R^2 + X_C{}^2}\,[\Omega]$이다.

예제 5.15

저항 $100\,[\Omega]$, 커패시턴스 $30\,[\mu\text{F}]$의 직렬회로에 $60\,[\text{Hz}]$, 실효값 $100\,[\text{V}]$의 교류 전압을 인가할 때 회로전류의 순시값을 구하라.

풀이

$$X_C = \frac{1}{\omega C} = \frac{1}{2\pi f C} = \frac{1}{2\pi \times 60 \times 30 \times 10^{-6}} = 88.42\,[\Omega]$$

$$Z = \sqrt{R^2 + X_C{}^2} = \sqrt{100^2 + 88.42^2} = 133.5\,[\Omega]$$

$$\theta = \tan^{-1}\frac{X_C}{R} = \tan^{-1}\frac{88.42}{100} = 41.5°\,(v,\ i\text{ 의 위상차})$$

(용량성의 RC 회로이므로 진상전류 : 전류의 위상 $\theta = 41.5°$)

$$I = \frac{V}{Z} = \frac{100}{133.5} = 0.75\,[\text{A}] \qquad \therefore\ i = 0.75\sqrt{2}\,\sin(120\pi t + 41.5°)\,[\text{A}]$$

(6) RLC 직렬회로

그림 5.19(a)와 같은 RLC 직렬회로에서 $v-i$ 관계를 구하기 위해 각 소자에 전류가 동일한 교류전류 $i = I_m \sin\omega t$가 흐르는 것을 가정하고 단자전압 v를 구해본다.

전류 i가 유입하는 방향으로 생기는 각 소자에서의 전압강하 v_R, v_L, v_C라 할 때, 전체의 전압강하를 v라고 하면 KVL에 의해

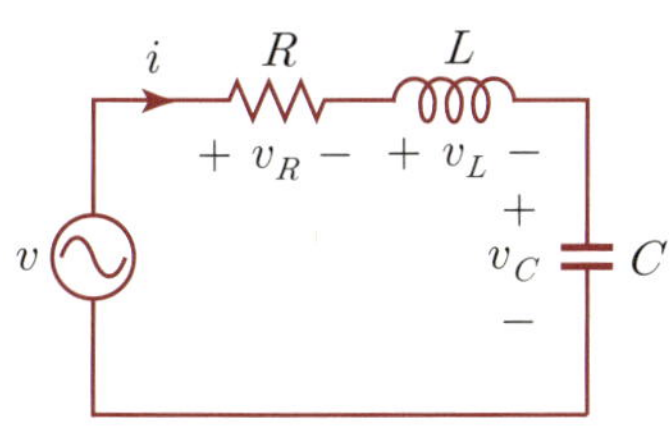

(a) RLC 회로

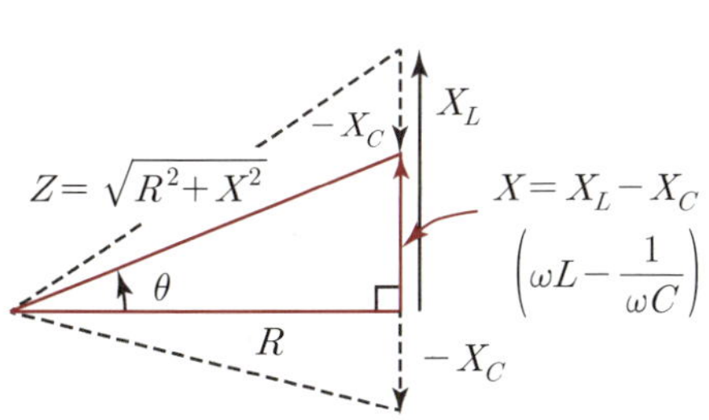

(b) 임피던스 삼각도$(X_L > X_C)$

그림 5.19 ▶ RLC **직렬회로**

$$v = v_R + v_L + v_C, \quad v = Ri + L\frac{di}{dt} + \frac{1}{C}\int i\,dt \tag{5.49}$$

이다. 식 (5.29)의 v_R, 식 (5.31)의 v_L, 식 (5.35)의 v_C를 각각 식 (5.49)에 대입하면

$$v = I_m(R\sin\omega t + X_L\cos\omega t - X_C\cos\omega t)$$

$$\therefore \quad v = I_m\{R\sin\omega t + (X_L - X_C)\cos\omega t\} \tag{5.50}$$

가 된다. 여기서 $X = X_L - X_C$라 하면 **참고**의 삼각함수의 합성법에 의해

$$v = I_m(R\sin\omega t + X\cos\omega t)$$

$$\therefore \quad v = I_m\sqrt{R^2 + X^2}\sin(\omega t + \theta) \tag{5.51}$$

이다. v의 최대값 V_m과 실효값 V는 다음과 같은 관계가 성립한다.

$$V_m = \sqrt{R^2 + X^2}\,I_m, \quad V = \sqrt{R^2 + X^2}\,I \tag{5.52}$$

전압과 전류의 위상차 θ는

$$\theta = \tan^{-1}\frac{X}{R} = \tan^{-1}\frac{X_L - X_C}{R} = \tan^{-1}\frac{\omega L - \dfrac{1}{\omega C}}{R} \tag{5.53}$$

이다. 이들로부터 임피던스 삼각도는 **그림 5.19**(b)와 같이 X_L과 X_C는 역위상 관계가 되므로 반대 방향으로 표시한다. 즉, 회로 전체의 임피던스 Z는 다음과 같다.

$$Z = \sqrt{R^2 + X^2} = \sqrt{R^2 + (X_L - X_C)^2} = \sqrt{R^2 + \left(\omega L - \frac{1}{\omega C}\right)^2}\ [\Omega] \tag{5.54}$$

RLC 직렬회로의 전압과 전류의 관계의 **교류 특성**은 다음과 같이 요약할 수 있다.

① 전압의 주파수와 전류의 주파수는 같다.
② 전류와 전압의 위상은 $\theta\,(0° < \theta < 90°)$ 만큼 차가 있고, $X_L > X_C$이면 유도성 회로가 되어 지상전류가 흐르고, $X_L < X_C$이면 용량성 회로가 되어 진상전류가 흐른다.

③ 합성 임피던스는 $Z = \sqrt{R^2 + (X_L - X_C)^2}$ [Ω]이다.

예제 5.16

저항 30[Ω], 인덕턴스 186[mH], 커패시턴스 88[μF]의 직렬회로에 60[Hz], 실효값 100[V]의 교류전압을 인가할 때 회로전류의 순시값을 구하라.

풀이

$$X_L = \omega L = 2\pi f L = 2\pi \times 60 \times 186 \times 10^{-3} = 70\,[\Omega]$$

$$(\omega = 2\pi f = 120\pi = 377\,[\text{rad/s}])$$

$$X_C = \frac{1}{\omega C} = \frac{1}{2\pi f C} = \frac{1}{2\pi \times 60 \times 88 \times 10^{-6}} = 30\,[\Omega]$$

$$Z = \sqrt{R^2 + (X_L - X_C)^2} = \sqrt{30^2 + (70-30)^2} = 50\,[\Omega]$$

$$\theta = \tan^{-1}\frac{X_L - X_C}{R} = \tan^{-1}\frac{70-30}{30} = 53.1°\ (v,\ i \text{ 의 위상차})$$

($X_L > X_C$ 이므로 유도성 회로가 되어 지상전류 : 전류 위상 $\theta = -53.1°$)

$$I = \frac{V}{Z} = \frac{100}{50} = 2\,[\text{A}] \qquad \therefore\ i = 2\sqrt{2}\sin(120\pi t - 53.1°)\,[\text{A}]$$

참고 **L과 C소자에서 교류 저항 성분인 리액턴스의 생성 원인**

교류회로에서 리액턴스 X는 인덕터 L과 커패시터 C에서의 교류 저항 성분이다. L은 전류의 위상이 전압보다 90° 뒤지고(지상전류), C는 전류의 위상이 전압보다 90° 앞서는(진상전류) 현상이 나타난다. 이와 같은 현상이 저항 R과 다른 이유는 전류의 흐름을 방해하는 작용이 다르기 때문이다.

저항은 전류가 흐르면 자유전자가 직접 분자들과의 충돌에 의해 줄열이 발생하여 전류의 흐름을 방해한다. 그러나 제 4 장에서 설명한 것과 같이 L은 전류가 급변할 수 없는 성질, 즉 전류를 일정하게 유지하려고 전류 변화(di/dt)를 방해하는 작용으로 나타난다. 또 C는 전압이 급변할 수 없는 성질, 즉 전압을 일정하게 유지하려고 전압 변화(dv/dt)를 방해하는 작용으로 나타난다.

이와 같이 저항은 전류의 흐름을 직접적으로 방해하는 작용으로 나타나면서 동상이지만, **유도 리액턴스 X_L**과 **용량 리액턴스 X_C**는 현재의 전기적 상태를 유지시키려고 **전류 변화** 또는 **전압 변화**를 방해하는 작용을 하면서 **교류 저항 성분**으로 나타나고 **위상**도 바뀌게 된다. 즉 L과 C소자의 교류 저항 성분이 리액턴스 X가 되는 것이다.

연습문제

01 $i = 50\sin(377t - 30°)$[A]로 표시되는 정현파 전류가 있다. 다음을 각각 구하라.

(1) 최대값 I_m[A]

(2) 실효값 I[A]

(3) 각주파수 ω[rad/s]

(4) 주파수 f[Hz]

(5) 주기 T[ms]

(6) 위상 θ

(7) $t = 2$[ms]에서의 전압 v[V]

02 최대값 100[V], 주파수 60[Hz]인 정현파 전압이 있다. $t = 0$에서 순시값이 50[V]이고 이 순간에 전압이 감소하고 있다. 정현파의 순시값의 일반식을 구하라.

03 다음의 정현파 교류에 대해 가로축을 ωt로 하여 그래프로 나타내라.

(1) $v = 20\sin(100\pi t + 30°)$

(2) $i = 5\sin(377t - 60°)$

04 다음의 두 정현파에 대하여 위상차를 구하고, 위상관계를 설명하라.

(1) $v_1 = 10\sin(\omega t - 30°)$, $v_2 = 5\sin(\omega t + 30°)$

(2) $i_1 = 4\sin\omega t$, $i_2 = 6\cos\omega t$

(3) $v = 8\sin(377t - 30°)$, $i = 2\cos(377t - 60°)$

(4) $v_1 = 5\sin(\omega t - 60°)$, $v_2 = -3\cos(\omega t - 20°)$

05 60[Hz]의 두 교류전압 사이에 $\frac{2}{3}\pi$의 위상차가 있을 때 시간적으로 몇 초에 해당하는가?

06 두 교류전압 $v_1 = 141\sin(120\pi t - 30°)$, $v_2 = 150\cos(120\pi t - 30°)$의 위상차를 시간으로 표시하면 몇 초가 되는가?

07 $i = I_m \sin(\omega t - 15°)$[A]인 정현파에 있어서 ωt가 어느 값일 때 순시값이 실효값과 같은가?

08 정현파 전압의 평균값이 191[V]일 때 최대값[V]과 실효값[V]을 구하라.

09 정현파 교류전압의 실효값이 314[V]일 때 평균값[V]을 구하라.

10 반파구형파의 평균값이 10[A]일 때 실효값[A]을 구하라.

11 **그림 5.20**과 같은 구형파에서 **표 5.2**를 이용하여 평균값[A]과 실효값[A]을 구하라.

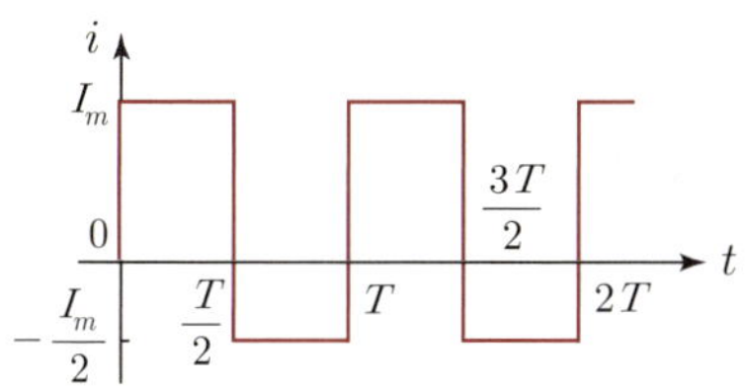

그림 5.20

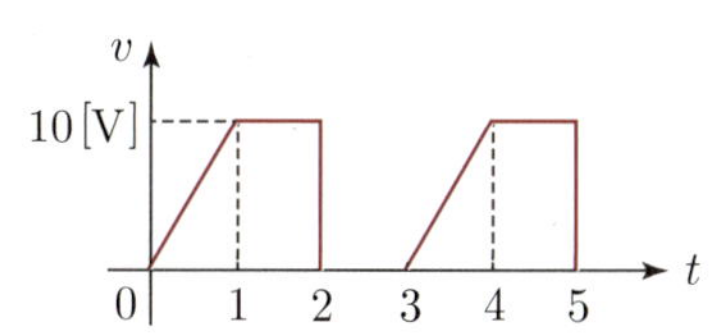

그림 5.21

12 **그림 5.21**과 같은 전압 파형의 평균값[V]과 실효값[V]을 구하라.

13 다음의 주어진 파형에 대해 파고율과 파형률을 구하라.

(1) 반파정류파 (2) 구형파 (3) 삼각파

14 5[Ω]의 저항에 $i = 10\sqrt{2}\sin(377t + 30°)$[A]의 전류가 흐르고 있다. 이 저항의 단자 전압의 실효값 V와 순시값 v를 구하라.

15 자기 인덕턴스 0.1[H]인 인덕터에 실효값 100[V], 주파수 60[Hz], 위상각 0°인 전압을 가했을 때 전류의 순시값 i를 구하라.

16 0.1[μF]의 커패시터에 실효값 1414[V], 주파수 1[kHz], 위상각 30°인 전압을 가했을 때 전류의 순시값 i를 구하라.

17 저항 20[Ω], 인덕턴스 56[mH]의 직렬회로에 실효값 141.4[V], 주파수 60[Hz]의 전압을 인가했을 때 회로전류의 순시값 i를 구하라.

18 저항 100[Ω], 커패시턴스 30[μF]의 직렬회로에 실효값 100[V], 주파수 50[Hz]의 전압을 인가했을 때 회로전류의 순시값 i를 구하라.

Chapter 6

복소수와 페이저

교류회로를 해석하려면 삼각함수 형태의 시간함수인 순시값을 사칙연산하거나 시간 영역에서 미분 또는 적분으로 표현되는 회로방정식에 대한 미분방정식의 해도 구해야 한다. 이를 위해서는 복잡한 삼각함수의 공식이 필수적으로 이용된다. 그러나 복잡한 회로해석을 하는 경우에는 삼각함수의 사칙연산조차 간편하지 않고 삼각함수의 다양한 공식을 적용하는데도 매우 어려움을 느끼게 될 것이다.

정현파의 순시값을 복소수 형태로 표현하는 페이저를 도입하면 삼각함수의 연산은 직류 저항회로의 해석과 마찬가지로 간단한 복소수의 대수연산만으로 이루어지기 때문에 매우 간편하고 쉬운 장점이 있다. 본 장에서는 교류회로의 페이저 해석을 위한 기초가 되는 복소수의 기본 개념, 복소수의 상호 변환과 페이저에 대해 학습하기로 한다.

6.1 복소수

6.1.1 복소수의 개념

복소수(complex number)는 수의 개념을 확장하여 실수 외에 허수까지 포함하는 수를 의미한다. 실수의 기본 단위는 1로써 모든 실수는 이의 배수로 나타내며, 제곱하여 0 또는 양수로 표시된다. 그러나 허수는 제곱하여 -1이 되는 새로운 수를 가상한 수로써 $\sqrt{-1}$을 기본 단위로 하며, 편의상 j로 표기한다. 즉,

$$j^2 = -1 \qquad \therefore \ j = \sqrt{-1} \tag{6.1}$$

이고, j를 **허수 단위**(imaginary unit)라 부른다. 수학 교재는 허수 단위를 i로 표시하지만, 전기 및 전자공학에서는 통상적으로 전류 i와 구분하기 위하여 j를 사용한다.

복소수는 실수와 허수의 합으로 이루어지고, 벡터의 일종으로써 $\boldsymbol{A}$ 등과 같이 **고딕체 문자**로 표기한다. 즉,

$$\boldsymbol{A} = a + jb \tag{6.2}$$

위의 복소수 $\boldsymbol{A}$에서 a를 **실수부**(real part), b를 **허수부**(imaginary part)라 하고, 다음과 같이 표시하기도 한다.

$$a = Re(\boldsymbol{A}), \quad b = Im(\boldsymbol{A}) \tag{6.3}$$

복소수는 **그림 6.1**과 같이 실수를 가로축으로 하는 **실축**과 허수를 세로축으로 하는 **허축**의 직교좌표 형식을 취하여 위치벡터 표시법과 동일하게 원점에서부터 임의의 한 점까지 화살표로 나타낼 수 있다. 따라서 **복소수는 크기와 방향을 갖는 벡터**이다.

복소수의 **크기**는 $|\boldsymbol{A}|$ 또는 A와 같이 **절대값** 또는 **이태릭체 문자**로 표기한다. 또 복소수 $\boldsymbol{A}$와 양의 실축으로부터 이루어진 각 θ를 **편각**(argument) 또는 간단히 **각**(angle)이라고 한다. 편각 θ는 $\arg(\boldsymbol{A})$로 나타내기도 한다.

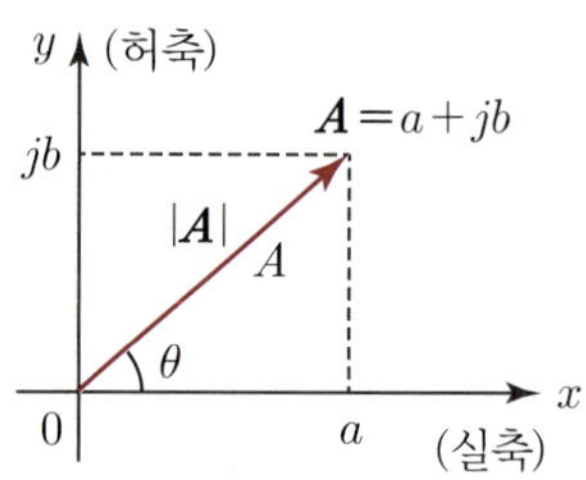

그림 6.1 ▶ 복소수의 표시

6.1.2 복소수의 연산

(1) 복소수의 상등

실수 a, b, c, d에 대해 두 복소수 $a+jb$와 $c+jd$가 서로 같은 두 복소수를 **상등**이라 하고, 다음의 관계가 성립한다.

$$a + jb = c + jd \iff a = c, \; b = d \tag{6.4}$$

허수는 양, 음과 대소 관계가 정의되어 있지 않고, 실수가 아닌 두 복소수의 대소 관계도 정의되어 있지 않다. 따라서 두 복소수 사이에서는 상등 관계만을 고려해야 한다.

(2) 복소수의 사칙연산

복소수의 연산은 실수에 관한 연산과 동일한 방법으로 하면서 문자 j가 포함된 것으로 취급한다. 이때 단지 $j^2 = -1$의 관계만 고려하면 된다.

두 복소수 $\boldsymbol{A}$, $\boldsymbol{B}$가 각각 $\boldsymbol{A} = a + jb$, $\boldsymbol{B} = c + jd$일 때, 대수적으로 계산한 **복소수의 사칙연산**은 다음과 같다.

(1) 덧셈 : $\boldsymbol{A} + \boldsymbol{B} = (a + jb) + (c + jd) = (a + c) + j(b + d)$ (6.5)

(2) 뺄셈 : $\boldsymbol{A} - \boldsymbol{B} = (a + jb) - (c + jd) = (a - c) + j(b - d)$ (6.6)

(3) 곱셈 : $\boldsymbol{AB} = (a + jb)(c + jd) = ac + j(ad + bc) + j^2bd$

$$= (ac - bd) + j(ad + bc) \tag{6.7}$$

(4) 나눗셈 : $\dfrac{\boldsymbol{A}}{\boldsymbol{B}} = \dfrac{a + jb}{c + jd} = \dfrac{(a + jb)(c - jd)}{(c + jd)(c - jd)}$

$$= \frac{ac + j(bc - ad) - j^2bd}{c^2 + d^2} = \frac{ac + bd}{c^2 + d^2} + j\frac{bc - ad}{c^2 + d^2} \tag{6.8}$$

특히 식 (6.8)과 같은 두 복소수의 나눗셈은 복소수를 **유리화**하는 것이며, 분모의 복소수에 대한 공액 복소수를 분모와 분자에 동시에 곱하여 분모를 실수화 하는 과정이다.

(3) 공액 복소수

복소수에서 실수부는 같고 허수부의 부호만 바뀐 관계의 두 복소수는 서로 **공액**(conjugate) 또는 **켤레**라고 한다. 복소수 $\boldsymbol{A}$의 **공액 복소수**는 $\overline{\boldsymbol{A}}$로 표시한다. 즉,

$$\boldsymbol{A} = a + jb \ \leftarrow (\text{공액 복소수}) \rightarrow \ \overline{\boldsymbol{A}} = a - jb \tag{6.9}$$

복소평면 상에서 공액 관계가 있는 두 복소수의 위치 관계는 **그림 6.2**와 같이 **실축에 대해 대칭 관계**에 놓여 있다.

공액 복소수의 합, 차 및 곱셈의 결과는 실수 또는 순허수가 되고(**예제 6.2** 참고), 특히 식 (6.10)과 같은 곱셈은 두 복소수의 나눗셈에서 분모를 유리화하는 데 자주 이용된다.

$$\boldsymbol{A}\overline{\boldsymbol{A}} = (a + jb)(a - jb) = a^2 + b^2 \tag{6.10}$$

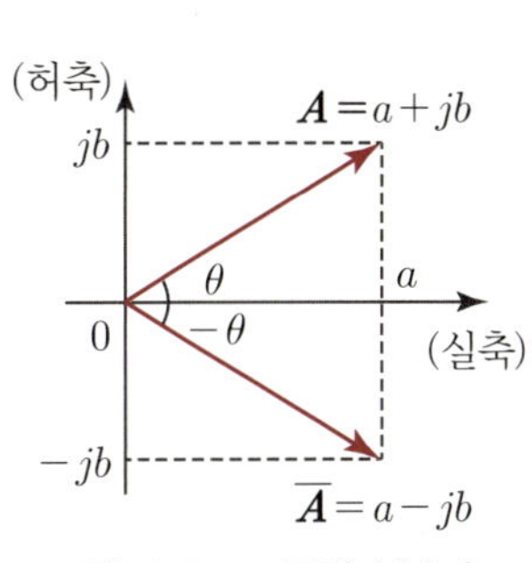

그림 6.2 ▸ 공액 복소수

예제 6.1

두 복소수 $A=8+j6$, $B=-2+j$ 에 대해 사칙연산(합, 차, 곱셈, 나눗셈)을 각각 구하라.

풀이 (1) $\boldsymbol{A}+\boldsymbol{B}=(8+j6)+(-2+j1)=6+j7$

(2) $\boldsymbol{A}-\boldsymbol{B}=(8+j6)-(-2+j1)=10+j5$

(3) $\boldsymbol{A}\cdot\boldsymbol{B}=(8+j6)\cdot(-2+j1)=-16+j8-j12+j^2 6$
$=(-16-6)+j(8-12)=-22-j4$

(4) $\dfrac{\boldsymbol{A}}{\boldsymbol{B}}=\dfrac{8+j6}{-2+j1}=\dfrac{(8+j6)(-2-j1)}{(-2+j1)(-2-j1)}=\dfrac{-16-j8-j12-j^2 6}{(-2)^2+(1)^2}$
$=\dfrac{-10-j20}{5}=-2-j4$

TIP 허수 단위 j는 일반적으로 정수 1을 생략하지만, 이 풀이에서는 혼동을 피하기 위하여 1을 붙여서 $j1$을 사용한다.

예제 6.2

다음 복소수의 공액 복소수를 구하고, 또 공액 복소수간의 합, 차와 곱을 구하라.

(1) $A=3+j4$ (2) $B=-2-j3$

풀이 공액 복소수(켤레 복소수) : 허수부의 부호가 바뀐 관계

(1) $\boldsymbol{A}=3+j4$의 공액 복소수 $\overline{\boldsymbol{A}}=3-j4$

$$\boldsymbol{A}+\overline{\boldsymbol{A}}=(3+j4)+(3-j4)=6$$
$$\boldsymbol{A}-\overline{\boldsymbol{A}}=(3+j4)-(3-j4)=j8$$
$$\boldsymbol{A}\overline{\boldsymbol{A}}=(3+j4)(3-j4)=3^2+4^2=25$$

(2) $\boldsymbol{B}=-2-j3$의 공액 복소수 $\overline{\boldsymbol{B}}=-2+j3$

$$\boldsymbol{B}+\overline{\boldsymbol{B}}=(-2-j3)+(-2+j3)=-4$$
$$\boldsymbol{B}-\overline{\boldsymbol{B}}=(-2-j3)-(-2+j3)=-j6$$
$$\boldsymbol{B}\overline{\boldsymbol{B}}=(-2-j3)(-2+j3)=(-2)^2+3^2=13$$

6.1.3 복소수의 표현 형식

복소수는 일반적으로 실수부와 허수부로 구성되고, 복소평면에서 실축과 허축으로 나타내는 $a+jb$ 형태와 같은 **직각좌표 형식**으로 표시한다. 그러나 크기와 편각으로 표시하는 **극좌표 형식**, 오일러의 정리로 표현되는 **지수함수 형식** 등의 여러 가지 표현 방법으로 나타낸다.

(1) 직각좌표 형식

복소수 $\boldsymbol{A}=a+jb$를 복소평면에 나타낼 때, **그림 6.3**과 같이 복소수의 크기는 $|\boldsymbol{A}|$ 또는 A, 편각 θ로 나타낸다.

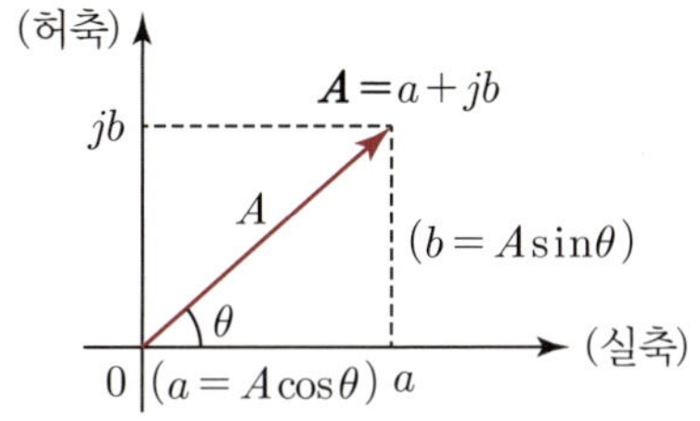

그림 6.3 ▶ 직각좌표 형식

복소수 $\boldsymbol{A}$의 크기는 화살표의 길이 $|\boldsymbol{A}|(=A)$와 각 θ는 **그림 6.3**에서 피타고라스 정리와 삼각함수의 정의에 의해 각각

$$\text{크기 : } |\boldsymbol{A}|=A=\sqrt{a^2+b^2}$$
$$\text{편각 : } \theta=\tan^{-1}\frac{b}{a} \tag{6.11}$$

가 된다. 이때 복소수의 실수 a와 b는 각각 다음의 관계가

$$a=A\cos\theta,\quad b=A\sin\theta \tag{6.12}$$

성립한다. 즉 직각좌표 형식의 복소수 $\boldsymbol{A}=a+jb$는 다음과 같이 표현할 수 있다.

$$\boldsymbol{A}=a+jb=A(\cos\theta+j\sin\theta) \tag{6.13}$$

이와 같이 복소수를 실수부와 허수부로 표현하는 직각좌표 형식에서 특히 식 (6.13)을 **삼각함수 형식**이라 한다.

예제 6.3

다음의 주어진 직각좌표 형식의 복소수를 복소평면에 그려라.

(1) $\boldsymbol{A}=3+j4$　　(2) $\boldsymbol{B}=-2+j2$

(3) $\boldsymbol{C}=-3-j4$　　(4) $\boldsymbol{D}=4-j3$

풀이 직각좌표 형식의 복소수를 작도할 때, 복소수의 실수부와 허수부의 부호를 먼저 파악하고, 부호에 따른 복소평면에서 해당하는 사분면의 위치를 알아두면 편각의 범위를 미리 예측할 수 있다.

제 1 사분면(+, +) : $0° < \theta < 90°$

제 2 사분면(−, +) : $90° < \theta < 180°$

제 3 사분면(−, −) : $180° < \theta < 270°$
$(-90° < \theta < -180°)$

제 4 사분면(+, −) : $270° < \theta < 360°$
$(-90° < \theta < 0°)$

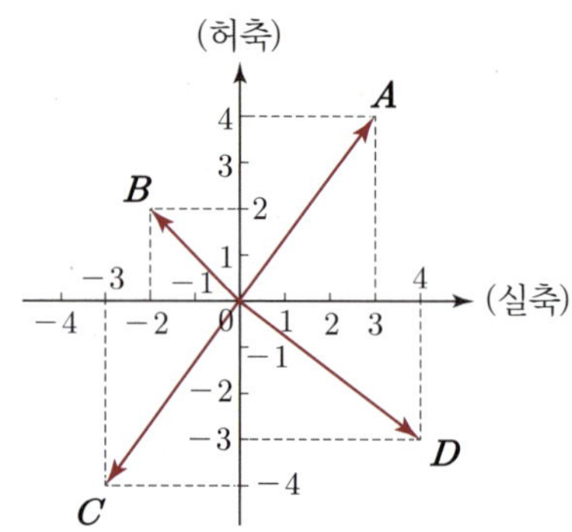

그림 6.4

(2) 극좌표 형식

복소수의 직각좌표 형식 $\boldsymbol{A}=a+jb$에서 식 (6.11)의 **크기** A와 방향을 표시하는 **편각** θ로 나타내는 표현 방식을 복소수의 **극좌표 형식**이라 하고 다음과 같이 표기한다.

$$\boldsymbol{A}=a+jb=A\underline{/\theta}=\sqrt{a^2+b^2}\,\underline{/\tan^{-1}(b/a)} \tag{6.14}$$

편각 θ는 식 (6.14)의 $\tan^{-1}(b/a)$를 공학용 계산기로 계산하면 탄젠트 함수의 주기가 $180°(\pi)$이므로 각의 범위는 $-90° < \theta < 90°$로 나온다. 따라서 제 1, 4 사분면의 각만 결정되고, 제 2, 3 사분면의 각은 결정되지 않는다. 편각을 결정하는 방법에 대하여 **참고**를 확인하기 바라며, 편각의 결정은 복소수의 위치가 몇 사분면(상한)에 있는가를 파악하고 나서 하는 것이 매우 중요하다.

그림 6.5(a)와 같은 복소평면에 복소수의 **극좌표 형식 $\boldsymbol{A}=A\underline{/\theta}$를 작도하는 4단계 과정**은 다음과 같다.

(1) 복소수의 크기 A 만큼 양의 실축의 좌표 $(A,\ 0)$을 표시한다.

(2) 원점과 좌표 $(A,\ 0)$를 기선의 기점(0°)으로 취하고 크기 A를 반지름으로 하는 원을 편각 θ만큼 반시계 방향 또는 시계 방향으로 회전 이동한다. 이때 편각 θ가 양의 각이면 반시계 방향, 음의 각이면 시계 방향으로 회전 이동한다.

(3) 편각 θ인 동경에 화살표를 그려서 극좌표 형식의 복소수 $\boldsymbol{A}$를 나타낸다.(극좌표 형식의 작도 완료)

(4) 단계 (3)에서 그린 화살표의 끝에서 실축과 허축에 수직선을 그릴 때 각 축에서 만나는 교차점이 직각좌표 형식의 실수부 a와 허수부 b를 나타낸다.

극좌표 형식의 복소수 $\boldsymbol{A}=3\underline{/60^\circ}$, $\boldsymbol{B}=5\underline{/120^\circ}$, $\boldsymbol{C}=4\underline{/-30^\circ}$의 작도방법을 위의 4단계 과정을 적용하여 **그림 6.5**(b)와 같이 한 복소평면에 나타낸 것이다.

한 가지 예로 $\boldsymbol{A}=3\underline{/60^\circ}$의 작도를 설명하면, 양의 실축에 (3, 0)을 표시하고 이를 기선(0°)으로 하여 원점을 중심으로 반지름 $A=3$인 원을 양의 각 60° 만큼 반시계 방향으로 회전 이동시킨 후 원점에서 출발하는 화살표로 나타내면 된다. 단, 복소수 $\boldsymbol{C}$는 음의 각 -30°이므로 시계 방향으로 회전 이동한다.

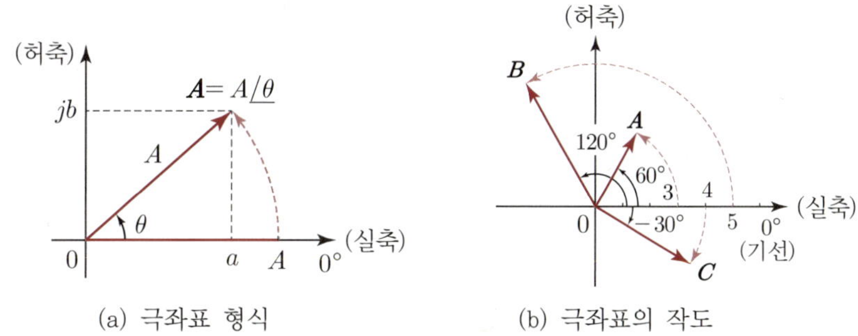

그림 6.5 ▸ 극좌표 형식

극좌표 형식에서 크기 A는 항상 양(+)의 값이어야 하므로 복소수 $\boldsymbol{A}=-3\underline{/60^\circ}$는 극좌표 형식이 아닌 것에 주의해야 한다(공학용 계산기 입력을 $\boldsymbol{A}=-(3\underline{/60^\circ})$로 해야 다른 형식 변환 가능). 복소수 $\boldsymbol{A}=-3\underline{/60^\circ}$는 역벡터 개념과 마찬가지로 복소평면에서 $3\underline{/60^\circ}$와 원점 대칭의 관계가 성립하므로 실축에 대칭인 공액 복소수와 구분하기 바란다.

복소수 $\boldsymbol{A}=a+jb=A\underline{/\theta}$의 **공액 복소수 $\overline{A}$**는 직각좌표 형식에서 **허수부**, 극좌표 형식에서 **편각의 부호**만을 바꾸어 다음과 같이 나타낸다.

$$\boldsymbol{A}=a+jb=A\underline{/\theta} \leftarrow \textbf{(공액 복소수)} \rightarrow \overline{\boldsymbol{A}}=a-jb=A\underline{/-\theta} \quad (6.15)$$

참고 복소수 형식의 변환(직각좌표 형식에서 극좌표 형식의 변환)

(1) 직각좌표 형식과 극좌표 형식의 관계

직각좌표 형식 : $\boldsymbol{A}=a+jb\left(A=\sqrt{a^2+b^2},\ \theta=\tan^{-1}\dfrac{b}{a}\right)$

극좌표 형식 : $\boldsymbol{A}=A\underline{/\theta}\left(=\sqrt{a^2+b^2}\underline{/\tan^{-1}(b/a)}\right)$

직각좌표 형식에서 편각 $\theta=\tan^{-1}(b/a)$는 공학용 계산기를 이용해도 탄젠트 함수의 주기가 $180°(\pi)$이므로 각의 범위는 $-90°<\theta<90°$가 된다. 즉 제1, 4 사분면의 각은 결정되지만, 제2, 3 사분면의 각은 구할 수 없다. 따라서 제2사분면에 위치하는 복소수의 편각 계산은 각 θ를 구하여 $\theta+180°(\theta<0)$, 제3사분면은 $\theta-180°(\theta>0)$에 대입하여 $-180°<\theta<180°$의 범위로 표현하면 된다.

(2) 직각좌표 형식($\boldsymbol{A}=a+jb$)을 극좌표 형식($\boldsymbol{A}=A\underline{/\theta}$)으로 변환하는 방법

① 복소수(직각좌표 형식)를 복소평면에 그려서 몇 사분면(상한)에 있는 복소수인가를 확인한다.

② 복소수 $\boldsymbol{A}$의 크기 A를 $A=\sqrt{a^2+b^2}$에 대입하여 구한다.

③ 편각의 공식 $\theta=\tan^{-1}(b/a)$에서 복소수의 실수부와 허수부의 a와 b를 절대값을 취한 $\theta=\tan^{-1}|b/a|$에 대입하여 양(+)의 각을 구한다.

④ 단계 ③에서 구한 양(+)의 각(θ_1, θ_2, θ_3, θ_4)으로부터 복소수의 위치가 속해있는 각 사분면에 대해 **그림 6.6**을 적용하여 편각 θ를 다음과 같이 구한다.
(**그림 6.6**의 칼라 면은 각 $\theta=\tan^{-1}|b/a|$를 사분면별로 나타낸 것이며, 나비 넥타이형으로 암기하면 간단하다.)

제1사분면(θ_1) : 편각 $\theta=\theta_1$, 제2사분면(θ_2) : 편각 $\theta=180°-\theta_2$
제3사분면(θ_3) : 편각 $\theta=-180°+\theta_3$, 제4사분면(θ_4) : 편각 $\theta=-\theta_4$

※ 제3사분면은 **그림 6.6**으로부터 $\theta=180°+\theta_3$도 표현 가능하지만, 편각의 범위 $-180°<\theta<180°$를 벗어난다. 사분면에 따른 편각 범위는 다음과 같다.

제 1, 2 사분면 : $0°<\theta<180°$, 제 3, 4 사분면 : $-180°<\theta<0°$

⑤ 복소수의 극좌표 형식 $\boldsymbol{A}=A\underline{/\theta}$에 대입한다.

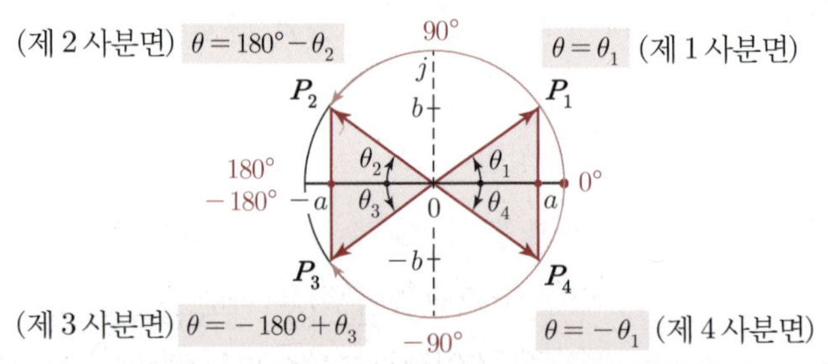

그림 6.6 ▸ 탄젠트 함수의 각 표시(나비 넥타이형)

예제 6.4

다음의 직각좌표 형식의 복소수를 극좌표 형식으로 변환하고, 복소평면에 그려라.

(1) $\boldsymbol{A} = 3 + j4$ (2) $\boldsymbol{B} = -2 + j2$

(3) $\boldsymbol{C} = -1 - j\sqrt{3}$ (4) $\boldsymbol{D} = 4 - j3$

풀이 복소수의 사분면 위치를 확인한 후, 양(+)의 각 $\tan^{-1}|b/a|$를 이용하여 구한다. 또 **그림 6.6**을 그려서 양(+)의 각을 적용하여 편각 θ를 최종적으로 구한다.

(1) $A = \sqrt{3^2 + 4^2} = 5,\ \theta = \theta_1 = \tan^{-1}\dfrac{4}{3} = 53.1°$ (제1사분면)

$\therefore\ \boldsymbol{A} = 5\underline{/53.1°}$

(2) $B = \sqrt{(-2)^2 + 2^2} = 2\sqrt{2},\ \theta_2 = \tan^{-1}\dfrac{2}{2} = 45°$ (제2사분면)

$\therefore\ \theta = 180° - \theta_2 = 180° - 45° = 135°$

$\therefore\ \boldsymbol{B} = 2\sqrt{2}\underline{/135°}$

(3) $C = \sqrt{(-1)^2 + (-\sqrt{3})^2} = 2,\ \theta_3 = \tan^{-1}\sqrt{3} = 60°$ (제3사분면)

$\therefore\ \theta = -180° + \theta_3 = -180° + 60° = -120°$

$\therefore\ \boldsymbol{C} = 2\underline{/-120°}$

(4) $D = \sqrt{4^2 + (-3)^2} = 5,\ \theta_4 = \tan^{-1}\dfrac{3}{4} = 36.9°$ (제4사분면)

$\therefore\ \theta = -\theta_4 = -36.9°$ $\therefore\ \boldsymbol{D} = 5\underline{/-36.9°}$

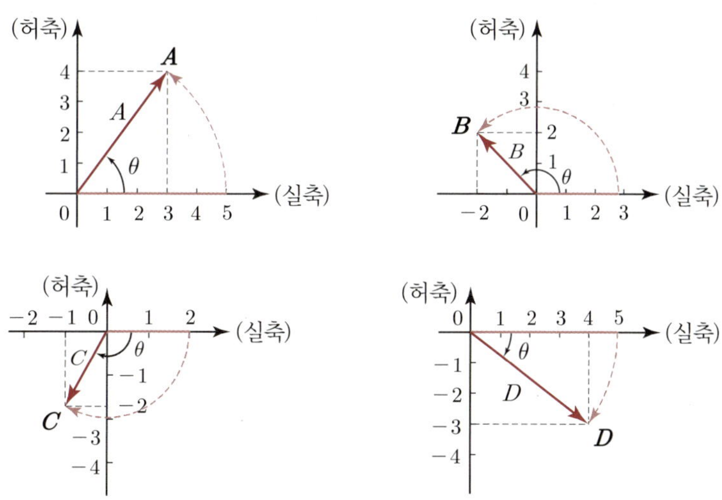

그림 6.7 ▸ 극좌표 형식

지금까지 직각좌표 형식에서 극좌표 형식으로 변환하는 방법을 배웠다. 이제 역으로 극좌표 형식에서 직각좌표 형식으로 변환하는 방법을 학습한다.

극좌표 형식 $\boldsymbol{A}=A\underline{/\pm\theta}$는 복소수의 크기와 편각이 A와 $\pm\theta$이므로 식 (6.13)의 삼각함수 형식에 대입하면 실수부 $a=A\cos\theta$와 허수부 $b=A\sin\theta$의 직각좌표 형식으로 간단히 변환할 수 있다. 즉,

$$A\underline{/\pm\theta}=A(\cos\theta\pm j\sin\theta)=(A\cos\theta)\pm j(A\sin\theta)=a+jb \tag{6.16}$$

예 $4\underline{/60°}=4(\cos60°+j\sin60°)=(4\cos60°)+j(4\sin60°)=2+j2\sqrt{3}$

$2\underline{/-45°}=2(\cos45°-j\sin45°)=(2\cos45°)-j(2\sin45°)=\sqrt{2}-j\sqrt{2}$

(3) 지수함수 형식

삼각함수와 지수함수의 관계를 나타내는 **오일러의 정리**(Euler's theorem)는 다음과 같이 정의한다.

$$e^{\pm j\theta}=\cos\theta\pm j\sin\theta \tag{6.17}$$

여기서 $e^{\pm j\theta}$의 절대값(크기)은

$$|e^{\pm j\theta}|=|\cos\theta\pm j\sin\theta|=\sqrt{\cos^2\theta+\sin^2\theta}=1 \tag{6.18}$$

이고, 따라서 오일러의 정리를 극좌표 형식으로 표현하면

$$e^{\pm j\theta}=\cos\theta\pm j\sin\theta=1\underline{/\pm\theta} \tag{6.19}$$

가 된다. 이로부터 $e^{\pm j\theta}$는 크기가 1이고 편각이 $\pm\theta$인 복소수를 나타낸다. 따라서 크기가 A이고, 편각이 $\pm\theta$인 복소수 $\boldsymbol{A}$의 지수함수 형식은 다음과 같이 표현할 수 있다.

$$\boldsymbol{A}=A\underline{/\pm\theta}=A(\cos\theta\pm j\sin\theta)\quad\therefore\quad\boldsymbol{A}=Ae^{\pm j\theta} \tag{6.20}$$

지수함수 형식에서 편각 θ의 단위는 원칙적으로 [rad]을 사용하지만, 삼각함수 형식 및 극좌표 형식과 마찬가지로 [°] 또는 [rad]을 사용해도 된다.

지수함수 형식 $\boldsymbol{A} = Ae^{\pm j\theta}$에서 복소수의 크기와 편각은 A와 $\pm\theta$이므로 극좌표 형식 $\boldsymbol{A} = A\underline{/\pm\theta}$에 대입하면 간단히 변환할 수 있다. 또 $Ae^{\pm j\theta} = A\underline{/\pm\theta}$의 관계로부터 $(e^j = \angle)$로 간주해도 된다.

$$\boldsymbol{A} = Ae^{\pm j\theta} = A\underline{/\pm\theta} \tag{6.21}$$

예 $2e^{j20°}$ $(A=2,\ \theta=20°)$ $\therefore\ 2e^{j20°} = 2\underline{/20°}$

$10e^{-j45°}$ $(A=10,\ \theta=-45°)$ $\therefore\ 10e^{-j45°} = 10\underline{/-45°}$

$3e^{j\frac{\pi}{6}}$ $\left(A=3,\ \theta=\dfrac{\pi}{6}\right)$ $\therefore\ 3e^{j\frac{\pi}{6}} = 3\underline{/\dfrac{\pi}{6}}$

정리 **복소수의 표현 형식**

복소수(직각좌표 형식, 극좌표 형식, 삼각함수 형식, 지수함수 형식)

$$\boldsymbol{A} = a \pm jb = A\underline{/\pm\theta} = A(\cos\theta \pm j\sin\theta) = Ae^{\pm j\theta}$$

크기 : $|\boldsymbol{A}| = A = \sqrt{a^2+b^2}$, 편각 : $\theta = \tan^{-1}\dfrac{b}{a}$

6.1.4 복소수의 상호 변환

지금까지 배운 복소수의 여러 가지 형식들은 형식 자체의 수학적 특성을 살려 다양한 공학 분야에서 선택적으로 적용되고 있다.

특히 극좌표 형식은 곱셈 또는 나눗셈의 편리성 때문에 회로망 해석에 가장 많이 이용되고, 또 지수함수 형식은 미분 또는 적분의 편리성 때문에 파동성을 갖는 전자파 이론 등의 수학적 해석에 자주 적용된다.

직각좌표 형식과 극좌표 형식의 상호 변환은 매우 중요하며, **복소수의 상호 변환의 중심은 극좌표 형식**이라고 생각하면서 학습한다. 삼각함수 형식과 지수함수 형식은 크기와 각을 알 수 있기 때문에 극좌표 형식으로의 변환은 간단하며, 이를 통하여 직각좌표 형식으로도 변환할 수 있기 때문이다.

지금까지 배운 여러 가지 복소수 형식들의 상호 변환에 대하여 다시 강조하는 의미에서 다음과 같이 정리하며, 공학용 계산기의 사용법을 반드시 익혀서 자유자재로 변환할 수 있도록 한다.[임헌찬 저, ≪공업수학≫, pp. 113~147, 동일출판사]

(1) 직각좌표 형식 → 극좌표 형식으로 변환

직각좌표 형식의 크기 A와 편각 θ를 구하여 극좌표 형식에 대입한다.

$$\boldsymbol{A}=a+jb\left(A=\sqrt{a^2+b^2},\ \theta=\tan^{-1}\frac{b}{a}\right)\rightarrow \boldsymbol{A}=A\underline{/\theta} \tag{6.22}$$

(2) 극좌표 형식 → 직각좌표 형식으로 변환

극좌표 형식의 크기 A와 편각 θ를 삼각함수 형식으로 변환하면 자체가 직각좌표 형식의 변환이 된다.

$$\boldsymbol{A}=A\underline{/\theta}\ \rightarrow \boldsymbol{A}=A(\cos\theta+j\sin\theta)\rightarrow \boldsymbol{A}=a+jb \tag{6.23}$$

(3) 지수함수 형식 → 직각좌표 형식으로 변환

지수함수 형식 $\boldsymbol{A}=Ae^{j\theta}$와 삼각함수 형식 $\boldsymbol{A}=A(\cos\theta+j\sin\theta)$에서 크기와 편각은 A, θ이므로 극좌표 형식 $\boldsymbol{A}=A\underline{/\theta}$에 대입하면 간단히 변환된다. 이와 같이 지수함수 형식은 먼저 극좌표 형식으로 변환한 후, 이 결과를 (2)의 방법을 적용하여 직각좌표 형식으로 변환한다.

$$\boldsymbol{A}=Ae^{j\theta}\ \rightarrow \boldsymbol{A}=A\underline{/\theta}\ \rightarrow \boldsymbol{A}=A(\cos\theta+j\sin\theta)=a+jb \tag{6.24}$$

복소수의 상호 변환은 항상 극좌표 형식으로 변환하고 나서 다른 형식으로 변환하는 것으로 생각하면 어렵지 않게 학습할 수 있으며, 또 공학용 전자계산기도 극좌표와 직각좌표 형식의 상호 변환만을 할 수 있는 기능을 가지고 있기 때문이다.

독자들은 자신이 가지고 있는 계산기의 변환 기능을 반드시 익혀 두어 회로해석에서 일일이 계산하지 않고 원하는 계산 결과를 곧바로 얻을 수 있도록 해야 한다.

예제 6.5

다음의 복소수를 극좌표 형식으로 변환하라.

(1) $\boldsymbol{A}=3e^{j15°}$ (2) $\boldsymbol{B}=10e^{-j120°}$

(3) $\boldsymbol{C}=-10e^{j30°}$ (4) $\boldsymbol{D}=-2e^{-j135°}$

(5) $\boldsymbol{E}=5(\cos 36.9°+j\sin 36.9°)$ (6) $\boldsymbol{F}=3(\cos 150°-j\sin 150°)$

풀이 (1) 지수함수 형식에서 크기 3, 편각 $\theta=15°$ $\quad\therefore\ \boldsymbol{A}=3\underline{/15°}$

(2) 지수함수 형식에서 크기 10, 편각 $\theta=-120°$ $\quad\therefore\ \boldsymbol{B}=10\underline{/-120°}$

(3) $\boldsymbol{C} = -10e^{j30°} = (-1)(10\underline{/30°}) = (1\underline{/\pm 180°})(10\underline{/30°}) = 10\underline{/-150°}$

$\therefore$ $\boldsymbol{C} = 10\underline{/-150°}$(편각 범위 $-180° < \theta < 180°$에서 $\boldsymbol{C} = 10\underline{/210°}$ 제외)

(4) $\boldsymbol{D} = -2e^{-j135°} = (-1)(2\underline{/-135°}) = (1\underline{/\pm 180°})(2\underline{/-135°}) = 2\underline{/45°}$

$\therefore$ $\boldsymbol{D} = 2\underline{/45°}$ (편각 범위 $-180° < \theta < 180°$이므로 $\boldsymbol{D} = 2\underline{/-315°}$ 제외)

(5) 크기 $E = 5$, 편각 $\theta = 36.9°$ $\therefore$ $\boldsymbol{E} = 5\underline{/36.9°}$

(6) 크기 $F = 3$, 편각 $\theta = -150°$ $\therefore$ $\boldsymbol{F} = 3\underline{/-150°}$

예제 6.6

다음의 복소수를 직각좌표 형식으로 변환하라.

(1) $2\underline{/-30°}$ (2) $-6\underline{/120°}$

(3) $2e^{j\pi}$ (4) $4e^{-j60°}$

풀이 ① 극좌표 형식 : 삼각함수 형식으로 변환하여 계산하면 직각좌표 형식
② 지수함수 형식 : 극좌표 형식으로 변환한 후 직각좌표 형식으로 변환

(1) $2\underline{/-30°} = 2(\cos 30° - j\sin 30°) = 2\left(\dfrac{\sqrt{3}}{2} - j\dfrac{1}{2}\right) = \sqrt{3} - j$

(2) $-6\underline{/120°} = -6(\cos 120° + j\sin 120°) = 3 - j3\sqrt{3}$

(3) $2e^{j\pi} = 2\underline{/\pi} = 2(\cos\pi + j\sin\pi) = -2$

(4) $4e^{-j60°} = 4\underline{/-60°} = 4(\cos 60° - j\sin 60°) = 4\left(\dfrac{1}{2} - j\dfrac{\sqrt{3}}{2}\right)$

$\therefore$ $4e^{-j60°} = 2 - j2\sqrt{3}$

6.1.5 복소수의 간편한 연산

두 복소수가 $\boldsymbol{A} = a + jb$, $\boldsymbol{B} = c + jd$일 때, 복소수의 덧셈과 뺄셈은 이미 식 (6.5)와 식 (6.6)에서 각각 실수부와 허수부의 대수적인 합과 차로 구하는 것을 배웠다.

$$\begin{aligned} \boldsymbol{A} + \boldsymbol{B} &= (a + jb) + (c + jd) = (a + c) + j(b + d) \\ \boldsymbol{A} - \boldsymbol{B} &= (a + jb) - (c + jd) = (a - c) + j(b - d) \end{aligned} \tag{6.25}$$

복소수의 직각좌표 형식의 곱셈과 나눗셈도 식 (6.7)과 식 (6.8)에 의하여 매우 복잡한 연산과정을 거치게 된다. 그러나 복소수의 곱셈과 나눗셈은 직각좌표 형식을 극좌표 형식으로 변환하여 계산하면 매우 간단히 처리된다.

즉, 두 복소수의 직각좌표 형식 $\boldsymbol{A}$와 $\boldsymbol{B}$를 극좌표 형식으로 변환하면

$$\begin{aligned} \boldsymbol{A} &= a+jb = A(\cos\theta_1 + j\sin\theta_1) = A\underline{/\theta_1} \\ \boldsymbol{B} &= c+jd = B(\cos\theta_2 + j\sin\theta_2) = B\underline{/\theta_2} \end{aligned} \quad (6.26)$$

이고, 복소수의 극좌표 형식의 곱셈과 나눗셈은 지수함수 형식으로 변환하여 지수법칙에 의해 각각 다음과 같이 연산한다.

$$\boldsymbol{A}\cdot\boldsymbol{B} = (A\underline{/\theta_1})(B\underline{/\theta_2}) = (Ae^{j\theta_1})(Be^{j\theta_2}) = ABe^{j(\theta_1+\theta_2)}$$

$$\therefore\ \boldsymbol{A}\cdot\boldsymbol{B} = AB\underline{/(\theta_1+\theta_2)} \quad (6.27)$$

$$\frac{\boldsymbol{A}}{\boldsymbol{B}} = \frac{A\underline{/\theta_1}}{B\underline{/\theta_2}} = \frac{Ae^{j\theta_1}}{Be^{j\theta_2}} = \frac{A}{B}e^{j(\theta_1-\theta_2)} \quad \therefore\ \frac{\boldsymbol{A}}{\boldsymbol{B}} = \frac{A}{B}\underline{/(\theta_1-\theta_2)} \quad (6.28)$$

극좌표 형식의 두 복소수의 곱셈은 크기끼리는 곱하고 편각은 서로 더하면 되고, 두 복소수의 나눗셈은 크기끼리는 나누고 편각은 분자의 편각에서 분모의 편각을 빼면 된다.

복소수의 사칙연산에서 **직각좌표 형식은 덧셈과 뺄셈, 극좌표 형식은 곱셈과 나눗셈**에 적용하면 편리하게 계산할 수 있다. 이들을 정리하면 다음과 같다.

정리 **복소수의 간단한 연산 방법**

복소수 $\boldsymbol{A} = a+jb = A\underline{/\theta_1}$, $\boldsymbol{B} = c+jd = B\underline{/\theta_2}$ 인 경우의 사칙연산

(1) 복소수의 덧셈과 뺄셈 : 직각좌표 형식

$$\boldsymbol{A}\pm\boldsymbol{B} = (a+jb)\pm(c+jd) = (a\pm c)+j(b\pm d)$$

(2) 복소수의 곱셈과 나눗셈 : 극좌표 형식

$$\boldsymbol{A}\cdot\boldsymbol{B} = (A\underline{/\theta_1})(B\underline{/\theta_2}) = AB\underline{/(\theta_1+\theta_2)}$$

$$\frac{\boldsymbol{A}}{\boldsymbol{B}} = \frac{A\underline{/\theta_1}}{B\underline{/\theta_2}} = \frac{A}{B}\underline{/(\theta_1-\theta_2)}$$

예제 6.7

두 복소수 $A = 20\underline{/60°}$, $B = 6 + j8$ 에 대하여 다음을 계산하여 직각좌표 형식으로 나타내라.

(1) $A + B$ (2) $A - B$ (3) $A \cdot B$ (4) $\dfrac{A}{B}$

풀이 ① 복소수의 덧셈과 뺄셈 : 직각좌표 형식 이용

② 복소수의 곱셈과 나눗셈 : 극좌표 형식 이용

두 복소수를 직각좌표 형식과 극좌표 형식으로 변환하여 모두 나타낸다.

$$A = 20\underline{/60°} = 10 + j17.32, \quad B = 6 + j8 = 10\underline{/53.13°}$$

(1) $A + B = (10 + j17.32) + (6 + j8) = 16 + j25.32$

(2) $A - B = (10 + j17.32) - (6 + j8) = 4 + j9.32$

(3) $A \cdot B = (20\underline{/60°}) \cdot (10\underline{/53.13°}) = 200\underline{/113.13°}$

$\therefore\ A \cdot B = 200(\cos 113.13° + j\sin 113.13°) = -78.56 + j183.92$

(4) $\dfrac{A}{B} = \dfrac{20\underline{/60°}}{10\underline{/53.13°}} = 2\underline{/(60° - 53.13°)} = 2\underline{/6.87°}$

$\therefore\ \dfrac{A}{B} = 2(\cos 6.87° + j\sin 6.87°) = 1.99 + j0.24$

6.1.6 복소수의 기하학적 연산

복소평면에서 기하학적인 복소수의 합과 차는 2차원의 평면벡터와 마찬가지로 평행사변형법과 삼각형법을 그대로 적용할 수 있다.

복소수의 합 $A + B$는 **그림 6.8**(a)와 같이 두 복소수 A와 B를 두 변으로 하는 평행사변형의 대각선이 된다. 복소수의 차 $A - B$는 **그림 6.8**(b)와 같다.

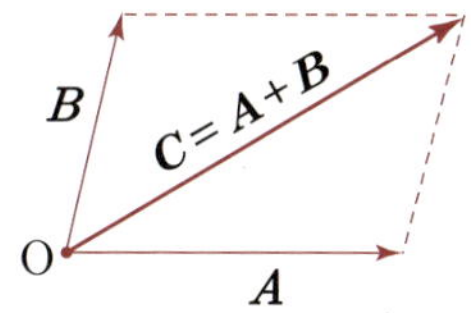

(a) 복소수의 합

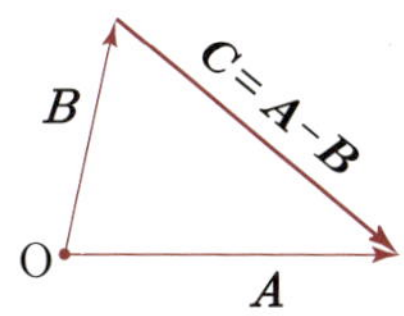

(b) 복소수의 차

그림 6.8 ▸ 복소수의 합과 차

6.1.7 회전 연산자

복소평면에서 실축과 허축에 있는 크기 1인 직각좌표 형식의 복소수는 1, j, -1, $-j$의 네 가지가 있다. 이들은 실수부 또는 허수부가 0이기 때문에 편각의 식으로 구할 수 없다. 따라서 네 가지에 대한 복소수의 극좌표 형식은 **그림 6.9**(a)와 같이 복소평면에 그린 후 극좌표 형식의 작도에 의해 복소수의 크기와 편각을 알 수 있도록 해야 한다.

$$\begin{aligned} &1(\text{허수부 } 0) : 1 = 1\underline{/0^\circ} \ (1,\ j^4) \\ &j(\text{실수부 } 0) : j = 1\underline{/90^\circ} \ (j,\ j^5) \\ &-1(\text{허수부 } 0) : -1 = 1\underline{/\pm 180^\circ} \ (j^2,\ j^6) \\ &-j(\text{실수부 } 0) : -j = 1\underline{/-90^\circ} \ (j^3,\ j^7) \end{aligned} \tag{6.29}$$

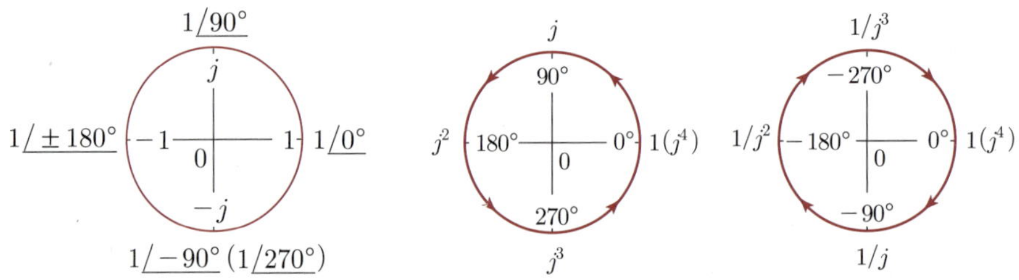

(a) 크기 1의 극좌표(표시) (b) j의 반시계 방향 회전 (c) j의 시계 방향 회전

그림 6.9 ▶ 허수 단위 j의 회전(회전 연산자)

(1) 실수 1과 허수 j^n의 곱(j^n)

그림 6.9(b)에서 j는 원점을 중심으로 양의 실축 크기 1을 반시계 방향으로 90° 회전 이동한 것과 같고, j^2은 양의 실축 크기 1을 반시계 방향으로 180° 회전 이동한 -1과 같다. 반복적으로 j^3과 j^4은 양의 실축 크기 1을 반시계 방향으로 각각 270°, 360° 회전 이동한 $-j$, 1과 같다. 이들을 정리하면 다음과 같다.

$$j^2 = -1, \quad j^3 = -j, \quad j^4 = 1 \tag{6.30}$$

(2) 실수 1과 허수 j^n의 나눗셈($1/j^n$)

그림 6.9(c)에서 $1/j$은 원점을 중심으로 양의 실축 크기 1을 시계 방향으로 90° 회전 이동한 $-j$와 같고, $1/j^2$은 양의 실축 크기 1을 시계 방향으로 180° 회전 이동한 -1과 같다. $1/j^3$과 $1/j^4$은 양의 실축 크기 1을 시계 방향으로 각각 270°(j), 360°(1) 회전

한 것과 같다. 이들을 정리하면 다음과 같이 나타낼 수 있다.

$$\frac{1}{j} = -j, \quad \frac{1}{j^2} = -1, \quad \frac{1}{j^3} = j, \quad \frac{1}{j^4} = 1 \tag{6.31}$$

복소수 $\boldsymbol{A}$에 j^n을 곱하거나 나누어도 다음의 같은 동일한 결론을 얻을 수 있다.

(1) 복소수 $\boldsymbol{A}$에 j^n을 곱하면($\boldsymbol{A}j^n$), 복소수 $\boldsymbol{A}$는 반시계 방향(양의 각)으로 90° 씩 n회전한 것과 같다.

(2) 복소수 $\boldsymbol{A}$를 j^n으로 나누면($\boldsymbol{A}/j^n$), 복소수 $\boldsymbol{A}$는 시계 방향(음의 각)으로 90° 씩 n회전한 것과 같다.

이와 같이 j의 기하학적인 효과 때문에 허수 단위 j를 **회전 연산자**라고 한다.

예제 6.8

다음의 복소수를 극좌표 형식으로 변환하라.

(1) 10　(2) -5　(3) $j3$　(4) $-j8$

풀이 (1)과 (2)는 허수부가 0이고, (3)과 (4)는 실수부가 0인 직각좌표 형식이다. 실수부가 0인 경우에는 편각 $\theta = \tan^{-1}(b/a)$를 구할 수 없다. 따라서 복소평면에서 복소수를 그린 후, 극좌표의 작도에 따른 크기와 편각을 직접 구할 수 있다.

(1) 크기 10, 편각 $\theta = 0°$(양의 실축의 크기 10에서 각 0°이므로 회전 이동 없음)

$\therefore\ 10\underline{/0°}$

(2) 크기 5, 편각 $\theta = \pm 180°$(양의 실축의 크기 5에서 양 또는 음의 각 180° 회전 이동)

$\therefore\ 5\underline{/\pm 180°}$

(3) 크기 3, 편각 $\theta = 90°$(양의 실축 크기 3에서 양의 각 90° 회전) : $3\underline{/90°}$

(4) 크기 8, 편각 $\theta = -90°$(양의 실축 크기 8에서 음의 각 90° 회전) : $8\underline{/-90°}$

예제 6.9

다음의 주어진 식을 허수 단위 j의 회전에 의해 간단히 나타내라.

(1) j^2　(2) j^5　(3) j^{12}

(4) j^{999}　(5) $\frac{1}{j}$　(6) $\frac{1}{j^3}$

풀이 (1) $j^2 = -1$　　(2) $j^5 = (j^4)j = j$

(3) $j^{12} = (j^4)^3 = 1$　　(4) $j^{999} = (j^4)^{249} j^3 = j^3 = -j$

(5) $\dfrac{1}{j} = -j$　　(6) $\dfrac{1}{j^3} = j$

6.1.8 복소수의 n 제곱

복소수 $\boldsymbol{A} = A\underline{/\theta} = Ae^{j\theta}$ 의 n 제곱은 지수함수 형식을 이용하면 다음과 같이 표현할 수 있다.

$$\boldsymbol{A}^n = (Ae^{j\theta})^n = A^n(e^{jn\theta}) = A^n\underline{/n\theta}$$
$$\boldsymbol{A}^n = A^n\underline{/n\theta} = A^n e^{jn\theta} = A^n(\cos n\theta + j\sin n\theta) \tag{6.32}$$

즉, 복소수의 n 제곱은 원 복소수 크기의 n 제곱이고 편각은 n 배가 된다.

예제 6.10

다음의 복소수를 직각좌표 형식으로 변환하라.

(1) $(3\underline{/30°})^2$　　**(2)** $(-2\underline{/60°})^3$

(3) $(1 + j\sqrt{3})^4$　　**(4)** $(\cos 45° + j\sin 45°)^6$

풀이 (1) $(3\underline{/30°})^2 = 3^2\underline{/2 \times 30} = 9\underline{/60°} = 9(\cos 60° + j\sin 60°) = 4.5 + j7.8$

(2) $(-2\underline{/60°})^3 = (-2)^3\underline{/3 \times 60} = -8\underline{/180°} = -8(1\underline{/180°}) = -8 \times (-1)$
$= 8$ 또는 $-8\underline{/180°} = -8(\cos 180° + j\sin 180°) = 8$

(3) $(1 + j\sqrt{3})^4 = (2\underline{/60°})^4 = 2^4\underline{/4 \times 60°} = 16\underline{/240°}$
$= 16(\cos 240° + j\sin 240°) = -8 - j13.86$

(4) $(\cos 45° + j\sin 45°)^6 = (1\underline{/45°})^6 = 1\underline{/6 \times 45°} = 1\underline{/270°}$
$= 1\underline{/270°} = \cos 270° + j\sin 270° = -j$

6.2 정현파의 페이저 표시법

(1) 페이저의 정의

제 5 장의 **그림 5.4** 및 **그림 5.5**에서 설명한 바와 같이 발전기의 전기자 권선의 원운동에 의해 정현파 교류가 나타나고 위상의 변화에 따라 왼쪽, 오른쪽으로 평행이동한다.

그림 6.10(a)는 정현파의 최대값 V_m과 같은 크기를 갖는 화살표 선분 $\overrightarrow{OP}$ 가 초기 위상 θ 의 위치로부터 원점을 중심으로 하는 반시계 방향으로 일정한 각속도 ω 로 원운동을 하는 **회전벡터**를 나타낸다. **그림 6.10**(b)는 회전벡터의 정투영 선분 $\overrightarrow{OP'}$ 이 회전각의 변화에 따라 사인함수의 정현파가 나타나는 모습을 나타낸 것이다.

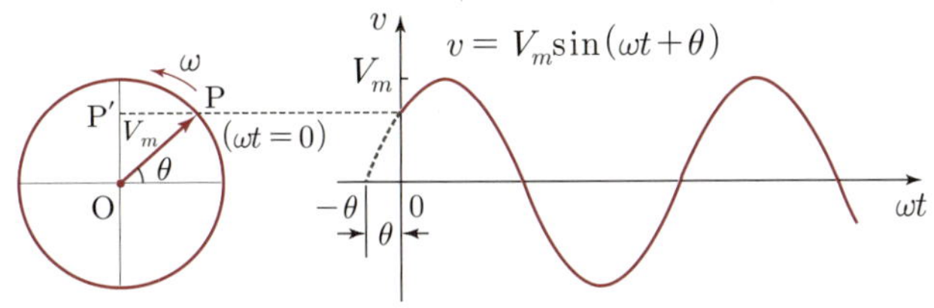

(a) 회전벡터 (b) 정현파 교류

그림 6.10 ▸ 회전벡터와 정현파

회전벡터에 의한 정현파의 순시값 v는 다음과 같이 표현된다.

$$v = V_m \sin(\omega t + \theta) = \sqrt{2}\, V \sin(\omega t + \theta) \tag{6.33}$$

여기서 최대값 V_m, 실효값 V, 각주파수 ω 및 (초기)위상 θ 로 표현되지만, ω는 일정하고 $V_m(V)$과 위상 θ 만 변하게 된다.

회전벡터에 의해 나타나는 식 (6.33)의 순시값에서 ωt 를 제거하고 최대값 V_m과 위상 θ 만으로 표시하여 **정지벡터**로 나타낼 수 있고, 동일한 각주파수 ω로 회전하는 전압과 전류의 회전벡터도 시간 $t = 0$ 에서 정지시킨 정지벡터로 취급할 수 있다.

이와 같이 **정현파를 정지벡터의 크기와 각의 복소수(극좌표 형식)로 나타내는 표현법**을 **페이저**(phasor)라고 한다. 즉 사인함수를 제 6.1 절에서 배운 복소수로 변환하는 것이라고 생각해도 된다. 결국 페이저는 크기와 각으로 표현하므로 복소수와 마찬가지로 $\boldsymbol{V}$, $\boldsymbol{I}$ 등과 같이 **고딕체 문자**로 표기하고 벡터로 취급한다.

그러나 정현파 교류의 크기는 최대값보다 실효값을 많이 사용하고 실효값이 교류의 대표값이기 때문에 **정현파 교류의 페이저 표시**는 최대값 대신에 **실효값**을 사용하도록 약속하고 있다.

정리 **정현파 교류의 페이저 표시**

(1) 시간함수의 **회전벡터**를 크기와 각으로 표시하는 **정지벡터**로 변환하여 표시한다.
(2) 정현파 교류의 **순시값**을 **극좌표 형식**(복소수)으로 변환하여 표시한다.
(페이저)=크기$\underline{/각}$, 즉 (페이저 전압, 전류)=실효값$\underline{/위상}$ ($\boldsymbol{V}=V\underline{/\theta}$, $\boldsymbol{I}=I\underline{/\theta}$)

결론적으로 식 (6.33)의 정현파 순시값에 대한 **복소수 표시법의 페이저**는 극좌표 형식으로 변환하면

$$\boldsymbol{V}=\frac{V_m}{\sqrt{2}}\underline{/\theta}=V\underline{/\theta} \tag{6.34}$$

이다. 여기서 $\theta=0°$일 때의 페이저 $\boldsymbol{V}=V\underline{/0°}$를 **기준 페이저**(reference phasor)라 하고, 페이저를 복소평면에 나타낸 그림을 **페이저도**(phasor diagram)라고 한다.

(2) 순시값의 페이저 표시

그림 6.11(a)는 최대값이 $V_m=\sqrt{2}\,V$, $I_m=\sqrt{2}\,I$이고, 위상이 θ_1, θ_2인 정현파 교류 전압과 전류의 순시값을 나타낸 것이다.

$$\begin{aligned} v&=V_m\sin(\omega t+\theta_1)=\sqrt{2}\,V\sin(\omega t+\theta_1)\\ i&=I_m\sin(\omega t+\theta_2)=\sqrt{2}\,I\sin(\omega t+\theta_2) \end{aligned} \tag{6.35}$$

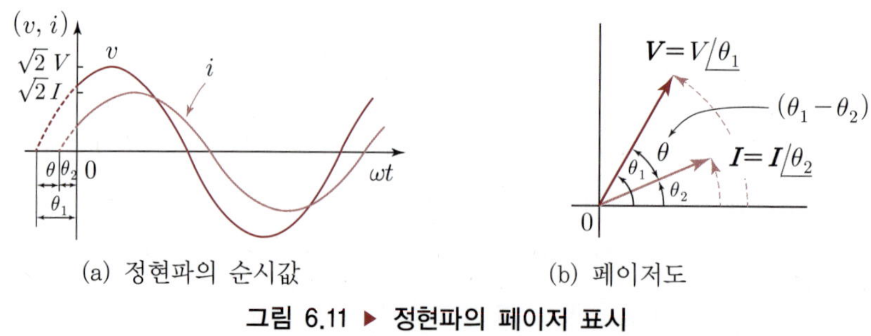

(a) 정현파의 순시값 (b) 페이저도

그림 6.11 ▶ 정현파의 페이저 표시

식 (6.35)의 순시값 v와 i를 극좌표 형식의 페이저 전압과 페이저 전류로 표시하면

$$\boldsymbol{V} = V\underline{/\theta_1}, \quad \boldsymbol{I} = I\underline{/\theta_2} \quad 위상차\ (\theta = \theta_1 - \theta_2) \tag{6.36}$$

이다. **그림 6.11**(b)는 전압과 전류의 극좌표를 복소평면에 나타낸 페이저도이며, 페이저도는 제 6.1.3 절에서 배운 극좌표 형식의 작도와 동일한 방법이다.

교류회로 해석에서 페이저도는 전압, 전류의 (초기)위상보다는 이들의 상대적인 위상 관계, 즉 위상차가 매우 중요한 의미를 가진다. 따라서 **그림 6.11**(b)보다 **그림 6.12**와 같이 전류 또는 전압을 기준 페이저로 선정하여 하나의 위상을 0°로 하고 다른 하나를 위상차 θ가 되도록 페이저를 표시하는 것이 회로해석에 편리하고 실용적이다.

그림 6.12의 페이저도에서 **두 페이저의 위상 관계**는 **반시계 방향으로 위쪽에 있는 페이저가 앞선 것**을 나타낸다. 즉, 전압은 전류보다 위상이 θ 만큼 앞선다. 또는 전류는 전압보다 위상이 θ 만큼 뒤진다. 이러한 위상 관계는 간단히 **지상전류**(뒤진 전류)라고 한다.

(a) 전류 기준 (b) 전압 기준

그림 6.12 ▶ 페이저도(기준 페이저)

예제 6.11

다음의 정현파 교류를 페이저로 표시하고, 페이저도를 나타내라.

(1) $v_1 = 100\sqrt{2}\sin\omega t$ **(2)** $v_2 = 70.71\sin(\omega t - 30°)$

(3) $i_1 = 14.14\cos(\omega t - 30°)$ **(4)** $i_2 = -5\sqrt{2}\sin(\omega t + 45°)$

풀이 **페이저** : 정현파 교류의 **순시값**을 복소수의 **극좌표 형식**으로 변환
페이저도 : 복소평면에서 **극좌표 형식의 작도와 동일한 방법**으로 그린 그림

(1) $\boldsymbol{V}_1 = 100\underline{/0°}$ (2) $\boldsymbol{V}_2 = \dfrac{70.71}{\sqrt{2}}\underline{/-30°} = 50\underline{/-30°}$

(3) $i_1 = 14.14\sin(\omega t - 30° + 90°) = 14.14\sin(\omega t + 60°)$

$$\boldsymbol{I}_1 = \frac{14.14}{\sqrt{2}}\underline{/60°} = 10\underline{/60°}$$

(4) $I_2 = -(5\underline{/45°}) = (1\underline{/\pm 180°})(5\underline{/45°})$에서 I_2는 $5\underline{/225°}$ 또는 $5\underline{/-135°}$

편각 범위 $-180° < \theta < 180°$, $\therefore\ I_2 = 5\underline{/-135°}$

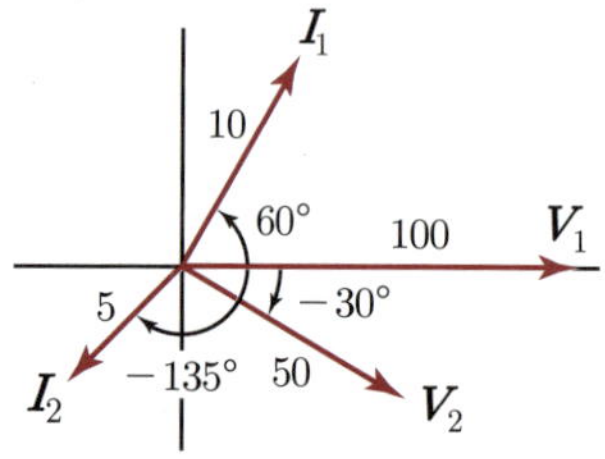

그림 6.13

예제 6.12

다음의 페이저를 정현파 교류의 순시값으로 표현하라. 단, ω는 377 [rad/s]이다.

(1) $V=100\underline{/150°}$ **(2)** $I=30\underline{/-120°}$

풀이 $V=V\underline{/\theta} \rightarrow v=\sqrt{2}\,V\sin(\omega t+\theta)$

(1) $V=100\underline{/150°} \rightarrow v=100\sqrt{2}\sin(377t+150°)$

(2) $I=30\underline{/-120°} \rightarrow i=30\sqrt{2}\sin(377t-120°)$

예제 6.13

다음의 정현파 교류의 순시값에 대한 합과 차를 구하고 실효값도 구하라.

(1) $v_1+v_2\ (v_1=100\sqrt{2}\sin\omega t\ [\mathrm{V}],\ v_2=70.71\sin(\omega t-30°)\ [\mathrm{V}])$

(2) $i_1-i_2\ (i_1=14.14\cos(\omega t-30°)\ [\mathrm{A}],\ i_2=6\sqrt{2}\sin(\omega t-135°)\ [\mathrm{A}])$

풀이 ① 정현파 교류의 순시값의 사칙연산은 페이저(극좌표 형식)로 변환하여 계산

② 페이저의 합과 차 : 직각좌표 형식 이용, 곱셈과 나눗셈 : 극좌표 형식 이용

③ **순시값의 합과 차**를 구하려면 우선적으로 순시값을 페이저(극좌표 형식)로 변환하고, 이 극좌표 형식을 삼각함수 형식에 의한 직각좌표 형식으로 변환한다.

④ 순시값의 합과 차를 구한 직각좌표 형식을 역으로 극좌표 형식으로 변환하고, 이를 다시 순시값으로 표현한다.

순시값을 극좌표와 직각좌표 형식의 페이저로 변환하는 것이 선행되어야 한다.

(1) 정현파 전압의 순시값을 페이저로 변환하면 다음과 같다.

$$v_1 = 100\sqrt{2}\sin\omega t\ [\mathrm{V}] \rightarrow \boldsymbol{V}_1 = 100\underline{/0^\circ} = 100\ [\mathrm{V}]$$

$$v_2 = 70.71\sin(\omega t - 30^\circ)\ [\mathrm{V}] \rightarrow \boldsymbol{V}_2 = \frac{70.71}{\sqrt{2}}\underline{/-30^\circ} = 50\underline{/-30^\circ}\ [\mathrm{V}]$$

$$\therefore\ \boldsymbol{V}_2 = 50(\cos 30^\circ - j\sin 30^\circ) = 25\sqrt{3} - j25\ [\mathrm{V}]$$

페이저 전압 $\boldsymbol{V}_1 = 100\underline{/0^\circ} = 100\ [\mathrm{V}]$, $\boldsymbol{V}_2 = 50\underline{/-30^\circ} = 25\sqrt{3} - j25\ [\mathrm{V}]$

$$\boldsymbol{V}_1 + \boldsymbol{V}_2 = 100 + (25\sqrt{3} - j25) = 143.3 - j25\ \text{(복소수 표현)}$$

크기(**실효값**) : $\sqrt{143.3^2 + 25^2} = 145.46\ [\mathrm{V}]$

위상 : $\tan^{-1}\dfrac{-25}{143.3} = -9.9^\circ$

$$\boldsymbol{V}_1 + \boldsymbol{V}_2 = 145.46\underline{/-9.9^\circ}\ [\mathrm{V}]\ \text{(극좌표 표현)}$$

$$\therefore\ v_1 + v_2 = 145.46\sqrt{2}\sin(\omega t - 9.9^\circ)\ [\mathrm{V}]$$

(2) 순시값 i_1은 코사인함수이므로 사인함수로 변형하고 페이저로 변환한다.

$$i_1 = 14.14\cos(\omega t - 30^\circ) = 14.14\sin(\omega t - 30^\circ + 90^\circ)$$

$$\therefore\ i_1 = 14.14\sin(\omega t + 60^\circ)\ [\mathrm{A}]$$

정현파 전류의 사인함수로 표시된 순시값 i_1, i_2를 페이저로 변환하면 각각

$$\boldsymbol{I}_1 = \frac{14.14}{\sqrt{2}}\underline{/60^\circ} = 10\underline{/60^\circ} = 10(\cos 60^\circ + j\sin 60^\circ) = 5 + j5\sqrt{3}\ [\mathrm{A}]$$

$$\boldsymbol{I}_2 = 6\underline{/-135^\circ} = 6(\cos 135^\circ - j\sin 135^\circ) = -3\sqrt{2} - j3\sqrt{2}\ [\mathrm{A}]$$

페이저 전류

$$\boldsymbol{I}_1 = 10\underline{/60^\circ} = 5 + j5\sqrt{3}\ [\mathrm{A}],\ \boldsymbol{I}_2 = 6\underline{/-135^\circ} = -3\sqrt{2} - j3\sqrt{2}\ [\mathrm{A}]$$

$$\boldsymbol{I}_1 - \boldsymbol{I}_2 = (5 + j5\sqrt{3}) - (-3\sqrt{2} - j3\sqrt{2}) = 9.24 + j12.9\ \text{(복소수 표현)}$$

크기(**실효값**) : $\sqrt{9.24^2 + 12.9^2} = 15.87\ [\mathrm{A}]$

위상 : $\tan^{-1}\dfrac{12.9}{9.24} = 54.39^\circ$

$$\boldsymbol{I}_1 - \boldsymbol{I}_2 = 15.87\underline{/54.39^\circ}\ [\mathrm{A}]\ \text{(극좌표 표현)}$$

$$\therefore\ i_1 - i_2 = 15.87\sqrt{2}\sin(\omega t + 54.39^\circ)\ [\mathrm{A}]$$

연습문제

01 다음의 직각좌표 형식을 극좌표 형식의 복소수로 변환하고 한 복소평면에 그려라.

(1) $\boldsymbol{A} = 2(\sqrt{3} + j)$ (2) $\boldsymbol{B} = 5 - j12$

(3) $\boldsymbol{C} = -3 - j4$ (4) $\boldsymbol{D} = -4 + j4$

02 다음의 극좌표 형식을 직각좌표 형식으로 변환하고 한 복소평면에 그려라.

(1) $\boldsymbol{A} = 3\underline{/90°}$ (2) $\boldsymbol{B} = 6\underline{/180°}$

(3) $\boldsymbol{C} = 5\underline{/30°}$ (4) $\boldsymbol{D} = 2\underline{/-120°}$

03 다음 지수함수 형식의 복소수를 직각좌표 형식으로 변환하라.

(1) $\sqrt{2}\,e^{j45°}$ (2) $10e^{-j30°}$

(3) $-3e^{j60°}$ (4) $-5e^{j\frac{2}{3}\pi}$

04 두 복소수 $\boldsymbol{A} = 10 + j17.32$, $\boldsymbol{B} = 5\underline{/30°}$에 대하여 다음의 계산 결과를 직각좌표 형식으로 나타내라.

(1) $\boldsymbol{A} + \boldsymbol{B}$ (2) $\boldsymbol{A} - \boldsymbol{B}$ (3) $\boldsymbol{A} \cdot \boldsymbol{B}$ (4) $\dfrac{\boldsymbol{A}}{\boldsymbol{B}}$

05 다음의 주어진 두 삼각함수 형식의 복소수로부터 두 복소수의 곱셈과 나눗셈의 계산 결과를 삼각함수 형식으로 나타내라.

$$\boldsymbol{A} = 20(\cos 60° + j\sin 60°), \quad \boldsymbol{B} = 4(\cos 45° - j\sin 45°)$$

(1) $\boldsymbol{A} \cdot \boldsymbol{B}$ (2) $\dfrac{\boldsymbol{A}}{\boldsymbol{B}}$

06 다음 복소수의 공액 복소수를 구하고, 서로의 곱도 구하라.

(1) $\boldsymbol{A} = 8 + j6$　　(2) $\boldsymbol{B} = 1 - j2$

(3) $\boldsymbol{C} = j5$　　(4) $\boldsymbol{D} = -j7$

(5) $\boldsymbol{E} = 3\underline{/30°}$　　(6) $\boldsymbol{F} = 5\underline{/-120°}$

07 다음의 복소수를 계산하여 극좌표 형식으로 나타내라.

(1) $(2\underline{/15°})^3$　　(2) $(\sqrt{3} - j)^4$

(3) $(3\underline{/15°})(4e^{-j60°})$　　(4) $50 - 20e^{j270°}$

08 다음 정현파 전압과 전류의 순시값을 페이저로 표현하고, 한 복소평면에 나타내라.

(1) $v_1 = 100\sqrt{2}\sin(\omega t + 30°)$　　(2) $i_1 = 10\cos\omega t$

(3) $v_2 = -10\sqrt{2}\sin(\omega t + 60°)$　　(4) $i_2 = -20\cos(\omega t + 60°)$

09 다음과 같이 페이저로 나타낸 교류전압과 전류를 사인함수의 순시값으로 나타내라.
단, 주파수는 60[Hz]이다.

(1) $\boldsymbol{V}_1 = 30\underline{/60°}$　　(2) $\boldsymbol{I}_1 = -2\underline{/45°}$

(3) $\boldsymbol{V}_2 = 5\underline{/-30°}$　　(4) $\boldsymbol{I}_2 = -6\underline{/-120°}$

(5) $\boldsymbol{V}_3 = 220$　　(6) $\boldsymbol{I}_3 = j5$

(7) $\boldsymbol{V}_4 = -50$　　(8) $\boldsymbol{I}_4 = -j6$

10 복소전압 $\boldsymbol{E} = -20e^{j\frac{3}{2}\pi}$[V]를 사인함수의 순시값으로 표현하라.
단, 위상의 범위는 $-\pi < \theta < \pi$로 하고, 각주파수는 ω이다.

11 다음의 두 교류전압과 전류의 합을 사인함수의 순시값으로 나타내고 실효값도 구하라.

(1) $i_1 = 3\sqrt{2}\,\sin\omega t\,[\mathrm{A}]$, $i_2 = 4\sqrt{2}\,\sin(\omega t + 90°)\,[\mathrm{A}]$

(2) $v_1 = 30\sqrt{2}\,\sin\omega t\,[\mathrm{V}]$, $v_2 = 40\sqrt{2}\,\cos(\omega t - 30°)\,[\mathrm{V}]$

12 다음의 두 교류전류의 순시값으로부터 $i_1 - i_2$(차)를 사인함수의 순시값으로 나타내고 실효값도 구하라.

$$i_1 = 3\sqrt{2}\,\sin\omega t\,[\mathrm{A}], \quad i_2 = 4\sqrt{2}\,\sin(\omega t + 90°)\,[\mathrm{A}]$$

13 **그림 6.14**와 같이 두 개의 교류전원이 직렬 접속된 회로가 있다. 교류전원 E_1과 E_2는 각각 100[V]이면서 60°의 위상차가 있다. 이 회로를 해석하려면 두 교류전원을 합성해야 한다. 전원의 합성에 해당하는 페이저를 극좌표 형식으로 나타내라.

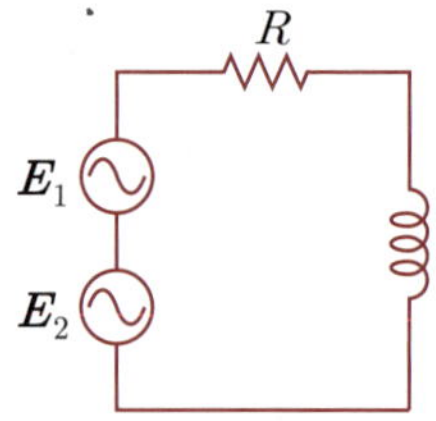

그림 6.14

힌트 기준 페이저 $\boldsymbol{E}_1 = 100\angle 0°\,[\mathrm{V}]$일 때, $\boldsymbol{E}_2 = 100\angle 60°\,[\mathrm{V}]$로 나타낼 수 있다.

14 다음 두 정현파 전압과 전류의 순시값이 있다. 다음을 각각 구하라.

$$v = 10\sqrt{2}\,\sin(\omega t + 30°)\,[\mathrm{V}], \quad i = 8\sqrt{2}\,\sin(\omega t - 30°)\,[\mathrm{A}]$$

(1) 순시값 v, i의 페이저 표시

(2) $\boldsymbol{V}$, $\boldsymbol{I}$의 페이저도

(3) $\boldsymbol{V}$와 $\boldsymbol{I}$를 각각 기준 페이저로 하는 페이저도

(4) $\boldsymbol{V}$와 $\boldsymbol{I}$의 위상 관계

Chapter 7

교류회로의 페이저 해석법

복소수의 개념과 교류회로의 전압과 전류에 대한 사인함수의 순시값을 복소수로 표현하는 페이저를 학습하였다. 이제 복잡한 미분과 적분, 삼각함수 등을 계산하지 않고도 복소수의 대수적 연산을 할 수 있는 능력을 갖추게 되었다.

본 장에서는 R, L, C 소자에서 페이저를 이용한 전압-전류 관계와 복소 임피던스, 복소 어드미턴스, 페이저를 이용한 직렬과 병렬의 교류회로의 해석을 학습하기로 한다.

7.1 페이저를 이용한 수동소자의 전압-전류 관계

회로의 단일 수동소자 R, L, C에 정현파 교류전류 $i=\sqrt{2}\,I\sin\omega t$가 흐른다고 할 때, 소자 양단에 걸리는 전압의 순시값은 제 5.6 절의 식 (5.29), 식 (5.31), 식 (5.35)이다. 이들을 페이저 전류 $\boldsymbol{I}=I\underline{/0°}$(기준 페이저)일 때 식 (6.36)에 의해 페이저 전압은 각각

$$v_R = Ri = \sqrt{2}\,RI\sin\omega t \rightarrow \boldsymbol{V}_R = RI\underline{/0°} \tag{7.1}$$

$$v_L = L\frac{di}{dt} = \sqrt{2}\,\omega LI\sin(\omega t + 90°) \rightarrow \boldsymbol{V}_L = \omega LI\underline{/90°} \tag{7.2}$$

$$v_C = \frac{1}{C}\int i\,dt = \sqrt{2}\,\frac{1}{\omega C}I\sin(\omega t - 90°) \rightarrow \boldsymbol{V}_C = \frac{I}{\omega C}\underline{/-90°} \tag{7.3}$$

가 된다. 위 식의 극좌표 형식을 직각좌표 형식의 페이저로 변환하면 다음과 같다.
$(j=1\underline{/90°},\ 1/j=-j=1\underline{/-90°})$

$$\boldsymbol{V}_R = RI\underline{/0°} = RI \tag{7.4}$$

$$\boldsymbol{V}_L = \omega LI\underline{/90°} = j\omega L\boldsymbol{I} = jX_L\boldsymbol{I} \tag{7.5}$$

$$\boldsymbol{V}_C = \frac{I}{\omega C}\underline{/-90°} = \frac{1}{j\omega C}\boldsymbol{I} = -j\frac{1}{\omega C}\boldsymbol{I} = -jX_C\boldsymbol{I} \tag{7.6}$$

이와 같이 복소수로 표현하는 페이저로 변환하면 소자 양단의 전압-전류의 관계식은 **표 5.4**에서 이미 배워서 알고 있는 전압과 전류의 실효값의 비(V/I)인 교류 저항성분과 위상 관계를 동시에 표현하고 있음을 알 수 있다. 즉 식 (7.4)의 $\boldsymbol{V}_R = R\boldsymbol{I}$에서 전류와 전압의 위상은 **동상**이고, 식 (7.5)의 $\boldsymbol{V}_L = jX_L\boldsymbol{I}$에서 전류가 전압보다 90° 뒤진 **지상전류**이고, 식 (7.6)의 $\boldsymbol{V}_C = -jX_C\boldsymbol{I}$에서 전류가 전압보다 90° 앞선 **진상전류**가 된다.

그림 7.1은 전류를 기준 페이저로 하는 각 소자의 전압-전류에 대한 위상 관계를 나타낸 페이저도이다.

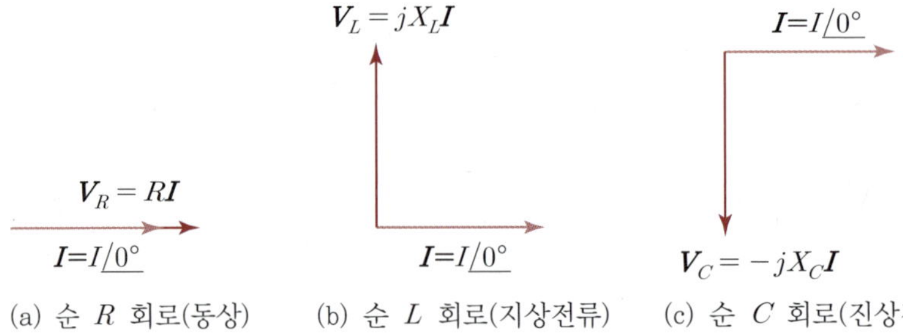

그림 7.1 ▶ 수동소자의 전압-전류의 페이저도(전류 기준)

R, L, C 소자에 대한 전압-전류 관계의 결과로부터 순시값과 페이저의 표시식 사이에는 **표 7.1**과 같은 변환 관계가 적용되고 있다.

표 7.1 ▶ 순시값과 페이저 표현식의 변환 관계

순시값 표현식	$\longleftrightarrow$	페이저 표현식
$R,\ L,\ C$	$\longleftrightarrow$	$R,\ L,\ C$
$v,\ i$	$\longleftrightarrow$	$\boldsymbol{V},\ \boldsymbol{I}$
$\frac{d}{dt}$	$\longleftrightarrow$	$j\omega$
$\int(\cdot)\,dt$	$\longleftrightarrow$	$\frac{1}{j\omega} = -j\frac{1}{\omega}$
$v = v_R + v_L + v_C$	$\longleftrightarrow$	$\boldsymbol{V} = \boldsymbol{V}_R + \boldsymbol{V}_L + \boldsymbol{V}_C$
$v = Ri + L\frac{di}{dt} + \frac{1}{C}\int i\,dt$	$\longleftrightarrow$	$\boldsymbol{V} = R\boldsymbol{I} + j\omega L\boldsymbol{I} + \frac{1}{j\omega C}\boldsymbol{I}$

순시값의 표현식은 미분과 적분이 포함되지만 페이저로 표현하면 복소수의 대수적 형식을 갖게 된다. 제 5.6 절에서 배운 사인함수의 순시값에 의한 전압-전류의 관계는 미분과 적분이나 삼각함수의 사칙연산 등을 하는 어려움이 있었다. 그러나 페이저에 의한 해로해석의 모든 계산은 제 6.1 절에서 배운 복소수의 대수적 연산으로만 이루어지므로 복소수로 표현되는 페이저를 확실하게 학습해 두면 매우 쉽게 해결되는 장점이 있다.

7.2 복소 임피던스

수동소자 R, L, C 에서 페이저로 표시한 전압-전류의 관계식은 식 (7.4)~(7.6)에서

$$\boldsymbol{V} = R\boldsymbol{I}, \quad \boldsymbol{V} = jX_L\boldsymbol{I}, \quad \boldsymbol{V} = -jX_C\boldsymbol{I} \tag{7.7}$$

이다. 이 식에서 페이저 전압, 전류 $\boldsymbol{V}$, $\boldsymbol{I}$의 비$(\boldsymbol{V}/\boldsymbol{I})$는 jX_L 또는 $-jX_C$와 같이 복소수이면서 저항과 같은 [Ω]의 차원을 갖는 양이 된다. 이것을 교류회로의 **복소 임피던스** $\boldsymbol{Z}$(complex impedance, [Ω]) 또는 간단히 **임피던스**라고 한다. 복소 임피던스는 직류회로에서 저항과 같이 전류를 제한하는 역할을 하므로 **교류회로의 저항 성분**을 의미한다. 즉, 페이저 전압, 전류 $\boldsymbol{V}$, $\boldsymbol{I}$와 복소 임피던스 $\boldsymbol{Z}$의 관계는

$$\boldsymbol{Z} = \frac{\boldsymbol{V}}{\boldsymbol{I}}, \quad \boldsymbol{V} = \boldsymbol{Z}\boldsymbol{I}, \quad \boldsymbol{I} = \frac{\boldsymbol{V}}{\boldsymbol{Z}} \tag{7.8}$$

이다. 이 관계식은 직류회로의 옴의 법칙과 동일한 형식을 가지기 때문에 **교류회로에서 복소수로 표현되는 옴의 법칙**이라고 할 수 있다.

전압 $\boldsymbol{V}$ 및 전류 $\boldsymbol{I}$는 시간영역의 정현파를 갖는 페이저이지만, 복소 임피던스 $\boldsymbol{Z}$는 단순히 복소수일 뿐이다.

식 (7.8)에 페이저 전압과 전류 $\boldsymbol{V} = V\angle\theta_v$, $\boldsymbol{I} = I\angle\theta_i$를 대입하면 복소 임피던스 $\boldsymbol{Z}$는

$$\boldsymbol{Z} = \frac{V\angle\theta_v}{I\angle\theta_i} = \frac{V}{I}\angle\theta_v - \theta_i = Z\angle\theta \tag{7.9}$$

와 같이 극좌표 형식이 된다.

따라서 Z, V, I의 실효값의 관계와 임피던스 각 θ는

$$Z=\frac{V}{I}, \quad V=ZI, \quad I=\frac{V}{Z} \tag{7.10}$$

$$\theta=\theta_v-\theta_i \tag{7.11}$$

이다. 즉, **임피던스 크기** Z는 전압과 전류의 실효값의 비(V/I)이고, **임피던스 각** θ는 전압의 위상 θ_v에서 전류의 위상 θ_i를 뺀 **위상차**이다. 또 임피던스 각은 **그림 7.2**(a)와 같이 전류를 기준 페이저로 했을 때의 페이저 전압의 위상이라고 할 수 있다.

결국 복소 임피던스는 제 5.6 절에서 정의된 임피던스 크기와 각을 직각좌표 형식 또는 극좌표 형식으로 표현할 수 있는 복소수인 것이다.

복소 임피던스 $\boldsymbol{Z}$의 극좌표 형식을 직각좌표 형식으로 변환하면

$$\boldsymbol{Z}=Z\underline{/\theta}=Z(\cos\theta+j\sin\theta)=Z\cos\theta+jZ\sin\theta$$

$$\therefore \quad \boldsymbol{Z}=R+jX \tag{7.12}$$

이다. 여기서 임피던스의 실수부 R은 **저항**, 허수부 X는 **리액턴스**를 나타낸다.

$\boldsymbol{Z}=Z\underline{/\theta}=R+jX$의 관계에서 임피던스의 크기 Z와 임피던스 각 θ는

$$\begin{aligned} Z&=\sqrt{R^2+X^2} \\ \theta&=\tan^{-1}\frac{\text{허수부}}{\text{실수부}}=\tan^{-1}\frac{X}{R} \end{aligned} \tag{7.13}$$

이다. **그림 7.2**(b)는 복소평면에 나타낸 복소 임피던스이고, 이로부터 Z, R, X의 관계를 알 수 있다.

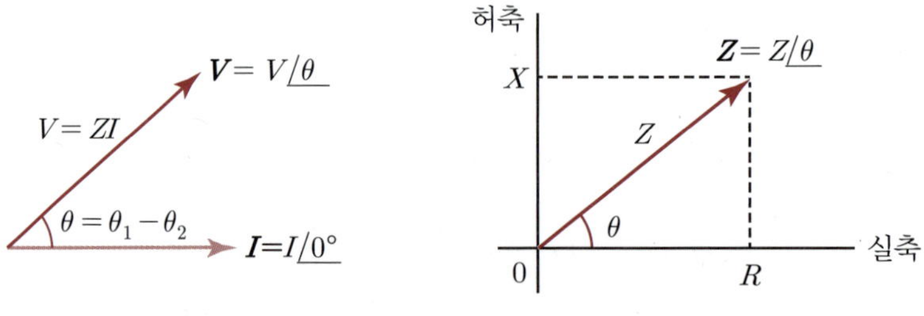

(a) 전압-전류 페이저도(전류 기준) (b) 복소 임피던스

그림 7.2 ▶ 전압-전류 페이저도와 복소 임피던스

단일 소자 R, L, C로 구성된 회로의 복소 임피던스 $\boldsymbol{Z}$는 $\boldsymbol{V}/\boldsymbol{I}$에 의해 식 (7.7)로부터 다음과 같이 구해진다.

$$\begin{aligned} &\boldsymbol{Z}_R = R = R\angle 0° \\ &\boldsymbol{Z}_L = j\omega L = jX_L = X_L\angle 90° \ : \ (X_L = \omega L) \\ &\boldsymbol{Z}_C = \frac{1}{j\omega C} = -j\frac{1}{\omega C} = -jX_C = X_C\angle -90° \ : \ \left(X_C = \frac{1}{\omega C}\right) \end{aligned} \tag{7.14}$$

그림 7.3은 식 (7.14)에 의해 수동소자의 단독회로에 대한 복소 임피던스를 나타낸 것이다. 교류회로에서 단일 소자에 대한 교류 저항성분을 우선적으로 복소 임피던스로 변환해야 한다. 만약 L[H], C[F]이 주어지거나 리액턴스의 크기 $X_L[\Omega]$, $X_C[\Omega]$가 주어진 경우, 다음과 같이 **복소 임피던스 $\boldsymbol{Z}[\Omega]$**으로 변환해야 한다.

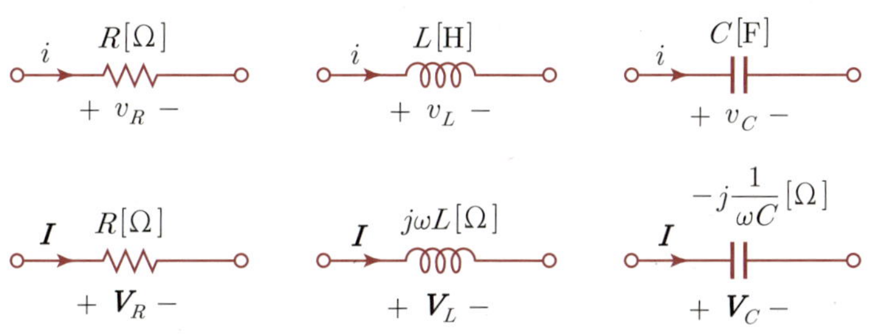

(a) 저항 (b) 인덕터 (c) 커패시터

그림 7.3 ▸ 수동소자의 복소 임피던스의 표시법

식 (7.14)에 의해 임피던스 각은 전압에서 전류를 뺀 위상차이므로 **표 5.4**에서 이미 배워서 알고 있는 순 R 회로는 전류와 전압의 위상은 **동상**이고, 순 L 회로는 전류가 전압보다 90° 뒤진 **지상전류**이고, 순 C 회로는 전류가 전압보다 90° 앞선 **진상전류**를 의미한다.

또 RL, RC, RLC 회로와 같이 저항과 리액턴스가 동시에 존재하는 회로에서의 전압, 전류의 위상차는 $-90° < \theta < 90°$의 범위를 갖게 되며, 이때의 임피던스는 실수부와 허수부를 동시에 갖게 된다.

이와 같이 복소 임피던스는 해당 교류회로에 관한 많은 정보를 가지고 있으며, 식 (7.15)와 같은 복소 임피던스의 직각좌표 및 극좌표 형식으로부터 다음과 같은 회로 특성으로 정리할 수 있다.

(복소 임피던스 $\boldsymbol{Z}$에 의한 회로 특성)

$$\boldsymbol{Z}=R+jX=Z\angle\theta\ \left(Z=\sqrt{R^2+X^2},\ \theta=\tan^{-1}\frac{X}{R}\right) \quad (7.15)$$

(1) $\boldsymbol{Z}$의 극좌표 형식에서 임피던스 크기 Z와 전압, 전류의 위상차 θ를 알 수 있다.

(2) $\boldsymbol{Z}$의 실수부가 0인 경우($R=0$)에 $\boldsymbol{Z}$는 허수부만 존재하므로 $\boldsymbol{Z}$는 허축에만 위치한다.(허수부의 부호(+) : 순 L회로, 허수부의 부호(−) : 순 C회로)

(3) $\boldsymbol{Z}$의 허수부가 0인 경우($X=0$)에 R은 항상 $0[\Omega]$ 이상의 값이므로 $\boldsymbol{Z}$는 양의 실축에 위치한다.(순 R회로)

(4) $\boldsymbol{Z}$의 R과 X가 공존하는 경우($\boldsymbol{Z}=R+jX$)에 임피던스 각은 $-90°<\theta<90°$의 범위가 되어 복소 임피던스는 항상 제 1, 4 사분면에만 위치한다.

(5) $\boldsymbol{Z}$는 허수부의 부호가 (+)이면 제 1 사분면, (−)이면 제 4 사분면에 위치하고, 허수부의 부호에 따라 회로 특성은 다음과 같다.

허수부 부호(+)[제 1 사분면] : 유도성(L) 회로, 지상전류, RL 회로
허수부 부호(−)[제 4 사분면] : 용량성(C) 회로, 진상전류, RC 회로

$$\boldsymbol{Z}=R+jX=R+j(X_L-X_C)$$

그림 7.4는 복소평면에 나타낸 복소 임피던스의 위치에 따른 회로 특성을 정리하여 나타낸 것이다. 복소 임피던스는 회로특성의 정보를 알 수 있기 때문에 회로해석에서 미리 계산 결과를 추론할 수 있는 장점이 있으므로 반드시 기억하여 활용하기 바란다.

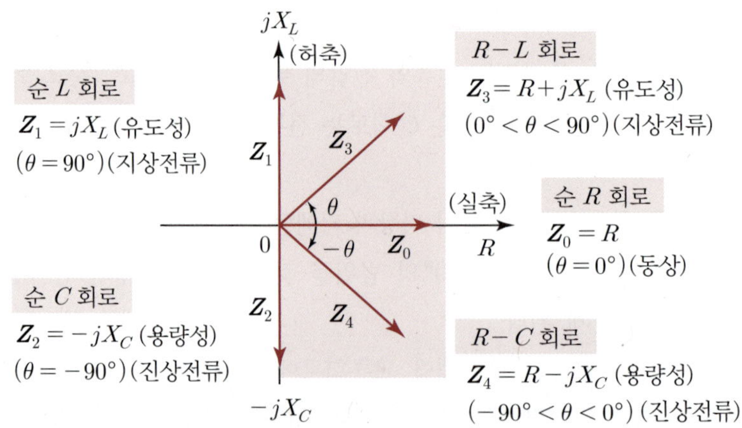

그림 7.4 ▸ 복소 임피던스의 위치$(-90°\le \boldsymbol{Z}\le 90°)$ **에 따른 교류 특성**

예제 7.1

그림 7.5의 주어진 회로소자에 주파수 60[Hz]의 정현파 교류 전원이 연결되었을 때, 각 소자에 대한 복소 임피던스를 표시하고, 전체의 복소 임피던스도 나타내라.

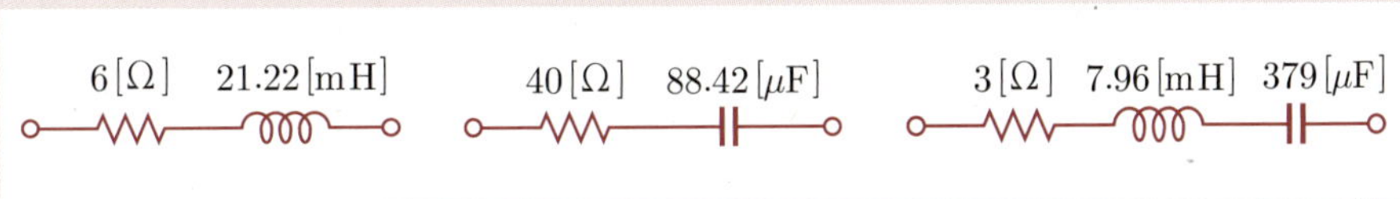

(a) (b) (c)

그림 7.5

풀이 복소 임피던스 $\boldsymbol{Z}$의 표현법(3단계)

① L[H], C[F]에서 리액턴스 X_L, X_C[Ω]을 구한다.

$$X_L = \omega L = 2\pi f L\,[\Omega],\quad X_C = \frac{1}{\omega C} = \frac{1}{2\pi f C}\,[\Omega]$$

② 허수 $\pm j$를 붙인다. → $\boldsymbol{Z}_L = jX_L\,[\Omega]$, $\boldsymbol{Z}_C = -jX_C\,[\Omega]$

③ 합성 복소 임피던스 $\boldsymbol{Z}$를 구한다.

$$\boldsymbol{Z} = \boldsymbol{Z}_R + \boldsymbol{Z}_L + \boldsymbol{Z}_C = R + j(X_L - X_C)$$

(a) $X_L = \omega L = 2\pi f L = 2\pi \times 60 \times 21.22 \times 10^{-3} = 8\,[\Omega]$ ($\boldsymbol{Z}_L = j8\,[\Omega]$)

$\therefore\ \boldsymbol{Z} = \boldsymbol{Z}_R + \boldsymbol{Z}_L = 6 + j8\,[\Omega]$

(b) $X_C = \dfrac{1}{\omega C} = \dfrac{1}{2\pi f C} = \dfrac{1}{2\pi \times 60 \times 88.42 \times 10^{-6}} = 30\,[\Omega]$

($\boldsymbol{Z}_C = -j30\,[\Omega]$) $\quad\therefore\ \boldsymbol{Z} = \boldsymbol{Z}_R + \boldsymbol{Z}_C = 40 - j30\,[\Omega]$

(c) $X_L = \omega L = 2\pi f L = 2\pi \times 60 \times 7.96 \times 10^{-3} = 3\,[\Omega]$ ($\boldsymbol{Z}_L = j3\,[\Omega]$)

$X_C = \dfrac{1}{\omega C} = \dfrac{1}{2\pi f C} = \dfrac{1}{2\pi \times 60 \times 379 \times 10^{-6}} = 7\,[\Omega]$ ($\boldsymbol{Z}_C = -j7\,[\Omega]$)

$\therefore\ \boldsymbol{Z} = \boldsymbol{Z}_R + \boldsymbol{Z}_L + \boldsymbol{Z}_C = 3 + j3 - j7 = 3 - j4\,[\Omega]$

그림 7.6은 각 소자에 대한 복소 임피던스로 변환한 회로이다.

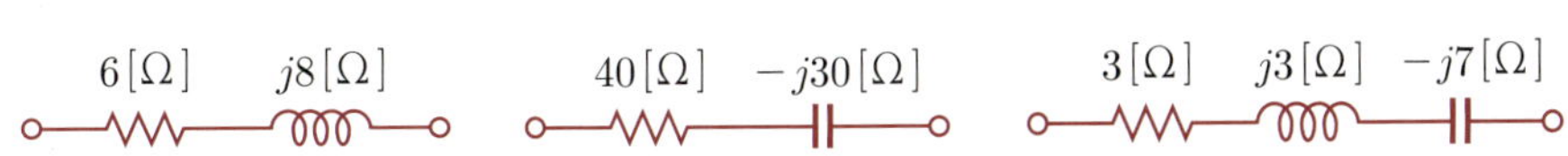

(a) (b) (c)

그림 7.6

예제 7.2

RL 직렬회로에서 저항 $R=6[\Omega]$, 리액턴스 $X_L=8[\Omega]$이다. 임피던스 크기 Z를 구하고, 또 회로의 전압과 전류의 위상차 θ를 구하라.

풀이 합성 복소 임피던스는 $\boldsymbol{Z}=R+j(X_L-X_C)$ 꼴의 복소수로 나타내고, 이 직각좌표 형식을 극좌표 형식으로 변환하면 크기와 임피던스 각을 구할 수 있다.

$$\boldsymbol{Z}=R+jX_L=Z\underline{/\theta}\ [\Omega]\ \left(Z=\sqrt{R^2+X_L{}^2},\ \theta=\tan^{-1}(X_L/R)\right)$$

$$\therefore\ \boldsymbol{Z}=6+j8=10\underline{/53.1°}\ [\Omega]$$

임피던스 크기 : $Z=10\ [\Omega]$, 전압과 전류의 위상차(=임피던스 각) : $\theta=53.1°$

예제 7.3

두 소자로 이루어진 직렬회로에 $100[\text{V}]$, $60[\text{Hz}]$의 교류전압을 인가하였다. 이때 흐르는 전류는 $10[\text{A}]$이고, 전압보다 위상이 $36.9°$ 뒤진 전류(지상전류)가 흘렀다.

(1) 직렬회로의 구성 소자는 무엇으로 된 회로인가?

(2) 전류와 전압을 기준으로 하는 페이저도를 각각 그려라.

(3) 복소 임피던스를 구하고 복소평면에 표시하라.

풀이 (1) 위상차 $\theta=36.9°(0°<\theta<90°)$이고 지상전류이므로 유도성 회로의 정보를 알 수 있다. 따라서 RL 회로로 추론할 수 있다.

(2) 페이저 전류(기준) : $\boldsymbol{I}=10\underline{/0°}\ [\text{A}]$, $\boldsymbol{V}=100\underline{/36.9°}\ [\text{V}]$

페이저 전압(기준) : $\boldsymbol{V}=100\underline{/0°}\ [\text{V}]$, $\boldsymbol{I}=10\underline{/-36.9°}\ [\text{A}]$

(3) 복소 임피던스 $\boldsymbol{Z}=\dfrac{\boldsymbol{V}}{\boldsymbol{I}}=\dfrac{100\underline{/36.9°}}{10\underline{/0°}}=10\underline{/36.9°}=8+j6$ (제 1 사분면)

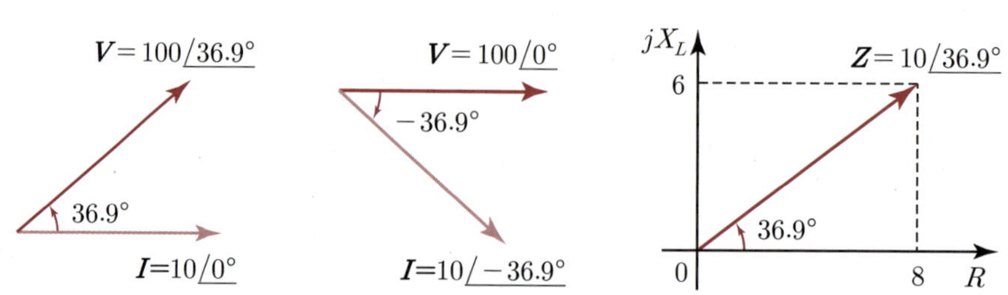

(a) 페이저도(전류기준) (b) 페이저도(전압기준) (c) 복소 임피던스

그림 7.7

이제 임피던스의 합성에 대해 알아보기로 한다. 각 회로소자에 대해 복소수로 표현한 복소 임피던스 $\boldsymbol{Z}$로 나타내면 저항회로에서 배운 저항의 직렬과 병렬 합성법을 그대로 적용할 수 있고, 단지 복소수의 대수적 연산에 따라 계산하면 된다.

(1) 직렬 합성

그림 7.8(a)와 같이 3개의 임피던스가 직렬접속되어 있는 경우, 3개의 저항이 직렬접속되어 있는 경우의 합성법과 동일하며 그 결과도 동일하다.

즉 합성 임피던스 $\boldsymbol{Z}_0$는 직렬 합성저항의 식 (2.3)과 같은 방법으로 다음과 같다.

$$\boldsymbol{Z}_0 = \boldsymbol{Z}_1 + \boldsymbol{Z}_2 + \boldsymbol{Z}_3 \tag{7.16}$$

(2) 병렬 합성

그림 7.8(b)와 같이 3개의 임피던스가 병렬접속되어 있는 경우, 3개의 저항이 병렬접속되어 있는 경우의 합성법과 동일하며 그 결과도 동일하다.

즉 합성 임피던스 $\boldsymbol{Z}_0$는 병렬 합성저항의 식 (2.7)과 동일한 방법으로 다음과 같다.

$$\frac{1}{\boldsymbol{Z}_0} = \frac{1}{\boldsymbol{Z}_1} + \frac{1}{\boldsymbol{Z}_2} + \frac{1}{\boldsymbol{Z}_3} \tag{7.17}$$

$$\therefore \ \boldsymbol{Z}_0 = \frac{1}{\dfrac{1}{\boldsymbol{Z}_1} + \dfrac{1}{\boldsymbol{Z}_2} + \dfrac{1}{\boldsymbol{Z}_n}} \tag{7.18}$$

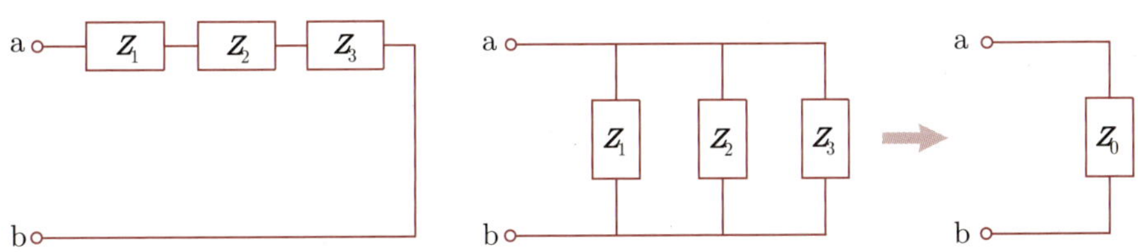

(a) 임피던스의 직렬 (b) 임피던스의 병렬 (c) 합성 임피던스

그림 7.8 ▸ 임피던스의 직렬과 병렬 합성

특히 두 개의 임피던스 $\boldsymbol{Z}_1$, $\boldsymbol{Z}_2$가 병렬접속된 회로의 합성 임피던스 $\boldsymbol{Z}_0$는 직류회로의 저항 합성의 식 (2.10)과 같은 방법으로 그대로 적용할 수 있다.

$$Z_0 = \frac{Z_1 Z_2(\text{두개 곱})}{Z_1 + Z_2(\text{두개 합})} \tag{7.19}$$

예제 7.4

그림 7.9의 회로에서 합성 임피던스 Z_0를 구하라. 단, 각주파수는 ω이다.

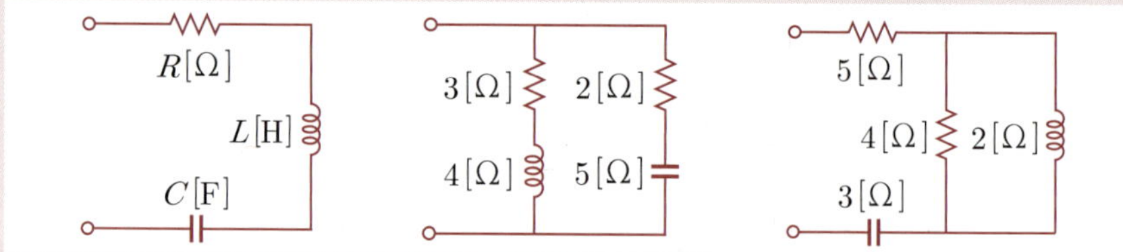

그림 7.9

풀이 그림 7.10과 같이 각 소자의 복소 임피던스 $Z_L = jX_L[\Omega]$, $Z_C = -jX_C[\Omega]$을 적용하고, 저항의 직렬 및 병렬 합성법의 식 (7.16)과 식 (7.19)에 의해 구한다.

(a) $Z_0 = R + j\omega L - j\dfrac{1}{\omega C} = R + j\left(\omega L - \dfrac{1}{\omega C}\right)[\Omega]$

(b) $Z_0 = \dfrac{(3+j4)(2-j5)}{(3+j4)+(2-j5)} = \dfrac{26-j7}{5-j} = 5.27 - j0.35\,[\Omega]$

(c) $Z_0 = 5 - j3 + \dfrac{4 \times j2}{4+j2} = (5-j3) + (0.8+j1.6) = 5.8 - j1.4\,[\Omega]$

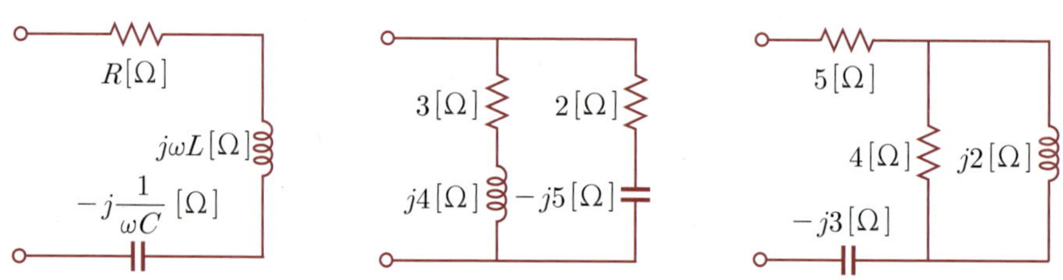

그림 7.10

제 5 장에서 정현파 교류의 순시값으로 주어진 회로에서 삼각함수에 의한 회로해석을 배웠다. 이제까지 배운 복소수와 전압, 전류의 페이저 표시, 복소 임피던스, 임피던스 합성법 등의 학습을 마쳤으므로 이를 활용하여 새로운 회로해석 방법인 교류회로의 페이저 해석법을 배운다.

7.3 교류회로의 페이저 해석법

교류회로의 페이저 해석법은 선형회로망과 정상상태에 있는 회로에서 적용하는 것을 전제로 한다. **페이저에 의한 교류회로의 해석**은 상황에 따라 다르지만 최종적으로 전류를 구하는 것이고 다음의 절차에 따라 해석한다.

(1) 순시값으로 주어진 회로에서 전압, 전류를 페이저로 변환하고 각 소자 L, C의 단위를 $[\Omega]$인지 확인한다.
(2) 각 소자의 리액턴스 X_L, X_C를 구하여 복소 임피던스 $\boldsymbol{Z}_L$, $\boldsymbol{Z}_C$로 표현한다.
(3) 회로 전체의 합성 복소 임피던스 $\boldsymbol{Z}$를 구한다.
(4) 전류 $\boldsymbol{I}$는 교류의 옴의 법칙 $\boldsymbol{V}=\boldsymbol{Z}\boldsymbol{I}$에 의해 $\boldsymbol{I}=\boldsymbol{V}/\boldsymbol{Z}$에 대입하여 구한다.

7.3.1 수동소자의 페이저 해석

(1) 순 R 회로

그림 7.11(a)와 같은 순 R 회로에 교류전압 $v=\sqrt{2}\,V\sin\omega t$가 인가되었을 때 전류 i를 구해본다.

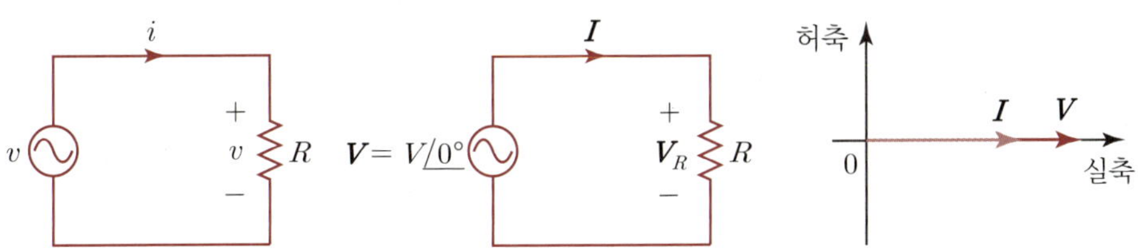

(a) 정현파(순시값) (b) 페이저 변환회로 (c) 전압, 전류 페이저

그림 7.11 ▶ 순 R 회로

순시값 v의 페이저 전압은 $\boldsymbol{V}=V\underline{/0°}$이고, 회로의 임피던스는 $\boldsymbol{Z}=R$이다. 따라서 페이저 전류 $\boldsymbol{I}$와 순시값 i는 다음과 같이 구해진다.

$$\boldsymbol{I}=\frac{\boldsymbol{V}}{\boldsymbol{Z}}=\frac{\boldsymbol{V}}{R}=\frac{V\underline{/0°}}{R}=\frac{V}{R}\underline{/0°}=I\underline{/0°} \tag{7.20}$$

$$i = \sqrt{2}\, I \sin\omega t = \frac{\sqrt{2}\, V}{R} \sin\omega t \tag{7.21}$$

결론적으로 순 R 회로에서 전압 v와 전류 i는 동상이다. 만약 전류 $\boldsymbol{I}$가 주어진 회로에서 소자 R에 걸리는 전압강하(단자전압) $\boldsymbol{V}_R$은

$$\boldsymbol{V}_R = R\boldsymbol{I} = RI\underline{/0°} \tag{7.22}$$

가 된다. **그림 7.11**(c)는 전압 $\boldsymbol{V}$와 전류 $\boldsymbol{I}$의 관계를 나타낸 페이저도이고, 실축에서 **두 페이저가 중첩되므로 동상**이다. 페이저도에서 **반시계 방향으로 위쪽에 있는 페이저가 위상이 앞선 것**을 나타낸다.

예제 7.5

$R = 5\,[\Omega]$의 저항회로에 $v = 100\sqrt{2}\sin(\omega t + 30°)\,[\text{V}]$의 전압이 인가되었을 때 회로에 흐르는 전류의 순시값 i를 구하고, 전압, 전류의 페이저도를 그려라.

풀이 $\boldsymbol{V} = 100\underline{/30°}\,[\text{V}]$, $\boldsymbol{Z} = 5\underline{/0°}\,[\Omega]$이므로

$$\boldsymbol{I} = \frac{\boldsymbol{V}}{\boldsymbol{Z}} = \frac{100\underline{/30°}}{5\underline{/0°}} = 20\underline{/30°}\,[\text{A}]$$

$$i = 20\sqrt{2}\sin(\omega t + 30°)\,[\text{A}]$$

가 구해진다. $\boldsymbol{V}$, $\boldsymbol{I}$의 페이저도는 **그림 7.12**이다. 전류의 실효값 $I = 20\,[\text{A}]$ 이고, 전압과 전류의 두 페이저는 중첩되므로 위상 관계는 동상이 된다.

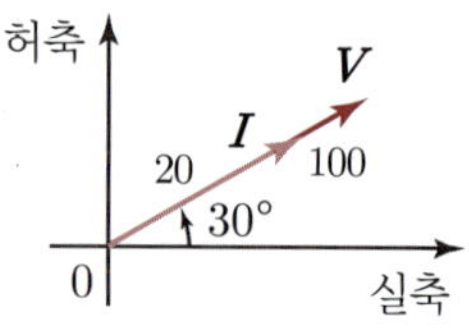

그림 7.12

(2) 순 L 회로

그림 7.13(a)와 같은 순 L 회로에 교류전압 $v = \sqrt{2}\, V \sin\omega t$가 인가되었을 때 전류 i를 구해본다. 순시값 v의 페이저 전압은 $\boldsymbol{V} = V\underline{/0°}$이고, 회로의 임피던스는 소자 L의 임피던스 $\boldsymbol{Z} = \boldsymbol{Z}_L = j\omega L$이다. 따라서 페이저 전류 $\boldsymbol{I}$와 순시값 i는 다음과 같이 구해진다.

$$\boldsymbol{I} = \frac{\boldsymbol{V}}{\boldsymbol{Z}} = \frac{V\underline{/0°}}{j\omega L} = \frac{V\underline{/0°}}{\omega L\underline{/90°}} = \frac{V}{\omega L}\underline{/-90°} = I\underline{/-90°} \tag{7.23}$$

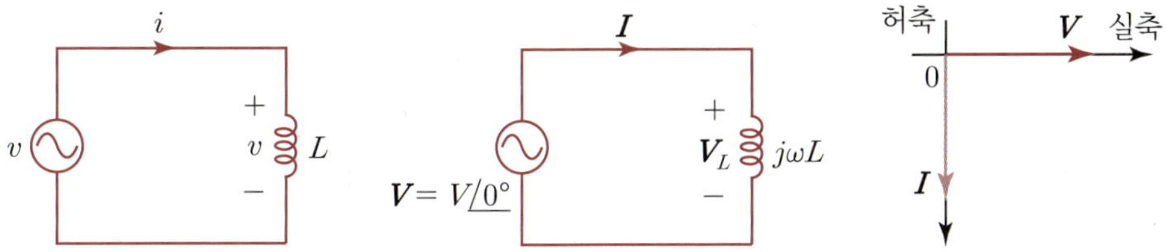

(a) 정현파(순시값) (b) 페이저 변환회로 (c) 전압, 전류 페이저

그림 7.13 ▶ 순 L 회로

$$i = \frac{\sqrt{2}\,V}{\omega L}\sin(\omega t - 90°) \tag{7.24}$$

결론적으로 순 L 회로에서 전압 v와 전류 i의 위상 관계는 90°의 지상전류가 흐른다. 만약 전류 $\boldsymbol{I}$가 주어진 회로에서 소자 L에 걸리는 전압강하(단자전압) $\boldsymbol{V}_L$은

$$\boldsymbol{V}_L = \boldsymbol{Z}_L\boldsymbol{I} = jX_L\boldsymbol{I} = j\omega L\boldsymbol{I} = (\omega L\angle 90°)(I\angle -90°) = \omega LI\angle 0° \tag{7.25}$$

가 된다. **그림 7.13**(c)는 전압 $\boldsymbol{V}$와 전류 $\boldsymbol{I}$의 관계를 나타낸 페이저도이다. 반시계 방향으로 위쪽에 있는 페이저 전압이 전류보다 위상 90°가 앞선 것을 나타낸다.

예제 7.6

$L = 20\,[\text{mH}]$의 인덕터에 $v = 24\sqrt{2}\sin(377t + 60°)\,[\text{V}]$의 전압이 인가되었을 때 회로에 흐르는 전류의 순시값 i를 구하고, 전압, 전류의 페이저도를 그려라.

풀이 $\boldsymbol{V} = 24\angle 60°\,[\text{V}]$, $\boldsymbol{Z} = j\omega L = j(377 \times 20 \times 10^{-3}) = 7.54\angle 90°\,[\Omega]$이므로

$$\boldsymbol{I} = \frac{\boldsymbol{V}}{\boldsymbol{Z}} = \frac{24\angle 60°}{7.54\angle 90°} = 3.18\angle -30°\,[\text{A}]$$

$$i = 3.18\sqrt{2}\sin(377t - 30°)\,[\text{A}]$$

가 구해진다. $\boldsymbol{V}$, $\boldsymbol{I}$의 페이저도는 **그림 7.14**이다. 전류의 실효값 $I = 3.18\,[\text{A}]$이고 전압과 전류의 위상차는 $\theta = 60° - (-30°) = 90°$이다. 따라서 유도성 회로인 순 L 회로는 90°의 지상전류가 흐른다.

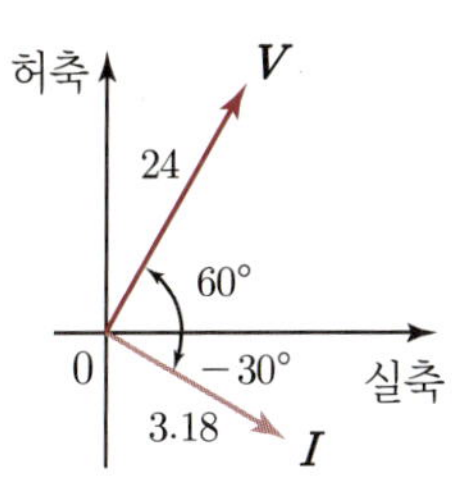

그림 7.14

(3) 순 C 회로

그림 7.15(a)와 같은 순 C 회로에 교류전압 $v=\sqrt{2}\,V\sin\omega t$ 가 인가되었을 때 전류 i 를 구해본다.

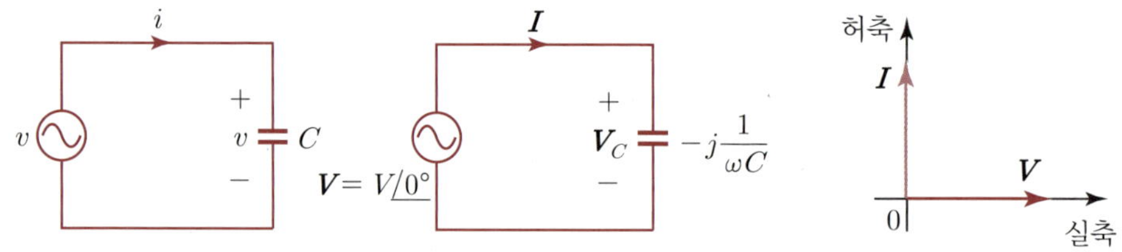

(a) 정현파(순시값) (b) 페이저 변환회로 (c) 전압, 전류 페이저

그림 7.15 ▶ 순 C 회로

순시값 v의 페이저 전압은 $\boldsymbol{V}=V\underline{/0°}$ 이고, 회로의 임피던스는 소자 C의 임피던스 $\boldsymbol{Z}=\boldsymbol{Z}_C=-j(1/\omega C)$이다. 따라서 페이저 전류 $\boldsymbol{I}$와 순시값 i는 다음과 같이 구해진다.

$$\boldsymbol{I}=\frac{\boldsymbol{V}}{\boldsymbol{Z}}=\frac{V\underline{/0°}}{-j(1/\omega C)}=j\omega CV\underline{/0°}=\omega CV\underline{/90°}=I\underline{/90°} \tag{7.26}$$

$$i=\sqrt{2}\,\omega CV\sin(\omega t+90°) \tag{7.27}$$

결론적으로 순 C 회로에서 전압 v와 전류 i의 위상 관계는 90°의 진상전류이다. 만약 전류 $\boldsymbol{I}$가 주어진 회로에서 소자 C에 걸리는 전압강하(단자전압) $\boldsymbol{V}_C$는

$$\boldsymbol{V}_C=\boldsymbol{Z}_C\boldsymbol{I}=-jX_C\boldsymbol{I}=-j\frac{1}{\omega C}\boldsymbol{I}$$

$$\therefore\ \ \boldsymbol{V}_C=\left(\frac{1}{\omega C}\underline{/-90°}\right)(I\underline{/90°})=\frac{I}{\omega C}\underline{/0°} \tag{7.28}$$

가 된다. **그림 7.15**(c)는 전압 $\boldsymbol{V}$와 전류 $\boldsymbol{I}$의 관계를 나타낸 페이저도이다.

예제 7.7

$C=100\,[\mu\text{F}]$의 커패시터에 $v=100\sqrt{2}\sin(377t-20°)\,[\text{V}]$의 전압이 인가되었을 때 회로에 흐르는 전류의 순시값 i를 구하고, 전압, 전류의 페이저도를 그려라.

풀이 $\boldsymbol{V} = 100\underline{/-20°}$ [V]

$$\boldsymbol{Z} = -j\frac{1}{\omega C} = -j\frac{1}{377 \times 100 \times 10^{-6}} = 26.53\underline{/-90°}\ [\Omega]$$ 이므로

$$\boldsymbol{I} = \frac{\boldsymbol{V}}{\boldsymbol{Z}} = \frac{100\underline{/-20°}}{26.53\underline{/-90°}} = 3.77\underline{/70°}\ [\text{A}]$$

$$i = 3.77\sqrt{2}\sin(377t + 70°)\ [\text{A}]$$

가 구해진다. $\boldsymbol{V}$, $\boldsymbol{I}$의 페이저도는 **그림 7.16**이다. 전류의 실효값 $I = 3.77$ [A]이고 전압과 전류의 위상차는 $\theta = 70° - (-20°) = 90°$이다. 따라서 용량성 회로인 순 C 회로는 90°의 진상전류가 흐른다.

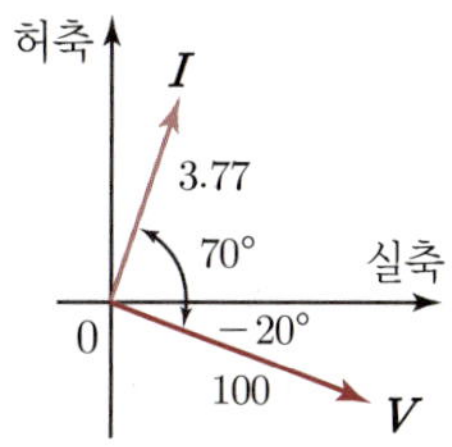

그림 7.16

7.3.2 직렬회로

(1) RL 직렬회로

전압, 전류의 순시값 v, i로 주어진 **그림 7.17**(a)의 RL 직렬회로는 **그림 7.17**(b)와 같이 페이저 전압, 전류 $\boldsymbol{V}$, $\boldsymbol{I}$와 각 소자의 복소 임피던스 $\boldsymbol{Z}_R$, $\boldsymbol{Z}_L$로 변환한다.

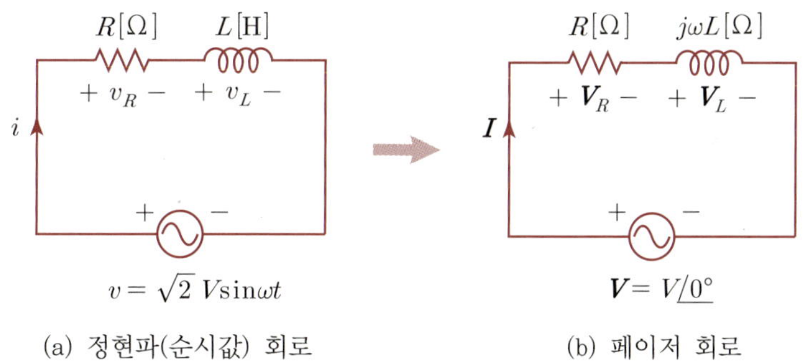

그림 7.17 ▶ RL **직렬회로**

그림 7.17(b)에서 두 소자 R과 L의 임피던스는 각각 다음과 같다.

$$\boldsymbol{Z}_R = R, \quad \boldsymbol{Z}_L = jX_L = j\omega L \tag{7.29}$$

RL 직렬회로에서 합성 임피던스 $\boldsymbol{Z}$는

$$\boldsymbol{Z} = \boldsymbol{Z}_R + \boldsymbol{Z}_L = R + jX_L = R + j\omega L = Z\underline{/\theta} \tag{7.30}$$

이다. 여기서 임피던스 크기 Z와 임피던스 각 θ는 다음과 같다.

$$\begin{aligned} Z &= \sqrt{R^2 + X_L{}^2} = \sqrt{R^2 + (\omega L)^2} \\ \theta &= \tan^{-1}\frac{X_L}{R} = \tan^{-1}\frac{\omega L}{R} \end{aligned} \tag{7.31}$$

여기서 **임피던스 각 θ는 전압과 전류의 위상차**를 의미한다.

그림 7.17(b)에서 전원 전압 $\boldsymbol{V} = V\underline{/0°}$이고, 식 (7.30)의 합성 임피던스 $\boldsymbol{Z}$로부터 전류 $\boldsymbol{I}$는 옴의 법칙에 의해 다음과 같이 구할 수 있다.

$$\boldsymbol{I} = \frac{\boldsymbol{V}}{\boldsymbol{Z}} = \frac{V\underline{/0°}}{Z\underline{/\theta}} = \frac{V}{\sqrt{R^2 + (\omega L)^2}}\underline{/-\theta} \ \ (= I\underline{/-\theta}) \tag{7.32}$$

식 (7.32)의 페이저 전류 $\boldsymbol{I}$에 의해 순시값 i는 다음과 같이 나타낸다.

$$i = \frac{\sqrt{2}\,V}{\sqrt{R^2 + (\omega L)^2}}\sin(\omega t - \theta) \tag{7.33}$$

각 소자의 단자전압 $\boldsymbol{V}_R$, $\boldsymbol{V}_L$은 옴의 법칙에 의해

$$\boldsymbol{V}_R = R\boldsymbol{I}, \qquad \boldsymbol{V}_L = j\omega L\boldsymbol{I} \tag{7.34}$$

가 구해진다. 전체 전압 $\boldsymbol{V}$와 소자의 단자전압 $\boldsymbol{V}_R$, $\boldsymbol{V}_L$의 관계는 KVL을 적용하면

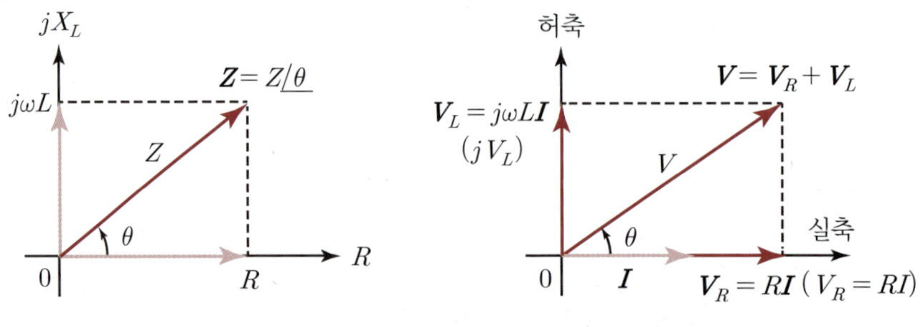

(a) 임피던스도　　(b) 전압, 전류 페이저도(전류 기준)

그림 7.18 ▸ RL 직렬회로의 임피던스도와 페이저도

$$\boldsymbol{V} = \boldsymbol{V}_R + \boldsymbol{V}_L = R\boldsymbol{I} + j\omega L\boldsymbol{I} = (R + j\omega L)\boldsymbol{I} (= \boldsymbol{ZI}) \tag{7.35}$$

가 된다. **그림 7.18**은 임피던스도와 전류를 기준 페이저($\boldsymbol{I} = I\underline{/0°}$)로 하는 페이저도이고, 이들로부터 위상 관계는 다음과 같이 설명할 수 있다.

저항의 단자전압 $\boldsymbol{V}_R$은 전류와 동상이고 인덕터의 단자전압 $\boldsymbol{V}_L$은 전류보다 90° 앞선다. 단자전압 $\boldsymbol{V}_R$과 $\boldsymbol{V}_L$을 평행사변형법으로 합성한 전체 전압 $\boldsymbol{V}$는 전류보다 θ 만큼 위상이 앞서는 것을 보여주며 임피던스 각과 동일하다.(위상 θ 만큼 뒤진 지상전류)

전체 전압과 단자전압의 관계는 페이저도에 의해

$$\boldsymbol{V} = V_R + jV_L \ (\boldsymbol{V} = V\underline{/\theta}) \tag{7.36}$$

의 관계를 알 수 있다. 따라서 전체 전압과 단자전압의 실효값(크기)은 다음의 관계가 성립하고, 각 θ는 임피던스 각과 같다.

$$V = \sqrt{V_R{}^2 + V_L{}^2}, \quad \theta = \tan^{-1}\frac{V_L}{V_R} \tag{7.37}$$

만약 RL 직렬회로에서 저항 R의 단자전압 60[V], 인덕터 L의 단자전압 80[V]일 때 교류의 전체 전압 V는 식 (7.37)에 의해 $\sqrt{60^2 + 80^2} = 100$ [V]가 된다. 직류 저항회로와 같은 단자전압의 합 $60 + 80 = 140$[V]로 하지 않는다는 것을 주의해야 한다.

페이저도는 페이저를 기하학적으로 표현한 것으로 회로에 관계되는 전압과 전류, 위상차 등을 한 번에 볼 수 있기 때문에 페이저도만으로도 회로해석을 할 수 있는 장점이 있다. 따라서 독자들은 페이저도를 정확하게 그리는 방법과 위상 관계의 해석 방법을 숙지하고 있어야 한다.

예제 7.8

$R = 16[\Omega]$, $L = 31.83[\text{mH}]$의 RL 직렬회로에 $v = 100\sqrt{2}\sin 377t[\text{V}]$의 전압을 인가하였을 때 다음을 각각 구하라.

(1) 임피던스 Z, 전압과 전류의 위상 관계

(2) 회로전류 I와 순시값 i

(3) 소자 R, L의 전압강하(단자전압) $\boldsymbol{V}_R$, $\boldsymbol{V}_L$

(4) 페이저도 $\boldsymbol{V}$, $\boldsymbol{I}$, $\boldsymbol{V}_R$, $\boldsymbol{V}_L$

풀이 $\boldsymbol{V} = 100\angle 0°$ [V]

(1) $\boldsymbol{Z}_R = 16[\Omega]$, $\boldsymbol{Z}_L = jX_L = j\omega L = j(377 \times 31.83 \times 10^{-3}) = j12[\Omega]$

$$\boldsymbol{Z} = \boldsymbol{Z}_R + \boldsymbol{Z}_L = 16 + j12 = 20\angle 36.9° [\Omega] \text{(제 1 사분면)}$$

임피던스 크기 $Z = 20[\Omega]$이고, 임피던스의 허수부의 부호가 (+)이므로 유도성 회로가 되므로 전류의 위상이 전압보다 36.9° 뒤진 지상전류가 흐른다.

(2) $\boldsymbol{I} = \dfrac{\boldsymbol{V}}{\boldsymbol{Z}} = \dfrac{100\angle 0°}{20\angle 36.9°} = 5\angle -36.9°$ [A]

$$i = 5\sqrt{2}\sin(377t - 36.9°) \text{ [A]}$$

(3) $\boldsymbol{V}_R = R\boldsymbol{I} = 16 \times 5\angle -36.9° = 80\angle -36.9°$ [V]

$$v_R = 80\sqrt{2}\sin(377t - 36.9°) \text{ [V]}$$

$$\boldsymbol{V}_L = jX_L\boldsymbol{I} = 12\angle 90° \times 5\angle -36.9° = 60\angle 53.1° \text{ [V]}$$

$$v_L = 60\sqrt{2}\sin(377t + 53.1°) \text{ [V]}$$

전체 전압과 단자전압의 관계 : $V_R = 80$ [V], $V_L = 60$ [V]

$$V = \sqrt{V_R^2 + V_L^2} = \sqrt{80^2 + 60^2} = 100 \text{ [V]}$$

전압과 전류의 위상차(임피던스 각과 일치)

$$\theta = \tan^{-1}\frac{V_L}{V_R} = \tan^{-1}\frac{60}{80} = 36.9°$$

(4)

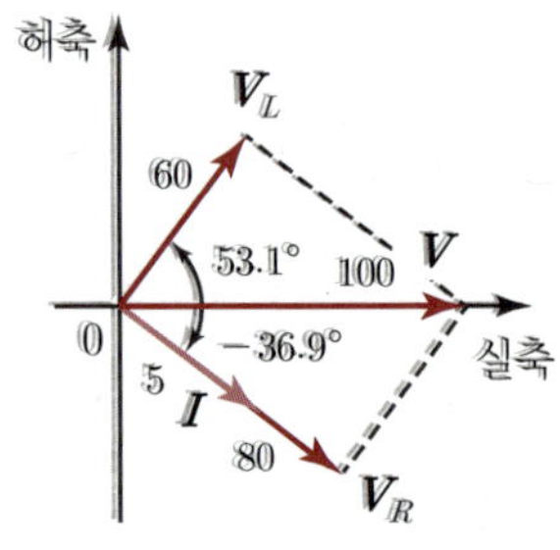

그림 7.19 ▸ 페이저도

(2) RC 직렬회로

전압, 전류의 순시값 v, i로 주어진 **그림 7.20**(a)의 RC 직렬회로는 **그림 7.20**(b)와 같이 페이저 전압, 전류 $\boldsymbol{V}$, $\boldsymbol{I}$와 각 소자의 복소 임피던스 $\boldsymbol{Z}_R$, $\boldsymbol{Z}_C$로 변환한다.

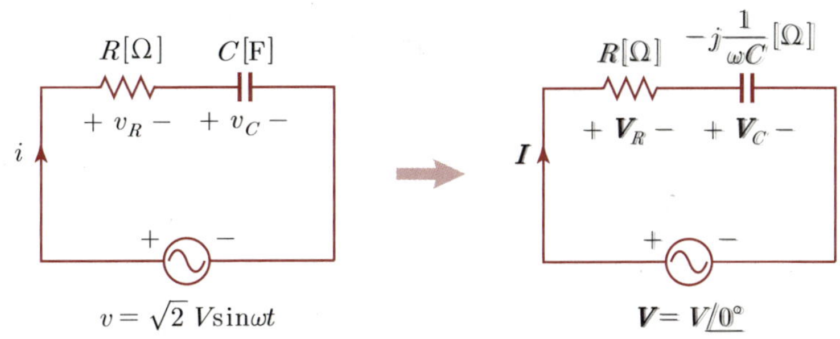

(a) 정현파(순시값) 회로 (b) 페이저 회로

그림 7.20 ▸ *RC* 직렬회로

그림 7.20(b)에서 두 소자 R과 C의 임피던스는 각각 다음과 같다.

$$\boldsymbol{Z}_R = R, \quad \boldsymbol{Z}_C = -jX_C = -j\frac{1}{\omega C} \tag{7.38}$$

RC 직렬회로에서 합성 임피던스 $\boldsymbol{Z}$는

$$\boldsymbol{Z} = \boldsymbol{Z}_R + \boldsymbol{Z}_C = R - jX_C = R - j\frac{1}{\omega C} = Z\underline{/-\theta} \tag{7.39}$$

이다. 여기서 임피던스 크기 Z와 임피던스 각 θ는 다음과 같다.

$$\begin{aligned} Z &= \sqrt{R^2 + X_C^2} = \sqrt{R^2 + \left(\frac{1}{\omega C}\right)^2} \\ \theta &= \tan^{-1}\frac{X_C}{R} = \tan^{-1}\frac{1}{\omega CR} \end{aligned} \tag{7.40}$$

그림 7.20(b)에서 전원 전압 $\boldsymbol{V} = V\underline{/0°}$이고, 식 (7.39)의 합성 임피던스 $\boldsymbol{Z}$로부터 전류 $\boldsymbol{I}$는 옴의 법칙에 의해 다음과 같이 구할 수 있다.

$$\boldsymbol{I} = \frac{\boldsymbol{V}}{\boldsymbol{Z}} = \frac{V\underline{/0°}}{Z\underline{/-\theta}} = \frac{V}{\sqrt{R^2 + \left(\frac{1}{\omega C}\right)^2}}\underline{/\theta} \ \ (= I\underline{/\theta}) \tag{7.41}$$

식 (7.41)의 페이저 전류 $\boldsymbol{I}$에 의해 순시값 i는 다음과 같이 나타낸다.

$$i = \frac{\sqrt{2}\,V}{\sqrt{R^2 + \left(\frac{1}{\omega C}\right)^2}} \sin(\omega t + \theta) \tag{7.42}$$

각 소자의 단자전압 $\boldsymbol{V}_R$과 $\boldsymbol{V}_C$는 옴의 법칙에 의해

$$\boldsymbol{V}_R = R\boldsymbol{I}, \quad \boldsymbol{V}_C = -j\frac{1}{\omega C}\boldsymbol{I} \tag{7.43}$$

로 구할 수 있다. 전체 전압 $\boldsymbol{V}$와 소자의 단자전압 $\boldsymbol{V}_R$, $\boldsymbol{V}_C$의 관계는 KVL을 적용하면

$$\boldsymbol{V} = \boldsymbol{V}_R + \boldsymbol{V}_C = R\boldsymbol{I} - j\frac{1}{\omega C}\boldsymbol{I} = \left(R - j\frac{1}{\omega C}\right)\boldsymbol{I}\ (= \boldsymbol{ZI}) \tag{7.44}$$

가 된다. **그림 7.21**은 임피던스도와 전류를 기준 페이저($\boldsymbol{I} = I\underline{/0°}$)로 하는 페이저도이고, 전체 전압과 단자전압의 관계는 페이저도와 식 (7.44)에 의해

$$\boldsymbol{V} = V_R - jV_C\ (\boldsymbol{V} = V\underline{/\theta}) \tag{7.45}$$

를 알 수 있다. 따라서 전체 전압과 단자전압의 실효값(크기)은 다음의 관계가 성립하고, 각 θ는 임피던스 각과 같다.

$$V = \sqrt{{V_R}^2 + {V_C}^2}, \quad \theta = \tan^{-1}\frac{V_C}{V_R} \tag{7.46}$$

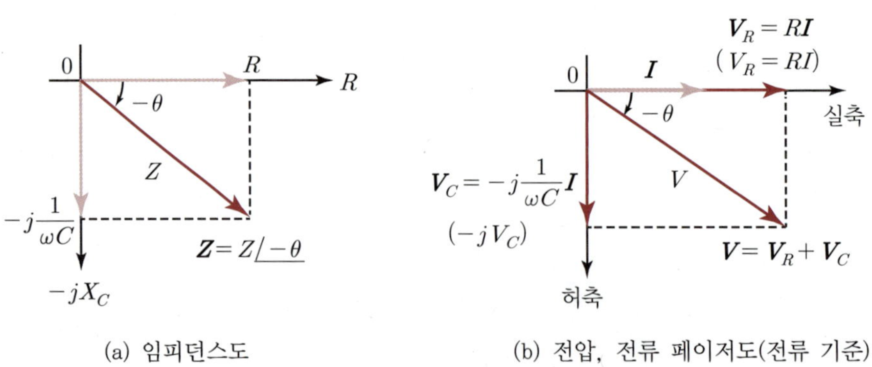

그림 7.21 ▶ RC **직렬회로의 임피던스도와 페이저도**

만약 RC 직렬회로에서 저항 R의 단자전압 3[V], 커패시터 C의 단자전압 4[V]일 때 교류의 전체 전압 V는 식 (7.46)에 의해 $\sqrt{3^2+4^2}=5$ [V]가 된다. 직류 저항회로와 같은 단자전압의 합 $3+4=7$[V]로 하지 않는다는 것을 주의해야 한다.

식 (7.46)의 각 θ는 임피던스 각과 마찬가지로 전압과 전류의 위상차를 나타내고, **그림 7.21**(b)로부터 위상 관계는 다음과 같이 설명할 수 있다.

저항의 단자전압 $\boldsymbol{V}_R$은 전류와 동상이고 커패시터의 단자전압 $\boldsymbol{V}_C$는 전류보다 90° 뒤진다. 단자전압 $\boldsymbol{V}_R$과 $\boldsymbol{V}_C$를 평행사변형법으로 합성한 전체 전압 $\boldsymbol{V}$는 전류보다 θ 만큼 위상이 뒤지는 것을 보여주고 있다.(위상 θ 만큼 앞선 진상전류)

RL 회로의 임피던스는 $\boldsymbol{Z}=R+jX_L$과 같이 허수부의 부호가 (+)이므로 **그림 7.18**(a)의 임피던스도에서 제 1 사분면에 위치한다. 그러나 RC 회로의 임피던스는 $\boldsymbol{Z}=R-jX_C$와 같이 허수부의 부호가 (–)이므로 **그림 7.21**(a)와 같이 RL 회로의 $\boldsymbol{Z}$와 실축에 대칭 위치인 제 4 사분면에 위치하는 것을 주의해야 한다.

예제 7.9

$R=30[\Omega]$, $C=65[\mu F]$의 RC 직렬회로에 $v=80\sqrt{2}\sin(120\pi t+20°)$[V]의 전압을 인가하였을 때 다음을 각각 구하라.

(1) 임피던스 Z, 전압과 전류의 위상차 θ
(2) 회로전류 I와 순시값 i
(3) 소자 R, C의 전압강하(단자전압) $\boldsymbol{V}_R$, $\boldsymbol{V}_C$
(4) 페이저도 $\boldsymbol{V}$, $\boldsymbol{I}$, $\boldsymbol{V}_R$, $\boldsymbol{V}_C$

풀이 $\boldsymbol{V}=80\underline{/20°}$ [V]

(1) $\boldsymbol{Z}_R=30[\Omega]$, $\boldsymbol{Z}_C=-jX_C=-j\dfrac{1}{\omega C}=-j\dfrac{1}{120\pi\times 65\times 10^{-6}}$

$$\therefore\ \boldsymbol{Z}_C=-j40.81=40.81\underline{/-90°}\,[\Omega]$$

$$\boldsymbol{Z}=\boldsymbol{Z}_R+\boldsymbol{Z}_C=30-j40.81=50.65\underline{/-53.68°}\,[\Omega]\text{(제 4 사분면)}$$

임피던스 크기 $Z=50.65[\Omega]$이고, 임피던스의 허수부의 부호가 (–)이므로 용량성 회로가 되므로 전류의 위상이 전압보다 53.68° 앞선 진상전류가 흐른다.

(2) $\boldsymbol{I}=\dfrac{\boldsymbol{V}}{\boldsymbol{Z}}=\dfrac{80\underline{/20°}}{50.65\underline{/-53.68°}}=1.58\underline{/73.68°}$ [A]

$$i=1.58\sqrt{2}\sin(120\pi t+73.68°)\,[A]$$

(3) $\boldsymbol{V}_R = R\boldsymbol{I} = 30 \times 1.58\angle 73.68° = 47.4\angle 73.68°$ [V]

$$v_R = 47.4\sqrt{2}\sin(120\pi t + 73.68°) \text{ [V]}$$

$$\boldsymbol{V}_C = -jX_C\boldsymbol{I} = 40.81\angle -90° \times 1.58\angle 73.68° = 64.48\angle -16.32° \text{ [V]}$$

$$v_C = 64.48\sqrt{2}\sin(120\pi t - 16.32°) \text{ [V]}$$

전체 전압과 단자전압의 관계 : $V_R = 47.4$ [V], $V_C = 64.48$ [V]

$$V = \sqrt{{V_R}^2 + {V_C}^2} = \sqrt{47.4^2 + 64.48^2} = 80 \text{ [V]}$$

전압과 전류의 위상차(임피던스 각과 일치)

$$\theta = \tan^{-1}\frac{V_C}{V_R} = \tan^{-1}\frac{64.48}{47.4} = 53.68°$$

(4)

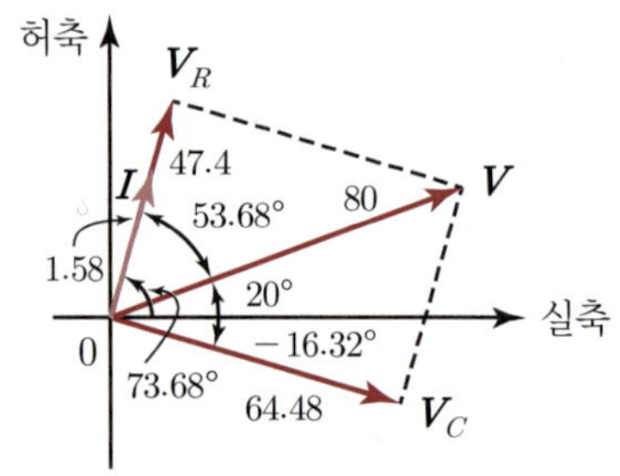

그림 7.22 ▶ 페이저도

(3) RLC 직렬회로

전압, 전류의 순시값 v, i로 주어진 **그림 7.23**(a)의 RLC 직렬회로는 **그림 7.23**(b)와 같이 페이저 전압, 전류 $\boldsymbol{V}$, $\boldsymbol{I}$와 각 소자의 복소 임피던스 $\boldsymbol{Z}_R$, $\boldsymbol{Z}_L$, $\boldsymbol{Z}_C$로 변환한다.

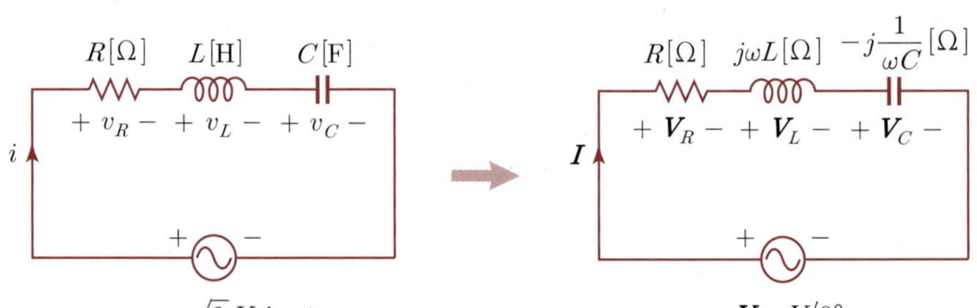

(a) 정현파(순시값) 회로 (b) 페이저 회로

그림 7.23 ▶ RLC 직렬회로

그림 7.23(b)에서 소자 R, L, C의 임피던스는 각각

$$\boldsymbol{Z}_R = R, \quad \boldsymbol{Z}_L = jX_L = j\omega L, \quad \boldsymbol{Z}_C = -jX_C = -j\frac{1}{\omega C} \tag{7.47}$$

이 된다. RLC 직렬회로에서 $X_L > X_C$인 경우의 합성 임피던스 $\boldsymbol{Z}$는

$$\boldsymbol{Z} = \boldsymbol{Z}_R + \boldsymbol{Z}_L + \boldsymbol{Z}_C \qquad \therefore\ \boldsymbol{Z} = R + j(X_L - X_C) \tag{7.48}$$

$$\therefore\ \boldsymbol{Z} = R + j\left(\omega L - \frac{1}{\omega C}\right) = Z\underline{/\theta} \tag{7.49}$$

이다. 여기서 임피던스 크기 Z와 임피던스 각 θ는 다음과 같다.

$$\begin{aligned} Z &= \sqrt{R^2 + (X_L - X_C)^2} = \sqrt{R^2 + \left(\omega L - \frac{1}{\omega C}\right)^2} \\ \theta &= \tan^{-1}\frac{X_L - X_C}{R} = \tan^{-1}\frac{\omega L - \dfrac{1}{\omega C}}{R} \end{aligned} \tag{7.50}$$

그림 7.23(b)에서 전원 전압 $\boldsymbol{V} = V\underline{/0°}$ 일 때, 식 (7.49)의 합성 임피던스 $\boldsymbol{Z}$로부터 전류 $\boldsymbol{I}$는 옴의 법칙에 의해 다음과 같이 구할 수 있다.

$$\boldsymbol{I} = \frac{\boldsymbol{V}}{\boldsymbol{Z}} = \frac{V\underline{/0°}}{Z\underline{/\theta}} = \frac{V}{\sqrt{R^2 + \left(\omega L - \dfrac{1}{\omega C}\right)^2}}\underline{/-\theta} \ \ (= I\underline{/-\theta}) \tag{7.51}$$

식 (7.51)의 페이저 전류 $\boldsymbol{I}$에 의해 순시값 i는 다음과 같이 나타낸다.

$$i = \frac{\sqrt{2}\,V}{\sqrt{R^2 + \left(\omega L - \dfrac{1}{\omega C}\right)^2}}\sin(\omega t - \theta) \tag{7.52}$$

각 소자의 단자전압은 옴의 법칙에 의해 다음과 같이 구해진다.

$$\boldsymbol{V}_R = R\boldsymbol{I}, \quad \boldsymbol{V}_L = j\omega L\boldsymbol{I}, \quad \boldsymbol{V}_C = -j\frac{1}{\omega C}\boldsymbol{I} \tag{7.53}$$

전체 전압 $\boldsymbol{V}$와 소자의 단자전압 $\boldsymbol{V}_R$, $\boldsymbol{V}_L$, $\boldsymbol{V}_C$의 관계는 KVL을 적용하면

$$\boldsymbol{V} = \boldsymbol{V}_R + \boldsymbol{V}_L + \boldsymbol{V}_C = R\boldsymbol{I} + j\omega L\boldsymbol{I} - j\frac{1}{\omega C}\boldsymbol{I}\,(= \boldsymbol{Z}\boldsymbol{I}) \tag{7.54}$$

가 된다. 전체 전압과 단자전압의 관계는

$$\boldsymbol{V} = V_R + j(V_L - V_C)\ \ (\boldsymbol{V} = V\underline{/\theta}) \tag{7.55}$$

가 된다. 전체 전압과 단자전압의 실효값(크기)은 다음의 관계가 성립하며, 각 θ는 임피던스 각과 같다.

$$V = \sqrt{V_R{}^2 + (V_L - V_C)^2}, \quad \theta = \tan^{-1}\frac{V_L - V_C}{V_R} \tag{7.56}$$

만약 RLC 직렬회로에서 저항 R의 단자전압 30[V], 인덕터 L의 단자전압 80[V], 커패시터 C의 단자전압 40[V]일 때, 식 (7.56)에 의해 교류 전체 전압의 실효값 V와 각 θ는 각각 다음과 같이 구해진다. 여기서 각 θ는 전압과 전류의 위상차를 나타내고 임피던스 각과 동일한 값이다.

$$V = \sqrt{30^2 + (80-40)^2} = 50\ [\mathrm{V}], \quad \theta = \tan^{-1}\frac{80-40}{30} = 53.1° \tag{7.57}$$

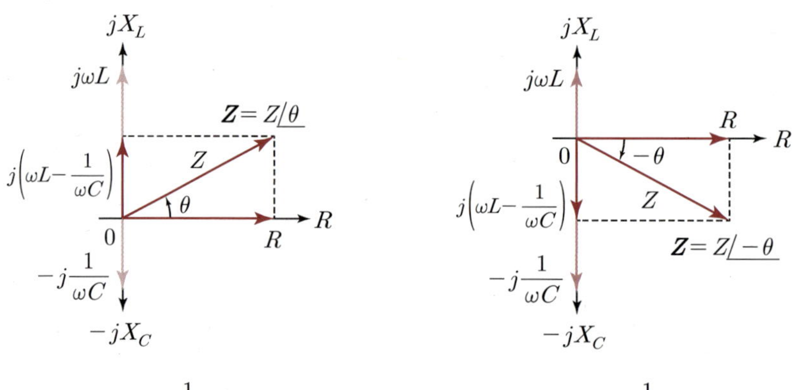

(a) $\omega L > \frac{1}{\omega C}\ (X_L > X_C)$ (b) $\omega L < \frac{1}{\omega C}\ (X_L < X_C)$

그림 7.24 ▸ RLC 직렬회로의 임피던스도

RLC 직렬회로에서 복소 임피던스는 각각 jX_L과 $-jX_C$이고, 이들은 역위상의 관계이므로 합성하면 서로 상쇄된다. 따라서 합성 임피던스의 허수부의 부호는 X_L과 X_C의 대소에 따라 양(+) 또는 음(-)이 된다.

그림 7.24의 임피던스도에서 $X_L > X_C$이면 유도성 회로이므로 RL 회로와 같은 특성을 가지며 지상전류가 흐른다. $X_L < X_C$이면 용량성 회로이므로 RC 회로와 같은 특성을 가지며 진상전류가 흐른다. 또 $X_L = X_C$이면 순 R 회로와 같은 특성으로 전압과 전류의 위상은 동상이 된다. 이러한 조건의 회로를 **공진**(resonance)이라고 하며, 제 9 장에서 자세히 다루기로 한다.

전압 v와 전류 i의 위상 관계를 정리하면 다음과 같다.

(1) $X_L > X_C$: 유도성 회로(지상전류)
(2) $X_L < X_C$: 용량성 회로(진상전류)
(3) $X_L = X_C$: 직렬 공진회로(동상)

예제 7.10

$R = 20\,[\Omega]$, $L = 30\,[\text{mH}]$, $C = 50\,[\mu\text{F}]$의 RLC 직렬회로에 주파수가 $f = 60\,[\text{Hz}]$인 $v = 100\sqrt{2}\sin(120\pi t + 30°)\,[\text{V}]$의 전압을 인가하였을 때 다음을 각각 구하라.

(1) 회로의 임피던스 Z와 v, i의 위상 관계
(2) 회로전류 I와 순시값 i
(3) 소자 R, L, C의 전압강하(단자전압) V_R, V_L, V_C

풀이 $\boldsymbol{V} = 100\underline{/30°}\,[\text{V}]$

(1) $\boldsymbol{Z}_R = 20\,[\Omega]$

$$\boldsymbol{Z}_L = jX_L = j\omega L = j(120\pi \times 30 \times 10^{-3}) = j11.31 = 11.31\underline{/90°}\,[\Omega]$$

$$\boldsymbol{Z}_C = -jX_C = -j\frac{1}{\omega C} = -j\frac{1}{120\pi \times 50 \times 10^{-6}}$$

$$= -j53.05 = 53.05\underline{/-90°}\,[\Omega]$$

$$\therefore\ \boldsymbol{Z} = \boldsymbol{Z}_R + \boldsymbol{Z}_L + \boldsymbol{Z}_C = 20 - j41.74 = 46.28\underline{/-64.4°}\,[\Omega]\text{(제 4 사분면)}$$

임피던스의 허수부의 부호가 (-)인 $X_L < X_C$의 조건이므로 용량성의 RC 회로의 특성과 같이 전류의 위상이 전압보다 64.4° 앞선 진상전류가 흐른다.

(2) $$\boldsymbol{I} = \frac{\boldsymbol{V}}{\boldsymbol{Z}} = \frac{100\underline{/30°}}{46.28\underline{/-64.4°}} = 2.16\underline{/94.4°}\,[\text{A}]$$

$$i = 2.16\sqrt{2}\sin(120\pi t + 94.4°)\,[\text{A}]$$

(3) $\boldsymbol{V}_R = R\boldsymbol{I} = 20 \times 2.16\underline{/94.4°} = 43.2\underline{/94.4°}$ [V]

$v_R = 43.2\sqrt{2}\sin(120\pi t + 94.4°)$ [V]

$\boldsymbol{V}_L = jX_L\boldsymbol{I} = 11.31\underline{/90°} \times 2.16\underline{/94.4°} = 24.43\underline{/184.4°}$ [V]

$v_L = 24.43\sqrt{2}\sin(120\pi t + 184.4°)$ [V]

$\boldsymbol{V}_C = -jX_C\boldsymbol{I} = 53.05\underline{/-90°} \times 2.16\underline{/94.4°} = 114.59\underline{/4.4°}$ [V]

$v_C = 114.59\sqrt{2}\sin(120\pi t + 4.4°)$ [V]

전체 전압과 단자전압의 관계(실효값)

$V_R = 43.2$ [V], $V_L = 24.43$ [V], $V_C = 114.59$ [V]

$$V = \sqrt{{V_R}^2 + (V_L - V_C)^2} = \sqrt{43.2^2 + (24.43 - 114.59)^2} = 100 \text{ [V]}$$

7.3.3 병렬회로(임피던스 적용 해석)

(1) RL 병렬회로

그림 7.25에서 전원 전압 $\boldsymbol{V}$가 인가된 경우, 전류 $\boldsymbol{I}$, $\boldsymbol{I}_1$, $\boldsymbol{I}_2$와 합성 임피던스 $\boldsymbol{Z}$를 구해 본다. 병렬회로에서 전압 $\boldsymbol{V}$는 각 가지에 공통으로 걸리므로 가지전류 $\boldsymbol{I}_1$, $\boldsymbol{I}_2$는

$$\boldsymbol{I}_1 = \frac{\boldsymbol{V}}{R}, \quad \boldsymbol{I}_2 = \frac{\boldsymbol{V}}{j\omega L} \tag{7.58}$$

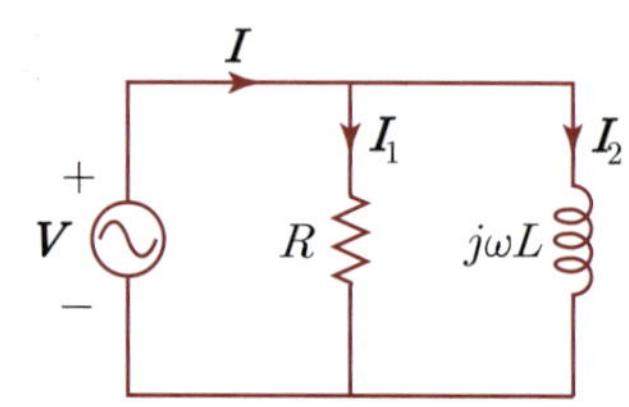

그림 7.25 ▸ RL 병렬회로

가 되고, 전체 전류 $\boldsymbol{I}$는 KCL에 의해

$$\boldsymbol{I} = \boldsymbol{I}_1 + \boldsymbol{I}_2 = \frac{\boldsymbol{V}}{R} + \frac{\boldsymbol{V}}{j\omega L} = \left(\frac{1}{R} + \frac{1}{j\omega L}\right)\boldsymbol{V} \tag{7.59}$$

가 구해진다. 또 식 (7.59)에서 $\boldsymbol{I} = \boldsymbol{V}/\boldsymbol{Z}$에 의해 합성 임피던스 $\boldsymbol{Z}$는

$$\boldsymbol{Z} = \frac{1}{\frac{1}{R} + \frac{1}{j\omega L}} \quad \left(\boldsymbol{Z} = \frac{1}{\frac{1}{\boldsymbol{Z}_1} + \frac{1}{\boldsymbol{Z}_2}}\right) \tag{7.60}$$

로 구해진다. 또 합성 임피던스는 식 (7.18)에 의해 다음과 같이 구할 수도 있다.

$$\boldsymbol{Z}=\frac{\boldsymbol{Z}_1\boldsymbol{Z}_2}{\boldsymbol{Z}_1+\boldsymbol{Z}_2}=\frac{j\omega LR}{R+j\omega L} \tag{7.61}$$

따라서 전류 $\boldsymbol{I}$는 식 (7.61)의 합성 임피던스 $\boldsymbol{Z}$를 구하여 $\boldsymbol{I}=\boldsymbol{V}/\boldsymbol{Z}$에 대입하여 구할 수 있다. 그러나 식 (7.60)과 같이 번분수의 된 임피던스를 계산하여 구하는 것보다 병렬회로에서는 전원 전압 $\boldsymbol{V}$가 공통이므로 가지전류를 구하여 이들의 합으로 전체 전류를 구하는 것이 훨씬 간편한 방법이다.

(2) RC 병렬회로

그림 7.26에서 전원 전압 $\boldsymbol{V}$가 인가된 경우, 전류 $\boldsymbol{I}$, $\boldsymbol{I}_1$, $\boldsymbol{I}_2$와 합성 임피던스 $\boldsymbol{Z}$를 구해 본다. 병렬회로에서 전압 $\boldsymbol{V}$는 각 가지에 공통으로 걸리므로 가지전류 $\boldsymbol{I}_1$, $\boldsymbol{I}_2$는

$$\boldsymbol{I}_1=\frac{\boldsymbol{V}}{R},\quad \boldsymbol{I}_2=\frac{\boldsymbol{V}}{\frac{1}{j\omega C}} \tag{7.62}$$

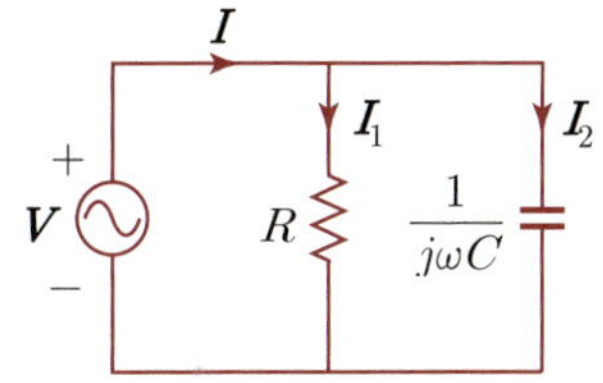

그림 7.26 ▸ RC 병렬회로

가 되며, 전체 전류 $\boldsymbol{I}$는 KCL에 의해

$$\boldsymbol{I}=\boldsymbol{I}_1+\boldsymbol{I}_2=\frac{\boldsymbol{V}}{R}+j\omega C\boldsymbol{V}=\left(\frac{1}{R}+j\omega C\right)\boldsymbol{V} \tag{7.63}$$

가 구해진다. 또 식 (7.63)에서 $\boldsymbol{I}=\boldsymbol{V}/\boldsymbol{Z}$에 의해 합성 임피던스 $\boldsymbol{Z}$는

$$\boldsymbol{Z}=\frac{1}{\frac{1}{R}+j\omega C}\quad\left(\boldsymbol{Z}=\frac{1}{\frac{1}{\boldsymbol{Z}_1}+\frac{1}{\boldsymbol{Z}_2}}\right) \tag{7.64}$$

로 구해진다. 또 합성 임피던스는 식 (7.18)에 의해 다음과 같이 구할 수도 있다.

$$\boldsymbol{Z}=\frac{\boldsymbol{Z}_1\boldsymbol{Z}_2}{\boldsymbol{Z}_1+\boldsymbol{Z}_2}=\frac{\frac{R}{j\omega C}}{R+\frac{1}{j\omega C}}=\frac{R}{1+j\omega CR} \tag{7.65}$$

(3) RLC 병렬회로

그림 7.27에서 전원 전압 $\boldsymbol{V}$가 인가된 경우 전류 $\boldsymbol{I}$, $\boldsymbol{I}_1$, $\boldsymbol{I}_2$, $\boldsymbol{I}_3$와 합성 임피던스 $\boldsymbol{Z}$를 구해본다.

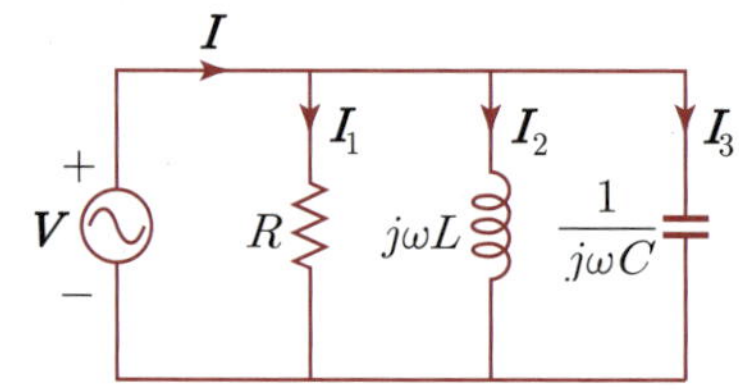

그림 7.27 ▸ RLC 병렬회로

그림 7.27과 같은 병렬회로에서 전압 $\boldsymbol{V}$는 각 가지에 공통으로 걸리므로

$$\boldsymbol{I}_1 = \frac{\boldsymbol{V}}{R}, \quad \boldsymbol{I}_2 = \frac{\boldsymbol{V}}{j\omega L} = -j\frac{\boldsymbol{V}}{\omega L}, \quad \boldsymbol{I}_3 = \frac{\boldsymbol{V}}{\dfrac{1}{j\omega C}} \tag{7.66}$$

가 되며, 전체 전류 $\boldsymbol{I}$는 KCL에 의해 $\boldsymbol{I} = \boldsymbol{I}_1 + \boldsymbol{I}_2 + \boldsymbol{I}_3$이므로 다음과 같이 구해진다.

$$\boldsymbol{I} = \frac{\boldsymbol{V}}{R} + \frac{\boldsymbol{V}}{j\omega L} + j\omega C\boldsymbol{V} = \left(\frac{1}{R} + \frac{1}{j\omega L} + j\omega C\right)\boldsymbol{V} \tag{7.67}$$

또 식 (7.67)에서 $\boldsymbol{I} = \boldsymbol{V}/\boldsymbol{Z}$에 의해 합성 임피던스 $\boldsymbol{Z}$는 다음과 같이 구해진다.

$$\boldsymbol{Z} = \frac{1}{\dfrac{1}{R} + \dfrac{1}{j\omega L} + j\omega C} \quad \left(\frac{1}{\boldsymbol{Z}} = \frac{1}{R} + \frac{1}{j\omega L} + j\omega C\right) \tag{7.68}$$

예제 7.11

그림 7.28(a)의 임피던스 병렬회로에 교류전압 200[V]를 인가하였다.

(1) 합성 임피던스 $\boldsymbol{Z}[\Omega]$와 가지전류 $\boldsymbol{I}_1$, $\boldsymbol{I}_2$[A], 전체 전류 $\boldsymbol{I}$[A]를 구하라.

(2) 전류 $\boldsymbol{I}_1$, $\boldsymbol{I}_2$를 이용하여 a, b 사이의 전위차 V_{ab}[V]를 구하라.

(3) 전압 분배 법칙을 이용하여 a, b 사이의 전위차 V_{ab}[V]를 구하라.

풀이 그림 7.28(a)를 그림 (b)와 같이 **복소 임피던스로 변환**하고, 전원의 (-)를 영전위로 취한다.

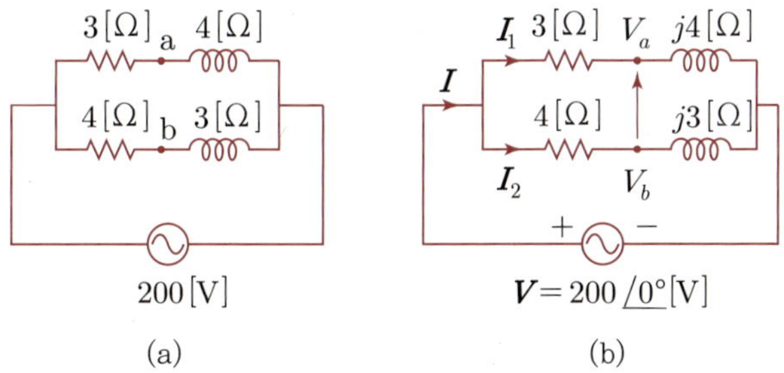

그림 7.28

(1) 합성 임피던스 $\boldsymbol{Z}$, 가지전류 $\boldsymbol{I}_1$, $\boldsymbol{I}_2$, 전체 전류 $\boldsymbol{I}$

$$\boldsymbol{Z} = \frac{\boldsymbol{Z}_1\boldsymbol{Z}_2}{\boldsymbol{Z}_1+\boldsymbol{Z}_2} = \frac{(3+j4)(4+j3)}{(3+j4)+(4+j3)} = 1.79+j1.79 = 2.53\underline{/45°}[\Omega]$$

$$\boldsymbol{I}_1 = \frac{200\underline{/0°}}{3+j4} = 24-j32\,[\text{A}], \qquad \boldsymbol{I}_2 = \frac{200\underline{/0°}}{4+j3} = 32-j24\,[\text{A}]$$

$$\boldsymbol{I} = \boldsymbol{I}_1+\boldsymbol{I}_2 = (24-j32)+(32-j24) = 56-j56 = 79.2\underline{/-45°}\,[\text{A}]$$

(2) $\boldsymbol{V}_a = j4\boldsymbol{I}_1 = j4(24-j32) = 128+j96\,[\text{V}]$

$\boldsymbol{V}_b = j3\boldsymbol{I}_2 = j3(32-j24) = 72+j96\,[\text{V}]$

$\therefore\ \boldsymbol{V}_{ab} = \boldsymbol{V}_a - \boldsymbol{V}_b = (128+j96)-(72+j96) = 56\,[\text{V}]$

(3) 전압 분배 법칙(전위차) : 각 소자를 **복소 임피던스로 변환**하면 저항의 전압 분배 법칙을 그대로 적용할 수 있다.

$$\boldsymbol{V}_a = \frac{j4}{3+j4}\times 200 = (0.64+j0.48)\times 200 = 128+j96\,[\text{V}]$$

$$\boldsymbol{V}_b = \frac{j3}{4+j3}\times 200 = (0.36+j0.48)\times 200 = 72+j96\,[\text{V}]$$

$\therefore\ \boldsymbol{V}_{ab} = \boldsymbol{V}_a - \boldsymbol{V}_b = (128+j96)-(72+j96) = 56\,[\text{V}]$

7.4 복소 어드미턴스

복소 임피던스 $\boldsymbol{Z}$의 역수를 **복소 어드미턴스**(complex admittance) 또는 간단히 **어드미턴스** $\boldsymbol{Y}$라고 한다. $\boldsymbol{Y}$는 식 (7.66)에 의해 페이저 전압, 전류의 $\boldsymbol{V}$, $\boldsymbol{I}$에 의해

$$\boldsymbol{Y}=\frac{\boldsymbol{I}}{\boldsymbol{V}},\quad \boldsymbol{I}=\boldsymbol{YV},\quad \boldsymbol{V}=\frac{\boldsymbol{I}}{\boldsymbol{Y}} \tag{7.69}$$

의 관계가 성립한다. 이 식은 제 2.4 절의 직류회로에서 컨덕턴스의 관계를 나타낸 옴의 법칙과 대응된다.

식 (7.69)에 페이저 전압과 전류 $\boldsymbol{V}=V\angle\theta_v$, $\boldsymbol{I}=I\angle\theta_i$를 대입하면 어드미턴스 $\boldsymbol{Y}$는

$$\boldsymbol{Y}=\frac{I\angle\theta_i}{V\angle\theta_v}=\frac{I}{V}\angle\theta_i-\theta_v=Y\angle\theta \tag{7.70}$$

와 같이 극좌표 형식이 된다. 따라서 Y, V, I의 실효값의 관계와 어드미턴스 각 θ는

$$Y=\frac{I}{V},\quad I=YV,\quad V=\frac{I}{Y} \tag{7.71}$$

$$\theta=\theta_i-\theta_v \tag{7.72}$$

이다. 즉, **어드미턴스 크기** Y는 전류와 전압의 실효값의 비(I/V)이고, **어드미턴스 각** θ는 전류의 위상 θ_i에서 전압의 위상 θ_v를 뺀 **위상차**이다.

결국 복소 어드미턴스는 어드미턴스 크기와 각을 직각좌표 형식 및 극좌표 형식으로 표현하는 복소수인 것이다.

복소 어드미턴스 $\boldsymbol{Y}$의 극좌표 형식을 직각좌표 형식으로 변환하면

$$\boldsymbol{Y}=Y\angle\theta=Y(\cos\theta+j\sin\theta)=Y\cos\theta+jY\sin\theta$$

$$\therefore\ \boldsymbol{Y}=G+jB \tag{7.73}$$

이다. 여기서 실수부 G는 **컨덕턴스**(conductance), 허수부 B는 **서셉턴스**(susceptance)라 한다. Y, G, B의 단위는 모두 동일한 **모**[℧] 또는 **지멘스**[S]를 사용한다.

$\boldsymbol{Y} = Y\underline{/\theta} = G + jB$ 의 관계에서 어드미턴스의 크기 Y와 어드미턴스 각 θ는

$$Y = \sqrt{G^2 + B^2}$$
$$\theta = \tan^{-1}\frac{\text{허수부}}{\text{실수부}} = \tan^{-1}\frac{B}{G} \tag{7.74}$$

이다. 단일 소자 R, L, C의 복소 어드미턴스 $\boldsymbol{Y}$는 다음과 같다.

$$\boldsymbol{Y}_R = \frac{1}{R} = G$$
$$\boldsymbol{Y}_L = \frac{1}{jX_L} = -j\frac{1}{X_L} = -jB_L = -j\frac{1}{\omega L} \ : \left(B_L = \frac{1}{\omega L}\right) \tag{7.75}$$
$$\boldsymbol{Y}_C = \frac{1}{-jX_C} = j\frac{1}{X_C} = jB_C = j\omega C \ : \left(B_C = \omega C\right)$$

여기서 B_L은 **유도 서셉턴스**, B_C는 **용량 서셉턴스**라고 한다. **그림 7.29**는 복소평면에 나타낸 복소 어드미턴스이고, 이로부터 Y, G, B의 관계를 알 수 있다.

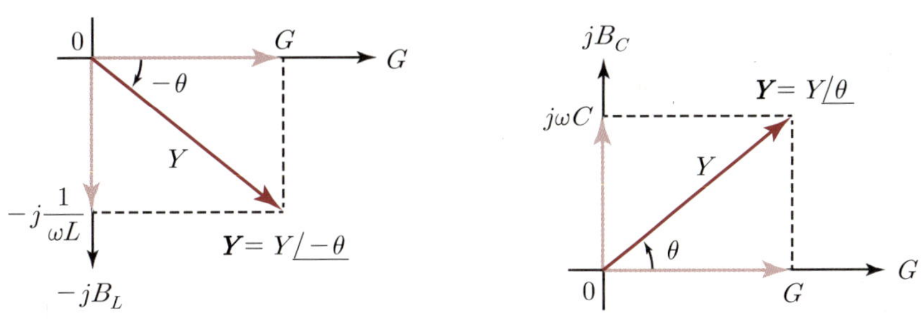

(a) RL 병렬회로 (b) RC 병렬회로

그림 7.29 ▸ RL, RC 병렬회로의 어드미턴스도

어드미턴스 $\boldsymbol{Y}$가 제 1 사분면에 위치하면 RC 병렬회로이고, 제 4 사분면에 위치하면 RL 병렬회로가 된다.

(1) 직렬 합성

그림 7.30(a)와 같이 3 개의 어드미턴스가 직렬접속되어 있는 경우, 3 개의 컨덕턴스가 직렬접속되어 있는 경우의 합성법과 동일하며 그 결과도 동일하다.

즉 합성 어드미턴스 Y_0는 직렬 합성 컨덕턴스의 식 (2.24)와 같은 방법으로 결과는 다음과 같다.

$$\frac{1}{Y_0} = \frac{1}{Y_1} + \frac{1}{Y_2} + \frac{1}{Y_3} = Z_0 \tag{7.76}$$

$$\therefore \quad Y_0 = \frac{1}{\frac{1}{Y_1} + \frac{1}{Y_2} + \frac{1}{Y_3}} = \frac{1}{Z_0} \tag{7.77}$$

(2) 병렬 합성

그림 7.30(b)와 같이 3개의 어드미턴스가 병렬접속되어 있는 경우, 3개의 컨덕턴스가 병렬접속되어 있는 경우의 합성법과 동일하며 그 결과도 동일하다.

즉 합성 어드미턴스 Y_0는 병렬 합성 컨덕턴스의 식 (2.26)과 같은 방법으로 다음과 같다.

$$Y_0 = Y_1 + Y_2 + Y_3 = \frac{1}{Z_0} \tag{7.78}$$

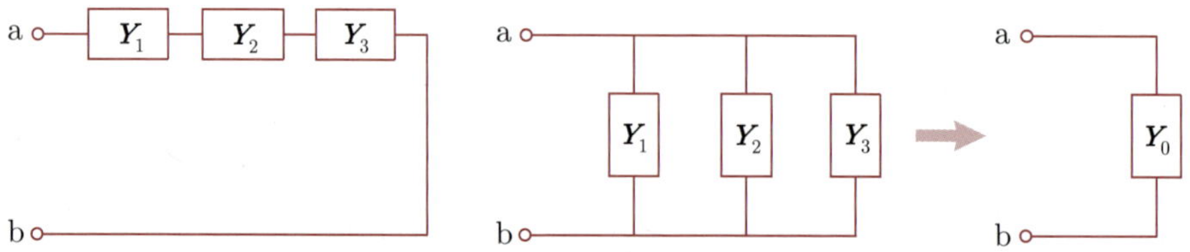

(a) 어드미턴스의 직렬 (b) 어드미턴스의 병렬 (c) 합성 어드미턴스

그림 7.30 ▶ 어드미턴스의 직렬과 병렬 합성

교류의 병렬회로에서 합성 임피던스는 번분수가 되기 때문에 계산이 복잡해진다. 이와 같은 계산을 단순화하기 위하여 도입한 것이 임피던스의 역수로 정의하는 어드미턴스이다. 따라서 교류회로의 해석에서 일반적으로 **직렬회로와 직 · 병렬회로**는 **임피던스를 사용**하고, **병렬회로**는 **어드미턴스를 사용**하는 것이 편리하다.

7.5 병렬회로의 어드미턴스에 의한 해석

제 7.3.3 절에서 임피던스로 해석했던 RL, RC, RLC 병렬회로에 대해 합성 어드미턴스와 전체 전류를 구해본다.

$$\boldsymbol{Z}=\frac{1}{\frac{1}{R}+\frac{1}{j\omega L}} \quad \rightarrow \quad \boldsymbol{Y}=\frac{1}{\boldsymbol{Z}}=\frac{1}{R}+\frac{1}{j\omega L}=\boldsymbol{Y}_R+\boldsymbol{Y}_L \tag{7.79}$$

$$\boldsymbol{Z}=\frac{1}{\frac{1}{R}+j\omega C} \quad \rightarrow \quad \boldsymbol{Y}=\frac{1}{\boldsymbol{Z}}=\frac{1}{R}+j\omega C=\boldsymbol{Y}_R+\boldsymbol{Y}_C \tag{7.80}$$

$$\boldsymbol{Z}=\frac{1}{\frac{1}{R}+\frac{1}{j\omega L}+j\omega C} \quad \rightarrow \quad \boldsymbol{Y}=\frac{1}{\boldsymbol{Z}}=\frac{1}{R}+\frac{1}{j\omega L}+j\omega C$$

$$\therefore \quad \boldsymbol{Y}=\boldsymbol{Y}_R+\boldsymbol{Y}_L+\boldsymbol{Y}_C \tag{7.81}$$

위의 결과로부터 병렬회로의 합성 어드미턴스는 각 가지의 어드미턴스를 더하면 된다. 또 RLC 병렬회로의 합성 어드미턴스의 식 (7.81)을 변형하면 다음과 같다.

$$\boldsymbol{Y}=\frac{1}{R}+j\omega C-j\frac{1}{\omega L}=\frac{1}{R}+j\left(\omega C-\frac{1}{\omega L}\right)$$

$$\therefore \quad \boldsymbol{Y}=G+j(B_C-B_L) \tag{7.82}$$

위에서 언급한 단일 소자의 병렬회로는 자주 회로해석에 취급되는 회로이다. **그림 7.27**의 RLC 병렬회로에서 합성 어드미턴스의 식 (7.82)를 일반식으로 취급하고, RL 병렬회로는 $B_C=0$, RC 병렬회로는 $B_L=0$ 으로 하면 다음과 같이 간단히 합성 어드미턴스를 구할 수 있다.

$$RLC\text{ 병렬회로 : } \boldsymbol{Y}=G+j(B_C-B_L)=\frac{1}{R}+j\left(\omega C-\frac{1}{\omega L}\right) \tag{7.83}$$

$$RL\text{ 병렬회로 : } \boldsymbol{Y}=G-jB_L=\frac{1}{R}-j\frac{1}{\omega L} \ (B_C=0) \tag{7.84}$$

$$RC\text{ 병렬회로 : } \boldsymbol{Y}=G+jB_C=\frac{1}{R}+j\omega C \ (B_L=0) \tag{7.85}$$

이 관계식은 각 가지에 **단일 소자로 구성된 병렬회로에서만 적용**할 수 있는 것에 주의해야 한다. 또 회로의 전체 전류 $\boldsymbol{I}$는 위에서 구한 합성 어드미턴스 $\boldsymbol{Y}$를 $\boldsymbol{I}=\boldsymbol{YV}$에 대입하여 구할 수 있다.

예제 7.12

그림 7.31과 같은 두 병렬회로가 있다.

(1) 전원 전압 $\boldsymbol{V}=50\underline{/0°}$ [V]를 인가하였을 때 $\boldsymbol{Y}$, $\boldsymbol{I}$, $\boldsymbol{I}_1$, $\boldsymbol{I}_2$를 구하라.

(2) 전체 전류 $\boldsymbol{I}=20\underline{/30°}$ [A]가 흐를 때 $\boldsymbol{V}$, $\boldsymbol{I}_1$, $\boldsymbol{I}_2$를 구하라.

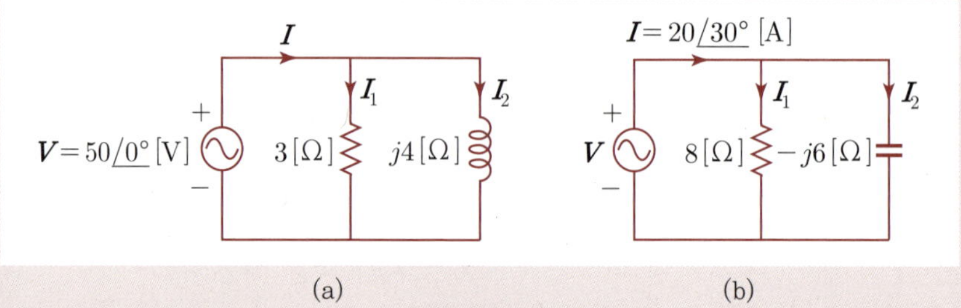

그림 7.31

풀이 (1) 합성 어드미턴스 $\boldsymbol{Y}$, 가지전류 $\boldsymbol{I}_1$, $\boldsymbol{I}_2$, 전체 전류 $\boldsymbol{I}$

$$\boldsymbol{Y}=G-jB_L=\frac{1}{3}-j\frac{1}{4}=0.42\underline{/-36.9°}[℧]$$

$$\boldsymbol{I}=\boldsymbol{YV}=0.42\underline{/-36.9°}=(0.42\underline{/-36.9°})(50\underline{/0°})=21\underline{/-36.9°}\ [\mathrm{A}]$$

$$\boldsymbol{I}_1=\boldsymbol{Y}_1\boldsymbol{V}=\frac{1}{3}\times(50\underline{/0°})=16.67\underline{/0°}\ [\mathrm{A}],\quad I_1\text{의 실효값 } 16.67\ [\mathrm{A}]$$

$$\boldsymbol{I}_2=\boldsymbol{Y}_2\boldsymbol{V}=\frac{1}{j4}\times(50\underline{/0°})=\frac{50\underline{/0°}}{4\underline{/90°}}=12.5\underline{/-90°}\ [\mathrm{A}],\quad I_2=12.5[\mathrm{A}]$$

(검산) $\boldsymbol{I}=\boldsymbol{I}_1+\boldsymbol{I}_2=(16.67\underline{/0°})+(12.5\underline{/-90°})$

$$=16.67-j12.5=21\underline{/-36.9°}\ [\mathrm{A}]$$

(2) $\boldsymbol{Y}=G+jB_C=\dfrac{1}{8}+j\dfrac{1}{6}=0.21\underline{/53.1°}[℧]$

$$\boldsymbol{V}=\frac{\boldsymbol{I}}{\boldsymbol{Y}}=\frac{20\underline{/30°}}{0.21\underline{/53.1°}}=95.24\underline{/-23.1°}\ [\mathrm{V}]$$

전류 분배 법칙 $\boldsymbol{I}_1=\dfrac{\boldsymbol{Z}_2}{\boldsymbol{Z}_1+\boldsymbol{Z}_2}\boldsymbol{I}$, $\boldsymbol{I}_2=\dfrac{\boldsymbol{Z}_1}{\boldsymbol{Z}_1+\boldsymbol{Z}_2}\boldsymbol{I}$에 의해

$$\boldsymbol{I}_1=\frac{-j6}{8-j6}\times(20\underline{/30°})=\frac{6\underline{/-90°}}{10\underline{/-36.9°}}\times(20\underline{/30°})=12\underline{/-23.1°}\ [\mathrm{A}]$$

$$I_2 = \frac{8}{8-j6} \times (20\underline{/30°}) = \frac{8\underline{/0°}}{10\underline{/-36.9°}} \times (20\underline{/30°}) = 16\underline{/66.9°} \text{ [A]}$$

(검산) $I = I_1 + I_2 = (12\underline{/-23.1°}) + (16\underline{/66.9°})$

$= 17.32 + j10 = 20\underline{/30°}$ [A]

예제 7.13

그림 7.32의 병렬회로에서 전류 $I = 10\underline{/0°}$ [A]가 흐르고 있다. 이 회로의 Y, V, I_1, I_2와 2[Ω]에 걸리는 단자전압 V_1을 구하라.

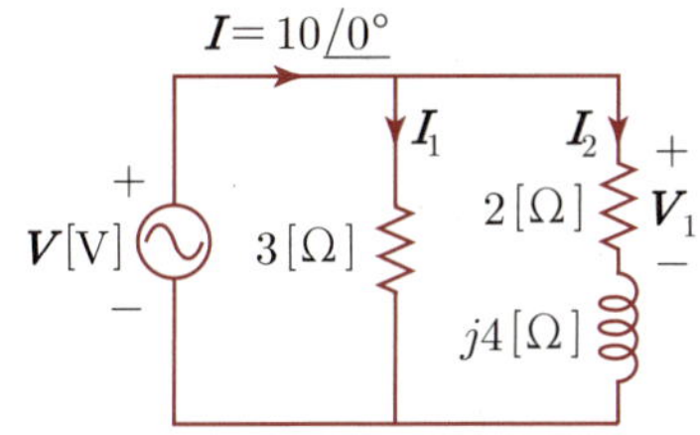

그림 7.32

풀이 (1) 합성 어드미턴스 Y, 가지전류 I_1, I_2, 전체 전류 I

$$Y = \frac{1}{3} + \frac{1}{2+j4} = \frac{13-j6}{30} = 0.477\underline{/-24.78°} [\mho]$$

$$V = \frac{I}{Y} = \frac{10\underline{/0°}}{0.477\underline{/-24.78°}} = 20.95\underline{/24.77°} \text{ [V]}$$

전류 분배 법칙 $I_1 = \dfrac{Z_2}{Z_1 + Z_2} I$, $I_2 = \dfrac{Z_1}{Z_1 + Z_2} I$에 의해

$$I_1 = \frac{2+j4}{3+(2+j4)} \times (10\underline{/0°}) = \frac{4.47\underline{/63.43°}}{6.4\underline{/38.66°}} \times (10\underline{/0°}) = 6.98\underline{/24.77°} \text{ [A]}$$

$$I_2 = \frac{3}{3+(2+j4)} \times (10\underline{/0°}) = \frac{3\underline{/0°}}{6.4\underline{/38.66°}} \times (10\underline{/0°}) = 4.69\underline{/-38.66°} \text{ [A]}$$

(검산) $I = I_1 + I_2 = (6.98\underline{/24.77°}) + (4.69\underline{/-38.66°})$

$= 10 - j3.81 = 10\underline{/0°}$ [A]

(2) $V_1 = RI_2 = 2I_2 = 2 \times 4.69\underline{/-38.66°} = 9.38\underline{/-38.66°}$ [V]

7.6 직 · 병렬회로의 임피던스에 의한 해석

임피던스가 직 · 병렬 접속된 복잡한 회로는 먼저 직렬로 접속된 가지의 합성 임피던스를 구한 후, 병렬 접속된 가지의 합성 임피던스를 구하여 전체 합성 임피던스를 구한다.

예제 7.14

그림 7.33의 직 · 병렬회로가 있다.

(1) 회로 전체의 합성 임피던스 Z를 구하라.

(2) 회로 전체의 전압과 전류의 위상차 θ를 구하라.

(3) 회로전류 I, I_1, I_2를 구하라. (4) 단자전압 V_{ab}, V_{bc}를 구하라.

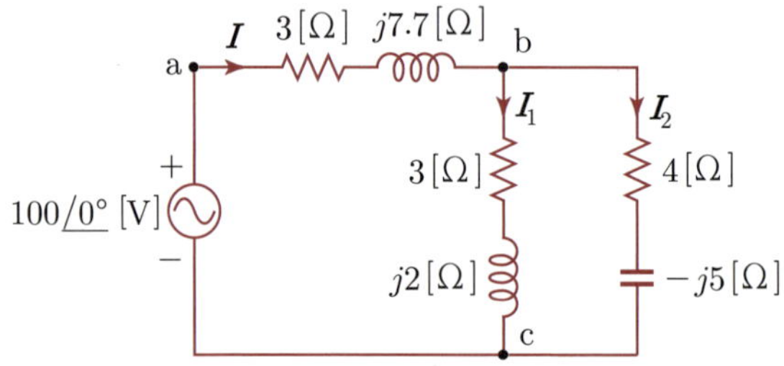

그림 7.33

풀이 (1) $Z = 3 + j7.7 + \dfrac{(3+j2)(4-j5)}{(3+j2)+(4-j5)} = 3 + j7.7 + 3 + j0.3$

$$\therefore\ Z = 6 + j8 = \sqrt{6^2+8^2}\,\underline{/\tan^{-1}(8/6)} = 10\underline{/53.1°}\ [\Omega]$$

(2) 전압과 전류의 위상차는 임피던스의 각이므로 $\theta = 53.1°$이고, 임피던스의 허수부의 부호가 (+)이므로 유도성의 지상전류가 흐른다.

(3) $I = \dfrac{V}{Z} = \dfrac{100\underline{/0°}}{10\underline{/53.1°}} = 10\underline{/-53.1°}\ [\text{A}]$

전류 분배 법칙 $I_1 = \dfrac{Z_2}{Z_1+Z_2}I$, $I_2 = \dfrac{Z_1}{Z_1+Z_2}I$에 의해

$$I_1 = \frac{4-j5}{(3+j2)+(4-j5)} \times (10\underline{/-53.1°}) = 1.28 - j8.31$$

$$= 8.41\underline{/-81.24°}\ [\text{A}]$$

$$I_2 = \frac{3+j2}{(3+j2)+(4-j5)} \times (10\underline{/-53.1°}) = 4.72 + j0.31 = 4.73\underline{/3.76°}\ [\text{A}]$$

(검산) $I = I_1 + I_2 = (1.28 - j8.31) + (4.72 + j0.31)$

$= 6 - j8 = 10\angle -53.1°$ [A]

(4) $V_{ab} = (3 + j7.7)I = (8.26\angle 68.71°) \times (10\angle -53.1°) = 82.6\angle 15.61°$

$= 79.55 + j22.23$ [V]

$V_{bc} = V - V_{ab} = 100 - (79.55 + j22.23) = 20.45 - j22.23$

$= 30.2\angle -47.39°$ [V]

참고 임피던스와 어드미턴스의 회로특성

(1) 임피던스와 어드미턴스의 허수부 부호에 따른 회로특성

표 7.2 ▸ 임피던스와 어드미턴스의 허수부 부호에 따른 회로특성

Z, Y(복소수)	Z, Y의 크기, 각	허수부 부호에 따른 특성
$Z = R + jX$	$Z = \sqrt{R^2 + X^2}$ $\theta = \tan^{-1}\dfrac{X}{R}$	허수부 (+) : 유도성의 RL회로, 지상전류 허수부 (−) : 용량성의 RC회로, 진상전류 임피던스 각 θ : 전압과 전류의 위상차 $\theta_v - \theta_i$
$Y = G + jB$	$Y = \sqrt{G^2 + B^2}$ $\theta = \tan^{-1}\dfrac{B}{G}$	허수부 (+) : 용량성의 RC회로, 진상전류 허수부 (−) : 유도성의 RL회로, 지상전류 어드미턴스 각 θ : 전압과 전류의 위상차 $\theta_i - \theta_v$

(2) 단일 소자의 RLC직렬회로(그림 7.23)와 RLC병렬회로(그림 7.27)의 특성

표 7.3 ▸ 단일 소자의 RLC직렬회로와 병렬회로의 특성

RLC직렬회로	RLC병렬회로	비 고
$Z = R + j(X_L - X_C)$ $\begin{cases} Z = \sqrt{R^2 + (X_L - X_C)^2} \\ \theta = \tan^{-1}\dfrac{X_L - X_C}{R} \end{cases}$	$V = V_R + j(V_L - V_C)$ $\begin{cases} V = \sqrt{{V_R}^2 + (V_L - V_C)^2} \\ \theta = \tan^{-1}\dfrac{V_L - V_C}{V_R} \end{cases}$	각 θ : $\theta_v - \theta_i$ 전압과 전류의 위상차
$Y = G + j(B_C - B_L)$ $\begin{cases} Y = \sqrt{G^2 + (B_C - B_L)^2} \\ \theta = \tan^{-1}\dfrac{B_C - B_L}{G} \end{cases}$	$I = I_R + j(I_C - I_L)$ $\begin{cases} I = \sqrt{{I_R}^2 + (I_C - I_L)^2} \\ \theta = \tan^{-1}\dfrac{I_C - I_L}{I_R} \end{cases}$	각 θ : $\theta_i - \theta_v$ 전압과 전류의 위상차

예제 7.15

(1) 그림 7.34(a)에서 다음의 같은 각 소자의 단자전압이 크기로 주어졌다. 각 조건에서 전원 전압 V[V]와 전압, 전류의 위상 관계를 구하라.

① $V_R = 3$[V], $V_L = 4$[V], $V_C = 8$[V] (RLC 직렬회로)

② $V_R = 5$[V], $V_L = 12$[V] (RL 직렬회로)

③ $V_R = 80$[V], $V_C = 60$[V] (RC 직렬회로)

(2) 그림 7.34(b)에서 다음의 같은 각 소자의 전류 또는 전체 전류가 크기로 주어졌다. 각 조건에서 전체 전류 I[A] 또는 I_C[A]와 전압, 전류의 위상 관계를 구하라.

① $I_R = 8$[A], $I_L = 10$[A], $I_C = 4$[A] (RLC 병렬회로)

② $I_R = 5$[A], $I_L = 12$[A] (RL 병렬회로)

③ $I = 25$[A], $I_R = 15$[A], I_C[A] = (?) (RC 병렬회로)

풀이 전압과 전류를 복소수의 페이저로 나타내고 극좌표 형식으로 변환한다.

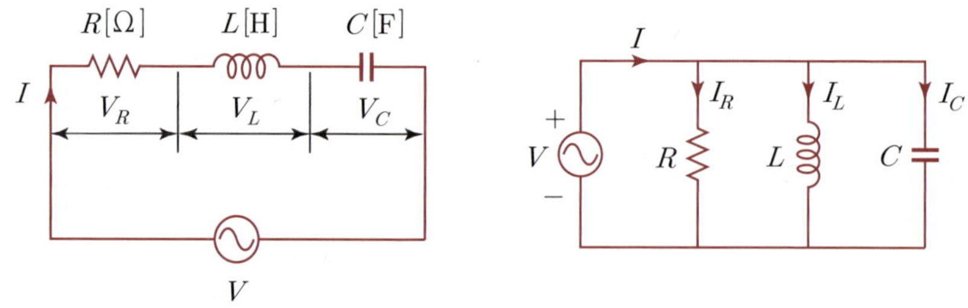

(a) RLC 직렬회로 (b) RLC 병렬회로

그림 7.34

(1) ① $\boldsymbol{V} = V_R + j(V_L - V_C) = 3 + j(4-8) = 3 - j4 = 5\angle -53.1°$ [V]

$$V = \sqrt{V_R{}^2 + (V_L - V_C)^2} = \sqrt{3^2 + (4-8)^2} = 5\,[\text{V}]$$

$$\theta = \tan^{-1}\frac{V_L - V_C}{V_R} = \tan^{-1}\frac{4-8}{3} = -53.1°$$

전압 $V = 5$[V], 위상차 $53.1°$의 진상전류(용량성)

② $\boldsymbol{V} = V_R + jV_L = 5 + j12 = 13\angle 67.38°$ [V]

전압 $V = 13$[V], 위상차 $67.38°$의 지상전류(유도성)

③ $\boldsymbol{V} = V_R - jV_C = 80 - j60 = 100\angle -36.9°$ [V]

전압 $V = 100$[V], 위상차 $36.9°$의 진상전류(용량성)

(2) ① $\boldsymbol{I} = I_R + j(I_C - I_L) = 8 + j(4-10) = 8 - j6 = 10\angle -36.9°$ [A]

전류 $I = 10$[A], 위상차 36.9°의 지상전류(유도성)

② $\boldsymbol{I} = I_R - jI_L = 5 - j12 = 13\angle -67.38°$ [A]

전류 $I = 13$[A], 위상차 67.38°의 지상전류(유도성)

③ $\boldsymbol{I} = I_R + jI_C$, $I = \sqrt{I_R^2 + I_C^2}$ $\therefore$ $I_C = \sqrt{I^2 - I_R^2}$

$$I_C = \sqrt{I^2 - I_R^2} = \sqrt{25^2 - 15^2} = 20\,[\text{A}]$$

$$\theta = \tan^{-1}\frac{I_C}{I_R} = \tan^{-1}\frac{20}{15} = 53.1°$$

전류 $I = 20$[A], 위상차 53.1°의 진상전류(용량성)

예제 7.16

그림 7.35(a)와 같은 RLC 직·병렬회로를 등가 병렬회로로 바꿀 경우, 저항 R[Ω]과 리액턴스 X[Ω]를 구하라.

풀이

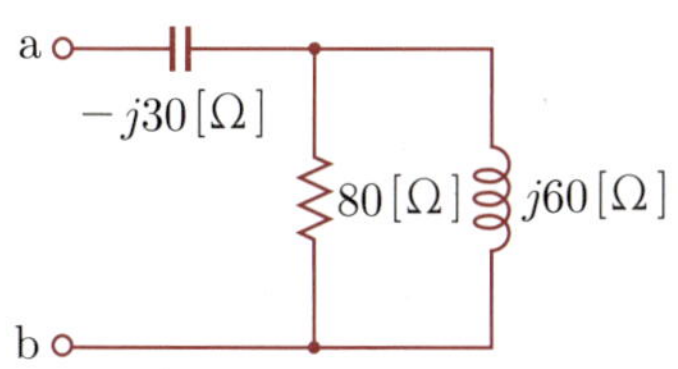

(a) 직·병렬회로

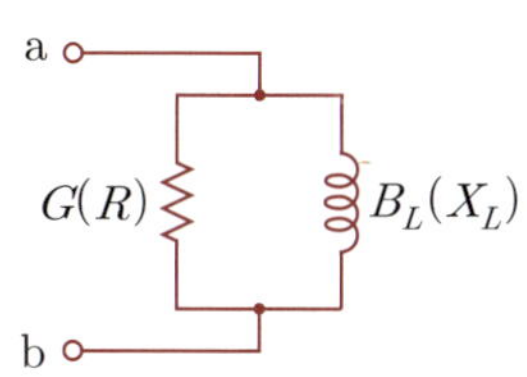

(b) 등가 병렬회로

그림 7.35

$$\boldsymbol{Z} = -j30 + \frac{80 \times j60}{80 + j60} = \frac{144}{5} + j\frac{42}{5}\,[\Omega]$$

$$\boldsymbol{Y} = \frac{1}{\boldsymbol{Z}} = \frac{1}{(144/5) + j(42/5)} = \frac{4}{125} - j\frac{7}{750}\,[℧]$$

$\boldsymbol{Y} = G + j(B_C - B_L)$에 의해 $\boldsymbol{Y} = G - jB_L$이므로 **그림 7.35**(b)와 같이 RL 병렬회로와 등가회로가 된다. 즉,

$$G = \frac{4}{125}\,[℧] \quad \therefore\; R = \frac{1}{G} = \frac{125}{4} = 31.25\,[\Omega]$$

$$B_L = \frac{7}{750}\,[℧] \quad \therefore\; X_L = \frac{1}{B_L} = \frac{750}{7} = 107.14\,[\Omega]$$

7.7 교류 브리지 회로

브리지 회로를 기본 회로로 하는 계측기를 **휘스톤 브리지**(Wheatstone bridge)라고 하고, 직류에서는 미지저항의 측정, 교류에서는 미지의 L, C의 값 및 주파수를 측정하는데 사용한다.

브리지 회로의 자세한 내용은 제 3.4 절의 브리지 회로를 참고하기 바라며, **그림 7.36**의 **교류 브리지 회로의 평형 조건**은 다음과 같다.

$$\text{평형 조건 : } \boldsymbol{Z}_1\boldsymbol{Z}_3 = \boldsymbol{Z}_2\boldsymbol{Z}_4 \tag{7.86}$$

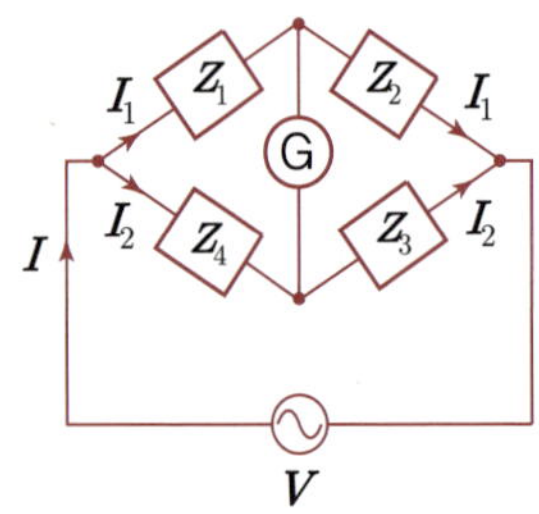

평형 조건 : $\boldsymbol{Z}_1\boldsymbol{Z}_3 = \boldsymbol{Z}_2\boldsymbol{Z}_4$
(대각 $\boldsymbol{Z}$의 곱은 서로 같다.)

그림 7.36 ▸ 교류 브리지 회로

예제 7.17

그림 7.37과 같은 브리지 회로의 평형 조건을 구하라. 단, 전원주파수는 일정하다.

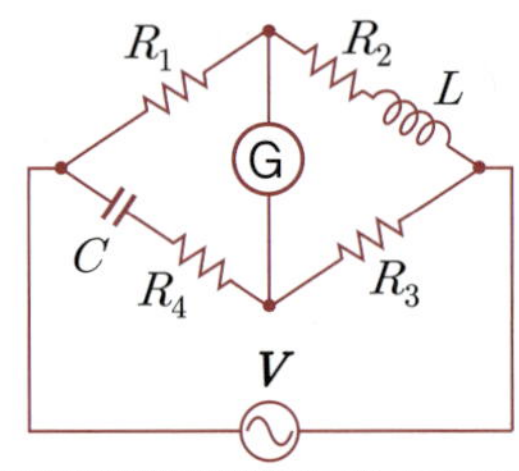

그림 7.37

풀이

$\boldsymbol{Z}_1 = R_1$, $\boldsymbol{Z}_2 = R_2 + j\omega L$, $\boldsymbol{Z}_3 = R_3$, $\boldsymbol{Z}_4 = R_4 - j\dfrac{1}{\omega C}$이고, 브리지 평형 조건

$\boldsymbol{Z}_1\boldsymbol{Z}_3 = \boldsymbol{Z}_2\boldsymbol{Z}_4$에 의해

$$R_1 R_3 = (R_2 + j\omega L) \cdot \left(R_4 - j\frac{1}{\omega C}\right)$$

$$R_1 R_3 = R_2 R_4 + \frac{L}{C} + j\left(\omega L R_4 - \frac{1}{\omega C} R_2\right)$$

여기서 실수부는 실수부, 허수부는 허수부끼리 같아야 한다. 즉,

$$R_1 R_3 = R_2 R_4 + \frac{L}{C} \quad \therefore\ R_1 R_3 - R_2 R_4 = \frac{L}{C}$$

$$\omega L R_4 - \frac{1}{\omega C} R_2 = 0 \quad \therefore\ \frac{R_4}{R_2} = \frac{1}{\omega^2 LC}$$

연습문제

01 세 소자의 저항과 리액턴스가 $R = 25[\Omega]$, $X_L = 5[\Omega]$, $X_C = 10[\Omega]$이다. 다음을 각각 구하라.

(1) 직렬 접속한 회로에서 임피던스 $Z[\Omega]$, 전압과 전류의 위상차 θ

(2) 병렬 접속한 회로에서 어드미턴스 $Y[\Omega]$, 전압과 전류의 위상차 θ

02 RL 직렬회로에 $v = 100\sin 120\pi t\,[\text{V}]$의 전압을 인가하여 $i = 2\sin(120\pi t - 45°)\,[\text{A}]$의 전류가 흐르도록 할 때 저항 $R[\Omega]$과 리액턴스 $X[\Omega]$을 구하라.

03 어떤 회로에 $\boldsymbol{V}=100 + j20\,[\text{V}]$의 전압을 인가하여 $\boldsymbol{I}=4 + j3\,[\text{A}]$의 전류가 흘렀다.

(1) 회로의 임피던스 $Z[\Omega]$를 구하라.

(2) 임피던스 $\boldsymbol{Z}$를 교류 등가회로로 표현할 때 두 소자의 교류저항 성분을 각각 구하라.

04 $R = 10[\Omega]$, $L = 0.045[\text{H}]$의 직렬회로에 실효값 $140[\text{V}]$, 주파수 $25[\text{Hz}]$의 정현파 전압을 인가할 때 회로전류의 순시값 $i[\text{A}]$을 구하라.

05 소자 $R = \sqrt{2}\,[\Omega]$, $\omega L = 10[\Omega]$, $1/\omega C = 10[\Omega]$의 RLC 직렬회로에 교류전압 $v = 110\sqrt{2}\sin(\omega t + 10°)[\text{V}]$를 인가할 때 회로전류의 순시값 $i[\text{A}]$를 구하라.

06 $R = 8[\Omega]$, $X_L = 10[\Omega]$, $X_C = 16[\Omega]$의 RLC 직렬회로에서 교류전압 $V = 100[\text{V}]$를 인가할 때, 이 회로에 흐르는 전류의 크기 $I[\text{A}]$를 구하고, 전압과 전류의 위상 관계를 설명하라.

07 $R = 10[\Omega]$, $X_L = 8[\Omega]$, $X_C = 20[\Omega]$의 RLC 병렬회로에서 교류전압 $V = 80[\mathrm{V}]$를 인가할 때, 회로에 흐르는 전류의 크기 $I[\mathrm{A}]$를 구하라.

08 $R = 10[\Omega]$, $X_L = 12[\Omega]$, $X_C = 30[\Omega]$의 RLC 병렬회로에서 교류전압 $V = 120[\mathrm{V}]$를 인가할 때, 회로에 흐르는 페이저 전류 $\boldsymbol{I}[\mathrm{A}]$와 순시값 전류 $i[\mathrm{A}]$를 각각 구하라. 단, 각주파수는 ω이다.

09 RL 직렬회로에서 $10[\mathrm{V}]$의 교류 전압을 인가하였을 때 저항에 걸리는 전압이 $6[\mathrm{V}]$이었다. 인덕턴스에 걸리는 전압 $V_L[\mathrm{V}]$을 구하라.

10 RLC 직렬회로에서 각 소자의 단자전압이 $V_R = 3[\mathrm{V}]$, $V_L = 4[\mathrm{V}]$, $V_C = 8[\mathrm{V}]$일 때 전원 전압 $V[\mathrm{V}]$를 구하라.

11 $4[\Omega]$의 저항과 X_L의 유도 리액턴스가 병렬로 접속된 회로에 $12[\mathrm{V}]$의 교류 전압을 인가하였더니 $5[\mathrm{A}]$의 전류가 흘렀다. 이 회로의 리액턴스 $X_L[\Omega]$을 구하라.

12 **그림 7.38**에서 회로에 흐르는 전류 $I[\mathrm{A}]$를 구하라.

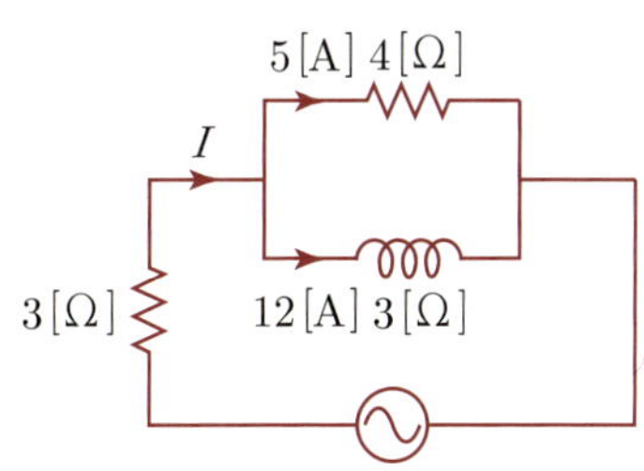

그림 7.38

13 그림 7.39의 회로에서 전체 전류 $\boldsymbol{I}$[A]와 커패시터에 걸리는 전압 $\boldsymbol{V}_{ab}$ [V]를 극좌표 및 직각좌표 형식의 페이저로 나타내고 이들의 크기 I[A], V_{ab} [V]도 구하라.

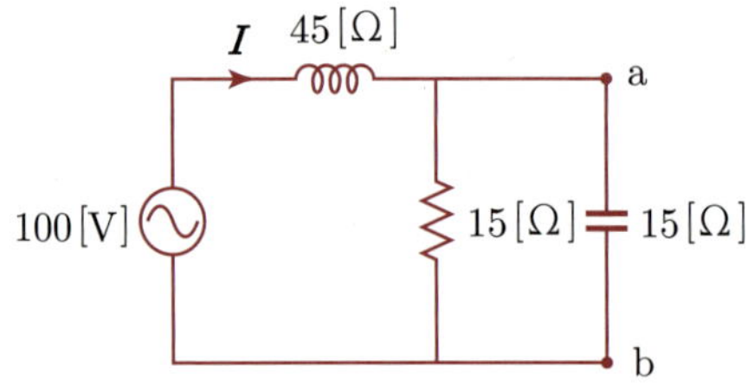

그림 7.39

14 그림 7.40의 회로에서 교류 전압 $\boldsymbol{V} = 80\underline{/0°}$ [V]를 인가하였을 때 전체 전류 $\boldsymbol{I}$[A]와 두 점 a, b 사이의 전위차 V_{ab} [V]를 구하라.

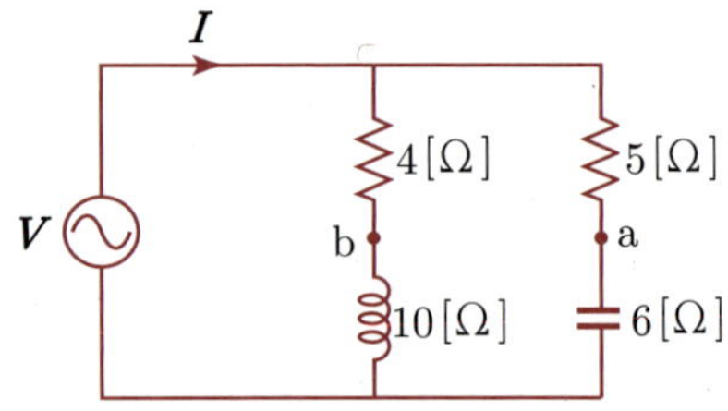

그림 7.40

Chapter 8

교류전력

교류회로의 정현파로부터 페이저를 이용한 전류와 전압을 해석하는 방법에 대하여 제 7 장에서 학습하였고, 본 장에서는 이를 기초로 하여 회로해석의 마무리 단계인 전력을 구하는 방법에 대해 설명하기로 한다.

교류전력은 직류전력과 마찬가지로 전압과 전류의 곱으로 정의한다. 그러나 정현파는 시간적으로 변화하기 때문에 두 값의 곱도 변화하는 순시전력이 된다. 따라서 순시전력의 평균값으로 정의하는 평균전력을 도입할 것이다.

본 장에서는 먼저 정현파의 순시전력과 평균전력의 정의를 살펴보고, 정상상태에서 페이저를 이용한 전압과 전류의 회로해석을 학습하였기 때문에 이의 연장선상에서 전력해석도 복소전력을 도입하여 피상전력, 유효전력, 무효전력 등의 개념을 정의할 것이다. 또 전력손실을 최소화하고 전력관리를 극대화 할 수 있는 역률 개선과 부하에 최대전력을 전달하는 조건에 대해서 학습하기로 한다.

8.1 순시전력과 평균전력

(1) 순시전력

정현파 교류회로에서 순시전력은 임의의 시간에서 소자가 소비하는 전력을 의미하며, 순시전력 p는 순시전압 v와 순시전류 i의 곱으로 정의한다.

$$p(t) = v(t) \cdot i(t) \tag{8.1}$$

그림 8.1과 같이 선형소자 R, L, C의 수동회로에 정현파 전압 v를 인가하여 부하에 흐르는 전류 i라 할 때 정현파 전압과 전류는 각각 다음과 같이 표현된다고 하자.

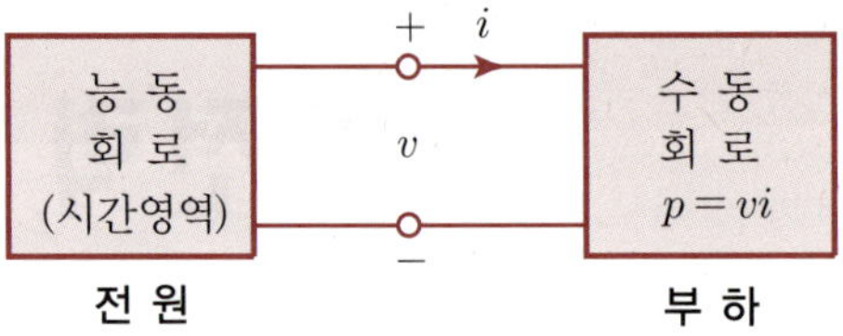

그림 8.1 ▶ 순시전력

$$\begin{cases} v = V_m \sin(\omega t + \theta_v) \\ i = I_m \sin(\omega t + \theta_i) \end{cases} \tag{8.2}$$

여기서 V_m과 I_m은 최대값이고, θ_v와 θ_i는 전압과 전류의 위상이다. 이때 부하에서 소비되는 순시전력 p는 식 (8.2)를 식 (8.1)에 대입하면 다음과 같이 표현된다.

$$p(t) = v(t) \cdot i(t) = V_m I_m \sin(\omega t + \theta_v) \sin(\omega t + \theta_i) \tag{8.3}$$

삼각함수의 곱을 차의 공식으로 변환하는 항등식

$$\sin x \sin y = \frac{1}{2}\{\cos(x-y) - \cos(x+y)\} \tag{8.4}$$

로부터 식 (8.3)을 적용하면 순시전력 p는 다음과 같이 변형된다.

$$p = \frac{V_m I_m}{2}\cos(\theta_v - \theta_i) - \frac{V_m I_m}{2}\cos(2\omega t + \theta_v + \theta_i) \tag{8.5}$$

식 (8.5)의 순시전력에서 우변의 제 1 항은 시간과 무관한 상수이고, 제 2 항은 각주파수가 2ω로 전원 주파수의 2배로 증가하여 변동하는 정현함수로 두 성분이 존재한다.

(2) 평균전력

평균전력(average power) P는 순시전력의 평균값을 의미하고, 순시전력 p는 식 (8.5)에서 연속의 주기함수이므로 식 (5.15)와 같이 1주기에 대한 평균값을 적용하여 평균전력을 구할 수 있다.

$$P = \frac{1}{T}\int_0^T p(t)\,dt \tag{8.6}$$

$$P = \frac{1}{T}\int_0^T \left\{ \frac{V_m I_m}{2}\cos(\theta_v - \theta_i) - \frac{V_m I_m}{2}\cos(2\omega t + \theta_v + \theta_i) \right\} dt \tag{8.7}$$

식 (8.7)에서 피적분 함수의 제 2 항은 정현함수이므로 1 주기 동안의 적분값은 0이다. 따라서 평균전력은 다음과 같이 정리할 수 있다.

$$P = \frac{V_m I_m}{2T}\cos(\theta_v - \theta_i)\left[t\right]_0^T \quad \therefore \quad P = \frac{V_m I_m}{2}\cos(\theta_v - \theta_i) \tag{8.8}$$

정현파 전압, 전류의 최대값과 실효값의 관계 $V_m = \sqrt{2}\,V$, $I_m = \sqrt{2}\,I$, 전압과 전류의 위상차 $\theta = \theta_v - \theta_i$를 식 (8.8)에 대입하면 **평균전력** P는 다음과 같이 표현된다.

$$P = VI\cos(\theta_v - \theta_i) \quad \therefore \quad P = VI\cos\theta \tag{8.9}$$

교류회로에서 **전력**은 **평균전력**이고, **회로 전체의 전압과 전류의 실효값과 $\cos\theta$의 곱**으로 표시한다. 순 R 회로, 순 L 회로, 순 C 회로에서 식 (8.9)에 의해 평균전력을 각각 구해본다.

(1) 순 R 회로 : 위상차 $\theta_v - \theta_i = 0°$ $(\cos 0° = 1)$

$$P = VI = I^2R = \frac{V^2}{R} \tag{8.10}$$

(2) 순 L 회로, 순 C 회로 : 위상차 $\theta_v - \theta_i = \pm 90°$ $[\cos(\pm 90°) = 0]$

$$P = VI\cos(\pm 90°) = 0 \tag{8.11}$$

순 R 회로의 평균전력은 식 (8.10)과 같이 직류회로에 대한 전력의 관계식과 동일한 값으로 나타나고, 저항에서 실제로 소비되는 전력을 의미하며, **유효전력**이라고도 한다. 그러나 순 L 회로와 순 C 회로에서 평균전력은 식 (8.11)에서 0이므로 전력이 소비되지 않으며 유효전력은 없다는 것을 의미한다.

참고 순 소자회로에서 순시전력의 비교와 그래프

(1) 순시전력 p : 입력전압, 전류 $v = V_m \sin(\omega t + \theta_v)$, $i = I_m \sin(\omega t + \theta_i)$인 경우

$$p = VI\{\cos(\theta_v - \theta_i) - \cos(2\omega t + \theta_v + \theta_i)\}$$ [식 (8.5)를 실효값으로 변형]

(2) 각 소자에서의 순시전력 : 입력전압 $v = V_m \sin\omega t \ (\theta_v = 0°)$인 경우

① 순 R 회로($\theta_v = 0°$, $\theta_i = 0°$) : $p_R = VI(1 - \cos 2\omega t)$

② 순 L 회로($\theta_v = 0°$, $\theta_i = -90°$) : $p_L = -VI\cos(2\omega t - 90°) = -VI\sin 2\omega t$

③ 순 C 회로($\theta_v = 0°$, $\theta_i = 90°$) : $p_C = -VI\cos(2\omega t + 90°) = VI\sin 2\omega t$

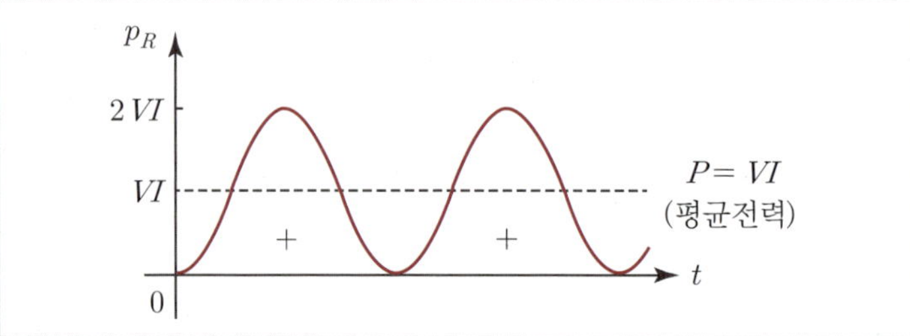

그림 8.2 ▸ 순 R 회로의 순시전력

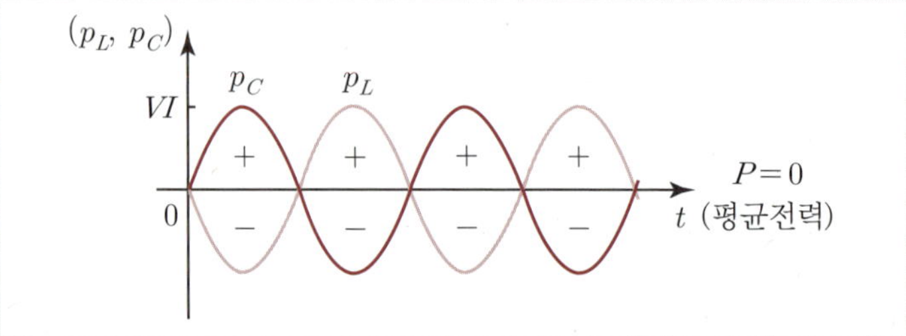

그림 8.3 ▸ 순 L 회로 및 순 C 회로의 순시전력

그림 8.2의 저항에서의 순시전력은 항상 (+)이므로 전력을 소모하는 것을 의미하며, 평균전력은 $P = VI$이고 순시전력의 최대값은 $P_m = V_m I_m = 2VI$이다.

그림 8.3의 인덕터와 커패시터의 순시전력은 (+)의 반주기에서 전력을 소모하지만, (−)의 반주기에서는 전력을 방출하여 평균전력은 0이다. 이는 L 또는 C에서 (+)의 반주기는 전원에서 공급받은 전력을 저장하고, 나머지 (−)의 반주기는 전력을 전원으로 방출하는 것을 의미한다. 결론적으로 인덕터와 커패시터가 동시에 존재하는 회로는 서로 전력을 주고 받으며 에너지를 소모하지 않고 저장하는 에너지 저장소자이고 평균전력은 0이 된다.

8.2 복소 전력

제 8.1 절에서 순시전력은 시간의 함수이지만, 평균전력은 시간과 무관한 것을 확인하였으며, 특히 평균전력은 식 (8.9)와 같이 정현파 교류가 인가될 경우 전압과 전류의 실효값(또는 최대값)과 위상차에 의해서만 결정됨을 알 수 있다.

따라서 페이저에 의한 회로해석에서 전압 또는 전류를 구한 것과 마찬가지로 평균전력도 페이저를 이용하면 삼각함수의 공식 등을 사용하지 않고 간단히 구할 수 있다.

정현파의 정상상태 회로에서 전력을 페이저로 취급하기 위하여 **복소 전력**(complex power)이라는 새로운 복소량을 정의한다. 일반적으로 복소전력은 벡터량 $\boldsymbol{S}$로 표기하지만 본 교재는 복소 전력의 크기인 피상전력 P_a와 문자를 통일시키기 위하여 복소 전력 역시 벡터량 $\boldsymbol{P}_a$로 표기하였음을 밝혀둔다.

그림 8.4와 같이 부하 임피던스 $\boldsymbol{Z}$에 공급하는 정현파의 순시전압 v와 순시전류 i가 다음과 같을 때 페이저 전압 $\boldsymbol{V}$와 페이저 전류 $\boldsymbol{I}$로 변환하면 각각 다음과 같다.

$$\begin{aligned} v &= V_m \sin(\omega t + \theta_v) \quad \rightarrow \quad \boldsymbol{V} = V\angle\theta_v \\ i &= I_m \sin(\omega t + \theta_i) \quad \rightarrow \quad \boldsymbol{I} = I\angle\theta_i \end{aligned} \tag{8.12}$$

여기서 V, I는 전압 v와 전류 i의 실효값이다. 이로부터 부하 임피던스 $\boldsymbol{Z}$는 다음과 같이 표현할 수 있다.

$$\boldsymbol{Z} = \frac{\boldsymbol{V}}{\boldsymbol{I}} = \frac{V\angle\theta_v}{I\angle\theta_i} = \frac{V}{I}\angle\theta_v - \theta_i \tag{8.13}$$

복소 전력 $\boldsymbol{P}_a$를 정의하려면 $\boldsymbol{P}_a$의 실수부는 부하 임피던스 $\boldsymbol{Z}$에서 소모되는 식 (8.9)의 평균전력 P와 일치하도록 해야 한다.

먼저 페이저 전압과 전류 $\boldsymbol{V}$, $\boldsymbol{I}$의 곱은 $\boldsymbol{VI} = VI\angle\theta_v + \theta_i$이고, $\boldsymbol{P}_a$의 각은 전압과 전류

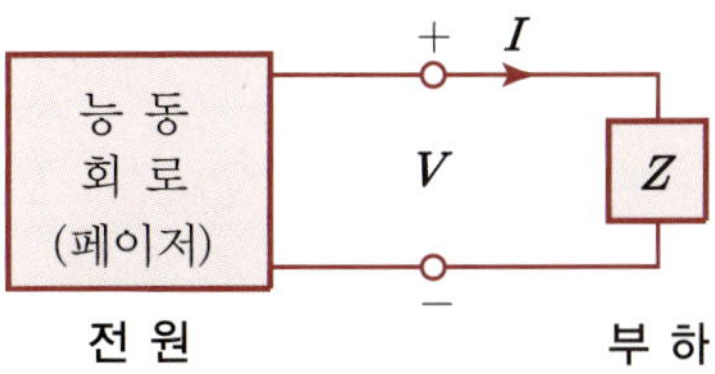

그림 8.4 ▶ 복소 전력(페이저)

의 위상의 합이 된다. 그러나 부하 임피던스 각의 위상차 또는 식 (8.9)의 평균전력 P의 위상차를 만족하지 않기 때문에 복소 전력은 단순한 곱이 성립하지 않는다. 따라서 복소 전력의 각이 위상차가 되도록 전류 $\boldsymbol{I}$ 대신에 공액 복소수(켤레 복소수) $\overline{\boldsymbol{I}}$을 취하여 복소 전력 $\boldsymbol{P}_a$를 다음과 같이 정의한다.

$$\boldsymbol{P}_a = \boldsymbol{V}\overline{\boldsymbol{I}} \tag{8.14}$$

페이저 전압 $\boldsymbol{V}$와 공액 복소수의 정의에 의해 $\boldsymbol{I}$에서 편각의 부호를 바꾼 $\overline{\boldsymbol{I}} = I\underline{/-\theta_i}$의 곱을 적용하면 식 (8.14)의 복소 전력 $\boldsymbol{P}_a$는 다음과 같이 구해진다.

$$\boldsymbol{P}_a = (V\underline{/\theta_v})(I\underline{/-\theta_i}) = VI\underline{/\theta_v - \theta_i} = VI\underline{/\theta} \ (= P_a\underline{/\theta}) \tag{8.15}$$

이와 같이 복소 전력은 전력을 체계적으로 계산하기 위해 도입된 것으로 수학적 연관성이나 물리적인 의미를 둘 필요는 없다.

식 (8.15)의 복소 전력 $\boldsymbol{P}_a = VI\underline{/\theta}$의 극좌표 형식을 직각좌표 형식으로 변환하면

$$\boldsymbol{P}_a = VI\cos\theta + j\,VI\sin\theta \tag{8.16}$$

가 된다. 우변에서 제 1 항의 실수부는 식 (8.9)의 **평균전력(유효전력)** P와 같고, 제 2 항의 허수부는 **무효전력**(reactive power)이라 하며 Q라고 표기한다. 즉,

$$P = VI\cos\theta, \quad Q = VI\sin\theta \tag{8.17}$$

이고, 여기서 V, I는 **회로 전체의 전압과 전류**라는 것을 주의해야 한다.

복소 전력 $\boldsymbol{P}_a$는 식 (8.16)으로부터

$$\boldsymbol{P}_a = P + jQ = P_a\underline{/\theta} \tag{8.18}$$

로 표현할 수 있다. 식 (8.18)에서 복소 전력의 크기 $|\boldsymbol{P}_a| = P_a$와 각 θ는

$$P_a = \sqrt{P^2 + Q^2}, \quad \theta = \tan^{-1}\frac{Q}{P} \tag{8.19}$$

으로 구해진다. **복소 전력 크기 P_a를 피상전력**(apparent power, 겉보기 전력)이라 하고,

복소 전력의 각 θ는 임피던스 각과 동일한 전압과 전류의 위상차이다. 위상차의 범위는 $-90° \leq \theta = \theta_v - \theta_i \leq 90°$이므로 식 (8.17)에서 유효전력 P는 $\cos\theta$ 항에 의해 항상 (+)의 값을 가지는 반면에 무효전력 Q는 $\sin\theta$ 항에 의해 (+) 또는 (−)의 값을 가진다. 이때 Q는 유도성 부하에서 $Q > 0$이고, 용량성 부하에서 $Q < 0$이 된다.

그림 8.5는 P, Q에 따른 복소 전력 $\boldsymbol{P}_a$를 복소평면에 나타낸 것이다. 복소 전력 $\boldsymbol{P}_a$의 위치는 $Q > 0$(허수부의 부호 +)의 유도성 부하에서는 제1사분면이고, $Q < 0$(허수부의 부호 −)인 용량성 부하에서는 제4사분면에 위치한다. 특히 무효전력 Q는 유도성 무효전력을 Q_L, 용량성 무효전력을 Q_C로 구분하여 나타낸다. 복소 전력의 위치는 **그림 7.4**의 복소 임피던스의 위치와 같은 것을 알 수 있다.

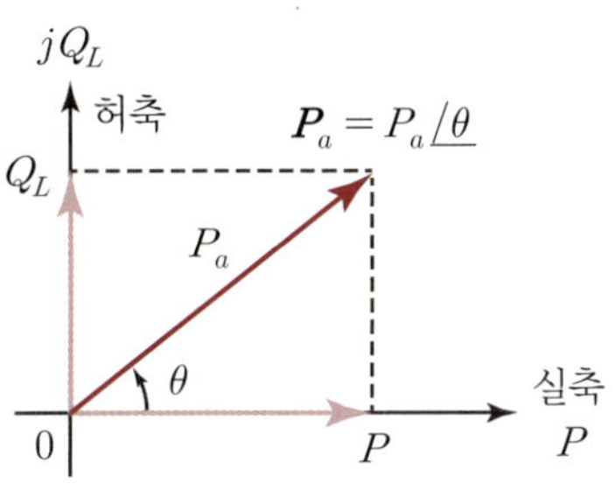

(a) 유도성 부하($Q > 0$)

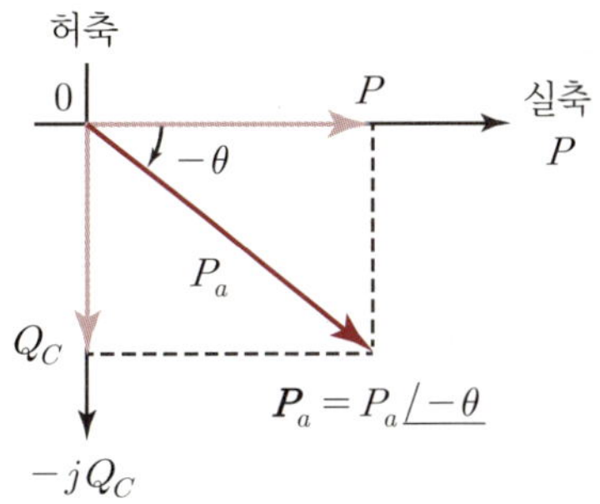

(b) 용량성 부하($Q < 0$)

그림 8.5 ▸ 복소 전력

세 가지 전력의 물리량인 피상전력 P_a, 유효전력 P, 무효전력 Q의 차원은 전압과 전류의 곱으로 동일하다. 그러나 P_a의 단위는 **볼트-암페어**[VA], P의 단위는 **와트**[W], Q의 단위는 **바**(volt-ampere reactive, [Var])로 구분하여 혼동을 피하고 있다.

표 8.1 ▸ 전력에 대한 용어 정의

전력량	정 의
평균(유효)전력 P[W]	저항 R에서 실제로 소비되는 전력 한국전력에서 전력요금을 산정하는 기준이 되는 전력
무효전력 Q[Var]	리액턴스 $X(X_L, X_C)$에서 전원과 교환되는 전력 (에너지를 소비하지 않음)
피상전력 P_a[VA]	역률을 고려하지 않는 전압과 전류의 곱 전기기기 및 변압기의 용량 단위로 사용(전기설비 용량)
복소 전력 $\boldsymbol{P}_a$[VA]	저항(R)성분에 의한 유효전력 P와 리액턴스(X)성분에 의한 무효전력 Q를 복소수로 표현한 전력

8.3 역률

피상전력에 대한 유효전력의 비를 **역률**(power factor, pf), $\cos\theta$라 하며, 회로 전체의 전력, 즉 피상전력 중에서 실제로 일을 하는 전력의 비로써 전체 전력에 대한 이용률이라 할 수 있다. 역률은 유효전력 $P = VI\cos\theta$로부터

$$\cos\theta = \frac{P}{VI} = \frac{P}{P_a} \tag{8.20}$$

가 성립한다. 역률각 θ는 **전압에서 전류의 위상을 뺀 위상차**$(\theta = \theta_v - \theta_i)$이고, 위상차의 범위는 $-90° \leq \theta \leq 90°$이므로 역률 $\cos\theta$의 범위는

$$0 \leq \cos\theta \leq 1 \tag{8.21}$$

이 된다. 따라서 전류의 위상이 전압보다 뒤진 지상전류인 유도성 회로의 역률을 **지상역률**이라 하고, 전류의 위상이 전압보다 앞선 진상전류인 용량성 회로의 역률을 **진상역률**이라고 한다.

교류회로에 따른 역률은 각각 다음과 같다.

① 순 R 회로 : 위상차 $\theta = 0°$이므로 $\cos\theta = 1$
② 순 L 회로 : 위상차 $\theta = 90°$이므로 $\cos\theta = 0$, 지상역률
③ 순 C 회로 : 위상차 $\theta = -90°$ 이므로 $\cos\theta = 0$, 진상역률
④ RL 회로 : 위상차 $\theta > 0°(\cos\theta > 0)$, 지상역률
⑤ RC 회로 : 위상차 $\theta < 0°(\cos\theta > 0)$, 진상역률

피상전력에 대한 무효전력의 비를 **무효율**(reactive power factor, rf), $\sin\theta$라 하고, 무효율은 무효전력 $Q = VI\sin\theta$로부터

$$\sin\theta = \frac{Q}{VI} = \frac{Q}{P_a} \tag{8.22}$$

로 구할 수 있다. 무효율의 범위는 $-1 \leq \sin\theta \leq 1$이다.

역률 $\cos\theta$와 무효율 $\sin\theta$는 임피던스도(**그림 7.18**(a)), 어드미턴스도(**그림 7.29**)와 복소 전력(**그림 8.5**)으로부터 다음과 같이 여러 가지 식으로 표현할 수 있다.

$$\cos\theta = \frac{R}{Z} = \frac{G}{Y} = \frac{P}{P_a}, \quad \sin\theta = \frac{X}{Z} = \frac{B}{Y} = \frac{Q}{P_a} \tag{8.23}$$

그러나 교류회로에서 $\boldsymbol{Z}$, $\boldsymbol{Y}$, $\boldsymbol{P}_a$의 각 θ는 모두 전압과 전류의 위상차를 의미하므로 $\boldsymbol{Z}$, $\boldsymbol{Y}$, $\boldsymbol{P}_a$의 직각좌표 형식이 아래와 같이 주어지면, 위의 식을 적용하지 않고 공학용 전자계산기를 이용하여 극좌표 형식으로 변환하고 그 각 θ를 직접 역률 $\cos\theta$에 대입하여 간단히 구할 수 있다.

$\boldsymbol{Z} = 4 + j3 = 5\underline{/36.9°}\,[\Omega]$ $\quad\therefore\ \cos 36.9° = 0.8$ (지상 역률)

$\boldsymbol{Y} = 2 + j5 = 5.39\,\underline{/68.2°}\,[\mho]$ $\quad\therefore\ \cos 68.2° = 0.37$ (진상 역률)

$\boldsymbol{P}_a = 60 + j80 = 100\,\underline{/53.1°}\,[\text{VA}]$ $\quad\therefore\ \cos 53.1° = 0.6$ (지상 역률)

지금까지 정의된 여러 가지 전력에 대한 용어 및 관련 공식을 요약하여 **표 8.2**에 나타낸다.

표 8.2 ▶ 전력에 대한 용어 및 관련 공식

전력량	기호[단위]	공 식
평균(유효)전력	P[W]	$P = VI\cos\theta = I^2R = \dfrac{V^2}{R}$
무효전력	Q[Var]	$Q = VI\sin\theta = I^2X = \dfrac{V^2}{X}$
피상전력	P_a[VA]	$P_a = VI = \sqrt{P^2 + Q^2}$
복소 전력	$\boldsymbol{P}_a$[VA]	$\boldsymbol{P}_a = P + jQ = P_a\underline{/\theta}$ $= VI\cos\theta + jVI\sin\theta$ $= I^2R + jI^2X$: 직렬회로(적용) $= \dfrac{V^2}{R} + j\dfrac{V^2}{X}$: 병렬회로(적용)
역률	$\text{pf} = \cos\theta$	$\cos\theta = \dfrac{P}{P_a} = \dfrac{R}{Z} = \dfrac{G}{Y}$
무효율	$\text{rf} = \sin\theta$	$\sin\theta = \dfrac{Q}{P_a} = \dfrac{X}{Z} = \dfrac{B}{Y}$

※ $P = VI\cos\theta = VI\dfrac{R}{Z} = IR\dfrac{V}{Z} = I^2R$, $\quad Q = VI\sin\theta = VI\dfrac{X}{Z} = IX\dfrac{V}{Z} = I^2X$

8.4 교류전력 계산

제 2.9 절의 직류회로의 전력에 대한 식은

$$P = VI = I^2R = \frac{V^2}{R} \tag{8.24}$$

이다. 이 식의 V와 I는 소자에 걸리는 단자전압과 소자에 흐르는 전류 I를 적용한다.

직류회로의 전력 계산은 다음의 사항을 고려하면 혼동하지 않고 구할 수 있으며, 교류전력 계산에서도 적용된다는 것을 명심해야 한다.

(1) 회로 내의 **개별 저항의 전력 계산**은 **저항소자 자체에 걸린 전압 V** 또는 **저항소자 자체에 흐르는 전류 I**를 전력의 공식에 적용해야 한다.

(2) **직렬회로**는 각 소자에 흐르는 전류가 공통이기 때문에 $P = I^2R$을 적용한다.

(3) **병렬회로**는 각 소자에 걸리는 전압이 공통이기 때문에 $P = V^2/R$을 적용한다.

교류전력 계산은 각 전력량의 개별 공식을 이용하는 것보다 임피던스, 유효전력, 무효전력, 피상전력이 유기적인 관계를 보여주고 있는 **표 8.2**의 **복소 전력의 식**을 이용하는 것이 혼동되지 않고 체계적으로 풀 수 있다.

$$\boldsymbol{P}_a = P + jQ = P_a \underline{/\theta} \tag{8.25}$$

$$\boldsymbol{P}_a = VI\cos\theta + jVI\sin\theta \tag{8.26}$$

$$\boldsymbol{P}_a = I^2R + jI^2X \text{ (직렬 회로)} \tag{8.27}$$

$$\boldsymbol{P}_a = \frac{V^2}{R} + j\frac{V^2}{X} \text{ (병렬 회로)} \tag{8.28}$$

교류회로의 전력 계산은 **그림 8.6**의 회로에서와 같이 다음의 사항을 주의해야 한다.

(1) 식 (8.26)의 유효전력 $P = VI\cos\theta$, 무효전력 $Q = VI\sin\theta$에 포함된 V와 I는 **회로 전체의 전압과 전류**를 적용해야 한다.(직류전력 계산과 다름에 주의)

(2) 식 (8.27), 식 (8.28)의 $P = I^2R = V^2/R$, $Q = I^2X = V^2/X$에 포함된 V와 I는 **개별 소자에 걸리는 단자전압과 개별 소자에 흐르는 전류**를 적용해야 한다.

(3) **직렬회로**는 각 소자에 흐르는 전류가 공통이기 때문에 식 (8.27)을 적용한다.

(4) **병렬회로**는 각 소자에 걸리는 전압이 공통이기 때문에 식 (8.28)을 적용한다.

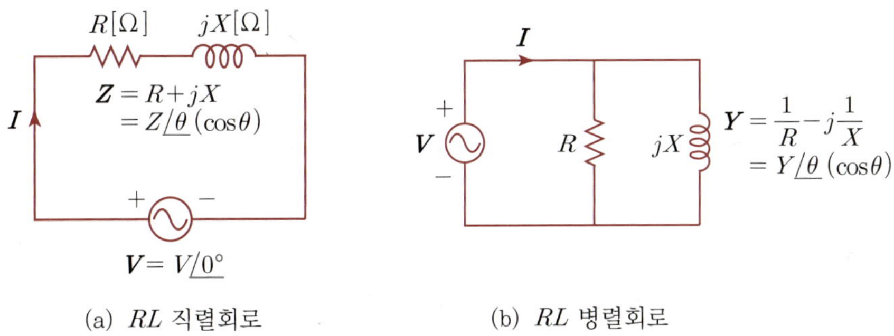

그림 8.6 ▶ 교류전력 계산

그림 8.6과 같은 교류의 직렬회로와 병렬회로에서 다음과 같이 수치가 주어졌을 때 전력 계산에 적용하는 방법을 알아본다.

예 직렬회로의 교류전력 계산

그림 8.6(a)와 같이 저항 3[Ω], 유도성 리액턴스 4[Ω]의 직렬회로에 $V=60$[V]의 전압이 인가되었을 때 역률, 무효율, 유효전력, 무효전력, 피상전력을 구하라.

[방법 1] 직렬회로에서 각 소자 R, L에 전류 I가 공통이므로 식 (8.27) 적용 계산

$$\boldsymbol{P}_a = P+jQ = I^2R + jI^2X \text{ (직렬 회로)} \tag{8.29}$$

(1) 복소 임피던스를 직각좌표 형식과 극좌표 형식으로 표현한다.

$$\boldsymbol{Z} = 3+j4 = 5\angle 53.1° \,[\Omega] \tag{8.30}$$

임피던스 $Z=5$[Ω], 임피던스 각 $\theta=53.1°$이고, 각 θ는 전압과 전류의 위상차이므로 역률 $\cos\theta$와 무효율 $\sin\theta$를 구할 수 있다. 즉,

$$\cos\theta = \cos 53.1° = 0.6, \quad \sin\theta = \sin 53.1° = 0.8 \tag{8.31}$$

(2) 옴의 법칙에 의해 전류 $\boldsymbol{I}$를 구한다.

$$\boldsymbol{I} = \frac{\boldsymbol{V}}{\boldsymbol{Z}} = \frac{60\angle 0°}{5\angle 53.1°} = 12\angle -53.1° \text{ [A]} \tag{8.32}$$

(3) 전류 $I=12$[A], $R=3$[Ω], $X=4$[Ω]을 식 (8.29)의 복소 전력 $\boldsymbol{P}_a$에 대입한다.

$$P_a = (12^2 \times 3) + j(12^2 \times 4) = 432 + j576 (= P + jQ) \tag{8.33}$$

$$\therefore \quad P_a = 432 + j576 = 720\underline{/53.1°}\ [\text{VA}]\ (= P_a \underline{/\theta}) \tag{8.34}$$

유효전력 $P = 432\,[\text{W}]$, 무효전력 $Q = 576\,[\text{Var}]$, 피상전력 $P_a = 720\,[\text{VA}]$

[방법 2] 회로의 전체 전압과 전류를 적용하는 식 (8.26)의 이용 계산

(1) 복소 임피던스를 직각좌표 형식과 극좌표 형식으로 표현한다.

$$Z = 3 + j4 = 5\underline{/53.1°}\,[\Omega] \tag{8.35}$$

$$\cos\theta = \cos 53.1° = 0.6, \quad \sin\theta = \sin 53.1° = 0.8 \tag{8.36}$$

(2) 옴의 법칙에 의해 회로의 전체 전류 I를 구한다.

$$I = \frac{V}{Z} = \frac{60\underline{/0°}}{5\underline{/53.1°}} = 12\underline{/-53.1°}\ [\text{A}] \tag{8.37}$$

(3) 전체 전압 $V = 60\,[\text{V}]$, 전체 전류 $I = 12\,[\text{A}]$를 식 (8.26)에 대입한다.

$$P = VI\cos\theta = 60 \times 12 \times 0.6 = 432\ [\text{W}] \tag{8.38}$$

$$Q = VI\sin\theta = 60 \times 12 \times 0.8 = 576\ [\text{Var}] \tag{8.39}$$

$$\therefore \quad P_a = 432 + j576 = 720\underline{/53.1°}\ [\text{VA}]\ (= P_a \underline{/\theta}) \tag{8.40}$$

유효전력 $P = 432\,[\text{W}]$, 무효전력 $Q = 576\,[\text{Var}]$, 피상전력 $P_a = 720\,[\text{VA}]$

예 병렬회로의 교류전력 계산

그림 8.6(b)와 같이 저항 $3\,[\Omega]$, 유도성 리액턴스 $4\,[\Omega]$의 병렬회로에 $V = 60\,[\text{V}]$의 전압이 인가되었을 때 역률, 무효율, 유효전력, 무효전력, 피상전력을 구하라.

[방법 1] 병렬회로에서 소자 R, L에 걸리는 전압 V가 공통이므로 식 (8.28) 적용 계산

$$P_a = P + jQ = \frac{V^2}{R} + j\frac{V^2}{X} \ (\text{병렬 회로}) \tag{8.41}$$

(1) 복소 어드미턴스를 직각좌표 형식과 극좌표 형식으로 표현한다.

$$Y = \frac{1}{3} - j\frac{1}{4} = 0.42\underline{/-36.9°}\,[\mho] \tag{8.42}$$

어드미턴스 $Y=0.42[\mho]$이고 어드미턴스 각 $-36.9°$는 전류에서 전압의 위상을 뺀 관계이므로 $\theta=36.9°$에 의해 역률 $\cos\theta$와 무효율 $\sin\theta$를 구할 수 있다. 즉,

$$\cos\theta=\cos 36.9°=0.8, \quad \sin\theta=\sin 36.9°=0.6 \qquad (8.43)$$

(2) 각 소자에 걸리는 단자전압은 전원 전압과 공통이므로 $\boldsymbol{V}=60\underline{/0°}$ [V]이다.

(3) 단자전압 $V=60[\text{V}]$, $R=3[\Omega]$, $X=4[\Omega]$을 식 (8.41)의 복소 전력 $\boldsymbol{P}_a$에 대입한다.

$$\boldsymbol{P}_a=\frac{V^2}{R}+j\frac{V^2}{X}=\frac{60^2}{3}+j\frac{60^2}{4}=1200+j900\,[\text{VA}] \qquad (8.44)$$

$$\therefore \quad \boldsymbol{P}_a=1200+j900=1500\underline{/36.9°}\,[\text{VA}]\;(=P_a\underline{/\theta}) \qquad (8.45)$$

유효전력 $P=1200\,[\text{W}]$, 무효전력 $Q=900\,[\text{Var}]$, 피상전력 $P_a=1500[\text{VA}]$

[방법 2] 회로의 전체 전압과 전류를 적용하는 식 (8.26)의 이용 계산

(1) 복소 어드미턴스를 직각좌표 형식과 극좌표 형식으로 표현한다.

$$\boldsymbol{Y}=\frac{1}{3}-j\frac{1}{4}=0.417\underline{/-36.9°}\,[\mho] \qquad (8.46)$$

$$\cos\theta=\cos 36.9°=0.8, \quad \sin\theta=\sin 36.9°=0.6 \qquad (8.47)$$

(2) 옴의 법칙에 의해 회로의 전체 전류 $\boldsymbol{I}$를 구한다.

$$\boldsymbol{I}=\boldsymbol{Y}\boldsymbol{V}=(0.417\underline{/-36.9°})(60\underline{/0°})=25\underline{/-36.9°}\,[\text{A}] \qquad (8.48)$$

(3) 전체 전압 $V=60[\text{V}]$, 전체 전류 $I=25[\text{A}]$를 식 (8.26)에 대입한다.

$$P=VI\cos\theta=60\times25\times0.8=1200\,[\text{W}] \qquad (8.49)$$

$$Q=VI\sin\theta=60\times25\times0.6=900\,[\text{Var}] \qquad (8.50)$$

$$\therefore \quad \boldsymbol{P}_a=1200+j900=1500\underline{/36.9°}\,[\text{VA}]\;(=P_a\underline{/\theta}) \qquad (8.51)$$

유효전력 $P=1200\,[\text{W}]$, 무효전력 $Q=900\,[\text{Var}]$, 피상전력 $P_a=1500[\text{VA}]$

결론적으로 교류 직렬 및 병렬회로의 전력 계산은 복소 전력을 이용한 방법 1을 사용하는 것이 간단하며, 다음에 배울 3상전력 계산도 이와 같은 방법을 적용할 것이다.

예제 8.1

어느 회로의 유효전력 $P=60\,[\mathrm{W}]$, 무효전력 $Q=80\,[\mathrm{Var}]$이다. 회로의 피상전력과 역률 $\cos\theta$를 구하라.

풀이 피상전력 $\boldsymbol{P}_a = P + jQ = P_a\underline{/\theta}$, ($\theta$는 전압과 전류의 위상차)

$$\boldsymbol{P}_a = 60 + j80 = 100\underline{/53.1°}\ [\mathrm{VA}]$$

피상전력 $P_a = 100\ [\mathrm{VA}]$, 역률 $\cos\theta = \cos 53.1° = 0.6$

별해

피상전력 $P_a = \sqrt{P^2 + Q^2} = \sqrt{60^2 + 80^2} = 100\ [\mathrm{VA}]$

역률 $\cos\theta = \dfrac{P}{P_a} = \dfrac{60}{100} = 0.6$

예제 8.2

임피던스 $Z=4-j3\,[\Omega]$의 회로에 전압 $V=50\,[\mathrm{V}]$를 인가하였을 때 유효전력, 무효전력, 피상전력, 역률을 구하라.

풀이 전압 기준 $\boldsymbol{V} = 50\underline{/0°}\,[\mathrm{V}]$, $\boldsymbol{Z} = 4 - j3 = 5\underline{/-36.9°}\ [\Omega]$

$$\boldsymbol{I} = \frac{\boldsymbol{V}}{\boldsymbol{Z}} = \frac{50\underline{/0°}}{5\underline{/-36.9°}} = 10\underline{/36.9°}\ [\mathrm{A}]$$

$\boldsymbol{Z}$의 허수부가 (-)이므로 $R=4\,[\Omega]$, $X_C = 3\,[\Omega]$의 RC 직렬회로이고,
복소 전력 $\boldsymbol{P}_a$는 식 (8.27)을 적용하면

$$\boldsymbol{P}_a = I^2R - jI^2X = (10^2 \times 4) - j(10^2 \times 3) = 400 - j300\ [\mathrm{VA}]$$

$$\therefore\ \boldsymbol{P}_a = 400 - j300 = 500\underline{/-36.9°}\ [\mathrm{VA}]$$

유효전력 $P = 400\ [\mathrm{W}]$, 무효전력 $Q = 300\ [\mathrm{Var}]$(용량성 Q_C)
피상전력 $P_a = 500\ [\mathrm{VA}]$
역률 $\cos\theta = \cos(-36.9°) = 0.8$(진상역률)

예제 8.3

$R = 12[\Omega]$, $X_C = 18[\Omega]$의 병렬회로에 전압 $V = 100[V]$를 인가하였을 때, 유효전력, 무효전력, 피상전력, 역률을 구하라.

풀이 전압 기준 $\boldsymbol{V} = 100\underline{/0°}[V]$, RC 병렬회로에서 전압이 공통이므로 복소 전력 $\boldsymbol{P}_a$는 식 (8.28)을 적용하면

$$\boldsymbol{P}_a = \frac{V^2}{R} - j\frac{V^2}{X} = \frac{100^2}{12} - j\frac{100^2}{18} \fallingdotseq 833 - j556\ [VA]$$

$$\therefore\ \boldsymbol{P}_a = 833 - j556 = 1002\underline{/-33.7°}\ [VA]$$

유효전력 $P = 833\ [W]$, 무효전력 $Q = 556\ [Var]$(용량성 Q_C)

피상전력 $P_a = 1002\ [VA]$, 역률 $\cos\theta = \cos(-33.7°) = 0.83$(진상역률)

예제 8.4

다음과 같이 페이저 전압과 전류가 주어졌을 때 유효전력, 무효전력, 피상전력, 역률을 구하라.

(1) $\boldsymbol{V} = 100\underline{/30°}[V]$, $\boldsymbol{I} = 10\underline{/60°}[A]$

(2) $\boldsymbol{V} = 50\sqrt{3} + j50\ [V]$, $\boldsymbol{I} = 15\sqrt{3} - j15\ [A]$

(3) $\boldsymbol{V} = 100\underline{/60°}[V]$, $\boldsymbol{I} = 10\sqrt{3} + j10\ [A]$

풀이 페이저 전압과 전류를 **극좌표로 변환**하여 실효값 V, I와 위상차 θ를 구한다.

(1) $V = 100[V]$, $I = 10[A]$, 위상차 $\theta = 60° - 30° = 30°$(진상전류)

$$P = VI\cos\theta = 100 \times 10 \times \cos 30° = 866\ [W]$$

$$Q = VI\sin\theta = 100 \times 10 \times \sin 30° = 500\ [Var]\text{(용량성)}$$

$$\therefore\ \boldsymbol{P}_a = P + jQ = 866 - j500 = 1000\underline{/-30°}\ [VA]$$

$P_a = 1000\ [VA]$, 역률 $\cos\theta = \cos 30° = 0.866$(진상역률)

(2) $\boldsymbol{V} = 50\sqrt{3} + j50 = 100\underline{/30°}\ [V]$, $\boldsymbol{I} = 15\sqrt{3} - j15 = 30\underline{/-30°}\ [A]$

$V = 100[V]$, $I = 30[A]$, 위상차 $\theta = 30° - (-30°) = 60°$(지상전류)

$$P = VI\cos\theta = 100 \times 30 \times \cos 60° = 1500\ [W]$$

$$Q = VI\sin\theta = 100 \times 30 \times \sin 60° = 2598\ [Var]\text{(유도성)}$$

$$\therefore\ \boldsymbol{P}_a = P + jQ = 1500 + j2598 = 3000\underline{/60°}\ [VA]$$

$P_a = 3000\ [VA]$, 역률 $\cos\theta = \cos 60° = 0.5$(지상역률)

(3) $\boldsymbol{V} = 100\underline{/60°}$ [V], $\boldsymbol{I} = 10\sqrt{3} + j10 = 20\underline{/30°}$ [A]

$V = 100$ [V], $I = 20$ [A], 위상차 $\theta = 60° - 30° = 30°$ (지상전류)

$P = VI\cos\theta = 100 \times 20 \times \cos 30° = 1732$ [W]

$Q = VI\sin\theta = 100 \times 20 \times \sin 30° = 1000$ [Var] (유도성)

$\therefore\ \boldsymbol{P}_a = P + jQ = 1732 + j1000 = 2000\underline{/30°}$ [VA]

$P_a = 2000$ [VA], 역률 $\cos\theta = \cos 30° = 0.866$ (지상역률)

별해

피상전력의 꼴(형식) : $\boldsymbol{P}_a = P_a\underline{/\theta} = P + jQ$ [VA]

(1) $\boldsymbol{P}_a = \boldsymbol{V}\overline{\boldsymbol{I}} = (100\underline{/30°})(10\underline{/-60°}) = 1000\underline{/-30°}$ [VA]

$\therefore\ \boldsymbol{P}_a = 1000\underline{/-30°} = 866 - j500$ [VA], $P_a = 1000$ [VA]

$P = 866$ [W], $Q = -500$ [Var], $\cos\theta = \cos(-30°) = 0.866$

(2) $\boldsymbol{P}_a = \boldsymbol{V}\overline{\boldsymbol{I}} = (50\sqrt{3} + j50)(15\sqrt{3} + j15) = 1500 + j2598$ [VA]

$\therefore\ \boldsymbol{P}_a = 1500 + j2598 = 3000\underline{/60°}$ [VA], $P_a = 3000$ [VA]

$P = 1500$ [W], $Q = 2598$ [Var], $\cos\theta = \cos 60° = 0.5$

(3) $\boldsymbol{P}_a = \boldsymbol{V}\overline{\boldsymbol{I}} = (100\underline{/60°})(20\underline{/-30°}) = 2000\underline{/30°}$ [VA]

$\therefore\ \boldsymbol{P}_a = 2000\underline{/30°} = 1732 + j1000$ [VA], $P_a = 2000$ [VA]

$P = 1732$ [W], $Q = 1000$ [Var], $\cos\theta = \cos 30° = 0.866$

8.5 역률 개선

전력계통에서 전기 부하는 변압기나 전동기와 같이 내부에 코일로 이루어진 유도성 부하가 대부분을 차지하고 있기 때문에 전류가 전압보다 위상이 뒤지는 지상역률이 되는 것이 일반적이다. 이와 같은 경우에 부하의 유효전력 P의 관계식

$$P = VI\cos\theta \text{ [W]} \qquad \therefore\ I = \frac{P}{V\cos\theta} \text{ [A]} \tag{8.52}$$

로부터 일정한 전압 하에서 동일한 전력을 공급하려고 할 때, 역률 $\cos\theta$가 작을수록 더 큰 전류 I를 흘려주어야 한다. 그러나 전류의 증가는 전력계통에서 전력손실과 전압강하가 발생하여 전압변동률이 커지게 된다.

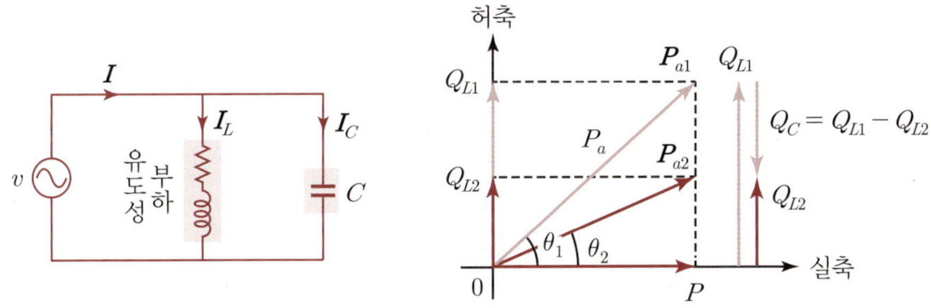

(a) 유도성 회로　　(b) 역률 개선 방법 : 유효전력(P) 일정

그림 8.7 ▶ 역률 개선 개념도

이를 방지하기 위하여 유도성 부하에 **그림 8.7**(a)와 같이 커패시터를 부하에 병렬로 접속하면 유도성 부하의 **지상전류** I_L을 상쇄시키는 **진상전류** I_C가 흐르게 되면서 부하전류 $\boldsymbol{I}$를 작게 하여 역률이 높아지게 된다. 이때 역률은 1에 근접하도록 하는 것이 바람직하며 실제 현장에서는 0.9 이상을 목표로 관리하고 있다.

이와 같이 **커패시터를 부하에 병렬로 접속**하여 역률을 높이는 것을 **역률 개선**이라 하고, 이러한 커패시터를 **역률 개선용 콘덴서**라고 한다.

역률 개선은 유효전력을 일정하게 유지하면서 역률을 개선하는 방법과 피상전력을 일정하게 유지하면서 역률을 개선하는 두 가지 방법이 있다.

그림 8.7(b)는 **유효전력를 일정하게 유지**하면서 **역률 개선하는 방법**을 설명한 것이다. 역률 개선 전의 전력계통에서 복소 전력 $\boldsymbol{P}_{a1}$은 유효전력 P와 무효전력 Q_{L1}으로 표현되고, 이때 역률은 $\cos\theta_1$으로 운전하고 있다고 한다.

부하의 유효전력 P를 일정하게 유지하면서 역률을 $\cos\theta_1$에서 $\cos\theta_2$로 개선하려면, 역률 개선용 콘덴서에 의해 부하의 유도성 무효전력 Q_{L1}을 용량성 무효전력 Q_C 만큼 상쇄시켜 부하의 무효전력 성분을 Q_{L2}로 감소시키게 된다.

역률 개선용 콘덴서의 용량 Q_C[kVA]는 다음과 같이 구할 수 있다.

$$Q_C = Q_{L1} - Q_{L2} \ (Q_{L1} = P\tan\theta_1,\ Q_{L2} = P\tan\theta_2)$$

$$\therefore \ Q_C = P(\tan\theta_1 - \tan\theta_2) \tag{8.53}$$

식 (8.53)에서 역률 개선용 콘덴서의 용량 Q_C는 $\cos\theta_1 = a$, $\cos\theta_2 = b$라 할 때 다음과 같이 구할 수 있다.

$$Q_C = P\left[\tan(\cos^{-1}a) - \tan(\cos^{-1}b)\right] \tag{8.54}$$

$$Q_C = P\left(\frac{\sqrt{1-\cos^2\theta_1}}{\cos\theta_1} - \frac{\sqrt{1-\cos^2\theta_2}}{\cos\theta_2}\right) \tag{8.55}$$

단, P : 유효전력[kW], $\cos\theta_1$: 개선 전 역률, $\cos\theta_2$: 개선 후 역률

역률 개선용 콘덴서의 용량은 무효전력을 의미하지만, 단위는 전기설비 용량의 단위와 같은 피상전력 단위 [kVA]를 사용하는 것에 주의해야 한다. 최근에는 실제 용어의 의미에 맞추어 무효전력 단위의 [kVar]도 사용하는 추세이다.

예제 8.5

지상역률 60[%], 10[kVA]인 부하를 지상역률 90[%]로 개선하기 위한 진상용 콘덴서의 용량[kVA]을 구하라. 단, 유효전력을 일정하게 유지하도록 한다.

풀이 개선 전 역률 : $\cos\theta_1 = 0.6 \ \rightarrow \ \theta_1 = \cos^{-1}(0.6) = 53.13°$

개선 후 역률 : $\cos\theta_2 = 0.9 \ \rightarrow \ \theta_2 = \cos^{-1}(0.9) = 25.84°$

피상전력 $P_a = 10\,[\mathrm{kVA}]$에서 유효전력 $P = P_a\cos\theta_1 = 10 \times 0.6\,[\mathrm{kW}]$

역률 개선용 콘덴서 용량 Q_C

$$\begin{aligned} Q_C &= P(\tan\theta_1 - \tan\theta_2) = 10 \times 0.6\left[\tan(\cos^{-1}0.6) - \tan(\cos^{-1}0.9)\right] \\ &= 6(\tan 53.13° - \tan 25.84°) \quad \therefore \ Q_C \fallingdotseq 5.1\,[\mathrm{kVA}] \end{aligned}$$

또는 식 (8.55)에 의해 다음과 같이 구할 수도 있다.

$$\begin{aligned} Q_C &= P(\tan\theta_1 - \tan\theta_2) \\ &= P\left(\frac{\sqrt{1-\cos^2\theta_1}}{\cos\theta_1} - \frac{\sqrt{1-\cos^2\theta_2}}{\cos\theta_2}\right) \\ &= 10 \times 0.6 \times \left(\frac{\sqrt{1-0.6^2}}{0.6} - \frac{\sqrt{1-0.9^2}}{0.9}\right) \end{aligned}$$

$\therefore \ Q_C \fallingdotseq 5.1\,([\mathrm{kVA}] = [\mathrm{kVar}])$

참고 피상전력을 일정하게 유지하는 역률 개선 방법

전력계통에서 복소 전력 $\boldsymbol{P}_{a1}$은 유효전력 P와 무효전력 Q_{L1}으로 표현되고, 역률은 $\cos\theta_1$ 이다. 부하의 피상전력 P_a를 일정하게 유지하면서 역률을 $\cos\theta_2$로 개선할 때 콘덴서의 용량과 유효전력 증가분에 대해 알아본다.

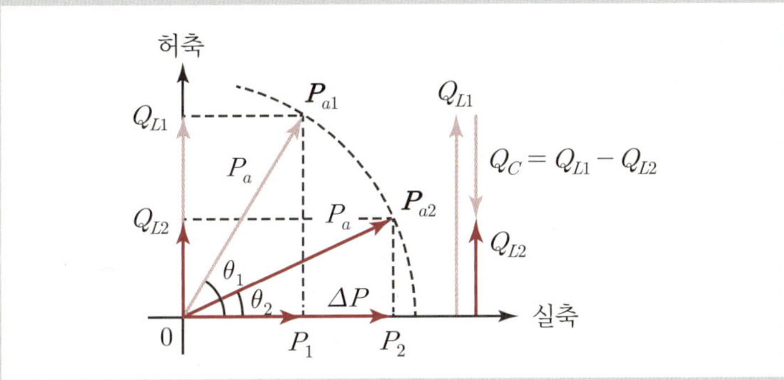

그림 8.8 ▸ 역률 개선 방법 : 피상전력(P_a) 일정

그림 8.8과 같이 복소 전력 $\boldsymbol{P}_{a1}$의 크기 P_a를 반지름으로 하여 개선 후 역률 $\cos\theta_2$의 각 θ_2가 되는 곳에서 $\boldsymbol{P}_{a2}$를 복소평면에 그린다. 이때 복소 전력 $\boldsymbol{P}_{a2}$는 $\boldsymbol{P}_{a1}$에서 변하지만, 피상전력 P_a는 일정하게 유지된다. 이때 개선 전의 유도성 무효전력 Q_{L1}은 병렬 접속된 커패시터의 용량성 무효전력 Q_C 만큼 상쇄되어 부하의 무효전력 성분을 Q_{L2}로 감소하게 된다. 이 경우에 유효전력의 증가분 $\Delta P = P_2 - P_1$ 만큼의 유효전력을 더 사용할 수 있게 되면서 설비용량의 여유가 발생한다.
역률 개선용 콘덴서의 용량 Q_C[kVA]는 **그림 8.8**에 의해 다음과 같이 구할 수 있다.

$$Q_C = Q_{L1} - Q_{L2} \ (Q_{L1} = P_a\sin\theta_1,\ Q_{L2} = P_a\sin\theta_2)$$

$$\therefore\ Q_C = P_a(\sin\theta_1 - \sin\theta_2) \tag{8.56}$$

또 유효전력 증가분 ΔP 는 다음과 같이 구해진다.

$$\Delta P = P_2 - P_1 \ (P_1 = P_a\cos\theta_1,\ P_2 = P_a\cos\theta_2)$$

$$\therefore\ \Delta P = P_a(\cos\theta_2 - \cos\theta_1) \tag{8.57}$$

단, P_a : 피상전력[kVA]
$\cos\theta_1$: 개선 전 역률
$\cos\theta_2$: 개선 후 역률

예제 8.6

정격용량 700[kVA]의 변압기에서 지상역률 65[%]의 부하에 700[kVA]를 공급하고 있다. 역률 90[%]로 개선하여 변압기의 전용량까지 부하에 공급하고자 한다. 다음 각 물음에 답하라.

(1) 소요되는 역률 개선용 콘덴서의 용량[kVA]

(2) 역률 개선에 따른 유효전력의 증가분[kW]

풀이 역률 개선하여 변압기의 전용량(피상전력)을 부하에 공급한다는 것은 피상전력을 일정하게 유지하면서 역률을 개선하는 것을 의미한다.

(1) 역률 개선용 콘덴서의 용량 Q_C는 식 (8.56)으로부터

$$Q_C = P_a(\sin\theta_1 - \sin\theta_2) = 700\left[\sin(\cos^{-1}0.65) - \sin(\cos^{-1}0.9)\right]$$

$$\therefore\ Q_C = 226.83\ [\text{kVA}]$$

(2) 부하의 증가분(유효전력) ΔP는 식 (8.57)로부터

$$\Delta P = P_a(\cos\theta_2 - \cos\theta_1) = 700(0.9 - 0.65) = 175\ [\text{kW}]$$

8.6 교류의 최대전력 전달

제 3.9 절에서 직류회로의 저항에 대한 최대전력 전달에 대해 배웠으며 다시 한 번 숙지하기 바란다. **그림 8.9**의 교류회로에서 부하 임피던스에 최대전력이 공급되도록 하는 것을 **임피던스 정합**(impedance matching)이라 하고, 최대전력이 전달되도록 하는 조건을 **임피던스 정합 조건**이라고 한다.

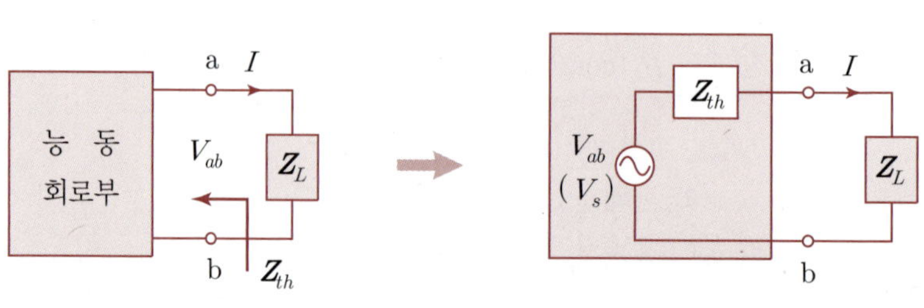

(a) 능동 회로망 (b) 테브난의 등가회로(단일 폐로)

그림 8.9 ▸ 최대전력 전달

그림 8.9(a)의 전원부가 복잡한 회로의 능동 회로망은 **그림 8.9**(b)와 같이 개방전압 V_{ab}와 테브난 임피던스 $\boldsymbol{Z}_{th}$의 **테브난 등가회로로 변환**하여 간단한 **단일 폐로**가 되도록 한다. 단일 폐로는 실제 전원부의 등가회로인 전압원과 내부 임피던스가 직렬로 접속된 형태와 일치한다. 이때 전원부의 내부 임피던스 $\boldsymbol{Z}_s$와 부하 임피던스 $\boldsymbol{Z}_L$을 각각

$$\boldsymbol{Z}_s = R_s + jX_s, \qquad \boldsymbol{Z}_L = R_L + jX_L \tag{8.58}$$

이라고 가정할 때, 최대전력 전달 조건은 **그림 8.10**과 같이 전원부의 내부 임피던스와 부하 임피던스의 세 가지 유형으로 분류할 수 있으며 유형에 따른 최대전력 전달 조건을 알아본다.

(1) **(유형 1)** 내부 임피던스와 부하가 모두 순저항인 경우($X_s = 0,\ X_L = 0$)

(2) **(유형 2)** 내부 임피던스 $\boldsymbol{Z}_s$와 부하 임피던스 $\boldsymbol{Z}_L$인 경우

(3) **(유형 3)** 내부 임피던스 $\boldsymbol{Z}_s$와 부하가 순저항인 경우($X_L = 0$)

제 3.9 절의 직류 저항회로에서 최대전력 전달 조건의 도출 과정과 최대전력을 구하는 방법을 상세히 기술하였다. 본 절의 교류회로에서는 각 유형별에 따른 최대전력 전달 조건의 도출 과정은 생략할 것이며, 이 과정은 제 3.9 절을 참고하면서 독자 스스로 확인한다.

(1) 내부 임피던스와 부하가 모두 순저항인 경우(유형 1)

그림 8.10(a)는 $\boldsymbol{Z}_s = R_s\ (X_s = 0)$, $\boldsymbol{Z}_L = R_L\ (X_L = 0)$인 경우로 내부 임피던스 및 부하 임피던스가 순저항으로 구성된 회로이다.

최대전력 전달 조건은 제 3.9 절의 직류 저항회로와 동일한 결과를 나타내고, 최대전력 전달 조건과 최대전력은 각각 다음과 같다.

$$\text{최대전력 전달 조건 : } R_L = R_s \tag{8.59}$$

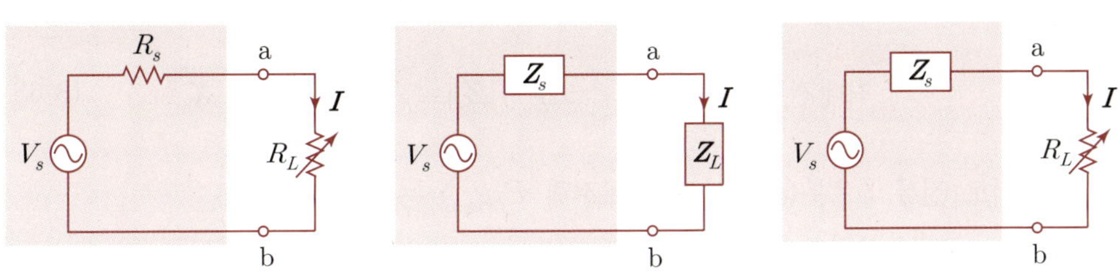

그림 8.10 ▶ 최대전력 전달 조건의 세 가지 유형

$$\text{최대전력 : } P_{L(\max)} = I^2 R_L = \left(\frac{V_s}{R_s + R_L}\right)^2 R_L = \frac{V_s^{\ 2}}{4R_s} \qquad (8.60)$$

(2) 내부 임피던스 Z_s와 부하 임피던스 Z_L인 경우(유형 2)

그림 8.10(b)는 $\boldsymbol{Z}_s = R_s + jX_s$, $\boldsymbol{Z}_L = R_L + jX_L$의 경우로 내부 임피던스와 부하 임피던스가 임피던스 형태로 구성된 회로이다.

부하 임피던스 $\boldsymbol{Z}_L$과 내부 임피던스 $\boldsymbol{Z}_s$가 서로 공액 복소수(켤레 복소수)의 관계가 될 때 최대전력 전달 조건을 만족한다. 즉

$$\text{최대전력 전달 조건 : } \boldsymbol{Z}_L = \overline{\boldsymbol{Z}_s}\ (\overline{\boldsymbol{Z}_s} = R_s - jX_s)$$

$$\therefore\ R_L + jX_L = R_s - jX_s\ (R_L = R_s,\ X_L = -X_s) \qquad (8.61)$$

내부 임피던스가 유도성의 RL 소자이면 부하 임피던스는 저항과 리액턴스의 크기가 같은 용량성의 RC 소자를 접속할 때 최대전력 전달 조건을 만족하는 것을 의미한다.

회로 전류 $I = V_s/(R_s + R_L)$로부터 부하의 최대전력 $P_{L(\max)}$는 다음과 같다.

$$P_{L(\max)} = I^2 R_L = \frac{V_s^{\ 2} R_L}{(R_s + R_L)^2} = \frac{V_s^{\ 2}}{4R_s} \qquad (8.62)$$

(3) 내부 임피던스 Z_s와 부하가 순저항인 경우(유형 3)

그림 8.10(c)는 $\boldsymbol{Z}_s = R_s + jX_s$, $\boldsymbol{Z}_L = R_L\ (X_L = 0)$인 경우로 임피던스 형태의 내부 임피던스와 부하 임피던스가 순저항으로 구성된 회로이다.

부하 저항 R_L과 내부 임피던스의 크기 $|\boldsymbol{Z}_s| = Z_s = \sqrt{R_s^{\ 2} + X_s^{\ 2}}$과 같을 때 최대전력 전달 조건을 만족한다. 즉

$$\text{최대전력 전달 조건 : } R_L = |\boldsymbol{Z}_s| = Z_s = \sqrt{R_s^{\ 2} + X_s^{\ 2}} \qquad (8.63)$$

회로 전류 I로부터 부하의 최대전력 $P_{L(\max)}$는 다음과 같다.

$$I = \frac{V_s}{\sqrt{(R_s + R_L)^2 + X_s^{\ 2}}} \qquad (8.64)$$

$$최대전력 : P_{L(\max)} = I^2 R_L = \frac{{V_s}^2 R_L}{(R_s + R_L)^2 + {X_s}^2} \tag{8.65}$$

내부 임피던스가 인덕터 또는 커패시터만의 회로도 **유형 3**에 해당되고, $\boldsymbol{Z}_s = R_s + jX_s$에서 $R_s = 0$이므로 $\boldsymbol{Z}_s = \pm jX_s$가 된다. 따라서 $R_L = X_s$가 최대전력 전달 조건이다.

최대전력 전달에 관한 실전 문제에서 독자들은 위에서 배운 **세 가지 유형을 우선적으로 구분**하여 **최대전력 전달 조건을 파악**하는 것이 가장 중요하다.

예제 8.7

$C = 100\,[\mu\text{F}]$인 콘덴서와 $R\,[\Omega]$인 저항이 직렬로 접속된 회로가 있다. 이 회로에서 저항 R을 변화시킬 때 전력이 최대가 되는 $R\,[\Omega]$을 구하고, 이때의 소비전력 $[\text{W}]$을 구하라. 단, 입력전압은 $100\,[\text{V}]$, 주파수는 $60\,[\text{Hz}]$라 한다.

풀이 그림 8.11은 RC 직렬회로이고, 내부 임피던스 $\boldsymbol{Z}_s = R_s + jX_s\,(R_s = 0)$, 부하 임피던스가 순저항 $R\,[\Omega]$인 **유형 3**에 해당된다.
용량성 리액턴스 X_C는

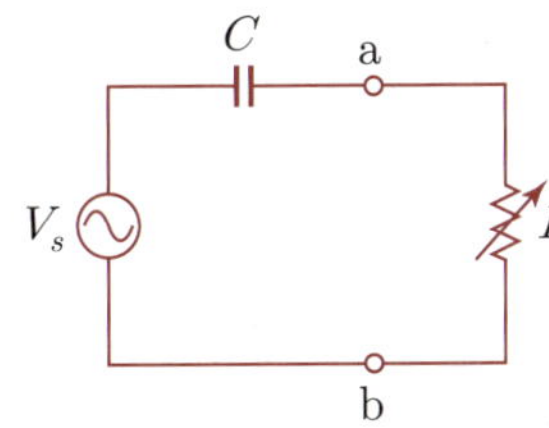

그림 8.11

$$X_C = \frac{1}{\omega C} = \frac{1}{2\pi f C} = \frac{1}{2\pi \times 60 \times 100 \times 10^{-6}} = 26.53\,[\Omega]$$

이므로 $\boldsymbol{Z}_s = -jX_C = -j26.53\,[\Omega]$이다. 따라서 저항 R은 내부 임피던스의 크기와 같을 때 최대전력 조건을 만족하므로 다음과 같이 구해진다.

$$R = Z_s = X_C = 26.53\,[\Omega]$$

최대전력의 전달 조건 $R = 26.53\,[\Omega]$일 때, 합성 임피던스와 전체 전류는

$$\boldsymbol{Z} = R - jX_C = 26.53 - j26.53\,[\Omega]$$

$$I = \frac{V}{Z} = \frac{100}{\sqrt{26.53^2 + 26.53^2}} = 2.67\,[\text{A}]$$

이다. 따라서 최대 소비전력은 다음과 같이 구해진다.

$$\therefore\ P_{L(\max)} = I^2 R = 2.67^2 \times 26.53 = 188.5\,[\text{W}]$$

예제 8.8

내부 임피던스 $Z_g = 0.3 + j2\,[\Omega]$인 발전기에 임피던스 $Z_l = 1.7 + j3\,[\Omega]$인 선로를 연결하여 부하에 전력을 공급한다. 부하에 최대전력을 공급하려고 할 때 부하 임피던스 $Z_0\,[\Omega]$를 구하라.

풀이 발전기 내부 임피던스와 선로 임피던스의 합을 전원부의 임피던스로 생각한다.

$$\boldsymbol{Z}_s = \boldsymbol{Z}_g + \boldsymbol{Z}_l = (0.3 + j2) + (1.7 + j3) = 2 + j5\,[\Omega]$$

부하 임피던스 $\boldsymbol{Z}_0$이므로 유형 2에 해당되고, $\boldsymbol{Z}_0$는 $\boldsymbol{Z}_s$의 공액 복소수와 같을 때 최대전력 전달 조건을 만족하므로 다음과 같이 구해진다.

$$\boldsymbol{Z}_0 = \overline{\boldsymbol{Z}_s} = 2 - j5\,[\Omega]$$

예제 8.9

그림 8.12(a)와 같은 회로에서 전력이 최대로 공급되도록 하는 부하 임피던스 $Z_L\,[\Omega]$을 구하라.

풀이

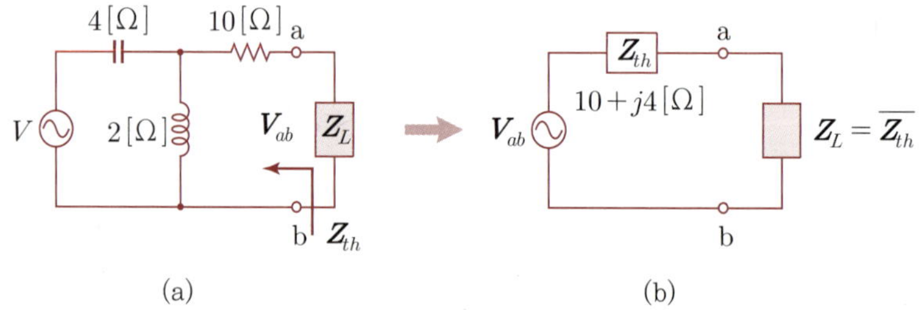

그림 8.12

테브난의 등가 임피던스 $\boldsymbol{Z}_{th}$의 공액 복소수가 부하 임피던스와 같을 때 최대전력 전달 조건을 만족하는 유형 2가 된다. 즉 단자 a, b를 개방한 후 전압원 V를 단락하고, 부하측에서 본 테브난 등가 임피던스 $\boldsymbol{Z}_{th}$로부터 $\boldsymbol{Z}_L$이 구해진다.

$$\boldsymbol{Z}_{th} = 10 + \frac{(j2)(-j4)}{j2 - j4} = 10 + j4\,[\Omega]$$

$$\therefore\ \boldsymbol{Z}_L = \overline{\boldsymbol{Z}_{th}} = 10 - j4\,[\Omega]$$

연습문제

01 어떤 회로에 교류 전압 100[V]를 인가하였을 때 10[A]의 전류가 흘렀다. 이 회로의 유효전력, 무효전력, 피상전력을 구하라. 단, 전압과 전류의 위상차는 60° 이다.

02 $R=40[\Omega]$, $X_L=30[\Omega]$의 RL 직렬회로에 $V=200[\text{V}]$의 전압을 인가하였을 때, 유효전력, 무효전력, 피상전력을 구하라.

03 $R=40[\Omega]$, $X_L=30[\Omega]$의 RL 병렬회로에 $V=200[\text{V}]$의 전압을 인가하였을 때, 유효전력, 무효전력, 피상전력을 구하라.

04 RC 병렬회로에 60[Hz], 100[V]의 전압을 가했더니 유효전력이 800[W], 무효전력이 600[Var]이었다. 저항 $R[\Omega]$과 커패시턴스 $C[\mu\text{F}]$을 각각 구하라.

05 전압 200[V], 전류 30[A]에서 4.8[kW]의 전력을 소비하는 회로의 저항 $R[\Omega]$과 리액턴스 $X[\Omega]$을 각각 구하라.

06 100[V], 800[W], 역률 80[%]인 회로의 리액턴스[Ω]를 구하라.

07 역률 60[%]인 부하의 유효전력이 120[kW]일 때 무효전력[kVar]을 구하라.

08 어떤 회로에 전압 v와 전류 i가 각각 다음과 같을 때, 소비전력[W]와 무효전력[Var]를 구하라.

$$v = 100\sqrt{2}\sin(377t + 60°)\,[\mathrm{V}], \quad i = \sqrt{8}\sin(377t + 30°)\,[\mathrm{A}]$$

09 어떤 회로의 전압과 전류가 $\boldsymbol{V} = 100\underline{/30°}$, $\boldsymbol{I} = 10\underline{/60°}$일 때, 유효전력, 무효전력, 피상전력, 역률, 무효율을 구하라.

10 60[Hz], 120[V] 정격의 단상 유도전동기가 있다. 이 전동기의 출력은 2.2[kW]이고, 역률은 80[%]이다. 역률을 100[%]로 개선하기 위한 역률 개선용 콘덴서의 용량[kVA]을 구하라.

11 **그림 8.13**의 회로에서 최대전력을 공급할 수 있는 조건을 만족하는 저항 R[Ω]을 구하라.

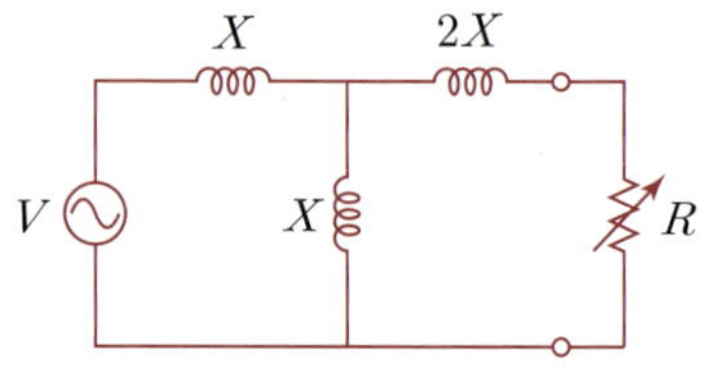

그림 8.13

12 **그림 8.14**의 회로에서 각 계기들의 지시값은 다음과 같다. Ⓥ는 240[V], Ⓐ는 5[A], Ⓦ는 720[W]이다. 이때 인덕턴스 L[H]를 구하라. 단, 전원 주파수는 60[Hz]라 한다.

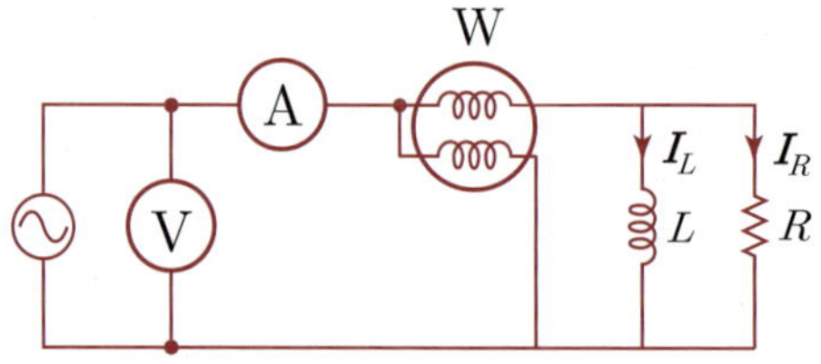

그림 8.14

Chapter 9

공진 회로와 페이저 궤적

모든 물체는 고유진동수를 가지고 있으며 이 고유진동수와 일치하는 외부의 힘이 주기적으로 가해지면 큰 진폭으로 진동을 일으키게 된다. 이와 같은 현상을 **공진**(resonance)이라고 한다.

전기계의 교류회로에서도 회로 자체의 **고유주파수**와 일치하는 전원의 주파수가 인가되면 회로 내에서 전기적인 공진이 일어난다. 전기회로에서 공진현상은 L과 C가 공존하면서 두 소자 사이에 에너지의 교환이 일어날 때 발생한다.

9.1 직렬 공진 회로

(1) 직렬 공진 현상

정현파의 일정 전압이 인가되는 RL, RC 회로에서는 주파수 f의 변화에 대해 소자의 양단 전압 또는 전류는 단조롭게 증가하거나 감소하기만 한다.

그러나 RLC 회로에서는 소자의 양단 전압 또는 전류가 특정 주파수에서 극대점 또는 극소점을 갖게 된다. 이와 같이 회로 소자의 전압 또는 전류가 특정 주파수 부근에서 급격히 변화하는 현상을 전기회로에서 **공진 현상**(resonance phenomenon)이라 하며, 이러한 회로를 **공진 회로**라고 한다.

그림 9.1과 같은 RLC 직렬회로에서 합성 임피던스 $\boldsymbol{Z}$는 다음과 같다.

$$\boldsymbol{Z} = R + jX = R + j(X_L - X_C) = R + j\left(\omega L - \frac{1}{\omega C}\right) \tag{9.1}$$

$$Z = \sqrt{R^2 + X^2}, \quad \theta = \tan^{-1}\frac{X}{R} \tag{9.2}$$

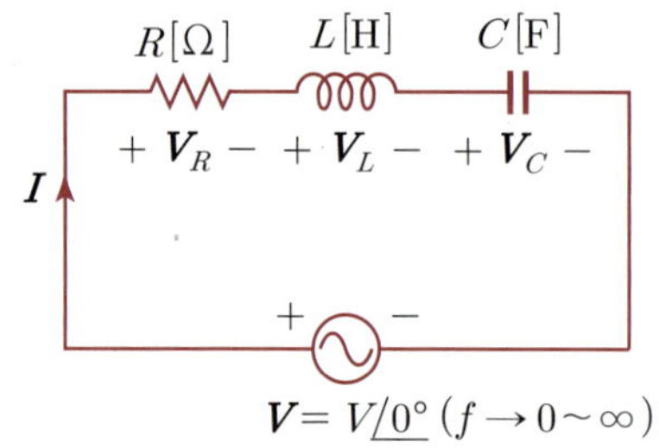

그림 9.1 ▸ RLC **직렬 공진 회로**

전원 주파수 f를 0에서 ∞까지 변화시키면 식 (9.1)의 허수부에서 **그림 9.2**(a)와 같이 합성 리액턴스 X가 변화하면서 $X_L = X_C(\omega L = 1/\omega C)$를 만족하는 $X=0$이 되는 주파수가 있게 된다. 이때의 각주파수 ω_0를 **공진 각주파수**, 주파수 f_0를 **공진 주파수**(resonance frequency)라고 한다.

공진 조건 $X_L = X_C$로부터 공진 각주파수 ω_0와 공진 주파수 f_0는

$$\text{공진 조건 : } X_L = X_C, \quad \omega_0 L = \frac{1}{\omega_0 C} \tag{9.3}$$

$$\therefore \ \omega_0 = \frac{1}{\sqrt{LC}}\ [\text{rad/s}], \quad f_0 = \frac{1}{2\pi\sqrt{LC}}\ [\text{Hz}] \tag{9.4}$$

가 된다. 따라서 공진시의 **합성 임피던스**는 $\boldsymbol{Z}_0 = R\underline{/0°}$이고 크기는 $Z_0 = R$의 **저항성 회로가 되며 최소**가 된다. 이때 공진 전류 $\boldsymbol{I}_0$와 위상차 θ는

$$\boldsymbol{I}_0 = \frac{\boldsymbol{V}}{\boldsymbol{Z}_0} = \frac{V}{R}\underline{/0°} \tag{9.5}$$

$$I_0 = \frac{V}{R}, \quad \theta = \tan^{-1}\frac{0}{R} = 0° \tag{9.6}$$

가 되어 전압과 전류의 위상은 **동상**이 되면서 **전류는 최대**가 된다. **그림 9.2**(b)는 RLC 직렬회로에서 전류에 대한 주파수 특성을 나타낸 것이다. 즉 공진 주파수에서 전류는 최대로 흐르고 있는 것을 보여주고 있다.

특히 **그림 9.2**에서 주파수 f에 따른 리액턴스 X의 변화를 나타낸 곡선에서 주파수에 따라 회로 특성은 다음과 같이 변하는 것을 알 수 있다.

① $f < f_0$인 경우 : $X_L < X_C$이므로 용량성 회로(진상전류)

② $f = f_0$인 경우 : $X_L = X_C$이므로 저항성 회로의 공진 회로(동상)

③ $f > f_0$인 경우 : $X_L > X_C$이므로 유도성 회로(지상전류)

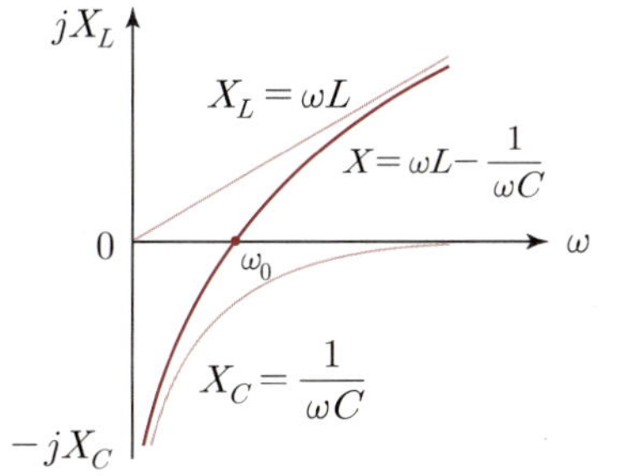

(a) 주파수에 따른 리액턴스 곡선

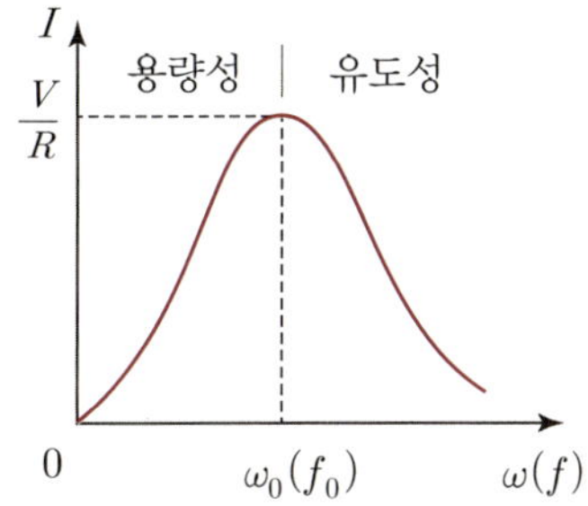

(b) 전류의 주파수 특성

그림 9.2 ▶ RLC 직렬 공진 회로

직렬 공진시 각 소자에 걸리는 단자전압의 크기 V_R, V_L, V_C와 페이저 전압 $\boldsymbol{V}$는 다음과 같다.

$$V_R = RI, \quad V_L = \omega_0 LI, \quad V_C = \frac{1}{\omega_0 C} I \tag{9.7}$$

$$\boldsymbol{V} = V_R + j(V_L - V_C), \ (V_L = V_C) \quad \therefore \ \boldsymbol{V} = V_R \tag{9.8}$$

식 (9.8)에서 R 소자의 단자전압 V_R은 인가전압 V와 같다. $\boldsymbol{V}_L$과 $\boldsymbol{V}_C$는 크기가 같고 역위상이므로 LC 사이의 단자전압($\boldsymbol{V}_L + \boldsymbol{V}_C$)은 0(단락 상태)이기 때문이다. 그러나 L, C 소자 각각의 단자전압은 인가전압(또는 저항의 단자전압)보다 수십 배 또는 그 이상의 큰 전압으로 확대되어 나타난다.

이와 같이 직렬 공진시 **인가전압 V에 대한 단자전압 V_L, V_C의 비**로 정의하는 **양호도**(quality factor) Q는 L과 C에서의 **전압 확대율**로 표시되고, 이를 수식으로 표현하면

$$Q = \frac{V_L}{V} = \frac{V_C}{V} \left(= \frac{V_L}{V_R} = \frac{V_C}{V_R} \right) \tag{9.9}$$

가 된다. 이 식으로부터 $V = V_R = RI$, $V_L = X_L I = \omega_0 LI$, $V_C = X_C I = I/\omega_0 C$의 관계식에 의해 Q는 각각

$$Q = \frac{V_L}{V} = \frac{X_L}{R} = \frac{\omega_0 L}{R}, \quad Q = \frac{V_C}{V} = \frac{X_C}{R} = \frac{1}{\omega_0 CR} \tag{9.10}$$

이 된다. 이들을 정리하면

$$Q = \frac{X_L}{R} = \frac{X_C}{R} \quad \therefore \quad Q = \frac{\omega_0 L}{R} = \frac{1}{\omega_0 CR} \tag{9.11}$$

이다. 즉 양호도 Q는 공진 회로에서 **저항에 대한 리액턴스 비**로도 정의한다. 또 식 (9.11)에서 $\omega_0 = 1/\sqrt{LC}$을 대입하여 Q를 R, L, C로 나타내면

$$Q = \frac{\omega_0 L}{R} = \frac{L}{R}\frac{1}{\sqrt{LC}} = \frac{1}{R}\sqrt{\frac{L}{C}} \tag{9.12}$$

이 된다. L 또는 C 소자의 단자전압은 식 (9.10)의 전압 확대율의 관계로부터

$$V_L = V_C = QV \tag{9.13}$$

가 성립한다. 이와 같이 공진시 L이나 C 소자의 단자전압은 인가전압의 Q배가 되기 때문에 직렬 공진을 **전압 공진**이라고도 한다.

(2) 공진 곡선과 선택도

RLC 직렬 공진 회로에서 **그림 9.3**과 같이 주파수의 변화에 따른 전류의 크기를 나타낸 곡선을 **공진 곡선**이라고 한다. 공진 곡선은 회로의 주파수 특성을 알게 해주는 중요한 곡선으로 널리 이용된다.

그림 9.3(a)의 공진 곡선에서 저항의 대소에 관계없이 전원 주파수가 회로의 공진 주파수 f_0와 일치할 때 공진 전류 I_0는 최대가 되고, 주파수가 공진 주파수에서 양쪽으로 멀어질수록 감소한다. 따라서 공진 주파수에서 L, C의 단자전압은 식 (9.13)에 의해 Q배로 확대되어 나타나지만 다른 주파수의 전압은 매우 작다.

또 **그림 9.3**(a)에서 저항만을 감소시키면 공진 주파수 f_0는 식 (9.4)에서 R에 무관하

므로 변하지 않고 일정하지만, 저항에 반비례하는 양호도 Q와 공진전류 I_0는 증가한다. 즉 Q가 증가함에 따라 주파수가 통과하는 폭이 좁아지면서 공진 곡선은 첨예해지고 주파수의 선택성은 양호해진다. 따라서 양호도 Q를 **첨예도**(sharpness) 또는 **선택도**(selectivity)라고 부르기도 한다. 이는 회로를 통과하는 주파수 범위, 즉 **대역폭**, B(band width)를 판별하는 척도가 된다.

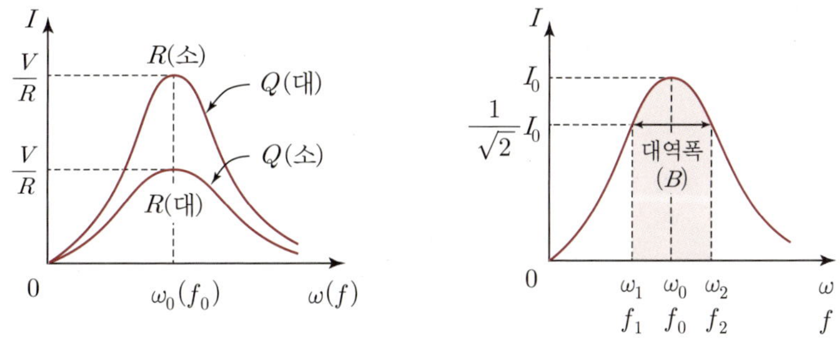

(a) 저항변화에 따른 주파수 특성 (b) 전류의 주파수 특성

그림 9.3 ▶ 직렬 공진 곡선

선택도 Q는 공진 주파수와 대역폭에 의해 다음과 같이 정의한다.

$$Q = \frac{\omega_0}{\omega_2 - \omega_1} = \frac{f_0}{f_2 - f_1} \tag{9.14}$$

이제 선택도 Q와 대역폭 B의 관계를 알아본다.

일반적으로 무선기기는 공진 주파수에서 신호원이 가진 전력의 1/2(반전력) 이상을 수신하는 성능으로 정하여 운용하고 있다. 따라서 **그림 9.3**(b)와 같이 공진전류 I_0의 $1/\sqrt{2} = 0.707$배가 되는 전류가 흐를 때 저항에서 소비되는 전력은 공진시 전력의 반이 되고, 이때의 각주파수 ω_1, ω_2를 **반전력 주파수**라고 한다. $B = \Delta\omega = \omega_2 - \omega_1$를 **반전력 대역폭** 또는 간단히 **대역폭**이라고 한다.

따라서 주파수 범위 $\omega_1 \sim \omega_2$ 사이의 모든 주파수의 신호는 공진시 전력의 반 이상으로 회로에 잘 전달되지만 이 범위를 벗어난 주파수 신호는 전력이 약해서 회로에 전달하기 어렵다. 식 (9.14)에 의해 대역폭 B와 Q는

$$B = \Delta\omega = \omega_2 - \omega_1 = \frac{\omega_0}{Q} \quad \left(B = \Delta f = f_2 - f_1 = \frac{f_0}{Q}\right) \tag{9.15}$$

의 관계가 성립하고, 공진 회로의 대역폭은 회로의 Q에 반비례한다. 또 식 (9.15)의 대역폭 B에 식 (9.12)의 Q를 대입하여 R, L, C로 표현하면 다음과 같다.

$$B = \frac{\omega_0}{Q} = R\sqrt{\frac{C}{L}} \times \frac{1}{\sqrt{LC}} = \frac{R}{L} \text{ [rad/s]} \tag{9.16}$$

대역폭 B의 R/L은 RL 회로에서 시정수의 역수와 같다. 반전력 각주파수 ω_1, ω_2는 $B/2$를 중심으로 상하로 같은 양만큼 떨어져 있으므로 각각 다음과 같이 구해진다.

$$\begin{aligned} &\omega_1 = \omega_0 - \frac{\Delta\omega}{2}, \quad \omega_2 = \omega_0 + \frac{\Delta\omega}{2} \\ &f_1 = f_0 - \frac{\Delta f}{2}, \quad f_2 = f_0 + \frac{\Delta f}{2} \end{aligned} \tag{9.17}$$

예제 9.1

그림 9.1과 같은 RLC 직렬 공진회로에서 $R = 10\,[\Omega]$, $L = 25\,[\text{mH}]$, $C = 10\,[\mu\text{F}]$일 때 다음을 각각 구하라.

(1) 공진 주파수 f_0 **(2) 양호도 Q**

(3) 대역폭 $B = \Delta f$ **(4) 반전력 주파수 f_1, f_2**

풀이 (1) $f_0 = \dfrac{1}{2\pi\sqrt{LC}} = \dfrac{1}{2\pi\sqrt{25\times10^{-3}\times10\times10^{-6}}} = 318\text{ [Hz]}$

(2) $Q = \dfrac{1}{R}\sqrt{\dfrac{L}{C}} = \dfrac{1}{10}\sqrt{\dfrac{25\times10^{-3}}{10\times10^{-6}}} = 5$

(3) $B = \Delta f = \dfrac{f_0}{Q} = \dfrac{318}{5} = 63.6\text{ [Hz]}$ 또는

$B = \dfrac{R}{L} = \dfrac{10}{25\times10^{-3}} = 400\text{ [rad/s]} \quad \therefore\ B = 400\times\dfrac{1}{2\pi} = 63.6\text{ [Hz]}$

(4) $f_1 = f_0 - \dfrac{\Delta f}{2} = 318 - \dfrac{63.6}{2} = 286.2\text{ [Hz]}$

$f_2 = f_0 + \dfrac{\Delta f}{2} = 318 + \dfrac{63.6}{2} = 349.8\text{ [Hz]}$

9.2 병렬 공진 회로

(1) 병렬 공진 현상

전자공학에서 병렬 공진 회로는 직렬 공진 회로에 비해 훨씬 다양한 용도로 사용되고 있다.

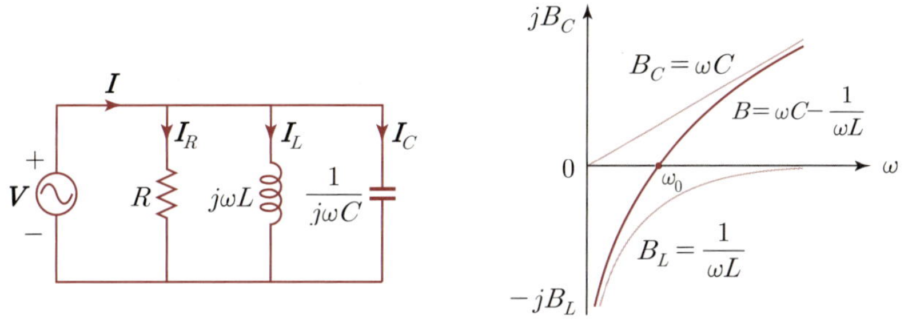

(a) RLC 병렬 공진 회로 (b) 주파수에 따른 서셉턴스 곡선

그림 9.4 ▸ RLC 병렬 공진 회로

그림 9.4(a)와 같은 RLC 병렬회로에서 전체 어드미턴스 $\boldsymbol{Y}$는

$$\boldsymbol{Y} = G + j(B_C - B_L) = \frac{1}{R} + j\left(\omega C - \frac{1}{\omega L}\right) \tag{9.18}$$

이 된다. **그림 9.4**(b)는 주파수 f에 따른 서셉턴스 B의 변화를 나타낸 곡선이다. 이 곡선과 식 (9.18)에 의해 어드미턴스의 허수부가 0이 되는 서셉턴스 $B=0$일 때 **병렬 공진**이 일어난다. 즉 공진 조건과 이때의 공진 각주파수 ω_0와 공진 주파수 f_0는

$$\text{공진 조건 : } B_L = B_C, \quad \omega_0 C = \frac{1}{\omega_0 L} \tag{9.19}$$

$$\therefore \ \omega_0 = \frac{1}{\sqrt{LC}} \text{ [rad/s]}, \quad f_0 = \frac{1}{2\pi\sqrt{LC}} \text{ [Hz]} \tag{9.20}$$

이 되고, 직렬 공진 회로와 동일한 공진 주파수를 갖는다. 또 공진시의 **합성 어드미턴스**는 $Y_0 = 1/R$이고 **최소**가 되며, 전압과 전류의 위상이 같은 동상의 저항성 회로가 된다.

따라서 공진 전류 I_0는

$$I_0 = Y_0 V = \frac{V}{R} \tag{9.21}$$

이고, Y에 비례하므로 I_0는 **최소**가 된다. **그림 9.5**(a)는 병렬 공진 회로에서 전류에 대한 주파수 특성을 나타낸 병렬 공진 곡선이며, 공진 주파수에서 전류가 최소가 되는 것을 보여주고 있다.

직렬 공진 회로에서는 임피던스가 최소로 되어 전류는 최대가 되는 **직렬 공진**을 간단히 **공진**이라고 한다. 그러나 병렬 공진 회로에서는 어드미턴스가 최소로 되어 전류도 최소가 되는데 직렬 공진과 구분하기 위하여 **병렬 공진**을 **반공진**(anti-resonance)이라고 한다.

특히 **그림 9.4**(b)의 서셉턴스 곡선으로부터 전원 주파수 f와 공진 주파수 f_0의 대소 관계에 따라 회로 특성은 다음과 같이 변하는 것을 알 수 있다.

① $f < f_0$인 경우 : $B_L > B_C$이므로 유도성 회로(지상전류)

② $f = f_0$인 경우 : $B_L = B_C$이므로 저항성 회로의 공진 회로(동상)

③ $f > f_0$인 경우 : $B_L < B_C$이므로 용량성 회로(진상전류)

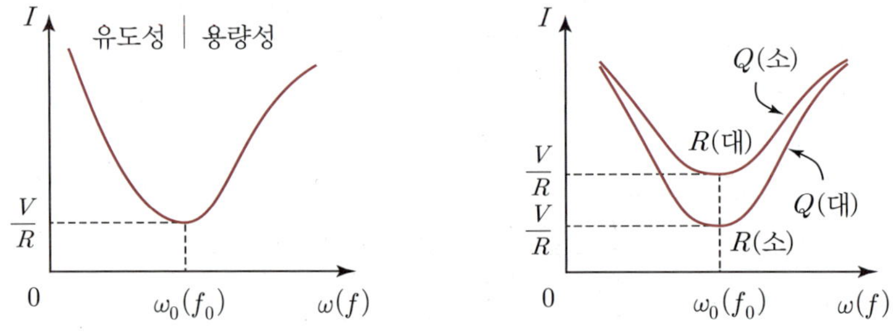

(a) 전류의 주파수 특성　　(b) 저항변화에 따른 주파수 특성

그림 9.5 ▸ RLC 병렬 공진 곡선

병렬 공진시 각 소자에 흐르는 전류의 크기 I_R, I_L, I_C와 페이저 전류 $\boldsymbol{I}$는 다음과 같다.

$$I_R = \frac{V}{R}, \quad I_L = \frac{1}{\omega_0 L} V, \quad I_C = \omega_0 C V \tag{9.22}$$

$$\boldsymbol{I} = I_R + j(I_C - I_L), \quad (I_L = I_C) \quad \therefore \ \boldsymbol{I} = I_R \tag{9.23}$$

식 (9.23)에서 R 소자에 흐르는 전류 I_R은 회로의 전체 전류 I와 같다. I_L과 I_C는 크기가 같고 역위상이므로 LC에 흐르는 전류($I_L + I_C$)은 0(개방 상태)이기 때문이다. 그러나 L, C 소자의 각각의 가지전류는 회로의 전체 전류(또는 저항에 흐르는 전류)보다 수십 배 또는 그 이상의 큰 전류로 확대되어 나타난다.

이와 같이 병렬 공진시 **전체 전류에 대한 가지전류의 비**로 정의하는 **양호도**(quality factor) Q는 L과 C에서의 **전류 확대율**로 표시한다. 즉,

$$Q = \frac{I_L}{I} = \frac{I_C}{I}, \quad Q = \frac{R}{\omega_0 L} = \omega_0 CR = R\sqrt{\frac{C}{L}} \tag{9.24}$$

가 된다. 식 (9.24)에서 L 또는 C 소자의 가지전류 I_L, I_C와 전류 확대율 Q의 관계는

$$I_L = I_C = QI \tag{9.25}$$

가 되어 병렬 공진시 L이나 C 소자에 흐르는 가지전류는 회로의 전체 전류의 Q배가 된다. 따라서 병렬 공진을 **전류 공진**이라고도 한다.

그림 9.5(b)의 병렬 공진 곡선에서 저항의 대소에 관계없이 공진 주파수는 일정하며 저항이 증가함에 따라 공진 전류는 감소하지만 선택도 Q는 증가하면서 대역폭은 좁아진다.

대역폭 $B(=\Delta\omega = \omega_2 - \omega_1)$와 Q는

$$B = \Delta\omega = \omega_2 - \omega_1 = \frac{\omega_0}{Q} \quad \left(B = \Delta f = f_2 - f_1 = \frac{f_0}{Q}\right) \tag{9.26}$$

의 관계가 성립하고, 공진 회로의 대역폭 B는 회로의 Q에 반비례한다. 또 식 (9.26)의 대역폭 B에 식 (9.24)의 Q를 대입하여 R, L, C로 표현하면

$$B = \frac{\omega_0}{Q} = \frac{1}{R}\sqrt{\frac{L}{C}} \times \frac{1}{\sqrt{LC}} = \frac{1}{RC}\,[\text{rad/s}] \tag{9.27}$$

이 된다. 대역폭 B의 $1/RC$은 RC 회로에서 시정수의 역수와 같다.

예제 9.2

그림 9.4의 RLC 병렬 공진 회로에서 $R=100[\Omega]$, $L=10[\text{mH}]$, $C=100[\mu\text{F}]$일 때 다음을 각각 구하라.

(1) 공진 주파수 f_0 (2) 양호도 Q

(3) 대역폭 $B=\Delta f$ (4) 반전력 주파수 f_1, f_2

풀이 (1) $f_0=\dfrac{1}{2\pi\sqrt{LC}}=\dfrac{1}{2\pi\sqrt{10\times10^{-3}\times100\times10^{-6}}}=159\ [\text{Hz}]$

(2) $Q=R\sqrt{\dfrac{C}{L}}=100\sqrt{\dfrac{100\times10^{-6}}{10\times10^{-3}}}=10$

(3) $B=\dfrac{f_0}{Q}=\dfrac{159}{10}=15.9\,[\text{Hz}]$ 또는 $B=\dfrac{1}{RC}=\dfrac{1}{100\times100\times10^{-6}}$

$=100\ [\text{rad/s}]\quad \therefore\ B=100\times\dfrac{1}{2\pi}=15.9\ [\text{Hz}]$

(4) $f_1=f_0-\dfrac{\Delta f}{2}=159-\dfrac{15.9}{2}=151.05\ [\text{Hz}]$

$f_2=f_0+\dfrac{\Delta f}{2}=159+\dfrac{15.9}{2}=166.95\ [\text{Hz}]$

표 9.1 ▶ 직렬 공진 회로와 병렬 공진 회로의 비교

회로	직렬 공진 회로	병렬 공진 회로
공진 조건	$X_L=X_C$	$B_L=B_C$
Z_0, Y_0	$Z_0=R$(최소)	$Y_0=\dfrac{1}{R}$(최소)
공진 전류	$I_0=\dfrac{V}{Z_0}=\dfrac{V}{R}$(최대)	$I_0=Y_0V=\dfrac{V}{R}$(최소)
공진 주파수	$\omega_0=\dfrac{1}{\sqrt{LC}}$, $f_0=\dfrac{1}{2\pi\sqrt{LC}}$	$\omega_0=\dfrac{1}{\sqrt{LC}}$, $f_0=\dfrac{1}{2\pi\sqrt{LC}}$
단자전압, 가지전류 관계	$V_R=V,\ V_L=V_C$	$I_R=I,\ I_L=I_C$
양호도	$Q=\dfrac{\omega_0L}{R}=\dfrac{1}{\omega_0CR}=\dfrac{1}{R}\sqrt{\dfrac{L}{C}}$	$Q=\dfrac{R}{\omega_0L}=\omega_0CR=R\sqrt{\dfrac{C}{L}}$
대역폭	$B=\Delta\omega=\dfrac{\omega_0}{Q}=\dfrac{R}{L}[\text{rad/s}]$ $\left(B=\Delta f=\dfrac{f_0}{Q}[\text{Hz}]\right)$	$B=\Delta\omega=\dfrac{\omega_0}{Q}=\dfrac{1}{RC}[\text{rad/s}]$ $\left(B=\Delta f=\dfrac{f_0}{Q}[\text{Hz}]\right)$
L, C의 전압, 전류	$V_L=V_C=QV$	$I_L=I_C=QI$

참고 실제의 병렬 공진 회로

(1) 저항이 포함된 코일과 커패시터의 병렬 공진 회로

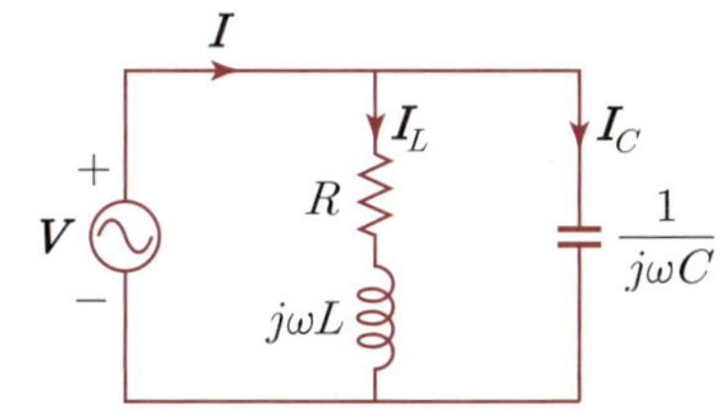

그림 9.6 ▸ RLC 병렬 공진 회로

① **그림 9.6**의 병렬 공진 회로의 합성 어드미턴스

$$\boldsymbol{Y} = \frac{1}{R + j\omega L} + j\omega C = \frac{R}{R^2 + (\omega L)^2} + j\omega\left(C - \frac{L}{R^2 + (\omega L)^2}\right)$$

② 공진 조건은 $\boldsymbol{Y}$의 허수부(서셉턴스) 0에서 공진 각주파수 ω_0

$$C - \frac{L}{R^2 + (\omega L)^2} = 0 \qquad \therefore\ \omega_0 = \sqrt{\frac{1}{LC} - \frac{R^2}{L^2}}$$

③ 근사(저항 무시)에 의한 공진 (각)주파수 ω_0, f_0 $\left(\frac{1}{LC} \gg \frac{R^2}{L^2}\right)$

$$\omega_0 \fallingdotseq \frac{1}{\sqrt{LC}}, \quad \therefore\ f_0 \fallingdotseq \frac{1}{2\pi\sqrt{LC}}$$

④ 병렬 공진시 어드미턴스(임피던스), 전류

$$Y = \frac{R}{R^2 + (\omega_0 L)^2} = \frac{R}{L/C} = \frac{RC}{L} \quad \left(\because\ R^2 + (\omega L)^2 = \frac{L}{C}\right)$$

$$Z = \frac{L}{RC}$$

$$I_L = \frac{1}{\omega_0 L}V, \quad I_C = \omega_0 CV, \quad I = \frac{RC}{L}V$$

⑤ 전류 확대율 Q

$$Q = \frac{I_L}{I} = \frac{I_C}{I} = \frac{\omega_0 L}{R} = \frac{1}{R\omega_0 C}$$

※ 공진 주파수 f_0와 양호도 Q는 직렬 공진 회로와 동일함

9.3 페이저 궤적(복소 궤적)

교류회로에서 전압, 전류, 임피던스, 어드미턴스 등을 페이저로 표시하여 그림을 그려 해석하였다. 그러나 회로정수의 R, L, C 및 주파수가 변하면 페이저의 크기와 위상이 변하기 때문에 이를 모두 페이저로 나타내는 것은 번거로울 것이다. 따라서 회로정수나 주파수 변화에 따른 페이저의 경로를 예상할 수 있으면 이에 대한 회로해석을 가능하게 해준다. 즉 페이저의 화살표 끝점을 연결한 선을 **페이저 궤적** 또는 **복소 궤적**이라 한다.

전기회로에서 임피던스의 실수부는 저항 R, 어드미턴스의 실수부는 컨덕턴스 G이고 R과 G의 값은 항상 양수이므로 페이저 궤적은 제1, 4 사분면에 존재하며, 궤적은 일반적으로 직선 또는 원의 모양으로 나타난다.

9.3.1 임피던스 궤적

(1) 실수부가 일정한 궤적

그림 9.7(a)와 같은 RL 직렬회로에서 회로의 복소 임피던스는

$$\boldsymbol{Z} = R + jX_L \quad (X_L,\ \omega \to 0 \sim \infty) \tag{9.28}$$

이다. 이 회로에서 R은 일정하고 L 또는 ω가 변하면 X_L이 변화하게 된다. 이때 X_L의 변화에 따른 임피던스 궤적을 구해본다.

실수부 R은 일정한 값이고, 허수부는 (+)축에서 X_L이 0 에서 ∞까지 변화하게 된다. 따라서 식 (9.28)에서 $X_L = 0$부터 차례로 1, 2, ⋯, ∞ 등을 대입하면 $\boldsymbol{Z} = R$, $R + j$,

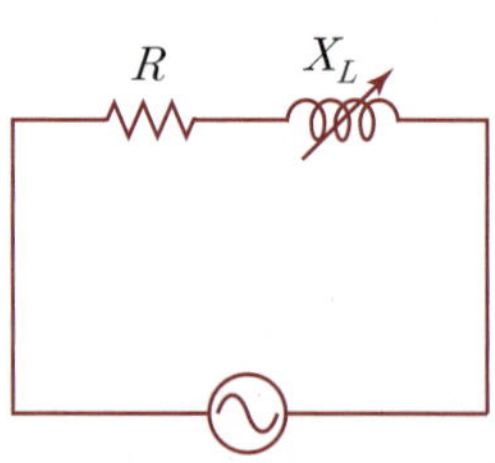

(a) $X_L(\omega,\ L)$ 가변

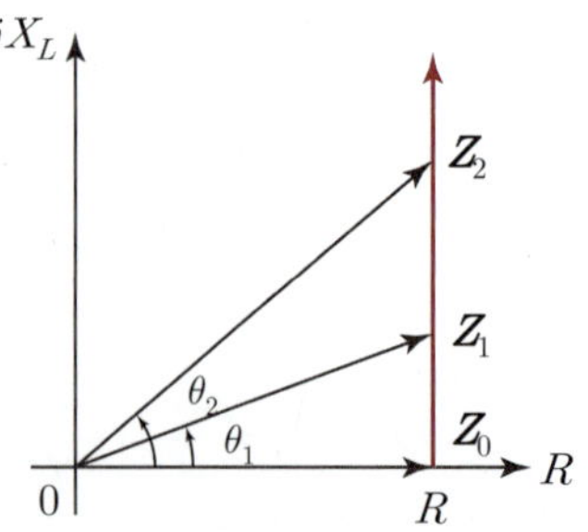

(b) 임피던스 궤적

그림 9.7 ▸ RL 직렬회로의 임피던스 궤적

$R+j2$, $\cdots$, $R+j\infty$ 등이 된다. 이를 복소평면에 궤적이 파악될 때까지 나타내고 화살표의 끝점을 연결하면 **그림 9.7**(b)와 같이 $\boldsymbol{Z}$ 궤적은 허축에서 R만큼 떨어진 점에서 제1사분면에 존재하는 허축에 평행인 **반직선**이 된다.

그림 9.8(a)와 같은 RC 직렬회로에서 회로의 복소 임피던스는

$$\boldsymbol{Z}=R-jX_C=R-j\frac{1}{\omega C}\ \ (X_C,\ \omega\rightarrow 0\sim\infty) \tag{9.29}$$

이다. 이 회로에서 R은 일정하고 $X_C(\omega)$의 변화에 따른 임피던스 궤적을 구해본다.

허수부는 (−) 부호이므로 $\boldsymbol{Z}$ 궤적은 제4사분면에 존재한다. X_C는 0에서 ∞까지 변하므로 $X_C=0(C=\infty)$에서 $\boldsymbol{Z}_0=R$, $X_C=\infty(C=0)$에서 $\boldsymbol{Z}_\infty=R-j\infty$가 된다.

이를 복소평면에 나타내고 화살표의 끝점을 연결하면 **그림 9.8**(b)와 같이 $\boldsymbol{Z}$ 궤적은 제4사분면에 존재하는 허축에서 R만큼 떨어진 점에서 허축에 평행인 **반직선**이 된다.

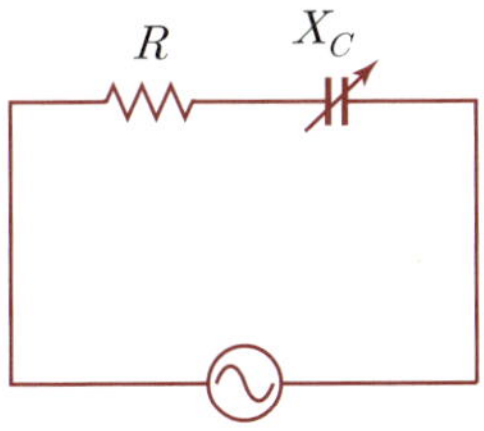

(a) $X_C(\omega,\ C)$ 가변

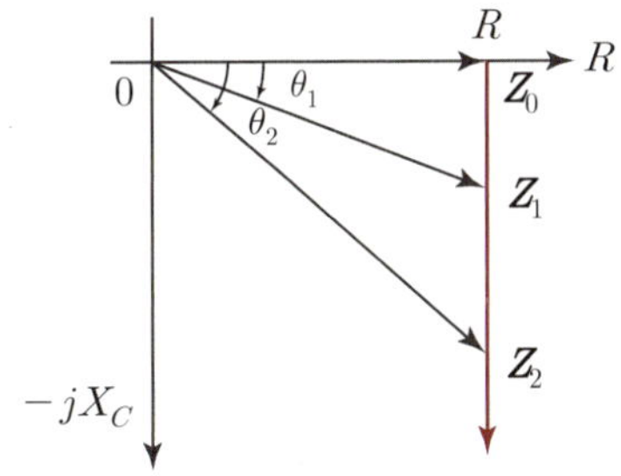

(b) 임피던스 궤적

그림 9.8 ▸ RC 직렬회로의 임피던스 궤적

(2) 허수부가 일정한 궤적

그림 9.7(a)와 같은 RL 직렬회로에서 회로의 복소 임피던스는

$$\boldsymbol{Z}=R+jX_L\ \ (R\rightarrow 0\sim\infty) \tag{9.30}$$

이다. 이 회로에서 X_L은 일정하고 R이 변화하는 경우에 임피던스 궤적을 구해본다.

저항 R은 0에서 ∞까지 변화하게 되므로 식 (9.30)에서 $R=0$부터 차례로 1, $\cdots$, ∞ 등을 대입하면 $\boldsymbol{Z}=jX_L$, $1+jX_L$, $\cdots$, $\infty+jX_L$가 된다.

이를 복소평면에 나타내고 화살표의 끝점을 연결하면 **그림 9.9**(a)와 같이 $\boldsymbol{Z}$ 궤적은 실축에서 X_L만큼 떨어진 점에서 제1사분면에 존재하는 실축에 평행인 **반직선**이 된다.

그림 9.8(a)와 같은 RC 직렬회로에서 회로의 복소 임피던스는

$$\boldsymbol{Z} = R - jX_C \ (R \to 0 \sim \infty) \tag{9.31}$$

이다. 이 회로에서 X_C는 일정하고 R이 변화하는 경우에 임피던스 궤적을 구해본다.

저항 R은 0에서 ∞까지 변화하게 되고 허수부의 부호가 (-)이므로 궤적은 제 4 사분면에 존재한다. $R=0$부터 차례로 1, 2, ⋯, ∞ 등을 대입하면 $\boldsymbol{Z} = -jX_C$, $1-jX_C$, $2-jX_C$, ⋯, $\infty - jX_C$ 등이 된다.

이를 복소평면에 나타내고 화살표의 끝점을 연결하면 **그림 9.9**(b)와 같이 $\boldsymbol{Z}$ 궤적은 실축에서 X_C만큼 떨어진 곳에서 제 4 사분면에 존재하는 실축에 평행인 **반직선**이 된다.

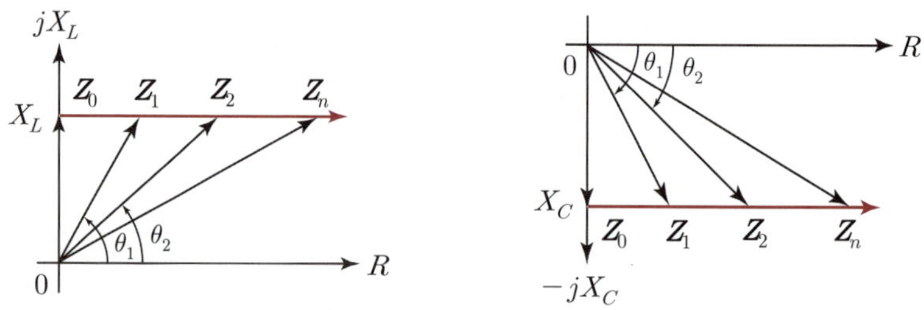

(a) RL 직렬회로(R 가변)　　(b) RC 직렬회로(R 가변)

그림 9.9 ▸ 임피던스 궤적

9.3.2 어드미턴스 궤적

(1) 실수부가 일정한 궤적

그림 9.10(a)와 같은 RC 병렬회로의 어드미턴스 궤적은 RL, RC의 직렬회로에서 임피던스 궤적과 마찬가지 방법으로 간단히 구할 수 있다. 즉 어드미턴스는

$$\boldsymbol{Y} = G + jB_C = G + j\omega C \ (B_C \to 0 \sim \infty) \tag{9.32}$$

이다. 이 회로에서 G는 일정하고 C의 변화에 따른 어드미턴스 궤적을 구해본다.

허수부는 (+) 부호이므로 페이저 궤적은 제 1 사분면에 존재한다. B_C는 0에서 ∞까지 변하므로 $B_C = 0(C=0)$에서 $\boldsymbol{Y} = G$, $B_C = \infty(C=\infty)$에서 $\boldsymbol{Y} = G + j\infty$가 된다.

이를 복소평면에 나타내고 화살표의 끝점을 연결하면 **그림 9.10**(b)와 같이 $\boldsymbol{Y}$ 궤적은 허축에서 G만큼 떨어진 점에서 제1사분면에 존재하는 허축에 평행인 **반직선**이 된다.

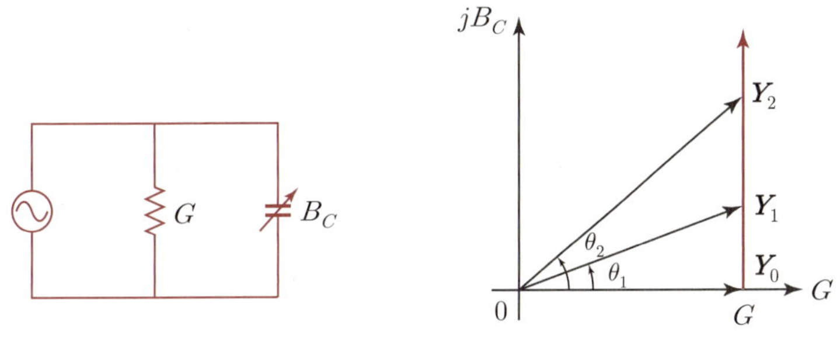

(a) $B_C(C)$ 가변 (b) 어드미턴스 궤적

그림 9.10 ▸ RC 병렬회로의 어드미턴스 궤적

(2) 허수부가 일정한 궤적

그림 9.11(a)와 같은 RL 병렬회로의 어드미턴스는

$$\boldsymbol{Y} = G - jB_L \ \ (G \to 0 \sim \infty) \tag{9.33}$$

이다. 이 회로에서 B_L은 일정하고 G의 변화에 따른 어드미턴스 궤적을 구해본다.

허수부의 부호가 (-)이므로 페이저 궤적은 제4사분면에 존재한다. G는 0에서 ∞까지 변하게 되므로 $G=0$에서 $\boldsymbol{Y} = -jB_L$, $G=\infty$에서 $\boldsymbol{Y} = \infty - jB_L$ 등이 된다.

이를 복소평면에 나타내고 화살표의 끝점을 연결하면 **그림 9.11**(b)와 같이 $\boldsymbol{Y}$ 궤적은 실축에서 B_L만큼 떨어진 점에서 제4사분면에 존재하는 실축에 평행인 **반직선**이 된다.

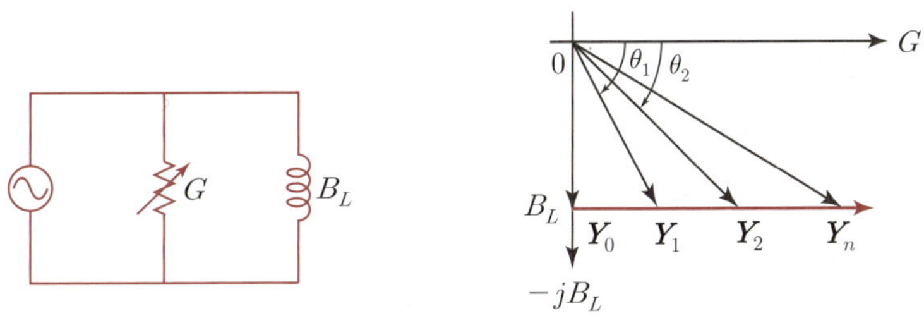

(a) G 가변 (b) 어드미턴스 궤적

그림 9.11 ▸ RL 병렬회로의 어드미턴스 궤적

9.3.3 직선의 역궤적

간단한 직렬회로는 임피던스 궤적, 병렬회로는 어드미턴스 궤적이 직선으로 나타나는 것을 배웠다. 그러나 직렬회로에서 어드미턴스 궤적을 구하거나 병렬회로에서 임피던스 궤적을 직접 구하는 것은 쉬운 일이 아니다.

이것을 해결하기 위해 본 절에서는 **직선 궤적에 대한 역궤적을 구하는 방법**을 학습할 것이고, RL 직렬회로에서 구한 **그림 9.7**(b)의 임피던스 궤적의 직선으로부터 어드미턴스 궤적을 구하는 방법으로 역궤적을 설명하기로 한다.

임피던스와 어드미턴스는 역수의 관계이므로 임피던스 궤적과 어드미턴스 궤적은 서로 **역궤적**의 관계가 된다. 즉, $\boldsymbol{Z}$의 역궤적인 $\boldsymbol{Y}$ 궤적은

$$\boldsymbol{Y} = \frac{1}{\boldsymbol{Z}} = \frac{1}{Z\underline{/\theta}} = \frac{1}{Z}\underline{/-\theta} \tag{9.34}$$

의 관계가 있다. 극좌표 형식의 편각은 페이저의 방향을 의미하는데, $\boldsymbol{Y}$의 방향은 $\boldsymbol{Z}$와 부호가 다르므로 $\boldsymbol{Z}$와 실축 대칭을 이루는 방향이고, 크기는 Z의 역수가 된다.

(1) $\boldsymbol{Z}$ 궤적에서 X_L의 변화 구간 $0 \sim \infty$의 경계(시작과 끝)인 $\boldsymbol{Z}_0$과 $\boldsymbol{Z}_\infty$를 포함한 $\boldsymbol{Z}_1$, $\boldsymbol{Z}_2$ 등을 페이저로 표시하고, 그의 역수인 Y도 구하여 나타낸다.

① $\boldsymbol{Z}_0 = Z_0\underline{/0°} \rightarrow \boldsymbol{Y}_0 = \frac{1}{Z_0}\underline{/0°}$ ② $\boldsymbol{Z}_1 = Z_1\underline{/\theta_1} \rightarrow \boldsymbol{Y}_1 = \frac{1}{Z_1}\underline{/-\theta_1}$

③ $\boldsymbol{Z}_2 = Z_2\underline{/\theta_2} \rightarrow \boldsymbol{Y}_2 = \frac{1}{Z_2}\underline{/-\theta_2}$ ④ $\boldsymbol{Z}_\infty = Z_\infty\underline{/90°} \rightarrow \boldsymbol{Y}_\infty = \frac{1}{Z_\infty}\underline{/-90°}$

(2) $\boldsymbol{Y}$의 방향은 $\boldsymbol{Z}$의 실축에 대한 대칭으로 나타내고 크기는 $1/Z$을 취하여 원점에서 화살표로 표시한다.

① $\boldsymbol{Y}_0$의 방향은 각 $0°$이므로 양의 실축 방향에서 크기 $1/Z_0$이 되도록 원점에서 화살로 표시하여 페이저 $\boldsymbol{Y}_0$를 그린다.

② $\boldsymbol{Y}_1$의 방향은 $\boldsymbol{Z}_1$을 실축과 대칭 방향인 각 $-\theta_1$로 취하고 크기 $1/Z_1$이 되도록 원점에서 화살로 표시하여 페이저 $\boldsymbol{Y}_1$을 그린다. 단, $Z_1 > Z_0$이므로 $Y_1 < Y_0$이다. $\boldsymbol{Y}_2$도 $\boldsymbol{Y}_1$과 같은 방법으로 그린다.

③ $\boldsymbol{Y}_\infty$의 방향은 $\boldsymbol{Z}_\infty$를 실축과 대칭 방향인 각 $-90°$로 근사하고, 크기 $1/Z_\infty = 0$이므로 페이저 $\boldsymbol{Y}_\infty$는 결국 원점이 된다.

(3) $\boldsymbol{Y}$에서 화살표의 끝점을 모두 연결하면 $\boldsymbol{Z}$의 역궤적인 $\boldsymbol{Y}$를 구하게 된다. 따라서 RL 직렬회로에서 $X_L(\omega,\ L)$을 변화시키는 경우에 **그림 9.12**(a)와 같이 **임피던스 궤적**은 제1사분면의 **직선**으로 나타나고, **어드미턴스 궤적**은 제4사분면에서 **원점을 지나는 반원**으로 구해진다.

그림 9.7(a)의 RL 직렬회로에서 R을 변화시킨 경우에 임피던스 궤적과 역궤적인 어드미턴스 궤적을 **그림 9.12**(b)에 나타낸 것이다.

그림 9.10과 **그림 9.11**의 병렬회로에서 직선으로 나타난 어드미턴스 궤적으로부터 임피던스 궤적을 독자 스스로 구해보기로 한다.

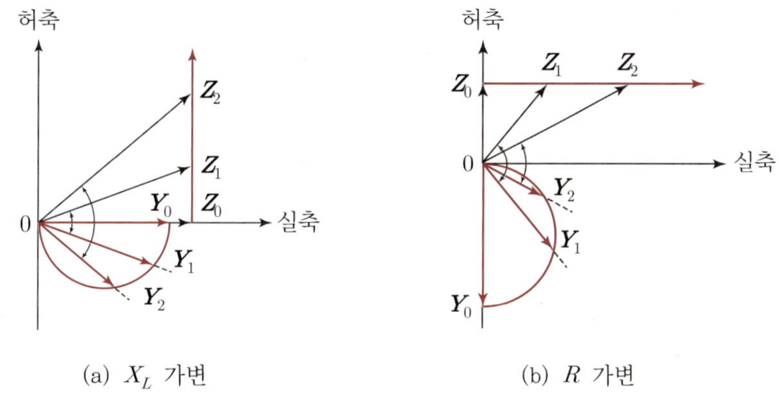

그림 9.12 ▸ RL 직렬회로의 임피던스 궤적과 어드미턴스 궤적

교류회로에서 페이저 궤적(복소 궤적)을 나타낼 때 다음의 사항을 알아두고 접근하면 간단히 해결할 수 있다.

(1) 복소평면에서 궤적은 항상 제1사분면과 제4사분면에 존재한다. 제1사분면에 있는 궤적의 역궤적은 제4사분면에 존재하고, 제4사분면에 있는 궤적의 역궤적은 제1사분면에 존재한다.

(2) **직렬회로**는 $\boldsymbol{Z}$ 궤적(직선)을 구한 후 이의 역궤적인 $\boldsymbol{Y}$ 궤적(원, 곡선)를 구한다.

(3) **병렬회로**는 $\boldsymbol{Y}$ 궤적(직선)을 구한 후 이의 역궤적인 $\boldsymbol{Z}$ 궤적(원, 곡선)를 구한다.

(4) **전류궤적**은 $\boldsymbol{I}=\boldsymbol{YV}(\boldsymbol{I}\propto\boldsymbol{Y})$의 관계에서 $\boldsymbol{Y}$ 궤적를 구한 후 V배로 하면 되므로 $\boldsymbol{I}$ 궤적과 $\boldsymbol{Y}$ 궤적의 모양은 동일하다.

(5) **전압궤적**은 $\boldsymbol{V}=\boldsymbol{ZI}(\boldsymbol{V}\propto\boldsymbol{Z})$의 관계에서 $\boldsymbol{Z}$ 궤적를 구한 후 I배로 하면 되므로 $\boldsymbol{V}$ 궤적과 $\boldsymbol{Z}$ 궤적의 모양은 동일하다.

예제 9.3

그림 9.13과 같은 RLC 직렬회로에서 각주파수 ω를 변화시켰을 때 어드미턴스 궤적 Y를 구하라.

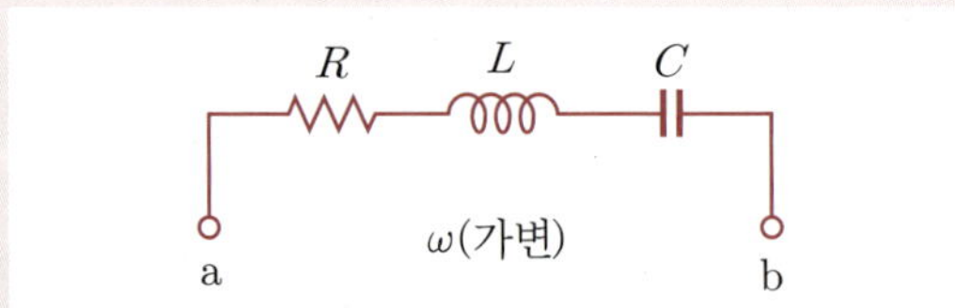

그림 9.13

풀이 RLC 직렬회로의 임피던스 $\boldsymbol{Z}$는

$$\boldsymbol{Z} = R + j(X_L - X_C) = R + j\left(\omega L - \frac{1}{\omega C}\right) \quad (\omega \to 0 \sim \infty)$$

이고, 저항 R 일정, 각주파수 ω 에 따른 임피던스의 값은 각각 다음과 같다. 이들로부터 **임피던스 궤적 $\boldsymbol{Z}$**는 **그림 9.14(a)**와 같이 **직선**으로 나타난다.

$$\omega = 0 \rightarrow \boldsymbol{Z}_{\infty} = R - j\infty$$

$$\omega = \infty \rightarrow \boldsymbol{Z}_{\infty} = R + j\infty$$

$$\omega = \omega_0 \text{이면 } \boldsymbol{Z}_{\omega = \omega_0} = R(\text{직렬 공진})$$

$\boldsymbol{Z}$의 역궤적인 **어드미턴스 궤적 $\boldsymbol{Y}$**는 **그림 9.14(b)**와 같이 제 1, 4 사분면에서 **원점을 지나는 원**이 된다.

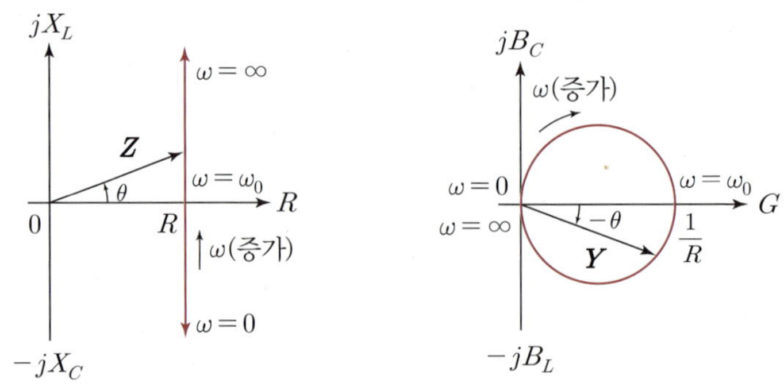

(a) 임피던스 궤적 (b) 어드미턴스 궤적

그림 9.14 ▶ RLC 직렬회로(ω 가변)

예제 9.4

그림 9.15와 같은 병렬회로에서 C를 변화시켰을 때 전류 궤적 I와 임피던스 궤적 Z를 구하라.

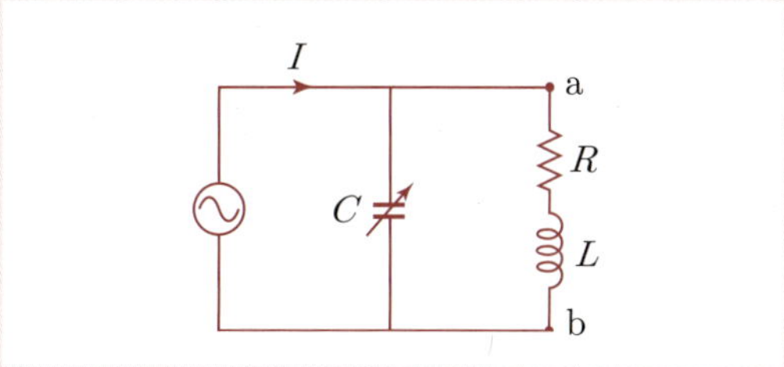

그림 9.15

풀이 $\boldsymbol{I}=\boldsymbol{YV}$에서 $\boldsymbol{I}\propto\boldsymbol{Y}$이므로 전류 궤적 $\boldsymbol{I}$는 $\boldsymbol{Y}$궤적과 동일한 모양이 되고, 단지 어드미턴스 궤적의 $\boldsymbol{V}$배로 나타난다. 즉 회로의 $\boldsymbol{Y}$는

$$\boldsymbol{Y}=\frac{1}{R+j\omega L}+j\omega C=\frac{1}{\boldsymbol{Z}_{ab}}+j\omega C=\boldsymbol{Y}_{ab}+j\omega C\ \ (C\rightarrow 0\sim\infty)$$

$\boldsymbol{Z}_{ab}$는 일정하므로 제 1 사분면에 존재하는 하나의 페이저이고 이의 역궤적 $\boldsymbol{Y}_{ab}$는 **그림 9.16**(a)의 제 4 사분면에서 한 페이저로 나타난다. C가 $0\sim\infty$로 변화할 때 전체 **어드미턴스 궤적 $\boldsymbol{Y}$**는 **그림 9.16**(a)와 같이 **반직선**으로 나타난다.
전류 궤적 $\boldsymbol{I}$는 **그림 9.16**(a)의 $\boldsymbol{Y}$궤적에서 V배의 관계이므로 궤적의 모양은 **반직선**으로 동일하게 된다.
임피던스 궤적 $\boldsymbol{Z}$는 **그림 9.16**(a)의 $\boldsymbol{Y}$궤적에서 역궤적을 구하면 **그림 9.16**(b)와 같이 **원점을 지나면서 원의 일부분**의 모양으로 나타난다.

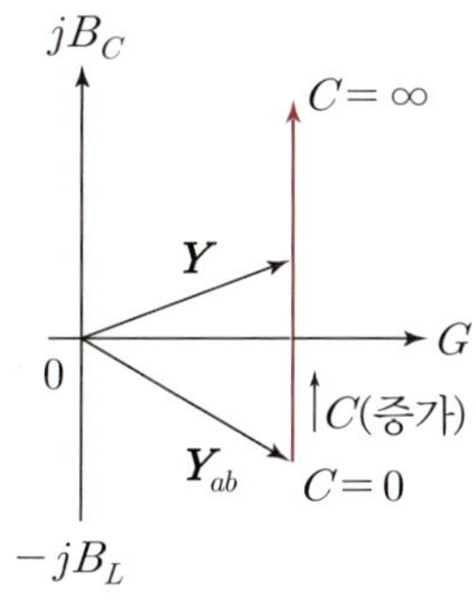

(a) 어드미턴스 궤적

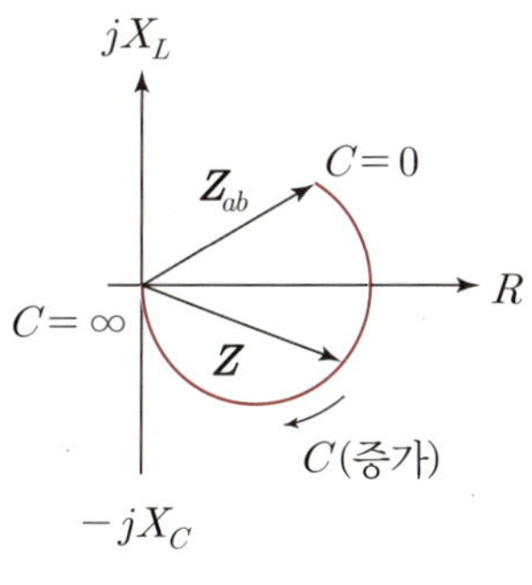

(b) 임피던스 궤적

그림 9.16 ▶ 병렬회로

연습문제

01 다음의 공진 회로에서 공진 조건을 만족할 때 주어진 값에 대해 회로에서 일어나는 현상을 최대와 최소로 구분하여 나타내라.

구 분	회로의 값	최대 또는 최소
직렬 공진 회로	임피던스	
	전 류	
병렬 공진 회로	어드미턴스	
	전 류	

02 $R = 100\,[\Omega]$, $X_C = 100\,[\Omega]$이고 L만을 가변할 수 있는 R, L, C 직렬회로가 있다. 이때 $f = 500\,[\text{Hz}]$, $V = 100\,[\text{V}]$를 인가하여 L만을 변화시킬 때 L의 단자전압 V_L의 최대값[V]을 구하라.

03 $R = 10\,[\text{k}\Omega]$, $L = 10\,[\text{mH}]$, $C = 1\,[\mu\text{F}]$의 RLC 직렬회로에 $V = 100\,[\text{V}]$를 인가하고 주파수를 변화시켰을 때 최대 전류[mA]와 이때의 주파수[Hz]를 구하라.

04 RLC 직렬 공진 회로에서 $R = 100\,[\Omega]$, $L = 314\,[\text{mH}]$, $C = 125.6\,[\text{pF}]$일 때, 선택도 Q를 구하라.

05 $R = 5\,[\Omega]$, $L = 20\,[\text{mH}]$ 및 C로 구성된 RLC 직렬회로에 주파수 $1000\,[\text{Hz}]$인 교류를 인가한 다음, C를 가변하여 직렬 공진시켰다. 이때 커패시턴스 $C\,[\mu\text{F}]$와 선택도 Q를 구하라.

06 그림 9.17과 같은 회로에 교류전압 E를 인가하여 전류 I를 최소로 하는 리액턴스 $X_C[\Omega]$를 구하라.

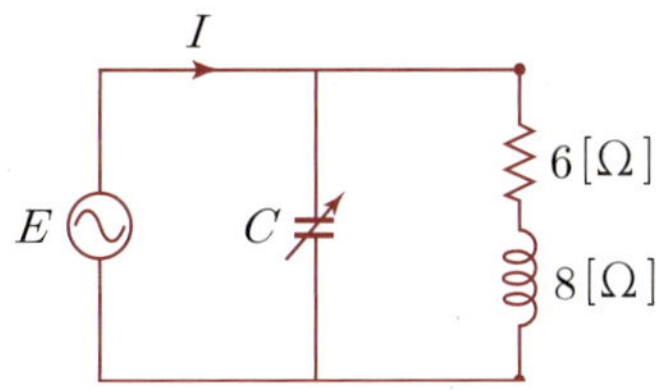

그림 9.17

07 그림 9.18과 같은 RC 병렬회로에서 R이 변화하는 경우에 어드미턴스 궤적 $\boldsymbol{Y}$와 임피던스 궤적 $\boldsymbol{Z}$를 구하라.

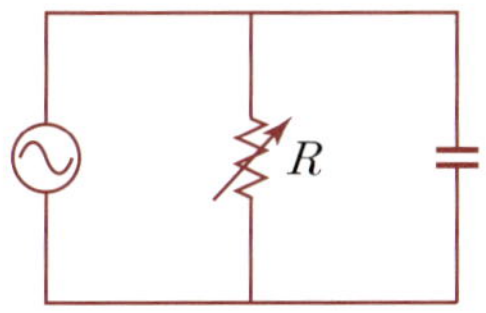

그림 9.18

08 그림 9.19와 같은 회로에서 인덕턴스 L을 변화시킬 때 어드미턴스 궤적 $\boldsymbol{Y}$와 임피던스 궤적 $\boldsymbol{Z}$를 구하라.

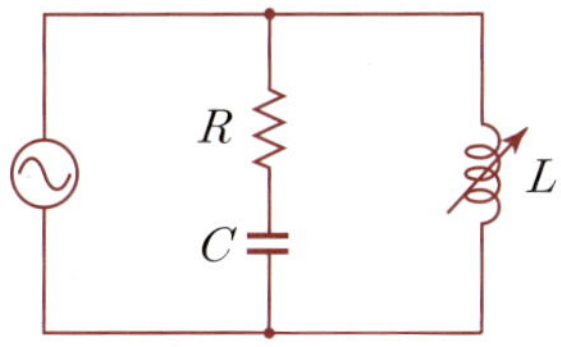

그림 9.19

Chapter 10

유도결합회로

10.1 상호 인덕턴스와 상호유도전압

10.1.1 유도결합회로

두 코일(인덕터)이 상호 인접하거나 철심 등으로 자속을 공유하는 두 코일은 상호 결합되었다고 한다. 상호 결합된 두 코일 중 한 코일에서 흐르는 전류가 변화하면, 그 코일을 관통하는 자속의 일부 또는 모두가 다른 코일에 관통(쇄교)하면서 **자기유도**(self induction) **작용**에 의해 자기 자신의 코일에 기전력을 유도시키는 동시에 다른 코일에도 유도 기전력을 발생시키면서 에너지 전달을 일으킨다.

이와 같이 두 코일 사이에는 전기적인 접속이 이루어지지 않으면서 한 코일에 흐르는 전류 변화에 의해 자기적 결합으로 다른 코일에 유도 기전력을 일으키는 작용을 **상호 유도**(mutual induction) **작용**이라고 한다. 이와 같은 회로를 **유도결합회로**(inductively coupled circuit)라고 한다.

유도결합회로를 취급하려면 지금까지 사용한 R, L, C 외에 상호 인덕턴스(mutual inductance)라는 새로운 회로정수 M을 정의해야 한다.

본 장은 유도결합회로의 회로해석법과 직·병렬회로의 등가 인덕턴스, 변압기의 T형 등가회로, 이상 변압기 등을 배우고자 한다.

10.1.2 상호 인덕턴스와 상호유도전압

자기 자신만의 단일 회로에서 암페어 법칙에 의해 전류 i에 비례하는 쇄교 자속 Φ가 발생한다. 즉, 전류와 자속의 관계식은 $\Phi = Li$로 표현할 수 있고, 비례상수 L을 자기유도계수인 **자기 인덕턴스**(self inductance), 또는 간단히 **인덕턴스**라고 한다.

인덕턴스는 $L = \Phi / i$에서 **단위 전류**(1[A])**에 대한 쇄교 자속수**를 의미한다.

또 인덕턴스 L인 코일 양단에 걸리는 **전압강하**의 크기는 패러데이 법칙에 의한 자기 유도작용으로 나타나는 유도 기전력과 크기가 같고, 극성(방향)은 항상 전류가 흐르는 방향으로 나타난다. 즉 자신의 코일에 흐르는 전류에 의한 전압강하 v는 식 (10.1)과 같이 나타나며 이 전압강하를 **자기유도전압**이라고 하는 것을 제 4.1 절에서 학습하였다.

자기유도전압 v는 미분식과 이 미분식에서 $\frac{d}{dt} \to j\omega$로 변환하여 정현파에서의 복소 페이저로 나타내면 각각 다음과 같다.

$$v = L\frac{di}{dt}, \qquad \boldsymbol{V} = j\omega L\boldsymbol{I} \tag{10.1}$$

두 코일 이상이 상호 인접한 유도결합회로를 해석하려면 자기 인덕턴스 L과 유사한 회로정수인 상호 인덕턴스 M을 도입하여 설명하기로 한다.

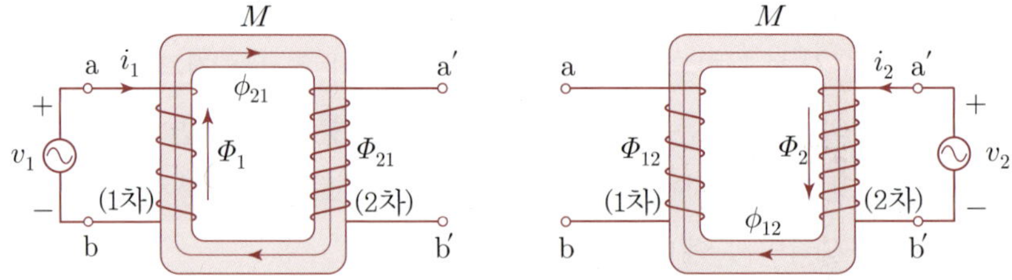

(a) 2차 개방 (b) 1차 개방

그림 10.1 ▸ 유도결합회로(상호유도전압)

그림 10.1(a)와 같이 2차 코일이 개방된 상호 유도결합회로에서, 1차 코일의 전류 i_1에 의해 발생한 자속 Φ_1은 일부 또는 모두의 자속 ϕ_{21}이 2차 코일에 관통하면 총 쇄교 자속수는 $\Phi_{21} = N_2\phi_{21}$이 된다. 2차 코일의 총 쇄교자속수 Φ_{21}은 1차 전류 i_1에 비례하므로 전류와 자속의 관계식은 $\Phi_{21} = Mi_1$이고, 비례상수 M을 상호유도계수인 **상호 인덕턴스**라고 한다. **상호 인덕턴스**는 $M = \Phi_{21}/i_1$에서 **1차 코일의 단위 전류**(1[A])**에 대한 2차 코일에서의 쇄교 자속수**를 의미한다.

또 1차 전류 i_1에 의해 발생한 자속은 2차 코일에서 쇄교하면서 상호유도작용으로 패러데이 법칙에 따른 쇄교 자속의 변화에 의해 기전력이 유도된다. 이와 같이 1차 전류 i_1에 의해 2차 코일에서 유도 기전력에 상당하는 전압강하 또는 전압상승이 발생하는데 이것을 **상호유도전압** v_2라고 한다.

상호유도전압의 크기는 상호유도계수인 상호 인덕턴스 M을 적용하면 식 (10.1)의 자기유도전압과 유사한 형식으로 표현할 수 있다.

상호유도전압의 극성(방향)은 자기 인덕턴스와 달라서 코일의 권선 및 전류 방향에 따라 코일 내에서 자속이 증가하면 상호 인덕턴스 M은 (+)의 값이 되어 상호유도전압의 극성도 (+) 부호를 가지면서 전압강하가 된다. 반면에 자속이 감소하면 상호 인덕턴스 M은 (−)의 값이 되어 상호유도전압의 극성도 (−) 부호를 가지면서 전압상승이 된다. 따라서 상호유도전압의 극성은 상호 인덕턴스의 부호에 따라 ±의 부호가 되기 때문에 상호유도전압의 극성과 크기를 고려한 v_2는

$$v_2 = \pm M\frac{di_1}{dt}, \quad \boldsymbol{V}_2 = \pm j\omega M\boldsymbol{I}_1 \begin{cases} (+)M : \text{자속 증가} \\ (-)M : \text{자속 감소} \end{cases} \tag{10.2}$$

와 같이 나타낸다. 여기서 M은 상호유도계수로써 **상호 인덕턴스**라고 한다. 1, 2차 코일의 권수, 형상 및 결합 상태 등에 따라 결정되는 고유의 회로정수이고, 단위는 자기 인덕턴스와 같은 **헨리**(Henry, [H])를 사용한다.

마찬가지로 **그림 10.1**(b)와 같이 1차 코일이 개방된 유도결합회로에서 2차 코일의 전류 i_2에 의해 1차 코일에도 권선 및 전류 방향에 따라 자속이 증가하거나 감소하게 된다. 코일 내에서 자속이 증가하면 상호 인덕턴스는 $+M$, 자속이 감소하면 상호 인덕턴스는 $-M$의 값이 된다. 따라서 상호유도전압의 극성도 $+M$이면 (+) 부호, $-M$이면 (−) 부호를 갖는다. 즉, 상호유도전압의 크기와 극성을 고려한 v_1은 다음과 같이 나타낸다.

$$v_1 = \pm M\frac{di_2}{dt}, \quad \boldsymbol{V}_1 = \pm j\omega M\boldsymbol{I}_2 \begin{cases} (+)M : \text{자속 증가} \\ (-)M : \text{자속 감소} \end{cases} \tag{10.3}$$

이제 **그림 10.2**의 유도결합회로에서 1차 전류 i_1의 전류 방향에 대해 2차 전류 i_2의 두 방향(①, ②)을 설정한 경우, 한 코일에서 자기유도전압과 다른 코일의 전류에 의해 발생하는 상호유도전압을 동시에 고려한 1차 및 2차 회로에 관한 전압 방정식 v_1, v_2를 키르히호프의 전압법칙(KVL)을 적용하여 구하는 방법에 대해 배우기로 한다.

첫째, 1차 전류 i_1과 2차 전류 i_2(①의 방향)로 흐르는 경우에, 왼쪽 회로에서 전류 i_1이 흐르면 L_1에서 전류 방향과 동일한 자기유도전압 $L_1(di_1/dt)$가 발생하고 동시에 2차 전류 i_2에 의해 철심에서 자속이 증가하여 상호 인덕턴스는 $+M$이 되므로 상호유도전압은 $M(di_2/dt)$가 된다. 따라서 단자전압 v_1은 이 두 전압의 합에 의해 식 (10.4)(1)과 같다.

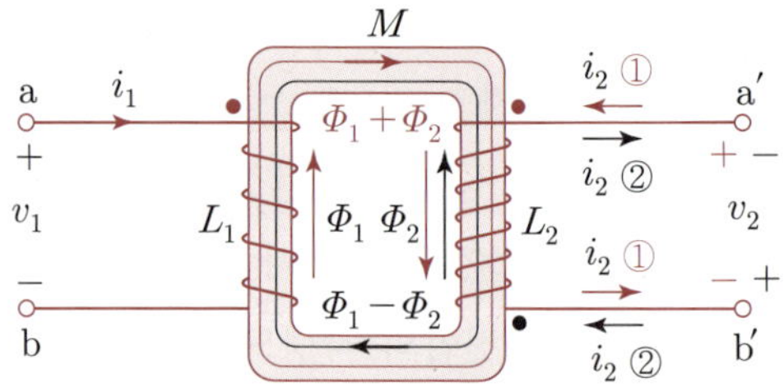

그림 10.2 ▶ 유도결합회로

또 오른쪽 회로에서 2차 전류 i_2에 의해 L_2에서 전류 방향과 동일한 자기유도전압 $L_2(di_2/dt)$가 발생하고 동시에 1차 전류 i_1에 의해 자속이 증가하여 상호 인덕턴스는 $+M$이 되므로 상호유도전압은 $M(di_1/dt)$가 된다. 따라서 단자전압 v_2는 이 두 전압에 의해 식 (10.4)(2)와 같이 구해진다.

$$v_1 = L_1\frac{di_1}{dt} + M\frac{di_2}{dt}, \qquad \boldsymbol{V}_1 = j\omega L_1\boldsymbol{I}_1 + j\omega M\boldsymbol{I}_2 \qquad (1)$$

$$v_2 = L_2\frac{di_2}{dt} + M\frac{di_1}{dt}, \qquad \boldsymbol{V}_2 = j\omega L_2\boldsymbol{I}_2 + j\omega M\boldsymbol{I}_1 \qquad (2) \qquad (10.4)$$

둘째, 1차 전류 i_1과 2차 전류 i_2(②의 방향)로 흐르는 경우에, 왼쪽 회로에서 i_1에 의해 전류 방향과 동일한 자기유도전압 $L_1(di_1/dt)$가 발생하고 동시에 2차 전류 i_2에 의해 철심에서 자속이 감소하여 상호 인덕턴스는 $-M$이고 상호유도전압은 $-M(di_1/dt)$이다. 따라서 단자전압 v_1은 이 두 전압의 합에 의해 식 (10.5)(1)과 같이 세워진다.

또 오른쪽 회로에서 2차 전류 i_2에 의해 L_2에서 전류 방향과 동일한 자기유도전압 $L_2(di_2/dt)$가 발생하고 동시에 1차 전류 i_1에 의해 자속이 감소하여 상호 인덕턴스는 $-M$이고 상호유도전압도 $-M(di_1/dt)$가 된다. 따라서 단자전압 v_2는 이 두 전압에 의해 식 (10.5)(2)와 같이 구해진다.

$$v_1 = L_1\frac{di_1}{dt} - M\frac{di_2}{dt}, \qquad \boldsymbol{V}_1 = j\omega L_1\boldsymbol{I}_1 - j\omega M\boldsymbol{I}_2 \qquad (1)$$

$$v_2 = L_2\frac{di_2}{dt} - M\frac{di_1}{dt}, \qquad \boldsymbol{V}_2 = j\omega L_2\boldsymbol{I}_2 - j\omega M\boldsymbol{I}_1 \qquad (2) \qquad (10.5)$$

식 (10.4)와 식 (10.5)에서 우변의 제 1 항은 자기유도작용에 의한 전압강하를 나타내는 **자기유도전압**이고, 제 2 항은 상호유도작용에 의한 전압강하(+) 또는 전압상승(−)을 나타내는 **상호유도전압**이 된다. 이와 같이 유도결합회로에서 한 코일의 **단자전압은 자기유도전압과 극성을 고려한 상호유도전압을 동시에 표현**해야 한다.

전류에 의한 자계 방향을 결정하는 암페어의 오른손 법칙, 자속의 시간적 변화율로 나타내는 유도 기전력의 크기를 결정하는 패러데이의 법칙, 유도 기전력의 방향을 결정하는 렌츠의 법칙 및 상호 인덕턴스의 개념 등을 정확히 파악하고 있어야만 자기유도전압과 상호유도전압을 이해할 수 있다.

그러나 본 교재의 회로이론은 전압과 전류의 관계에서 회로 해석을 배우는 학문이므로 다음 절에서 배울 극성 표시법을 적용하면 상호 유도결합 회로에 대한 해석을 간단히 할 수 있다. 위의 관련 법칙 및 개념에 관한 상세한 내용은 참고문헌인 전기자기학을 참고하기 바란다.[임헌찬 저, ≪전기자기학≫, pp. 289~312, 동일출판사]

예제 10.1

두 코일이 있다. 한 코일의 전류가 매초 40[A]의 비율로 변화할 때 다른 코일에 20[V]의 기전력이 발생하였다. 두 코일의 상호 인덕턴스 M[H]을 구하라.

풀이 $v_2 = M\dfrac{di_1}{dt}$에서 $v_2 = 20\,[\mathrm{V}]$, $\dfrac{di_1}{dt} = 40\,[\mathrm{A/s}]$이므로

$$\therefore \quad M = \frac{v_2}{di_1/dt} = \frac{20}{40} = 0.5\ [\mathrm{H}]$$

10.2 극성 표시법과 회로 해석법

식 (10.4), 식 (10.5)와 같이 유도결합회로의 단자전압은 한 회로에서 자기유도전압과 상호유도전압이 동시에 나타나므로 두 전압의 상대적인 극성을 파악해야 한다. 그러나 **그림 10.2**와 같이 권선 방향을 상세히 그려서 나타내는 것은 회로 해석에서 매우 번잡하기 때문에 유도결합된 두 코일의 상대적인 권선 방향을 표시하기 위하여 **그림 10.3**(a)와 같이 각 코일의 한쪽 단자에 점(dot)을 찍어 기준 방향(+)을 나타낸다. 이것을 **극성 표시법**(dot convention)이라고 한다.

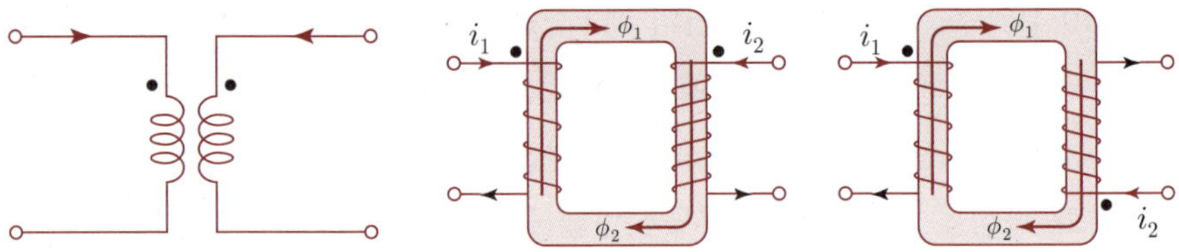

(a) 극성 표시법(기준 방향) (b) 권선의 상대적인 방향(전류 유입)

그림 10.3 ▶ 상호유도전압의 극성 표시법(기준 방향)

극성 표시법은 권선의 감긴 방향을 표시하는 **점**(•)과 **전류의 방향**을 **그림 10.3**(a)와 같이 기준 방향으로 하였을 때, **그림 10.3**(b), (c)와 같이 자속이 증가하여 상호 인덕턴스 및 상호유도전압의 극성(부호)을 (+)로 결정하는 방법이다. 따라서 유도결합회로에서 극성 표시법을 사용하면 권선의 감긴 방향 등의 복잡한 상세도를 나타내지 않고도 회로 해석을 간단히 할 수 있는 장점이 있다.

그림 10.3(a)의 **극성 표시의 기준 방향**은 다음과 같이 정의한다.

정리 **극성 표시법의 기준 방향[그림 10.3(a)]**

(1) 두 코일의 각 단자에서 점 찍힌 단자로 두 전류가 동시에 외부에서 유입하는 방향 또는 외부로 유출하는 방향을 취하면, 자속은 증가하여 상호 인덕턴스 및 상호유도전압의 부호는 (+)로 결정한다.

(2) 한 코일의 전류가 점 찍힌 단자로 유입하고 다른 코일의 점 찍힌 단자에서 유출하면 상호 인덕턴스 및 상호유도전압의 부호는 (−)로 결정한다.

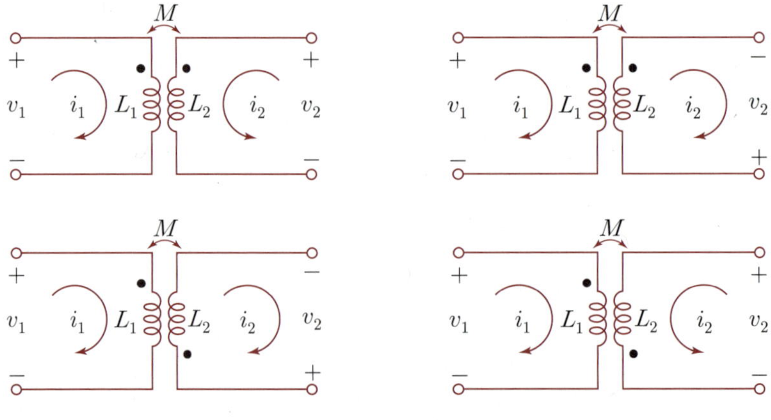

(a) 두 자속의 증가($+M$) (b) 두 자속의 감소($-M$)

그림 10.4 ▶ 상호유도전압의 극성 표시

그림 10.4는 극성 표시법에 의한 점과 전류 방향이 설정된 유도결합회로에서 상호 인덕턴스의 부호를 나타낸 것이다. 극성 표시가 주어진 유도결합회로에서 키르히호프의 법칙(KVL)을 적용하여 회로 방정식을 세우는 과정에 대해 설명하고 이의 결과를 미분 방정식과 페이저의 형식으로 **표 10.1**에 각각 나타내었다.

그림 10.4(a)에서 두 전류 i_1, i_2는 외부에서 점이 찍힌 단자로 모두 유입하므로 **그림 10.3**(a)의 극성 표시법의 기준 방향을 만족한다. 따라서 자속은 증가하고 상호 인덕턴스 및 상호유도전압의 부호는 (+)가 된다. 그러므로 1차 회로의 단자전압 v_1은 전류 i_1에 의해 L_1에서 전류 방향과 동일한 전압강하인 자기유도전압 $L_1(di_1/dt)$과 동시에 2차 전류 i_2에 의한 상호 인덕턴스 $+M$의 영향으로 L_1에서 전압강하인 상호유도전압 $+M(di_2/dt)$의 두 전압의 합으로 나타낼 수 있다.

또 2차 회로의 단자전압 v_2는 전류 i_2에 의해 L_2에서 전류 방향과 동일한 전압강하인 자기유도전압 $L_2(di_2/dt)$와 동시에 1차 전류 i_1에 의한 상호 인덕턴스 M의 영향으로 L_2에서 전압강하인 상호유도전압 $+M(di_1/dt)$의 두 전압의 합으로 나타낸다.

그림 10.4(b)에서 1차 전류 i_1은 외부에서 점이 찍힌 단자로 유입하지만 2차 전류 i_2는 점이 찍힌 단자에서 외부로 유출하므로 극성 표시법의 기준 방향을 만족하지 못한다. 따라서 자속은 감소하고 상호 인덕턴스 및 상호유도전압의 부호는 (−)가 된다. 그러므로 1차 회로의 단자전압 v_1은 전류 i_1에 의해 L_1에서 전압강하인 자기유도전압 $L_1(di_1/dt)$과 동시에 2차 전류 i_2에 의한 상호 인덕턴스 $-M$의 영향으로 L_1에서 전압상승인 상호유도전압 $-M(di_2/dt)$의 두 전압의 합으로 나타낸다.

또 2차 회로의 단자전압 v_2는 전류 i_2에 의해 L_2에서 전압강하인 자기유도전압 $L_2(di_2/dt)$와 동시에 1차 전류 i_1에 의한 상호 인덕턴스 $-M$의 영향으로 L_2에서 전압상승인 상호유도전압 $-M(di_1/dt)$의 두 전압의 합으로 나타낸다.

이상의 결과에서 **그림 10.4**의 단자전압 v_1, v_2의 회로 방정식을 **표 10.1**에 나타낸다.

표 10.1 ▶ 그림 10.4의 회로 방정식

구 분	그림 10.4(a) 회로	그림 10.4(b) 회로
회로 방정식 (KVL)	$v_1 = L_1\dfrac{di_1}{dt} + M\dfrac{di_2}{dt}$ $v_2 = L_2\dfrac{di_2}{dt} + M\dfrac{di_1}{dt}$	$v_1 = L_1\dfrac{di_1}{dt} - M\dfrac{di_2}{dt}$ $v_2 = L_2\dfrac{di_2}{dt} - M\dfrac{di_1}{dt}$
회로 방정식 (페이저)	$\boldsymbol{V}_1 = j\omega L_1\boldsymbol{I}_1 + j\omega M\boldsymbol{I}_2$ $\boldsymbol{V}_2 = j\omega L_2\boldsymbol{I}_2 + j\omega M\boldsymbol{I}_1$	$\boldsymbol{V}_1 = j\omega L_1\boldsymbol{I}_1 - j\omega M\boldsymbol{I}_2$ $\boldsymbol{V}_2 = j\omega L_2\boldsymbol{I}_2 - j\omega M\boldsymbol{I}_1$

유도결합회로의 회로 해석에서 각 단자전압은 자기 인덕턴스 L에 의한 자기유도전압뿐만 아니라 다른 코일의 상호 인덕턴스 M의 극성(부호)에 따른 상호유도전압을 동시에 고려해야 한다는 것을 한 번 더 명심하기 바란다.

정리 **유도결합회로의 단자전압과 극성 표현 방법**

(1) 단자전압＝자기유도전압＋상호유도전압

(2) 극성(부호) : ① 자기유도전압(수동소자의 기준 방향 적용) : 전류 방향과 일치(항상 +)

② 상호유도전압(극성 표시법 적용) : 점(•)과 전류 방향 일치(+)

점(•)과 전류 방향 불일치(−)

예제 10.2

그림 10.5의 유도결합회로에서 $i_1 = I_m \sin\omega t\,[\mathrm{A}]$일 때 개방된 2차 단자에 나타나는 유도 기전력 $e_2[\mathrm{V}]$를 구하라.

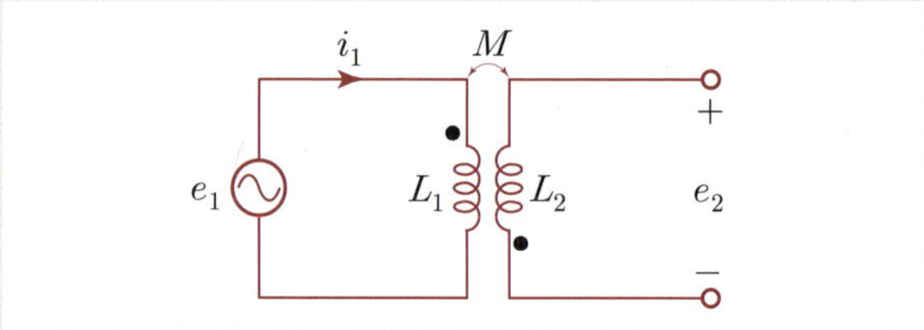

그림 10.5

풀이 $e_2 = -M\dfrac{di_1}{dt} = -M\dfrac{d}{dt}(I_m \sin\omega t) = -\omega M I_m \cos\omega t$

$$\therefore\ e_2 = -\omega M I_m \sin(\omega t + 90°) = \omega M I_m \sin(\omega t - 90°)\ [\mathrm{V}]$$

별해 $e_2 = -M\dfrac{di_1}{dt}$ 또는 $\boldsymbol{E}_2 = -j\omega M \boldsymbol{I}_1$에서 $\dfrac{d}{dt} = j\omega$는 90° 앞선 위상, (−)는 역위상(±180°)을 의미한다. 즉 e_2의 위상은 $(90° - 180° = -90°)$이므로 i_1보다 90° 뒤진다. 따라서 복소 페이저 $\boldsymbol{E}_2 = \omega M I_m \angle -90°$이고, 순시값 e_2는 다음과 같이 얻어진다.

$$\therefore\ e_2 = \omega M I_m \sin(\omega t - 90°)\ [\mathrm{V}]$$

예제 10.3

그림 10.6의 유도결합회로에서 전류 I_1, I_2에 대해 전압 방정식을 구하라.

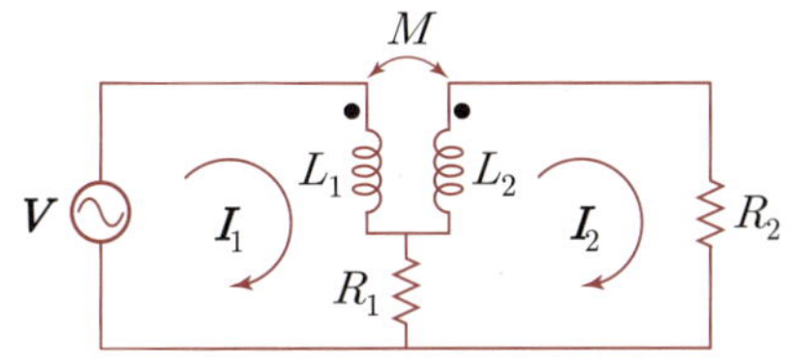

그림 10.6

풀이 극성 표시법(점 찍힌 위치)의 기준 방향을 만족하지 않으므로 상호 인덕턴스 $-M$, 상호유도전압 $-j\omega M\boldsymbol{I}$이다. 설정 전류 $\boldsymbol{I}_1$, $\boldsymbol{I}_2$에 대해 각 회로에 KVL을 적용하여 회로 방정식을 세우면

$$\begin{cases} (j\omega L_1\boldsymbol{I}_1 - j\omega M\boldsymbol{I}_2) + R_1(\boldsymbol{I}_1 - \boldsymbol{I}_2) = \boldsymbol{V} \\ (j\omega L_2\boldsymbol{I}_2 - j\omega M\boldsymbol{I}_1) + R_1(\boldsymbol{I}_2 - \boldsymbol{I}_1) + R_2\boldsymbol{I}_2 = 0 \end{cases}$$

이다. 전압 방정식을 두 전류 $\boldsymbol{I}_1$, $\boldsymbol{I}_2$로 정리하면 다음과 같이 구해진다.

$$\begin{cases} (R_1 + j\omega L_1)\boldsymbol{I}_1 - (R_1 + j\omega M)\boldsymbol{I}_2 = \boldsymbol{V} \\ (R_1 + j\omega M)\boldsymbol{I}_1 - (R_1 + R_2 + j\omega L_2)\boldsymbol{I}_2 = 0 \end{cases}$$

예제 10.4

그림 10.7의 유도결합회로에서 주어진 전류 I_1, I_2에 대해 전압 방정식을 구하라.

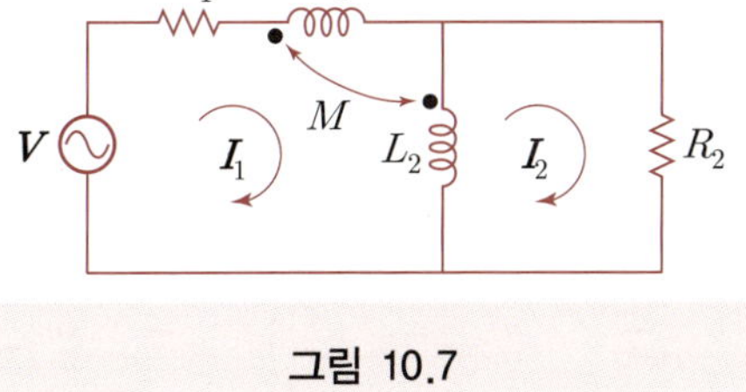

그림 10.7

풀이 자기 인덕턴스 L_1, L_2의 극성은 항상 (+), 상호 인덕턴스 M의 극성은 극성 표시법의 기준방향에 준하여 전류 $\boldsymbol{I}_1$, $\boldsymbol{I}_2$에 대해 KVL을 적용하여 회로 방정식을 세운다.

(1) 폐로 1 : 각 소자에 대한 전압강하

① R_1 : $R_1\boldsymbol{I}_1$

② L_1 : $j\omega L_1\boldsymbol{I}_1 - j\omega M(\boldsymbol{I}_2 - \boldsymbol{I}_1)$

③ L_2 : $j\omega L_2(\boldsymbol{I}_1 - \boldsymbol{I}_2) + j\omega M\boldsymbol{I}_1$

폐로 1에서 전원은 각 소자의 전압강하의 합이므로 전압 방정식은 다음과 같다.

$$\therefore\ R_1\boldsymbol{I}_1 + j\omega L_1\boldsymbol{I}_1 - j\omega M(\boldsymbol{I}_2 - \boldsymbol{I}_1) + j\omega L_2(\boldsymbol{I}_1 - \boldsymbol{I}_2) + j\omega M\boldsymbol{I}_1 = \boldsymbol{V}$$

(2) 폐로 2 : 각 소자에 대한 전압강하

① R_2 : $R_2\boldsymbol{I}_2$

② L_2 : $j\omega L_2(\boldsymbol{I}_2 - \boldsymbol{I}_1) - j\omega M\boldsymbol{I}_1$

폐로 2에서 각 소자의 전압강하의 합은 0 이므로 전압 방정식은 다음과 같다.

$$\therefore\ R_2\boldsymbol{I}_2 + j\omega L_2(\boldsymbol{I}_2 - \boldsymbol{I}_1) - j\omega M\boldsymbol{I}_1 = 0$$

(3) 두 전압 방정식을 두 전류 $\boldsymbol{I}_1$, $\boldsymbol{I}_2$로 정리하면 다음과 같이 구해진다.

$$\begin{cases} \{R_1 + j\omega(L_1 + L_2 + 2M)\}\boldsymbol{I}_1 - j\omega(L_2 + M)\boldsymbol{I}_2 = \boldsymbol{V} \\ j\omega(L_2 + M)\boldsymbol{I}_1 - (R_2 + j\omega L_2)\boldsymbol{I}_2 = 0 \end{cases}$$

10.3 유도결합회로의 등가 인덕턴스

10.3.1 직렬 접속

그림 10.8(a)와 같이 두 코일은 각각 인덕턴스 L_1, L_2, 상호 인덕턴스 M으로 결합되어 있다. 이 두 코일을 **그림 10.8**(b), (c)의 두 가지 방법으로 직렬 접속한 경우에 대해 등가(합성) 인덕턴스를 구해 본다.

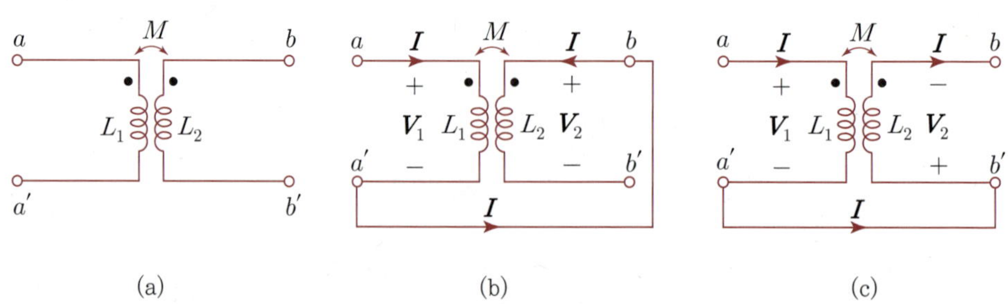

그림 10.8 ▸ 코일의 직렬 접속

그림 10.8(b)의 직렬 접속에서 두 코일에 공통으로 흐르는 페이저 전류 $\boldsymbol{I}$가 두 코일의 점이 찍힌 단자로 모두 유입하기 때문에 **그림 10.3**(a)의 극성 표시법의 기준 방향을 만족한다. 따라서 상호 인덕턴스는 $+M$, 상호유도전압도 (+)의 부호가 된다.

개방 단자 $a-b'$의 페이저 전체 전압 $\boldsymbol{V}_{ab'}$은 두 코일의 L_1, L_2에 걸리는 전압강하 $\boldsymbol{V}_1$, $\boldsymbol{V}_2$의 합이 되므로 $\boldsymbol{V}_{ab'} = \boldsymbol{V}_1 + \boldsymbol{V}_2$가 된다. 즉, $\boldsymbol{V}_1$, $\boldsymbol{V}_2$와 개방 전압 $\boldsymbol{V}_{ab'}$은

$$\boldsymbol{V}_1 = j\omega L_1\boldsymbol{I} + j\omega M\boldsymbol{I}, \qquad \boldsymbol{V}_2 = j\omega L_2\boldsymbol{I} + j\omega M\boldsymbol{I}$$

$$\begin{aligned}\boldsymbol{V}_{ab'} &= \boldsymbol{V}_1 + \boldsymbol{V}_2 = (j\omega L_1\boldsymbol{I} + j\omega M\boldsymbol{I}) + (j\omega L_2\boldsymbol{I} + j\omega M\boldsymbol{I}) \\ &= j\omega(L_1 + L_2 + 2M)\boldsymbol{I} = j\omega L_{(+)}\boldsymbol{I}\end{aligned} \tag{10.6}$$

가 된다. 이 식으로부터 상호 인덕턴스가 $+M$인 **자속이 증가**하는 유도결합회로에서의 **등가(합성) 인덕턴스** $L_{(+)}$는 다음과 같이 표현된다.

$$L_{(+)} = L_1 + L_2 + 2M \tag{10.7}$$

그림 10.8(c)의 직렬 접속에서 두 코일에 흐르는 페이저 전류 $\boldsymbol{I}$가 L_1은 외부에서 점이 찍힌 단자로 유입하지만 L_2는 점이 찍힌 단자에서 외부로 유출되기 때문에 **그림 10.3**(a)의 극성 표시법의 기준 방향을 만족하지 않는다. 따라서 상호 인덕턴스는 $-M$, 상호유도전압도 (-)의 부호가 된다. 이 때 개방 단자 $a-b$의 페이저 전체 전압 $\boldsymbol{V}_{ab}$는

$$\begin{aligned}\boldsymbol{V}_{ab} &= \boldsymbol{V}_1 + \boldsymbol{V}_2 = (j\omega L_1\boldsymbol{I} - j\omega M\boldsymbol{I}) + (j\omega L_2\boldsymbol{I} - j\omega M\boldsymbol{I}) \\ &= j\omega(L_1 + L_2 - 2M)\boldsymbol{I} = j\omega L_{(-)}\boldsymbol{I}\end{aligned} \tag{10.8}$$

가 된다. 이 식으로부터 상호 인덕턴스가 $-M$인 **자속이 감소**하는 유도결합회로에서의 **등가(합성) 인덕턴스** $L_{(-)}$는 다음과 같이 표현된다.

$$L_{(-)} = L_1 + L_2 - 2M \tag{10.9}$$

식 (10.7)과 식 (10.9)를 다음과 같이 연립하여 풀면 상호 인덕턴스 M이 구해진다.

$$\begin{array}{rr} & \cancel{L_1} + \cancel{L_2} + 2M = L_{(+)} \\ -) & \cancel{L_1} + \cancel{L_2} - 2M = L_{(-)} \\ \hline & 4M = L_{(+)} - L_{(-)} \end{array} \tag{10.10}$$

$$\therefore \quad M = \frac{L_{(+)} - L_{(-)}}{4} \tag{10.11}$$

식 (10.11)은 두 코일의 인덕턴스 L_1, L_2를 측정하여 상호 인덕턴스 M을 구하는데 이용할 수 있다. 상호 인덕턴스의 계산은 식 (10.11)을 암기하는 것보다 식 (10.10)의 연립 방정식을 세워서 M을 구하는 것이 간단하다.

10.3.2 병렬 접속

그림 10.9와 같이 두 코일을 병렬 접속한 유도결합회로의 두 회로에 대해 각각 등가(합성) 인덕턴스를 구해 본다.

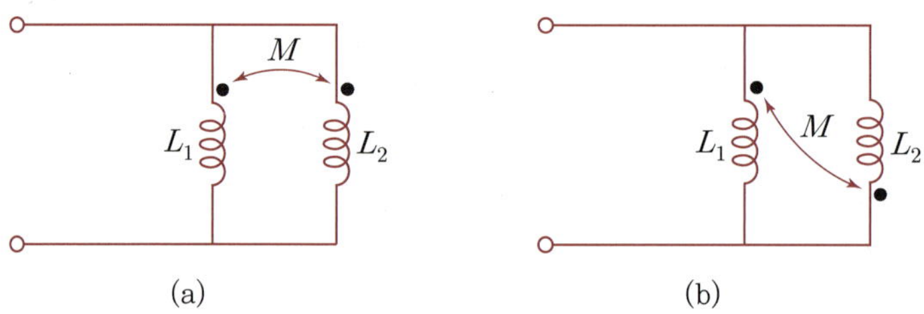

그림 10.9 ▸ 코일의 병렬 접속

그림 10.9에서 등가 인덕턴스를 구하기 위해 **그림 10.10**과 같이 페이저 전원 전압 $\boldsymbol{V}$를 접속한 회로를 다시 그려서 회로 해석하기로 한다.

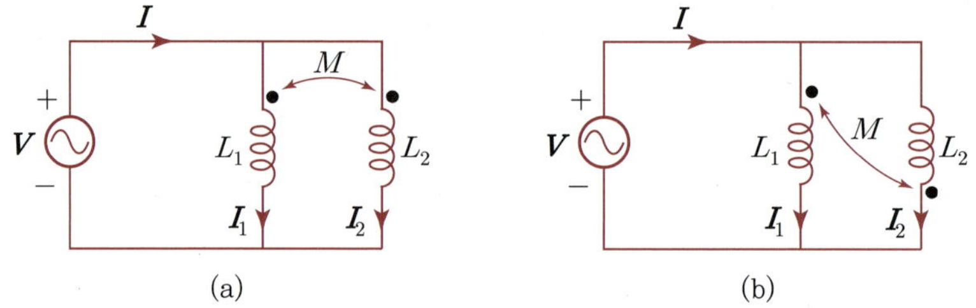

그림 10.10 ▸ 코일의 병렬 접속

그림 10.10(a)의 병렬회로는 두 코일에서 점이 찍힌 단자로 모두 유입하기 때문에 극성 표시법의 기준 방향을 만족한다. 따라서 상호 인덕턴스 $+M$, 상호유도전압도 (+)의 부호가 된다. 따라서 키르히호프의 법칙(KVL)을 적용하여 회로 방정식을 구하면

$$\begin{cases} \boldsymbol{V} = j\omega L_1 \boldsymbol{I}_1 + j\omega M \boldsymbol{I}_2 \\ \boldsymbol{V} = j\omega M \boldsymbol{I}_1 + j\omega L_2 \boldsymbol{I}_2 \end{cases} \tag{10.12}$$

가 된다. 식 (10.12)의 두 전압 방정식으로부터 전류 $\boldsymbol{I}_1$, $\boldsymbol{I}_2$, $\boldsymbol{I}$는 크래머의 공식에 의해

$$\boldsymbol{I}_1 = \frac{D_1}{D} = \frac{\begin{vmatrix} \boldsymbol{V} & j\omega M \\ \boldsymbol{V} & j\omega L_2 \end{vmatrix}}{\begin{vmatrix} j\omega L_1 & j\omega M \\ j\omega M & j\omega L_2 \end{vmatrix}} = \frac{\boldsymbol{V}(L_2 - M)}{j\omega(L_1 L_2 - M^2)} \tag{10.13}$$

$$\boldsymbol{I}_2 = \frac{D_2}{D} = \frac{\begin{vmatrix} j\omega L_1 & \boldsymbol{V} \\ j\omega M & \boldsymbol{V} \end{vmatrix}}{\begin{vmatrix} j\omega L_1 & j\omega M \\ j\omega M & j\omega L_2 \end{vmatrix}} = \frac{\boldsymbol{V}(L_1 - M)}{j\omega(L_1 L_2 - M^2)} \tag{10.14}$$

$$\boldsymbol{I} = \boldsymbol{I}_1 + \boldsymbol{I}_2 = \frac{\boldsymbol{V}(L_1 + L_2 - 2M)}{j\omega(L_1 L_2 - M^2)} = \frac{\boldsymbol{V}}{j\omega L_{eq}} \tag{10.15}$$

가 된다. 이 결과의 식 (10.15)에서 **그림 10.10**(a)의 등가(합성) 인덕턴스 L_{eq}는

$$\therefore \ L_{eq} = \frac{L_1 L_2 - M^2}{L_1 + L_2 - 2M} \tag{10.16}$$

그림 10.10(b)의 병렬회로는 L_1에서 점이 찍힌 단자로 유입하지만 L_2는 점이 찍힌 단자에서 유출하기 때문에 극성 표시법의 기준 방향을 만족하지 않는다. 따라서 상호 인덕턴스 $-M$, 상호유도전압도 (−)의 부호가 된다. 즉 키르히호프의 법칙(KVL)을 적용하여 전압 방정식을 구하면

$$\begin{cases} \boldsymbol{V} = j\omega L_1 \boldsymbol{I}_1 - j\omega M \boldsymbol{I}_2 \\ \boldsymbol{V} = -j\omega M \boldsymbol{I}_1 + j\omega L_2 \boldsymbol{I}_2 \end{cases} \tag{10.17}$$

이다. 식 (10.17)의 두 전압 방정식으로부터 전류 $\boldsymbol{I}_1$, $\boldsymbol{I}_2$, $\boldsymbol{I}$는 크래머의 공식에 의해

$$\boldsymbol{I}_1 = \frac{D_1}{D} = \frac{\begin{vmatrix} \boldsymbol{V} & -j\omega M \\ \boldsymbol{V} & j\omega L_2 \end{vmatrix}}{\begin{vmatrix} j\omega L_1 & -j\omega M \\ -j\omega M & j\omega L_2 \end{vmatrix}} = \frac{\boldsymbol{V}(L_2 + M)}{j\omega(L_1 L_2 - M^2)} \tag{10.18}$$

$$I_2 = \frac{D_2}{D} = \frac{\begin{vmatrix} j\omega L_1 & \boldsymbol{V} \\ -j\omega M & \boldsymbol{V} \end{vmatrix}}{\begin{vmatrix} j\omega L_1 & -j\omega M \\ -j\omega M & j\omega L_2 \end{vmatrix}} = \frac{\boldsymbol{V}(L_1 + M)}{j\omega(L_1 L_2 - M^2)} \tag{10.19}$$

$$\boldsymbol{I} = \boldsymbol{I}_1 + \boldsymbol{I}_2 = \frac{\boldsymbol{V}(L_1 + L_2 + 2M)}{j\omega(L_1 L_2 - M^2)} = \frac{\boldsymbol{V}}{j\omega L_{eq}} \tag{10.20}$$

가 된다. 이 결과의 식 (10.20)에서 **그림 10.10**(b)의 등가(합성) 인덕턴스 L_{eq}는

$$\therefore \ L_{eq} = \frac{L_1 L_2 - M^2}{L_1 + L_2 + 2M} \tag{10.21}$$

이 구해진다.

예제 10.5

그림 10.11의 두 회로에서 각각 합성 인덕턴스를 구하라.

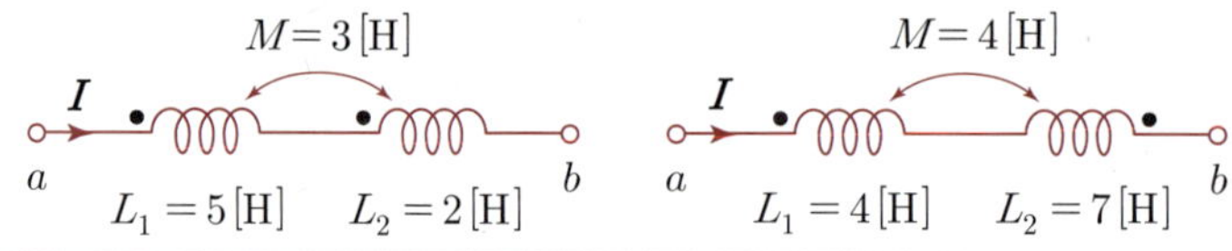

(a) (b)

그림 10.11

풀이 (1) **그림 10.11**(a)에서 소자 L_1, L_2의 각각의 전압강하 $\boldsymbol{V}_1$, $\boldsymbol{V}_2$라 할 때 단자전압

$$\begin{aligned} \boldsymbol{V}_{ab} &= \boldsymbol{V}_1 + \boldsymbol{V}_2 = (j\omega L_1 \boldsymbol{I} + j\omega M \boldsymbol{I}) + (j\omega L_2 \boldsymbol{I} + j\omega M \boldsymbol{I}) \\ &= j\omega(L_1 + L_2 + 2M)\boldsymbol{I} = j\omega L_{(+)} \boldsymbol{I} \end{aligned}$$

합성 인덕턴스 : $L_{(+)} = L_1 + L_2 + 2M = 5 + 2 + 2 \times 3 = 13$ [H]

(2) **그림 10.11**(b)에서 소자 L_1, L_2의 각각의 전압강하 $\boldsymbol{V}_1$, $\boldsymbol{V}_2$라 할 때 단자전압

$$\begin{aligned} \boldsymbol{V}_{ab} &= \boldsymbol{V}_1 + \boldsymbol{V}_2 = (j\omega L_1 \boldsymbol{I} - j\omega M \boldsymbol{I}) + (j\omega L_2 \boldsymbol{I} - j\omega M \boldsymbol{I}) \\ &= j\omega(L_1 + L_2 - 2M)\boldsymbol{I} = j\omega L_{(-)} \boldsymbol{I} \end{aligned}$$

합성 인덕턴스 : $L_{(-)} = L_1 + L_2 - 2M = 4 + 7 - 2 \times 4 = 3$ [H]

예제 10.6

두 개의 코일을 직렬로 접속하였더니 합성 인덕턴스가 30[mH]이었다. 극성을 반대로 했더니 합성 인덕턴스가 14[mH]이었다. 두 코일 사이의 상호 인덕턴스 M[mH]를 구하라.

풀이 코일의 직렬 접속의 합성 인덕턴스

자속 증가 : $L_{(+)} = L_1 + L_2 + 2M$, 자속 감소 : $L_{(-)} = L_1 + L_2 - 2M$

두 식을 연립하여 풀거나 식 (10.11)에 대입하면 상호 인덕턴스 M을 구할 수 있다.

$$\begin{cases} L_1 + L_2 + 2M = 30 \\ L_1 + L_2 - 2M = 14 \end{cases} \qquad \begin{array}{r} \cancel{L_1} + \cancel{L_2} + 2M = 30 \\ -\,)\ \cancel{L_1} + \cancel{L_2} - 2M = 14 \\ \hline 4M = 30 - 14 \end{array}$$

$$\therefore \quad M = \frac{30-14}{4} = 4\,[\text{mH}]$$

10.4 결합계수

두 코일 사이의 유도결합의 정도를 나타내는 양을 **결합계수**(coefficient of coupling) k라고 한다. 일반적으로 유도결합회로는 누설자속이 있기 때문에 자기 인덕턴스와 상호 인덕턴스의 관계는 $L_1 L_2 > M^2$이다. 따라서 두 코일의 자기 인덕턴스 L_1, L_2와 상호 인덕턴스 M은 결합계수 k의 관계식으로 다음과 같이 정의한다.

$$k = \frac{M}{\sqrt{L_1 L_2}} \quad \text{또는} \quad M = k\sqrt{L_1 L_2} \tag{10.22}$$

이 결합계수 k는 $0 \le k \le 1$ 사이의 값을 가지며, 다음과 같은 성질이 있다.

결합계수$(0 \le k \le 1)$

$$\begin{cases} k = 0 \ : \ \text{무유도 결합}(M = 0) \\ 0 \le k \le 1 \ : \ \text{일반적인 유도결합}(M = k\sqrt{L_1 L_2}) \\ k = 1 \ : \ \text{완전 결합}(M = \sqrt{L_1 L_2}) \end{cases}$$

자기 인덕턴스는 항상 양(+)의 값을 갖지만, 상호 인덕턴스는 전류의 방향과 쇄교 자속의 상호 관계에 의하여 양(+) 또는 음(−)의 값을 갖는다.

즉, 두 코일 사이에서 상호유도에 의해 **자속이 증가**할 때의 **상호 인덕턴스는 양(+)**, **자속이 감소**할 때의 **상호 인덕턴스는 음(−)의 값**을 갖는 성질이 있다.

예제 10.7

두 개의 코일이 있다. 각각의 자기 인덕턴스가 $0.4[\mathrm{H}]$, $0.9[\mathrm{H}]$이고, 상호 인덕턴스가 $0.36[\mathrm{H}]$일 때 결합계수 k를 구하라.

풀이 자기 인덕턴스와 상호 인덕턴스의 관계는 식 (10.22)에서 결합계수 k는

$$k = \frac{M}{\sqrt{L_1 L_2}} = \frac{0.36}{\sqrt{0.4 \times 0.9}} = \frac{0.36}{0.6} = 0.6$$

10.5 변압기의 회로해석

그림 10.12는 유도결합회로에서 대표적인 선형 변압기의 등가회로를 나타낸 것이다. 변압기는 두 코일 사이에는 전기적인 접속이 이루어지지 않고, 자기적 결합으로 전기 에너지를 전달할 수 있는 대표적인 전기기기이다. 임피던스 정합 및 최대전력 전송을 위한 통신 계통과 전력의 송배전용으로 교류 전압을 변성하기 위한 전력 계통에 주로 사용된다.

이 절은 유도결합회로에서 상호 인덕턴스의 영향을 조사하기 위하여 2차 회로가 없는 1차 회로만의 임피던스 $\boldsymbol{Z}_1$과 전원과 부하 사이에 변압기를 접속한 회로에서 전원 측에서 본 회로 전체의 임피던스, 즉 구동점 임피던스 $\boldsymbol{Z}_d$의 변화에 대해 배우기로 한다.

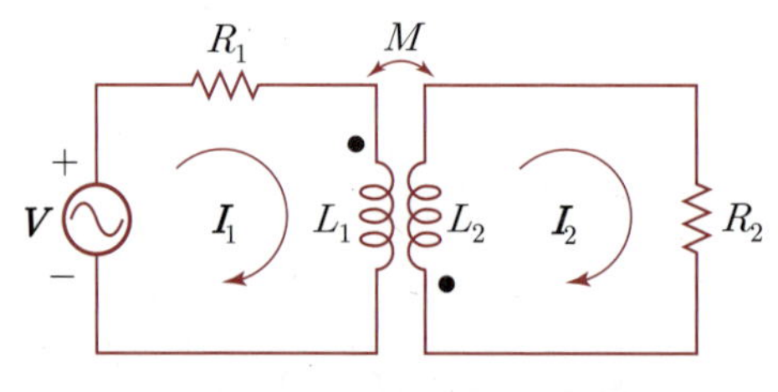

그림 10.12 ▸ 변압기의 유도결합회로

그림 10.12와 같이 1차와 2차 코일에서 점 찍힌 단자로 동시에 유입하도록 전류 $\boldsymbol{I}_1$, $\boldsymbol{I}_2$를 설정한 회로에서 상호 인덕턴스는 $+M$, 상호유도전압도 (+)의 부호이다. 즉, 키르히호프의 법칙(KVL)을 적용하여 전압 방정식을 세울 경우, 1차 회로는 $\boldsymbol{I}_2$에 의한 상호유도전압 $+j\omega M\boldsymbol{I}_2$, 2차 회로는 $\boldsymbol{I}_1$에 의한 상호유도전압 $+j\omega M\boldsymbol{I}_1$을 적용해야 한다.

$$\begin{cases} (R_1+j\omega L_1)\boldsymbol{I}_1+j\omega M\boldsymbol{I}_2=\boldsymbol{V} \\ j\omega M\boldsymbol{I}_1+(R_2+j\omega L_2)\boldsymbol{I}_2=0 \end{cases} \tag{10.23}$$

이다. 식 (10.23)으로부터 크래머의 공식에 의해 전류 $\boldsymbol{I}_1$을 구하면

$$\boldsymbol{I}_1=\frac{\begin{vmatrix} \boldsymbol{V} & j\omega M \\ 0 & R_2+j\omega L_2 \end{vmatrix}}{\begin{vmatrix} R_1+j\omega L_1 & j\omega M \\ j\omega M & R_2+j\omega L_2 \end{vmatrix}} \tag{10.24}$$

$$\therefore\ \boldsymbol{I}_1=\frac{(R_2+j\omega L_2)\boldsymbol{V}}{(R_1+j\omega L_1)(R_2+j\omega L_2)+(\omega M)^2} \tag{10.25}$$

가 된다. 따라서 전원 측에서 본 회로 전체의 임피던스, 즉 구동점 임피던스(driving impedance) $\boldsymbol{Z}_d$는 실수부와 허수부를 분리하여 나타내면 다음과 같이 구해진다.

$$\begin{aligned} \boldsymbol{Z}_d=\frac{\boldsymbol{V}}{\boldsymbol{I}_1}&=(R_1+j\omega L_1)+\frac{(\omega M)^2}{R_2+j\omega L_2} \\ &=\left(R_1+\frac{(\omega M)^2R_2}{{R_2}^2+(\omega L_2)^2}\right)+j\omega\left(L_1-\frac{(\omega M)^2L_2}{{R_2}^2+(\omega L_2)^2}\right) \end{aligned} \tag{10.26}$$

변압기 권선의 극성 표시 위치가 반대로 바뀌어 상호 인덕턴스의 부호가 음(−)인 $-M$이 되어도 식 (10.26)에서 M^2의 형태를 포함하고 있기 때문에 **극성 표시(•)에 무관한 동일한 구동점 임피던스**를 갖게 된다.

또 1차 회로만의 임피던스는 $\boldsymbol{Z}_1=R_1+j\omega L_1$이므로 **구동점 임피던스 Z_d의 실수부(저항)는 R_1보다 증가**하고, **허수부(리액턴스)는 L_1보다 감소**함을 알 수 있다.

결과적으로 변압기가 전원과 부하 사이에 접속함으로써 부하 임피던스가 변화된 것처럼 보이기 때문에 통신 계통의 임피던스 정합을 위해 많이 사용되고 있는 것이다.

예제 10.8

그림 10.13의 주어진 변압기 회로에서 전류 I_1, I_2, 구동점 임피던스 Z_d와 부하 전력 P_L을 각각 구하라. 단, $\boldsymbol{V}=40\underline{/0°}$ [V], $R_1=6[\Omega]$, $\omega L_1=8[\Omega]$, $R_2=4[\Omega]$, $\omega L_2=7[\Omega]$, $\omega M=2[\Omega]$이다.

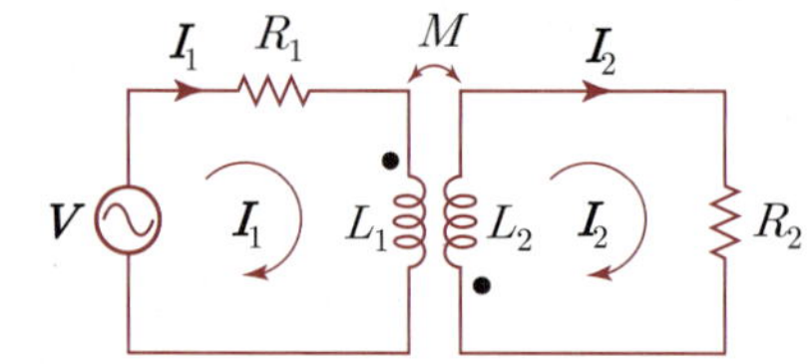

그림 10.13

풀이 전류 $\boldsymbol{I}_1$, $\boldsymbol{I}_2$를 시계 방향으로 설정하고, 권선에 점이 찍힌 위치가 극성 표시법을 만족하므로 상호 인덕턴스의 부호는 $+M$ 이다.

(1) 전류 $\boldsymbol{I}_1$, $\boldsymbol{I}_2$

$$\begin{cases}(6+j8)\boldsymbol{I}_1+j2\boldsymbol{I}_2=40\underline{/0°}\\ j2\boldsymbol{I}_1+(4+j7)\boldsymbol{I}_2=0\end{cases}$$

$$\boldsymbol{I}_1=\frac{\begin{vmatrix}40 & j2\\ 0 & 4+j7\end{vmatrix}}{\begin{vmatrix}6+j8 & j2\\ j2 & 4+j7\end{vmatrix}}=\frac{40(4+j7)}{(6+j8)(4+j7)+4}=2.59-j3.14$$

$$\boldsymbol{I}_2=\frac{\begin{vmatrix}6+j8 & 40\\ j2 & 0\end{vmatrix}}{\begin{vmatrix}6+j8 & j2\\ j2 & 4+j7\end{vmatrix}}=\frac{-j80}{(6+j8)(4+j7)+4}=-0.95+j0.36$$

(2) 구동점 임피던스 $\boldsymbol{Z}_d$(전원에서 2차측을 본 회로 전체 임피던스)

$$\boldsymbol{Z}_d=\frac{\boldsymbol{V}}{\boldsymbol{I}_1}=\frac{40}{2.59-j3.14}=6.25+j7.58\ [\Omega]$$

1차 회로만의 임피던스 $\boldsymbol{Z}_1=6+j8[\Omega]$이므로 **구동점 임피던스 Z_d의 실수부 ($6.25[\Omega]$)는 증가**하고, **허수부($7.58[\Omega]$)는 감소**함을 알 수 있다.

(3) 부하 전력 P_L(2차에 전달되는 전력)

$$P_L=I_2{}^2R_2=\left(\sqrt{0.95^2+0.36^2}\right)^2\times 4 \fallingdotseq 1.016^2\times 4 \fallingdotseq 4.13\ [\mathrm{W}]$$

10.6 변압기의 T 형 등가회로

유도결합회로의 회로 해석은 상호유도전압의 극성을 고려해야 하지만, 유도결합이 없는 무유도 회로의 회로 해석은 그러한 고려가 필요 없기 때문에 간편한 장점이 있다.

특히 **그림 10.12**의 유도결합회로에서 변압기 부분만을 취하여 **무유도의 T형 등가회로**로 변환하면 상호유도전압의 영향을 전혀 받지 않는 일반적인 인덕턴스로 구성된 회로 해석이 되므로 간편해진다.

(1) 코일에서 두 전류 동일 방향인 경우

그림 10.14(a)에서 상호유도전압의 극성을 고려한 각 코일의 단자전압 $\boldsymbol{V}_1$, $\boldsymbol{V}_2$는

$$\begin{cases} \boldsymbol{V}_1 = j\omega L_1 \boldsymbol{I}_1 + j\omega M \boldsymbol{I}_2 \\ \boldsymbol{V}_2 = j\omega L_2 \boldsymbol{I}_2 + j\omega M \boldsymbol{I}_1 \end{cases} \tag{10.27}$$

이다. 또 **그림 10.14**(b)의 T형 등가회로에서 인덕턴스의 값은 모두 무유도의 자기 인덕턴스에 해당되므로 회로 방정식은 다음과 같이 구해진다.

$$\begin{cases} \boldsymbol{V}_1 = j\omega(L_1 - M)\boldsymbol{I}_1 + j\omega M(\boldsymbol{I}_1 + \boldsymbol{I}_2) = j\omega L_1 \boldsymbol{I}_1 + j\omega M \boldsymbol{I}_2 \\ \boldsymbol{V}_2 = j\omega(L_2 - M)\boldsymbol{I}_2 + j\omega M(\boldsymbol{I}_1 + \boldsymbol{I}_2) = j\omega L_2 \boldsymbol{I}_2 + j\omega M \boldsymbol{I}_1 \end{cases} \tag{10.28}$$

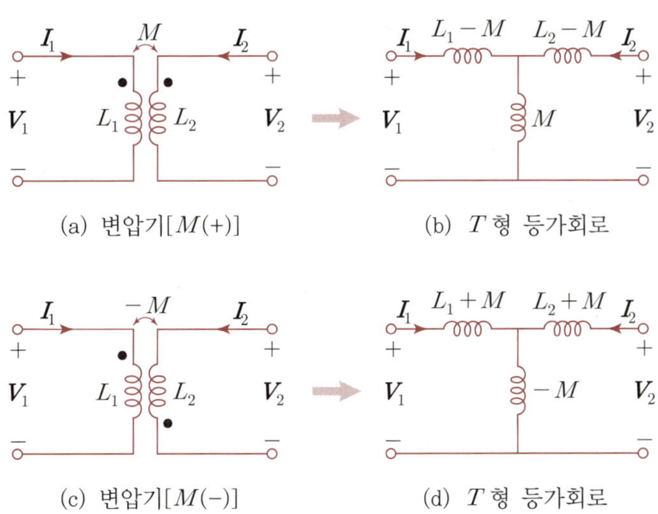

그림 10.14 ▸ 변압기의 T 형 등가회로(코일에서 전류의 동일 방향)

식 (10.27)과 식 (10.28)을 정리하면 서로 같아지므로 **그림 10.14**(a), (b)의 두 회로는 등가의 관계가 성립한다.

그림 10.14(c)에서 상호유도전압의 극성을 고려한 각 코일의 단자전압 $\boldsymbol{V}_1$, $\boldsymbol{V}_2$는

$$\begin{cases} \boldsymbol{V}_1 = j\omega L_1 \boldsymbol{I}_1 - j\omega M \boldsymbol{I}_2 \\ \boldsymbol{V}_2 = j\omega L_2 \boldsymbol{I}_2 - j\omega M \boldsymbol{I}_1 \end{cases} \tag{10.29}$$

이 되고, **그림 10.14**(d)의 무유도 T형 등가회로에서 인덕턴스는 모두 자기 인덕턴스에 해당되므로 회로 방정식은 다음과 같이 구해진다.

$$\begin{cases} \boldsymbol{V}_1 = j\omega(L_1 + M)\boldsymbol{I}_1 - j\omega M(\boldsymbol{I}_1 + \boldsymbol{I}_2) = j\omega L_1 \boldsymbol{I}_1 - j\omega M \boldsymbol{I}_2 \\ \boldsymbol{V}_2 = j\omega(L_2 + M)\boldsymbol{I}_2 - j\omega M(\boldsymbol{I}_1 + \boldsymbol{I}_2) = j\omega L_2 \boldsymbol{I}_2 - j\omega M \boldsymbol{I}_1 \end{cases} \tag{10.30}$$

식 (10.29)과 식 (10.30)을 정리하면 서로 같아지므로 **그림 10.14**(c), (d)의 두 회로는 등가의 관계가 성립한다.

(2) 코일에서 두 전류 반대 방향인 경우

그림 10.15는 변압기의 코일에서 1, 2차 전류가 반대 방향으로 흐르는 경우, 변압기의 유도결합회로를 T형 등가회로로 변환한 것이다. 변압기의 유도결합회로와 T형 등가회로의 회로 방정식을 위와 같은 방법으로 풀어보면 두 회로의 등가 관계가 성립하는 것을 확인할 수 있다.

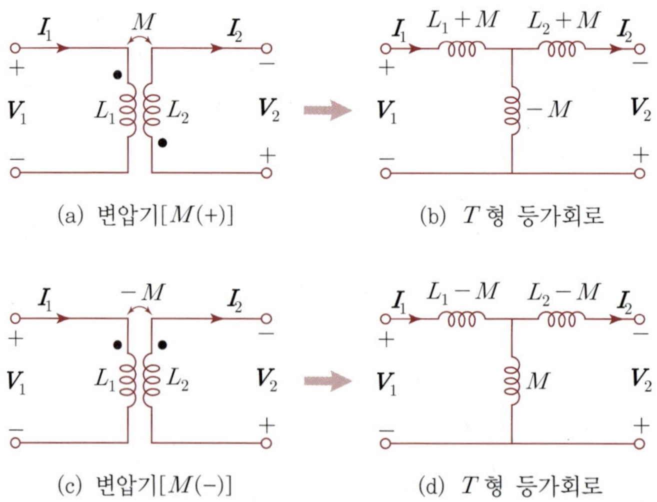

그림 10.15 ▸ 변압기의 T 형 등가회로(코일에서 전류의 반대 방향)

지금까지 전류의 방향과 극성 표시의 위치에 따른 여러 가지 변압기의 유도결합회로와 T형 등가회로를 가지고 전압 방정식이 일치한다는 것을 확인하면서 배웠다. 그러나 회로 해석에서 이와 같은 방법으로 일일이 확인하면서 등가회로를 나타내고 활용한다는 것은 매우 복잡하고 어려운 과정이다.

그림 10.14와 **그림 10.15**의 등가회로에서 구한 세 종류의 인덕턴스 값을 비교해보면 상호 인덕턴스의 부호 $\pm M$과 전류의 방향과는 관계가 없고, 단지 **점 찍힌 단자를 나타내는 극성 표시(•)의 위치에만 관계**하고 있음을 유추할 수 있다.

결론적으로 **그림 10.14**(a)와 **그림 10.15**(c)의 유도결합회로와 같이 **점이 찍힌 단자의 위치가 동일하면 인덕턴스의 값**은 M, $L_1 - M$, $L_2 - M$이다. 또 **그림 10.14**(c)와 **그림 10.15**(a)의 유도결합회로와 같이 **점이 찍힌 단자의 위치가 반대, 즉 대각선 위치로 되어 있으면 인덕턴스**는 M 대신에 $-M$을 대입하여 구한 $-M$, $L_1 + M$, $L_2 + M$이 된다.

이와 같은 등가회로는 물리적 의미를 논할 가치는 없으며, 단지 회로 해석을 간단히 하기 위한 수단임을 기억하기 바란다.

변압기의 유도결합회로에 대한 T형 등가회로의 극성 표시 위치에 따른 변환 관계를 쉽게 적용할 수 있도록 정리에 요약하였다.

정리 **변압기의 T 형 등가회로 변환**

(1) 전류방향은 고려하지 않고 **극성 표시를 나타낸 두 점(•)의 위치**만으로 인덕턴스의 부호를 결정한다.

(2) 극성 표시를 나타낸 점(•)이 동일 위치의 등가회로는 인덕턴스의 값이 M, $L_1 - M$, $L_2 - M$이다. 반대 위치(대각선 위치)의 등가회로는 동일 위치의 인덕턴스 값에서 M 대신에 $-M$을 대입한 $-M$, $L_1 + M$, $L_2 + M$이 된다.

극성 표시	변압기(유도결합회로)	T형 등가회로(무유도 회로)	인덕턴스
점 동일 위치	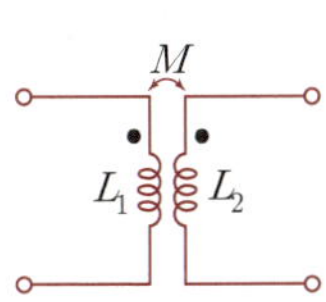	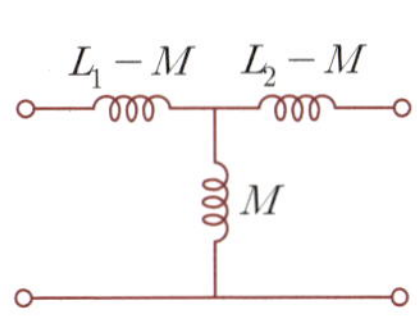	M $L_1 - M$ $L_2 - M$
점 반대 위치 (대각선 위치)	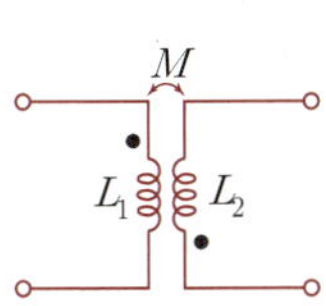	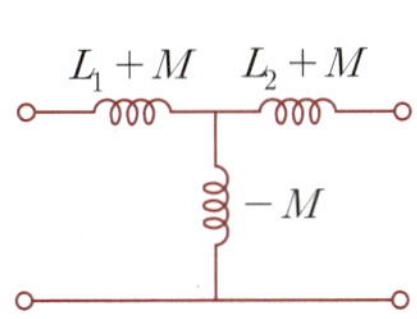	$-M$ $L_1 + M$ $L_2 + M$

예제 10.9

그림 10.16의 극성 표시 위치에 따른 코일의 병렬접속을 T형 등가회로로 나타내고 각각 합성 인덕턴스를 구하라.

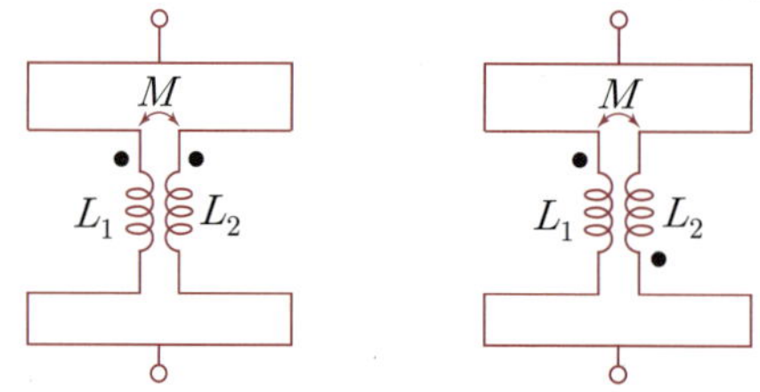

(a) 극성 동일 위치 (b) 극성 반대(대각선) 위치

그림 10.16

풀이 T형 등가회로로 변환하면 무유도 회로가 되기 때문에 자기 인덕턴스 합성법을 적용하여 간단히 구할 수 있다.

TIP T형 등가회로 변환 방법

① 극성(•) 동일 위치 : 자기 인덕턴스(M, $L_1 - M$, $L_2 - M$)

② 극성(•) 반대(대각선) 위치 : 자기 인덕턴스($-M$, $L_1 + M$, $L_2 + M$)

(1) **T형 등가회로**

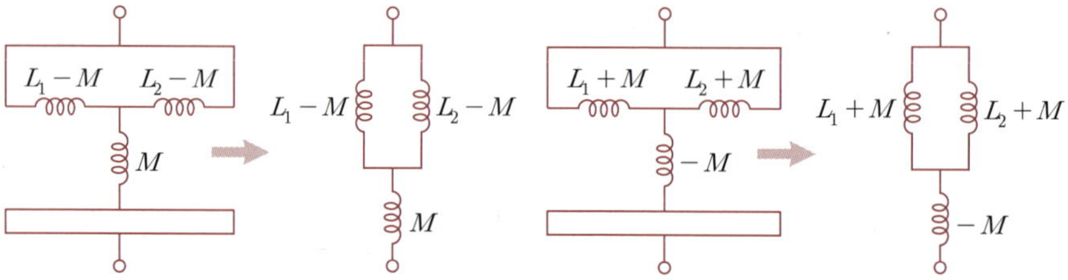

(a) 극성 동일 위치 (b) 극성 반대(대각선) 위치

그림 10.17 T형 등가회로

(2) **합성 인덕턴스**

그림 10.16(a) : $L = \dfrac{(L_1 - M)(L_2 - M)}{(L_1 - M) + (L_2 - M)} + M = \dfrac{L_1 L_2 - M^2}{L_1 + L_2 - 2M}$

그림 10.16(b) : $L = \dfrac{(L_1 + M)(L_2 + M)}{(L_1 + M) + (L_2 + M)} - M = \dfrac{L_1 L_2 - M^2}{L_1 + L_2 + 2M}$

제 10.3.2 절 코일의 병렬접속에서 유도결합회로의 회로 해석에 의한 결과인 식 (10.16), 식 (10.21)과 무유도의 T형 등가회로에 의한 결과와 잘 일치하고 있다.

예제 10.10

그림 10.18과 같은 단권 변압기에 부하 C를 연결하였다. 전류 I, I_1, I_2를 구하라. 단, $\omega L_1 = 2[\Omega]$, $\omega L_2 = 3[\Omega]$, $\omega M = 1[\Omega]$, $1/\omega C = 5[\Omega]$이다.

(1) T형 등가회로 이용 (2) 유도결합회로 직접 이용

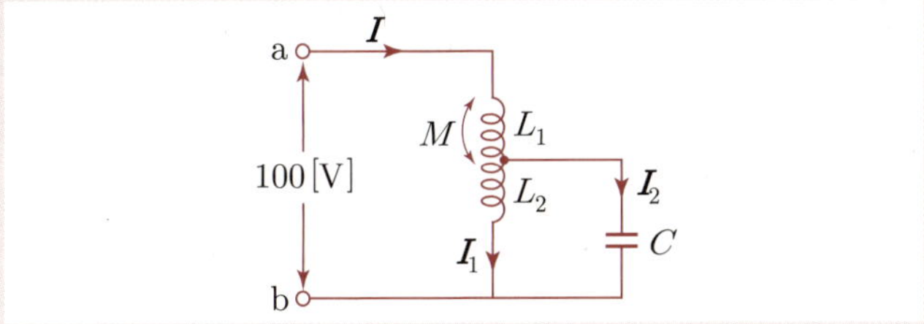

그림 10.18

풀이 단권 변압기의 극성 표시(•)는 권선이 일정한 방향으로 감겨있으므로 **그림 10.19**(a)와 같이 위쪽이 된다. 코일의 접합점을 연결한 도선을 오른쪽으로 당기면서 코일을 구부린다고 생각하면 점은 대각선 위치가 된다. 따라서 T형 등가회로는 자기 인덕턴스가 $-M$, L_1+M, L_2+M이고 **그림 10.19**(b)의 무유도 회로가 된다.

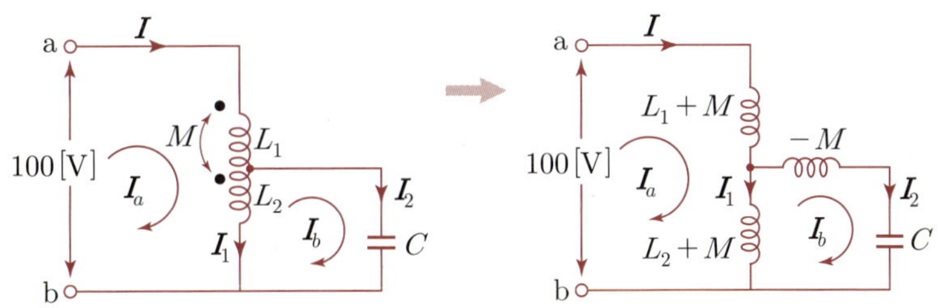

(a) 극성 표시 및 전류 설정 (b) T형 등가회로

그림 10.19

(1) T형 등가회로의 회로 해석(무유도 회로)[**그림 10.19**(b)]

$$\begin{cases} j(\omega L_1 + \omega M)\boldsymbol{I}_a + j(\omega L_2 + \omega M)(\boldsymbol{I}_a - \boldsymbol{I}_b) = \boldsymbol{V} \\ j(\omega L_2 + \omega M)(\boldsymbol{I}_b - \boldsymbol{I}_a) - j\left(\omega M + \dfrac{1}{\omega C}\right)\boldsymbol{I}_b = 0 \end{cases}$$

$$\begin{cases} \{j(\omega L_1 + \omega L_2 + 2\omega M)\}\boldsymbol{I}_a - j(\omega L_2 + \omega M)\boldsymbol{I}_b = \boldsymbol{V} \\ j(\omega L_2 + \omega M)\boldsymbol{I}_a - j\left(\omega L_2 - \dfrac{1}{\omega C}\right)\boldsymbol{I}_b = 0 \end{cases}$$

$$\begin{cases} j7\boldsymbol{I}_a - j4\boldsymbol{I}_b = 100 \\ j4\boldsymbol{I}_a + j2\boldsymbol{I}_b = 0 \end{cases} \qquad \therefore\ \boldsymbol{I}_a = -j\frac{20}{3},\ \ \boldsymbol{I}_b = j\frac{40}{3}$$

$$(\boldsymbol{I} = \boldsymbol{I}_a,\ \boldsymbol{I}_1 = \boldsymbol{I}_a - \boldsymbol{I}_b,\ \boldsymbol{I}_2 = \boldsymbol{I}_b)$$

$$\therefore \quad \boldsymbol{I} = -j\frac{20}{3}, \quad \boldsymbol{I}_1 = -j20, \quad \boldsymbol{I}_2 = j\frac{40}{3}$$

(2) 유도결합회로의 극성 표시법에 의한 회로 해석[**그림 10.19**(a)]

(a) 폐로 1 : 각 소자에 대한 전압강하와 전압 방정식

① L_1 : $j\omega L_1 \boldsymbol{I}_a - j\omega M(\boldsymbol{I}_b - \boldsymbol{I}_a)$

② L_2 : $j\omega L_2(\boldsymbol{I}_a - \boldsymbol{I}_b) + j\omega M\boldsymbol{I}_a$

∴ 전압 방정식 : $j\omega L_1 \boldsymbol{I}_a - j\omega M(\boldsymbol{I}_b - \boldsymbol{I}_a) + j\omega L_2(\boldsymbol{I}_a - \boldsymbol{I}_b) + j\omega M\boldsymbol{I}_a = \boldsymbol{V}$

(b) 폐로 2 : 각 소자에 대한 전압강하와 전압 방정식

① L_2 : $j\omega L_2(\boldsymbol{I}_b - \boldsymbol{I}_a) - j\omega M\boldsymbol{I}_a$

② C : $-j\dfrac{1}{\omega C}\boldsymbol{I}_b$

∴ 전압 방정식 : $j\omega L_2(\boldsymbol{I}_b - \boldsymbol{I}_a) - j\omega M\boldsymbol{I}_a - j\dfrac{1}{\omega C}\boldsymbol{I}_b = 0$

(c) 두 전압 방정식을 두 전류 $\boldsymbol{I}_1$, $\boldsymbol{I}_2$로 정리하면 다음과 같이 구해진다.

$$\begin{cases} \{j(\omega L_1 + \omega L_2 + 2\omega M)\}\boldsymbol{I}_a - j(\omega L_2 + \omega M)\boldsymbol{I}_b = \boldsymbol{V} \\ j(\omega L_2 + \omega M)\boldsymbol{I}_a - j\left(\omega L_2 - \dfrac{1}{\omega C}\right)\boldsymbol{I}_b = 0 \end{cases}$$

예제 10.4에서 R_2 대신에 C를 바꾼 회로와 동일한 결과를 보이고 있으며, T형 등가회로의 회로 해석에 의한 전압 방정식의 결과와도 잘 일치하고 있다.

10.7 이상 변압기

이상 변압기(ideal transformer)는 다음의 조건을 만족하는 가상적인 변압기이다.

(1) 두 코일의 결합계수가 1일 것(완전결합, $M = \sqrt{L_1 L_2}$)

(2) 코일에 관계된 손실이 0일 것

(3) 각 코일의 인덕턴스가 무한대일 것

(4) 1차 및 2차의 전력은 서로 같을 것($P_1 = P_2$)

이와 같은 조건을 만족하는 변압기는 물리적으로 실현할 수 없지만, 잘 설계된 철심 변압기는 이상 변압기에 가깝다고 할 수 있다.

그림 10.20은 이상 변압기의 표시를 극성 표시와 권수비로 나타낸 것이다.

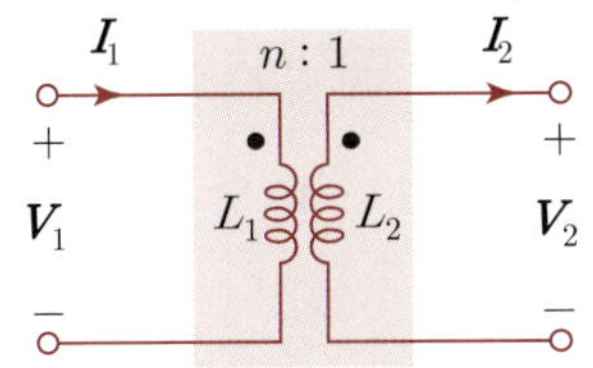

그림 10.20 ▸ 이상 변압기의 표시

이상 변압기의 특성을 나타내기 위한 중요한 파라미터로 1차 및 2차의 권수를 각각 N_1, N_2라고 할 때 **권수비**(turns ratio) n은 다음과 같다.

$$n = \frac{N_1}{N_2} \tag{10.31}$$

코일의 인덕턴스는 $L = \mu SN^2/l$ 로부터 권수 N^2에 비례($L \propto N^2$)하므로 인덕턴스비와 권수비의 관계는 다음과 같이 성립한다.

$$\frac{L_1}{L_2} = \left(\frac{N_1}{N_2}\right)^2 = n^2 \qquad \therefore\ n = \frac{N_1}{N_2} = \sqrt{\frac{L_1}{L_2}} \tag{10.32}$$

각 코일에 발생하는 유도 기전력(단자전압)은 $v = N(d\phi/dt)$이므로 전압 V는 권수 N에 비례($V \propto N$)한다. 따라서 전압비와 권수비의 관계는 다음과 같다.

$$n = \frac{N_1}{N_2} = \frac{V_1}{V_2} \tag{10.33}$$

또 이상 변압기의 1차 및 2차 회로의 전력은 서로 같다. 따라서 전류비와 권수비의 관계는 다음과 같이 성립한다.

$$P_1 = P_2,\ V_1I_1 = V_2I_2 \qquad \therefore\ \frac{I_2}{I_1} = \frac{V_1}{V_2} = \frac{N_1}{N_2} = n \tag{10.34}$$

이상의 결과들을 정리하면 다음과 같다.

$$n = \frac{N_1}{N_2} = \frac{V_1}{V_2} = \frac{I_2}{I_1} = \sqrt{\frac{L_1}{L_2}} \tag{10.35}$$

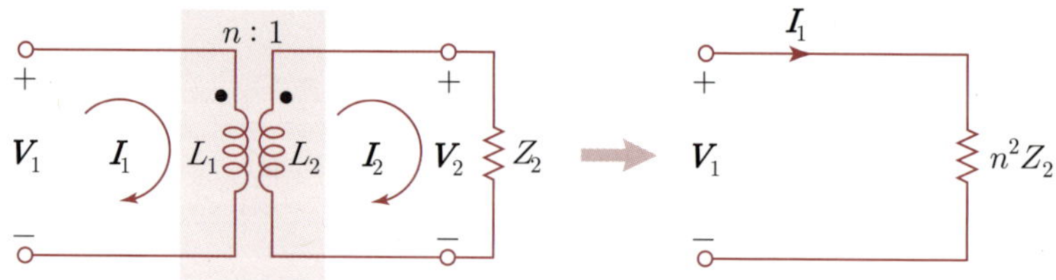

(a) 이상 변압기 접속 회로　　　(b) 2차를 1차로 환산한 임피던스

그림 10.21 ▸ 이상 변압기에 접속한 2차를 1차로 환산한 임피던스

그림 10.21(a)의 회로에서 전원의 1차에서 2차 측을 본 회로 전체 임피던스, 즉 구동점 임피던스 Z_1, 2차 측의 부하 임피던스 Z_2라 할 때,

$$Z_1 = \frac{V_1}{I_1}, \qquad Z_2 = \frac{V_2}{I_2} \tag{10.36}$$

가 된다. 위의 두 식을 나누어 다음과 같이 표현하면 변압기의 1차에서 2차 측을 본 구동점 임피던스, 즉 2차 임피던스를 1차로 환산한 임피던스 Z_1이 구해진다.

$$\frac{Z_1}{Z_2} = \frac{V_1}{I_1} \times \frac{I_2}{V_2} = \left(\frac{V_1}{V_2}\right) \times \left(\frac{I_2}{I_1}\right) = n^2 \tag{10.37}$$

$$\therefore \quad Z_1 = n^2 Z_2 \tag{10.38}$$

최대전력 전송을 하기 위하여 입력과 부하 측의 임피던스를 같게 하는 것을 **임피던스 정합**(impedance matching)이라 한다. 따라서 식 (10.38)은 두 회로를 가진 변압기를 한 회로의 등가회로로 환산하여 정합을 위한 주요 공식으로 회로 해석에 자주 이용된다.

정리 **이상 변압기의 주요 관계식**

(1) 권수비와 여러 변수와의 관계

$$n = \frac{N_1}{N_2} = \frac{V_1}{V_2} = \frac{I_2}{I_1} = \sqrt{\frac{L_1}{L_2}}$$

(2) 1차와 2차 회로의 전력 관계

$$P_1 = P_2 \ (V_1 I_1 = V_2 I_2)$$

(3) 변압기의 2차를 1차로 환산한 임피던스

$$Z_1 = n^2 Z_2$$

예제 10.11

그림 10.22와 같은 이상 변압기의 권수비가 $n_1 : n_2 = 1 : 3$ 일 때 단자 a, b에서 본 임피던스$[\Omega]$를 구하라.

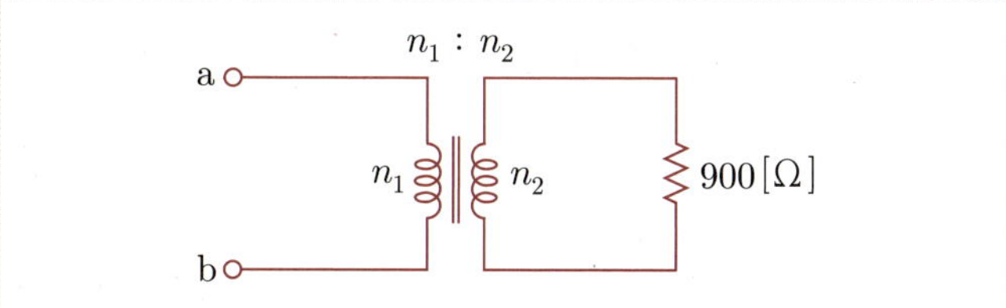

그림 10.22

풀이 권수비 n과 변압기의 2차 임피던스를 1차로 환산한 임피던스 Z_1의 식 (10.38)로부터 다음과 같이 구해진다.

$$n = \frac{n_1}{n_2} = \frac{1}{3}$$

$$\therefore \quad Z_1 = n^2 Z_2 = \left(\frac{1}{3}\right)^2 \times 900 = 100[\Omega]$$

연습문제

01 상호 인덕턴스 100[mH]인 회로의 1차 코일에 3[A]의 전류가 0.3초 동안에 18[A]로 변화할 때 2차 유도 기전력의 크기[V]를 구하라.

02 코일이 두 개 있다. 한 코일의 전류가 매초 150[A]일 때 다른 코일에는 75[V]의 기전력이 유기된다. 이 때 두 코일 사이의 상호 인덕턴스[H]를 구하라.

03 **그림 10.23**과 같이 두 코일의 인덕턴스가 $L_1 = 5$[H], $L_2 = 2$[H]이고 상호 인덕턴스가 $M = 3$[H]이다. 두 회로에 대해 극성 표시법으로 작성하고 합성 인덕턴스[H]를 각각 구하라.

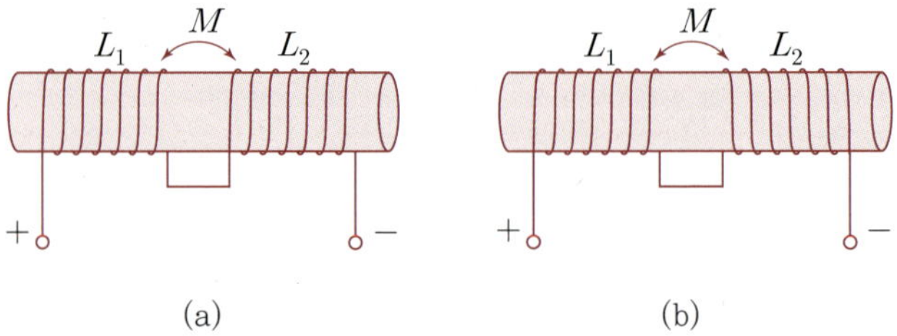

그림 10.23

04 **그림 10.24**와 같은 회로에서 단자 a, b간의 전압 $\boldsymbol{V}$를 전류 $\boldsymbol{I}$로 나타내고, 또 합성 인덕턴스 L_0을 구하라.

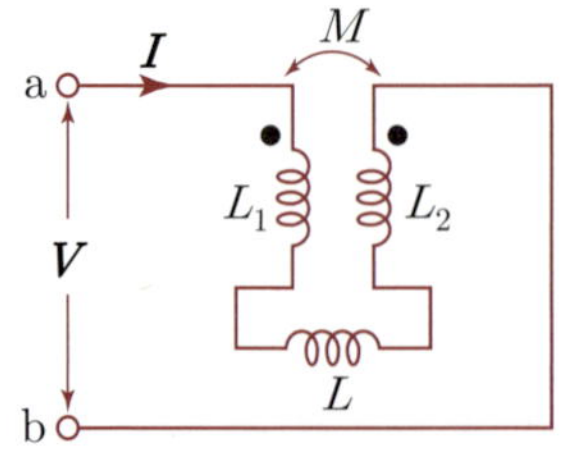

그림 10.24

05 그림 10.25와 같은 회로에서 $L_1 = 6[\text{mH}]$, $L_2 = 7[\text{mH}]$, $M = 5[\text{mH}]$, $R_1 = 4[\Omega]$, $R_2 = 9[\Omega]$이며 L_1과 L_2가 서로 유도 결합되어 있을 때, 단자전압 $\boldsymbol{V}$를 페이저 전류 $\boldsymbol{I}$로 나타내고 등가 직렬 임피던스 $\boldsymbol{Z}[\Omega]$를 구하라.(단, $\omega = 100[\text{rad/s}]$이다.)

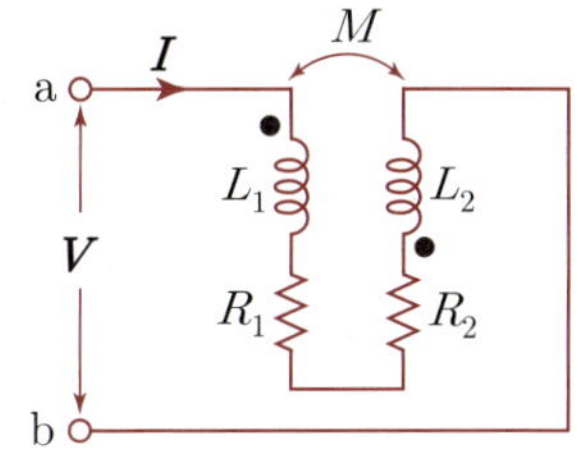

그림 10.25

06 $20[\text{mH}]$와 $60[\text{mH}]$의 두 인덕턴스가 병렬로 연결되어 있다. 합성 인덕턴스가 병렬로 연결되어 있다. 합성 인덕턴스[mH]를 구하라.

07 인덕턴스가 각각 $5[\text{H}]$, $3[\text{H}]$인 자속이 증가하는 방향으로 두 코일을 직렬로 연결하고 인덕턴스를 측정하였더니 $15[\text{H}]$였다. 두 코일간의 상호 인덕턴스[H]를 구하라.

08 두 개의 코일을 직렬로 접속하였더니 합성 인덕턴스가 $119[\text{mH}]$이고, 극성을 반대로 접속하였더니 합성 인덕턴스가 $11[\text{mH}]$이었다. 한 코일의 자기 인덕턴스를 $20[\text{mH}]$라고 할 때 결합계수 k를 구하라.

09 자기 인덕턴스 L_1, L_2가 각각 $4[\text{mH}]$, $9[\text{mH}]$인 두 코일이 완전결합(이상결합)되었을 때 상호 인덕턴스[mH]를 구하라.

10 $20[\text{mH}]$의 두 자기 인덕턴스가 있다. 결합계수를 0.1부터 0.9까지 변화시킬 수 있다면 이것을 접속시켜 얻을 수 있는 합성 인덕턴스의 최대값 $L_{max}[\text{mH}]$과 최소값 $L_{min}[\text{mH}]$을 각각 구하라.

힌트 $L_{max} = L_1 + L_2 + 2k\sqrt{L_1 L_2}$, $L_{min} = L_1 + L_2 - 2k\sqrt{L_1 L_2}$
(최대값과 최소값의 두 식에 모두 $k = 0.9$를 대입해야 조건을 만족함)

11 **그림 10.26**과 같은 캠벨 브리지(Campbell bridge) 회로에서 I_2가 0 이 되기 위한 C 의 값을 구하라.

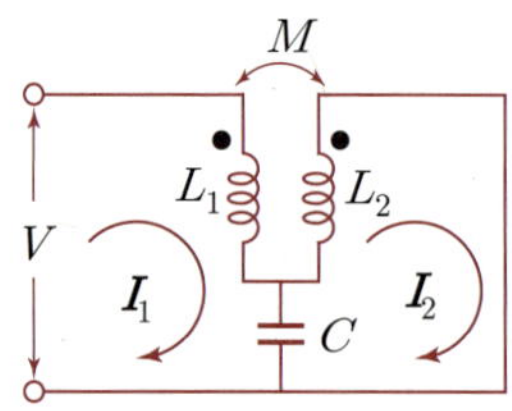

그림 10.26

힌트 2차 회로의 전압방정식에서 I_1 의 계수가 0 이 되는 조건으로 구함

12 **그림 10.27**의 변압기 회로에서 구동점 임피던스 Z_d 를 구하라.
단, V, $R_1 = 3[\Omega]$, $\omega L_1 = 4[\Omega]$, $R_2 = 5[\Omega]$, $\omega L_2 = 6[\Omega]$, $\omega M = 2[\Omega]$이다.

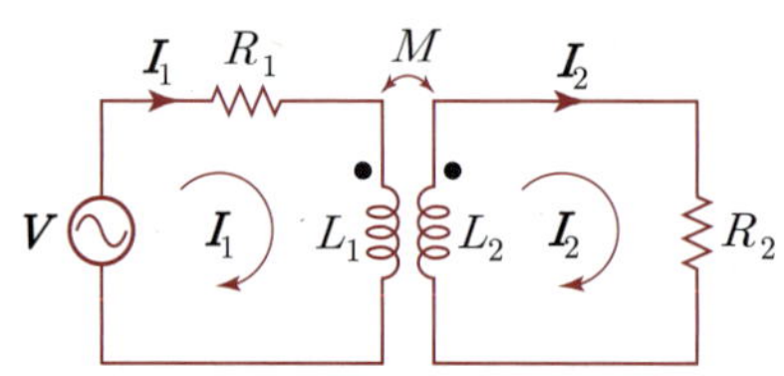

그림 10.27

13 **그림 10.28**과 같이 전원측 저항 R_1이 $100[\Omega]$, 부하 저항 $1[\Omega]$일 때, 이것에 변압비 $n : 1$의 이상 변압기를 써서 임피던스 정합을 취하려고 한다. 이 때 n 의 값을 구하라.

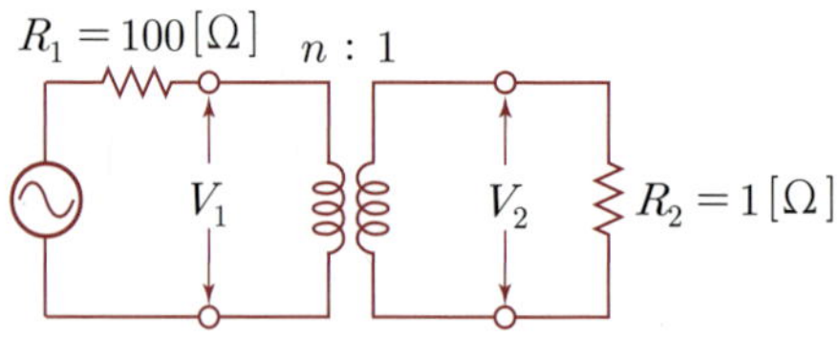

그림 10.28

힌트 **임피던스 정합**(impedance matching) : 입력과 부하측의 임피던스를 같게 하여 최대전력 전송을 하기 위한 것

Chapter 11

3상 교류회로

주파수는 같지만 위상이 다른 여러 개의 기전력이 동시에 존재하는 교류 방식을 **다상 방식**(polyphase system)이라 한다. 이에 반하여 지금까지 취급해왔던 기전력이 한 개만 존재하는 방식을 **단상 방식**(single phase system)이라 한다.

여러 개의 기전력이 동시에 존재하는 다상 방식 중에서 n개의 기전력이 존재하는 방식을 n상 방식이라 한다. n상 방식에서 n개의 기전력이 서로 크기가 같고 기전력 사이에 위상차가 $2\pi/n$[rad]로 같은 방식을 **대칭 다상 방식**이라 하며, 그렇지 않은 방식을 **비대칭 다상 방식**이라고 한다.

현재 다상 방식 중에서 3상 방식이 가장 많이 사용되고 있고, 발전, 송전, 배전 등의 전력계통에서 채택하여 운용되고 있다. 단상 방식에 비해 3상 교류와 같은 다상 방식을 채택하는 이유는 선로의 수를 줄일 수 있을 뿐만 아니라 선로의 전력손실을 경감시킬 수 있으며, 회전자계를 얻을 수 있는 장점이 있기 때문이다. 본 장에서는 3상 회로를 중심으로 회로 해석에 대해 학습하기로 한다.

11.1 대칭 3상 기전력의 발생

그림 11.1(a)와 같이 평등자계 내에서 동일 구조를 갖는 회전자 권선 세 개를 기계적으로 120°의 각으로 배치하고 반시계 방향으로 일정한 각속도 ω로 회전하고 있는 3상 교류발전기의 원리를 나타낸 것이다.

이때 각 권선의 양단에는 기전력의 크기와 주파수가 같고 120°의 위상차를 갖는 세 개의 **단상 기전력**이 유기되고, 회전자 권선의 회전이 반시계 방향으로 설정한 상태에서 v_a, v_b, v_c의 순서로 최대값에 도달한다. 단상 기전력의 순시값 v_a, v_b, v_c는

$$v_a = \sqrt{2}\,V\sin\omega t$$
$$v_b = \sqrt{2}\,V\sin(\omega t - 120°) \tag{11.1}$$
$$v_c = \sqrt{2}\,V\sin(\omega t - 240°) = \sqrt{2}\,V\sin(\omega t + 120°)$$

로 표현된다. **그림 11.1**(b)는 대칭 3상 기전력의 순시값을 나타낸 곡선이다. 이와 같이 기전력의 크기와 위상차가 같은 3개의 단상 기전력을 일괄하여 **대칭 3상 기전력** 또는 **대칭 3상전원**이라고 한다. 순시값 v_a, v_b, v_c를 페이저 $\boldsymbol{V}_a$, $\boldsymbol{V}_b$, $\boldsymbol{V}_c$로 변환하면

$$\boldsymbol{V}_a = V\underline{/0°} = V$$
$$\boldsymbol{V}_b = V\underline{/-120°} = V\left(-\frac{1}{2} - j\frac{\sqrt{3}}{2}\right) \tag{11.2}$$
$$\boldsymbol{V}_c = V\underline{/-240°} = V\underline{/120°} = V\left(-\frac{1}{2} + j\frac{\sqrt{3}}{2}\right)$$

이 된다. **그림 11.1**(c)는 3상 페이저 전압 $\boldsymbol{V}_a$, $\boldsymbol{V}_b$, $\boldsymbol{V}_c$를 나타낸 페이저도이다.

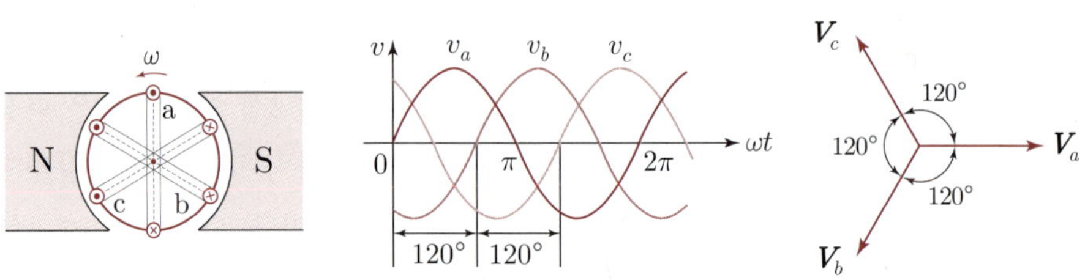

(a) 3상 발전기의 원리 (b) 3상 기전력의 순시값 (c) 페이저도(상순 abc)

그림 11.1 ▶ 대칭 3상 기전력

그림 11.1과 같이 회전자가 반시계 방향으로 가정할 때 3상 기전력의 순시값과 페이저도에서 위상이 앞선 것부터 시계 방향으로 **a상**, **b상**, **c상**이라 하고, 기전력이 유기되는 순서 abc를 **상순**이라고 한다. 또 각 권선에서 유기되는 단상 기전력 $\boldsymbol{V}_a$, $\boldsymbol{V}_b$, $\boldsymbol{V}_c$를 **상전압**이라고 한다. 상전압의 크기가 같고 120°의 위상차를 갖는 3상 기전력을 **대칭 3상전원**이라 하고, 또 세 개의 단상전압이 평형 관계를 이루고 있기 때문에 **평형 3상전원**이라고도 한다. 따라서 평형 3상전원의 합은 순시값과 페이저도로부터 항상 0이 된다.

$$\text{순시값 합 : } v_a + v_b + v_c = 0$$
$$\text{페이저 합 : } \boldsymbol{V}_a + \boldsymbol{V}_b + \boldsymbol{V}_c = 0 \tag{11.3}$$

예제 11.1

대칭 3상전원의 a 상 전압 $v_a = 100\sqrt{2}\sin(\omega t + 30°)$일 때 다음을 각각 구하라.

(1) 상전압 v_b, v_c **(2) $\boldsymbol{V}_a + \boldsymbol{V}_b + \boldsymbol{V}_c$의 합**

풀이 대칭 3상 전원은 기전력의 크기가 같고 상순 abc에 따라 위상차 120°의 관계를 적용하면 된다.(위상은 $-180° \le \theta \le 180°$의 범위로 표현하므로 c상은 120°)

(1) $v_b = 100\sqrt{2}\sin(\omega t + 30° - 120°) = 100\sqrt{2}\sin(\omega t - 90°)$

$v_c = 100\sqrt{2}\sin(\omega t + 30° + 120°) = 100\sqrt{2}\sin(\omega t + 150°)$

(2) 3상 전압의 순시값을 페이저로 변환한 후, 페이저의 합을 구한다.

$\boldsymbol{V}_a = 100\underline{/30°}$, $\boldsymbol{V}_b = 100\underline{/-90°}$, $\boldsymbol{V}_c = 100\underline{/150°}$

$\boldsymbol{V}_a + \boldsymbol{V}_b + \boldsymbol{V}_c = 100\underline{/30°} + 100\underline{/-90°} + 100\underline{/150°}$

$100\underline{/30°} = 100(\cos 30° + j\sin 30°) = 100\left(\frac{\sqrt{3}}{2} + j\frac{1}{2}\right)$

$100\underline{/-90°} = 100(\cos 90° - j\sin 90°) = -j100$

$100\underline{/150°} = 100(\cos 150° + j\sin 150°) = 100\left(-\frac{\sqrt{3}}{2} + j\frac{1}{2}\right)$

$\therefore$ $\boldsymbol{V}_a + \boldsymbol{V}_b + \boldsymbol{V}_c = 0$ (대칭 3상 전압의 합은 항상 0)

11.2 3상 전원의 결선법

3상 전원의 결선법은 세 개의 권선에서 각 단자간의 결합 방식에 따라 Y 결선과 Δ 결선이 있다.

(1) Y 결선

그림 11.2(a)와 같이 각 상의 한 단자를 공통으로 묶어 별 모양으로 결선한 방식을 **성형결선**(star connection) 또는 **Y 결선**이라 한다. 이때 각 상을 한 데 묶은 공통점 n을 **중성점**, 중성점 n에 연결되어 회로에서 사용하는 선을 **중성선**이라고 한다.

Y 결선에서 중성점 n과 단자 a, b, c 간의 각 기전력 $\boldsymbol{V}_a$, $\boldsymbol{V}_b$, $\boldsymbol{V}_c$를 **상전압**이라 하고, 단자 상호간의 전압 $\boldsymbol{V}_{ab}$, $\boldsymbol{V}_{bc}$, $\boldsymbol{V}_{ca}$를 **선간전압**이라 한다. 또 각 상에 흐르는 전류 $\boldsymbol{I}_a$,

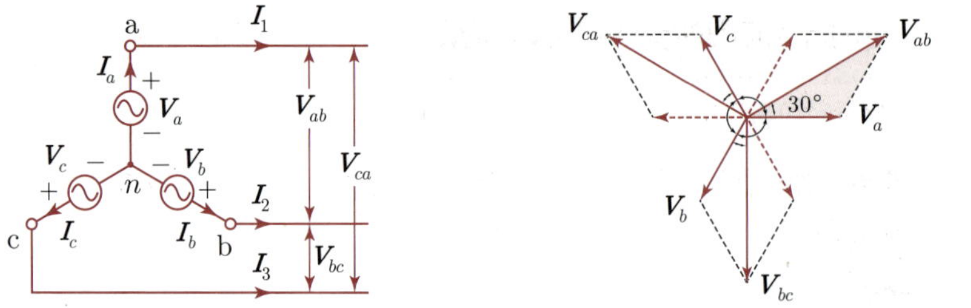

(a) Y 전원 회로 (b) 상전압과 선간전압의 페이저도

그림 11.2 ▶ 대칭 3상 Y 전원의 전압과 전류

I_b, I_c를 **상전류**라고 하고, 각 상과 부하측으로 연결된 선로에 흐르는 전류 I_1, I_2, I_3를 **선전류**라고 한다.

각 상전류 I_a, I_b, I_c와 이에 대응하는 각 선전류 I_1, I_2, I_3는 회로의 구조적인 특성으로 서로 크기와 위상이 같은 것을 알 수 있다. 즉,

$$I_1 = I_a, \quad I_2 = I_b, \quad I_3 = I_c \tag{11.4}$$

선간전압 V_{ab}, V_{bc}, V_{ca}를 전위와 전위차의 관계식으로 상전압 V_a, V_b, V_c로 표현하면 다음과 같다.

$$\begin{aligned} V_{ab} &= V_a - V_b = V_a + (-V_b) = \sqrt{3}\, V_a \underline{/30°} \\ V_{bc} &= V_b - V_c = V_b + (-V_c) = \sqrt{3}\, V_b \underline{/30°} \\ V_{ca} &= V_c - V_a = V_c + (-V_a) = \sqrt{3}\, V_c \underline{/30°} \end{aligned} \tag{11.5}$$

식 (11.5)의 선간전압은 페이저(벡터)의 평형사변형법을 적용하면 **그림 11.2**(b)와 같이 나타난다. 이로부터 선간전압과 상전압의 크기는 $V_{ab} = 2V_a \sin 60° = \sqrt{3}\, V_a$의 관계를 알 수 있고, 위상은 선간전압이 상전압보다 30° 앞서는 것을 확인할 수 있다.

이상의 결과로부터 Y 결선에서 대표적으로 선간전압 V_l, 상전압 V_p, 선전류 I_l, 상전류 I_p라고 하면 이들의 관계는 다음과 같이 정의할 수 있다.

(1) 선전류와 상전류는 크기와 위상이 같다.

$$I_l = I_p \;\; (I_l = I_p) \;\; [I_{선} = I_{상}] \tag{11.6}$$

(2) 선간전압은 상전압 크기의 $\sqrt{3}$배이고, 위상은 30° 앞선다.

$$V_l = \sqrt{3}\, V_p \underline{/30°} \;\; (V_l = \sqrt{3}\, V_p) \;\; [V_{선} = \sqrt{3}\, V_{상}] \tag{11.7}$$

예제 11.2

Y 결선된 대칭 3상 전원의 한 상의 전압이 $V_a = 220\underline{/30°}$ [V]일 때, 선간전압 V_{ab}, V_{bc}, V_{ca}를 각각 구하라. 단, 상순은 abc이다.

풀이 Y 결선의 선간전압은 상전압보다 $\sqrt{3}$배, 위상은 30° 앞서므로 식 (11.7)에 의하여 다음과 같이 구해진다.

$$V_{ab} = \sqrt{3}\, V_a \underline{/30°} = 220\sqrt{3}\,\underline{/30° + 30°} = 220\sqrt{3}\,\underline{/60°}\ [\mathrm{V}]$$

다른 선간전압은 위의 방법으로 구할 필요 없이 V_{ab}를 기준으로 크기는 같고 상순에 따라 위상차 120°의 관계를 적용하면 다음과 같이 구해진다.

$$V_{bc} = V_{ab}\underline{/-120°} = 220\sqrt{3}\,\underline{/60° - 120°} = 220\sqrt{3}\,\underline{/-60°}\ [\mathrm{V}]$$

$$V_{ca} = V_{ab}\underline{/120°} = 220\sqrt{3}\,\underline{/60° + 120°} = 220\sqrt{3}\,\underline{/180°}\ [\mathrm{V}]$$

(2) Δ 결선

그림 11.3(a)와 같이 각 상을 전위가 높은 쪽에서 낮은 쪽으로 교대로 접속하고, 이 접속점을 3상 전원의 세 단자가 되도록 결선하는 방식을 **환형 결선** 또는 **Δ 결선**(delta connection)이라 한다.

그림 11.3(a)의 Δ 결선에서 단자 a-b, b-c, c-a 간의 각 기전력 V_a, V_b, V_c를 **상전압**이라 하고, 단자 상호간의 전압 V_{ab}, V_{bc}, V_{ca}를 **선간전압**이라 한다. 또 각 상에 흐르는 전류 I_a, I_b, I_c를 **상전류**라고 하고, 각 상과 부하측으로 연결된 선로에 흐르는 전류 I_1, I_2, I_3를 **선전류**라고 한다.

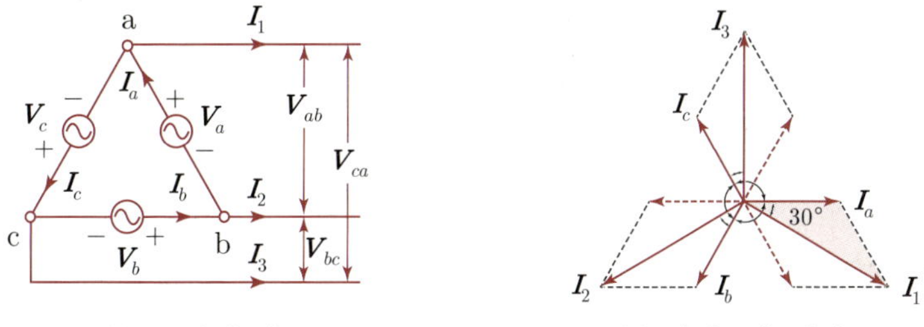

(a) Δ 전원 회로 (b) 상전류와 선전류

그림 11.3 ▶ 대칭 3상 Δ 전원의 전압과 전류

각 선간전압 $\boldsymbol{V}_{ab}$, $\boldsymbol{V}_{bc}$, $\boldsymbol{V}_{ca}$와 이에 대응하는 각 상전압 $\boldsymbol{V}_a$, $\boldsymbol{V}_b$, $\boldsymbol{V}_c$는 회로의 구조적인 특성으로 서로 크기와 위상이 같은 것을 알 수 있다. 즉,

$$\boldsymbol{V}_{ab} = \boldsymbol{V}_a,\quad \boldsymbol{V}_{bc} = \boldsymbol{V}_b,\quad \boldsymbol{V}_{ca} = \boldsymbol{V}_c \tag{11.8}$$

선전류 $\boldsymbol{I}_1$, $\boldsymbol{I}_2$, $\boldsymbol{I}_3$는 각 접속점에서 KCL을 적용하면 상전류 $\boldsymbol{I}_a$, $\boldsymbol{I}_b$, $\boldsymbol{I}_c$의 관계로부터

$$\begin{aligned} \boldsymbol{I}_1 &= \boldsymbol{I}_a - \boldsymbol{I}_c = \boldsymbol{I}_a + (-\boldsymbol{I}_c) = \sqrt{3}\,\boldsymbol{I}_a \underline{/-30^\circ} \\ \boldsymbol{I}_2 &= \boldsymbol{I}_b - \boldsymbol{I}_a = \boldsymbol{I}_b + (-\boldsymbol{I}_a) = \sqrt{3}\,\boldsymbol{I}_b \underline{/-30^\circ} \\ \boldsymbol{I}_3 &= \boldsymbol{I}_c - \boldsymbol{I}_b = \boldsymbol{I}_c + (-\boldsymbol{I}_b) = \sqrt{3}\,\boldsymbol{I}_c \underline{/-30^\circ} \end{aligned} \tag{11.9}$$

가 된다. 식 (11.9)의 선전류를 페이저(벡터)의 평형사변형법을 적용하면 **그림 11.3**(b)와 같이 상전류와 선전류의 관계를 구할 수 있다. 이로부터 선전류와 상전류의 크기는 $I_1 = 2I_a \sin 60^\circ = \sqrt{3}\,I_a$의 관계를 알 수 있고, 위상은 선전류가 상전류보다 30° 뒤지는 것을 확인할 수 있다.

이상의 결과로부터 대표적으로 Δ 결선에서 선간전압 $\boldsymbol{V}_l$, 상전압 $\boldsymbol{V}_p$, 선전류 $\boldsymbol{I}_l$, 상전류 $\boldsymbol{I}_p$라고 하면 이들의 관계는 다음과 같이 정의할 수 있다.

(1) 선간전압과 상전압은 크기와 위상이 같다.

$$\boldsymbol{V}_l = \boldsymbol{V}_p \;\; (V_l = V_p)\; [\,V_{선} = V_{상}] \tag{11.10}$$

(2) 선전류는 상전류 크기의 $\sqrt{3}$ 배이고, 위상은 30° 뒤진다.

$$\boldsymbol{I}_l = \sqrt{3}\,\boldsymbol{I}_p \underline{/-30^\circ} \;\; (I_l = \sqrt{3}\,I_p)\; [\,I_{선} = \sqrt{3}\,I_{상}] \tag{11.11}$$

정리 **Y 결선과 Δ 결선에서 상전압과 선간전압의 비교**

(1) Y 결선

① 선전류와 상전류는 크기와 위상이 같다. $[I_{선} = I_{상}]$

② 선간전압은 상전압 크기의 $\sqrt{3}$ 배이고, 위상은 30° 앞선다. $[V_{선} = \sqrt{3}\,V_{상}]$

(2) Δ 결선

① 선간전압과 상전압은 크기와 위상이 같다. $[V_{선} = V_{상}]$

② 선전류는 상전류 크기의 $\sqrt{3}$ 배이고, 위상은 30° 뒤진다. $[I_{선} = \sqrt{3}\,I_{상}]$

예제 11.3

Δ 결선된 대칭 3상 회로의 선전류가 $I_1 = 10\underline{/30°}$ [A]일 때, 각각의 상전류를 구하라. 단, 상순은 abc 이다.

풀이 Δ 결선의 상전류는 선전류보다 $1/\sqrt{3}$ 배, 위상은 30° 앞선다. 즉 식 (11.11)을 변형하면 상전류는 다음과 같이 구해진다.

$$I_a = \frac{1}{\sqrt{3}} I_1 \underline{/30°} = \frac{10}{\sqrt{3}} \underline{/60°} = 5.77\underline{/60°}\text{ [A]}$$

다른 상전류 I_b, I_c는 위의 방법으로 구할 필요 없이 I_a를 기준으로 크기는 같고 상순에 따라 위상차 120°의 관계를 적용하면 다음과 같이 구해진다.

$$I_b = I_a \underline{/-120°} = 5.77\underline{/60° - 120°} = 5.77\underline{/-60°}\text{ [A]}$$

$$I_c = I_a \underline{/120°} = 5.77\underline{/60° + 120°} = 5.77\underline{/180°}\text{ [A]}$$

11.3 평형 3상회로의 해석법

전원의 크기가 같고 각 상이 120°씩 위상차가 나는 대칭 3상 전원에 연결되는 3개의 부하 임피던스가 모두 같은 경우의 회로를 **평형 3상회로**라고 한다. 그렇지 않은 경우의 회로를 **불평형 3상회로**라고 한다.

평형 3상회로는 전원과 부하의 결선 상태에 따라 Y-Y, Y-Δ, Δ-Y, Δ-Δ의 4가지의 방식이 있다. 3상회로의 해석법은 페로 해석법을 적용하면 전압, 전류 또는 전력 등을 구할 수 있다. 그러나 평형 3상회로는 전원의 크기가 같고 위상차가 120°의 조건에 의해 한 상의 회로해석 결과를 이용하면 나머지 두 상에 대한 결과도 쉽게 구할 수 있는 특징이 있다.

평형 3상회로의 해석은 기본적으로 Y-Y회로를 이용하기 때문에 Y-Δ, Δ-Y, Δ-Δ의 방식과 같이 전원 또는 부하에 Δ 결선이 포함된 회로는 Y 결선으로 등가 변환하여 Y-Y형의 회로로 변형하는 것이 필요하다. 따라서 전원 및 부하의 Y↔Δ의 등가 변환을 먼저 배우고, 각 결선 방식에 따른 평형 3상회로의 해석법을 학습하기로 한다.

11.3.1 평형 3상 전원과 부하의 등가변환

그림 11.4(a)와 (b)의 두 전원회로가 외부회로에 대해 등가가 되기 위해서는 각 선간전압, 즉 단자전압 $\boldsymbol{V}_{ab}$, $\boldsymbol{V}_{bc}$, $\boldsymbol{V}_{ca}$는 같아야 할 것이다.

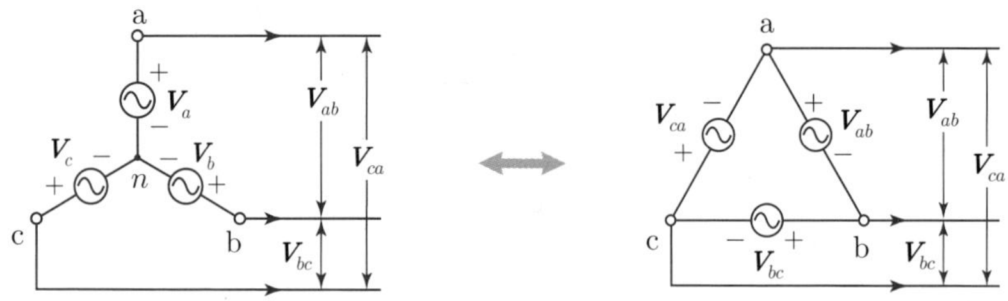

(a) Y 전원 (b) Δ 전원

그림 11.4 ▶ 3상 전원의 등가 변환

그림 11.4(a), (b)에서 Y 전원의 상전압은 $\boldsymbol{V}_a$, $\boldsymbol{V}_b$, $\boldsymbol{V}_c$이고, Δ 전원의 상전압은 선간전압과 같으므로 $\boldsymbol{V}_{ab}$, $\boldsymbol{V}_{bc}$, $\boldsymbol{V}_{ca}$이다. Δ 전원의 상전압은 Y 전원의 선간전압과 같기 때문에 Y-Δ 전원의 상전압(기전력)에 대한 상호 등가 변환은 결국 Y 결선에서 상전압과 선간전압의 관계가 된다. 따라서 식 (11.5)로부터 다음과 같이 구할 수 있다.

① Y 전원 → Δ 전원으로 변환

$$\begin{aligned} \boldsymbol{V}_{ab} &= \boldsymbol{V}_a - \boldsymbol{V}_b = \sqrt{3}\,\boldsymbol{V}_a \underline{/30^\circ} \\ \boldsymbol{V}_{bc} &= \boldsymbol{V}_b - \boldsymbol{V}_c = \sqrt{3}\,\boldsymbol{V}_b \underline{/30^\circ} \\ \boldsymbol{V}_{ca} &= \boldsymbol{V}_c - \boldsymbol{V}_a = \sqrt{3}\,\boldsymbol{V}_c \underline{/30^\circ} \end{aligned} \tag{11.12}$$

② Δ 전원 → Y 전원으로 변환(식 (11.12)의 식 변환)

$$\begin{aligned} \boldsymbol{V}_a &= \frac{1}{\sqrt{3}}\boldsymbol{V}_{ab} \underline{/-30^\circ} \\ \boldsymbol{V}_b &= \frac{1}{\sqrt{3}}\boldsymbol{V}_{bc} \underline{/-30^\circ} \\ \boldsymbol{V}_c &= \frac{1}{\sqrt{3}}\boldsymbol{V}_{ca} \underline{/-30^\circ} \end{aligned} \tag{11.13}$$

앞에서 언급하였지만 3상 회로해석은 Y-Y회로를 주로 이용하기 때문에 $\Delta \rightarrow$ Y 전원으로 등가 변환하는 식 (11.13)을 기억해야 한다.

$\Delta \rightarrow$ Y 전원(기전력)의 등가 변환은 Y 결선의 선간전압을 상전압으로 변환하는 관계와 같고, 이를 페이저도로 나타내면 **그림 11.5**와 같이 그려진다.

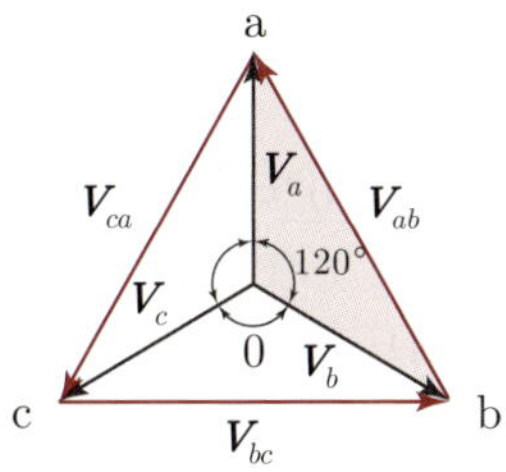

그림 11.5 ▶ $\Delta \leftrightarrow$ Y **전원의 등가변환 페이저도**

그림 11.5의 페이저도는 벡터의 차를 **그림 6.8**(b)와 같이 기하학적으로 나타낸 것이다. Y와 Δ의 전원의 크기는 $V_{ab} = 2V_a \sin 60° = \sqrt{3}\,V_a$의 관계이고, 벡터(페이저)는 벡터의 상등에 의해 평행이동해도 동일한 벡터가 된다. 따라서 V_{ab}를 점 0로 평행 이동시켜 V_a와 두 시점을 일치시키면 V_a의 위상은 V_{ab}보다 30° 뒤지는 것을 알 수 있다.

즉, Y의 기전력 V_a는 Δ의 기전력 V_{ab}의 $1/\sqrt{3}$ 배가 되고, 위상은 30° 뒤진다.

그림 11.5의 페이저도는 **그림 11.2**(b)와 같은 것이고, 이 페이저도의 작성법을 이용하면 다상회로의 상전압과 선간전압의 크기 및 위상 관계를 쉽게 파악할 수 있는 장점이 있다. 이상의 결과로부터 Y 전원과 Δ 전원의 상호 변환은

$$V_Y = \frac{1}{\sqrt{3}} V_\Delta \underline{/-30°}, \qquad V_\Delta = \sqrt{3}\,V_Y \underline{/30°} \tag{11.14}$$

의 관계가 성립하고, 각 상의 전원은 각각 120°의 위상차를 갖는다.

전원의 상호 변환은 대칭 3상 전원에서 식 (11.14)에 의해 a상의 전압을 구하고 나머지 전압은 상순에 따라 위상차 120°의 관계를 적용하여 간단히 구할 수 있다.

부하 임피던스의 Δ – Y 등가 변환은 제 3.5 절 저항의 Δ – Y 등가 변환에서 배운 식 (3.11)을 그대로 적용할 수 있고, 회로해석에서는 $\Delta \rightarrow$Y변환이 주로 사용된다. 즉,

$$Z_Y = \frac{1}{3} Z_\Delta \quad \text{또는} \quad Z_\Delta = 3Z_Y \tag{11.15}$$

예제 11.4

평형 3상 Δ 전원의 한 상의 전압 $V_{ab} = 220\angle 0°$ [V]일 때 Y 전원으로 등가 변환하여 V_a, V_b, V_c를 구하라.

풀이 Y 전원의 상전압 $\boldsymbol{V}_a$, $\boldsymbol{V}_b$, $\boldsymbol{V}_c$라고 할 때 Y 전원의 크기는 Δ 전원의 $1/\sqrt{3}$ 배, 위상은 30° 뒤지는 관계이다. 식 (11.14)에 의하여 $\boldsymbol{V}_a$는

$$\boldsymbol{V}_a = \frac{1}{\sqrt{3}}\boldsymbol{V}_{ab}\angle -30° = \frac{220}{\sqrt{3}}\angle -30° = 127\angle -30° \text{ [V]}$$

다른 상전압 $\boldsymbol{V}_b$, $\boldsymbol{V}_c$는 평형 3상 전원이므로 $\boldsymbol{V}_a$를 기준으로 크기는 같고 상순에 따라 위상차 120°의 관계를 적용하면 다음과 같이 간단히 구해진다.

$$\boldsymbol{V}_b = \boldsymbol{V}_a\angle -120° = 127\angle -30° - 120° = 127\angle -150° \text{ [V]}$$

$$\boldsymbol{V}_c = \boldsymbol{V}_a\angle 120° = 127\angle -30° + 120° = 127\angle 90° \text{ [V]}$$

11.3.2 평형 3상회로의 해석

평형 3상회로의 해석은 대표적으로 **Y-Y회로**에서 **등가 단상회로**를 이용한다. 따라서 Y-Δ, Δ-Y, Δ-Δ의 3상회로는 평형 3상전원이나 부하 임피던스의 Δ결선을 Y결선으로 변환하여 Y-Y등가 3상회로로 변형하여 해석한다.

그러나 Δ-Δ 회로에서 선로 임피던스가 있는 경우와 불평형 3상회로는 Y-Y회로로 반드시 변환하여 해석하지만, 평형 3상회로에서 선로 임피던스가 없고 부하 임피던스만 있는 회로는 변환하지 않고 직접 간단히 해석하는 방법이 있다.

본 절에서는 평형 3상회로에서 Y-Y회로와 부하 임피던스만 있는 경우의 Δ-Δ 회로의 기본 해석법을 먼저 배우고 나머지 결선 방식에 따른 회로해석도 학습하기로 한다.

(1) Y-Y 회로

그림 11.6(a)의 평형 3상 Y-Y회로에서 중성점 n, n' 사이의 전압 $\boldsymbol{V}_{n'n}$을 밀만의 정리에 의해 구해보자.

제 3.8 절의 저항회로에서 **밀만의 정리**에 의한 식 (3.12)의 개방전압 V_{ab}에서 전압원 V, 컨덕턴스 G 대신에 전압 페이저 $\boldsymbol{V}$, 어드미턴스 $\boldsymbol{Y}$로 각각 대치하면 교류회로에서

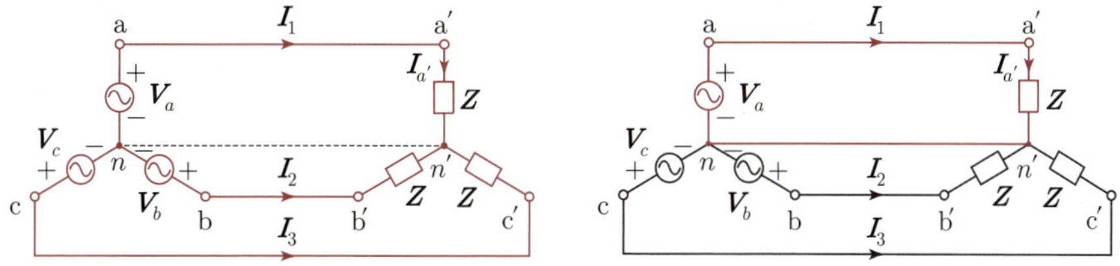

(a) 평형 3상회로(Y-Y) (b) 등가 단상회로

그림 11.6 ▶ 평형 3상 Y-Y회로와 등가 단상회로

의 개방전압 V_{ab}는 다음과 같이 표현할 수 있다.

$$V_{ab} = \frac{Y_1 V_1 + Y_2 V_2 + Y_3 V_3}{Y_1 + Y_2 + Y_3} \quad \left(V_{ab} = \frac{\sum_{i=1}^{n} Y_i V_i}{\sum_{i=1}^{n} Y_i} \right) \tag{11.16}$$

그림 11.6(a)에서 3상 전원을 중심으로 하여 반시계 방향으로 90° 회전시키면 **그림 11.7**과 같고, **밀만의 정리**의 식 (11.16)에 의해 **중성점 전압** $V_{n'n}$은

$$V_{n'n} = \frac{\dfrac{V_a}{Z} + \dfrac{V_b}{Z} + \dfrac{V_c}{Z}}{\dfrac{1}{Z} + \dfrac{1}{Z} + \dfrac{1}{Z}} = \frac{1}{3}(V_a + V_b + V_c) = 0 \tag{11.17}$$

이다. 여기서 평형 3상전원의 합은 식 (11.3)과 같이 항상 0이기 때문이다.

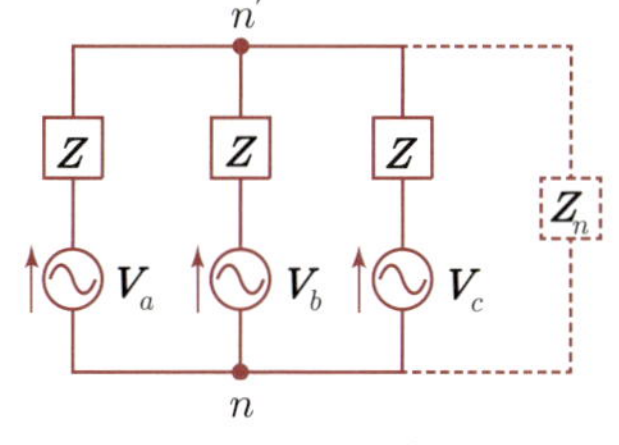

그림 11.7 ▶ 밀만의 정리($V_{nn'}$)

이로부터 **그림 11.6**(a)의 점선과 같이 중성선을 접속하거나 **그림 11.7**의 점선과 같이 중성선에 Z_n이 접속된 경우라도 평형 3상회로에서는 중성점 전압이 0이고 전류도 흐르

지 않기 때문에 다른 회로 부분에 영향을 주지 않는다.

따라서 **그림 11.6**(a)의 **Y-Y 회로**는 **그림 11.6**(b)와 같이 n, n'에 중성선을 연결하고 **색선(color line)의 회로**로 나타낸 한 상, 즉 a상 회로에 대한 **등가 단상회로**로 해석한다. 등가 단상회로에서 **부하의 상전류** $\boldsymbol{I}_a'$을 구하고, 이 상전류는 **선전류** $\boldsymbol{I}_1$과 같게 된다. 즉 선전류 $\boldsymbol{I}_1$은 다음과 같이 구한다. 이로부터 나머지 선전류 $\boldsymbol{I}_2$, $\boldsymbol{I}_3$는 $\boldsymbol{I}_1$을 기준으로 상순에 따라 위상차 120°를 고려해 주면 간단히 구할 수 있다.

$$\boldsymbol{I}_1 = \boldsymbol{I}_a' = \frac{\boldsymbol{V}_a}{\boldsymbol{Z}}, \quad \boldsymbol{I}_2 = \boldsymbol{I}_1 \underline{/-120^\circ}, \quad \boldsymbol{I}_3 = \boldsymbol{I}_1 \underline{/120^\circ} \tag{11.18}$$

Y 결선에서 부하전류는 각 상전류가 되고, 회로의 구조적인 특성으로부터 각 상전류에 대응하는 선전류 $\boldsymbol{I}_1$와도 같은 것을 알 수 있다.

$$\boldsymbol{I}_a' = \boldsymbol{I}_1, \quad \boldsymbol{I}_b' = \boldsymbol{I}_2, \quad \boldsymbol{I}_c' = \boldsymbol{I}_3 \tag{11.19}$$

예제 11.5

그림 11.8(a)의 평형 3상 Y-Y 회로에서 선전류와 부하의 각 소자에 걸리는 전압을 구하라.

풀이

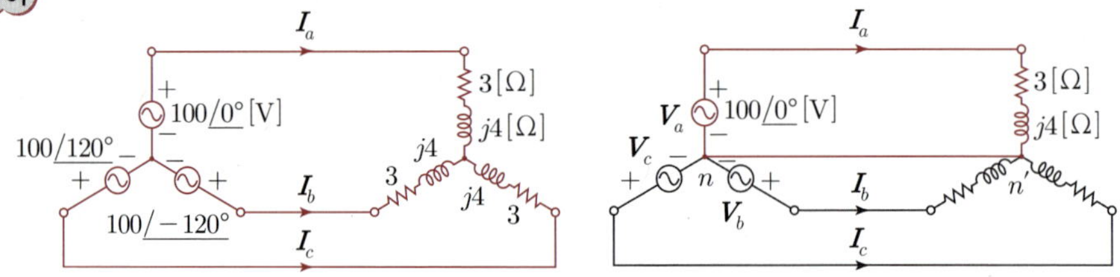

(a) 평형 3상회로(Y-Y)　　　(b) 등가 단상회로

그림 11.8 ▸ 평형 3상 Y-Y 회로

평형 3상 Y-Y 회로이므로 **그림 11.8**(b)와 같이 중성점 n, n'에 중성선을 연결하고 a상 회로에 대한 등가 단상회로로 해석한다. 단상회로의 부하측 상전류는 회로의 선전류와 같다. 즉, 선전류 $\boldsymbol{I}_a$는

$$\boldsymbol{I}_a = \frac{\boldsymbol{V}_a}{\boldsymbol{Z}} = \frac{100\underline{/0^\circ}}{3+j4} = \frac{100\underline{/0^\circ}}{5\underline{/53.1^\circ}} = 20\underline{/-53.1^\circ}\,[\text{A}]$$

이고, 상순 abc에 따라 다른 선전류 $\boldsymbol{I}_b$, $\boldsymbol{I}_c$는 다음과 같이 구해진다.

$$\boldsymbol{I}_b = \boldsymbol{I}_a \angle -120° = 20\angle -53.1° - 120° = 20\angle -173.1° \,[\mathrm{A}]$$
$$\boldsymbol{I}_c = \boldsymbol{I}_a \angle 120° = 20\angle -53.1° + 120° = 20\angle 66.9° \,[\mathrm{A}]$$

부하에 걸리는 a상의 $\boldsymbol{V}_R$, $\boldsymbol{V}_L$은 다음과 같이 구해진다.

$$\boldsymbol{V}_R = R\boldsymbol{I}_a = 3 \times 20\angle -53.1° = 60\angle -53.1° \,[\mathrm{V}]$$
$$\boldsymbol{V}_L = jX_L\boldsymbol{I}_a = j4 \times 20\angle -53.1° = (4\angle 90°)(20\angle -53.1°) = 80\angle 36.9° \,[\mathrm{V}]$$

부하 저항에 걸리는 전압 : 60[V], 부하 리액턴스에 걸리는 전압 : 80[V]

(2) Δ-Δ 회로

(2-1) 선로 임피던스가 없는 경우

그림 11.9(a)의 평형 3상 Δ-Δ 회로에서 **선로 임피던스가 없는 경우**에 선전류와 부하의 상전류, 즉 부하전류를 구해보자.

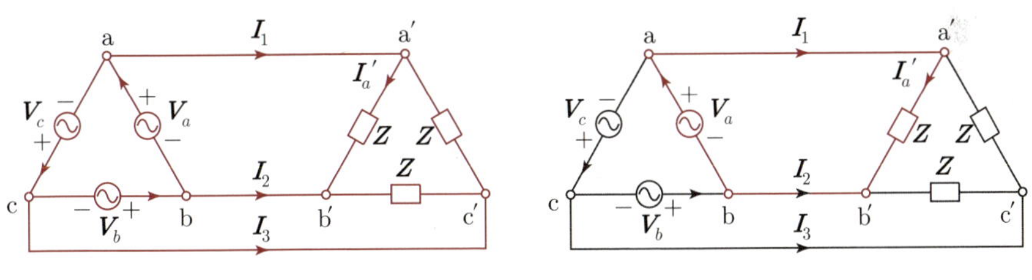

(a) 평형 3상회로(Δ-Δ)　　(b) 등가 단상회로

그림 11.9 ▶ 평형 3상 Δ-Δ 회로의 등가 단상회로

그림 11.9(a)의 Δ-Δ 회로는 **그림 11.9**(b)와 같이 **색선(color line)의 회로**로 나타낸 한 상, 즉 a상의 회로에 대한 **등가 단상회로**로부터 **부하의 상전류 $\boldsymbol{I}_a'$**을 구한다.

Δ 결선에서 선전류 $\boldsymbol{I}_1$은 부하전류 $\boldsymbol{I}_a'$ 크기의 $\sqrt{3}$ 배($I_{선} = \sqrt{3}\, I_{상}$)이고, 위상은 30° 뒤지는 상전류와 선전류의 관계의 식 (11.11)을 적용하여 **선전류 $\boldsymbol{I}_1$**을 구한다.

$$\boldsymbol{I}_a' = \frac{\boldsymbol{V}_a}{\boldsymbol{Z}} \qquad \therefore\; \boldsymbol{I}_1 = \sqrt{3}\,\boldsymbol{I}_a' \angle -30° \tag{11.20}$$

다른 선전류 I_2, I_3는 I_1에 대해 상순에 따라 위상차 120°를 고려해 주어 다음과 같이 간단히 구한다.

$$I_2 = I_1 \angle -120°,\quad I_3 = I_1 \angle 120° \tag{11.21}$$

(2-2) 선로 임피던스가 있는 경우

그림 11.10(a)의 평형 3상 Δ-Δ 회로에서 **선로 임피던스가 있는 경우**에 선전류와 부하의 상전류, 즉 부하전류를 구해보자.

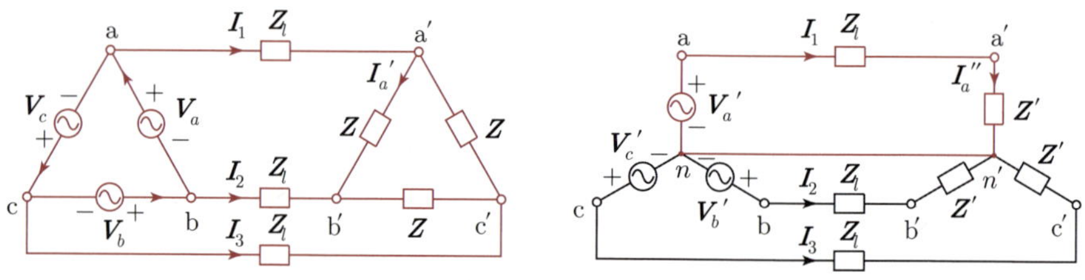

(a) 평형 3상회로(Δ-Δ) (b) Y-Y변형회로(등가 단상회로)

그림 11.10 ▶ 평형 3상 Δ-Δ 회로의 Y-Y변형회로(등가 단상회로)

그림 11.10(a)의 Δ-Δ 회로에서 선로 임피던스가 있는 경우의 회로해석은 다음의 3단계에 의하여 구한다.

(1) 전원 및 부하 임피던스를 식 (11.14)와 식 (11.15)에 의해 $\Delta \rightarrow$ Y로 각각 등가 변환하고 **그림 11.10**(b)와 같이 Y-Y회로로 변형한다.

$$V_a' = \frac{V_a}{\sqrt{3}} \angle -30°,\quad V_b' = V_a' \angle -120°,\quad V_c' = V_a' \angle 120°$$
$$Z' = \frac{Z}{3} \tag{11.22}$$

(2) 변형한 Y-Y회로를 한 상에 대해 등가 단상회로로 해석하여 위에서 배운 Y-Y회로 해석법에 따라 **선전류**를 구한다.

그림 11.10(b)와 같이 **색선(color line)의 회로**로 나타낸 한 상, 즉 a상의 회로에 대한 **등가 단상회로**로부터 변형 Y회로의 상전류 I_a''을 구한다. 이 I_a''이 원 회로의 선전류 I_1과 일치한다. **선전류** I_1은 회로의 합성 임피던스가 $Z_l + Z'$이므로

$$I_1 = I_a'' = \frac{V_a'}{Z_l + Z'} \tag{11.23}$$

이고, 식 (11.22)를 대입하여 구할 수 있다. 다른 선전류 I_2, I_3는 I_1을 기준으로 상순에 따라 위상차 120°를 고려해 주어 다음과 같이 간단히 구한다.

$$I_2 = I_1 \underline{/-120°}, \quad I_3 = I_1 \underline{/120°} \tag{11.24}$$

(3) **부하전류** I_a' 은 단계 (2)에서 구한 선전류 I_1을 **그림 11.10**(a)에서 Δ 결선의 상전류와 선전류의 관계의 식 (11.11)을 적용하여 다음과 같이 구한다.

$$I_a' = \frac{1}{\sqrt{3}} I_1 \underline{/30°} \tag{11.25}$$

다른 부하전류 I_b', I_c' 은 I_a' 을 기준으로 상순에 따라 위상차 120°를 고려해 주어 다음과 같이 간단히 구한다.

$$I_b' = I_a' \underline{/-120°}, \quad I_c' = I_a' \underline{/120°} \tag{11.26}$$

예제 11.6

그림 11.11(a)의 평형 3상 Δ-Δ 회로에서 선전류와 부하의 각 소자에 걸리는 전압을 구하라.

풀이

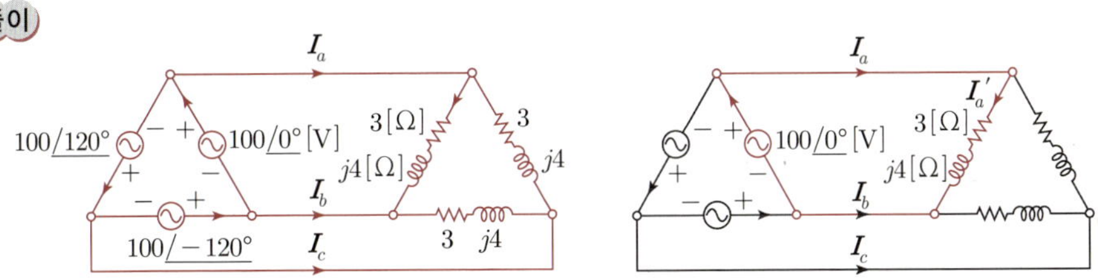

(a) 평형 3상회로(Δ-Δ)　　(b) 등가 단상회로

그림 11.11 ▸ 평형 3상 Δ-Δ 회로

평형 3상 Δ-Δ 회로이므로 **그림 11.11**(b)의 색선(color line)의 회로로 나타낸 한 상, 즉 a상의 회로에 대한 등가 단상회로로 해석한다. 이로부터 식 (11.20)에 의해 부하의 상전류 I_a' 과 선전류 I_a을 구한다.

$$I_a' = \frac{V_a}{Z} = \frac{100\angle 0°}{3+j4} = \frac{100\angle 0°}{5\angle 53.1°} = 20\angle -53.1° \,[\mathrm{A}]$$

$$I_a = \sqrt{3}\,I_a'\angle -30° = \sqrt{3}\,(20\angle -53.1°)(1\angle -30°)$$
$$= 20\sqrt{3}\angle -83.1° \,[\mathrm{A}]$$

다른 선전류 I_b, I_c는 상순 abc에 따라 다음과 같이 구해진다.

$$I_b = I_a\angle -120° = 20\sqrt{3}\angle -83.1° - 120° = 20\sqrt{3}\angle -203.1° \,[\mathrm{A}]$$
$$= 20\sqrt{3}\angle 156.9° \,[\mathrm{A}]$$

$$I_c = I_a\angle 120° = 20\sqrt{3}\angle -83.1° + 120° = 20\sqrt{3}\angle 36.9° \,[\mathrm{A}]$$

부하에 걸리는 a상의 V_R, V_L은 부하전류 I_a'에 의해 다음과 같이 구해진다.

$$V_R = RI_a' = 3 \times 20\angle -53.1° = 60\angle -53.1° \,[\mathrm{V}]$$
$$V_L = jX_L I_a' = j4 \times 20\angle -53.1° = (4\angle 90°)(20\angle -53.1°)$$
$$= 80\angle 36.9° \,[\mathrm{V}]$$

부하 저항에 걸리는 전압 : 60[V], 부하 리액턴스에 걸리는 전압 : 80[V]

예제 11.7

그림 11.12(a)의 평형 3상 Δ-Δ 회로에서 선로 임피던스가 $3+j2\,[\Omega]$, 부하 임피던스 $15+j12\,[\Omega]$일 때 선전류 I_a 및 부하전류 I_a'의 크기를 구하라.

풀이

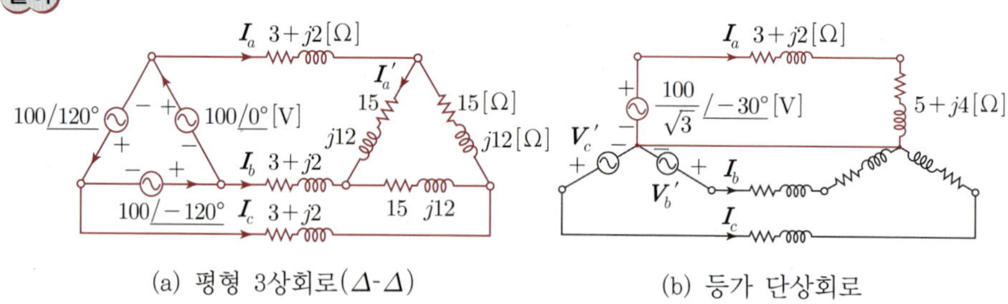

그림 11.12 ▶ 평형 3상 Δ-Δ 회로

평형 3상 Δ-Δ 회로에서 선로 임피던스가 있으므로 Y-Y 회로로 변형한다. 즉 a상의 기전력과 선로와 부하 임피던스의 합성 임피던스는 각각 다음과 같다.

$$V_a' = \frac{100}{\sqrt{3}} \underline{/-30^\circ} = 57.7 \underline{/-30^\circ} \ [\text{V}]$$

$$Z = Z_l + \frac{Z_L}{3} = 3 + j2 + \frac{15 + j12}{3} = 8 + j6 = 10 \underline{/36.9^\circ} \ [\Omega]$$

그림 11.12(b)의 색선(color line)의 회로로 나타낸 한 상, 즉 a상의 회로에 대한 등가 단상회로로 해석한다. 이로부터 식 (11.23)에 의해 선전류 I_a는

$$I_a = \frac{V_a'}{Z} = \frac{57.7 \underline{/-30^\circ}}{10 \underline{/36.9^\circ}} = 5.77 \underline{/-66.9^\circ} \ [\text{A}]$$

이다. 다른 선전류 I_b, I_c는 상순 abc에 따라 다음과 같이 구해진다.

$$I_b = I_a \underline{/-120^\circ} = 5.77 \underline{/-66.9^\circ - 120^\circ} = 5.77 \underline{/-186.9^\circ} \ [\text{A}]$$
$$= 5.77 \underline{/173.1^\circ} \ [\text{A}]$$

$$I_c = I_a \underline{/120^\circ} = 5.77 \underline{/-66.9^\circ + 120^\circ} = 5.77 \underline{/53.1^\circ} \ [\text{A}]$$

부하전류 I_a'는 **그림 11.12**(a)에서 선전류 I_a의 관계의 식 (11.25)에 의해 다음과 같이 구해진다.

$$I_a' = \frac{I_a}{\sqrt{3}} \underline{/30^\circ} = \frac{5.77}{\sqrt{3}} \underline{/-66.9^\circ + 30^\circ} = 3.33 \underline{/-36.9^\circ} \ [\text{A}]$$

선전류 : 5.77[A], 부하전류 : 3.33[A]

(3) Δ-Y, Y-Δ 회로

Δ-Y와 Y-Δ 결선의 회로해석은 기본적으로 다음의 2단계에 의해 전압, 전류 및 전력 등을 구할 수 있다.

(1) 평형 3상전원이나 부하 임피던스의 Δ 결선을 식 (11.14) 또는 식 (11.15)에 의해 Y 결선으로 등가 변환하여 **Y-Y회로**로 변형한다.

(2) **그림 11.6**의 Y-Y회로 해석법에 따라 a상의 회로에 대한 **등가 단상회로**로부터 선전류 및 부하전류를 구한다.

결론적으로 Δ-Y와 Y-Δ 결선은 Y-Y회로로 변형하여 해석하기 때문에 평형 3상회로의 해석은 Y-Y 및 Δ-Δ 회로에 대한 등가 단상회로로 해석하는 방법을 정확히 파악하고 있으면 모든 평형 3상회로의 해석을 간단히 해결할 수 있다.

이제 앞에서 주어진 예제와 다른 형태인 전원부가 전압의 크기만 주어진 회로의 해석에 대해 예제를 통하여 알아보고, 이의 회로 해석법도 동일한 유형임을 확인할 수 있다.

예제 11.8

(1) 그림 11.13(a)와 같이 선간전압이 $220\,[\mathrm{V}]$인 대칭 3상 전원에 임피던스가 $Z = 8 + j6\,[\Omega]$인 평형 3상 Y 결선 부하를 연결하였을 때 상전류[A]의 크기를 구하라.

(2) 그림 11.13(b)와 같이 한 상의 임피던스가 $Z = 6 + j8\,[\Omega]$인 평형 Δ 부하에 대칭인 선간전압 $200\,[\mathrm{V}]$를 인가하였을 때, 상전류 및 선전류[A]의 크기를 구하라.

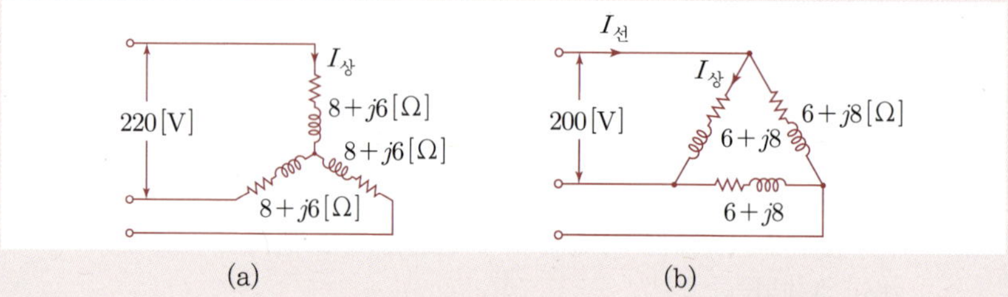

그림 11.13

풀이

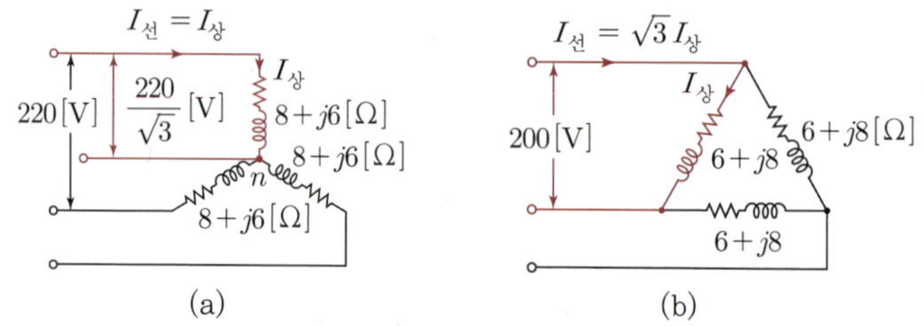

그림 11.14

(1) 평형 3상 Y 회로이므로 **그림 11.14**(a)와 같이 n에 중성선을 연결하여 a상에 대한 등가 단상회로로 해석한다. Y 결선의 상전압과 한 상의 부하 임피던스의 크기로부터 상전류는 다음과 같이 구해진다.

$$V_{상} = \frac{V_{선}}{\sqrt{3}} = \frac{220}{\sqrt{3}}\,[\mathrm{V}], \quad Z = \sqrt{8^2 + 6^2} = 10\,[\Omega]$$

$$\therefore\ I_{상}\,(= I_{선}) = \frac{V_{상}}{Z} = \frac{220/\sqrt{3}}{10} = 12.7\,[\mathrm{A}]$$

(2) 평형 3상 Δ 회로이므로 **그림 11.14**(b)와 같이 등가 단상회로로 해석한다. Δ 결선의 상전압과 한 상의 부하 임피던스로부터 부하 임피던스에 흐르는 상전류는

$$V_{상} = V_{선} = 200\,[\mathrm{V}], \quad Z = \sqrt{6^2 + 8^2} = 10\,[\Omega]$$

$$\therefore \; I_{상} = \frac{V_{상}}{Z} = \frac{200}{10} = 20\,[\mathrm{A}]$$

가 얻어진다. 또 선전류는 Δ 결선에서 상전류의 관계로부터 다음과 같이 구해진다.

$$I_{선} = \sqrt{3}\, I_{상} = 20\sqrt{3}\,[\mathrm{A}]$$

예제 11.9

(1) 전압 $200\,[\mathrm{V}]$의 3상회로에 그림 11.15(a)와 같은 평형 부하를 접속했을 때 선전류$[\mathrm{A}]$의 크기를 구하라. 단, $R = 9\,[\Omega]$, $\dfrac{1}{\omega C} = 4\,[\Omega]$이다.

(2) 그림 11.15(b)와 같이 Δ로 접속된 부하에서 각 선로의 저항은 $R = 1\,[\Omega]$이고, 부하의 임피던스는 $Z = 6 + j12\,[\Omega]$이다. 단자 간에 $200\,[\mathrm{V}]$의 평형 3상 전압을 인가하였을 때 부하의 상전류$[\mathrm{A}]$의 크기를 구하라.

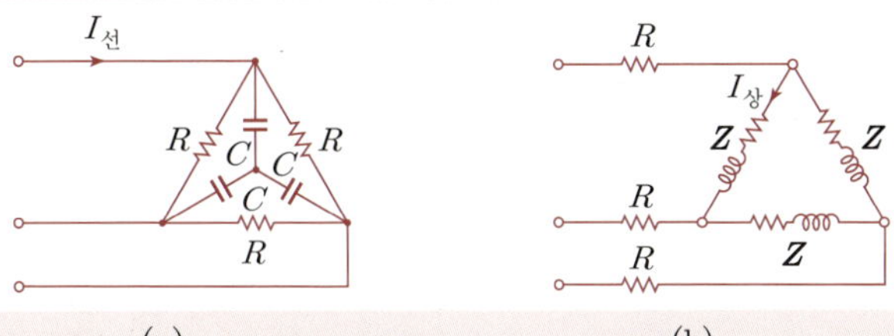

그림 11.15

풀이

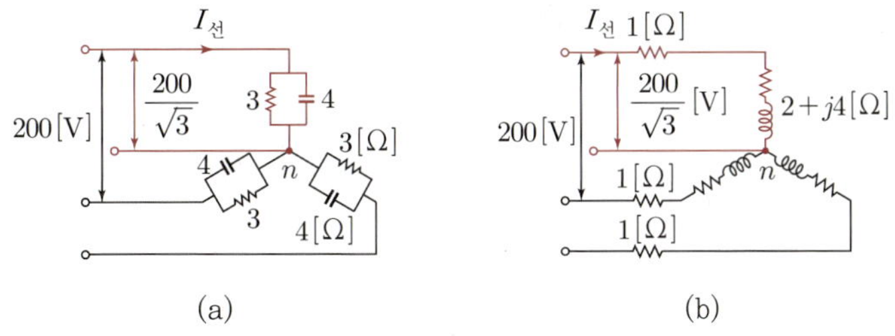

그림 11.16

(1) 저항 R이 접속된 Δ를 Y로 등가 변환하면 **그림 11.16**(a)와 같이 각 상의 임피던스는 RC 병렬회로가 되고 어드미턴스 $\boldsymbol{Y}$는

$$\boldsymbol{Y} = \frac{1}{3} + j\frac{1}{4} = \frac{5}{12}\angle 36.9° \,[\mho]$$

가 된다. 변환된 Y회로의 n에 중성선을 연결하여 a상에 대한 등가 단상회로로 해석한다. 변환 Y회로의 상전류는 주어진 회로의 선전류와 같다. 따라서 선전류는 다음과 같이 구해진다.

$$I_{선}\,(=I_{상}) = YV_{상} = \frac{5}{12} \times \frac{200}{\sqrt{3}} = 48.1\,[\mathrm{A}]$$

(2) 선로에 저항이 있으므로 Δ를 Y결선으로 변환하고, **그림 11.16**(b)와 같이 n에 중성선을 연결하여 a상에 대한 등가 단상회로로 해석한다. 1상의 임피던스 $\boldsymbol{Z}_p$는

$$\boldsymbol{Z}_p = 1 + \frac{\boldsymbol{Z}}{3} = 1 + \frac{6+j12}{3} = 3 + j4 = 5\angle 53.1° \,[\Omega]$$

가 된다. 이때 변환된 Y결선의 상전류는 원 회로의 선전류가 되고, 선전류는

$$I_{선} = \frac{V_{상}}{Z_p} = \frac{200}{5\sqrt{3}} = 23.09\,[\mathrm{A}]$$

가 구해진다. 또 선전류로부터 **그림 11.15**(b)의 상전류는 다음과 같이 구해진다.

$$I_{상} = \frac{1}{\sqrt{3}} I_{선} = \frac{1}{\sqrt{3}} \times 23.09 = 13.33\,[\mathrm{A}]$$

11.4 불평형 3상회로의 해석법

일반적으로 3상회로는 평형 3상회로가 되도록 설계하여 운영되고 있지만, 전원측의 사고나 부하측의 불평형으로 인하여 불평형 3상회로가 되는 경우가 발생한다.

불평형 3상회로의 해석은 일반적으로 대칭좌표법이 있지만 간단한 방법이라고 할 수 없다. 그러므로 간단한 **불평형 3상회로의 해석**은 다음의 방법 등이 이용된다.

(1) 중성점 전압에 의한 방법

(2) 폐로 해석법(KVL)에 의한 방법

본 절에서는 중성점 전압에 의한 회로해석을 위주로 설명하고, 간단한 불평형 3상회로에서 폐로해석법을 적용하는 방법에 대해 학습하기로 한다.

(1) 3상 3선식 Y-Y 회로

그림 11.17(a)의 대칭 3상전원과 불평형 3상부하가 연결된 불평형 3상 3선식 Y-Y회로에서 **중성점 전압을 이용**하여 선전류를 구하는 방법에 대해 알아본다.

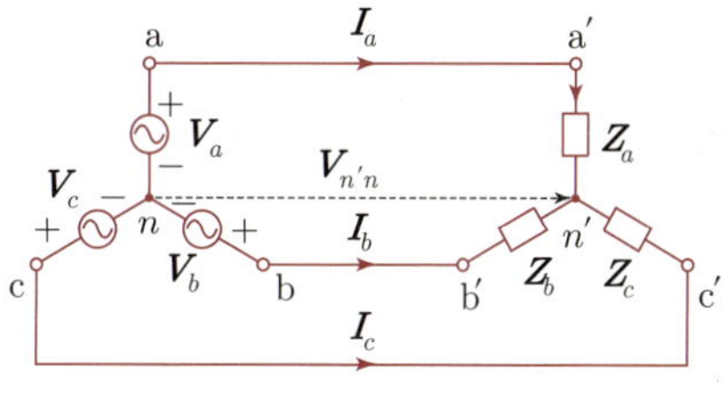

(a) 중성점 전압 $V_{n'n}$

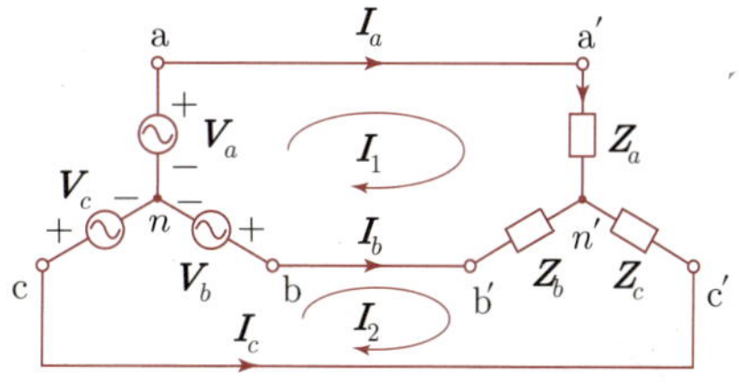

(b) 폐로해석법

그림 11.17 ▸ 3상 3선식 불평형 3상회로

중성점 n, n' 사이의 **중성점 전압** $\boldsymbol{V}_{n'n}$ 은 밀만의 정리에 의해

$$\boldsymbol{V}_{n'n} = \frac{\boldsymbol{Y}_a \boldsymbol{V}_a + \boldsymbol{Y}_b \boldsymbol{V}_b + \boldsymbol{Y}_c \boldsymbol{V}_c}{\boldsymbol{Y}_a + \boldsymbol{Y}_b + \boldsymbol{Y}_c} \tag{11.27}$$

$$\text{단, } \boldsymbol{Y}_a = \frac{1}{\boldsymbol{Z}_a},\ \boldsymbol{Y}_b = \frac{1}{\boldsymbol{Z}_b},\ \boldsymbol{Y}_c = \frac{1}{\boldsymbol{Z}_c}$$

가 구해진다. 각 상에 대해 전원, 중성점 전압, 부하 임피던스가 연결된 등가 단상회로를 고려하여 옴의 법칙을 적용하면 각 회로에 흐르는 **선전류**는

$$\begin{aligned} \boldsymbol{I}_a &= \boldsymbol{Y}_a(\boldsymbol{V}_a - \boldsymbol{V}_{n'n}) \\ \boldsymbol{I}_b &= \boldsymbol{Y}_b(\boldsymbol{V}_b - \boldsymbol{V}_{n'n}) \\ \boldsymbol{I}_c &= \boldsymbol{Y}_c(\boldsymbol{V}_c - \boldsymbol{V}_{n'n}) \end{aligned} \tag{11.28}$$

으로 구해진다. 3상 3선식 불평형회로에서 중성점 전압은 존재하지만, 중성선이 없으므로 선전류의 합은 0이다. 즉,

$$\boldsymbol{V}_{n'n} \neq 0,\quad \boldsymbol{I}_a + \boldsymbol{I}_b + \boldsymbol{I}_c = 0 \tag{11.29}$$

그림 11.17(b)의 불평형 3상 3선식 Y-Y회로에서 **폐로 해석법을 이용**하여 선전류를 구하는 방법에 대해 알아본다. 폐로 2개에 각각 폐로전류 $\boldsymbol{I}_1$, $\boldsymbol{I}_2$를 가정하면

$$\begin{aligned} V_a - V_b &= (Z_a + Z_b)I_1 - Z_b I_2 \\ V_b - V_c &= -Z_b I_1 + (Z_b + Z_c)I_2 \end{aligned} \tag{11.30}$$

의 폐로방정식이 구해지고, 폐로전류 I_1, I_2는 연립방정식 또는 크래머의 공식을 적용하여 구한다. 이로부터 각각의 **선전류** I_a, I_b, I_c는 다음과 같이 구할 수 있다.

$$I_a = I_1, \quad I_b = I_2 - I_1, \quad I_c = -I_2 \tag{11.31}$$

(2) 3상 4선식 Y-Y 회로

그림 11.18의 대칭 3상전원과 불평형 3상부하에 중성선이 연결된 불평형 3상 4선식 Y-Y회로에서 **중성점 전압을 이용**하여 선전류를 구하는 방법에 대해 알아본다.

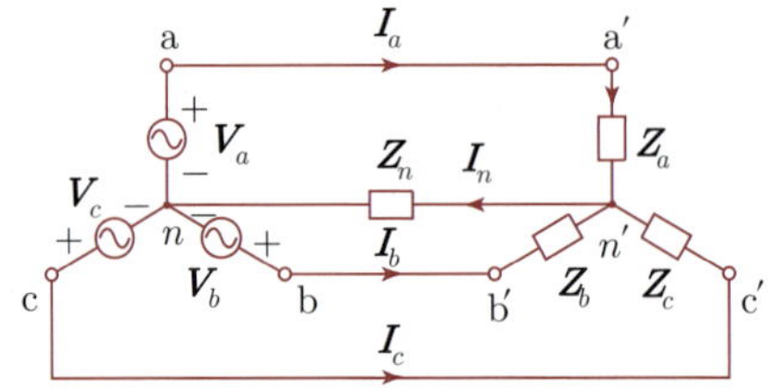

그림 11.18 ▶ 3상 4선식 불평형 3상회로

중성점 n, n' 사이의 **중성점 전압** $V_{n'n}$은 밀만의 정리에 의해

$$V_{n'n} = \frac{Y_a V_a + Y_b V_b + Y_c V_c}{Y_a + Y_b + Y_c + Y_n} \tag{11.32}$$

$$단, \; Y_a = \frac{1}{Z_a}, \; Y_b = \frac{1}{Z_b}, \; Y_c = \frac{1}{Z_c}, \; Y_n = \frac{1}{Z_n}$$

이다. 각 상에 대해 전원, 중성점 전압, 부하 임피던스가 연결된 등가 단상회로를 고려하여 옴의 법칙을 적용하면 각 회로에 흐르는 **선전류** I_a, I_b, I_c는 다음과 같이 구해진다.

$$\begin{aligned} I_a &= Y_a(V_a - V_{n'n}) \\ I_b &= Y_b(V_b - V_{n'n}) \\ I_c &= Y_c(V_c - V_{n'n}) \end{aligned} \tag{11.33}$$

중성선에 흐르는 전류 I_n은 선전류의 합이 되고, 중성점 전압에 의해서도 다음과 같이 구할 수 있다.

$$I_n = I_a + I_b + I_c \quad \text{또는} \quad I_n = Y_n V_{n'n} \tag{11.34}$$

만약 **그림 11.18**에서 중성선에 임피던스 Z_n이 접속되지 않고 선로만 연결되어 있는 경우에는 중성점 전압 $V_{n'n} = 0$이 되므로 식 (11.33)에 의해 **선전류**는 다음과 같이 간단히 구해진다.

$$I_a = Y_a V_a = \frac{V_a}{Z_a}, \quad I_b = Y_b V_b = \frac{V_b}{Z_b}, \quad I_c = Y_c V_c = \frac{V_c}{Z_c} \tag{11.35}$$

그림 11.18의 불평형 3상 4선식 Y-Y회로에서 **폐로 해석법을 이용**한 선전류는 우선 폐로 3개에 대한 폐로방정식을 구하고 크래머의 공식을 적용하여 폐로전류 I_1, I_2, I_3를 구한다. 그리고 나서 폐로전류의 관계를 적용하여 선전류 I_a, I_b, I_c를 구한다.

이상으로부터 Δ 결선이 포함된 회로나 3상 4선식 Y-Y회로와 같이 폐로가 많아지면 폐로방정식의 수도 많아지므로 폐로해석법을 적용하면 계산과정이 매우 복잡해진다. 즉, Y-Δ, Δ-Y, Δ-Δ 등의 회로는 전원이나 부하를 $\Delta \rightarrow$Y로 변환하고 변형된 Y-Y 회로로부터 앞에서 설명한 **중성점 전압에 의한 방법**을 적용하는 것이 일반적인 해석 방법이다.

예제 11.10

그림 11.18의 3상 4선식회로에서 각 상의 전원과 부하 임피던스가 다음과 같으며 중성선만 연결한 경우($Z_n = 0$)에 각각의 선전류를 구하라.

$V_a = 100\angle 0°\,[\text{V}]$, $V_b = 100\angle -120°\,[\text{V}]$, $V_c = 100\angle 120°\,[\text{V}]$

$Z_a = 10\,[\Omega]$, $Z_b = 6 + j8\,[\Omega]$, $Z_c = -j8\,[\Omega]$

풀이 중성점 전압이 0이므로 선전류는 식 (11.35)에 의해 다음과 같이 구해진다.

$$I_a = Y_a V_a = \frac{V_a}{Z_a} = \frac{100\angle 0°}{10} = 10\angle 0°\,[\text{A}]$$

$$I_b = Y_b V_b = \frac{V_b}{Z_b} = \frac{100\angle -120°}{6 + j8} = \frac{100\angle -120°}{10\angle 53.1°} = 10\angle -173.1°\,[\text{A}]$$

$$I_c = Y_c V_c = \frac{V_c}{Z_c} = \frac{100\angle 120°}{-j8} = \frac{100\angle 120°}{8\angle -90°} = 12.5\angle 210°\,[\text{A}]$$

선전류의 크기 $I_a = 10\,[\text{A}]$, $I_b = 10\,[\text{A}]$, $I_c = 12.5\,[\text{A}]$

예제 11.11

그림 11.19(a)와 같이 선간전압 V[V]의 대칭 3상전원에 불평형 부하를 Y 접속하였을 때 선전류의 크기 I_a[A]를 구하라.

풀이

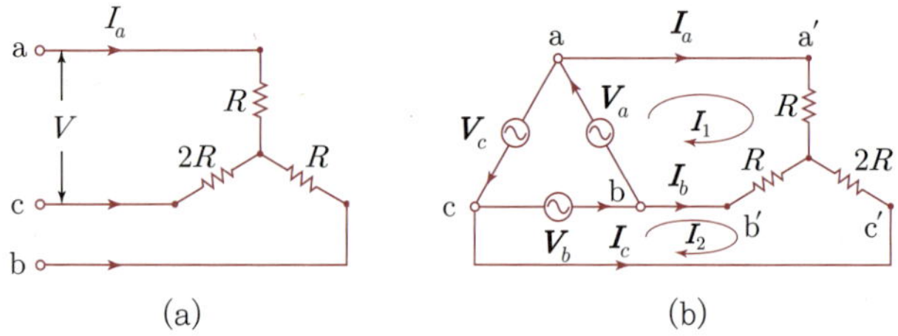

그림 11.19

Δ 결선의 대칭 3상전원 $\boldsymbol{V}_a$, $\boldsymbol{V}_b$, $\boldsymbol{V}_c$ 를 다음과 같이 정하고, **그림 11.19**(b)와 같이 대칭 3상전원을 회로의 전원부에 접속하는 것을 고려한다.

$$\boldsymbol{V}_a = V\underline{/0^\circ}\,[\mathrm{V}],\ \ \boldsymbol{V}_b = V\underline{/-120^\circ}\,[\mathrm{V}],\ \ \boldsymbol{V}_c = V\underline{/120^\circ}\,[\mathrm{V}]$$

폐로전류 $\boldsymbol{I}_1$, $\boldsymbol{I}_2$를 가정하고 KVL에 의해 폐로방정식을 세워서 연립하면

$$\begin{cases} 2R\boldsymbol{I}_1 - R\boldsymbol{I}_2 = V\underline{/0^\circ}\ (\times 3) \\ -R\boldsymbol{I}_1 + 3R\boldsymbol{I}_2 = V\underline{/-120^\circ} \end{cases} \qquad \therefore\ 5R\boldsymbol{I}_1 = (3\underline{/0^\circ} + 1\underline{/-120^\circ})\,V$$

이다. Δ 내부의 폐로전류는 기전력의 대칭성에 의해 0이므로 가정하지 않아도 된다. 즉 폐로전류 $\boldsymbol{I}_1$은 선전류 $\boldsymbol{I}_a$와 같으므로 $\boldsymbol{I}_a$의 페이저와 크기는 각각 다음과 같이 구해진다.

$$\boldsymbol{I}_a(=\boldsymbol{I}_1) = \frac{(3+1\underline{/-120^\circ})\,V}{5R} = \left(\frac{5}{10} - j\frac{\sqrt{3}}{10}\right)\frac{V}{R}$$

$$\therefore\ \boldsymbol{I}_a = 0.53\frac{V}{R}\underline{/-19.1^\circ}\,[\mathrm{A}]$$

$$I_a = \sqrt{\left(\frac{5}{10}\right)^2 + \left(\frac{\sqrt{3}}{10}\right)^2}\,\frac{V}{R} = 0.53\frac{V}{R}\,[\mathrm{A}]$$

중성점 전압에 의한 방법은 전원부의 $\Delta \to \mathrm{Y}$ 변환한 회로에서 $\boldsymbol{V}_{n'n}$ 을 구하고, 등가 단상회로에서 KVL에 의해 선전류를 구하는 것이다. 이 방법도 위와 동일한 결과가 나오지만, 폐로가 2개이므로 폐로방정식에 의한 방법이 간편하다.

예제 11.12

그림 11.20(a)와 같이 선간전압 $100\underline{/0°}$ [V]의 평형 3상전압을 불평형의 Δ 부하에 인가하였을 때 각각의 선전류의 크기 I_a, I_b, I_c [A]를 구하라.

풀이

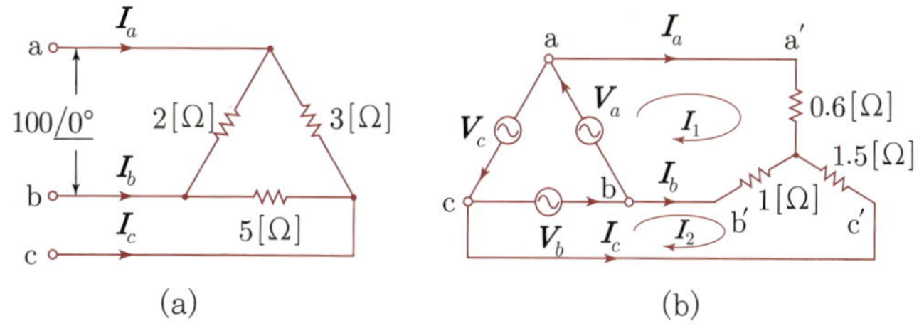

그림 11.20

부하의 Δ를 Y결선으로 식 (2.34)에 의해 등가 변환한다. 이후 풀이는 **예제 11.11**과 같은 과정이 된다. 대칭 3상전원 V_a, V_b, V_c를 다음과 같이 정하여 **그림 11.20**(b)와 같이 대칭 3상전원을 회로의 전원부에 접속하는 것을 고려한다.

$$V_a = 100\underline{/0°}\ [\mathrm{V}],\quad V_b = 100\underline{/-120°}\ [\mathrm{V}],\quad V_c = 100\underline{/120°}\ [\mathrm{V}]$$

폐로전류 I_1, I_2를 가정하고 KVL에 의해 폐로방정식을 세워서 연립하면

$$\begin{cases} 1.6I_1 - I_2 = V_a \quad (\times 2.5) \\ -I_1 + 2.5I_2 = V_b \end{cases} \quad \therefore\ 3I_1 = 2.5V_a + V_b$$

이다. Δ 내부의 폐로전류는 기전력의 대칭성에 의해 0이므로 가정하지 않아도 된다. 즉 폐로전류 I_1, I_2는 각각 다음과 같이 구해진다.

$$I_1 = \frac{2.5V_a + V_b}{3} = 66.67 - j28.87 = 72.65\underline{/-23.41°}\ [\mathrm{A}]$$

$$I_2 = \frac{2.5V_a + 4V_b}{7.5} = 6.67 - j46.19 = 46.67\underline{/-81.79°}\ [\mathrm{A}]$$

선전류 I_a, I_b, I_c의 페이저 및 크기는 각각 다음과 같이 구해진다.

$$I_a = I_1 = 66.67 - j28.87 = 72.65\underline{/-23.41°}\ [\mathrm{A}]$$

$$I_b = I_2 - I_1 = -60 - j17.32 = 62.45\underline{/-163.9°}\ [\mathrm{A}]$$

$$I_c = -I_2 = -6.67 + j46.19 = 46.67\underline{/98.22°}\ [\mathrm{A}]$$

선전류의 크기 $I_a = 72.65$ [A], $I_b = 62.45$ [A], $I_c = 46.67$ [A]

11.5 3상 전력

3상회로는 기본적으로 단상회로 3개가 접속된 구조이기 때문에 전력 계산은 Y, Δ 결선 및 평형, 불평형에 관계없이 각 상의 전력을 합하여 구한다.

특히 평형 3상회로는 각 상의 전력이 동일하므로 한 상에 대한 단상전력을 구하여 3배를 해주면 된다. 따라서 제 8.4 절의 교류 단상전력 계산을 확실히 이해해 두면 3상 전력 계산은 어렵지 않게 해결할 수 있다.

그림 11.21은 Y와 Δ 부하가 접속된 평형 3상회로이며, 이 회로를 통하여 3상 전력을 구하는 방법에 대해 학습하기로 한다.

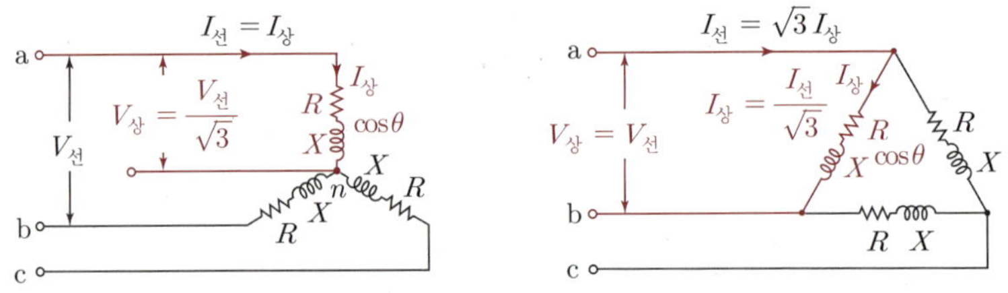

그림 11.21 ▶ 평형 3상회로에서 3상전력

Y와 Δ 부하의 평형 3상회로의 해석법에서 등가 단상회로를 이용하여 전류 및 전압 등을 구하였다. 3상 전력도 이와 동일한 한 상에 대한 등가 단상회로에서 유효전력 $P_{단}$과 무효전력 $Q_{단}$을 구하고 이들의 3배가 3상 전체의 유효전력 P와 무효전력 Q가 된다.

그림 11.21의 Y와 Δ 부하의 두 평형 3상회로에서 색선(color line)의 회로로 나타낸 한 상의 등가 단상회로에서 각 상의 상전압과 상전류의 크기를 $V_{상}$, $I_{상}$, 위상차를 θ라 할 때, **한 상의 단상전력**은 식 (8.17)에 의해 유효전력과 무효전력으로 나타내면 다음과 같다.

$$P_{단} = V_{상} I_{상} \cos\theta = I_{상}^{\ 2} R$$
$$Q_{단} = V_{상} I_{상} \sin\theta = I_{상}^{\ 2} X \tag{11.36}$$

여기서 상전압과 상전류의 위상차 θ는 동시에 부하($\boldsymbol{Z} = R + jX$)의 임피던스 각 $\tan^{-1}(X/R)$을 의미하기도 한다.

단상전력의 식 (11.36)으로부터 **3상 전력**의 유효전력 P, 무효전력 Q는

$$\begin{aligned} P &= 3P_{단} = 3V_{상}I_{상}\cos\theta = 3{I_{상}}^2 R \\ Q &= 3Q_{단} = 3V_{상}I_{상}\sin\theta = 3{I_{상}}^2 X \end{aligned} \tag{11.37}$$

가 된다. 실제 전력계통에서 전압계와 전류계(hook on meter)로 측정하는 것은 선간전압과 선전류가 되므로 3상 전력을 $V_{선}$, $I_{선}$으로 표현하는 것은 중요하다. 즉, **그림 11.21**에서 Y와 Δ 부하에 대해 다음의 관계를 식 (11.37)에 대입하면

$$\begin{aligned} &\text{Y 부하 : } V_{상} = \frac{V_{선}}{\sqrt{3}},\ I_{상} = I_{선} \quad \therefore\ P = 3\left(\frac{V_{선}}{\sqrt{3}}\right)I_{선}\cos\theta \\ &\Delta \text{ 부하 : } V_{상} = V_{선},\ I_{상} = \frac{I_{선}}{\sqrt{3}} \quad \therefore\ P = 3V_{선}\left(\frac{I_{선}}{\sqrt{3}}\right)\cos\theta \end{aligned} \tag{11.38}$$

가 된다. 따라서 Y와 Δ 부하에서의 3상 전력은 모두 다음과 같이 표현할 수 있다.

$$\begin{aligned} P &= \sqrt{3}\,V_{선}I_{선}\cos\theta\ [\mathrm{W}] \\ Q &= \sqrt{3}\,V_{선}I_{선}\sin\theta\ [\mathrm{Var}] \end{aligned} \tag{11.39}$$

이 식에서 각 θ는 선간전압과 선전류의 위상차가 아니라는 것에 유의해야 한다.

3상회로의 복소 전력은 단상회로와 같이 유효전력 P와 무효전력 Q로 나타내면

$$\boldsymbol{P}_a = P + jQ = P_a\underline{/\theta} \tag{11.40}$$

에 의해 정의한다. 따라서 평형 3상회로에서

$$\begin{aligned} \boldsymbol{P}_a &= 3V_{상}I_{상}\cos\theta + j3V_{상}I_{상}\sin\theta = 3{I_{상}}^2R + j3{I_{상}}^2X \\ &= \sqrt{3}\,V_{선}I_{선}\cos\theta + j\sqrt{3}\,V_{선}I_{선}\sin\theta \end{aligned} \tag{11.41}$$

이고, 한 상에 대한 복소 전력의 3배가 된다. 피상전력 P_a는 단상회로와 같이

$$\begin{aligned} P_a &= |\boldsymbol{P}_a| = \sqrt{P^2 + Q^2},\ \theta = \tan^{-1}\frac{Q}{P} \\ P_a &= 3V_{상}I_{상} = \sqrt{3}\,V_{선}I_{선}\ [\mathrm{VA}] \end{aligned} \tag{11.42}$$

로 표현된다. 평형 3상회로의 역률과 무효율은

$$\cos\theta = \frac{P}{P_a}, \quad \sin\theta = \frac{Q}{P_a} \tag{11.43}$$

이고, 여기서 θ는 임피던스 각과 같다.

3상 전력은 단상전력과 같이 유효전력(평균전력)은 저항 R에서 소비되는 전력이고, 무효전력은 리액턴스 X에서의 전력을 의미한다.

3상 전력 계산은 **그림 11.21**과 같은 평형 3상회로에서 한 상의 부하 임피던스 R과 X가 직렬로 주어지면 두 소자에 공통으로 상전류가 흐르므로 식 (11.37)에서

$$P = 3P_{단} = 3{I_{상}}^2 R, \quad Q = 3Q_{단} = 3{I_{상}}^2 X \tag{11.44}$$

를 적용하면 간단히 구할 수 있다. 이 식은 Y와 Δ결선에 모두 적용되는 것이고, 평형 3상회로의 **두 결선에 따른 상전류**만 잘 구분해서 구하여 대입하면 된다. 따라서 제 11.3.2 절의 회로해석에서 배운 상전류를 식 (11.44)에 대입하면 3상 전력이 구해진다.

만약 **그림 11.21**에서 부하 어드미턴스가 주어지고 R과 X가 병렬이면, 두 소자의 단자에 상전압이 공통으로 걸리게 되므로 3상 전력은

$$P = 3P_{단} = 3\frac{{V_{상}}^2}{R}, \quad Q = 3Q_{단} = 3\frac{{V_{상}}^2}{X} \tag{11.45}$$

으로 간단히 구할 수 있다.

결론적으로 3상 전력은 제 8.4 절의 단상전력과 제 11.3.2 절의 3상 회로해석의 결선 방식에 따른 상전류 구하는 방법을 확실히 이해해 두면 3상 전력 계산은 어렵지 않게 해결할 수 있다.

예제 11.13

한 상의 임피던스가 $Z = 6 + j8\,[\Omega]$ 인 평형 Δ 부하에 대칭인 선간전압 $200\,[\mathrm{V}]$를 인가하였을 때, 유효전력, 무효전력, 피상전력을 구하라.

풀이 **그림 11.21**(b)와 같은 평형 3상 Δ 부하를 그리고, 선간전압과 상전압은 $V_{선} = V_{상}$ $(V_l = V_p)$이고, 상전류와 선전류의 관계는 $I_{선} = \sqrt{3}\,I_{상}\,(I_l = \sqrt{3}\,I_p)$이다.

Δ 결선의 상전압과 한 상의 부하 임피던스의 크기, 역률은 각각

$$V_{상} = V_{선} = 200\,[\mathrm{V}],\quad \boldsymbol{Z} = 6 + j8 = 10\,\underline{/53.1^\circ}\,[\Omega]\,(Z = 10\,[\Omega])$$

$$\cos\theta = \cos 53.1^\circ = 0.6 \text{ 또는 } \cos\theta = \frac{R}{Z} = \frac{6}{10} = 0.6$$

이다. 등가 단상회로에서 부하의 한 상에 흐르는 상전류는

$$I_{상} = \frac{V_{상}}{Z} = \frac{200}{10} = 20\,[\mathrm{A}]$$

이다. 따라서 3상전력은 각각 다음과 같이 구해진다.

$$P = 3{I_{상}}^2 R = 3 \times 20^2 \times 6 = 7.2\,[\mathrm{kW}]$$

$$Q = 3{I_{상}}^2 X = 3 \times 20^2 \times 8 = 9.6\,[\mathrm{kVar}]$$

$$\boldsymbol{P}_a = P + jQ = 7.2 + j9.6 = 12\,\underline{/53.1^\circ}\,[\mathrm{kVA}] \quad \therefore\ P_a = 12\,[\mathrm{kVA}]$$

별해 $P = 3\,V_{상} I_{상} \cos\theta = 3 \times 200 \times 20 \times 0.6 = 7{,}200\,[\mathrm{W}] = 7.2\,[\mathrm{kW}]$

$$Q = 3\,V_{상} I_{상} \sin\theta = 3 \times 200 \times 20 \times 0.8 = 9{,}600\,[\mathrm{Var}] = 9.6\,[\mathrm{kVar}]$$

$$P_a = 3\,V_{상} I_{상} = 3 \times 200 \times 20 = 12{,}000\,[\mathrm{VA}] = 12\,[\mathrm{kVA}]$$

$$P_a = 3{I_{상}}^2 Z = 3 \times 20^2 \times 10 = 12\,[\mathrm{kVA}]$$

11.6 3상 전력의 측정

3상 전력의 측정은 3상 전력계를 이용하여 전력을 측정할 수 있지만, 본 절에서는 단상 전력계를 이용하여 **3상회로의 전력과 역률**을 계산하는 방법에 대해 학습할 것이다.

단상전력계의 구조는 **그림 11.22**의 원형부와 같이 전류코일과 전압코일로 구성되어 있으며, 두 코일에서 발생하는 자기장의 상호작용에 의해 vi의 평균전력에 비례하여 회전력을 발생시켜 지시하는 계측기이다.

그림 11.22는 단상 교류회로에서 단상전력계의 전류코일은 회로에 직렬로 접속하고, 전압코일은 병렬로 접속하는 결선법을 나타낸 것이다.

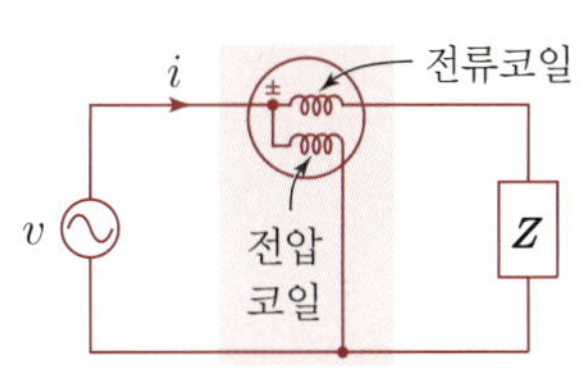

그림 11.22 ▶ 단상전력계

(1) 2전력계법

3상 3선식의 중성선이 없는 Y결선 또는 Δ결선 회로에서 2대의 단상전력계로 3상 전력을 측정할 수 있으며, 이와 같은 측정법을 **2전력계법**이라 한다. **그림 11.23**(a), (b)는 2전력계법의 접속 방법을 나타낸 것이다.

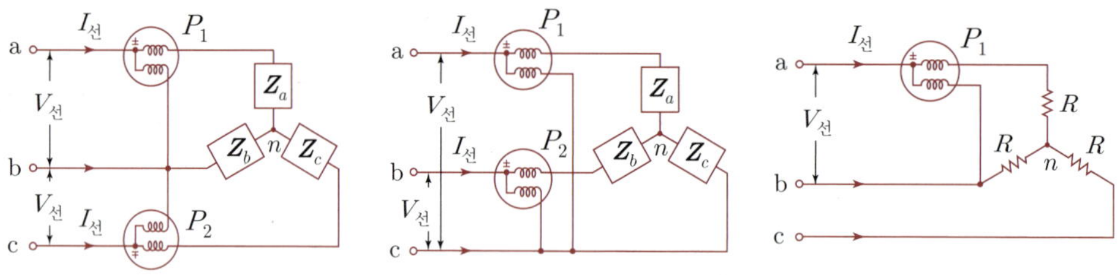

(a) 불평형 부하 (b) 불평형 부하 (c) 평형회로

그림 11.23 ▸ 2전력계법

2전력계법에서 3상 전력은 **그림 11.23**(a), (b)에서 2개의 선간전압과 2개의 선전류에 의해 결정되기 때문에 부하측이 Δ결선인 경우에도 적용할 수 있다. 이와 같은 3선 3선식의 회로에서 단상전력계의 지시값이 P_1, P_2일 때 부하에 공급되는 **유효전력** P는

$$P = P_1 + P_2\,[\mathrm{W}] \tag{11.46}$$

가 된다. 식 (11.46)은 P_1 또는 P_2 중에서 하나의 전력계가 (−)를 지시하는 경우에도 성립한다. 전력계는 역방향으로 회전할 수 없는 구조이므로 (−)를 지시할 수 없지만, 전력값을 확인하기 위해 전압코일 또는 전류코일 중 어느 하나의 극성을 바꾸어 (+)의 값을 측정하면 된다. 2전력계법에서 3상회로의 **무효전력** Q는

$$Q = \sqrt{3}\,(P_1 - P_2)\,[\mathrm{Var}] \tag{11.47}$$

가 된다. 3상 전력의 유효전력 P와 Q를 나타낸 두 식 (11.46)과 식 (11.47)에 의해 **피상전력** P_a는

$$P_a = \sqrt{P^2 + Q^2} = 2\sqrt{{P_1}^2 + {P_2}^2 - P_1 P_2}\,[\mathrm{VA}] \tag{11.48}$$

가 구해진다. 이들의 관계식으로부터 **역률**은 다음과 같이 구해진다.

$$\cos\theta = \frac{P}{P_a} = \frac{P_1 + P_2}{2\sqrt{P_1^{\,2} + P_2^{\,2} - P_1 P_2}} \tag{11.49}$$

두 대의 단상전력계 중에서 한 대의 전력계가 0 인 경우에 역률은 0.5가 된다. 이것은 식 (11.49)에 P_1과 $P_2 = 0$을 대입하면 간단히 확인할 수 있다.

3상회로에서 피상전력과 역률은 위의 공식을 암기하지 않고도 단상전력과 동일한 방법인 아래의 **정리**를 활용하면 간단히 구할 수 있다. 단, **정리**의 (1)의 유효전력과 무효전력은 반드시 기억해야 한다.

2전력계법은 평형회로, 불평형회로 또는 Y부하, Δ 부하에 관계없이 3상 전력과 역률을 측정할 수 있는 방법이다.

정리 **2전력계법의 활용법**

(1) 2대 전력계의 지시값 P_1, P_2일 때, 유효전력 P와 무효전력 Q를 반드시 기억한다.

$$P = P_1 + P_2, \quad Q = \sqrt{3}(P_1 - P_2)$$

(2) 복소 전력의 직각좌표형식으로 나타내고 극좌표형식으로 변환한다.(공학 계산기 활용)

$$\boldsymbol{P}_a = P + jQ = P_a \angle \theta$$

(3) 복소 전력의 극좌표형식에서 크기는 피상전력 P_a이고, 위상차 θ로부터 역률 $\cos\theta$를 직접 구한다.(역률은 식 (11.49)를 암기하지 않아도 간단히 구할 수 있다.)

TIP 2전력계법의 활용은 제 11.4 절의 회로해석과 달리 전력계통에서 부하 임피던스가 주어지지 않고 선간전압과 선전류을 측정할 수 있으므로 2전력계법에 의한 유효전력과 무효전력은 다음의 관계가 성립됨을 기억하고 있으면 실전에서 쉽게 해결할 수 있다.

$$P = P_1 + P_2 = \sqrt{3}\, V_{선} I_{선} \cos\theta$$

$$Q = \sqrt{3}(P_1 - P_2) = \sqrt{3}\, V_{선} I_{선} \sin\theta$$

그림 11.23(c)는 부하가 $R(\cos\theta = 1)$인 평형 3상회로에서 각 선간의 전력은 같으므로 한 대의 전력계의 지시값이 P_1일 때, 유효전력 P와 선전류 I는 각각 다음과 같다.

$$P = 2P_1\,[\mathrm{W}] \tag{11.50}$$

$$I = \frac{2P_1}{\sqrt{3}\,V}\,[\mathrm{A}] \quad (\because\ P = 2P_1 = \sqrt{3}\,VI) \tag{11.51}$$

(2) 3전력계법

그림 11.24(a)와 같이 중성선이 있는 Y 부하의 3상 4선식 회로는 선전류와 중성선간의 선간전압을 이용하기 때문에 3대의 단상전력계를 접속한다. **그림 11.24**(b)와 같이 Δ 부하인 경우에는 중성선이 없으므로 전류코일은 각 상에 연결하고, 전압코일의 나머지 단자를 공통으로 접속시킨 가상의 중성점 n을 만들어서 3상 전력을 측정한다. 이때 전체의 유효전력은 3대의 전력계 지시값의 합으로 나타낸다.

$$P = P_1 + P_2 + P_3 \text{ [W]} \tag{11.52}$$

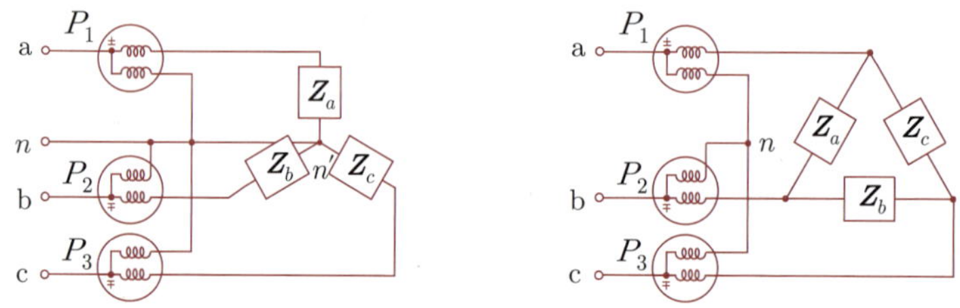

그림 11.24 ▸ 3전력계법

예제 11.14

2전력계법으로 평형 3상전력을 측정하였더니 한 쪽의 지시가 800 [W], 다른 쪽의 지시가 1600 [W]이었다. 유효전력, 무효전력, 피상전력, 역률을 구하라.

풀이 전력의 지시값이 큰 쪽을 P_1으로 취하고, 3상의 유효전력과 무효전력은 각각

$$P = P_1 + P_2 = 1600 + 800 = 2400 \text{ [W]}$$
$$Q = \sqrt{3}(P_1 - P_2) = \sqrt{3}(1600 - 800) = 800\sqrt{3} \text{ [Var]}$$

이다. P와 Q를 복소 전력 $\boldsymbol{P}_a$로 나타내면 피상전력 P_a와 역률은 다음과 같다.

$$\boldsymbol{P}_a = P + jQ = 2400 + j800\sqrt{3} \fallingdotseq 2771\underline{/30°} \text{ [VA]}$$
$$\therefore \; P_a \fallingdotseq 2771 \text{ [VA]}, \quad \cos\theta = \cos 30° = 0.866$$

별해 일반 풀이법(공식 이용)

$$P_a = 2\sqrt{P_1{}^2 + P_2{}^2 - P_1P_2} = 2\sqrt{1600^2 + 800^2 - 1600 \times 800} \fallingdotseq 2771 \text{ [VA]}$$
$$\cos\theta = \frac{P}{P_a} = \frac{P_1 + P_2}{2\sqrt{P_1{}^2 + P_2{}^2 - P_1P_2}} = \frac{1600 + 800}{2\sqrt{1600^2 + 800^2 - 1600 \times 800}} = 0.866$$

예제 11.15

대칭 3상전압을 공급하는 3상 유도전동기에서 각 계기의 지시는 다음과 같다. 유도전동기의 역률을 구하라.

단, $W_1 = 2.36\,[\mathrm{kW}]$, $W_2 = 5.95\,[\mathrm{kW}]$, $V = 200\,[\mathrm{V}]$, $A = 30\,[\mathrm{A}]$**이다.**

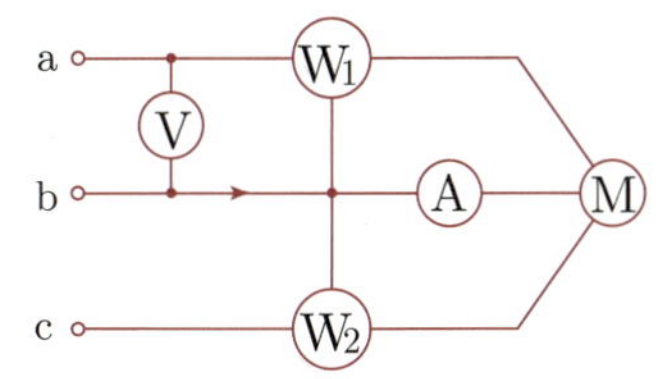

그림 11.25

풀이 대칭 3상회로에서 V와 I는 선간전압과 선전류이므로 이에 대한 3상전력 P와 2전력계법에 의한 3상전력 P는 서로 같다. 즉

$$P = \sqrt{3}\, V_{선} I_{선} \cos\theta, \quad P = W_1 + W_2$$

$$\sqrt{3}\, V_{선} I_{선} \cos\theta = W_1 + W_2$$

$$\therefore \ \cos\theta = \frac{W_1 + W_2}{\sqrt{3}\, V_{선} I_{선}} = \frac{2360 + 5950}{\sqrt{3} \times 200 \times 30} \fallingdotseq 0.8$$

별해 2전력계법에 의한 방법

$$P = W_1 + W_2 = 2360 + 5950 = 8310\,[\mathrm{W}]$$

$$Q = \sqrt{3}\,(W_2 - W_1) = \sqrt{3}\,(5950 - 2360) = 3590\sqrt{3}\,[\mathrm{Var}]$$

$$\boldsymbol{P}_a = P + jQ = 8310 + j3590\sqrt{3} \fallingdotseq 10379\underline{/36.8°}\,[\mathrm{VA}]$$

$$\therefore \ \cos\theta = \cos 36.8° \fallingdotseq 0.8$$

11.7 3상 V 결선

단상 전원 3대를 Δ 결선한 평형 3상 전원에서 한 상의 전원이 제거되어 단상 전원 2대로 3상 전력을 공급할 수 있는 결선 방식을 **V 결선**(V-connection)이라고 한다.

V 결선 변압기는 Δ 결선 변압기에 비해 출력 용량은 저하하지만, 단상 변압기 3대로 Δ 결선한 변압기중 1대가 고장이 나도 그대로 3상 전력을 공급할 수 있는 장점이 있다.

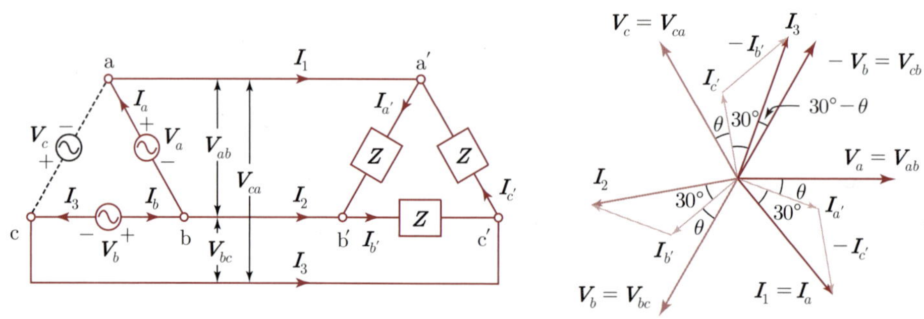

(a) V 결선의 전압, 전류 관계 (b) 페이저도

그림 11.26 ▶ V 결선의 전압, 전류와 페이저도

그림 11.26은 V 결선 변압기의 전압, 전류 관계와 페이저도를 나타낸 것이다. 이로부터 두 대의 단상 변압기 출력은 다음의 폐로에 대해 각각 다음과 같이 나타낼 수 있다.

(1) a, b 간 단상 변압기 용량 : 폐로 baa′b′b

$$P = V_a I_a \cos(30° + \theta) = V_{ab} I_1 \cos(30° + \theta)$$

$$\therefore\ P = V_{상} I_{상} \cos(30° + \theta) \tag{11.53}$$

(2) b, c 간 단상 변압기 용량 : 폐로 bcc′b′b

$$P = (-V_b)(-I_b)\cos(30° - \theta) = V_{cb} I_3 \cos(30° - \theta)$$

$$\therefore\ P = V_{상} I_{상} \cos(30° - \theta) \tag{11.54}$$

V 결선 변압기의 전체 용량을 나타내는 출력, 즉 **유효전력** P_V는 두 단상 변압기 용량의 합으로 나타낸다. 즉

$$P_V = V_{상} I_{상} \cos(30° + \theta) + V_{상} I_{상} \cos(30° - \theta)$$

$$\therefore \quad P_V = \sqrt{3}\, V_{상} I_{상} \cos\theta \tag{11.55}$$

가 되고, 피상전력은 $P_a = \sqrt{3}\, V_{상} I_{상}$ 이 된다.

V 결선의 유효전력 P_V를 나타내는 식 (11.55)는 평형 3상회로의 Y결선 및 Δ결선의 유효전력을 나타내는 다음의 식에서 아래첨자의 차이를 구분하여 기억해야 한다.

$$P = 3\, V_{상} I_{상} \cos\theta = \sqrt{3}\, V_{선} I_{선} \cos\theta \tag{11.56}$$

V 결선의 출력(유효전력) P_V 의 식 (11.55)는 **그림 11.26**(a), (b)에서 회로의 전압과 전류의 관계 및 페이저도에 의해 도출한 것이며, 다음에 기술한 **참고**를 학습하기 바란다.

단상 변압기의 정격용량 $VI(P_{단} = V_{상} I_{상})$ [VA]인 두 대를 V 결선하였을 때, 변압기 두 대의 용량 $2P_{단} = 2\, V_{상} I_{상}$ 에 대한 V 결선의 용량 $P_V = \sqrt{3}\, V_{상} I_{상}$의 비로 **이용률**을 나타낸다. 즉,

$$이용률 = \frac{P_V}{2P_{단}} = \frac{\sqrt{3}\, V_{상} I_{상}}{2\, V_{상} I_{상}} = \frac{\sqrt{3}}{2} = 0.866 = 86.6\,[\%] \tag{11.57}$$

단상 변압기 3대를 Δ결선하여 부하에 공급하던 중에 **변압기 1대의 고장**으로 V 결선으로 3상전력을 공급하는 경우, 고장 전 Δ결선의 출력(P_Δ)에 대한 고장 후 V 결선의 출력(P_V)의 비로 **출력비**를 나타낸다.

$$출력비 = \frac{P_V}{P_\Delta} = \frac{\sqrt{3}\, V_{상} I_{상}}{3\, V_{상} I_{상}} = \frac{\sqrt{3}}{3} = 0.577 = 57.7\,[\%] \tag{11.58}$$

표 11.1 ▸ V 결선, Y 결선, Δ 결선의 비교

결선법	선간전압 $V_{선}$	선전류 $I_{선}$	출 력 P	
Y 결선	$\sqrt{3}\, V_{상}$	$I_{상}$	$\sqrt{3}\, V_{선} I_{선}$	$3\, V_{상} I_{상}$
Δ 결선	$V_{상}$	$\sqrt{3}\, I_{상}$	$\sqrt{3}\, V_{선} I_{선}$	$3\, V_{상} I_{상}$
V 결선	$V_{상}$	$I_{상}$	$\sqrt{3}\, V_{선} I_{선}$	$\sqrt{3}\, V_{상} I_{상}$

참고 V 결선의 3상전력(출력) 유도

(1) **그림 11.26**(a)에서 $\boldsymbol{V}_a = V\angle 0°$, $\boldsymbol{V}_b = V\angle -120°$일 때, 선간전압과 전원의 상전압의 관계는 다음과 같다.

$$\boldsymbol{V}_{ab} = \boldsymbol{V}_a, \quad \boldsymbol{V}_{bc} = \boldsymbol{V}_b$$
$$\boldsymbol{V}_{ca} = -(\boldsymbol{V}_a + \boldsymbol{V}_b) = -V\angle 60° = V\angle 120° = \boldsymbol{V}_c \qquad (11.59)$$

$\boldsymbol{V}_{ca}(=\boldsymbol{V}_c)$는 한 상의 전압으로 작용하므로 $\varDelta$결선과 같이 각 선간전압은 평형 3상 회로이고, 선전류 $\boldsymbol{I}_1$, $\boldsymbol{I}_2$, $\boldsymbol{I}_3$와 부하의 상전류 $\boldsymbol{I}_{a'}$, $\boldsymbol{I}_{b'}$, $\boldsymbol{I}_{c'}$도 모두 평형 3상전류

(2) **그림 11.26**(a)에서 KCL에 의한 선전류와 부하의 상전류의 관계

$$\boldsymbol{I}_1 = \boldsymbol{I}_{a'} - \boldsymbol{I}_{c'}, \quad \boldsymbol{I}_2 = \boldsymbol{I}_{b'} - \boldsymbol{I}_{a'}, \quad \boldsymbol{I}_3 = \boldsymbol{I}_{c'} - \boldsymbol{I}_{b'} \qquad (11.60)$$

(3) 회로 구조적 특성에 의한 전원의 상전류와 선전류의 관계

$$\boldsymbol{I}_a = \boldsymbol{I}_1, \quad \boldsymbol{I}_b = -\boldsymbol{I}_3 \qquad (11.61)$$

(4) 선간전압과 상전압(전원), 선전류와 상전류(전원)의 크기 관계

$$V_{ab} = V_{bc} = V_{ca}(= V_a = V_b = V_c) = V_{상}$$
$$I_1 = I_2 = I_3(= I_a = I_b) = I_{상} \qquad (11.62)$$

(5) **그림 11.26**(b)의 페이저도에 의한 전원의 상전압과 상전류의 위상차 관계

① 부하의 임피던스 각 θ일 때 부하의 상전류 $\boldsymbol{I}_{a'}$은 $\boldsymbol{V}_{ab}$보다 θ만큼 위상차가 뒤지므로 선전류 $\boldsymbol{I}_1$은 $\boldsymbol{V}_{ab}$보다 $30°+\theta$만큼 위상차가 뒤진다. 전원의 상전압과 상전류의 관계는 $\boldsymbol{V}_a = \boldsymbol{V}_{ab}$, $\boldsymbol{I}_a = \boldsymbol{I}_1$이므로 $\boldsymbol{V}_a$와 $\boldsymbol{I}_a$의 위상차는 $30°+\theta$가 된다.

(a, b 간 단상 변압기 용량 : 폐로 baa′b′b)

$$P = V_a I_a \cos(30° + \theta) = V_{ab} I_1 \cos(30° + \theta)$$
$$\therefore \ P = V_{상} I_{상} \cos(30° + \theta) \qquad (11.63)$$

② 부하의 상전류 $\boldsymbol{I}_{c'}$은 $\boldsymbol{V}_{ca}$보다 θ만큼 위상차가 뒤지므로 선전류 $\boldsymbol{I}_3$는 $\boldsymbol{V}_{ca}$보다 $30°+\theta$만큼 위상차가 뒤진다. 전원의 상전압과 상전류의 관계는 $-\boldsymbol{V}_b = \boldsymbol{V}_{cb}$, $-\boldsymbol{I}_b = \boldsymbol{I}_3$이므로 $\boldsymbol{V}_{cb}$와 $\boldsymbol{I}_3$의 위상차는 $30°-\theta$가 된다.

(b, c 간 단상 변압기 용량 : 폐로 bcc′b′b)

$$P = (-V_b)(-I_b)\cos(30° - \theta) = V_{cb} I_3 \cos(30° - \theta)$$
$$\therefore \ P = V_{상} I_{상} \cos(30° - \theta) \qquad (11.64)$$

(6) **V 결선의 3상전력(출력)**

$$P = V_a I_a \cos(30° + \theta) + V_b I_b \cos(30° - \theta)$$
$$V_a = V_b = V_{상}, \ I_a = I_b = I_{상}$$
$$\therefore \ P = \sqrt{3}\, V_{상} I_{상} \cos\theta \qquad (11.65)$$

예제 11.16

단상 변압기 3대($50[kVA]\times 3$)를 Δ 결선으로 운전 중 한 대가 고장이 생겨 V 결선으로 운전하는 경우에 출력[kVA]을 구하라.

풀이 단상전력 $P_{단} = V_{상}I_{상}\cos\theta = 50[kVA]$이고, V 결선의 출력 P_V는 다음과 같이 구해진다.

$$P_V = \sqrt{3}\,V_{상}I_{상}\cos\theta = \sqrt{3}\,P_{단} = 50\sqrt{3}\ [kVA]$$

11.8 대칭좌표법

불평형 3상회로는 전압이나 전류의 계산이 매우 복잡해서 회로의 해석이 쉽지 않다. 따라서 불평형 전압이나 전류를 대칭성의 3성분으로 분해하여 각각의 성분이 단독으로 존재하는 것으로 해석한 후 다시 각각의 성분을 중첩하여 실제의 불평형 전압과 전류를 구하는 것으로 회로를 해석한다. 이와 같은 방법을 **대칭좌표법**이라고 한다.

불평형 전압 (또는 전류)은 항상 대칭성의 3성분으로 구성된다.

불평형 전압(전류) = (영상분) + (정상분) + (역상분)

제 6.1.7 절에서 배운 회전 연산자와 같이 **그림 11.27**에서 a가 실수 1을 반시계 방향으로 120° 회전시킨 벡터 $1\angle 120°$라 할 때, a에 a의 곱, $a^2(a\times a)$은 a를 반시계 방향으로 120° 회전한 벡터 $1\angle 240°$와 같다.

마찬가지로 a^2에 a의 곱, $a^3(a^2\times a)$도 a^2을 반시계 방향으로 120° 만큼 회전하면 벡터 1 $(=1\angle 360° = 1\angle 0°)$과 일치하게 된다.

이와 같이 벡터 a를 계속 곱하면 크기는 변하지 않고, 반시계 방향으로 120°만큼 회전하는 기하학적 효과(규칙성)를 보여준다. 이와 같은 a를 **벡터의 회전 연산자**라고 한다.

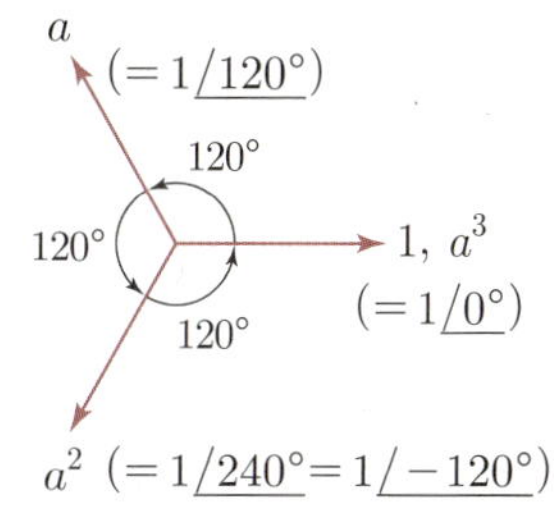

그림 11.27 ▸ a의 회전 연산자

이들로부터 a, a^2, a^3은 다음과 같이 정의하고, 다음의 관계식이 성립한다.

$$a = 1\underline{/120°}\left(= -\frac{1}{2} + j\frac{\sqrt{3}}{2}\right) \quad (11.66)$$

$$a^2 = 1\underline{/240°} = 1\underline{/-120°}\left(= -\frac{1}{2} - j\frac{\sqrt{3}}{2}\right) \quad (11.67)$$

$$a^3 = 1\underline{/360°} = 1\underline{/0°} = 1 \quad (11.68)$$

$$1 + a + a^2 = 0 \quad \because\ a^3 - 1 = (a-1)(a^2+a+1) = 0 \quad (11.69)$$

여기서 a, a^2은 극좌표 형식을 기억하여 회로 해석에 활용할 수 있도록 한다.

식 (11.69)의 세 벡터 1, a, a^2의 합은 **그림 11.27**과 같이 위상차 120°의 관계로부터 평형을 이루기 때문에 0이 된다는 기하학적인 방법으로 이해하기 바란다.

평형 3상 전압 $\boldsymbol{V}_a$, $\boldsymbol{V}_b$, $\boldsymbol{V}_c$를 a상의 전압 $\boldsymbol{V}_a$ 기준으로 하여 회전 연산자 a로 표현하면 다음과 같다.

$$\begin{aligned} &a\text{상} : \boldsymbol{V}_a \\ &b\text{상} : \boldsymbol{V}_b = \boldsymbol{V}_a\underline{/-120°} = a^2\boldsymbol{V}_a \\ &c\text{상} : \boldsymbol{V}_c = \boldsymbol{V}_a\underline{/120°} = a\boldsymbol{V}_a \end{aligned} \quad (11.70)$$

예제 11.17

$a = -\frac{1}{2} + j\frac{\sqrt{3}}{2}$ 일 때 다음을 계산하라.

(1) $a^2 + a^4 + a^9$ **(2)** $\frac{1-a^2}{a}$

풀이 (1) $a^2 + a^4 + a^9 = a^2 + a(a^3) + (a^3)^3 = a^2 + a + 1 = 0$ ($\because\ a^3 = 1$)

(2) $a = 1\underline{/120°}$의 극좌표를 복소수로 변환하여 계산하지 말고, 극좌표를 주어진 식에 대입하여 전자 계산기로 직접 구한다.

$$\frac{1-a^2}{a} = \frac{1-(1\underline{/120°})^2}{1\underline{/120°}} = \sqrt{3}\underline{/-90°} = -j\sqrt{3}$$

그림 11.28은 상순이 abc인 평형 3상전압(V_{a1}, V_{b1}, V_{c1})의 **정상분 전압**과 상순이 반대인 평형 3상전압(V_{a2}, V_{b2}, V_{c2})의 **역상분 전압** 및 크기와 방향이 같은 세 개의 전압(V_{a0}, V_{b0}, V_{c0})의 **영상분 전압**을 보여준 것이고, 세 성분에 대해 동일한 상끼리 평행 이동한 것을 합성하여 **불평형 전압**(V_a, V_b, V_c)을 얻는 방법에 대해 나타낸 것이다.

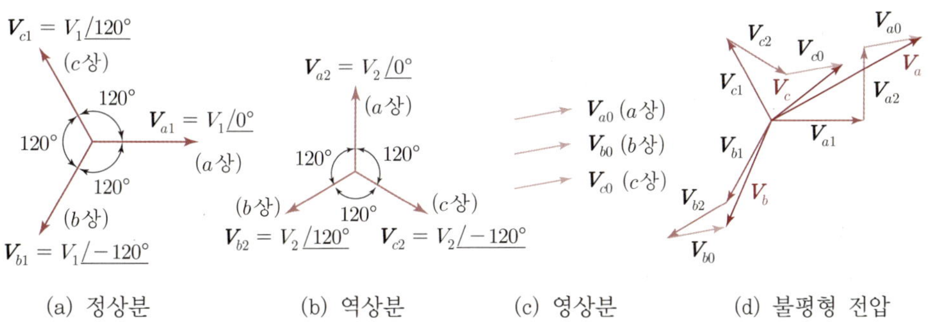

그림 11.28 ▸ 불평형 전압의 합성

그림 11.28(d)에서 3상의 불평형 전압 V_a, V_b, V_c는 영상분, 정상분, 역상분의 합으로 표현할 수 있다.

$$
\begin{aligned}
V_a &= V_{a0} + V_{a1} + V_{a2} \\
V_b &= V_{b0} + V_{b1} + V_{b2} \\
V_c &= V_{c0} + V_{c1} + V_{c2}
\end{aligned}
\tag{11.71}
$$

a상의 정상분 전압 $V_{a1} = V_1$, 역상분 전압 $V_{a2} = V_2$를 기준으로 하고, 회전 연산자 a를 이용하여 다른 상전압을 표현하고, 영상분 전압은 각 상에 크기와 방향이 같은 공통의 단상의 성질을 이용하면

$$
\begin{aligned}
&V_{a0} = V_{b0} = V_{c0} = V_0 \\
&V_{a1} = V_1,\ \ V_{b1} = a^2 V_1,\ \ V_{c1} = a V_1 \\
&V_{a2} = V_2,\ \ V_{b2} = a V_2,\ \ V_{c2} = a^2 V_2
\end{aligned}
\tag{11.72}
$$

가 된다. 이 관계를 식 (11.71)에 대입하여 다시 **불평형 전압**을 나타내면 다음과 같다.

$$\begin{aligned} \boldsymbol{V}_a &= \boldsymbol{V}_0 + \boldsymbol{V}_1 + \boldsymbol{V}_2 \\ \boldsymbol{V}_b &= \boldsymbol{V}_0 + a^2 \boldsymbol{V}_1 + a \boldsymbol{V}_2 \ (1 \rightarrow a^2 \rightarrow a) \\ \boldsymbol{V}_c &= \boldsymbol{V}_0 + a \boldsymbol{V}_1 + a^2 \boldsymbol{V}_2 \ (1 \rightarrow a \rightarrow a^2) \end{aligned} \tag{11.73}$$

불평형 전압으로부터 **각 대칭분 성분** $\boldsymbol{V}_0$, $\boldsymbol{V}_1$, $\boldsymbol{V}_2$는 식 (11.73)의 방정식을 연립하여 구하면 그 결과는 각각 다음과 같다.

$$\begin{aligned} \boldsymbol{V}_0 &= \frac{1}{3}(\boldsymbol{V}_a + \boldsymbol{V}_b + \boldsymbol{V}_c) \\ \boldsymbol{V}_1 &= \frac{1}{3}(\boldsymbol{V}_a + a \boldsymbol{V}_b + a^2 \boldsymbol{V}_c) \ (1 \rightarrow a \rightarrow a^2) \\ \boldsymbol{V}_2 &= \frac{1}{3}(\boldsymbol{V}_a + a^2 \boldsymbol{V}_b + a \boldsymbol{V}_c) \ (1 \rightarrow a^2 \rightarrow a) \end{aligned} \tag{11.74}$$

3상 평형의 전압과 전류는 다음과 같이 영상분과 역상분은 0이고 정상분만 포함하고 있다.

$$\boldsymbol{V}_a = \boldsymbol{V}_1, \quad \boldsymbol{V}_b = a^2 \boldsymbol{V}_1, \quad \boldsymbol{V}_c = a \boldsymbol{V}_1 \tag{11.75}$$

그러나 식 (11.74)와 같이 3상 불평형 전압과 전류는 정상분, 역상분, 영상분의 세 성분을 반드시 포함하고 있다. 이것이 대칭좌표법의 기본이다.

3상 불평형 전압과 전류에서 **정상분에 대한 역상분의 비**로 불평형의 정도를 나타내는 척도로써 **불평형률**(unbalanced factor)을 사용하고 있다.

$$\begin{aligned} \text{불평형률} &= \frac{\text{역상분}}{\text{정상분}} \times 100\ [\%] \\ &= \frac{V_2}{V_1} \times 100\ [\%] \ \text{또는} \ \frac{I_2}{I_1} \times 100\ [\%] \end{aligned} \tag{11.76}$$

정리 불평형 전압, 전류의 성질

(1) 불평형 전압, 전류의 대칭분의 정의(대칭좌표법)

① 영상분+정상분+역상분

② 영상분 : 전압, 전류의 크기와 방향이 같은 각 상에 공통인 성분

정상분 : 전압, 전류의 상순이 abc의 시계 방향이고 위상차 120°인 성분

역상분 : 전압, 전류의 상순이 acb의 반시계 방향이고 위상차 120°인 성분

(2) 결선방식에 따른 대칭분의 성질

① 중성선이 없는 회로 : $\boldsymbol{I}_a+\boldsymbol{I}_b+\boldsymbol{I}_c=0$ ($\because$ $\boldsymbol{I}_0=0$)

② 중성선이 있는 회로 : $\boldsymbol{I}_a+\boldsymbol{I}_b+\boldsymbol{I}_c\neq 0$ ($\because$ $\boldsymbol{I}_0\neq 0$)

③ 영상분 $\boldsymbol{I}_0=\frac{1}{3}(\boldsymbol{I}_a+\boldsymbol{I}_b+\boldsymbol{I}_c)$: 중성선이 없으면 $\boldsymbol{I}_0=0$, 중성선이 있으면 $\boldsymbol{I}_0\neq 0$

④ 중성점 비접지 방식은 중성선이 없기 때문에 Y, Δ 결선 방식에 관계없이 영상분 없음

⑤ Δ 결선이 포함된 회로는 비접지 방식이고 중성선이 없기 때문에 영상분 0

⑥ Y－Y 결선의 3상 4선식 회로는 중성점을 접지하므로 영상분 존재함

(3) 지락 및 단락사고에 따른 대칭분의 성질

① 1선지락 사고 : $\boldsymbol{I}_0=\boldsymbol{I}_1=\boldsymbol{I}_2\neq 0$(대칭분 전류 모두 동일)

② 2선지락 사고 : $\boldsymbol{V}_0=\boldsymbol{V}_1=\boldsymbol{V}_2\neq 0$(대칭분 전압 모두 동일)

③ 선간단락 사고 : 정상분, 역상분 존재(영상분 없음)

④ 3상단락 사고와 대칭 3상회로 : 정상분만 존재(영상분, 역상분 없음)

참고 대칭 3상 교류발전기의 기본식

(1) 발전기의 기전력 : 대칭 3상 기전력($\boldsymbol{E}_1=\boldsymbol{E}_a$, $\boldsymbol{E}_0=\boldsymbol{E}_2=0$)

$$\boldsymbol{V}_0=-\boldsymbol{Z}_0\boldsymbol{I}_0$$
$$\boldsymbol{V}_1=\boldsymbol{E}_a-\boldsymbol{Z}_1\boldsymbol{I}_1$$
$$\boldsymbol{V}_2=-\boldsymbol{Z}_2\boldsymbol{I}_2$$

($\boldsymbol{Z}_0$: 영상 임피던스, $\boldsymbol{Z}_1$: 정상 임피던스, $\boldsymbol{Z}_2$: 역상 임피던스)

(2) 임피던스의 대칭분

$$\boldsymbol{Z}_0=\frac{1}{3}(\boldsymbol{Z}_a+\boldsymbol{Z}_b+\boldsymbol{Z}_c)$$
$$\boldsymbol{Z}_1=\frac{1}{3}(\boldsymbol{Z}_a+a\boldsymbol{Z}_b+a^2\boldsymbol{Z}_c)$$
$$\boldsymbol{Z}_2=\frac{1}{3}(\boldsymbol{Z}_a+a^2\boldsymbol{Z}_b+a\boldsymbol{Z}_c)$$

예제 11.18

어떤 3상회로의 선간전압이 각각 120[V], 100[V], 100[V]이다. 전압의 대칭분과 불평형률을 구하라.(단, 3상회로는 비접지 방식이다.)

풀이 비접지 방식이므로 영상분은 0이고, 아래와 같이 불평형 전압의 합도 0이다.

$$\boldsymbol{V}_0 = \frac{1}{3}(\boldsymbol{V}_a + \boldsymbol{V}_b + \boldsymbol{V}_c) = 0 \qquad \therefore\ \boldsymbol{V}_a + \boldsymbol{V}_b + \boldsymbol{V}_c = 0$$

불평형 3상 전압 $V_a = 120\,[\mathrm{V}]$, $V_b = 100\,[\mathrm{V}]$, $V_c = 100\,[\mathrm{V}]$라 할 때 $\boldsymbol{V}_a$를 기준 페이저로 $\boldsymbol{V}_a + \boldsymbol{V}_b + \boldsymbol{V}_c = 0$의 관계를 나타낸 페이저(벡터)도는 **그림 11.29** 이다. 피타고라스의 정리에 의해 각 변의 길이를 구하고, 벡터의 상등에 의해 평행이동해도 동일한 벡터이므로 각 페이저 전압의 시점을 복소평면의 원점에서 일치시킨다. 불평형 3상전압의 페이저는 다음과 같다.

$$\boldsymbol{V}_a = 120\,[\mathrm{V}]$$
$$\boldsymbol{V}_b = -60 - j80 = 100\underline{/-126.87^\circ}\,[\mathrm{V}]$$
$$\boldsymbol{V}_c = -60 + j80 = 100\underline{/126.87^\circ}\,[\mathrm{V}]$$

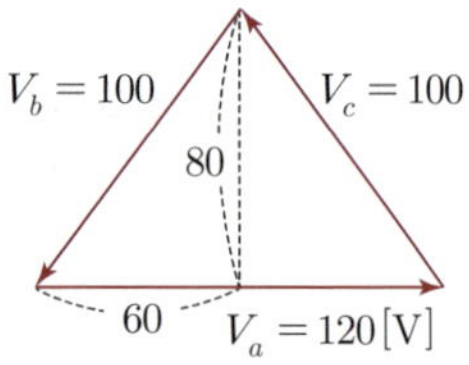

그림 11.29

(1) 대칭분 전압

① 영상분

$$\boldsymbol{V}_0 = \frac{1}{3}(\boldsymbol{V}_a + \boldsymbol{V}_b + \boldsymbol{V}_c) = \frac{1}{3}(120 - 60 - j80 - 60 + j80) = 0$$

② 정상분

$$\boldsymbol{V}_1 = \frac{1}{3}(\boldsymbol{V}_a + a\boldsymbol{V}_b + a^2\boldsymbol{V}_c)$$
$$= \frac{1}{3}\{120 + (1\underline{/120^\circ})(100\underline{/-126.87^\circ}) + (1\underline{/-120^\circ})(100\underline{/126.87^\circ})\}$$
$$\therefore\ \boldsymbol{V}_1 = 106.2\,[\mathrm{V}]$$

③ 역상분

$$\boldsymbol{V}_2 = \frac{1}{3}(\boldsymbol{V}_a + a^2\boldsymbol{V}_b + a\boldsymbol{V}_c)$$
$$= \frac{1}{3}\{120 + (1\underline{/-120^\circ})(100\underline{/-126.87^\circ}) + (1\underline{/120^\circ})(100\underline{/126.87^\circ})\}$$
$$\therefore\ \boldsymbol{V}_2 = 13.8\,[\mathrm{V}]$$

(2) 불평형률 $= \dfrac{V_2}{V_1} \times 100 = \dfrac{13.8}{106.2} \times 100 = 13\,[\%]$

참고 **대칭 n상 회로에서 선간전압과 상전압의 관계(기하학적 해석법)**

(1) 대칭 n상 회로

그림 11.30은 정n각형의 일부를 나타낸 상전압과 선간전압, 상전류와 선전류의 페이저도이다. **내변은 상전압과 상전류, 외변은 선간전압과 선전류**를 나타낸다.

선간전압과 상전압의 관계식 : $\boldsymbol{V}_{ab} = \boldsymbol{V}_a - \boldsymbol{V}_b$

선전류와 상전류 : $\boldsymbol{I}_{an} = \boldsymbol{I}_a - \boldsymbol{I}_n$

이 관계식에 의해 선간전압과 선전류의 벡터는 반대 방향이 된다.

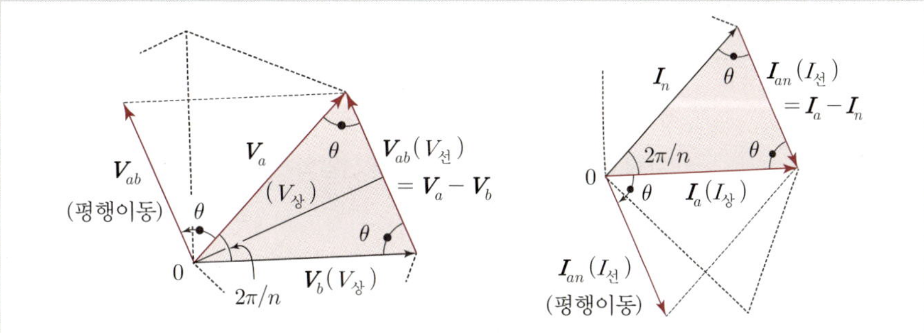

(a) 상전압과 선간전압 (b) 상전류와 선전류

그림 11.30 ▶ 대칭 n상 회로의 전압, 전류의 크기와 위상관계

① 선간전압과 상전압의 크기 관계

$$\text{중심각} : \frac{2\pi}{n}, \quad V_{선}\text{과 } V_{상}\text{의 크기 관계} : V_{선} = 2V_{상}\sin\frac{\pi}{n}$$

② 선간전압과 상전압의 위상 관계

ⓐ $\boldsymbol{V}_{ab}(V_{선})$를 중심 0로 평행 이동시켜 $\boldsymbol{V}_a(V_{상})$와 두 시점을 일치시키면 $V_{선}$이 $V_{상}$보다 위상차 θ만큼 앞선다.

ⓑ 페이저도에서 $V_{선}$과 $V_{상}$의 위상차 θ는 이등변 삼각형의 밑각 θ와 같다.

ⓒ 위상차 θ는 이등변 삼각형의 내각의 합 π에서 중심각 $2\pi/n$을 뺀 각에 1/2을 곱하여 구한다.

$$\theta = \frac{1}{2}\left(\pi - \frac{2\pi}{n}\right) \qquad \therefore\ \theta = \frac{\pi}{2}\left(1 - \frac{2}{n}\right)$$

③ 선전류와 상전류의 크기와 위상 관계

선전류와 상전류의 크기 관계는 선간전압과 상전압의 크기 관계와 같고, 위상차도 같다. 단, 선전류는 선간전압과 반대 방향의 벡터가 되기 때문에 $I_{선}$이 $I_{상}$보다 위상차 θ만큼 뒤진다.

$$I_{선} = 2I_{상}\sin\frac{\pi}{n}, \quad \theta = \frac{\pi}{2}\left(1 - \frac{2}{n}\right)$$

(2) 주요 대칭 n상 회로에서 선간전압과 상전압의 크기 및 위상 관계(기하학적인 방법)

그림 11.31은 3상, 6상 및 12상에 대한 상전압과 선간전압의 페이저도이다. $\boldsymbol{V}_{ab}(V_{선})$를 중심 0로 평행 이동시켜 $\boldsymbol{V}_a(V_{상})$와 두 시점을 일치시키면 $V_{선}$이 $V_{상}$보다 위상차 θ만큼 앞선다.

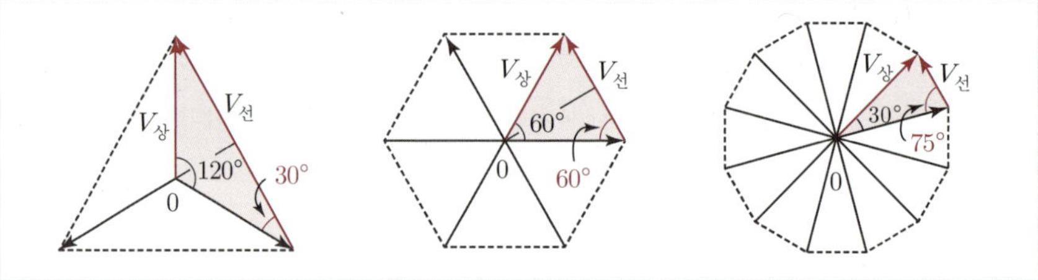

(a) 3상　　(b) 6상　　(c) 12상

그림 11.31 ▶ 선간전압과 상전압의 크기와 위상관계

① 선간전압과 상전압의 크기 관계

(3상) $V_{선} = 2\sin 60°\, V_{상} = \sqrt{3}\, V_{상}$(중심각 : $360°/3 = 120°$)

(6상) $V_{선} = 2\sin 30°\, V_{상} = V_{상}$(중심각 : $360°/6 = 60°$)[정삼각형 관계 이용]

(12상) $V_{선} = 2\sin 15°\, V_{상} = 0.52\, V_{상}$(중심각 : $360°/12 = 30°$)

② 선간전압과 상전압의 **위상차 θ**는 **그림 11.31**의 칼라의 각도로 표시한 **이등변 삼각형의 밑각**이 된다. 즉 삼각형의 내각의 합은 180°인 관계를 적용하면 밑각을 간단히 구할 수 있다.

표 11.2 ▶ 주요 다상 회로의 전압, 전류의 크기 관계와 위상차

다상회로	$V_{선}$, $V_{상}$의 크기 관계	$I_{선}$, $I_{상}$의 크기 관계	위상차 θ
3상회로	$V_{선} = \sqrt{3}\, V_{상}$($\sqrt{3}$ 배)	$I_{선} = \sqrt{3}\, I_{상}$	30°
6상회로	$V_{선} = V_{상}$(동일)	$I_{선} = I_{상}$	60°
12상회로	$V_{선} = 0.52\, V_{상}$(약 반)	$I_{선} = 0.52 I_{상}$	75°

※ $V_{선}$의 위상은 $V_{상}$보다 θ만큼 앞서지만, $I_{선}$의 위상은 $I_{상}$보다 θ만큼 뒤진다.

※ $V_{선}$과 $V_{상}$의 크기 관계 및 위상차는 (1)의 공식을 암기하여 구하는 것보다 **그림 11.31**을 기하학적으로 이해하여 계산하는 것이 독자들에게 부담을 줄여준다.

연습문제

01 대칭 3상 Y부하에서 각 상의 임피던스가 $\boldsymbol{Z} = 16 + j12\,[\Omega]$이고 부하전류가 10[A]일 때, 이 부하의 선간전압[V]를 구하라.

02 $\boldsymbol{Z} = 8 + j6\,[\Omega]$인 평형 Y부하에 선간전압 200[V]인 대칭 3상 전류를 가할 때 선전류[A]를 구하라.

03 전원과 부하가 모두 Δ 결선된 3상 평형회로가 있다. 전원전압이 200[V], 부하 임피던스가 $6 + j8\,[\Omega]$인 경우 선전류[A]를 구하라.

04 $R = 12\,[\Omega]$, $X_C = 16\,[\Omega]$이 직렬인 임피던스 3개로 Δ 결선된 대칭 부하회로에 선간전압 100[V]인 대칭 3상 전압을 가했을 때 흐르는 선전류[A]를 구하라.

05 **그림 11.32**와 같은 대칭 3상회로가 있다. 선전류 $\boldsymbol{I}_a$, $\boldsymbol{I}_b$, $\boldsymbol{I}_c$를 구하고, 3상 부하의 소비전력 P[W], 무효전력 Q[Var], 피상전력 P_a[VA]를 구하라.
단, $\boldsymbol{V}_a = 120\underline{/0°}\,[\mathrm{V}]$, $\boldsymbol{Z}_l = 4 + j6\,[\Omega]$, $\boldsymbol{Z} = 20 + j12\,[\Omega]$이다.

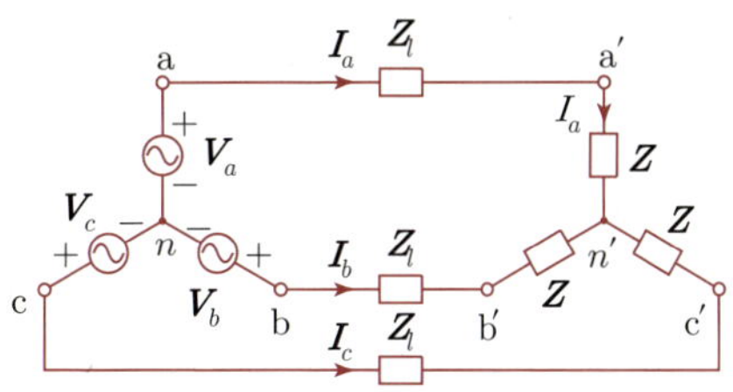

그림 11.32

06 한 상의 임피던스가 $3+j4[\Omega]$인 평형 Δ 부하에 대칭인 선간전압 200[V]를 가할 때 3상전력[kW]을 구하라.

07 선간전압 100[V], 역률 60[%]인 평형 3상 부하에서 소비전력 10[kW]일 때, 선전류[A]를 구하라.

08 대칭 3상 Y부하에서 각 상의 임피던스가 $3+j4[\Omega]$이고 부하전류가 20[A]일 때 이 부하에서 소비되는 전력[W]을 구하라.

09 역률이 50[%]이고 한 상의 임피던스가 $60[\Omega]$인 유도부하를 Δ로 결선하고 여기에 병렬로 저항 $20[\Omega]$을 Y결선으로 하여 3상 선간전압 200[V]를 가하였을 때 소비전력[W]을 구하라.

10 대칭 3상 4선식 전력계통이 있다. 단상전력계 2대로 전력을 측정하였더니 각 전력계의 값이 1327[W] 및 −301[W]이었다. 이때 유효전력, 무효전력, 피상전력, 역률을 각각 구하라.

11 두 대의 전력계로 평형 3상 부하의 전력을 측정하였더니 한 쪽의 지시가 다른 쪽의 지시보다 3배가 되었을 때 역률을 구하라.

12 10[kVA]의 변압기 2대로 공급할 수 있는 최대 3상 전력[kVA]을 구하라.

13 용량 30[kVA]의 단상변압기 2대를 V결선하여 역률 0.8, 전력 20[kW]의 평형 3상 부하에 전력을 공급할 때 변압기 1대가 분담하는 피상전력[kVA]을 구하라.

14 3대의 단상 변압기 용량 100[kVA]를 Δ결선으로 운전하던 중 1대가 고장이 생겨 V 결선이 되었다. 이때의 출력[kVA]을 구하라.

15 3상 3선식 회로에서 $\boldsymbol{V}_a = -j6$ [V], $\boldsymbol{V}_b = -8 + j6$ [V], $\boldsymbol{V}_c = 8$ [V]일 때 정상분 전압 $\boldsymbol{V}_1$[V]을 구하라.

16 불평형 3상전류 $\boldsymbol{I}_a = 15 + j2$ [A], $\boldsymbol{I}_b = -20 - j14$ [A], $\boldsymbol{I}_c = -3 + j10$ [A]일 때, 영상전류 $\boldsymbol{I}_0$, 정상전류 $\boldsymbol{I}_1$, 역상전류 $\boldsymbol{I}_2$를 직각좌표 형식으로 각각 구하라.

17 3상회로에서 대칭분 전압이 $\boldsymbol{V}_0 = -8 + j3$ [V], $\boldsymbol{V}_1 = 6 - j8$ [V], $\boldsymbol{V}_2 = 8 + j12$ [V]일 때, a상의 전압 $\boldsymbol{V}_a$[V]를 직각좌표 형식으로 구하라.

18 3상 불평형 전압에서 영상전압이 140[V]이고, 정상전압이 600[V], 역상전압 280[V]일 때 전압의 불평형률[%]을 구하라.

Chapter 12

비정현파 해석

12.1 비정현파의 개요

그림 12.1에서 주기와 진폭이 다른 두 개 이상의 정현파(sine wave, 사인파)를 합(합성)하면 **비정현 주기파**(non-sinusoidal periodic wave) 또는 **왜형파**(distorted wave)가 발생한다. 이것은 역으로 비정현 주기파를 분해하면 진폭과 주기가 다른 여러 개의 정현파로 나타낼 수 있음을 알 수 있고, **그림 12.1**과 같이 비정현파의 주기 T는 기본파의 주기와 같다.

프랑스의 수학자이며 물리학자인 푸리에(J. Fourier)에 의해 연구된 비정현 주기함수는 주기와 진폭이 다른 **여러 개의 사인과 코사인 함수**(정현 함수)**의 합**으로 표시할 수 있으며, 이를 **푸리에 급수**(Fourier series)**에 의한 전개**라고 한다.

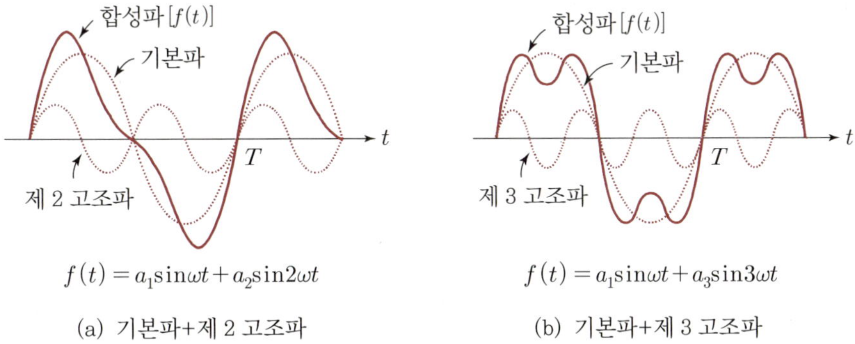

$f(t) = a_1 \sin\omega t + a_2 \sin 2\omega t$

(a) 기본파+제 2 고조파

$f(t) = a_1 \sin\omega t + a_3 \sin 3\omega t$

(b) 기본파+제 3 고조파

그림 12.1 ▶ 비정현파(기본파와 고조파의 합성)

본 장에서는 전기·전자공학에서 자주 사용되는 구형파, 전파정류와 반파정류파, 삼각파와 톱니파 등의 여러 가지 형태의 **비정현 주기함수**에 대해 정현함수로 나타내는 방법을 배울 것이고, 또 비정현파의 실효값과 전력 등의 회로 해석까지 학습할 것이다.

12.2 푸리에 급수 전개

12.2.1 푸리에 급수의 전개

주기 T인 비정현파 주기함수 $f(t)$는 주기함수의 성질에 따라

$$f(t)=f(t\pm T) \tag{12.1}$$

로 표현된다. 이 함수는 푸리에 급수의 전개에 의해 sin항(정현항)과 cos항(여현항)의 합의 무한급수로 다음과 같이 표시할 수 있다.

$$f(t)=a_0+a_1\cos\omega t+a_2\cos 2\omega t+\cdots+a_n\cos n\omega t+\cdots$$

$$+b_1\sin\omega t+b_2\sin 2\omega t+\cdots+b_n\sin n\omega t+\cdots$$

$$\therefore\ f(t)=a_0+\sum_{n=1}^{\infty}a_n\cos n\omega t+\sum_{n=1}^{\infty}b_n\sin n\omega t \tag{12.2}$$

단, $\omega=2\pi f=2\pi/T$ 또는 $\omega T=2\pi$이다. 비정현 주기함수를 식 (12.2)의 무한급수로 표현한 $f(t)$를 **푸리에 급수**(Fourier series)라 하고, 계수 a_n, b_n를 **푸리에 계수**라고 한다.

식 (12.2)에서 동일 주파수를 갖는 sin항(정현항)과 cos항(여현항)을 합성하면 다음과 같이 간단히 표현할 수 있다.

$$f(t)=a_0+(a_1\cos\omega t+b_1\sin\omega t)+(a_2\cos 2\omega t+b_2\sin 2\omega t)+\cdots$$

$$=a_0+A_1\sin(\omega t+\theta_1)+A_2\sin(2\omega t+\theta_2)+A_3\sin(3\omega t+\theta_3)+\cdots$$

$$\therefore\ f(t)=a_0+\sum_{n=1}^{\infty}A_n\sin(n\omega t+\theta_n) \tag{12.3}$$

$$\text{단, } A_n=\sqrt{a_n^2+b_n^2},\quad \theta_n=\tan^{-1}\frac{a_n}{b_n}\ (n=1,\ 2,\ 3,\ \cdots)$$

식 (12.2)와 식 (12.3)에서 **상수항** a_0는 시간 t와 각주파수 ω에 무관한 일정값의 **직류 성분**을 의미하고, **나머지 항**은 각종의 진폭과 주파수를 갖는 **정현파 성분**을 의미한다.

특히 정현파 성분 중 $n=1$인 $A_1\sin(\omega t+\theta_1)$은 비정현 주기파 $f(t)$와 동일한 주파수를 갖는 기본이 되는 파로써 이를 **기본파**(fundamental wave)라 하고, 주파수가 기본파의 $n=2, 3, \cdots, n$ 배가 되는 항의 파를 각각 제 2 고조파, 제 3 고조파, ⋯, 제 n 고조파라 부르며, 이들을 총칭하여 **고조파**(higher harmonic wave)라고 한다.

일반적으로 **비정현파의 주기함수**는

비정현파 = (직류분) + (기본파) + (고조파)

로 분해할 수 있고, 이러한 분해를 **푸리에 분석**(Fourier analysis)이라고 한다.

정리 비정현파의 분해(성분)

(1) 직류분 : 실제의 직류 성분으로 파형의 1주기간의 평균값(상수항 a_0)

(2) 기본파 : 비정현파와 주파수(주기)가 같은 $n=1$ 인 파($a_1\cos\omega t$, $b_1\sin\omega t$)

(3) 고조파 : 기본파 주파수의 정수배인 주파수를 갖는 파($a_2\cos 2\omega t$, $b_2\sin 2\omega t, \cdots\cdots$)
제 n 고조파(기본파 기준) : 주파수 n 배

결론적으로 실제 발생하는 주기함수는 매우 복잡하게 나타나지만 sin항(정현항)과 cos항(여현항)의 푸리에 급수로 표현할 수 있으며, 구형 주기함수(사각파)와 같은 유한개의 불연속점을 가지고 있는 함수까지 적용할 수 있는 매우 큰 장점이 있다.

12.2.2 푸리에 계수

식 (12.2)의 푸리에 급수의 전개는 푸리에 계수 a_0, a_n, b_n을 구하는 것이 필수적이며 본 절에서 푸리에 계수를 구하는 방법에 대해 학습하기로 한다.

푸리에 계수는 먼저 전기전자공학에서 자주 이용되는 삼각함수 정적분의 성질과 삼각함수의 공식을 사전 지식으로 알고 적용하면 유도되는 식을 쉽게 이해할 수 있을 뿐만 아니라 간편하게 구할 수 있다. 푸리에 계수의 계산에 기본적인 삼각함수의 정적분의 성질과 삼각함수의 공식을 **TIP**(팁)과 **참고**에 수록하였다.

푸리에 급수와 삼각함수의 정적분의 성질에 관한 상세한 내용은 다음의 참고문헌을 참고하기 바란다.[임헌찬 저, ≪공업수학≫, pp. 353~385, 동일출판사]

TIP 삼각함수의 정적분 성질(증명은 본 절의 참고 확인)

두 삼각함수의 곱에 대한 1주기의 적분(범위 $0 \sim 2\pi[T]$)(두 함수의 위상이 동일한 경우)

(1) 삼각함수의 정적분

$$\int_0^{2\pi} \cos nx\, dx = 0, \quad \int_0^{2\pi} \sin nx\, dx = 0$$

(2) 동일 종류의 삼각함수 곱의 정적분

피적분 함수 : $\cos mx \cdot \cos nx$, $\sin mx \cdot \sin nx$, $\cos^2 nx$, $\sin^2 nx$

$m = n$일 때 π 또는 $T/2$, $m \neq n$일 때 0

(3) 다른 종류의 삼각함수 곱의 정적분

피적분 함수 : $\cos mx \cdot \sin nx$, $\sin mx \cdot \cos nx$

m, n에 관계없이 모두 0

(1) a_0의 결정

식 (12.2)의 푸리에 급수 전개식에서 ωt 대신에 x로 대체하여 수식을 간소화시켜 다시 나타내면 다음과 같다.

$$f(x) = a_0 + \sum_{n=1}^{\infty} a_n \cos nx + \sum_{n=1}^{\infty} b_n \sin nx \quad (x = \omega t) \tag{12.4}$$

이 식의 양변을 x에 관하여 0에서 2π(1주기)까지 적분하면

$$\int_0^{2\pi} f(x) dx = a_0 \int_0^{2\pi} dx + \sum_{n=1}^{\infty} a_n \int_0^{2\pi} \cos nx\, dx + \sum_{n=1}^{\infty} b_n \int_0^{2\pi} \sin nx\, dx \tag{12.5}$$

가 된다. 우변의 제 2, 3항은 삼각함수의 정적분 성질에 의해 0이고, 우변의 제 1항만 $a_0 \cdot 2\pi$이므로 계수 a_0는 다음과 같이 구해진다.

$$\int_0^{2\pi} f(x) dx = a_0 \cdot 2\pi \tag{12.6}$$

$$\therefore \ a_0 = \frac{1}{2\pi}\int_0^{2\pi} f(x)\,dx \ \left[= \frac{1}{T}\int_0^{T} f(t)\,dt\right] \tag{12.7}$$

식 (12.7)에서 **상수항** a_0는 비정현파 $f(x)$의 **1 주기의 평균값**이고, **실제 직류성분**임을 알 수 있다. 즉, a_0의 적분 계산은 1 주기의 면적으로 대신할 수 있으므로 파형의 형태에 따라 직관적으로 구하는 경우가 많다. 제 5.4 절에서 대칭파는 반주기의 평균값을 의미하므로 1주기의 평균값 a_0는 0이 된다.(제 5.4 절의 **TIP**과 **표 5.2** 참고)

(2) a_n 의 결정

식 (12.4)의 양변에 $\cos mx$를 곱하여 1 주기를 적분하면

$$\int_0^{2\pi} f(x)\cos mx\,dx = a_0\int_0^{2\pi} \cos mx\,dx$$
$$+ \sum_{n=1}^{\infty} a_n \int_0^{2\pi} \cos nx \cdot \cos mx\,dx + \sum_{n=1}^{\infty} b_n \int_0^{2\pi} \sin nx \cdot \cos mx\,dx \tag{12.8}$$

가 된다. 삼각함수의 정적분 성질에 의해 우변의 제 1 항과 제 3 항은 0 이고, 제 2 항은 $m=n$인 경우에만 $a_n\pi$ 이다. $a_n\pi$를 좌변과 등식으로 놓으면 계수 a_n은 다음과 같고, 괄호는 임의의 주기 T인 경우이다.

$$a_n = \frac{1}{\pi}\int_0^{2\pi} f(x)\cos nx\,dx \ \left[= \frac{2}{T}\int_0^{T} f(t)\cos n\omega t\,dt\right] \tag{12.9}$$

식 (12.9)에서 cos 항의 계수 a_n은 피적분 함수 $f(x)\cos nx$의 1 주기의 평균값에 2 배를 한 결과와 같음을 알 수 있다.

(3) b_n 의 결정

식 (12.4)의 양변에 $\sin mx$를 곱하여 1 주기를 적분하면

$$\int_0^{2\pi} f(x)\sin mx\,dx = a_0\int_0^{2\pi} \sin mx\,dx$$
$$+ \sum_{n=1}^{\infty} a_n \int_0^{2\pi} \cos nx \cdot \sin mx\,dx + \sum_{n=1}^{\infty} b_n \int_0^{2\pi} \sin nx \cdot \sin mx\,dx \tag{12.10}$$

가 된다. 삼각함수의 정적분 성질에 의해 우변의 제 1 항과 제 2 항은 0 이고, 제 3 항은 $m=n$인 경우에만 $b_n\pi$이다. $b_n\pi$를 좌변과 등식으로 놓으면 계수 b_n은 다음과 같고, 괄호는 임의의 주기 T인 경우이다.

$$b_n = \frac{1}{\pi}\int_0^{2\pi} f(x)\sin nx\,dx \left[= \frac{2}{T}\int_0^{T} f(t)\sin n\omega t\,dt\right] \qquad (12.11)$$

식 (12.11)에서 sin항의 계수 b_n은 피적분 함수 $f(x)\sin nx$의 1 주기의 평균값에 2배를 한 결과와 같음을 알 수 있다.

이상에서 적분 구간은 $0\sim2\pi$를 적용하였지만 $-\pi\sim\pi$의 범위를 적용해도 관계없으며, 두 구간 중 함수의 연속성을 보이는 구간을 선택하는 것이 계산에서 편리하다.

이상에서 배운 비대칭성 파형의 **푸리에 급수와 푸리에 계수**의 정의를 요약하면 **표 12.1**과 같이 나타낼 수 있다.

표 12.1 ▸ 푸리에 급수와 푸리에 계수

구 분		공 식
푸리에 급수		$f(x) = a_0 + \sum_{n=1}^{\infty} a_n\cos nx + \sum_{n=1}^{\infty} b_n\sin nx$ $f(t) = a_0 + \sum_{n=1}^{\infty} a_n\cos n\omega t + \sum_{n=1}^{\infty} b_n\sin n\omega t \left(x=\omega t,\ \omega=\frac{2\pi}{T},\ \omega T=2\pi\right)$
푸리에 계수	a_0	$a_0 = \frac{1}{2\pi}\int_0^{2\pi} f(x)dx = \frac{1}{T}\int_0^{T} f(t)dt$
		a_0 : 피적분 함수 $f(x)[=f(t)]$의 1 주기의 평균값(직류 성분)
	a_n	$a_n = \frac{1}{\pi}\int_0^{2\pi} f(x)\cos nx dx = \frac{2}{T}\int_0^{T} f(t)\cos n\omega t dt \ (n=1,\ 2,\ 3,\cdots)$
		a_n : 피적분 함수 $f(x)\cos nx\,[=f(t)\cos n\omega t]$의 1 주기의 평균값에 2 배
	b_n	$b_n = \frac{1}{\pi}\int_0^{2\pi} f(x)\sin nx dx = \frac{2}{T}\int_0^{T} f(t)\sin n\omega t\,dt \ (n=1,\ 2,\ 3,\cdots)$
		b_n : 피적분 함수 $f(x)\sin nx\,[=f(t)\sin n\omega t]$의 1 주기의 평균값에 2 배

참고 삼각함수의 정적분의 성질과 삼각함수 공식

(1) 삼각함수의 정적분의 성질

푸리에 계수 a_0, a_n, b_n의 공식을 유도하기 위하여 다음의 정적분(definite integral)이 사용된다. 아래의 식에서 m, $n(\neq 0)$이 임의의 양의 정수라면 다음의 결과가 구해진다.

(a) $$\int_0^{2\pi} \cos nx\, dx = \left[\frac{1}{n}\sin nx\right]_0^{2\pi} = 0,\ \int_0^{2\pi} \sin nx\, dx = \left[-\frac{1}{n}\cos nx\right]_0^{2\pi} = 0$$

sin과 cos 함수의 1주기의 적분은 위의 수학적 계산 결과와 마찬가지로 (+)반파와 (−)반파의 면적이 같으므로 직관적으로 0이 됨을 알 수 있다.

(b) $$\int_0^{2\pi} \cos^2 nx\, dx = \int_0^{2\pi} \frac{1}{2}(1+\cos 2nx)\, dx$$
$$= \frac{1}{2}\left[x + \frac{\sin 2nx}{2n}\right]_0^{2\pi} = \pi \ \ (n \neq 0) \tag{12.12}$$

(c) $$\int_0^{2\pi} \sin^2 nx\, dx = \int_0^{2\pi} \frac{1}{2}(1-\cos 2nx)\, dx$$
$$= \frac{1}{2}\left[x - \frac{\sin 2nx}{2n}\right]_0^{2\pi} = \pi \ \ (n \neq 0) \tag{12.13}$$

(d) $$\int_0^{2\pi} \cos mx \cdot \cos nx\, dx = \int_0^{2\pi} \frac{1}{2}[\cos(m+n)x + \cos(m-n)x]\, dx$$
$$= \frac{1}{2}\left[\frac{\sin(m+n)x}{(m+n)} + \frac{\sin(m-n)x}{(m-n)}\right]_0^{2\pi}$$
$$= \begin{cases} 0 : m \neq n \text{인 경우} \\ \pi : m = n \text{인 경우} \end{cases} \tag{12.14}$$

적분식 (d)는 $m=n$인 경우 적분식 (b)와 동일한 식이 되므로 그 결과는 π가 된다.

(e) $$\int_0^{2\pi} \sin mx \cdot \sin nx\, dx = \int_0^{2\pi} -\frac{1}{2}[\cos(m+n)x - \cos(m-n)x]\, dx$$
$$= -\frac{1}{2}\left[\frac{\sin(m+n)x}{(m+n)} - \frac{\sin(m-n)x}{(m-n)}\right]_0^{2\pi}$$
$$= \begin{cases} 0 : m \neq n \text{인 경우} \\ \pi : m = n \text{인 경우} \end{cases} \tag{12.15}$$

적분식 (e)는 $m=n$인 경우 적분식 (c)와 동일한 식이 되므로 그 결과는 π가 된다.

(f) $$\int_0^{2\pi} \sin mx \cdot \cos nx\, dx = \int_0^{2\pi} \frac{1}{2}[\sin(m+n)x + \sin(m-n)x]\, dx$$

$$= -\frac{1}{2}\left[\frac{\cos(m+n)x}{(m+n)} + \frac{\cos(m-n)x}{(m-n)}\right]_0^{2\pi} = 0 \qquad (12.16)$$

(2) 부분 적분법(integration by parts) 공식(삼각파 및 톱니파의 푸리에 급수 전개에 적용)

$$\int f'(x)g(x)dx = f(x)g(x) - \int f(x)g'(x)dx \qquad (12.17)$$

【예】 $\int x\cos x\, dx$의 적분

$f'(x) = \cos x$, $g(x) = x$라 놓으면 $f(x) = \sin x$, $g'(x) = 1$이 되므로

$$\therefore \int x\cos x dx = x\sin x - \int \sin x dx = x\sin x + \cos x$$

【예】 $\int x\sin x\, dx$의 적분

$f'(x) = \sin x$, $g(x) = x$라 놓으면 $f(x) = -\cos x$, $g'(x) = 1$이 되므로

$$\therefore \int x\sin x\, dx = -x\cos x - \int(-\cos x)dx = -x\cos x + \sin x$$

(3) 삼각함수의 곱을 합 또는 차의 꼴로 변환하는 공식

① $\sin m\cos n = \frac{1}{2}\{\sin(m+n) + \sin(m-n)\}$ (12.18)

② $\cos m\sin n = \frac{1}{2}\{\sin(m+n) - \sin(m-n)\}$ (12.19)

③ $\cos m\cos n = \frac{1}{2}\{\cos(m+n) + \cos(m-n)\}$ (12.20)

④ $\sin m\sin n = -\frac{1}{2}\{\cos(m+n) - \cos(m-n)\}$ (12.21)

(4) 삼각함수의 일반값(n = 양의 정수)

$\sin n\pi = 0$, $\sin 2n\pi = 0$

$\cos n\pi = (-1)^n$, $\cos 2n\pi = 1$

$\cos(n+1)\pi = (-1)^{n+1}$

$\cos(n-1)\pi = (-1)^{n-1}$

예제 12.1

그림 12.2와 같은 반파 구형파를 푸리에 급수로 전개하라.

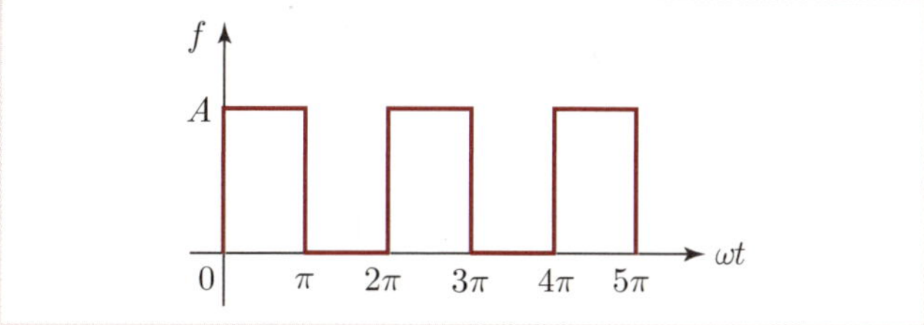

그림 12.2 ▶ 반파 구형파

풀이 그림 12.2의 반파 구형파에서 $\omega t = x$로 놓으면 함수 $f(x)$의 1주기 표시식은

$$f(x) = \begin{cases} A \ (0 < x < \pi) \\ 0 \ (\pi < x < 2\pi) \end{cases}$$

이고, 푸리에 급수로 전개할 때 푸리에 계수 a_0, a_n, b_n은 다음과 같이 구해진다.

① a_0는 식 (12.7)의 정의 식에 대입하여 구하거나 파형의 면적 계산 또는 **표 5.2**의 반파구형파의 평균값을 적용하여 구할 수 있다.

$$(\text{정의})\ a_0 = \frac{1}{2\pi}\int_0^{2\pi} f(x)\,dx = \frac{1}{2\pi}\int_0^{\pi} A\,dx = \frac{A}{2\pi}[x]_0^{\pi} = \frac{A}{2}$$

$$(\text{면적})\ a_0 = \frac{1}{2\pi} \times A \cdot \pi = \frac{A}{2}$$

② $$a_n = \frac{1}{\pi}\int_0^{2\pi} f(x)\cos nx\,dx = \frac{1}{\pi}\int_0^{\pi} A\cos nx\,dx = \frac{A}{n\pi}[\sin nx]_0^{\pi} = 0$$

③ $$b_n = \frac{1}{\pi}\int_0^{2\pi} f(x)\sin nx\,dx = \frac{1}{\pi}\int_0^{\pi} A\sin nx\,dx$$

$$= \frac{A}{n\pi}[-\cos nx]_0^{\pi} = \frac{A}{n\pi}(1-\cos n\pi) = \frac{A}{n\pi}\{1-(-1)^n\}$$

$$\therefore \begin{cases} b_n = \dfrac{2A}{n\pi} & (n : \text{홀수}) \\ b_n = 0 & (n : \text{짝수}) \end{cases}$$

그러므로 푸리에 급수는 계수 a_0, b_n이 존재하므로 다음과 같이 구해진다.

$$f(t) = a_0 + \sum_{n=1}^{\infty} b_n \sin n\omega t \ \left(\text{기본 각주파수} : \omega = \frac{2\pi}{T}[T : \text{기본 주기}]\right)$$

$$\therefore f(t) = \frac{A}{2} + \frac{2A}{\pi}\left(\sin\omega t + \frac{1}{3}\sin 3\omega t + \frac{1}{5}\sin 5\omega t + \cdots\right)$$

예제 12.2

그림 12.3과 같은 구형파를 푸리에 급수로 전개하라.

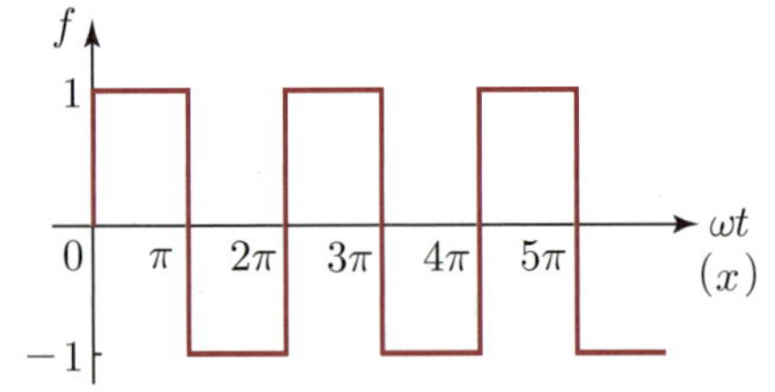

그림 12.3 ▸ 구형파(사각파)

풀이 그림 12.3의 구형파(square wave)에서 $\omega t = x$로 놓으면 함수 $f(x)$의 1주기 표시식은 다음과 같고, 푸리에 계수 a_0, a_n, b_n은 다음과 같이 구해진다.

$$f(x) = \begin{cases} 1 & (0 < x < \pi) \\ -1 & (\pi < x < 2\pi) \end{cases}$$

① a_0는 1주기의 평균값(직류분)을 의미하고 (+)반파와 (−)반파의 면적이 같기 때문에 직관적으로 0임을 알 수 있다.

② $$a_n = \frac{1}{\pi}\int_0^{2\pi} f(x)\cos nx\,dx = \frac{1}{\pi}\left\{\int_0^{\pi}\cos nx\,dx + \int_{\pi}^{2\pi}(-\cos nx)\,dx\right\}$$

$$= \frac{1}{\pi}\left\{\left[\frac{\sin nx}{n}\right]_0^{\pi} + \left[\frac{-\sin nx}{n}\right]_{\pi}^{2\pi}\right\} = \frac{1}{n\pi}(2\sin n\pi - \sin 2n\pi) = 0$$

③ $$b_n = \frac{1}{\pi}\int_0^{2\pi} f(x)\sin nx\,dx = \frac{1}{\pi}\left\{\int_0^{\pi}\sin nx\,dx + \int_{\pi}^{2\pi}(-\sin nx)\,dx\right\}$$

$$= \frac{1}{\pi}\left\{\left[\frac{-\cos nx}{n}\right]_0^{\pi} + \left[\frac{\cos nx}{n}\right]_{\pi}^{2\pi}\right\} = \frac{2}{n\pi}(1 - \cos n\pi) = \frac{2}{n\pi}\{1 - (-1)^n\}$$

$$\therefore \begin{cases} b_n = \dfrac{4}{n\pi} & (n : \text{홀수}) \\ b_n = 0 & (n : \text{짝수}) \end{cases}$$

그러므로 푸리에 급수는 계수 a_0, a_n, b_n이 존재하므로 다음과 같이 구해진다.

$$\therefore\ f(t) = \sum_{n=1}^{\infty} b_n \sin n\omega t = \frac{4}{\pi}\left(\sin\omega t + \frac{1}{3}\sin 3\omega t + \frac{1}{5}\sin 5\omega t + \cdots\right)$$

구형파는 제 12.3 절 대칭파의 성질에 의해 반파 대칭 기함수파이고, 대칭파의 성질에 의한 방법을 배우고 이를 적용하면 간단히 구할 수 있다.

예제 12.3

예제 12.2의 구형파에 대한 푸리에 급수에 의해 전개한 결과 식으로부터 제 3 항까지의 부분 합을 곡선으로 나타내고, 푸리에 급수의 부분 합이 많아질수록 원 함수 $f(x)$의 구형파로 근접함을 설명하라.

풀이 **예제 12.2**의 사각파에 대한 푸리에 급수의 전개로부터 제 1 항의 기본파를 P_1, 제 1, 2 항의 합을 P_2, 제 1, 2, 3 항의 합을 P_3라 하자.

$$P_1 = \frac{4}{\pi}\sin x : (\text{기본파}),\ P_2 = \frac{4}{\pi}\left(\sin x + \frac{1}{3}\sin 3x\right) : (\text{기본파+제 3 고조파})$$

$$P_3 = \frac{4}{\pi}\left(\sin x + \frac{1}{3}\sin 3x + \frac{1}{5}\sin 5x\right) : (\text{기본파+제 3 고조파+제 5 고조파})$$

푸리에 급수의 부분 합 P_1, P_2, P_3의 곡선은 **그림 12.4**와 같이 나타내어지고, 부분 합이 많아질수록 원 함수 $f(x)$의 구형파에 근접함을 알 수 있다. 즉, 그림으로부터 푸리에 급수는 크기 1로 수렴하고, 그 합은 주기가 기본파와 같은 2π의 주어진 구형파 $f(x)$가 됨을 알 수 있다.

$f(x)$의 불연속점 $x=0,\ \pi,\ 2\pi,\ \cdots$에서 모든 부분 합은 0이 됨을 알 수 있으며, 이것은 $f(x)$의 두 좌·우 극한값의 산술평균이 된다.

$$\frac{(-1)+1}{2} = 0$$

이와 같이 $f(x)$의 불연속점에서 급수의 합은 $f(x)$의 좌·우 극한값의 산술평균이고, 이 점을 제외한 점의 합은 $f(x)$가 된다. 이 정의는 대부분 공학 응용에서 적용되는 충분조건이다.

따라서 **그림 12.2**의 반파 구형파에서 불연속점 $x=0$, $x=\pi$ 등에서의 급수의 합은 $A/2$가 된다.

최근 반도체 제어 기술의 발달로 반도체 소자를 응용한 비선형 부하인 OA 및 FA 기기, 인버터(inverter), 컨버터(converter), UPS(무정전 전원

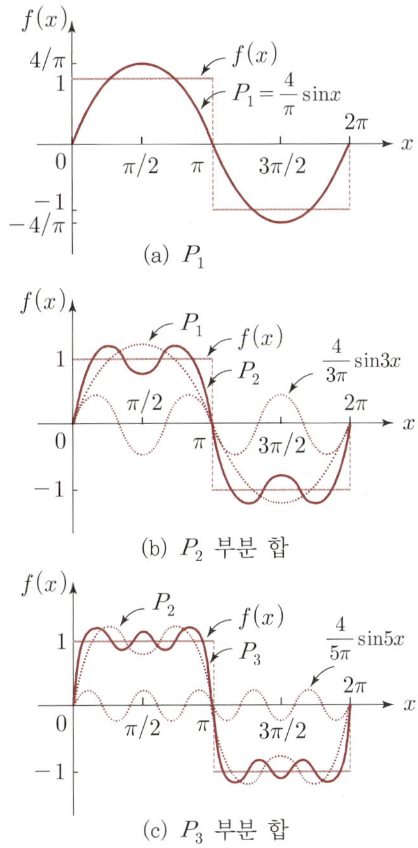

그림 12.4 ▶ 구형파의 부분 합

공급 장치) 등의 사용이 증가함에 따라 이들이 고조파의 발생원으로 작용하여 정현파를 왜곡시키고 있다. 이는 전력용 기기의 열화 및 소손, 수명 감소뿐만 아니라 계전기의 오동작 및 통신선의 유도장해 등을 일으킨다.

따라서 비정현파의 영향을 줄이기 위하여 푸리에 분석으로 진단하고 이에 따른 고조파를 제거하기 위한 수동필터, 능동필터 및 전력 변환장치의 다펄스화 등의 여러 가지 방식을 채택하고 있다.

예제 12.4

그림 12.5와 같은 반파 정류파를 푸리에 급수로 전개하라.

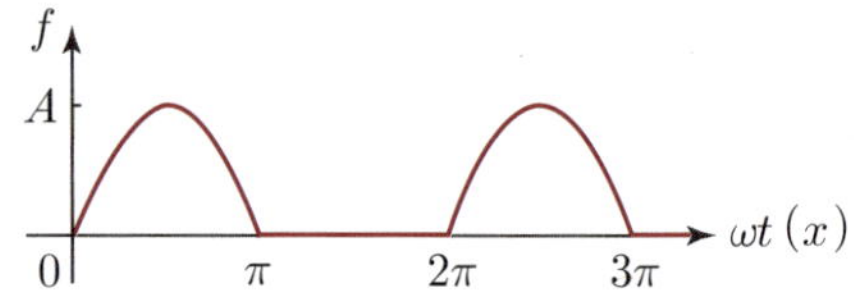

그림 12.5 ▸ 반파 정류파

풀이 **그림 12.5**의 반파 정류파에서 $\omega t = x$로 놓고 1주기의 표시식은 다음과 같으며, 푸리에 계수 a_0, a_n, b_n은 다음과 같이 구해진다.

$$f(x) = \begin{cases} A\sin x & (0 \le x < \pi) \\ 0 & (\pi \le x < 2\pi) \end{cases}$$

① $$a_0 = \frac{1}{2\pi}\int_0^{2\pi} f(x)\,dx = \frac{1}{2\pi}\int_0^{\pi} A\sin x\,dx$$

$$= \frac{A}{2\pi}[-\cos x]_0^{\pi} = \frac{A}{2\pi}(1-\cos\pi) = \frac{A}{\pi}$$

② $$a_n = \frac{1}{\pi}\int_0^{2\pi} f(x)\cos nx\,dx = \frac{1}{\pi}\int_0^{\pi} A\sin x \cdot \cos nx\,dx$$

$$= \frac{A}{\pi}\int_0^{\pi}\frac{1}{2}[\sin(n+1)x - \sin(n-1)x]\,dx$$

$$= \frac{A}{2\pi}\left\{\left[\frac{-\cos(n+1)x}{n+1} + \frac{\cos(n-1)x}{n-1}\right]_0^{\pi}\right\}$$

$$= \frac{A}{2\pi}\left\{-\frac{(-1)^{(n+1)}-1}{n+1} + \frac{(-1)^{(n-1)}-1}{n-1}\right\}$$

$$\therefore \begin{cases} a_n = 0 \ \ (n : \text{홀수}) \\ a_n = \dfrac{-2A}{(n-1)(n+1)\pi} \ \ (n : \text{짝수}) \end{cases}$$

③ $b_n = \frac{1}{\pi}\int_0^{2\pi} f(x)\sin nx\,dx = \frac{1}{\pi}\int_0^{\pi} A\sin x \cdot \sin nx\,dx$

$$= -\frac{A}{2\pi}\int_0^{\pi}[\cos(n+1)x - \cos(n-1)x]\,dx$$

$$= \frac{A}{2\pi}\left\{\left[\frac{\sin(n+1)x}{n+1} - \frac{\sin(n-1)x}{n-1}\right]_0^{\pi}\right\} = 0 \quad (n \neq 1)$$

$(n=1)$인 경우에는 윗 식에 대입하여 구한다.

$$b_n = \frac{1}{\pi}\int_0^{\pi} A\sin^2 x\,dx = \frac{A}{\pi}\int_0^{\pi}\frac{1}{2}(1-\cos 2x)\,dx$$

$$= \frac{A}{2\pi}\left[x - \frac{1}{2}\sin 2x\right]_0^{\pi} = \frac{A}{2\pi}\times\pi = \frac{A}{2}$$

$$\therefore\ b_n = \frac{A}{2}(n=1),\ b_n = 0(n \neq 1)$$

그러므로 푸리에 급수는 계수 a_0, a_n, b_n이 존재하므로 다음과 같이 구해진다.

$$f(t) = a_0 + \sum_{n=1}^{\infty} a_n\cos n\omega t + \sum_{n=1}^{\infty} b_n\sin n\omega t$$

$$\therefore\ f(t) = \frac{A}{\pi} - \frac{2A}{\pi}\left(\frac{\cos 2\omega t}{3} + \frac{\cos 4\omega t}{3\cdot 5} + \frac{\cos 6\omega t}{5\cdot 7} + \cdots\right) + \frac{A}{2}\sin\omega t$$

12.3 대칭성 주기함수(대칭파)의 푸리에 급수

지금까지 비대칭성 주기함수에 대한 푸리에 급수를 배웠지만 푸리에 계수를 구하는 것은 매우 복잡한 적분 과정을 거치는 작업이다. 그러나 (+) 반파와 (−) 반파의 파형이 같은 **대칭성을 갖는 주기함수(대칭파)**의 푸리에 계수 a_0, a_n, b_n은 0이 되는 계수를 반드시 포함하게 된다. 그러므로 대칭성의 성질을 이용하면 앞 절에서 배운 푸리에 급수의 전개에서 모든 계수를 구할 필요가 없어지므로 급수의 전개는 한결 수월해진다.

일반적으로 대칭성은 우함수 대칭(여현 대칭), 기함수 대칭(정현 대칭) 및 반파 대칭이 있고, 대칭성의 종류에 따라 푸리에 계수 a_0, a_n, b_n에서 0인 항목을 미리 예측할 수 있다. 본 절에서 주기함수의 대칭성의 성질에 따라 푸리에 계수에 미치는 영향에 대해 알아본다.

(1) 우함수파(여현 대칭)

그림 12.6과 같이 세로축에 대해 좌우 대칭이고, 모든 x 또는 t 에 대하여

$$f(x) = f(-x) \text{ 또는 } f(t) = f(-t) \tag{12.22}$$

의 조건을 만족하는 함수 $f(x)$ 또는 $f(t)$를 **우함수**(even function)라고 하며, 대표적으로 지수부가 짝수(우수, even number)인 x^2, x^4과 삼각함수 $\cos x$ 등이 포함된다. 식 (12.22)의 우함수의 조건을 만족하는 파형을 **우함수파** 또는 **여현 대칭파**라고 하며, **그림 12.6**과 같이 세로축에 관한 좌우 대칭인 파형이므로 **세로축을 중심으로 포개서 일치하는 파형**이다.

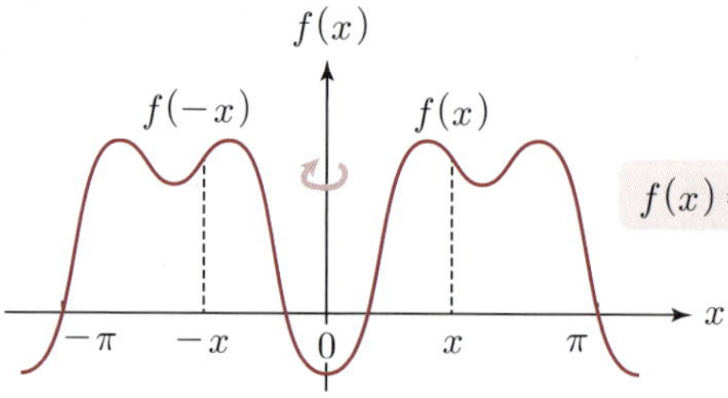

그림 12.6 ▸ 우함수(여현 대칭)

우함수의 푸리에 급수의 전개식에서 $f(x)$와 $f(-x)$는 각각

$$f(x) = a_0 + \sum_{n=1}^{\infty} a_n \cos nx + \sum_{n=1}^{\infty} b_n \sin nx \tag{12.23}$$

$$f(-x) = a_0 + \sum_{n=1}^{\infty} a_n \cos n(-x) + \sum_{n=1}^{\infty} b_n \sin n(-x)$$

$$= a_0 + \sum_{n=1}^{\infty} a_n \cos nx - \sum_{n=1}^{\infty} b_n \sin nx \tag{12.24}$$

$$[\because \ \cos n(-x) = \cos nx, \ \sin n(-x) = -\sin nx]$$

가 된다. 위의 두 식은 우함수의 조건 식 (12.22)로부터 서로 항상 같아야 하므로 sin항은 없어지고 상수항 a_0 와 cos 항 a_n 만 존재해야 한다.

이것은 기하학적으로 함수 $f(x) = k$ (상수)는 일종의 우함수로 볼 수 있으므로 상수항 a_0 와 $\cos nx$ 항은 우함수가 되고 $\sin nx$ 는 기함수이기 때문에 식 (12.23) 중에서 a_0 와

a_n 만 존재하는 것으로도 해석할 수 있다.

따라서 우함수파에 대한 푸리에 급수의 전개 $f(x)$와 계수 a_0, a_n 은 적분 구간을 $-\pi$ 에서 π 까지 취해도 되므로 다음과 같이 구할 수 있다.

$$f(x)=a_0+\sum_{n=1}^{\infty}a_n\cos nx \tag{12.25}$$

$$\begin{cases} a_0=\dfrac{1}{2\pi}\displaystyle\int_{-\pi}^{\pi}f(x)\,dx=\dfrac{1}{\pi}\int_0^{\pi}f(x)dx \\ a_n=\dfrac{1}{\pi}\displaystyle\int_{-\pi}^{\pi}f(x)\cos nx\,dx=\dfrac{2}{\pi}\int_0^{\pi}f(x)\cos nx\,dx \end{cases}$$

우함수 파형은 **그림 12.6**에서 알 수 있듯이 평균값은 기하학적으로 1주기를 적분하는 대신에 반주기만을 적분해도 같기 때문에 상수항 a_0 는 1주기를 적분하는 대신에 반주기만을 적분하여 구할 수 있다.

a_n 도 피적분 함수 $f(x)\cdot\cos x$ 가 (우함수)·(우함수)의 결과로 (우함수)이기 때문에 반주기만을 적분하여 구한 평균값에 2배를 취함으로써 간단히 구할 수 있다.

푸리에 급수는 함수 $f(x)$ 또는 $f(t)$ 및 계수를 x 또는 t로 정리하면 다음과 같다.

$$f(x)=a_0+\sum_{n=1}^{\infty}a_n\cos nx \quad \left[f(t)=a_0+\sum_{n=1}^{\infty}a_n\cos n\omega t\right]$$

$$\begin{cases} a_0=\dfrac{1}{\pi}\displaystyle\int_0^{\pi}f(x)dx & \left[=\dfrac{2}{T}\displaystyle\int_0^{T/2}f(t)\,dt\right] \\ a_n=\dfrac{2}{\pi}\displaystyle\int_0^{\pi}f(x)\cos nx\,dx & \left[=\dfrac{4}{T}\displaystyle\int_0^{T/2}f(t)\cos n\omega t\,dt\right] \end{cases} \tag{12.26}$$

(2) 기함수파(정현 대칭)

그림 12.7과 같이 원점 대칭이고, 모든 x 또는 t에 대하여

$$f(x)=-f(-x) \text{ 또는 } f(t)=-f(-t) \tag{12.27}$$

의 조건을 만족하는 함수 $f(x)$ 또는 $f(t)$를 **기함수**(odd function)라고 하며, 대표적으로 지수부가 홀수(기수, odd number)인 x, x^3과 삼각함수 $\sin x$ 등이 포함된다.

식 (12.29)와 같은 기함수의 조건을 만족하는 파형을 **기함수파** 또는 **정현 대칭파**라 하며, **그림 12.7**과 같이 원점 대칭인 파형, 즉 원점을 중심으로 180° 회전하였을 때 일치되는 파형을 나타낸다. 원점 대칭은 **세로축을 중심으로 접고 또 다시 가로축에 대해 접어서 포개지는 파형**이므로 독자들은 이 방법으로 기함수 파형을 확인하는 것이 수월해진다.

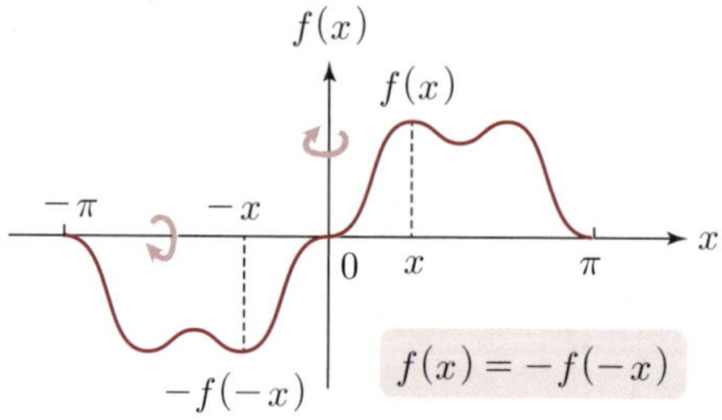

그림 12.7 ▶ 기함수(정현 대칭)

그림 12.7에서 기함수파는 (+)반파와 (−)반파의 면적이 같기 때문에 1 주기의 평균값(직류분)을 의미하는 상수항 a_0는 0이다.

기함수인 정현 대칭파를 푸리에 급수의 전개식에서 $f(x)$와 $-f(-x)$는 각각

$$f(x) = a_0 + \sum_{n=1}^{\infty} a_n \cos nx + \sum_{n=1}^{\infty} b_n \sin nx \tag{12.28}$$

$$-f(-x) = -\left\{a_0 + \sum_{n=1}^{\infty} a_n \cos n(-x) + \sum_{n=1}^{\infty} b_n \sin n(-x)\right\}$$

$$= -a_0 - \sum_{n=1}^{\infty} a_n \cos nx + \sum_{n=1}^{\infty} b_n \sin nx \tag{12.29}$$

$$[\because \ \cos n(-x) = \cos nx, \ \sin n(-x) = -\sin nx]$$

가 되고, 위의 두 식은 기함수의 조건 식 (12.27)로부터 서로 항상 같아야 하므로 상수항 a_0와 cos 항은 존재하지 않고 sin 항인 b_n만 존재하여야 한다.

따라서 기함수파에 대한 푸리에 급수의 전개 $f(x)$와 계수 b_n은

$$f(x) = \sum_{n=1}^{\infty} b_n \sin nx$$

$$b_n = \frac{1}{\pi}\int_{-\pi}^{\pi} f(x) \sin nx \, dx = \frac{2}{\pi}\int_{0}^{\pi} f(x) \sin nx \, dx \tag{12.30}$$

가 된다. 특히 계수 b_n 도 피적분 함수 $f(x)\cdot\sin x$ 가 (기함수)·(기함수)의 결과로 (우함수)이기 때문에 우함수의 a_n 과 마찬가지로 $f(x)\cdot\sin x$ 의 반주기만을 적분하여 구한 평균값에 2 배를 취함으로써 간단히 구할 수 있다.

푸리에 급수는 함수 $f(x)$ 또는 $f(t)$ 및 계수 b_n 을 x 또는 t로 정리하면 다음과 같다.

$$f(x)=\sum_{n=1}^{\infty} b_n \sin nx \quad \left[f(t)=\sum_{n=1}^{\infty} b_n \sin n\omega t\right]$$

$$b_n=\frac{2}{\pi}\int_0^{\pi} f(x)\sin nx\, dx \quad \left[f(t)=\frac{4}{T}\int_0^{T/2} f(t)\sin n\omega t\, dt\right] \qquad (12.31)$$

(3) 반파 대칭

그림 12.8과 같이 반주기마다 크기가 같고 부호가 반대인 파형이고, 모든 x 또는 t 에 대하여

$$f(x)=-f(x\pm\pi) \quad \text{또는} \quad f(t)=-f\left(t\pm\frac{T}{2}\right) \qquad (12.32)$$

의 조건을 만족하는 함수 $f(x)$ 또는 $f(t)$를 **반파 대칭**이라 하고, 반주기만큼 평행 이동한 후 가로축에 대해 대칭인 파형을 **반파 대칭파**라 한다.

반파 대칭파는 **그림 12.8**과 같이 **파형을 양의 방향으로 반주기(π)만큼 이동시킨 후 다시 가로축에 대해 접어서 포개지는 파형**이고, 이때 조건식은 $f(x)=-f(x-\pi)$를 만족한다.

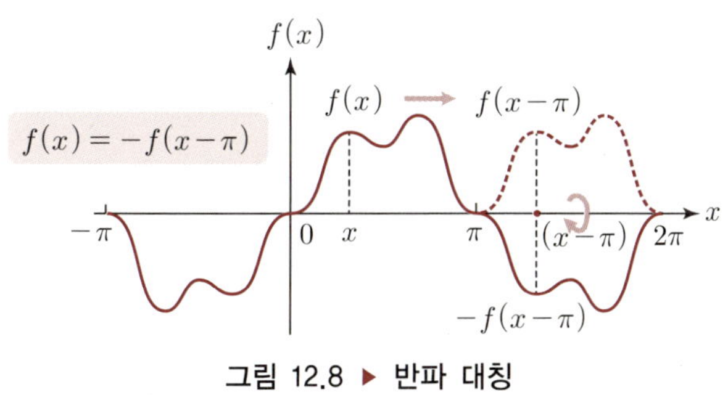

그림 12.8 ▸ 반파 대칭

반파 대칭 파형도 우함수 및 기함수파와 마찬가지로 (+)반파와 (−)반파의 면적이 같으므로 1 주기의 평균값을 의미하는 상수항 a_0 는 0 이 된다.

반파 대칭 파형의 푸리에 급수의 전개식에서 $f(x)$와 $-f(x-\pi)$는 각각

$$f(x)=\sum_{n=1}^{\infty} a_n \cos nx+\sum_{n=1}^{\infty} b_n \sin nx \tag{12.33}$$

$$\begin{aligned} -f(x-\pi) &= -\left\{\sum_{n=1}^{\infty} a_n \cos n(x-\pi)+\sum_{n=1}^{\infty} b_n \sin n(x-\pi)\right\} \\ &= -\sum_{n=1}^{\infty}(-1)^n a_n \cos nx-\sum_{n=1}^{\infty}(-1)^n b_n \sin nx \end{aligned} \tag{12.34}$$

$$[\because \ \cos n(x\pm\pi)=(-1)^n \cos nx,\ \ \sin n(x\pm\pi)=(-1)^n \sin nx]$$

가 된다. 위의 두 식은 반파 대칭의 조건 식 (12.33)으로부터 성립하려면 n은 반드시 홀수(기수)이어야 하고, 상수항 a_0는 없어지면서 cos 항과 sin항이 존재하여야 한다.

즉, 반파 대칭 파형에 대한 푸리에 급수의 전개 $f(x)$와 계수 a_n, b_n은

$$f(x)=\sum_{n=1}^{\infty} a_n \cos nx+\sum_{n=1}^{\infty} b_n \sin nx \tag{12.35}$$

$$\begin{cases} a_n = \dfrac{1}{\pi}\displaystyle\int_{-\pi}^{\pi} f(x)\cos nx\,dx = \dfrac{2}{\pi}\int_{0}^{\pi} f(x)\cos nx\,dx \\ b_n = \dfrac{1}{\pi}\displaystyle\int_{-\pi}^{\pi} f(x)\sin nx\,dx = \dfrac{2}{\pi}\int_{0}^{\pi} f(x)\sin nx\,dx \end{cases} \quad \text{단, } (n=1,\ 3,\ 5,\ \cdots)$$

가 된다. 특히 계수 a_n, b_n은 피적분 함수 $f(x)\cdot\sin x$와 $f(x)\cdot\cos x$에 대해 우함수의 a_n과 기함수 b_n과 마찬가지로 각각 반주기만을 적분하여 구한 평균값에 2 배를 취함으로써 간단히 구할 수 있다. 푸리에 급수를 함수 $f(x)$ 또는 $f(t)$ 및 계수 a_n, b_n을 x 또는 t로 정리하면 다음과 같다.

$$f(x)=\sum_{n=1}^{\infty} a_n \cos nx+\sum_{n=1}^{\infty} b_n \sin nx\ \left[f(t)=\sum_{n=1}^{\infty} a_n \cos n\omega t+\sum_{n=1}^{\infty} b_n \sin n\omega t\right]$$

$$\begin{cases} a_n = \dfrac{2}{\pi}\displaystyle\int_{0}^{\pi} f(x)\cos nx\,dx\ \left[= \dfrac{4}{T}\int_{0}^{T/2} f(t)\cos n\omega t\,dt\right] \\ b_n = \dfrac{2}{\pi}\displaystyle\int_{0}^{\pi} f(x)\sin nx\,dx\ \left[= \dfrac{4}{T}\int_{0}^{T/2} f(t)\sin n\omega t\,dt\right] \end{cases} (n : \text{홀수}) \tag{12.36}$$

지금까지 설명한 비대칭성 및 대칭성 주기함수에 관한 푸리에 급수 및 푸리에 계수를 구하는 공식과 성질을 참고 및 암기할 수 있도록 요약하여 정리하였다.

특히 본문에서는 반파 대칭이면서 동시에 우함수파 또는 기함수파에 대하여 설명하지 않았지만, **표 12.3**의 대칭성 주기함수에 결과를 수록하여 놓았으니 반드시 푸리에 계수를 구하는 공식을 익히고 예제를 통하여 간단한 해법을 배우기 바란다.

정리 주기함수에 따른 푸리에 급수와 푸리에 계수 선정법

(1) 주기함수의 푸리에 급수

③ 반파 대칭[n : 홀수]

④ ⑤

$$f(t) = a_0 + \sum_{n=1}^{\infty} a_n \cos n\omega t + \sum_{n=1}^{\infty} b_n \sin n\omega t$$

① 우함수(n : 양수) ② 기함수(n : 양수)

① 우함수 : 상수항과 cos 항(a_0, a_n)(n = 양의 정수)
② 기함수 : sin 항(b_n)(n = 양의 정수)
③ 반파 대칭 : cos 항과 sin 항(a_n, b_n) [n = 홀수(기수)]
④ 반파 대칭+우함수 : cos 항(a_n)(n = 홀수(기수)) (④=③∩①)
⑤ 반파 대칭+기함수 : sin 항(b_n)(n = 홀수(기수)) (⑤=③∩②)

※ 기본 각주파수 : $\omega = \dfrac{2\pi}{T}$ [T : 기본 주기]

(2) 비대칭 주기함수(비대칭파)의 푸리에 급수와 푸리에 계수

표 12.2 ▶ 비대칭성 주기함수(비대칭파)의 푸리에 급수와 계수

주기함수	푸리에 급수	푸리에 계수 공식
비대칭성 주기함수	$f(t) = a_0 + \sum_{n=1}^{\infty} a_n \cos n\omega t + \sum_{n=1}^{\infty} b_n \sin n\omega t$ (n = 양의 정수)	$a_0 = \frac{1}{T}\int_0^T f(t)dt$ $a_n = \frac{2}{T}\int_0^T f(t)\cos n\omega t dt$ $b_n = \frac{2}{T}\int_0^T f(t)\sin n\omega t dt$

a_0 : 피적분 함수 $f(t)$의 1주기의 평균값(직류성분)(n = 양의 정수)
a_n : 피적분 함수 $f(t)\cos n\omega t$의 1주기의 평균값에 2배(n = 양의 정수)
b_n : 피적분 함수 $f(t)\sin n\omega t$의 1주기의 평균값에 2배(n = 양의 정수)

(3) 대칭성 주기함수(대칭파)의 푸리에 급수 및 푸리에 계수

표 10.3 대칭성 주기함수(대칭파)의 성질

주기함수		a_0	a_n	b_n	함수 조건	푸리에 계수 공식
대칭성함수	우 함 수	○	○	×	$f(t)=f(-t)$ ($n=$ 양의 정수)	$a_0=\frac{2}{T}\int_0^{T/2} f(t)dt$ $a_n=\frac{4}{T}\int_0^{T/2} f(t)\cos n\omega t\,dt$
	기 함 수	×	×	○	$f(t)=-f(-t)$ ($n=$ 양의 정수)	$b_n=\frac{4}{T}\int_0^{T/2} f(t)\sin n\omega t\,dt$
	반파 대칭	×	○	○	$f(t)=-f(t\pm\pi)$ $f(t)=-f\left(t\pm\frac{T}{2}\right)$ ($n=$ 홀수)	$a_n=\frac{4}{T}\int_0^{T/2} f(t)\cos n\omega t\,dt$ $b_n=\frac{4}{T}\int_0^{T/2} f(t)\sin n\omega t\,dt$
	우함수 반파 대칭	×	○	×	($n=$ 홀수)	$a_n=\frac{8}{T}\int_0^{T/4} f(t)\cos n\omega t\,dt$
	기함수 반파 대칭	×	×	○	($n=$ 홀수)	$b_n=\frac{8}{T}\int_0^{T/4} f(t)\sin n\omega t\,dt$

(1) 대칭파(우함수, 기함수, 반파 대칭)

a_0 : 피적분 함수 $f(t)$의 반주기의 평균값(직류성분)($n=$ 양의 정수)

a_n, b_n : ① 피적분 함수의 반주기의 평균값에 2 배($n=$ 양의 정수)

② 반파 대칭인 경우에 n은 홀수(기수)만 해당

(2) 대칭파(우함수 + 반파 대칭, 기함수 + 반파 대칭)

a_n, b_n : 피적분 함수의 (1/4)주기의 평균값에 2 배($n=$ 홀수(기수))

※ 피적분 함수 (a_0 : $f(t)$, a_n : $f(t)\cos n\omega t$, b_n : $f(t)\sin n\omega t$)

예제 12.5

그림 12.9와 같은 전파 정류파를 푸리에 급수로 전개하라.

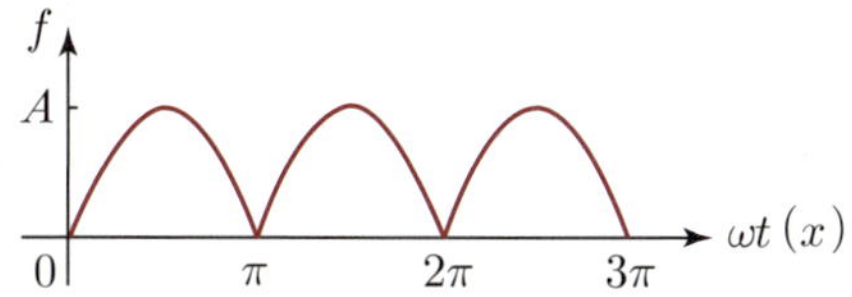

그림 12.9 ▸ 전파 정류파

풀이 **그림 12.9**의 전파 정류파는 우함수의 여현 대칭이다. 대칭파 요약에서 푸리에 계수는 상수항 a_0와 cos 항 a_n이 존재한다.

$$a_0 = \frac{1}{\pi}\int_0^{\pi} f(x)\,dx = \frac{1}{\pi}\int_0^{\pi} A\sin x\,dx$$

$$= \frac{A}{\pi}[-\cos x]_0^{\pi} = \frac{A}{\pi}(1-\cos\pi) = \frac{2A}{\pi}$$

$$a_n = \frac{2}{\pi}\int_0^{\pi} f(x)\cos nx\,dx = \frac{2}{\pi}\int_0^{\pi} A\sin x\cdot\cos nx\,dx$$

$$= \frac{2A}{\pi}\int_0^{\pi}\frac{1}{2}\{\sin(n+1)x - \sin(n-1)x\}\,dx$$

$$= \frac{A}{\pi}\left\{\left[\frac{-\cos(n+1)x}{n+1} + \frac{\cos(n-1)x}{n-1}\right]_0^{\pi}\right\}$$

$$= \frac{A}{\pi}\left\{\frac{-(-1)^{(n+1)}+1}{n+1} + \frac{(-1)^{(n-1)}-1}{n-1}\right\}$$

$$= \frac{2A}{\pi}\left\{\frac{(-1)^{(n+1)}-1}{n^2-1}\right\} = \begin{cases} 0 & (n=1,\ 3,\ 5,\cdots) \\ \dfrac{-4A}{(n^2-1)\pi} & (n=2,\ 4,\ 6,\cdots) \end{cases}$$

그러므로 푸리에 급수는 다음과 같이 구해진다.

$$f(t) = a_0 + \sum_{n=1}^{\infty} a_n\cos n\omega t \ (\text{기본 각주파수 : } \omega = \frac{2\pi}{T}\,[T : \text{기본 주기}])$$

$$\therefore\ f(t) = \frac{2A}{\pi} - \frac{4A}{\pi}\left(\frac{\cos 2\omega t}{3} + \frac{\cos 4\omega t}{15} + \frac{\cos 6\omega t}{35} + \cdots\right)$$

예제 12.6

그림 12.10과 같은 톱니파를 푸리에 급수로 전개하라.

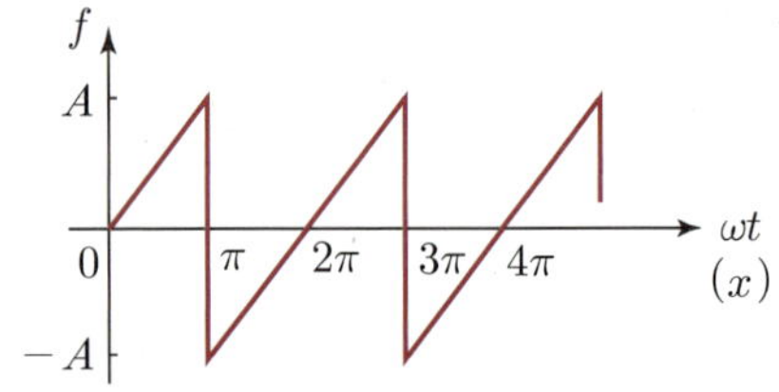

그림 12.10 ▸ 톱니파

풀이 **그림 12.10**의 톱니파(saw wave)는 기함수의 정현 대칭이다. 대칭파 요약에서 푸리에 계수는 상수항 a_0와 cos 항 a_n은 0 이고, sin 항 b_n (n : 양의 정수)만 존재한다.

$$0 \le \omega t < \pi \text{ 에서 } f(x) = \frac{A}{\pi}x$$

$$b_n = \frac{2}{\pi}\int_0^{\pi} f(x)\sin nx\, dx = \frac{2}{\pi}\int_0^{\pi}\frac{A}{\pi}x \cdot \sin nx\, dx$$

$$= \frac{2A}{\pi^2}\int_0^{\pi} x \cdot \sin nx\, dx \text{ (부분 적분법 공식 (12.17) 참고)}$$

$$= \frac{2A}{\pi^2}\left[\frac{-x\cos nx}{n} - \int\left(\frac{-\cos nx}{n}\right)dx\right]_0^{\pi}$$

$$= \frac{2A}{\pi^2}\left[\frac{-x\cos nx}{n} + \frac{\sin nx}{n^2}\right]_0^{\pi} = \frac{2A}{\pi^2}\left(\frac{-\pi\cos n\pi}{n} + \frac{\sin n\pi}{n^2}\right)$$

$$= \frac{2A}{\pi^2}\left(\frac{-\pi\cos n\pi}{n}\right) = -\frac{2A}{n\pi}(-1)^n$$

$$= \frac{2A}{n\pi}(-1)^{n+1}$$

그러므로 푸리에 급수는 다음과 같이 구해진다.

$$f(t) = \sum_{n=1}^{\infty} b_n \sin n\omega t \text{ (기본 각주파수 : } \omega = \frac{2\pi}{T}\text{ [} T \text{ : 기본 주기])}$$

$$\therefore\ f(t) = \frac{2A}{\pi}\left(\sin\omega t - \frac{1}{2}\sin 2\omega t + \frac{1}{3}\sin 3\omega t - \frac{1}{4}\sin 4\omega t + \cdots\right)$$

예제 12.7

그림 12.11과 같은 삼각파를 푸리에 급수로 전개하라.

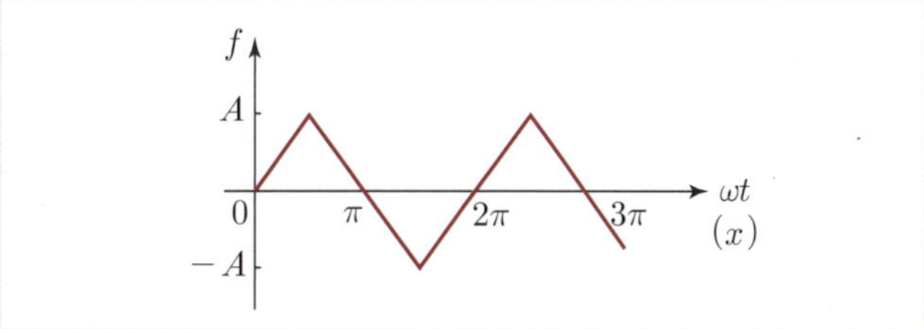

그림 12.11 ▶ 삼각파

풀이 그림 12.11의 삼각파는 반파 대칭이면서 기함수의 정현 대칭이다. 대칭파 요약에서 푸리에 계수는 n이 홀수이면서 sin항 b_n만 존재한다. b_n은 피적분 함수 $f(x)\sin nx$의 1/4 주기를 적분하여 구한 평균값에 2배를 취하면 된다.

$$0<x<\pi/2\text{에서 } f(x)=\frac{2A}{\pi}x$$

$$b_n=\frac{4}{\pi}\int_0^{\pi/2}f(x)\sin nx\,dx=\frac{4}{\pi}\int_0^{\pi/2}\left(\frac{2A}{\pi}x\right)\cdot\sin nx\,dx$$

$$=\frac{8A}{\pi^2}\int_0^{\pi/2}x\cdot\sin nx\,dx \quad \text{(부분 적분법 공식 (12.17) 참고)}$$

$$=\frac{8A}{\pi^2}\left[\frac{-x\cos nx}{n}-\int\left(\frac{-\cos nx}{n}\right)dx\right]_0^{\pi/2}$$

$$=\frac{8A}{\pi^2}\left[\frac{-x\cos nx}{n}+\frac{\sin nx}{n^2}\right]_0^{\pi/2}=\frac{8A}{\pi^2}\left(\frac{-\frac{\pi}{2}\cos\frac{n\pi}{2}}{n}+\frac{\sin\frac{n\pi}{2}}{n^2}\right)$$

$$=\begin{cases}\dfrac{8A}{n^2\pi^2} & (n=1,\ 5,\ 9,\cdots)\\ -\dfrac{8A}{n^2\pi^2} & (n=3,\ 7,\ 11,\cdots)\end{cases}$$

그러므로 푸리에 급수는 다음과 같이 구해진다.

$$f(t)=\sum_{n=1}^{\infty}b_n\sin n\omega t \quad \left(\text{기본 각주파수 : } \omega=\frac{2\pi}{T}\,[T\text{ : 기본 주기}]\right)$$

$$\therefore\ f(t)=\frac{8A}{\pi^2}\left\{\sin\omega t-\frac{1}{3^2}\sin 3\omega t+\frac{1}{5^2}\sin 5\omega t-\frac{1}{7^2}\sin 7\omega t+\cdots\right\}$$

예제 12.8

그림 12.12와 같은 구형파를 푸리에 급수로 전개하라.

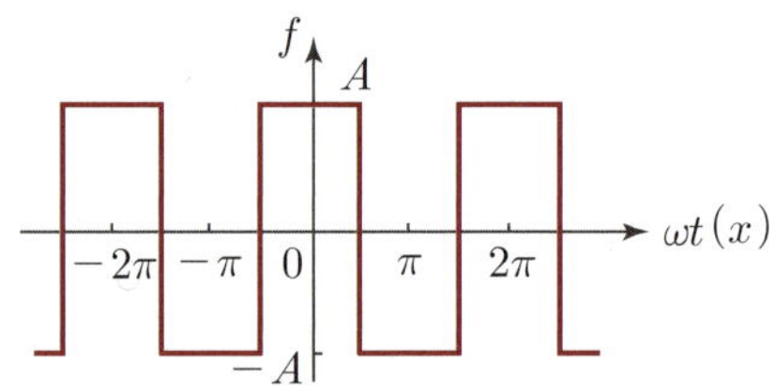

그림 12.12 ▸ 구형파

풀이 그림 12.12의 구형파는 반파 대칭이면서 우함수의 여현 대칭이다.

대칭파 요약에서 푸리에 계수는 n이 홀수이면서 cos 항 a_n만 존재한다. a_n은 피적분 함수 $f(x)\cos nx$의 1/4 주기를 적분하여 구한 평균값에 2 배를 취하면 된다. $0 < x < \pi/2$에서 $f(x) = A$이므로

$$a_n = \frac{4}{\pi}\int_0^{\pi/2} f(x)\cos nx\,dx$$

$$a_n = \frac{4A}{\pi}\int_0^{\pi/2} 1 \cdot \cos nx\,dx = \frac{4A}{\pi}\left[\frac{\sin nx}{n}\right]_0^{\pi/2}$$

$$= \frac{4A}{n\pi}\left(\sin\frac{n\pi}{2}\right) = \begin{cases} \dfrac{4A}{n\pi} & (n = 1,\ 5,\ 9, \cdots) \\ -\dfrac{4A}{n\pi} & (n = 3,\ 7,\ 11, \cdots) \end{cases}$$

$$f(t) = \sum_{n=1}^{\infty} a_n \cos n\omega t$$

$$\therefore\ f(t) = \frac{4A}{\pi}\left(\cos\omega t - \frac{1}{3}\cos 3\omega t + \frac{1}{5}\cos 5\omega t - \frac{1}{7}\cos 7\omega t + \cdots\right)$$

12.4 주기함수 이동의 성질

(1) 파형의 시간축 이동

그림 12.13은 주기함수의 파형을 시간축의 좌우로 이동시킴에 따라 대칭성이 변화되는

것을 나타낸 것이다.

그림 12.13(a)의 반파 대칭인 구형파는 우함수도 기함수 대칭도 아닌 파형이다. 이를 시간축으로 이동시키면 **그림 12.13**(b)는 우함수, **그림 12.13**(c)는 기함수 대칭으로 바뀌게 된다. 다시 말하면 $t=0$ 축을 선택하는 위치에 따라 주기함수가 우함수 또는 기함수 대칭이 될 수 있다. 주기함수의 파형을 시간축으로 이동시키면 진폭은 일정하지만 위상만 변하게 된다.

그림 12.13(b)를 1/4주기만큼 시간축으로 이동시킨 **그림 12.13**(c)의 푸리에 급수 전개식을 비교해 보면 위상만 변한다는 것을 알 수 있다. **그림 12.13**(b)의 푸리에 급수 전개는 **예제 12.8**, **그림 12.13**(c)는 **예제 12.2**를 참고하고 그 결과를 다음과 같이 나타낸다.

$$\text{그림 12.13(b)}:\ f(t)=\frac{4A}{\pi}\left(\cos\omega t-\frac{1}{3}\cos 3\omega t+\frac{1}{5}\cos 5\omega t-\frac{1}{7}\cos 7\omega t+\cdots\right)$$

$$\text{그림 12.13(c)}:\ f(x)=\frac{4A}{\pi}\left(\sin x+\frac{1}{3}\sin 3x+\frac{1}{5}\sin 5x+\frac{1}{7}\sin 7x+\cdots\right)$$

(2) 파형의 세로축 이동

그림 12.14와 같이 주기함수의 파형을 세로축으로 상하 이동시키면 진폭 및 위상은 바뀌지 않고 단지 평균값인 직류 성분 a_0만 변하게 된다.

그림 12.14(a)의 구형파는 반파 대칭이면서 우함수이고 1주기의 평균값(직류 성분)을 의미하는 a_0는 (+)반파와 (−)반파의 면적이 같으므로 0이다. 또 **그림 12.14**(c)의 구형파는 우함수 파형이고 a_0는 1주기 면적 계산에 의해 A가 된다.

그림 12.14(a)의 파형을 세로축의 양의 방향으로 A만큼 이동시킨 파형이 **그림 12.14**(c)의 파형이다. **그림 12.14**(a)의 푸리에 급수의 전개는 **예제 12.8**, **그림 12.14**(c)는 **예제 12.1**을 참고하고 그 결과를 다음과 같이 나타낸다.

이것으로부터 푸리에 급수의 전개식을 비교해 보면 대칭파의 상하 이동 관계에 따라 직류 성분 a_0만 변한다는 것을 알 수 있다.

$$\text{그림 12.14(a)}:\ f(t)=\frac{4A}{\pi}\left(\cos\omega t-\frac{1}{3}\cos 3\omega t+\frac{1}{5}\cos 5\omega t-\frac{1}{7}\cos 7\omega t+\cdots\right)$$

$$\text{그림 12.14(c)}:\ f(t)=A+\frac{4A}{\pi}\left(\cos\omega t-\frac{1}{3}\cos 3\omega t+\frac{1}{5}\cos 5\omega t-\frac{1}{7}\cos 7\omega t+\cdots\right)$$

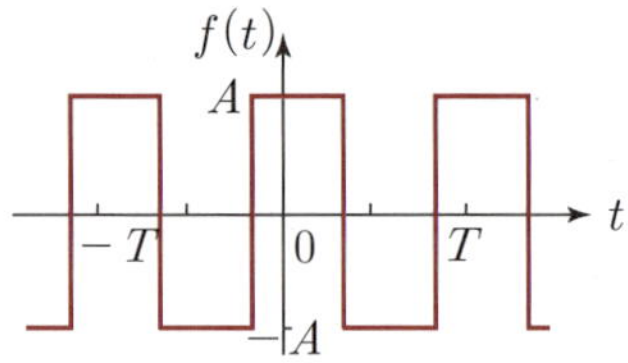

(a) 우함수, 기함수 아닌 파

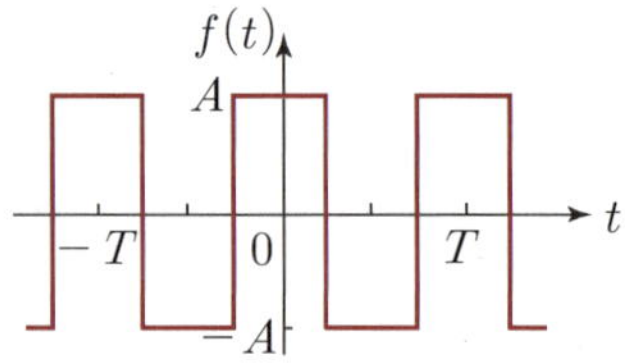

(b) 우함수

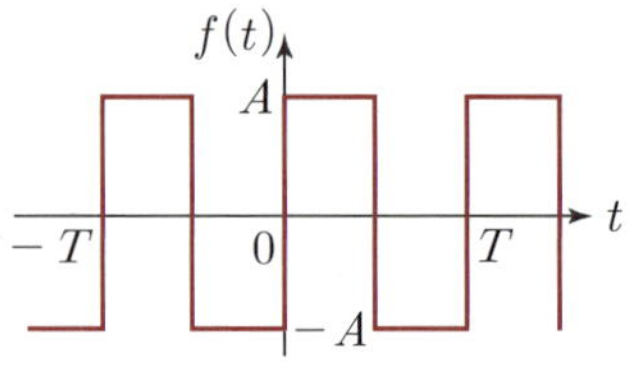

(c) 기함수

그림 12.13 ▶ 시간축 이동

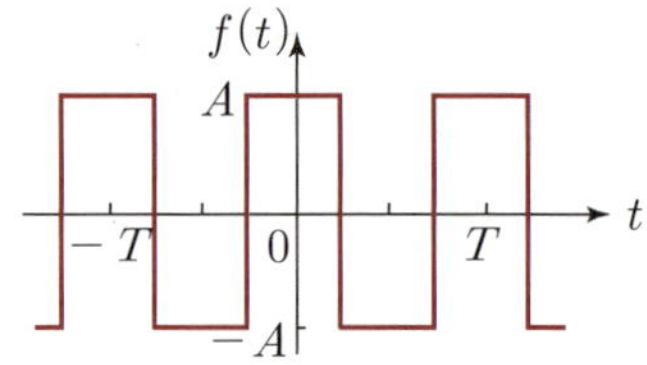

(a) 직류성분($a_0 = 0$)

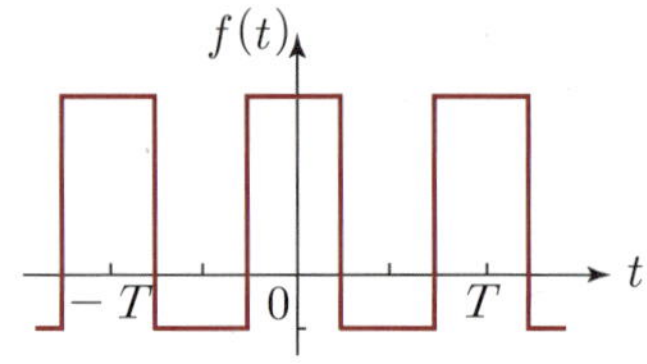

(b) a_0만 증가(변화)

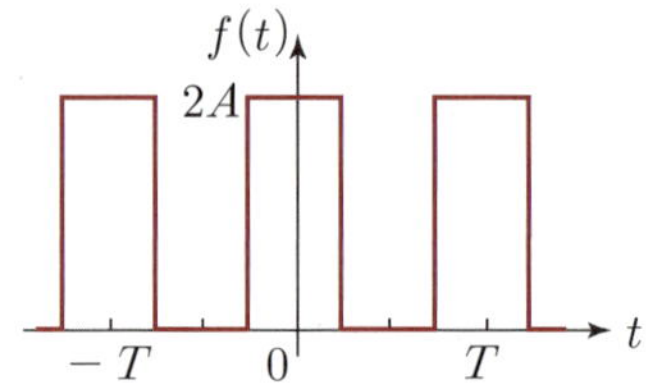

(c) $a_0 = A$

그림 12.14 ▶ 세로축 이동

정리 주기함수의 이동(shift)

(1) 주기함수를 시간축에 따라 좌우로 이동시키면 위상만 변화한다.

(2) 주기함수를 세로축에서 상하로 이동시키면 직류 성분(평균값) a_0 만 변화(진폭 및 위상은 불변)

예제 12.9

그림 12.15와 같은 파형의 평균값을 구하라.

풀이 파형의 함수는 $v = -4 + 10\sin\omega t$ [V]이므로 비정현파 주기함수를 나타낸다.

정현파의 순시값 $v = 10\sin\omega t$ [V]를 세로축으로 $V = -4$ [V]만큼 이동한 곡선이고, 파형의 상하 이동 성질에 의해 직류 성분 a_0는 평균값을 의미한다.

∴ 파형(비정현파)의 평균값 : $a_0 = -4$ [V]

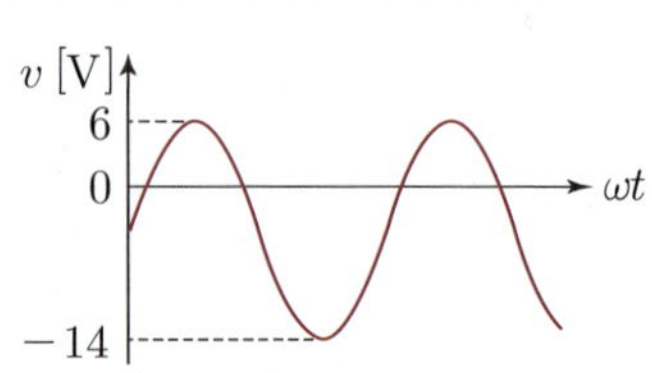

그림 12.15

12.5 진폭 및 위상 스펙트럼

푸리에 급수의 전개식에서 동일 주파수를 갖는 sin항과 cos항을 합성한 식은

$$\therefore \ f(t) = a_0 + \sum_{n=1}^{\infty} A_n \sin(n\omega t + \theta_n) \tag{12.37}$$

$$단, \ A_n = \sqrt{a_n^2 + b_n^2}, \ \ \theta_n = \tan^{-1}\frac{a_n}{b_n} \ (n=1, 2, 3, \cdots)$$

이다. 식 (12.37)에서 A_n은 진폭, θ_n은 위상을 나타낸다.

진폭 A_n을 주파수 ω에 대하여 나타낸 그래프를 **진폭 스펙트럼**, 위상 θ_n을 주파수 ω에 대하여 나타낸 그래프를 **위상 스펙트럼**이라고 하며, 양자를 **주파수 스펙트럼**이라고 한다.

그림 12.16은 주파수 스펙트럼을 나타낸 것이고, 주기함수 $f(t)$가 시간축에 따라 이동하면 진폭 스펙트럼은 아무런 영향을 받지 않고 변하지 않지만, 위상 스펙트럼은 $\omega=0$에 대한 원점(기준점)의 선택에 따라 달라진다.

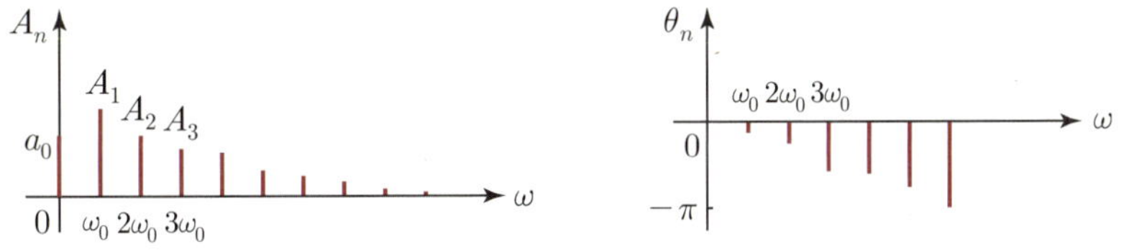

(a) 진폭 스펙트럼 (b) 위상 스펙트럼

그림 12.16 ▸ 주파수 스펙트럼

그림 12.17은 여러 가지 주기함수들에 대하여 본문 및 예제에서 구한 푸리에 급수의 전개식으로부터 주파수 변화에 따른 각 고조파의 진폭 스펙트럼을 나타낸다. 모든 n에 대하여 $\theta_n = 0$이므로 위상 스펙트럼은 나타낼 필요가 없다.

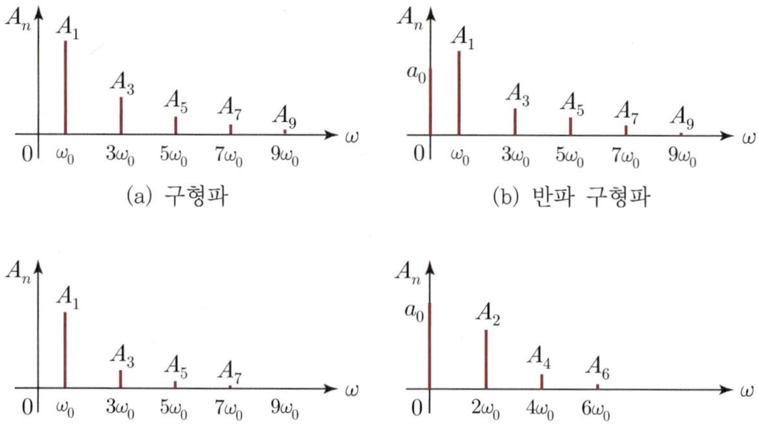

(a) 구형파 (b) 반파 구형파 (c) 삼각파 (d) 전파 정류파

그림 12.17 ▶ 각종 파형의 진폭 스펙트럼

12.6 비정현파의 회로해석

12.6.1 비정현파의 실효값

주기적으로 변하는 전류 및 전압의 실효값($r.m.s$)은 파형에 관계없이 다음과 같이 정의한다.

$$I_{rms} = I = \sqrt{\frac{1}{T}\int_0^T i^2\, dt} = \sqrt{\frac{1}{2\pi}\int_0^{2\pi} i^2\, dt} \tag{12.38}$$

주기함수의 비정현파 전류 i는 푸리에 급수의 식 (12.37)의 형태에서

$$i = I_0 + \sum_{n=1}^{\infty} I_{mn} \sin(n\omega t + \theta_n) \tag{12.39}$$

으로 표현된다. 여기서 I_0는 직류분, I_{mn}은 제 n차 고조파 전류의 최대값이고, 제 n차 고조파 전류의 실효값을 I_n이라 하면 $I_{mn} = \sqrt{2}\, I_n$의 관계가 된다.

비정현파 전류의 실효값은 식 (12.39)를 식 (12.38)에 대입하여 구할 수 있다. 따라서 먼저 i^2을 계산하고 이것의 1주기의 평균값을 구한 후 최종적으로 제곱근을 취하는 단계로 구할 수 있다.

(1) 전류의 제곱 i^2

식 (12.39)의 전류의 제곱 i^2은 다음과 같이 네 종류의 항목으로 분류된다.

① 직류 성분의 곱 : ${I_0}^2$

② I_0와 각 정현파의 곱 : $I_0 I_{mn}\sin(n\omega t+\theta_n)$

③ 주파수가 같은 두 정현파의 곱 : ${I_{mn}}^2\sin^2(n\omega t+\theta_n)$

④ 주파수가 다른 두 정현파의 곱 :

$$I_{mn}I_{ml}\sin(n\omega t+\theta_n)\cdot\sin(l\omega t+\theta_l)\quad(n\neq l)$$

(2) 평균값

i^2의 네 항목에 대한 1주기의 평균값은 각각 적분을 취하여 구하면 다음과 같다.

① $\dfrac{1}{T}\displaystyle\int_0^T {I_0}^2\,dt={I_0}^2$

② $\dfrac{1}{T}\displaystyle\int_0^T I_0 I_{mn}\sin(n\omega t+\theta_n)\,dt=0$

③ $\dfrac{1}{T}\displaystyle\int_0^T {I_{mn}}^2\sin^2(n\omega t+\theta_n)\,dt=\dfrac{{I_{mn}}^2}{T}\displaystyle\int_0^T\sin^2(n\omega t+\theta_n)\,dt$

$$=\frac{{I_{mn}}^2}{T}\cdot\left(\frac{T}{2}\right)=\frac{{I_{mn}}^2}{2}=\frac{(\sqrt{2}\,I_n)^2}{2}={I_n}^2\ [I_n:\text{실효값}(I_{mn}=\sqrt{2}\,I_n)]$$

④ $\dfrac{1}{T}\displaystyle\int_0^T[I_{mn}I_{ml}\sin(n\omega t+\theta_n)\sin(l\omega t+\theta_l)]\,dt=0\quad(n\neq l)$

제 12.2 .2 절의 **TIP**(팁) 삼각함수의 정적분의 정리를 참고하면 삼각함수 공식으로 전개하고 적분할 필요 없이 다음과 같이 간단히 구할 수 있다.

(1) 제 ② 항은 sin함수의 정적분이고 1주기에서 (+) 반파와 (−) 반파의 면적이 같으므로 결과는 0이 된다.

(2) 제 ③ 항은 삼각함수 제곱에 대한 1주기의 정적분이고 결과는 $T/2$(또는 π)가 된다.

(3) 제 ④ 항은 동일한 삼각함수의 곱에서 $n\neq l$에 대한 1주기의 정적분이므로 0이 된다.

(3) 실효값

각 항목의 평균값은 제 ② 항과 제 ④ 항에서 0 이고, 제 ① 항과 제 ③ 항에서 유도된 값을 갖는다. 유도된 평균값에 제곱근을 취하면 비정현파 전류와 전압의 실효값 I_{rms}, V_{rms} 는 각각 다음과 같이 구해진다.

$$I_{rms} = \sqrt{{I_0}^2 + \sum {I_n}^2} \ (I_{rms} = I) \tag{12.40}$$

$$V_{rms} = \sqrt{{V_0}^2 + \sum {V_n}^2} \ (V_{rms} = V) \tag{12.41}$$

$$I = \sqrt{{I_0}^2 + {I_1}^2 + {I_2}^2 + \cdots} \tag{12.42}$$

$$V = \sqrt{{V_0}^2 + {V_1}^2 + {V_2}^2 + \cdots} \tag{12.43}$$

이와 같이 비정현 주기파의 실효값은 직류분(I_0)과 각 고조파 실효값(I_n)의 제곱의 총합에 대한 제곱근으로 주어짐을 알 수 있다.

비정현파에서 **기본파(정현파)에 대한 고조파 성분이 포함된 정도**, 즉 **정현파에 대한 일그러짐의 정도**를 **왜형률**(distortion factor)로 나타낸다. 왜형률은 정현파에 가까운 파형일수록 작다.

$$\text{왜형률} = \frac{\text{전 고조파의 실효값}}{\text{기본파의 실효값}} = \frac{\sqrt{{I_2}^2 + {I_3}^2 + {I_4}^2 + \cdots}}{I_1} \tag{12.44}$$

예제 12.10

비정현파 전류 $i = 3 + 10\sqrt{2}\sin\omega t + 5\sqrt{2}\sin(3\omega t + 30°)$ [A]일 때, 전류의 실효값을 구하라

풀이 비정현파 전류의 실효값 I는 식 (12.42)에 의하여

$$I = \sqrt{{I_0}^2 + {I_1}^2 + {I_3}^2} = \sqrt{3^2 + 10^2 + 5^2} = \sqrt{134} \fallingdotseq 11.58 \text{ [A]}$$

예제 12.11

비정현파 전압 $v = 30\sin\omega t + 10\cos 3\omega t + 5\sin 5\omega t$ [V]일 때, 전압의 실효값과 왜형률을 구하라.

풀이 (1) 비정현파 전압의 실효값 V는 식 (12.43)에 의하여

$$V = \sqrt{{V_1}^2 + {V_3}^2 + {V_5}^2} = \sqrt{\left(\frac{30}{\sqrt{2}}\right)^2 + \left(\frac{10}{\sqrt{2}}\right)^2 + \left(\frac{5}{\sqrt{2}}\right)^2}$$

$$= \sqrt{\frac{1}{2}(30^2 + 10^2 + 5^2)} = \sqrt{\frac{1025}{2}} \fallingdotseq 22.64\,[\mathrm{V}]$$

(2) $$\text{왜형률} = \frac{\text{전 고조파의 실효값}}{\text{기본파의 실효값}} = \frac{\sqrt{{V_3}^2 + {V_5}^2}}{V_1}$$

$$= \frac{\sqrt{(10/\sqrt{2})^2 + (5/\sqrt{2})^2}}{30/\sqrt{2}} \fallingdotseq 0.373$$

12.6.2 비정현파의 회로해석

R, L, C 회로에 비정현파가 인가되는 경우에 전압 및 전류의 응답은 직접 구할 수 없다. 먼저 비정현파를 푸리에 급수로 전개하고 직류분은 직류분만의 회로, 교류는 각 고조파별로 분해하여 별도로 해석한 후 이들을 합성해야 한다.

비정현파의 회로해석은 직류분 및 각 고조파별로 중첩의 정리를 적용하여 구하는 것과 같다. 이 때 저항은 주파수가 변해도 일정하지만 리액턴스는 주파수가 변하면 그 크기와 위상이 변하기 때문에 항상 고조파별로 다시 계산해야 한다는 것에 주의해야 한다.

제 n 고조파의 유도 리액턴스 X_{nL}과 용량 리액턴스 X_{nC}는

$$X_{nL} = n\omega L, \qquad X_{nC} = \frac{1}{n\omega C} \quad (\text{단, } n = 1,\ 2,\ 3, \cdots) \tag{12.45}$$

이므로 RL, RC 및 RLC 직렬 회로에서 임피던스는 각각 다음과 같다.

RL 직렬 회로 : $Z_n = R + jX_{nL} = R + jn\omega L$ (12.46)

RC 직렬 회로 : $Z_n = R - jX_{nC} = R - j\dfrac{1}{n\omega C}$ (12.47)

$$RLC\ \textbf{직렬 회로} : Z_n = R - j(X_{nL} - X_{nC}) = R + j\left(n\omega L - \frac{1}{n\omega C}\right) \quad (12.48)$$

특히 RLC 직렬 회로의 식 (12.48)에서 임피던스 Z_n의 허수부가 0이 되었을 때

$$n\omega L = \frac{1}{n\omega C} \quad \rightarrow \quad n^2\omega^2 LC = 1 \quad (12.49)$$

의 조건을 만족한다면 제 n 고조파에 대해서 직렬공진을 일으켜 제 n차의 고조파 전류가 극히 커지게 된다. 이를 **고조파 공진**이라 한다.

제 n 고조파에서 공진을 일으키는 **공진 각주파수** ω_n와 **공진주파수** f_n는 각각 다음과 같다.

$$\omega_n = \frac{1}{n\sqrt{LC}}, \quad f_n = \frac{1}{2\pi n\sqrt{LC}} \quad (12.50)$$

만약 아래의 각 소자의 순회로에 비정현파 전압이 인가되었을 때 각 회로 소자에 흐르는 전류를 알아본다.

$$v = V_0 + V_{m1}\sin(\omega t + \theta_1) + V_{m2}\sin(2\omega t + \theta_2) + \cdots \quad (12.51)$$

(1) 순 R 회로

$$i = \frac{v}{R} = \frac{V_0}{R} + \frac{V_{m1}}{R}\sin(\omega t + \theta_1) + \frac{V_{m2}}{R}\sin(2\omega t + \theta_2) + \cdots \quad (12.52)$$

각 고조파에 대해 위상 변화가 없으며 전류는 전압과 같은 파형이 된다.

(2) 순 L 회로(직류항 포함되지 않은 $V_0 = 0$의 비정현파 전압 인가)

$$i = \frac{V_{m1}}{\omega L}\sin\left(\omega t + \theta_1 - \frac{\pi}{2}\right) + \frac{V_{m2}}{2\omega L}\sin\left(2\omega t + \theta_2 - \frac{\pi}{2}\right) + \frac{V_{m3}}{3\omega L}\sin\left(3\omega t + \theta_3 - \frac{\pi}{2}\right) + \cdots \quad (12.53)$$

각 고조파의 유도 리액턴스 $n\omega L$은 주파수에 비례하므로 고조파의 차수가 높을수록 고조파 전류의 비율은 감소한다. 따라서 전류의 파형은 전압의 파형보다 일그러짐이 작아져서 정현파에 가까워진다.

(3) 순 C 회로

$$i = \omega C V_{m1} \sin\left(\omega t + \theta_1 + \frac{\pi}{2}\right) + 2\omega C V_{m2} \sin\left(2\omega t + \theta_2 + \frac{\pi}{2}\right) + 3\omega C V_{m3} \sin\left(3\omega t + \theta_3 + \frac{\pi}{2}\right) + \cdots \tag{12.54}$$

정상 상태에서 비정현파의 직류분 전압에 대한 전류는 나타나지 않으며, 용량 리액턴스 $1/n\omega C$는 주파수에 반비례하므로 고조파의 차수가 높을수록 고조파 전류의 비율은 증가한다. 따라서 전류의 파형은 전압의 파형보다 일그러짐이 크게 된다.

예제 12.12

저항 $3[\Omega]$, 유도 리액턴스 $4[\Omega]$인 직렬회로에 $v = 141.4\sin\omega t + 42.4\sin 3\omega t\,[\text{V}]$의 전압을 인가하였을 때 전류의 실효값[A]을 구하라.

풀이 고조파별 임피던스 Z_1, Z_3

$$\boldsymbol{Z}_1 = R + j\omega L = 3 + j4 \qquad \therefore\ Z_1 = \sqrt{3^2 + 4^2} = 5\,[\Omega]$$

$$\boldsymbol{Z}_3 = R + j3\omega L = 3 + j12 \qquad \therefore\ Z_3 = \sqrt{3^2 + 12^2} = 12.37\,[\Omega]$$

고조파별 전류의 실효값 I_1, I_3

$$I_1 = \frac{V_1}{Z_1} = \frac{141.4/\sqrt{2}}{5} = 20\,[\text{A}]$$

$$I_3 = \frac{V_3}{Z_3} = \frac{42.4/\sqrt{2}}{12.37} = 2.425\,[\text{A}]$$

$$\therefore\ I = I_1 + I_3 = \sqrt{20^2 + 2.425^2} \fallingdotseq 20.15\,[\text{A}]$$

12.6.3 비정현파의 전력

임의의 회로에서 비정현파 전압 v와 전류 i가 각각

$$\begin{cases} v(t) = V_0 + V_{m\,1}\sin(\omega t + \alpha_1) + V_{m\,2}\sin(2\omega t + \alpha_2) + \cdots \\ i(t) = I_0 + I_{m\,1}\sin(\omega t + \beta_1) + I_{m\,2}\sin(2\omega t + \beta_2) + \cdots \end{cases}$$

$$\therefore \begin{cases} v(t) = V_0 + \sum_{n=1}^{\infty} V_{m\,n}\sin(n\omega t + \alpha_n) \\ i(t) = I_0 + \sum_{n=1}^{\infty} I_{m\,n}\sin(n\omega t + \beta_n) \end{cases} \tag{12.45}$$

으로 표현될 때, 회로에 공급되는 순시전력은 $p = vi$ 이고, 평균전력 P 는

$$P = \frac{1}{T}\int_0^T p\,dt = \frac{1}{T}\int_0^T vi\,dt \tag{12.46}$$

로 정의된다. 평균전력을 구하기 위한 식 (12.46)의 전압 v와 전류 i 의 곱은 다음과 같이 네 종류의 항목으로 분류할 수 있다.

① 직류분의 곱 : $V_0 I_0$

② (직류분) · (교류분) :

$V_0 I_{mn}\sin(n\omega t + \beta_n)$ 또는 $I_0 V_{mn}\sin(n\omega t + \alpha_n)$

③ 주파수가 같은 두 정현항의 곱 : $V_{mn} I_{mn}\sin(n\omega t + \alpha_n) \cdot \sin(n\omega t + \beta_n)$

④ 주파수가 다른 두 정현항의 곱 :

$V_{mn} I_{ml}\sin(n\omega t + \alpha_n) \cdot \sin(l\omega t + \beta_l)$ $(n \neq l)$

각 항목별로 1주기간의 평균값은 제 ① 항의 평균값은 $V_0 I_0$ 이고, 제 ② 항과 제 ④ 항은 앞 절의 비정현파 전류의 실효값과 마찬가지로 평균값은 0이다. 제 ③ 항의 평균값은 다음의 삼각함수 공식을 이용하여 구하면

$$\text{삼각함수 공식 : } \sin\theta_1 \cdot \sin\theta_2 = -\frac{1}{2}\{\cos(\theta_1 + \theta_2) - \cos(\theta_1 - \theta_2)\}$$

$$\frac{1}{T}\int_0^T \{V_{mn}I_{mn}\sin(n\omega t+\alpha_n)\cdot\sin(n\omega t+\beta_n)\}dt$$

$$=\frac{V_{mn}I_{mn}}{T}\int_0^T \{\sin(n\omega t+\alpha_n)\cdot\sin(n\omega t+\alpha_n-\theta_n)\}dt$$

$$=\frac{V_{mn}I_{mn}}{T}\int_0^T \frac{1}{2}\{\cos\theta_n-\cos(2n\omega t+2\alpha_n-\theta_n)\}dt$$

$$=\frac{V_{mn}I_{mn}}{2T}\left[t\cos\theta_n-\frac{\sin(2n\omega t+2\alpha_n-\theta_n)}{2n\omega}\right]_0^T$$

$$=\frac{V_{mn}I_{mn}}{2T}(T\cos\theta_n)=\frac{1}{2}V_{mn}I_{mn}\cos\theta_n$$

이 된다. 단, $\theta_n=\alpha_n-\beta_n$이고 제 n차 고조파의 전압과 전류의 위상차이다. 이 결과를 실효값으로 표현하면 다음과 같다

$$\therefore\ \frac{1}{2}V_{mn}I_{mn}\cos\theta_n=V_nI_n\cos\theta_n \tag{12.47}$$

(단, V_n, I_n은 각 고조파의 전압과 전류의 실효값)

이들로부터 평균전력(유효전력) P는 제 ① 항과 제 ③ 항의 합에 의하여

$$\begin{aligned} P&=V_0I_0+\sum_{n=1}^{\infty}V_nI_n\cos\theta_n \\ &=V_0I_0+V_1I_1\cos\theta_1+V_2I_2\cos\theta_2+\cdots \\ &=P_0+P_1+P_2+\cdots \end{aligned} \tag{12.48}$$

이 구해진다. P_0, P_1, P_2, ⋯ 는 평균전력의 직류 성분과 각 고주파 성분이다.

결론적으로 비정현파의 평균전력(유효전력)은 직류분과 각 고조파가 단독적으로 공급하는 평균전력의 합과 같음을 알 수 있다.

비정현파 회로에 대한 무효전력 Q, 피상전력 P_a, 역률 $\cos\theta$도 정현파일 때와 마찬가지로 다음과 같이 정의된다.

(1) $Q = \sum_{n=1}^{\infty} V_n I_n \sin\theta_n = V_1 I_1 \sin\theta_1 + V_2 I_2 \sin\theta_2 + \cdots$ (12.49)

(2) $P_a = V_0 I_0 + \sum_{n=1}^{\infty} V_n I_n = V_0 I_0 + V_1 I_1 + V_2 I_2 + \cdots$

$= VI = \sqrt{V_0^{\ 2} + V_1^{\ 2} + V_2^{\ 2} + \cdots} \cdot \sqrt{I_0^{\ 2} + I_1^{\ 2} + I_2^{\ 2} + \cdots}$ (12.50)

(3) $\cos\theta = \dfrac{P}{P_a} = \dfrac{P}{VI}$

$\therefore \ \cos\theta = \dfrac{V_0 I_0 + V_1 I_1 \cos\theta_1 + V_2 I_2 \cos\theta_2 + \cdots}{\sqrt{V_0^{\ 2} + V_1^{\ 2} + V_2^{\ 2} + \cdots} \cdot \sqrt{I_0^{\ 2} + I_1^{\ 2} + I_2^{\ 2} + \cdots}}$ (12.51)

예제 12.13

다음과 같은 비정현파 전압 및 전류에 의한 평균전력, 피상전력, 역률을 구하라.

$v = 100\sin(\omega t + 30°) - 50\sin(3\omega t + 60°) + 25\sin 5\omega t$ [V]

$i = 20\sin(\omega t - 30°) + 15\sin(3\omega t + 30°) + 10\cos(5\omega t - 60°)$ [A]

풀이 삼각함수 $\cos\theta = \sin(\theta + 90°)$의 관계에서 제 5 고조파 전류는

$$10\cos(5\omega t - 60°) = 10\sin(5\omega t - 60° + 90°) = 10\sin(5\omega t + 30°)$$

$$\therefore \ 10\cos(5\omega t - 60°) = 10\sin(5\omega t + 30°)$$

전압, 전류의 실효치

$$V = \sqrt{V_1^{\ 2} + V_3^{\ 2} + V_5^{\ 2}} = \sqrt{\left(\frac{100}{\sqrt{2}}\right)^2 + \left(\frac{50}{\sqrt{2}}\right)^2 + \left(\frac{25}{\sqrt{2}}\right)^2} \fallingdotseq 81.01 \text{ [V]}$$

$$I = \sqrt{I_1^{\ 2} + I_3^{\ 2} + I_5^{\ 2}} = \sqrt{\left(\frac{20}{\sqrt{2}}\right)^2 + \left(\frac{15}{\sqrt{2}}\right)^2 + \left(\frac{10}{\sqrt{2}}\right)^2} \fallingdotseq 19.04 \text{ [A]}$$

(1) 평균전력 P는 식 (12.48)에 의하여

$$P = V_1 I_1 \cos\theta_1 + V_3 I_3 \cos\theta_3 + V_5 I_5 \cos\theta_5$$

$$= \frac{100}{\sqrt{2}} \cdot \frac{20}{\sqrt{2}} \cos 60° - \frac{50}{\sqrt{2}} \cdot \frac{15}{\sqrt{2}} \cos 30° + \frac{25}{\sqrt{2}} \cdot \frac{10}{\sqrt{2}} \cos 30°$$

$$= 500 - 324.8 + 108.3 \fallingdotseq 283.5 \text{ [W]}$$

(2) 피상전력 P_a는 식 (12.50)에 의하여

$$P_a = VI = 81.01 \times 19.04 \fallingdotseq 1542\,[\mathrm{VA}]$$

(3) 역률 $\cos\theta$는 식 (12.51)에 의하여

$$\cos\theta = \frac{P}{P_a} = \frac{283.5}{1542} = 0.184$$

예제 12.14

$R = 4\,[\Omega]$, $\omega L = 3\,[\Omega]$의 직렬회로에 다음의 전압을 인가할 때, 저항에서 소비되는 전력[W]을 구하라.

$$v = 100\sqrt{2}\,\sin\omega t + 50\sqrt{2}\,\sin 3\omega t\,[\mathrm{V}]$$

풀이 (1) 기본파 전류 :

$$I_1 = \frac{V_1}{Z_1} = \frac{V_1}{\sqrt{R^2 + (\omega L)^2}} = \frac{100}{\sqrt{4^2 + 3^2}} = 20\,[\mathrm{A}]$$

(2) 제 3 고조파 전류 :

$$I_3 = \frac{V_3}{Z_3} = \frac{V_3}{\sqrt{R^2 + (3\omega L)^2}} = \frac{50}{\sqrt{4^2 + 9^2}} = 5.08\,[\mathrm{A}]$$

(3) 소비전력

$$P = I_1^{\,2} R + I_3^{\,2} R = 20^2 \times 4 + 5.08^2 \times 4 \fallingdotseq 1703\,[\mathrm{W}]$$

참고 비정현파의 평균값 정의와 파형률, 파고율, 왜형률

(1) 비정현파의 평균값 정의 : 구하고자 하는 목적에 따라 두 종류로 구분하여 정의

① 푸리에 급수의 평균값(직류분) a_0

- 1주기의 평균값(실제 직류분)
- 대칭파의 1주기 평균값 0(정현파 $a_0 = 0$)

② 대칭파의 평균값(제 5.4 절 참고)

- 대칭파 : (+)반파와 (−)반파가 동일한 형태로 면적이 같은 파형
- 반주기의 평균값(정현파 $V_{av} = (2/\pi)V_m$)
- 직류 계측기가 지시하는 값(반주기의 평균값)
- 대칭파의 실제 직류분($a_0 = 0$)

(2) 비정현파의 일그러짐의 정도를 나타내는 양

① 파형률 : 구형파 기준(1)에 대한 파형의 일그러짐의 정도를 나타내는 양

$$\text{파형률} = \frac{\text{실효값}}{\text{평균값(대칭파)}}$$

② 파고율 : 구형파 기준(1)에 대한 파형의 일그러짐의 정도를 나타내는 양

$$\text{파고율} = \frac{\text{최대값}}{\text{실효값}}$$

③ 왜형률 : 정현파 기준(0)에 대한 파형의 일그러짐의 정도를 나타내는 양, 즉 정현파에 대한 고조파 성분이 포함된 정도

$$\text{왜형률} = \frac{\text{전 고조파의 실효값}}{\text{기본파의 실효값}}$$

표 12.4 ▸ 왜형률, 파형률, 파고율

파 형	정현파	삼각파	전파 정류파	반파 정류파	구형파(사각파)
왜형률	0	0.1904	0.2273	0.4352	0.4834
파형률	1.11	1.155	1.11	1.571	1
파고율	1.414	1.732	1.414	2	1

※ 구형파 : 왜형률이 가장 크기 때문에 고조파 성분이 가장 많이 포함되어 있으며, 고조파의 감소율이 가장 적은 파형

연습문제

01 비정현파 주기함수의 대칭성에 관한 표를 나타낸 것이다. 빈 칸을 채워라.

구 분	우함수 (여현 대칭)	기함수 (정현 대칭)	반파 대칭	반파 대칭 우함수	반파 대칭 기함수
대칭 조건	(1)	(2)	(3)	-	-
a_0, a_n, b_n	(4)	(5)	(6)	(7)	(8)
고조파 차수	(9)	(10)	(11)	(12)	(13)

(a) 대칭 조건은 각 파형에 따른 함수의 정의 식을 기록할 것

(b) 직류분(a_0), cos항(a_n), sin항(b_n) 중 존재하는 것을 선정

(c) 고조파 차수(n) : 양의 정수, 홀수, 짝수 중 해당하는 것을 선정

02 비정현파 전류와 전압의 실효값을 각각 구하라.

(1) $i = 30\sqrt{2}\sin\omega t + 40\sqrt{2}\sin(3\omega t + 45°)$ [A]

(2) $v = 50 + 30\sin\omega t$ [V]

03 비정현파의 전압 $v = 100\sqrt{2}\sin\omega t + 50\sqrt{2}\sin 2\omega t + 30\sqrt{2}\sin 3\omega t$ [V]의 실효값과 왜형률을 구하라.

힌트 왜형률 $= \dfrac{\text{전 고조파의 실효치}}{\text{기본파의 실효치}} = \dfrac{\sqrt{V_2{}^2 + V_3{}^2 + V_4{}^2 + \cdots}}{V_1}$

04 기본파의 40 [%] 인 제 3 고조파와 20 [%] 인 제 5 고조파를 포함하는 전압파의 왜형률을 구하라

힌트 기본파 100 [%], 왜형률 $= \dfrac{\sqrt{V_3{}^2 + V_5{}^2}}{V_1} = \sqrt{0.4^2 + 0.2^2}$

05 $i = 2 + 5\sin(100t + 30°) + 10\sin(200t - 10°) - 5\cos(400t + 10°)$와 파형은 동일하지만 기본파의 위상이 20°이 늦은 비정현 전류파의 순시값 i'을 나타내라.

힌트 기본파보다 위상 θ 뒤진 경우, 제 n 고조파는 $n\theta$가 지연됨($-n\theta$)

06 그림 12.18과 같은 회로에서 $E_d = 14[\text{V}]$, $e = 48\sqrt{2}\sin\omega t[\text{V}]$, $R = 20[\Omega]$일 때 전류의 실효값[A]을 구하라.

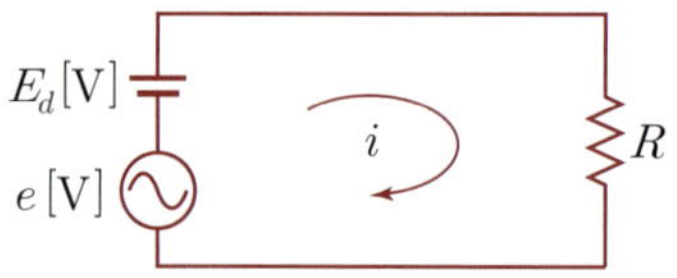

그림 12.18

07 $R = 8[\Omega]$, $\omega L = 2[\Omega]$의 직렬회로에서 다음의 비정현파 전압을 인가하였을 때, 제3고조파 전류의 실효값[A]을 구하라.

$$v = 10 + 100\sqrt{2}\sin\omega t + 50\sqrt{2}\sin(3\omega t + 45°) + 60\sqrt{2}\sin(5\omega t + 30°)\ [\text{V}]$$

힌트 $Z_3 = \sqrt{R^2 + (3\omega L)^2}$ $\quad\therefore\ I_3 = \dfrac{V_3}{Z_3} = \dfrac{V_3}{\sqrt{R^2 + (3\omega L)^2}}$

08 $R = 8[\Omega]$, $1/\omega C = 12[\Omega]$의 직렬회로에서 다음의 비정현파 전압을 인가하였을 때, 제2고조파 전류의 실효값[A]을 구하라.

$$e = 50 + 141.4\sin 2\omega t + 212.1\sin 4\omega t\ [\text{V}]$$

09 다음과 같은 비정현파 전압 및 전류에 의한 전력[W]을 구하라.

$$\begin{cases} v = 100\sin\omega t - 50\sin(3\omega t + 30°) + 20\sin(5\omega t + 45°)\ [\text{V}] \\ i = 20\sin\omega t + 10\sin(3\omega t - 30°) + 5\sin(5\omega t - 45°)\ [\text{A}] \end{cases}$$

10 저항 $R=10[\Omega]$에 흐르는 전류가 $i=5+14.14\sin 100t+7.07\sin 200t$ [A]일 때, 저항에서 소비되는 평균전력[W]을 구하라.

힌트 저항에서 소비되는 전력 : $P=I_0^{\,2}R+I_1^{\,2}R+I_2^{\,2}R$

11 다음과 같은 비정현파 전압과 전류에 의한 전력[W]을 구하라.

$$\begin{cases} v=100\sqrt{2}\sin\omega t+50\sqrt{2}\sin\left(3\omega t+\dfrac{\pi}{6}\right)\text{ [V]} \\ i=40\sqrt{2}\sin\left(3\omega t-\dfrac{\pi}{6}\right)+100\sqrt{2}\sin 5\omega t\text{ [A]} \end{cases}$$

12 **그림 12.19**와 같은 파형의 교류 전압 v와 전류 i의 회로에서 평균전력과 등가 역률을 구하라. 단, $v=V_m\sin\omega t$, $i=I_m\left(\sin\omega t-\dfrac{1}{\sqrt{3}}\sin 3\omega t\right)$이다.

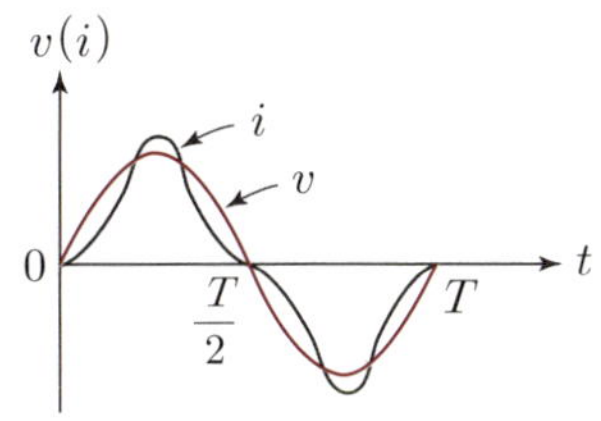

그림 12.19

13 대칭 3상 전압이 있다. 1상의 Y 전압의 순시값이 다음과 같다.

$$v=1000\sqrt{2}\sin\omega t+500\sqrt{2}\sin(3\omega t+20°)+100\sqrt{2}\sin(5\omega t+30°)\text{ [V]}$$

상전압 V_p와 선간전압 V_l의 비(V_p/V_l)를 구하라.

힌트 (Y결선) 상전압 : 고조파가 모두 존재
선간전압 : 제 3 고조파만 존재하지 않음.

$V_p=\sqrt{V_1^{\,2}+V_3^{\,2}+V_5^{\,2}}$, $V_l=\sqrt{3}\cdot V_p(V_3=0)=\sqrt{3}\cdot\sqrt{V_1^{\,2}+V_5^{\,2}}$

14 **그림** 12.20과 같은 Y 결선에서 기본파와 제 3 고조파 전압만이 존재한다고 할 때 전압계의 눈금이 $V_p = 150[\mathrm{V}]$, $V_l = 220[\mathrm{V}]$로 나타났을 때 제 3 고조파 전압[V]을 구하라.

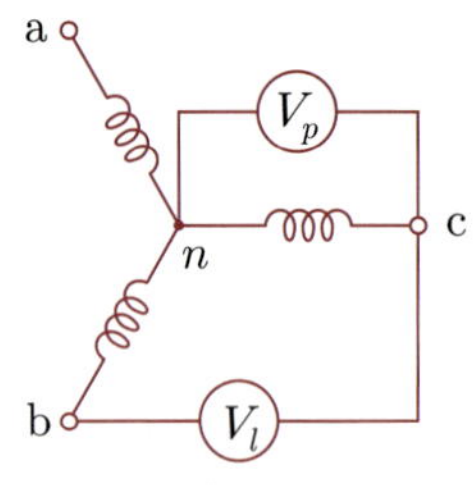

그림 12.20

힌트 (Y결선) 상전압 : 홀수 고조파가 모두 존재, 선간전압 : 제 3 고조파만 존재하지 않음.

$V_p = \sqrt{{V_1}^2 + {V_3}^2}$, $V_l = \sqrt{3} \cdot V_p(V_3 = 0) = \sqrt{3} \cdot V_1$

Chapter 13

2단자 회로망

그림 13.1과 같이 2개의 단자, 즉 한 쌍의 단자를 포트(port)라고 하며 단자쌍이 하나인 회로망을 **2단자 회로망(2단자망)** 또는 **1포트 회로망**이라고 한다.

전원이 접속된 2단자 회로망에서 두 단자 a, b를 구동점(driving point)이라 하고, 구동점에서 본 임피던스를 **구동점 임피던스**라고 한다.

본 장에서는 회로망 함수인 구동점 임피던스를 복소 주파수로 나타내고, 특히 리액턴스에 의한 2단자 회로망에 대한 주파수 특성의 고찰을 학습하기로 한다.

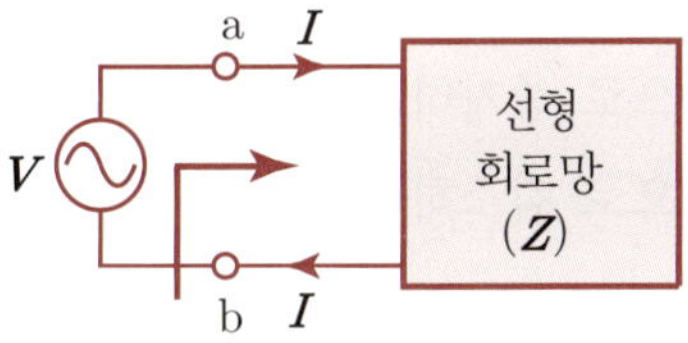

그림 13.1 ▸ 2단자 회로망

13.1 복소 주파수

회로이론에서 입력 및 출력응답은 일반적으로 시간 t로 표현하는 경우가 대부분이다. 특히 지수 시간함수 e^{st}에서 s를 복소수로 취급하면, s의 실수부 또는 허수부의 값에 따라 e^{st}는 직류, 정현파, 지수함수파, 감쇠하는 진동함수파 등 다양한 파형의 함수를 표현할 수 있는 대표적인 식이다. 즉

$$f(t) = Ae^{st} \tag{13.1}$$

여기서 s를 복소수 $s=\sigma+j\omega$라고 하면 식 (13.1)은

$$f(t)=Ae^{(\sigma+j\omega)t}=Ae^{\sigma t}e^{j\omega t} \tag{13.2}$$

로 나타낼 수 있다. ω는 각주파수이고, 복소수로 표현되는 s를 **복소 주파수**라고 한다. 식 (13.2)의 $f(t)$는 복소 주파수 s의 실수부 σ, 허수부 ω에 따라 여러 가지 파형을 나타내고, $A>0$이라고 한정할 때 다음과 같다.

(1) $\omega=0$: $f(t)=Ae^{\sigma t}$(**그림 13.2**)

① $\sigma>0$: 지수적으로 증가하는 파형

② $\sigma<0$: 지수적으로 감소하는 파형

③ $\sigma=0$: 직류 파형, $f(t)=A$

(2) $\sigma=0$: $f(t)=Ae^{j\omega t}$(오일러 공식에 의한 허수부 취급)

$f(t)=A\sin\omega t$(크기[최대값]가 일정한 진동함수)(**그림 13.3**)

(3) $\sigma\neq 0$, $\omega\neq 0$: $f(t)=Ae^{\sigma t}e^{j\omega t}$

$f(t)=Ae^{\sigma t}\sin\omega t$(**그림 13.4**)

① $\sigma>0$: 지수적으로 증가하는 진동함수

② $\sigma<0$: 지수적으로 감소하는 진동함수

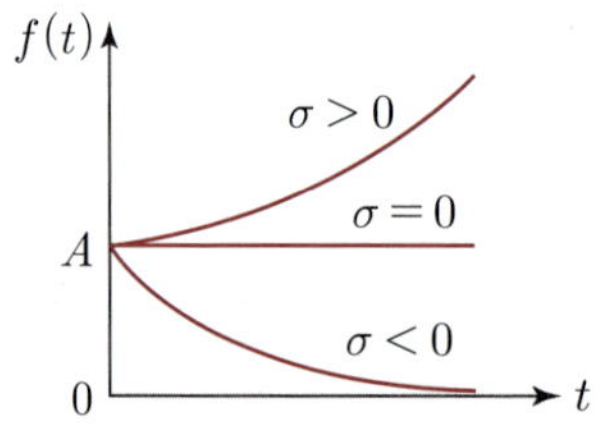

그림 13.2 ▶ $f(t)=Ae^{\sigma t}$ **파형**

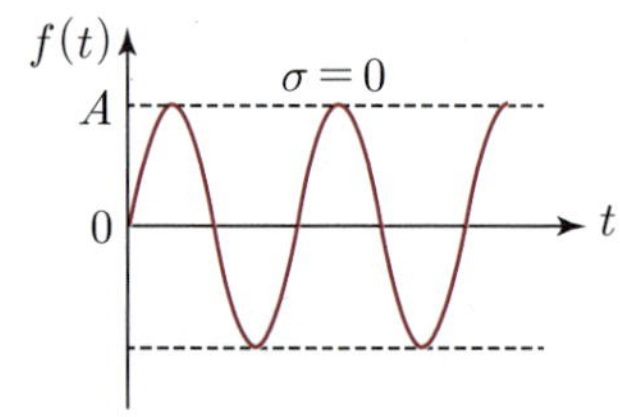

그림 13.3 ▶ $f(t)=Ae^{j\omega t}$ **파형**

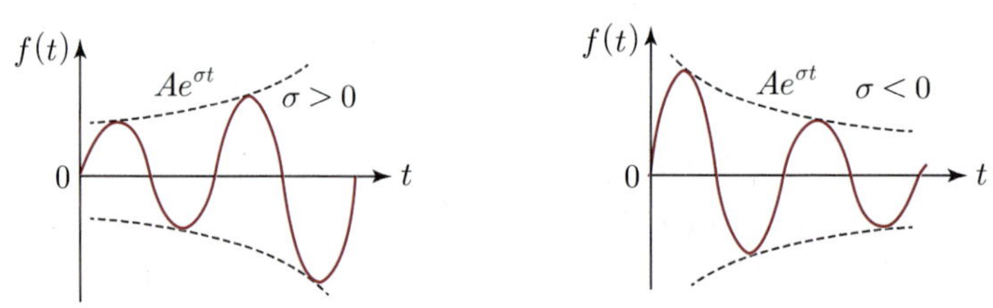

(a) $\sigma>0$ (b) $\sigma<0$

그림 13.4 ▶ $f(t)=Ae^{\sigma t}e^{j\omega t}$ **파형**

이 결과로부터 지수함수 e^{st}에서 직류는 복소 주파수 $s=0$이고, 정현파 교류는 실수부 $\sigma=0$인 경우로 복소 주파수 $s=j\omega$로 하면 된다. 이와 같이 모든 파형은 지수함수 e^{st}의 형식을 갖게 된다.

선형회로에서 전원이 e^{st}의 형식이면 응답도 e^{st}의 형식이 된다. 따라서 전원이 e^{st}의 형식을 가지면 입력단자의 전압과 전류도 각각 다음과 같은 형식으로 표시된다.

$$V(s)=Ve^{st}, \quad I(s)=Ie^{st} \tag{13.3}$$

이때 회로의 임피던스 $Z(s)$는

$$Z(s)=\frac{V(s)}{I(s)}=\frac{Ve^{st}}{Ie^{st}}=\frac{V}{I} \tag{13.4}$$

가 된다. $Z(s)$는 복소 주파수 s의 함수로 된 **그림 13.1**과 같은 2단자 회로망에서 **구동점 임피던스**라고 한다. 정현파 교류회로에서 각 소자에 대한 복소 임피던스 $Z(j\omega)$를 복소 주파수 s로 표현하려면 $s=j\omega$를 적용하면 된다. 따라서 구동점 임피던스 $Z(s)$는

$$\begin{aligned}
\boldsymbol{Z}_R&=R &&\rightarrow && Z(s)=R\\
\boldsymbol{Z}_L&=j\omega L &&\rightarrow && Z(s)=sL\\
\boldsymbol{Z}_C&=\frac{1}{j\omega C} &&\rightarrow && Z(s)=\frac{1}{sC}
\end{aligned} \tag{13.5}$$

이 된다. 또 RLC 직렬과 병렬회로의 구동점 임피던스 $Z(s)$는 각각 다음과 같다.

$$\begin{aligned}
Z(s)&=R+sL+\frac{1}{sC}=\frac{s^2LC+sRC+1}{sC}\\
Z(s)&=\frac{1}{\frac{1}{R}+\frac{1}{sL}+sC}=\frac{sRL}{s^2RLC+sL+R}
\end{aligned} \tag{13.6}$$

식 (13.6)의 구동점 임피던스 $Z(s)$는 일반적으로 전원의 복소 주파수 s에 관한 **양의 유리함수**가 되며, 분자와 분모의 계수는 회로정수 R, L, C로 결정되는 실수이다.

$Z(s)$의 유리함수인 분수식에서 (분자)$=0$의 값, 즉 임피던스 $Z(s)=0$이 되는 s의 값을 **영점**(zero)이라 하고, 회로의 **단락 상태**를 의미한다. 또 (분모)$=0$의 값, 즉 임피

던스 $Z(s)=\infty$가 되는 s의 값을 **극점**(pole)이라 하고, 회로의 **개방 상태**를 의미한다. 전원의 복소 주파수 s의 특수 값인 영점과 극점은 기하학적으로 하나의 복소평면으로 복소 주파수 평면(s 평면)에 표시한다. 영점은 ○, 극점은 ×의 기호를 사용한다.

회로망에서 전원에 대한 응답이 $e^{\sigma t}$일 때 $\sigma>0$이면 발산하게 되므로 $\sigma \le 0$의 범위만 취급하게 된다. 따라서 영점과 극점은 s 평면에서 허축과 음의 실수의 범위에 존재한다.

예제 13.1

그림 13.5와 같은 2단자 회로망에서 구동점 임피던스를 구하라.

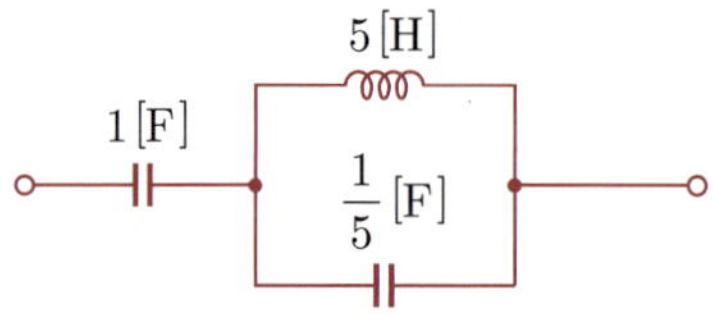

그림 13.5

풀이 L, C 소자의 임피던스 sL, $\dfrac{1}{sC}$로부터 직병렬 회로의 합성 복소 임피던스 구하는 방법과 동일하게 하면 구동점 임피던스는 다음과 같이 구해진다.

$$Z(s)=\frac{1}{s}+\frac{5s\cdot\dfrac{5}{s}}{5s+\dfrac{5}{s}}=\frac{1}{s}+\frac{5s}{s^2+1}=\frac{6s^2+1}{s(s^2+1)}$$

회로해석법에서 배운 합성 복소 임피던스 $Z(j\omega)$를 구하고 $j\omega$ 대신에 s를 대입해도 된다.

예제 13.2

임피던스 함수 $Z(s)=\dfrac{s+50}{s^2+3s+2}\,[\Omega]$으로 주어지는 2단자 회로망에 직류 $100\,[\mathrm{V}]$의 전압을 인가하였을 때 회로의 전류$[\mathrm{A}]$를 구하라.

풀이 직류전원이므로 $\omega=0$에서 $s=j\omega=0$이 된다. 즉 $Z(s)=Z(0)=25\,[\Omega]$

$$\therefore\ I=\frac{V}{Z(s)}=\frac{100}{25}=4\,[\mathrm{A}]$$

예제 13.3

2단자 임피던스 $Z(s)=\dfrac{s^2+3s+2}{s^2+7s+12}$일 때 영점과 극점을 구하라.

풀이 영점($Z(s)=0$) : 분자$=0$, 극점($Z(s)=\infty$) : 분모$=0$

$$Z(s)=\frac{s^2+3s+2}{s^2+7s+12}=\frac{(s+1)(s+2)}{(s+3)(s+4)}$$

영점 : $(s+1)(s+2)=0,\quad \therefore\ s=-1,\ s=-2$

극점 : $(s+3)(s+4)=0,\quad \therefore\ s=-3,\ s=-4$

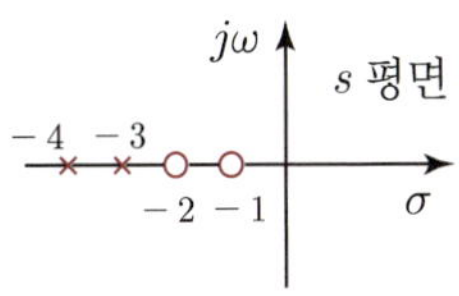

그림 13.6

정리 영점과 극점

영점	극점
$Z(s)=0\quad \therefore$ (분자)$=0$	$Z(s)=\infty\quad \therefore$ (분모)$=0$
회로의 단락 상태	회로의 개방 상태
기호 : ○	기호 : ×

13.2 리액턴스 2단자망

리액턴스 2단자망은 L과 C로 구성된 회로이고, 임피던스가 리액턴스의 순허수로 나타나므로 **무손실 회로망**이라고도 한다.

리액턴스 2단자망의 **구동점 임피던스** $Z(j\omega)$는 일반적으로 다음과 같이 ω의 함수로 써 표시되고, 이것을 **리액턴스 함수**라고 한다.

$$Z(j\omega)=j\omega H\frac{(\omega^2-{\omega_1}^2)(\omega^2-{\omega_3}^2)\cdots\cdots(\omega^2-{\omega_{2n-1}}^2)}{(\omega^2-{\omega_2}^2)(\omega^2-{\omega_4}^2\cdots\cdots(\omega^2-{\omega_{2n-2}}^2)}\qquad(13.7)$$

식 (13.7)에서 $\omega^2={\omega_1}^2$, $\omega^2={\omega_3}^2$, ……, $\omega^2={\omega_{2n-1}}^2$일 때 구동점 임피던스 Z는 0으로 된다. 즉 **영점** ω_1, ω_3, ……, ω_{2n-1}에서 직렬 공진을 나타내기 때문에 **직렬**

공진 각주파수라고 한다.

또 $\omega^2 = 0$, $\omega^2 = {\omega_2}^2$, $\omega^2 - {\omega_4}^2$, ……, $\omega^2 = {\omega_{2n-2}}^2$일 때 구동점 임피던스 Z는 ∞로 된다. 즉 **극점** $\omega = 0 = \omega_0$, ω_2, ω_4, ……, ω_{2n-2}는 병렬 공진을 나타내기 때문에 **반공진 각주파수**라고 한다.

공진과 반공진 주파수를 크기의 순서로 배열하면 다음과 같이 공진과 반공진 주파수가 교대로 배치하게 된다.

$$0 = \omega_0 < \omega_1 < \omega_2 < \omega_3 < \cdots\cdots < \omega_{2n-2} < \omega_{2n-1} < \infty \tag{13.8}$$

이로부터 각주파수가 0에서 ∞까지 변할 때 리액턴스의 변화, 즉 주파수 특성은 대략 **그림 13.7**이 된다.

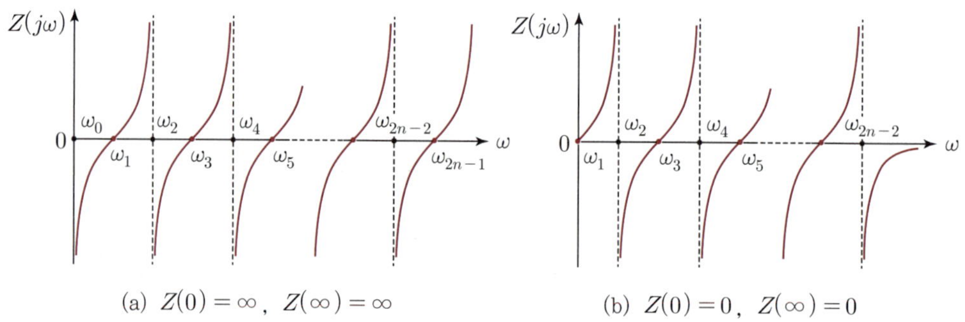

그림 13.7 ▶ 리액턴스 회로의 주파수 특성

그림 13.7(a)와 같이 구동점 임피던스가 $Z(\infty) = \infty$일 때 ω에 대해서 최종적으로 일어날 수 있는 공진은 직렬공진의 공진점(영점)이고, **그림 13.7**(b)와 같이 $Z(\infty) = 0$일 때 최종적으로 일어날 수 있는 공진은 병렬공진으로 반공진점(극점)이 된다.

식 (13.8)의 관계로부터 $s = j\omega$이므로 영점과 극점도 s 평면상의 허축상에서 교대로 존재하게 된다.

유리함수 $Z(j\omega) = Z(s)$가 리액턴스 2단자 회로망의 **구동점 임피던스가 되기 위한 조건**은 다음과 같다.

(1) $Z(s)$는 s에 관한 양의 실수계 유리함수이다.

(2) $Z(s)$의 극점과 영점은 단순근이며, 모두 허축상에서 서로 분리되어 존재한다.

(3) $Z(s)$의 극점(반공진점)을 제외한 모든 점에서 주파수가 증가할 때 리액턴스는 항상 증가한다. 즉, 곡선의 기울기는 항상 양의 실수이다.

$$\frac{dZ(s)}{ds} > 0 \tag{13.9}$$

회로망이 주어진 경우에 $\omega(f) \to 0$ 또는 $\omega(f) \to \infty$에서 L소자(단락 또는 개방)와 C소자(개방 또는 단락)에 적용하여 $Z(0)$과 $Z(\infty)$의 값을 구할 수 있다. 따라서 구동점 임피던스를 구하지 않아도 공진점과 반공진점이 교대로 나타나고, 주파수가 증가함에 따라 리액턴스는 항상 증가하는 특성으로부터 리액턴스 곡선의 개형을 나타낼 수 있다.

예제 13.4

그림 13.7의 리액턴스 회로망에서 다음의 질문에 답하라.
(1) 구동점 임피던스를 구하라. **(2) 영점과 극점을 구하라.**
(3) 영점과 극점을 s 평면에 나타내고, 리액턴스 곡선도 그려라.

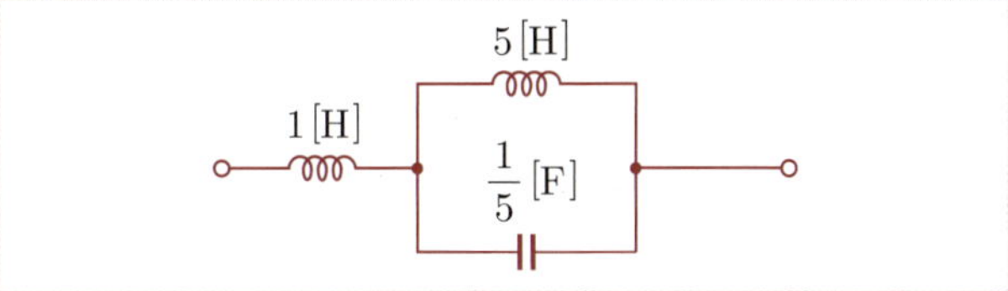

그림 13.8

풀이 (1) L, C소자의 임피던스 sL, $\frac{1}{sC}$에서 구동점 임피던스 $Z(s)$

$$Z(s) = s + \frac{5s \cdot \frac{5}{s}}{5s + \frac{5}{s}} = s + \frac{5s}{s^2+1} = \frac{s(s^2+6)}{s^2+1}$$

(2) 영점$(Z(s)=0)$: 분자$=0$, 극점$(Z(s)=\infty)$: 분모$=0$

영점 : $s(s^2+6)=0$, $\therefore$ $s=0\ (=j\omega_1)$, $s=\pm j\sqrt{6}\ (=j\omega_3)$

극점 : $s^2+1=0$, $\therefore$ $s=\pm j\ (=j\omega_2)$

(3)

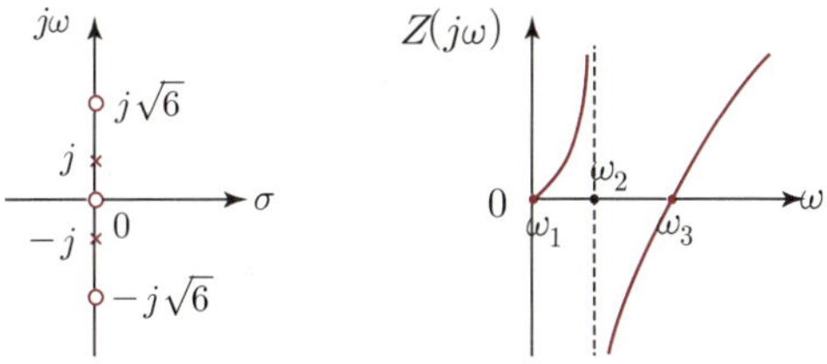

(a) 영점, 극점(s 평면) (b) 리액턴스 곡선

그림 13.9

그림 13.9(a)에서 리액턴스 회로망의 영점과 극점은 허축상에서 교대로 나타난다. **그림 13.8**에서 $\omega = 0$일 때 L은 단락 상태이므로 $Z(0) = 0$이고 영점이 된다. $\omega \to \infty$일 때 L은 개방 상태이므로 $Z(\infty) = \infty$이고 최종적으로 직렬공진의 공진점(영점)이 된다. 따라서 리액턴스 곡선은 **그림 13.9**(b)와 같이 공진점(영점), 반공진점(극점), 공진점(영점)이 교대로 나타나는 특성을 보이고 있다.

13.3 쌍대 회로

이제까지 배운 아래의 두 식에는 어떠한 유사성의 관계를 알 수 있다. 즉 식 (13.10)의 첫째식인 $v = Ri$에서 v를 i로 바꾸고, R을 G로, i를 v로 바꾸면 식 (13.10)의 둘째식인 $i = Gv$가 얻어진다. 또 역으로 $i = Gv$로부터 i를 v로 바꾸고, G를 R로, v를 i로 바꾸면 $v = Ri$가 얻어진다.

$$\begin{cases} v = Ri \\ i = Gv \end{cases} \tag{13.10}$$

마찬가지로 직렬의 등가 합성 저항과 병렬의 등가 합성 컨덕턴스에서도 $R \leftrightarrow G$, 아래 첨자의 s(직렬) $\leftrightarrow$ p(병렬)를 상호 교환함으로써 두 식의 형태는 같지만 관계가 전혀 없는 새로운 방정식이 얻어진다.

$$\begin{cases} R_s = R_1 + R_2 + \cdots\cdots + R_n \\ G_p = G_1 + G_2 + \cdots\cdots + G_n \end{cases} \tag{13.11}$$

이와 같이 전압과 전류, 저항과 컨덕턴스, 직렬과 병렬 사이에는 **쌍대성**(duality)을 가진다고 하며, 이들의 양들을 각각 **쌍대**(dual)라고 정의한다. 즉 v는 i의 쌍대이고, R은 G의 쌍대이며, 직렬은 병렬의 쌍대라고 한다. 그 역도 성립하는 쌍대 관계이다.

쌍대 관계는 **그림 13.10**과 같이 회로에서도 적용된다. **그림 13.10**(a)의 직렬회로에서 합성 임피던스를 구하여 전압에 관한 식으로 나타내면 다음과 같다.

$$\boldsymbol{V} = \left(R + j\omega L + \frac{1}{j\omega C}\right)\boldsymbol{I} \tag{13.12}$$

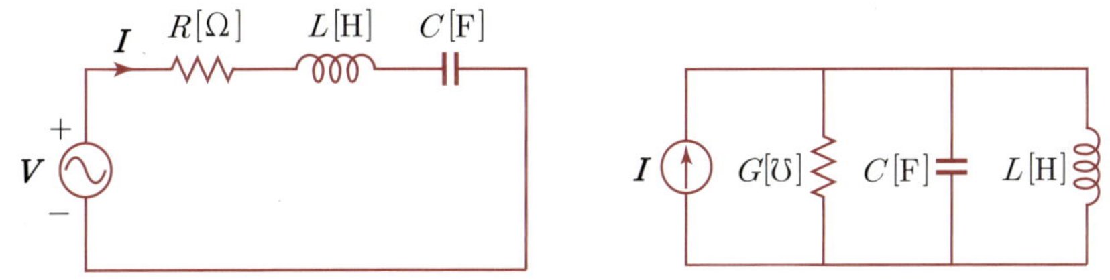

(a) RLC 직렬회로　　　(b) 쌍대회로

그림 13.10 ▶ 쌍대회로의 변환

식 (13.12)에서 $\boldsymbol{V} \rightarrow \boldsymbol{I}$, $R \rightarrow G$, $L \rightarrow C$를 바꾸면

$$\boldsymbol{I} = \left(G + j\omega C + \frac{1}{j\omega L} \right) \boldsymbol{V} \tag{13.13}$$

가 된다. 이 전류방정식은 **그림 13.10**(b)와 같은 병렬회로가 된다.

식 (13.12)와 식 (13.13)은 $\boldsymbol{V} \leftrightarrow \boldsymbol{I}$, $R \leftrightarrow G$, $L \leftrightarrow C$, 직렬 ↔ 병렬을 서로 상호 교환하면 같은 형태가 되는 것을 확인할 수 있다. 그러나 **그림 13.10**(a)와 (b)의 두 회로 사이에는 구성 자체가 전혀 다른 회로가 된다.

이와 같이 쌍대성을 가지는 양으로 교환하여 동일 형태의 회로방정식을 가지는 회로를 **쌍대 회로**(dual circuit)라고 한다. 쌍대 회로는 회로의 구성이 전혀 다르기 때문에 등가 회로와는 개념이 전혀 다르다는 점에 유의해야 한다.

표 13.1 ▶ 쌍대 관계

쌍대적인 양		쌍대적인 양	
V	I	전 압 원	전 류 원
R	G	직렬회로	병렬회로
L	C	단　락	개　방
Z	Y	폐로전류	마디전압
X	B	폐로방정식	마디방정식
KVL	KCL	테브난 정리	노튼 정리

13.4 역회로

두 개의 2단자 회로망에서 구동점 임피던스가 각각 $\boldsymbol{Z}_1$, $\boldsymbol{Z}_2$일 때

$$\boldsymbol{Z}_1\boldsymbol{Z}_2 = K^2 \text{ (단, } K\text{는 실수)} \tag{13.14}$$

의 관계가 성립하면, 두 회로는 K에 관하여 **역회로**의 관계가 있다고 한다. 이때 두 회로는 반드시 쌍대의 관계가 성립해야 한다.

그림 13.11 ▶ 역회로

만약 **그림 13.11**과 같은 쌍대 회로의 임피던스가 $\boldsymbol{Z}_1 = j\omega L_1$, $\boldsymbol{Z}_2 = 1/j\omega C_2$일 때

$$\boldsymbol{Z}_1\boldsymbol{Z}_2 = \frac{j\omega L_1}{j\omega C_2} = \frac{L_1}{C_2} = K^2 \quad \therefore \sqrt{\frac{L_1}{C_2}} = K \tag{13.15}$$

의 관계가 성립하면 두 회로는 역회로가 된다. 또 **그림 13.12**와 같이 $L \leftrightarrow C$, 직렬 $\leftrightarrow$ 병렬의 상호 교환된 쌍대 회로에서 식 (13.14)에 의해 다음의 조건을 만족하면 역회로가 된다.

$$\frac{L_0}{C_0} = \frac{L_1}{C_1} = \frac{L_2}{C_2} = K^2 \text{ 또는 } \sqrt{\frac{L_0}{C_0}} = \sqrt{\frac{L_1}{C_1}} = \sqrt{\frac{L_2}{C_2}} = K \tag{13.16}$$

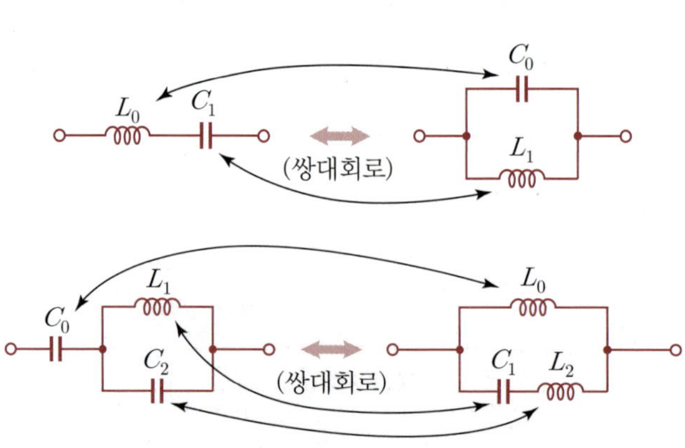

그림 13.12 ▶ 역회로

예제 13.5

그림 13.13과 같은 회로에서 $K = 100\,[\Omega]$이다. 이에 대한 역회로를 구하라. 단, $L_0 = 4\,[\text{mH}]$, $L_1 = 1\,[\text{mH}]$, $C_2 = 0.2\,[\mu\text{F}]$이다.

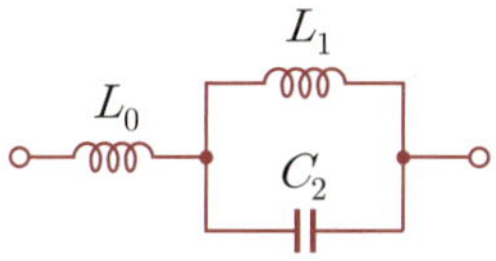

그림 13.13

풀이 그림 3.13의 역회로는 $L \leftrightarrow C$, 직렬 $\leftrightarrow$ 병렬의 상호교환에 의해 **그림 3.14**와 같이 된다. 상호 교환된 L, C로부터 다음의 관계식이 성립해야 역회로가 된다.

$$\frac{L_0}{C_0} = \frac{L_1}{C_1} = \frac{L_2}{C_2} = K^2$$

$$\therefore\ C_0 = \frac{L_0}{K^2} = \frac{4 \times 10^{-3}}{100^2} = 0.4\,[\mu\text{F}]$$

$$\therefore\ C_1 = \frac{L_1}{K^2} = \frac{1 \times 10^{-3}}{100^2} = 0.1\,[\mu\text{F}]$$

$$\therefore\ L_2 = C_2 K^2 = 0.2 \times 10^{-6} \times 100^2 = 2\,[\text{mH}]$$

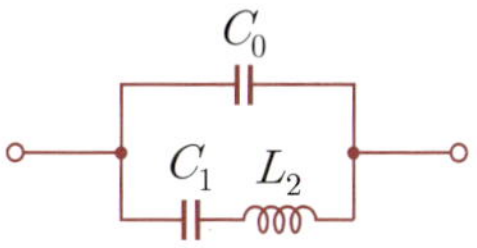

그림 13.14

예제 13.6

그림 13.15(a)와 (b)가 서로 역회로의 관계가 되기 위한 $L\,[\text{mH}]$을 구하라.

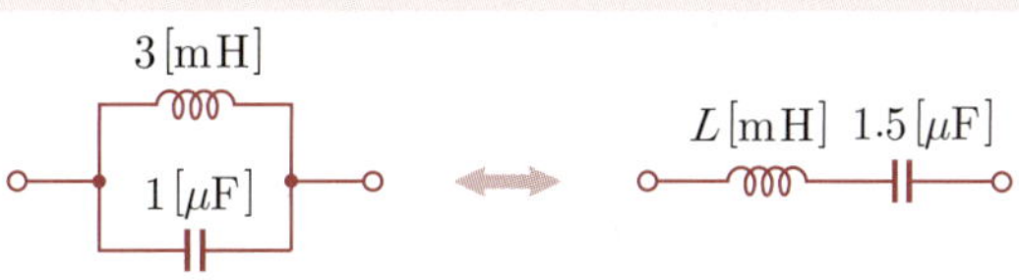

(a) (b)

그림 13.15

풀이 그림 13.15(a)와 (b)의 두 회로는 쌍대 회로이고, 쌍대 관계의 $3\,[\text{mH}]$와 $1.5\,[\mu\text{F}]$, $1\,[\mu\text{F}]$와 $L\,[\text{mH}]$로부터 식 (13.16)에 의해 L은 다음과 같이 구해진다.

$$\sqrt{\frac{3 \times 10^{-3}}{1.5 \times 10^{-6}}} = \sqrt{\frac{L \times 10^{-3}}{1 \times 10^{-6}}} \qquad \therefore\ L = \frac{3}{1.5} = 2\,[\text{mH}]$$

13.5 정저항 회로

2단자 회로망에서 구동점 임피던스의 허수부가 모든 주파수에 대해 0이 되어 항상 일정한 순저항 회로가 되는 주파수에 무관한 회로를 **정저항 회로**라고 한다.

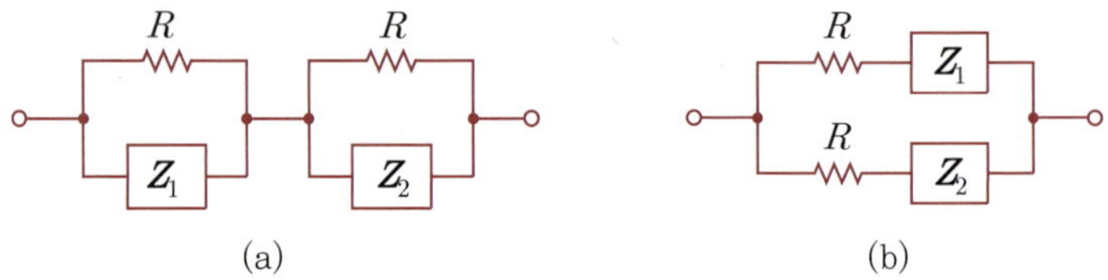

그림 13.16 ▸ 정저항 회로

그림 13.16(a)의 2단자 회로망에서 정저항 회로가 되기 위한 조건을 구하기 위해 구동점 임피던스 $\boldsymbol{Z}_0$를 구하고 셋째 식에서 저항 R을 제외한 나머지 분수식 $=1$로 하면

$$\boldsymbol{Z}_0 = \frac{R\boldsymbol{Z}_1}{R+\boldsymbol{Z}_1} + \frac{R\boldsymbol{Z}_2}{R+\boldsymbol{Z}_2} = \frac{R\{\boldsymbol{Z}_1(R+\boldsymbol{Z}_2)+\boldsymbol{Z}_2(R+\boldsymbol{Z}_1)\}}{(R+\boldsymbol{Z}_1)(R+\boldsymbol{Z}_2)}$$

$$\boldsymbol{Z}_1(R+\boldsymbol{Z}_2)+\boldsymbol{Z}_2(R+\boldsymbol{Z}_1) = (R+\boldsymbol{Z}_1)(R+\boldsymbol{Z}_2)$$

$$R(\boldsymbol{Z}_1+\boldsymbol{Z}_2)+2\boldsymbol{Z}_1\boldsymbol{Z}_2 = R^2+R(\boldsymbol{Z}_1+\boldsymbol{Z}_2)+\boldsymbol{Z}_1\boldsymbol{Z}_2$$

가 된다. 이 식을 최종적으로 정리하면 $\boldsymbol{Z}_1\boldsymbol{Z}_2 = R^2$일 때 $\boldsymbol{Z}_0 = R$이 되어 주파수에 무관한 **정저항 회로의 조건**이 된다. 즉,

$$\therefore \ \boldsymbol{Z}_1\boldsymbol{Z}_2 = R^2 \tag{13.17}$$

그림 13.16(b)의 회로에서도 동일한 방법을 적용하면 식 (13.17)과 같은 정저항 회로의 조건을 만족한다. 정저항 회로의 조건에서 $\boldsymbol{Z}_1$, $\boldsymbol{Z}_2$는 R에 관하여 **역회로**가 되어야 한다.

그림 13.16과 같은 정저항 회로에서 $\boldsymbol{Z}_1$, $\boldsymbol{Z}_2$가 L과 C로 구성되어 있으면 역회로의 조건 식 (13.16)과 같으며, 단지 K 대신에 R로 대치하면 된다. 즉

$$\frac{L}{C} = R^2 \quad \text{또는} \quad \sqrt{\frac{L}{C}} = R \tag{13.18}$$

식 (13.18)은 선로에서 무손실 회로의 특성 임피던스와 같은 식임을 알 수 있다.

예제 13.7

그림 13.17의 두 회로에서 주파수에 관계없이 일정한 임피던스를 갖도록 $C[\mu\text{F}]$와 $R[\Omega]$을 각각 구하라.

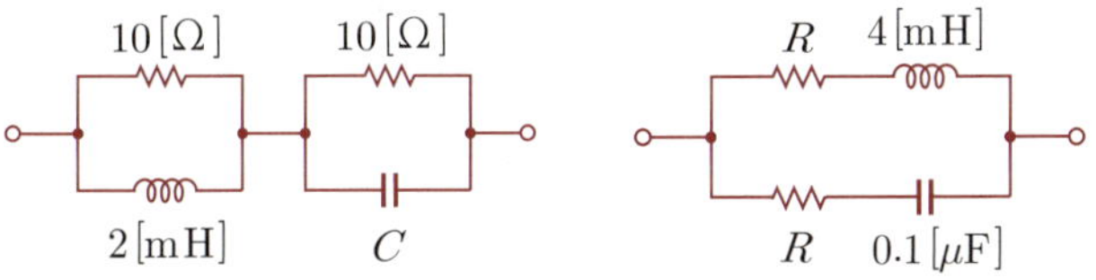

그림 13.17

풀이 주파수와 관계없는 항상 일정한 회로를 **정저항 회로**라고 하며, 정저항 회로의 조건 $\boldsymbol{Z}_1\boldsymbol{Z}_2 = R^2$에 의하여 각각 다음과 같이 구해진다.

(1) $\boldsymbol{Z}_1 = j\omega L$, $\boldsymbol{Z}_2 = 1/j\omega C$ 이므로

$$R^2 = \frac{L}{C} \quad \therefore\ C = \frac{L}{R^2} = \frac{2\times 10^{-3}}{10^2} = 20\times 10^{-6}\,[\text{F}] = 20\,[\mu\text{F}]$$

(2) $R^2 = \frac{L}{C} \quad \therefore\ R = \sqrt{\frac{L}{C}} = \sqrt{\frac{4\times 10^{-3}}{0.1\times 10^{-6}}} = 200\,[\Omega]$

예제 13.8

그림 13.18의 회로가 정저항 회로가 되기 위한 $\omega L[\Omega]$을 구하라.

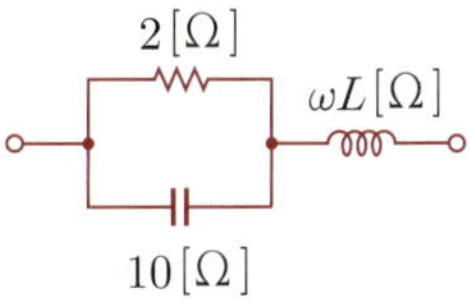

그림 13.18

풀이 주파수와 무관한 정저항 회로의 조건을 만족하려면 구동점 임피던스의 허수부가 0 이어야 한다.

$$\boldsymbol{Z} = j\omega L + \frac{2\times(-j10)}{2-j10} = j\omega L + \frac{2\times(-j10)\times(2+j10)}{(2-j10)(2+j10)}$$

$$\boldsymbol{Z} = \frac{200}{104} + j\left(\omega L - \frac{40}{104}\right) \quad \therefore\ \omega L - \frac{40}{104} = 0 \quad \therefore\ \omega L \fallingdotseq 0.38\,[\Omega]$$

연습문제

01 그림 13.19와 같은 2단자 회로망의 구동점 임피던스 $Z(s)$를 구하라.

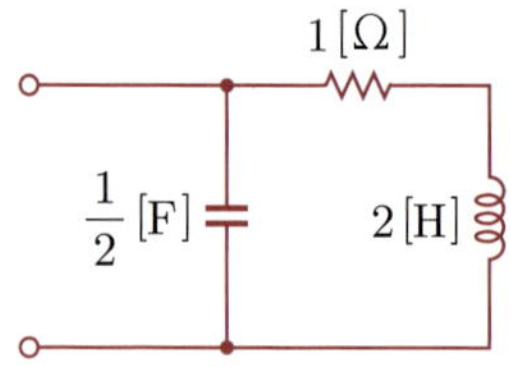

그림 13.19

02 리액턴스 함수가 $Z(s)=\dfrac{4s^2+1}{s(s^2+1)}$로 주어질 때 L[H]의 값을 구하라.

힌트 부분 분수로 고쳐서 2단자 회로망을 나타낸다.

03 그림 13.20과 같은 회로가 정저항 회로가 되기 위한 L[mH]를 구하라.
단, $R=100[\Omega]$, $C=2[\mu F]$이다.

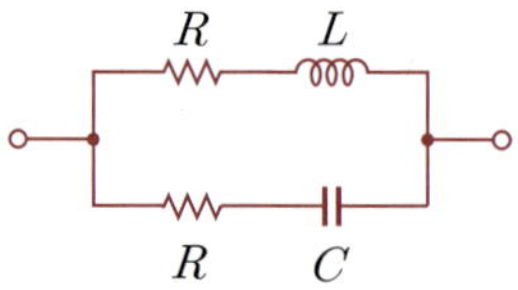

그림 13.20

04 그림 13.21의 회로에서 구동점 임피던스 Z_0가 순저항이 되기 위한 $\dfrac{1}{\omega C}[\Omega]$을 구하라.

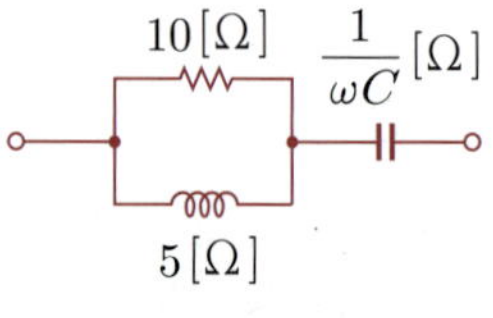

그림 13.21

Chapter 14 4단자 회로망

14.1 4단자 회로망의 정의

지금까지 2개의 단자에 R, L, C 등의 소자로 구성된 회로에서 임피던스 또는 어드미턴스로 회로 해석 및 전기적 특성을 규명하였다. **그림 14.1**(a)와 같이 2개의 단자, 즉 한 쌍의 단자를 포트(port)라고 하며 단자쌍이 하나인 회로망을 **2단자 회로망(2단자망)** 또는 **1포트 회로망**이라고 한다.

그림 14.1(b)와 같이 2단자 회로망을 확대한 2개의 단자쌍으로 이루어진 회로를 **4단자 회로망(4단자망)** 또는 **2포트 회로망**이라 하고, 좌측 포트를 **입력 포트**(input port), 우측 포트를 **출력 포트**(output port)라고 한다. 또 입력 포트에 접속된 외부 회로를 **입력단**, 출력 포트에 접속된 외부 회로를 **출력단**이라고 한다. 전력 및 신호 시스템의 변압기, 송전선로, 필터, 증폭기 등이 대표적인 4단자 회로망으로 구성되어 있다.

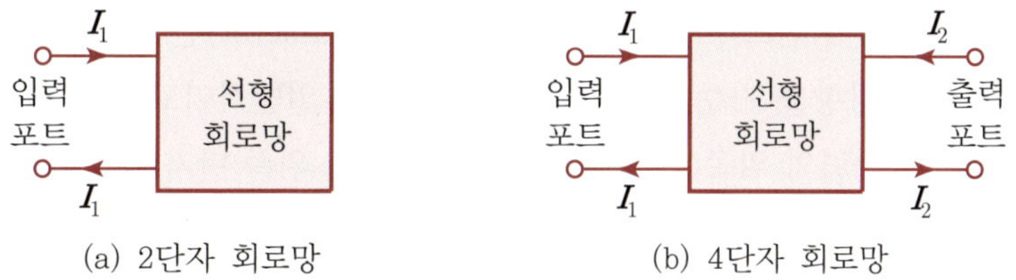

그림 14.1 ▶ 2단자 회로망 및 4단자 회로망

4단자 회로망의 표시는 **그림 14.2**와 같이 입력 포트의 전압과 전류 V_1, I_1, 출력 포트의 전압과 전류 V_2, I_2를 위쪽 단자에만 나타내고 아래 단자로 나오는 전류는 표시하지 않는 것이 일반적이다. 또 2단자 회로망과 마찬가지로 입력단의

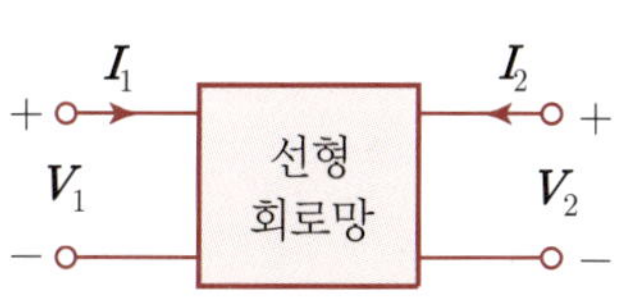

그림 14.2 ▶ 4단자 회로망의 표시

한 단자에서 유입하는 전류는 다른 단자로 유출하는 전류와 같으며, 출력단의 두 단자에서도 동일하게 성립하는 조건이다. 또 4단자 회로망은 블록 표시의 회로망 내부는 관심의 대상이 아니며, 입력과 출력 포트의 전압, 전류의 관계가 중요한 것을 강조한다.

2단자망은 임피던스나 어드미턴스 하나만으로 입력 포트에서 V-I의 관계로 회로 특성을 나타내었다. 그러나 4단자망은 입력과 출력 포트에 표시하는 4변수(V_1, I_1, V_2, I_2)의 상호 관계에서 단자 방정식을 추가로 표현할 수 있기 때문에 이들의 관계식에서 전압 및 전류의 계수인 임피던스나 어드미턴스는 물론 새로운 회로정수를 추가하게 된다.

이와 같은 회로정수를 **파라미터**(parameter)라고 하며, 파라미터는 입력과 출력 포트 사이의 전압와 전류의 비, 두 전압의 비 및 두 전류의 비 등으로 표현하고 이 파라미터 등을 이용하여 회로 특성을 표현하게 된다.

참고 4단자망의 제약 조건

(1) 4단자 회로망은 전원은 존재하지 않으며, 수동소자로만 구성된 선형 회로망이다.

(2) 입력단의 위쪽 단자에서 유입하는 전류와 아래 단자로 유출하는 전류는 같다. 또 출력단에서도 위쪽 단자의 유입 전류와 아래 단자의 유출 전류는 같다.

14.2 임피던스 파라미터

4단자망에서 임피던스 파라미터(impedance parameter)는 **그림 14.3**과 같이 전압의 극성과 전류의 방향을 기준 방향으로 정하는 것이 일반적이고 반드시 지켜야 한다. 즉 전압은 입력과 출력의 위쪽 단자가 (+)이고, 전류는 위쪽 단자에서 4단자망 내부로 유입하는 방향이다.

입력 전압 V_1은 선형회로의 조건과 중첩 정리에 의해 식 (14.2)와 같이 I_1에 의한 전압 $Z_{11}I_1$과 I_2에 의한 전압 $Z_{12}I_2$의 합으로 나타낸다. 또 출력 전압 V_2도 중첩 정리에 의해

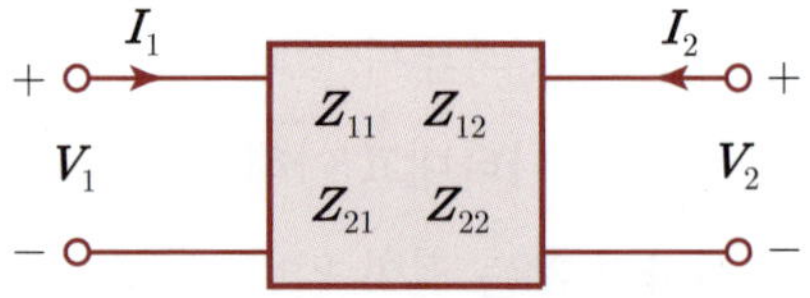

그림 14.3 ▸ 임피던스 파라미터

I_1, I_2에 의한 각각의 전압 $Z_{21}I_1$과 $Z_{22}I_2$의 합으로 나타낸다. 따라서 입력과 출력에 관한 전압 방정식은 식 (14.2)와 같이 표현할 수 있다.

그러나 이러한 방식은 기억하는 것이 복잡하기 때문에 2단자망의 전압과 전류의 관계식 $V = ZI$의 형식을 이용하여 각 해당 위치에 변수를 놓고 다음과 같이 행렬로 나타내면 두 전압 방정식을 세울 수 있다. 즉,

$$\begin{bmatrix} V_1 \\ V_2 \end{bmatrix} = \begin{bmatrix} Z_{11} & Z_{12} \\ Z_{21} & Z_{22} \end{bmatrix} \begin{bmatrix} I_1 \\ I_2 \end{bmatrix} \tag{14.1}$$

이고, 우변의 행렬을 **Z 행렬**이라 한다. 이 식을 풀면 다음의 두 전압 방정식이 얻어진다.

$$\begin{aligned} V_1 &= Z_{11}I_1 + Z_{12}I_2 \\ V_2 &= Z_{21}I_1 + Z_{22}I_2 \end{aligned} \tag{14.2}$$

여기서 아래 첨자 1은 입력 포트, 아래 첨자 2는 출력 포트이다. 식 (14.2)에서 계수인 Z_{11}, Z_{12}, Z_{21}, Z_{22}는 모두 임피던스[Ω]의 차원을 가지므로 **임피던스 파라미터** 또는 **Z 파라미터**라고 한다.

임피던스 파라미터는 입력 또는 출력 포트를 **개방 조건**($I_1 = 0$, $I_2 = 0$)에서 구하는 것이며, 각각에 대한 물리적 의미를 알아보기로 한다.

식 (14.2)에서 출력 포트를 개방하여 $I_2 = 0$으로 하면 $V_1 = Z_{11}I_1$, $V_2 = Z_{21}I_1$이다. 따라서 Z_{11}은 입력 포트에서 본 임피던스($Z_{11} = V_1/I_1$)이고, Z_{21}은 입력 포트에서 출력 포트로의 임피던스($Z_{21} = V_2/I_1$)이다. 또 입력 포트를 개방하여 $I_1 = 0$으로 하면 $V_1 = Z_{12}I_2$, $V_2 = Z_{22}I_2$이다. 마찬가지로 Z_{12}는 출력 포트에서 입력 포트로의 임피던스($Z_{12} = V_1/I_2$)이고, Z_{22}는 출력 포트에서 본 임피던스($Z_{22} = V_2/I_2$)를 의미한다.

특히 Z_{11}, Z_{22}는 **구동점 임피던스**(driving impedance)이고, Z_{12}, Z_{21}는 **전달 임피던스**(transfer impedance)라고 한다.

이상으로부터 **임피던스 파라미터의 물리적 의미**를 정리하면 다음과 같다.

$$Z_{11} = \left.\frac{V_1}{I_1}\right|_{I_2=0}$$: 출력 개방 입력 임피던스(구동점 임피던스)

$$Z_{12} = \left.\frac{V_1}{I_2}\right|_{I_1=0}$$: 입력 개방 전달 임피던스

$$Z_{21} = \frac{V_2}{I_1}\bigg|_{I_2 = 0}$$: 출력 개방 전달 임피던스

$$Z_{22} = \frac{V_2}{I_2}\bigg|_{I_1 = 0}$$: 입력 개방 출력 임피던스(구동점 임피던스)

특히 선형 회로망에서 가역정리가 성립하므로 $Z_{12} = Z_{21}$의 관계가 되고, 대칭 회로(좌우 대칭)에서는 $Z_{11} = Z_{22}$가 성립한다. 즉,

$$Z_{12} = Z_{21}\text{(선형 회로망)}, \quad Z_{11} = Z_{22}\text{(대칭 회로)}$$

예제 14.1

그림 14.4의 4단자 회로망에서 임피던스 파라미터를 구하라.

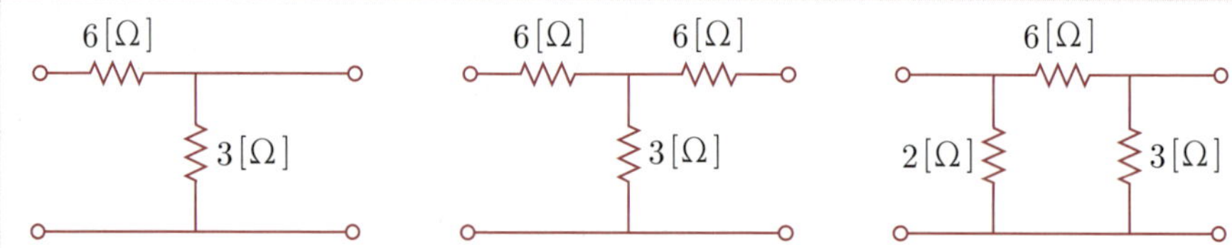

(a) L형 회로 (b) T형 회로(대칭) (c) π형 회로

그림 14.4

풀이 그림 14.3과 같이 먼저 입력과 출력의 전압의 극성과 전류 방향을 설정한다. 임피던스 파라미터는 전류에 대한 전압의 비로 되어 있고, 이 때 회로 해석에 의해 개방 상태에서 전압을 전류의 관계식으로 표현하여 전류가 약분되도록 하여 구한다.

(1) 그림 14.4(a) L형 회로의 임피던스 파라미터

㉮ 출력 포트 개방($I_2 = 0$) : **그림 14.5**(a) **참고**

입력 포트에서 본 합성저항은 $6+3 = 9\,[\Omega]$이므로 V_1과 I_1의 관계식은 $V_1 = 9I_1$이다. 또 이 때 V_2는 $3\,[\Omega]$에 걸리는 전압이므로 $V_2 = 3I_1$이 된다. 즉, V_1, V_2를 Z_{11}, Z_{21}에 각각 대입하면 다음과 같이 구해진다.

$$Z_{11} = \frac{V_1}{I_1}\bigg|_{I_2 = 0} = \frac{9I_1}{I_1} = 9\,[\Omega], \quad Z_{21} = \frac{V_2}{I_1}\bigg|_{I_2 = 0} = \frac{3I_1}{I_1} = 3\,[\Omega]$$

㉯ 입력 포트 개방($I_1 = 0$) : **그림 14.5**(b) **참고**

출력 포트에서 본 합성저항은 $3\,[\Omega]$이므로 $V_2 = 3I_2$이다. 또 V_1은 $3\,[\Omega]$에 걸리는 전압이므로 $V_1 = 3I_2$가 된다. 즉, V_2, V_1을 Z_{22}, Z_{12}에 각각 대입하면

$$Z_{22} = \frac{V_2}{I_2}\bigg|_{I_1=0} = \frac{3I_2}{I_2} = 3\,[\Omega], \quad Z_{12} = \frac{V_1}{I_2}\bigg|_{I_1=0} = \frac{3I_2}{I_2} = 3\,[\Omega]$$

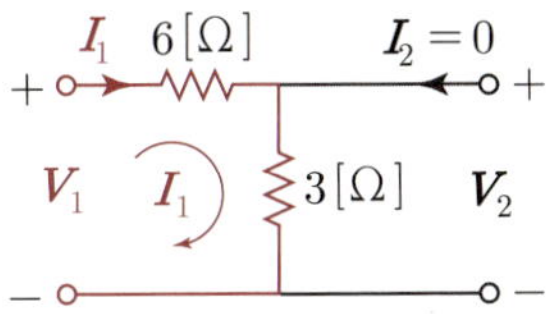

(a) 출력 개방($I_2=0$) (b) 입력 개방($I_1=0$)

그림 14.5

TIP ① Z_{11}, Z_{22}는 반대 포트를 **개방한 상태**에서 각 포트 측에서 본 구동점 임피던스, 즉 합성 임피던스를 직접 구하면 된다.

② 선형 회로망이므로 $Z_{12} = Z_{21}$의 관계가 성립한다.

(2) 그림 14.4(b) T형 회로의 임피던스 파라미터

㉮ 출력 포트 개방($I_2 = 0$) : **그림 14.6**(a) **참고**

입력 포트에서 본 합성저항은 $6+3=9\,[\Omega]$이므로 V_1과 I_1의 관계식은 $V_1 = 9I_1$이다. 또 이 때 V_2는 $3\,[\Omega]$에 걸리는 전압이므로 $V_2 = 3I_1$이 된다. 즉, V_1, V_2를 Z_{11}, Z_{21}에 각각 대입하면 다음과 같이 구해진다.

$$Z_{11} = \frac{V_1}{I_1}\bigg|_{I_2=0} = \frac{9I_1}{I_1} = 9\,[\Omega], \quad Z_{21} = \frac{V_2}{I_1}\bigg|_{I_2=0} = \frac{3I_1}{I_1} = 3\,[\Omega]$$

㉯ 입력 포트 개방($I_1 = 0$) : **그림 14.6**(b) **참고**

출력 포트에서 본 합성저항은 $6+3=9\,[\Omega]$이므로 V_2와 I_2의 관계식은 $V_2 = 9I_2$이다. 또 V_1는 $3\,[\Omega]$에 걸리는 전압이므로 $V_1 = 3I_2$가 된다. 즉, V_2, V_1을 Z_{22}, Z_{12}에 각각 대입하면 다음과 같이 구해진다.

$$Z_{22} = \frac{V_2}{I_2}\bigg|_{I_1=0} = \frac{9I_2}{I_2} = 9\,[\Omega], \quad Z_{12} = \frac{V_1}{I_2}\bigg|_{I_1=0} = \frac{3I_2}{I_2} = 3\,[\Omega]$$

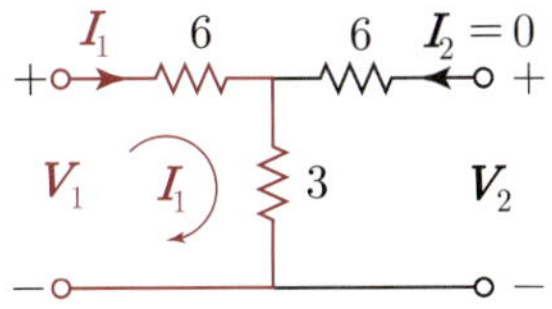

(a) 출력 개방($I_2=0$) (b) 입력 개방($I_1=0$)

그림 14.6

TIP ① Z_{11}, Z_{22}는 반대 포트를 **개방한 상태**에서 각 포트 측에서 본 구동점 임피던스

② 선형 회로망이므로 $Z_{12} = Z_{21}$, 대칭회로이므로 $Z_{11} = Z_{22}$의 관계가 성립

(3) 그림 14.4(c) π 형 회로의 임피던스 파라미터

㉮ 출력 포트 개방($I_2 = 0$) : **그림 14.7(a) 참고**

합성 임피던스 Z와 전류분류의 법칙에 의해 I_1'은 각각 다음과 같다.

$$Z = 2 /\!/ (6+3) = \frac{2 \times 9}{2+9} = \frac{18}{11} = 1.64\,[\Omega]$$

$$I_1' = \frac{2}{2+(6+3)} I_1 = 0.18 I_1$$

$V_1 = ZI_1 = 1.64 I_1$, $V_2 = 3I_1' = 0.54 I_1$이 되고, Z_{11}, Z_{21}에 대입하면

$$Z_{11} = \left.\frac{V_1}{I_1}\right|_{I_2=0} = \frac{1.64 I_1}{I_1} = 1.64\,[\Omega]$$

$$Z_{21} = \left.\frac{V_2}{I_1}\right|_{I_2=0} = \frac{3I_1'}{I_1} = \frac{3 \times 0.18 I_1}{I_1} = 0.54\,[\Omega]$$

㉯ 입력 포트 개방($I_1 = 0$) : **그림 14.7(b) 참고**

합성 임피던스 Z와 전류분류의 법칙에 의해 I_2'은 각각 다음과 같다.

$$Z = 3 /\!/ (6+2) = \frac{3 \times 8}{3+8} = \frac{24}{11} = 2.18\,[\Omega]$$

$$I_2' = \frac{3}{3+(6+2)} I_2 = 0.27 I_2$$

따라서 $V_2 = ZI_2 = 2.18 I_2$, $V_1 = 2I_2'$이 된다. 즉, Z_{22}, Z_{12}에 대입하면

$$Z_{22} = \left.\frac{V_2}{I_2}\right|_{I_1=0} = \frac{2.18 I_2}{I_2} = 2.18\,[\Omega]$$

$$Z_{12} = \left.\frac{V_1}{I_2}\right|_{I_1=0} = \frac{2I_2'}{I_2} = \frac{2 \times 0.27 I_2}{I_2} = 0.54\,[\Omega]$$

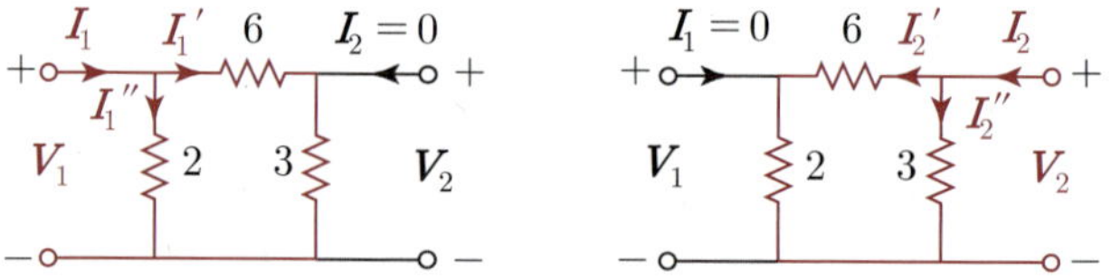

(a) 출력 개방($I_2 = 0$)　　(b) 입력 개방($I_1 = 0$)

그림 14.7

TIP ① Z_{11}, Z_{22}는 반대 포트를 **개방한 상태**에서 각 포트 측의 합성 임피던스를 직접 구하면 된다. 또 선형 회로망이므로 $Z_{12} = Z_{21}$의 관계가 성립한다.

14.3 어드미턴스 파라미터

4단자망에서 어드미턴스 파라미터(admittance parameter)도 임피던스 파라미터와 마찬가지로 **그림 14.8**과 같이 전압의 극성과 전류의 방향을 갖는 것으로 기준 방향을 정의한다. 즉 전압은 입력과 출력의 위쪽 단자가 (+)이고, 전류는 위쪽 단자에서 4단자망 내부로 유입된다.

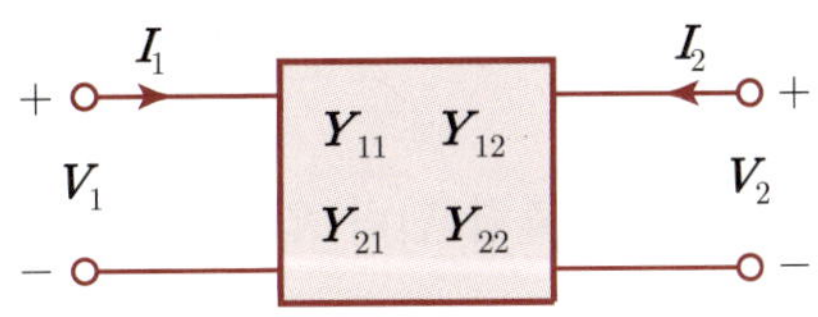

그림 14.8 ▶ 어드미턴스 파라미터

어드미턴스 파라미터도 임피던스 파라미터와 마찬가지로 선형 조건과 중첩정리에 의해 입력과 출력에 관한 전류 방정식을 도출할 수 있다. 그러나 기억하기 쉽게 하기 위하여 입력과 출력 전류 I_1, I_2에 대한 전류 방정식은 2단자망의 전압과 전류의 관계식 $\boldsymbol{I} = \boldsymbol{YV}$의 형식을 이용하여 각 해당 위치에 변수를 놓고 다음과 같이 행렬로 나타내면 두 전류 방정식을 세울 수 있다. 즉,

$$\begin{bmatrix} I_1 \\ I_2 \end{bmatrix} = \begin{bmatrix} Y_{11} & Y_{12} \\ Y_{21} & Y_{22} \end{bmatrix} \begin{bmatrix} V_1 \\ V_2 \end{bmatrix} \tag{14.3}$$

이고, 우변의 행렬을 **Y 행렬**이라 한다. 이 식을 풀면 다음의 두 전류 방정식이 얻어진다.

$$\begin{aligned} I_1 &= Y_{11}V_1 + Y_{12}V_2 \\ I_2 &= Y_{21}V_1 + Y_{22}V_2 \end{aligned} \tag{14.4}$$

식 (14.4)에서 계수인 Y_{11}, Y_{12}, Y_{21}, Y_{22}는 모두 어드미턴스[℧, S]의 차원을 가지므로 **어드미턴스 파라미터** 또는 **Y 파라미터**라고 한다.

어드미턴스 파라미터는 입력 또는 출력 포트를 **단락 조건**($V_1 = 0$, $V_2 = 0$)에서 구하는 것이며, 각각에 대한 물리적 의미를 알아보기로 한다.

식 (14.4)에서 출력 포트를 단락하여 $V_2 = 0$으로 하면 $I_1 = Y_{11}V_1$, $I_2 = Y_{21}V_1$이다. 따라서 Y_{11}은 입력 포트에서 본 어드미턴스($Y_{11} = I_1/V_1$)이고, Y_{21}은 입력 포트에서

출력 포트로의 어드미턴스($Y_{21} = I_2 / V_1$)이다.

또 입력 포트를 단락하여 $V_1 = 0$으로 하면 $I_1 = Y_{12} V_2$, $I_2 = Y_{22} V_2$이다. 마찬가지로 Y_{12}는 출력 포트에서 입력 포트로의 어드미턴스($Y_{12} = I_1 / V_2$)이고, Y_{22}는 출력 포트에서 본 어드미턴스($Y_{22} = I_2 / V_2$)를 의미한다.

특히 Y_{11}, Y_{22}는 **구동점 어드미턴스**(driving admittance)이고, Y_{12}, Y_{21}은 **전달 어드미턴스**(transfer admittance)라고 한다.

이상으로부터 **어드미턴스 파라미터의 물리적 의미**를 정리하면 다음과 같다.

$$Y_{11} = \left.\frac{I_1}{V_1}\right|_{V_2 = 0} \quad : \text{출력 단락 입력 어드미턴스(구동점 어드미턴스)}$$

$$Y_{12} = \left.\frac{I_1}{V_2}\right|_{V_1 = 0} \quad : \text{입력 단락 전달 어드미턴스}$$

$$Y_{21} = \left.\frac{I_2}{V_1}\right|_{V_2 = 0} \quad : \text{출력 단락 전달 어드미턴스}$$

$$Y_{22} = \left.\frac{I_2}{V_2}\right|_{V_1 = 0} \quad : \text{입력 단락 출력 어드미턴스(구동점 어드미턴스)}$$

특히 선형 회로망에서 가역정리가 성립하므로 $Y_{12} = Y_{21}$의 관계가 되고, 좌우의 대칭 회로에서는 $Y_{11} = Y_{22}$가 성립한다. 즉,

$$Y_{12} = Y_{21}\text{(선형 회로망)}, \qquad Y_{11} = Y_{22}\text{(대칭 회로)}$$

어드미턴스 파라미터는 임피던스 파라미터의 역수 관계는 성립하지 않는 것을 주의해야 한다. 임피던스 파라미터는 입력과 출력 포트를 개방 상태에서 구한 회로정수이고, 어드미턴스 파라미터는 단락 상태에서의 회로정수이기 때문이다.

예제 14.2

그림 14.4의 4단자 회로망에서 어드미턴스 파라미터를 구하라.

풀이 그림 14.8과 같이 먼저 입력과 출력의 전압의 극성과 전류 방향을 설정한다. **어드미턴스 파라미터는 전압에 대한 전류의 비**로 되어 있고, 이 때 회로 해석에 의해 **단락 상태**에서 **전압을 전류의 관계식으로 표현**하여 전류가 약분되도록 하여 구한다.

(1) 그림 14.4(a) L형 회로의 어드미턴스 파라미터

㉮ 출력 포트 단락($V_2 = 0$) : **그림 14.9**(a) **참고**

전류 I_1은 $3[\Omega]$과 도선의 병렬접속에서 도선에만 흐르므로 $3[\Omega]$을 무시할 수 있다. 즉, V_1, I_1의 관계는 $V_1 = 6I_1$이다. 또 $I_1 = -I_2$이므로 $V_1 = 6I_1 = -6I_2$이다. V_1의 전류 I_1, I_2에 관한 두 식을 Y_{11}과 Y_{21}에 각각 대입하여 구한다.

$$Y_{11} = \frac{I_1}{V_1}\bigg|_{V_2=0} = \frac{I_1}{6I_1} = \frac{1}{6}\,[\mho]$$

$$Y_{21} = \frac{I_2}{V_1}\bigg|_{V_2=0} = \frac{I_2}{-6I_2} = -\frac{1}{6}\,[\mho]$$

㉯ 입력 포트 단락($V_1 = 0$) : **그림 14.9**(b) **참고**

출력 포트에서 본 합성 임피던스는 $6 /\!/ 3 = 2[\Omega]$이므로 V_2와 I_2에 관계는 $V_2 = (6 /\!/ 3)I_2 = 2I_2$이다. 또 이 때 $V_2 = -6I_1$이다. V_2의 전류 I_1, I_2에 관한 두 식을 Y_{22}과 Y_{12}에 각각 대입하여 구한다.

$$Y_{22} = \frac{I_2}{V_2}\bigg|_{V_1=0} = \frac{I_2}{2I_2} = \frac{1}{2}\,[\mho]$$

$$Y_{12} = \frac{I_1}{V_2}\bigg|_{V_1=0} = \frac{I_1}{-6I_1} = -\frac{1}{6}\,[\mho]$$

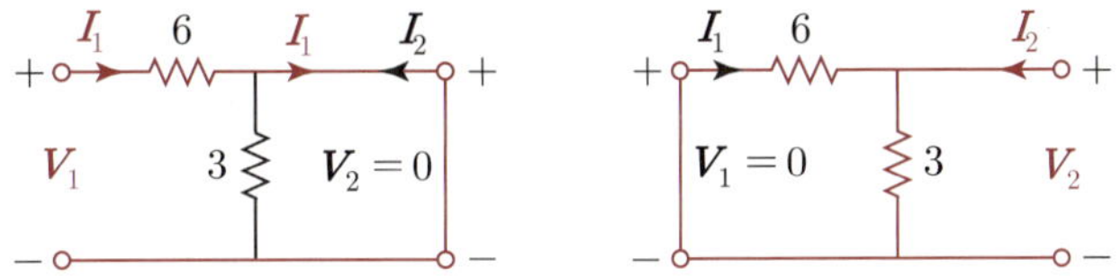

(a) 출력 단락($V_2 = 0$)　(b) 입력 단락($V_1 = 0$)

그림 14.9

TIP ① Y_{11}, Y_{22}는 반대 포트를 **단락한 상태**에서 각 포트 측에서 본 구동점 어드미턴스, 즉 합성 임피던스를 구한 다음, 이의 역수를 취하여 직접 구할 수 있다.
② 선형 회로망이므로 $Y_{12} = Y_{21}$의 관계가 성립한다.

(2) 그림 14.4(b) T형 회로의 어드미턴스 파라미터

㉮ 출력 포트 단락($V_2 = 0$) : **그림 14.10**(a) **참고**

입력 포트에서 본 합성 임피던스를 구하여 V_1과 I_1의 관계식으로 나타내면

$$\therefore\ V_1 = (6 + 6 /\!/ 3)I_1 = 8I_1$$

또 이 때 $V_1 = 6I_1 + 6I_1' = 6I_1 - 6I_2\,(I_1' = -I_2)$의 관계에서

$$I_1' = \frac{3}{3+6}I_1 \rightarrow I_1 = 3I_1' = -3I_2 \qquad \therefore\ V_1 = -24I_2$$

V_1의 전류 I_1, I_2에 관한 두 식을 Y_{11}과 Y_{21}에 각각 대입하여 구한다.

$$Y_{11} = \left.\frac{I_1}{V_1}\right|_{V_2=0} = \frac{I_1}{8I_1} = \frac{1}{8}\,[\mho]$$

$$Y_{21} = \left.\frac{I_2}{V_1}\right|_{V_2=0} = \frac{I_2}{-24I_2} = -\frac{1}{24}\,[\mho]$$

㉯ 입력 포트 단락($V_1 = 0$) : **그림 14.10(b) 참고**

출력 포트에서 본 합성저항을 구하여 V_2와 I_2의 관계식으로 나타내면

$$V_2 = (6+6 \,/\!/\, 3)I_2 = 8I_2$$

또 이 때 $V_2 = 6I_2 + 6I_2{}' = 6I_2 - 6I_1\ (I_2{}' = -I_1)$의 관계에서

$$I_2{}' = \frac{3}{3+6}I_2 \rightarrow I_2 = 3I_2{}' = -3I_1 \qquad \therefore\ V_2 = -24I_1$$

V_2의 전류 I_1, I_2에 관한 두 식을 Y_{22}과 Y_{12}에 각각 대입하여 구한다.

$$Y_{22} = \left.\frac{I_2}{V_2}\right|_{V_1=0} = \frac{I_2}{8I_2} = \frac{1}{8}\,[\mho]$$

$$Y_{12} = \left.\frac{I_1}{V_2}\right|_{V_1=0} = \frac{I_1}{-24I_1} = -\frac{1}{24}\,[\mho]$$

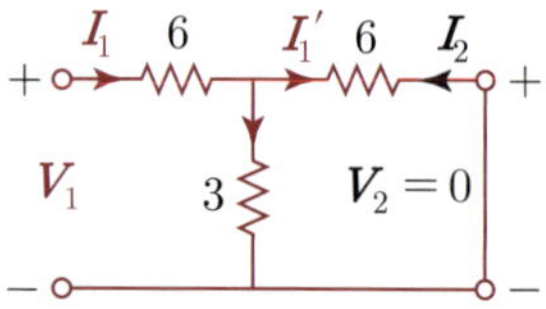

(a) 출력 단락($V_2 = 0$)

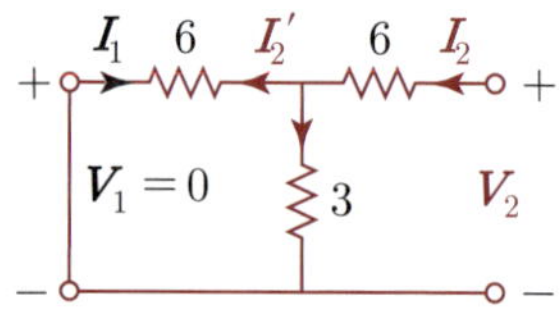

(b) 입력 단락($V_1 = 0$)

그림 14.10

TIP ① Y_{11}, Y_{22}는 반대 포트를 **단락한 상태**에서 각 포트에서 본 합성 임피던스를 구한 다음, 이의 역수를 취하여 직접 구할 수 있다.

② 선형 회로망이므로 $Y_{12} = Y_{21}$, 대칭회로이므로 $Y_{11} = Y_{22}$의 관계가 성립

(3) 그림 14.4(c) π 형 회로의 어드미턴스 파라미터

㉮ 출력 포트 단락($V_2 = 0$) : **그림 14.11(a) 참고**

전류 $I_1{}'$은 $3[\Omega]$과 도선의 병렬접속에서 도선으로만 흐르므로 $3[\Omega]$을 무시하고, 입력 포트에서 본 합성저항 $(6 \,/\!/\, 2)$를 구하여 V_1과 I_1의 관계식은

$$V_1 = (6 \,/\!/\, 2)I_1 = (3/2)I_1$$

이다. 또 이 때 $I_1' = -I_2$의 관계에서 $V_1 = 6I_1' = -6I_2$가 된다.
V_1의 전류 I_1, I_2에 관한 두 식을 Y_{11}과 Y_{21}에 각각 대입하여 구한다.

$$Y_{11} = \left.\frac{I_1}{V_1}\right|_{V_2=0} = \frac{2I_1}{3I_1} = \frac{2}{3}\,[\mho]$$

$$Y_{21} = \left.\frac{I_2}{V_1}\right|_{V_2=0} = \frac{I_2}{-6I_2} = -\frac{1}{6}\,[\mho]$$

㉯ 입력 포트 단락($V_1 = 0$) : **그림 14.11(b) 참고**

전류 I_2'은 $2[\Omega]$과 도선의 병렬접속에서 도선으로만 흐르므로 $2[\Omega]$을 무시하고, 출력 포트에서 본 합성저항 $(6 /\!/ 3)$을 구하여 V_2와 I_2의 관계식은

$$V_2 = (6 /\!/ 3)I_2 = 2I_2$$

이다. 또 이 때 $I_2' = -I_1$의 관계에서 $V_2 = 6I_2' = -6I_1$이 된다.
V_2의 전류 I_1, I_2에 관한 두 식을 Y_{22}과 Y_{12}에 각각 대입하여 구한다.

$$Y_{22} = \left.\frac{I_2}{V_2}\right|_{V_1=0} = \frac{I_2}{2I_2} = \frac{1}{2}\,[\mho]$$

$$Y_{12} = \left.\frac{I_1}{V_2}\right|_{V_1=0} = \frac{I_1}{-6I_1} = -\frac{1}{6}\,[\mho]$$

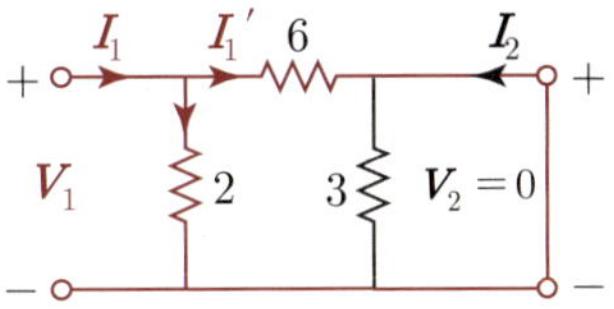

(a) 출력 단락($V_2 = 0$)

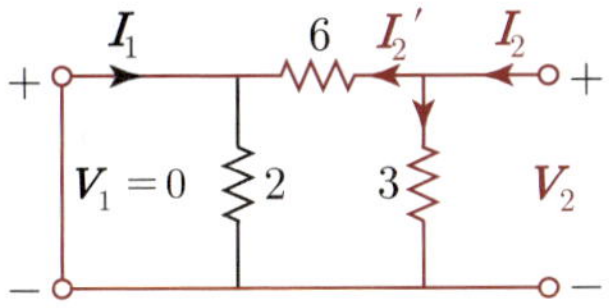

(b) 입력 단락($V_1 = 0$)

그림 14.11

TIP ① Y_{11}, Y_{22}는 반대 포트를 **단락한 상태**에서 각 포트 측에서 본 구동점 어드미턴스, 즉 합성 임피던스를 구한 다음, 이의 역수를 취하여 직접 구할 수 있다.
② 선형 회로망이므로 $Y_{12} = Y_{21}$의 관계가 성립한다.

임피던스와 어드미턴스 파라미터를 **예제 14.1**과 **14.2**에서 공식을 적용하여 회로 해석에 의해 구하였다. 이제 **예제 14.3**을 통하여 이 파라미터들의 물리적 의미와 앞으로 배울 전송 파라미터의 관계에 의해 간단히 구하는 해법을 알아본다.

예제 14.3

그림 14.12와 같은 4단자 회로망에서 Z_{11}, Z_{22}, Y_{11}, Y_{22}를 물리적 의미를 이용하여 간단히 구하라.

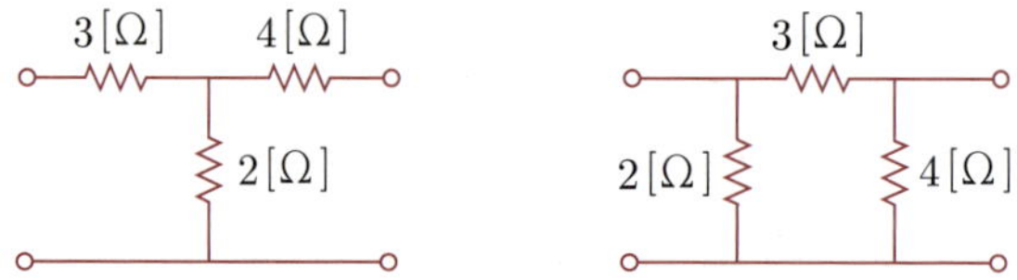

(a) T형 회로 (b) π형 회로(대칭)

그림 14.12

풀이 Z_{11} : 입력 포트에서 본 출력 개방 임피던스
Z_{22} : 출력 포트에서 본 입력 개방 임피던스
Y_{11} : 입력 포트에서 본 출력 단락 어드미턴스
Y_{22} : 출력 포트에서 본 입력 단락 어드미턴스

(1) 그림 14.12(a) T형 회로의 파라미터

㉮ Z_{11}[그림 14.13(a)] : 출력 개방, 입력에서 본 합성 임피던스(저항)

$$Z_{11} = 3 + 2 = 5\,[\Omega]$$

㉯ Z_{22}[그림 14.13(b)] : 입력 개방, 출력에서 본 합성 임피던스(저항)

$$Z_{22} = 4 + 2 = 6\,[\Omega]$$

㉰ Y_{11}[그림 14.13(c)] : 출력 단락, 입력에서 본 합성 어드미턴스이므로 출력 단락 상태에서 합성 임피던스(저항) Z_s를 구한 다음, 이의 역수를 취하여 구한다.

$$Z_s = 3 + (2 /\!/ 4) = 3 + \frac{2 \times 4}{2+4} = \frac{13}{3}\,[\Omega]$$

$$\therefore\ Y_{11} = \frac{1}{Z_s} = \frac{3}{13}\,[\mho]$$

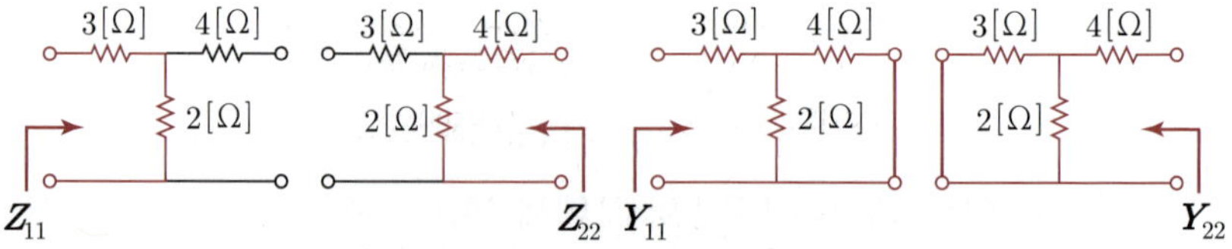

(a) Z_{11} (b) Z_{22} (c) Y_{11} (d) Y_{22}

그림 14.13

㉱ $\boldsymbol{Y}_{22}$[그림 14.13(d)] : 입력 단락, 출력에서 본 합성 어드미턴스이므로 입력 단락 상태에서 합성 임피던스(저항) $\boldsymbol{Z}_s$를 구한 다음, 이의 역수를 취하여 구한다.

$$\boldsymbol{Z}_s = 4 + (2 /\!/ 3) = 4 + \frac{2 \times 3}{2+3} = \frac{26}{5}\ [\Omega] \qquad \therefore\ \boldsymbol{Y}_{22} = \frac{1}{\boldsymbol{Z}_s} = \frac{5}{26}\ [℧]$$

(2) 그림 14.12(b) π 형 회로의 파라미터

㉮ $\boldsymbol{Z}_{11}$[그림 14.14(a)] : 출력 개방, 입력에서 본 합성 임피던스(저항)
출력 개방 상태에서 합성 임피던스(저항)는 3, 4[Ω]직렬과 2[Ω]과의 병렬

$$\boldsymbol{Z}_{11} = (3+4) /\!/ 2 = \frac{7 \times 2}{7+2} = \frac{14}{9}\ [\Omega]$$

㉯ $\boldsymbol{Z}_{22}$[그림 14.14(b)] : 입력 개방, 출력에서 본 합성 임피던스(저항)
입력 개방 상태에서 합성 임피던스(저항)는 3, 2[Ω]직렬과 4[Ω]과의 병렬

$$\boldsymbol{Z}_{22} = 4 /\!/ (3+2) = \frac{4 \times 5}{4+5} = \frac{20}{9}\ [\Omega]$$

㉰ $\boldsymbol{Y}_{11}$[그림 14.14(c)] : 출력 단락, 입력에서 본 합성 어드미턴스
출력 단락 상태에서 합성 임피던스(저항) $\boldsymbol{Z}_s$는 2[Ω]과 3[Ω]의 병렬 합성이므로 이의 역수를 취하여 구한다.

$$\boldsymbol{Z}_s = (2 /\!/ 3) = \frac{2 \times 3}{2+3} = \frac{6}{5}\ [\Omega] \qquad \therefore\ \boldsymbol{Y}_{11} = \frac{1}{\boldsymbol{Z}_s} = \frac{5}{6}\ [℧]$$

㉱ $\boldsymbol{Y}_{22}$[그림 14.14(d)] : 입력 단락, 출력에서 본 합성 어드미턴스
입력 단락 상태에서 합성 임피던스(저항) $\boldsymbol{Z}_s$는 4[Ω]과 3[Ω]의 병렬 합성이므로 이의 역수를 취하여 구한다.

$$\boldsymbol{Z}_s = (4 /\!/ 3) = \frac{4 \times 3}{4+3} = \frac{12}{7}\ [\Omega] \qquad \therefore\ \boldsymbol{Y}_{22} = \frac{1}{\boldsymbol{Z}_s} = \frac{7}{12}\ [℧]$$

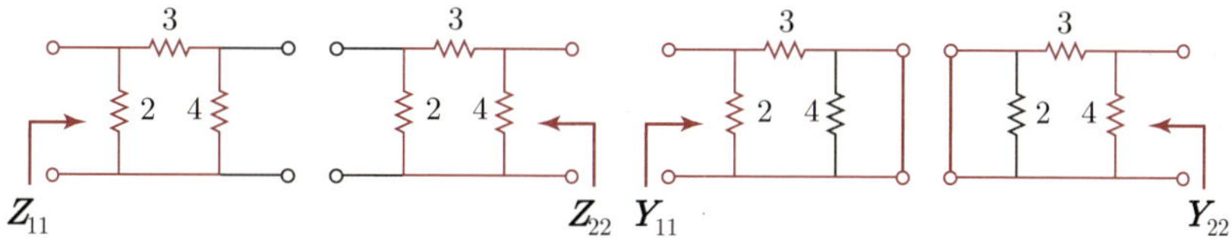

(a) $\boldsymbol{Z}_{11}$ (b) $\boldsymbol{Z}_{22}$ (c) $\boldsymbol{Y}_{11}$ (d) $\boldsymbol{Y}_{22}$

그림 14.14

TIP $\boldsymbol{Z}_{12}(=\boldsymbol{Z}_{21})$, $\boldsymbol{Y}_{12}(=\boldsymbol{Y}_{21})$과 전송 파라미터의 관계(학습한 후 확인해 볼 것)

① $\boldsymbol{Z}_{12}(=\boldsymbol{Z}_{21}) = \dfrac{1}{C}$, ② $\boldsymbol{Y}_{12}(=\boldsymbol{Y}_{21}) = -\dfrac{1}{B}$

14.4 하이브리드 파라미터

하이브리드 파라미터(hybrid parameter)는 **그림 14.15**와 같이 임피던스 또는 어드미턴스 파라미터와 같은 전압의 극성과 전류의 방향을 갖는 것으로 기준 방향을 정의한다. 즉 전압은 입력과 출력의 위쪽 단자가 (+)이고, 전류는 위쪽 단자에서 4단자망 내부로 유입된다.

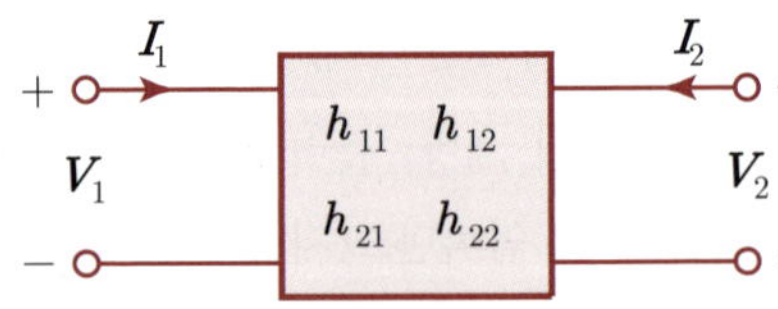

그림 14.15 ▸ 하이브리드 파라미터

하이브리드 파라미터는 입력 전압과 출력 전류 V_1, I_2를 종속함수로 표현하는 방정식으로 나타내고, 다음과 같이 행렬로 두 방정식을 세울 수 있다. 즉,

$$\begin{bmatrix} V_1 \\ I_2 \end{bmatrix} = \begin{bmatrix} h_{11} & h_{12} \\ h_{21} & h_{22} \end{bmatrix} \begin{bmatrix} I_1 \\ V_2 \end{bmatrix} \tag{14.5}$$

이고, 이 행렬을 풀면 다음과 같이 두 전압 및 전류방정식이 얻어진다.

$$\begin{aligned} V_1 &= h_{11}I_1 + h_{12}V_2 \\ I_2 &= h_{21}I_1 + h_{22}V_2 \end{aligned} \tag{14.6}$$

식 (14.6)에서 계수인 h_{11}, h_{12}, h_{21}, h_{22}는 임피던스[Ω], 어드미턴스[℧, S] 및 무차원의 차원을 가지므로 혼합의 의미인 **하이브리드 파라미터** 또는 **h 파라미터**라고 한다.

하이브리드 파라미터의 물리적 의미도 입력 및 출력 포트를 개방하거나 단락하는 것을 생각하면 된다. 즉 **하이브리드 파라미터의 물리적 의미**를 정리하면 다음과 같다.

$$h_{11} = \left.\frac{V_1}{I_1}\right|_{V_2=0}$$: 출력 단락 입력 임피던스$(=1/Y_{11})$

$$h_{12} = \left.\frac{V_1}{V_2}\right|_{I_1=0} \quad : \text{입력 개방 전압이득}(= Y_{21}/Y_{11})$$

$$h_{21} = \left.\frac{I_2}{I_1}\right|_{V_2=0} \quad : \text{출력 단락 전류이득}(= Z_{12}/Z_{22})$$

$$h_{22} = \left.\frac{I_2}{V_2}\right|_{I_1=0} \quad : \text{입력 개방 출력 어드미턴스}(= 1/Z_{22})$$

특히 선형 회로망에서 가역정리가 성립하므로 $h_{12} = -h_{21}$의 관계가 되고, 대칭 회로에서는 $h_{11} = h_{22}$가 성립한다. 즉,

$$h_{12} = -h_{21}(\text{선형 회로망}), \quad h_{11} = h_{22}\ (\text{대칭 회로})$$

하이브리드 파라미터는 수동회로망에서는 거의 사용하지 않고 트랜지스터 회로나 4단자망의 직·병렬 접속에 자주 이용된다.

14.5 전송 파라미터(4단자 정수)

전송 파라미터(transmission parameter)는 앞에서 배운 세 가지 파라미터와 기준 방향이 다른 것에 주의해야 한다. 즉, **그림 14.16**과 같이 전압의 극성은 같지만, 전류 I_2의 방향은 바뀌어 위쪽 단자에서 4단자망 외부로 유출하는 것이 기준 방향이 된다.

신호 및 전력시스템에 주로 적용되는 전송 파라미터는 4단자망의 출력 포트에 다른 4단자망의 입력 포트를 연결하는 종속 접속(cascade connection)된 회로 해석에 매우 유용하게 사용되는데, 전류 I_2의 부호를 (−)로 바꾸지 않고도 해석할 수 있는 장점이 있기 때문이다.

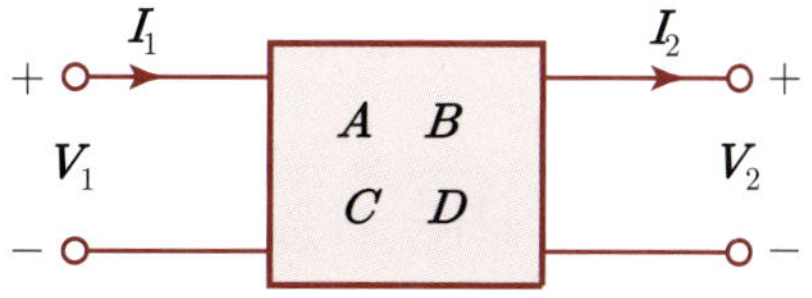

그림 14.16 ▸ 전송 파라미터(4단자 정수)

전송 파라미터는 **4단자 정수** 또는 ***ABCD* 파라미터**라고도 하며, 출력 포트의 전압과 전류 V_2, I_2를 독립변수로 하고 입력 포트의 전압과 전류 V_1, I_1을 종속함수로 표현하는 방정식으로 나타낸다. 즉 입력 전압과 전류의 기초 방정식을 각각 행렬로 나타내면

$$\begin{bmatrix} V_1 \\ I_1 \end{bmatrix} = \begin{bmatrix} A & B \\ C & D \end{bmatrix} \begin{bmatrix} V_2 \\ I_2 \end{bmatrix} \tag{14.7}$$

이고, 이 행렬을 풀면 다음과 같이 입력 포트의 전압과 전류 방정식이 얻어진다.

$$\begin{aligned} V_1 &= AV_2 + BI_2 \\ I_1 &= CV_2 + DI_2 \end{aligned} \tag{14.8}$$

전송 파라미터의 물리적 의미도 출력 포트를 개방하거나 단락하는 것을 생각하면 된다. 즉 **전송 파라미터의 물리적 의미**를 정리하면 다음과 같다.

$$A = \left.\frac{V_1}{V_2}\right|_{I_2=0} \quad : \text{출력 개방 전압이득}$$

$$B = \left.\frac{V_1}{I_2}\right|_{V_2=0} \quad : \text{출력 단락 전달 임피던스}(= -1/Y_{21})$$

$$C = \left.\frac{I_1}{V_2}\right|_{I_2=0} \quad : \text{출력 개방 전달 어드미턴스}(= 1/Z_{21})$$

$$D = \left.\frac{I_1}{I_2}\right|_{V_2=0} \quad : \text{출력 단락 전류이득}$$

전송 파라미터는 출력 포트의 개방 또는 단락의 상태에서 출력의 전압 또는 전류에 대한 입력의 전압 또는 전류의 비로 나타낸다. 여기서 A, D는 **무차원**이고, B는 **임피던스[Ω]**, C는 **어드미턴스[℧, S]**의 차원을 갖는다.

특히 선형 회로망에서는 다음의 행렬식

$$\begin{vmatrix} A & B \\ C & D \end{vmatrix} = AD - BC = 1 \ (\text{선형 회로망}) \tag{14.9}$$

이 항상 성립한다. 또 대칭 회로에서는 다음의 조건을 만족한다.

$$A = D \ (\text{대칭 회로}) \tag{14.10}$$

이제 **그림 14.17**과 같이 입력과 출력 단자를 교환한 경우에 대해 전송 파라미터를 알아본다.

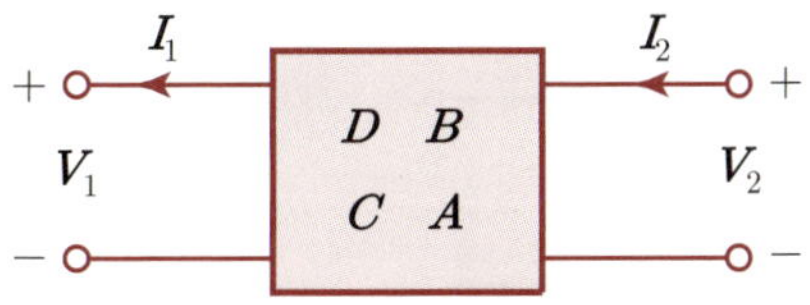

그림 14.17 ▸ 입출력 단자 교환

4단자망의 행렬로 나타낸 식 (14.7)을 출력 전압과 전류의 V_2, I_2로 변형하면

$$\begin{bmatrix} V_2 \\ I_2 \end{bmatrix} = \begin{bmatrix} A & B \\ C & D \end{bmatrix}^{-1} \begin{bmatrix} V_1 \\ I_1 \end{bmatrix} = \begin{bmatrix} D & -B \\ -C & A \end{bmatrix} \begin{bmatrix} V_1 \\ I_1 \end{bmatrix} \qquad (14.11)$$

이다. 그런데 **그림 14.17**과 같이 전류 I_1, I_2의 방향이 반대가 되므로 위의 식은

$$\begin{bmatrix} V_2 \\ -I_2 \end{bmatrix} = \begin{bmatrix} D & -B \\ -C & A \end{bmatrix} \begin{bmatrix} V_1 \\ -I_1 \end{bmatrix} \qquad (14.12)$$

로 변형되고, 식 (14.12)로부터

$$\begin{bmatrix} V_2 \\ I_2 \end{bmatrix} = \begin{bmatrix} D & B \\ C & A \end{bmatrix} \begin{bmatrix} V_1 \\ I_1 \end{bmatrix} \quad \text{또는} \quad \begin{cases} V_2 = DV_1 + BI_1 \\ I_2 = CV_1 + AI_1 \end{cases} \qquad (14.13)$$

의 관계가 성립한다. 따라서 입력과 출력 단자를 교환하면 원래의 전송 파라미터에서 A와 D만이 바뀌어짐을 알 수 있다.

예제 14.4

어떤 회로망에서 4단자 정수가 $A=8$, $B=j2$, $D=3+j2$일 때 C의 값을 구하라.

풀이 식 (14.9)에서 $AD-BC=1$이므로

$$C = \frac{AD-1}{B} = \frac{8(3+j2)-1}{j2} = 8 - j11.5$$

예제 14.5

그림 14.18의 4단자 회로망에서 전송 파라미터(4단자 정수)를 구하라.

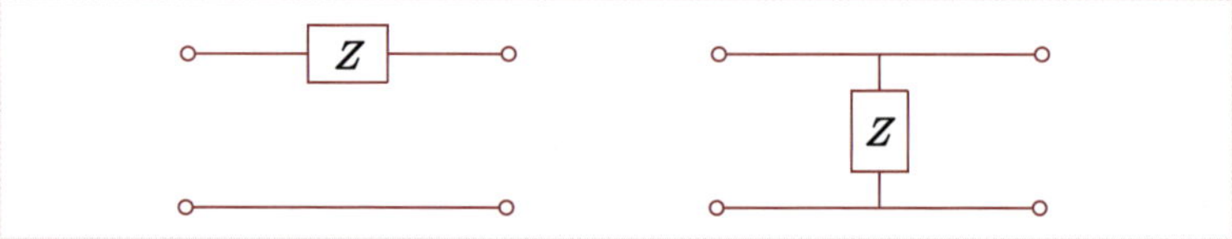

(a) (b)

그림 14.18

풀이 **(1) 그림 14.18(a)**

㉮ 출력 포트 개방($I_2 = 0$) : **그림 14.19**(a) **참고**

전류 $I_1 = I_2$이고 $I_2 = 0$이므로 $I_1 = 0$이다. 따라서 Z에서 전압강하가 일어나지 않으므로 전압 $V_1 = V_2$가 된다. 즉,

$$A = \left.\frac{V_1}{V_2}\right|_{I_2=0} = 1, \qquad C = \left.\frac{I_1}{V_2}\right|_{I_2=0} = 0$$

㉯ 출력 포트 단락($V_2 = 0$) : **그림 14.19**(b) **참고**

전류 $I_1 = I_2$이고 전압 $V_1 = ZI_1 = ZI_2$이다. 즉,

$$B = \left.\frac{V_1}{I_2}\right|_{V_2=0} = \frac{ZI_2}{I_2} = Z\ [\Omega], \qquad D = \left.\frac{I_1}{I_2}\right|_{V_2=0} = 1$$

(2) 그림 14.18(b)

㉮ 출력 포트 개방($I_2 = 0$) : **그림 14.19**(c) **참고**

V_1, V_2는 모두 Z에 걸리는 전압강하 ZI_1이므로 $V_1 = V_2 = ZI_1$이다. 즉,

$$A = \left.\frac{V_1}{V_2}\right|_{I_2=0} = 1, \qquad C = \left.\frac{I_1}{V_2}\right|_{I_2=0} = \frac{I_1}{ZI_1} = \frac{1}{Z}\ [\mho]$$

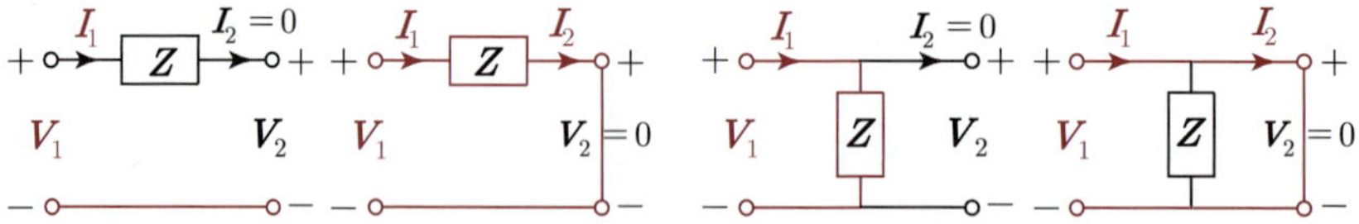

(a) $I_2 = 0$ (b) $V_2 = 0$ (c) $I_2 = 0$ (d) $V_2 = 0$

그림 14.19

㉯ 출력 포트 단락$(V_2 = 0)$: **그림 14.19**(d) **참고**

출력을 단락하면 Z는 무시할 수 있으므로 전류 $I_1 = I_2$, $V_1 = V_2$이다. 따라서 $V_2 = 0$이므로 전압 $V_1 = 0$이 된다. 즉,

$$B = \left.\frac{V_1}{I_2}\right|_{V_2=0} = 0, \qquad D = \left.\frac{I_1}{I_2}\right|_{V_2=0} = 1$$

4단자망의 파라미터를 행렬로 나타낸 것을 **기본행렬**이라 하고, 위의 두 4단자 회로망은 각각 다음과 같으며, 다음에 배울 종속 접속에서 매우 중요하게 활용되므로 반드시 암기해야 한다.

$$\begin{bmatrix} A & B \\ C & D \end{bmatrix} = \begin{bmatrix} 1 & Z \\ 0 & 1 \end{bmatrix}, \qquad \begin{bmatrix} A & B \\ C & D \end{bmatrix} = \begin{bmatrix} 1 & 0 \\ \frac{1}{Z} & 1 \end{bmatrix}$$

14.5.1 4단자망의 종속 접속

그림 14.20과 같이 4단자망의 출력 포트에 다른 4단자망의 입력 포트를 연결하는 것을 4단자망의 **종속 접속**(cascade connection)이라고 한다. 4단자망의 종속 접속은 앞에서 설명한 바와 같이 전송 파라미터는 출력 전류 I_2의 기준 방향을 정의한대로 하면 부호를 반대로 취할 필요가 없기 때문에 회로 해석이 편리하다.

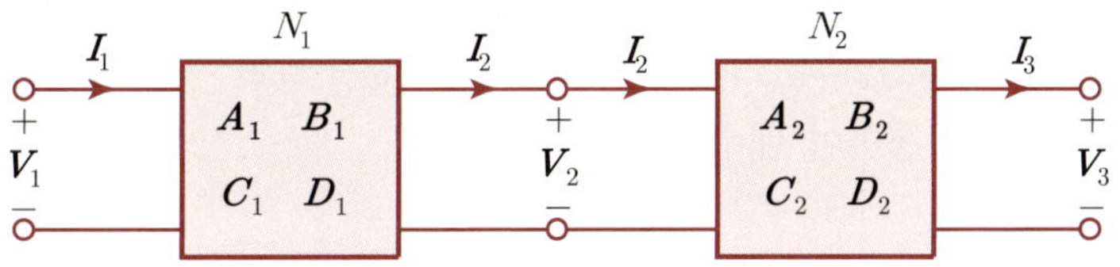

그림 14.20 ▶ **4단자망의 종속 접속**

그림 14.20과 같이 두 4단자 회로망 N_1, N_2에 대해 4단자 정수를 사용하여 합성 $ABCD$ 행렬을 구해본다.

먼저 두 4단자 회로망 N_1과 N_2에 대한 방정식을 식 (14.7)을 이용하여 행렬로 나타내면 각각 다음과 같다.

$$\begin{bmatrix} V_1 \\ I_1 \end{bmatrix} = \begin{bmatrix} A_1 & B_1 \\ C_1 & D_1 \end{bmatrix} \begin{bmatrix} V_2 \\ I_2 \end{bmatrix}, \qquad \begin{bmatrix} V_2 \\ I_2 \end{bmatrix} = \begin{bmatrix} A_2 & B_2 \\ C_2 & D_2 \end{bmatrix} \begin{bmatrix} V_3 \\ I_3 \end{bmatrix} \tag{14.14}$$

식 (14.14)의 앞 식에 뒤의 식을 대입하면

$$\begin{bmatrix} V_1 \\ I_1 \end{bmatrix} = \begin{bmatrix} A_1 & B_1 \\ C_1 & D_1 \end{bmatrix} \begin{bmatrix} A_2 & B_2 \\ C_2 & D_2 \end{bmatrix} \begin{bmatrix} V_3 \\ I_3 \end{bmatrix} \tag{14.15}$$

가 구해지고, 이를 정리하면

$$\begin{bmatrix} V_1 \\ I_1 \end{bmatrix} = \begin{bmatrix} A_1A_2 + B_1C_2 & A_1B_2 + B_1D_2 \\ C_1A_2 + D_1C_2 & C_1B_2 + D_1D_2 \end{bmatrix} \begin{bmatrix} V_3 \\ I_3 \end{bmatrix} \tag{14.16}$$

가 된다. 식 (14.16)은 최종 출력 포트의 전압과 전류 V_3, I_3를 독립변수로 하고 최초 입력 포트의 전압과 전류 V_1, I_1을 종속함수로 표현하는 방정식의 행렬 표현식이 된다. 따라서 4단자망의 **합성 $ABCD$ 행렬**은 식 (14.15)와 같이 4단자망의 종속 접속에서 각각의 4단자망 N_1, N_2에 대한 기본행렬의 곱으로 표시됨을 알 수 있다. 즉,

$$\begin{bmatrix} A & B \\ C & D \end{bmatrix} = \begin{bmatrix} A_1 & B_1 \\ C_1 & D_1 \end{bmatrix} \begin{bmatrix} A_2 & B_2 \\ C_2 & D_2 \end{bmatrix} \tag{14.17}$$

가 된다. 여기서 행렬의 곱은 교환법칙이 성립하지 않기 때문에 차례대로 계산한다는 것에 주의해야 한다.

일반적으로 4단자망은 **예제 14.5**의 두 4단자 회로의 종속 접속이 된다. 따라서 이 결과의 기본행렬을 암기하고, 이를 이용하여 4단자망의 **합성 기본행렬**을 구하는 방법에 대해 다음의 예제를 통하여 배우기로 한다.

예제 14.6

그림 14.21의 4단자 회로망에서 전송 파라미터(4단자 정수)를 행렬로 나타내라.

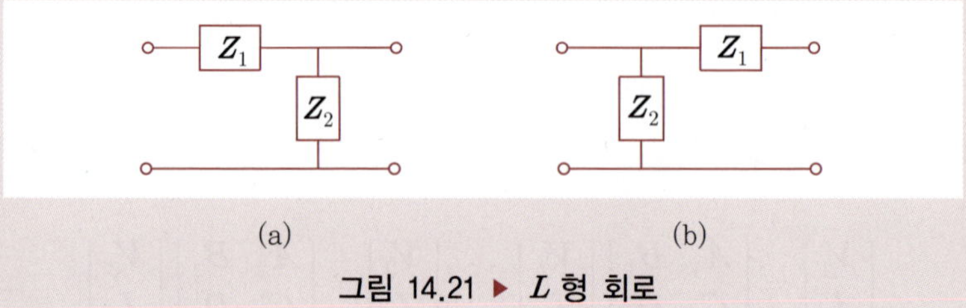

그림 14.21 ▸ L 형 회로

풀이 **그림 14.21**(a)와 (b)는 **그림 14.18**의 두 4단자망의 종속 접속이 된다. 따라서 식 (14.17)와 같이 행렬의 곱을 이용하여 4단자 정수의 행렬을 구할 수 있다.

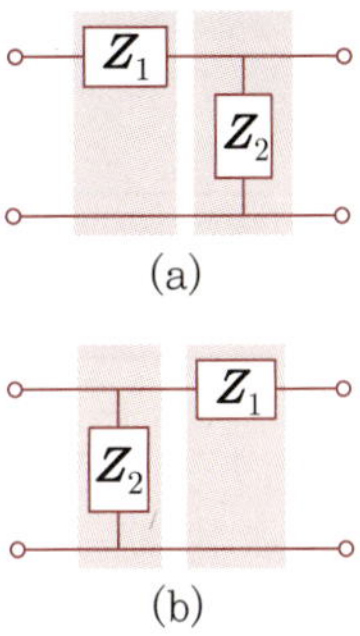

그림 14.22

$$(a)\ \begin{bmatrix} A & B \\ C & D \end{bmatrix} = \begin{bmatrix} 1 & Z_1 \\ 0 & 1 \end{bmatrix} \begin{bmatrix} 1 & 0 \\ \dfrac{1}{Z_2} & 1 \end{bmatrix} = \begin{bmatrix} 1+\dfrac{Z_1}{Z_2} & Z_1 \\ \dfrac{1}{Z_2} & 1 \end{bmatrix}$$

$$(b)\ \begin{bmatrix} A & B \\ C & D \end{bmatrix} = \begin{bmatrix} 1 & 0 \\ \dfrac{1}{Z_2} & 1 \end{bmatrix} \begin{bmatrix} 1 & Z_1 \\ 0 & 1 \end{bmatrix} = \begin{bmatrix} 1 & Z_1 \\ \dfrac{1}{Z_2} & 1+\dfrac{Z_1}{Z_2} \end{bmatrix}$$

예제 14.7

그림 14.23의 종속 접속된 4단자 회로에서 전송 파라미터(4단자 정수)를 구하라.

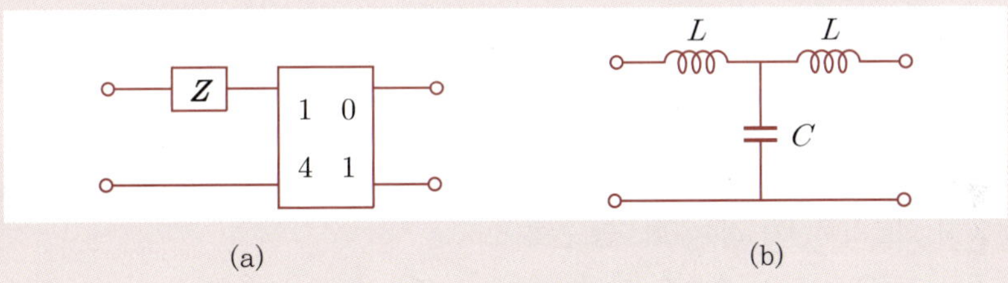

그림 14.23 ▸ 4단자망의 종속 접속

풀이 **그림 14.23**(a)와 (b)는 **그림 14.18**의 두 4단자망의 종속 접속이 된다. 따라서 식 (14.17)와 같이 행렬의 곱을 이용하여 4단자 정수의 행렬을 구할 수 있다.

$$(a)\ \begin{bmatrix} A & B \\ C & D \end{bmatrix} = \begin{bmatrix} 1 & Z \\ 0 & 1 \end{bmatrix} \begin{bmatrix} 1 & 0 \\ 4 & 1 \end{bmatrix} = \begin{bmatrix} 1+4Z & Z \\ 4 & 1 \end{bmatrix}$$

$$(b)\ \begin{bmatrix} A & B \\ C & D \end{bmatrix} = \begin{bmatrix} 1 & j\omega L \\ 0 & 1 \end{bmatrix} \begin{bmatrix} 1 & 0 \\ j\omega C & 1 \end{bmatrix} \begin{bmatrix} 1 & j\omega L \\ 0 & 1 \end{bmatrix} = \begin{bmatrix} 1-\omega^2 LC & j\omega L(2-\omega^2 LC) \\ j\omega C & 1-\omega^2 LC \end{bmatrix}$$

이제 여러 가지 4단자 회로에 대한 전송 파라미터를 다음의 참고에 나타내었으며, 위의 행렬을 이용하지 않고 전송 파라미터를 신속히 구할 수 있도록 기억 요령을 설명한다.

참고 각종 4단자 회로망의 4단자 정수와 단순 기억법

표 14.1 ▸ 4단자 회로의 4단자 정수

회로망 \ 4단자 정수		A 전압비 : 무차원	B 임피던스[Ω]	C 어드미턴스[℧]	D 전류비 : 무차원
1	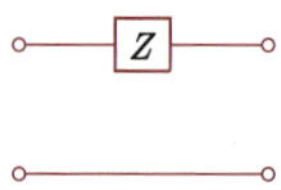	1	Z	0	1
2	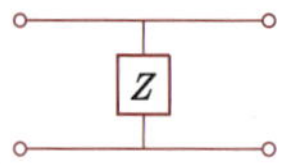	1	0	$\frac{1}{Z}$	1
3	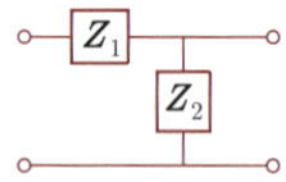	$1+\frac{Z_1}{Z_2}$	Z_1	$\frac{1}{Z_2}$	1
4	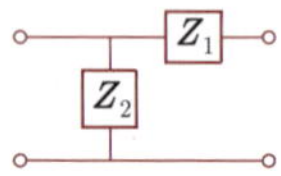	1	Z_1	$\frac{1}{Z_2}$	$1+\frac{Z_1}{Z_2}$
5	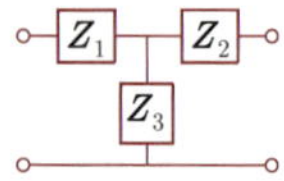	$1+\frac{Z_1}{Z_3}$	$\frac{Z_1Z_2+Z_2Z_3+Z_3Z_1}{Z_3}$	$\frac{1}{Z_3}$	$1+\frac{Z_2}{Z_3}$
6	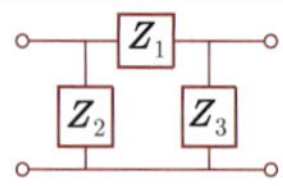	$1+\frac{Z_1}{Z_3}$	Z_1	$\frac{Z_1+Z_2+Z_3}{Z_2Z_3}$	$1+\frac{Z_1}{Z_2}$

1. T형 회로의 4단자 정수 (회로망 번호 5)

T형 회로의 4단자 정수의 기억 요령을 알면 나머지 변형 회로도 쉽게 적용할 수 있다.

(1) "$A=1+$"를 입력단에 쓰고, 입력단에서 본 임피던스의 비(Z_1/Z_3)를 더한다.

(2) "$D=1+$"를 출력단에 쓰고, 출력단에서 본 임피던스의 비(Z_2/Z_3)를 더한다.

$$\therefore\ A=1+\frac{Z_1}{Z_3},\quad D=1+\frac{Z_2}{Z_3}$$

(3) 가로선(위)의 임피던스는 B, 세로선의 임피던스는 C에 관계한다. 가로선(위)에 한 개가 있는 경우에 B는 임피던스 자체가 되고, 세로선에 한 개가 있는 경우에 C는 임피던스의 역수가 된다. 단, 각 선에 두 개가 있으면 $AD-BC=1$에 의해 B와 C를 구한다.

(4) 세로선에 임피던스가 한 개 있으므로 C는 Z_3의 역수가 되고 어드미턴스 차원이 된다.

$(\therefore\ C=1/Z_3)$

(5) 가로선(위)에 임피던스가 두 개 있으므로 $AD-BC=1$에 의해 B를 구한다.

$$\therefore\ B=\frac{AD-1}{C}=\frac{Z_1Z_2+Z_2Z_3+Z_3Z_1}{Z_3}$$

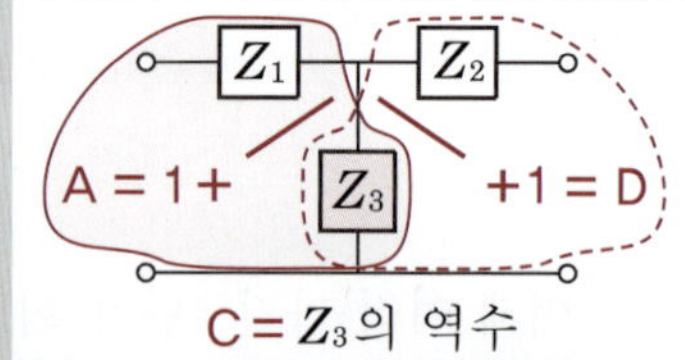

그림 14.24 ▸ T형 회로

※ 회로망 번호 (1, 2, 3, 4)의 4단자 정수도 T형 회로의 4단자 정수를 구하는 방법과 동일하게 적용하여 간단히 구할 수 있다.

2. π형 회로의 4단자 정수 (회로망 번호 6)

(1) "$A=1+$"를 입력단에 쓰고, 출력단의 임피던스 비(Z_1/Z_3)를 더한다.

(2) "$D=1+$"를 출력단에 쓰고, 입력단의 임피던스 비(Z_1/Z_2)를 더한다.

$$\therefore\ A=1+\frac{Z_1}{Z_3},\quad D=1+\frac{Z_1}{Z_2}$$

(3) 가로선(위)의 임피던스가 한 개가 있으므로 B는 Z_1이 되고 임피던스 차원이 된다.($B=Z_1$)

(4) 세로선에 임피던스가 두 개 있으므로 $AD-BC=1$에 의해 C를 구한다.

$$\therefore\ C=\frac{AD-1}{B}=\frac{Z_1+Z_2+Z_3}{Z_2Z_3}$$

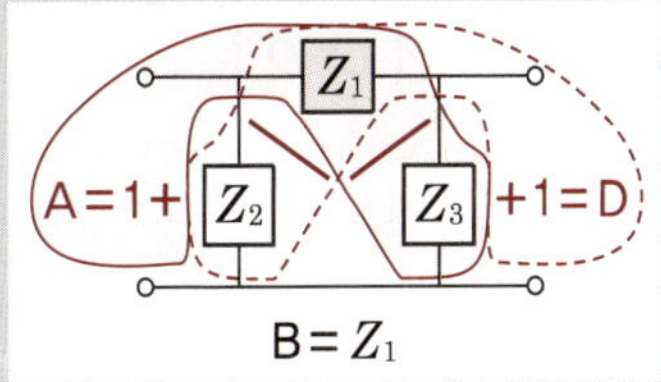

그림 14.25 ▸ π형 회로

3. L형 회로의 4단자 정수(T형 회로로 해석) (회로망 번호 3)

(1) "$A=1+$"를 입력단에 쓰고, 입력단의 임피던스 비(Z_1/Z_2)를 더한다.

$$\therefore\ A=1+\frac{Z_1}{Z_2}$$

(2) "$D=1+$"를 출력단에 쓰고, 출력단의 임피던스 비 0이므로 $D=1$이 된다.

(3) 가로 및 세로선의 임피던스가 한 개씩 있으므로 임피던스 차원인 B는 Z_1이고($B=Z_1$), 어드미턴스 차원인 C는 Z_2의 역수가 된다.($C=1/Z_2$)

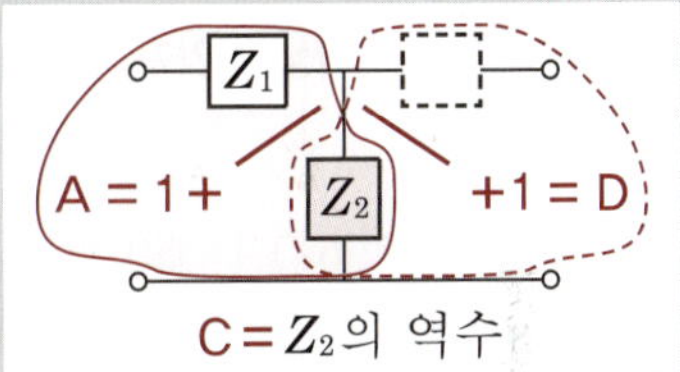

그림 14.26 ▸ L형 회로

※ 표 14.1의 회로 (1, 2, 4)도 T형 회로의 방법을 적용하여 4단자 정수를 각자 확인해본다.

예제 14.8

그림 14.27의 4단자 회로에서 참고의 기억 요령법을 활용하여 4단자 정수를 구하라.

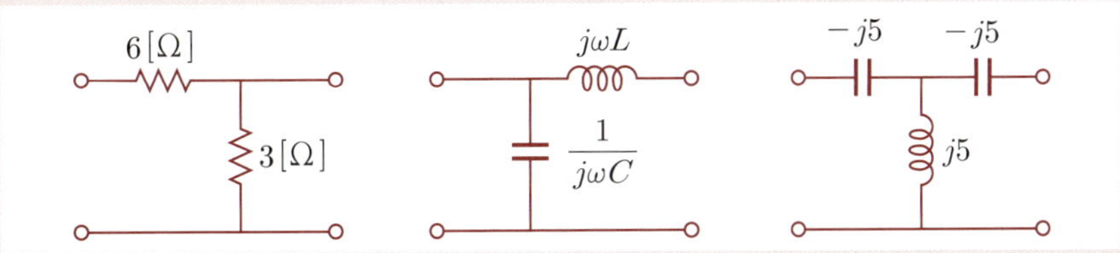

(a) (b) (c)

그림 14.27

풀이

(a) $\begin{bmatrix} A & B \\ C & D \end{bmatrix} = \begin{bmatrix} 1+\dfrac{6}{3} & 6 \\ \dfrac{1}{3} & 1 \end{bmatrix} = \begin{bmatrix} 3 & 6 \\ \dfrac{1}{3} & 1 \end{bmatrix}$

(b) $A=1$, $B=j\omega L\,[\Omega]$, $C=j\omega C\,[\mho]$, $D=1+j^2\omega^2 LC=1-\omega^2 LC$

$$\begin{bmatrix} A & B \\ C & D \end{bmatrix} = \begin{bmatrix} 1 & j\omega L \\ j\omega C & 1-\omega^2 LC \end{bmatrix}$$

(c) $A=1+\dfrac{-j5}{j5}=0$, $C=\dfrac{1}{j5}\,[\mho]$, $D=A=0$(대칭 회로)

$$B=\frac{AD-1}{C}=\frac{-1}{\dfrac{1}{j5}}=-j5\,[\Omega] \qquad \therefore \begin{bmatrix} A & B \\ C & D \end{bmatrix} = \begin{bmatrix} 0 & -j5 \\ \dfrac{1}{j5} & 0 \end{bmatrix}$$

참고 **이상 변압기의 전송 파라미터**

(1) 변압기의 전송 파라미터(4단자 정수)

이상 변압기의 권수비 $n:1$인 경우의 권수비와 전압, 전류의 관계는

$$n=\frac{N_1}{N_2}=\frac{V_1}{V_2}=\frac{I_2}{I_1}$$

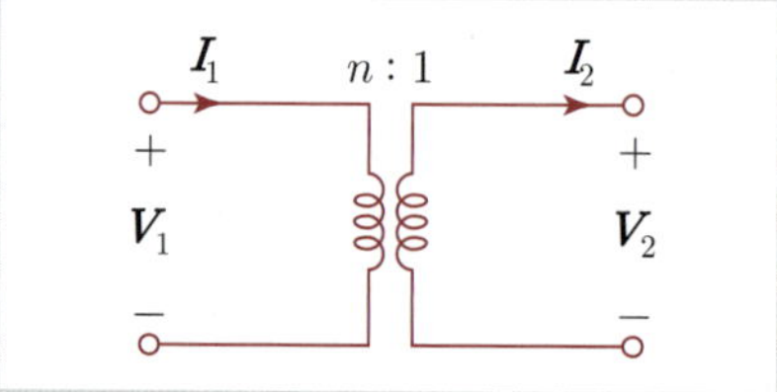

그림 14.28 ▸ 변압기의 4단자 정수

이다. 이 관계식으로부터 기초 방정식은

$$V_1 = nV_2 + 0I_2$$

$$I_1 = 0V_2 + \frac{1}{n}I_2$$

이므로 4단자 정수 A, B, C, D의 행렬은 다음과 같이 표현된다.

$$\begin{bmatrix} A & B \\ C & D \end{bmatrix} = \begin{bmatrix} n & 0 \\ 0 & \dfrac{1}{n} \end{bmatrix}$$

※ 이상 변압기의 권수비 $1:n$인 경우의 4단자 정수 행렬은 다음과 같다.

$$\begin{bmatrix} A & B \\ C & D \end{bmatrix} = \begin{bmatrix} \dfrac{1}{n} & 0 \\ 0 & n \end{bmatrix}$$

예제 14.9

그림 14.29와 같이 권수비 10 : 1인 유도결합회로에 저항 10[Ω]을 연결하였을 때 4단자 정수를 구하라.

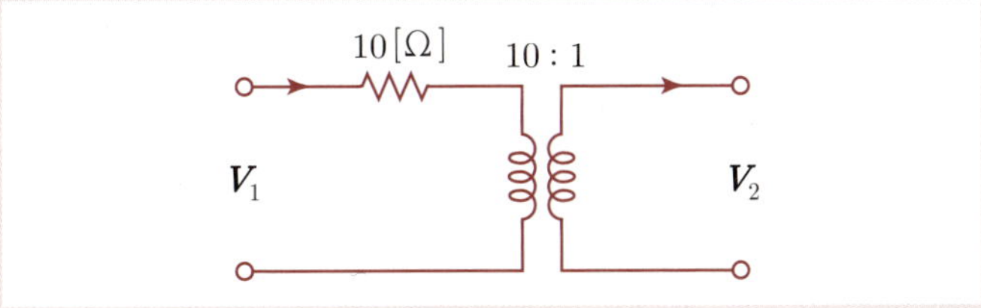

그림 14.29

풀이

$$\begin{bmatrix} A & B \\ C & D \end{bmatrix} = \begin{bmatrix} 1 & 10 \\ 0 & 1 \end{bmatrix} \begin{bmatrix} 10 & 0 \\ 0 & \frac{1}{10} \end{bmatrix} = \begin{bmatrix} 10 & 1 \\ 0 & \frac{1}{10} \end{bmatrix}$$

예제 14.10

그림 14.30(a)와 같이 상호 인덕턴스 M인 4단자망의 유도결합회로에서 4단자 정수를 구하라.

풀이

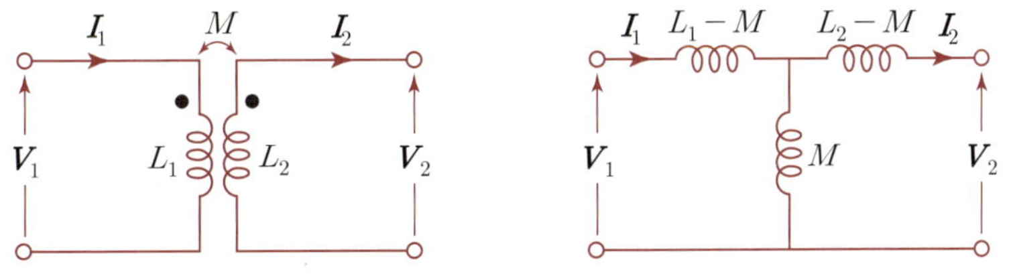

그림 14.30

그림 14.30(a)의 변압기 유도결합회로를 **그림 14.30**(b)와 같이 T형 등가회로의 무유도 회로로 변환하고 참고의 단순 기억 요령을 적용하면 다음과 같이 구해진다.

$$\boldsymbol{A} = 1 + \frac{L_1 - M}{M} = \frac{L_1}{M}, \quad \boldsymbol{D} = 1 + \frac{L_2 - M}{M} = \frac{L_2}{M}, \quad \boldsymbol{C} = \frac{1}{j\omega M}\,[\mho]$$

$$\boldsymbol{B} = \frac{\boldsymbol{AD} - 1}{\boldsymbol{C}} = j\omega M\left(\frac{L_1}{M} \cdot \frac{L_2}{M} - 1\right) = j\omega\left(\frac{L_1 L_2 - M^2}{M}\right)[\Omega]$$

14.5.2 전송 파라미터로부터 Z, Y 파라미터 구하는 법

4단자 회로망에서 4단자 파라미터가 모두 존재할 때, 파라미터 사이에는 변수인 입력과 출력의 전압, 전류가 서로 관계하기 때문에 한 파라미터로부터 다른 파라미터로 변환하여 구할 수 있다.

특히 전력 시스템에 자주 응용되는 전송 파라미터가 **그림 14.16**과 같이 주어졌을 때, 출력 전류 I_2가 반대 방향인 **그림 14.3**의 임피던스 파라미터와 **그림 14.8**의 어드미턴스 파라미터를 다음의 관계로부터 구할 수 있다.

$$\begin{aligned} V_1 &= AV_2 + BI_2 \quad (1) \\ I_1 &= CV_2 + DI_2 \quad (2) \end{aligned} \qquad (14.18)$$

전송 파라미터와 임피던스 파라미터의 관계를 구하기 위하여 식 (14.18)(2)에서 V_2에 대해 아래와 같이 정리하고, 이 정리한 결과를 식 (14.18)(1)에 대입하여 $AD-BC=1$의 관계를 적용하면 입출력 전류 I_1, I_2를 변수로 하는 두 전압 방정식은 각각

$$V_2 = \frac{1}{C}I_1 - \frac{D}{C}I_2, \quad V_1 = \frac{A}{C}I_1 - \frac{1}{C}I_2 \qquad (14.19)$$

가 된다. 그런데 출력 전류 I_2는 반대 방향이므로 식 (14.19)에서 I_2 대신에 $-I_2$를 대입하면 임피던스 파라미터에 대한 관계식은 다음과 같이 성립한다.

$$\begin{aligned} V_1 &= \frac{A}{C}I_1 + \frac{1}{C}I_2 = Z_{11}I_1 + Z_{12}I_2 \\ V_2 &= \frac{1}{C}I_1 + \frac{D}{C}I_2 = Z_{21}I_1 + Z_{22}I_2 \end{aligned} \qquad (14.20)$$

또 전송 파라미터와 어드미턴스 파라미터의 관계를 구하기 위하여 식 (14.18)(1)에서 I_2에 대해 아래와 같이 정리하고, 이 정리한 결과를 식 (14.18)(2)에 대입하면 입출력 전압 V_1, V_2를 변수로 하는 두 전류 방정식은 각각

$$I_2 = \frac{1}{B}V_1 - \frac{A}{B}V_2, \quad I_1 = \frac{D}{B}V_1 - \frac{1}{B}V_2 \qquad (14.21)$$

이다. 또 이 결과의 I_2 대신에 $-I_2$를 대입하면 식 (14.21)은 다음의 관계식이 성립한다.

$$I_1 = \frac{D}{B}V_1 - \frac{1}{B}V_2 = Y_{11}I_1 + Y_{12}I_2$$
$$-I_2 = -\frac{1}{B}V_1 + \frac{A}{B}V_2 = Y_{21}I_1 + Y_{22}I_2 \tag{14.22}$$

따라서 두 식 (14.20)과 식 (14.22)에 의해 전송 파라미터와 임피던스 및 어드미턴스 파라미터 사이에 다음의 관계가 성립한다.**(I_1, I_2가 4단자망으로 유입하는 경우)**

$$Z_{11} = \frac{A}{C},\quad Z_{12} = Z_{21} = \frac{1}{C},\quad Z_{22} = \frac{D}{C} \tag{14.23}$$

$$Y_{11} = \frac{D}{B},\quad Y_{12} = Y_{21} = -\frac{1}{B},\quad Y_{22} = \frac{A}{B} \tag{14.24}$$

그림 14.3과 **그림 14.8**에 표시된 전류 I_2의 방향을 반대로 취한 4단자망, 즉 I_1 유입, I_2 유출하는 회로망에서 임피던스 및 어드미턴스 파라미터는 식 (14.19)와 식 (14.21)에서 V_2 대신에 $-V_2$를 대입하면 된다. 이 때 식 (14.23)과 식 (14.24)에서 $Z_{12}(=Z_{21})$와 $Y_{12}(=Y_{21})$의 부호만 바뀌게 된다.**(I_1 유입, I_2 유출하는 회로망의 경우)**

$$Z_{12} = Z_{21} = -\frac{1}{C},\quad Y_{12} = Y_{21} = \frac{1}{B} \tag{14.25}$$

참고 4단자 정수로부터 Z, Y 파라미터를 구하는 방법의 기억 요령

Z, Y 파라미터는 4단자 정수 A, B, C, D로부터 다음과 같이 관계하고, 아래의 그림으로 기억하도록 한다.(I_1, I_2가 4단자망으로 유입하는 경우)

(1) Z 파라미터는 C를 중심으로 A, D가 관계한다.
(2) Y 파라미터는 B를 중심으로 A, D가 관계한다.

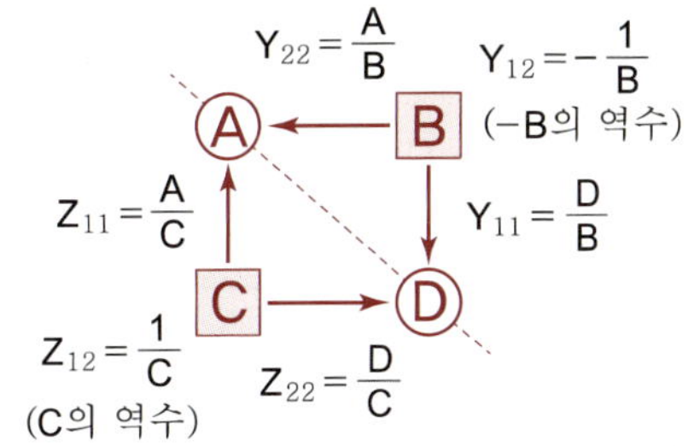

만약 입출력 전류의 방향이 설정되어 있지 않은 4단자망에서 임피던스 및 어드미턴스 파라미터는 출력 전류 I_2의 유입 또는 유출의 두 경우를 고려해야 한다. 따라서 위의 결과들로부터 $Z_{12}(=Z_{21})$와 $Y_{12}(=Y_{21})$는 절대값이 같은 양과 음의 두 값을 가지며, Z_{11}, Z_{22}, Y_{11}, Y_{22}는 출력 전류의 방향에 관계없이 항상 양의 값을 가지는 것을 알 수 있다.

$$Z_{11}=\frac{A}{C},\quad Z_{12}=Z_{21}=\pm\frac{1}{C},\quad Z_{22}=\frac{D}{C} \tag{14.26}$$

$$Y_{11}=\frac{D}{B},\quad Y_{12}=Y_{21}=\pm\frac{1}{B},\quad Y_{22}=\frac{A}{B} \tag{14.27}$$

14.6 영상 파라미터

지금까지 배운 4단자 회로망의 파라미터들은 회로망 내부 자체의 특성만을 취급하였다. 그러나 이제 4단자 회로망의 입력과 출력 포트의 외부 회로에 다른 임피던스를 접속한 것을 고려한 시스템 전체의 특성 등을 해석할 수 있도록 도입한 **영상 파라미터**(image parameter)를 배울 것이다.

영상 파라미터는 영상 임피던스와 영상 전달정수로 구분하며, 임피던스 정합 또는 필터 설계 등에 매우 유용하게 사용된다.

14.6.1 영상 임피던스

그림 14.31과 같이 4단자 정수가 A, B, C, D인 4단자망에 입력단과 출력단에 각각 Z_{01}, Z_{02}의 두 임피던스를 접속한 시스템을 고려한다.

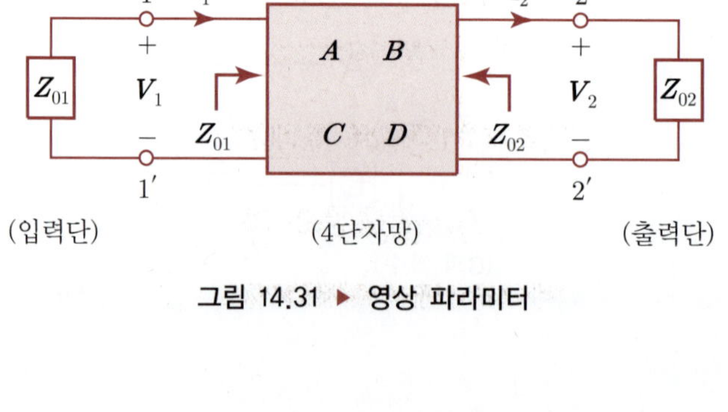

그림 14.31 ▸ 영상 파라미터

이 때 입력 포트(1-1')에서 오른쪽을 본 임피던스 Z_{01}이 입력단의 임피던스 Z_{01}과 같고, 또 출력 포트(2-2')에서 왼쪽을 본 임피던스 Z_{02}가 출력단의 임피던스 Z_{02}와 같다고 하면, 입력 포트 또는 출력 포트 각각의 좌우측에서 거울의 영상과 같이 임피던스가 같은 값을 갖게 된다. 이와 같이 임피던스 정합(impedance matching)된 두 임피던스 Z_{01}, Z_{02}를 **영상 임피던스**(image impedance)라고 한다.

그림 14.31의 입력 포트와 출력 포트에서의 전압은 다음의 관계가 성립한다.

$$V_1 = Z_{01} I_1, \quad V_2 = Z_{02} I_2 \tag{14.28}$$

입력 포트(1-1')에서 식 (14.28)과 식 (14.8)의 4단자 정수의 방정식에 의해 Z_{01}은

$$Z_{01} = \frac{V_1}{I_1} = \frac{AV_2 + BI_2}{CV_2 + DI_2} = \frac{A(V_2/I_2) + B}{C(V_2/I_2) + D} = \frac{AZ_{02} + B}{CZ_{02} + D} \tag{14.29}$$

가 된다. 또 출력 포트(2-2')에서 식 (14.8)의 4단자 정수의 방정식은 식 (14.13)과 같이 A와 D만 바뀌질 뿐이므로 Z_{02}는

$$Z_{02} = \frac{V_2}{I_2} = \frac{DV_1 + BI_1}{CV_1 + AI_1} = \frac{D(V_1/I_1) + B}{C(V_1/I_1) + A} = \frac{DZ_{01} + B}{CZ_{01} + A} \tag{14.30}$$

가 된다. 따라서 영상 임피던스 Z_{01}, Z_{02}는 각각

$$Z_{01} = \frac{AZ_{02} + B}{CZ_{02} + D}, \qquad Z_{02} = \frac{DZ_{01} + B}{CZ_{01} + A} \tag{14.31}$$

로 표현되고, 두 식으로부터 Z_{01}, Z_{02}는 다음과 같이 4단자 정수로 나타낼 수 있다.

$$Z_{01} = \sqrt{\frac{AB}{CD}}, \quad Z_{02} = \sqrt{\frac{BD}{AC}} \tag{14.32}$$

대칭 회로에서는 $A = D$이므로 Z_{01}, Z_{02}는 다음과 같다.

$$Z_{01} = Z_{02} = \sqrt{\frac{B}{C}} \ \text{(대칭 회로)} \tag{14.33}$$

또 식 (14.32)는 $\boldsymbol{Z}$, $\boldsymbol{Y}$ 파라미터와 전송 파라미터의 관계를 나타낸 식 (14.23)과 식 (14.24)로부터 각각 다음과 같다.

$$\begin{cases} Z_{01} = \sqrt{\dfrac{A}{C} \cdot \dfrac{B}{D}} = \sqrt{\dfrac{Z_{11}}{Y_{11}}} \\ Z_{02} = \sqrt{\dfrac{B}{A} \cdot \dfrac{D}{C}} = \sqrt{\dfrac{Z_{22}}{Y_{22}}} \end{cases} \qquad (14.34)$$

여기서 $\boldsymbol{Z}_{11}$은 입력 포트에서 본 출력 개방 임피던스 $\boldsymbol{Z}_{o1}$이고, $\boldsymbol{Y}_{11}$은 입력 포트에서 본 출력 단락 어드미턴스이므로 $\boldsymbol{Y}_{11}$의 역수는 입력 포트에서 본 출력 단락 임피던스 $\boldsymbol{Z}_{s1}$을 의미한다. 따라서 식 (14.32)의 영상 임피던스 $\boldsymbol{Z}_{01}$, $\boldsymbol{Z}_{02}$는 입출력 포트에서의 개방 및 단락 임피던스 $\boldsymbol{Z}_o$, $\boldsymbol{Z}_s$를 이용하면 각각

$$Z_{01} = \sqrt{Z_{o1} \cdot Z_{s1}}, \quad Z_{02} = \sqrt{Z_{o2} \cdot Z_{s2}} \ \left(Z_0 = \sqrt{Z_{\text{열고}} \cdot Z_{\text{닫고}}}\right) \qquad (14.35)$$

가 된다. 따라서 4단자망에서 영상 임피던스는 전송 파라미터, 즉 **4단자 정수를 구하지 않고도** 식 (14.35)에 의해 **편리하게 구할 수 있는 장점**이 있다.(**예제 14.11**의 **방법 2**)

예제 14.11

그림 14.32의 회로에서 영상 임피던스를 구하라.

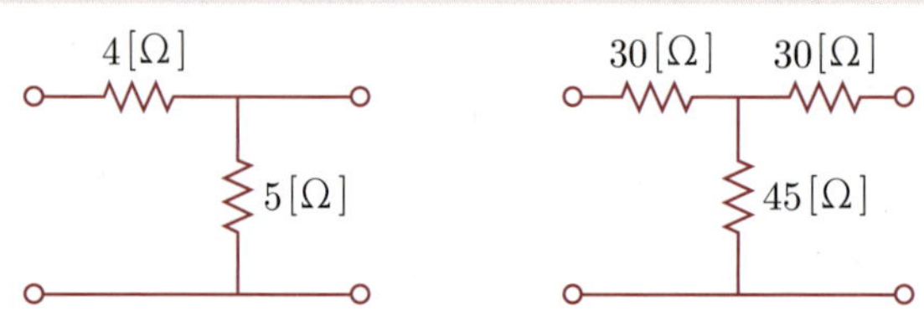

(a) (b)

그림 14.32

풀이 영상 임피던스는 식 (14.32)에 의한 4단자 정수를 이용하는 방법 (1)과 식 (14.35)에 의한 입력·출력 포트의 개방 및 단락 임피던스를 이용하는 방법 (2)가 있다.

(1) **그림 14.32**(a)의 영상 임피던스

[방법 1] $A = 1 + \frac{4}{5} = \frac{9}{5}$, $B = 4[\Omega]$, $C = \frac{1}{5}[\mho]$, $D = 1$

$$Z_{01} = \sqrt{\frac{AB}{CD}} = \sqrt{\frac{\frac{9}{5}\times 4}{\frac{1}{5}\times 1}} = \sqrt{36} = 6\,[\Omega]$$

$$Z_{02} = \sqrt{\frac{BD}{AC}} = \sqrt{\frac{4\times 1}{\frac{9}{5}\times\frac{1}{5}}} = \sqrt{\frac{100}{9}} = \frac{10}{3}\,[\Omega]$$

[방법 2] 영상 임피던스 : $Z_0 = \sqrt{Z_{열고}\cdot Z_{닫고}}$

$$Z_{01} = \sqrt{Z_{o1}\cdot Z_{s1}} = \sqrt{9\cdot 4} = 6\,[\Omega]$$

$$Z_{02} = \sqrt{Z_{o2}\cdot Z_{s2}} = \sqrt{5\cdot\frac{4\times 5}{4+5}} = \frac{10}{3}\,[\Omega]$$

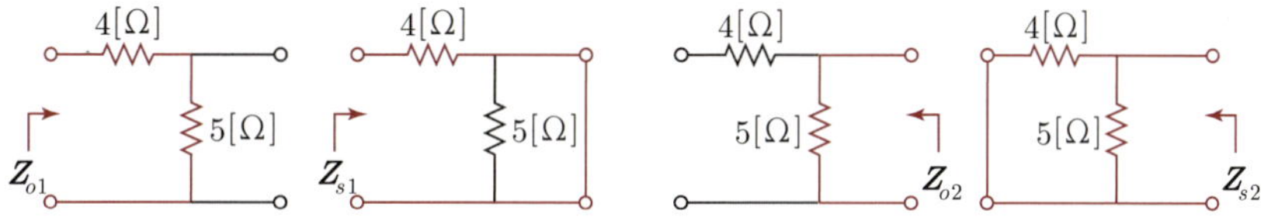

(a) Z_{01} (b) Z_{02}

그림 14.33(1)

(2) 그림 14.32(b)의 영상 임피던스

[방법 1] 대칭 회로 : $A=D,\ Z_{01}=Z_{02}$

$$A = 1+\frac{30}{45} = \frac{5}{3},\ D=A,\ C=\frac{1}{45}\,[\mho],\ B=\frac{AD-1}{C} = \frac{\frac{5}{3}\times\frac{5}{3}-1}{\frac{1}{45}} = 80\,[\Omega]$$

$$\therefore\ Z_{01} = Z_{02} = \sqrt{\frac{B}{C}} = \sqrt{\frac{80}{\frac{1}{45}}} = 60\,[\Omega]$$

[방법 2] 영상 임피던스 : $Z_0 = \sqrt{Z_{열고}\cdot Z_{닫고}}$

$$Z_{01} = \sqrt{Z_{o1}\cdot Z_{s1}} = \sqrt{75\cdot\left(30+\frac{30\times 45}{30+45}\right)} = 60\,[\Omega]\ \ (Z_{01}=Z_{02})$$

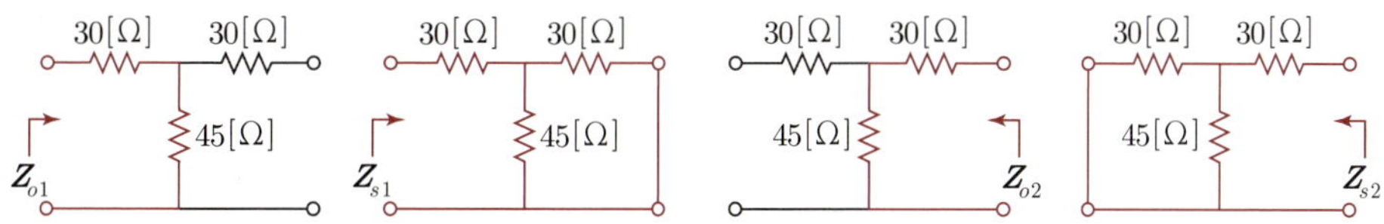

(a) Z_{01} (b) Z_{02}

그림 14.33(2)

14.6.2 영상 전달정수

그림 14.31과 같이 4단자망의 입·출력단에 각각 영상 임피던스가 연결되어 있는 경우에 **영상 정합**(image matching)되어 있다고 한다. 영상 정합된 4단자망에서 입력 신호의 전달비 또는 위상의 변화를 관찰하기 위하여 입출력 사이의 전압비와 전류비를 지수함수인

$$e^{\theta_1} = \frac{V_1}{V_2}, \qquad e^{\theta_2} = \frac{I_1}{I_2} \tag{14.36}$$

으로 정의할 때, 이 식의 θ_1, θ_2의 산술 평균값 θ는

$$\theta = \frac{\theta_1 + \theta_2}{2} \qquad \left(\theta_1 = \ln\frac{V_1}{V_2},\ \theta_2 = \ln\frac{I_1}{I_2} \text{ 대입}\right) \tag{14.37}$$

$$\theta = \frac{1}{2}\left(\ln\frac{V_1}{V_2} + \ln\frac{I_1}{I_2}\right) = \frac{1}{2}\ln\frac{V_1 I_1}{V_2 I_2} \tag{14.38}$$

$$\therefore \quad \theta = \ln\sqrt{\frac{V_1 I_1}{V_2 I_2}} \tag{14.39}$$

으로 구해진다. 식 (14.28)의 $V_1 = Z_{01} I_1$, $V_2 = Z_{02} I_2$와 식 (14.8)의 전류 방정식 $I_1 = CV_2 + DI_2$를 식 (14.36)의 전압비와 전류비에 각각 대입하면

$$\frac{V_1}{V_2} = \frac{Z_{01} I_1}{Z_{02} I_2}, \qquad \frac{I_1}{I_2} = \frac{CV_2 + DI_2}{I_2} = CZ_{02} + D \tag{14.40}$$

의 관계가 얻어진다. 이 결과의 식 (14.40)을 식 (14.39)의 θ에 각각 대입하면

$$\theta = \ln\sqrt{\frac{V_1 I_1}{V_2 I_2}} = \ln\frac{I_1}{I_2}\sqrt{\frac{Z_{01}}{Z_{02}}} = \ln(CZ_{02} + D)\sqrt{\frac{Z_{01}}{Z_{02}}}$$
$$= \ln\left(C\sqrt{Z_{01} Z_{02}} + D\sqrt{\frac{Z_{01}}{Z_{02}}}\right) \tag{14.41}$$

이고, 두 영상 임피던스의 곱과 나눗셈은 4단자 정수와의 관계가

$$Z_{01}Z_{02} = \frac{B}{C}, \qquad \frac{Z_{01}}{Z_{02}} = \frac{A}{D} \tag{14.42}$$

가 된다. 이 식 (14.42)를 식 (14.41)에 대입하면 θ는 다음과 같이 4단자 정수로 표현할 수 있다.

$$\theta = \ln\left(C\sqrt{\frac{B}{C}} + D\sqrt{\frac{A}{D}}\right) \tag{14.43}$$

$$\therefore \quad \theta = \ln(\sqrt{AD} + \sqrt{BC}) \tag{14.44}$$

여기서 θ를 **영상 전달정수**(image transfer constant)라고 한다. 영상 임피던스 Z_{01}, Z_{02}와 영상 전달정수 θ를 **영상 파라미터**(image parameter)라 한다.

영상 전달정수 θ는 일반적으로 복소수이므로 $\theta = \alpha + j\beta$로 나타내고, 실수부 α를 **영상 감쇠정수**, 허수부 β를 **영상 위상정수**라고 한다.

식 (14.39)의 영상 전달정수 θ로부터 α와 β는

$$\theta = \ln\sqrt{\frac{V_1 I_1}{V_2 I_2}} = \frac{1}{2}\ln\left(\frac{V_1 I_1}{V_2 I_2}\right) = \alpha + j\beta \tag{14.45}$$

$$\begin{cases} \alpha = \dfrac{1}{2}\ln\left(\dfrac{V_1 I_1}{V_2 I_2}\right) \text{[neper]} & (14.46) \\ \beta = \dfrac{1}{2}\text{Arg}\left(\dfrac{V_1 I_1}{V_2 I_2}\right) \text{[rad]} & (14.47) \end{cases}$$

이다. α, β의 차원은 원래 없지만, α의 단위는 **네퍼**[neper] 또는 **데시벨**[dB]이고 1[neper] = 8.686[dB]의 관계가 있다. β의 단위는 **라디안**[rad] 또는 **도**[°]을 사용한다.

또 식 (14.28)의 $V_1 = Z_{01}I_1$, $V_2 = Z_{02}I_2$에서

$$\theta = \ln\sqrt{\frac{V_1 I_1}{V_2 I_2}} = \ln\frac{I_1}{I_2}\sqrt{\frac{Z_{01}}{Z_{02}}} = \ln\frac{V_1}{V_2}\sqrt{\frac{Z_{02}}{Z_{01}}} \tag{14.48}$$

의 관계가 있다. 특히 대칭 회로에서 $Z_{01} = Z_{02}$가 성립하므로 식 (14.48)로부터 다음의

영상 전달정수 θ 로부터 α와 β는

$$\theta = \ln\frac{\boldsymbol{I_1}}{\boldsymbol{I_2}} = \ln\frac{\boldsymbol{V_1}}{\boldsymbol{V_2}} = \alpha + j\beta \tag{14.49}$$

$$\begin{cases} \alpha = \ln\left(\dfrac{\boldsymbol{I_1}}{\boldsymbol{I_2}}\right) = \ln\left(\dfrac{\boldsymbol{V_1}}{\boldsymbol{V_2}}\right) \text{ [neper]} & (14.50) \\ \beta = \operatorname{Arg}\left(\dfrac{\boldsymbol{I_1}}{\boldsymbol{I_2}}\right) = \operatorname{Arg}\left(\dfrac{\boldsymbol{V_1}}{\boldsymbol{V_2}}\right) \text{ [rad]} & (14.51) \end{cases}$$

이 된다. 즉 영상 정합된 대칭 회로에서 $\theta_1 = \theta_2 = \theta$ 이다. 감쇠정수 α가 클수록 출력전류는 입력전류보다 작아지고, 위상정수 β가 클수록 출력전류가 입력전류보다 위상이 뒤진다. 이는 전압의 경우에도 마찬가지로 나타난다.

이와 같이 영상 전달정수는 식 (14.45)에서 대수로 표현하는 입출력의 전력비의 관계이고, 또 식 (14.49)와 같이 대칭 회로에서는 대수로 표현하는 입출력의 전압비 또는 전류비임을 알 수 있다.

식 (14.44)의 영상 전달정수 θ를 지수함수 e^{θ}로 나타내면

$$e^{\theta} = \sqrt{\boldsymbol{AD}} + \sqrt{\boldsymbol{BC}} \tag{14.52}$$

이다. 또 지수함수 $e^{-\theta}$는 아래와 같이 식 (14.44)의 양변에 (−)로 취한 후 대수(ln)의 근호를 유리화하고 $\boldsymbol{AD} - \boldsymbol{BC} = 1$의 관계를 이용하면

$$-\theta = \ln\left(\sqrt{\boldsymbol{AD}} + \sqrt{\boldsymbol{BC}}\right)^{-1} = \ln\left(\sqrt{\boldsymbol{AD}} - \sqrt{\boldsymbol{BC}}\right)$$

$$\therefore\ e^{-\theta} = \sqrt{\boldsymbol{AD}} - \sqrt{\boldsymbol{BC}} \tag{14.53}$$

가 된다. 따라서 영상 전달정수 θ를 쌍곡선 함수로 표현하면 다음과 같이 구해진다.

$$\begin{cases} \cosh\theta = \dfrac{e^{\theta} + e^{-\theta}}{2} = \sqrt{\boldsymbol{AD}} \quad \therefore\ \theta = \cosh^{-1}\sqrt{\boldsymbol{AD}} \\ \sinh\theta = \dfrac{e^{\theta} - e^{-\theta}}{2} = \sqrt{\boldsymbol{BC}} \quad \therefore\ \theta = \sinh^{-1}\sqrt{\boldsymbol{BC}} \\ \tanh\theta = \dfrac{\sinh\theta}{\cosh\theta} = \sqrt{\dfrac{\boldsymbol{BC}}{\boldsymbol{AD}}} \end{cases} \tag{14.54}$$

또 4단자 정수 $\boldsymbol{A}$, $\boldsymbol{B}$, $\boldsymbol{C}$, $\boldsymbol{D}$를 영상 파라미터 $\boldsymbol{Z}_{01}$, $\boldsymbol{Z}_{02}$, θ로 나타내면 식 (14.42)와 식 (14.54)에 의해 다음의 결과가 얻어진다.

$$\begin{aligned} \boldsymbol{A} &= \sqrt{\frac{\boldsymbol{A}}{\boldsymbol{D}}} \times \sqrt{\boldsymbol{AD}} = \sqrt{\frac{\boldsymbol{Z}_{01}}{\boldsymbol{Z}_{02}}} \cosh\theta \\ \boldsymbol{B} &= \sqrt{\frac{\boldsymbol{B}}{\boldsymbol{C}}} \times \sqrt{\boldsymbol{BC}} = \sqrt{\boldsymbol{Z}_{01}\boldsymbol{Z}_{02}} \sinh\theta \\ \boldsymbol{C} &= \sqrt{\frac{\boldsymbol{C}}{\boldsymbol{B}}} \times \sqrt{\boldsymbol{BC}} = \frac{1}{\sqrt{\boldsymbol{Z}_{01}\boldsymbol{Z}_{02}}} \sinh\theta \\ \boldsymbol{D} &= \sqrt{\frac{\boldsymbol{D}}{\boldsymbol{A}}} \times \sqrt{\boldsymbol{AD}} = \sqrt{\frac{\boldsymbol{Z}_{02}}{\boldsymbol{Z}_{01}}} \cosh\theta \end{aligned} \tag{14.55}$$

따라서 4단자 회로망의 기초 방정식을 영상 파라미터로 나타내면 다음과 같다.

$$\begin{cases} \boldsymbol{V}_1 = \sqrt{\dfrac{\boldsymbol{Z}_{01}}{\boldsymbol{Z}_{02}}} \cosh\theta\, \boldsymbol{V}_2 + \sqrt{\boldsymbol{Z}_{01}\boldsymbol{Z}_{02}} \sinh\theta\, \boldsymbol{I}_2 \\ \boldsymbol{I}_1 = \dfrac{1}{\sqrt{\boldsymbol{Z}_{01}\boldsymbol{Z}_{02}}} \sinh\theta\, \boldsymbol{V}_2 + \sqrt{\dfrac{\boldsymbol{Z}_{02}}{\boldsymbol{Z}_{01}}} \cosh\theta\, \boldsymbol{I}_2 \end{cases} \tag{14.56}$$

예제 14.12

그림 14.34의 회로에서 영상 전달정수 θ를 구하라.

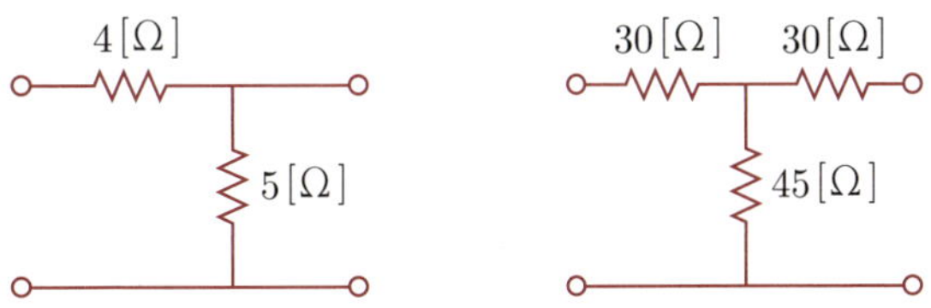

(a) (b)

그림 14.34

풀이 (a) $\boldsymbol{A} = 1 + \frac{4}{5} = \frac{9}{5}$, $\boldsymbol{B} = 4\,[\Omega]$, $\boldsymbol{C} = \frac{1}{5}\,[\mho]$, $\boldsymbol{D} = 1$

식 (14.44)에서 영상 전달정수 θ는

$$\theta = \ln(\sqrt{\boldsymbol{AD}} + \sqrt{\boldsymbol{BC}}) = \ln\left(\sqrt{\frac{9}{5}\times 1} + \sqrt{4\times\frac{1}{5}}\right)$$

$$\therefore\ \theta = \ln\sqrt{5} = 0.8\ [\text{neper}]$$

출력 단자에 $\boldsymbol{Z}_{02}$를 연결한 경우, 전류비는 식 (14.48)에 의해 다음과 같다.

$$\frac{\boldsymbol{I}_1}{\boldsymbol{I}_2} = e^{\theta}\sqrt{\frac{\boldsymbol{Z}_{02}}{\boldsymbol{Z}_{01}}} = \sqrt{5}\times\sqrt{\frac{\frac{10}{3}}{6}} = \frac{5}{3}$$

(b) 대칭 회로 : $\boldsymbol{A} = \boldsymbol{D}$, $\boldsymbol{Z}_{01} = \boldsymbol{Z}_{02}$

$$\boldsymbol{A} = 1 + \frac{30}{45} = \frac{5}{3},\ \boldsymbol{D} = \boldsymbol{A},\ \boldsymbol{C} = \frac{1}{45},\ \boldsymbol{B} = \frac{\boldsymbol{AD}-1}{\boldsymbol{C}} = \frac{\frac{5}{3}\times\frac{5}{3}-1}{\frac{1}{45}} = 80$$

$$\theta = \ln(\sqrt{\boldsymbol{AD}} + \sqrt{\boldsymbol{BC}}) = \ln\left(\sqrt{\frac{5}{3}\times\frac{5}{3}} + \sqrt{80\times\frac{1}{45}}\right)$$

$$\therefore\ \theta = \ln 3 = 1.1\ [\text{neper}]$$

출력 단자에 $\boldsymbol{Z}_{02}$를 연결한 경우, 전류비는 대칭 회로이므로 식 (14.49)에 의해 다음과 같다.

$$\frac{\boldsymbol{I}_1}{\boldsymbol{I}_2} = e^{\theta} = 3$$

14.7 전압이득과 전송손실(감쇠비)

물리적인 양을 비교하는 경우에는 두 값의 차 또는 비를 사용하는 일이 많지만, 통신공학에서는 두 양에 대한 비의 대수(log)로 표시한다. 따라서 두 전력 P_1, P_2를 비교할 때 다음의 식과 같이 두 전력의 전달비에 대한 대수로 정의한다.

$$\frac{1}{2}\ln\frac{P_2}{P_1}\ [\text{neper}] = 10\log_{10}\frac{P_2}{P_1}\ [\text{dB}] \tag{14.57}$$

여기서 단위의 관계는

$$1\,[\text{neper}] = 8.686\,[\text{dB}] \tag{14.58}$$

이고, 이론적으로 [neper], 실용적으로 [dB]을 사용한다. 식 (14.57)에서 대수의 성질에 의해 전력이 같으면 0[dB]이 되고, $P_1 < P_2$의 조건에서 양(+ [dB])으로 되어 **전력이득**이 된다. 또 $P_1 > P_2$이면 음(− [dB])으로 되어 **전력손실**이 된다.

원래 데시벨[dB]은 두 전력을 비교하기 위하여 도입된 것이지만 다음과 같이 두 전압 및 두 전류를 비교하는 경우에도 사용된다. 전송 4단자망에서 입력과 출력 측의 전력은

$$P_1 = \frac{{V_1}^2}{Z_i} \qquad P_2 = \frac{{V_2}^2}{Z_o} \tag{14.59}$$

이므로 입력 임피던스 Z_i와 부하 임피던스 Z_o가 같을 때, 입력과 출력의 전력으로부터 **전압이득**(voltage gain)은 다음과 같다.

$$[\text{dB}] = 10\log_{10}\frac{P_2}{P_1} = 10\log_{10}\frac{{V_2}^2/Z_o}{{V_1}^2/Z_i} = 10\log_{10}\left(\frac{V_2}{V_1}\right)^2 \tag{14.60}$$

$$\textbf{전압이득}\ :\ 20\log_{10}\frac{V_2}{V_1}\,[\text{dB}] \tag{14.61}$$

마찬가지로 **전류이득**(current gain)도 다음과 같은 식으로 된다.

$$\textbf{전류이득}\ :\ 20\log_{10}\frac{I_2}{I_1}\,[\text{dB}] \tag{14.62}$$

전압이득과 전류이득은 입력과 출력의 임피던스가 일반적으로 다른 경우에도 위의 식 (14.61)과 식 (14.62)를 그대로 사용한다.

일반적으로 전송 4단자망에서 입력 전력 P_1은 4단자망 내에서 일부가 소비되고 나머지는 전력 P_2가 부하에 공급된다. 이때의 전력손실을 **전송손실**이라고 한다. 또 입력과 출력의 임피던스가 같을 때(영상 정합), 전력의 전송손실은 전압 또는 전류의 손실비 또는 **감쇠비**와 같으므로 대수의 결과를 양(+)으로 나타내기 위하여 다음의 식으로 나타낸다.

$$\textbf{전송손실(감쇠비)}\ :\ 10\log_{10}\frac{P_1}{P_2} = 20\log_{10}\frac{V_1}{V_2} = 20\log_{10}\frac{I_1}{I_2}\,[\text{dB}] \tag{14.63}$$

예제 14.13

$1\,[\mathrm{mV}]$의 입력을 인가하였을 때, $0.1\,[\mathrm{V}]$의 출력이 나오는 4단자 회로의 전압이득 $[\mathrm{dB}]$을 구하라.

풀이 $V_1 < V_2$의 관계에서 전압이득은 대수의 결과가 양(+)이 되도록 취한 식 (14.61)에 의해

$$\text{전압이득} : 20\log_{10}\frac{V_2}{V_1} = 20\log_{10}\frac{0.1}{1\times 10^{-3}} = 20\log_{10}10^2 = 40\,[\mathrm{dB}]$$

즉, 출력이 $40\,[\mathrm{dB}]$ 증가하므로 4단자망에는 증폭기 소자로 작용한다.

예제 14.14

입력 $100\,[\mathrm{V}]$, 출력 $1\,[\mathrm{mV}]$의 4단자 회로에서 전압의 감쇠비$[\mathrm{dB}]$를 구하라.

풀이 $V_1 > V_2$의 관계에서 전압의 감쇠비는 대수의 결과가 양(+)이 되도록 취한 식 (14.63)에 의해 다음과 같이 구해진다.

$$\text{전송손실(감쇠비)} : 20\log_{10}\frac{V_1}{V_2} = 20\log_{10}\frac{100}{1\times 10^{-3}}\,[\mathrm{dB}]$$

$$\therefore\ 20\log_{10}10^5 = 100\,[\mathrm{dB}]$$

연습문제

01 **그림 14.35**와 같은 Z 파라미터로 표시되는 4단자망의 a-a′ 단자 간에 4[A], b-b′ 단자 간에 1[A]의 정전류원을 연결하였을 때의 V_1과 V_2를 구하라. 단, Z 파라미터의 단위는 [Ω]이다.

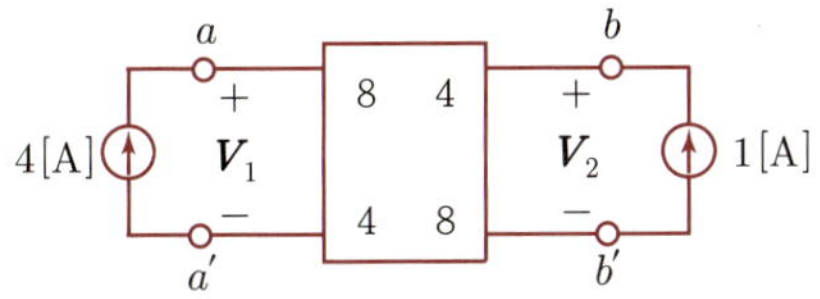

그림 14.35

02 2단자 쌍회로망의 Y 파라미터가 **그림 14.36**과 같다. a-a′ 단자 간에 $V_1 = 36$[V], b-b′ 단자 간에 $V_2 = 24$[V]의 정전압원을 연결하였을 때의 I_1과 I_2를 구하라. 단, Y 파라미터의 단위는 [℧]이다.

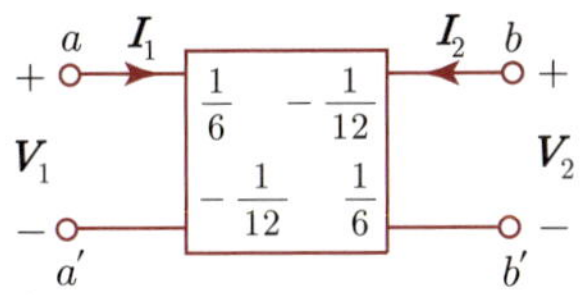

그림 14.36

03 **그림 14.37**과 같은 4단자 회로망에서 출력 측을 개방하니 $V_1 = 12$[V], $I_1 = 2$[A], $V_2 = 4$[V]이고, 출력 측을 단락하였더니 $V_1 = 16$[V], $I_1 = 4$[A], $I_2 = 2$[A]였다. 4단자 정수를 구하라.

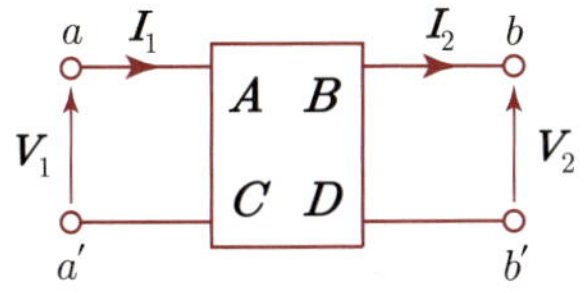

그림 14.37

04 **그림 14.38**의 4단자망에서 임피던스 파라미터와 어드미턴스 파라미터를 구하라.

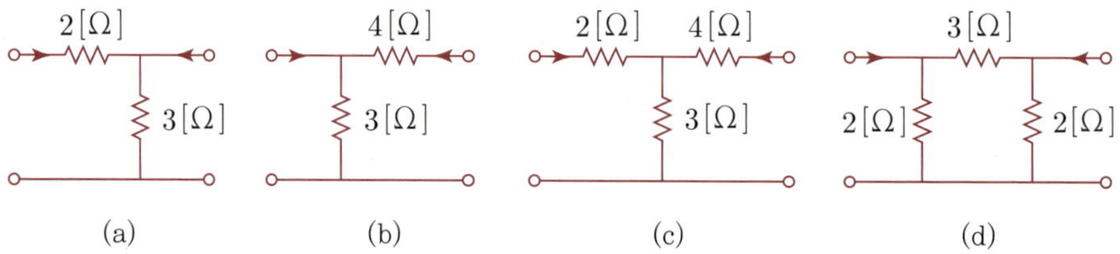

그림 14.38

힌트 예제 14.1과 예제 14.2를 참고할 것

05 **그림 14.38**의 4단자망에서 Z_{11}, Z_{22}, Y_{11}, Y_{22}를 **예제 14.3**과 같은 방법으로 구하고 위에서 구한 답과 비교하라.

힌트 예제 14.3을 참고할 것

06 전송 파라미터(4단자 정수) A, B, C, D의 물리적 의미와 단위를 각각 설명하라.

07 **그림 14.38**의 4단자망에서 I_2를 반대로 취한 유출 방향인 경우에 전송 파라미터(4단자 정수) A, B, C, D를 종속 접속에 따른 행렬을 이용하여 구하라.

08 **그림 14.38**의 4단자망에서 I_2를 반대로 취한 유출 방향인 경우에 전송 파라미터(4단자 정수) A, B, C, D를 참고의 기억 요령법을 활용하여 구하라.

09 **문제 08**에서 구한 전송 파라미터(4단자 정수)로부터 임피던스 파라미터와 어드미턴스 파라미터를 구하고 **문제 04**의 결과와 비교하라.

10 **그림 14.39**의 4단자망에서 임피던스 파라미터와 어드미턴스 파라미터를 구하라.

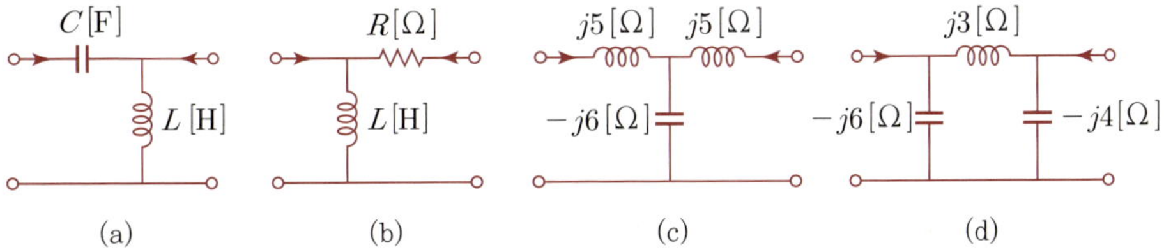

그림 14.39

11 **그림 14.39**의 4단자망에서 I_2를 반대로 취한 유출 방향인 경우에 전송 파라미터(4단자 정수) A, B, C, D를 구하라.

12 **문제 14**에서 구한 전송 파라미터(4단자 정수)로부터 임피던스 파라미터와 어드미턴스 파라미터를 구하고 **문제 10**의 결과와 비교하라.

13 **그림 14.40**과 같은 4단자의 유도결합회로에서 4단자 정수 A, B, C, D를 구하라.

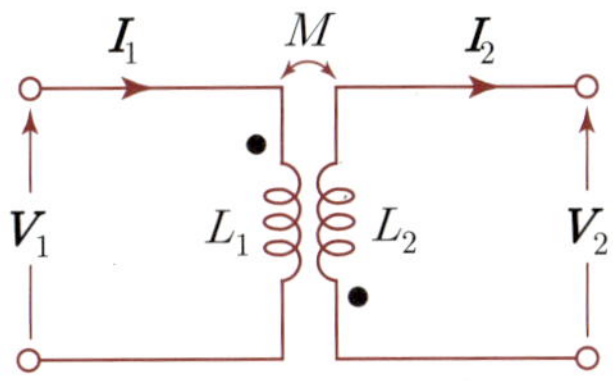

그림 14.40

14 **그림 14.41**의 4단자 회로망에서 4단자 정수를 이용하여 다음의 파라미터를 각각 구하라.

(1) 임피던스 파라미터[**그림 14.41**(a), (b)]

(2) 어드미턴스 파라미터[**그림 14.41**(c)]

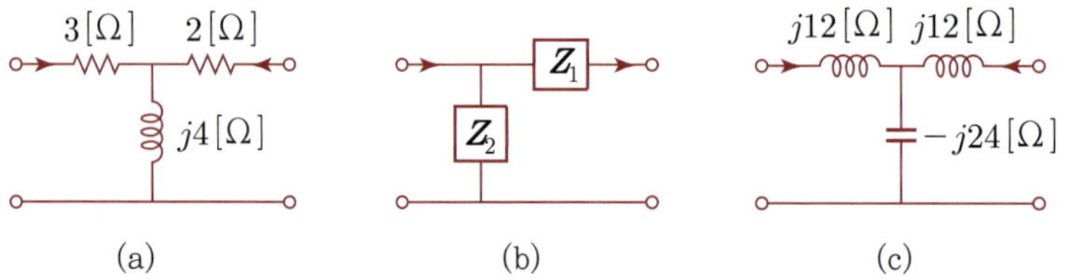

그림 14.41

15 선형 회로망에서 4단자 정수 $A=1.02$, $B=2[\Omega]$, $D=1.02$일 때 $C[℧]$를 구하라.

16 4단자 회로망에서 4단자 정수가 $A=\frac{15}{4}$, $D=1$이고, 영상 임피던스 $Z_{02}=\frac{12}{5}[\Omega]$일 때 영상 임피던스 $Z_{01}[\Omega]$를 구하라.

17 4단자망에서 4단자 정수가 $B=\frac{5}{3}[\Omega]$, $C=1[℧]$이고, 영상 임피던스 $Z_{01}=\frac{20}{3}[\Omega]$일 때 영상 임피던스 $Z_{02}[\Omega]$를 구하라.

18 **문제 04**의 **그림 14.38**의 4단자망에서 영상 임피던스 Z_{01}, Z_{02}와 영상 전달정수 θ를 구하라.

19 4단자 회로망에서 영상 임피던스 $Z_{01}=50[\Omega]$, $Z_{02}=2[\Omega]$이고, 전달 정수가 0일 때 이 회로의 4단자 정수 D를 구하라.

Chapter 15

과도현상

15.1 과도현상의 개요

이제까지 전기회로의 해석은 직류 및 교류에 관하여 정상 상태(steady state)를 취급하였다. 그러나 전기회로에서 만약 어떤 원인으로 인해 한 정상 상태로부터 다른 정상 상태로 이행하는 경우에 순간적으로 이루어지는 것이 아니라 어느 정도의 시간이 필요하다. 이 시간 동안에 나타나는 현상을 **과도현상**이라 하고 이 상태를 과도 상태(transient state)라 한다. 이 때 시시각각으로 변하는 양을 과도값, 정상 상태에 도달한 값을 정상값이라 하고, **과도현상은 과도값과 정상값**을 모두 고려해야 한다.

과도현상은 에너지 축적소자인 인덕터 L 또는 커패시터 C에서 에너지의 이동이나 방전에 따른 전기에너지의 변화에 의해서 나타나는 현상이다. 특히 에너지 축적소자인 L 또는 C를 포함하는 회로에서 스위치의 개폐 동작 또는 전원을 급격히 인가하는 순간 등에 발생하며, 과도현상을 최대한 짧게 사라지도록 설계를 하여 시스템이 안정적으로 구동되도록 해야 한다.

과도현상의 회로 해석은 소자의 미분 또는 적분에 관한 정의식을 이용하여 키르히호프 법칙으로부터 전류, 전압의 미분방정식을 세우고, 이 미분방정식을 풀어서 그 해에 들어가는 미정계수를 초기조건에 의해 구하는 것이다.

본 장에서는 과도현상의 회로 해석을 위한 사전지식으로 에너지 축적소자인 L과 C의 직류에 관한 물리적 특성과 키르히호프의 법칙으로부터 세운 전압 및 전류에 관한 방정식, 즉 선형 미분방정식의 해법을 배우고 이를 기반으로 회로에 대한 과도현상의 해석을 접근하고자 한다.

15.1.1 L과 C의 물리적 특성

인덕터와 커패시터 소자의 직류에 관한 물리적 특성을 알아보기 위하여 **그림 15.1**과 같이 단순한 회로를 가정하고 $t=0$인 순간에 스위치를 닫는 경우를 고려해 본다.

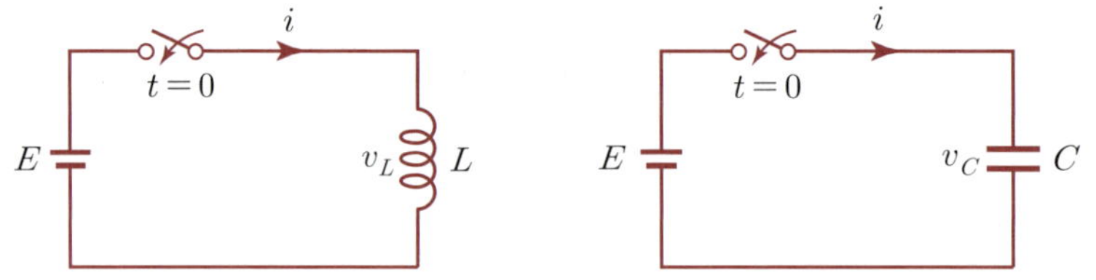

(a) 인덕터 회로 (b) 커패시터 회로

그림 15.1 ▶ 인덕터와 커패시터의 직류 특성

(1) 인덕터의 직류 특성

그림 15.1(a)의 회로에서 $t=0$인 순간 스위치를 닫았을 때 인덕터의 직류에 관한 물리적 특성을 알아본다.

(a) 스위치를 닫는 순간, 인덕터에 직류 전류가 공급되면 이 전류를 방해하는 방향으로 전원 전압과 같은 크기의 역기전력이 발생한다. 따라서 이 순간에 전류가 흐르지 못하므로 인덕터는 개방 회로로 동작한다.

(b) **인덕터는 전류가 불연속적으로 급변할 수 없는 성질**로부터도 설명할 수 있다. 즉, 스위치 닫기 직전($t=0^-$)의 전류는 0이므로 스위치 닫은 직후($t=0^+$)의 전류도 0이 되어 개방 회로로 동작한다. $[i(0^+)=i(0^-)=0]$

이 결과로부터 $t=0$인 순간에 인덕터는 **개방 회로**로 동작하므로 전류는 0이 되고, 단자전압 v_L은 전원 전압 E가 모두 걸리게 되는 것을 알 수 있다.

또 스위치를 연결하고 시간이 경과한 후 정상 상태($t=\infty$)에서 인덕터의 직류에 관한 물리적 특성을 알아본다.

(a) 정상 상태에서 전압 또는 전류는 시간에 대해 일정하게 될 것이므로 1계 및 2계 도함수(미분)는 0이 된다. 즉 인덕터의 전압의 정의식 $v_L=L\dfrac{di}{dt}=0$이 된다. 따라서 인덕터의 전압강하 v_L은 0이 되기 때문에 단락 회로로 동작한다.

(b) 인덕터의 저항(리액턴스) X_L은 $2\pi fL\,[\Omega]$이고 직류의 주파수 성질 $f=0$을 대입

하면 $X_L = 0$ 이다. 따라서 인덕터에 흐르는 전류 $i = 1/X_L = 1/0 = \infty$가 되기 때문에 단락 회로로 동작한다.

이 결과로부터 인덕터는 정상 상태에서 **단락 회로**로 동작하므로 전류는 ∞가 흐르고, 인덕터의 단자전압 v_L은 0이 된다.

(2) 커패시터의 직류 특성

그림 15.1(b)의 회로에서 $t = 0$인 순간 스위치를 닫았을 때 커패시터의 직류에 관한 물리적 특성을 알아본다.

(a) 스위치를 닫는 순간, 커패시터로 이동하는 최초 전하는 아무 저항을 받지 않고 충전하게 된다. 즉, 스위치를 닫는 순간에 초기 저항은 무시할 수 있고 전하의 이동이 전류를 의미하므로 전류는 ∞가 된다. 따라서 커패시터는 단락 회로로 동작한다.

(b) **커패시터는 전압이 불연속적으로 급변할 수 없는 성질**로부터도 설명할 수 있다. 즉, 스위치 닫기 직전($t = 0^-$)의 전압은 0이므로 스위치 닫은 직후($t = 0^+$)의 전압도 0이 되어 단락 회로로 동작한다. $[v(0^+) = v(0^-) = 0]$

이 결과로부터 $t = 0$인 순간에 커패시터는 **단락 회로**로 동작하므로 전류는 ∞가 흐르고, 커패시터에 걸리는 단자전압 v_C는 0이 된다.

또 스위치를 연결하고 시간이 경과한 후 정상 상태($t = \infty$)에서 커패시터의 직류에 관한 물리적 특성을 알아본다.

(a) 정상 상태에서 전압 또는 전류는 시간에 대해 일정하게 될 것이므로 1계 및 2계 도함수(미분)는 0이 된다. 커패시터의 전류의 정의식 $i = C\dfrac{dv}{dt} = 0$이 된다. 따라서 커패시터는 전류가 흐르지 않기 때문에 개방 회로로 동작한다.

(b) 커패시터의 저항(리액턴스) X_C은 $1/2\pi fC[\Omega]$이고 직류의 주파수 성질 $f = 0$을 대입하면 $X_C = \infty$이다. 따라서 커패시터에 흐르는 전류 $i = 1/X_C = 1/\infty = 0$가 되기 때문에 개방 회로로 작용한다. 또 커패시터에 충전이 완료되면 전하의 이동이 없기 때문에 전류가 흐르지 않게 되는 것으로도 해석할 수 있다.

이 결과로부터 커패시터는 정상 상태에서 **개방 회로**로 동작하므로 전류는 0이 되고, 커패시터의 단자전압 v_C는 전원 전압 E가 모두 걸리게 되는 것을 알 수 있다.

이상의 결과로부터 인덕터와 커패시터의 직류에 관한 물리적 특성을 정리하여 **표 15.1**에 나타내었다.

표 15.1 ▶ 인덕터와 커패시터의 직류 특성

소 자	초기 상태 (스위치 on 순간, $t=0$)	정상 상태 ($t=\infty$)	전압강하 (미분, 적분식)
인덕터 L	개방($i=0,\ v_L=E$)	단락($i=\infty,\ v_L=0$)	$v_L = L\dfrac{di}{dt}$
커패시터 C	단락($i=\infty,\ v_C=0$)	개방($i=0,\ v_C=E$)	$v_C=\dfrac{1}{C}\int i\,dt$

예제 15.1

그림 15.1의 회로에서 $t=0$일 때 스위치 S를 닫았다. 다음의 값을 각각 구하라. 단, $t<0$에서 L과 C의 전압은 0이다.

(1) 초기값 : $i_1(0^+)$, $i_2(0^+)$, $v_C(0^+)$, $v_L(0^+)$, $\dfrac{di_2}{dt}(0^+)$, $\dfrac{dv_C}{dt}(0^+)$

(2) 정상값 : $i_1(\infty)$, $i_2(\infty)$, $v_C(\infty)$, $v_L(\infty)$

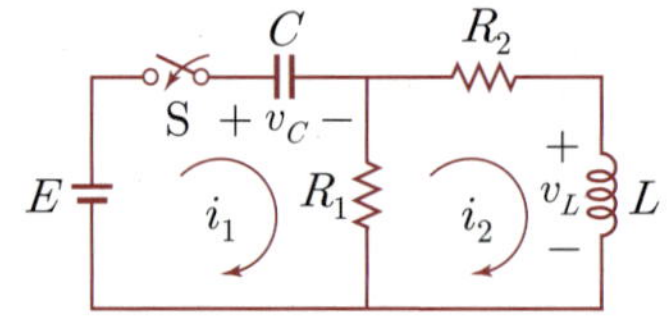

그림 15.2

풀이 (1) 초기 상태 ($t=0^+$)[**그림 15.3**(a)] ; (C : 단락 회로, L : 개방 회로)

$$i_1(0^+)=\frac{E}{R_1},\quad i_2(0^+)=0,\ v_C(0^+)=0,\ v_L(0^+)=E$$

$$v_L(0^+)=L\frac{di_2}{dt}(0^+)\qquad \therefore\ \frac{di_2}{dt}(0^+)=\frac{v_L(0^+)}{L}=\frac{E}{L}$$

$$i_1(0^+)=C\frac{dv_C}{dt}(0^+)\qquad \therefore\ \frac{dv_C}{dt}(0^+)=\frac{i_1(0^+)}{C}=\frac{E}{R_1C}$$

(2) 정상 상태 ($t=\infty$)[**그림 15.3**(b)] ; (C : 개방 회로, L : 단락 회로)

$$i_1(\infty)=0,\quad i_2(\infty)=0,\ v_C(\infty)=E,\ v_L(\infty)=0$$

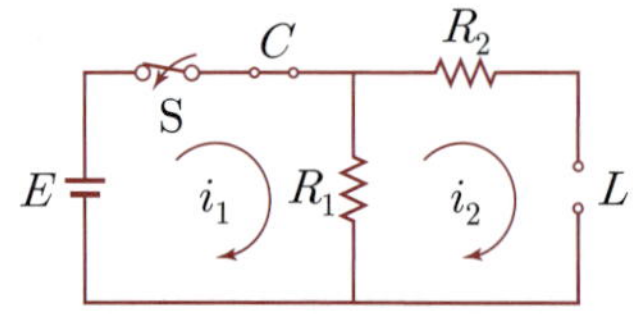

(a) 초기 상태

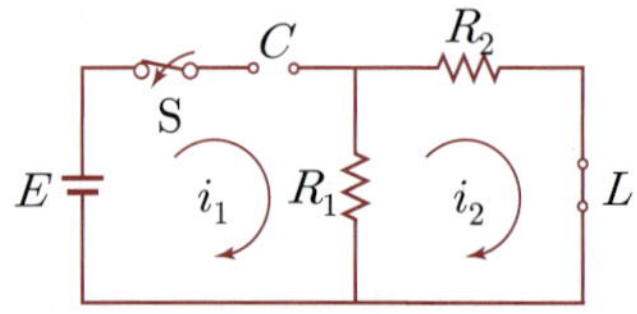

(b) 정상 상태

그림 15.3

15.1.2 선형 미분방정식의 해법

이 절에서는 과도현상의 회로 해석에 쉽게 접근할 수 있도록 대수학의 미분방정식에 관한 수학적 해법을 정리하여 수록한 것이다. 이에 대한 자세한 내용은 다음의 참고문헌을 참고하기 바란다.[임헌찬 저, ≪공업수학≫, pp. 285~317, 동일출판사]

과도현상의 회로 해석은 키르히호프의 전압 및 전류법칙에 의해 회로 방정식을 세우는 것으로 시작한다. 회로 방정식은 도함수(미분) 형식으로 표시된 미분방정식이고, 이 미분방정식으로부터 해를 구하는 것으로 귀결된다. 전기회로에서 사용되는 대표적인 미분방정식의 유형은 다음과 같다.

$$L\frac{di}{dt}+Ri=E, \qquad L\frac{d^2i}{dt^2}+R\frac{di}{dt}+\frac{1}{C}i=0 \tag{15.1}$$

선형 미분방정식의 일반해는 수학적으로 보조해와 특수해의 합으로 표시된다. 이를 전기계의 방정식에 대응시키면 일반해는 완전응답이라 하고, 보조해 i_c는 과도해(transient solution, i_t), 특수해 i_p는 정상해(steady state solution, i_s)를 의미한다.

여기서 **과도해**는 신호 인가 후 정상 상태에 도달하기 전까지의 해로써 구동전원이 없을 때 초기조건과 회로 고유의 특성만으로 결정되는 응답이기 때문에 **자연응답**(natural response) 또는 **고유응답**이라 한다. 또 **정상해**는 과도상태가 사라지고 구동전원에 의해 결정되는 응답, 즉 정상상태에서의 응답을 **강제응답**(forced response)이라고 한다. 또 전 시간 범위에 걸쳐 만족하는 **완전응답**(complete response)은 **자연응답과 강제응답의 합**으로 구성된다.

수학계와 전기계의 해에 대응되는 용어는 다음과 같고, 전기계의 용어를 우선적으로 사용하여 전공의 이해와 접목을 가능한 쉽도록 할 것이다.

수학적 표현 : 일반해(i) = 보조해(i_c)+특수해(i_p)
전기적 표현 : 일반해(완전응답, i) = 과도해(자연응답, i_t)+정상해(강제응답, i_s)

(1) 선형 동차 미분방정식

계수 a, b가 상수이고, 가장 높은 2계 도함수가 포함된 방정식의 형식이

$$\frac{d^2y}{dt^2}+a\frac{dy}{dt}+by=f(t) \begin{cases} f(t)=0\,(\text{동차}) \\ f(t)\neq 0\,(\text{비동차}) \end{cases} \tag{15.2}$$

으로 표현될 때 **2계 선형 미분방정식**이라 한다. 여기서 우변 $f(t)=0$인 방정식을 2계 선형 **동차** 미분방정식, $f(t)\neq 0$인 방정식을 2계 선형 **비동차** 미분방정식이라 한다.

특히 미분방정식의 좌변의 계수 a, b는 전기회로에서 선형소자의 R, L, C의 값으로 구성된 회로정수(상수)이기 때문에 **선형**이라는 것이고, 우변의 함수 $f(t)$는 전기회로에 인가된 **구동전원** 또는 **구동전원의 도함수**를 의미하게 된다.

식 (15.2)의 선형 미분방정식의 일반해(완전응답)는 과도해(자연응답)와 정상해(강제응답)의 합이라는 것을 이미 설명하였다. 그러나 동차형의 일반해(완전응답)는 구동전원을 의미하는 우변의 $f(t)$가 0이므로 구동 전원에 의해 결정되는 정상해(강제응답)는 존재하지 않고 과도해(자연응답)만이 된다. 또 $f(t)\neq 0$인 비동차형 미분방정식의 일반해(완전응답)는 정상해와 과도해가 존재하여 이들의 합으로 나타낸다. 즉,

동차형 : 일반해(완전응답, y) = 과도해(자연응답, y_t)
비동차형 : 일반해(완전응답, y) = 과도해(자연응답, y_t)+정상해(강제응답, y_s)

식 (15.2)에서 $f(t)=0$인 **2계 선형 동차 미분방정식**을 다시 표현하면

$$\frac{d^2y}{dt^2}+a\frac{dy}{dt}+by=0 \tag{15.3}$$

이다. 2계 선형 동차 미분방정식은 1계 선형 미분방정식을 분해하여 표현할 수 있기 때문에 1계 선형 미분방정식의 해는 2계 선형 미분방정식의 한 항을 포함할 것이다. 따라서 식 (15.3)에서 2계 도함수를 제외한 1계 선형 미분방정식은

$$\text{1계 선형 동차 미분방정식 : } a\frac{dy}{dt}+by=0 \tag{15.4}$$

이다. 1계 선형 미분방정식의 일반해를 구하는 방법은 먼저 식 (15.4)를 변수 분리하고 양변을 적분하면

$$\frac{dy}{y}=-\frac{b}{a}dt, \qquad \int\frac{dy}{y}=-\int\frac{b}{a}dt+K \tag{15.5}$$

가 된다. 여기서 K는 적분 상수이다. 이 식으로부터 일반해 y는 다음과 같이 구해진다.

$$\ln y=-\frac{b}{a}t+K \quad\rightarrow\quad y=e^{-(b/a)t+K}$$

$$y = e^K \cdot e^{-(b/a)t} = Ae^{-(b/a)t} \qquad \therefore\ y = Ae^{-(b/a)t} \tag{15.6}$$

여기서 A는 적분 상수를 포함한 임의의 상수이다. 식 (15.4)와 같은 **1계 미분방정식을 만족하는 해의 형식**은 식 (15.6)으로부터 다음과 같이 표현할 수 있다.

$$y = Ae^{st} \tag{15.7}$$

식 (15.7)의 해의 형식은 2계 동차 미분방정식의 해도 될 것이다. 즉 1계, 2계 도함수를 각각 구하면

$$y = Ae^{st}, \quad \frac{dy}{dt} = Ase^{st}, \quad \frac{d^2y}{dt^2} = As^2e^{st} \tag{15.8}$$

이고, 이들을 식 (15.3)에 대입하면 다음과 같다.

$$As^2e^{st} + aAse^{st} + bAe^{st} = 0$$
$$\therefore\ Ae^{st}(s^2 + as + b) = 0 \tag{15.9}$$

이 된다. 여기서 식 (15.9)가 성립하려면 $Ae^{st} \neq 0$이므로 s는 항상

$$s^2 + as + b = 0 \tag{15.10}$$

을 만족해야 한다. 그러면 식 (15.7)의 해 Ae^{st}는 식 (15.3)의 2계 미분방정식의 해가 된다. 이 때 식 (15.10)을 식 (15.3)의 **특성방정식**(characteristic equation)이라고 한다. 전기회로에서 특성방정식은 구동 전원에 영향이 없는 시스템 자체의 고유 특성이다.

특성방정식의 근을 **특성근** s라고 하며, 이차 방정식의 근의 공식에 의하여

$$s = \frac{-a \pm \sqrt{a^2 - 4b}}{2} \tag{15.11}$$

가 된다. 여기서 a, b는 상수이므로 특성근은 다음의 세 가지 형태로 분류할 수 있으며, 이 특성근의 형태, 즉 판별식 D의 관계에 따라 2계 선형 동차 미분방정식에 대한 일반해의 형식이 결정된다.

① 두 개의 서로 다른 실근 : $D = a^2 - 4b > 0$

② 중근(실수) : $D = a^2 - 4b = 0$

③ 두 개의 공액 복소근(허근) : $D = a^2 - 4b < 0$

2계 선형 동차 미분방정식의 특성근에 따른 과도해(자연응답)의 형식은 **표 15.2**와 같이 정리할 수 있다. 여기서 미정계수 A_1, A_2는 초기조건을 만족하는 임의의 상수이다.

표 15.2 ▶ 2계 동차 미분방정식의 특성근에 따른 자연응답의 형식

구분	특성근의 종류	과도해(자연응답) 형식
1	서로 다른 실근 $(s_1,\ s_2)$	$y = A_1 e^{s_1 t} + A_2 e^{s_2 t}$
2	중근(실수) $(s = s_1 = s_2)$	$y = (A_1 + A_2 t)e^{st}$
3	공액 복소근 $(s_1,\ s_2 = \alpha \pm j\omega)$	$y = e^{\alpha t}(A_1 \cos\omega t + A_2 \sin\omega t)$

2계 동차 미분방정식의 해법 순서를 참고에 정리하여 나타낸다.

참고 2계 동차 미분방정식의 해법

(1) 2계 동차 미분방정식의 해법 순서

① 동차 미분방정식의 형태 확인[(우변)= 0)]

$$\frac{d^2y}{dt^2} + a\frac{dy}{dt} + by = 0 \text{ (단, } a,\ b\text{는 상수)}$$

② 특성방정식으로 변환한 다음, 특성근을 구한다.

$$\frac{d^2}{dt^2} \to s^2, \quad \frac{d}{dt} \to s$$

특성방정식 : $s^2 + as + b = 0$ (특성근 : $s_1,\ s_2$)

③ 일반해의 표현 방법 : **과도해**만 존재

$y = A_1 e^{s_1 t} + A_2 e^{s_2 t}$ (두 실근)

$y = (A_1 + A_2 t)e^{st}$ (중근 : $s = s_1 = s_2$)

$y = e^{\alpha t}(A_1 \cos\omega t + A_2 \sin\omega t)$ (공액 복소근 : $s_1,\ s_2 = \alpha \pm j\omega$)

④ 미정계수 A_1, A_2는 초기조건에 의하여 구한다.

(2) 특성방정식의 특성근($s = \alpha \pm j\omega$) 성질(자연응답 조건)

① 실수부는 정(+)이 될 수 없다.

② 실수($\alpha < 0,\ \omega = 0$) : 감쇠함수

복소수($s = \alpha \pm j\omega$) : 감쇠 진동함수

순허수($s = \pm j\omega$) : 무감쇠 진동함수

(2) 선형 비동차 미분방정식

식 (15.2)에서 설명한 바와 같이 $f(t) \neq 0$인 2계 비동차 미분방정식의 형식은

$$\frac{d^2y}{dt^2} + a\frac{dy}{dt} + by = f(t) \quad (f(t) \neq 0) \tag{15.12}$$

이다. 동차 미분방정식의 일반해는 과도해(자연응답)만이 포함되었지만, 비동차 미분방정식의 일반해는 구동전원을 의미하는 $f(t)$가 존재하므로 보조해인 과도해(자연응답)와 특수해인 정상해(강제응답)가 모두 포함하는 합으로 얻어진다. 따라서 비동차 미분방정식을 푸는 순서는 먼저 과도해를 구하고 다음으로 정상해를 구하는 것이다.

과도해(자연응답)는 식 (15.12)의 우변을 $f(t)=0$으로 놓고 이미 배운 참고에 나타낸 **동차 미분방정식의 해법 순서**를 그대로 적용하여 구한다.

정상해(강제응답)는 $f(t)$의 함수로부터 미정계수를 포함한 **추정 정상해의 형식** y_s를 가정하고, y_s와 이를 미분한 1차 및 2차 미분 y_s', y_s''을 식 (15.12)의 비동차 미분방정식에 대입하여 구한다.

여기서 추정하는 정상해의 형식 y_s는 주어진 함수 $f(t)$가 상수, 지수함수 또는 삼각함수 등의 유형에 따라 정상해의 형식도 유사할 것이라는 것을 가정하여 정한다. **표 15.3**은 대표적으로 주어지는 함수 $f(t)$로부터 정상해의 형식을 정리하여 나타낸 것이다.

표 15.3 ▶ 비동차 미분방정식에서 정상해(강제응답)의 형식

구분	구동함수 $f(t)$		정상해(강제응답) y_s
1	상수(직류)	a	$y_p = A$
2	지수함수	ke^{at}	$y_p = Ae^{at}$
3	삼각함수(교류)	$a\cos\omega t,\ b\sin\omega t$	$A_1\cos\omega t + A_2\sin\omega t$

전기회로에서 정상해(강제응답)의 해법은 구동전원에 의한 정상 상태의 응답이기 때문에 $f(t)$가 상수인 직류 전압(전류)이거나 정현함수인 교류가 주어지면 위의 방법을 따르지 않고 직접 구할 수 있다. 즉, **(1) $f(t)$가 상수인 직류 전압 또는 전류이면 제 15.1.1 절의 인덕터와 커패시터의 직류특성을 활용한 회로 해석법**으로 구하고, **(2) $f(t)$가 정현함수인 교류전원이 주어지면 교류의 회로 해석법인 페이저 방법**을 이용하여 간단히 구한다.

최종적으로 비동차형의 일반해(완전응답) 형식은 위에서 구한 과도해(자연응답)와

정상해(강제응답)의 합으로 구해지며, 이 때 과도해에 포함되어 있는 미정계수는 초기 조건을 대입하여 결정한다.

특히 1계 선형 미분방정식은 일반적으로 변수 분리형으로 해를 구하지만, 2계 선형 미분방정식의 해법을 그대로 적용하여 특성근에 의해 간단히 구할 수 있다.

참고 2계 비동차 미분방정식의 해법

■ 2계 비동차 미분방정식의 해법 순서

① 비동차 미분방정식의 형태 확인$[f(t) \neq 0]$

$$\frac{d^2y}{dt^2} + a\frac{dy}{dt} + by = f(t) \text{ (단, } a,\ b\text{는 상수)}$$

② 과도해(자연응답, y_t)를 구한다. : 동차 미분방정식으로 변형$[f(t) = 0]$하고, 특성방정식의 특성근으로부터 과도해를 구한다.(동차 미분방정식 해법 순서 적용)

③ 정상해(강제응답, y_s)를 구한다. : 함수 $f(t)$에 따른 정상해의 형식을 **표 15.3**에서 선정 (단, 전기회로 : 직류전원[상수]-직류 회로해석법, 교류전원[삼각함수]-페이저 방법)

④ 미정계수를 포함한 일반해(y)의 형식을 구한다. : 과도해와 정상해의 합($y = y_t + y_s$)으로 표현한다.

⑤ 초기조건 : ④의 일반해 형식에 초기조건을 대입하여 미정계수를 구한다.

⑥ 최종 일반해를 구한다. : 미정계수를 ④에 대입하여 최종적인 일반해를 구한다.

15.2 *RL* 직류회로

15.2.1 직류전압 인가

그림 15.4와 같은 RL 직렬회로에서 $t = 0$일 때 스위치를 닫고 직류 전압 E가 인가된 경우의 과도현상을 고찰해 본다.

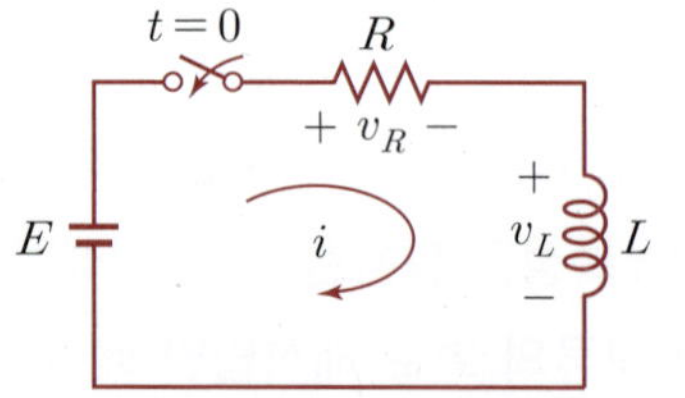

그림 15.4 ▸ RL **직렬회로**

회로에 흐르는 전류 i를 가정하고, 키르히호프 법칙의 전압방정식은

$$L\frac{di}{dt}+Ri=E \tag{15.13}$$

이다. 이 식은 i에 관한 1계 도함수(미분)를 포함하고 있기 때문에 1계 선형 미분방정식이라 하고, 1계 선형 미분방정식으로 표현되는 회로를 **1차 회로**라고 한다. 특히 우변은 0이 아니고 직류 전원 E가 있으므로 **선형 비동차 미분방정식**이다.

따라서 식 (15.13)의 시간에 대한 i의 일반해(완전응답)는 과도해와 정상해의 합이 된다. 식 (15.13)의 전압방정식을 **비동차형** 미분방정식의 해법 순서에 의해 구해본다.

일반해(완전응답, i) = 과도해(자연응답, i_t) + 정상해(강제응답, i_s)

(1) 과도해(자연응답)

회로 미분방정식에서 과도해 i_t는 식 (15.13)의 우변을 0 $(E=0)$으로 놓고 동차 미분방정식의 해법으로 구한다. 즉,

$$L\frac{di}{dt}+Ri=0 \tag{15.14}$$

이다. 1계 미분방정식은 식 (15.4)의 풀이과정에서 소개한 변수 분리형으로 구하는 것이 일반적이지만, 본 교재에서는 2계 동차 미분방정식의 특성근에 의한 해법 순서를 그대로 적용하여 간단히 구하는 방법으로 설명한다.

계수가 회로정수 R, L로 이루어진 선형 미분방정식의 **특성방정식**을 구하기 위해 식 (15.14)에서 도함수 $d/dt \rightarrow s$로 변환한다. 이 특성방정식의 **특성근** s는

$$Ls+R=0 \qquad \therefore\ s=-\frac{R}{L} \tag{15.15}$$

이 된다. 특성근을 만족하는 식 (15.14)의 **1계 미분방정식 과도해의 형식**은 식 (15.7)과 같은 $i_t=Ae^{st}$가 된다. 즉, 구동전압과 무관한 회로의 초기 상태로 결정되는 과도해(자연응답)의 형식은 다음과 같이 얻어진다.

$$i_t=Ae^{st}=Ae^{-\frac{R}{L}t} \tag{15.16}$$

(2) 정상해(강제응답)

정상해 i_s는 다음의 두 가지 방법 중에서 편리한 방법을 선택하여 구할 수 있다.

(a) 정상 상태($t=\infty$)에서 전압 v_s 또는 전류 i_s는 시간에 대해 일정할 것이므로 미분방정식에 포함된 미분(도함수)의 모든 항은 0이다. 이 식에서 $di/dt=0$을 식 (15.13)에 직접 대입하여 구할 수 있다.

(b) 정상 상태($t=\infty$)에서 인덕터는 물리적으로 단락 회로와 같으므로 전원 전압 E에 저항 R만 연결된 회로가 되므로 직관적으로 구할 수 있다. 즉,

$$i_s=\frac{E}{R} \tag{15.17}$$

이 결과로부터 식 (15.13)의 미분방정식을 만족하는 **일반해(완전응답)의 형식**인 전류 i는 식 (15.16)의 과도해(자연응답)와 식 (15.17)의 정상해(강제응답)의 합으로 표현한다.

$$i=i_s+i_t=\frac{E}{R}+Ae^{-\frac{R}{L}t} \tag{15.18}$$

여기서 미정계수 A는 회로의 **초기조건**을 만족하도록 결정한다. 1차 회로에서 미정계수가 한 개이므로 L(또는 C)를 이용하여 한 개의 초기조건만 유도하면 된다.

(3) 초기조건

인덕터는 **표 15.1**과 같이 $t=0$에서 개방 회로를 나타내므로 회로의 전류는 $i=0$이다. 즉, 초기조건 $i(0)=0$을 식 (15.18)의 일반해의 형식에 대입하면 미정계수 A는 다음과 같이 얻어진다.

$$A=-\frac{E}{R} \tag{15.19}$$

(4) 일반해(완전응답)

식 (15.19)의 A를 식 (15.18)의 **완전응답의 형식에 대입(과도해의 형식에 대입하면 안 됨)**하면 식 (15.13)의 미분방정식을 만족하는 최종적인 일반해(완전응답)가 구해진다.

$$i=\frac{E}{R}\left(1-e^{-\frac{R}{L}t}\right) \tag{15.20}$$

그림 15.5는 식 (15.20)의 전류 i에 대한 시간 변화를 나타낸 곡선이다. 이 때 전류

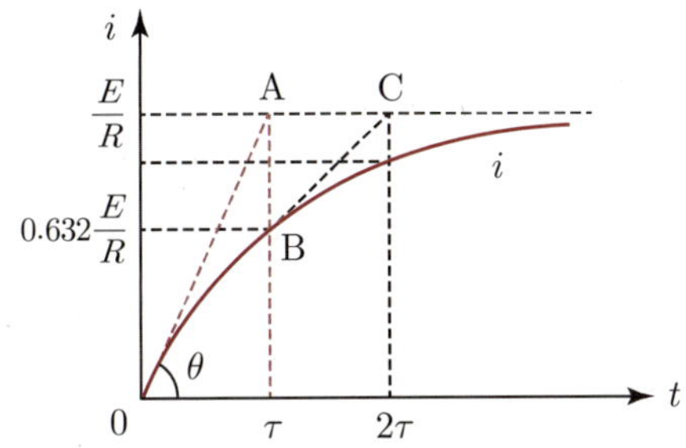

그림 15.5 ▶ RL **직렬회로에서 전류의 시간적 변화**

i는 0부터 지수함수적으로 점차 증가하면서 전류의 정상값인 $i=E/R$에 접근한다.

그림 15.5에서 전류의 곡선에 $t=0$인 원점에서 접선을 그리고 전류의 최종값 E/R와 만나는 점 A까지의 시간을 τ라고 할 때 곡선으로부터 접선의 기울기는 $\tan\theta$가 된다. 또 식 (15.20)의 함수를 미분하여 $t=0$을 대입해도 기울기가 된다. 즉, 곡선에서 구한 기울기와 함수의 미분으로부터 구한 기울기의 상등 관계로부터 τ를 구할 수 있다.

$$\tan\theta=\frac{E/R}{\tau},\qquad \left.\frac{di}{dt}\right|_{t=0}=\frac{E}{L}\quad\rightarrow\quad\frac{E/R}{\tau}=\frac{E}{L}$$

$$\therefore\ \tau=\frac{L}{R}\ [\mathrm{s}] \tag{15.21}$$

여기서 τ는 회로의 **시정수**(time constant, 시간의 정수)라 하고, 시간의 정수를 의미하므로 단위는 **초**[s]이다. 식 (15.15)의 특성근 s와 식 (15.21)의 시정수 τ의 관계는

$$s=-\frac{R}{L},\qquad \tau=\frac{L}{R}\quad\rightarrow\quad\therefore\ \tau=\frac{1}{|s|} \tag{15.22}$$

이다. 따라서 **시정수는 특성근의 절대값의 역수**와 같다.

RL 직렬회로에서 전류의 식 (15.20)을 시정수 τ로 변형하면 다음과 같다.

$$i=\frac{E}{R}\left(1-e^{-\frac{R}{L}t}\right)=\frac{E}{R}\left(1-e^{-\frac{1}{\tau}t}\right) \tag{15.23}$$

그림 15.6은 시정수의 크기에 따른 과도현상의 특징을 나타낸 것이다. 시정수가 큰 회로는 과도현상이 오래 지속되면서 정상 상태에 도달하는 시간이 많이 걸리게 된다. 반면

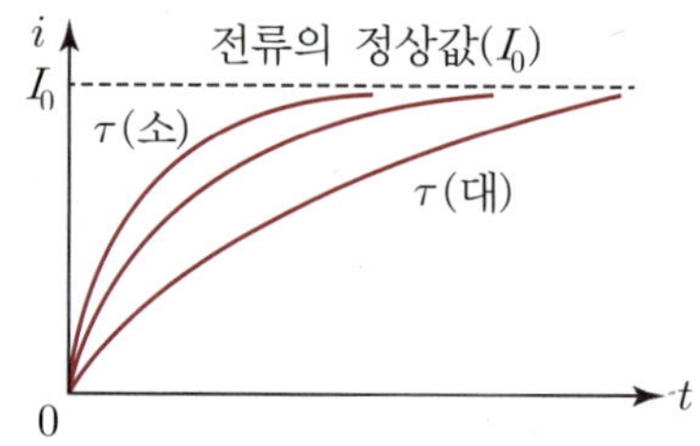

그림 15.6 ▸ 시정수 대소에 따른 과도현상

에 시정수가 짧을수록 과도현상은 빨리 사라지면서 정상 상태에 빨리 도달하게 된다.

RL 직렬회로에서 시간 경과(시정수의 배수)에 따라 전류가 정상값에 도달하는 정도를 알기 위하여 식 (15.23)을 이용하여 계산한 결과를 **표 15.4**에 나타내었다.

먼저 시간 t가 시정수 τ일 때($t=\tau$), 전류는 정상전류의 63.2%에 도달한다. 특히 과도전류가 시정수일 때 지수함수 항에서 지수가 (−1), 즉 e^{-1}이 되는 경우이다.

그림 15.5에서 $t=\tau$에 대응하는 곡선상의 점 B에서 다시 접선을 그리면 시간축의 2τ인 점에서 만난다. 이 때의 전류는 정상전류의 86.5%가 된다.

$t=5\tau$일 때의 전류는 정상전류의 99.3%가 되어 거의 정상전류에 도달하는 것을 보이고 있으며, 시간이 5τ일 때 공학적으로 정상상태에 도달한 것으로 취급한다.

표 15.4 ▸ 시간 경과(시정수의 배수)에 따른 전류의 변화

시간 t[s]	전류값	정상전류에 대한 백분율
$t=\tau$ (시정수)	$i(\tau)=\frac{E}{R}(1-e^{-1})=0.632\frac{E}{R}$	63.2 [%]
$t=2\tau$	$i(2\tau)=\frac{E}{R}(1-e^{-2})=0.865\frac{E}{R}$	86.5 [%]
$t=3\tau$	$i(3\tau)=\frac{E}{R}(1-e^{-3})=0.950\frac{E}{R}$	95.0 [%]
$t=4\tau$	$i(4\tau)=\frac{E}{R}(1-e^{-4})=0.982\frac{E}{R}$	98.2 [%]
$t=5\tau$	$i(5\tau)=\frac{E}{R}(1-e^{-5})=0.993\frac{E}{R}$	99.3 [%]

이제 각 소자의 단자전압을 구해보자. 저항의 단자전압은 $v_R=Ri$에 의해 구하면 된다. 인덕터의 단자전압은 $v_L=L\frac{di}{dt}$에 의해 구할 수 있지만 전압의 관계식($E=v_R+v_L$)에서 $v_L=E-v_R$을 이용하면 미분을 하지 않고 쉽게 구할 수 있다.

$$v_R = Ri = E\left(1 - e^{-\frac{R}{L}t}\right) \tag{15.24}$$

$$v_L = E - v_R = E - E\left(1 - e^{-\frac{R}{L}t}\right)$$

$$\therefore \ v_L = Ee^{-\frac{R}{L}t} \tag{15.25}$$

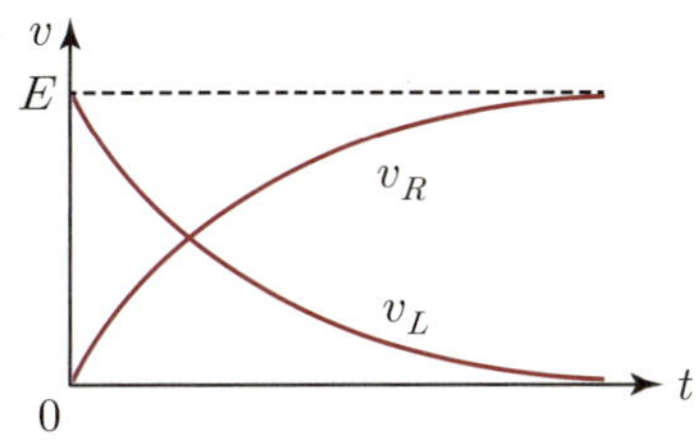

그림 15.7 ▶ 각 소자의 단자전압

그림 15.7은 각 소자의 단자전압을 나타낸 곡선이다. 임의의 시간에 대해 두 단자전압의 합은 항상 일정한 전원 전압이 된다. 즉 시간 t에 관계없이 $v_R + v_L = E$의 관계가 성립하고 있음을 보여주고 있다.

이제 RL 직렬회로에서 초기전류 I_0가 주어진 상태의 과도현상에 관해 설명한다.

그림 15.4의 회로에서 인덕터 L의 초기전류 I_0가 흐르는 상태에서 스위치를 닫았을 때 회로 전류 i를 구해본다.

식 (15.13)의 회로의 전압방정식과 시정수 τ, 과도해 i_t, 정상해 i_s는 초기전류가 없을 때와 같은 결과가 나오고, 미정계수 A로 표현되는 식 (15.18)의 완전응답의 형식도 정상해(강제응답)와 과도해(자연응답)의 합으로 동일한 결과가 나온다. 즉,

$$i = i_s + i_t = \frac{E}{R} + Ae^{-\frac{1}{\tau}t} \tag{15.26}$$

이다. 미정계수 A는 초기조건 $i(0) = I_0$를 만족하도록 정해지는 상수이므로

$$i(0) = \frac{E}{R} + A = I_0$$

$$\therefore \ A = I_0 - \frac{E}{R} \quad : \ (A = \text{초기값} - \text{정상값}) \tag{15.27}$$

이 얻어진다. 즉, 식 (15.27)의 A를 식 (15.26)에 대입하면 초기전류 I_0가 흐르는 상태에서 전류 i의 완전응답은

$$i = \frac{E}{R} + \left(I_0 - \frac{E}{R}\right)e^{-\frac{1}{\tau}t} \tag{15.28}$$

이다. 이 식에서 우변의 제 1 항은 **정상해(강제응답)**이고, 제 2 항은 시간에 따라 지수함수

적으로 소멸되는 **과도해(자연응답)**을 의미한다. 이로부터 다음과 같은 1차 회로의 **완전응답에 대한 일반식**이 도출된다.

$$\text{완전응답} = \underbrace{(\text{정상값})}_{\text{강제응답}} + \underbrace{(\text{초기값} - \text{정상값})e^{-t/\tau}}_{\text{자연응답}}$$

$$i(t) = i(\infty) + [i(0) - i(\infty)]e^{-t/\tau} \qquad (15.29)$$

위의 관계식은 1차 회로에서 항상 성립하는 완전응답에 대한 일반식이고 회로에 따라 시정수 τ 만 달라진다.

예제 15.2

그림 15.4에서 $R = 2[\Omega]$, $L = 0.5[\text{H}]$ 이고 직류 전압 $E = 30[\text{V}]$ 이다. $t = 0$ 에서 스위치 S를 닫았을 때 다음을 각각 구하라.

(1) 특성근 s, 시정수 $\tau[\text{s}]$
(2) $t = 0.1[\text{s}]$ 와 $t = 0.25[\text{s}]$ 일 때 전류
(3) 초기값 $i(0)$, $v_L(0)$, $\dfrac{di}{dt}(0)$
(4) 각 소자의 단자전압 v_R, v_L

풀이 (1) 특성근 $s = -\dfrac{R}{L} = -\dfrac{2}{0.5} = -4$, 시정수 $\tau = \dfrac{L}{R} = \dfrac{0.5}{2} = 0.25[\text{s}]$

(2) 전류 $i = \dfrac{E}{R}\left(1 - e^{-\frac{R}{L}t}\right) = \dfrac{30}{2}\left(1 - e^{-4t}\right)$

$\therefore\ i(t) = 15\left(1 - e^{-4t}\right)[\text{A}]$

$i(0.1) = 15\left(1 - e^{-4\times 0.1}\right) = 15\left(1 - e^{-0.4}\right) = 4.95[\text{A}]$
$i(0.25) = 15\left(1 - e^{-4\times 0.25}\right) = 15\left(1 - e^{-1}\right) = 9.48[\text{A}]$

(3) 초기조건$(t = 0)$; 인덕터 L 은 스위치 닫는 순간에 개방 회로로 작용하므로

$i(0) = 0$, $v_L(0) = E$

$v_L = L\dfrac{di}{dt}$ 에서 $\dfrac{di}{dt} = \dfrac{v_L}{L}$ $\quad\therefore\ \dfrac{di}{dt}(0) = \dfrac{v_L(0)}{L} = \dfrac{E}{L} = \dfrac{30}{0.5} = 60[\text{A/s}]$

(4) $v_R = Ri = E\left(1 - e^{-\frac{R}{L}t}\right) = 30\left(1 - e^{-4t}\right)[\text{V}]$

$v_L = E - v_R = Ee^{-\frac{R}{L}t} = 30e^{-4t}[\text{V}]$

15.2.2 직류전압 제거

그림 15.8의 *RL* 직렬회로에서 스위치를 a에 접속되어 정상 상태에 있는 중에 $t=0$에서 b로 전환하여 직류 전압을 제거하였을 때 과도현상을 고찰해 본다.

키르히호프의 법칙에 의한 전압 방정식은

$$L\frac{di}{dt}+Ri=0 \qquad (15.30)$$

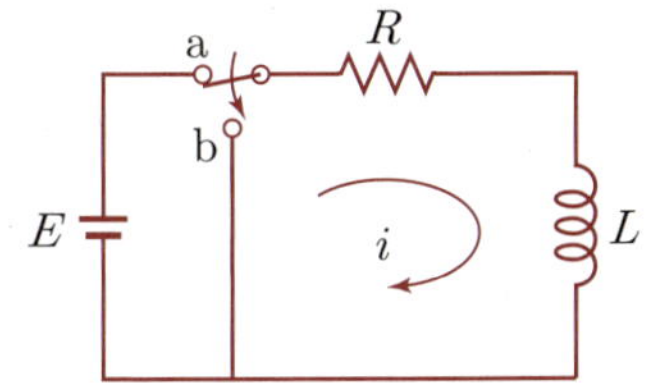

그림 15.8 ▸ *RL* 단락회로

이다. 이 식은 우변이 0이므로 **동차형 미분방정식**이 된다. 따라서 완전응답은 과도해(자연응답)만 존재한다.

> 일반해(완전응답, i) = 과도해(자연응답, i_t)

계수가 회로정수 R, L로 이루어진 특성방정식과 특성근 s는

$$Ls+R=0 \qquad \therefore\ s=-\frac{R}{L} \qquad (15.31)$$

이다. 특성근을 만족하는 식 (15.30)의 1계 미분방정식 해의 형식은 $i_t=Ae^{st}$이므로 구동전압과 무관한 회로의 초기 상태로 결정되는 완전응답인 **과도해(자연응답)의 형식**은

$$i(=i_t)=Ae^{st}=Ae^{-\frac{R}{L}t} \qquad (15.32)$$

이다. 여기서 미정계수 A는 초기조건을 만족하도록 결정되는 상수이다.

스위치 전환 직전($t=0^-$)에 직류 정상전류가 흐르기 때문에 인덕터는 단락 상태가 되고 전류 $i(0^-)=E/R$이다. 인덕터는 물리적으로 전류가 급변할 수 없는 성질 때문에 스위치 전환 직후($t=0^+$)의 전류도 같게 된다. 즉, 전류의 초기값 $i(0)$는

$$i(0)=i(0^+)=i(0^-)=\frac{E}{R} \qquad (15.33)$$

이다. 식 (15.33)을 식 (15.32)에 대입하면 미정계수 $A=E/R$가 얻어진다.

따라서 전류 i의 완전응답은 다음과 같으며, 회로의 시정수 τ는 식 (15.31)의 특성근으로부터 다음과 같이 구해진다.

$$i = \frac{E}{R} e^{-\frac{R}{L}t} \tag{15.34}$$

$$\tau = \frac{1}{|s|} = \frac{L}{R} \tag{15.35}$$

그림 15.9는 식 (15.34)의 전류 i를 나타낸 곡선이고, RL 단락 회로에서 초기 전류가 지수함수적으로 감소하면서 저항에서 모두 열로 소비되어 정상 상태의 전류가 0인 것을 나타내고 있다.

특히 스위치를 a에서 b로 전환했음에도 불구하고 인덕터에 흐르는 전류의 방향은 스위치 전환 직전의 a에 접속된 상태의 시계 방향을 유지하고 있다. 이 현상은 인덕터에서 전류가 불연속으로 급변할 수 없기 때문이고, 이로부터 스위치 전환 직전에 인덕터에 걸린 전압의 극성이 반대 방향으로 바뀌게 되는 것을 알 수 있다.

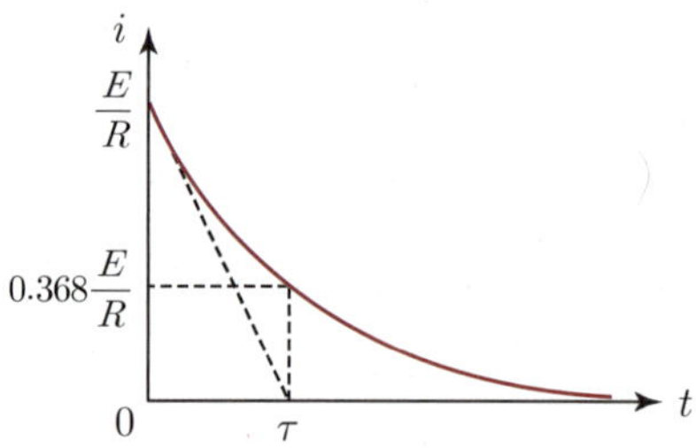

그림 15.9 ▸ RL **단락회로 전류 변화**

아래의 참고는 RL 직렬회로에서 스위치를 위치 a에서 투입하여 b로 전환하였을 때 인덕터에 흐르는 전류의 시간 변화에 대한 전 과정을 나타낸 것이다.

참고 **인덕터에서 스위치 전환에 따른 전류 변화의 전 과정**

그림 15.10은 RL 회로에서 스위치를 전환하는 전 과정의 시간에 따른 전류의 변화를 나타낸 것이다.

① **그림 15.8**의 회로에서 스위치를 a로 전환하여 ON 순간, 인덕터는 역기전력이 작용하여 개방 회로로 작용한다. 인덕터에서 전류는 불연속적인 급변 전류가 흐르지 못하므로 시간이 다소 지연되면서 지수함수적으로 상승하면서 시간 경과와 함께 t_1에서 정상값 E/R에 도달한다.

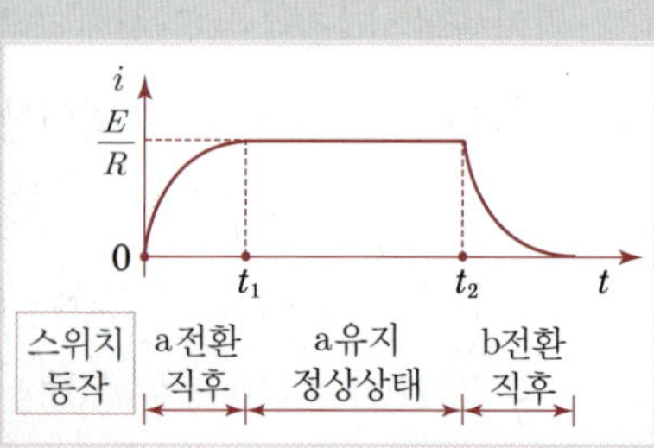

그림 15.10 ▸ RL**회로 전류의 시간변화**

② 시간 t_2에서 스위치를 b로 전환하는 순간, 인덕터 내부의 자속은 급격히 감소하여 없어지므로 렌츠의 법칙에 의해 자속을 증가시키는 방향으로 역기전력이 발생한다. 따라서 스위치를 b로 전환 후에 **전류의 방향은 스위치 전환 직전의 전류와 같은 방향**으로 흐르게 된다. 전류는 바로 직전의 전류와 같은 방향으로 흐르고, 즉시 0이 되지 않고 시간 경과와 함께 지수함수적으로 감소하면서 0으로 떨어진다.

이와 같은 현상으로 스위치를 개방할 때에는 닫을 때보다 매우 큰 유도 기전력을 발생시키면서 불꽃(spark)을 일으키기 때문에 스위치의 접점 소손의 원인이 된다.

예제 15.3

그림 15.8에서 $R=10[\Omega]$, $L=2[\mathrm{H}]$이고 직류 전압 $E=70[\mathrm{V}]$이다. 스위치 S를 a에 접속하여 정상 상태에 있는 중에 $t=0$에서 b로 전환하였을 때 다음을 각각 구하라.

(1) 특성근 s, 시정수 $\tau[\mathrm{s}]$

(2) 시정수 τ에서의 전류

(3) 초기값 $i(0)$

(4) 저항과 인덕터의 단자전압 v_R, v_L

풀이 (1) 특성근 $s=-\dfrac{R}{L}=-\dfrac{10}{2}=-5$, 시정수 $\tau=\dfrac{L}{R}=\dfrac{2}{10}=0.2[\mathrm{s}]$

(2) 전류 $i=\dfrac{E}{R}e^{-\frac{R}{L}t}=7e^{-5t}[\mathrm{A}]$ $\quad\therefore\ i(0.2)=7e^{-1}=2.58[\mathrm{A}]$

(3) 초기조건($t=0$) ; 스위치 전환 직전($t=0^-$)의 정상 상태에서 인덕터는 단락 회로이고, 전류가 급변할 수 없는 성질이 있음 : $i(0^+)=i(0^-)$

$$i(0^-)=\frac{E}{R}=\frac{70}{10}=7[\mathrm{A}] \quad \therefore\ i(0)=i(0^+)=i(0^-)=7[\mathrm{A}]$$

또는 전류의 식 $i(t)=7e^{-5t}$에서 $t=0$을 직접 대입해도 구할 수 있다.

$$i(0)=7e^{-5\times 0}=7[\mathrm{A}]$$

(4) $v_R=Ri=Ee^{-\frac{R}{L}t}=70e^{-5t}[\mathrm{V}]$

회로에서 전압의 관계식 $v_R+v_L=0$이므로 $v_L=-v_R$

$$\therefore\ v_L=-70e^{-5t}[\mathrm{V}]$$

15.3 RC 직류회로

15.3.1 커패시터의 충전

그림 15.11과 같은 초기 전하량이 없는 RC 직렬회로에서 $t=0$일 때 스위치를 닫고 직류 전압 E가 인가된 경우의 과도현상을 고찰해 본다.

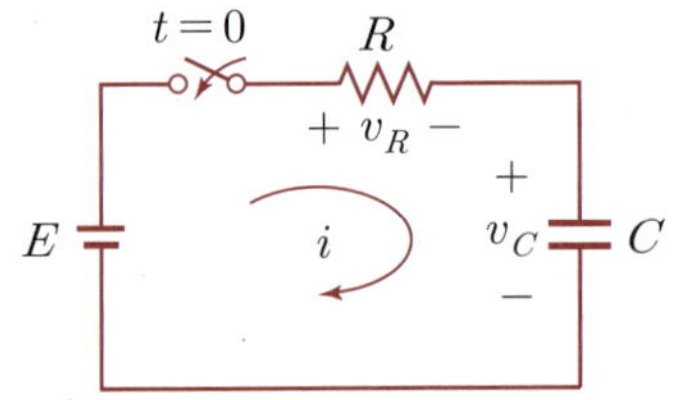

그림 15.11 ▸ RC 직렬회로

회로에 흐르는 전류 i를 그림과 같이 가정하고 키르히호프의 법칙에 의한 전압방정식을 세운다. 이 적분방정식의 양변을 시간 t에 대해 미분을 취하면

$$Ri+\frac{1}{C}\int idt=E \quad \rightarrow \quad R\frac{di}{dt}+\frac{1}{C}i=0 \tag{15.36}$$

이다. 이 식의 우변은 0이므로 **동차 미분방정식**이 된다. 따라서 식 (15.36)의 완전응답은 과도해(자연응답)만 존재하고 계수가 회로정수로 주어진 특성방정식과 특성근 s는

$$s+\frac{1}{RC}=0 \qquad \therefore \ s=-\frac{1}{RC} \tag{15.37}$$

이 된다. 특성근을 만족하는 식 (15.36)의 1계 미분방정식 해의 형식은 $i_t=Ae^{st}$이므로 구동전압과 무관한 회로의 초기 상태로 결정되는 **과도해(자연응답)의 형식**은 다음과 같다.

$$i(=i_t)=Ae^{st}=Ae^{-\frac{1}{RC}t} \tag{15.38}$$

미정계수 A는 초기조건을 만족하도록 결정되는 상수이다.

RC 직렬회로에서 스위치를 닫는 순간($t=0$)에 커패시터는 단락 회로로 작용하므로 전류의 초기값은 $i(0)=E/R$이다. 따라서 초기조건 $i(0)=E/R$를 식 (15.38)에 대입하면 미정계수 $A=E/R$가 얻어진다. 따라서 이 회로에서의 전류 i의 완전응답은 다음과 같이 구해진다.

$$i=\frac{E}{R}e^{-\frac{1}{RC}t} \tag{15.39}$$

이 회로의 **시정수** τ는 식 (15.37)의 특성근 s로부터 다음과 같이 구해진다.

$$\tau=\frac{1}{|s|}=RC\,[\mathrm{s}] \tag{15.40}$$

RC 충전회로에서 전류의 식 (15.39)를 시정수 τ로 변형하면 다음과 같다.

$$i=\frac{E}{R}e^{-\frac{1}{RC}t}=\frac{E}{R}e^{-\frac{1}{\tau}t} \tag{15.41}$$

그림 15.12는 식 (15.41)의 시간 변화 곡선을 나타낸 것이다. RC 직렬회로에서 직류전압을 인가하였을 때 전류 i가 $t=0$의 초기전류 E/R로부터 커패시터로 전하가 이동하면서 충전함과 동시에 충전이 완료되면서 전류는 0이 되는 것이다.

각 소자에 단자전압을 구해본다. 저항의 단자전압은 $v_R=Ri$에 의해 구할 수 있고, 또 커패시터에 걸리는 전압 v_C는 $\frac{1}{C}\int idt$에 의해 구할 수 있다. 그러나 전압의 관계식 $E=v_R+v_C$에서 $v_C=E-v_R$을 이용하면 쉽게 구할 수 있다.

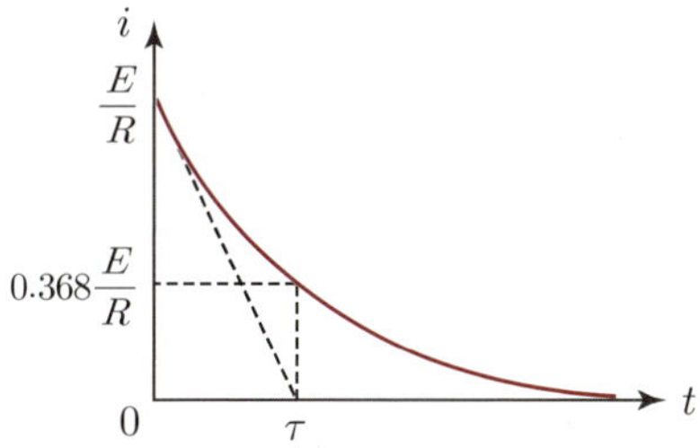

그림 15.12 ▸ RC 직렬회로의 충전전류

$$v_R=Ri=Ee^{-\frac{1}{RC}t} \tag{15.42}$$

$$v_C=E-v_R=E-Ee^{-\frac{1}{RC}t}=E\left(1-e^{-\frac{1}{RC}t}\right) \tag{15.43}$$

그림 15.13은 각 소자에서 구한 단자전압의 관계를 나타낸 것이고, 시간 t에 관계없이 $v_R + v_L = E$의 관계가 성립됨을 보여주고 있다.

또 충전 전하량 q는 다음과 같이 구해지고, 시간에 따른 전하량의 변화를 **그림 15.14**에 나타낸다.

$$q = \int_0^t i\,dt = \frac{E}{R}\int_0^t e^{-\frac{1}{RC}t}dt = \frac{E}{R}\cdot(-RC)\left[e^{-\frac{1}{RC}t}\right]_0^t$$

$$\therefore\ q = CE\left(1 - e^{-\frac{1}{RC}t}\right) \tag{15.44}$$

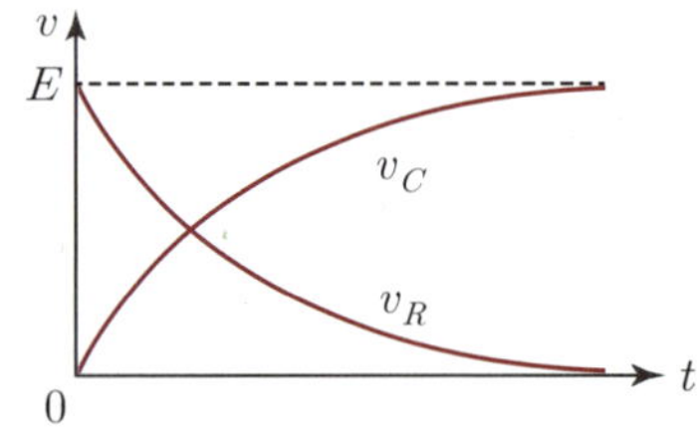

그림 15.13 ▶ 각 소자의 단자전압

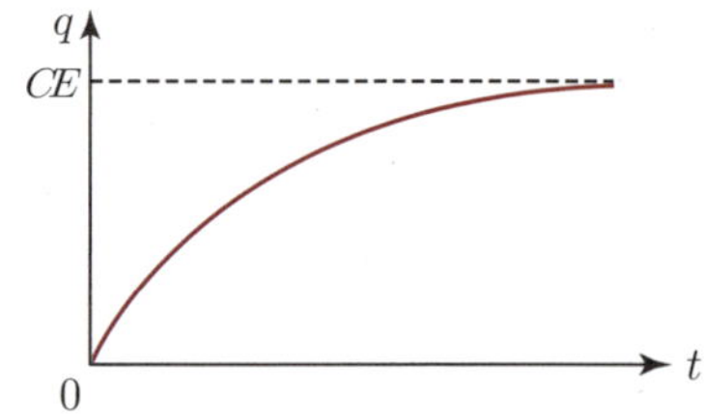

그림 15.14 ▶ 전하량의 시간변화

예제 15.4

그림 15.11에서 $R = 5\,[\mathrm{k\Omega}]$, $C = 20\,[\mu\mathrm{F}]$이고 직류 전압 $E = 100\,[\mathrm{V}]$이다. $t = 0$에서 스위치 S를 닫았을 때 다음을 각각 구하라.(정전용량 C의 초기전하는 없다.)

(1) 특성근 s, 시정수 $\tau\,[\mathrm{s}]$

(2) $t = \tau\,[\mathrm{s}]$일 때 전류$[\mathrm{mA}]$

(3) 초기값 $i(0)$, $v_C(0)$, $\left.\frac{dv}{dt}\right|_{t=0}$

(4) 각 소자의 단자전압 v_R, v_C

풀이 (1) 특성근 $s = -\frac{1}{RC} = -\frac{1}{5000\times 20\times 10^{-6}} = -10$

시정수 $\tau = RC = 5000\times 20\times 10^{-6} = 0.1\,[\mathrm{s}]$

(2) 전류 $i = \frac{E}{R}e^{-\frac{1}{RC}t} = \frac{100}{5000}e^{-10t} = 0.02e^{-10t}$

$i(t) = 0.02e^{-10t}\,[\mathrm{A}]$　　$\therefore\ i(\tau) = 0.02e^{-1} = 7.36\,[\mathrm{mA}]$

(3) 초기조건$(t=0)$; 커패시터는 스위치 닫는 순간에 단락 회로로 작용

$i(0) = \frac{E}{R}$, $v_C(0) = 0$, $i(t) = C\frac{dv(t)}{dt}$에서 $\frac{dv(t)}{dt} = \frac{i(t)}{C}$

$$\therefore \left.\frac{dv}{dt}\right|_{t=0} = \frac{i(0)}{C} = \frac{E}{RC} = \frac{100}{5000\times 20\times 10^{-6}} = 1000\ [\mathrm{V/s}]$$

또는 커패시터의 단자전압 (4)의 결과 v_C를 미분하여 대입해도 구할 수 있다.

$$\frac{dv(t)}{dt} = 1000e^{-10t} \qquad \therefore \left.\frac{dv}{dt}\right|_{t=0} = 1000e^{-10\times 0} = 1000\ [\mathrm{V/s}]$$

(4) $v_R = Ri = Ee^{-\frac{1}{RC}t} = 100e^{-10t}\ [\mathrm{V}]$

$v_C = E - v_R = 100(1-e^{-10t})\ [\mathrm{V}]$

15.3.2 커패시터의 방전

그림 15.15의 RC 회로에서 스위치가 a로 연결되어 있을 때 전류는 시계 방향으로 흐르면서 충전을 완료시키고 커패시터는 개방 상태가 되어 전원 전압과 같은 E가 걸리게 된다. 이 때 $t=0$에서 스위치를 a에서 b로 전환하면 그림과 같이 커패시터의 충전 전하가 방전하면서 전류는 반시계 방향으로 흐르다가 방전이 종료된다.

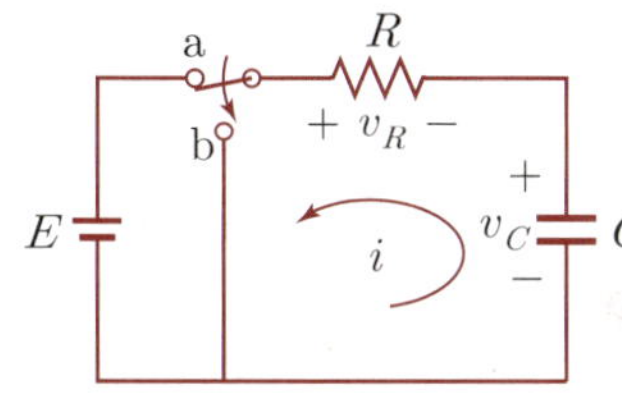

그림 15.15 ▶ RC 방전회로

이 때 전압 방정식을 세우고 이 적분방정식의 양변을 시간 t에 대해 미분을 취하면

$$Ri + \frac{1}{C}\int i dt = 0 \quad \rightarrow \quad R\frac{di}{dt} + \frac{1}{C}i = 0 \tag{15.45}$$

이다. 이 식의 우변은 0이므로 **동차형 미분방정식**이 된다. 식 (15.45)의 완전응답은 과도해(자연응답)만 존재하고, 특성방정식과 특성근 s는

$$s + \frac{1}{RC} = 0 \qquad \therefore\ s = -\frac{1}{RC} \tag{15.46}$$

이 된다. 특성근을 만족하는 식 (15.45)의 1계 동차 미분방정식 해의 형식은 $i_t = Ae^{st}$가 되므로 회로를 만족하는 **과도해(자연응답)의 형식**은 다음과 같이 구해진다.

$$i(=i_t) = Ae^{st} = Ae^{-\frac{1}{RC}t} \tag{15.47}$$

미정계수 A는 초기조건을 만족하도록 결정되는 상수이다.

스위치를 a에서 b로 전환하는 순간 커패시터에 걸린 전압 E에 의하여 방전되므로 전류의 초기값 $i(0)=E/R$이다. 초기조건 $i(0)=E/R$를 식 (15.47)에 대입하면 미정계수 $A=E/R$이다. 따라서 이 회로의 전류 i는 다음과 같이 구해진다.

$$i=\frac{E}{R}e^{-\frac{1}{RC}t}=\frac{E}{R}e^{-\frac{1}{\tau}t} \tag{15.48}$$

그림 15.16은 식 (15.48)의 전류 i에 대한 시간 변화를 나타낸 곡선이고, $t=0$에서 초기전류 E/R에서 지수함수적으로 점차 감소하면서 저항에서 모두 열로 소비되어 0이 된다. 식 (15.41)의 충전전류와 식 (15.48)의 방전전류의 식과 그래프는 서로 같지만, **충전전류와 방전전류가 흐르는 방향은 서로 반대**임을 주의해야 한다.

그림 15.15의 RC 직렬회로에서 스위치를 위치 a에서 투입하여 b로 전환하였을 때 커패시터에 흐르는 전류의 시간 변화에 대한 전 과정을 **그림 15.17**에 나타낸다.

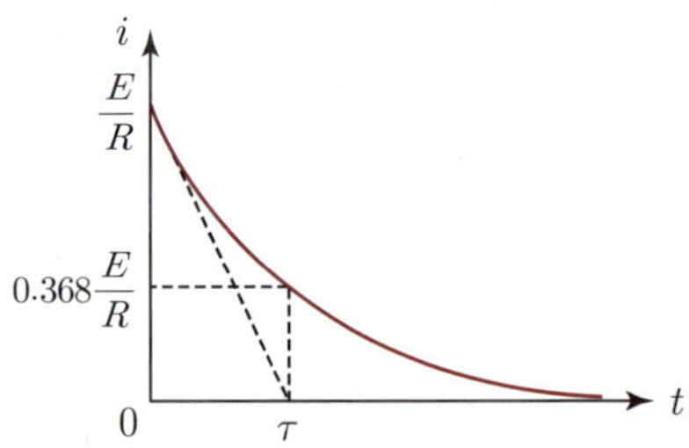

그림 15.16 ▸ RC 회로의 방전전류

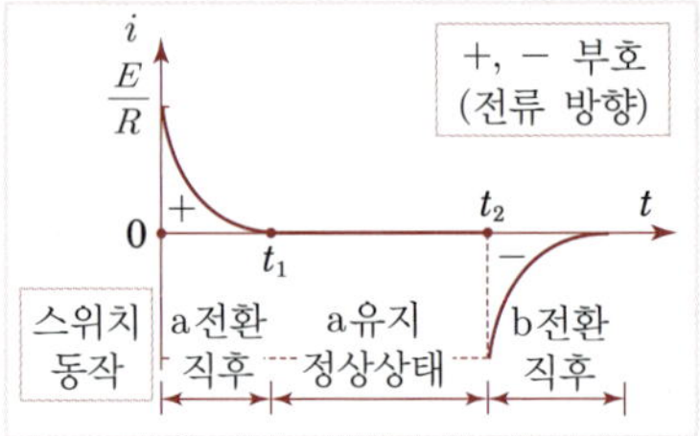

그림 15.17 ▸ RC회로 전류의 시간변화

그림 15.15의 회로에서 방전 전하량 q를 전압 방정식으로부터 구해본다. 식 (15.45)의 좌변의 적분항을 미분식으로 고치기 위해 전류와 전하량의 관계식

$$i=\frac{dq}{dt}, \qquad q=\int i\,dt \tag{15.49}$$

를 이용하면 다음과 같이 전하량 q에 관한 동차 미분방정식이 된다.

$$Ri+\frac{1}{C}\int idt=0 \quad \rightarrow \quad \frac{dq}{dt}+\frac{1}{RC}q=0 \tag{15.50}$$

따라서 완전응답은 자연응답(과도해)만 주어지게 되고, 과도해의 형식은 $q = Ae^{st}$가 된다. 식 (15.45)에 의해 특성근은 $s = -1/RC$이고 $t = 0$에서 초기 전하량은 $q(0) = CE$가 된다. 과도해의 형식에 특성근과 초기조건을 대입하면 미정계수 A가 구해진다.

$$q = Ae^{st} = Ae^{-\frac{1}{RC}t} \rightarrow q(0) = Ae^{-\frac{1}{RC}\times 0} = A$$

$$\therefore \ A = CE \qquad (15.51)$$

따라서 방전 전하량 q는 다음의 식으로 구해지고, **그림 15.18**은 방전 전하량 q의 시간 변화 곡선을 나타낸 것이다.

$$q = CEe^{-\frac{1}{RC}t} \qquad (15.52)$$

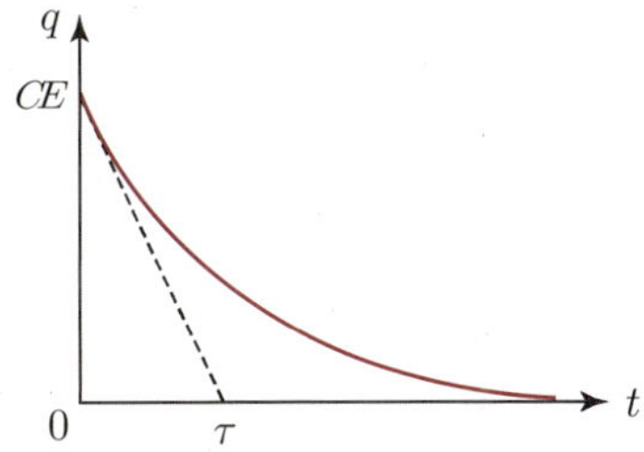

그림 15.18 ▸ 방전회로의 전하량

15.4 RL, RC 회로의 간편한 해석법

15.4.1 직 · 병렬회로의 시정수

직병렬 소자로 구성된 복잡한 RL 또는 RC 회로의 1차 회로에서 회로방정식은 1계 선형 미분방정식으로 주어지며, 시정수도 1개로 결정되는데, 이러한 회로를 일반적으로 **단일 시정수 회로**라 한다. 단일 시정수 회로의 기본회로는 이미 익숙한 **그림 15.19**의 RL 및 RC 직렬회로가 된다.

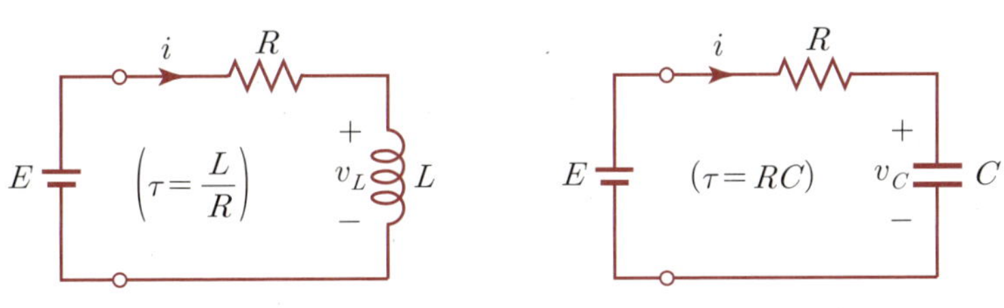

그림 15.19 ▸ RL, RC 직렬회로의 1차 회로(기본회로)

직병렬 소자로 복잡하게 구성된 회로도 RL 또는 RC의 1차 회로라면 테브난 정리를 적용하여 **그림 15.19**의 기본회로와 같은 테브난 등가회로로 대체할 수 있다.

단일 시정수 회로의 시정수를 결정함에 있어, RL 회로의 경우에는 인덕터 L과 테브난 등가저항 R_{eq}을 RL 직렬 기본회로[**그림 15.19**(a)]의 시정수 $\tau = L/R$에 대입하여 적용할 수 있고, RC 회로의 경우에는 커패시터 C와 테브난 등가저항 R_{eq}을 RC 직렬 기본회로[**그림 15.19**(b)]의 시정수 $\tau = RC$에 대입하여 적용할 수 있다. 즉, 이렇게 결정된 시정수는 식 (15.53)과 같다.

$$\begin{cases} RL \text{ 회로의 시정수 : } \tau = \dfrac{L}{R_{eq}} \\ RC \text{ 회로의 시정수 : } \tau = R_{eq}C \end{cases} \tag{15.53}$$

여기서 R_{eq}는 테브난의 등가저항을 구하는 방법과 마찬가지로 회로의 전원을 제거한 상태에서 구하고, 전원의 제거는 전압원은 단락, 전류원은 개방시키면 된다. 이와 같이 전원을 제거한 상태에서 인덕터 L 또는 커패시터 C의 양단에서 본 합성저항이 된다.

15.4.2 간편한 과도현상 해석법

(1) 스위치 투입 직전에 초기전류(전압)가 없는 회로

스위치 투입 직전($t = 0^-$)에 초기전류(전압, 전하 등)이 없는 경우, RL, RC 회로의 과도현상은 **표 15.5**의 두 가지 유형만으로 표현된다. 따라서 물리적으로 초기값과 정상값을 구한 후 곡선의 개형을 파악하여 어느 유형에 해당하는지 판단하여 선정한다. 그리고 나서 선정한 유형의 식에 시정수 τ와 계수 A를 대입하면 복잡한 미방을 풀지 않고도 완전응답을 구할 수 있다. **임의 회로에 대한 완전응답을 결정하는 순서**에 대해 정리한다.

(1) 회로의 초기값 $i(0)$와 정상값 $i(\infty)$를 구한다. [**표 15.1** 활용]
  ① 초기값 $i(0)$가 정상값 $i(\infty)$보다 작으면$[i(0) < i(\infty)]$ 지수함수적으로 증가하는 곡선이므로 완전응답은 $A(1-e^{-t/\tau})[A = i(\infty)]$인 제 1 유형이 된다.
  ② 초기값 $i(0)$가 정상값 $i(\infty)$보다 크면$[i(0) > i(\infty)]$ 지수함수적으로 감소하는 곡선이므로 완전응답은 $Ae^{-t/\tau}[A = i(0)]$인 제 2 유형이 된다.
(2) A는 초기값 $i(0)$와 정상값 $i(\infty)$중에서 큰 값(최대값)으로 결정된다.
(3) 시정수 τ 또는 특성근 s를 적용하여 지수에 대입하여 구한다.

표 15.5 ▶ RL, RC 회로의 간편한 과도현상 해석법

구 분			제 1 유형(증가)	제 2 유형(감소)	비 고
과도현상 표현식			$A\left(1-e^{-\frac{1}{\tau}t}\right)$	$Ae^{-\frac{1}{\tau}t}$	
지수함수 곡선			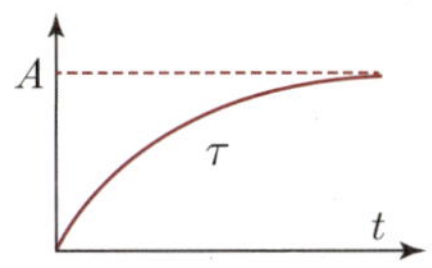	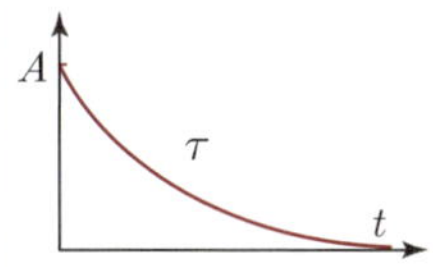	
RL회로	전압인가 (그림 15.4)	i	$i(0)=0,\ i(\infty)=\dfrac{E}{R}$	-	$A=\dfrac{E}{R},\ \tau=\dfrac{L}{R}$
		v_L	-	$v(0)=E,\ v(\infty)=0$	$A=E,\ \tau=\dfrac{L}{R}$
		i	-	$i(0)=\dfrac{E}{R},\ i(\infty)=0$	$A=\dfrac{E}{R},\ \tau=\dfrac{L}{R}$
	전압제거 (그림 15.8)	i	-	$i(0)=\dfrac{E}{R},\ i(\infty)=0$	$A=\dfrac{E}{R},\ \tau=\dfrac{L}{R}$
RC회로	충전회로 (그림 15.11)	q	$q(0)=0,\ q(\infty)=CE$	-	$A=CE,\ \tau=RC$
		v_C	$v(0)=0,\ v(\infty)=E$	-	$A=E,\ \tau=RC$
	방전회로 (그림 15.15)	i	-	$i(0)=\dfrac{E}{R},\ i(\infty)=0$	$A=\dfrac{E}{R},\ \tau=RC$
		q	-	$q(0)=CE,\ q(\infty)=0$	$A=CE,\ \tau=RC$

(2) 스위치 투입 직전에 초기전류(전압)가 주어진 회로

다음은 1차 회로의 과도현상에 대한 **완전응답의 일반식**이다.

$$\text{완전응답} = \overbrace{(\text{정상값})}^{\text{강제응답}} + \overbrace{(\text{초기값}-\text{정상값})e^{-t/\tau}}^{\text{자연응답}}$$

$$i(t) = i(\infty) + [i(0) - i(\infty)]\,e^{-t/\tau} \qquad (15.54)$$

스위치 투입 직전($t=0^-$)에 L 또는 C에 초기전류(전압, 전하 등)이 주어진 경우, 회로의 시정수 τ, 초기값 $i(0)$와 정상값 $i(\infty)$를 구하여 위의 식 (15.54)의 일반식에 대입하여 완전응답을 구한다. 그러나 두 값 중에서 어느 하나라도 0이라면 **표 15.5**를 적용해도 구할 수 있다. 또 완전응답의 일반식은 위의 (1)절에서 배운 스위치 투입 직전의 초기전류(전압, 전하 등)이 없는 회로일지라도 적용할 수 있는 매우 편리한 식이다.

예제 15.5

그림 15.20에서 $t=0$ 일 때 스위치 S를 닫는 경우에 시정수 τ 와 전류 i_L를 구하라.

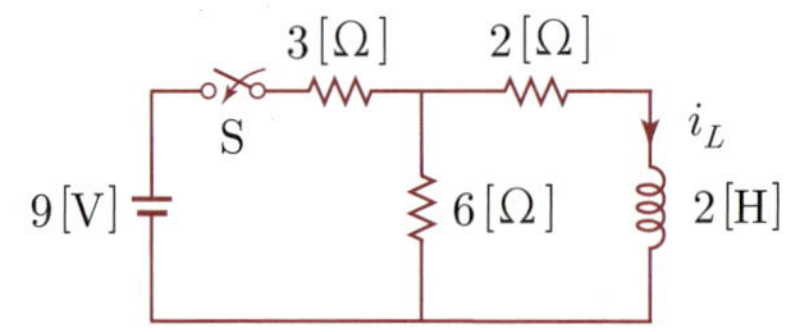

그림 15.20

풀이) 테브난 정리를 이용하여 **그림 15.21**과 같이 전압원 차단(단락)시킨 후 인덕터 양단에서 본 등가저항 R_{eq}를 구한다.

$$R_{eq} = 2 + (3 /\!/ 6) = 2 + \frac{3 \times 6}{3+6} = 4\,[\Omega]$$

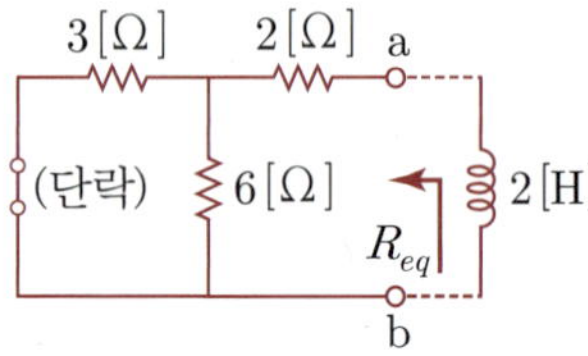

그림 15.21 ▶ 등가저항 R_{eq}

시정수 τ는 식 (15.53)에서

$$\tau = \frac{L}{R_{eq}} = \frac{2}{4} = 0.5\,[\mathrm{s}]$$

인덕터 전류의 초기값과 정상값은 물리적으로 각각 개방 회로, 단락 회로이므로

$$i_L(0) = 0,\ i_L(\infty) = \frac{3}{2}\,[\mathrm{A}],\ i_L(0) < i_L(\infty)\ :\ \text{제 1 유형}$$

따라서 전류는 증가하는 지수함수 식인 제 1 유형의 관계식에 $A = i_L(\infty)$, τ를 대입하면 다음과 같이 간단히 구해진다.

$$i_L = A\left(1 - e^{-\frac{1}{\tau}t}\right) = \frac{3}{2}\left(1 - e^{-2t}\right)\,[\mathrm{A}]$$

예제 15.6

그림 15.22와 같은 회로에서 $t=0$ 인 순간에 스위치 S를 닫을 때 전압 v_C와 전류 i를 구하라. (단, $v_C(0) = 4\,[\mathrm{V}]$이다.)

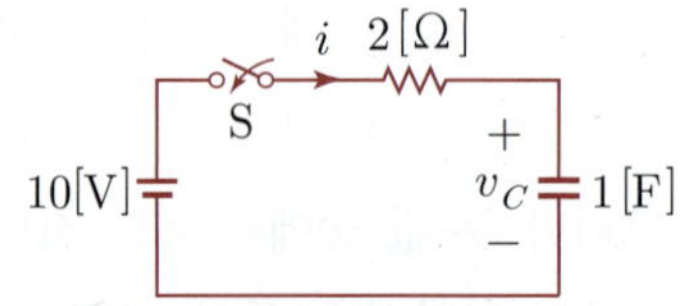

그림 15.22

풀이 (1) 회로의 시정수 τ : $\tau = RC = 2 \times 1 = 2$ [s]

커패시터는 물리적으로 전압이 급변할 수 없기 때문에 초기값 $v_C(0)$는

$$v_C(0) = v_C(0^+) = v_C(0^-) = 4\ [\text{V}] \qquad (1)$$

커패시터는 정상상태에서 개방회로로 작용하여 양단에 전원 전압 E가 모두 걸리므로 정상값 $v_C(\infty)$는

$$v_C(\infty) = E = 10\ [\text{V}] \qquad (2)$$

커패시터 전압 v_C는 위에서 구한 식 (1)의 초기값과 식 (2)의 정상값을 식 (15.54)의 일반식에 대입하면 다음과 같이 구해진다.

$$v_C = v(\infty) + [v(0) - v(\infty)]e^{-\frac{1}{\tau}t} = 10 + (4 - 10)e^{-\frac{1}{2}t}\ [\text{V}]$$

$$\therefore\ v_C = 10 - 6e^{-\frac{1}{2}t}\ [\text{V}]$$

(2) 회로 전류의 초기값 $i(0)$와 정상값 $i(\infty)$는

$$i(0) = \frac{10-4}{2} = 3\ [\text{A}],\ \ i(\infty) = 0,\ \ i(0) > i(\infty)\ :\ \text{제 2 유형}$$

회로 전류는 감소하는 지수함수 식인 제 2 유형의 관계식에 $A = i(0)$, τ를 대입하면 다음과 같이 구해진다. 또 식 (15.54)의 일반식에 대입해도 구해진다.

$$\therefore\ i = Ae^{-\frac{1}{\tau}t} = 3e^{-\frac{1}{2}t}\ [\text{A}]$$

15.5 RLC 직류회로

이제까지 에너지 축적 소자(L 또는 C)가 1개만 있는 1계 선형 미분방정식으로 표현되는 1차 회로에 대해 고찰하였다.

본 절에서는 **그림 15.23**과 같이 RLC 직렬의 직류회로에서 L과 C가 동시에 공존하는 2계 선형 미분방정식으로 표현되는 **2차 회로**의 과도현상에 대해 알아보기로 한다.

RLC 직렬회로에서는 L과 C가 각각 자계 또는 전계의 형태로 축적하고 있는 전기에너지를 서로 충전과 방전을 반복적으로 하면서 저장하기 때문에 일반적으로 과도현상이 오래 지속하게 된다.

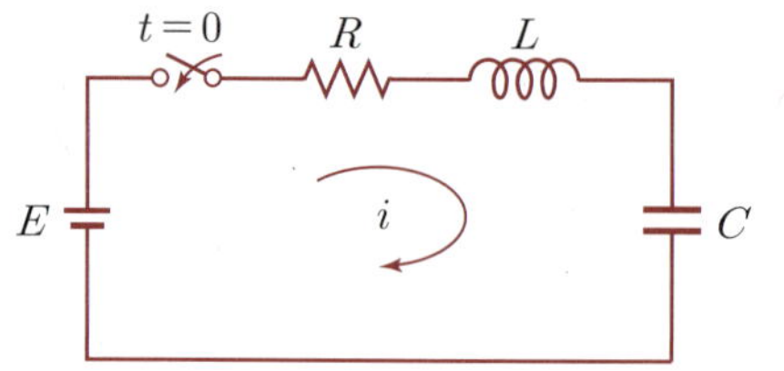

그림 15.23 ▸ RLC **직렬회로**

그림 15.23의 RLC 직렬회로에서 $t=0$ 인 순간, 스위치를 닫고 직류 전압 E를 인가할 때, 이 회로에 대한 전압방정식은

$$Ri + L\frac{di}{dt} + \frac{1}{C}\int i dt = E \tag{15.55}$$

가 된다. 적분항을 미분식으로 고치기 위하여 양변을 시간 t에 대해 미분하면

$$L\frac{d^2 i}{dt^2} + R\frac{di}{dt} + \frac{1}{C}i = 0 \tag{15.56}$$

이다. 이 식은 우변이 0인 2계 선형 **동차** 미분방정식이기 때문에 구동전압과 무관한 자연응답만 존재한다. 식 (15.56)의 특성방정식은

$$Ls^2 + Rs + \frac{1}{C} = 0 \qquad \therefore \; s^2 + \frac{R}{L}s + \frac{1}{LC} = 0 \tag{15.57}$$

으로 표현할 수 있다. 이차 방정식인 특성방정식의 특성근을 s_1, s_2라 할 때 근의 공식을 이용하면

$$\begin{aligned} s_1 &= -\frac{R}{2L} + \sqrt{\left(\frac{R}{2L}\right)^2 - \frac{1}{LC}} \\ s_2 &= -\frac{R}{2L} - \sqrt{\left(\frac{R}{2L}\right)^2 - \frac{1}{LC}} \end{aligned} \tag{15.58}$$

이 얻어진다. 이차 미분방정식의 해는 특성근의 형태에 따라 항상 같은 형태의 응답이 된다. 따라서 다음과 같이 정의되는 α와 ω_0를 대입하여 변형할 수 있다. 즉,

$$\alpha = \frac{R}{2L}, \qquad \omega_0 = \frac{1}{\sqrt{LC}} \tag{15.59}$$

이고, 식 (15.57)의 특성방정식과 식 (15.58)의 특성근은 각각

$$s^2 + 2\alpha s + \omega_0^2 = 0, \quad s_1,\ s_2 = -\alpha \pm \sqrt{\alpha^2 - \omega_0^2} \tag{15.60}$$

으로 표시할 수 있다. 여기서 α는 **감쇠정수**(damping constant), ω_0는 **공진 각주파수**라 한다.

특성근은 근호 안의 판별식 D의 관계, 즉 α와 ω_0의 대소 관계에 따라 서로 다른 실근, 중근, 공액 복소근의 세 종류가 있기 때문에 RLC 직렬회로에 대한 자연응답도 다르게 된다. 그 외에 공액 복소근의 특수한 경우인 순허수도 있다.

식 (15.60)의 특성방정식으로 표시되는 미분방정식의 자연응답은 **표 15.6**과 같이 일반적으로 다음 4가지의 형식으로 분류되고 이를 나누어 고찰한다.

표 15.6 ▸ 2계 미분방정식의 특성근에 따른 자연응답의 형식

회로조건	특성근		자연응답 형식	응답 유형
$\alpha > \omega_0$	서로 다른 실근	$s_1,\ s_2(<0)$	$i = A_1e^{s_1t} + A_2e^{s_2t}$	과감쇠(비진동)
$\alpha = \omega_0$	중근(실수)	$s_1 = s_2 = -\alpha$	$i = (A_1 + A_2t)e^{-\alpha t}$	임계감쇠(임계진동)
$\alpha < \omega_0$	공액 복소근	$s_1,\ s_2 = -\alpha \pm j\omega_d$	$i = e^{-\alpha t}(A_1\cos\omega_d t + A_2\sin\omega_d t)$	부족감쇠(감쇠진동)
$\alpha = 0$	순허근	$s_1,\ s_2 = \pm j\omega_0$	$i = A_1\cos\omega_d t + A_2\sin\omega_d t$	무감쇠(완전진동)

(1) $\alpha > \omega_0 \left(R > 2\sqrt{\dfrac{L}{C}}\right)$: 과감쇠(overdamping)

두 특성근 s_1, s_2는 식 (15.58)에서 항상 **음(−)의 실수**가 되어야 한다. 특성근에 의한 자연응답은 시간이 충분히 지나면 소멸되기 때문에 자연응답의 형식인 지수함수가 정상값이 0이 되려면 감소함수를 나타내야 하기 때문이다. 만약 특성근이 양(+)의 실수라면 지수함수는 증가하여 발산하기 때문에 불안정한 시스템이 된다.

이 때 자연응답의 형식은 **표 15.6**에 의해 두 지수함수의 합으로 나타내며 이 자연응답이 완전응답이 된다.

$$i = A_1 e^{s_1 t} + A_2 e^{s_2 t} \quad (s_1,\ s_2 < 0) \tag{15.61}$$

여기서 미정계수 A_1, A_2는 초기조건을 만족하도록 정한다. 2차 회로는 미정계수가 두 개이므로 L과 C의 초기 특성을 이용하여 두 개의 초기조건을 유도해야 한다.

그림 15.25의 RLC 직렬회로에서 **표 15.1**과 같이 $t=0$일 때 물리적으로 인덕터 L은 개방 회로와 같으므로 식 (15.61)에 초기조건 $i(0)=0$을 대입하면 다음과 같다.

$$i(0) = A_1 + A_2 = 0 \tag{15.62}$$

또 인덕터의 단자전압 $v_L(0)$는 전원 전압 E가 모두 걸리므로 $v_L(0)=E$이고, 1계 도함수의 초기값 $\left.\frac{di}{dt}\right|_{t=0}$도 식 (15.61)을 미분하여 대입하면 다음과 같이 얻어진다.

$$v_L = L\frac{di}{dt} \text{에서 } \frac{di}{dt} = \frac{v_L}{L} \quad \rightarrow \quad \left.\frac{di}{dt}\right|_{t=0} = \frac{v_L(0)}{L} = \frac{E}{L} \tag{15.63}$$

$$\left.\frac{di}{dt}\right|_{t=0} = \left(A_1 s_1 e^{s_1 t} + A_2 s_2 e^{s_2 t}\right)\Big|_{t=0} = A_1 s_1 + A_2 s_2 \tag{15.64}$$

즉, 위의 식 (15.63)과 식 (15.64)는 서로 같으므로 다음과 같은 관계식이 나온다.

$$\therefore \quad A_1 s_1 + A_2 s_2 = \frac{E}{L} \tag{15.65}$$

식 (15.62)와 식 (15.65)로부터 미정계수 A_1, A_2는 각각

$$A_1 = \frac{E}{L(s_1 - s_2)} = \frac{E}{\delta L}, \quad A_2 = \frac{-E}{L(s_1 - s_2)} = -\frac{E}{\delta L} \tag{15.66}$$

이고, $\delta = s_1 - s_2$이다. 따라서 전류 i의 자연응답은 다음과 같이 구해진다.

$$i = \frac{E}{\delta L} e^{s_1 t} + \frac{-E}{\delta L} e^{s_2 t} (= i_1 + i_2) \quad (s_1,\ s_2 < 0) \tag{15.67}$$

전류 i의 응답곡선은 과감쇠인 경우에 두 감쇠 지수함수의 합으로 이루어짐을 알 수 있고, 두 지수함수의 감쇠율은 $|s_1| < |s_2|$의 관계로부터 i_2가 i_1보다 급격히 감쇠한다.

따라서 **그림 15.24**와 같이 감쇠하여 0으로 수렴하는 개략적인 형태를 나타낸다.

(2) $\alpha = \omega_0 \left(R = 2\sqrt{\dfrac{L}{C}} \right)$: 임계감쇠(critical damping)

두 특성근이 같은 **음의 실근(중근)**이 되므로 $s(=s_1=s_2)=-\alpha$ 이고, 이 때 자연응답의 형식은 **표 15.6**에 의해 다음과 같다.

$$i = A_1 e^{-\alpha t} + A_2 t e^{-\alpha t} = (A_1 + A_2 t) e^{-\alpha t} \tag{15.68}$$

여기서 미정계수 A_1, A_2는 초기조건을 만족하도록 정한다. 초기조건은 $i(0)=0$ 와 $v_L(0)=E$ 로부터 다음과 같이 A_1, A_2가 얻어진다.

$$i(0) = A_1 = 0 \qquad \therefore \; A_1 = 0 \tag{15.69}$$

$$\left.\frac{di}{dt}\right|_{t=0} = A_2(e^{-\alpha t} - \alpha t)e^{-\alpha t}|_{t=0} = A_2 \qquad \therefore \; A_2 = \frac{E}{L} \tag{15.70}$$

위에서 구한 미정계수 A_1, A_2로부터 전류 i의 **자연응답**은 다음과 같이 구해진다.

$$i = \frac{E}{L} t e^{st} = \frac{E}{L} t e^{-\alpha t} \tag{15.71}$$

전류 i의 응답곡선은 임계감쇠의 경우에 직선(i_1)과 감쇠 지수함수(i_2)의 곱으로 이루어진다. 임계감쇠의 곡선은 **그림 15.25**와 같이 과감쇠의 곡선인 **그림 15.24**의 경우보다

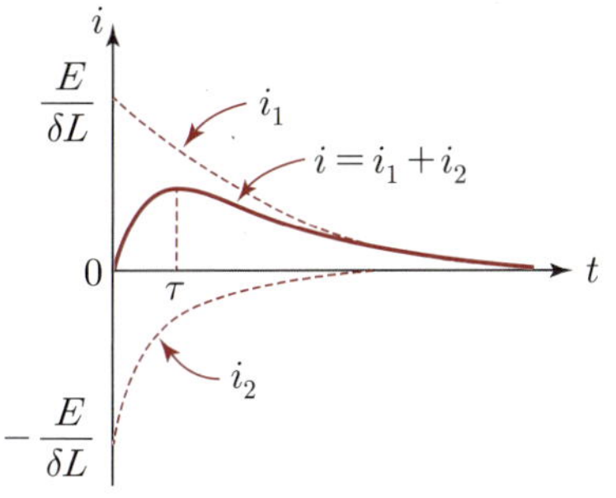

그림 15.24 ▶ 과감쇠

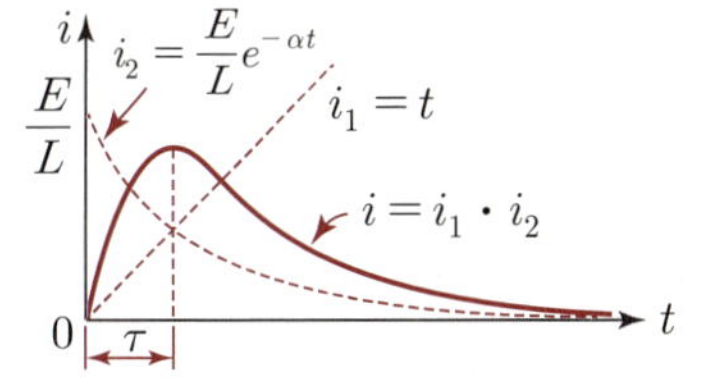

그림 15.25 ▶ 임계감쇠

원점 부근에서 기울기가 크고 전 구간에 걸쳐 과감쇠보다 큰 응답특성을 보이고 있다.

전류가 최대가 되는 시간 t를 구하기 위하여 전류의 식 (15.71)을 시간 t로 미분하고 0으로 놓으면

$$\frac{di}{dt}=\frac{E}{L}e^{-\alpha t}(1-\alpha t)=0, \qquad 1-\alpha t=0$$

$$\therefore \ t=\frac{1}{\alpha}=\frac{2L}{R} \quad \left(t=\tau=\frac{2L}{R}\right) \tag{15.72}$$

이 된다. 식 (15.72)에서 전류는 **시정수** $\tau=2L/R$일 때 최대값을 갖는다는 것을 확인할 수 있다. 따라서 **최대값** i_m은 식 (15.71)에 $t=\tau$를 대입하면 다음과 같이 구해진다.

$$i_m=\frac{2E}{R}e^{-1} \tag{15.73}$$

(3) $\alpha<\omega_0\left(R<2\sqrt{\frac{L}{C}}\right)$: 부족감쇠(underdamping)

두 특성근은 서로 **공액 복소수**가 되며 식 (15.60)으로부터 다음과 같다.

$$\begin{aligned} s_1,\ s_2 &= -\alpha \pm j\sqrt{\omega_0^2-\alpha^2} \\ &= -\alpha \pm j\omega_d \\ &\text{단, } \left(\omega_d=\sqrt{\omega_0^2-\alpha^2}\right) \end{aligned} \tag{15.74}$$

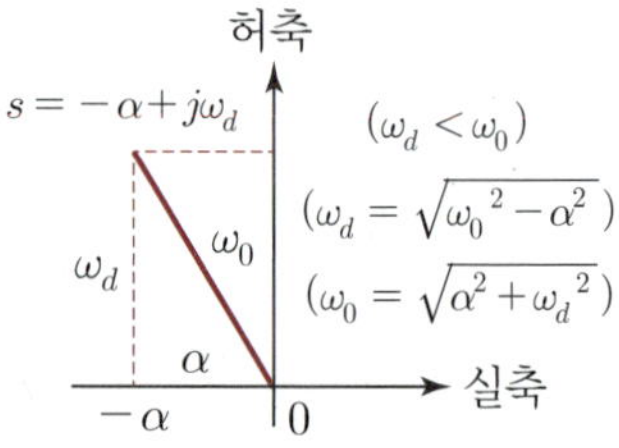

그림 15.26 ▶ α, ω_0, ω_d의 관계

여기서 ω_d는 **고유 각주파수** 또는 **자유 진동 각주파수**라 하고, 이 때 주파수 $f(=\omega_d/2\pi)$를 **고유 주파수**라고 한다.

α, ω_0, ω_d의 관계를 나타낸 **그림 15.26**과 같이 부족감쇠에서 ω_d는 공진 각주파수(비감쇠 각주파수) ω_0보다 항상 작은 관계를 나타낸다. 즉, 고유주파수 f도 공진 주파수 $f_0(=\omega_0/2\pi)$보다 항상 작다. 이때 **자연응답**은 **표 15.6**에 의해 다음과 같은 형식을 갖는다.

$$i=e^{-\alpha t}(A_1\cos\omega_d t+A_2\sin\omega_d t) \tag{15.75}$$

여기서 미정계수 A_1, A_2는 초기조건을 만족하도록 정한다. 초기조건 $i(0)=A_1=0$, $v_L(0)=E$ 로부터

$$i(0)=A_1=0 \quad \therefore \; A_1=0 \tag{15.76}$$

$$\left.\frac{di}{dt}\right|_{t=0}=-\alpha A_1+\omega_d A_2=\omega_d A_2 \quad \therefore \; A_2=\frac{E}{\omega_d L} \tag{15.77}$$

위에서 구한 A_1, A_2를 식 (15.75)에 대입하면 전류 i 의 **자연응답**은

$$i=\frac{E}{\omega_d L}e^{-\alpha t}\sin\omega_d t \tag{15.78}$$

로 구해진다. 특히 **시정수** $\tau=\dfrac{1}{\alpha}=\dfrac{2L}{R}$ 에서 전류의 최대가 된다.

전류 i 의 응답곡선은 감쇠 지수함수와 정현파의 곱으로 표시됨을 알 수 있고, **그림 15.27**과 같이 고유 각주파수 ω_d 의 각속도로 자유 진동하는 형태를 보여주고 있다.

이 곡선은 정현파의 피크점에서 감쇠 지수함수의 곡선을 따라 감쇠진동하면서 0 으로 수렴한다.

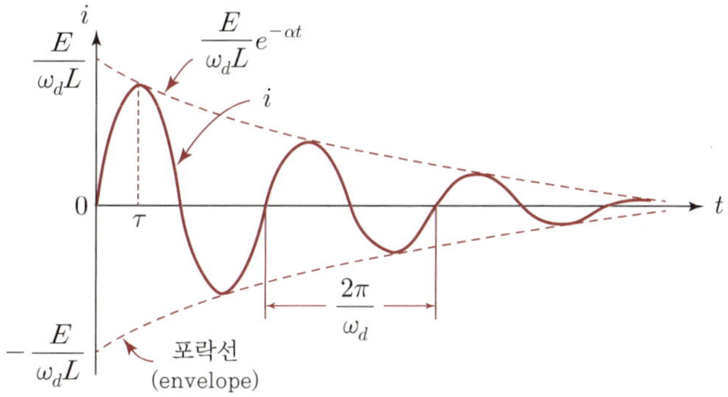

그림 15.27 ▶ 부족감쇠

(4) $\alpha=0\,(R=0)$: 무감쇠(완전진동)

그림 15.23의 회로에서 감쇠정수 $\alpha=0$ 은 저항 $R=0$ 의 무손실 회로를 나타내는 LC 직렬회로가 된다. 이 경우의 회로 해석은 부족감쇠의 특별한 경우로 볼 수 있으므로 식 (15.74)의 특성근과 식 (15.78)의 전류의 자연응답에 $\alpha=0$ 를 대입하면 된다.

즉 두 특성근은 다음과 같이 **순허수**가 된다.

$$s_1,\ s_2 = \pm j\omega_d \tag{15.79}$$

전류 i의 **자연응답**은

$$i = \frac{E}{\omega_d L}\sin\omega_d t = \frac{E}{\omega_0 L}\sin\omega_0 t\ \ (\omega_d = \omega_0) \tag{15.80}$$

가 된다. 이 식에서 고유 각주파수 ω_d는 RLC 회로의 공진 각주파수 ω_0와 같은 **무감쇠 진동의 정현함수**가 되고, 전류 i의 응답곡선은 **그림 15.28**에 나타낸다.

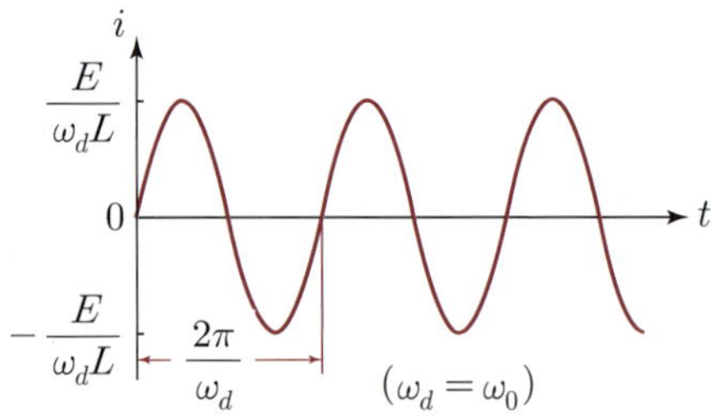

그림 15.28 ▸ 무감쇠(완전진동)

그림 15.29는 RLC 직렬회로에서 L, C는 고정하고 R만 변화시킨 경우에 각각의 파형 i, v_C를 나타낸 것이다. 이 곡선에서 저항이 크면 과감쇠(비진동)가 일어나면서 매끄럽게 정상값에 접근하고, 저항을 더 감소시키면 임계감쇠가 일어나는 비진동과 진동의 경계 조건이 된다. 임계진동 응답보다 저항을 더욱 작게 하면 부족감쇠(감쇠진동) 응답이

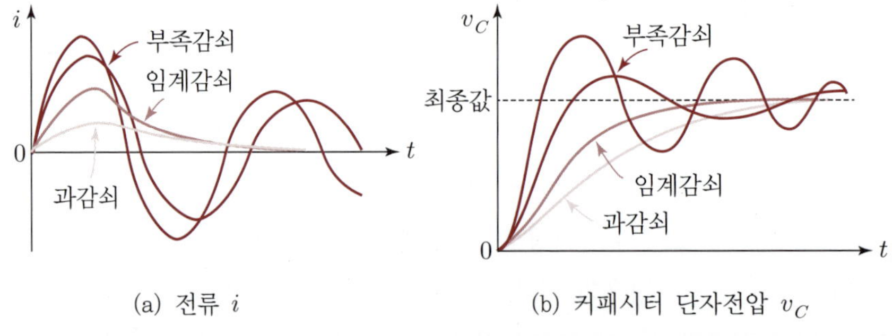

그림 15.29 ▸ RLC 직렬회로에서 R 변화에 따른 전류 i와 커패시터 전압 v_C

일어나고 감쇠하는 진동이 발생하면서 시간지연과 더불어 정상값에 도달한다. 여기서 저항을 더욱 감소시켜 0으로 하면 *LC* 회로가 되기 때문에 감쇠가 일어나지 않고 **그림 15.28**과 같이 완전 진동만 일어나는 것이다.

RLC 병렬회로에서는 *RLC* 직렬회로와 반대로 저항이 증가함에 따라 과감쇠, 임계감쇠, 부족감쇠 순으로 나타난다. 즉,

> *RLC* 직렬회로(저항 감소) : 과감쇠 → 임계감쇠 → 부족감쇠 → 무감쇠
> *RLC* 병렬회로(저항 증가) : 과감쇠 → 임계감쇠 → 부족감쇠 → 무감쇠

특히 **그림 15.29**(b)의 v_C에서 저항이 작은 경우에 발생하는 부족감쇠 응답은 전압의 정상값(최종값)을 초과(overshoot)하기도 하면서 과도현상이 오랜 시간에 걸쳐 나타난다. 반면에 임계감쇠 응답이나 과감쇠 응답은 절대로 정상값을 초과하지 않는 현상을 보이고 있다.

따라서 시스템을 설계하는 경우에 임계감쇠 응답 또는 과감쇠 응답이 나타나도록 해야 하지만, 임계감쇠 응답은 정확한 성분을 맞추는 것은 실용적이지 못하기 때문에 과감쇠 응답을 갖도록 설계해야 올바른 방법이다.

정리 *RLC* **직렬회로에서 자연응답 파형의 감쇠(진동)여부 판별법**

회로 조건	응답 유형	자연응답	파형 형태
$R>2\sqrt{\frac{L}{C}}$	과감쇠(과제동, 비진동)	$i=\frac{E}{\delta L}e^{s_1t}+\frac{-E}{\delta L}e^{s_2t}$	그림 15.29 참고
$R=2\sqrt{\frac{L}{C}}$	임계감쇠(임계제동, 임계진동)	$i=\frac{E}{L}te^{st}=\frac{E}{L}te^{-\alpha t}$	
$R<2\sqrt{\frac{L}{C}}$	부족감쇠(부족제동, 감쇠진동)	$i=\frac{E}{\omega_d L}e^{-\alpha t}\sin\omega_d t$	
$R=0$	무감쇠(무제동, 완전진동)	$i=\frac{E}{\omega_0 L}\sin\omega_0 t$	

(단, *RLC* 병렬회로는 회로 조건의 부등호가 바뀌며 무감쇠의 $R=0$ 대신에 $R=\infty$이다.)

예제 15.7

그림 15.23의 RLC 직렬회로에서 다음과 같이 회로정수 R, L, C가 주어졌을 때, 감쇠(진동) 여부를 판정하고, 특성방정식과 특성근으로부터 전류 i의 자연응답 형식을 표현하라.(L, C 일정, R 변화)

(1) $R=10[\Omega]$, $L=1[\mathrm{H}]$, $C=1/16[\mathrm{F}]$

(2) $R=8[\Omega]$, $L=1[\mathrm{H}]$, $C=1/16[\mathrm{F}]$

(3) $R=6[\Omega]$, $L=1[\mathrm{H}]$, $C=1/16[\mathrm{F}]$

(4) $R=0[\Omega]$, $L=1[\mathrm{H}]$, $C=1/16[\mathrm{F}]$

풀이 자연응답의 감쇠(진동) 여부 판정 : R과 $2\sqrt{\dfrac{L}{C}}$의 대소 관계

$$2\sqrt{\frac{L}{C}}=2\sqrt{16}=8$$

(1) $R=10>2\sqrt{\dfrac{L}{C}}$ (비감쇠[비진동])

특성방정식(특성근) : $s^2+10s+16=0$, $(s+2)(s+8)=0$ $\therefore$ $s=-2, -8$

전류 : $i=A_1e^{-2t}+A_2e^{-8t}$

(2) $R=2\sqrt{\dfrac{L}{C}}=8$ (임계감쇠[임계진동])

특성방정식(특성근) : $s^2+8s+16=0$, $(s+4)^2=0$ $\therefore$ $s=-4$(중근)

전류 : $i=A_1e^{-4t}+A_2te^{-4t}=(A_1+A_2t)e^{-4t}$

(3) $R=6<2\sqrt{\dfrac{L}{C}}$ (부족감쇠[감쇠진동])

특성방정식(특성근) : $s^2+6s+16=0$ $\therefore$ $s=-3\pm j\sqrt{7}$

전류 : $i=e^{-3t}(A_1\cos\sqrt{7}t+A_2\sin\sqrt{7}t)$

(4) $R=6<2\sqrt{\dfrac{L}{C}}$ (무감쇠[완전진동])

특성방정식(특성근) : $s^2+16=0$ $\therefore$ $s=\pm j4$

전류 : $i=(A_1\cos 4t+A_2\sin 4t)$

예제 15.8

그림 15.23의 RLC 직렬회로에서 $R=4[\Omega]$, $L=1[\mathrm{H}]$, $C=0.25[\mathrm{F}]$이고, $t=0$에서 직류 전압 $E=10[\mathrm{V}]$를 인가하였을 때 다음을 각각 구하라. (단, $i(0)=0$, $v(0)=0$이다.)

(1) 전류 i의 자연응답 **(2) 전류가 최대인 시간 t**

풀이 (1) 식 (15.56)에 의해 2계 미분방정식은

$$L\frac{d^2i}{dt^2}+R\frac{di}{dt}+\frac{1}{C}i=0 \text{에서} \quad \frac{d^2i}{dt^2}+4\frac{di}{dt}+4i=0$$

이고, 특성방정식과 특성근은 다음과 같다.

$$s^2+4s+4=0, \quad (s+2)^2=0 \qquad \therefore\ s=-2(\text{중근})$$

특성근이 중근이고 임계감쇠가 되므로 식 (15.71)에 직접 대입하면 전류의 완전응답(자연응답)은 다음과 같이 구해진다.

$$\therefore\ i=\frac{E}{L}te^{st}=10te^{-2t}\,[\mathrm{A}]$$

별해 특성근이 $s=-2$(중근)이고, 식 (15.68)에 의해 전류 i의 완전응답(자연응답)의 형식과 이 형식을 1차 미분하면 다음과 같이 각각 표현된다.

$$i=(A_1+A_2t)e^{-2t}, \qquad \frac{di}{dt}=A_2e^{-2t}-2(A_1+A_2t)e^{-2t}$$

미정계수 A_1, A_2는 초기조건의 두 조건, $i(0)=0$, $v_L(0)=E=10[\mathrm{V}]$을 만족하도록 결정해야 한다.

$$i(0)=A_1=0 \qquad \therefore\ A_1=0$$

$$v_L=L\frac{di}{dt} \text{에서} \quad \left.\frac{di}{dt}\right|_{t=0}=\frac{v_L(0)}{L}=\frac{E}{L}=10\,[\mathrm{A/s}] \qquad \therefore\ A_2=10\,[\mathrm{A/s}]$$

전류 i의 완전응답(자연응답)은 다음과 같이 구해진다.

$$i=10te^{-2t}\,[\mathrm{A}]$$

(2) 특성근이 중근이므로 임계감쇠이고, 전류가 최대인 시간은 식 (15.72)에 의해 다음과 같이 구해진다.

$$t=\frac{2L}{R}=\frac{2\times 1}{4}=0.5\,[\mathrm{s}] \qquad \therefore\ t=500\,[\mathrm{ms}]$$

15.6 LC 과도현상

15.6.1 직류전압 인가

그림 15.30과 같은 LC 직렬회로에 직류 전압 E를 $t=0$에서 인가하였을 때 과도현상을 고찰해 본다.

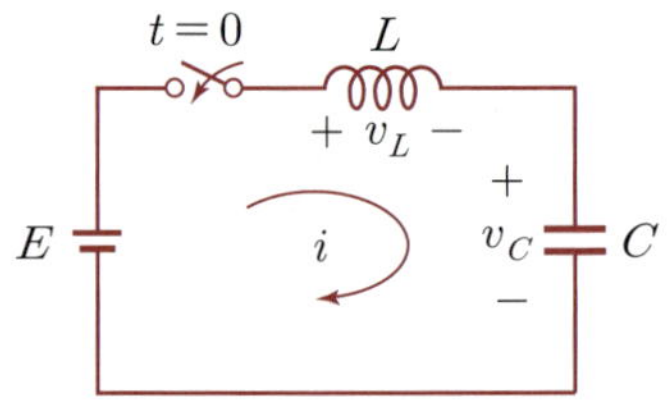

그림 15.30 ▸ LC 직렬회로

키르히호프 법칙에 의해 전압방정식은

$$L\frac{di}{dt}+\frac{1}{C}\int idt=E \tag{15.81}$$

이다. 적분항을 미분식으로 고치기 위하여 양변을 시간 t에 대해 미분하면

$$L\frac{d^2i}{dt^2}+\frac{1}{C}i=0 \tag{15.82}$$

이다. 이 식의 우변은 0이므로 2계 선형 **동차** 미분방정식이고, 전류 i의 완전응답은 구동전압과 무관한 자연응답(과도해)만 존재한다. 식 (15.82)의 특성방정식과 특성근은

$$s^2+\frac{1}{LC}=0 \quad \rightarrow \quad s=\pm j\frac{1}{\sqrt{LC}} \tag{15.83}$$

로 표현할 수 있다. 전류 i에 대한 **자연응답의 형식**은 **표 15.6**에 의해

$$i=A_1\cos\frac{1}{\sqrt{LC}}t+A_2\sin\frac{1}{\sqrt{LC}}t \tag{15.84}$$

초기조건은 $t=0$ 에서 $i(0)=0$, $v_L(0)=E$ 이고, 식 (15.63)에서 $\left.\dfrac{di}{dt}\right|_{t=0}=\dfrac{E}{L}$ 이다. 식 (15.84)에 $i(0)=0$을 대입하면 $A_1=0$이고, 또 A_2를 구하기 위하여 윗 식에 $A_1=0$을 대입하여 나머지 항을 미분하면

$$\left.\frac{di}{dt}\right|_{t=0}=\frac{A_2}{\sqrt{LC}}\cos\left.\frac{1}{\sqrt{LC}}t\right|_{t=0}=\frac{A_2}{\sqrt{LC}}=\frac{E}{L} \tag{15.85}$$

$$\therefore\ \ A_2=\frac{E\sqrt{LC}}{L}=E\sqrt{\frac{C}{L}}=\frac{E}{\sqrt{L/C}} \tag{15.86}$$

이다. 따라서 전류 i의 자연응답은 다음과 같이 구해진다.

$$i=E\sqrt{\frac{C}{L}}\sin\frac{1}{\sqrt{LC}}t=\frac{E}{\sqrt{L/C}}\sin\frac{1}{\sqrt{LC}}t \tag{15.87}$$

이 결과는 공진 각주파수 $\omega_0(=1/\sqrt{LC})$로 변형하면 식 (15.80)과도 잘 일치한다. LC 직렬회로에서 전류 i는 소비를 일으키는 저항이 없기 때문에 **그림 15.31**과 같이 공진 각주파수 ω_0로 무감쇠 완전진동을 보이고 있다.

또 식 (15.87)의 전류 i를 특성 임피던스 Z_0와 공진 각주파수 ω_0로 나타내면

$$i=\frac{E}{Z_0}\sin\omega_0 t \qquad \left(Z_0=\sqrt{\frac{L}{C}},\ \ \omega_0=\frac{1}{\sqrt{LC}}\right) \tag{15.88}$$

가 된다. LC 직렬회로의 전류 응답은 식 (15.88)로 기억하는 것이 편리하다.

인덕터 L과 커패시터 C의 단자전압 v_L, v_C와 커패시터의 전하량 q는 각각

$$\begin{aligned} v_L&=L\frac{di}{dt}=E\cos\frac{1}{\sqrt{LC}}t \\ v_C&=E-v_L=E\left(1-\cos\frac{1}{\sqrt{LC}}t\right) \\ q&=Cv_C=CE\left(1-\cos\frac{1}{\sqrt{LC}}t\right) \end{aligned} \tag{15.89}$$

가 되며, 이들의 시간적 변화를 **그림 15.31**과 **그림 15.32**에 나타낸다.

인덕터의 단자전압 v_L은 인가 전압 E보다 커지는 경우는 없으며 최대값은 E가 된다. 그러나 **커패시터의 단자전압** v_C는 E보다 커지는 일이 발생하며 그 때의 **최대값은 전원 전압의 2배**가 되어 $2E$가 된다. 이 현상은 고전압 발생에 이용되고 있다.

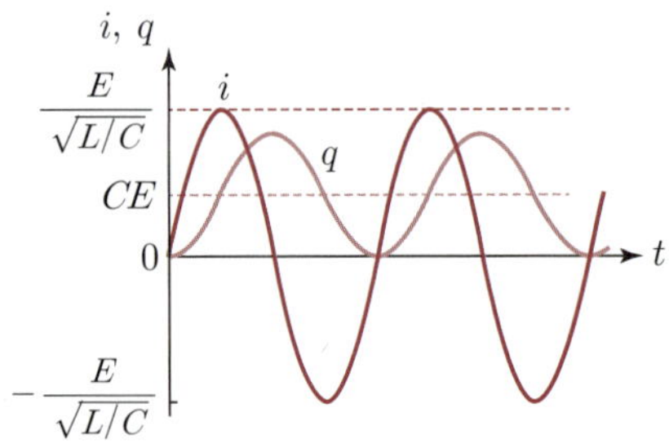

그림 15.31 ▸ i와 q의 시간적 변화

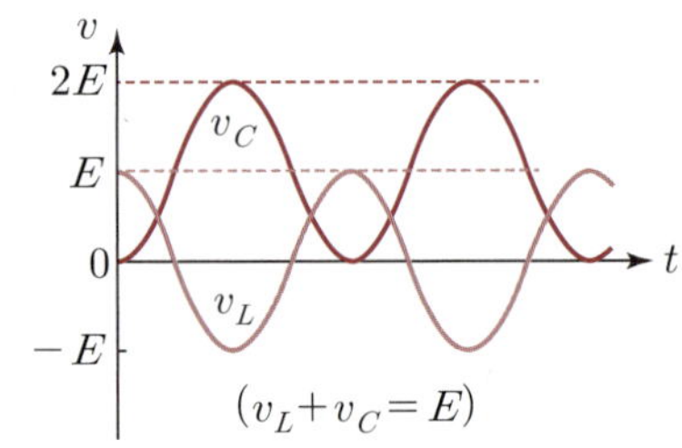

그림 15.32 ▸ v_L와 v_C의 시간적 변화

15.6.2 직류전압 제거

그림 15.33의 LC 직렬회로에서 스위치를 a에 접속하여 정상 상태의 커패시터 전압 E로 충전($v_C = E$)되어 있을 때, $t=0$에서 스위치를 b로 전환하여 커패시터 C에서 인덕터 L로 방전되는 경우의 과도현상을 고찰해 본다.

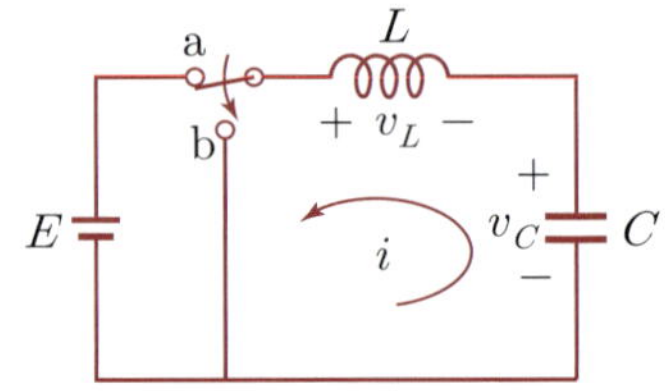

그림 15.33 ▸ LC 회로

키르히호프의 전압법칙에 의한 전압방정식은

$$L\frac{di}{dt} + \frac{1}{C}\int i dt = 0 \tag{15.90}$$

이다. 앞 절의 직류 전압 인가 시와 다른 방법으로 전하량 q에 대한 미분방정식을 적용해 보기로 한다.

식 (15.90)의 적분방정식은 전류와 전하량의 관계인 식 (15.49)를 이용하면 다음과 같이 전하량 q에 관한 2계 동차 미분방정식이 된다.

$$\frac{dq^2}{dt^2}+\frac{1}{LC}q=0 \tag{15.91}$$

동차형의 식 (15.91)의 완전응답은 자연응답(과도해)만 존재하고, 특성방정식과 특성근 s는

$$Ls^2+\frac{1}{C}=0 \quad \rightarrow \quad s=\pm j\frac{1}{\sqrt{LC}} \tag{15.92}$$

로 표현할 수 있다. 식 (15.91)의 전하량 q에 대한 **자연응답의 형식**은 **표 15.6**에 의해

$$q=A_1\cos\frac{1}{\sqrt{LC}}t+A_2\sin\frac{1}{\sqrt{LC}}t \tag{15.93}$$

이다. 전류 i는 식 (15.93)으로부터

$$i=\frac{dq}{dt}=\frac{1}{\sqrt{LC}}\left(A_2\cos\frac{1}{\sqrt{LC}}t-A_1\sin\frac{1}{\sqrt{LC}}t\right) \tag{15.94}$$

가 된다. 여기서 초기조건은 $t=0$에서 $q(0)=CE$, $i(0)=0$이므로 $A_1=CE$, $A_2=0$을 얻는다. 이것을 식 (15.93)과 식 (15.94)에 대입하면 전하량 q와 전류 i는 각각

$$q=CE\cos\frac{1}{\sqrt{LC}}t \tag{15.95}$$

$$i=-\frac{E}{\sqrt{L/C}}\sin\frac{1}{\sqrt{LC}}t=-\frac{E}{Z_0}\sin\omega_0 t \tag{15.96}$$

가 된다. 여기서 전류 i의 부호가 '−'인 것은 충전시의 전류방향과 반대임을 의미한다.

그림 15.34는 전하량 q와 전류 i의 시간적 변화를 나타낸 것이고, 저항이 없기 때문에 감쇠하지 않고 계속적으로 완전 진동한다.

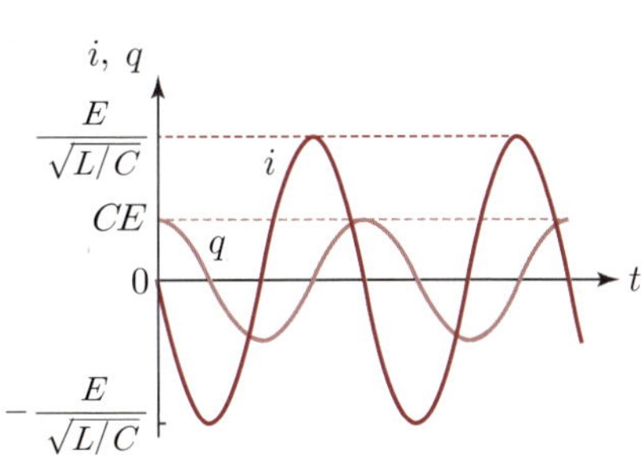

그림 15.34 ▶ i와 q의 시간적 변화

예제 15.9

인덕턴스 $L=50\,[\mathrm{mH}]$의 코일에 $I_0=200\,[\mathrm{A}]$의 직류를 흘려 급히 그림 15.35와 같이 정전용량 $C=20\,[\mu\mathrm{F}]$의 콘덴서에 연결할 때 회로에 발생하는 최대 전압$[\mathrm{kV}]$을 구하라.

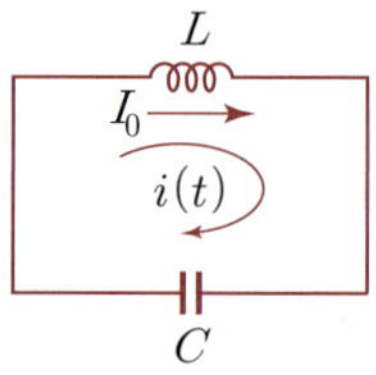

그림 15.35

풀이 전압 방정식 : $L\dfrac{di}{dt}+\dfrac{1}{C}\displaystyle\int idt=0$에서 $i=\dfrac{dq}{dt}$, $q=\displaystyle\int idt$를 이용하여 전하에 관한 방정식, 특성방정식과 특성근은 각각 다음과 같다.

$$L\frac{d^2q}{dt^2}+\frac{1}{C}q=0 \rightarrow (\text{특성방정식}) : s^2+\frac{1}{LC}=0$$

$$(\text{특성근}) : s=\pm j\frac{1}{\sqrt{LC}}=\pm j\omega \quad \left(\text{단, } \omega=\frac{1}{\sqrt{LC}}\right)$$

전하 $q(t)$의 완전응답 형식과 전하로부터 전류 $i(t)$는 각각 다음과 같다.

$$q(t)=A_1\cos\omega t+A_2\sin\omega t$$

$$i=\frac{dq}{dt}=-A_1\omega\sin\omega t+A_2\omega\cos\omega t$$

초기조건 $q(0)=0$, $i(0)=I_0=200\,[\mathrm{A}]$이므로 윗 식에 $t=0$을 각각 대입하면

$$q(0)=A_1=0 \qquad \therefore\ A_1=0$$

$$i(0)=A_2\omega \qquad \therefore\ A_2=\frac{i(0)}{\omega}=\frac{I_0}{\omega}=\sqrt{LC}\,I_0$$

미정계수 $A_1=0$, $A_2=\sqrt{LC}\,I_0$를 전하의 완전응답 형식에 대입하면

$$q(t)=A_2\sin\omega t=\sqrt{LC}\,I_0\sin\omega t \quad (\text{참고 : } i=A_2\omega\cos\omega t=I_0\cos\omega t)$$

콘덴서 및 코일(인덕터)의 단자전압 v_C, $v_L(v_L+v_C=0)$

$$v_C=\frac{q}{C}=\sqrt{\frac{L}{C}}\,I_0\sin\omega t,\quad v_L=-v_C=-\sqrt{\frac{L}{C}}\,I_0\sin\omega t$$

$$\therefore\ v_{L_{\max}}=v_{C_{\max}}=\sqrt{\frac{L}{C}}\,I_0=\sqrt{\frac{50\times10^{-3}}{20\times10^{-6}}}\times200=10\,[\mathrm{kV}]$$

15.7 RL 교류회로

교류회로의 과도현상은 전원이 직류에서 정현파로 바뀐 것이기 때문에 회로 해석은 직류의 과도현상과 동일하다. 단지 주파수와 위상의 변화에 대한 고찰에 주의할 필요가 있다.

그림 15.36과 같은 RL 직렬회로에서 교류 전원 $v = V_m \sin(\omega t + \theta)$ [V]이고, $t=0$에서 스위치를 닫는 경우에 과도현상을 고찰해 본다.

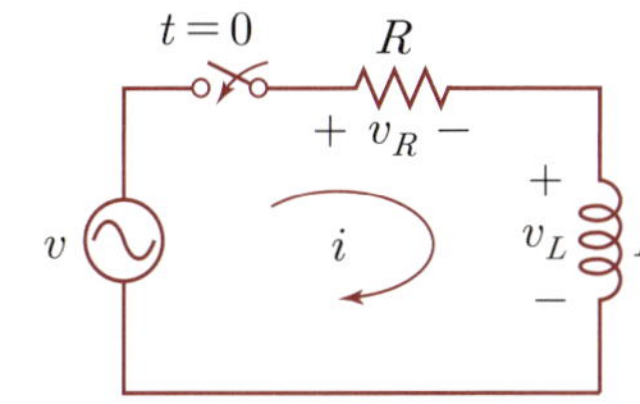

그림 15.36 ▸ RL 교류회로

그림 15.36의 회로에서 키르히호프의 전압법칙에 의해 회로의 전압방정식은

$$L\frac{di}{dt} + Ri = V_m \sin(\omega t + \theta) \tag{15.97}$$

이다. 이 식은 i에 관한 미분을 포함하고, 우변에 구동전원을 나타내는 $V_m \sin(\omega t + \theta)$가 있으므로 **비동차형 미분방정식**이다. 따라서 식 (15.97)의 시간에 대한 완전응답은 자연응답(과도해)과 강제응답(정상해)의 합이 된다.

식 (15.97)의 회로 방정식을 선형 **비동차** 미분방정식의 해법 순서에 의해 구해본다.

(1) 자연응답(과도해)

회로 미분방정식에서 과도해 i_t는 식 (15.97)의 우변을 0으로 놓고 동차형 미분방정식으로 변형하여 구한다. 즉,

$$L\frac{di}{dt} + Ri = 0 \tag{15.98}$$

이다. 특성방정식은 식 (15.98)에서 도함수 $d/dt \to s$로 변환하고, 이 때 **특성근** s는

$$s+\frac{R}{L}=0 \qquad \therefore\ s=-\frac{R}{L} \tag{15.99}$$

이 된다. 특성근을 만족하는 식 (15.98)의 1계 미분방정식 해의 형식은 $i_t = Ae^{st}$가 된다. 즉, **자연응답(과도해)의 형식**은 다음과 같이 얻어진다.

$$i_t = Ae^{st} = Ae^{-\frac{R}{L}t} \tag{15.100}$$

(2) 강제응답(정상해)

시간이 충분히 경과된 후 정상 상태에서 회로의 정상해(강제응답) i_s는 페이저법을 이용하여 구한다. 먼저 임피던스 $\boldsymbol{Z}$는

$$\boldsymbol{Z} = R + j\omega L = \sqrt{R^2+(\omega L)^2}\,\underline{/\phi} \quad \left(단,\ \phi = \tan^{-1}\frac{\omega L}{R}\right) \tag{15.101}$$

이 되고, 따라서 강제응답(정상해)의 전류 페이저 $\boldsymbol{I}$는

$$\boldsymbol{I} = \frac{\boldsymbol{V}}{\boldsymbol{Z}} = \frac{V\underline{/0°}}{Z\underline{/\phi}} = \frac{V}{Z}\underline{/-\phi} \tag{15.102}$$

가 된다. 전류 페이저 $\boldsymbol{I}$를 시간 t에 관한 정현함수로 바꾸면 다음과 같다.

$$i_s = \frac{V_m}{Z}\sin(\omega t+\theta-\phi) = I_m\sin(\omega t+\theta-\phi) \tag{15.103}$$

여기서 $I_m = V_m/Z$이고, θ는 교류 전압의 위상, ϕ는 전압과 전류의 위상차이다. 따라서 완전응답 i의 형식은 자연응답(과도해)과 강제응답(정상해)의 합이므로

$$i = i_t + i_s = Ae^{-\frac{R}{L}t} + I_m\sin(\omega t+\theta-\phi) \tag{15.104}$$

이다. 여기서 미정계수 A는 회로의 **초기조건**을 만족하도록 결정되는 상수이다.

(3) 초기조건

인덕터는 $t=0$에서 **표 15.1**과 같이 개방 회로의 성질을 나타내므로 $i=0$, 즉, 초기

조건 $i(0)=0$을 식 (15.104)에 대입하면 미정계수 A는 다음과 같이 얻어진다.

$$A=-I_m\sin(\theta-\phi) \tag{15.105}$$

(4) 일반해(완전응답)

식 (15.105)의 A를 식 (15.104)의 완전응답 형식에 대입하면 식 (15.97)의 최종적인 완전응답이 구해진다.

$$i=I_m\sin(\omega t+\theta-\phi)-I_m\sin(\theta-\phi)\cdot e^{-\frac{R}{L}t} \tag{15.106}$$

식 (15.106)에서 $t=0$일 때의 교류 전압의 위상 θ에 따라 과도항 i_t의 크기가 달라짐을 알 수 있다. 즉, 우변 제2항의 과도항에 $\sin(\theta-\phi)$를 포함하고 있기 때문에 과도항은 $\sin(\theta-\phi)=0$이면 0이 되고, $\sin(\theta-\phi)=\pm 1\left(\therefore\ \theta=\phi\pm\frac{\pi}{2}\right)$이면 최대가 된다.

$\sin(\theta-\phi)=0$이 되기 위한 조건은 $\theta=\phi$이고, 이 때의 전류 i의 완전응답은 정상항(강제응답)만 남게 된다. 즉,

$$\theta=\phi=\tan^{-1}\frac{\omega L}{R} \qquad \therefore\ i=I_m\sin\omega t \tag{15.107}$$

이다. 위의 조건을 만족하는 교류 전압의 위상 θ에서 투입하면 과도전류는 흐르지 않고 곧바로 정상 상태로 들어가게 된다.

그림 15.37은 회로에 인가하는 교류 전압의 위상 θ일 때 전류의 완전응답(i)을 나타낸 것이고, 감쇠 지수함수의 자연응답(i_t)과 크기와 진폭이 일정한 정현함수의 강제응답(i_s)의 합으로 이루어진 곡선이다.

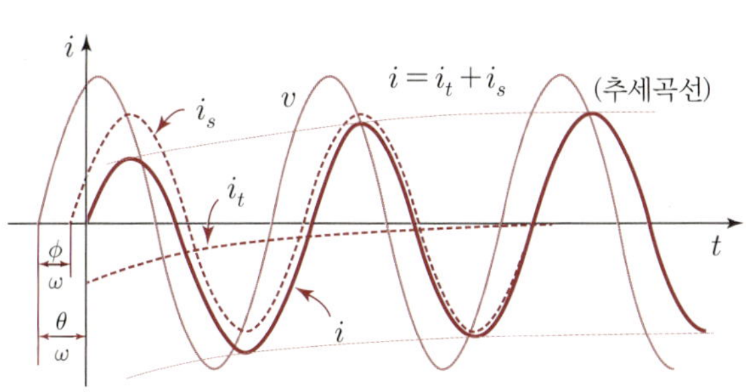

그림 15.37 ▸ RL **교류회로에서 전류의 시간 변화**(θ)

전압은 일정한 크기의 주기와 진폭을 가지고 변화하고 있지만, 전류는 과도현상 때문에 불규칙한 변화와 함께 최초 반주기는 강제응답보다 작으나 어느 정도의 시간이 지나면 증가하면서 정상적인 정현파 교류 파형이 되는 것을 알 수 있다.

회로에 교류 전압을 인가하는 위상 θ에 따라 과도전류의 변화를 확인해 보기 위해 투입하는 교류 전압의 위상 $\theta=0°$일 때 전류 i(완전응답)는 식 (15.106)에서 다음과 같다.

$$i=\frac{V_m}{Z}\left\{\sin(\omega t-\phi)+\sin\phi e^{-\frac{R}{L}t}\right\} \tag{15.108}$$

그림 15.38은 식 (15.108)의 전류의 완전응답 곡선을 나타낸 것이다. 전류는 불규칙한 변화와 함께 최초 반주기는 강제응답보다 크지만 어느 정도의 시간이 지나면 감소하면서 정상적인 정현파 교류 파형이 되는 것을 알 수 있다.

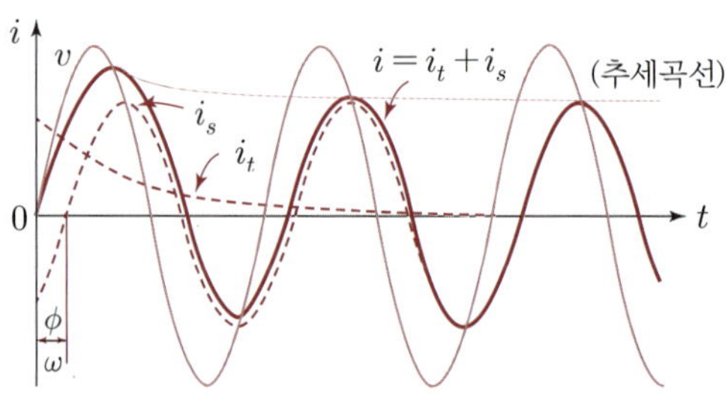

그림 15.38 ▸ RL 교류회로에서 전류의 시간 변화($\theta=0$)

예제 15.10

60[Hz]의 전압을 $R=30[\Omega]$, $L=79.60[\text{mH}]$의 RL 직렬회로에 인가할 때 과도현상이 일어나지 않도록 하려고 한다. 이 조건을 만족하도록 전원을 투입하는 교류 전압의 위상 θ를 구하라.

풀이 교류 전압 $v=V_m\sin(\omega t+\theta)$를 인가하는 RL 직렬회로에서 과도현상을 일으키지 않을 조건은 $\theta=\phi$(ϕ는 교류 전압 v와 정상전류 i_s의 위상차)이다.

따라서 식 (15.107)에 의해

$$\theta=\phi=\tan^{-1}\frac{\omega L}{R}=\tan^{-1}\frac{2\pi\times 60\times 79.6\times 10^{-3}}{30}=\tan^{-1}1$$

$$\therefore\ \theta=45°$$

연습문제

01 **그림 15.39**와 같은 회로에서 $t=0$일 때 스위치를 a로 투입하였다. 이 때 다음을 각각 구하라.(단, $E=40[\mathrm{V}]$, $R_1=20[\Omega]$, $R_2=30[\Omega]$, $L=100[\mathrm{mH}]$이다.)

(1) 특성근 s와 시정수 τ

(2) 회로 전류 $i(t)$

(3) $t=0.01[\mathrm{s}]$일 때의 전류 i

(4) 저항 R_1의 단자전압 $v_{R1}(t)$

(5) 인덕터 L의 단자전압 $v_L(t)$

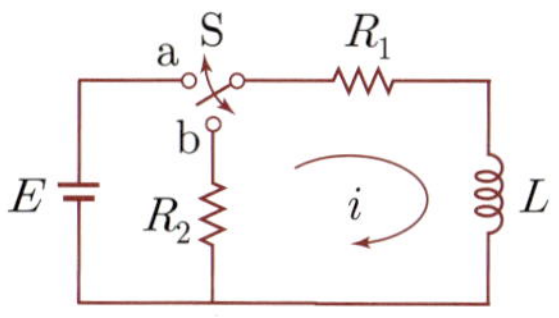

그림 15.39

힌트 제 15.4 절의 간편한 해석법을 이용하여 구한다.

(2) $i(0)=0$, $i(\infty)=E/R_1$ (증가), $i(t)=\dfrac{E}{R_1}(1-e^{st})=\dfrac{E}{R_1}\left(1-e^{-\frac{R_1}{L}t}\right)$

02 **그림 15.39**의 회로에서 스위치 S를 a로 접속하여 정상 상태로 있는 중에 $t=0$에서 b로 전환하였다. 다음을 각각 구하라.(단, $E=40[\mathrm{V}]$, $R_1=20[\Omega]$, $R_2=30[\Omega]$, $L=100[\mathrm{mH}]$이다.)

(1) 특성근 s와 시정수 τ

(2) 회로 전류 $i(t)$

(3) $t=0.02[\mathrm{s}]$일 때의 전류 i

(4) 인덕터 L의 단자전압 $v_L(t)$

힌트 제 15.4 절의 간편한 해석법을 이용하여 구한다.

(2) $i(0)=E/R_1$, $i(\infty)=0$ (감소), $i(t)=\dfrac{E}{R_1}e^{-st}=\dfrac{E}{R_1}e^{-\frac{R_1+R_2}{L}t}$

03 저항 $20[\Omega]$, 자기 인덕턴스 $100[\mathrm{H}]$인 직렬회로에 직류 전압을 인가할 때 스위치를 닫은 후 최종 전류의 $90[\%]$에 도달하는 시간 $t[\mathrm{s}]$를 구하라.

힌트 $i(0)=0$, $i(\infty)=I$ (증가) $i(t)=I\left(1-e^{-\frac{R}{L}t}\right)=0.9I$

04 **그림 15.40**과 같은 회로에서 정상 상태로 있는 중에 $t=0$에서 스위치를 열었을 때 전류 i를 구하라.

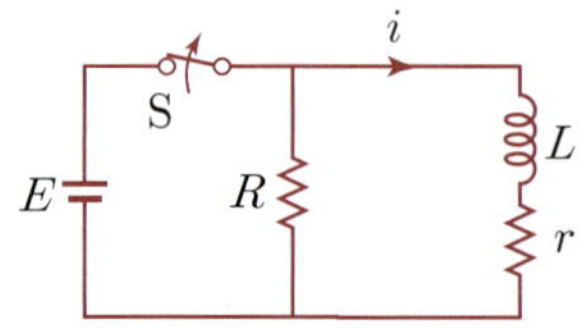

그림 15.40

힌트 $i(0)=E/r$, $i(\infty)=0$ (감소), $i(t)=\frac{E}{r}e^{st}=\frac{E}{r}e^{-\frac{r+R}{L}t}$

05 **그림 15.41**의 회로에서 직류 전압 E가 인가되어 정상 상태를 유지하고 있는 중에 $t=0$에서 스위치 S를 닫았다고 한다.

(1) 스위치 S를 닫은 후의 회로 전류 $i(t)$를 구하라.

(2) 스위치 S를 닫은 후 회로 전류가 정상 상태에 도달하였을 때 $t=0$에서 다시 스위치 S를 열었을 때 전류 $i(t)$를 구하라.

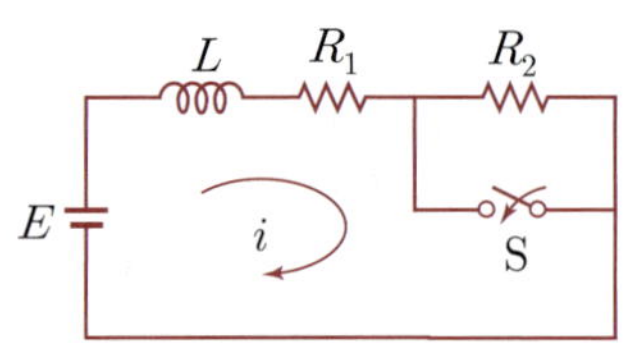

그림 15.41

06 **그림 15.42**의 회로에서 스위치를 닫고 전압 E를 인가한 후 동작 시간 t[s]을 구하라. 단, 직류 전압은 24[V], 릴레이의 동작 전류는 10[mA], 릴레이 코일의 저항은 1200[Ω], 인덕턴스 24[H]이다.

힌트 $i(t)=\frac{E}{R}(1-e^{st})=\frac{E}{R}\left(1-e^{-\frac{R}{L}t}\right)$

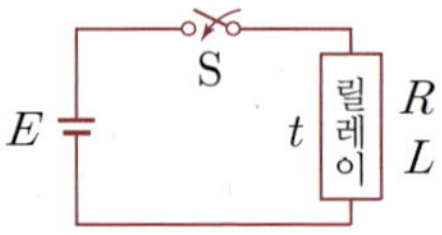

그림 15.42

07 **그림 15.42**의 회로에서 릴레이의 동작 전류는 10[mA], 코일의 저항은 1200[Ω], 인덕턴스는 L[H]이다. 스위치를 닫고 직류 전압 24[V]를 인가하여 0.015[s] 이내로 릴레이를 동작시키려고 할 때 인덕턴스 L[H]를 구하라.

08 **그림 15.43**과 같은 회로에서 $t=0$일 때 스위치 S를 a로 투입하였다. 이 때 다음을 각각 구하라.(단, $E=6$[kV], $R=5$[kΩ], $C=2$[μF]이고, 초기전하는 없다.)

(1) 특성근 s와 시정수 τ

(2) 전하 $q(t)$

(3) 회로 전류 $i(t)$

(4) $t=0.03$[s]일 때의 전류 i

(5) 저항 R의 단자전압 $v_R(t)$

(6) 커패시터 C의 단자전압 $v_C(t)$

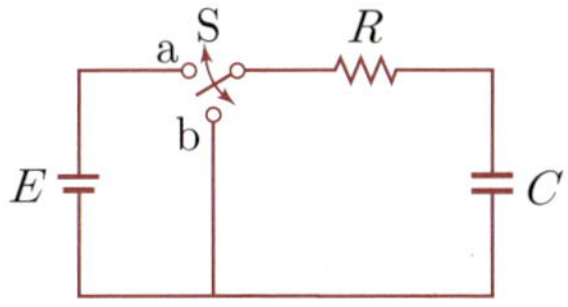

그림 15.43

힌트 제 15.4 절의 간편한 해석법을 이용하여 구한다.

(1) $q(0)=0$, $q(\infty)=CE$ (증가), $q(t)=CE\left(1-e^{st}\right)=CE\left(1-e^{-\frac{1}{RC}t}\right)$

(2) $i(0)=E/R$, $i(\infty)=0$ (감소), $i(t)=\dfrac{E}{R}e^{st}=\dfrac{E}{R}e^{-\frac{1}{RC}t}$ 또는 $i(t)=\dfrac{dq(t)}{dt}$

09 **그림 15.43**과 같은 회로에서 스위치 S를 a로 접속하여 정상 상태로 있는 중에 $t=0$에서 b로 전환하였다. 다음을 각각 구하라.(단, $E=6$[kV], $R=5$[kΩ], $C=2$[μF]이다.)

(1) 특성근 s와 시정수 τ

(2) 전하 $q(t)$

(3) 회로 전류 $i(t)$

(4) $t=0.01$[s]일 때의 전류 i

(5) 저항 R의 단자전압 $v_R(t)$

(6) 커패시터 C의 단자전압 $v_C(t)$

힌트 제 15.4 절의 간편한 해석법을 이용하여 구한다.

(1) $q(0)=CE$, $q(\infty)=0$ (증가), $q(t)=CEe^{st}=CEe^{-\frac{1}{RC}t}$

(2) $i(0)=E/R$, $i(\infty)=0$ (감소), $i(t)=-\dfrac{E}{R}e^{st}=-\dfrac{E}{R}e^{-\frac{1}{RC}t}$ 또는 $i(t)=\dfrac{dq(t)}{dt}$

10 $R=10$[Ω], $C=50$[μF]의 직렬회로에 200[V]의 직류 전압을 가할 때 총 전하량의 정상값[C]을 구하라.

11 **그림 15.44**의 회로에서 $E=10$ [V], $R=10$ [Ω], $L=1$ [H], $C=10$ [μF]이고 초기 전하는 0이다. 이 때 초기값 $i(0)$, $\left.\frac{di}{dt}\right|_{t=0}$, $\left.\frac{d^2i}{dt^2}\right|_{t=0}$을 구하라.

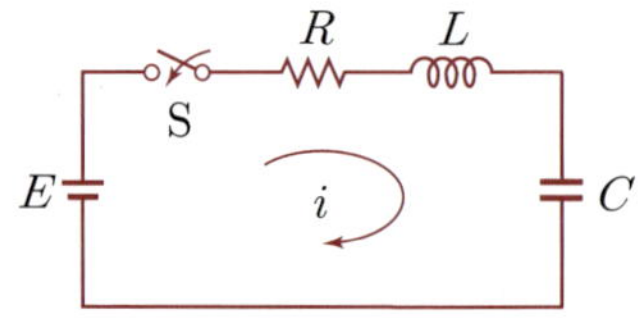

그림 15.44

12 저항 6 [kΩ], 인덕턴스 90 [mH], 커패시턴스 0.01 [μF]을 직렬 접속한 회로에 $t=0$에서 직류 기전력 100 [V]를 인가한 경우에 전류가 최대가 되는 시각 t [μs]와 전류의 최대값 i_{max} [A]를 구하라.

13 커패시턴스 C인 콘덴서를 전압 V로 충전한 다음, 저항 R과 인덕턴스 L의 직렬회로를 통하여 방전하는 경우, 진동이 생길 때의 R, L, C 사이의 관계를 구하라.

14 RLC 직렬회로에서 $R=100$ [Ω], $L=0.1$ [mH], $C=0.1$ [μF]일 때 진동 여부를 판정하라.

15 LC 직렬회로에 직류 전압 E를 $t=0$에서 급격히 인가할 때, L과 C에 걸리는 최대전압 $v_{L\max}$와 $v_{C\max}$를 각각 구하라.

16 RL 직렬회로에서 교류전압 $v=120\sin(100t+\theta)$를 $t=0$에서 스위치를 닫아서 인가하였을 때 전류의 과도현상이 나타나지 않을 조건의 θ를 구하라.

Chapter 16

라플라스 변환

16.1 라플라스 변환의 개요

일반적으로 회로 해석은 키르히호프의 법칙에 의한 직류회로 해석, 미분방정식에 의한 1차, 2차 회로의 과도현상 해석, 교류의 정현함수에 대한 페이저 해석 및 비정현 주기 함수에 대한 푸리에 급수 변환 등의 방법을 이용하는 것에 대해 배웠다.

본 장에서 배우고자 하는 **라플라스 변환**(Laplace transform)은 RLC 회로의 과도현상에서 선형 미분방정식을 간단한 대수방정식으로 변환하여 완전응답을 결정하는 또 하나의 강력한 해법 수단이고, 다음과 같이 간단하고 편리한 장점이 있다.

(1) 구동전원이 지수함수 또는 삼각함수 등의 초월함수와 같은 복잡한 경우에도 간단히 대수함수로 변환시킬 수 있고, 비주기 함수나 불연속 함수를 간단한 식으로 표현할 수 있다.

(2) 구동전원이 복잡한 함수의 선형 미분방정식을 간단한 대수방정식으로 변환하여 응답의 해를 쉽게 구할 수 있고 그 역변환으로 시간응답을 구할 수 있다.

(3) 임펄스 함수나 계단 함수를 효과적으로 이용하여 선형회로에 대해 시간영역의 해를 얻게 된다.

(4) 미분방정식의 일반해는 과도해(자연응답)와 정상해(강제응답)를 각각 구하지만, 라플라스 변환에 의한 방법은 초기조건이 자동적으로 포함되어 있기 때문에 완전응답(일반해)이 한 번에 구해진다.

라플라스 변환에 의한 선형 미분방정식의 해를 구하는 기본적인 공식적 절차는 **그림 16.1**과 같은 흐름도로 설명할 수 있다.

참고로 **대수방정식**은 지수, 로그 또는 삼각함수 등이 아닌 대수식(유리수나 무리수)으로만 이루어진 방정식을 의미한다.

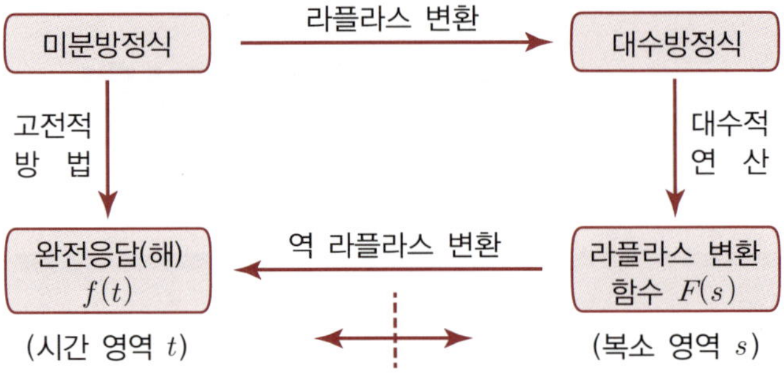

그림 16.1 ▶ 라플라스 변환의 흐름도

16.2 라플라스 변환의 정의

시간 영역(t 영역)에서 주어진 함수 $f(t)$를 $0 \le t < \infty$에서 정의된 함수라 할 때, $f(t)$에 감쇠 복소지수함수 e^{-st}를 곱한 함수 $f(t)e^{-st}$를 시간 t에 대해 적분하면 복소 영역(s 영역)의 함수 $F(s)$는

$$F(s) = \int_0^\infty f(t)e^{-st}\,dt\,, \quad F(s) = \mathcal{L}[f(t)] \tag{16.1}$$

가 된다. 이 함수 $F(s)$를 원함수 $f(t)$의 **라플라스 변환**(Laplace transformation)이라 하고, $\mathcal{L}[f(t)] = F(s)$로 표기한다. 여기서 s는 $s = \sigma + j\omega$의 복소함수를 의미한다.

라플라스 변환 함수인 복소 영역의 s 함수 $F(s)$로부터 시간 영역의 t 함수 $f(t)$를 구하는 연산은 **역 라플라스 변환**(inverse Laplace transform)이라 하고, $F(s)$의 역 라플라스 변환은 $\mathcal{L}^{-1}[F(s)]$로 표기한다.

$$f(t) = \mathcal{L}^{-1}[F(s)] \tag{16.2}$$

함수 $f(t)$와 $F(s)$를 **라플라스 변환쌍**이라 하고, 역 라플라스 변환은 일반적으로 중요한 시간함수에 대한 라플라스 변환쌍이 표로 주어지므로 이를 기억하여 구한다.

라플라스 변환을 공부하기 전에 알아 두어야 할 중요한 특징은 다음과 같다.

(1) 어떤 시간함수(순시값이므로 소문자로 표현)에 대한 라플라스 변환을 표시할 때는 대문자로 쓴다. 즉,

$$v(t) \to V(s), \quad i(t) \to I(s), \quad x(t) \to X(s), \quad y(t) \to Y(s)$$

(2) 시간함수 $f(t)$에서 시간 t는 항상 0 이상의 구간($t \geq 0$)에서 적용하기 때문에 라플라스 변환을 정의하는 식 (16.1)의 적분의 하한은 0이 된다. 따라서 시간 t가 음(-)인 경우($t < 0$)에는 항상 $f(t) = 0$이 되므로 $f(t)$는 무시한다. 즉, $F(s)$는 오직 t가 0 이상의 양(+)의 값에서 동작하는 $f(t)$에 의해 결정된다.

16.3 라플라스 변환과 정리

함수의 라플라스 변환을 구하려면 식 (16.1)의 정의에 따라 적분을 직접 계산해서 구하는 것이 아니라 공학적으로 중요한 기본 함수의 라플라스 변환을 기억하여 구하거나 라플라스 변환에 관한 여러 가지 유용한 정리를 응용하여 구하는 것이다.

본 절에서는 공학에서 입력신호로 자주 사용되는 기본 함수들의 라플라스 변환과 라플라스 변환에 관한 정리들에 대해 설명하기로 한다. 이 정리들은 라플라스 변환쌍을 더 많이 유도할 수 있기 때문에 반드시 기억해 두어야 한다.

16.3.1 입력 신호의 기본 함수

(1) 단위 임펄스 함수(단위 충격 함수)

그림 16.2(a)와 같이 구형 펄스가 폭 ϵ, 높이 $1/\epsilon$, 면적 1인 파형을 $f(t)$라 할 때, 이 함수가 면적 1을 유지하면서 $\epsilon \to 0$으로 극한을 취할 때 ∞가 되는 파형을 **단위 임펄스 함수**(unit impulse function)라고 정의하며, 기호는 $\delta(t)$로 표시한다. 여기서 ϵ은 매우 작은 양수이다.

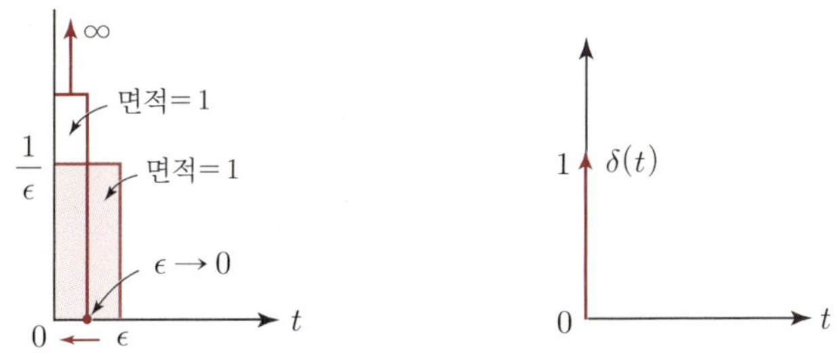

(a) 정의 (b) $\delta(t)$

그림 16.2 ▶ 단위 임펄스 함수 $\delta(t)$

위의 정의에 의하여 함수 $\delta(t)$는 $f(t)$의 $\epsilon \rightarrow 0$인 극한이므로 수학적으로

$$\delta(t) = \lim_{\epsilon \rightarrow 0} f(t) = \begin{cases} \infty & (t=0) \\ 0 & (t \neq 0) \end{cases} \tag{16.3}$$

$$\int_{-\infty}^{\infty} \delta(t)dt = \int_{0}^{\epsilon} \delta(t)dt = 1 \text{ (면적)} \tag{16.4}$$

이 된다. $\delta(t)$는 **그림 16.2**(b)와 같이 $\delta(0)$가 무한히 크다는 의미에서 화살표로 표현하고 $\delta(t)$의 면적이 1이라는 의미에서 화살표의 길이를 1로 하며 화살표 옆에 표시한다.

단위 임펄스 함수의 라플라스 변환은 $t \neq 0$에서 $\delta(t) = 0$이므로 다음과 같다.

$$\mathcal{L}[\delta(t)] = \int_0^{\infty} \delta(t) e^{-st} dt = \int_0^{\infty} \delta(t) \cdot 1dt = 1$$

$$\therefore \ \mathcal{L}[\delta(t)] = 1 \tag{16.5}$$

(2) 단위 계단 함수

단위 계단 함수(unit step function)는 **그림 16.3**과 같이 $t < 0$의 구간에서 0이고 $t \geq 0$의 구간에서 크기가 1인 계단 형태의 함수를 나타낸다. 단위 계단 함수의 수학적 정의는 다음과 같고, 기호는 $u(t)$로 표시한다. 즉,

$$f(t) = u(t) = \begin{cases} 0 & (t < 0) \\ 1 & (t \geq 0) \end{cases} \tag{16.6}$$

단위 계단 함수 $u(t)$의 특징은 다음과 같다.

(1) $u(t)$는 $t = 0$에서 직류 전원이 인가되거나 상수를 의미하는 경우에 사용되는 상수

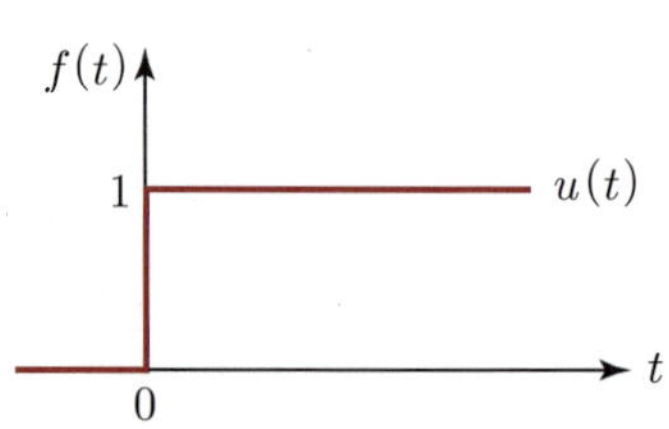

그림 16.3 ▸ 단위 계단함수 $u(t)$

함수라고 생각할 수 있다.(예 : $2u(t)=2$, $5u(t)=5$ 등)

(2) 라플라스 변환은 $t \geq 0$에서 정의되는 함수를 전제로 하기 때문에 $u(t)$를 생략해도 된다. 이 경우에 독자는 머릿속에 $u(t)$가 있다는 것을 고려하면서 해석해야 한다.

(3) **그림 2.4**와 같이 연속 함수 $f(t)$에 $u(t)$를 곱한 $f(t)u(t)$는 $t<0$인 범위에서 $f(t)=0$이 되고, $t \geq 0$의 범위에서는 원함수 $f(t)$가 된다. 따라서 단위 계단 함수는 실수의 전 범위에서 연속인 함수를 라플라스 변환에서 정의하는 함수로 나타내기 위해 도입된 것이라고 생각해도 된다.

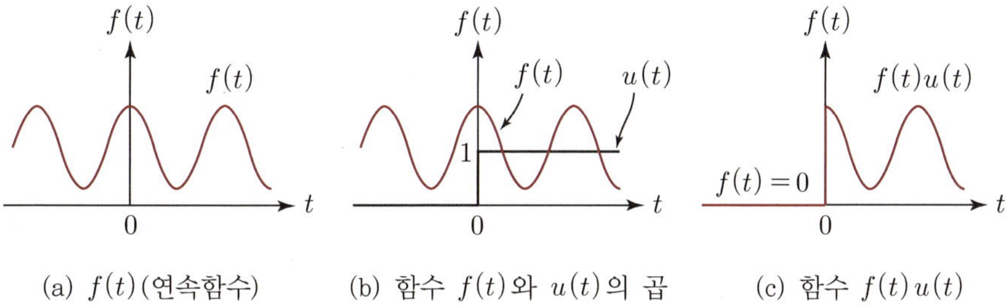

그림 16.4 ▶ 단위 계단 함수의 기능

단위 계단 함수 $u(t)$의 라플라스 변환은 $u(t)$를 생략한 계수 1을 식 (16.1)의 정의 식에 대입하면 다음과 같이 구해진다.

$$\mathcal{L}[u(t)] = \int_0^{\infty} 1 \cdot e^{-st}\, dt = \left[-\frac{1}{s}e^{-st}\right]_0^{\infty} = \frac{1}{s}$$

$$\therefore \ \mathcal{L}[u(t)] = \frac{1}{s} \tag{16.7}$$

(3) 단위 램프 함수(단위 경사 함수)

단위 램프 함수(unit ramp function)는 **그림 16.5**(a)와 같이 실수 전 범위에서 연속인 직선함수 t에 단위 계단 함수 $u(t)$를 곱하면 $t<0$의 구간에서 0, $t \geq 0$의 구간에서 기울기가 1인 직선을 의미한다. 이 함수를 **단위 경사 함수**라고도 하며, **그림 16.5**(b)에 나타낸다. 단위 램프 함수의 기호는 $tu(t)$로 표시하고, 수학적 정의는 다음과 같다.

$$f(t) = tu(t) = \begin{cases} 0 & (t<0) \\ t & (t \geq 0) \end{cases} \tag{16.8}$$

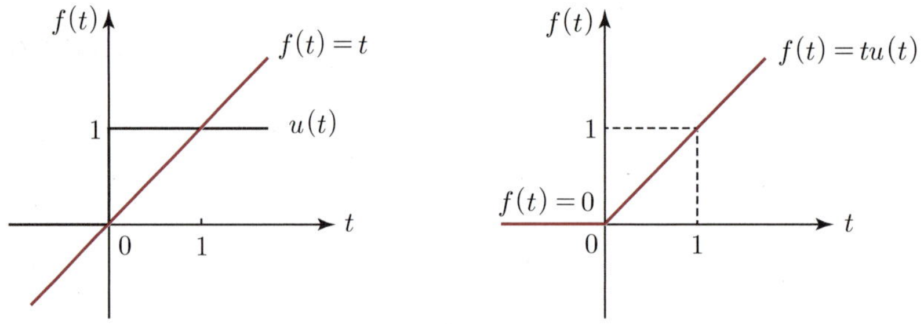

(a) t(연속함수)와 $u(t)$의 곱 (b) $f(t)=tu(t)$

그림 16.5 ▶ 단위 램프 함수

단위 램프 함수의 라플라스 변환도 $t \geq 0$의 범위에서 정의하기 때문에 $u(t)$를 생략하여 식 (16.1)에 대입하면

$$\mathcal{L}[f(t)] = \mathcal{L}[tu(t)] = \int_0^\infty t \cdot e^{-st}\, dt \tag{16.9}$$

이다. 이 적분을 부분 적분법의 공식

$$\int_0^\infty f'(t)g(t)dt = [f(t)g(t)]_0^\infty - \int_0^\infty f(t)g'(t)dt \tag{16.10}$$

에서 $f'(t)=e^{-st}$, $g(t)=t$, $f(t)=-\frac{1}{s}e^{-st}$, $g'(t)=1$을 적용하면 다음과 같이 구해진다.

$$[tu(t)] = \int_0^\infty t \cdot e^{-st}\, dt = \left[t \cdot -\frac{e^{-st}}{s}\right]_0^\infty - \int_0^\infty -\frac{e^{-st}}{s} dt$$

$$= \left[-\frac{1}{s^2}e^{-st}\right]_0^\infty = \frac{1}{s^2}$$

$$\therefore \quad \mathcal{L}[tu(t)] = \frac{1}{s^2} \tag{16.11}$$

16.3.2 자주 사용되는 기본 함수

라플라스 변환은 본 절에서 n차 램프 함수(t^n), 지수함수(e^{-at}), 삼각함수($\cos\omega t$, $\sin\omega t$)의 기본 함수를 먼저 익힌다. 그리고 각각 두 함수의 조합으로 이루어진 지수 n차 램프함수($t^n e^{-at}$), 지수삼각함수($e^{-at}\sin\omega t$, $e^{-at}\cos\omega t$), n차 램프 삼각함수($t^n\sin\omega t$, $t^n\cos\omega t$) 등은 다음 절에서 배울 정리에 의해 변환하는 것을 배우게 될 것이다.

(1) n차 램프 함수

함수 $f(t)=t^n$ (n은 자연수)의 라플라스 변환(증명 생략)은 다음과 같다.

$$\mathcal{L}[t^n]=\frac{n!}{s^{n+1}} \tag{16.12}$$

(2) 지수함수

지수함수 $f(t)=e^{-at}u(t)$를 식 (16.1)의 정의 식에 대입하면 라플라스 변환은 다음과 같고, **그림 16.6**(a)에서 e^{-at}와 $u(t)$의 곱에 의해 **그림 16.6**(b)의 지수함수 곡선을 나타낸다. 특히 지수함수의 라플라스 변환은 지수부의 부호가 반대로 적용되는 것을 주의해야 한다.

$$\begin{aligned}\mathcal{L}[e^{-at}u(t)] &= \int_0^\infty e^{-at}\,e^{-st}\,dt=\int_0^\infty e^{-(s+a)t}\,dt\\ &=\left[-\frac{1}{s+a}e^{-(s+a)t}\right]_0^\infty=\frac{1}{s+a}\end{aligned}$$

$$\therefore\quad \mathcal{L}[e^{-at}]=\frac{1}{s+a},\qquad \mathcal{L}[e^{at}]=\frac{1}{s-a} \tag{16.13}$$

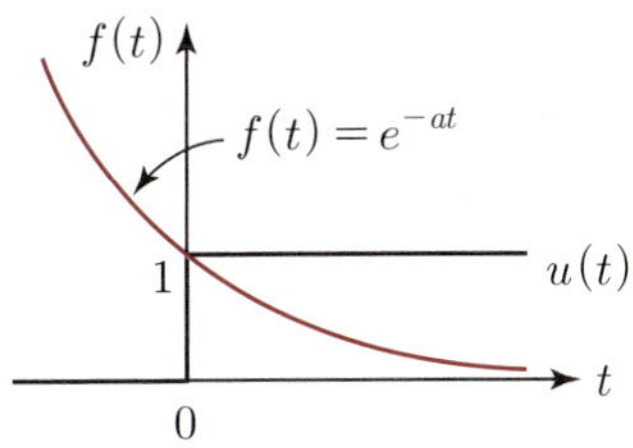

(a) e^{-at}(연속함수)와 $u(t)$의 곱

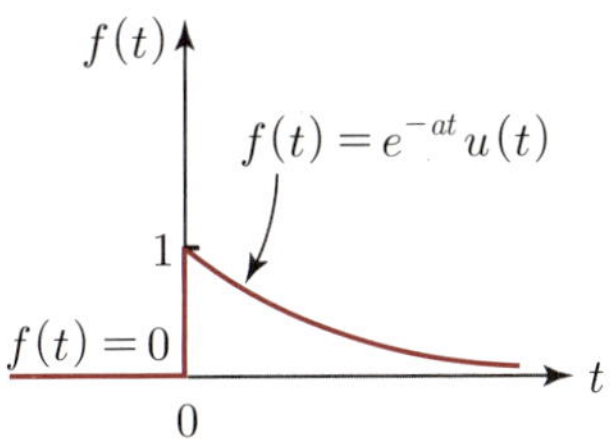

(b) $f(t)=e^{-at}u(t)$

그림 16.6 ▶ 지수함수

(3) 삼각함수

삼각함수 $f(t)=\cos\omega t\,u(t)$, $f(t)=\sin\omega t\,u(t)$를 식 (16.1)에 대입하면 각각

$$\mathcal{L}[\cos\omega t]=\int_0^\infty \cos\omega t\cdot e^{-st}dt$$
$$\mathcal{L}[\sin\omega t]=\int_0^\infty \sin\omega t\cdot e^{-st}dt \tag{16.14}$$

이고, $f(t)=\sin\omega t\,u(t)$의 곡선을 **그림 16.7**(b)에 나타낸다. 삼각함수의 지수형식은

$$\cos\omega t=\frac{1}{2}\left(e^{j\omega t}+e^{-j\omega t}\right),\quad \sin\omega t=\frac{1}{2j}\left(e^{j\omega t}-e^{-j\omega t}\right) \tag{16.15}$$

이므로 두 삼각함수의 라플라스 변환은 각각 다음과 같이 얻어진다.

$$\begin{aligned}\mathcal{L}[\cos\omega t]&=\frac{1}{2}\mathcal{L}\left[e^{j\omega t}+e^{-j\omega t}\right]=\frac{1}{2}\left(\frac{1}{s-j\omega}+\frac{1}{s+j\omega}\right)\\&=\frac{2s}{2(s^2+\omega^2)}=\frac{s}{s^2+\omega^2}\\ \mathcal{L}[\sin\omega t]&=\frac{1}{2j}\mathcal{L}\left[e^{j\omega t}-e^{-j\omega t}\right]=\frac{1}{2j}\left(\frac{1}{s-j\omega}-\frac{1}{s+j\omega}\right)\\&=\frac{1}{2j}\frac{2j\omega}{(s^2+\omega^2)}=\frac{\omega}{s^2+\omega^2}\end{aligned}$$

$$\therefore\ \mathcal{L}[\cos\omega t]=\frac{s}{s^2+\omega^2},\quad \mathcal{L}[\sin\omega t]=\frac{\omega}{s^2+\omega^2} \tag{16.16}$$

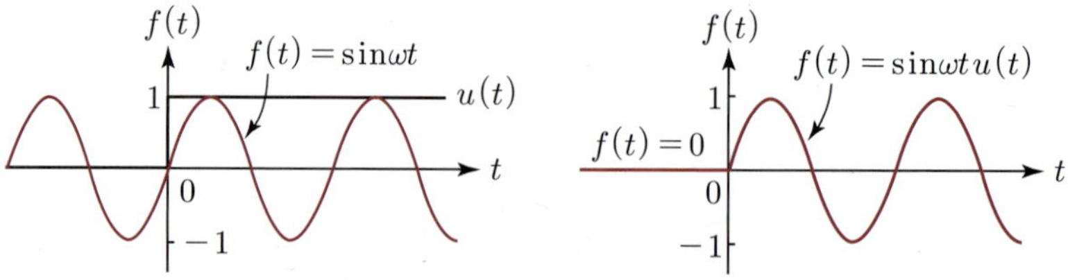

(a) $\sin\omega t$(연속함수)와 $u(t)$의 곱　　(b) $f(t)=\sin\omega t\,u(t)$

그림 16.7 ▶ 삼각함수

지금까지 자동제어계의 응답 특성을 알기 위하여 자주 사용하는 입력 신호로써 단위 임펄스(충격) 함수, 단위 계단 함수, 단위 램프(경사) 함수 등을 포함한 기본 함수에 대하여 라플라스 변환 과정을 나타내었다. 그러나 독자들은 라플라스 변환 과정을 익히는 것보다 변환 결과를 기억하여 여러 가지 함수들의 변환에 활용하기를 바란다.

시스템 해석에 중요한 시간함수의 라플라스 변환을 **표 16.1**에 정리하였으며, 특히 강조색으로 구분된 함수는 반드시 기억하고 나머지 함수의 라플라스 변환은 다음 절의 정리를 활용하여 구하는 방법을 배울 것이다.

표 16.1 ▶ 라플라스 변환표

번호	함 수 명	$f(t)$	$F(s)$	번호	함 수 명	$f(t)$	$F(s)$
1	단위 임펄스 함수	$\delta(t)$	1	8	지수 n차 램프 함수	$t^n e^{-at}$	$\frac{n!}{(s+a)^{n+1}}$
2	단위 계단 함수	$u(t)=1$	$\frac{1}{s}$	9	cos함수	$\cos\omega t$	$\frac{s}{s^2+\omega^2}$
3	단위 램프 함수	t	$\frac{1}{s^2}$	10	sin함수	$\sin\omega t$	$\frac{\omega}{s^2+\omega^2}$
4	포물선 함수	t^2	$\frac{2}{s^3}$	11	지수 cos함수	$e^{-at}\cos\omega t$	$\frac{s+a}{(s+a)^2+\omega^2}$
5	n차 램프 함수	t^n	$\frac{n!}{s^{n+1}}$	12	지수 sin함수	$e^{-at}\sin\omega t$	$\frac{\omega}{(s+a)^2+\omega^2}$
6	지수함수	e^{-at}	$\frac{1}{s+a}$	13	쌍곡선 함수	$\cosh\omega t$	$\frac{s}{s^2-\omega^2}$
7	지수램프함수	te^{-at}	$\frac{1}{(s+a)^2}$	14	쌍곡선 함수	$\sinh\omega t$	$\frac{\omega}{s^2-\omega^2}$

예제 16.1

시간 영역에서 주어진 함수의 라플라스 변환을 각각 구하라.

(1) 3 (2) -5 (3) $2t$ (4) $-4t$ (5) $3t^2$

(6) $2t^3$ (7) $2e^{-t}$ (8) $5e^{4t}$ (9) $3\sin 2t$ (10) $2\cos t$

(11) $\sin(\omega t+\theta)$ (12) $\cos(10t+30°)$

풀이 라플라스 변환은 정의하는 식 (16.1)에 대입하여 풀 수 있지만 본문의 결과만을 활용하여 구한다.

(1) 상수함수는 단위 계단함수의 라플라스 변환 함수 $\mathcal{L}[u(t)]$의 상수배가 된다. 즉

$$\mathcal{L}[3]=\mathcal{L}[3u(t)]=3\mathcal{L}[u(t)]=3\times\frac{1}{s}=\frac{3}{s}$$

(2) $\mathcal{L}[-5] = -5\mathcal{L}[u(t)] = -5 \times \frac{1}{s} = -\frac{5}{s}$

(3) $\mathcal{L}[2t] = 2\mathcal{L}[t] = 2 \times \frac{1}{s^2} = \frac{2}{s^2}$

(4) $\mathcal{L}[-4t] = -4\mathcal{L}[t] = -4 \times \frac{1}{s^2} = -\frac{4}{s^2}$

(5) $\mathcal{L}[3t^2] = 3\mathcal{L}[t^2] = 3 \times \frac{2!}{s^{2+1}} = 3 \times \frac{2 \times 1}{s^{2+1}} = \frac{6}{s^3}$

(6) $\mathcal{L}[2t^3] = 2\mathcal{L}[t^3] = 2 \times \frac{3!}{s^{3+1}} = 2 \times \frac{3 \times 2 \times 1}{s^{3+1}} = \frac{12}{s^4}$

(7) $\mathcal{L}[2e^{-t}] = 2\mathcal{L}[e^{-t}] = 2 \times \frac{1}{s+1} = \frac{2}{s+1}$

(8) $\mathcal{L}[5e^{4t}] = 5\mathcal{L}[e^{4t}] = 5 \times \frac{1}{s-4} = \frac{5}{s-4}$

(9) $\mathcal{L}[3\sin 2t] = 3\mathcal{L}[\sin 2t] = 3 \times \frac{2}{s^2+2^2} = \frac{6}{s^2+4}$

(10) $\mathcal{L}[2\cos t] = 2\mathcal{L}[\cos t] = 2 \times \frac{s}{s^2+1^2} = \frac{2s}{s^2+1}$

(11) $\mathcal{L}[\sin(\omega t+\theta)] = \mathcal{L}[\sin\omega t\cos\theta + \cos\omega t\sin\theta]$ ($\sin\theta$, $\cos\theta$는 상수)

$= \cos\theta\,\mathcal{L}[\sin\omega t] + \sin\theta\,\mathcal{L}[\cos\omega t]$

$\mathcal{L}[\sin(\omega t+\theta)] = \cos\theta \cdot \frac{\omega}{s^2+\omega^2} + \sin\theta \cdot \frac{s}{s^2+\omega^2}$

$\therefore\ \mathcal{L}[\sin(\omega t+\theta)] = \frac{\omega\cos\theta + s\sin\theta}{s^2+\omega^2}$

(12) $\mathcal{L}[\cos(10t+30°)] = \mathcal{L}[\cos(10t+30°)]$

$= \mathcal{L}[\cos 10t\cos 30° - \sin 10t\sin 30°]$($\sin 30°$, $\cos 30°$는 상수)

$= \cos 30°\,\mathcal{L}[\cos 10t] - \sin 30°\,\mathcal{L}[\sin 10t]$

$\mathcal{L}[\cos(10t+30°)] = \cos 30° \cdot \frac{s}{s^2+10^2} - \sin 30° \cdot \frac{10}{s^2+10^2}$

$\therefore\ \mathcal{L}[\cos(10t+30°)] = \frac{0.866s}{s^2+100} - \frac{5}{s^2+100} = \frac{0.866s-5}{s^2+100}$

TIP 삼각함수의 덧셈 정리

① $\sin(\theta_1 \pm \theta_2) = \sin\theta_1\cos\theta_2 \pm \cos\theta_1\sin\theta_2$ (복호 동순)

② $\cos(\theta_1 \pm \theta_2) = \cos\theta_1\cos\theta_2 \mp \sin\theta_1\sin\theta_2$ (복호 동순)

16.3.3 라플라스 변환의 정리

라플라스 변환은 여러 가지 성질을 가지고 있으며, 이 성질과 **표 16.1**의 라플라스 변환표를 이용하면 주어진 함수의 라플라스 변환을 간단히 해결할 수 있다.

(1) 선형 정리

시간함수의 합 또는 차의 라플라스 변환은 각 시간함수의 라플라스 변환의 합 또는 차와 같다.

$$\mathcal{L}[af_1(t) \pm bf_2(t)] = \int_0^\infty [af_1(t) \pm bf_2(t)]e^{-st}\,dt$$

$$= a\int_0^\infty f_1(t)e^{-st}\,dt \pm b\int_0^\infty f_2(t)e^{-st}\,dt$$

$$= a\mathcal{L}[f_1(t)] \pm b\mathcal{L}[f_2(t)] = aF_1(s) \pm bF_2(s)$$

$$\therefore\ \mathcal{L}[af_1(t) \pm bf_2(t)] = aF_1(s) \pm bF_2(s) \qquad (16.17)$$

예제 16.2

다음의 주어진 함수의 라플라스 변환을 구하라.

(1) $f(t) = \delta(t) - be^{-bt}$ (단, $\delta(t)$는 임펄스 함수이다.)

(2) $f(t) = 6 + 3t + 4e^{-3t} + 2\cos 5t$

풀이 선형 정리에 의하여

(1) $\mathcal{L}[f(t)] = \mathcal{L}[\delta(t) - be^{-bt}]$, $\mathcal{L}[f(t)] = \mathcal{L}[\delta(t)] - \mathcal{L}[be^{-bt}]$

$$\therefore\ F(s) = 1 - \frac{b}{s+b} = \frac{s}{s+b}$$

(2) $\mathcal{L}[f(t)] = \mathcal{L}[6 + 3t + 4e^{-3t} + 2\cos 5t]$

$$\mathcal{L}[f(t)] = \mathcal{L}[6] + \mathcal{L}[3t] + \mathcal{L}[4e^{-3t}] + \mathcal{L}[2\cos 5t]$$

$$\therefore\ F(s) = \frac{6}{s} + \frac{3}{s^2} + \frac{4}{s+3} + \frac{2s}{s^2+25}$$

(2) 복소 이동 정리(복소 추이 정리)

시간 영역의 함수 $f(t)$의 라플라스 변환을 복소 영역의 $F(s)$라 할 때, 지수함수와 곱해진 함수 $e^{at}f(t)$의 라플라스 변환은 다음과 같다.

$$\mathcal{L}[f(t)] = F(s) \tag{16.18}$$

$$\mathcal{L}[e^{at}f(t)] = \int_0^\infty f(t)e^{at}e^{-st}dt = \int_0^\infty f(t)e^{-(s-a)t}dt = F(s-a)$$

$$\therefore \quad \mathcal{L}[e^{at}f(t)] = F(s-a) \tag{16.19}$$

식 (16.19)는 시간 영역에서 함수 $f(t)$에 지수함수 e^{at}를 곱한 것은 복소 영역에서 복소 함수(s 함수) $F(s)$를 a 만큼 평행 이동한 $F(s-a)$가 되는 것을 의미한다. 즉, 복소 함수 $F(s)$가 평행 이동하기 때문에 **복소 이동 정리** 또는 **복소 추이 정리**하고 한다.

결과적으로 시간 영역에서 $f(t)$에 지수함수를 곱한 함수의 라플라스 변환은 복소 영역에서 복소 함수 $F(s)$를 평행 이동한 함수로 구할 수 있다.

복소 이동 정리는 **지수함수의 곱으로 이루어진 모든 함수의 라플라스 변환**에 적용되는 가장 사용 빈도가 높은 정리로, 두 함수의 조합으로 이루어진 지수 n차 램프함수 $(t^n e^{-at})$, 지수삼각함수$(e^{-at}\sin\omega t,\ e^{-at}\cos\omega t)$ 등의 해석에 주로 적용된다.

정리 복소 이동 정리(복소 추이 정리)

지수함수를 곱한 함수 $e^{at}f(t)$의 라플라스 변환은 다음의 2단계에 의해 구한다.

(1) 지수함수를 제외한 함수인 $f(t)$를 라플라스 변환에 의해 복소 함수 $F(s)$를 구한다.

$$\mathcal{L}[f(t)] = F(s)$$

(2) $F(s)$에서 s 대신에 $s-a$를 대입하여 $F(s-a)$를 구한다.

$$\mathcal{L}[e^{at}f(t)] = F(s)\big|_{s \to s-a} = F(s-a)$$

예제 16.3

다음의 주어진 함수의 라플라스 변환을 구하라.

(1) $f(t) = e^{-3t}$ (2) $f(t) = te^{-at}$ (3) $f(t) = e^{-at}\cos\omega t$

풀이 지수함수를 포함한 함수이므로 복소 이동 정리를 적용한다.

(1) 지수함수를 제외한 1의 라플라스 변환 $\mathcal{L}[1] = \frac{1}{s}$에서 s 대신에 $s+3$을 대입하여 구한다.

$$\mathcal{L}[e^{-at}] = \frac{1}{s}\Big|_{s \to s+3} = \frac{1}{s+3}$$

(2) 지수함수를 제외한 t의 라플라스 변환 $\mathcal{L}[t] = \frac{1}{s^2}$에서 s 대신에 $s+a$를 대입하여 구한다.

$$\mathcal{L}[te^{-at}] = \frac{1}{s^2}\Big|_{s \to s+a} = \frac{1}{(s+a)^2}$$

(3) 지수함수를 제외한 $\cos \omega t$의 라플라스 변환 $\mathcal{L}[\cos \omega t] = \frac{s}{s^2+\omega^2}$에서 s 대신에 $s+a$를 대입하여 구한다.

$$\mathcal{L}[e^{-at}\cos \omega t] = \frac{s}{s^2+\omega^2}\Big|_{s \to s+a} = \frac{s+a}{(s+a)^2+\omega^2}$$

(3) 시간 이동 정리(시간 추이 정리)

앞의 복소 이동 정리는 시간 영역에서 함수 $f(t)$에 지수함수를 곱하면 복소 영역에서 $F(s)$를 평행 이동한 함수가 된다는 것을 배웠다. 이와 반대로 시간 영역에서 함수 $f(t)$를 평행 이동하면 복소 영역에서 $F(s)$에 지수함수를 곱한 것으로 나타낼 수 있다.

$f(t)$의 라플라스 변환 함수가 $F(s)$일 때, **그림 16.8**과 같이 시간 영역에서 함수 $f(t)$를 t축을 따라 a 만큼 평행 이동한 함수 $f(t-a)u(t-a)$의 라플라스 변환은 다음과 같다.

$$\mathcal{L}[f(t)u(t)] = F(s)$$

$$\mathcal{L}[f(t-a)u(t-a)] = e^{-as}F(s) \qquad (16.20)$$

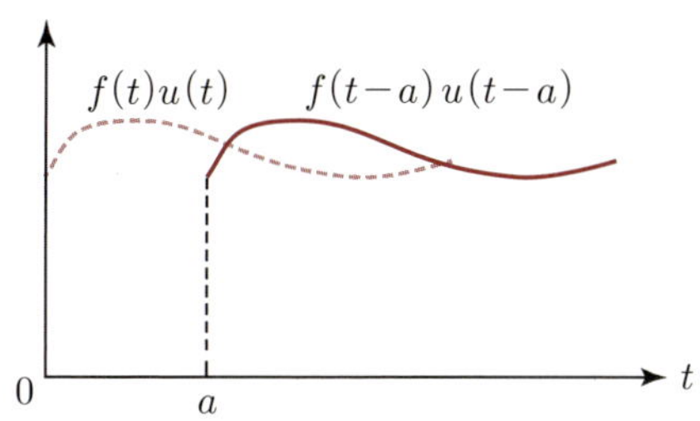

그림 16.8 ▶ 시간 이동 정리

식 (16.20)은 시간 영역에서 함수 $f(t)$를 a 만큼 평행 이동한 것은 복소 영역에서 $F(s)$에 지수함수 e^{-as}를 곱한 것이 되는 것을 의미한다. 즉 시간함수 $f(t)$의 평행 이동에 의한 것이기 때문에 라플라스 변환의 **시간 이동 정리** 또는 **시간 추이 정리**하고 한다.

결과적으로 시간 이동 함수 $f(t-a)u(t-a)$의 라플라스 변환은 복소 영역에서 $F(s)$에 이동한 시간 $(-a)$ 만큼의 지수함수 e^{-as}를 곱하여 구할 수 있다.

예제 16.4

다음 주어진 함수의 라플라스 변환을 구하라.

(1) $f(t) = u(t-a) - u(t-b)$　　　(2) $f(t) = (t-1)u(t-1)$

풀이 (1) $u(t-a)$, $u(t-b)$는 $u(t)$를 각각 양의 방향으로 a, b 만큼 평행 이동한 함수이므로 시간 이동 정리를 적용한다. $u(t)$의 라플라스 변환 $\mathcal{L}[u(t)] = 1/s$에 지수함수를 곱하면 된다. 즉,

$$\mathcal{L}[f(t)] = \frac{1}{s}e^{-as} - \frac{1}{s}e^{-bs} = \frac{1}{s}(e^{-as} - e^{-bs})$$

(2) $f(t) = (t-1)u(t-1)$은 $tu(t)$를 양의 방향으로 1 만큼 평행 이동한 함수이므로 시간 이동 정리를 적용한다. $tu(t)$의 라플라스 변환 $\mathcal{L}[tu(t)] = 1/s^2$에 지수함수를 곱하면 된다. 즉,

$$\mathcal{L}[f(t)] = \frac{1}{s^2}e^{-s}$$

(4) 미분 정리

함수 $f(t)$의 라플라스 변환 함수가 $F(s)$일 때, $f(t)$의 1차 미분 $f'(t)$의 라플라스 변환은 부분 적분법을 적용하면 다음과 같이 구해진다.

$$\mathcal{L}[f'(t)] = \int_0^\infty f'(t)e^{-st}dt = \left[f(t)e^{-st}\right]_0^\infty - \int_0^\infty f(t)(-se^{-st})dt$$
$$= -f(0^+) + s\int_0^\infty f(t)e^{-st}dt = sF(s) - f(0^+)$$

$$\therefore\ \mathcal{L}[f'(t)] = sF(s) - f(0^+) \qquad (16.21)$$

여기서 $f(0)$은 $f(t)$의 초기값 $f(0)=\lim_{t\to 0} f(t)$으로 초기조건에 의해 결정된다.
2차 미분 함수 $f''(t)$의 라플라스 변환은 식 (2.21)을 이용하면

$$\begin{aligned}\mathcal{L}[f''(t)] &= \mathcal{L}[(f'(t))'] = s\mathcal{L}[f'(t)] - f'(0^+) \\ &= s\{sF(s) - f(0^+)\} - f'(0^+)\end{aligned} \tag{16.22}$$

$$\therefore \quad \mathcal{L}[f''(t)] = s^2F(s) - sf(0^+) - f'(0^+) \tag{16.23}$$

이므로 고차의 미분에 대한 라플라스 변환도 확장하여 구할 수 있다. 그러나 회로 해석은 대부분이 2차 미분방정식이므로 1차 및 2차 미분의 라플라스 변환 식을 반드시 기억해 두어야 한다.

정리 미분 정리

■ 1차 및 2차 미분의 라플라스 변환

1차 미분 : $\mathcal{L}[f'(t)] = sF(s) - f(0^+)$

2차 미분 : $\mathcal{L}[f''(t)] = s^2F(s) - sf(0^+) - f'(0^+)$

예제 16.5

다음의 미분방정식에 대해 라플라스 변환을 구하라.

(1) $\dfrac{dx(t)}{dt} + 3x(t) = 5, \quad x(0) = 0$

(2) $\dfrac{d^2f(t)}{dt^2} + 2\dfrac{df(t)}{dt} - 3f(t) = 4, \quad f'(0) = f(0) = 0$

풀이 (1) $\{sX(s) - x(0)\} + 3X(s) = \dfrac{5}{s}, \quad (s+3)X(s) = \dfrac{5}{s}$

$$\therefore \quad X(s) = \frac{5}{s(s+3)}$$

(2) $\{s^2F(s) - sf(0) - f'(0)\} + 2\{sF(s) - f(0)\} - 3F(s) = \dfrac{4}{s}$

$$(s^2 + 2s - 3)F(s) = \frac{4}{s} \quad \therefore \quad F(s) = \frac{4}{s(s^2+2s-3)} = \frac{4}{s(s+3)(s-1)}$$

(5) 적분 정리

함수 $f(t)$의 라플라스 변환 함수가 $F(s)$일 때, $f(t)$의 정적분에 대한 라플라스 변환은 부분 적분법을 적용하면 다음과 같이 구해진다.

$$\mathcal{L}\left[\int f(t)dt\right] = \int_0^\infty \left\{\int_0^t f(t)dt\right\} e^{-st}dt$$

$$= \left[\left\{\int_0^t f(t)dt\right\}\left\{-\frac{1}{s}e^{-st}\right\}\right]_0^\infty - \int_0^\infty f(t)\left(-\frac{1}{s}e^{-st}\right)dt$$

$$= \frac{1}{s}F(s)$$

$$\therefore \ \mathcal{L}\left[\int_0^t f(t)dt\right] = \frac{1}{s}F(s) \tag{16.24}$$

시간 영역에서 함수 $f(t)$의 적분은 복소 영역에서 $F(s)$에 $1/s$을 곱하는 대수 연산으로 변환된다.

예제 16.6

$e(t) = Ri(t) + L\frac{d}{dt}i(t) + \frac{1}{C}\int i(t)dt$ 에서 모든 초기값을 0으로 하고 라플라스 변환을 구하라.

풀이 미분식과 적분식으로 이루어진 방정식이므로 미분정리와 적분정리를 이용하여 라플라스 변환을 한다.

$$\mathcal{L}\,[e(t)] = \mathcal{L}\left[Ri(t) + L\frac{d}{dt}i(t) + \frac{1}{C}\int i(t)dt\right]$$

$$E(s) = RI(s) + Ls\,I(s) + \frac{1}{Cs}I(s), \quad I(s) = \frac{1}{R + Ls + \frac{1}{Cs}}E(s)$$

$$\therefore \ I(s) = \frac{Cs}{LCs^2 + RCs + 1}E(s)$$

(6) 복소 미분 정리

앞의 미분 정리에서 시간 영역의 함수 $f(t)$의 미분에 대한 라플라스 변환을 배웠다. 이와 반대로 복소 영역에서 복소 함수(s 함수) $F(s)$의 미분에 대응되는 시간 영역의 함수를 구하는 **복소 미분 정리**에 대해 설명한다.

시간 영역 함수 $f(t)$의 라플라스 변환인 복소 함수 $F(s)$는

$$F(s) = \int_0^\infty f(t)\, e^{-st}\, dt \tag{16.25}$$

이고, 이 식을 s로 미분하면 다음과 같다.

$$\begin{aligned}\frac{dF(s)}{ds} &= \frac{d}{ds}\int_0^\infty f(t)e^{-st}\,dt = \int_0^\infty f(t)\frac{d}{ds}e^{-st}\,dt \\ &= \int_0^\infty f(t)(-te^{-st})\,dt = \mathcal{L}[(-t)f(t)]\end{aligned}$$

$$\therefore \quad \frac{dF(s)}{ds} = \mathcal{L}[(-t)f(t)] \rightarrow \mathcal{L}[tf(t)] = -\frac{dF(s)}{ds} \tag{16.26}$$

식 (16.26)의 결과로부터 시간 영역에서 $f(t)$에 $(-t)$를 곱한 것은 복소 영역에서 복소 함수 $F(s)$를 s로 한 번 미분하는 형태가 된다. 그러므로 **복소 미분 정리**라고 한다.

식 (16.25)를 s로 두 번 미분하여 정리한 것과 이 결과들로부터 $F(s)$의 n차 미분도 일반적으로 다음과 같이 표현할 수 있다.

$$\begin{aligned}\frac{d^2F(s)}{ds^2} &= \mathcal{L}[(-t)^2f(t)] \rightarrow \mathcal{L}[t^2f(t)] = (-1)^2\frac{d^2F(s)}{ds^2} \\ \frac{d^nF(s)}{ds^n} &= \mathcal{L}[(-t)^nf(t)] \rightarrow \mathcal{L}[t^nf(t)] = (-1)^n\frac{d^nF(s)}{ds^n}\end{aligned} \tag{16.27}$$

결론적으로 **복소 미분 정리**는 복소 영역에서 $F(s)$를 한 번 미분할 때마다 시간 영역의 함수 $f(t)$에 $(-t)$를 한 번씩 곱하는 것이 된다. 바꿔 말하면, 시간 영역의 함수 $f(t)$에 t를 한 번 곱할 때마다 $F(s)$를 한 번씩 미분함과 동시에 (-1)을 한 번씩 곱하는 것이 된다.

복소 미분 정리는 복소 함수 $F(s)$가 대부분 분수식의 형태로 이루어져 있기 때문에 미분에 번거로워진다. 따라서 두 함수의 조합인 n차 램프 삼각함수($t^n \sin\omega t$, $t^n \cos\omega t$)의 해석에 주로 적용되고 지수 n차 램프함수($t^n e^{-at}$)는 복소 이동 정리로 해석하는 것이 일반적이다.

예제 16.7

$f(t) = t\sin\omega t$ 의 라플라스 변환을 구하라.

풀이) 복소 미분 정리의 식 (16.26)에 의해

$$\mathcal{L}[t\sin\omega t] = -\frac{d}{ds}\left(\frac{\omega}{s^2+\omega^2}\right) = \frac{2\omega s}{(s^2+\omega^2)^2}$$

(7) 복소 적분 정리

앞의 적분 정리에서 시간 영역의 함수 $f(t)$의 적분에 대한 라플라스 변환을 배웠다. 이와 반대로 복소 영역에서 복소 함수(s 함수) $F(s)$의 적분에 대응되는 시간 영역의 함수를 구하는 **복소 적분 정리**에 대해 설명한다.

복소 영역의 함수 $F(s)$를 s에서 ∞까지 s로 적분하면 다음과 같이 구해진다.

$$\int_s^\infty F(s)ds = \int_s^\infty \left\{\int_0^\infty f(t)\,e^{-st}\,dt\right\}ds = \int_0^\infty f(t)\left\{\int_s^\infty e^{-st}\,ds\right\}dt$$

$$= \int_0^\infty \frac{f(t)}{t}e^{-st}\,dt = \mathcal{L}\left[\frac{f(t)}{t}\right]$$

$$\therefore\ \mathcal{L}\left[\frac{f(t)}{t}\right] = \int_s^\infty F(s)ds \qquad (16.28)$$

식 (16.28)로부터 시간 영역에서 함수 $f(t)$에 $(1/t)$을 곱하는 것은 복소 영역에서 복소 함수 $F(s)$를 적분하는 형태가 된다. 그러므로 이를 **복소 적분 정리**라고 한다.

(8) 스케일 변경(상사 정리)

시간 영역 변수 t에 양의 상수를 곱하거나 나눌 때, 스케일 변경 특성에 의해 $f(t)$와 $F(s)$의 관계는 다음과 같다.

$$\mathcal{L}[f(at)]=\frac{1}{a}F\left(\frac{s}{a}\right) \text{ 또는 } \mathcal{L}\left[f\left(\frac{t}{a}\right)\right]=aF(as) \quad (a>0) \tag{16.29}$$

식 (16.29)로부터 **스케일 변경(상사 정리)**은 시간 영역에서 $f(t)$를 t축에 대해 확장(축소)하는 것은 복소 영역에서 $F(s)$를 축소(확장)하는 것을 의미한다.

예제 16.8

다음과 같은 관계 $\mathcal{L}[e^{-t}]=\dfrac{1}{s+1}$을 알고 있을 때, $f(t)=e^{-5t}$의 라플라스 변환을 구하라.

풀이) 스케일 변경(상사 정리)에 의해 $a=\dfrac{1}{5}$로 놓으면 $\mathcal{L}[f(t)]=\mathcal{L}[e^{-5t}]$는

$$\mathcal{L}[e^{-5t}]=\frac{1}{5}\left(\frac{1}{\frac{s}{5}+1}\right)=\frac{1}{s+5}$$

(9) 초기값 정리

복소 함수 $F(s)$를 알고 있으면 이에 대응되는 $f(t)$를 구하지 않더라고 초기값과 최종값을 구할 수 있다.

식 (16.21)의 미분정리 $\mathcal{L}[f'(t)]=sF(s)-f(0^+)$에서 $s\to\infty$로 극한을 취하면

$$\lim_{s\to\infty}\left[\int_0^\infty f'(t)e^{-st}dt\right]=\lim_{s\to\infty}[sF(s)-f(0^+)] \tag{16.30}$$

가 된다. 또 $\lim_{s\to\infty}e^{-st}=0$이므로 윗 식의 좌변은 0이다. 즉, 우변도

$$\lim_{s\to\infty}[sF(s)-f(0^+)]=0 \tag{16.31}$$

이므로 **초기값 정리**는 다음과 같다.

$$\therefore\ f(0) = \lim_{t \to 0} f(t) = \lim_{s \to \infty} sF(s) \tag{16.32}$$

초기값 정리는 미분방정식의 해를 구할 때 초기값을 파악할 수 있는 매우 유용한 정리이다.

(10) 최종값 정리

식 (16.21)의 미분정리 $\mathcal{L}[f'(t)] = sF(s) - f(0^+)$ 에서 $s \to 0$ 으로 극한을 취하면

$$\lim_{s \to 0}\left[\int_0^\infty f'(t)e^{-st}dt\right] = \lim_{s \to 0}\left[sF(s) - f(0^+)\right] \tag{16.33}$$

가 된다. 또 $\lim_{s \to 0} e^{-st} = 1$ 이므로 윗 식의 좌변은

$$\begin{aligned}\lim_{s \to 0}\left[\int_0^\infty f'(t)e^{-st}dt\right] &= \int_0^\infty f'(t)dt = \lim_{t \to \infty}\int_0^t f'(t)\,dt \\ &= \lim_{t \to \infty}\left[f(t)\right]_0^\infty = \lim_{t \to \infty}\left\{f(t) - f(0^+)\right\}\end{aligned} \tag{16.34}$$

이고, 식 (16.33)과 식 (16.34)의 우변을 등식으로 놓으면

$$\lim_{t \to \infty}\left\{f(t) - f(0^+)\right\} = \lim_{s \to 0}\left[sF(s) - f(0^+)\right] \tag{16.35}$$

이다. 따라서 **최종값 정리**는 다음과 같다.

$$\therefore\ f(\infty) = \lim_{t \to \infty} f(t) = \lim_{s \to 0} sF(s) \tag{16.36}$$

정리 **초기값과 최종값 정리**

초기값 정리 : $f(0) = \lim_{t \to 0} f(t) = \lim_{s \to \infty} sF(s)$

최종값 정리 : $f(\infty) = \lim_{t \to \infty} f(t) = \lim_{s \to 0} sF(s)$

참고 $\frac{\infty}{\infty}$ **형 분수함수의 극한값**

① 분모가 분자보다 고차일 때의 극한값은 0이다.
② 분자가 분모보다 고차일 때의 극한값은 $\pm\infty$가 된다.
③ 분모와 분자가 동차일 때의 극한값은 최고차항의 계수가 된다.

예제 16.9

다음의 주어진 라플라스 함수에서 초기값과 최종값을 각각 구하라.

(1) $I(s) = \dfrac{12(s+8)}{4s(s+6)}$ **(2)** $I(s) = \dfrac{12}{s(s+6)}$

(3) $F(s) = \dfrac{3s+10}{s^3+2s^2+5s}$

풀이 (1) 초기값 정리의 식 (16.32)과 최종값 정리의 식 (16.36)에 의해

$$\lim_{t\to 0} I(t) = \lim_{s\to\infty} sI(s) = \lim_{s\to\infty} \frac{12(s+8)}{4(s+6)} = 3 \text{ (분모와 분자 동차 : 계수)}$$

$$\lim_{t\to\infty} f(t) = \lim_{s\to 0} sF(s) = \lim_{s\to 0} \frac{12(s+8)}{4(s+6)} = 4$$

(2) $$\lim_{t\to 0} I(t) = \lim_{s\to\infty} sI(s) = \lim_{s\to\infty} \frac{12}{s+6} = 0 \text{ (분모가 분자보다 고차 : 0)}$$

$$\lim_{t\to\infty} f(t) = \lim_{s\to 0} sF(s) = \lim_{s\to 0} \frac{12}{s+6} = 2$$

(3) $$\lim_{t\to 0} I(t) = \lim_{s\to\infty} sI(s) = \lim_{s\to\infty} \frac{3s+10}{s^2+2s+5} = 0 \text{(분모가 분자보다 고차 : 0)}$$

$$\lim_{t\to\infty} f(t) = \lim_{s\to 0} sF(s) = \lim_{s\to 0} \frac{3s+10}{s^2+2s+5} = \frac{10}{5} = 2$$

본 절에서 설명한 라플라스 변환에 관한 정리를 **표 16.2**에 나타낸다.

표 16.2 ▶ 라플라스 변환 정리

번호	정 리	공 식
1	선형 정리	$\mathcal{L}[af_1(t)+bf_2(t)] = aF_1(s)+bF_2(s)$

2	시간 이동 정리	$\mathcal{L}[f(t-a)]=e^{-as}F(s)$
3	복소 이동 정리	$\mathcal{L}[e^{-at}f(t)]=F(s+a)$, $\mathcal{L}[e^{at}f(t)]=F(s-a)$
4	미분 정리	$\mathcal{L}[f'(t)]=sF(s)-f(0)$ $\mathcal{L}[f''(t)]=s^2F(s)-sf(0)-f'(0)$ $\mathcal{L}[f^n(t)]=s^nF(s)$(단, 초기값은 0)
5	적분 정리	$\mathcal{L}\left[\int f(t)dt\right]=\frac{1}{s}F(s)+\frac{1}{s}f^{(-1)}(0^+)$ $\left(f^{(-1)}(0^+)=\lim_{t\to 0^+}\int_{-\infty}^{0}f(t)dt\right)$ (초기조건 결정) $\mathcal{L}\left[\int\int f(t)dt^2\right]=\frac{1}{s^2}F(s)$
6	복소 미분 정리	$\mathcal{L}[(-t)f(t)]=\frac{dF(s)}{ds} \rightarrow \mathcal{L}[tf(t)]=-\frac{dF(s)}{ds}$ $\mathcal{L}[(-t)^2f(t)]=\frac{d^2F(s)}{ds^2} \rightarrow \mathcal{L}[t^2f(t)]=(-1)^2\frac{d^2F(s)}{ds^2}$ $\mathcal{L}[(-t)^nf(t)]=\frac{d^nF(s)}{ds^n} \rightarrow \mathcal{L}[t^nf(t)]=(-1)^n\frac{d^nF(s)}{ds^n}$
7	복소 적분 정리	$\mathcal{L}\left[\frac{f(t)}{t}\right]=\int_0^{\infty}F(s)ds$
8	스케일 변경 (상사 정리)	$\mathcal{L}[f(at)]=\frac{1}{a}F\left(\frac{s}{a}\right)$ 또는 $\mathcal{L}\left[f\left(\frac{t}{a}\right)\right]=aF(as)$
9	초기값 정리	$\lim_{t\to 0}f(t)=\lim_{s\to\infty}sF(s)$
10	최종값 정리	$\lim_{t\to\infty}f(t)=\lim_{s\to 0}sF(s)$

16.4 파형의 라플라스 변환

주기함수는 신호가 $t>0$ 에서 지속적으로 반복하여 존재하는 파형이지만, **비주기 함수**는 임의의 시간 구간에서만 신호가 존재하고, 그 외의 시간에서는 0 인 파형을 나타낸다. 이들의 파형은 제 16.3 절에서 설명한 기본 함수들의 파형을 응용하여 합성 파형으로 나타낼 수 있으며, 합성 파형 함수는 라플라스 변환의 정리를 적용하면 원함수의 파형에 대한 라플라스 변환을 구할 수 있다.

주기 및 비주기 파형 함수의 식을 표현하려면 가장 기본적이고 중요한 파형은 단위 계단 함수 $u(t)$와 이 함수의 t축 대칭인 음(-)의 계단 함수 $-u(t)$이다.

그림 16.9(a)는 단위 계단함수 $u(t)$의 파형이고, **그림 16.9**(b)는 단위 계단함수 $u(t)$를 t 축에서 양의 방향으로 a 만큼 평행 이동한 함수 $u(t-a)$의 파형이다.

그림 16.9(c)는 단위 계단함수 $u(t)$의 파형에서 t 축 대칭이므로 $-u(t)$의 파형이고, **그림 16.9**(d)는 계단함수 $-u(t)$를 t 축에서 양의 방향으로 a 만큼 평행 이동한 함수 $-u(t-a)$의 파형을 나타낸다.

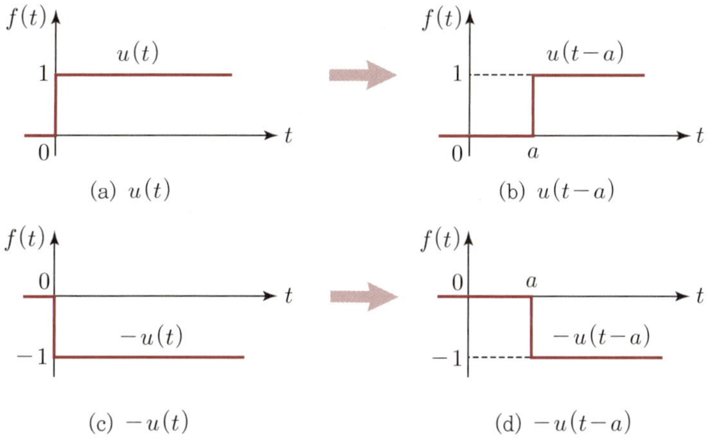

그림 16.9 ▸ 계단함수 $u(t)$, $-u(t)$와 평행 이동

그림 16.9와 같은 시간 영역의 계단함수와 평행 이동 함수 $f(t)$, 라플라스 변환에 관한 식 (16.7)과 시간 이동 정리의 식 (16.20)에 의해 구한 복소 영역의 함수 $F(s)$를 **표 16.3**에 나타내었다.

표 16.3 ▸ 라플라스 변환 [그림 16.9]

함 수	$f(t)$	$F(s)$	이동 함수	$f(t)$	$F(s)$
그림 16.9(a)	$u(t)$	$\frac{1}{s}$	그림 16.9(b)	$u(t-a)$	$\frac{1}{s}\cdot e^{-as}$
그림 16.9(c)	$-u(t)$	$-\frac{1}{s}$	그림 16.9(d)	$-u(t-a)$	$-\frac{1}{s}\cdot e^{-as}$

(1) 펄스 파형의 라플라스 변환

그림 16.10과 같이 비주기 함수 파형인 구형 펄스 파형에 대해 시간 영역에서 함수 $f(t)$와 라플라스 변환한 함수 $F(s)$를 구해본다. **구형 펄스 파형** $f(t)$는 비주기 파형 함수를 만드는데 매우 유용하므로 아래의 결과인 식 (16.37)과 식 (16.39)를 반드시 기억하자.

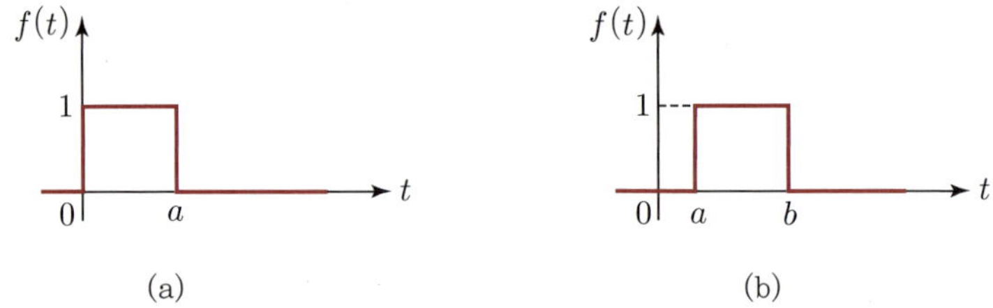

그림 16.10 ▸ 구형 펄스 파형

그림 16.10과 같은 구형 펄스 파형 $f(t)$는 **그림 16.11**(a), **그림 16.12**(a)와 같이 두 계단함수의 합으로 이루어진 합성 함수라는 것을 알 수 있다.

(1) **그림 16.10**(a)의 파형 : **그림 16.11**(a)에서 ① $u(t)$와 ② $-u(t-a)$의 합

$$\text{파형의 함수 : } f(t) = ① + ② = u(t) - u(t-a) \tag{16.37}$$

$$\text{라플라스 변환 : } F(s) = \frac{1}{s} - \frac{1}{s}e^{-as} = \frac{1}{s}(1 - e^{-as}) \tag{16.38}$$

(2) **그림 16.10**(b)의 파형 : **그림 16.12**(a)에서 ① $u(t-a)$와 ② $-u(t-b)$의 합

$$\text{파형의 함수 : } f(t) = ① + ② = u(t-a) - u(t-b) \tag{16.39}$$

$$\text{라플라스 변환 : } F(s) = \frac{1}{s}e^{-as} - \frac{1}{s}e^{-bs} = \frac{1}{s}(e^{-as} - e^{-bs}) \tag{16.40}$$

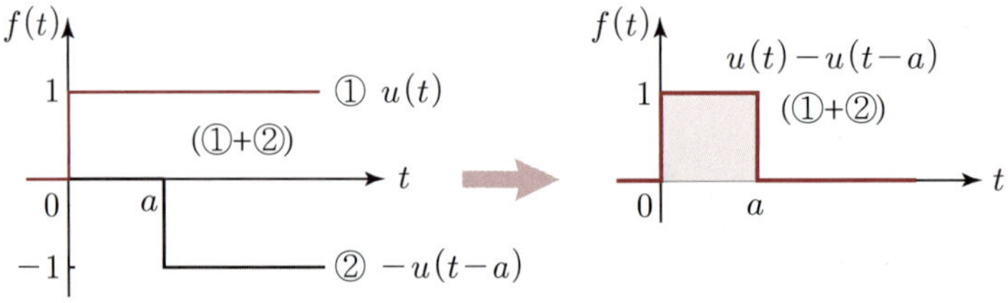

(a) 두 계단함수의 합 (b) 합성($f(t) = ① + ②$)

그림 16.11 ▸ 구형 펄스 파형의 합성 [그림 16.10(a)]

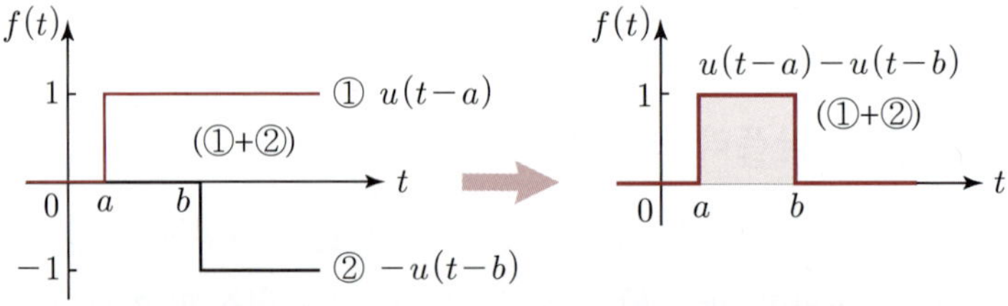

(a) 두 계단함수의 합 (b) 합성($f(t) = ① + ②$)

그림 16.12 ▸ 구형 펄스 파형의 합성 [그림 16.10(b)]

(2) 램프 함수의 라플라스 변환

그림 16.13과 같이 세 종류의 램프 함수 파형에 대해 시간 영역에서 함수 $f(t)$와 복소 영역에서 라플라스 변환 함수 $F(s)$를 구하고, 이 파형들에 대해 차이점을 알아본다.

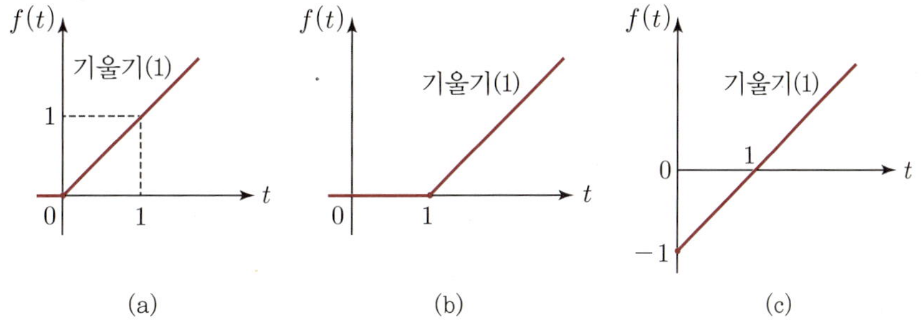

그림 16.13 ▸ 램프 함수 파형

그림 16.13과 같은 램프 함수의 파형 $f(t)$는 **그림 16.14**와 같이 각각 실수의 전 범위에서 연속 함수인 직선 함수 t, $t-1$과 계단 함수 $u(t)$, $u(t-1)$의 곱으로 이루어진 함수라는 것을 알 수 있다.

그림 16.13(a) 파형의 함수는 **그림 16.14**(a)와 같이 ① 직선 함수 t와 ② 계단 함수 $u(t)$의 곱이 된다. 파형의 함수는 $f(t)=tu(t)$이므로 램프함수 t를 라플라스 변환하면 된다. 시간 영역의 함수 $f(t)$와 복소 영역의 라플라스 변환 $F(s)$는 각각 다음과 같다.

$$f(t)=tu(t) \qquad \therefore \quad F(s)=\frac{1}{s^2} \tag{16.41}$$

그림 16.13(b) 파형의 함수는 **그림 16.14**(b)와 같이 ① 직선 함수 $t-1$과 ② 계단 함수 $u(t-1)$의 곱이다. **그림 16.13**(a)의 램프 함수 $tu(t)$를 양의 방향으로 1 만큼 평행

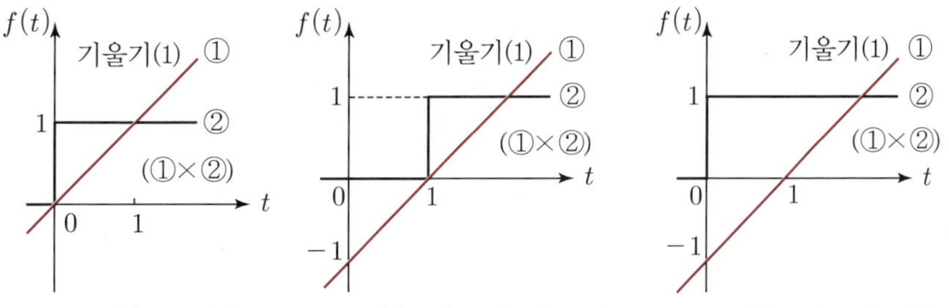

(a) $f(t)=tu(t)$ (b) $f(t)=(t-1)u(t-1)$ (c) $f(t)=(t-1)u(t)$

그림 16.14 ▸ 두 파형의 곱($f(t)=①\times②$)

이동한 것과 같으므로 파형의 함수는 $f(t)=(t-1)u(t-1)$이 된다. 라플라스 변환 $F(s)$는 램프 함수 $tu(t)$를 변환한 다음 e^{-s}을 곱하면 된다.

$$f(t)=(t-1)u(t-1) \qquad \therefore \; F(s)=\frac{1}{s^2}\cdot e^{-s} \tag{16.42}$$

그림 16.13(c) 파형의 함수는 **그림 16.14**(c)와 같이 ① 직선 함수 $t-1$과 ② 단위 계단 함수 $u(t)$의 곱이 된다. 파형의 함수는 $f(t)=(t-1)u(t)$이므로 라플라스 변환의 복소 함수 $F(s)$는 램프 함수 $t-1$을 변환하면 된다.

$$f(t)=(t-1)u(t) \qquad \therefore \; F(s)=\frac{1}{s^2}-\frac{1}{s} \tag{16.43}$$

특히 이 파형 $f(t)=(t-1)u(t)$는 **그림 16.13**(a)의 파형 $tu(t)$가 평행 이동된 것이 아니라는 것에 주의해야 한다.

표 16.4 ▸ 파형의 라플라스 변환 [그림 16.13]

파 형	직선함수 ①	계단함수 ②	$f(t)$ (①×②)	$F(s)$
그림 16.13(a)	t (연속함수)	$t<0,\ u(t)=0$ $t>0,\ u(t)=1$	$t<0,\ tu(t)=0$ $t>0,\ tu(t)$ $\therefore\ f(t)=tu(t)$	$\frac{1}{s^2}$
그림 16.13(b)	$t-1$ (연속함수)	$t<1,\ u(t-1)=0$ $t>1,\ u(t-1)=1$	$t<1,\ (t-1)u(t-1)=0$ $t>1,\ (t-1)u(t-1)=t-1$ $\therefore\ f(t)=(t-1)u(t-1)$	$\frac{1}{s^2}\cdot e^{-s}$
그림 16.13(c)	$t-1$ (연속함수)	$t<0,\ u(t)=0$ $t>0,\ u(t)=1$	$t<0,\ (t-1)u(t)=0$ $t>0,\ (t-1)u(t)=t-1$ $\therefore\ f(t)=(t-1)u(t)$	$\frac{1}{s^2}-\frac{1}{s}$

예제 16.10

그림 16.15와 같은 톱니파의 라플라스 변환을 구하라.

풀이 (1) **그림 16.15**의 톱니 펄스파 $f(t)$는 1차 직선과 **그림 16.10**(a)의 구형 펄스파를 곱한 파형으로 표시할 수 있고, **그림 16.16**에 나타내었다.

$f_1(t) = \frac{E}{T}t$ **[그림 16.16 ①]**

$f_2(t) = u(t) - u(t-T)$ **[그림 16.16 ②]**

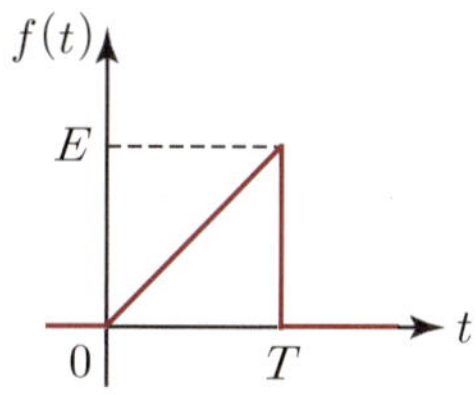

그림 16.15 ▶ 톱니 펄스파

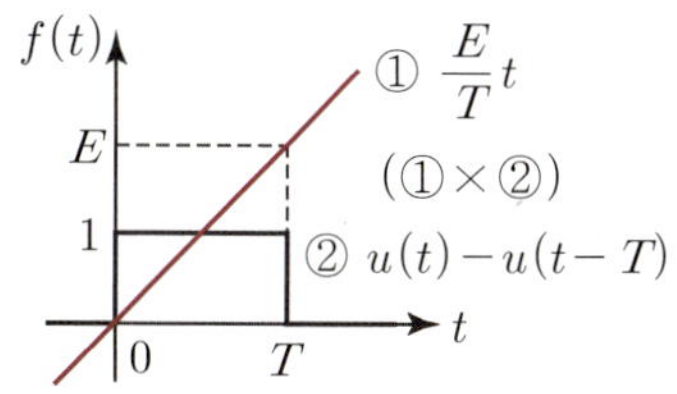

그림 16.16 ▶ 두 파형의 곱

두 파형을 곱(①×②)한 톱니파 $f(t)$는

$$f(t) = \frac{E}{T}t[u(t) - u(t-T)] = \frac{E}{T}tu(t) - \frac{E}{T}tu(t-T)$$
$$= \frac{E}{T}tu(t) - \frac{E}{T}(t-T)u(t-T) - Eu(t-T)$$

이다. 따라서 톱니파 $f(t)$의 라플라스 변환식 $F(s)$는 다음과 같이 구해진다.

$$F(s) = \mathcal{L}[f(t)] = \frac{E}{T}\cdot\frac{1}{s^2} - \frac{E}{T}\cdot\frac{1}{s^2}e^{-Ts} - \frac{E}{s}e^{-Ts}$$
$$= \frac{E}{Ts^2}(1 - e^{-Ts} - Tse^{-Ts})$$
$$\therefore\ F(s) = \frac{E}{Ts^2}[1 - (1+Ts)e^{-Ts}]$$

예제 16.11

그림 16.17과 같은 정현 펄스파 $f(t) = E\sin\omega t(0 \le t \le T/2)$의 라플라스 변환을 구하라.

풀이 (1) **그림 16.17**의 파형 $f(t)$는 **그림 16.18**과 같이 $E\sin\omega t\,u(t)$와 이 파형을 반주기 양의 방향으로 평행 이동한 파형의 합으로 표시할 수 있다.

$f_1(t) = E\sin\omega t\,u(t)$ **[그림 16.18 ①]**

$f_2(t) = E\sin\left(\omega t - \frac{T}{2}\right)u\left(t - \frac{T}{2}\right)$ **[그림 16.18 ②]**

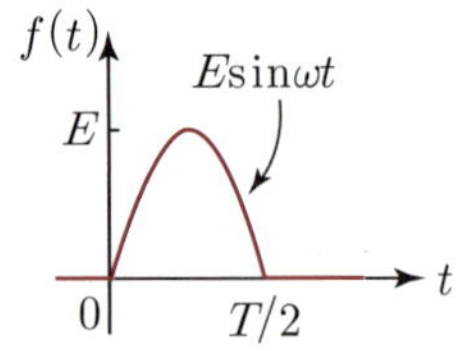

그림 16.17

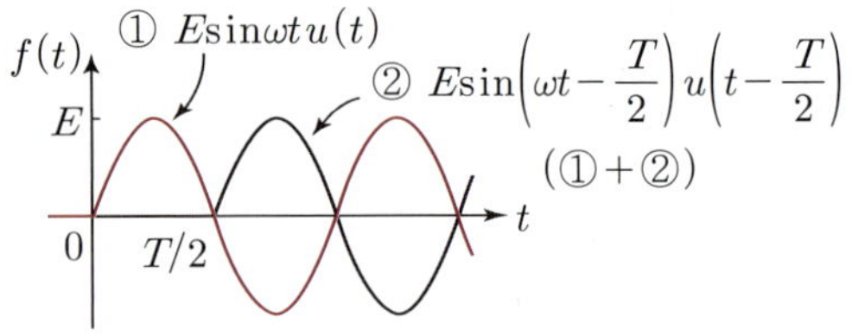

그림 16.18 ▸ 파형의 합성

두 파형을 합성(①+②)한 정현 펄스파의 함수 $f(t)$는

$$f(t) = E\sin\omega t\,u(t) + E\sin\left(\omega t - \frac{T}{2}\right)u\left(t - \frac{T}{2}\right)$$

파형 $f(t)$의 라플라스 변환식 $F(s)$는 다음과 같이 구해진다.

$$F(s) = \frac{E\omega}{s^2+\omega^2} + \frac{E\omega}{s^2+\omega^2}e^{-Ts/2} = \frac{E\omega(1+e^{-Ts/2})}{s^2+\omega^2}$$

(3) 주기함수의 라플라스 변환

그림 16.19와 같이 파형 $f(t)$가 $t \geq 0$에서 주기 T인 반파 구형 펄스파의 라플라스 변환을 구해본다.

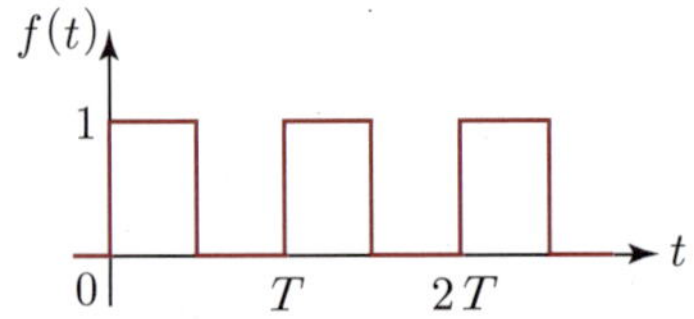

그림 16.19 ▸ 반파 구형파(주기함수)

$f(t)$의 첫 주기$(0 < t < T)$ 동안만의 시간함수 $f_1(t)$는 식 (16.37)에 의하여

$$f_1(t) = u(t) - u(t - T/2) \tag{16.44}$$

이다. 그러므로 함수 $f(t)$는 T의 정수배씩 시간 이동한 무한개의 함수의 합으로 표시될 수 있다. 즉,

$$f(t) = [u(t) - u(t - T/2)] + [u(t - T) - u(t - 3T/2)] + [u(t - 2T) - u(t - 5T/2)] + \cdots$$

$$\therefore \quad f(t) = f_1(t) + f_1(t - T) + f_1(t - 2T) + \cdots \tag{16.45}$$

이 결과는 $\sum$를 사용하여 다음과 같이 간략히 쓸 수 있다.

$$f(t) = \sum_{n=0}^{\infty} [f_1(t - nT)] \tag{16.46}$$

식 (16.46)의 라플라스 변환은 시간 이동 정리의 식 (16.20)에 의해

$$F(s) = \sum_{n=0}^{\infty} \mathcal{L}[f_1(t - nT)] = \sum_{n=0}^{\infty} F_1(s) e^{-nTs}$$

$$\therefore \quad F(s) = F_1(s) \sum_{n=0}^{\infty} e^{-nTs} \tag{16.47}$$

가 된다. 무한 등비 급수의 공식은

$$\sum_{1}^{\infty} x^n = 1 + x + x^2 + x^3 + \cdots = \frac{1}{1 - x} \tag{16.48}$$

이고, 식 (16.47)의 우변의 무한 급수에 위의 공식을 적용하면

$$\sum_{n=0}^{\infty} e^{-nTs} = 1 + e^{-Ts} + e^{-2Ts} + e^{-3Ts} + \cdots = \frac{1}{1 - e^{-Ts}} \tag{16.49}$$

이 된다. 그러므로 주기함수 $f(t)$에 대한 라플라스 변환은 식 (16.47)로부터 다음과 같이 간단히 표현할 수 있으며, **주기함수에 대한 라플라스 변환 공식**으로 사용할 수 있다.

$$\therefore \quad F(s) = \frac{F_1(s)}{1 - e^{-Ts}} \tag{16.50}$$

단, $F_1(s)$는 주기함수의 첫 주기를 라플라스 변환한 $F_1(s) = \mathcal{L}[f_1(t)]$이다. 즉,

$$F_1(s) = \mathcal{L}[f_1(t)] = \mathcal{L}[u(t) - u(t - T/2)]$$

$$\therefore \quad F_1(s) = \frac{1}{s} - \frac{1}{s}e^{-(Ts/2)} = \frac{1}{s}\left[1 - e^{-(Ts/2)}\right] \qquad (16.51)$$

그림 16.19의 반파 구형파의 라플라스 변환 $F(s)$은 식 (16.50)에 식 (16.51)을 대입하면 다음과 같이 구해진다.

$$\therefore \quad F(s) = \frac{F_1(s)}{1 - e^{-Ts}} = \frac{1}{s} \cdot \frac{1 - e^{-(Ts/2)}}{1 - e^{-Ts}} \qquad (16.52)$$

정리 주기함수의 라플라스 변환

(1) 첫 주기의 함수 $f_1(t)$를 구한다.

(2) 함수 $f_1(t)$로부터 첫 주기의 라플라스 변환 $F_1(s) = \mathcal{L}[f_1(t)]$를 구한다.

(3) 주기함수의 라플라스 변환 $F(s)$를 다음의 식에 대입하여 구한다.

$$F(s) = \frac{F_1(s)}{1 - e^{-Ts}}$$

예제 16.12

그림 16.20과 같은 주기 T인 구형 펄스파의 라플라스 변환을 구하라.

풀이 (1) **그림 16.20**의 주기함수 구형 펄스파에서 첫 주기 $f_1(t)$는 **그림 16.21**의 펄스파 $(0 < t < T/2)$ ①과 이 파형을 반주기만큼 평행 이동하고 t 축 대칭인 펄스파 $(T/2 < t < T)$ ②의 합으로 나타낼 수 있다.
이 두 구간에서 두 파형의 함수는 **그림 2.21**과 같이 각각 표현할 수 있다.

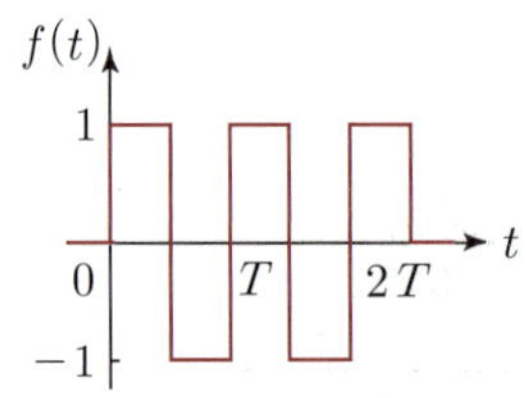

그림 16.20

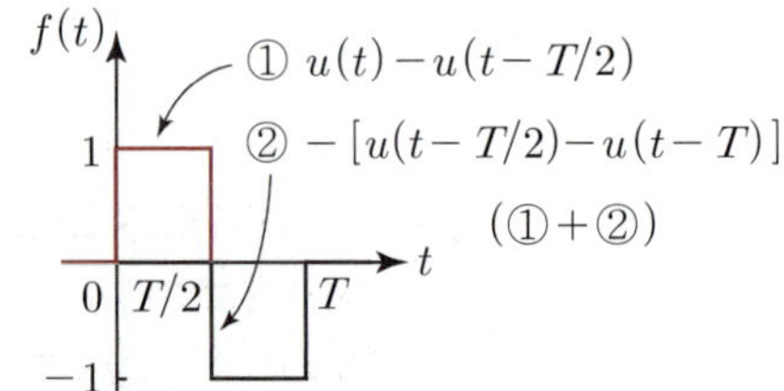

그림 16.21 ▸ 구형 펄스파 두 개의 합성

$$f(t) = u(t) - u\left(t - \frac{T}{2}\right)\left(0 < t < \frac{T}{2}\right)$$ [그림 16.21 ①]

$$f(t) = -\left[u\left(t - \frac{T}{2}\right) - u(t-T)\right]\left(\frac{T}{2} < t < T\right)$$ [그림 16.21 ②]

그러므로 첫 주기($0 < t < T$)의 함수 $f_1(t)$는 ①과 ②의 합이므로

$$0 < t < T : f_1(t) = u(t) - 2u\left(t - \frac{T}{2}\right) + u(t-T)$$

이다. 함수 $f_1(t)$의 라플라스 변환 $F_1(s)$는

$$F_1(s) = \frac{1}{s} - \frac{2}{s}e^{-Ts/2} + \frac{1}{s}e^{-Ts} = \frac{1}{s}(1 - e^{-Ts/2})^2$$

이다. 그러므로 주기 T인 함수 $f(t)$에 대한 라플라스 변환 $F(s)$는 식 (16.50)에 의해 다음과 같이 구해진다.

$$\therefore \ F(s) = \frac{F_1(s)}{1 - e^{-Ts}} = \frac{1}{s} \cdot \frac{(1 - e^{-Ts/2})^2}{1 - e^{-Ts}}$$

예제 16.13

그림 16.22와 같은 주기 T인 톱니파의 라플라스 변환을 구하라.

풀이 주기함수의 라플라스 변환을 구하기 위해 첫 주기($0 < t < T$)의 함수 $f_1(t)$에 의한 라플라스 변환 $F_1(s)$는 **예제 16.10**의 결과를 이용한다.

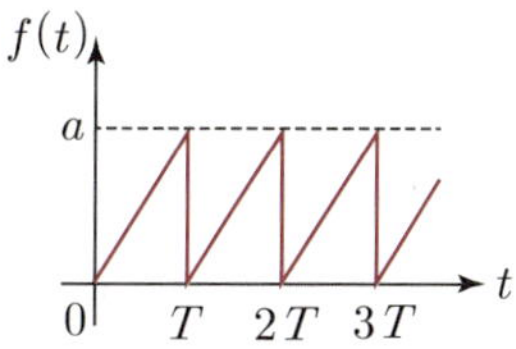

그림 16.22

$$F_1(s) = \frac{a}{Ts^2}(1 - e^{-Ts} - Ts\,e^{-Ts})$$

그러므로 주기 T인 함수 $f(t)$에 대한 라플라스 변환 $F(s)$는 식 (16.50)에 의해 다음과 같이 구해진다.

$$F(s) = \frac{F_1(s)}{1 - e^{-Ts}} = \frac{a}{Ts^2} \cdot \frac{1 - e^{-Ts} - Ts\,e^{-Ts}}{1 - e^{-Ts}}$$

$$\therefore \ F(s) = \frac{a}{s} \cdot \left(\frac{1}{Ts} - \frac{e^{-Ts}}{1 - e^{-Ts}}\right)$$

16.5 역 라플라스 변환

지금까지 시간 함수 $f(t)$를 복소 함수 $F(s)$로 변환하는 라플라스 변환에 대하여 학습하였다. 이제 역으로 복소 함수 $F(s)$로부터 시간 함수 $f(t)$를 구하는 **역 라플라스 변환**에 대하여 공부하기로 한다.

16.5.1 간단한 함수의 역 라플라스 변환

역 라플라스 변환은 계산이 매우 복잡하기 때문에 간단한 함수는 **표 16.1**의 라플라스 변환쌍과 **표 16.2**의 라플라스 변환 정리들을 이용하여 구한다.

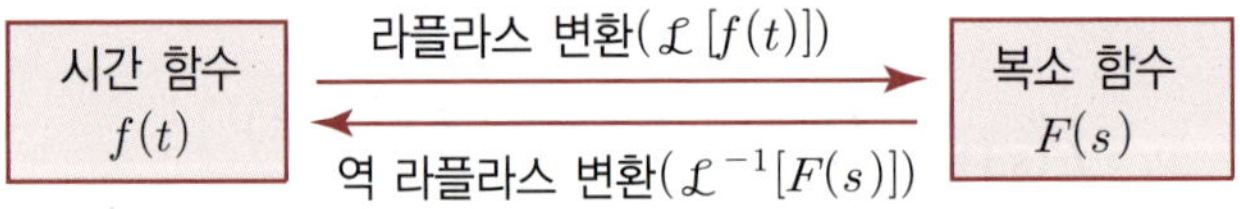

예제 16.14

다음 함수의 역 라플라스 변환을 구하라.

(1) $F(s) = \dfrac{1}{s^3}$ (2) $F(s) = \dfrac{1}{s+3}$

(3) $F(s) = \dfrac{4}{s^2+4}$ (4) $F(s) = \dfrac{1}{s^2+2s+2}$

풀이 (1) $\mathcal{L}[t^n] = \dfrac{n!}{s^{n+1}}$ 이므로 $f(t) = \mathcal{L}^{-1}\left[\dfrac{1}{s^n}\right] = \dfrac{t^{n-1}}{(n-1)!}$

$$\therefore\ f(t) = \mathcal{L}^{-1}\left[\frac{1}{s^3}\right] = \frac{t^{(3-1)}}{(3-1)!} = \frac{1}{2}t^2$$

(2) $f(t) = \mathcal{L}^{-1}\left[\dfrac{1}{s+3}\right] = e^{-3t}$

(3) $f(t) = \mathcal{L}^{-1}\left[2 \cdot \dfrac{2}{s^2+2^2}\right] = 2\sin 2t$

(4) $f(t) = \mathcal{L}^{-1}\left[\dfrac{1}{s^2+2s+2}\right] = \mathcal{L}^{-1}\left[\dfrac{1}{(s+1)^2+1^2}\right] = e^{-t}\sin t$

16.5.2 부분 분수 전개법에 의한 역 라플라스 변환

라플라스 변환 함수 $F(s)$가 s의 다항식인

$$F(s)=\frac{P(s)}{Q(s)}=\frac{b_m s^m+b_{m-1}s^{m-1}+\cdots+b_1 s+b_0}{a_n s^n+a_{n-1}s^{n-1}+\cdots+a_1 s+a_0} \tag{16.53}$$

로 표시될 때, a_i, b_i는 실수이고 m, n은 양의 정수($m \le n$)이다. 역 라플라스 변환을 하기 위해서 함수 $F(s)$는 다음의 조건에 따라 정리해 주어야 한다.

(1) $m=n$(분자, 분모의 차수가 같은 경우) : 분자를 분모로 나누어 분자는 분모의 차수보다 낮게 한다.(분모의 식이 분자에 포함되도록 하여 변형한다.)

예 $$F(s)=\frac{s^2+3s+10}{s^2+2s+5}=\frac{(s^2+2s+5)+s+5}{s^2+2s+5}=1+\frac{s+5}{s^2+2s+5}$$

$$=1+\frac{(s+1)+2\cdot 2}{(s+1)^2+2^2} \qquad \therefore\ f(t)=\delta(t)+e^{-t}(\cos 2t+2\sin 2t)$$

(2) $m<n$(분자가 분모보다 차수가 낮은 경우) : 부분 분수 전개법 적용

역 라플라스 변환에 가장 많이 활용되는 **부분 분수 전개법**은 $m<n$인 경우에 복잡한 유리함수 $F(s)$를 **표 16.1**과 같은 함수(라플라스 변환쌍)가 포함된 간단한 1차 또는 2차식의 합으로 표현하는 방법이고, 다음과 같이 기준을 세워두고 학습하면 많은 도움이 된다.

① **분자는 분모의 차수보다 한 차수 낮게 한다.**
(분모가 1차식이면 분자는 상수, 분모가 2차식이면 분자는 1차식으로 한다.)
② **분모 최고차항의 계수가 1이 되도록 한다.**

식 (16.53)의 유리함수 $F(s)$에서 분자가 분모의 차수보다 낮고 분모 $Q(s)=0$이라 놓았을 때 그 근 s는 $F(s)$의 극(pole)이다. 이 극을 p_1, p_2, $\cdots$ p_n이라 하면 $F(s)$는

$$F(s)=\frac{P(s)}{Q(s)}=\frac{P(s)}{(s-p_1)(s-p_2)\cdots(s-p_n)} \tag{16.54}$$

와 같이 인수분해가 된다. 이 때 극의 형태에 따라 **실수 단극**(단순극, simple pole), **중복극**(다중극, multiple pole) 및 **공액 복소극**(허수극)으로 나누어진다.

식 (16.54)를 부분 분수로 전개하면

$$F(s)=\frac{K_1}{s-p_1}+\frac{K_2}{s-p_2}+\cdots+\frac{K_n}{s-p_n} \tag{16.55}$$

의 항이 되고, 이 때 K_1, K_2, $\cdots$, K_n을 미정계수라고 한다.

극의 형태(실수 단극, 중복극)에 따른 부분 분수 전개법, 미정계수를 구하는 방법 및 역 라플라스 변환에 대해 실례를 들면서 설명한다. 단, 공액 복소극은 다음의 참고문헌을 참고하기 바란다.[임헌찬, 임현수 저, ≪알차게 배우는 자동제어≫, p. 59, 동일출판사]

(1) 실수 단극(단순극)인 경우

예

$$F(s)=\frac{s+2}{s(s+1)} \tag{16.56}$$

① 분모의 인수가 두 개이므로 부분 분수의 항도 두 개의 전개식으로 구성된 **부분 분수 전개식의 형태(꼴)**를 만든다.(미정 계수 K_1, K_2)

$$F(s)=\frac{s+2}{s(s+1)}=\frac{K_1}{s}+\frac{K_2}{s+1} \tag{16.57}$$

② 미정계수 K_1은 준 식 $F(s)$에 s를 곱하여 $s=0$을 대입하고, K_2는 $F(s)$에 $s+1$을 곱하여 $s=-1$을 대입하여 구한다. 이 방법을 **실수 단근법**이라 한다.

$$K_1=s\cdot F(s)\big|_{s=0}=\left.\frac{s+2}{s+1}\right|_{s=0}=2$$

$$K_2=(s+1)\cdot F(s)\big|_{s=-1}=\left.\frac{s+2}{s}\right|_{s=-1}=-1 \tag{16.58}$$

③ 미정계수 K_1, K_2를 식 (16.57)에 대입하여 부분 분수 전개를 마친다.

$$F(s)=\frac{s+2}{s(s+1)}=\frac{2}{s}-\frac{1}{s+1} \tag{16.59}$$

④ 역 라플라스 변환 $f(t)=\mathcal{L}^{-1}[F(s)]$를 구한다.

$$f(t)=\mathcal{L}^{-1}[F(s)]=2-e^{-t} \tag{16.60}$$

예제 16.15

다음 함수의 역 라플라스 변환을 구하라.

(1) $F(s)=\dfrac{2}{(s+1)(s+3)}$ **(2)** $F(s)=\dfrac{2s+3}{s^2+3s+2}$

풀이 (1) $F(s)=\dfrac{2}{(s+1)(s+3)}=\dfrac{K_1}{s+1}+\dfrac{K_2}{s+3}$

$$K_1=(s+1)\cdot F(s)\big|_{s=-1}=\left.\frac{2}{s+3}\right|_{s=-1}=1$$

$$K_2=(s+3)\cdot F(s)\big|_{s=-3}=\left.\frac{2}{s+1}\right|_{s=-3}=-1$$

$$F(s)=\frac{1}{s+1}-\frac{1}{s+3} \qquad \therefore\ f(t)=\mathcal{L}^{-1}[F(s)]=e^{-t}-e^{-3t}$$

(2) $F(s)=\dfrac{2s+3}{s^2+3s+2}=\dfrac{2s+3}{(s+1)(s+2)}=\dfrac{K_1}{s+1}+\dfrac{K_2}{s+2}$

$$K_1=(s+1)\cdot F(s)\big|_{s=-1}=\left.\frac{2s+3}{s+2}\right|_{s=-1}=1$$

$$K_2=(s+2)\cdot F(s)\big|_{s=-2}=\left.\frac{2s+3}{s+1}\right|_{s=-2}=1$$

$$F(s)=\frac{1}{s+1}+\frac{1}{s+2} \qquad \therefore\ f(t)=\mathcal{L}^{-1}[F(s)]=e^{-t}+e^{-2t}$$

(2) 중복극인 경우

예

$$F(s)=\frac{1}{(s+2)(s+1)^2} \tag{2.61}$$

① 분모의 인수가 세 개이므로 부분 분수의 항도 세 개의 전개식으로 구성된 **부분 분수 전개식의 형태(꼴)**를 만든다.(미정계수 K_1, K_2, K_3)

$$F(s)=\frac{1}{(s+2)(s+1)^2}=\frac{K_1}{s+2}+\frac{K_2}{(s+1)^2}+\frac{K_3}{s+1} \tag{16.62}$$

② 미정계수 K_1은 준 식 $F(s)$에 $s+2$를 곱하여 $s=-2$를 대입하고, K_2는 $F(s)$에 $(s+1)^2$을 곱하여 $s=-1$을 대입하여 구한다. K_3는 $F(s)$에 $(s+1)^2$을 곱한 결과를 미분하여 $s=-1$을 대입하여 구한다.(실수 단근법)

$$K_1 = (s+2)\cdot F(s)\Big|_{s=-2} = \frac{1}{(s+1)^2}\Big|_{s=-2} = 1$$

$$K_2 = (s+1)^2\cdot F(s)\Big|_{s=-1} = \frac{1}{s+2}\Big|_{s=-1} = 1$$

$$K_3 = \frac{d}{ds}\{(s+1)^2\cdot F(s)\}\Big|_{s=-1} = \frac{d}{ds}\frac{1}{s+2}\Big|_{s=-1}$$

$$= \frac{-1}{(s+2)^2}\Big|_{s=-1} = -1 \qquad (16.63)$$

③ 미정계수 K_1, K_2, K_3를 식 (16.62)에 대입하여 부분 분수 전개를 마친다.

$$F(s) = \frac{1}{s+2} + \frac{1}{(s+1)^2} - \frac{1}{s+1} \qquad (16.64)$$

④ 역 라플라스 변환 $f(t) = \mathcal{L}^{-1}[F(s)]$를 구한다.

$$f(t) = \mathcal{L}^{-1}[F(s)] = e^{-2t} + te^{-t} - e^{-t} \qquad (16.65)$$

만일 $F(s)$의 분모가 $s^2(s+1)$일 때 인수는 3개이므로 **부분 분수의 전개 항**은 3개가 되고, 전개 항의 분모는 각각 s^2, s, $s+1$이 된다.(다음의 **예제**에서 확인하기 바란다.)

예제 16.16

다음 함수의 역 라플라스 변환을 구하라.

(1) $F(s) = \dfrac{s+2}{(s+1)^2}$ (2) $F(s) = \dfrac{s+3}{s^2(s+1)}$

풀이 (1) $F(s) = \dfrac{s+2}{(s+1)^2} = \dfrac{K_1}{(s+1)^2} + \dfrac{K_2}{s+1}$

$$K_1 = (s+1)^2 \cdot F(s)\big|_{s=-1} = s+2\big|_{s=-1} = 1$$

$$K_2 = \frac{d}{ds}\{(s+1)^2 \cdot F(s)\}\bigg|_{s=-1} = \frac{d}{ds}(s+2)\bigg|_{s=-1} = 1$$

$$F(s) = \frac{1}{(s+1)^2} + \frac{1}{s+1}$$

$$\therefore\ f(t) = \mathcal{L}^{-1}[F(s)] = te^{-t} + e^{-t} = e^{-t}(t+1)$$

(2) $F(s) = \dfrac{s+3}{s^2(s+1)} = \dfrac{K_1}{s^2} + \dfrac{K_2}{s} + \dfrac{K_3}{s+1}$

$$K_1 = s^2 \cdot F(s)\big|_{s=0} = \frac{s+3}{s+1}\bigg|_{s=0} = 3$$

$$K_2 = \frac{d}{ds}s^2 \cdot F(s)\bigg|_{s=0} = \frac{d}{ds}\frac{s+3}{s+1}\bigg|_{s=0} = \frac{-2}{(s+1)^2}\bigg|_{s=0} = -2$$

$$K_3 = (s+1) \cdot F(s)\big|_{s=-1} = \frac{s+3}{s^2}\bigg|_{s=-1} = 2$$

$$F(s) = \frac{3}{s^2} - \frac{2}{s} + \frac{2}{s+1}$$

$$\therefore\ f(t) = \mathcal{L}^{-1}[F(s)] = 3t - 2 + 2e^{-t}$$

TIP 함수의 곱과 분수식의 미분 공식

① $\dfrac{d}{dx}\{f(x) \cdot g(x)\} = f'(x) \cdot g(x) + f(x) \cdot g'(x)$

② $\dfrac{d}{dx}\left\{\dfrac{f(x)}{g(x)}\right\} = \dfrac{f'(x) \cdot g(x) - f(x) \cdot g'(x)}{\{g(x)\}^2}$

16.6 회로소자의 라플라스 변환

교류 회로 해석에서 페이저로 하는 경우 페이저 전압 $\boldsymbol{V}$, 전류 $\boldsymbol{I}$를 표시하고 선형소자인 $R \rightarrow R$, $L \rightarrow j\omega L$, $C \rightarrow 1/j\omega C$로 임피던스를 대체한 다음 키르히호프 법칙이나 여러 가지 회로망 정리 등을 적용하여 해석하였다. 마찬가지로 라플라스 변환에 의한 회로 해석을 하는 경우에도 전원 전압 $V(s)$, 전류 $I(s)$를 변환하고 회로소자의 라플라스 변환에 의해 대체한 다음 기계적으로 키르히호프 법칙이나 회로망 정리에 적용할 수 있다.

본 절에서는 라플라스의 회로 해석법을 적용하기 위한 회로소자 R, L, C의 라플라스 변환 관계를 학습한다.

(1) 저항

시간 영역에서 저항의 양단 전압, 전류의 관계식과 이에 대응되는 라플라스 변환 식은 각각 다음과 같다.

$$v(t) = Ri(t), \qquad V(s) = RI(s) \tag{16.66}$$

이들의 관계로부터 임피던스 변환 $Z(s)$는 다음과 같다.

$$Z(s) = \frac{V(s)}{I(s)} = R \tag{16.67}$$

그림 16.23은 시간 영역의 저항과 라플라스로 변환한 복소 영역에서 저항을 각각 나타낸 등가회로이다. 시간 영역과 복소 영역의 변환 과정에서 저항 소자는 바뀌지 않는 것을 유념하기 바란다.

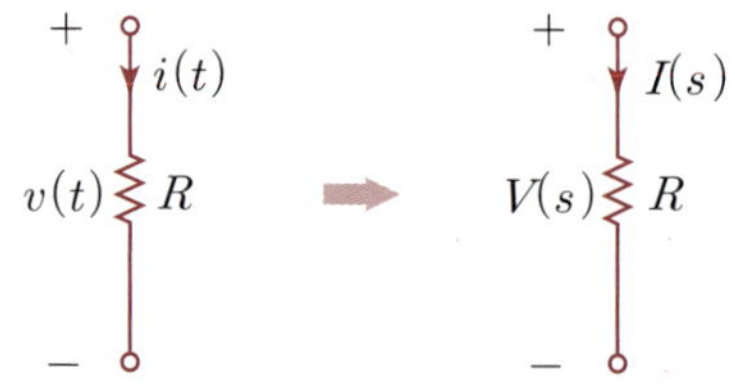

(a) 시간 영역 (b) 복소 영역

그림 16.23 ▸ 저항의 등가 변환 회로

(2) 인덕터

시간 영역에서 인덕터의 양단 전압, 전류의 관계식과 이에 대응되는 라플라스 변환식은 각각 다음과 같다.

$$v(t) = L\frac{di(t)}{dt} \tag{16.68}$$

$$V(s) = L[sI(s) - i(0^+)] \tag{16.69}$$

라플라스 변환 식 (16.69)를 변형하면 입력전압 변환 $V(s)$는

$$V(s) = sLI(s) - Li(0^+) \tag{16.70}$$

이다. 여기서 $sLI(s)$는 인덕터 소자의 전압, $Li(0^+)$는 인덕터의 초기전류에 의해 발생한 초기전압을 의미한다. 인덕터 소자의 전압을 $V_1(s)$라고 할 때 $V_1(s) = sLI(s)$이므로 인덕터의 변환 임피던스 $Z(s)$는

$$Z(s) = \frac{V_1(s)}{I(s)} = sL \tag{16.71}$$

이 된다. 이와 같이 인덕터의 등가변환 회로는 변환 임피던스 sL과 초기전류에 의한 $Li(0^+)$의 전압원이 직렬로 등가 표현된다. 초기전압 $Li(0^+)$의 극성은 (−)이므로 전류와 반대 방향인 전압상승으로 표현해야 한다. 이들의 관계를 **그림 16.24**(b)에 나타내었다.

식 (16.70)을 전류 $I(s)$에 대해 정리하면

$$I(s) = \frac{V(s)}{sL} + \frac{i(0^+)}{s} \tag{16.72}$$

가 되므로 변환 임피던스 sL과 초기전류에 의한 $i(0^+)/s$의 전류원이 병렬로 등가 표현되고, **그림 16.24**(c)에 등가 회로를 나타내었다.

만약 인덕터에 초기 에너지가 없는 경우$[i(0^+) = 0]$에 인덕터 등가회로는 전압원 및 전류원은 없어지고 단지 임피던스 sL 만으로 간단히 표현된다.

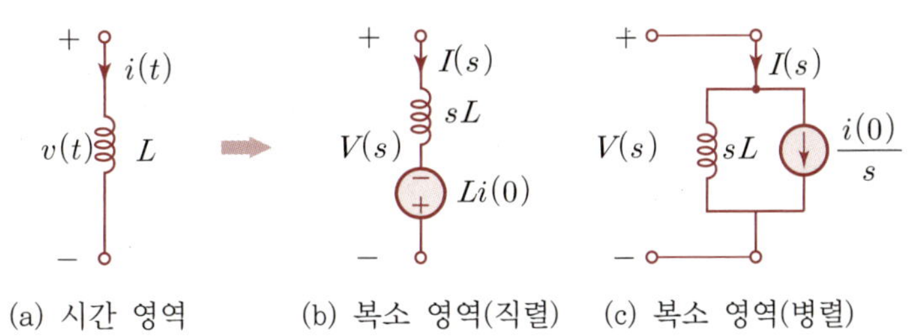

그림 16.24 ▶ 인덕터의 등가 변환 회로

(3) 커패시터

시간 영역에서 커패시터의 양단 전압, 전류의 관계식과 이에 대응되는 라플라스 변환식은 각각 다음과 같다.

$$v(t)=\frac{1}{C}\int i(t)dt \tag{16.73}$$

$$V(s)=\frac{1}{C}\left[\frac{I(s)}{s}+\frac{q(0^+)}{s}\right] \quad \text{단, } q(0^+)=\int_{-\infty}^{0} i(t)dt \tag{16.74}$$

라플라스 변환한 식 (16.74)를 변형하면

$$V(s)=\frac{I(s)}{sC}+\frac{q(0^+)}{sC} \tag{16.75}$$

이다. 커패시터의 관계식 $q=CV$에 의해 $q(0^+)/C$는 초기전압 $v(0)$가 된다. 따라서 식 (16.75)는

$$V(s)=\frac{I(s)}{sC}+\frac{v(0)}{s} \tag{16.76}$$

이 된다. 여기서 $V(s)$는 입력전압 변환, $\frac{I(s)}{sC}$는 커패시터 소자의 전압, $\frac{v(0)}{s}$는 커패시터의 초기전압을 의미한다. 커패시터 소자의 전압을 $V_1(s)$라고 할 때 $V_1(s)=\frac{I(s)}{sC}$이므로 커패시터의 변환 임피던스 $Z(s)$는

$$Z(s)=\frac{V_1(s)}{I(s)}=\frac{1}{sC} \tag{16.77}$$

이다. 이와 같이 커패시터의 등가변환 회로는 변환 임피던스 $1/sC$과 초기전압에 의한 $v(0)/s$의 전압원이 직렬로 등가 표현된다. 초기전압 $v(0)/s$의 극성은 (+)이므로 전류와 같은 방향인 전압강하로 표현해야 한다. 이들의 관계를 **그림 16.25**(b)에 나타내었다.

식 (16.76)을 전류 $I(s)$에 대해 정리하면

$$I(s)=sCV(s)-Cv(0) \tag{16.78}$$

가 되므로 변환 임피던스 $1/sC$과 초기전류에 의한 $Cv(0)$의 전류원이 병렬로 등가 표현되고, **그림 16.25**(c)에 등가 회로를 나타내었다.

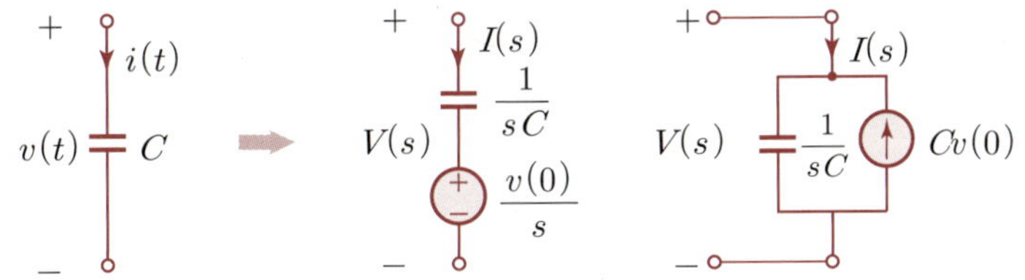

(a) 시간 영역 (b) 복소 영역(직렬) (c) 복소 영역(병렬)

그림 16.25 ▸ 커패시터의 등가 변환 회로

만약 커패시터에 초기전압이 없는 경우$[v(0)=0]$에 커패시터 등가회로는 전압원 및 전류원은 없어지고 단지 임피던스 $1/sC$만으로 간단히 표현된다.

표 16.5 ▸ 시간 영역과 복소 영역에서의 회로소자의 전압과 전류의 관계

회로소자	시간 영역	복소 영역(s 영역)	복소 임피던스
저항	$v(t)=Ri(t)$ $i(t)=\frac{v(t)}{R}$	$V(s)=RI(s)$ $I(s)=\frac{1}{R}V(s)$	$Z(s)=R$
인덕터	$v(t)=L\frac{di(t)}{dt}$ $i(t)=\frac{1}{L}\int v(t)dt$	$V(s)=sLI(s)-Li(0^+)$ $I(s)=\frac{V(s)}{sL}+\frac{i(0^+)}{s}$	$Z(s)=sL$
커패시터	$v(t)=\frac{1}{C}\int i(t)dt$ $i(t)=C\frac{dv(t)}{dt}$	$V(s)=\frac{I(s)}{sC}+\frac{v(0)}{s}$ $I(s)=sCV(s)-Cv(0)$	$Z(s)=\frac{1}{sC}$

16.7 라플라스 변환에 의한 회로 해석

선형 미분 방정식은 일반해의 형식을 구하고 여기에 초기 조건을 대입하여 상수를 포함한 완전응답을 구하는 방법을 취한다. 차수가 높아지면 일반해를 구하는 것이 어려워질 뿐만 아니라 초기 조건이 많게 되므로 상당히 복잡한 계산 과정을 거쳐야 한다.

그러나 미분 방정식을 라플라스 변환하면 초기 조건이 자동적으로 포함되어 있으므로 대수 연산에 의해 복소 함수의 해를 쉽게 구할 수 있다. 따라서 최종적으로 완전응답은 복소 함수의 역 라플라스 변환에 의해 구할 수 있다.

그림 16.26의 RC 직렬회로에서 커패시터의 **초기전압이 있는 경우**(V_0), $t=0$에서 스위치를 닫고 직류 전압 V가 인가된 경우에 과도전류 $i(t)$를 라플라스 변환에 의해 구해본다.

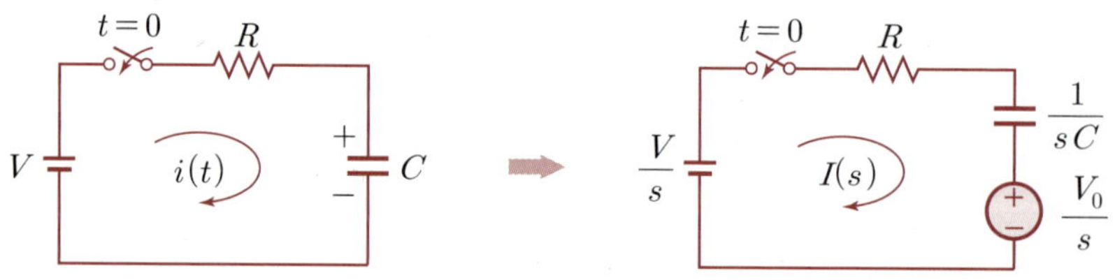

(a) 시간 영역(초기전압 V_0)　　(b) 라플라스 변환 회로

그림 16.26 ▸ RC 직렬 회로

먼저 초기 전압이 있는 커패시터는 **그림 16.25**(b)의 등가회로를 적용하고, 직류 전압 V와 전류 $i(t)$도 라플라스 변환한 V/s, $I(s)$에 의해 라플라스 변환 회로인 **그림 16.26**(b)와 같이 나타낸다. **그림 16.26**(b)에서 키르히호프의 전압 방정식을 세우면

$$\frac{V}{s} = RI(s) + \frac{1}{sC}I(s) + \frac{V_0}{s} \tag{16.79}$$

이고, 식 (16.79)를 $I(s)$로 정리하면 다음과 같다.

$$I(s) = \frac{\frac{V}{s} - \frac{V_0}{s}}{R + \frac{1}{sC}} = \frac{C(V - V_0)}{RCs + 1} = \frac{V - V_0}{R} \cdot \frac{1}{s + \frac{1}{RC}} \tag{16.80}$$

식 (16.80)의 $I(s)$를 역 라플라스 변환하면 $i(t)$는 다음과 같이 구해진다.

$$i(t) = \frac{V - V_0}{R} e^{-\frac{1}{RC}t} \tag{16.81}$$

초기전압이 없는 경우($V_0=0$)에는 커패시터 소자의 변환은 단순히 임피던스 $1/sC$만 있으므로

$$\frac{V}{s}=\left(R+\frac{1}{sC}\right)I(s) \tag{16.82}$$

$$\therefore \quad I(s)=\frac{V}{s\left(R+\frac{1}{sC}\right)}=\frac{CV}{RCs+1}=\frac{V}{R}\cdot\frac{1}{s+\frac{1}{RC}} \tag{16.83}$$

식 (16.83)의 $I(s)$를 역 라플라스 변환하면 $i(t)$는 다음과 같이 구해진다.

$$i(t)=\frac{V}{R}e^{-\frac{1}{RC}t} \tag{16.84}$$

이제 **그림 16.26**(a)의 시간 영역 회로에서 신속히 구하기 위해 **그림 16.26**(b)의 변환회로를 작성하지 않고 직접 구하는 방법을 알아본다.

(1) **그림 16.26**(a)의 RC 직렬 회로에 대한 전압 방정식을 세운다.

$$Ri+\frac{1}{C}\int i dt=V \tag{16.85}$$

(2) 식 (16.85)의 양변을 직접 라플라스 변환하여 구한다. 이때 적분이 포함된 좌변의 둘째항은 초기 전압이 있는 경우(V_0)와 초기 전압이 없는 경우($V_0=0$)를 **공식화**하여 다음과 같이 구분하여 적용한다.

$$\begin{aligned} &(V_0) \qquad RI(s)+\frac{1}{sC}I(s)+\frac{V_0}{s}=\frac{V}{s} \;\text{[식 (16.79)와 일치]} \\ &(V_0=0) \quad RI(s)+\frac{1}{sC}I(s)=\frac{V}{s} \;\text{[식 (16.82)와 일치]} \end{aligned} \tag{16.86}$$

그러나 복잡한 회로의 경우에는 이제까지 배운 회로소자 변환에 의한 복소 임피던스를 적용하여 회로를 작성하고, 키르히호프의 법칙을 적용하여 전압 및 전류 방정식을 세워서 구하는 것이 간단하다.

예제 16.17

그림 16.27(a)와 같은 RC 직렬회로에서 $t=0$ 일 때 스위치를 닫았다. 이 때 회로에 흐르는 전류 $I(s)$와 $i(t)$를 구하라. 단, $V_C(0)=1\,[\mathrm{V}]$이다.

풀이

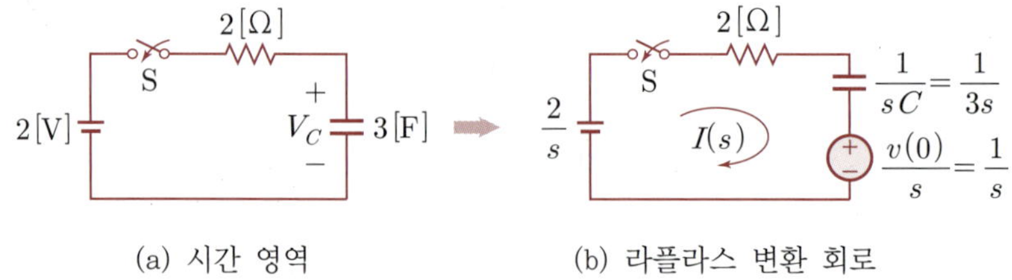

그림 16.27 ▸ RC 직렬 회로

그림 16.27(b)와 같이 커패시터의 임피던스 $Z(s)$와 초기전압이 있으므로 전압원이 직렬로 접속된 라플라스 변환 회로를 그린다.

$$\text{임피던스 : } Z(s)=\frac{1}{sC}=\frac{1}{3s}, \quad \text{전압원 : } \frac{v(0)}{s}=\frac{1}{s}$$

키르히호프 법칙에 의한 전압방정식을 세우고 복소 영역의 전류 $I(s)$로 정리하면 다음과 같이 구해진다.

$$\frac{2}{s}=2I(s)+\frac{1}{3s}I(s)+\frac{1}{s}, \qquad \left(2+\frac{1}{3s}\right)I(s)=\frac{1}{s}$$

$$\therefore\ I(s)=\frac{1}{s\left(2+\frac{1}{3s}\right)}=\frac{3}{6s+1}$$

$I(s)$의 역 라플라스 변환에 의해 시간 영역의 전류 $i(t)$는 다음과 같이 구해진다. 특히 $I(s)$에서 분모의 최고차항의 계수는 1로 변형시켜 놓고 역 라플라스 변환해야 한다.

$$i(t)=\mathcal{L}^{-1}[I(s)]=\mathcal{L}^{-1}\left[\frac{3/6}{s+(1/6)}\right]=\mathcal{L}^{-1}\left[\frac{1}{2}\cdot\frac{1}{s+(1/6)}\right]=\frac{1}{2}e^{-\frac{1}{6}t}$$

TIP **그림 16.27**(a)에서 식 (16.85)의 전압방정식을 세우고, 식 (16.86)의 초기 전압 $V(0)$이 있는 경우의 라플라스 변환에 의하여 직접 전류 $I(s)$를 구할 수 있다.

$$Ri+\frac{1}{C}\int i\,dt=V \ \rightarrow\ 2i+\frac{1}{3}\int i\,dt=2$$

$$2I(s)+\frac{1}{3s}I(s)+\frac{1}{s}=\frac{2}{s} \ \rightarrow\ \left(2+\frac{1}{3s}\right)I(s)=\frac{1}{s} \quad \therefore\ I(s)=\frac{3}{6s+1}$$

예제 16.18

그림 16.28의 RL회로에서 $t=0$에서 스위치를 닫았을 때, 이 회로에 흐르는 전류 $i(t)$를 라플라스 변환을 이용하여 구하라.(단, 초기조건 : 0)

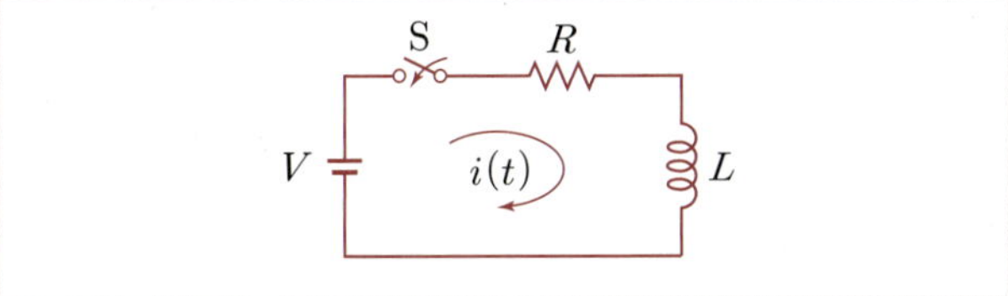

그림 16.28 ▸ RL 직렬 회로

풀이 키르히호프의 전압방정식에 의해 미분방정식은

$$Ri(t)+L\frac{di(t)}{dt}=V$$

이 식의 양변을 라플라스 변환하고 초기값 0을 대입하면 다음과 같다.

$$RI(s)+L[sI(s)-i(0)]=\frac{V}{s},\quad (R+Ls)I(s)=\frac{V}{s}$$

$$\therefore\ I(s)=\frac{V}{s(Ls+R)}=\frac{V/L}{s(s+R/L)}$$

위에서 구한 $I(s)$를 부분 분수로 전개하면 다음과 같다.

$$I(s)=\frac{V/L}{s(s+R/L)}=\frac{K_1}{s}+\frac{K_2}{s+R/L}$$

$$K_1=sI(s)|_{s=0}=\left.\frac{V/L}{s+R/L}\right|_{s=0}=\frac{V}{R}$$

$$K_2=(s+R/L)I(s)|_{s=-(R/L)}=\left.\frac{V/L}{s}\right|_{s=-(R/L)}=-\frac{V}{R}$$

$$\therefore\ I(s)=\frac{V}{R}\left[\frac{1}{s}-\frac{1}{s+R/L}\right]$$

$I(s)$의 역 라플라스 변환에 의한 전류 $i(t)$는 다음과 같다.

$$i(t)=\mathcal{L}^{-1}[I(s)]=\frac{V}{R}\left(1-e^{-\frac{R}{L}t}\right)$$

연습문제

01 다음 함수의 라플라스 변환을 구하라.

(1) $f(t) = 3t^2$

(2) $f(t) = 10t^3$

(3) $f(t) = 5e^{-2t}$

(4) $f(t) = 3 + 2e^{-t}$

(5) $f(t) = e^{j\omega t}$

(6) $f(t) = 5\sin 2t$

(7) $f(t) = \sin^2 t$

(8) $f(t) = \sin t \cos t$

(9) $f(t) = 2\sin 4t - 3\cos 2t$

(10) $f(t) = 4t^2 + 2e^{-3t} + \cos 2t$

힌트 (7) 삼각함수의 반각 공식 : $\cos^2 t = \dfrac{1+\cos 2t}{2}$, $\sin^2 t = \dfrac{1-\cos 2t}{2}$

(8) 삼각함수의 배각 공식 : $\sin 2t = 2\sin t\cos t \rightarrow \sin t\cos t = \dfrac{\sin 2t}{2}$

02 다음 지수함수가 포함된 함수의 라플라스 변환을 구하라.

(1) $f(t) = te^t$

(2) $f(t) = t^2 e^{3t}$

(3) $f(t) = 2t^3 e^{-2t}$

(4) $f(t) = e^t \sin t$

(5) $f(t) = 3e^{2t}\cos 3t$

(6) $f(t) = e^{-2t}\sin 2t$

(7) $f(t) = e^{-at}\sin\omega t$

(8) $f(t) = 1 - e^{-at}$

힌트 지수함수 곱한 함수 $e^{at}f(t)$의 라플라스 변환 : 복소 이동 정리

$\mathcal{L}[e^{at}f(t)] = F(s)\big|_{s \rightarrow s-a} = F(s-a)$

03 $I(s) = \dfrac{2(s+1)}{s^2+2s+5}$의 초기값 $i(0)$를 구하라.

힌트 초기값 정리 : $i(0) = \lim\limits_{t\rightarrow 0} i(t) = \lim\limits_{s\rightarrow\infty} sI(s) = \lim\limits_{s\rightarrow\infty}\left\{\dfrac{2(s^2+s)}{s^2+2s+5}\right\}$

$\dfrac{\infty}{\infty}$형 : 분모, 분자가 동차인 경우의 극한값(최고차항의 계수)

04 $I(s)=\dfrac{2s+15}{s^3+s^2+3s}$의 최종값 $i(\infty)$를 구하라.

힌트 최종값 정리 : $i(\infty)=\lim\limits_{t\to\infty}i(t)=\lim\limits_{s\to 0}sI(s)=\lim\limits_{s\to 0}\left\{\dfrac{2s+15}{s^2+s+3}\right\}$

05 $I(s)=\dfrac{2s+5}{s(s+1)(s+2)}$의 최종값 $i(\infty)$를 구하라.

힌트 최종값 정리 : $i(\infty)=\lim\limits_{t\to\infty}i(t)=\lim\limits_{s\to 0}sI(s)=\lim\limits_{s\to 0}\left\{\dfrac{2s+5}{(s+1)(s+2)}\right\}$

06 다음 주어진 함수의 역 라플라스 변환을 구하라.

(1) $F(s)=\dfrac{2}{s+3}$

(2) $F(s)=\dfrac{2}{s^2+9}$

(3) $F(s)=\dfrac{3s}{s^2+9}$

(4) $F(s)=\dfrac{2s+4}{s^2+4}$

(5) $F(s)=\dfrac{1}{s(s+1)}$

(6) $F(s)=\dfrac{5s+3}{s(s+1)}$

(7) $F(s)=\dfrac{2s^2+13s+17}{s^2+4s+3}$

(8) $F(s)=\dfrac{2}{s^2+2s+5}$

(9) $F(s)=\dfrac{s+4}{2s^2+5s+3}$

(10) $F(s)=\dfrac{6s+2}{s(6s+1)}$

(11) $F(s)=\dfrac{1}{(s+1)^2(s+2)}$

(12) $F(s)=\dfrac{s+2}{s^2(s-1)^2}$

07 다음 미분방정식을 라플라스 변환을 이용하여 풀어라.

(1) $\dfrac{d}{dt}x(t)+x(t)=1$ $[x(0)=0]$

(2) $\dfrac{d^2y}{dt^2}+3\dfrac{dy}{dt}+2y=4$ $[y(0^+)=0,\ y'(0^+)=0]$

(3) $\dfrac{d}{dt}i(t)+4i(t)+4\displaystyle\int i(t)dt=50u(t)$ (모든 초기값 0)

(4) $\dfrac{d^2y}{dt^2}+9y=0 \quad [y(0)=3,\ y'(0)=4]$

힌트 미분 정리와 적분 정리를 이용

08 $\dfrac{d^2i(t)}{dt^2}+2\dfrac{di(t)}{dt}+i(t)=1$ 에서 $i(t)$를 구하라. 단, $i(0^+)=i'(0^+)=0$ 이다.

09 **그림 16.29**와 **그림 16.30**의 파형에 대한 라플라스 변환을 각각 구하라.

(1)

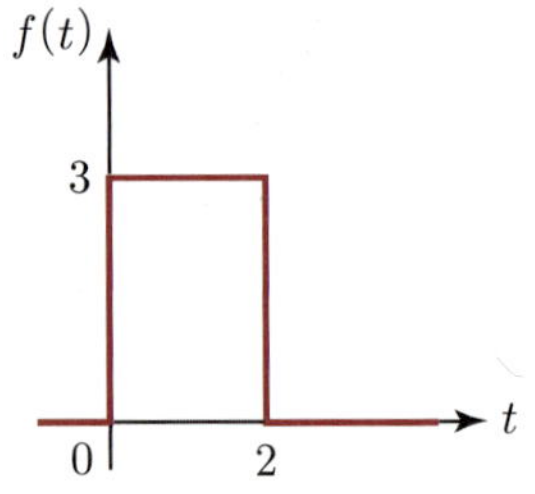

그림 16.29 ▶ 구형 펄스파

(2)

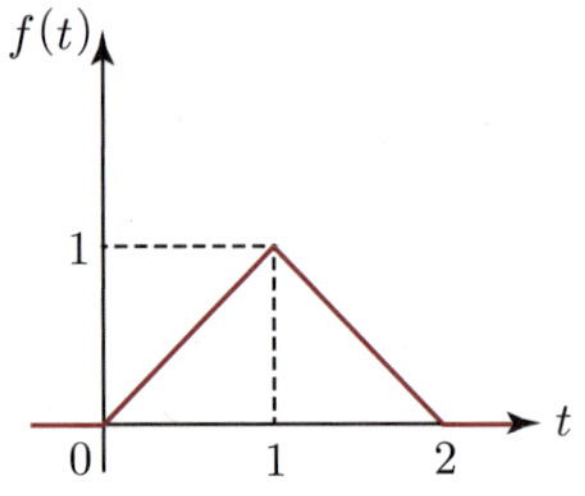

그림 16.30 ▶ 삼각 펄스파

힌트 (1) $f(t)=3\{u(t)-u(t-2)\}$

(2) $f(t)=t\{u(t)-u(t-1)\}-(t-2)\{u(t-1)-u(t-2)\}$ (**그림 16.31** 참고)

$=tu(t)-2(t-1)u(t-1)+(t-2)u(t-2)$

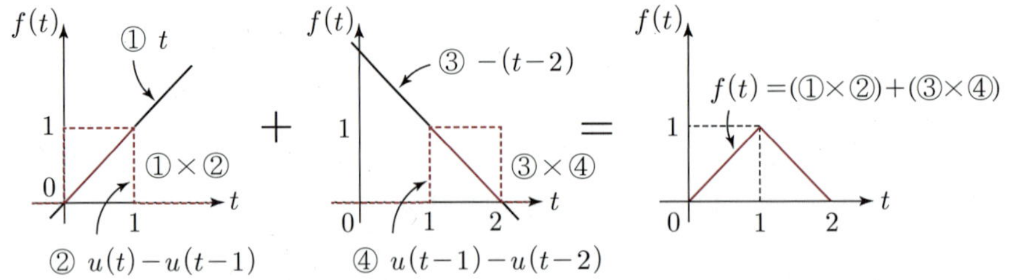

(a) 직선함수와 구형 펄스파의 합성　　(b) 삼각 펄스파

그림 16.31 ▶ 삼각 펄스파의 합성

부록

부록 (1) 물리상수, 그리스 문자

1. 물리상수

주요 물리 상수	
전자파(광)의 속도	$c = 2.997925 \times 10^{8}$ [m/s]
전자의 전하	$e = -1.60219 \times 10^{-19}$ [C]
전자의 정지질량	$m = 9.10955 \times 10^{-31}$ [kg]
전자의 비전하	$e/m = 1.758802 \times 10^{11}$ [C/kg]
양자의 질량	$m_p = 1.67252 \times 10^{-27}$ [kg]
1kg 분자의 분자수	$N = 6.064 \times 10^{26}$
아보가드로수	$N_a = 6.02216 \times 10^{23}$ [mol^{-1}]
플랑크 상수	$h = 6.62619 \times 10^{-23}$ [J · sec]
볼츠만 상수	$k = 1.38062 \times 10^{-23}$ [J · deg^{-1}]
중력의 가속도	$g = 9.80665$ [m/sec^2]
진공의 유전율	$\epsilon_0 = 8.85419 \times 10^{-12}$ [F/m]
진공의 투자율	$\mu_0 = 4\pi \times 10^{-7}$ [H/m]

2. 단위의 거듭제곱

명 칭	기 호	값	명 칭	기 호	값
tera	T	10^{12}	centi	c	10^{-2}
giga	G	10^{9}	milli	m	10^{-3}
mega	M	10^{6}	micro	μ	10^{-6}
kilo	k	10^{3}	nano	n	10^{-9}
hecto	h	10^{2}	pico	p	10^{-12}
deca	da	10	femto	f	10^{-15}
deci	d	10^{-1}	atto	a	10^{-18}

3. 그리스 문자

대문자	소문자	명 칭	대문자	소문자	명 칭
A	α	alpha(알파)	N	ν	nu(뉴)
B	β	beta(베타)	Ξ	ξ	xi(크사이)
Γ	γ	gamma(감마)	O	o	omicron(오미크론)
Δ	δ	delta(델타)	Π	π	pi(파이)
E	ϵ	epsilon(입실론)	P	ρ	rho(로)
Z	ζ	zeta(제타)	Σ	σ	sigma(시그마)
H	η	eta(에타)	T	τ	tau(타우)
Θ	θ	theta(세타)	Y	υ	upsilon(웁실론)
I	ι	iota(요타)	Φ	ϕ	phi(파이)
K	κ	kappa(카파)	X	χ	chi(카이)
Λ	λ	lambda(람다)	Ψ	ψ	psi(프사이)
M	μ	mu(뮤)	Ω	ω	omega(오메가)

부록 (2)

수학 공식

1. 2차방정식

$$ax^2 + bx + c = 0$$

$$x = \frac{-b \pm \sqrt{b^2 - 4ac}}{2a}$$

i) $b^2 - 4ac > 0$ 두 근은 실수이고 같지 않음(서로 다른 두 실근)

ii) $b^2 - 4ac = 0$ 두 근은 실수이고 서로 같음(중근)

iii) $b^2 - 4ac < 0$ 두 근은 허수(허근)

2. 로그함수(대수함수)

$$y = \log_a x \ (x = a^y), \ \log_a a = 1, \ \log_a 1 = 0 \ (a > 1, \ a \neq 1)$$

$$\log_a (xy) = \log_a x + \log_a y, \ \log_a \left(\frac{x}{y}\right) = \log_a x - \log_a y$$

$$\log_a x^n = n \log_a x, \ \log_a \sqrt[n]{x} = \frac{1}{n} \log_a x$$

$$\ln x = \log_e x = \frac{\log_{10} x}{\log_{10} e}, \ \log_a b = \frac{\log_e b}{\log_e a} = \frac{\ln b}{\ln a}$$

3. 삼각함수

(1) 삼각함수 사이의 관계

$$\sin\theta \, \mathrm{cosec}\theta = 1, \ \tan\theta \cot\theta = 1, \ \cos\theta \sec\theta = 1$$

$$\tan\theta = \frac{\sin\theta}{\cos\theta}$$

$$\sin^2\theta + \cos^2\theta = 1, \ \sec^2\theta = 1 + \tan^2\theta, \ \mathrm{cosec}^2\theta = 1 + \cot^2\theta$$

(2) 두 각의 합과 차

$$\begin{cases} \sin(\theta_1 \pm \theta_2) = \sin\theta_1 \cos\theta_2 \pm \cos\theta_1 \sin\theta_2 \\ \cos(\theta_1 \pm \theta_2) = \cos\theta_1 \cos\theta_2 \mp \sin\theta_1 \sin\theta_2 \end{cases}$$

(3) 합과 곱의 관계

$$\begin{cases} \sin\theta_1+\sin\theta_2=2\sin\frac{1}{2}(\theta_1+\theta_2)\cdot\cos\frac{1}{2}(\theta_1-\theta_2) \\ \sin\theta_1-\sin\theta_2=2\cos\frac{1}{2}(\theta_1+\theta_2)\cdot\sin\frac{1}{2}(\theta_1-\theta_2) \\ \cos\theta_1+\cos\theta_2=2\cos\frac{1}{2}(\theta_1+\theta_2)\cdot\cos\frac{1}{2}(\theta_1-\theta_2) \\ \cos\theta_1-\cos\theta_2=-2\sin\frac{1}{2}(\theta_1+\theta_2)\cdot\sin\frac{1}{2}(\theta_1-\theta_2) \end{cases}$$

$$\begin{cases} \sin\theta_1\cos\theta_2=\frac{1}{2}\{\sin(\theta_1+\theta_2)+\sin(\theta_1-\theta_2)\} \\ \cos\theta_1\sin\theta_2=\frac{1}{2}\{\sin(\theta_1+\theta_2)-\sin(\theta_1-\theta_2)\} \\ \cos\theta_1\cos\theta_2=\frac{1}{2}\{\cos(\theta_1+\theta_2)+\cos(\theta_1-\theta_2)\} \\ \sin\theta_1\sin\theta_2=-\frac{1}{2}\{\cos(\theta_1+\theta_2)-\cos(\theta_1-\theta_2)\} \end{cases}$$

$$\tan\theta_1\tan\theta_2=\frac{\tan\theta_1+\tan\theta_2}{\cot\theta_1+\cot\theta_2}$$

(4) 2배각 및 반각 공식

$$\begin{cases} \sin2\theta=2\sin\theta\cos\theta \\ \cos2\theta=2\cos^2\theta-1=1-2\sin^2\theta \\ \tan2\theta=\frac{2\tan\theta}{1-\tan^2\theta} \end{cases}$$

$$\begin{cases} \sin\frac{\theta}{2}=\frac{1-\cos\theta}{2} \\ \cos\frac{\theta}{2}=\frac{1+\cos\theta}{2} \\ \tan\frac{\theta}{2}=\frac{1-\cos\theta}{1+\cos\theta} \end{cases}$$

4. 미분 공식

(1) $y=x^n \quad y'=nx^{n-1}$

(2) $y=e^x \quad y'=e^x$

(3) $y=\sin x \quad y'=\cos x$

(4) $y=\cos x \quad y'=-\sin x$

(5) $y=\tan x \quad y'=\sec^2 x$

(6) $y=\cot x \quad y'=-\csc^2 x$

(7) $y=\frac{1}{x} \quad y'=-\frac{1}{x^2}$

(8) $y=a^x \quad y'=a^x\ln a$

(9) $y=\ln x \quad y'=\frac{1}{x}$

(10) $y=\ln x^2 \quad y'=\frac{2}{x}$

(11) $\frac{df(u)}{dx}=\frac{df(u)}{du}\frac{du}{dx}$

(12) $\dfrac{d}{dx}\ln f(x) = \dfrac{1}{f(x)}\dfrac{df(x)}{dx} = \dfrac{f'(x)}{f(x)}$

(13) $\dfrac{d}{dx}\{f x)\}^n = n\{f(x)\}^{n-1}\dfrac{df(x)}{dx} = n\{f(x)\}^{n-1}\cdot f'(x)$

(14) $\dfrac{d}{dx}\{f(x) \pm g(x)\} = \dfrac{df(x)}{dx} \pm \dfrac{dg(x)}{dx} = f'(x) \pm g'(x)$

(15) $\dfrac{d}{dx}\{f(x)\cdot g(x)\} = \dfrac{df(x)}{dx}g(x) + f(x)\dfrac{dg(x)}{dx} = f'(x)\cdot g(x) + f(x)\cdot g'(x)$

(16) $\dfrac{d}{dx}\left\{\dfrac{f(x)}{g(x)}\right\} = \dfrac{\dfrac{df(x)}{dx}g(x) - f(x)\dfrac{dg(x)}{dx}}{\{g(x)\}^2} = \dfrac{f'(x)\cdot g(x) - f(x)\cdot g'(x)}{\{g(x)\}^2}$

5. 적분공식 (적분상수 생략)

(1) $\displaystyle\int dx = x$

(2) $\displaystyle\int x^n dx = \frac{x^{n+1}}{n+1}$

(3) $\displaystyle\int e^x dx = e^x$

(4) $\displaystyle\int \frac{dx}{x} = \ln x$

(5) $\displaystyle\int \sin x\, dx = -\cos x$

(6) $\displaystyle\int \cos x\, dx = \sin x$

(7) $\displaystyle\int \sin x^2\, dx = \frac{1}{2}\left(x - \frac{1}{2}\sin 2x\right)$

(8) $\displaystyle\int \cos x^2\, dx = \frac{1}{2}\left(x + \frac{1}{2}\sin 2x\right)$

(9) $\displaystyle\int \sin ax\, dx = -\frac{1}{a}\cos ax$

(10) $\displaystyle\int \cos ax\, dx = \frac{1}{a}\sin ax$

(11) $\displaystyle\int e^{ax} dx = \frac{1}{a}e^{ax}$

(12) $\displaystyle\int \ln x\, dx = x\ln x - x$

(13) $\displaystyle\int a^x dx = \frac{a^x}{\ln a}$

(14) $\displaystyle\int x e^x dx = e^x(x-1)$

(15) $\displaystyle\int \frac{dx}{x^2 - a^2} = \frac{1}{2a}\ln\left|\frac{x-a}{x+a}\right|$

(16) $\displaystyle\int \frac{dx}{\sqrt{a^2 - x^2}} = \sin^{-1}\frac{x}{a}$

(17) $\displaystyle\int \frac{dx}{x^2 + a^2} = \frac{1}{a}\tan^{-1}\frac{x}{a}$

(18) $\displaystyle\int \frac{dx}{\sqrt{x^2 \pm a^2}} = \ln\left|x + \sqrt{x^2 \pm a^2}\right|$

6. 원운동

(1) 등속 원운동 공식

[1] 속도 $v = \dfrac{2\pi r}{T} = r\omega$

[2] 각속도 $\omega = \dfrac{v}{r} = \dfrac{2\pi}{T} = 2\pi f$

[3] 주기 $T = \dfrac{2\pi}{\omega} = \dfrac{2\pi r}{v} = \dfrac{1}{f}$

[4] 진동수(주파수) $f = \dfrac{1}{T} = \dfrac{\omega}{2\pi}$

[5] 구심가속도 $a = \dfrac{v^2}{r} = r\omega^2$

[6] 구심력 $F = ma = m\dfrac{v^2}{r} = mr\omega^2$

(2) 원과 원호관계

[1] 원호 길이와 각의 관계 $l = r\theta$

[2] 원호 면적 $S = \dfrac{1}{2}rl = \dfrac{1}{2}r^2\theta$

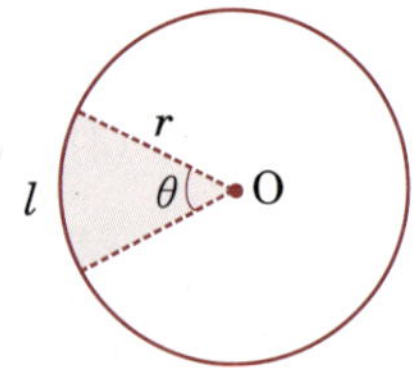

그림 1 ▸ 원과 원호

부록 연습문제 풀이 및 정답

제1장 회로의 기초

01 (1) 양성자, 중성자, 전자
(2) 최외곽 궤도, 최외곽 전자(또는 자유전자)
(3) 이온화
(중성원자는 전자의 과부족에 의한 이온화로 양이온 또는 음이온의 전기현상을 나타낸다.)
(4) 양이온
(5) 자유전자
(6) 음이온과 전자는 모두 음전하이지만 음이온은 이동할 수 없고, 전자는 이동할 수 있다. 음이온은 중성원자가 전자를 얻어서 원자 자체가 음전하를 띠게 되므로 이동할 수 없다.
(7) $e=-1.602\times10^{-19}$[C]
(8) 전원의 음극 또는 접지 단자
(9) 전력 : 일률
전력량 : 일 또는 에너지
(10) 실제 전압원: 전압원과 내부저항의 직렬접속
실제 전류원: 전류원과 내부저항의 병렬접속
(11) 실제 전압원의 내부저항 $r=0$(단락 상태)
실제 전압원의 내부저항 $r=\infty$(개방 상태)
(12) 단락 회로($r=0$), 개방 회로($r=\infty$)

02 식 (1.2)의 $Q=It$에서
$Q=3\times20\times60=3600$[C]

03 식 (1.3)에서 전하량은
$$q=\int_0^t i\,dt=\int_0^3(2t^2+8t)\,dt=\left[\frac{2}{3}t^3+4t^2\right]_0^3$$
$\therefore\ q=54$ [C]

04 $W=QV=50\times10=500$[J]

05 능동소자(전압상승), 수동소자(전압강하)

06 수동소자 기준방향 : **그림 1.14** 참고(전압강하)
능동소자 기준방향 : **그림 1.16** 참고(전압상승)

07 $V=100$[V], $I=5$[A], $t=2\times60=120$[s]이므로
$W=Pt=VIt=100\times5\times120$
$$\therefore\ W=60000\left([\mathrm{W\cdot s}]=\left[\frac{\mathrm{J}}{\mathrm{s}}\cdot\mathrm{s}\right]=[\mathrm{J}]\right)$$

08 저항이 일정하고 P와 I의 관계식 $P=I^2R$에서 $P\propto I^2$이므로
$$10:P=5^2:10^2\quad\therefore\ P=10\times\left(\frac{10}{5}\right)^2=40\text{ [kW]}$$

09 회로에서 전류 I는
$110=(20+25+10)I\quad\therefore\ I=2$[A]
각 저항의 극성은 전류 방향으로 전압강하가 일어나는 방향인 유입단자가 (+)가 되도록 표시한다.
각 소자의 전압강하(전위차)는 $V=RI$에 의해
$V_{BC}=20\times2=40$[V], $V_{CD}=25\times2=50$[V]
$V_{DA}=10\times2=20$[V]
(a) 전원의 음극이 전위의 기준점(영전위): 점 A
$V_C=V_{CD}+V_{DA}=50+20=70$[V]
(b) 접지가 전위의 기준점(영전위): 점 D
$V_B=V_{BC}+V_{CD}=40+50=90$[V]

10 (a) 극성표시 : 각 저항에서 유입전류 단자 (+)
전압강하 : 옴의 법칙 $V=RI$ 적용
$V_1=2\times2=4$[V], $V_2=4\times2=8$[V]
$V_3=6\times2=12$[V]
(b) ① 저항 1[Ω]에 의한 전압강하 2[V]에 의해
$$I_1=\frac{V}{R}=\frac{2}{1}=2\text{[A]}$$
② (KVL) $34-12-4=5\times2+V_4+2$
$V_4=6$[V]
③ 전압강하 : 옴의 법칙에 의해 $V_4=R_1I_1$
$$R_1=\frac{V_4}{I_1}=\frac{6}{2}=3[\Omega]$$

11 (a) ① (KVL) $18=V_1+6\quad\therefore\ V_1=12$[V]
② $V_1=4I_1\quad\therefore\ I_1=\dfrac{V_1}{4}=\dfrac{12}{4}=3$[A]
③ $R_1=\dfrac{6}{I_1}=\dfrac{6}{3}=2[\Omega]$
(b) ① $I_2=\dfrac{9}{3}=3$[A]
② $R_2=\dfrac{15}{I_2}=\dfrac{15}{3}=5[\Omega]$
③ $V_3=2I_2=2\times3=6$[V]
④ (KVL) $V_2=9+15+6=30$[V]

12 $V_s = 3+18-6 = 15[V]$

13 $I_s = 20-4 = 16[A]$

제2장 간단한 저항회로

01 (a) $R_{eq} = 5+(4 /\!/ 12) = 5+\dfrac{4\times 12}{4+12} = 8[\Omega]$

(b) $R_{eq} = \dfrac{1}{1/4+1/6+1/12} = 2[\Omega]$

별해 (b) 두 개씩 합성저항을 반복해서 구함

$R_{eq} = 4 /\!/ (6 /\!/ 12) = 4 /\!/ 4 = 2[\Omega]$

(c) $R_{eq} = 3+(6 /\!/ 6 /\!/ 6)+4 = 3+2+4 = 9[\Omega]$

(d) $R_{eq} = 6+[6 /\!/ \{4+(4 /\!/ (2+2))\}]$
$= 6+[6 /\!/ \{4+(4 /\!/ 4)\}] = 6+\{6 /\!/ (4+2)\}$
$= 6+3 = 9[\Omega]$

(e) $R_{eq} = 4+2+[6 /\!/ \{4+5+(6 /\!/ (2+2+2))\}]$
$= 6+[6 /\!/ \{9+(6 /\!/ 6)\}] = 6+\{6 /\!/ (9+3)\}$
$= 6+(6 /\!/ 12) = 6+4 = 10[\Omega]$

02 전압 분배법칙

(a) $V_1 = \dfrac{2}{2+4}\times 24 = 8[V]$

$V_2 = \dfrac{4}{2+4}\times 24 = 16[V]$

(b) $V_1 : V_2 : V_3 = 4:8:12(=1:2:3)$

$V_1 = \dfrac{4}{4+8+12}\times 36\left(=\dfrac{1}{1+2+3}\times 36\right) = 6[V]$

$V_2 = \dfrac{8}{4+8+12}\times 36\left(=\dfrac{2}{1+2+3}\times 36\right) = 12[V]$

$V_3 = \dfrac{12}{4+8+12}\times 36\left(=\dfrac{3}{1+2+3}\times 36\right) = 18[V]$

03 전류 분배법칙

(a) $I_1 = \dfrac{4}{2+4}\times 12 = 8[A]$

$I_2 = \dfrac{2}{2+4}\times 12 = 4[A]$

$V = 4I_2(=2I_1) = 16[V]$

(b) $I_1 : I_2 : I_3 = 1/4 : 1/6 : 1/12$

$I_1 = \dfrac{1/4}{1/4+1/6+1/12}\times 24 = 12[A]$

$I_2 = \dfrac{1/6}{1/4+1/6+1/12}\times 24 = 8[A]$

$I_3 = \dfrac{1/12}{1/4+1/6+1/12}\times 24 = 4[A]$

$V = 12I_3(=4I_1 = 6I_2) = 48[V]$

별해 (b) $I_1 : I_2 : I_3 = 1/4 : 1/6 : 1/12 = 3:2:1$

$I_1 = \dfrac{3}{3+2+1}\times 24 = 12[A]$

$I_2 = \dfrac{2}{3+2+1}\times 24 \doteq 8[A]$

$I_3 = \dfrac{1}{3+2+1}\times 24 = 4[A]$

04 (a) 전압 분배법칙과 전위차

$V_a = \dfrac{2}{4+2}\times 24 = 8[V]$

$V_b = \dfrac{5}{3+5}\times 24 = 15[V]$

$\therefore\ V_{ab} = V_a - V_b = 8-15 = -7[V]$

(b) 전체 합성저항

$R_{eq} = 4+(3 /\!/ 6) = 4+2 = 6[\Omega]$

전체 전류 $I = \dfrac{V}{R_{eq}} = \dfrac{18}{6} = 3[A]$

전류 분배법칙

$I_a = \dfrac{6}{3+6}\times 3 = 2[A],\ I_b = \dfrac{3}{3+6}\times 3 = 1[A]$

$V_a = 2I_a = 2\times 2 = 4[V]$

$V_b = I_b = 1\times 1 = 1[V]$

$\therefore\ V_{ab} = V_a - V_b = 4-1 = 3[V]$

별해 (b) 병렬부분 전압

$18-4I = 18-4\times 3 = 6[V]$

전압 분배법칙

$V_a = \dfrac{2}{1+2}\times 6 = 4[V],\ V_b = \dfrac{1}{5+1}\times 6 = 1[V]$

$\therefore\ V_{ab} = V_a - V_b = 4-1 = 3[V]$

05 (a) 전원에서 본 합성저항

$R_{eq} = 3.6+(6 /\!/ 4) = 3.6+\dfrac{6\times 4}{6+4} = 6[\Omega]$

$I_1 = \dfrac{V}{R_{eq}} = \dfrac{30}{6} = 5[A]$

$I_2 = \dfrac{6}{6+4}\times I_1 = \dfrac{6}{10}\times 5 = 3[A]$

$V_2 = 3I_2 = 3\times 3 = 9[V]$

$P_2 = I_2{}^2 R = 3^2\times 3 = 27[W]$

$P_2 = V_2 I_2 = 9\times 3 = 27[W]$

$P_2 = \dfrac{V_2{}^2}{R} = \dfrac{9^2}{3} = 27[W]$

(b) 전원에서 본 합성저항

$$R_{eq}=2+(12 /\!/ 4)=2+\frac{12\times4}{12+4}=2+3=5[\Omega]$$

$$I_1=\frac{V}{R_{eq}}=\frac{20}{5}=4[\text{A}]$$

$$I_2=\frac{12}{12+4}\times I_1=\frac{12}{16}\times4=3[\text{A}]$$

$$V_2=RI_2=1\times3=3[\text{V}]$$

$$P_2=I_2{}^2R=3^2\times1=9[\text{W}]$$

06 $m=\frac{150}{50}=3,\quad m=1+\frac{R_m}{R_v}\rightarrow R_m=(m-1)R_v$

$\therefore\ R_m=(3-1)\times5000=10000[\Omega]$

07 $m=20$

$$R_m=R_v\times x\rightarrow x=\frac{R_m}{R_v}$$

$m=1+\frac{R_m}{R_v}$ 으로부터

$$\therefore\ x=\frac{R_m}{R_v}=m-1=19\,[\text{배}]$$

08 $m=1+\frac{R_a}{R_s}=1+\frac{0.12}{0.04}=4\,[\text{배}]$

09 기전력 E와 내부저항 r이 직렬 접속된 전지의 등가회로를 포함한 문제의 내용을 반영한 회로를 작성하여 회로해석을 한다.

① 전지 3개 직렬(1조)

$$E_1=3\times2=6[\text{V}],\ r_1=3\times0.5=1.5[\Omega]$$

② 3조 병렬

$$E_0=E_1=6[\text{V}],\ r_0=r_1/3=1.5/3=0.5[\Omega]$$

③ 전지의 합성 내부저항과 부하저항은 직렬이므로 부하전류 I는 다음과 같다.

$$I=\frac{E_0}{R+r_0}=\frac{6}{1.5+0.5}=3[\text{A}]$$

10 기전력과 내부저항이 직렬 접속된 전지의 등가회로를 포함한 본문의 **그림 2.19**를 그린 후 문제의 조건을 대입하여 회로해석한다.

① 외부저항 5[Ω]인 경우($R_1=5[\Omega]$)

$$E=(r+R_1)I_1=(r+5)\times8$$

② 외부저항 15[Ω]인 경우($R_2=15[\Omega]$)

$$E=(r+R_2)I_2=(r+15)\times4$$

③ 전지의 기전력은 서로 같으므로 등식으로 놓으면 기전력은 다음과 같다.

$$(r+5)\times8=(r+15)\times4\quad\therefore\ r=5[\Omega]$$

$$\therefore\ E=(r+5)\times8=(5+5)\times8=80\,[\text{V}]$$

제3장 복잡한 회로 해석법

01 (1) 시계 방향 I_1, I_2

$$\begin{cases}9I_1-3I_2=6\\-3I_1+7I_2=10\end{cases}\rightarrow\begin{cases}3I_1-I_2=2\\-3I_1+7I_2=10\end{cases}$$

$$I_1=\frac{\begin{vmatrix}2&-1\\10&7\end{vmatrix}}{\begin{vmatrix}3&-1\\-3&7\end{vmatrix}}=\frac{4}{3}\,[\text{A}],\quad I_2=\frac{\begin{vmatrix}3&2\\-3&10\end{vmatrix}}{\begin{vmatrix}3&-1\\-3&7\end{vmatrix}}=2\,[\text{A}]$$

$$\therefore\ I_a=I_1=\frac{4}{3}\,[\text{A}],\ I_b=I_2=2\,[\text{A}]$$

$$I_c=I_1-I_2=\frac{4}{3}-2=-\frac{2}{3}\,[\text{A}]$$

(2) V_a, V_b, V_c 설정, 마디 d : 기준전위(0[V])

$V_a=6[\text{V}],\ V_c=-10[\text{V}],\ V_b(?)$

마디 b : $\frac{V_b-6}{6}+\frac{V_b}{3}+\frac{V_b+10}{4}=0$

$$\therefore\ V_b=-2\,[\text{V}]$$

$$\therefore\ I_a=\frac{V_a-V_b}{6}=\frac{6+2}{6}=\frac{4}{3}\,[\text{A}]$$

$$I_b=\frac{V_b-V_c}{4}=\frac{-2+10}{4}=2\,[\text{A}]$$

$$I_c=\frac{V_b}{3}=-\frac{2}{3}\,[\text{A}]$$

02 V_a, V_b, V_c 설정, 마디 d : 기준전위(0[V])

$V_a=2[\text{V}],\ V_b,\ V_c(?)$

마디 b : $\frac{V_b-2}{4}+\frac{V_b}{1}+\frac{V_b-V_c}{2}=0$

마디 c : $\frac{V_c-V_b}{2}+\frac{V_c-2}{2}=-1$

$$\begin{cases}7V_b-2V_c=2\\-V_b+2V_c=0\end{cases}$$

$$V_b=\frac{\begin{vmatrix}2&-2\\0&2\end{vmatrix}}{\begin{vmatrix}7&-2\\-1&2\end{vmatrix}}=\frac{1}{3}\,[\text{V}]$$

$$V_c = \frac{\begin{vmatrix} 7 & 2 \\ -1 & 0 \end{vmatrix}}{\begin{vmatrix} 7 & -2 \\ -1 & 2 \end{vmatrix}} = \frac{1}{6}\,[\text{V}]$$

$$\therefore\ I_1 = \frac{V_b - V_c}{2} = \frac{1}{12}\,[\text{A}],\ I_2 = \frac{V_b}{1} = \frac{1}{3}\,[\text{A}]$$

03 V_a, V_b, V_c, V_d 설정, 마디 d : 기준전위(0[V])

$V_c = 6[\text{V}]$, $V_d = -6[\text{V}]$, V_a, $V_b(?)$

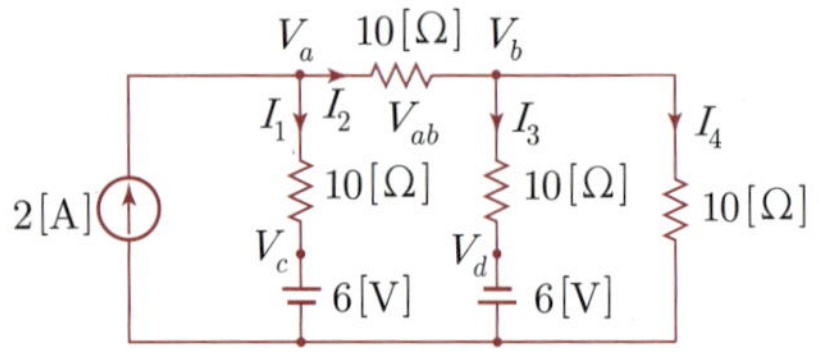

그림 3.1(연)

마디 a : $\dfrac{V_a - V_c}{10} + \dfrac{V_a - V_b}{10} = 2$

마디 b : $\dfrac{V_b - V_a}{10} + \dfrac{V_b - V_d}{10} + \dfrac{V_b}{10} = 0$

$$\begin{cases} 2V_a - V_b = 26 \\ -V_a + 3V_b = -6 \end{cases}$$

$$V_a = \frac{\begin{vmatrix} 26 & -1 \\ -6 & 3 \end{vmatrix}}{\begin{vmatrix} 2 & -1 \\ -1 & 3 \end{vmatrix}} = \frac{72}{5}\,[\text{V}]$$

$$V_b = \frac{\begin{vmatrix} 2 & 26 \\ -1 & -6 \end{vmatrix}}{\begin{vmatrix} 2 & -1 \\ -1 & 3 \end{vmatrix}} = \frac{14}{5}\,[\text{V}]$$

$$\therefore\ V_{ab} = V_a - V_b = \frac{72}{5} - \frac{14}{5} = \frac{58}{5} = 11.6\,[\text{V}]$$

$$\therefore\ I_1 = \frac{V_a - V_c}{10} = \frac{21}{25} = 0.84\,[\text{A}]$$

$$I_2 = \frac{V_a - V_b}{10} = \frac{29}{25} = 1.16\,[\text{A}]$$

$$I_3 = \frac{V_b - V_d}{10} = \frac{22}{25} = 0.88\,[\text{A}]$$

$$I_4 = \frac{V_b}{10} = \frac{7}{25} = 0.28\,[\text{A}]$$

04 (a) $3R = 24 \quad \therefore\ R = 8[\Omega]$

(b) $5\times 8 = 20\times\dfrac{3R}{3+R}$, $2 = \dfrac{3R}{3+R}$

$2(3+R) = 3R, \quad 6+2R = 3R \quad \therefore\ R = 6[\Omega]$

05 (a) $\frac{2}{3}[\Omega]$, $2[\Omega]$, $1[\Omega]$

(b) $16[\Omega]$, $16[\Omega]$, $32[\Omega]$

(c) $1[\Omega]$, $1[\Omega]$, $1[\Omega]$

(d) $9[\Omega]$, $9[\Omega]$, $9[\Omega]$

06 Δ 결선을 Y 변환하면 그림과 같이 병렬회로가 된다. 합성저항 R_{eq}와 전류 I는 각각 다음과 같다.

$$R_{eq} = 3+1+1 = 5[\Omega],\ I = \frac{V}{R_{eq}} = \frac{20}{5} = 4[\text{A}]$$

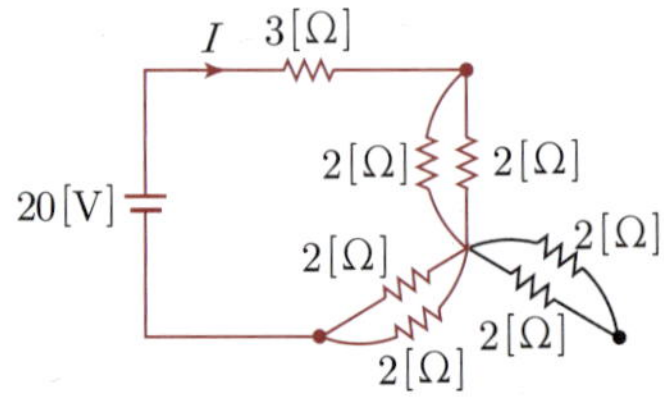

그림 3.2(연)

07 **예제 3.6** 풀이 참고(브리지 회로)

평형조건 만족하므로 단자 a, b사이의 전압 및 전류는 존재하지 않는다. 즉 $V_{ab} = 0$, $I_2 = 0$

$$R_{eq} = 1.2 + (2+4) /\!/ (8+16) = 1.2 + \frac{6\times 24}{6+24}$$

$$\therefore\ R_{eq} = 1.2 + 4.8 = 6[\Omega]$$

$$I_1 = \frac{V}{R_{eq}} = \frac{12}{6} = 2[\text{A}]$$

08 **예제 3.9** 풀이 참고(브리지 회로)

평형조건 만족하지 않으므로 단자 a, b사이에 도선연결로 전위차 $V_{ab} = 0$, 전류 I_4는 흐른다.

$$R_{eq} = (4 /\!/ 4) + (6 /\!/ 12) = 2 + \frac{6\times 12}{6+12} = 6[\Omega]$$

$$I_1 = \frac{V}{R_{eq}} = \frac{36}{6} = 6[\text{A}],\ I_2 = 3[\text{A}]$$

(전류 분배법칙) $I_3 = \dfrac{12}{6+12}\times 6 = 4[\text{A}]$

(KCL) $I_2 = I_3 + I_4$

$\therefore\ I_4 = I_2 - I_3 = 3 - 4 = -1[\text{A}]$

(실제전류 b→a 방향)

09 **예제 3.7, 예제 3.10** 풀이 참고(브리지 회로)

평형조건 만족하지 않으므로 단자 b, c 사이에 전위차 V_{cb}가 있고, 전류 I_4도 흐른다.

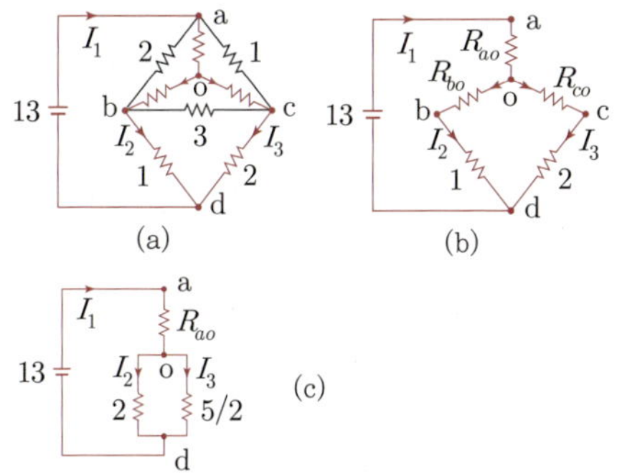

그림 3.3(연)

$\Delta \to$Y 변환(**그림 3.3(연)**(b))

$$R_{ao}=\frac{2\times 1}{1+2+3}=\frac{1}{3}[\Omega]$$

$$R_{bo}=\frac{2\times 3}{1+2+3}=1[\Omega]$$

$$R_{co}=\frac{3\times 1}{1+2+3}=\frac{1}{2}[\Omega]$$

합성저항(**그림 3.3(연)**(c))

$$R_{eq}=\frac{1}{3}+\left(2 /\!/ \frac{5}{2}\right)=\frac{1}{3}+\frac{2\times 5/2}{2+5/2}=\frac{13}{9}[\Omega]$$

전류 $I_1=\dfrac{V}{R_{eq}}=\dfrac{13}{13/9}=9[\text{A}]$

$$I_2=\frac{5/2}{2+5/2}\times 9=5[\text{A}]$$

$$I_3=I_1-I_2=9-5=4[\text{A}]$$

전위차 V_{cb}, 전류 I_4

$V_b=I_2=1\times 5=5[\text{V}]$, $V_c=2I_3=2\times 4=8[\text{V}]$

$\therefore\ V_{cb}=V_c-V_b=8-5=3[\text{V}]$

$\therefore\ I_4=V_{cb}/3=1[\text{A}]$

10 (a) **그림 3.4(연)**(a)와 같이 단자 b를 들어올려 젖히면서 b′으로 이동한다.
이때 **그림 3.4(연)**(b)와 같이 평형조건을 만족하는 브리지 회로가 된다. $3r$의 가지저항을 제거하여 합성저항은 다음과 같다.

$$R_{eq}=3r /\!/ 3r=\frac{3r}{2}[\Omega]$$

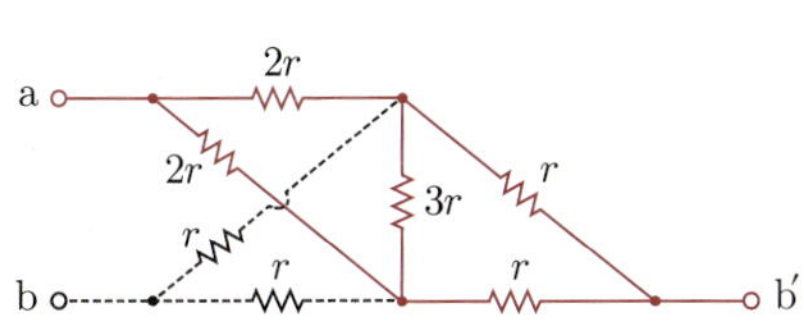

(a)

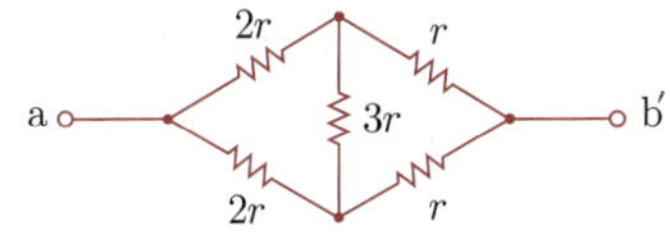

(b)

그림 3.4(연)

(b) **그림 3.5(연)**(b)와 같이 단자 b를 들어올려 젖히면서 b′으로 이동한다. **그림 3.5(연)**(b)와 같이 평형조건을 만족하지 않는 브리지 회로가 된다. **그림 3.5(연)**(c)에서 오른쪽 Δ를 Y로 변환하고 이 회로를 등가회로로 나타내면 **그림 3.5(연)**(d)가 된다. 따라서 합성저항은 다음과 같다.

$$R_{eq}=(6 /\!/ 3)+1=\frac{6\times 3}{6+3}+1=3[\Omega]$$

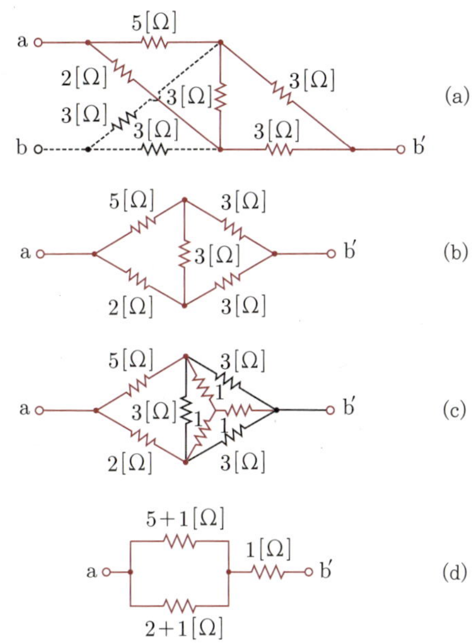

그림 3.5(연)

11 (a) **예제 3.11** 풀이 참고

$V_{ab}=5[\text{V}]$

(b)① 35[V] → I_1 [**그림 3.6(연)**(a)]

직렬 회로 : $I_1=\dfrac{35}{25}=\dfrac{7}{5}=1.4[\text{A}]$

② 3[A] → I_2 [**그림 3.6(연)**(b)]

병렬 회로(전류 분배법칙) :

$$I_2=\frac{5}{5+20}\times 3=\frac{15}{25}=\frac{3}{5}=0.6[\text{A}]$$

$\therefore\ I = I_1 + I_2 = 1.4 + 0.6 = 2\,[\mathrm{A}]$

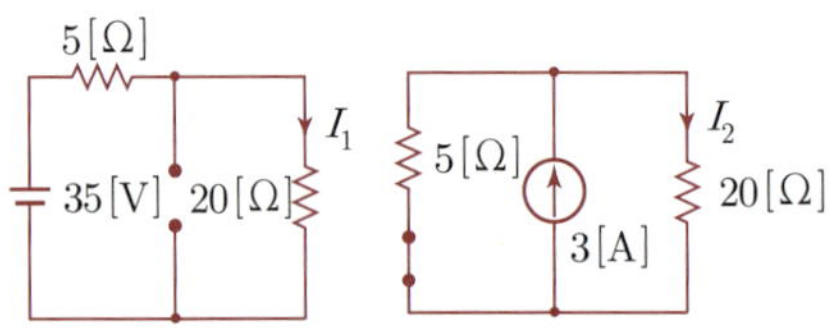

(a) (b)

그림 3.6(연)

12 ① 6[V] → I_1 **[그림 3.7(연)]**

$$I_0 = \frac{V}{R} = \frac{6}{3} = 2\,[\mathrm{A}]$$

$$I_1 = \frac{2}{2+2} \times 2 = 1\,[\mathrm{A}]$$: 전류 분배법칙

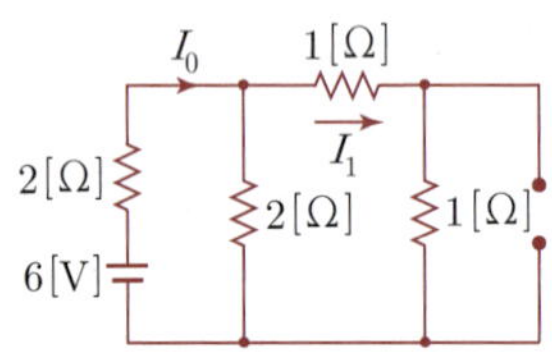

그림 3.7(연)

② 3[A] → I_2 **[그림 3.8(연)]**

병렬 회로(전류 분배법칙) :

$$I_2 = \frac{1}{2+1} \times 9 = 3\,[\mathrm{A}]$$

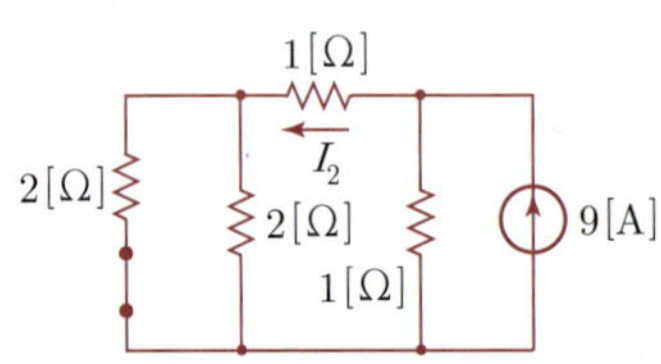

그림 3.8(연)

$\therefore\ I = I_1 - I_2 = 1 - 3 = -2\,[\mathrm{A}]$

13 (1) 테브난 등가전압(개방전압) V_{ab}

중첩의 정리를 적용하여 개방전압을 구한다.

① 3[V] → V_1 **[그림 3.9(연)**(a)**]**

$V_1 = 3\,[\mathrm{V}]$

② 2[A] → V_2 **[그림 3.9(연)**(b)**]**

$V_2 = 2 \times 2 = 4\,[\mathrm{V}]$

$\therefore\ V_{ab} = V_1 + V_2 = 3 + 4 = 7\,[\mathrm{V}]$

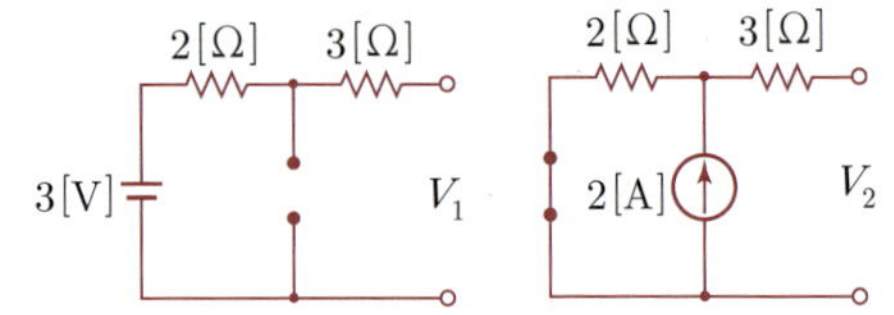

(a) (b)

그림 3.9(연)

(2) 테브난 등가저항 R_{th}

(전압원 단락, 전류원 개방)

$\therefore\ R_{th} = 2 + 3 = 5\,[\Omega]$

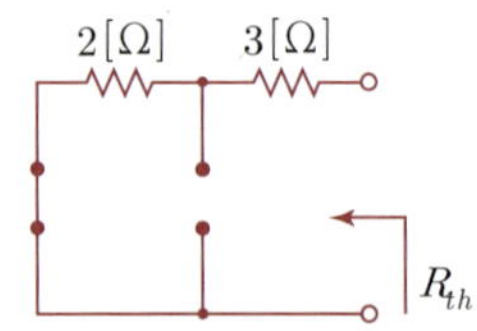

그림 3.10(연)

(3) 테브난의 등가회로

$V_{ab} = 7\,[\mathrm{V}],\ R_{th} = 5\,[\Omega]$

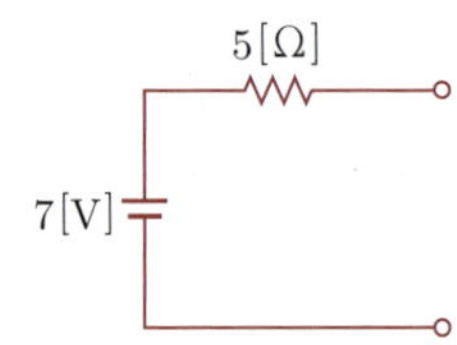

그림 3.11(연)

(4) 노튼의 등가회로

$$I_s = \frac{V_{ab}}{R_{th}} = \frac{7}{5}\,[\mathrm{A}],\ R_{th} = 5\,[\Omega]$$

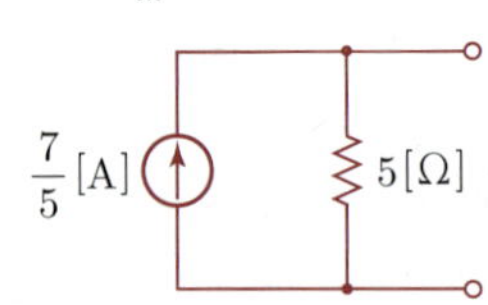

그림 3.12(연)

14

(a) $$V_{ab} = \frac{\frac{8}{4} + \frac{24}{12}}{\frac{1}{4} + \frac{1}{12}} = 12\,[\mathrm{V}]$$

(b)

$$V_{ab} = \frac{\frac{110}{1} + \frac{120}{2} + \frac{0}{5}}{\frac{1}{1} + \frac{1}{2} + \frac{1}{5}} = \frac{\frac{110}{1} + \frac{120}{2}}{\frac{1}{1} + \frac{1}{2} + \frac{1}{5}} = 100\,[\mathrm{V}]$$

15 **예제 3.13(그림 3.40)** 풀이 참고

(1) 등가전압(개방전압) V_{ab}

$$V_a = \frac{10}{5+10}\times 15 = 10\,[\mathrm{V}]$$

$$V_b = \frac{5}{10+5}\times 15 = 5\,[\mathrm{V}]$$

$$\therefore\ V_{ab} = V_a - V_b = 10-5 = 5\,[\mathrm{V}]$$

(2) 등가저항 R_{th}

$$R_{th} = (5\,/\!\!/\,10)+(10\,/\!\!/\,5) = \frac{5\times 10}{5+10}\times 2 = \frac{20}{3}\ [\Omega]$$

(3) 테브난 등가회로에 의한 전류 I

$$\therefore\ I = \frac{V_{ab}}{R_{th}+R} = \frac{5}{\frac{20}{3}+3.4} = \frac{75}{151} \fallingdotseq 0.5\,[\mathrm{A}]$$

16 폐로전류 I_1, I_2, I_3 설정하고 KVL에 의한 전압 방정식

$$\begin{cases} 15I_1 - 5I_2 - 10I_3 = 15 \\ -5I_1 + 18.4I_2 - 3.4I_3 = 0 \\ -10I_1 - 3.4I_2 + 18.4I_3 = 0 \end{cases}$$

$$I_2 = \frac{\begin{vmatrix} 15 & 15 & -10 \\ -5 & 0 & -3.4 \\ -10 & 0 & 18.4 \end{vmatrix}}{\begin{vmatrix} 15 & -5 & -10 \\ -5 & 18.4 & -3.4 \\ -10 & -3.4 & 18.4 \end{vmatrix}} = \frac{1890}{2265} = \frac{126}{151} \fallingdotseq 0.83\,[\mathrm{A}]$$

$$I_3 = \frac{\begin{vmatrix} 15 & -5 & 15 \\ -5 & 18.4 & 0 \\ -10 & -3.4 & 0 \end{vmatrix}}{\begin{vmatrix} 15 & -5 & -10 \\ -5 & 18.4 & -3.4 \\ -10 & -3.4 & 18.4 \end{vmatrix}} = \frac{3015}{2265} = \frac{201}{151} \fallingdotseq 1.33\,[\mathrm{A}]$$

$$\therefore\ I = I_3 - I_2 = \frac{201}{151} - \frac{126}{151} = \frac{75}{151} \fallingdotseq 0.5\,[\mathrm{A}]$$

17 (a) $R_L = R_s = 5\,[\Omega]$

(b) 전원부를 테브난 등가회로로 변환하면 단일 폐로가 되며, 부하저항은 테브난 등가저항과 같을 때 최대전력 전달이 된다.

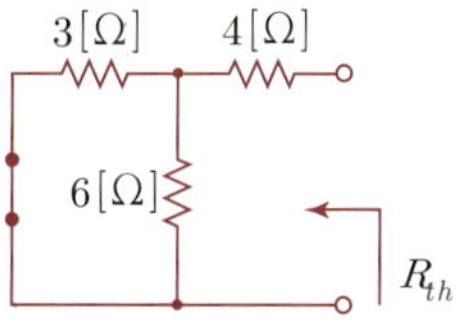

그림 3.13(연)

$$\therefore\ R_{th} = 4 + \frac{3\times 6}{3+6} = 6\,[\Omega]$$

$$\therefore\ R_L = R_{th} = 6\,[\Omega]$$

18 부하저항 R_L을 제외한 회로를 테브난 등가회로로 변환하면 단일 폐로가 되며, 부하저항은 테브난 등가저항과 같을 때 최대전력 전달이 된다. 즉 단자 a, b에서 본 등가저항 R_L

$$R_{th} = (20\,/\!\!/\,10)+(10\,/\!\!/\,20) = \frac{20\times 10}{20+10}\times 2 = \frac{40}{3}\ [\Omega]$$

$$\therefore\ R_L = R_{th} = \frac{40}{3}\ [\Omega]$$

제4장 인덕터와 커패시터

01 인덕터(전류), 커패시터(전압)

02 인덕터(단락회로), 커패시터(개방회로)

03 $v_R = Ri,\quad v_L = L\dfrac{di}{dt},\quad v_C = \dfrac{1}{C}\displaystyle\int i\,dt$

04 직류전원에서 L과 C의 직류특성은 L(단락회로), C(개방회로)에 의해 **그림 4.16**(b)의 회로가 된다. 회로의 전체저항과 전류는

$$R = 2+4 = 6\,[\Omega] \qquad \therefore\ I = \frac{V}{R} = \frac{18}{6} = 3\,[\mathrm{A}]$$

05 인덕터 L : $v(t) = L\dfrac{di(t)}{dt}$

(1) $v(t) = L\dfrac{d}{dt}(3) = 0$(직류전류)

(2) $v(t) = L\dfrac{d}{dt}(I_m \sin\omega t) = \omega L I_m \cos\omega t\ [\mathrm{V}]$

(3) $v(t) = L\dfrac{d}{dt}(2e^{-At}) = -2LAe^{-At}\ [\mathrm{V}]$

(4) $v(t) = L\dfrac{d}{dt}(I_m \cos\omega t) = -\omega L I_m \sin\omega t\ [\mathrm{V}]$

06 커패시터 C : $i(t) = C\dfrac{dv(t)}{dt}$

(1) $i(t) = 2\times\dfrac{d}{dt}(-5) = 0$(직류전압)

(2) $i(t) = 2\times\dfrac{d}{dt}\{V_m \sin(120\pi t + 30°)\}$

$i(t) = 240\,V_m \cos(120\pi t + 30°)\ [\mathrm{A}]$

(3) $i(t) = 2 \times \frac{d}{dt}(20e^{-2t}) = -4 \times 20e^{-2t}$

$i(t) = -80e^{-2t}$ [A]

(4) $i(t) = 2 \times \frac{d}{dt}\{V_m \cos(10t - 60°)\}$

$i(t) = -20V_m \sin(10t - 60°)$ [A]

07 $e = -L\frac{di}{dt} = \frac{i_2 - i_1}{t_2 - t_1} = -(50 \times 10^{-3}) \times \frac{3-5}{0.01}$

$\therefore\ e = 10$ [V]

08 유도기전력 $e = -L\frac{di}{dt}$에서 $L = \frac{-e}{(di/dt)}$

$\frac{di}{dt} = \frac{10-50}{0.01} = -4000$ [A/s], $e = 20$ [V]이므로

$\therefore\ L = \frac{-20}{-4000} = 5 \times 10^{-3}$ [H] $= 5$ [mH]

09 $C = 100 \times 10^{-6}$ [F]

$\frac{dv}{dt} = 30$ [V/ms] $= 30 \times 10^3$ [V/s]

$\therefore\ i = C\frac{dv}{dt} = 100 \times 10^{-6} \times 30 \times 10^3 = 3$ [A]

10 C의 정전에너지 $W = \frac{1}{2}Cv^2$에서

$C = \frac{2W}{v^2} = \frac{2 \times 9}{300^2} = 2 \times 10^{-4} = 200$ [μF]

11 기울기가 다른 세 구간의 시간영역 분류
(미분식 : 직선의 기울기)

$0 < t < 4$ [s] : $v = 2 \times \frac{di}{dt} = 2 \times \frac{-5-5}{4-0} = -5$ [V]

$4 < t < 8$ [s] : $v = 2 \times \frac{di}{dt} = 2 \times \frac{5-(-5)}{8-4} = 5$ [V]

$8 < t < 10$ [s] : $v = 2 \times \frac{di}{dt} = 2 \times \frac{0-0}{10-8} = 0$ [V]

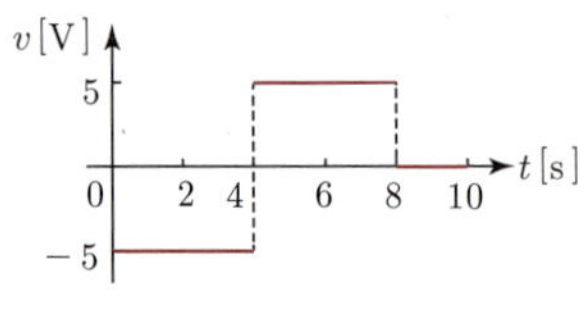

그림 4.1(연) ▶ L의 단자전압

제5장 교류회로의 기초

01 (1) $I_m = 50$ [A]

(2) $I = I_m/\sqrt{2} = 50/\sqrt{2} = 25\sqrt{2}$ [A]

(3) $\omega = 377$ [rad/s]

(4) $f = \frac{\omega}{2\pi} = \frac{377}{2\pi} = 60$ [Hz]

(5) $T = 1/f = 1/60 \fallingdotseq 16.67$ [ms]

(6) $\theta = -30°$

(7) $i = 50\sin\left(377 \times 2 \times 10^{-3} \times \frac{180°}{\pi} + 30°\right)$

$= 50\sin 73.2° = 47.87$ [A]

02 정현파 순시값의 일반식 $v = 100\sin(2\pi \times 60t + \theta)$

감소 조건 : $\left.\frac{dv}{dt}\right|_{t=0} < 0$

$\left.\frac{dv}{dt}\right|_{t=0} = \cos\theta < 0$에서 범위는 $90° < \theta < 270°$

$v(0) = 50$ [V]이므로 $v(0) = 100\sin\theta = 50$

$\sin\theta = \frac{1}{2}$, $\sin\theta = \sin(180 - \theta)$에서

$\theta = 30°$ 또는 $150°$

감소 조건 θ의 범위에 의해 $\theta = 150°$

$\therefore\ v = 100\sin(120\pi t + 150°)$

03 생략

04 (1) 위상차 : $\theta = 30° - (-30°) = 60°$
(v_1이 v_2보다 위상이 60° 뒤진다.)

(2) $i_2 = 6\cos\omega t = 6\sin(\omega t + 90°)$
위상차 : $\theta = 90°$
(i_1이 i_2보다 위상이 90° 뒤진다.)

(3) $i = 2\cos(377t - 60°) = 2\sin(377t - 60° + 90°)$
$= 2\sin(377t + 30°)$
위상차 : $\theta = 30° - (-30°) = 60°$
(v가 i보다 위상이 60° 뒤진다.)

(4) $v_2 = -3\cos(\omega t - 20°) = (-1)\sin(\omega t - 20° + 90°)$
$= (-1)\sin(\omega t + 70°) = \sin(\omega t + 70° \pm 180°)$
$= \sin(\omega t - 110°)$ (위상 : $-180° < \theta < 180°$)
위상차 : $\theta = -60° - (-110°) = 50°$
(v_1이 v_2보다 위상이 50° 뒤진다.)

05 $\theta = \omega t$에서 $t = \frac{\theta}{\omega} = \frac{\theta}{2\pi f} = \frac{(2/3)\pi}{120\pi} = \frac{1}{180}$ [s]

06 위상 비교를 위해 사인함수로 변형

$v_2 = 150\cos(120\pi t - 30°)$

$= 150\sin(120\pi t - 30° + 90°)$

$\therefore\ v_2 = 150\sin(120\pi t + 60°)$

위상차 : $\theta = 60° - (-30°) = 90° = \pi/2$

$\theta = \omega t$에서 $t = \dfrac{\theta}{\omega} = \dfrac{\theta}{2\pi f} = \dfrac{\pi/2}{120\pi} = \dfrac{1}{240}$ [s]

07 순시값에서 실효값 $I = \dfrac{I_m}{\sqrt{2}}$, $i = I = \dfrac{I_m}{\sqrt{2}}$

$\dfrac{I_m}{\sqrt{2}} = I_m \sin(\omega t - 15°)$, $\sin(\omega t - 15°) = \dfrac{1}{\sqrt{2}}$

$\omega t - 15° = \sin^{-1}\dfrac{1}{\sqrt{2}} = 45° \quad \therefore\ \omega t = 60° = \dfrac{\pi}{3}$

08 $V_{av} = \dfrac{2}{\pi} V_m$

$\therefore\ V_m = \dfrac{\pi}{2} V_{av} = \dfrac{\pi}{2} \times 191 \fallingdotseq 300.02$ [V]

$\therefore\ V = \dfrac{V_m}{\sqrt{2}} = \dfrac{300.02}{\sqrt{2}} = 212.15$ [V]

09 $V_{av} = \dfrac{2}{\pi} V_m \left(V = \dfrac{V_m}{\sqrt{2}},\ V_m = \sqrt{2}\, V \right)$

$\therefore\ V_{av} = \dfrac{2}{\pi} V_m = \dfrac{2}{\pi}(\sqrt{2}\, V)$

$= \dfrac{2}{\pi} \times \sqrt{2} \times 314 \fallingdotseq 282.7$ [V]

10 $I = \dfrac{I_m}{\sqrt{2}} \left(I_{av} = \dfrac{I_m}{2},\ I_m = 2I_{av} \right)$

$\therefore\ I = \dfrac{I_m}{\sqrt{2}} = \dfrac{2I_{av}}{\sqrt{2}} = \dfrac{2 \times 10}{\sqrt{2}}$

$= 10\sqrt{2} \fallingdotseq 14.14$ [A]

11 최대값 I_m과 최소값 $-I_m/2$의 반파구형파의 합성으로 이루어진 파형

(1) 평균값 (양) : $I_m/2$, (음) : $-I_m/4$

$I_{av} = \dfrac{I_m}{2} - \dfrac{I_m}{4} = \dfrac{1}{4} I_m$

(2) 실효값 (양) : $I_m/\sqrt{2}$, (음) : $I_m/2\sqrt{2}$

$I = \sqrt{\left(\dfrac{I_m}{\sqrt{2}}\right)^2 + \left(\dfrac{I_m}{2\sqrt{2}}\right)^2} = \sqrt{\dfrac{5}{8}}\, I_m = \dfrac{\sqrt{10}}{4} I_m$

별해 적분계산을 기하학적 면적으로 계산

(1) 평균값 $I_{av} = \dfrac{1}{T}\displaystyle\int_0^T i\,dt$

$I_{av} = \dfrac{1}{T}\left(I_m \times \dfrac{T}{2} - \dfrac{I_m}{2} \times \dfrac{T}{2} \right) \quad \therefore\ I_{av} = \dfrac{1}{4} I_m$

(2) 실효값 $I = \sqrt{\dfrac{1}{T}\displaystyle\int_0^T i^2 dt}$

$I = \sqrt{\dfrac{1}{T}\left\{ I_m{}^2 \times \dfrac{T}{2} + \left(-\dfrac{I_m}{2}\right)^2 \times \dfrac{T}{2} \right\}}$

$\therefore\ I = \sqrt{\dfrac{5}{8}}\, I_m = \dfrac{\sqrt{10}}{4} I_m$

별해 정의에 의한 풀이

(1) 평균값 $I_{av} = \dfrac{1}{T}\displaystyle\int_0^T i\,dt$

$I_{av} = \dfrac{1}{T}\left\{ \displaystyle\int_0^{T/2} I_m dt + \int_{T/2}^T \left(-\dfrac{I_m}{2}\right) dt \right\} = \dfrac{1}{4} I_m$

(2) 실효값 $I = \sqrt{\dfrac{1}{T}\displaystyle\int_0^T i^2 dt}$

$I = \sqrt{\dfrac{1}{T}\left\{ \displaystyle\int_0^{T/2} I_m{}^2 dt + \int_{T/2}^T \left(-\dfrac{I_m}{2}\right)^2 dt \right\}}$

$\therefore\ I = \sqrt{\dfrac{5}{8}}\, I_m = \dfrac{\sqrt{10}}{4} I_m$

12 (1) 평균값 $V_{av} = \dfrac{1}{T}\displaystyle\int_0^T v\,dt$

$V_{av} = \dfrac{1}{3}\left\{ \displaystyle\int_0^1 10t\,dt + \int_1^2 10\,dt \right\}$

$\therefore\ V_{av} = \dfrac{1}{3}\left([5t^2]_0^1 + [10t]_1^2 \right) = 5$ [V]

(2) 실효값 $V = \sqrt{\dfrac{1}{T}\displaystyle\int_0^T v^2 dt}$

$V = \sqrt{\dfrac{1}{3}\left\{ \displaystyle\int_0^1 (10t)^2 dt + \int_1^2 10^2 dt \right\}}$

$= \sqrt{\dfrac{1}{3}\left\{ \left[\dfrac{100}{3} t^3\right]_0^1 + [100t]_1^2 \right\}} = \dfrac{20}{3} \fallingdotseq 6.67$ [V]

13 (1) 반파정류파 : $V = \dfrac{V_m}{2}$, $V_{av} = \dfrac{V_m}{\pi}$

파고율 $= \dfrac{V_m}{V} = 2$

파형률 $= \dfrac{V}{V_{av}} = \dfrac{(1/2) V_m}{(1/\pi) V_m} = \dfrac{\pi}{2} \fallingdotseq 1.571$

(2) 구형파 : $V = V_m$, $V_{av} = V_m$

파고율 $= \dfrac{V_m}{V} = 1$

파형률 $= \dfrac{V}{V_{av}} = \dfrac{V_m}{V_m} = 1$

(3) 삼각파 : $V=\frac{V_m}{\sqrt{3}}$, $V_{av}=\frac{V_m}{2}$

파고율 $=\frac{V_m}{V}=\sqrt{3}$

파형률 $=\frac{V}{V_{av}}=\frac{(1/\sqrt{3})V_m}{(1/2)V_m}=\frac{2}{\sqrt{3}}\fallingdotseq 1.155$

14 순 R 회로, $R=5[\Omega]$, 실효값 $I=10[\text{A}]$

$V=RI=5\times10=50[\text{V}]$

순 R 회로에서 v와 i의 위상차 0°(동상)

$v=50\sqrt{2}\sin(377t+30°)[\text{V}]$

15 순 L 회로, $\omega=2\pi f=120\pi[\text{rad/s}]$

$X_L=2\pi fL=2\pi\times60\times0.1=37.7[\Omega]$

$I=\frac{V}{X_L}=\frac{100}{37.7}=2.65[\text{A}]$

순 L 회로에서 v와 i의 위상차는 90°(지상전류)

$i=2.65\sqrt{2}\sin(120\pi t-90°)[\text{A}]$

16 순 C 회로 $\omega=2\pi f=2000\pi[\text{rad/s}]$

$X_C=\frac{1}{2\pi fC}=\frac{1}{2\pi\times1000\times0.1\times10^{-6}}$

$\therefore\ X_C=1591.5[\Omega]$

$I=\frac{V}{X_C}=\frac{1414}{1591.5}=0.89[\text{A}]$

순 C 회로에서 v와 i의 위상차는 90°(진상전류)

$\therefore\ i=0.89\sqrt{2}\sin(2000\pi t+120°)[\text{A}]$

17 RL 회로, $R=20[\Omega]$, $\omega=2\pi f=120\pi[\text{rad/s}]$

$X_L=2\pi fL=2\pi\times60\times56\times10^{-3}=21[\Omega]$

$Z=\sqrt{R^2+X_L{}^2}=\sqrt{20^2+21^2}=29[\Omega]$

$\theta=\tan^{-1}\frac{X_L}{R}=\tan^{-1}\frac{21}{20}=46.4°$(지상전류)

$I=\frac{V}{Z}=\frac{141.4}{29}=4.88[\text{A}]$

$\therefore\ i=4.88\sqrt{2}\sin(120\pi t-46.4°)[\text{A}]$

18 RC 회로 $\omega=2\pi f=100\pi[\text{rad/s}]$

$X_C=\frac{1}{2\pi fC}=\frac{1}{2\pi\times50\times30\times10^{-6}}=106.1[\Omega]$

$Z=\sqrt{R^2+X_C{}^2}=\sqrt{100^2+106.1^2}=145.8[\Omega]$

$\theta=\tan^{-1}\frac{X_C}{R}=\tan^{-1}\frac{106.1}{100}=46.7°$(진상전류)

$I=\frac{V}{Z}=\frac{100}{145.8}=0.69[\text{A}]$

$\therefore\ i=0.69\sqrt{2}\sin(100\pi t+46.7°)[\text{A}]$

제6장 복소수와 페이저

01 (1) $A=\sqrt{(2\sqrt{3})^2+2^2}=4$

$\theta=\tan^{-1}\frac{2}{2\sqrt{3}}=30°$(제1사분면)

$\boldsymbol{A}=4\underline{/30°}$

(2) $B=\sqrt{5^2+(-12)^2}=13$

$\theta=\tan^{-1}\frac{12}{5}=67.38°$(제4사분면)

$\boldsymbol{B}=13\underline{/-67.38°}$

(3) $C=\sqrt{(-3)^2+(-4)^2}=5$

$\theta=\tan^{-1}\frac{4}{3}=53.13°$(제3사분면)

$\boldsymbol{C}=5\underline{/-180°+53.13°}=5\underline{/-126.87°}$

(4) $D=\sqrt{(-4)^2+4^2}=4\sqrt{2}$

$\theta=\tan^{-1}\frac{4}{4}=45°$(제2사분면)

$\boldsymbol{D}=4\sqrt{2}\underline{/180°-45°}=4\sqrt{2}\underline{/135°}$

02 (1) $\boldsymbol{A}=3\underline{/90°}=j3$　(2) $\boldsymbol{B}=6\underline{/180°}=-6$

(3) $\boldsymbol{C}=5\underline{/30°}=5(\cos30°+j\sin30°)=4.33+j2.5$

(4) $\boldsymbol{D}=2\underline{/-120°}=2(\cos120°-j\sin120°)$

$\boldsymbol{D}=-1-j\sqrt{3}$

03 (1) $\sqrt{2}e^{j45°}=\sqrt{2}\underline{/45°}=\sqrt{2}(\cos45°+j\sin45°)$

$\therefore\ \sqrt{2}e^{j45°}=1+j$

(2) $10e^{-j30°}=10\underline{/-30°}=10(\cos30°-j\sin30°)$

$\therefore\ 10e^{-j30°}=5\sqrt{3}-j5$

(3) $-3e^{j60°}=-3\underline{/60°}=-3(\cos60°+j\sin60°)$

$\therefore\ -3e^{j60°}=-1.5-j2.6$

(4) $-5e^{j\frac{2}{3}\pi}=-5\underline{/(2\pi/3)}=-5\left(\cos\frac{2}{3}\pi+j\sin\frac{2}{3}\pi\right)$

$\therefore\ -5e^{j\frac{2}{3}\pi}=2.5-j4.33$

04 $A = 10 + j17.32 = 20\angle 60°$

$B = 5\angle 30° = 4.33 + j2.5$

(1) $A + B = (10 + j17.32) + (4.33 + j2.5)$

$\therefore\ A + B = 14.33 + j19.82$

(2) $A - B = (10 + j17.32) - (4.33 + j2.5)$

$\therefore\ A - B = 5.67 + j14.82$

(3) $A \cdot B = (20\angle 60°)(5\angle 30°) = 100\angle 90° = j100$

(4) $\dfrac{A}{B} = \dfrac{20\angle 60°}{5\angle 30°} = 4\angle 30° = 4(\cos 30° + j\sin 30°)$

$\therefore\ \dfrac{A}{B} = 2(\sqrt{3} + j)$

05 $A = 20\angle 60°,\quad B = 4\angle -45°$

(1) $A \cdot B = (20\angle 60°)(4\angle -45°) = 80\angle 60° - 45°$

$\therefore\ A \cdot B = 80\angle 15° = 80(\cos 15° + j\sin 15°)$

(2) $\dfrac{A}{B} = \dfrac{20\angle 60°}{4\angle -45°} = 5\angle 60° - (-45°) = 5\angle 105°$

$\therefore\ \dfrac{A}{B} = 5(\cos 105° + j\sin 105°)$

06 (1) $A = 8 + j6 \ \rightarrow\ \overline{A} = 8 - j6$

$A\overline{A} = (8 + j6)(8 - j6) = 8^2 + 6^2 = 100$

(2) $B = 1 - j2 \ \rightarrow\ \overline{B} = 1 + j2$

$B\overline{B} = (1 - j2)(1 + j2) = 1^2 + 2^2 = 5$

(3) $C = j5 \ \rightarrow\ \overline{C} = -j5$

$C\overline{C} = (j5)(-j5) = 25$

(4) $D = -j7 \ \rightarrow\ \overline{D} = j7$

$D\overline{D} = (-j7)(j7) = 49$

(5) $E = 3\angle 30° \ \rightarrow\ \overline{E} = 3\angle -30°$

$E\overline{E} = (3\angle 30°)(3\angle -30°) = 9$

(6) $F = 5\angle -120° \ \rightarrow\ \overline{F} = 5\angle 120°$

$F\overline{F} = (5\angle -120°)(5\angle 120°) = 25$

07 (1) $(2\angle 15°)^3 = 2^3\angle 3 \times 15° = 8\angle 45°$

(2) $(\sqrt{3} - j)^4 = (2\angle -30°)^4 = 2^4\angle 4 \times (-30°)$

$\therefore\ (\sqrt{3} - j)^4 = 16\angle -120°$

(3) $(3\angle 15°)(4e^{-j60°}) = (3\angle 15°)(4\angle -60°)$

$\therefore\ (3\angle 15°)(4e^{-j60°}) = 12\angle -45°$

(4) $50 - 20e^{j270°} = 50 - 20\angle 270° = 50 + j20$

08 (1) $V_1 = 100\angle 30°$

(2) $i_1 = 10\cos\omega t = 10\sin(\omega t + 90°)$

$I_1 = \dfrac{10}{\sqrt{2}}\angle 90° = 5\sqrt{2}\angle 90°$

(3) $V_2 = -10\angle 60° = (1\angle \pm 180°)(10\angle 60°)$

$V_2 = 10\angle -120°$ ($V_2 = 10\angle 240°$ 각 범위제외)

(4) $i_2 = -20\cos(\omega t + 60°) = -20\sin(\omega t + 150°)$

$I_2 = -\dfrac{20}{\sqrt{2}}\angle 150° = (1\angle \pm 180°)(10\sqrt{2}\angle 150°)$

$I_2 = 10\sqrt{2}\angle -30°$ ($I_2 = 10\sqrt{2}\angle 330°$ 제외)

09 각주파수 $\omega = 2\pi f = 120\pi = 377\ [\text{rad/s}]$

(1) $v_1 = 30\sqrt{2}\sin(377t + 60°)$

(2) $I_1 = -2\angle 45° = (1\angle \pm 180°)(2\angle 45°) = 2\angle -135°$

$\therefore\ i_1 = 2\sqrt{2}\sin(377t - 135°)$

(3) $v_2 = 5\sqrt{2}\sin(377t - 30°)$

(4) $I_2 = -(6\angle -120°) = (1\angle \pm 180°)(6\angle -120°)$

$I_2 = 6\angle 60° \quad \therefore\ i_2 = 6\sqrt{2}\sin(377t + 60°)$

(5) $V_3 = 220 = 220\angle 0° \quad \therefore\ v_3 = 220\sqrt{2}\sin 377t$

(6) $I_3 = j5 = 5\angle 90° \quad \therefore\ i_3 = 5\sqrt{2}\sin(377t + 90°)$

(7) $V_4 = -50 = 50\angle \pm 180°$

$\therefore\ v_4 = 50\sqrt{2}\sin(377t \pm 180°)$

(8) $I_4 = -j6 = 6\angle -90°$

$\therefore\ i_4 = 6\sqrt{2}\sin(377t - 90°)$

10 $E = -20e^{j\frac{3}{2}\pi} = -(20\angle 270°)$

$= (1\angle \pm 180°)(20\angle 270°) \qquad \therefore\ E = 20\angle 90°$

$\therefore\ e = 20\sqrt{2}\sin\left(\omega t + \dfrac{\pi}{2}\right)\ [\text{V}]$

11 (1) $I_1 = 3\angle 0° = 3,\quad I_2 = 4\angle 90° = j4$

$I = I_1 + I_2 = 3 + j4 = 5\angle 53.1°$

$\therefore\ i = 5\sqrt{2}\sin(\omega t + 53.1°)\ [\text{A}]$

실효값 $I = 5\ [\text{A}]$

(2) $V_1 = 30\angle 0° = 30,\quad V_2 = 40\angle 60° = 20 + j20\sqrt{3}$

$V = V_1 + V_2 = 50 + j20\sqrt{3} = 10\sqrt{37}\angle 34.72°$

$\therefore\ v = 10\sqrt{74}\sin(\omega t + 34.72°)\ [\text{V}]$

실효값 $V = 10\sqrt{37} = 60.83\ [\text{V}]$

12 $\boldsymbol{I}_1 = 3\underline{/0°} = 3,\quad \boldsymbol{I}_2 = 4\underline{/90°} = j4$

$\boldsymbol{I} = \boldsymbol{I}_1 - \boldsymbol{I}_2 = 3 - j4 = 5\underline{/-53.1°}$

$\therefore\ i = 5\sqrt{2}\sin(\omega t - 53.1°)\ [\text{A}]$

실효값 $I = 5\ [\text{A}]$

13 기준 페이저 $\boldsymbol{E}_1 = 100\underline{/0°}\ [\text{V}]$, 위상차 $\theta = 60°$

$\therefore\ \boldsymbol{E}_2 = 100\underline{/60°}\ [\text{V}]$

전원의 합성 $\boldsymbol{E} = \boldsymbol{E}_1 + \boldsymbol{E}_2$

$\boldsymbol{E} = \boldsymbol{E}_1 + \boldsymbol{E}_2 = 100\underline{/0°} + 100\underline{/60°}$

$= 100 + (50 + j50\sqrt{3}) = 150 + j50\sqrt{3}$

$\therefore\ \boldsymbol{E} = 173.2\underline{/30°}\ [\text{V}]$

14 (1) $\boldsymbol{V} = 10\underline{/30°}$, $\boldsymbol{I} = 8\underline{/-30°}$(위상차 $\theta = 60°$)

(2) $\boldsymbol{V}$, $\boldsymbol{I}$ 페이저도

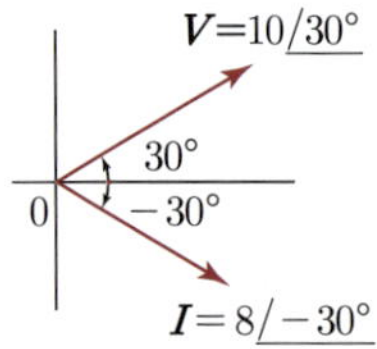

그림 6.1(연) ▶ V, I 페이저도

(3) 페이저도(기준)

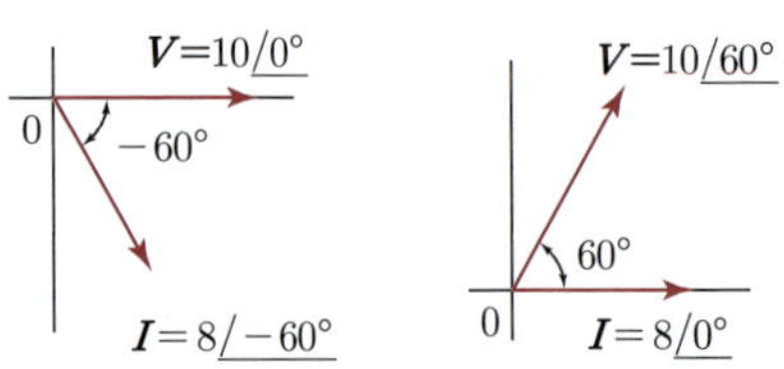

(a) 전압 기준　　(b) 전류 기준

그림 6.2(연) ▶ 페이저도

(4) 지상전류(전류가 전압보다 60° 뒤진다.)

제7장 교류회로의 페이저 해석법

01 (1) $\boldsymbol{Z} = R + j(X_L - X_C) = 25 + j(5 - 10)$

$= 25 - j5 = 25.5\underline{/-11.3°}\ [\Omega]$

$Z = 25.5\ [\Omega]$, $\theta = 11.3°$(진상전류)

(2) $\boldsymbol{Y} = G + j(B_C - B_L) = \dfrac{1}{R} + j\left(\dfrac{1}{X_C} - \dfrac{1}{X_L}\right)$

$= \dfrac{1}{25} + j\left(\dfrac{1}{10} - \dfrac{1}{5}\right) = 0.04 - j0.1 = 0.1\underline{/-68.2°}\ [\mho]$

$Y = 0.1\ [\mho]$, $\theta = 68.2°$(지상전류)

02 $\boldsymbol{V} = \dfrac{100}{\sqrt{2}}\underline{/0°}\ [\text{V}]$, $\boldsymbol{I} = \dfrac{2}{\sqrt{2}}\underline{/-45°}\ [\text{A}]$

$\boldsymbol{Z} = \dfrac{\boldsymbol{V}}{\boldsymbol{I}} = 50\underline{/45°} = 50(\cos 45° + j\sin 45°)\ [\Omega]$

$\therefore\ \boldsymbol{Z} = 35.4 + j35.4\ [\Omega]\ (\boldsymbol{Z} = R + jX_L)$

저항 $R = 35.4\ [\Omega]$, 리액턴스 $X_L = 35.4\ [\Omega]$

($\boldsymbol{Z}$의 허수부 부호(+)이므로 유도성 리액턴스)

03 (1) $\boldsymbol{V} = 100 + j20 = 102\underline{/11.3°}\ [\text{V}]$

$\boldsymbol{I} = 4 + j3 = 5\underline{/36.9°}\ [\text{A}]$

$\boldsymbol{Z} = \dfrac{\boldsymbol{V}}{\boldsymbol{I}} = \dfrac{102\underline{/11.3°}}{5\underline{/36.9°}} = 20.4\underline{/-25.6°}\ [\Omega]$

$\therefore\ Z = 20.4\ [\Omega]$

(2) 복소 임피던스를 직각좌표 형식으로 변환

$\boldsymbol{Z} = 20.4\underline{/-25.6°} = 18.4 - j8.8\ [\Omega]\ (\boldsymbol{Z} = R - jX_C)$

저항 $R = 18.4\ [\Omega]$, 리액턴스 $X_C = 8.8\ [\Omega]$

($\boldsymbol{Z}$의 허수부 부호(−)이므로 용량성 리액턴스)

04 전압 기준 $\boldsymbol{V} = 140\underline{/0°}\ [\text{V}]$

$X_L = \omega L = 2\pi f L = 2\pi \times 25 \times 0.045 = 7.1\ [\Omega]$

$\boldsymbol{Z} = R + jX_L = 10 + j7.1 = = 12.26\underline{/35.4°}\ [\Omega]$

$\boldsymbol{I} = \dfrac{\boldsymbol{V}}{\boldsymbol{Z}} = \dfrac{140\underline{/0°}}{12.26\underline{/35.4°}} = 11.4\underline{/-35.4°}\ [\text{A}]$

$\therefore\ i = 11.4\sqrt{2}\sin(50\pi t - 35.4°)\ [\text{A}]$

05 $\boldsymbol{V} = 110\underline{/10°}\ [\text{V}]$, $R = 10\ [\Omega]$, $X_L = X_C = 10\ [\Omega]$

$\boldsymbol{Z} = R + j(X_L - X_C) = \sqrt{2}\underline{/0°}\ [\Omega]$

$\boldsymbol{I} = \dfrac{\boldsymbol{V}}{\boldsymbol{Z}} = \dfrac{110\underline{/10°}}{\sqrt{2}\underline{/0°}} = 77.8\underline{/10°}\ [\text{A}]$

$\therefore\ i = 77.8\sqrt{2}\sin(\omega t + 10°)\ [\text{A}]$

(전압과 전류의 위상차 0°, 동상[공진회로])

06 $\boldsymbol{Z} = R + j(X_L - X_C) = 8 + j(10 - 16)$

$\therefore\ \boldsymbol{Z} = 8 - j6 = 10\underline{/-36.9°}\ [\Omega]$

$I = \dfrac{V}{Z} = \dfrac{100}{10} = 10\ [\text{A}]$

($\boldsymbol{Z}$의 허수부 부호(−)에서 용량성 회로이므로 전류가 전압보다 위상 36.9° 앞선 진상전류)

07 $\boldsymbol{Y}=\frac{1}{R}+j\left(\frac{1}{X_C}-\frac{1}{X_L}\right)=\frac{1}{10}+j\left(\frac{1}{20}-\frac{1}{8}\right)$

$\therefore\ \boldsymbol{Y}=0.1-j0.075=0.125\underline{/-36.9^\circ}\ [℧]$

$\therefore\ I=YV=0.125\times 80=10\ [\text{A}]$

08 $\boldsymbol{Y}=\frac{1}{R}+j\left(\frac{1}{X_C}-\frac{1}{X_L}\right)=\frac{1}{10}+j\left(\frac{1}{30}-\frac{1}{12}\right)$

$\therefore\ \boldsymbol{Y}=0.1-j0.05=0.11\underline{/-26.6^\circ}\ [℧]$

$\boldsymbol{I}=\boldsymbol{YV}=(0.11\underline{/-26.6^\circ})\times(120\underline{/0^\circ})$

$\therefore\ \boldsymbol{I}=13.4\underline{/-26.6^\circ}=12-j6\ [\text{A}]$

$\therefore\ i=13.4\sqrt{2}\sin(\omega t-26.6^\circ)\ [\text{A}]$

09 $\boldsymbol{V}=V_R+j(V_L-V_C)\,(V_C=0),\ \ \boldsymbol{V}=V_R+jV_L$

$V=\sqrt{{V_R}^2+{V_L}^2}$

$\therefore\ V_L=\sqrt{V^2-{V_R}^2}=\sqrt{10^2-6^2}=8\ [\text{V}]$

10 $\boldsymbol{V}=V_R+j(V_L-V_C),\ \ V=\sqrt{{V_R}^2+(V_L-V_C)^2}$

$\therefore\ V=\sqrt{3^2+(4-8)^2}=5\ [\text{V}]$

11 $I_R=\frac{V}{R}=\frac{12}{4}=3\ [\text{A}]$

$\boldsymbol{I}=I_R-jI_L,\ \ I=\sqrt{{I_R}^2+{I_L}^2}$

$\therefore\ I_L=\sqrt{I^2-{I_R}^2}=\sqrt{5^2-3^2}=4\ [\text{A}]$

인덕터의 단자전압 $X_LI_L=12\ [\text{V}]$에서

$\therefore\ X_L=\frac{12}{I_L}=\frac{12}{4}=3\ [\Omega]$

12 $\boldsymbol{I}=I_R+j(I_C-I_L)(I_C=0),\ \boldsymbol{I}=I_R-jI_L$

$\boldsymbol{I}=5-j12\ \ \therefore\ I=\sqrt{5^2+12^2}=13\ [\text{A}]$

13 전압 기준 $\boldsymbol{V}=100\underline{/0^\circ}\ [\text{V}]$

각 소자의 복소 임피던스로 변환

$\boldsymbol{Z}_L=jX_L=j45\,[\Omega],\ \boldsymbol{Z}_C=-jX_C=-j15\,[\Omega]$

전체 합성 임피던스

$\boldsymbol{Z}=j45+\frac{15(-j15)}{15-j15}=7.5+j37.5$

$\therefore\ \boldsymbol{Z}=38.24\underline{/78.7^\circ}\ [\Omega]$

전체 전류

$\boldsymbol{I}=\frac{\boldsymbol{V}}{\boldsymbol{Z}}=\frac{100\underline{/0^\circ}}{38.24\underline{/78.7^\circ}}=2.61\underline{/-78.7^\circ}\ [\text{A}]$

$=0.51-j2.56\ [\text{A}]$ 전류(크기) $I=2.61\ [\text{A}]$

전류 분배법칙

$\boldsymbol{I}_C=\frac{15(0.51-j2.56)}{15-j15}=1.54-j1.03\ [\text{A}]$

단자전압

$\boldsymbol{V}_{ab}=-jX_C\boldsymbol{I}_C=-j15(1.54-j1.03)\ [\text{V}]$

$\therefore\ \boldsymbol{V}_{ab}=-15.4-j23.1=27.8\underline{/-123.7^\circ}\ [\text{V}]$

단자전압(크기) $\therefore\ V_{ab}=27.8\ [\text{V}]$

14 전압 기준 $\boldsymbol{V}=80\underline{/0^\circ}\ [\text{V}]$

각 소자의 복소 임피던스로 변환

$\boldsymbol{Z}_L=jX_L=j10\,[\Omega],\ \boldsymbol{Z}_C=-jX_C=-j6\,[\Omega]$

전체 합성 임피던스

$\boldsymbol{Z}=\frac{(4+j10)(5-j6)}{(4+j10)+(5-j6)}=8.5-j0.89$

$\therefore\ \boldsymbol{Z}=8.54\underline{/-5.96^\circ}\ [\Omega]$

전체 전류

$\boldsymbol{I}=\frac{\boldsymbol{V}}{\boldsymbol{Z}}=\frac{80\underline{/0^\circ}}{8.54\underline{/-5.96^\circ}}=9.37\underline{/5.96^\circ}\ [\text{A}]$

$=9.32+j0.97\ [\text{A}]$ 전류(크기) $I=9.37\ [\text{A}]$

전위차(전압 분배법칙)

$\boldsymbol{V}_a=\frac{-j6}{5-j6}\times 80\underline{/0^\circ}=47.21-j39.34\ [\text{V}]$

$\boldsymbol{V}_b=\frac{j10}{4+j10}\times 80\underline{/0^\circ}=68.97+j27.59\ [\text{V}]$

$\boldsymbol{V}_{ab}=\boldsymbol{V}_a-\boldsymbol{V}_b=(47.21-j39.34)-(68.97+j27.59)$

$\therefore\ \boldsymbol{V}_{ab}=-21.76-j66.93=70.38\underline{/-108^\circ}\ [\text{V}]$

전위차(크기) : $V_{ab}=70.38\ [\text{V}]$

제8장 교류전력

01 $P=VI\cos\theta=100\times 10\times\cos 60^\circ=500\ [\text{W}]$

$Q=VI\sin\theta=100\times 10\times\sin 60^\circ=866\ [\text{Var}]$

$P_a=VI=100\times 10=1000\ [\text{VA}]$

02 $Z=40+j30=50\underline{/36.9°}$ [Ω]

$$I=\frac{V}{Z}=\frac{200\underline{/0°}}{50\underline{/36.9°}}=4\underline{/-36.9°}\text{ [A] } (I=4\text{ [A]})$$

$P=I^2R=4^2\times 40=640$ [W]

$Q=I^2X=4^2\times 30=480$ [Var]

$P_a=VI=200\times 4=800$ [VA] 또는

$P_a=\sqrt{P^2+Q^2}=\sqrt{640^2+480^2}=800$ [VA]

03 병렬회로

$$P=\frac{V^2}{R}=\frac{200^2}{40}=1000\text{ [W]}$$

$$Q=\frac{V^2}{X}=\frac{200^2}{30}=1333\text{ [Var]}$$

$$P_a=\sqrt{P^2+Q^2}=\sqrt{1000^2+1333^2}=1666\text{ [VA]}$$

04 $P=\frac{V^2}{R}\rightarrow R=\frac{V^2}{P}=\frac{100^2}{800}=12.5$ [Ω]

$$Q=\frac{V^2}{X}\rightarrow X_C=\frac{V^2}{Q}=\frac{100^2}{600}=16.67\text{ [Ω]}$$

$$X_C=\frac{1}{2\pi fC}$$

$$\therefore C=\frac{1}{2\pi fX_C}=\frac{1\times 10^6}{2\pi\times 60\times 16.67}=159\text{ [μF]}$$

05 $P_a=VI=200\times 30=6000$ [VA]

$$\cos\theta=\frac{P}{P_a}=\frac{4800}{6000}=0.8$$

$$Z=\frac{V}{I}\underline{/\theta}=\frac{200}{30}\underline{/\cos^{-1}(0.8)}=6.67\underline{/36.9°}\text{ [Ω]}$$

$\therefore Z=6.67\underline{/36.9°}=5.3+j4$ [Ω] $(=R+jX)$

저항 $R=5.3$[Ω], 리액턴스 $X=4$[Ω]

06 $P=VI\cos\theta$, $I=\frac{P}{V\cos\theta}=\frac{800}{100\times 0.8}=10$ [A]

$$Z=\frac{V}{I}\underline{/\theta}=\frac{10}{10}\underline{/\cos^{-1}(0.8)}=10\underline{/36.9°}\text{ [Ω]}$$

$\therefore Z=10\underline{/36.9°}=8+j6$ [Ω] $(=R+jX)$

저항 $R=8$[Ω], 리액턴스 $X=6$[Ω]

07 $\cos\theta=0.6$, $\sin\theta=\sqrt{1-\cos^2\theta}=\sqrt{1-0.6^2}=0.8$

$$P=VI\cos\theta\rightarrow VI=\frac{P}{\cos\theta}$$

$$\therefore Q=VI\sin\theta=\frac{P\sin\theta}{\cos\theta}=\frac{120\times 0.8}{0.6}=160\text{ [Var]}$$

08 $V=100\underline{/60°}$ [V], $I=2\underline{/30°}$ [A], $\theta=30°$

$P=VI\cos\theta=100\times 2\times\cos 30°=173.2$ [W]

$Q=VI\sin\theta=100\times 2\times\sin 30°=100$ [Var]

09 $V=100\underline{/30°}$ [V], $I=10\underline{/60°}$ [A], $\theta=30°$

$P=VI\cos\theta=100\times 10\times\cos 30°=866$ [W]

$Q=VI\sin\theta=100\times 10\times\sin 30°=500$ [Var]

$P_a=\sqrt{P^2+Q^2}=\sqrt{866^2+500^2}=1000$ [VA]

역률 $\cos\theta=\cos 30°=0.866$, 무효율 $\sin 30°=0.5$

10 $Q_C=P(\tan\theta_1-\tan\theta_2)$

$=2.2\left[\tan(\cos^{-1}0.8)-\tan(\cos^{-1}1)\right]$

$\therefore Q_C=2.2\times 0.75=1.65$ ([kVA] = [kVar])

11 전압원 단락하고 부하에서 전원측을 본 등가 임피던스 Z_{th}

$$Z_{th}=j2X+\frac{(jX)(jX)}{jX+jX}=j2X+j\frac{X}{2}=j\frac{5}{2}X\text{ [Ω]}$$

$$\therefore R=|Z_{th}|=Z_{th}=\frac{5}{2}X\text{ [Ω]}$$

12 $P_a=VI=240\times 5=1200$ [VA], $P=720$ [W]

$Q=\sqrt{P_a^{\ 2}-P^2}=\sqrt{1200^2-720^2}=960$ [Var]

$$Q=\frac{V^2}{X_L}\rightarrow X_L=\frac{V^2}{Q}=\frac{240^2}{960}=60\text{ [Ω]}$$

$$X_L=2\pi fL,\quad\therefore L=\frac{X_L}{2\pi f}=\frac{60}{2\pi\times 60}=\frac{1}{2\pi}\text{ [H]}$$

제9장 공진회로 및 페이저 궤적

01 직렬 공진회로
(임피던스 : 최소, 전류 : 최대)
병렬 공진회로
(어드미턴스 : 최소, 전류 : 최소)

02 직렬공진시 단자전압 V_L은 최대값이고, $Z=R$, $V_L=V_C$이 된다.

$$I=\frac{V}{Z}=\frac{V}{R}=\frac{100}{100}=1\text{[A]}$$

$\therefore V_L=V_C=X_CI=100\times 1=100$[V]

별해 $V_L=V_C=QV=\frac{X_L}{R}V=\frac{100}{100}\times 100=100$[V]

03 공진조건 $X_L = X_C$을 만족할 때, 최대전류(공진전류)가 흐르고, 이때 임피던스 $Z=R$이다.

$$I=\frac{V}{Z}=\frac{V}{R}=\frac{100}{10\times 10^3}=0.01\,[\text{A}]=10\,[\text{mA}]$$

최대전류가 흐르는 주파수는 공진 주파수이므로

$$f=\frac{1}{2\pi\sqrt{LC}}=\frac{1}{2\pi\sqrt{10\times10^{-3}\times1\times10^{-6}}}$$

$\therefore\ f=1592\,[\text{Hz}]$

04

$$Q=\frac{1}{R}\sqrt{\frac{L}{C}}=\frac{1}{100}\sqrt{\frac{314\times10^{-3}}{125.6\times10^{-12}}}=500$$

05 공진 조건 $\omega L=\frac{1}{\omega C}$에서

$$C=\frac{1}{\omega^2 L}=\frac{1}{(2\pi f)^2 L}=\frac{1}{(2\pi\times1000)^2\times20\times10^{-3}}$$

$\therefore\ C=1.267\,[\mu\text{F}]$

$$Q=\frac{1}{R}\sqrt{\frac{L}{C}}=\frac{1}{5}\sqrt{\frac{20\times10^{-3}}{1.267\times10^{-6}}}=25.13$$

06 전류가 최소가 되기 위한 조건은 병렬 공진회로에서 어드미턴스의 허수부=0가 된다.
회로의 어드미턴스 $\boldsymbol{Y}$

$$\boldsymbol{Y}=\frac{1}{6+j8}+j\frac{1}{X_C}=\frac{6-j8}{(6+j8)(6-j8)}+j\frac{1}{X_C}$$

$$=\frac{6}{100}-j\frac{8}{100}+j\frac{1}{X_C}=\frac{6}{100}-j\left(\frac{8}{100}-\frac{1}{X_C}\right)$$

$$\frac{8}{100}-\frac{1}{X_C}=0\quad\therefore\ X_C=\frac{100}{8}=12.5\,[\Omega]$$

07 병렬회로 $\boldsymbol{Y}=\frac{1}{R}+j\omega C\ (R\to0\sim\infty)$

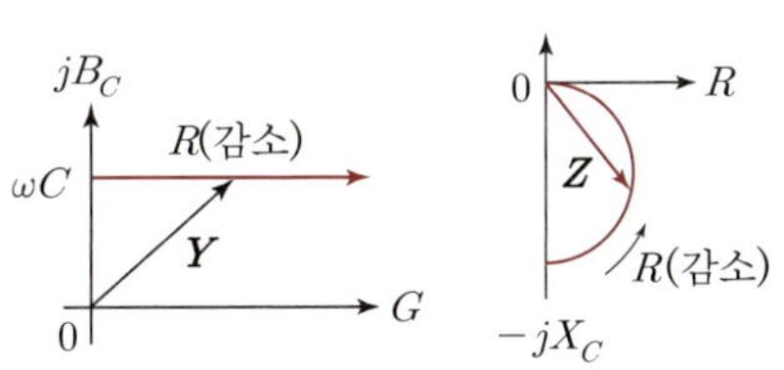

(a) $\boldsymbol{Y}$ 궤적　　(b) $\boldsymbol{Z}$ 궤적

그림 9.1(연)

08 병렬회로 $\boldsymbol{Y}=\frac{1}{R-j\frac{1}{\omega C}}-j\frac{1}{\omega L}\ (L\to0\sim\infty)$

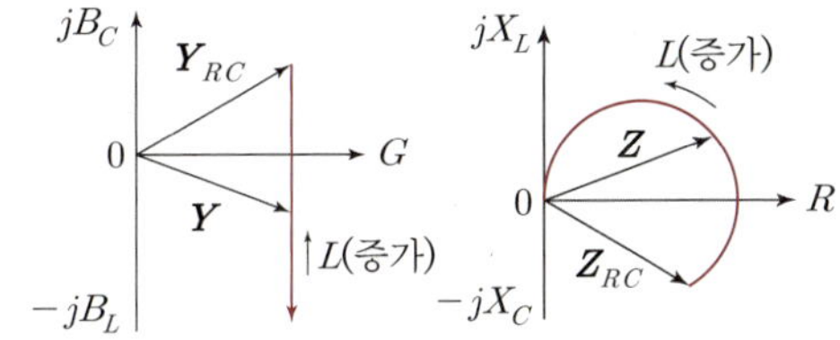

그림 9.2(연)

제10장 유도결합회로

01

$$e_2=M\frac{di_1}{dt}=M\frac{(i_1)_2-(i_1)_1}{t}=100\times10^{-3}\times\frac{18-3}{0.3}$$

$\therefore\ e_2=5\,[\text{V}]$

02 $e_2=M\frac{di_1}{dt}$에서 $e_2=75\,[\text{V}]$, $\frac{di_1}{dt}=150\,[\text{A/s}]$이므로

$$\therefore\ M=\frac{e_2}{(di_1/dt)}=\frac{75}{150}=0.5\,[\text{H}]$$

03 (1) 극성 표시법

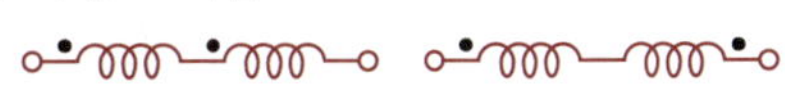

(a) 자속 증가　　(b) 자속 감소

(2)(a) $L=L_1+L_2+2M=5+2+2\times3=13\,[\text{H}]$
(b) $L=L_1+L_2-2M=5+2-2\times3=1\,[\text{H}]$

04 $\boldsymbol{V}=(j\omega L_1\boldsymbol{I}-j\omega M\boldsymbol{I})+j\omega L\boldsymbol{I}+(j\omega L_2\boldsymbol{I}-j\omega M\boldsymbol{I})$
$=j\omega(L_1+L_2-2M+L)\boldsymbol{I}\,[\text{V}]$

$L_0=L_1+L_2-2M+L\,[\text{H}](\because\ \boldsymbol{V}=j\omega L_0\boldsymbol{I})$

05 $\boldsymbol{V}=j\omega(L_1+M)\boldsymbol{I}+(R_1+R_2)\boldsymbol{I}+j\omega(L_2+M)\boldsymbol{I}$
$=\{(R_1+R_2)+j\omega(L_1+L_2+2M)\}\boldsymbol{I}\,[\text{V}]$

$\boldsymbol{V}=\boldsymbol{ZI}$에서

$\boldsymbol{Z}=(R_1+R_2)+j\omega(L_1+L_2+2M)$
$=(4+9)+j100\times(6+7+2\times5)\times10^{-3}\,[\Omega]$

$\therefore\ \boldsymbol{Z}=13+j2.3\,[\Omega]$

06 유도결합되어 있지 않은 인덕터 두 소자의 병렬 접속이므로 합성 인덕턴스 L_0(저항과 동일)

$$L_0=\frac{L_1\times L_2}{L_1+L_2}=\frac{20\times60}{20+60}=15\,[\text{mH}]$$

07 $L_0=L_1+L_2+2M$(자속 증가)에서

$$\therefore\ M=\frac{L_0-(L_1+L_2)}{2}=\frac{15-(5+3)}{2}=3.5\,[\text{H}]$$

08 $\begin{cases} L_1+L_2+2M=119 \\ L_1+L_2-2M=11 \end{cases}$

$$\begin{array}{r} L_1+L_2+2M=119 \\ -)\ L_1+L_2-2M=11 \\ \hline 4M=119-11 \end{array}$$

$$\therefore\ M=\frac{119-11}{4}=27\,[\text{mH}]$$

$L_2=119-(L_1+2M)=119-(20+2\times27)$

$\therefore\ L_2=45\,[\text{mH}]$

$L_1=20\,[\text{mH}]$, $L_2=45\,[\text{mH}]$, $M=27\,[\text{mH}]$이므로

$$\therefore\ k=\frac{M}{\sqrt{L_1L_2}}=\frac{27}{\sqrt{20\times45}}=0.9$$

09 완전결합(이상결합)의 조건 : $k=1$

$\therefore\ M=k\sqrt{L_1L_2}=\sqrt{4\times9}=\sqrt{36}=6\,[\text{mH}]$

10 $L_1=L_2=20\,[\text{mH}]$

최대값 : $L_{\max}=L_1+L_2+2M$

최소값 : $L_{\min}=L_1+L_2-2M$

최대값, 최소값에 $M=k\sqrt{L_1L_2}$, $k=0.9$ 대입 (특히 최소값의 우변 3항 부호(-)이므로 $k=0.9$일 때 M 최대가 되어 전체는 최소값이 됨)

$L_{\max}=L_1+L_2-2k\sqrt{L_1L_2}$

$\therefore\ L_{\max}=20+20+2\times0.9\times\sqrt{20\times20}=76\,[\text{mH}]$

$L_{\min}=L_1+L_2-2k\sqrt{L_1L_2}$

$\therefore\ L_{\min}=20+20-2\times0.9\times\sqrt{20\times20}=4\,[\text{mH}]$

최대값 : 76[mH], 최소값 : 4[mH], 비(19 : 1)

11 2차 회로의 전압방정식

$$j\omega L_2\boldsymbol{I}_2-j\omega M\boldsymbol{I}_1-j\frac{1}{\omega C}(\boldsymbol{I}_2-\boldsymbol{I}_1)=0$$

$$\left(j\frac{1}{\omega C}-j\omega M\right)\boldsymbol{I}_1+\left(j\omega L_2-j\frac{1}{\omega C}\right)\boldsymbol{I}_2=0$$

$\boldsymbol{I}_2=0$을 만족하려면 $\boldsymbol{I}_1$의 계수가 0이어야 함

$$j\frac{1}{\omega C}-j\omega M=0 \qquad \therefore\ C=\frac{1}{\omega^2 M}$$

12 변압기 유도결합회로의 전압방정식 (극성 표시법을 만족하지 않으므로 $-M$)

$(R_1+j\omega L_1)\boldsymbol{I}_1-j\omega M\boldsymbol{I}_2=\boldsymbol{V}$

$-j\omega M\boldsymbol{I}_1+(R_2+j\omega L_2)\boldsymbol{I}_2=0$

주어진 값을 대입한 전압방정식

$(3+j4)\boldsymbol{I}_1-j2\boldsymbol{I}_2=\boldsymbol{V}$

$-j2\boldsymbol{I}_1+(5+j6)\boldsymbol{I}_2=0$

크래머의 공식에 의한 $\boldsymbol{I}_1$

$$\boldsymbol{I}_1=\frac{\begin{vmatrix}\boldsymbol{V} & -j2 \\ 0 & 5+j6\end{vmatrix}}{\begin{vmatrix}3+j4 & -j2 \\ -j2 & 5+j6\end{vmatrix}}=\frac{\boldsymbol{V}(5+j6)}{(3+j4)(5+j6)+4}$$

구동점 임피던스 $\boldsymbol{Z}_d$

$$\boldsymbol{Z}_d=\frac{\boldsymbol{V}}{\boldsymbol{I}_1}=\frac{(3+j4)(5+j6)+4}{5+j6}$$

$\therefore\ \boldsymbol{Z}_d=3.33+j3.61\,[\Omega]$

1차 회로의 임피던스는 $\boldsymbol{Z}_1=3+j4\,[\Omega]$이므로 $\boldsymbol{Z}_d$의 실수부는 증가, 허수부는 감소

13 2차 저항 $R_2=1\,[\Omega]$을 1차에서 본 환산저항 R_1'

$R_1'=n^2R_2\ \ (Z_1=n^2Z_2)$

환산저항 R_1'과 1차 저항 $R_1=100\,[\Omega]$이 같을 때 임피던스 정합이 된다. ($R_1'=R_1=100\,[\Omega]$)

$$n^2=\frac{R_1'}{R_2}=\frac{R_1}{R_2}=\frac{100}{1} \qquad \therefore\ n=\sqrt{100}=10$$

제11장 3상 교류회로

01 $\boldsymbol{Z}=16+j12=20\underline{/36.9°}\,[\Omega]$

$V_상=ZI=20\times10=200\,[\text{V}]$

$\therefore\ V_선=\sqrt{3}\,V_상=200\sqrt{3}\,[\text{V}]$

02 $\boldsymbol{Z}=8+j6=10\underline{/36.9°}\,[\Omega]$

$$I_선(=I_상)=\frac{V_상}{Z}=\frac{V_선/\sqrt{3}}{Z}=\frac{200}{\sqrt{3}\times10}$$

$\therefore\ I_선=11.5\,[\text{A}]$

03 $\boldsymbol{Z}=6+j8=10\underline{/53.1°}\,[\Omega]$

$$I_상=\frac{V_상}{Z}=\frac{200}{10}=20\,[\text{A}]$$

$\therefore\ I_선=\sqrt{3}\,I_상=20\sqrt{3}\,[\text{A}]$

04 $\boldsymbol{Z}=12-j16=20\underline{/-53.1°}\,[\Omega]$

$$I_상=\frac{V_상}{Z}=\frac{100}{20}=5\,[\text{A}]$$

$\therefore\ I_선=\sqrt{3}\,I_상=5\sqrt{3}\,[\text{A}]$

05 $\boldsymbol{Z}_l=4+j6\,[\Omega]$, $\boldsymbol{Z}=20+j12\,[\Omega]$

등가 단상회로(상전류=선전류)

$$\boldsymbol{I}_a=\frac{\boldsymbol{V}_a}{\boldsymbol{Z}_l+\boldsymbol{Z}}=\frac{120\underline{/0°}}{24+j18}=4\underline{/-36.9°}\,[\text{A}]$$

$I_b = I_a \angle -120° = 4\angle -36.9° - 120° = 4\angle -156.9°$ [A]

$I_c = I_a \angle 120° = 4\angle -36.9° + 120° = 4\angle 83.1°$ [A]

$P = 3I_{상}{}^2 R = 3 \times 4^2 \times 20 = 960$ [W]

$Q = 3I_{상}{}^2 X = 3 \times 4^2 \times 12 = 576$ [Var]

$P_a = 960 + j576 = 1120\angle 31°$ [VA]

$\therefore\ P_a = 1120$ [VA]

06 $Z = 3 + j4 = 5\angle 53.1°$ [Ω]

$I_{상} = \dfrac{V_{상}}{Z} = \dfrac{200}{5} = 40$ [A]

$P = 3I_{상}{}^2 R = 3 \times 40^2 \times 3 = 14400$ [W] $= 14.4$ [kW]

07 $V_{선} = 100$[V], $\cos\theta = 0.6$, $P = 10$[kW], $I_{선}$(?)

$I_{상} = \dfrac{V_{상}}{Z} = \dfrac{200}{5} = 40$ [A]

$P = \sqrt{3}\, V_{선} I_{선} \cos\theta$

$\therefore\ I_{선} = \dfrac{P}{\sqrt{3}\, V_{선}\cos\theta} = \dfrac{10000}{\sqrt{3} \times 100 \times 0.6} = 96.2$ [A]

08 $P = 3I_{상}{}^2 R = 3 \times 20^2 \times 3 = 3600$ [W]

09 $P_1 = 3V_{상} I_{상} \cos\theta = 3 \times 200 \times \dfrac{200}{60} \times 0.5 = 1000$[W]

$P_2 = 3\dfrac{V_{상}{}^2}{R} = 3 \times \dfrac{(200/\sqrt{3})^2}{20} = 2000$[W]

$\therefore\ P = P_1 + P_2 = 3000$[W]

10 $P_1 = 1327$[W], $P_2 = -301$[W]

$P = P_1 + P_2 = 1327 - 301 = 1026$[W]

$Q = \sqrt{3}(P_1 - P_2) = \sqrt{3}(1327 + 301) = 2820$[Var]

$P_a = 1026 + j2820 = 3001\angle 70°$ [VA]

$\therefore\ P_a = 3001$ [VA]

$\cos\theta = \cos 70° = 0.34$

별해 $\cos\theta = \dfrac{P_1 + P_2}{2\sqrt{P_1{}^2 + P_2{}^2 - P_1 P_2}}$

$= \dfrac{1327 - 301}{2\sqrt{1327^2 + 301^2 + 1327 \times 301}} = 0.34$

11 $P_1 = 3P$, $P_2 = P$

$P = P_1 + P_2 = 4P$, $Q = \sqrt{3}(P_1 - P_2) = 2\sqrt{3}P$

$P_a = (4 + j2\sqrt{3})P = 2\sqrt{7}\angle 40.9°$ [VA]

$\cos\theta = \cos 40.9° = 0.76$

별해 $\cos\theta = \dfrac{P_1 + P_2}{2\sqrt{P_1{}^2 + P_2{}^2 - P_1 P_2}}$

$= \dfrac{4P}{2\sqrt{9P^2 + P^2 - 3P^2}} = 0.76$

12 변압기 두 대로 3상전력 : V결선

피상전력 ($P_{단} = V_{상} I_{상} = 10$[kVA])

$P_V = \sqrt{3}\, V_{상} I_{상} = \sqrt{3} P_{단} = 10\sqrt{3}$ [kVA]

13 $P_V = \sqrt{3}\, V_{상} I_{상} \cos\theta = \sqrt{3} P_{단} \cos\theta$

$P_V = 20$[kVA]

$\therefore\ P_{단} = \dfrac{20}{\sqrt{3}\cos\theta} = \dfrac{20}{\sqrt{3} \times 0.8} = 14.4$[kVA]

14 $P_V = \sqrt{3}\, V_{상} I_{상} = \sqrt{3} P_{단} = 100\sqrt{3}$ [kVA]

15 $V_1 = \dfrac{1}{3}(V_a + aV_b + a^2 V_c)$

$= \dfrac{1}{3}\{-j6 + (1\angle 120°)(-8 + j6) + 8(1\angle -120°)\}$

$\therefore\ V_1 = -1.73 - j7.62 = 7.82\angle -103°$ [V]

16 $I_0 = \dfrac{1}{3}(I_a + I_b + I_c)$

$= \dfrac{1}{3}(15 + j2 - 20 - j14 - 3 + j10)$

$\therefore\ I_0 = -2.67 - j0.67$ [A]

$I_1 = \dfrac{1}{3}(I_a + aI_b + a^2 I_c)$

$= \dfrac{1}{3}\{15 + j2 + (1\angle 120°)(-20 - j14)$

$+ (1\angle -120°)(-3 + j10)\}$

$\therefore\ I_1 = 15.76 - j3.57$ [A]

$I_2 = \dfrac{1}{3}(I_a + a^2 I_b + aI_c)$

$= \dfrac{1}{3}\{15 + j2 + (1\angle -120°)(-20 - j14)$

$+ (1\angle 120°)(-3 + j10)\}$

$\therefore\ I_2 = 1.91 + j6.24$ [A]

17 $V_a = V_0 + V_1 + V_2 = 6 + j7$ [V]

18 불평형률 $= \dfrac{V_2}{V_1} \times 100 = \dfrac{280}{600} \times 100 = 46.7$ [%]

제12장 비정현파 해석

01 (1) $f(t)=f(-t)$ (2) $f(t)=-f(-t)$

(3) $f(t)=-f(t\pm\pi)$ 또는 $f(t)=-f\left(t\pm\frac{T}{2}\right)$

(4) a_0, a_n (5) b_n

(6) a_n, b_n (7) a_n

(8) b_n (9) 양의 정수

(10) 양의 정수 (11) 홀수

(12) 홀수 (13) 홀수

02 (1) $I=\sqrt{30^2+40^2}=50$ [A]

(2) $V=\sqrt{50^2+\left(\frac{30}{\sqrt{2}}\right)^2}=54.3$ [V]

03 (1) $V=\sqrt{100^2+50^2+30^2}=115.8$ [V]

(2) $\text{왜형률}=\dfrac{\sqrt{V_2^{\,2}+V_3^{\,2}}}{V_1}=\dfrac{\sqrt{50^2+30^2}}{100}$

$\therefore$ 왜형률 $=0.58$

04 기본파 100[%], 제3고조파 40[%]
제5고조파 20[%]

$\text{왜형률}=\dfrac{\sqrt{V_3^{\,2}+V_5^{\,2}}}{V_1}=\sqrt{0.4^2+0.2^2}$

$\therefore$ 왜형률 $=0.45$

05 기본파보다 위상 θ 뒤진 경우, 제n고조파는 $n\theta$가 지연됨$(-n\theta)$

$$i'=2+5\sin(100t+10°)+10\sin(200t-50°)-5\cos(400t-70°)$$

06 비정현파 전압 $v=14+48\sqrt{2}\sin\omega t$
비정현파 전류

$$i=\frac{v}{R}=\frac{14}{20}+\frac{48\sqrt{2}}{20}\sin\omega t$$

전류의 실효값

$$I=\sqrt{\left(\frac{14}{20}\right)^2+\left(\frac{48}{20}\right)^2}=2.5\text{ [A]}$$

07 $I_3=\dfrac{V_3}{Z_3}=\dfrac{V_3}{\sqrt{R^2+(3\omega L)^2}}=\dfrac{50}{\sqrt{8^2+(3\times2)^2}}$

$\therefore\ I_3=5$ [A]

08 $I_2=\dfrac{V_2}{Z_2}=\dfrac{V_2}{\sqrt{R^2+\left(\frac{1}{2\omega C}\right)^2}}=\dfrac{141.4/\sqrt{2}}{\sqrt{8^2+\left(\frac{1}{2}\times12\right)^2}}$

$\therefore\ I_3=\dfrac{141.4}{10\sqrt{2}}=10$ [A]

09 $P=\dfrac{100}{\sqrt{2}}\cdot\dfrac{20}{\sqrt{2}}-\dfrac{50}{\sqrt{2}}\cdot\dfrac{10}{\sqrt{2}}\cos60°$

$+\dfrac{20}{\sqrt{2}}\cdot\dfrac{5}{\sqrt{2}}\cos90°=1000-125+0$

$\therefore\ P=875$ [W]

10 $P=I_0^{\,2}R+I_1^{\,2}R+I_2^{\,2}R=R(I_0^{\,2}+I_1^{\,2}+I_2^{\,2})$

$P=10\times\left\{5^2+\left(\dfrac{14.14}{\sqrt{2}}\right)^2+\left(\dfrac{7.07}{\sqrt{2}}\right)^2\right\}$

$\therefore\ P=1500$ [W]

별해 $v=iR=10(5+14.14\sin100t+7.07\sin200t)$ [V]

$v=50+141.4\sin100t+70.7\sin200t$ [V]

$P=\dfrac{V_0^{\,2}}{R}+\dfrac{V_1^{\,2}}{R}+\dfrac{V_2^{\,2}}{R}=\dfrac{1}{R}(V_0^{\,2}+V_1^{\,2}+V_2^{\,2})$

$P=\dfrac{1}{10}\times\left\{50^2+\left(\dfrac{141.4}{\sqrt{2}}\right)^2+\left(\dfrac{70.7}{\sqrt{2}}\right)^2\right\}$

$\therefore\ P=1500$ [W]

11 동일주파수에서만 전력 P 발생하고 $\omega_1\neq\omega_2$일 때 $P=0$, 즉, 제3고조파에서만 전력이 발생하므로

$P=V_3I_3\cos\theta_3=50\times40\times\cos60°=1000$ [W]

$\therefore\ P=1000$ [W]

12 (1) $P=\dfrac{V_m}{\sqrt{2}}\cdot\dfrac{I_m}{\sqrt{2}}=\dfrac{V_mI_m}{2}$ $\therefore\ P=\dfrac{V_mI_m}{2}$

(2) 전압과 전류의 실효값

$V=\dfrac{V_m}{\sqrt{2}}$, $I=\sqrt{\left(\dfrac{I_m}{\sqrt{2}}\right)^2+\left(\dfrac{I_m}{\sqrt{2}\sqrt{3}}\right)^2}$

$I=\dfrac{I_m}{\sqrt{2}}\sqrt{1+\left(\dfrac{1}{\sqrt{3}}\right)^2}=\dfrac{I_m}{\sqrt{2}}\cdot\dfrac{2}{\sqrt{3}}$

역률은 $P=VI\cos\theta$로부터

$$\cos\theta=\frac{P}{VI}=\frac{\frac{V_m}{\sqrt{2}}\cdot\frac{I_m}{\sqrt{2}}}{\frac{V_m}{\sqrt{2}}\cdot\left(\frac{I_m}{\sqrt{2}}\cdot\frac{2}{\sqrt{3}}\right)}=\frac{\sqrt{3}}{2}$$

$\therefore\ \cos\theta=\dfrac{\sqrt{3}}{2}=0.866$

13 (Y결선) 상전압 : 홀수 고조파가 모두 존재
선간전압 : 제 3 고조파만 존재하지 않음.

$$\begin{cases} V_p = \sqrt{{V_1}^2 + {V_3}^2 + {V_5}^2} \\ V_l = \sqrt{3} \cdot V_p(V_3 = 0) = \sqrt{3} \cdot \sqrt{{V_1}^2 + {V_5}^2} \end{cases}$$

$$V_p = \sqrt{1000^2 + 500^2 + 100^2} = 1122.5\,[\text{V}]$$

$$V_l = \sqrt{3} \cdot \sqrt{1000^2 + 100^2} = 1740.7\,[\text{V}]$$

$$\therefore \frac{V_p}{V_l} = \frac{1122.5}{1740.7} = 0.64$$

14 (Y결선) 상전압 : 홀수 고조파가 모두 존재
선간전압 : 제 3 고조파만 존재하지 않음.

$$\begin{cases} V_p = \sqrt{{V_1}^2 + {V_3}^2} & ① \\ V_l = \sqrt{3} \cdot V_p(V_3 = 0) = \sqrt{3}\,V_1 & ② \end{cases}$$

식 ②에서 V_1은

$$V_1 = \frac{V_l}{\sqrt{3}} = \frac{220}{\sqrt{3}} = 127\,[\text{V}]$$

식 ①에서 V_3는

$$V_3 = \sqrt{{V_p}^2 - {V_1}^2} = \sqrt{150^2 - 127^2}$$

$$\therefore V_3 = 79.8\,[\text{V}]$$

제13장 2단자 회로망

01
$$Z(s) = \frac{\frac{2}{s}(2s+1)}{\frac{2}{s} + 2s + 1} = \frac{2(2s+1)}{2s^2 + s + 2}$$

02 $$Z(s) = \frac{4s^2+1}{s(s^2+1)} = \frac{1}{s} + \frac{3s}{s^2+1} = \frac{1}{s} + \frac{1}{\frac{1}{3}s + \frac{1}{3s}}\,[\Omega]$$

$$\therefore L = 3\,[\text{H}]$$

(리액턴스 회로망)

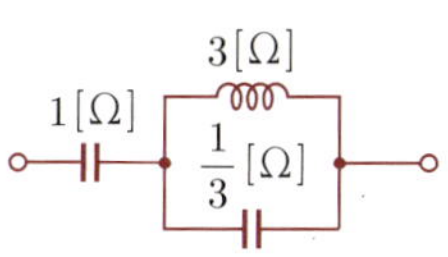

그림 13.1(연)

03 $$R^2 = \frac{L}{C}$$

$$\therefore L = CR^2 = 2 \times 10^{-6} \times 100^2 = 20\,[\text{mH}]$$

04 $$Z_0 = \frac{10(j5)}{10 + j5} - j\frac{1}{\omega C} = 2 + j\left(4 - \frac{1}{\omega C}\right)$$

Z_0가 순저항이 되려면 허수부 = 0(정저항 회로)

$$4 - \frac{1}{\omega C} = 0 \qquad \therefore \frac{1}{\omega C} = 4\,[\Omega]$$

제14장 4단자 회로망

01 식 (14.2)의 전압 방정식으로부터

$$V_1 = Z_{11}I_1 + Z_{12}I_2 = 8 \times 4 + 4 \times 1 = 36\,[\text{V}]$$

$$V_2 = Z_{21}I_1 + Z_{22}I_2 = 4 \times 4 + 8 \times 1 = 24\,[\text{V}]$$

$$\therefore V_1 = 24\,[\text{V}], \quad V_2 = 24\,[\text{V}]$$

02 식 (14.4)의 전류 방정식으로부터

$$I_1 = Y_{11}V_1 + Y_{12}V_2 = \frac{1}{6} \times 36 - \frac{1}{12} \times 24 = 4\,[\text{A}]$$

$$I_2 = Y_{21}V_1 + Y_{22}V_2 = -\frac{1}{12} \times 36 + \frac{1}{6} \times 24 = 1\,[\text{A}]$$

$$\therefore I_1 = 4\,[\text{A}], \quad I_2 = 1\,[\text{A}]$$

03 식 (14.8)의 전송 파라미터의 기초 방정식에서

$$V_1 = AV_2 + BI_2, \quad I_1 = CV_2 + DI_2$$

출력 측 개방 조건 : $I_2 = 0$ 대입

$$V_1 = AV_2 \quad \therefore A = \frac{V_1}{V_2} = \frac{12}{4} = 4$$

$$I_1 = CV_2 \quad \therefore C = \frac{I_1}{V_2} = \frac{2}{4} = \frac{1}{2}\,[\mho]$$

출력 측 단락 조건 : $V_2 = 0$ 대입

$$V_1 = BI_2 \quad \therefore B = \frac{V_1}{I_2} = \frac{16}{2} = 8\,[\Omega]$$

$$I_1 = DI_2 \quad \therefore D = \frac{I_1}{I_2} = \frac{4}{2} = 2$$

$$\therefore A = 4,\ B = 8\,[\Omega],\ C = \frac{1}{2}\,[\mho],\ D = 2$$

04 Z 파라미터(개방)

(a) $$\boldsymbol{Z}_{11} = \left.\frac{\boldsymbol{V}_1}{\boldsymbol{I}_1}\right|_{I_2=0} = \frac{5\boldsymbol{I}_1}{\boldsymbol{I}_1} = 5\,[\Omega]$$

$$\boldsymbol{Z}_{21} = \left.\frac{\boldsymbol{V}_2}{\boldsymbol{I}_1}\right|_{I_2=0} = \frac{3\boldsymbol{I}_1}{\boldsymbol{I}_1} = 3\,[\Omega] \quad (\boldsymbol{Z}_{12} = \boldsymbol{Z}_{21})$$

$$\boldsymbol{Z}_{22} = \left.\frac{\boldsymbol{V}_2}{\boldsymbol{I}_2}\right|_{I_1=0} = \frac{3\boldsymbol{I}_2}{\boldsymbol{I}_2} = 3\,[\Omega]$$

(b) $Z_{11} = \left.\frac{V_1}{I_1}\right|_{I_2=0} = \frac{3I_1}{I_1} = 3[\Omega]$

$Z_{21} = \left.\frac{V_2}{I_1}\right|_{I_2=0} = \frac{3I_1}{I_1} = 3[\Omega]$ $(Z_{12} = Z_{21})$

$Z_{22} = \left.\frac{V_2}{I_2}\right|_{I_1=0} = \frac{7I_2}{I_2} = 7[\Omega]$

(c) $Z_{11} = \left.\frac{V_1}{I_1}\right|_{I_2=0} = \frac{5I_1}{I_1} = 5[\Omega]$

$Z_{21} = \left.\frac{V_2}{I_1}\right|_{I_2=0} = \frac{3I_1}{I_1} = 3[\Omega]$ $(Z_{12} = Z_{21})$

$Z_{22} = \left.\frac{V_2}{I_2}\right|_{I_1=0} = \frac{7I_2}{I_2} = 7[\Omega]$

(d) $Z_{11} = \left.\frac{V_1}{I_1}\right|_{I_2=0} = \frac{(2 /\!/ 5)I_1}{I_1} = \frac{10}{7}[\Omega]$

$Z_{21} = \left.\frac{V_2}{I_1}\right|_{I_2=0} = \frac{\frac{2}{7}I_1 \times 2}{I_1} = \frac{4}{7}[\Omega]$

$(Z_{12} = Z_{21})$

$Z_{22} = \frac{10}{7}[\Omega]$, $Z_{22} = Z_{11}$(대칭회로)

Y 파라미터(단락)

(a) $Y_{11} = \left.\frac{I_1}{V_1}\right|_{V_2=0} = \frac{I_1}{2I_1} = \frac{1}{2}[\mho]$

$Y_{21} = \left.\frac{I_2}{V_1}\right|_{V_2=0} = \frac{I_2}{-2I_2} = -\frac{1}{2}[\mho]$

$(Y_{12} = Y_{21})$

$Y_{22} = \left.\frac{I_2}{V_2}\right|_{V_1=0} = \frac{I_2}{(2 /\!/ 3)I_2} = \frac{5}{6}[\mho]$

(b) $Y_{11} = \left.\frac{I_1}{V_1}\right|_{V_2=0} = \frac{I_1}{(3 /\!/ 4)I_1} = \frac{7}{12}[\mho]$

$Y_{21} = \left.\frac{I_2}{V_1}\right|_{V_2=0} = \frac{I_2}{-4I_2} = -\frac{1}{4}[\mho]$

$(Y_{12} = Y_{21})$

$Y_{22} = \left.\frac{I_2}{V_2}\right|_{V_1=0} = \frac{I_2}{4I_2} = \frac{1}{4}[\mho]$

(c) $Y_{11} = \left.\frac{I_1}{V_1}\right|_{V_2=0} = \frac{I_1}{(2+3 /\!/ 4)I_1} = \frac{7}{26}[\mho]$

$Y_{21} = \left.\frac{I_2}{V_1}\right|_{V_2=0} = \frac{I_2}{2I_1 - 4I_2} = -\frac{3}{26}[\mho]$

$\left(I_1 = -\frac{7}{3}I_2\right)$ $(Y_{12} = Y_{21})$

$Y_{22} = \left.\frac{I_2}{V_2}\right|_{V_1=0} = \frac{I_2}{(4+2 /\!/ 3)I_2} = \frac{5}{26}[\mho]$

(d) $Y_{11} = \left.\frac{I_1}{V_1}\right|_{V_2=0} = \frac{I_1}{(2 /\!/ 3)I_1} = \frac{5}{6}[\mho]$

$Y_{21} = \left.\frac{I_2}{V_1}\right|_{V_2=0} = \frac{I_2}{-3I_2} = -\frac{1}{3}[\mho]$

$(Y_{12} = Y_{21})$

$Y_{22} = \frac{5}{6}[\mho]$, $Y_{22} = Y_{11}$(대칭회로)

05 (예제 14.3 참고)

Z_{11} : 입력 포트에서 본 출력 개방 임피던스

Z_{22} : 출력 포트에서 본 입력 개방 임피던스

Y_{11} : 입력 포트에서 본 출력 단락 어드미턴스

Y_{22} : 출력 포트에서 본 입력 단락 어드미턴스

(a) $Z_{11} = 2+3 = 5[\Omega]$, $Z_{22} = 3[\Omega]$

$Y_{11} = \frac{1}{2}[\mho]$, $Y_{22} = \frac{1}{(2 /\!/ 3)} = \frac{5}{6}[\mho]$

(b) $Z_{11} = 3[\Omega]$, $Z_{22} = 4+3 = 7[\Omega]$

$Y_{11} = \frac{1}{(3 /\!/ 4)} = \frac{7}{12}[\mho]$, $Y_{22} = \frac{1}{4}[\mho]$

(c) $Z_{11} = 2+3 = 5[\Omega]$, $Z_{22} = 4+3 = 7[\Omega]$

$Y_{11} = \frac{1}{2+(3 /\!/ 4)} = \frac{1}{2+(12/7)} = \frac{5}{26}[\mho]$

$Y_{22} = \frac{1}{4+(2 /\!/ 3)} = \frac{1}{4+(6/5)} = \frac{5}{26}[\mho]$

(d) $Z_{11} = 2 /\!/ (3+2) = \frac{2\times 5}{2+5} = \frac{10}{7}[\Omega]$

$Z_{22} = \frac{10}{7}[\Omega]$, $Z_{22} = Z_{11}$(대칭회로)

$Y_{11} = \frac{1}{(2 /\!/ 3)} = \frac{2+3}{2\times 3} = \frac{5}{6}[\mho]$

$Y_{22} = \frac{5}{6}[\mho]$, $Y_{22} = Y_{11}$(대칭회로)

06 (4단자 정수의 물리적 의미)

$A = \left.\frac{V_1}{V_2}\right|_{I_2=0}$: 출력 개방 전압이득

$B = \left.\frac{V_1}{I_2}\right|_{V_2=0}$: 출력 단락 전달 임피던스

$C=\left.\dfrac{I_1}{V_2}\right|_{I_2=0}$: 출력 개방 전달 어드미턴스

$D=\left.\dfrac{I_1}{I_2}\right|_{V_2=0}$: 출력 단락 전류이득

단위 : A, D[무차원], B[Ω], C[℧]

07

(a) $\begin{bmatrix} A & B \\ C & D \end{bmatrix}=\begin{bmatrix} 1 & 2 \\ 0 & 1 \end{bmatrix}\begin{bmatrix} 1 & 0 \\ \frac{1}{3} & 1 \end{bmatrix}=\begin{bmatrix} \frac{5}{3} & 2 \\ \frac{1}{3} & 1 \end{bmatrix}$

(b) $\begin{bmatrix} A & B \\ C & D \end{bmatrix}=\begin{bmatrix} 1 & 0 \\ \frac{1}{3} & 1 \end{bmatrix}\begin{bmatrix} 1 & 4 \\ 0 & 1 \end{bmatrix}=\begin{bmatrix} 1 & 4 \\ \frac{1}{3} & \frac{7}{3} \end{bmatrix}$

(c) $\begin{bmatrix} A & B \\ C & D \end{bmatrix}=\begin{bmatrix} 1 & 2 \\ 0 & 1 \end{bmatrix}\begin{bmatrix} 1 & 0 \\ \frac{1}{3} & 1 \end{bmatrix}\begin{bmatrix} 1 & 4 \\ 0 & 1 \end{bmatrix}=\begin{bmatrix} \frac{5}{3} & \frac{26}{3} \\ \frac{1}{3} & \frac{7}{3} \end{bmatrix}$

(d) $\begin{bmatrix} A & B \\ C & D \end{bmatrix}=\begin{bmatrix} 1 & 0 \\ \frac{1}{2} & 1 \end{bmatrix}\begin{bmatrix} 1 & 3 \\ 0 & 1 \end{bmatrix}\begin{bmatrix} 1 & 0 \\ \frac{1}{2} & 1 \end{bmatrix}=\begin{bmatrix} \frac{5}{2} & 3 \\ \frac{7}{4} & \frac{5}{2} \end{bmatrix}$

08

(a) $A=1+\frac{2}{3}=\frac{5}{3}$, $B=2[\Omega]$, $C=\frac{1}{3}$[℧]

$D=1$

(b) $A=1$, $B=4[\Omega]$, $C=\frac{1}{3}$[℧]

$D=1+\frac{4}{3}=\frac{7}{3}$

(c) $A=1+\frac{2}{3}=\frac{5}{3}$, $C=\frac{1}{3}$[℧], $D=1+\frac{4}{3}=\frac{7}{3}$

$B=\frac{AD-1}{C}=\frac{26}{3}[\Omega]$

(d) $A=1+\frac{2}{3}=\frac{5}{3}$, $B=3[\Omega]$, $D=1+\frac{3}{2}=\frac{5}{2}$

$C=\frac{AD-1}{B}=\frac{7}{4}$[℧]

09 식 (14.23), 식 (14.24)의 관계식에 문제 8에서 구한 4단자 정수의 결과를 대입한다.

$Z_{11}=\frac{A}{C}$, $Z_{12}=Z_{21}=\frac{1}{C}$, $Z_{22}=\frac{D}{C}$

$Y_{11}=\frac{D}{B}$, $Y_{12}=Y_{21}=-\frac{1}{B}$, $Y_{22}=\frac{A}{B}$

(a) $Z_{11}=5[\Omega]$, $Z_{12}=Z_{21}=3[\Omega]$, $Z_{22}=3[\Omega]$

$Y_{11}=\frac{1}{2}$[℧], $Y_{12}=Y_{21}=-\frac{1}{2}$[℧]

$Y_{22}=\frac{5}{6}$[℧]

(b) $Z_{11}=3[\Omega]$, $Z_{12}=Z_{21}=3[\Omega]$, $Z_{22}=7[\Omega]$

$Y_{11}=\frac{7}{12}$[℧], $Y_{12}=Y_{21}=-\frac{1}{4}$[℧]

$Y_{22}=\frac{1}{4}$[℧]

(c) $Z_{11}=5[\Omega]$, $Z_{12}=Z_{21}=3[\Omega]$, $Z_{22}=7[\Omega]$

$Y_{11}=\frac{7}{26}$[℧], $Y_{12}=Y_{21}=-\frac{3}{26}$[℧]

$Y_{22}=\frac{5}{26}$[℧]

(d) $Z_{11}=\frac{10}{7}[\Omega]$, $Z_{12}=Z_{21}=\frac{4}{7}[\Omega]$

$Z_{22}=\frac{10}{7}[\Omega]$

$Y_{11}=\frac{5}{6}$[℧], $Y_{12}=Y_{21}=-\frac{1}{3}$[℧]

$Y_{22}=\frac{5}{6}$[℧]

10 예제 14.1과 예제 14.2를 참고하여 풀 것

(a) $Z_{11}=j\left(\omega L-\frac{1}{\omega C}\right)[\Omega]$, $Z_{12}=Z_{21}=j\omega L[\Omega]$

$Z_{22}=j\omega L[\Omega]$

$Y_{11}=j\omega C$[℧], $Y_{12}=Y_{21}=-j\omega C$[℧]

$Y_{22}=j\left(\omega C-\frac{1}{\omega L}\right)$[℧]

(b) $Z_{11}=j\omega L[\Omega]$, $Z_{12}=Z_{21}=j\omega L[\Omega]$

$Z_{22}=R+j\omega L[\Omega]$

$Y_{11}=\frac{1}{R}-j\frac{1}{\omega L}$[℧], $Y_{12}=Y_{21}=-\frac{1}{R}$[℧]

$Y_{22}=\frac{1}{R}$[℧]

(c) $Z_{11}=-j[\Omega]$, $Z_{12}=Z_{21}=-j6[\Omega]$

$Z_{22}=Z_{11}=-j[\Omega]$(대칭회로)

$Y_{11}=-j\frac{1}{35}$[℧], $Y_{12}=Y_{21}=-j\frac{35}{6}$[℧]

$Y_{22}=Y_{11}=-j\frac{1}{35}$[℧](대칭회로)

(d) $Z_{11}=-j\frac{6}{7}[\Omega]$, $Z_{12}=Z_{21}=-j\frac{24}{7}[\Omega]$

$Z_{22}=-j\frac{12}{7}[\Omega]$

$Y_{11}=-j\frac{1}{6}$[℧], $Y_{12}=Y_{21}=j\frac{1}{3}$[℧]

$Y_{22}=-j\frac{1}{12}$[℧]

11

(a) $A=1+\dfrac{\dfrac{1}{j\omega C}}{j\omega L}=1-\dfrac{1}{\omega^2 LC}=\dfrac{\omega^2 LC-1}{\omega^2 LC}$

$B=\dfrac{1}{j\omega C}=-j\dfrac{1}{\omega C}[\Omega]$

$C=\dfrac{1}{j\omega L}=-j\dfrac{1}{\omega L}[\mho]$, $D=1$

(b) $A=1$, $B=R[\Omega]$, $C=\dfrac{1}{j\omega L}=-j\dfrac{1}{\omega L}[\mho]$

$D=1+\dfrac{R}{j\omega L}=1-j\dfrac{R}{\omega L}$

(c) $A=1+\dfrac{j5}{-j6}=\dfrac{1}{6}$, $C=\dfrac{1}{-j6}=j\dfrac{1}{6}[\mho]$

$D=\dfrac{1}{6}$, $B=\dfrac{AD-1}{C}=j\dfrac{35}{6}[\Omega]$

(d) $A=1+\dfrac{j3}{-j4}=\dfrac{1}{4}$, $B=j3[\Omega]$

$D=1+\dfrac{j3}{-j6}=\dfrac{1}{2}$, $C=\dfrac{AD-1}{B}=j\dfrac{7}{24}[\mho]$

12 식 (14.23), 식 (14.24)의 관계식에 문제 11에서 구한 4단자 정수의 결과를 대입

$Z_{11}=\dfrac{A}{C}$, $Z_{12}=Z_{21}=\dfrac{1}{C}$, $Z_{22}=\dfrac{D}{C}$

$Y_{11}=\dfrac{D}{B}$, $Y_{12}=Y_{21}=-\dfrac{1}{B}$, $Y_{22}=\dfrac{A}{B}$

(a) $Z_{11}=\dfrac{A}{C}=\dfrac{\dfrac{\omega^2 LC-1}{\omega^2 LC}}{\dfrac{1}{j\omega L}}=j\left(\omega L-\dfrac{1}{\omega C}\right)[\Omega]$

$Z_{12}=Z_{21}=\dfrac{1}{C}=j\omega L[\Omega]$, $Z_{22}=\dfrac{D}{C}=j\omega L[\Omega]$

$Y_{11}=\dfrac{D}{B}=\dfrac{1}{\dfrac{1}{j\omega C}}=j\omega C[\mho]$

$Y_{12}=Y_{21}=-\dfrac{1}{B}=-j\omega C[\mho]$

$Y_{22}=\dfrac{A}{B}=\dfrac{\dfrac{\omega^2 LC-1}{\omega^2 LC}}{\dfrac{1}{j\omega C}}=j\left(\omega C-\dfrac{1}{\omega L}\right)[\mho]$

(b) $Z_{11}=j\omega L[\Omega]$, $Z_{12}=Z_{21}=j\omega L[\Omega]$

$Z_{22}=R+j\omega L[\Omega]$

$Y_{11}=\dfrac{D}{B}=\dfrac{1-j\dfrac{R}{\omega L}}{R}=\dfrac{1}{R}-j\dfrac{1}{\omega L}[\mho]$

$Y_{12}=Y_{21}=-\dfrac{1}{B}=-\dfrac{1}{R}[\mho]$

$Y_{22}=\dfrac{A}{B}=\dfrac{1}{R}[\mho]$

(c) $Z_{11}=\dfrac{A}{C}=\dfrac{1}{6}\times(-j6)=-j[\Omega]$

$Z_{12}=Z_{21}=\dfrac{1}{C}=-j6[\Omega]$

$Z_{22}=Z_{11}=-j[\Omega]$(대칭회로)

$Y_{11}=\dfrac{D}{B}=-j\dfrac{1}{35}[\mho]$

$Y_{12}=Y_{21}=-\dfrac{1}{B}=-j\dfrac{35}{6}[\mho]$

$Y_{22}=Y_{11}=-j\dfrac{1}{35}[\mho]$(대칭회로)

(d) $Z_{11}=\dfrac{A}{C}=\dfrac{1}{4}\times\left(-j\dfrac{24}{7}\right)=-j\dfrac{6}{7}[\Omega]$

$Z_{12}=Z_{21}=\dfrac{1}{C}=-j\dfrac{24}{7}[\Omega]$

$Z_{22}=\dfrac{D}{C}=\dfrac{1}{2}\times\left(-j\dfrac{24}{7}\right)=-j\dfrac{12}{7}[\Omega]$

$Y_{11}=\dfrac{D}{B}=-j\dfrac{1}{6}[\mho]$

$Y_{12}=Y_{21}=-\dfrac{1}{B}=j\dfrac{1}{3}[\mho]$

$Y_{22}=\dfrac{A}{B}=-j\dfrac{1}{12}[\mho]$

13 변압기 유도결합회로를 **그림**과 같이 T형 등가회로의 무유도 회로로 변환하고 4단자 정수를 구하기 위하여 참고의 단순 기억 요령을 적용하면 다음과 같이 구해진다.

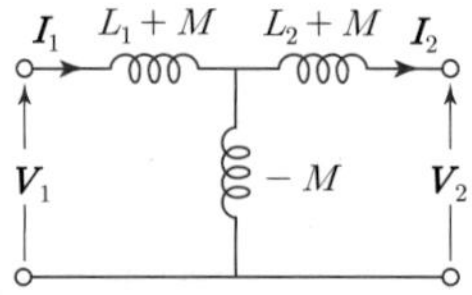

그림 14.1(연) 변압기의 T형 등가회로

$A=1+\dfrac{L_1+M}{-M}=-\dfrac{L_1}{M}$

$C=\dfrac{1}{-j\omega M}=j\dfrac{1}{\omega M}[\mho]$

$D=1+\dfrac{L_2+M}{-M}=-\dfrac{L_2}{M}$

$B=\dfrac{AD-1}{C}=-j\omega M\left(\dfrac{L_1}{M}\cdot\dfrac{L_2}{M}-1\right)$

$$\therefore\ B = -j\omega\left(\frac{L_1L_2 - M^2}{M}\right)[\Omega]$$

14 식 (14.23), 식 (14.24), 식 (14.25)의 관계식에 문제 11에서 구한 4단자 정수의 결과를 대입

$$Z_{11} = \frac{A}{C},\quad Z_{12} = Z_{21} = \frac{1}{C},\quad Z_{22} = \frac{D}{C}$$

$$Y_{11} = \frac{D}{B},\quad Y_{12} = Y_{21} = -\frac{1}{B},\quad Y_{22} = \frac{A}{B}$$

$$Z_{12} = Z_{21} = -\frac{1}{C},\quad Y_{12} = Y_{21} = \frac{1}{B}(I_2\ \text{유출})$$

(1) (a) (4단자 정수)

$$A = 1 + \frac{3}{j4} = 1 - j\frac{3}{4},\quad C = \frac{1}{j4} = -j\frac{1}{4}[℧]$$

$$D = 1 + \frac{1}{j2} = 1 - j\frac{1}{2},\quad B = \frac{AD-1}{C} = 5 - j\frac{3}{2}[\Omega]$$

(임피던스 파라미터)

$$Z_{11} = \frac{A}{C} = \left(1 + \frac{3}{j4}\right)j4 = 3 + j4[\Omega]$$

$$Z_{12} = Z_{21} = \frac{1}{C} = j4[\Omega]$$

$$Z_{22} = \frac{D}{C} = \left(1 + \frac{1}{j2}\right)j4 = 2 + j4[\Omega]$$

(b) (4단자 정수)

$$A = 1,\ B = Z_1[\Omega],\ C = \frac{1}{Z_2}[℧],\ D = 1 + \frac{Z_1}{Z_2}$$

(임피던스 파라미터) : 4단자 회로망의 출력 전류 I_2가 유출 방향이므로 식 (14.25)에 대입

$$Z_{11} = \frac{A}{C} = Z_2[\Omega]$$

$$Z_{12} = Z_{21} = -\frac{1}{C} = -Z_2[\Omega]$$

$$Z_{22} = \frac{D}{C} = \left(1 + \frac{Z_1}{Z_2}\right)Z_2 = Z_1 + Z_2[\Omega]$$

(2) (c) (4단자 정수)

$$A = 1 + \frac{j12}{-j24} = \frac{1}{2},\quad D = A = \frac{1}{2}(\text{대칭회로})$$

$$C = \frac{1}{j24} = -j\frac{1}{24}[℧],\quad B = \frac{AD-1}{C} = j18[\Omega]$$

(어드미턴스 파라미터)

$$Y_{11} = \frac{D}{B} = \frac{1}{2}\times\frac{1}{j18} = -j\frac{1}{36}[℧]$$

$$Y_{12} = Y_{21} = -\frac{1}{B} = -\frac{1}{j18} = j\frac{1}{18}[℧]$$

$$Y_{22} = Y_{11} = -j\frac{1}{36}[℧](\text{대칭회로})$$

[참고] 그림 14.41(c)의 $Y_{12} = Y_{21}$의 기본 해법

$$Y_{12} = \left.\frac{I_1}{V_2}\right|_{V_1=0}\ \text{에서}$$

그림과 같이 입력포트 단락하면 V_2는

$$V_2 = j12I_2 - j12I_1 = j12(I_2 - I_1)$$

$$\left(-I_1 = \frac{-j24}{-j24 + j12}I_2 = 2I_2\quad \therefore I_2 = -\frac{1}{2}I_1\right)$$

$$V_2 = j12(I_2 - I_1) = -j18I_1$$

$$\therefore\ Y_{12} = \left.\frac{I_1}{V_2}\right|_{V_1=0} = \frac{I_1}{-j18I_1} = j\frac{1}{18}$$

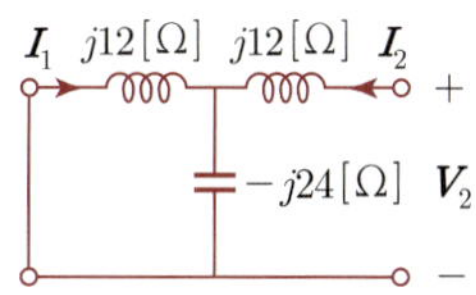

그림 14.2(연)

15 $AD - BC = 1$

$$C = \frac{AD-1}{B} = \frac{1.02^2 - 1}{2} = 0.02[℧]$$

16 식 (14.42)에 의해

$$\frac{Z_{01}}{Z_{02}} = \frac{A}{D}$$

$$\therefore\ Z_{01} = \frac{A}{D}Z_{02} = \frac{15}{4}\times\frac{12}{5} = 9[\Omega]$$

17 식 (14.42)에 의해

$$Z_{01}Z_{02} = \frac{B}{C}$$

$$\therefore\ Z_{02} = \frac{B}{C}\times\frac{1}{Z_{01}} = \frac{5}{3}\times\frac{3}{20} = \frac{1}{4} = 0.25[\Omega]$$

18 영상 임피던스는 식 (14.32)와 같이 4단자 정수에 의해 구할 수 있지만, 각종 시험문제에 영상 임피던스만 구하는 문제 출제를 고려하여 편리한 방법인 식 (14.35)에 의한 해법을 숙달하기로 한다.

(a) (영상 임피던스)

$$Z_{01} = \sqrt{Z_{o1}\cdot Z_{s1}} = \sqrt{5\cdot 2} = 3.162[\Omega]$$

$$Z_{02} = \sqrt{Z_{o2}\cdot Z_{s2}} = \sqrt{3\cdot\frac{2\times 3}{2+3}} = 1.897[\Omega]$$

(4단자 정수)

$$A=1+\frac{2}{3}=\frac{5}{3},\ B=2[\Omega],\ C=\frac{1}{3}[\mho],\ D=1$$

(영상 전달정수)

$$\theta=\ln(\sqrt{AD}+\sqrt{BC})=\ln\left(\sqrt{\frac{5}{3}}+\sqrt{\frac{2}{3}}\right)$$

$$\therefore\ \theta=0.745[\text{neper}]$$

(b) (영상 임피던스)

$$Z_{01}=\sqrt{Z_{o1}\cdot Z_{s1}}=\sqrt{3\cdot\frac{3\times4}{3+4}}=2.268\,[\Omega]$$

$$Z_{02}=\sqrt{Z_{o2}\cdot Z_{s2}}=\sqrt{7\cdot4}=\sqrt{28}=5.292\,[\Omega]$$

(4단자 정수)

$$A=1,\ B=4[\Omega],\ C=\frac{1}{3}[\mho],\ D=1+\frac{4}{3}=\frac{7}{3}$$

(영상 전달정수)

$$\theta=\ln(\sqrt{AD}+\sqrt{BC})=\ln\left(\sqrt{\frac{7}{3}}+\sqrt{\frac{4}{3}}\right)$$

$$\therefore\ \theta=0.987[\text{neper}]$$

(c) (영상 임피던스)

$$Z_{01}=\sqrt{Z_{o1}\cdot Z_{s1}}=\sqrt{5\cdot\{2+(3/\!/4)\}}$$

$$\therefore\ Z_{01}=\sqrt{5\cdot\left(2+\frac{12}{7}\right)}=4.309\,[\Omega]$$

$$Z_{02}=\sqrt{Z_{o2}\cdot Z_{s2}}=\sqrt{7\cdot\{4+(2/\!/3)\}}$$

$$\therefore\ Z_{02}=\sqrt{7\cdot\left(4+\frac{6}{5}\right)}=6.033\,[\Omega]$$

(4단자 정수)

$$A=1+\frac{2}{3}=\frac{5}{3},\ C=\frac{1}{3}[\mho],\ D=1+\frac{4}{3}=\frac{7}{3}$$

$$B=\frac{AD-1}{C}=\frac{26}{3}[\Omega]$$

(영상 전달정수)

$$\theta=\ln\left(\sqrt{\frac{5}{3}\cdot\frac{7}{3}}+\sqrt{\frac{26}{3}\cdot\frac{1}{3}}\right)=1.30[\text{neper}]$$

(d) (영상 임피던스)

$$Z_{01}=\sqrt{Z_{o1}\cdot Z_{s1}}=\sqrt{(2/\!/5)\cdot(2/\!/3)}$$

$$\therefore\ Z_{01}=\sqrt{\frac{10}{7}\cdot\frac{6}{5}}=\sqrt{\frac{12}{7}}=1.309\,[\Omega]$$

$$Z_{02}=Z_{01}=1.309\,[\Omega]\text{(대칭회로)}$$

(4단자 정수)

$$A=1+\frac{3}{2}=\frac{5}{2},\ B=3[\Omega],\ D=A=\frac{5}{2}$$

$$C=\frac{AD-1}{B}=\frac{(5/2)^2-1}{3}=\frac{7}{4}[\mho]$$

(영상 전달정수)

$$\theta=\ln\left(\sqrt{\frac{5}{2}\cdot\frac{5}{2}}+\sqrt{3\cdot\frac{7}{4}}\right)=1.567[\text{neper}]$$

19 식 (14.55)에 의해

$$D=\sqrt{\frac{Z_{02}}{Z_{01}}}\cosh\theta=\sqrt{\frac{2}{50}}\cosh 0=\frac{1}{5}$$

제15장 과도현상

01 (1) $s=-\frac{R_1}{L}=-\frac{20}{100\times10^{-3}}=-200$

$$\tau=\frac{1}{|s|}=\frac{L}{R_1}=0.005\,[\text{s}]=5\,[\text{ms}]$$

(2) $i(0)=0,\ i(\infty)=E/R_1=2\,[\text{A}]$(증가)

$$i(t)=\frac{E}{R_1}(1-e^{st})=2(1-e^{-200t})\,[\text{A}]$$

(3) $i(0.01)=2(1-e^{-200\times0.01})=1.73\,[\text{A}]$

(4) $v_{R_1}(t)=R_1 i(t)=40(1-e^{-200t})\,[\text{V}]$

(5) $v_{R_1}(t)+v_L(t)=E$ 또는 $v_L(t)=L\frac{di}{dt}$

$$\therefore\ v_L(t)=E-v_{R_1}(t)=40e^{-200t}\,[\text{V}]$$

02 (1) $s=-\frac{R_1+R_2}{L}=-\frac{20+30}{100\times10^{-3}}=-500$

$$\tau=\frac{1}{|s|}=\frac{L}{R_1+R_2}=\frac{1}{500}\,[\text{s}]=2\,[\text{ms}]$$

(2) $i(0^+)=i(0^-)=E/R_1=2\,[\text{A}]$ ($\because$ L 단락)

$i(\infty)=0$ (감소)

$$i(t)=\frac{E}{R_1}e^{st}=2e^{-500t}\,[\text{A}]$$

(3) $i(0.002)=2e^{-500\times0.002}=2e^{-1}=0.74\,[\text{A}]$

(4) $v_L(t)=L\frac{di}{dt}=0.1\times2\times(-500)e^{-500t}\,[\text{V}]$

$$\therefore\ v_L(t)=-100e^{-500t}\,[\text{V}]$$

03 $s = -\frac{R}{L} = -\frac{20}{100} = -0.2$

$i(0) = 0$, 최종전류 : $i(\infty) = E/R = I$ (증가)

$i(t) = I(1-e^{-0.2t}) = 0.9I \quad \therefore\ 1-e^{-0.2t} = 0.9$

$e^{-0.2t} = 0.1$에서 양변에 ln을 취하면

$-0.2t = \ln 0.1 \quad \therefore\ t = \frac{\ln 0.1}{-0.2} = 11.513\,[\mathrm{s}]$

04 $i(0^+) = i(0^-) = E/r\,[\mathrm{A}]$ ($\because$ L 단락)

$i(\infty) = 0$ (감소) $\qquad \tau = \frac{L}{R_{eq}} = \frac{L}{r+R}\,[\mathrm{s}]$

$i(t) = \frac{E}{r}e^{st} = \frac{E}{r}e^{-\frac{1}{\tau}t} = \frac{E}{r}e^{-\frac{r+R}{L}t}\,[\mathrm{A}]$

05 (1) $i(0^+) = i(0^-) = \frac{E}{R_1+R_2}$, $i(\infty) = \frac{E}{R_1}$

$\tau = \frac{L}{R_1}\,[\mathrm{s}]$ 식 (15.54)에 대입

$i(t) = \frac{E}{R_1} + \left(\frac{E}{R_1+R_2} - \frac{E}{R_1}\right)e^{-\frac{R_1}{L}t}$

$\therefore\ i(t) = \frac{E}{R_1}\left(1 - \frac{R_2}{R_1+R_2}e^{-\frac{R_1}{L}t}\right)\,[\mathrm{A}]$

(2) $i(0) = \frac{E}{R_1}$, $i(\infty) = \frac{E}{R_1+R_2}$

$\tau = \frac{L}{R_1+R_2}\,[\mathrm{s}]$ 식 (15.54)에 대입

$i(t) = \frac{E}{R_1+R_2} + \left(\frac{E}{R_1} - \frac{E}{R_1+R_2}\right)e^{-\frac{R_1+R_2}{L}t}$

$\therefore\ i(t) = \frac{E}{R_1+R_2}\left(1 + \frac{R_2}{R_1}e^{-\frac{R_1+R_2}{L}t}\right)\,[\mathrm{A}]$

06 $i(t) = \frac{E}{R}\left(1-e^{-\frac{R}{L}t}\right) = \frac{24}{1200}\left(1-e^{-\frac{1200}{24}t}\right)$

$\therefore\ i(t) = 0.02(1-e^{-50t})\,[\mathrm{A}]$

$0.02(1-e^{-50t}) = 0.01$

$e^{-50t} = 0.5$ (양변 ln 취하면)

$-50t = \ln 0.5 \quad \therefore\ t = \frac{\ln 0.5}{-50} = 0.014\,[\mathrm{s}]$

07 $i(t) = \frac{E}{R}\left(1-e^{-\frac{R}{L}t}\right) = \frac{24}{1200}\left(1-e^{-\frac{1200}{L}\times 0.015}\right)$

$\therefore\ i(t) = 0.02\left(1-e^{-\frac{18}{L}}\right)\,[\mathrm{A}]$

$0.02\left(1-e^{-\frac{18}{L}}\right) = 0.01$

$e^{-\frac{18}{L}} = 0.5$ (양변 ln 취하면)

$-\frac{18}{L} = \ln 0.5 \quad \therefore\ L = \frac{-18}{\ln 0.5} = 26\,[\mathrm{H}]$

08 (1) $s = -\frac{1}{RC} = -\frac{1}{5000\times 2\times 10^{-6}} = -100$

$\tau = \frac{1}{|s|} = RC = 0.01\,[\mathrm{s}] = 10\,[\mathrm{ms}]$

(2) $q(0) = 0$, $q(\infty) = CE = 0.012\,[\mathrm{C}]$ (증가)

$q(t) = CE(1-e^{st}) = 0.012(1-e^{-100t})\,[\mathrm{C}]$

(3) $i(t) = \frac{dq}{dt} = 0.012\times 100e^{-100t}$

$\therefore\ i(t) = 1.2e^{-100t}\,[\mathrm{A}]$

(4) $i(0.03) = 1.2e^{-100\times 0.03} = 1.2e^{-3} = 0.06\,[\mathrm{A}]$

(5) $v_R(t) = Ri(t) = 5000\times 1.2e^{-100t}\,[\mathrm{V}]$

$\therefore\ v_R(t) = 6000e^{-100t}\,[\mathrm{V}]$

(6) $v_R(t) + v_C(t) = E$

$\therefore\ v_C(t) = E - v_R(t) = 6000(1-e^{-100t})\,[\mathrm{V}]$

09 (1) $s = -\frac{1}{RC} = -\frac{1}{5000\times 2\times 10^{-6}} = -100$

$\tau = \frac{1}{|s|} = RC = 0.01\,[\mathrm{s}] = 10\,[\mathrm{ms}]$

(2) $q(0) = CE = 0.012\,[\mathrm{C}]$, $q(\infty) = 0$ (감소)

$q(t) = CEe^{st} = 0.012e^{-100t}\,[\mathrm{C}]$

(3) $i(t) = \frac{dq}{dt} = 0.012\times(-100)e^{-100t}$

$\therefore\ i(t) = -1.2e^{-100t}\,[\mathrm{A}]$

('−' : 충전전류와 반대 의미)

$[i(0) = -1.2\,[\mathrm{A}],\ i(\infty) = 0$ (감소)$]$

(4) $i(0.01) = -1.2e^{-1} = -0.441\,[\mathrm{A}]$

(5) $v_R(t) = Ri(t) = -5000\times 1.2e^{-100t}\,[\mathrm{V}]$

$\therefore\ v_R(t) = -6000e^{-100t}\,[\mathrm{V}]$

(6) $v_R(t) + v_C(t) = E$

$\therefore\ v_C(t) = E - v_R(t) = 6000(1-e^{-100t})\,[\mathrm{V}]$

10 $t(\infty)$일 때, C는 개방회로이므로 $v_C(\infty) = E$

$q(\infty) = Cv_C(\infty) = CE$

$\therefore\ q(\infty) = 50\times 10^{-6}\times 200 = 0.01\,[\mathrm{C}]$

11 $t=0$일 때 L(개방), C(단락)이고 L(개방)에서 $i(0)=0$, $v_L(0)=E$가 된다.

$$v_L = L\frac{di}{dt} \rightarrow \left.\frac{di}{dt}\right|_{t=0} = \frac{v_L(0)}{L} = \frac{E}{L}$$

$$\therefore \left.\frac{di}{dt}\right|_{t=0} = \frac{10}{1} = 10\,[\text{A/s}]$$

RLC 직렬회로의 미분방정식

$$Ri + L\frac{di}{dt} + \frac{1}{C}\int i\,dt = E$$

$$\rightarrow \frac{d^2 i}{dt^2} + \frac{R}{L}\frac{di}{dt} + \frac{1}{LC}i = 0$$

$$\left.\frac{d^2 i}{dt^2}\right|_{t=0} + 10\left.\frac{di}{dt}\right|_{t=0} + 10^5 i(0) = 0$$

$$\therefore \left.\frac{d^2 i}{dt^2}\right|_{t=0} = -10\left.\frac{di}{dt}\right|_{t=0} - 10^5 i(0)$$

$$\therefore \left.\frac{d^2 i}{dt^2}\right|_{t=0} = -10\times 10 - 10^5\times 0 = -100\,[\text{A/s}^2]$$

(정답) $i(0)=0$, $\left.\frac{di}{dt}\right|_{t=0} = 10\,[\text{A/s}]$

$$\left.\frac{d^2 i}{dt^2}\right|_{t=0} = -100\,[\text{A/s}^2]$$

12 $R = 6000\,[\Omega]$, $2\sqrt{\frac{L}{C}} = 2\sqrt{\frac{90\times10^{-3}}{0.01\times10^{-6}}} = 6000\,[\Omega]$

$\therefore R = 2\sqrt{\frac{L}{C}}$ (임계감쇠, 임계진동)

2차 회로의 임계진동 시에 식 (15.72)에 의해 $t=\tau$일 때 최대전류가 흐른다. 즉,

$$t = \tau = \frac{2L}{R} = \frac{2\times 90\times 10^{-3}}{6000} = 3\times 10^{-5}\,[\text{s}]$$

$$\therefore t = 30\,[\mu\text{s}]$$

전류의 자연응답은

$$i(t) = \frac{E}{L}te^{-\frac{R}{2L}t} = \frac{E}{L}te^{-\frac{1}{\tau}t}$$

최대전류는 $t=\tau$인 경우이므로 식 (15.73)에 의해 다음과 같이 구해진다.

$$i_{\max} = i(\tau) = \frac{E}{L}\cdot\frac{2L}{R}e^{-1} = \frac{2E}{R}e^{-1}$$

$$\therefore i_{\max} = \frac{2\times 100}{6000}e^{-1} = 0.012\,[\text{A}]$$

13

$R > \sqrt{\frac{L}{C}}$ (과감쇠, 비진동)

$R = 2\sqrt{\frac{L}{C}}$ (임계감쇠, 임계진동)

$R < 2\sqrt{\frac{L}{C}}$ (부족감쇠, 감쇠진동)

(정답) $R < 2\sqrt{\frac{L}{C}}$ (부족감쇠, 감쇠진동)

14 $R = 6000\,[\Omega]$, $2\sqrt{\frac{L}{C}} = 2\sqrt{\frac{0.1\times10^{-3}}{0.1\times10^{-6}}} = 63.2\,[\Omega]$

$R > \sqrt{\frac{L}{C}}$ (과감쇠, 비진동)

(정답) 비진동(과감쇠)

15 LC 직렬회로 전류응답은 식 (15.88)에 의해

$$i(t) = \frac{E}{Z_0}\sin\omega t\left(\text{단, } Z_0 = \sqrt{\frac{L}{C}},\ \omega = \frac{1}{\sqrt{LC}}\right)$$

L, C의 단자전압 $v_L(t)$, $v_C(t)$

$$v_L(t) = L\frac{di(t)}{dt} = E\cos\omega t$$

$\therefore v_{L\max} = E$ ($\cos\omega t = 1$일 때 최대)

$v_L + v_C = E$의 관계에서 $v_C(t) = E - v_L(t)$

$$\therefore v_C(t) = E(1-\cos\omega t)$$

$(-1 \le \cos\omega t \le 1)$이므로 $\cos\omega t = -1$일 때 커패시터의 단자전압은 최대가 된다.

$$\therefore v_{C\max} = 2E$$

(정답) $v_{L\max} = E$, $v_{C\max} = 2E$

16 RL 직렬회로에 교류전압을 인가하였을 때 과도현상이 일어나지 않을 조건은 식 (15.107)에 의해

$$\theta = \phi = \tan^{-1}\frac{\omega L}{R}$$

$$\theta = \tan^{-1}\frac{100\times 30\times 10^{-3}}{4} = \tan^{-1}0.75$$

$$\therefore \theta = 36.87°$$

제16장 라플라스 변환

01 (1) $\frac{6}{s^3}$ (2) $\frac{60}{s^4}$

(3) $\frac{5}{s+2}$ (4) $\frac{3}{s} + \frac{2}{s+1} = \frac{5s+3}{s(s+1)}$

(5) $\frac{1}{s-j\omega}$ (6) $\frac{10}{s^2+4}$

(7) $\frac{1}{2}\left\{\frac{1}{s}-\frac{s}{(s^2+4)}\right\}=\frac{2}{s(s^2+4)}$

(8) $\frac{1}{s^2+4}$

(9) $\frac{8}{(s^2+16)}-\frac{3s}{(s^2+4)}$

(10) $\frac{8}{s^3}+\frac{2}{(s+3)}+\frac{s}{s^2+4}$

02 (1) $\mathcal{L}[te^t]=\left.\frac{1}{s^2}\right|_{s\to s-1}=\frac{1}{(s-1)^2}$

(2) $\mathcal{L}[t^2e^{3t}]=\left.\frac{2}{s^3}\right|_{s\to s-3}=\frac{2}{(s-3)^3}$

(3) $\mathcal{L}[2t^3e^{-2t}]=\left.\frac{12}{s^4}\right|_{s\to s+2}=\frac{12}{(s+2)^4}$

(4) $\mathcal{L}[e^t\sin t]=\left.\frac{1}{s^2+1}\right|_{s\to s-1}=\frac{1}{(s-1)^2+1}$

(5) $\mathcal{L}[3e^{2t}\cos 3t]=\left.\frac{3s}{s^2+9}\right|_{s\to s-2}=\frac{3(s-2)}{(s-2)^2+9}$

(6) $\mathcal{L}[e^{-2t}\sin 2t]=\left.\frac{2}{s^2+4}\right|_{s\to s+2}=\frac{2}{(s+2)^2+4}$

(7) $\mathcal{L}[e^{-at}\sin\omega t]=\left.\frac{\omega}{s^2+\omega^2}\right|_{s\to s+a}=\frac{\omega}{(s+a)^2+\omega^2}$

(8) $\mathcal{L}[1-e^{-at}]=\frac{1}{s}-\frac{1}{s+a}=\frac{a}{s(s+a)}$

03 $i(0)=\lim_{t\to 0}i(t)=\lim_{s\to\infty}sI(s)=\lim_{s\to\infty}\left\{\frac{2(s^2+s)}{s^2+2s+5}\right\}$

$\frac{\infty}{\infty}$ 형이고 분모, 분자가 동차이므로 최고차항의 계수가 극한값

$\therefore\ i(0)=2$

04 $i(\infty)=\lim_{t\to\infty}i(t)=\lim_{s\to 0}sI(s)=\lim_{s\to 0}\left\{\frac{2s+15}{s^2+s+3}\right\}$

$\therefore\ i(\infty)=5$

05 $i(\infty)=\lim_{t\to\infty}i(t)=\lim_{s\to 0}sI(s)=\lim_{s\to 0}\left\{\frac{2s+5}{(s+1)(s+2)}\right\}$

$\therefore\ i(\infty)=2.5$

06 (1) $\mathcal{L}^{-1}[F(s)]=2e^{-3t}$

(2) $F(s)=\frac{2}{3}\cdot\frac{3}{s^2+3^2}$, $\mathcal{L}^{-1}[F(s)]=\frac{2}{3}\sin 3t$

(3) $F(s)=\frac{3s}{s^2+3^2}$, $\mathcal{L}^{-1}[F(s)]=3\cos 3t$

(4) $F(s)=\frac{2s}{s^2+2^2}+\frac{2\cdot 2}{s^2+2^2}$

$\mathcal{L}^{-1}[F(s)]=2(\cos 2t+\sin 2t)$

(5) $F(s)=\frac{1}{s}-\frac{1}{s+1}$, $\mathcal{L}^{-1}[F(s)]=1-e^{-t}$

(6) $F(s)=\frac{5s+3}{s(s+1)}=\frac{3}{s}+\frac{2}{s+1}$

$\mathcal{L}^{-1}[F(s)]=3+2e^{-t}$

(7) $F(s)=\frac{2(s^2+4s+3)+5s+11}{s^2+4s+3}$

$=2+\frac{5s+11}{(s+1)(s+3)}=2+\frac{K_1}{s+1}+\frac{K_2}{s+3}$

$$\begin{cases} K_1=\left.\frac{5s+11}{s+3}\right|_{s=-1}=3 \\ K_2=\left.\frac{5s+11}{s+1}\right|_{s=-3}=2 \end{cases}$$

$F(s)=2+\frac{3}{s+1}+\frac{2}{s+3}$

$\therefore\ \mathcal{L}^{-1}[F(s)]=2\delta(t)+3e^{-t}+2e^{-3t}$

(8) $F(s)=\frac{2}{s^2+2s+5}=\frac{2}{(s+1)^2+2^2}$

$\mathcal{L}^{-1}[F(s)]=e^{-t}\sin 2t$

(9) $F(s)=\frac{s+4}{2s^2+5s+3}=\frac{s+4}{(s+1)(2s+3)}$

$$F(s)=\frac{K_1}{s+1}+\frac{K_2}{2s+3}\begin{cases} K_1=\left.\frac{s+4}{2s+3}\right|_{s=-1}=3 \\ K_2=\left.\frac{s+4}{s+1}\right|_{s=-\frac{3}{2}}=-5 \end{cases}$$

$F(s)=\frac{3}{s+1}-\frac{5}{2s+3}=\frac{3}{s+1}-\frac{5}{2}\cdot\frac{1}{s+(3/2)}$

$\therefore\ \mathcal{L}^{-1}[F(s)]=3e^{-t}-\frac{5}{2}e^{-\frac{3}{2}t}$

(10) $F(s)=\frac{6s+2}{s(6s+1)}=\frac{K_1}{s}+\frac{K_2}{6s+1}$

$$\begin{cases} K_1=\left.\frac{6s+2}{6s+1}\right|_{s=0}=2 \\ K_2=\left.\frac{6s+2}{s}\right|_{s=-\frac{1}{6}}=-6 \end{cases}$$

$F(s)=\frac{2}{s}-\frac{6}{6s+1}=\frac{2}{s}-\frac{1}{s+(1/6)}$

$\therefore\ \mathcal{L}^{-1}[F(s)]=2-e^{-\frac{1}{6}t}$

(11) $F(s)=\frac{1}{(s+1)^2(s+2)}$

$F(s)=\frac{K_1}{(s+1)^2}+\frac{K_2}{s+1}+\frac{K_3}{s+2}$

$$K_1 = \left.\frac{1}{s+2}\right|_{s=-1} = 1$$

$$K_2 = \frac{d}{ds}\left(\frac{1}{s+2}\right)\Bigg|_{s=-1} = -\left.\frac{1}{(s+2)^2}\right|_{s=-1}$$

$$\therefore\ K_2 = -1$$

$$K_3 = \left.\frac{1}{(s+1)^2}\right|_{s=-2} = 1$$

$$F(s) = \frac{1}{(s+1)^2} - \frac{1}{s+1} + \frac{1}{s+2}$$

$$\therefore\ \mathcal{L}^{-1}[F(s)] = te^{-t} - e^{-t} + e^{-2t}$$

$$= e^{-t}(t-1) + e^{-2t}$$

(12) $F(s) = \dfrac{s+2}{s^2(s-1)^2}$

$$F(s) = \frac{K_1}{s^2} + \frac{K_2}{s} + \frac{K_3}{(s-1)^2} + \frac{K_4}{s-1}$$

(미정계수는 각자 구해 볼 것)

$$\therefore\ \mathcal{L}^{-1}[F(s)] = (3t-5)e^t + 2t + 5$$

07 (1) $sX(s) + X(s) = \dfrac{1}{s}$

$$X(s) = \frac{1}{s(s+1)} = \frac{K_1}{s} + \frac{K_2}{s+1}$$

$$\begin{cases} K_1 = \left.\dfrac{1}{s+1}\right|_{s=0} = 1 \\ K_2 = \left.\dfrac{1}{s}\right|_{s=-1} = -1 \end{cases}$$

$$X(s) = \frac{1}{s} - \frac{1}{s+1}$$

$$\therefore\ i(t) = \mathcal{L}^{-1}[I(s)] = 1 - e^{-t}$$

(2) $s^2Y(s) + 3sY(s) + 2Y(s) = \dfrac{4}{s}$

$$Y(s) = \frac{4}{s(s^2+3s+2)} = \frac{4}{s(s+1)(s+2)}$$

$$Y(s) = \frac{K_1}{s} + \frac{K_2}{(s+1)} + \frac{K_3}{(s+2)}$$

$$\begin{cases} K_1 = \left.\dfrac{4}{(s+1)(s+2)}\right|_{s=0} = 2 \\ K_2 = \left.\dfrac{4}{s(s+2)}\right|_{s=-1} = -4 \\ K_3 = \left.\dfrac{4}{s(s+1)}\right|_{s=-2} = 2 \end{cases}$$

$$Y(s) = \frac{2}{s} - \frac{4}{(s+1)} + \frac{2}{(s+2)}$$

$$\therefore\ y(t) = \mathcal{L}^{-1}[Y(s)] = 2 - 4e^{-t} + 2e^{-2t}$$

(3) $sI(s) + 4I(s) + \dfrac{4}{s}I(s) = \dfrac{50}{s}$

$$(s^2+4s+4)I(s) = 50$$

$$I(s) = \frac{50}{s^2+4s+4} = \frac{50}{(s+2)^2}$$

$$\therefore\ i(t) = \mathcal{L}^{-1}[I(s)] = 50te^{-2t}$$

(4) $\{s^2Y(s) - sy(0) - y'(0)\} + 9Y(s) = 0$

$$(s^2+9)Y(s) - 3s - 4 = 0$$

$$Y(s) = \frac{3s+4}{s^2+9} = \frac{3s}{s^2+3^2} + \frac{4}{s^2+3^2}$$

$$\therefore\ y(t) = \mathcal{L}^{-1}[Y(s)] = 3\cos 3t + \frac{4}{3}\sin 3t$$

08 $s^2I(s) + 2sI(s) + I(s) = \dfrac{1}{s}$

$$(s^2+2s+1)I(s) = \frac{1}{s}$$

$$I(s) = \frac{1}{s(s^2+2s+1)} = \frac{1}{s(s+1)^2}$$

$$I(s) = \frac{K_1}{s} + \frac{K_2}{(s+1)^2} + \frac{K_3}{s+1}$$

$$\begin{cases} K_1 = \left.\dfrac{1}{(s+1)^2}\right|_{s=0} = 1 \\ K_2 = \left.\dfrac{1}{s}\right|_{s=-1} = -1 \\ K_3 = \dfrac{d}{ds}\left(\dfrac{1}{s}\right)\Bigg|_{s=-1} = -\left.\dfrac{1}{s^2}\right|_{s=-1} = -1 \end{cases}$$

$$I(s) = \frac{1}{s} - \frac{1}{(s+1)^2} - \frac{1}{s+1}$$

$$\therefore\ i(t) = \mathcal{L}^{-1}[I(s)] = 1 - te^{-t} - e^{-t}$$

09 (1) $f(t) = 3\{u(t) - u(t-2)\}$

$$F(s) = 3\left(\frac{1}{s} - \frac{1}{s}\cdot e^{-2s}\right) = \frac{3}{s}(1-e^{-2s})$$

$$\therefore\ F(s) = \frac{3}{s}(1-e^{-2s})$$

(2) $f(t) = t\{u(t) - u(t-1)\}$
$\qquad -(t-2)\{u(t-1) - u(t-2)\}$

$$\therefore\ f(t) = tu(t) - 2(t-1)u(t-1) + (t-2)u(t-2)$$

$$F(s) = \frac{1}{s^2} - 2\frac{1}{s^2}e^{-s} + \frac{1}{s^2}e^{-2s}$$

$$\therefore\ F(s) = \frac{1}{s^2}(1 - 2e^{-s} + e^{-2s})$$

(삼각 펄스파 $f(t)$의 함수는 본문의 **그림 16.31**의 합성 방법을 참고할 것)

부록

찾아보기

ㅇ

ㅈ

알차게 배우는 회로이론

1판 1쇄 / 2017년 1월 5일
2판 1쇄 / 2018년 3월 20일
3판 1쇄 / 2022년 2월 22일
4판 1쇄 / 2022년 8월 10일
4판 6쇄 / 2026년 3월 20일

•

저 자 / 임 헌 찬
펴 낸 이 / 정 창 희
펴 낸 곳 / 동일출판사
주 소 / 서울시 강서구 곰달래로31길7 (2층)
전 화 / (02) 2608-8250
팩 스 / (02) 2608-8265
등록번호 / 제109-90-92166호

ISBN 978-89-381-1500-3 93560
값 / 34,000원